Energia
e sustentabilidade

Energia e sustentabilidade

EDITORES
ARLINDO PHILIPPI JR
LINEU BELICO DOS REIS

Manole

Copyright © 2016 Editora Manole Ltda., conforme contrato com os autores.

PROJETO GRÁFICO E CAPA
Nelson Mielnik e Sylvia Mielnik

FOTOS DA CAPA
Ana Maria da Silva Hosaka e
Opção Brasil Imagens

PRODUÇÃO EDITORIAL
Editor gestor: Walter Luiz Coutinho
Editora responsável: Ana Maria da Silva Hosaka
Produção editorial: Marília Courbassier Paris
Editora de arte: Deborah Sayuri Takaishi

DIAGRAMAÇÃO
Acqua Estúdio Gráfico

REALIZAÇÃO
Programa de Pós-Graduação Ambiente,
Saúde e Sustentabilidade
Departamento de Saúde Ambiental
Faculdade de Saúde Pública da Universidade
de São Paulo
Escola Politécnica da Universidade de
São Paulo

Dados Internacionais de Catalogação na Publicação (CIP)
(Câmara Brasileira do Livro, SP, Brasil)

Energia e sustentabilidade / editores Arlindo Philippi Jr,
Lineu Belico dos Reis. --
Barueri, SP : Manole, 2016. -- (Coleção ambiental -- vol. 19).

Vários autores.
Bibliografia.
ISBN 85-204-3777-3

1. Desenvolvimento energético - Aspectos ambientais 2. Desenvolvimento sustentável
3. Energia - Consumo - Aspectos sociais 4. Energia - Fontes alternativas 5. Meio ambiente 6. Recursos energéticos - Previsão I. Philippi Jr, Arlindo. II. Reis, Lineu Belico dos. III. Série.

15-08853	CDD-333.79

Índices para catálogo sistemático:
1. Energia e desenvolvimento sustentável:
Economia 333.79a

Todos os direitos reservados.
Nenhuma parte deste livro poderá ser reproduzida, por qualquer
processo, sem a permissão expressa dos editores.
É proibida a reprodução por xerox.

A Editora Manole é filiada à ABDR – Associação Brasileira de Direitos Reprográficos.

1ª edição – 2016

Editora Manole Ltda.
Avenida Ceci, 672 – Tamboré
06460-120 – Barueri – SP – Brasil
Fone: (11) 4196-6000 – Fax: (11) 4196-6021
www.manole.com.br
info@manole.com.br

Impresso no Brasil
Printed in Brazil

CONSELHO EDITORIAL CONSULTIVO

Aderbal de Arruda Penteado Junior (USP); Adriana Marques Rossetto (UFSC); Aldo Roberto Ometto (USP); Alexandre Hojda (Uninter); Alexandre Oliveira Aguiar (Uninove); Amarilis Lucia Casteli Figueiredo Gallardo (IPT/SP); Ana Lucia Nogueira de Paiva Britto (UFRJ); Ana Luiza Spínola (Cetesb); Andre Tosi Furtado (Unicamp); Arlindo Philippi Jr (USP); Blas Enrique Caballero Nuñez (UFPR); Beat Gruninger (BSD); Carlos Alberto Cioce Sampaio (UP); Carlos Eduardo Morelli Tucci (Unesco); Claude Raynaut (UBordeaux II); Claudia Ruberg (UFS); Cleverson V. Andreoli (ISAE/FGV); Fausto Miziara (UFG); Francisco Arthur Silva Vecchia (USP); Francisco Suetonio Bastos Mota (UFCE); Gilberto de Miranda Rocha (UFPA); Gilda Collet Bruna (UPMackenzie); Hans Michael Van Bellen (UFSC); Jalcione Pereira de Almeida (UFRGS); João Lima Sant'Anna (Unesp); Leila da Costa Ferreira (Unicamp); Lineu Belico dos Reis (USP); Luiz Antonio Rossi (Unicamp); Marcel Bursztyn (UnB); Marcelo de Andrade Roméro (USP); Marcelo Pereira de Souza (USP); Maria Cecilia Focesi Pelicioni (USP); Maria do Carmo Sobral (UFPE); Maria José Brollo (IG/SMA/SP); Mario Thadeu Leme de Barros (USP); Mary Dias Lobas de Castro (UMC); Nemésio Neves Batista Salvador (UFSCar); Paula Raquel da Rocha Jorge Vendramini (UPM); Paula Santana (UCoimbra); Reynaldo Luiz Victoria (USP); Ricardo Siloto da Silva (UFSCar); Ricardo Toledo Silva (USP); Rita Ogera (SVMA/SP); Roberto C. Pacheco (UFSC); Roberto Luiz do Carmo (Unicamp); Sérgio Martins (UFSC); Severino Soares Agra Filho (UFBA); Sonia Maria Viggiani Coutinho (USP); Stephan Tomerius (UTrier); Tadeu Fabrício Malheiros (USP); Tânia Fisher (UFBA); Tercio Ambrizzi (USP); Valdir Fernandes (UTFPR); Valdir Frigo Denardin (UFPR); Vânia Gomes Zuin (UFSCar); Vicente Rosa Alves (UFSC); Wagner Costa Ribeiro (USP); Wanda Risso Günther (USP).

EDITORES
Arlindo Philippi Jr
Lineu Belico dos Reis

AUTORES

Adriana Silva Barbosa
Essa Township

Adroaldo Adão Martins de Lima
Ulbra

André Luis Bianchi
Ulbra

Arlindo Philippi Jr
Faculdade de Saúde Pública, USP

Carlos Leite
Universidade Presbiteriana Mackenzie

Carlos Moya
Instituto Mauá de Tecnologia

Cristiane Lima Cortez
Instituto de Energia e Ambiente, USP

Djalma Caselato
Instituto Mauá de Tecnologia

Douglas Slaughter Nyimi
Escola Politécnica, USP

Edmilson Moutinho dos Santos
Instituto de Energia e Ambiente, USP

Eldis Camargo Santos
Agência Nacional das Águas

Eliane A. F. Amaral Fadigas
Escola Politécnica, USP

Fabio Filipini
Graphus Energia

Gerhard Ett
Instituto de Pesquisas Tecnológicas

Gilda Collet Bruna
Universidade Presbiteriana Mackenzie

Hirdan Katarina de Medeiros Costa
Instituto de Energia e Ambiente, USP

José Aquiles Baesso Grimoni
Escola Politécnica, USP

José Sidnei Colombo Martini
Escola Politécnica, USP

Lineu Belico dos Reis
Escola Politécnica, USP

Manuel Moreno
Instituto de Energia e Ambiente, USP

Marcelo de Andrade Roméro
Faculdade de Arquitetura e Urbanismo, USP

Maria Alice Morato Ribeiro
Instituto de Pesquisas Energéticas e Nucleares

Maurício Dester
Universidade Estadual de Campinas

Moacir Trindade de Oliveira Andrade
Universidade Estadual de Campinas

Naraisa Moura Esteves Coluna
Instituto de Energia e Ambiente, USP

Rafael Tello
NHK Sustentabilidade e Instituto Horizontes

Ricardo Ernesto Rose
Ricardo Rose Consultoria

Sérgio Souza Dias
Centro de Excelência em Tecnologia Eletrônica Avançada (Cietec)

Sergio Valdir Bajay
Universidade Estadual de Campinas

Suani Teixeira Coelho
Instituto de Energia e Ambiente, USP

Vanessa Pecora Garcilasso
Instituto de Energia e Ambiente, USP

Virgínia Parente
Instituto de Energia e Ambiente, USP

Viviane Romeiro
Instituto de Energia e Ambiente, USP

Os capítulos expressam a opinião dos autores, sendo de sua exclusiva responsabilidade.

Sumário

Apresentação XIII
Arlindo Philippi Jr e Lineu Belico dos Reis

PARTE I – ENERGIA E DESENVOLVIMENTO SUSTENTÁVEL

Capítulo 1
A Questão Energética e sua Relação com a Sustentabilidade:
à Guisa de Introdução 3
Arlindo Philippi Jr e Lineu Belico dos Reis

Capítulo 2
Energia – Aspectos Teóricos e Conceituais 11
*Lineu Belico dos Reis, José Aquiles Baesso Grimoni e
Douglas Slaughter Nyimi*

Capítulo 3
Recursos Naturais, Cadeias e Setores Energéticos 47
*André Luis Bianchi, Adroaldo Adão Martins de Lima e
Sérgio Souza Dias*

Capítulo 4
Energia, Ambiente, Sociedade e Sustentabilidade 85
Lineu Belico dos Reis

Capítulo 5
Indicadores Energéticos e Sustentabilidade 123
*André Luis Bianchi, Adroaldo Adão Martins de Lima e
Sérgio Souza Dias*

Capítulo 6
Eficiência Energética 157
Lineu Belico dos Reis e Fabio Filipini

Parte II – Aspectos Tecnológicos e Socioambientais

Capítulo 7
Energia de Combustíveis Fósseis e
Captura e Armazenamento de CO$_2$ 209
Edmilson Moutinho dos Santos,
Hirdan Katarina de Medeiros Costa,
Virgínia Parente e Viviane Romeiro

Capítulo 8
Energia Nuclear 249
Maria Alice Morato Ribeiro

Capítulo 9
Biomassa e Bioenergia 307
Suani Teixeira Coelho, Cristiane Lima Cortez,
Vanessa Pecora Garcilasso, Manuel Moreno e
Naraisa Moura Esteves Coluna

Capítulo 10
Energia Hídrica 375
Lineu Belico dos Reis, Djalma Caselato e Eldis Camargo Santos

Capítulo 11
Energia Eólica 415
Eliane A. F. Amaral Fadigas

Capítulo 12
Energia Solar 451
Lineu Belico dos Reis e Eliane A. F. Amaral Fadigas

Capítulo 13
Outras Tecnologias Energéticas 491
Gerhard Ett e Lineu Belico dos Reis

Capítulo 14
É Possível uma Arquitetura Sustentável? 535
Marcelo de Andrade Roméro

Capítulo 15
A Iluminação Pública em um
Campus Universitário 547
José Sidnei Colombo Martini

PARTE III – ASPECTOS SISTÊMICOS

Capítulo 16
Nos Sistemas Elétricos 589
Lineu Belico dos Reis

Capítulo 17
Nos Transportes 623
Lineu Belico dos Reis

Capítulo 18
Na Indústria 669
Ricardo Ernesto Rose

Capítulo 19
Nas Cidades e Edificações 697
Carlos Leite e Rafael Tello

Capítulo 20
No Mundo da Urbanização 725
Gilda Collet Bruna e Adriana Silva Barbosa

Capítulo 21
Na Universalização do Acesso 779
Lineu Belico dos Reis e
Eliane A. F. Amaral Fadigas

XII | ENERGIA E SUSTENTABILIDADE

PARTE IV – PLANEJAMENTO, GESTÃO E POLÍTICAS ENERGÉTICAS
PARA SUSTENTABILIDADE

Capítulo 22
Políticas, Planejamento Energético e
Regulação de Mercados de Energia no Brasil 811
Sergio Valdir Bajay, Moacir Trindade de Oliveira Andrade e
Maurício Dester

Capítulo 23
Ferramentas de Avaliação Ambiental no
Planejamento e na Gestão Energética...................... 845
Lineu Belico dos Reis e Carlos Moya

Capítulo 24
Planejamento com Base na
Matriz de Energia Elétrica 887
Maurício Dester, Moacir Trindade de Oliveira Andrade e
Sergio Valdir Bajay

Capítulo 25
Planejamento, Gestão e Política de
Energia Elétrica e Sustentabilidade 921
Maurício Dester, Moacir Trindade de Oliveira Andrade e
Sergio Valdir Bajay

Capítulo 26
Política de Energia Elétrica e
Sustentabilidade no Brasil 953
Maurício Dester, Moacir Trindade de Oliveira Andrade e
Sergio Valdir Bajay

Capítulo 27
Uma Agenda para Reflexões, Posicionamentos e Ação 983
Lineu Belico dos Reis e Arlindo Philippi Jr

Índice Remissivo 997

Anexo: dos Editores e Autores 1009

Apresentação

Esta obra, *Energia e Sustentabilidade*, traz resultados de pesquisas relacionadas à construção de um modelo sustentável de desenvolvimento.

Resultante do trabalho de professores e profissionais das áreas de energia, ambiente e sustentabilidade, com atividades de ponta em diferentes universidades, institutos de pesquisa, empresas e câmaras setoriais, a publicação proporciona visão ampla e atualizada do setor energético em sua relação com a sustentabilidade, assim como destaca fundamentos e aspectos que permitam ao leitor orientação e aprofundamento nessa temática tão dinâmica quanto desafiadora. Composta de 27 capítulos, a obra está estruturada em partes, contemplando: Energia e Desenvolvimento Sustentável; Aspectos Tecnológicos e Socioambientais; Aspectos Sistêmicos; e Planejamento, Gestão e Políticas Energéticas para Sustentabilidade.

A Parte I, Energia e Desenvolvimento Sustentável, introduz a questão energética no contexto da sustentabilidade. São apresentados aspectos teórico-conceituais básicos relacionados à energia e energia elétrica, de modo a facilitar o entendimento e o resgate de experiências associadas ao dia a dia do mundo da energia. Na sequência são destacados os recursos naturais energéticos, as cadeias energéticas e os principais setores do cenário da energia. As relações entre energia, ambiente, sociedade e sustentabilidade são, então, abordadas, apresentando as diversas conexões da energia com os demais componentes da construção de um modelo sustentável de desenvolvimento. Em seguida, são discutidos os principais indicadores energéticos utilizados nos processos de avaliação relativos à sustentabilidade e, finalmente, é destacada uma questão da maior importância nesse cenário, a eficiência energética.

A Parte II, Aspectos Tecnológicos e Socioambientais, aborda aspectos tecnológicos e socioambientais relevantes associados aos principais componentes do setor de energia: a energia produzida a partir de combustíveis fósseis; a energia nuclear; a bioenergia, em sua relação com a biomassa; a energia hídrica; a energia eólica; a energia solar; e outras tecnologias energéticas disponíveis e em fase de desenvolvimento.

Na Parte III, Aspectos Sistêmicos, são ressaltados aspectos sistêmicos predominantes em diversos setores energéticos ou fortemente relacionados à energia. Inicia-se pelos sistemas elétricos, abordando-se, em seguida, os setores de transportes e da indústria. Destacam-se, então, aspectos energéticos incluídos nas cidades e edificações, e no campo da urbanização. Aqui é enfocado um dos maiores desafios da construção da sustentabilidade energética, a universalização do acesso à energia.

Na Parte IV, Planejamento, Gestão e Políticas Energéticas para Sustentabilidade, são abordados aspectos relacionados ao planejamento, à gestão e às políticas energéticas em suas relações com a sustentabilidade. É apresentado o cenário atual do país relacionado a políticas, planejamento e regulação dos mercados de energia, e, em seguida, ferramentas de gestão ambiental em sua inserção no planejamento e na gestão energética. Na sequência, são apresentados três capítulos no contexto desta última parte do livro: Planejamento com Base na Matriz de Energia Elétrica; Planejamento, Gestão e Política de Energia Elétrica e Sustentabilidade; e, por último, Política de Energia Elétrica e Sustentabilidade no Brasil.

Para concluir, são abordadas algumas das questões mais importantes da obra, delineando uma agenda para reflexões, posicionamentos e ações, com uma visão geral dos desafios e expectativas em relação ao tema energia e sustentabilidade, complementada por um convite à ação.

Com esta obra, autores colocam à disposição da sociedade brasileira material valioso e instigante sobre a relevância da relação energia e sustentabilidade enquanto base para a qualidade de vida de sua sociedade.

Arlindo Philippi Jr
Lineu Belico dos Reis

PARTE I

Energia e Desenvolvimento Sustentável

Capítulo 1
A Questão Energética e sua Relação com a Sustentabilidade: à Guisa de Introdução
Arlindo Philippi Jr e Lineu Belico dos Reis

Capítulo 2
Energia – Aspectos Teóricos e Conceituais
Lineu Belico dos Reis, José Aquiles Baesso Grimoni e Douglas Slaughter Nyimi

Capítulo 3
Recursos Naturais, Cadeias e Setores Energéticos
André Luis Bianchi, Adroaldo Adão Martins de Lima e Sérgio Souza Dias

Capítulo 4
Energia, Ambiente, Sociedade e Sustentabilidade
Lineu Belico dos Reis

Capítulo 5
Indicadores Energéticos e Sustentabilidade
André Luis Bianchi, Adroaldo Adão Martins de Lima e Sérgio Souza Dias

Capítulo 6
Eficiência Energética
Lineu Belico dos Reis e Fabio Filipini

A Questão Energética e sua Relação com a Sustentabilidade: à Guisa de Introdução

1

Arlindo Philippi Jr
Engenheiro civil e sanitarista, Faculdade de Saúde Pública da USP

Lineu Belico dos Reis
Engenheiro eletricista, Escola Politécnica da USP

As primeiras manifestações da energia na Terra se deram concomitantemente com o nascimento do planeta. Desde então a energia tem sustentado as formas de vida aqui presentes. Esse cenário amplo da presença da energia na Terra, no entanto, transcende em muito o necessário para a análise aqui efetuada. A avaliação da questão energética no âmbito da sustentabilidade requer, nesse cenário universal, foco específico nos recursos naturais e nas tecnologias utilizadas pelo ser humano em sua vida neste planeta. Ou, mais precisamente, direcionado à produção e ao consumo das formas comerciais da energia.

Nesse cenário, as diversas formas e tecnologias de produção e consumo de energia estão intimamente associadas à evolução histórica do desenvolvimento econômico da humanidade e seus consequentes efeitos sociais e ambientais.

Ao longo de uma trajetória que hoje se reflete em consumo energético excessivo de um lado, e mal distribuído de outro, a energia consumida por um ser humano (consumo *per capita*) para satisfazer as suas necessidades básicas e obter conforto e lazer chega a ser, em países denominados desenvolvidos, cerca de 130 vezes maior que o consumo da época do homem caçador (aproximadamente 100 mil anos atrás), ao passo que a média do consumo mundial é em torno de dez vezes maior. Interessante notar que ainda existem países cujo consumo *per capita* não é muito diferente do consumo das antigas civilizações.

Há uma enorme disparidade no consumo de energia entre regiões, países e até dentro de um mesmo país. Os países ricos, que detêm 30% da população mundial, consomem 70% da energia comercializada.

ENERGIA E DESENVOLVIMENTO

Até o final da década de 1980, o modelo de planejamento energético mundial adotado para satisfazer a demanda crescente por energia seguiu estratégias orientadas por aumento crescente do suprimento. Recursos energéticos abundantes alavancaram fortemente o crescimento econômico e a implantação de grandes projetos de desenvolvimento, tais como barragens, usinas nucleares, refinarias de petróleo e complexos industriais, fortemente intensivos em capitais e, muitos deles, ambientalmente inadequados. Na maioria das vezes tendo os países desenvolvidos como detentores do capital e das tecnologias necessárias.

Tal evolução histórica da relação entre energia e desenvolvimento resultou em altos níveis de dependência entre países, desarticulação dos setores energéticos, políticas centralizadoras baseadas unicamente na oferta de energia, inadequação às necessidades fundamentais das populações e danos ao meio ambiente. Isso tudo proporcionou crescimento autônomo de algumas nações e setores em detrimento de outros, acentuando disparidades sociais entre países e até mesmo dentro deles.

Os países desenvolvidos, embora tenham baseado seu crescimento econômico em um consumo energético muito elevado, ao serem pressionados pelo aumento dos preços energéticos resultantes de sua escassez ou de outras causas (como os choques do petróleo na década de 1970), adotaram estratégias para manter e até mesmo elevar suas taxas de crescimento econômico sem grandes aumentos no consumo de energia; basicamente pelo aumento da eficiência energética e pelo deslocamento das atividades com consumo mais intensivo de energia para os países não desenvolvidos, dentre outras estratégias.

Nesse contexto, a não disponibilidade de um recurso energético por parte de um país (ou mesmo região de um país) ou a falta de domínio tecnológico e de condições financeiras para explorar um energético existente submete esse país (ou região) à ineficiência no uso da energia e ao não atendimento da equidade em sua distribuição. Em nível mundial, estima-se que atualmente 2 bilhões de pessoas (30% da população) não tenham acesso à eletricidade, valor não muito diferente do existente no início do século XXI.

A universalização do acesso à energia é, consequentemente, uma meta básica da sustentabilidade energética relacionada à equidade.

ENERGIA E MEIO AMBIENTE

A partir da década de 1950, a ocorrência de grande número de problemas ambientais originou estudos científicos que identificaram desequilíbrios geofísicos e ecológicos causados pela exploração e pelo uso descontrolado de recursos naturais.

Nos últimos anos, a temática ambiental tem se juntado à social no centro das discussões relacionadas à sustentabilidade, e a energia tem participação significativa nesse contexto como potencial causadora de grandes e importantes impactos ambientais, tais como a poluição do ar urbano; a chuva ácida; o efeito estufa e as mudanças climáticas; o desmatamento e a desertificação; a degradação marinha e costeira, assim como a de lagos e rios; o alagamento ou perda de áreas de terra agricultáveis ou de valor histórico, cultural e biológico; e a contaminação radioativa.

ENERGIA E SUSTENTABILIDADE

Como consequência, já há algumas décadas a questão energética tem ocupado espaço relevante no cenário das discussões sobre meio ambiente e na construção de modelo sustentável de desenvolvimento e sustentabilidade.

A importância das questões energéticas nesses debates está associada a diversos fatos e ocorrências com grande exposição nos meios de comunicação, elencadas a seguir.

- A posição destacada na agenda estratégica global e de diversos países de lacunas crescentes, tais como dificuldades relacionadas à obtenção de capital e às condições políticas e regulatórias para a implantação de projetos de infraestrutura física necessários ao desenvolvimento de questões envolvendo energia, água e saneamento, transporte e telecomunicação.

- Os impactos das crises do petróleo, na década de 1970, que deixaram clara a forte dependência mundial da organização, gerenciamento e comercialização dos recursos energéticos.

- Diversos desastres ambientais ocorridos nas últimas décadas: chuva ácida, poluição atmosférica, vazamentos de petróleo, mudanças climáticas, dentre outros.

- Existência de grande parte da população mundial relegada a condições degradantes de subsistência, sem acesso às formas comerciais de energia assim como à água potável.

- Significativos e crescentes problemas ecológicos relacionados à energia.

Muitas discussões relevantes desse cenário gravitam em torno da energia: forte dependência da matriz energética mundial em relação aos combustíveis fósseis, como petróleo e seus derivados e carvão mineral, cujo uso para produção de energia impacta significativamente as mudanças climáticas; utilização desenfreada e não eficiente de recursos naturais energéticos; e o fato de grande parte da população mundial não ter acesso ao desenvolvimento e às formas comerciais de energia, o que se insere na questão da equidade. Nesse contexto, a transição para uma matriz com maior utilização de recursos primários renováveis, o consumo responsável da energia, a busca de maior eficiência energética e a universalização do acesso às formas comerciais energéticas se impõem, dentre outras ações, como indispensáveis para um desenvolvimento sustentável no cenário energético.

AÇÕES E POLÍTICAS ENERGÉTICAS PARA SUSTENTABILIDADE

Tem sido encontrados, cada vez mais, trabalhos e estudos mundiais e nacionais relacionados à energia e sustentabilidade, que indicam uma orientação do cenário energético para sustentabilidade.

Dentre eles, ressaltam-se a conservação de energia e a eficiência energética; a modificação das formas de produção de energia, na busca de maior participação de fontes renováveis; a necessidade do enfoque sistêmico da energia e de um processo de planejamento estratégico associado às políticas energéticas orientadas à sustentabilidade.

A conservação de energia e sua utilização eficiente devem ser importante base de apoio para qualquer política energética. Ao longo do tempo, se estabeleceu um consenso geral de que é possível manter o crescimento econômico de forma sustentável com a utilização de menos energia, se houver mais eficiência na utilização dos limitados recursos. Reduzir o consumo tem custo muito menor do que aumentar a oferta de energia. Tanto do ponto de vista econômico quanto ambiental e, em um processo bem conduzido, também social. Isso, no entanto, bate de frente com diversos interesses de instituições atuantes no cenário energético. É um desafio e tanto, que vem sendo superado lentamente, e que apresenta duas vertentes principais de atuação, distintas: uma tecnológica, baseada no uso de equipamentos mais eficientes; e outra comportamental, baseada em mudança de hábitos perdulários de consumo. Nas duas vertentes há barreiras significativas às mudanças necessárias.

A modificação das formas de produção de energia, com aumento de fontes renováveis, que possibilitem, ao longo do tempo, passar de uma matriz energética baseada em recursos fósseis para uma matriz energética predominantemente renovável talvez seja o tópico mais debatido e popular do cenário energia e sustentabilidade, considerando as discussões relacionadas ao aquecimento global e às mudanças climáticas.

O petróleo tem sido há muito tempo o recurso natural mais utilizado para atender ao consumo global de energia – o que, no caso da eletricidade, se desloca para o carvão mineral –, configurando uma matriz energética mundial baseada na utilização de recursos naturais não renováveis.

A pressão colocada sobre esses combustíveis pela busca da sustentabilidade, no entanto, provocou reação de suas indústrias, que atualmente desenvolvem e propõem soluções com menores impactos ambientais e apontadas como colaboradoras na busca de um modelo sustentável de desenvolvimento.

Algo similar ocorre com a energia nuclear, que, embora não polua a atmosfera, apresenta problemas relacionados à segurança dos reatores e com o tratamento dos resíduos do processo, o lixo atômico. Diferentes tecnologias nucleares se apresentam hoje como eminentemente seguras e com sensível redução dos efeitos danosos do lixo atômico.

Por outro lado, há um grande número de recursos naturais renováveis e tecnologias para sua utilização disponíveis no cenário, tais como: biomassa renovável, energia eólica, energia solar, energia hidrelétrica, energia oceânica, energia geotérmica, dentre outras.

Contudo, os recursos naturais nem sempre estão localizados onde há necessidade de energia, assim como também nem sempre pertencem aos detentores das tecnologias necessárias à sua boa utilização, o que resulta na necessidade de planejamento e gerenciamento de um sistema energético adequado, no qual a inserção e a integração das opções de combustíveis e tecnologias energéticas renováveis locais, de um país ou região, se configurem como fundamentais na abordagem correta da questão energética.

A necessidade do enfoque sistêmico da energia é, dentre outras razões, consequência natural dos problemas já citados, a maioria resultante da visão fragmentada e, de certa forma, imediatista, prevalecente no atual cenário. Há diversas discussões e pesquisas sobre energia em debate, relacionadas aos sistemas elétricos regionais, nacionais e internacionais; à utilização da energia no setor de transportes e na indústria; e outras, associadas principalmente ao forte aumento da urbanização, das cidades e edificações.

No âmbito da eletricidade, há ainda a questão da universalização do acesso: o desafio de levar energia elétrica a todos os habitantes da Terra, que se insere no contexto da equidade e vai muito além da questão energética.

São questões que apresentam diferentes nuances e dimensões e também envolvem necessidade de convivência entre sistemas centralizados e sistemas locais. A necessidade de um processo de planejamento estratégico associado a políticas energéticas orientadas à sustentabilidade brota naturalmente como solução.

Para enfrentar de forma adequada a questão energética no âmbito da sustentabilidade, uma política nacional de energia deve ser construída com base em um processo de planejamento de longo prazo ajustado às realidades dinâmicas do cenário. Um processo que defina, primeiramente, os objetivos que se deseja atingir no país, o que ultrapassa os limites da questão energética; e, então, decidir como os recursos energéticos podem ser melhor utilizados para atingir esses objetivos. E que considere, nesse contexto, as restrições de longo prazo: econômicas, socioambientais, políticas, tecnológicas, a disponibilidade e características dos recursos naturais energéticos e a evolução do cenário energético mundial.

É necessário que os problemas sejam abordados de forma holística, incluindo não apenas o desenvolvimento e adoção de inovações e incrementos tecnológicos, mas também políticas para redirecionar escolhas tecnológicas e investimentos no setor energético, tanto no que se refere a suprimento quanto na demanda, além de conscientização e comportamento dos consumidores, incluindo sua participação ativa neste processo. E, principalmente, que se estabeleçam rumos a longo prazo, ajustáveis às condições dinâmicas da questão, devidamente associados à continuidade do Estado, de forma prevalecente a eventuais desvios e interesses de governos de plantão.

REFERÊNCIAS

HINRICHS, R.A.; KLEINBACH, M.; REIS L.B. *Energia e meio ambiente*. São Paulo: Cengage Learning, 2015.

REIS, L.B.; FADIGAS, E.A.; CARVALHO, C.E. *Energia, recursos naturais e a prática do desenvolvimento sustentável*. Barueri: Manole, 2012.

REIS, L.B.; SANTOS, E.C. *Energia elétrica e sustentabilidade*. 2.ed. Barueri: Manole, 2014.

Energia – Aspectos Teóricos e Conceituais | 2

Lineu Belico dos Reis
Engenheiro eletricista, Escola Politécnica da USP

José Aquiles Baesso Grimoni
Engenheiro eletricista, Escola Politécnica da USP

Douglas Slaughter Nyimi
Engenheiro eletricista, Escola Politécnica da USP

INTRODUÇÃO

Neste capítulo, são apresentados aspectos teóricos básicos relacionados à energia, considerados necessários para um melhor entendimento do tema por leitores não afeitos ao dia a dia dos profissionais mais diretamente envolvidos com a questão energética. Busca-se aqui apresentar esses conceitos de forma simples e de fácil entendimento, havendo alguma referência a maiores aprofundamentos quando necessário.

A experiência dos autores em cursos multidisciplinares envolvendo o assunto foi bastante importante na escolha dos tópicos aqui expostos e no estabelecimento dos limites da abordagem, uma vez que o assunto é bastante amplo, envolvendo conhecimentos profundos das áreas de ciências exatas; mais especificamente, física, matemática e engenharia.

Assim, o capítulo aborda os temas considerados, de fato, básicos em relação à energia.

Outros temas associados a conceitos energéticos também são explicados na medida em que aparecem ao longo deste livro, mas como informação específica de cada capítulo. Para identificar esses temas mais facilmente, é possível recorrer ao índice remissivo do final do livro.

Tendo isso em vista, este capítulo aborda inicialmente os seguintes tópicos, fundamentais para o tratamento da energia em seu contexto geral:

- O que é energia e como é obtida.
- Energia e potência.
- Formas (ou tipos) de energia.
- Fontes de energia.
- Leis básicas da termodinâmica.
- Fluxos de energia, níveis energéticos e sua classificação.
- Eficiência energética.

Em seguida, apresentam-se também as variáveis e conceitos básicos de uma forma específica de energia, a energia elétrica, uma vez que a mesma é parte de grande importância no cenário energético e requer enfoque diferenciado, associado a suas características fundamentais.

ENERGIA: CONCEITOS BÁSICOS

"Energia é a capacidade de um sistema para causar um efeito externo."
(Max Planck)

A abordagem física do conceito de energia pode proporcionar alguns *insights* a respeito dos processos naturais e, sobretudo, colaborar para o desenvolvimento de máquinas e tecnologias. No entanto, ela não parece fornecer subsídios suficientes para a avaliação dos impactos que a capacidade de manipulação dos recursos naturais para a transformação/produção, controle e uso da energia pode acarretar sobre a natureza (biosfera), as sociedades humanas e os próprios indivíduos.

Definições relativamente precisas sobre conceitos físicos importantes podem aparentar objetividade e neutralidade científicas, mas isso não se sustenta diante dos interesses e das ambições humanas. O conhecimento científico proporciona aos humanos a capacidade de manipular a natureza, e essa capacidade trouxe, traz e trará tanto benefícios quanto malefícios. A questão energética também contém essa ambiguidade.

Mas, apesar da eventual insuficiência associada ao conceito de energia, o mesmo não deixa de ser necessário para o entendimento e para a avaliação mais criteriosa e rigorosa dos diversos processos envolvendo energia e os impactos associados. As definições matemáticas da física proporcionam uma maneira mais precisa para se referir aos termos usados, evitando, assim, duplos sentidos, confusões e enganos. Elas não abrangem as diversas circunstâncias e consequências da transformação/produção, controle e uso da energia fora do âmbito delimitado pela física, mas, justamente por esta questão de precisão, não devem pretender abrangência. Existem diversas abordagens ao tema energia, como a sociológica, a antropológica e a econômica (Moutinho dos Santos, 2010), mas todas observam os princípios propostos pela abordagem física em suas análises.

Como conceitos físicos, energia e outras grandezas relevantes serão definidas, mesmo que indiretamente, em termos matemáticos. Enfatiza-se que esta exposição não pretende ser excessivamente especializada nem exaustiva. A própria formulação formal já é bastante ampla e complexa. Assim, as expressões aqui utilizadas têm apenas o intuito de introduzir o assunto, evitando o uso de matemática avançada. Buscar-se-á também mostrar um pouco do desenvolvimento histórico do conceito de energia, por conta de seu caráter didático e cultural.

A seguir, são apresentadas a origem da palavra "energia", breve descrição de como o conceito físico se desenvolveu e, finalmente, uma definição de energia.

Origem da palavra "energia"

Em termos etimológicos, a palavra **energia** deriva do francês *énergie*, que vem do latim tardio *energia*, e este do grego *enérgeia* (ἐνέργεια) (Aulete e Valente, 2013).

A palavra *enérgeia* pode significar "atividade", "operação". Por sua vez, *enérgeia* deriva da palavra grega *energós* (ἐνεργός) – "em atividade, no trabalho, ocupado" – que é formada pelo prefixo *en* (ἐν) – "em" – com a raiz *érgon* (ἔργον) – "atividade, trabalho, tarefa, ação" (Liddell e Scott, 2013).

É possível que a primeira menção da palavra *enérgeia* tenha ocorrido no livro *Ética a Nicômaco*, de Aristóteles de Estagira (384-322 a. C.). Nos textos de Aristóteles, o termo *enérgeia* tem um significado mais específico que aquele presente em dicionários. A palavra se insere no contexto da doutrina do ato-potência, parte do sistema filosófico criado por Aristóteles, que teve grande influência no desenvolvimento da física e é relevante para melhor entender alguns conceitos que serão apresentados ao longo deste livro.

De modo geral, esta doutrina diz o seguinte: o ser não é apenas aquilo que existe de fato (existe em ato), mas também aquilo que pode vir a existir (existe virtualmente ou existe em potência). Por exemplo, uma semente de macieira é uma semente em ato, mas pode se tornar uma árvore. Logo, a semente é uma árvore em potência. Assim, uma substância poderia apresentar certas características em certo momento e outras características em outro.

No contexto da doutrina do ato-potência de Aristóteles, o termo *enérgeia* tem o seguinte significado: ele se refere ao ato ou ao ser em ato (em oposição à potência ou ao ser em potência) e, portanto, está relacionado ao movimento atual e não ao movimento em potência. Para Aristóteles, todos os movimentos observáveis são a atualização de potencialidades (Florido, 1999).

Origem do conceito moderno de energia

Ainda durante o século XVIII, os conceitos de energia cinética, momento linear e força e a relação entre eles não eram claros. Por exemplo, a noção de energia cinética era embrionária: uma das principais propostas era do matemático e filósofo Gottfried Wilhelm von Leibniz (1646-1716), que chamava sua grandeza de *vis viva* (expressão latina, em que *vis* pode significar força, intensidade, vigor). A *vis viva* era o produto da massa pela sua velocidade ao quadrado (mv^2).

Em 1807, o cientista inglês Thomas Young (1773-1829) publicou a obra *A Course of Lectures on Natural Philosophy and the Mechanical Arts*, na qual chama o produto da massa pela sua velocidade ao quadrado de energia (*energy*), sendo, talvez, o primeiro a usar o termo em sentido físico moderno. A passagem é transcrita a seguir: "Definição. O produto da massa de um corpo pelo quadrado da sua velocidade pode ser adequadamente denominado sua energia" (Young, 1807, p. 52, tradução nossa).

As denominações de energia cinética, energia potencial, trabalho etc. e as expressões matemáticas que são usadas ainda hoje surgiram após 1819.

Definição de energia

Formalmente, energia é uma grandeza escalar: um número real associado a uma unidade de medida. No Sistema Internacional de Unidades

(SI), principal sistema de unidades dentre os diversos utilizados mundialmente, a unidade de energia é o joule (J). Energia não é uma grandeza quantificada como a carga elétrica, por exemplo. Tal grandeza caracteriza um aspecto de um corpo ou matéria, processo ou sistema físico e está intimamente relacionada ao movimento atual ou potencial, em âmbito macroscópico ou microscópico.

Usualmente, são definidos tipos de energia, como energia cinética, energia potencial etc., mas uma definição geral não é tarefa simples. Por exemplo, uma definição geral comum de energia é: propriedade de um sistema que lhe dá capacidade de realizar trabalho. Essa definição parece problemática, pois existem situações em que parte da energia associada a um sistema não pode ser convertida em trabalho mecânico. Neste caso, tendo em vista essa definição, a energia que não pode ser convertida em trabalho, seria energia?

Outro fator que dificulta uma definição geral é que, diferente, por exemplo, dos conceitos atuais de massa e força (que são, em certo sentido, concretos e palpáveis), o conceito de energia é abstrato. Talvez, por esta razão, entre os conceitos básicos da mecânica, o de energia foi o que mais demorou em ser identificado e formulado com precisão (Capra, 2012, p. 210). Muitas vezes, é conveniente definir energia através de suas propriedades. A propriedade essencial é a de que sua quantidade sempre permanece constante. Tal propriedade é conhecida como princípio de conservação da energia, estabelecido por volta de 1840 (Kuhn, 1977). O princípio de conservação da energia será discutido mais detalhadamente em item específico.

Aqui não será dada uma definição geral mais precisa que esta, mas as noções de trabalho, energia cinética e energia potencial serão definidas matematicamente. Através dessas definições e das discussões feitas ao longo do capítulo, espera-se que o leitor desenvolva certo entendimento do abstrato conceito de energia.

FORMAS DE ENERGIA E SUAS CONVERSÕES

Entre 1820 e 1850, diversos processos de conversão entre fenômenos de naturezas distintas foram descobertos (Pessoa Jr., 2009). Para cada uma das naturezas, estava vinculada um tipo de energia: mecânica – cinética e potencial (gravitacional, elástica, eletrostática) –, térmica, química, elétrica, de radiação eletromagnética, nuclear e de massa.

Todas as formas de energia estão relacionadas pelo princípio de conservação da energia.

Uma classificação de formas de energia

É possível classificar as formas de energia em duas categorias: quanto à sua natureza e quanto ao movimento.

Quanto à natureza da energia

Esta categoria se refere à natureza física da energia. Assim, temos, por exemplo:

- Energia mecânica.
- Energia térmica.
- Energia química.
- Energia elétrica.
- Energia de radiação eletromagnética.
- Energia nuclear.
- Energia de massa.
- Etc.

No geral, cada uma dessas formas de energia é obtida através da utilização de recursos naturais por meio de tecnologias adequadas, o que também permite a conversão de uma forma de energia em outra.

Quanto ao movimento

Esta categoria se refere ao movimento atual ou potencial de uma ou mais partículas ou corpos. Assim, temos:

- Energia cinética: se houver movimento atual de partículas macroscópicas ou microscópicas.
- Energia potencial: se houver movimento potencial (no sentido de ser possível de ocorrer) de partículas macroscópicas ou microscópicas.

Exemplos de processos de conversão

Alguns exemplos de processos de conversão de energia são os seguintes:

- Termomecânica (trabalho em calor e calor em trabalho).
- Eletromecânica (trabalho em eletricidade e eletricidade em trabalho).
- Termoquímica (reações químicas que absorvem, chamadas de endotérmicas; ou produzem, chamadas de exotérmicas; energia térmica; o calor).
- Eletroquímica (reações químicas que produzem eletricidade, como na pilha, e eletricidade usada para produzir reações químicas, como na eletrólise).

A Figura 2.1 mostra esquematicamente as formas de energia e suas conversões, em termos globais. É possível atribuir diversos nomes às formas de energia, mas elas podem ser enquadradas em pelo menos uma das categorias propostas.

Figura 2.1 – Formas de energia e suas conversões.

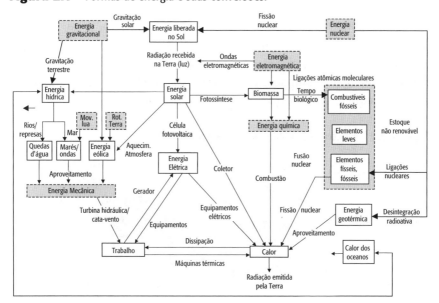

Fonte: Reis (2011).

TRABALHO, ENERGIA E POTÊNCIA

Os conceitos de trabalho, energia (de diferentes formas) e potência são importantes em termos operacionais e práticos. Estes conceitos e outros desenvolvimentos, como o princípio de conservação de energia, devem muito a contribuições dadas por engenheiros.

A Revolução Industrial (iniciada na Inglaterra, no final do século XVIII) estimulou o interesse no estudo e melhoria do desempenho das máquinas a vapor, por sua grande relevância econômica, sobretudo no século XIX. Por isso, houve o interesse de diversos engenheiros no assunto. É o caso, por exemplo, do engenheiro francês Nicolas Leonard Sadi Carnot (1796-1832), que desejava saber, entre outras coisas, como aumentar o rendimento de máquinas a vapor.

Trabalho

O termo **trabalho** (em francês *travail*) foi dado pelo engenheiro e matemático francês Gaspard Gustave Coriolis (1792-1843). Este conceito está intimamente relacionado ao estudo de máquinas a vapor do começo do século XIX.

Naquela época, as máquinas a vapor eram utilizadas primariamente para a produção de movimento mecânico, e o uso de animais para tração era muito comum, o que tornou natural a comparação entre a capacidade das máquinas e dos animais para realizar essas tarefas. A Figura 2.2 ilustra como um cavalo aplica forças que realizam trabalho.

Figura 2.2 – Noção de trabalho associada à tração animal.

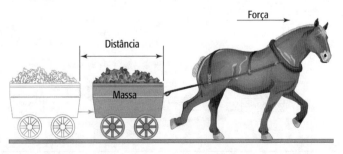

Fonte: Encyclopaedia Britannica. Disponível em: http://kids.britannica.com/comptons/art-53662/The-horse-is-exerting-a-force-to-pull-the-cart. Acessado em: 3 set. 2014.

ENERGIA – ASPECTOS TEÓRICOS E CONCEITUAIS | **19**

Em sua forma mais simples, na qual a força é exercida no mesmo sentido do movimento, o trabalho é definido como:

Trabalho = força × distância percorrida

Das pesquisas de Coriolis, do engenheiro e físico francês Claude Louis Navier (1785-1836) e do engenheiro e matemático francês Jean Victor Poncelet (1788-1867) resultou a noção de trabalho como a integral da força pela distância (Kuhn, 1977).

Essa definição nos fornece a dimensão da unidade de trabalho, que é o produto de uma unidade de força por uma unidade de comprimento. No SI, a unidade de trabalho é o newton-metro [Nm] ou joule [J], que seria, então, o trabalho realizado por uma força de 1 N na direção e sentido do deslocamento de 1 m. A dimensão de energia tem como unidade, justamente, o joule [J]. Esta unidade é uma homenagem ao físico inglês James Prescott Joule (1818-1889), que mostrou experimentalmente a equivalência entre energia mecânica e calor.

Energia cinética

Como visto anteriormente, as noções de *vis viva* (Leibniz) e *energia* (Young) tinham o valor de mv^2 Coriolis corrigiu essa expressão para ½ mv^2 e a relacionou com a noção de trabalho. A criação do termo energia cinética (*kinetic energy*) é atribuída ao engenheiro e físico irlandês William Thomson (1824-1907), mais conhecido como Lord Kelvin.

A energia cinética está relacionada ao movimento atual de uma partícula ou corpo, cuja velocidade depende de um referencial. Tal como o trabalho, a energia cinética é uma grandeza escalar, cuja unidade no SI é o joule.

A energia cinética pode ser de translação, rotação ou vibração, que são as possibilidades de movimento atual de um corpo. Por uma questão de simplicidade, apenas o caso da translação será discutido. Os casos de rotação e vibração requerem um estudo mais complexo, mas suas ideias subjacentes e seus resultados são análogos àqueles da translação.

A energia cinética (de translação) é definida como:

$$K = \frac{1}{2}mv^2 \qquad \text{(Equação 1)}$$

Em que o símbolo v, é a velocidade da partícula ou corpo de massa m no instante considerado. O trabalho realizado para que a velocidade (de translação) de uma partícula ou corpo (de massa m) seja aumentada do valor inicial v_0 para o valor v em um dado instante é dado por:

$$Trabalho = \Delta K = K - K_0 = \frac{1}{2}mv^2 - \frac{1}{2}mv_0^2 \quad \text{(Equação 2)}$$

Este trabalho corresponde à variação da energia cinética da partícula ou corpo entre os dois instantes. Formalmente, a relação entre trabalho e energia cinética é dada pelo seguinte teorema: o trabalho realizado pela resultante $\vec{R}$ (soma vetorial de todas as forças aplicadas a uma partícula) sobre uma partícula é igual à variação de energia cinética (de translação) desta partícula num determinado intervalo de tempo.

Uma forma alternativa para o cálculo do trabalho realizado pela resultante é através da soma algébrica do trabalho realizado por cada uma das n forças aplicadas sobre a partícula.

Energia potencial

O termo energia potencial (*potential energy*) foi proposto pelo engenheiro, físico e matemático escocês William John Macquorn Rankine (1820-1872). A energia potencial está relacionada ao movimento em potência de uma partícula ou corpo, ou seja, quando existe a possibilidade de atualizar o movimento. Ela seria uma forma de energia armazenada que pode ser convertida em energia cinética.

Tal como o trabalho e a energia cinética, a energia potencial é uma grandeza escalar, cuja unidade no SI é o joule.

Como o trabalho realizado pela resultante é, também, a soma algébrica dos trabalhos de cada força aplicada a uma partícula, então, para cada força, está vinculado um trabalho (ou tipo de energia).

Por esta linha de raciocínio, para definir energia potencial vincula-se este conceito a certos tipos de força. Surge, então, a distinção entre *forças conservativas* e *forças não conservativas*. A energia potencial está vinculada ao trabalho realizado pelas *forças conservativas*. A definição dessas forças envolve conceitos e desenvolvimentos que não serão tratados neste capítulo, sendo importante citar apenas que, por definição, uma força é *conservativa* se o trabalho realizado por ela sobre uma partícula ou corpo que se desloca entre dois pontos depende apenas desses pontos e não da trajetória percorrida. A energia potencial também é chamada de energia de configuração, pois ela depende apenas da posição da partícula ou corpo no espaço.

São exemplos de forças conservativas a força gravitacional (peso), a força elástica e a força eletrostática. Um exemplo de força não conservativa é a força de atrito.

Neste contexto, o termo "conservativo" também pode se referir à conservação de energia mecânica, que é utilizada a seguir para exemplificar o mecanismo de transformação de energia cinética e potencial. Em sua forma mais geral, a conservação de energia será enfocada mais adiante, no tópico dedicado à Primeira Lei da Termodinâmica.

Por exemplo, a energia potencial gravitacional pode ser dada por

$$U = mgh \qquad \text{(Equação 3)}$$

Onde mede a posição da partícula ou corpo de massa no instante considerado, em relação a uma determinada referência de posição. O trabalho realizado para que uma partícula ou corpo de massa tenha sua posição modificada de um valor inicial h_0 para um valor h num dado instante, é:

$$Trabalho = -\Delta U = mgho - mgh \qquad \text{(Equação 4)}$$

Este trabalho corresponde ao oposto da variação da energia potencial da partícula ou corpo entre as duas posições.

Conservação de energia mecânica

A energia mecânica é dada pela soma algébrica da energia cinética (K) com a energia potencial (U). Matematicamente:

$$E = K + U \qquad \text{(Equação 5)}$$

Onde e a expressão de U depende da(s) força(s) conservativa(s) em questão (gravitacional, elástica, eletrostática etc.). A energia cinética e a energia potencial são definidas para um sistema que é constituído de um conjunto de partículas ou corpos e uma referência espacial.

Se o sistema é conservativo, então a energia mecânica se conserva e, portanto:

$$\Delta E = 0 \qquad \text{(Equação 6)}$$

Se o sistema é não conservativo, então a energia mecânica não se conserva e, portanto:

$$\Delta E \neq 0 \qquad \text{(Equação 7)}$$

As forças não conservativas podem aumentar ou diminuir a energia mecânica de um sistema. Aquelas que diminuem o módulo da energia mecânica são chamadas de forças dissipativas, como no caso do atrito.

Potência

Além da noção de energia, há outras noções importantes para descrever certos processos. Quando é necessário saber quanta energia está envolvida por unidade de tempo, surge o conceito de potência[1]. Suponha que uma massa m é elevada h metros, o trabalho (energia) é o mesmo, quer leve um segundo ou 10 anos. A noção de potência é semelhante à noção de velocidade: dado um percurso de 100 km, é bastante diferente cobri-lo em uma hora do que fazê-lo em 24 horas.

A definição de potência é a taxa de variação temporal de energia (em suas diversas formas):

$$P = \frac{\Delta E}{\Delta t} \qquad \text{(Equação 8)}$$

A unidade de potência no SI é o watt [W] = 1 joule/segundo [J/s]. Essa unidade é uma homenagem ao engenheiro escocês James Watt (1736-1819), que aperfeiçoou a máquina a vapor. Watt propôs uma unidade de potência que refletisse um cavalo trabalhando como um motor: é o *horse-power* [hp], que equivale a 745,7 W.

LEIS BÁSICAS DA TERMODINÂMICA

A termodinâmica trata dos estudos relacionados com a dinâmica dos sistemas térmicos, estando relacionada, portanto, com a energia térmica. Historicamente, foi o desenvolvimento da termodinâmica, acelerado princi-

---

[1] É importante distinguir o conceito de "*potência*" da noção aristotélica de "*ser em potência*". Apesar de ser possível vislumbrar alguma relação, são duas ideias diferentes.

palmente pelo advento das máquinas a vapor, que permitiu a determinação de diversas características energéticas básicas, dentre elas as leis que regem a energia e a eficiência energética. A primeira e a segunda lei da termodinâmica, fundamentais no cenário da energia, são apresentadas a seguir, logo depois de algumas definições básicas necessárias para seu entendimento.

Definições básicas

*   Sistema termodinâmico: quantidade de matéria cuja identidade e massa são fixas, escolhida para análise termodinâmica. Tal quantidade de massa é separada de uma vizinhança (ou meio) por uma fronteira.
*   Sistema fechado: sistema termodinâmico em que apenas trabalho e calor atravessam a sua fronteira. Não há massa atravessando a fronteira.
*   Sistema aberto[2]: sistema em que trabalho (W), calor (Q) e massa (m) atravessam sua fronteira.
*   Sistema isolado: sistema termodinâmico em que não há comunicação com a vizinhança através da fronteira. Nem trabalho, nem calor e nem massa atravessam a fronteira.
*   Volume de controle: volume definido no espaço e delimitado por uma superfície (chamada de superfície de controle) que permite análises quando há fluxos de massa. Ou seja, a quantidade de matéria não tem, necessariamente, identidade e nem massa fixas (Schmidt, Henderson e Wolgemuth, 1996).

A Figura 2.3, a qual representa o calor, mostra esquematicamente os sistemas possíveis, exceto o volume de controle.

Calor pode ser definido como a energia em trânsito devido à diferença (gradiente) de temperatura e não está associado com a transferência de massa.

Energia interna pode ser definida como a energia armazenada ou possuída pelo sistema, em virtude das energias cinética (translação, rotação e vibração) e potencial microscópicas das moléculas presentes na substância. Quando a substância é um gás ideal, a energia interna depende apenas da temperatura do sistema (Resnick e Halliday, 1984).

---

[2] A rigor, o sistema aberto não é um sistema termodinâmico, já que, por definição, um sistema termodinâmico é uma quantidade de matéria de identidade e massa fixas. Esse termo é usado eventualmente e, por isso, é mencionado.

Figura 2.3 – Sistemas termodinâmicos.

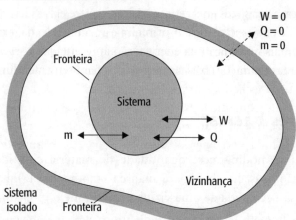

Fonte: MSPC.ENG. Disponível em: http://www.mspc.eng.br/termo/termod051A.shtml. Acessado em: 3 set. 2014.

Primeira Lei da Termodinâmica

A Primeira Lei da Termodinâmica é um caso do princípio de conservação da energia. Em todo sistema fechado, a energia se conserva, adotando eventualmente formas diferentes. Neste caso, esta lei relaciona energia térmica (calor e energia interna) e energia mecânica (trabalho).

A Primeira Lei da Termodinâmica pode ser escrita da seguinte forma:

$$\Delta U = Q - W \qquad \text{(Equação 9)}$$

Em que ΔU é a variação da energia interna, Q é o calor (recebido ou fornecido pelo sistema) e W é o trabalho (energia fornecida ou recebida pelo sistema através de trabalho mecânico). Se um sistema sofre uma variação de estado, então uma quantidade de calor Q é absorvida (fornecida) e/ou uma quantidade de trabalho W é realizada, de forma que haja uma variação da energia interna.

Segunda Lei da Termodinâmica

O físico e matemático alemão Rudolf Julius Emanuel Clausius (1822-1888) propôs o termo entropia (composto das partículas gregas *en* (ἐν) – "em" – e *trópos* (τρόπος) – "tornar, curso, caminho"), que significaria "tornar-se em, em curso, no caminho", para enfatizar o caráter de transformação. Ao que parece, Clausius queria um termo análogo ao termo "energia" – *en* (ἐν) + *trópos* (τρόπος) é semelhante a *en* (ἐν) + *érgon* (ἔργον).

A Segunda Lei da Termodinâmica é uma lei de degradação energética. Em todo sistema fechado, é impossível transformar toda a energia em trabalho, sendo que a quantidade dessa "energia útil" vai diminuindo ao longo dos processos. Ou seja, quando energia mecânica é convertida em energia térmica, nem toda essa energia térmica pode ser reconvertida naquela energia mecânica inicial. Esta lei também indica um sentido para os processos termodinâmicos, quando estes são irreversíveis. A entropia sempre aumenta em um processo irreversível, até atingir um valor máximo (Pessoa Jr., 2009). Matematicamente, para um processo que passa de um estado 1 para um estado 2:

$$\frac{Q}{T} = \Delta S = S_2 - S_1 = \frac{Q}{T_2} - \frac{Q}{T_1} \geq 0 \qquad \text{(Equação 10)}$$

Em que:
S_1: entropia no estado um (estado inicial)
S_2: entropia no estado dois (estado final)
Q_1: calor no estado um
Q_2: calor no estado dois
T_1: temperatura no estado um
T_2: temperatura no estado dois

Esta lei também é bastante conhecida pela seguinte constatação: a entropia do universo sempre aumenta.

Em 1865, Clausius enunciou, de forma bastante ambiciosa, as duas leis da termodinâmica para o universo como um todo. O universo pode ser considerado um sistema isolado, assim, "a energia do universo é constante" e "a entropia do universo tende para um valor máximo" (Pessoa Jr., 2009).

PRINCÍPIO DA CONSERVAÇÃO DE ENERGIA

O enunciado do princípio de conservação da energia pode ser o seguinte: a energia pode transformar-se de uma espécie para outra, mas não pode ser criada ou destruída: a quantidade de energia total é constante.

Esta é, talvez, a propriedade mais importante da energia e tem um caráter unificador dos diversos fenômenos físicos, pois ela não faz distinção entre eles. A generalização do conceito de energia para além dos fenômenos mecânicos observáveis diretamente relacionou outros campos da física. Existem outros princípios de conservação em física (princípios de conservação do momento linear, conservação do momento angular, conservação da carga elétrica, entre outros), mas o princípio de conservação da energia é peculiar por seu caráter unificador: associa fenômenos de naturezas diferentes, com aparências diferentes, mas que possuem um princípio comum subjacente, que não é evidente.

Segundo Kuhn (1977), a existência de diversos processos de conversão (muitos deles descobertos entre 1820 e 1850) e a preocupação com as máquinas a vapor foram fatores essenciais para a formulação do enunciado completo do princípio de conservação da energia.

Joule mostrou experimentalmente que, na conversão de energia mecânica em calor, a mesma quantidade de energia mecânica correspondia sempre à mesma quantidade de calor (apesar da recíproca não ser verdadeira: na conversão de calor em energia mecânica, a mesma quantidade de calor não corresponde à mesma quantidade de energia mecânica). Assim, foi definitivamente estabelecida a equivalência entre trabalho mecânico e calor como duas formas de energia.

O médico e físico alemão Hermann Ludwig Ferdinand von Helmholtz (1821-1894) foi o primeiro a tornar clara a ideia de que a energia mecânica e o calor não eram as únicas formas de energia equivalentes, mas todas as formas eram. Além disso, ele afirmou que nenhuma forma de energia poderia desaparecer sem que a mesma quantidade aparecesse sob alguma outra forma.

A Primeira Lei da Termodinâmica é uma lei de conservação entre energia térmica e energia mecânica.

EFICIÊNCIAS NA CONVERSÃO DE ENERGIA

Em diversas ocasiões, é conveniente saber qual é o rendimento de um certo processo. Por exemplo, para saber se não há desperdício ou se é possível realizar mais com menos recursos ou, ainda, trocar o processo por outro mais eficiente.

Pode-se definir eficiência ou rendimento de conversão como a relação entre a energia útil convertida e a energia total. Matematicamente, seria:

$$\eta = \frac{E_{útil}}{E_{total}}$$ (Equação 11)

Existem vários processos de conversão de energia, e os rendimentos de cada um deles são bem diversos. Eles podem variar de alguns pontos percentuais até rendimentos de mais de 90%. A energia não utilizada no processo, ou seja, perdida na cadeia de transformação, usualmente recebe o nome de perdas (energéticas). Assim, em um sistema com rendimento de 90%, as perdas representarão 10% do valor da energia total fornecida ao sistema.

Eficiência termomecânica

A conversão de calor em trabalho mecânico foi estudada por Carnot no ensaio *Réflexions sur la Puissance Motrice du Feu*[3], publicado em 1824. A proposta de Carnot foi reformulada por Clausius, já que ela havia sido baseada na teoria do calórico.

O ciclo de Carnot fornece o rendimento máximo que uma máquina térmica (ver Figura 2.4) reversível (ideal) poderia ter. O teorema de Carnot formaliza essa noção. Esse teorema será mostrado mais adiante, após a apresentação de conceitos necessários para seu entendimento.

A máquina térmica é um dispositivo que opera em um ciclo termodinâmico e produz trabalho líquido positivo, enquanto recebe calor de um reservatório[4] de alta temperatura e fornece calor a um reservatório de baixa temperatura. A Figura 2.4 mostra um esquema de máquina térmica, sendo T_H a temperatura, Q_H o calor transferido do reservatório de alta temperatura, T_C a temperatura e Q_C, calor transferido do reservatório de baixa temperatura e o trabalho fornecido (W).

Teorema: o rendimento de todas as máquinas reversíveis que operam entre duas temperaturas determinadas é o mesmo. Nenhuma máquina irreversível que trabalhe entre aquelas mesmas temperaturas poderia ter rendimento superior.

---

[3] Em português, *Reflexões sobre a potência motriz do fogo*.
[4] Do ponto de vista termodinâmico, a única propriedade relevante de um reservatório é a sua temperatura.

O ciclo de Carnot é um ciclo termodinâmico reversível, composto por quatro curvas em um gráfico de pressão (P) por volume (V), sendo duas curvas isotermas (processo à mesma temperatura) e duas curvas adiabáticas (processo sem troca de calor). A Figura 2.5 mostra o ciclo de Carnot, em que os trechos de curvas a-b e c-d são isotermas e b-c e d-a são adiabáticas.

Figura 2.4 – Máquina térmica.

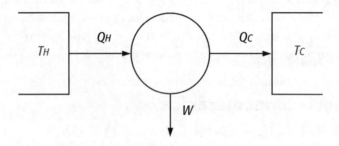

Fonte: Wikipédia. Disponível em: http://en.wikipedia.org/wiki/File:Carnot_heat_engine_2.svg. Acessado em: 3 set. 2014.

Figura 2.5 – Ciclo de Carnot.

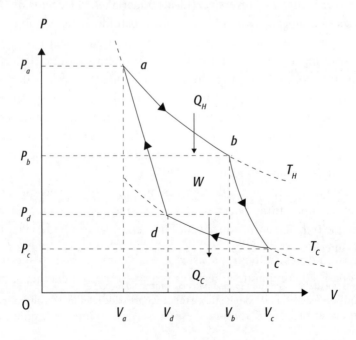

O trabalho é numericamente igual à área delimitada pelas curvas do ciclo de Carnot.

O rendimento de uma máquina de Carnot é dado por:

$$\eta_{carnot} = 1 - \frac{T_C}{T_H}$$ (Equação 12)

Outras eficiências

Um exemplo de conversão eficiente de energia são os transdutores eletromecânicos, que convertem energia mecânica em energia elétrica e vice-versa. Eles podem ter rendimentos acima dos 90%.

ELETRICIDADE – CONCEITOS BÁSICOS

A seguir são apresentados conceitos básicos relacionados à energia elétrica necessários para o entendimento dos assuntos tratados ao longo deste livro. Em diversos outros capítulos, quando necessário, também serão apresentados conceitos específicos, que serão complementares aos enfocados a seguir e poderão ser entendidos com base nos mesmos.

Antes de detalhar os referidos conceitos, considera-se importante ressaltar alguns aspectos e características típicas da energia elétrica, que serão abordados ou referenciados de forma recorrente ao longo do livro e que se relacionam diretamente com a complexidade do tratamento da energia elétrica no cenário energético global:

- A eletricidade é uma fonte secundária de energia, ou seja, só pode ser obtida a partir de recursos naturais por meio de transformações efetuadas através de tecnologias específicas. Assim, ela se diferencia das fontes primárias de energia, obtidas diretamente de recursos naturais, como no caso do petróleo bruto, do gás natural e da lenha.
- A eletricidade deve ser produzida e entregue diretamente nas quantidades, locais e instantes em que é solicitada (pelos diversos tipos de consumidores). Isto requer sistemas mais complexos de planejamento e operação comparativamente às outras formas de energia, já que as tecnologias de armazenamento de energia elétrica em operação e viáveis para utilização comercial em curto prazo ainda se limitam a me-

nores capacidades, restringindo sua aplicação a sistemas de pequeno porte, locais ou descentralizados. A grande evolução atual dos sistemas de armazenamento de energia elétrica está causando e continuará a causar uma significativa revolução nos sistemas elétricos, principalmente quando associada às recentes tecnologias de informação e controle, no âmbito das denominadas redes (ou sistemas) inteligentes.

- O consumo de energia elétrica ao longo do tempo (curva de carga) apresenta características típicas relacionadas às necessidades de energia e de potência (capacidade), que também contribuem para aumentar a complexidade do planejamento e da operação dos sistemas elétricos, uma vez que deverão harmonizar necessidades instantâneas – requisitos de potência no pico ou ponta da carga (consumo) – com necessidades ao longo do tempo – requisitos de energia, que são função do comportamento da potência instantânea requisitada ao longo do tempo considerado.

Tipos básicos de sistemas elétricos

Uma classificação abrangente da energia elétrica tem relação com sua evolução histórica e com o comportamento de suas variáveis básicas, a tensão (V, medida em volts, cujo símbolo é também V) e a corrente (I, medida em amperes, cujo símbolo é A), ao longo do tempo.

De acordo com esta classificação, existem:

- Sistemas em Corrente Continua (CC ou DC, em inglês, de *Direct Current*).
- Sistemas em Corrente Alternada (CA ou AC, em inglês, de *Alternating Current*).

Historicamente, pode-se dizer que a corrente contínua antecedeu a corrente alternada. Isso porque as baterias (que são fontes de corrente contínua) foram desenvolvidas em torno de 1800, e aquele que se julga ter sido o primeiro alternador (que são fontes de corrente alternada) surgiu em 1832.

A invenção das baterias é atribuída ao físico italiano Alessandro Giuseppe Antonio Anastasio Volta (1745-1827). Volta aproveitou os estudos pioneiros do médico e físico Luigi Aloisio Galvani (1737-1798) e fez contribuições teóricas que o levaram a produzir uma bateria no ano de

1800. Acredita-se que o primeiro alternador a produzir corrente alternada foi construído pelo francês Hippolyte Pixii, em 1832. Daquela época até os dias atuais, as duas formas de corrente são amplamente usadas.

É interessante notar que os grandes sistemas elétricos atuais operam em CA, o que causa necessidade de ajustes e adaptações tecnológicas para permitir a conexão de fontes de geração que produzem em CC (tais como baterias, sistemas solares fotovoltaicos e células a combustível) e de sistemas de transporte de eletricidade (transmissão e distribuição) que operam em CC. Este assunto será retomado logo adiante, após a apresentação das características básicas dos sistemas em CC e CA.

Nos sistemas em CC, quando operando em condições normais, a tensão V e a corrente I se mantêm constantes ao longo do tempo, conforme apresentado na Figura 2.6.

Figura 2.6 – Curvas de tensão (V) e corrente (I) em função do tempo para CC.

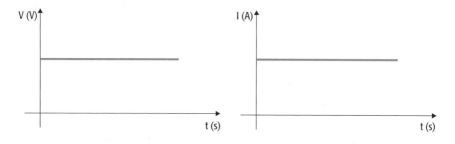

Fonte: Só Física. Disponível em: http://www.sofisica.com.br/conteudos/Eletromagnetismo/Eletrodinamica/caecc.php. Acessado em: 3 set. 2014.

Conforme já citado, a energia elétrica em CC pode ser obtida diretamente de pilhas e baterias, sistemas solares fotovoltaicos e células a combustível, assim como de máquinas elétricas rotativas, como será explicado um pouco mais adiante.

Nos sistemas em CA, quando operando em condições normais e alimentando cargas lineares, a tensão V e a corrente I apresentam características alternativas ao longo do tempo, com a forma da função seno, como mostrado na Figura 2.7.

A geração de energia elétrica em CA pode ser efetuada diretamente pelos geradores elétricos. Estes geradores, que se incluem dentre as máquinas elétricas rotativas, utilizam características especiais de campos eletro-

Figura 2.7 – Curvas de tensão (V) e corrente (I) em função do tempo para CA.

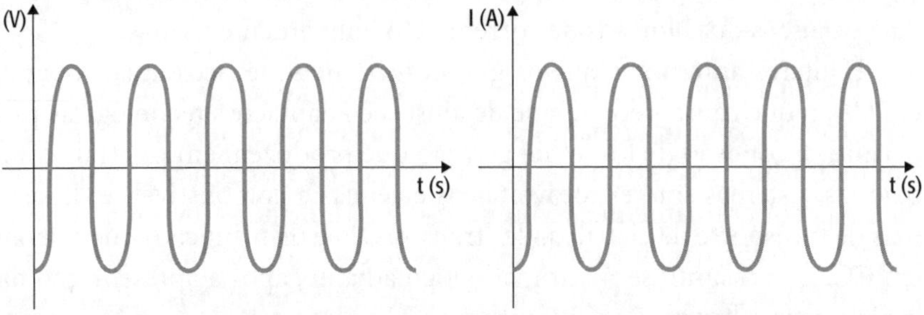

Fonte: Só Física. Disponível em: http://www.sofisica.com.br/conteudos/Eletromagnetismo/Eletrodinamica/caecc.php. Acessado em: 3 set. 2014.

magnéticos e condutores elétricos, principalmente a propriedade relacionada ao surgimento de uma diferença de potencial entre os terminais de um condutor elétrico quando colocado em movimento em um campo eletromagnético. Essa diferença de potencial é a tensão, sendo que a corrente vai surgir apenas se houver um circuito fechado para que isso ocorra. O mesmo ocorre com uma pilha ou uma bateria, nas quais a corrente só aparece quando se conecta um circuito (uma carga, por exemplo, lanterna, brinquedo infantil etc.). É importante notar os diferentes nomes usados para uma mesma variável: tensão e diferença de potencial. Neste sentido, a energia elétrica do gerador é uma forma potencial de energia que só se manifesta ao se conectar a um circuito ou carga.

A utilização da propriedade acima citada numa máquina elétrica rotativa se baseia na criação de um campo eletromagnético; na inserção, no mesmo campo, de elementos condutores e na imposição de um movimento entre os mesmos.

Este movimento pode ser obtido de duas formas:

- Em alguns casos, o campo é criado por uma estrutura fixa, o denominado estator, e se insere nesse campo um elemento cilíndrico e rotativo, no qual estão convenientemente montados os elementos condutores que, então, são movimentados no campo, fazendo surgir a mencionada diferença de potencial ou tensão.

- Na maioria dos casos, nos quais se enquadram os geradores síncronos utilizados nos sistemas elétricos de potência, o campo é criado na estrutura móvel, denominada rotor, e os elementos condutores são convenientemente montados na estrutura fixa, o estator. O movimento relativo entre o campo móvel e os condutores estáticos faz surgir a mencionada diferença de potencial ou tensão.

Em qualquer caso, a movimentação do rotor é efetuada através de seu eixo, acionado por uma máquina produtora de energia mecânica, em geral, um motor ou uma turbina. A criação do campo magnético é comumente efetuada por enrolamentos (condutores) convenientemente montados (no estator ou rotor, dependendo do caso) e percorridos por uma corrente CC, denominada corrente de excitação (havendo também casos, em menor número, nos quais o campo é criado por ímãs permanentes, não havendo necessidade de corrente de excitação). Como o campo eletromagnético não varia no tempo (pois é criado por corrente CC), os condutores (no rotor ou estator, dependendo do caso), durante uma volta completa do rotor, ora sentem o campo em uma direção, ora em outra. Isso faz com que a diferença de potencial neles criada (induzida, na linguagem técnica) seja ora positiva, ora negativa. As tecnologias de projeto fazem com que esta alternância resulte na forma senoidal apresentada anteriormente na Figura 2.7. Na realidade, o número de condutores, tanto no estator quanto no rotor, é bastante grande, sendo os condutores conectados entre si na forma de enrolamentos, denominados bobinas, que se assemelham a linhas helicoidais.

Esta é uma descrição bastante simplificada do funcionamento de um gerador elétrico rotativo, mas considerada suficiente para os objetivos deste livro. Para dar uma melhor ideia da máquina real, algumas visões da mesma são apresentadas nas Figuras 2.8 e 2.9.

Foi comentado acima sobre o gerador elétrico rotativo em CC. Seu princípio é o mesmo apresentado para o caso de campo eletromagnético no estator, com a diferença que há previsão de alternância na corrente das bobinas do rotor, de forma a manter a tensão induzida nas mesmas o tempo todo com o mesmo sinal (positivo ou negativo), denominado polaridade. Isso ocorre por meio de um elemento construtivo chamado comutador, sendo que há ainda outras características de projeto e construtivas para tornar a tensão o mais constante possível (ou seja, CC).

Há, no entanto, outros aspectos importantes a salientar:

- O gerador, máquina elétrica descrita a seguir, sem considerar perdas, pode ser visto como um sistema fechado no qual são injetadas duas formas de energia — uma elétrica, em virtude da corrente de excitação (para criar o campo eletromagnético), e outra mecânica (no eixo

Figura 2.8 – Esboço de máquina girante.

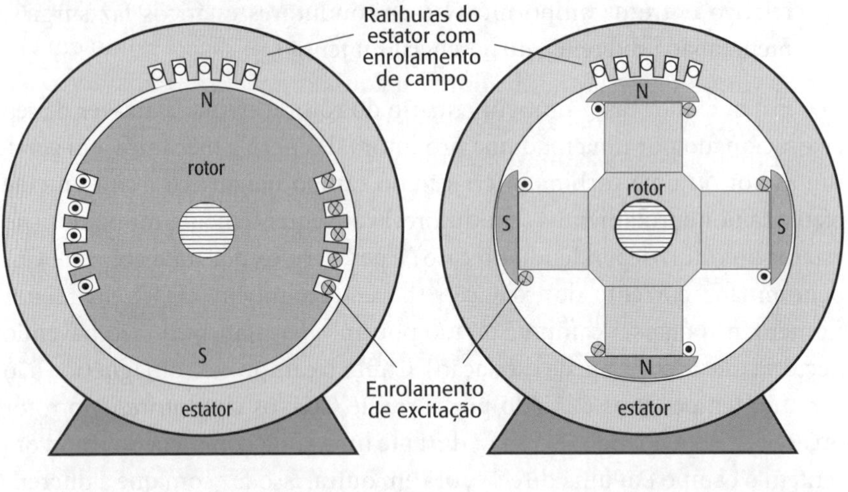

Fonte: http://www.user.tu-berlin.de/h.gevrek/ordner/ilse/wind/wind5e.html. Acessado em: 3 set. 2014.

Figura 2.9 – Máquinas reais.

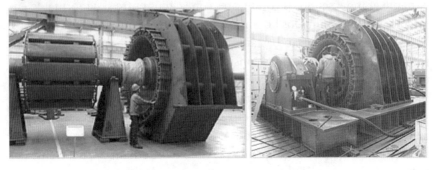

Fonte: SEC-Motor. Disponível em: http://pt.sec-motor.com/cpzs/&FrontComContent_list01-1311919708719ContId=75a89013-279--4-82f913-5588765-92f6c&comContentId-75a89013-279c-4f82-a913-5588765f92c6.html. Acessado em: 3 set. 2014.

do rotor) — e do qual se obtém uma forma de energia, a elétrica. Caso deixe o eixo do rotor livre e injete energia elétrica tanto para criação do campo eletromagnético quanto nos enrolamentos nos quais se induziria a tensão, o que se obtém é energia mecânica no eixo do rotor. Este é o princípio de funcionamento de um motor elétrico, um dos equipamentos mais utilizados no mundo moderno, tanto em aplicações de grande e médio porte — como em indústrias, sistemas de água e esgoto, metrô, ônibus e carros elétricos —, quanto em aplicações de pequeno porte no nosso dia a dia — como em eletrodomésticos (liquidificadores, máquinas de lavar, ventiladores, secadores de cabelo, barbeadores elétricos, minúsculos ventiladores de computadores e assim por diante).

- Os geradores síncronos dos sistemas elétricos de potência, que têm a corrente de excitação CC injetada no rotor, são construídos com três diferentes enrolamentos independentes no estator, onde se obterá a tensão. A construção é efetuada de forma que as curvas senoidais desses três enrolamentos apresentem seus valores máximos defasados entre si de 120°, conforme apresentado na Figura 2.10. Cada um desses enrolamentos corresponde a uma fase do denominado sistema trifásico em CA, o mais utilizado e mais convenientemente adequado ao funcionamento dos sistemas elétricos de potência.

Finalmente, é importante citar como pode ser feita a conexão de geradores ou sistemas em CC com o sistema elétrico de potências em CA. No caso da geração em CC, esta conexão pode ser feita por meio de equipamentos eletrônicos denominados inversores, que efetuam a transformação de variáveis de CC em variáveis de CA. Os inversores são componentes de grande importância para a conexão de sistemas solares fotovoltaicos, células a combustível e alguns tipos de sistemas eólicos a rede (sistema elétrico de potências).

Figura 2.10 – Formas de onda trifásica.

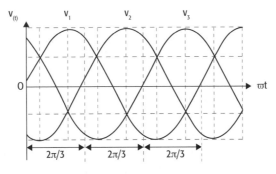

Fonte: Camacho. Disponível em: http://www.camacho.eng.br/STr.htm. Acessado em: 3 set. 2014.

No caso de sistemas elétricos de transporte (transmissão e distribuição) em CC, em geral, são necessárias duas transformações: uma similar à citada anteriormente, na qual se utilizam inversores em que a transmissão (ou distribuição) CC entrega energia ao sistema CA, e outra que efetua transformação de CA em CC, na qual se utilizam retificadores, em que o sistema CC recebe energia do sistema CA. A Figura 2.11 apresenta um exemplo deste tipo de ligação. Nesse caso, é importante salientar que, nestes esquemas, a construção dos retificadores e inversores é bastante similar, o que permite, se desejado, a inversão do fluxo de energia, fazendo com que o retificador aja como inversor e o inversor como retificador, por meio de comandos simples de controle, cuja resposta é muito rápida.

Figura 2.11 – Sistema de transmissão CC.

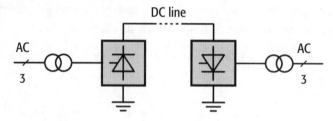

O retificador está representado como o quadrado cinza à esquerda e o inversor como o quadrado cinza à direita.

Fonte: Wikipédia. Disponível em: http://en.wikipedia.org/wiki/File:Hvdc_monopolar_schematic.svg. Acessado em: 3 set. 2014.

Grandezas básicas dos sistemas em CC

As principais variáveis dos sistemas em CC, como já apresentado, são a tensão V e a corrente I, que apresentam valores constantes ao longo do tempo. Se o circuito elétrico estiver aberto, não haverá circulação da corrente, que só vai surgir se o circuito for fechado. Quando o circuito é fechado, circulará uma corrente I, cujo valor dependerá de uma grandeza típica do circuito, que é sua resistência R (medida em Ohms, com símbolo Ω). A Figura 2.12 apresenta um esquema de um circuito CC com carga conectada (chave fechada) e representação da resistência por seu símbolo usual.

Figura 2.12 – Circuito CC completo e chave S fechada.

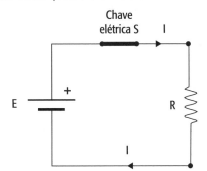

Grandezas básicas dos sistemas em CA

As principais variáveis dos sistemas em CA, como já apresentado, são a tensão V e a corrente I, que apresentam valores senoidais ao longo do tempo. Se o circuito elétrico estiver aberto, não haverá circulação da corrente, que só vai surgir se o circuito for fechado. Quando o circuito é fechado, circulará uma corrente I, cujo valor vai depender da denominada impedância do circuito, que é função de suas três grandezas – a resistência R, a indutância L e a capacitância C. A defasagem entre a senoidal da tensão com a da corrente, ou seja, a diferença dos instantes em que cada uma delas passa pelo zero (ou atinge seu máximo, o que dá no mesmo), também vai depender das mesmas variáveis.

Essa defasagem, que corresponde a um ângulo, é também uma variável importante dos sistemas em CA. Ela é denominada ângulo de potência, representada por φ e medida em graus geométricos (elétricos).

Para facilitar o entendimento, analisa-se a seguir a situação correspondente a cada uma das grandezas R, L e C, separadamente, para depois se mostrar o efeito conjunto.

Efeito da resistência

A resistência R, como no caso do sistema em CC, é também medida em Ohms. Quando a carga do sistema em CA é apenas uma resistência, as ondas de tensão e corrente estão em fase (ou seja, a defasagem entre tensão e corrente é zero) (ver Figura 2.13).

Figura 2.13 – V e I em fase.

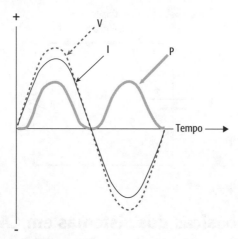

P representa a potência associada ao resistor.

Fonte: Wikipédia. Disponível em: http://pt.wikipedia.org/wiki/Ficheiro:FP_Resistivo.jpg. Acessado em: 3 set. 2014.

Efeito da indutância

A indutância L, que corresponde às cargas indutivas puras, tais como os motores de indução (supondo que eles tenham resistência zero), se associa a uma impedância (medida em Ohms) dada por $Z_L = \omega L$, em que $\omega = 2.\pi.f$, sendo f a frequência da rede.

Quando a carga do sistema em CA é apenas uma indutância, a onda de corrente está atrasada de 90° em relação à tensão e $I = \dfrac{V}{Z_L}$.

Efeito da capacitância

A capacitância C, que corresponde às cargas capacitivas puras, tais como os bancos de capacitores (supondo resistência zero para os mesmos), se associa a uma impedância (medida em Ohms) dada por $Z_C = \dfrac{1}{\omega C}$, onde $\omega = 2.\pi.f$, sendo f a frequência da rede.

Quando a carga do sistema em CA é apenas uma capacitância, a onda de corrente está adiantada de 90° em relação à tensão e $I = \dfrac{V}{Z_C}$.

As Figuras 2.14 e 2.15 ilustram as ondas de tensão e corrente, para cargas indutivas puras e capacitivas, respectivamente.

Figura 2.14 – Carga puramente indutiva.

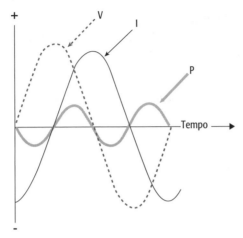

P é a potência associada ao indutor.

Figura 2.15 – Carga puramente capacitiva.

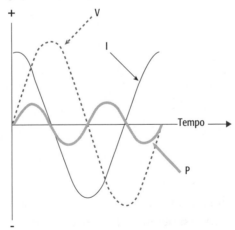

P é a potência associada ao capacitor.

Efeito de carga geral

Neste caso, em que são consideradas R, L e C, a impedância total (medida em Ohms) será dada por:

$$Z_T = \sqrt{R^2 + (Z_L - Z_C)^2}$$ (Equação 13)

E, o módulo da corrente por $|I| = \dfrac{V}{|Z_T|}$.

Neste caso, a defasagem entre as ondas de tensão e a corrente dependerá dos valores de L e C (ver Figura 2.16). Será em fase se $Z_l = Z_c$, corrente atrasada se $Z_l > Z_c$ e corrente adiantada se $Z_l < Z_c$.

Figura 2.16 – Carga geral, onde indica se a corrente está atrasada ou adiantada em relação à tensão.

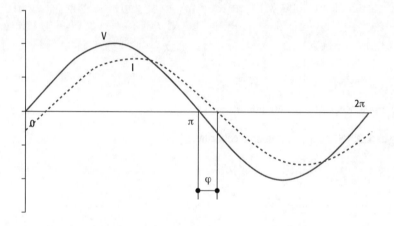

Fonte: Wikipédia. Disponível em: http://pt.wikipedia.org/wiki/Ficheiro:FP_Indutivo.jpg. Acessado em: 3 set. 2014.

Frequência

Uma variável importante dos sistemas em CA é a frequência da rede, cuja unidade é o Hertz (símbolo Hz), ou seja, o número de ciclos por segundo. A frequência é o número de vezes, no período de um segundo, que a variável senoidal repete um ciclo completo. Por exemplo, saindo do zero, passando pelo máximo, voltando ao zero, passando pelo mínimo e voltando novamente ao zero, para começar a repetição.

Existem dois valores de frequência em termos mundiais: 60 Hz, frequência de padrão americano, usada em diversos países, incluindo o Brasil; e

50 Hz, frequência de padrão europeu, também usada em diversos países, inclusive nos nossos vizinhos Uruguai, Paraguai e Argentina.

A conexão elétrica de sistemas com frequências diferentes requer a utilização de equipamentos conversores de frequência ou de sistemas de transmissão ou distribuição em CC, descritos anteriormente. No limite, pode-se usar um sistema deste tipo sem linha, ou seja, o retificador e o inversor conectados um ao outro numa mesma estação elétrica, configurando o esquema *Back to Back*, amplamente utilizado no mundo todo para melhor controle do fluxo de energia e melhor desempenho dinâmico e transitório. No caso do sistema de transmissão de Itaipu, a alternativa de transmissão em CC, com cerca de 830 km, permite a conexão das máquinas paraguaias (7.000 MW em 50 Hz) ao sistema sudeste brasileiro em Ibiúna, SP. A energia das máquinas brasileiras (7.000 MW e 60 Hz) vem por linhas em CA.

Fator de potência

Definido como o valor da função cosseno do ângulo de potência.

$$f.p. = \cos\varphi \qquad \text{(Equação 14)}$$

Sistemas trifásicos

Como já apresentado, os sistemas elétricos em CA são sistemas trifásicos, com as diferentes fases, em geral denominadas a, b e c, seguindo as características apresentadas na Figura 2.10. Este sistema é o que apresenta o melhor desempenho global quanto aos aspectos técnicos e econômicos relacionados à operação em condições normais e de emergência dos sistemas em CA. Neste contexto, os geradores síncronos geram tensões trifásicas, e os sistemas de transporte (transmissão e distribuição) conduzem a energia até os consumidores passando por diferentes níveis de tensão, também na forma trifásica, com exceção dos consumidores na baixa tensão, como os residenciais, quando a saída de transformadores trifásicos, próximos às residências, é distribuída em circuitos monofásicos com tensões típicas de 127 V e 220 V.

A Figura 2.17 apresenta exemplos de torres de transmissão e distribuição de sistemas trifásicos em CA.

Figura 2.17 – Exemplos de torres de transmissão (à esquerda) e de distribuição (à direita).

Fontes: a) http://www.jornaldaenergia.com.br/ler_noticia.php?id_noticia=5250&id_tipo=2&id_secao=11&id_pai=0. Acessado em: 3 set. 2014. b) http://www.carlosbritto.com/chuvas-prejudicam-fornecimento-de-energia-em-petrolina/. Acessado em: 3 set. 2014.

Potência e energia elétricas

Sistemas em CC

Nos sistemas em CC, a potência elétrica P é dada por $P = V.I$, sendo medida em Watts (símbolo W).

A energia, em um período de tempo T, é:

$$E_{CC} = V \cdot I \cdot T \qquad \text{(Equação 15)}$$

Sistemas em CA

Nos sistemas em CA, o cálculo da potência e energia se torna um pouco mais complicado, por causa do aparecimento da denominada potência reativa, associada à manutenção e ao funcionamento dos campos eletromagnéticos, mas que não é capaz de produzir trabalho.

Assim, são definidas duas componentes básicas de potência, uma ativa e outra reativa, sendo que o ângulo de potência tem uma significativa influência nelas:

- Potência ativa, P, medida em W, dada por:

$$P = VI \cos \varphi \qquad \text{(Equação 16)}$$

ou

$$P = VI \cdot fp \qquad \text{(Equação 17)}$$

- Potência reativa, Q, medida em VAr (volt. Ampère reativo), dada por:

$$Q = VIsen\varphi \qquad \text{(Equação 18)}$$

- Potência aparente, S, medida em VA (volt. Ampère), dada por:

$$S = \sqrt{P^2 + Q^2} \qquad \text{(Equação 19)}$$

- A energia E, durante um intervalo de tempo T, é dada por:

$$E = P \bullet T \qquad \text{(Equação 20)}$$

Para que se obtenha mais P e, consequentemente, energia, deve-se buscar manter o ângulo φ no mínimo valor consistente com a manutenção dos campos eletromagnéticos necessários para o processo. O que representa máx. fp, ou máx. cosφ, e mín Q, ou mín senφ. O controle dos reativos (ou a potência reativa) nos sistemas elétricos é efetuado pela compensação reativa, que envolve, dentre outros tipos de ações, a conexão adequada de equipamentos de compensação reativa em diversos locais do sistema, resultando em maiores custos. É importante lembrar também que a existência dos reativos também implica maiores perdas.

Para os sistemas trifásicos, valem as mesmas expressões apresentadas acima, mas multiplicadas por $\sqrt{3}$, ou seja:

- Potência ativa, P, medida em W, dada por:

$$P = \sqrt{3}VIcos\varphi \qquad \text{(Equação 21)}$$

ou

$$P = \sqrt{3}VI \bullet fp \qquad \text{(Equação 22)}$$

- Potência reativa, Q, medida em VAr (volt. Ampère reativo), dada por

$$Q = \sqrt{3}VIsen\varphi \qquad \text{(Equação 23)}$$

REFERÊNCIAS

AULETE, F.J.C.; VALENTE, A.L.S. (Eds.). *Dicionário Aulete*. Rio de Janeiro: Lexikon Editora Digital, 2013. Disponível em: http://aulete.uol.com.br/site.php?mdl=aulete_digital. Acessado em: 23 jun. 2013.

CAPRA, F. *A alma de Leonardo da Vinci*. São Paulo: Cultrix, 2012.

FLORIDO, J. (Coord.). *Os pensadores – Aristóteles*. São Paulo: Nova Cultural, 1999.

KUHN, T.S. *The essential tension: selected studies in scientific tradition and change*. Chicago: The University of Chicago Press, 1977.

LIDDELL, H.G.; SCOTT, R. *A Greek-English lexicon*. Disponível em: http://www.perseus.tufts.edu/hopper/text?doc=Perseus%3Atext%3A1999.04.0057%3Aentry%3Dsu%2Fsthma. Acessado em: 23 jun. 2013.

MOUTINHO DOS SANTOS, E. Panorama energético mundial e matriz energética brasileira: a inserção das termelétricas. In: *Apostila da disciplina 1 do Curso de Especialização em Supervisão Técnica de UTEs – Panorama Energético Mundial e Matriz Energética Brasileira: a Inserção das Termelétricas*. São Paulo: Instituto de Eletrotécnica e Energia da USP, 2010, 92 p.

[OED] ONLINE ETYMOLOGY DICTIONARY. Disponível em: http://www.etymonline.com. Acessado em: 16 abr. 2011.

PESSOA JR., O. *Filosofia da física: FLF-472*. São Paulo, FFLCH-USP, 2009. 83p. Notas de aula da disciplina de graduação para o Instituto de Física da USP, FLF-472 – Filosofia da Física. Disponível em: http://www.fflch.usp.br/df/opessoa/FiFi-09.htm. Acessado em: 14 ago. 2010.

REIS, L.B. *Geração de energia elétrica*. Barueri: Manole, 2011.

RESNICK, R.; HALLIDAY, D. *Física 2*. Rio de Janeiro: Livros Técnicos e Científicos, 1984.

RESNICK, R.; HALLIDAY, D.; KRANE, K.S. *Física 3*. Rio de Janeiro: Livros Técnicos e Científicos, 1996.

SANTOS, M.F. *Dicionário de filosofia e ciências culturais*. São Paulo: Matese, 1963.

SCHMIDT, F.W.; HENDERSON, R.E.; WOLGEMUTH, C.H. *Introdução às ciências térmicas: termodinâmica, mecânica dos fluídos e transferência de calor*. São Paulo: Edgard Blücher, 1996.

YOUNG, T. *A course of lectures on natural philosophy and the mechanical arts*. Londres: Joseph Johnson, 1807.

Sites

Camacho.eng. Disponível em: http://www.camacho.eng.br/STr.htm. Acessado em: 3 set. 2014.

Carlos Britto. Disponível em: http://www.carlosbritto.com/chuvas-prejudicam--fornecimento-de-energia-em-petrolina/. Acessado em: 3 set. 2014.

Encyclopaedia Britannica. Disponível em: http://kids.britannica.com/comptons/art-53662/The-horse-is-exerting-a-force-to-pull-the-cart. Acessado em: 3 set. 2014.

Jornal da Energia. Disponível em: http://www.jornaldaenergia.com.br/ler_noticia.php?id_noticia=5250&id_tipo=2&id_secao=11&id_pai=0. Acessado em: 3 set. 2014.

MSPC.ENG. Disponível em: http://www.mspc.eng.br/termo/termod051A.shtml. Acessado em: 3 set. 2014.

SEC-Motor. Disponível em: http://pt.sec-motor.com/cpzs/&FrontComContent_list01-1311919708719ContId=75a89013-279c-4f82-a913-5588765f92c6&comContentId=75a89013-279c-4f82-a913-5588765f92c6.html. Acessado em: 3 set. 2014.

Só Física. Disponível em: http://www.sofisica.com.br/conteudos/Eletromagnetismo/ Eletrodinamica/caecc.php. Acessado em: 3 set. 2014.

Wikipédia. Disponível em: http://en.wikipedia.org/wiki/File:Carnot_heat_engine_2.svg. Acessado em: 3 set. 2014.

_____. Disponível em: http://en.wikipedia.org/wiki/File:Hvdc_monopolar_schematic.svg. Acessado em: 3 set. 2014.

_____. Disponível em: http://pt.wikipedia.org/wiki/Ficheiro:FP_Resistivo.jpg. Acessado em: 3 set. 2014.

_____. Disponível em: http://pt.wikipedia.org/wiki/Ficheiro:FP_Indutivo.jpg. Acessado em: 3 set. 2014.

Bibliografia sugerida

FEYNMAN, R.P. *Física em 12 lições: fáceis e não tão fáceis*. Rio de Janeiro: Ediouro, 2005.

GOLDEMBERG, J.; DONDERO, L.V. *Energia, meio ambiente e desenvolvimento*. São Paulo: Edusp, 2003.

GUIDORIZZI, H.L. *Um curso de cálculo*. Rio de Janeiro: Livros Técnicos e Científicos, 1998, v. 3.

HÉMERY, D.; DEBEIR, J.C.; DELÉAGE, J.P. *Uma história da energia*. Brasília: Edunb, 1993.

HINRICHS, R.A.; KLEINBACH, M.; REIS, L.B. *Energia e meio Ambiente*. São Paulo: Cengage Learning, 2015.

RESNICK, R.; HALLIDAY, D. *Física 1*. Rio de Janeiro: Livros Técnicos e Científicos, 1983.

Recursos Naturais, Cadeias e Setores Energéticos | 3

André Luis Bianchi
Engenheiro eletricista, Ulbra

Adroaldo Adão Martins de Lima
Administrador, Ulbra

Sérgio Souza Dias
*Engenheiro eletricista, Centro de Excelência em
Tecnologia Eletrônica Avançada (Cietec)*

INTRODUÇÃO

Neste capítulo, são enfocados, de um ponto de vista geral, os principais recursos naturais utilizados no cenário energético, assim como as cadeias e os setores energéticos. Apresenta-se também a conceituação de fontes não renováveis e renováveis, de grande importância no contexto do livro como um todo.

Ressalta-se que as breves descrições dos principais recursos energéticos aqui enfocados foram efetuadas de forma consistente com os objetivos do capítulo. Apresentações mais detalhadas serão encontradas na Parte II do livro, que aborda os principais pontos destes recursos, de forma específica.

RECURSOS NATURAIS ENERGÉTICOS

Fundamentalmente, todos os recursos energéticos são naturais, ou seja, não requerem atividade para que existam, são elementos da natureza que podem ser úteis ao homem para sobrevivência, desenvolvimento e conforto.

Os elementos ou recursos naturais como luz solar, solo, vento, água e aqueles formados principalmente por cadeias de carbono são considerados primários, ou seja, o homem não precisa interferir para que existam; a natureza é responsável por sua criação. Basicamente, o Sol é o grande provedor de tudo, pois fornece energia de forma constante ao planeta. Essa energia é responsável pela criação, variações e transformações dos recursos (ver Figura 3.1).

Figura 3.1 – Recursos naturais primários.

Em virtude das transformações, a lista dos elementos considerados primários se estende, incluindo a biomassa, as chuvas, os rios, as marés, o petróleo, os minérios, o gás natural e até mesmo as altas temperaturas no centro do planeta.

Alguns recursos podem ser aproveitados em seu estado natural, e outros necessitam de algum tipo de intervenção por parte do homem para que este possa utilizá-los ou melhorar sua eficiência no uso. Eles também podem ser utilizados das duas formas: a luz solar, por exemplo, é um recurso aproveitado de forma natural na agricultura, porém, para a geração de energia elétrica, é necessário o uso de equipamentos específicos, ou seja, uma transformação.

RECURSOS NÃO RENOVÁVEIS E RECURSOS RENOVÁVEIS

Conforme colocado anteriormente, todos os recursos naturais são essencialmente providos pela natureza. Contudo, o tempo que ela leva para repor ou recriar recursos que foram utilizados determina se são considerados renováveis ou não renováveis.

Se o tempo do ciclo entre a utilização e sua reposição é relativamente curto comparado à taxa média de sua utilização pelo homem, esse recurso é considerado renovável. Por exemplo, uma árvore utilizada como lenha pode ser reposta em aproximadamente sete anos, ou seja, em um curto espaço de tempo, o recurso estará novamente disponível. Já no caso oposto, em que a reposição demora muito mais que a taxa de utilização, como ocorre com o petróleo utilizado, que só estará disponível novamente em alguns milhões de anos, o recurso é considerado não renovável (ver Figura 3.2).

Figura 3.2 – Exemplos dos ciclos da biomassa (lenha) e do petróleo.

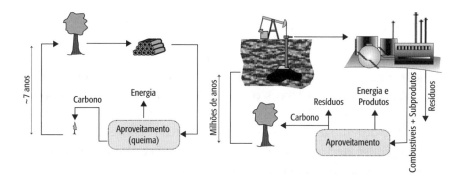

Historicamente, até o surgimento da Revolução Industrial, fontes renováveis de energia, como a biomassa, a energia solar direta, a energia hidráulica e a eólica, eram muito utilizadas, sendo, a partir de então, trocadas pelo carvão mineral, recurso não renovável. Em meados do século XX, o petróleo passou a ser utilizado em larga escala, tornando-se o principal energético usado pela humanidade. Essas mudanças impulsionaram o desenvolvimento da sociedade. Contudo, em virtude do *status* de energia não renovável do carvão mineral e do petróleo, estes resultaram, ao longo do tempo, em grandes prejuízos ambientais, que só foram reconhecidos e enfatizados mais recentemente.

Atualmente, diversas fontes de energéticos são utilizadas para o suprimento das necessidades humanas. Apesar de haver um aumento constante do uso das fontes renováveis, os energéticos não renováveis ainda predominam. A indústria, que é o principal setor consumidor de energia, é impulsionada basicamente por energéticos não renováveis.

Recursos não renováveis

Os principais energéticos não renováveis atualmente utilizados são o petróleo e seus derivados, o carvão mineral, o gás natural e o urânio. Estudos recentes mostram acelerada expansão da exploração de grandes jazidas de xisto e de areias betuminosas na América do Norte (Estados Unidos e Canadá), que pode torná-los outros significativos energéticos não renováveis utilizados no mundo. As principais características desses energéticos são apresentadas a seguir:

Petróleo

Essencialmente, o petróleo é uma combinação de hidrocarbonetos (alicíclicos, alifáticos e aromáticos) que pode também conter traços de oxigênio, nitrogênio e íons metálicos, como vanádio e níquel, além de compostos de enxofre. As proporções mais comuns são algo em torno de 85% de carbono, 10% de hidrogênio, menos de 1% de oxigênio, também menos de 1% de nitrogênio e até 5% de enxofre. Hoje em dia, o petróleo é encontrado no fundo do mar, assim como em terra firme, em locais onde há muito tempo existiram mares, rios ou lagos.

A formação do petróleo ocorre em função da deposição de compostos orgânicos, como resíduos de vegetais e animais mortos, no fundo dos rios, lagos e mares. Devido à cobertura natural de sedimentos, com o passar do tempo, esses resíduos se transformam em rochas sedimentares que, em função da ação da temperatura e da alta pressão, tornam-se compostos do petróleo. Este ciclo leva milhões de anos.

O petróleo é uma substância oleosa e inflamável, com densidade inferior à da água, de odor característico e pode ser incolor, mas o mais comum é sua cor variar entre castanho claro, marrom, verde e preto. Em relação à densidade, os óleos são classificados em leves, médios, pesados e extrapesados de acordo com o American Petroleum Institute (API). Sendo óleos extrapesados aqueles com API < 10°; pesados com 10° < API < 22°; médios com 22° < API < 30°; e os leves com API igual ou superior a 30°.

A grande utilização do petróleo no dia a dia não se dá com o óleo *in natura* (no estado natural), o que mais se usa são seus derivados, produtos oriundos de processos físico-químicos pelos quais passa o óleo bruto nas refinarias. Os derivados podem ser divididos em combustíveis (gasolina, diesel, GLP, querosene, QAV etc.), produtos acabados não combustíveis (solventes, lubrificantes, graxas, asfaltos e coque) e os chamados intermediários da indústria química (nafta, etano, propano, butano, etileno, propileno, butileno, butedieno e BTX).

Apesar de ser um recurso natural abundante, a extração de petróleo tem custo elevado e é uma atividade extremamente complexa.

Carvão mineral

O carvão mineral possui origem orgânica e esse fato, de acordo com a geologia, não o caracteriza como uma rocha autêntica. Contudo, por ser um componente sólido da crosta terrestre e estar tão alterado a ponto de não ser possível reconhecer sua origem orgânica, é definido como rocha sedimentar. Ele é formado por restos de vegetais solidificados por baixo de camadas geológicas, em um processo semelhante ao do petróleo, que dura milhões de anos. É o combustível fóssil mais abundante na natureza e também o mais utilizado para a geração de energia elétrica. Em termos mundiais, é o segundo energético não renovável mais utilizado, ficando atrás somente do petróleo.

Na composição do carvão mineral, o carbono é o principal elemento, além de enxofre, nitrogênio, oxigênio e hidrogênio. A maturidade geológica do carvão, denominada *rank*, é determinada principalmente pelo teor de carbono. A classificação do carvão mineral se dá pelo *rank*, de modo que é denominado "turfa" o minério com 55 a 65% de carbono, "linhito" aquele com 65 a 80%, "hulha" com 80 a 93% e "antracito" com mais de 93% de carbono em sua constituição. As jazidas se encontram em regiões de clima frio ou temperado, em função de os vegetais serem carbonizados pelo frio antes do apodrecimento. Por conta disso, o carvão mineral pode ser encontrado em quase todos os continentes.

Trata-se de um minério não metálico prontamente combustível que quando queimado libera grande quantidade de energia e de CO_2. Como característica, tem cor marrom ou preta e é encontrado em forma de betume. Para determinar o *rank*, observa-se o teor de carbono, a umidade, o poder calorífico e a fluorescência do minério. A fluorescência é explicada pela elevação da carbonificação, que aumenta o poder refletor em virtude da redução do percentual de hidrogênio e matérias voláteis.

A principal aplicação do carvão mineral é para produção de calor para uso direto ou em caldeiras, na geração de vapor. Além disso, o gás produzido pelo carvão mineral pode ser utilizado na produção de fertilizantes, amônia, combustíveis líquidos, lubrificantes, combustível para aviação, óleo diesel e metanol, além de outros produtos.

A Figura 3.3 apresenta os derivados do carvão mineral e aplicações.

Figura 3.3 – Tipos, reservas e usos do carvão mineral.

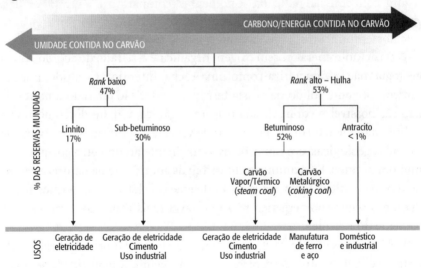

Fonte: adaptado de WCA (2005).

Gás natural

O gás natural (GN) é um combustível fóssil não renovável proveniente de um processo de formação semelhante ao do petróleo e do carvão: decomposição da matéria orgânica sob condição de alta temperatura e pressão durante milhares de anos. Ele é formado por uma cadeia de hidrocarbonetos, tendo como componente principal o metano, com 89% da composição, e contendo parcelas de etano (6%), propano (1,8%) e outros hidrocarbonetos de maior peso molecular. Por conta de sua composição, o GN produz menos CO_2 que as outras fontes energéticas não renováveis. É considerado o mais "limpo" entre os combustíveis de origem fóssil.

Sendo encontrado em jazidas ou depósitos subterrâneos, o gás natural pode estar ou não associado ao petróleo. Suas reservas são dispersas geograficamente. Estimativas efetuadas considerando condições extrapoladas do cenário atual apontam que o gás natural poderia suprir mais de 120 anos do consumo mundial global atual havendo, no entanto, outras estimativas indicando que possa fazê-lo por mais de 250 anos.

Por se apresentar na natureza de forma inodora e incolor, normalmente acrescenta-se ao GN alguma substância com odor característico antes de ser distribuído ao consumidor final. De sua combustão resulta dióxido de carbono e vapor de água, o que faz do gás natural uma fonte de energia segura, com emissão reduzida de poluentes (comparativamente aos demais combustíveis fósseis) e que pode ser usada na indústria, no comércio, em veículos e domicílios. Mais especificamente, as aplicações do gás natural são como fonte de calor, geração de eletricidade e para força motriz, tanto na indústria como em transportes.

Urânio

O urânio, o mais pesado entre os elementos químicos, é um mineral muito importante, encontrado em rochas sedimentares na crosta terrestre. O elemento é um metal de cor branco-prateada, menos duro que aço e quimicamente instável que, no cenário energético, tem como principal finalidade a de combustível para a geração de energia elétrica. O fato de ser instável permite que o urânio, ao ter seu núcleo bombardeado por um nêutron, quebre (sofra fissão), liberando energia. Porém, o inconveniente é que, quando o núcleo de um átomo é quebrado, ocorre o chamado efeito em cadeia, que tende a consumir toda a matéria fóssil antes de terminar. É o que acontece na bomba atômica, resultando em fortes implicações políticas, mundialmente, no desenvolvimento da energia nuclear. A energia nuclear para produção de eletricidade só foi possível a partir do fim do século XIX, quando os trabalhos dos cientistas Henri Becquerel, Marie Curie, Ernest Fermi e Otto Hahn permitiram que a fissão nuclear pudesse ser controlada. É o calor obtido no processo da fissão dos átomos de urânio que produz a energia térmica, convertida então em eletricidade (Cochran, 2013).

Na natureza, o urânio é encontrado na forma de isótopos, sendo que mais de 99% da quantidade é do isótopo com massa 238; 0,7% com massa 235; e o restante com massa 234. São elementos radioativos que, com o passar do tempo, em virtude da emissão de radiação alfa, decaem respectivamente nos isótopos 234, 231 e 230 do elemento tório. Isso continua ocorrendo até chegar ao elemento estável chumbo. Estes processos ocorrem durante um longo período.

O minério urânio pode ser encontrado em muitos pontos da crosta terrestre nas cores amarela, marrom, ocre, branco e cinza, além de outras. Na natureza, é pouco radioativo e isso o diferencia de outros minerais. Para que seja utilizado, deve passar por um processo de separação e enriquecimento. O volume de rocha que contém urânio passa por um processo de lixiviação, até que o urânio seja separado. A partir desse processo, ele passa por outras transformações até se tornar um sal amarelado, um pó chamado *yellow cake*. A operação final de preparação do urânio, chamada enriquecimento, tem o objetivo de aumentar a concentração no *yellow cake* do U-235 acima da natural, que é de 0,7%, ou seja, retirar isótopos de U-238 obtendo-se um volume com 3 a 5% de U-235, que é utilizado no reator nuclear, comumente na forma de pastilhas. As pastilhas são colocadas em varetas adequadamente construídas que, colocadas no denominado núcleo do reator, constituem o combustível para a geração de energia elétrica.

Existem vários processos de enriquecimento de urânio, contudo, apenas dois são utilizados comercialmente: o de difusão gasosa e o de ultracentrifugação. A técnica de difusão em nível industrial quase não existe mais, restando apenas a de ultracentrifugação. Nesse tipo de enriquecimento, ultracentrífugas com altíssima velocidade separam o U-235 e o U-238. Este último, por ser mais pesado, vai para a parte externa da ultracentrífuga, enquanto o U-235, mais leve, se concentra no centro, de onde é retirado. Enriquecimentos de 3 a 5% resultam em combustível para geração de energia elétrica; acima de 20% produzem combustível para submarinos nucleares e acima de 90%, para armas.

A principal aplicação comercial do urânio é na geração de energia elétrica como combustível para reatores nucleares, de onde sai o vapor que movimenta as turbinas que, por sua vez, movimentam os geradores elétricos. Além dessa aplicação, o urânio também é utilizado para produção de material radioativo, usado na medicina, arqueologia, geologia, indústria, agricultura e hidrologia.

Gás de xisto

O gás de xisto é obtido de rochas sedimentares formadas há milhões de anos denominadas xisto. É conhecido desde o final do século XIX, embora, nessa época, seu uso tenha sido descontinuado por conta da descoberta e exploração do petróleo. Hoje em dia, sua exploração, principalmente na América do Norte (Canadá e Estados Unidos), tem sido extensiva, para substituir o gás natural, apresentando perspectivas de causar expressivo impacto na matriz mundial, com autossuficiência e inclusive possibilidade de ser exportado pelos Estados Unidos. No entanto, o processo de fraturamento das rochas no subsolo, atualmente utilizado para sua extração, tem causado sérias discussões em virtude dos seus impactos ambientais. O processo consiste na introdução de duto até a profundidade da camada rochosa e seu espalhamento de forma horizontal nessa camada. Há, então, injeção sob pressão de mistura de água e substâncias químicas, responsável pela "quebra" das rochas porosas e pela liberação do gás que, por sua vez, é coletado.

As principais questões ambientais são o impacto de longo prazo no subsolo, o efeito nos sistemas aquíferos próximos à área de fraturamento e a liberação de metano, que tem efeito unitário bem maior que o dióxido de carbono no efeito estufa. Por causa disso, muitos movimentos ambientalistas têm se manifestado contra o gás de xisto na América do Norte. No Brasil, existem jazidas de xisto e, já no ano de 2013, houve leilão para a exploração de algumas delas. Tal como ocorreu na América do Norte, também aqui existe muita discordância dos movimentos ambientalistas quanto à exploração.

Areias betuminosas

São, de certa forma, semelhantes ao xisto, mas produzem substância similar ao petróleo e não ao gás natural. Essas areias contêm substância altamente viscosa, parecida com o asfalto, denominada betume. O processo de extração também apresenta diversos problemas ambientais, parecidos com os causados pela extração do gás de xisto, com suas especificidades. As maiores fontes do mundo estão em Alberta, no Canadá, havendo também jazidas nos Estados Unidos. As areias betuminosas produzem cerca de 20% a mais de CO_2 que o petróleo por unidade de energia produzida.

Recursos renováveis

No Brasil, a participação das fontes renováveis na matriz energética é bastante significativa, sendo uma das maiores do mundo, com percentual superior a 44% do total enquanto o percentual mundial não chega a 15%.

Dentre os principais energéticos renováveis, encontram-se a biomassa, a energia eólica, a energia solar e a hídrica, que é a base da eletricidade no Brasil. Além das fontes citadas, que hoje já são realidade em empreendimentos comerciais, existe a utilização das marés como fonte de energia – possível alternativa para o Brasil, que possui uma das maiores costas marítimas do mundo –, assim como as tecnologias para aproveitamento energético do hidrogênio (EPE, 2013).

Biomassa

A biomassa como energético é um recurso renovável proveniente de matéria orgânica, com origem vegetal ou animal, que tem como objetivo a produção de energia. Sua utilização, fundamentalmente, é um aproveitamento natural indireto da luz solar. As principais fontes de biomassa são as de cultivos agrícolas e as de origem vegetal. Resultantes da agricultura, se destacam a cana-de-açúcar (etanol, bagaço e palha), casca de arroz, milho, amendoim, soja etc.

Biomassa de cultivos agrícolas

Entre as biomassas de cultivos agrícolas, o bagaço e a palha de cana-de-açúcar são considerados muito importantes no contexto da agricultura brasileira, sendo aproveitados para produção de álcool e açúcar e os resíduos em caldeiras para gerar energia térmica e/ou elétrica nas usinas. Além dos resíduos provenientes da transformação da cana-de-açúcar, a grande maioria das culturas brasileiras produz biomassa que pode ser utilizada para obtenção de energia. No entanto, grande parte é queimada ou retorna ao solo através da incorporação dos restos de cultura.

O potencial para geração de energia com base em energéticos provenientes da agricultura é enorme, um dos maiores do mundo. As culturas possíveis de se tornarem fontes de energia comercial são diversas, como: amendoim, cana-de-açúcar como suco e bagaço, soja, milho, arroz (casca), babaçu, dendê, mandioca, canola, coco, girassol, mamona etc.

Obviamente, cada tipo de cultura tem seu potencial de extração de energia. Além disso, a maioria delas é utilizada como alimento, que configura séria concorrência à produção de combustível. Por conta disso, produzir combustível com algumas delas poderia gerar um problema social. Além de o potencial ser diferente, a forma de energia obtida para cada tipo de biomassa energética é diferenciada. Desse modo, para fins didáticos, as culturas serão divididas em fontes de calor e de combustíveis líquidos. Obviamente, qualquer uma poderia ser usada para gerar calor, mas nessa categoria se consideram apenas as culturas que só podem ser aplicadas em queimadores e caldeiras para processos diversos. Como combustíveis líquidos, consideram-se aquelas das quais se pode obter etanol ou biodiesel.

Para geração exclusiva de calor, são utilizados resíduos de qualquer cultura agrícola, desde que isentos ou com baixo teor de umidade. Algumas culturas, no entanto, se destacam por apresentar índices de produção de resíduos bastante altos e com grande poder calorífico. Ou seja, bom potencial para produção de energia. Dentre esses resíduos, se destacam o bagaço da cana-de-açúcar e a casca de arroz.

A cana-de-açúcar é uma planta de tronco fino e comprido com alta concentração de açúcar. Ela é da família das Poáceas (gramíneas), do gênero *Saccharum*, e possui seis espécies básicas com muitas variedades, tem fácil adaptação em regiões de clima tropical e é utilizada na produção de álcool e de açúcar. Sua composição química é bastante diversa em função de variedade, idade, clima, propriedades do solo, entre outros. Da produção tanto de álcool quanto de açúcar, o principal resíduo é o bagaço da cana. O poder calorífico do bagaço da cana é de 2,48 MWh por tonelada, em que cerca de 41,5% da massa de cana é bagaço.

O outro energético interessante para produção de calor com origem agrícola é a casca do arroz. O arroz também é uma gramínea da família das Poáceas, do gênero *Oryza*, com sete espécies e muitas variedades. É uma das principais culturas para alimentação da humanidade. Na composição da casca, os elementos que se destacam são a glicose, a lignina e as cinzas. Devido ao excesso de lignina e cinzas, não pode ser utilizada para produção de etanol e nem como ração animal.

A utilização da casca de arroz é uma opção muito interessante para obtenção de calor em processos produtivos, por exemplo, a própria secagem do arroz. Este aproveitamento já é uma realidade em muitas agroindústrias, e as cinzas resultantes da queima são alvo de vários estudos acadêmicos para utilização em outras aplicações. Nesse contexto, a tendência é que o arroz tenha um aproveitamento total — o grão como alimento, a casca como fonte para geração de energia, térmica ou elétrica, e os resíduos desta última transformação com outros fins, como as cinzas em substituição à areia na fabricação de cimento. Considera-se que a casca do arroz representa de 20 a 22% da massa.

A Figura 3.4 apresenta de forma simplificada o processo de utilização dos resíduos para produção de calor.

Figura 3.4 – Uso de resíduos agrícolas para produção de calor.

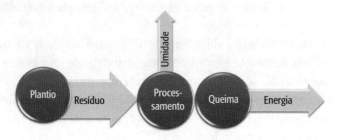

Quanto à geração de etanol, as principais culturas para este fim são as de cana-de-açúcar, de milho e de mandioca. Sendo que a de mandioca ainda se encontra em nível de estudo e a de milho é pouco usada no Brasil, devido à produção insuficiente e ao baixo rendimento na conversão grão/combustível.

A partir da cana-de-açúcar pode-se obter 87 litros de álcool hidratado por tonelada de cana. Considerando ainda o índice de produção de energia de 5,93 MWh/m³, se obtém algo em torno de 0,516 MWh por tonelada.

A emissão de gases de efeito estufa de um carro quando se utiliza etanol de cana, sob enfoque do ciclo completo do combustível, é 90% menor do que quando se usa gasolina. Isso se dá porque, no caso da cana-de-açúcar, há absorção de CO_2 na produção, por causa do processo de fotossíntese no crescimento da planta, resgatando quase a mesma quantidade de CO_2 expelida no uso do combustível.

Já a produção de álcool a partir do milho é controversa, seja pelo lado social, pois o alimento ficará mais caro se for usado para produção de combustível, seja pelo lado técnico/científico, já que o balanço de energia para converter o milho em etanol pode ser negativo (1,29:1, ou seja, para cada 1 kcal de energia fornecida pelo etanol do milho, gasta-se 29% a mais de energia para produzir o álcool). O milho pertence à família das Poáceas, gênero *Zea*, com oito espécies e muitas variedades. Ele tem em sua composição proteína, lipídios, açúcares, cinzas e mais de 70% de amido.

A mandioca tem seu potencial pouco explorado para produção de combustível por ter problemas semelhantes ao milho. Ela pertence à família das Euforbiáceas, gênero *Manihot* e espécie *Manihot Esculenta Crantz*. Sua composição é de quase 70% de água, seguido de 30% de amido; o restante se resume a pequenas parcelas de cinzas, proteínas, lipídios e fibras.

A Figura 3.5 apresenta de modo geral o processo de produção de etanol para diferentes fontes. Deve-se considerar que o processo ocorre para energéticos de forma individual. Por exemplo, a cana-de-açúcar só passa pela fermentação, com adição de leveduras, para que se obtenha o etanol, já o milho e a mandioca devem passar por uma hidrólise antes da fermentação. Na figura só estão considerados os processos químicos.

Figura 3.5 – Processo de produção de etanol para milho, mandioca ou cana-de-açúcar.

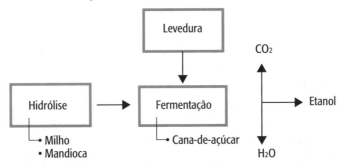

A geração de combustíveis líquidos tem grande importância econômica para todos os países, pois é senso comum que a dependência dos energéticos fósseis necessita ser reduzida. Assim, algumas culturas têm atraído atenção bastante significativa para resolver esse problema (MMA, 2014a). Dentre elas estão as culturas que produzem algum tipo de óleo, uma vez que qualquer tipo pode ser transformado em biodiesel. Em destaque estão culturas como o amendoim, a soja, o dendê, o girassol, o babaçu e a mamona.

O amendoim é a semente de uma leguminosa, a *Arachis hypogea*, incluído normalmente no grupo das nozes, castanhas e amêndoas em virtude de sua composição nutricional. Ele é um grão com aproximadamente 50% de lipídios, 25% de proteínas, 12% de carboidratos, 5% de água, 3% de fibras e 2,5% de cinzas. De uma tonelada de amendoim pode-se obter de 39 a 43% em óleo.

A soja também tem bom potencial para a obtenção de óleo, e grande parte do biodiesel mundial produzido a tem como base. Ela é composta por pouco mais de 5% de água, 40% de proteína, 22% de lipídios, 28% de carboidratos e o restante são cinzas. É uma planta herbácea da classe Magnoliopsida, família Fabaceae e gênero *Glycine*. É possível obter 18% de óleo de um determinado volume de soja.

Outra cultura utilizada na produção de energia é o dendê. A fruta é obtida no dendezeiro, que é o nome popular da planta *Elaeis guineensis*. O dendezeiro é uma palmeira com altura de até quinze metros, seus frutos são nozes pequenas e duras, possuem polpa fibrosa e é dela que se produz o óleo de dendê, também chamado de óleo de palma. O óleo de palma contém proporções iguais de ácidos graxos saturados, 44% palmítico e 5% esteárico, e não saturados, 40% oléico e 10% linoléico. De uma quantidade de frutos do dendezeiro pode-se obter até 20% em óleo.

A cultura do girassol se deve à qualidade do óleo comestível que se pode extrair de sua semente. Por ter ciclo vegetativo curto e ser uma cultura robusta, é feita em vários pontos do mundo. O óleo da semente da planta, cujo nome científico é *Helianthus annus*, da família das Asteráceas, assim como a maioria dos óleos, é essencialmente constituído por triacilgliceróis (98 a 99%) e é rico em ácido linoleico. O rendimento na produção de óleo é de 42%.

Também o babaçu contribui como fonte de extração de óleo para biodiesel no Brasil. A planta de nome popular baguaçu – *Orrbignya speciosa*, no meio científico, da família Palmae – é uma palmeira que pode atingir até 20 m de altura. Seus frutos possuem de três a quatro sementes oleaginosas. Aproximadamente 85% do óleo obtido com o babaçu é composto por ácidos graxos saturados, principalmente o láurico (44 a 46%), o mirístico (15 a 20%) e o oleico (12 a 18%), e 15% por ácidos insaturados. De uma quantidade determinada de babaçu pode-se obter cerca de 6% de óleo.

A mamona é outra planta com capacidade de fornecer óleo que pode ser convertido em biodiesel. Cientificamente denominada *Ricinus communis*, é uma planta da família Euphorbiáceas e dela se extrai o óleo de mamona (rícino), que contém 90% de ácido ricinoleico. É possível obter 50% de óleo a partir de uma quantidade de mamona.

A Figura 3.6 representa o ciclo de produção do biodiesel.

Figura 3.6 – Ciclo de produção do biodiesel.

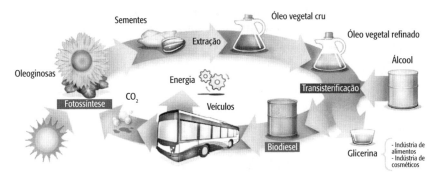

Fonte: adaptado de GreenerPro (2013).

Biomassa de origem vegetal

Dentre todos os energéticos de biomassa, a lenha tem o potencial mais interessante. Ela é o energético mais antigo usado pela humanidade, sendo que só durante a Revolução Industrial começou a ser substituído pelo carvão, mesmo assim, só na indústria. Ainda hoje é uma fonte de energia largamente utilizada em países pobres, chegando a significar mais de 50% do total consumido. Em países desenvolvidos, representa menos de 10% da matriz energética. Conceitualmente, a lenha é um pedaço de madeira utilizada para a queima e produção de calor, podendo ter origem nativa ou de reflorestamento.

Como a madeira é um material orgânico, seus constituintes químicos apresentam variações de um tipo para outro, e a heterogeneidade causa uma série de transtornos para a indústria de transformação e processamento. Sua variabilidade se dá devido a vários fatores, como espécie, tratos silvícolas e estrutura anatômica. Contudo, os principais constituintes são a celulose (41 a 49%), a hemicelulose (15 a 27%) e a lignina (18 a 24%), e seu poder calorífico inferior médio fica em torno de 17,5 MJ/kg. O teor de umidade é outro fator que influencia muito no aproveitamento da madeira como lenha.

Com apoio de novas tecnologias, a lenha pode ser convertida em combustíveis líquidos, sólidos e gasosos de alto valor agregado. Todavia, a queima direta é a forma tradicional de seu uso, apesar de a carbonização, a gaseificação e a pirólise serem processos termoquímicos bastante aproveitados.

Atualmente, as principais fontes de lenha são os reflorestamentos. A mata nativa, porém, ainda é fonte de lenha com expressiva utilização. A extração indevida em mata nativa pode gerar degradação do solo, alteração no regime de chuvas e consequente desertificação. Além da extração direta da madeira para sua transformação em lenha, os resíduos provenientes de aproveitamento da madeira para fins não energéticos, por exemplo, na indústria moveleira, podem ser utilizados para a obtenção de energia.

Biomassa proveniente da pecuária

Bem como na avaliação com base no potencial proveniente de energéticos agrícolas, o potencial de geração de energia brasileiro baseado na pecuária é enorme, também um dos mais significativos do mundo. O aproveitamento desses energéticos pode se dar através da queima direta dos detritos ou pelo seu uso para geração de biogás.

O biogás é um biocombustível, com conteúdo energético elevado semelhante ao gás natural, produzido a partir de uma mistura gasosa de dióxido de carbono com gás metano. A produção do biogás pode ocorrer naturalmente por meio da ação de bactérias em materiais orgânicos (lixo doméstico orgânico, resíduos industriais de origem vegetal, esterco de animal) ou de forma artificial em um biodigestor anaeróbico. Como o descarte dos resíduos é um grande desafio para as regiões com alta concentração de produção pecuária, em especial suínos e aves, o desenvolvimento e aplicação de novas tecnologias é importante para apoiar este tratamento. Desta forma, a geração de energia vem para ajudar a reduzir o impacto da questão dos resíduos, bem como minimizar o impacto em um dos insumos que mais pesa nos custos da suinocultura e da avicultura, que é a eletricidade.

Na produção de biogás com os rejeitos de animais na pecuária, é preciso levar em consideração que cada tipo de detrito tem suas características, o que reflete diretamente na energia produzida a partir deles. A Tabela 3.1 apresenta o volume de detritos produzido por cada tipo de animal e a geração de biogás e de eletricidade utilizando biodigestores, considerando um aproveitamento de 50% do gás gerado e um poder calorífico de 35,73 $MJ.m^{-3}$, pensando em um rebanho de 100 animais.

Tabela 3.1 – Produção de resíduos e energia para um rebanho de 100 animais.

Rebanho (kg/esterco)	Massa de resíduos (kg/dia)	Volume m³/anim/dia	Energia MWh/dia
Bovinos	10 a 15	0,038	67,90
Aves	0,12 a 0,19	0,05	89,34
Ovinos	0,5 a 0,9	0,022	39,31
Suínos	2,3 a 2,5	0,079	141,16
Equinos	10	0,022	39,31
Caprinos	0,5 a 0,9	0,022	39,31

Fonte: Bianchi et al. (2012a).

Biomassa proveniente de resíduos urbanos (lixo)

O lixo pode ser definido como todo e qualquer resíduo resultante da atividade humana, uma vez que, nos processos naturais, não há lixo, apenas produtos inertes. Apesar de os gases também serem lixo, não serão considerados como aproveitáveis e, por isso, não serão avaliados.

Há tempos, o lixo produzido pelo homem não era um problema por ser facilmente decomposto pela natureza. Com o desenvolvimento e o aumento da população, o lixo transformou-se em um grande incômodo. Os processos naturais de decomposição dos resíduos se demonstraram insuficientes para absorver toda a produção e, assim, as consequências aos seres humanos e demais seres vivos tornaram-se consideravelmente relevantes.

Apesar do impacto negativo, a produção de resíduos é inerente ao ser humano e fortemente influenciada pelas características da sociedade de consumo. Atualmente, sua produção tem relação direta com o índice de crescimento econômico que, de certa forma, indica o nível de consumo, ou seja, quanto mais uma sociedade consome, mais lixo produz. A média mundial atual é de um quilograma (1 kg) de lixo por dia, em países desenvolvidos essa quantidade pode até triplicar.

Embora a reciclagem do lixo venha crescendo, ela é feita predominantemente com materiais de alto valor econômico, como o alumínio. No Brasil, a reciclagem de latas de alumínio é de 73%, enquanto que para outros materiais, como papel e plástico, este índice não alcança os 30%. Diariamente, ainda no Brasil, são geradas mais de 150 mil toneladas de resíduos sólidos, mas apenas cerca de 9% deles são reciclados. O restante é destinado a aterros sanitários (32%), aterros clandestinos (59%) ou lançado diretamente em locais impróprios.

Tais números ressaltam o significativo potencial energético dos resíduos urbanos no Brasil, assim como advertem para a necessidade de ampliar a deposição dos resíduos em locais apropriados, como os aterros sanitários. Uma das formas de conseguir isso é a exploração destes resíduos como matéria-prima, seja para reciclagem, seja para geração de energia.

Energia eólica

A energia eólica é a energia proporcionada pela ação do vento. Os ventos são deslocamentos de massas de ar que ocorrem devido à diferença de temperatura entre a terra e as águas, planícies e montanhas, das regiões equatoriais e dos polos da Terra. A topografia e a rugosidade do terreno influenciam de forma significativa na ocorrência dos ventos e em sua velocidade, o que resulta na variação de potência disponível. Como as temperaturas variam de acordo com as estações do ano e o período do dia, há também uma variação na intensidade do vento, ou seja, na disponibilidade e na potência.

Desde a antiguidade, o potencial eólico já vinha sendo aproveitado, o que ocorria da navegação, no bombeamento de água e na produção de alimentos, no caso da moagem de grãos. Hoje em dia, acredita-se na geração de energia com base eólica como forte candidata a figurar entre as principais fontes de energia do futuro, uma vez que em todos os lugares do globo terrestre o energético está disponível. Os pontos positivos são que o energético vento não é finito e é uma fonte com baixo impacto ambiental negativo. Como principais pontos negativos estão o impacto visual e o ruído produzido pelas turbinas eólicas.

Basicamente, a energia eólica é a energia cinética contida nos ventos, e sua captação para fins comerciais é feita através de equipamentos denominados turbinas eólicas. Quanto aos tipos de turbinas eólicas, atualmente existem vários modelos consagrados e outros em estudo. Em geral, as turbinas são classificadas em dois tipos: aquelas com eixo paralelo em relação ao solo são as chamadas de horizontais, já as com eixo perpendicular são as verticais. Dentre as mais comuns se destacam as turbinas horizontais de pás, que podem ser com uma pá, duas ou três, sendo esta última a mais utilizada, e entre as verticais existem as do tipo Darrieus, Savonius e turbinas com torres de vórtices. A vantagem das turbinas horizontais é que possuem eficiência superior em relação às verticais, mas, como desvantagem, possuem baixo torque de partida e por isso só operam em altas velocidades de ventos (V > 6m/s). A vantagem das turbinas verticais é que não é necessário ajustar a posição do rotor em relação à direção do vento, mas elas têm como desvantagens a necessidade de um torque inicial para iniciar a produção de energia e o fato de serem adequadas apenas para baixas potências.

A Figura 3.7 apresenta os tipos mais comuns de turbina eólica.

Figura 3.7 – Turbinas eólicas horizontais e verticais.

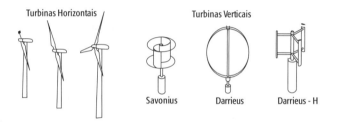

O potencial energético eólico é determinado com base em dados de vento obtidos por medições em alturas de 50 e 100 metros ou mais, com anemômetros, no diâmetro da turbina utilizada e no perfil do terreno em que está instalada a máquina.

As máquinas de geração de energia, geralmente elétrica, com base nos ventos operam em três tipos de sistemas: isoladas, como apoio ou interligadas à rede convencional de fornecimento de eletricidade (*on-grid*). Os grandes sistemas de geração de energia elétrica com base eólica, estruturas chamadas de fazendas eólicas, utilizam o sistema *on-grid*. A Figura 3.8 apresenta uma ideia dos sistemas.

Energia solar

O aproveitamento da quantidade de energia emitida pelo sol depende da praticidade de convertê-la em alguma forma de energia que possa ser utilizada pelo homem. Atualmente, existem duas vertentes principais para

Figura 3.8 – Tipos de sistemas de aplicação de turbinas eólicas.

a conversão de energia solar em energia útil: utilização da energia solar na forma térmica e utilização da energia solar para geração de eletricidade.

Quanto à utilização da energia solar na forma térmica, existem:

- Sistema Solar Ativo, no qual a captação da energia solar em baixa temperatura pode ser feita utilizando-se de vários equipamentos em função da aplicação. Um desses equipamentos é o que se denomina de coletor solar plano, usualmente montado num telhado de uma edificação para captar a radiação solar. A maioria dos sistemas é estruturalmente simplificada e o calor produzido é utilizado para aquecer água para uso interno das edificações ou aquecer água de piscina.

- Sistema Solar Passivo, que consiste na absorção da energia diretamente por uma edificação em função do seu projeto arquitetônico, com o intuito de reduzir a energia requerida para aquecer o ambiente interno.

Quanto à utilização da energia solar para gerar eletricidade, podem ser considerados dois tipos básicos:

- Sistemas Fotovoltaicos, que efetuam a transformação da energia solar em elétrica diretamente.

- Sistemas Termossolares, em que a energia solar é usada para produzir a energia térmica que será transformada em energia elétrica, em geral, produzindo vapor que acionará uma termelétrica a vapor.

A Figura 3.9 apresenta alguns exemplos de aproveitamento da energia solar.

Figura 3.9 – Exemplos de sistemas para utilização da energia solar.

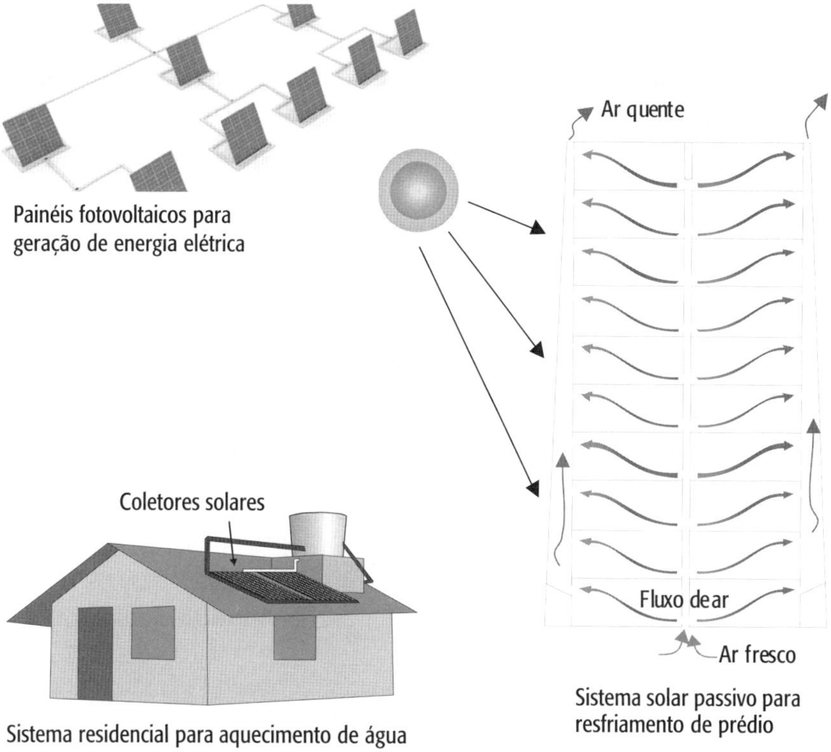

Painéis fotovoltaicos para geração de energia elétrica

Ar quente

Coletores solares

Fluxo de ar

Ar fresco

Sistema residencial para aquecimento de água

Sistema solar passivo para resfriamento de prédio

Energia hídrica

O aproveitamento da energia hídrica ocorre, em termos comercias, através das hidrelétricas, que oferecem a vantagem de ser uma fonte de energia renovável e normalmente limpa, do ponto de vista da poluição atmosférica. No entanto, dependendo principalmente de suas dimensões, as hidrelétricas podem causar grandes impactos ambientais em sua implantação, que envolve a construção, desvio do rio e a formação do reservatório, assim como durante sua operação (Aneel, 2005).

Há diversos tipos de usinas hidrelétricas, com ou sem reservatório de regulação, com diferentes tipos de turbinas e diferentes dimensões, desde microusinas (até 100 kW) até as usinas médias e grandes (acima de 30

MW, no geral), passando por miniusinas (acima de 100 kW até 1,0 MW) e PCHs (Pequenas Centrais Hidrelétricas, acima de 1,0 MW até 30 MW). Os desníveis podem ser naturais, como as quedas-d'água, ou criados artificialmente. Já a estrutura da usina com reservatório é composta principalmente por barragem, sistema de captação e adução de água, casa de força e vertedouro, que funcionam em conjunto e de maneira integrada, conforme esquema da Figura 3.10 (Aneel, 2003; Reis, 2011b).

Figura 3.10 – Esquema de uma central hidrelétrica na configuração em desvio, em geral utilizada para usinas menores.

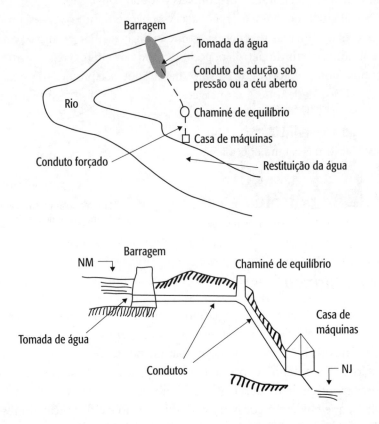

NM – Nível de água a montante da usina, NJ – Nível de água a jusante da usina.

Fonte: Reis (2011a).

CADEIAS ENERGÉTICAS, SUPRIMENTO E CONSUMO

Pode-se entender por cadeia energética "o conjunto de atividades associado à produção e ao transporte de energia vinculada a certo recurso natural até os diversos pontos onde se dá o consumo final" (Reis, 2011a, p. 2). A cadeia energética é basicamente formada pelo sistema de extração, beneficiamento, transporte, comercialização e consumo.

A geração é responsável pela transformação das fontes primárias ou dos energéticos em uma forma comercializável de energia. Para cada tipo de fonte, existem tecnologias disponíveis para tal conversão.

Os principais energéticos, renováveis ou não, em muitos casos, produzem as mesmas formas de energias comercializáveis. Por exemplo, com o diesel obtido a partir do petróleo, pode-se produzir energia elétrica através de grupos moto-geradores, o mesmo diesel pode ser provido de soja, ou ainda, a eletricidade, que é o energético final, pode vir de outras tantas fontes, como hidrelétricas, térmicas a carvão ou nucleares.

As cadeias abordadas a seguir são baseadas no petróleo, no gás, no carvão, na biomassa e na energia eólica, solar e hídrica.

Cadeia do petróleo e do gás

O petróleo é o principal energético utilizado pela humanidade atualmente. Sua cadeia produtiva comumente é tratada em três etapas (ver Figura 3.11), sendo que diversos autores consideram apenas duas (englobam *Middlestream* e *Downstream* em um só, o *Downstream*):

- O *upstream* trata das atividades relacionadas à exploração e produção do petróleo, além do transporte deste óleo extraído até as refinarias, onde será processado.
- A fase *middlestream* ocorre nas refinarias, ou seja, é o refino, onde os óleos (hidrocarbonetos) são convertidos em produtos como gasolina, óleo diesel, querosene, GLP, nafta, óleo lubrificante etc.
- Já o *downstream* envolve aspectos associados ao transporte e comercialização dos produtos, ou seja, à distribuição dos derivados do petróleo.

No *downstream*, além dos combustíveis, outros produtos são gerados a partir da indústria petroquímica. Tais indústrias não são consideradas indústrias do petróleo, e sim da química. A principal matéria-prima usada no segmento petroquímico é a nafta. É normal se referir às indústrias petroquímicas pela atividade industrial correspondente ao estágio do processo, também chamado de geração. Assim, a classificação quanto à geração fica (Copesul, 2013):

- 1ª geração – cria os produtos principais ou básicos: eteno, propeno, butadieno etc.

- 2ª geração – através de processos como purificação e adição, transforma os produtos básicos em produtos finais, como o polipropileno, polivinicloreto, poliéster, entre outros.

- 3ª geração – altera, química e fisicamente, os resultantes da 2ª geração, originando os produtos para o consumo. É a indústria de transformação final; produz embalagens, filmes, componentes automotivos, fios, tubos, cabos, eletrodomésticos e fibras.

Figura 3.11 – Cadeia produtiva do petróleo e do gás.

UPSTREAM · MIDSTREAM · DOWNSTREAM

óleo cru · gás natural · Extração Produção · Prospecção · Refino e transformação · gasolina · óleo diesel · querosene · GLP · nafta · óleo lubrificante, etc · Comercialização Distribuição

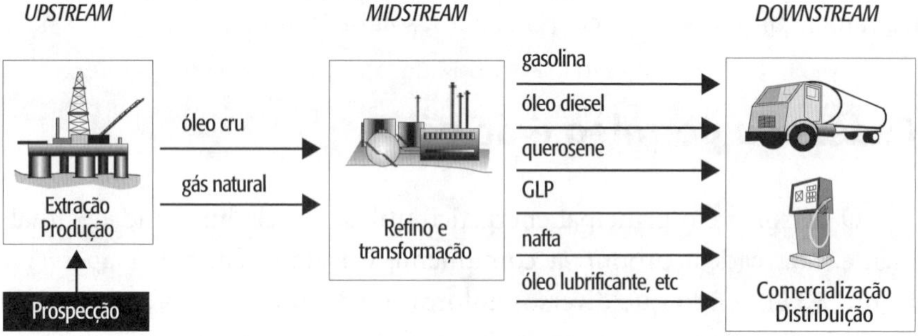

Desde a exploração e produção até a indústria de transformação e de usos dos materiais petroquímicos, essa cadeia demanda bens e serviços de alto valor agregado, provenientes de várias outras indústrias e setores da economia, como: metalurgia, mecânica leve e pesada, eletroeletrônica, automação, transporte, energia, indústria naval, indústria têxtil, siderurgia, plásticos e matérias especiais, tecnologia da informação, construção, manutenção, entre outros (OECD, 2013).

A Figura 3.12 dá uma ideia de como é toda a indústria ligada à cadeia produtiva do petróleo e do gás.

Nas refinarias, é gerado também um resíduo chamado de coque verde do petróleo. Este material pode ser utilizado nas siderúrgicas para a produção do ferro gusa e do aço, mas seu uso é recente nesta aplicação. Normalmente, o material utilizado para produção de coque é o carvão mineral ou vegetal.

Figura 3.12 – Indústrias ligadas e cadeia produtiva do petróleo e do gás.

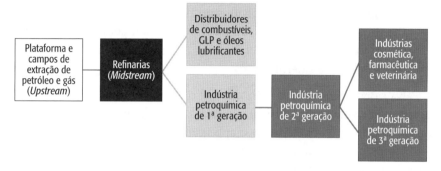

Cadeia do carvão mineral

O carvão, que foi o principal energético utilizado na Revolução Industrial, hoje ainda figura entre as principais fontes de energia utilizadas. A maior parte da energia elétrica produzida no mundo é baseada no carvão e é justamente esta a principal aplicação deste minério nos dias de hoje.

Os processos de prospecção, extração, beneficiamento e transporte do carvão são bem simples devido ao energético já estar praticamente pronto no solo, não necessitando significativo beneficiamento. Basicamente, o carvão é extraído do solo, moído e armazenado, depois, é encaminhado ao seu destino para o uso. Normalmente, é utilizado nas usinas térmicas para a geração de energia elétrica, mas também é aproveitado nas indústrias de forma geral para geração de calor ou na indústria siderúrgica.

A indústria do carvão mineral possui processos articulados desde a extração do minério bruto até o seu aproveitamento final. Segundo Cano (2013, p. 54), basicamente as atividades são:

- Lavra: extração dos conteúdos minerais úteis como linhito, hulha e antracito.
- Transporte: atividade fundamental que adiciona a importância do deslocamento aos minérios lavrados.
- Estoque: posicionado próximo às centrais de beneficiamento e transformação, ele agrega valor de momento.

- Beneficiamento: tratamento do minério, porém, sua identidade permanece a mesma (carvões finos ou energéticos).

- Transformação: surge um novo produto, com maior valor agregado, como o sínter ou cimento, por exemplo.

- Distribuidores: atores envolvidos no processo de distribuição do carvão mineral bruto beneficiado ou transformado para ser usado como insumo para geração de eletricidade, de calor na indústria em geral e na metalurgia e siderurgia.

Na siderurgia, usa-se carvão mineral como combustível para obtenção do calor (cerca de 1.500° Celsius) necessário para a fusão do minério de ferro ou como redutor (coque), para essa aplicação também se usa o carvão vegetal.

No processo de redução, o carvão associa-se ao oxigênio que se desprende do minério de ferro com a alta temperatura, deixando livre o ferro. Este produto é o chamado ferro gusa ou ferro de primeira fusão. Impurezas como calcário, sílica etc. formam a escória, que é matéria-prima para a fabricação de cimento. Assim, na produção do ferro, o carvão mineral (coque metalúrgico) tem importante papel na medida em que fornece o carbono necessário para transformar e purificar o minério. A Figura 3.13 apresenta a cadeia do carvão mineral (Arccelor Mittal, 2013).

Figura 3.13 – Cadeia do carvão mineral.

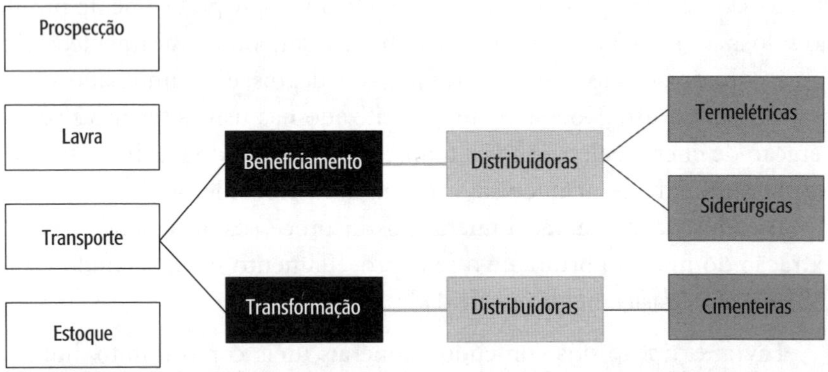

Cadeia da biomassa

A biomassa é uma das fontes para produção de energia com maior potencial de crescimento nos próximos anos, sendo importante alternativa para a diversificação da matriz energética e a consequente redução da dependência dos combustíveis fósseis (Brasil, 2013).

A biomassa pode ser classificada em três grandes grupos, conforme a Quadro 3.1.

Quadro 3.1 – Classificação dos biocombustíveis.

BIOMASSA ORIUNDA DAS FLORESTAS NATIVAS	Lenha, carvão vegetal, briquetes, cavacos e resíduos sólidos oriundos do aproveitamento não energético da madeira.
	Biocombustíveis líquidos e gasosos, subprodutos dos processos de conversão da madeira. Ex.: metanol, gás de gaseificação.
BIOCOMBUSTÍVEIS NÃO FLORESTAIS – AGROINDÚSTRIA	Combustíveis sólidos e líquidos produzidos a partir de plantações energéticas. Ex.: álcool da cana-de-açúcar.
	Resíduos de plantações energéticas. Ex.: palhas, folhas e plantas da plantação de cana-de-açúcar.
	Resíduos da agroindústria: casca de arroz, palha de milho etc.
	Subprodutos animais que são transformados em biogás: esterco de aves, bovinos, suínos e caprinos.
	Combustíveis obtidos do processamento de oleaginosas (biodiesel), como: soja, milho, mamona, girassol, babaçu, dendê, entre outras.
RESÍDUOS URBANOS	Resíduos sólidos, líquidos e gasosos provenientes do processamento dos esgotos, lixos industriais, comerciais e domésticos.

Fonte: Reis et al. (2005).

O potencial energético obtido a partir da biomassa e o produto gerado dependem da matéria-prima utilizada e da tecnologia de processamento. Existem diversas maneiras de transformar essa matéria-prima em energia a partir de diferentes tecnologias associadas principalmente ao processo de cogeração industrial através do uso de resíduos de processos agrícolas e industriais, além do manejo de resíduos florestais e urbanos (lixo).

A obtenção de energia a partir da biomassa pode ser realizada através de diferentes rotas tecnológicas. Essas rotas incluem a conversão da matéria-prima diretamente em calor ou em um combustível intermediário, como gás, óleos e sólidos. A rota tecnológica leva em conta as propriedades físicas de cada insumo. Conforme a Figura 3.14, a biomassa pode passar por dez processos divididos em três categorias: processos termomecânicos, termoquímicos e biológicos.

Figura 3.14 – Tipos de processos de conversão energética da biomassa.

Fonte: Bianchi et al. (2012a).

Os processos termomecânicos são caracterizados por transformar a biomassa em pacotes menores ou maiores visando à sua compactação. Dentre os processos pelos quais passam a biomassa estão a secagem (diminuir o teor de umidade), a torrefação (processo de pré-carbonização), a trituração (reduz as dimensões do material a fim de proporcionar um aumento na área combustível) e a desinficação ou briquetagem (método que une pequenas partículas de materiais sólidos, através de prensagem, formando blocos maiores).

Como principais processos termoquímicos utilizados podem ser citados a combustão para geração de calor e a pirólise para extração biocombustível. Nesse tipo de processo, o caminho seguido pela biomassa para a geração de energia é demonstrado na Figura 3.15. Ainda nos processos termoquímicos, pode ocorrer a liquefação (mistura com um solvente, catalisador em alta pressão, CO e temperatura moderada) ou a transesterificação (reação de óleos vegetais com metóxido ou etóxido), nos dois casos se obtém combustível líquido. A gaseificação é a conversão da biomassa em gás combustível, através da oxidação parcial em temperaturas elevadas.

Figura 3.15 – Processo termoquímico para geração de energia.

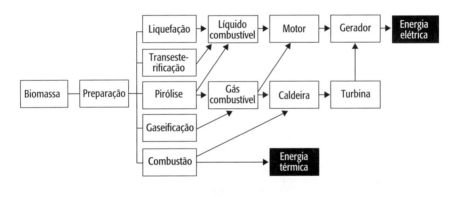

Fonte: Bianchi et al. (2012a).

Os processos biológicos consistem na utilização de enzimas e microrganismos capazes de metabolizar materiais orgânicos complexos, como carboidratos, lipídios e proteínas para produzir metano (CH_4), dióxido de carbono (CO_2) ou até mesmo álcool etílico (etanol) (Mayer et al., 2006). Esses processos ocorrem basicamente por fermentação celulósica, que pode ser usada na produção de etanol a partir do milho, e digestão anaeróbia, utilizada para a produção de energia por meio de biodigestores de resíduos orgânicos urbanos ou agropecuários, sem a presença de oxigênio. Nesse tipo de processo, o caminho seguido pela biomassa para a geração de energia elétrica é demonstrado na Figura 3.16.

A viabilidade econômica e técnica dos empreendimentos termelétricos que utilizam a biomassa depende de vários fatores, mas do ponto de vista técnico, a escolha do processo utilizado para a extração do combustível dependerá apenas do tipo da biomassa aproveitada. A Figura 3.17 relaciona tipos de biomassa com os seus processos de geração de energia e o resultado gerado.

Figura 3.16 – Processos biológicos para geração de energia.

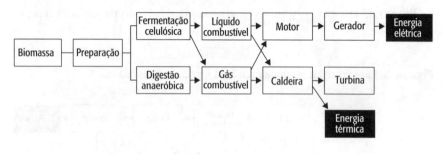

Fonte: Mayer et al. (2006).

Figura 3.17 – Processos de conversão de biomassa em energia.

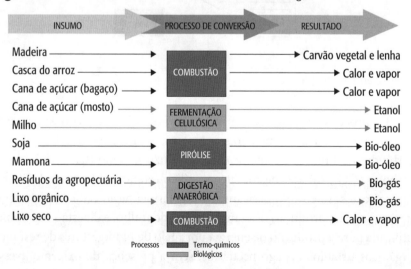

Fonte: Mayer et al. (2006).

Madeira

O setor florestal constitui uma atividade econômica complexa e diversificada que passa por aplicações energéticas e industriais. A madeira pode servir como matéria-prima para a indústria de transformação bem como para a construção civil, ou ainda como combustível para a geração de energia. No uso como combustível, normalmente ocorre em forma de lenha ou carvão (Figura 3.18) (Bianchi et al., 2012b).

Figura 3.18 – Cadeia produtiva da madeira.

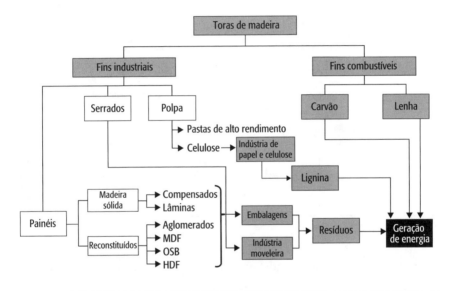

Fonte: Bianchi et al. (2012a).

Arroz

O arroz tem sua cadeia produtiva iniciada nas propriedades rurais, onde é plantado e colhido anualmente. Depois, é transportado para as indústrias de beneficiamento, onde é preparado para o consumo. O resultado do processo de beneficiamento é ilustrado na Figura 3.19. A casca é o produto utilizado para geração de energia térmica e elétrica. Aproveitando seu poder calorífico, a casca do arroz pode ser utilizada para a secagem e a parabolização do arroz, além de combustível para outras indústrias e na geração termoelétrica de energia. O aproveitamento da casca de arroz é

Figura 3.19 – Cadeia produtiva do arroz.

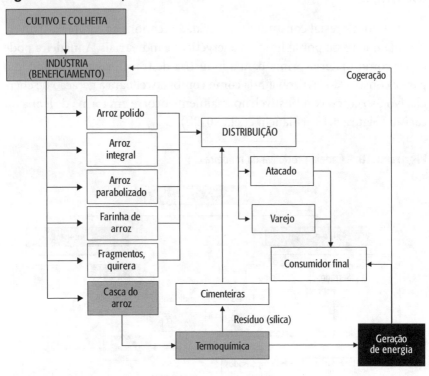

Fonte: Bianchi et al. (2012a).

tecnicamente viável utilizando métodos como briquetagem, gaseificação, liquefação, pirólise e, por fim, combustão (Bianchi et al., 2012a).

Cana-de-açúcar

A cana-de-açúcar é colhida e transportada até usinas, onde é processada em dois estágios principais: a preparação da cana (lavagem) e a moagem ou esmagamento. A industrialização da cana tem como principais produtos do processo o açúcar e o álcool, além de subprodutos residuais como o bagaço. A Figura 3.20 apresenta resumidamente a cadeia produtiva da cana-de-açúcar. A geração de energia a partir da cana-de-açúcar pode ser realizada por meio da fermentação celulósica para produzir o etanol e o gás combustível, como também pelo emprego do bagaço na combustão para a produção de calor.

Figura 3.20 – Cadeia produtiva da cana-de-açúcar.

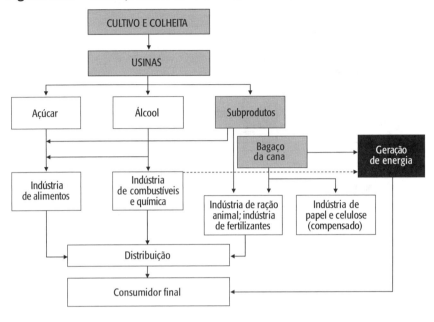

Fonte: Bianchi et al. (2012a).

Soja

A cadeia produtiva da soja começa (Figura 3.21) na produção agrícola. De lá, ela é encaminhada para as indústrias de processamento, onde são extraídos os principais produtos: o farelo de soja e o óleo de soja, ambos com fins alimentícios. Para a produção de energia, os processos utilizados são os termoquímicos, mais especificamente a transesterificação e a pirólise.

Resíduos

Os resíduos orgânicos sólidos, quando apropriadamente tratados, podem ser reutilizados de diversas formas, como na reciclagem (no caso do lixo seco), na utilização como fertilizantes e na recuperação da terra, bem como para a geração de energia, a partir de processos biológicos e termoquímicos. A cadeia produtiva dos resíduos urbanos é ilustrada pela Figura 3.22 (Bianchi et al., 2012b).

Figura 3.21 – Cadeia produtiva da soja.

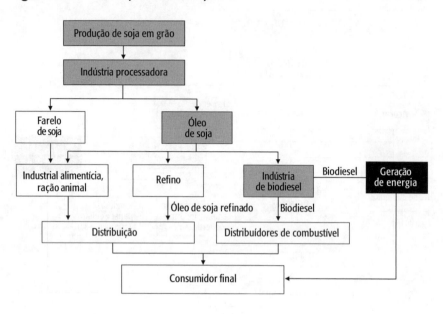

Fonte: Bianchi et al. (2012a).

A partir de aterros sanitários ou mesmo de aterros controlados, é possível instalar uma estrutura capaz de captar o gás metano gerado na biodigestão para seu aproveitamento na geração de energia. Esse processo pode ser realizado através de dois caminhos: por meio da biodigestão anaeróbia, que produz gases combustíveis utilizados em motores ou turbinas para a produção de eletricidade, ou por incineração direta.

A utilização do gás de lixo (GDL) para produção de energia tem como vantagem ser uma forma de reduzir a emissão de metano na atmosfera. Já a incineração de resíduos permite a redução do volume requerido para disposição em aterros, além de poder ser utilizada para a produção de eletricidade evitando a emissão de metano.

A atividade pecuária também produz resíduos orgânicos oriundos do esterco de animais, que podem ser utilizados na produção de energia. A utilização de biodigestores se dá, na maior parte, em fazendas de produção onde os animais estejam confinados, como na criação de aves e suínos. Qualquer tipo de biomassa que se decomponha biologicamente (restos de animais ou vegetais) sob ação das bactérias anaeróbias pode

Figura 3.22 – Cadeia produtiva de resíduos urbanos.

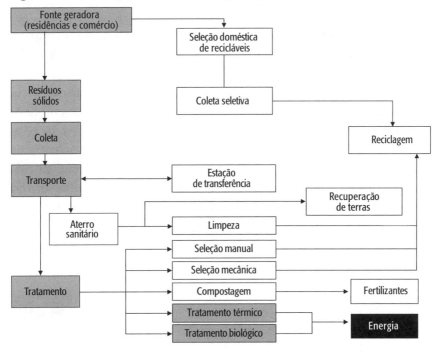

Fonte: Bianchi et al. (2012a).

alimentar um biodigestor. Além de produzir gás, o processo elimina os resíduos não aproveitáveis de uma propriedade agrícola, podendo ser considerado uma fábrica de fertilizantes e uma usina de saneamento, unidos em um mesmo equipamento (Turdera e Yura, 2009). A Figura 3.23 mostra uma representação da cadeia de produção de energia com base nos resíduos da pecuária e da agricultura.

Figura 3.23 – Cadeia de produção de energia com base nos resíduos da pecuária e da agricultura.

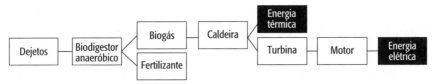

Cadeia da energia eólica

Os avanços tecnológicos e o aumento da produção de energia elétrica com base eólica têm reduzido os custos e melhorado o desempenho e a confiabilidade dos equipamentos que são aerogeradores, controladores e inversores.

No Brasil, os avanços em termos de aplicação são significativos, pois os aproveitamentos voltados à geração de energia elétrica apresentam preços de eletricidade gerada competitivos em termos de mercado. Além da geração de energia elétrica, a força do vento também poder ser utilizada no bombeamento, no qual, com auxílio de turbinas verticais, o aproveitamento do vento pode ocorrer de forma direta, sem a transformação da energia mecânica em energia elétrica. A Figura 3.24 apresenta a cadeia da geração de energia eólica.

Figura 3.24 – Cadeia da geração de energia eólica.

Cadeia da energia solar

Embora seja um processo caro, a utilização de energia solar para geração de outras formas de energia, como calor e eletricidade, vem crescendo muito no mercado mundial. Para a geração de calor, hoje já se consegue amortizar os investimentos em pouquíssimo tempo. Contudo, para a geração de energia elétrica, há um progresso significativo em termos de redução dos custos, mas o que viabiliza os projetos são os incentivos governamentais.

A cadeia da energia solar é bem simples (Figura 3.25), e o inconveniente para a instalação de qualquer tipo de aproveitamento, quando existente, ainda é econômico.

Quanto ao aproveitamento com sistemas do tipo termossolares para geração de eletricidade, pode-se, por exemplo, utilizar aerogeradores como conversores ou gerar vapor para turbinas.

Figura 3.25 – Cadeia do aproveitamento da energia solar.

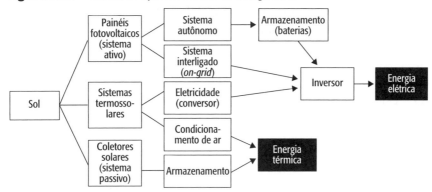

Cadeia da energia hídrica

A geração de energia baseada em sistemas hídricos é quase que totalmente voltada para a eletricidade. No Brasil, esse tipo de geração está dividido em grandes hidrelétricas (UHE), pequenas centrais hidrelétricas (PCH) e mini e microcentrais hidrelétricas. A cadeia da produção de energia elétrica com base hídrica é apresentada na Figura 3.26.

Figura 3.26 – Cadeia da produção de energia elétrica a partir de hidrelétricas.

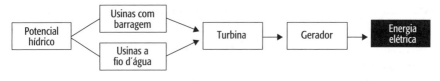

REFERÊNCIAS

[ANEEL] AGÊNCIA NACIONAL DE ENERGIA ELÉTRICA. *Guia do empreendedor de pequenas centrais hidrelétricas*. Brasília: Aneel, 2003.

_____. *Atlas de energia elétrica do Brasil*. Brasília: Aneel, 2005.

ARCELLOR MITTAL. *Carvão vegetal x coque*. Disponível em: https://www.belgo.com.br. Acessado em: 5 set. 2014.

BIANCHI, A.L. et al. *Projeto sustentabilidade energética e a geração de empregos – relatório final*. Projeto do programa de P&D Aneel. Porto Alegre: CEEE-GT, 2012a.

_____. Um instrumento de avaliação do potencial energético local para geração de eletricidade. *Revista Copel – Espaço Energia*, v.1, p.1-10, 2012b.

BRASIL. *Matriz Energética Brasileira*. Disponível em: http://www.brasil.gov.br/sobre/economia/energia. Acessado em: jun. 2013.

CANO, T.M. *Carvão mineral*. Brasília: DNPM, 2013.

COCHRAN, T.B. et al. *International panel on fissile materials – fast breeder reactor programs: history and status*. Research Report 8, 2010. Disponível em: http://www.fissilematerials.org. Acessado em: jul. 2013.

[COPESUL] COMPANHIA PETROQUÍMICA DO SUL. *Indústrias Petroquímicas*. Disponível em: http://www.copesul.com.br/quimica/as-industrias-petroquimicas/. Acessado em: set. 2013.

[EPE] EMPRESA DE PESQUISA ENERGÉTICA. *Balanço Energético Nacional (BEN) 2013, ano base 2012: relatório final*. Rio de Janeiro: EPE, 2013.

HINRICH, R.A.; KLEINBACH, M.; REIS, L.B. *Energia e meio ambiente*. São Paulo: Cengage Learning, 2014.

GREENERPRO. *Products*. Disponível em: http://www.greenerpro.com/products.html. Acessado em: 04 set. 2013.

MAYER, F.D.; HOFFMAN, R.; RUPPENTHAL, J.E. *Gestão energética, econômica e ambiental do resíduo casca de arroz em pequenas e médias agroindústrias de arroz*. In: XIII Sinpep, 2006, Bauru. *Anais...* Bauru, 2006.

[MMA] MINISTÉRIO DO MEIO AMBIENTE. *Caracterização de diferentes oleaginosas para a produção de biodiesel*. 2014a. Disponível em: http://www.mma.gov.br/estruturas/sqa_pnla/_arquivos/item_5.pdf. Acessado em: 5 set. 2014.

[OECD] ORGANIZATION FOR ECONOMIC COOPERATION AND DEVELOPMENT. Disponível em: http://www.oecd.org/statistics/. Acessado em: maio 2013.

REIS, L.B. *Matrizes energéticas: conceitos e usos em gestão e planejamento*. Barueri: Manole, 2011a.

_____. *Geração de energia elétrica*. Barueri: Manole, 2011b.

REIS, L.B.; FADIGAS, E.A.; CARVALHO, C.E. *Energia, recursos naturais e a prática do desenvolvimento sustentável*. Barueri: Manole, 2005.

TURDERA, M.; YURA, D. *Estudo da viabilidade de um biodigestor no município de Dourados*. Disponível em: http://146.164.33.61/termo/biogas/Campinasagrener.pdf. Acessado em: jan. 2012.

[WCA] WORLD COAL ASSOCIATION. *The coal resource – a comprehensive overview of coal*. 2005. Disponível em: http://www.worldcoal.org/bin/pdf/original_pdf_file/coal_resource_overview_of_coal_report(03_06_2009).pdf. Acessado em: 5 set. 2014.

Bibliografia sugerida

[MMA] MINISTÉRIO DO MEIO AMBIENTE. *Energia*. 2014b. Disponível em: http://www.mma.gov.br/clima/energia. Acessado em: set. 2014.

Energia, Ambiente, Sociedade e Sustentabilidade | 4

Lineu Belico dos Reis
Engenheiro eletricista, Escola Politécnica da USP

INTRODUÇÃO

Neste capítulo, serão enfocados os cenários global e local associados às questões de sustentabilidade, com o objetivo de apresentar e analisar, inicialmente, os conceitos e desafios a serem enfrentados; ressaltar a importância da equidade neste contexto para, em seguida, reconhecer o papel e a influência da energia neste cenário; e, finalmente, enfocar soluções e políticas energéticas preconizadas como fundamentais para o estabelecimento de condições sustentáveis para a humanidade.

Com esses objetivos, são abordados os seguintes temas:

- Desenvolvimento sustentável e sustentabilidade.
- Grandes questões atuais e desafios do desenvolvimento sustentável.
- Meio ambiente, equidade e sustentabilidade.
- Energia.
- Sustentabilidade energética.

DESENVOLVIMENTO SUSTENTÁVEL E SUSTENTABILIDADE

Há algumas décadas, debates, discussões e, em nível bem menor, ações orientadas à construção e à implantação de um modelo de desenvolvimento sustentável têm ocupado espaço no cenário mundial, motivados por problemas mundiais e locais, de caráter ambiental e social.

Dentre estes problemas, que indicam a degradação constante e acelerada do padrão de vida humana na Terra, se destacam as guerras e os combates disseminados pelos continentes e países, o tráfico de armas, o tráfico de drogas, a desvalorização da vida, o consumismo desenfreado, a ocorrência de grandes desastres ecológicos, as mudanças climáticas, o aquecimento global, a existência de grandes populações que vivem em condições de profunda pobreza, a má distribuição da riqueza natural e humana e diversas agressões ao meio ambiente. Nesse contexto, a crescente conscientização sobre o desequilíbrio ambiental causado por interferências impostas pelos sistemas humanos aos sistemas naturais e sobre os impactos irreversíveis deste desequilíbrio estabelece um cenário no qual a própria sobrevivência da vida na Terra, em qualquer das suas formas, tem sido questionada.

O modelo almejado de desenvolvimento, chamado de sustentável, buscaria resolver ou encaminhar soluções para grande parte desses problemas, estabelecendo as bases de um processo a ser continuado ao longo das futuras gerações, o processo da sustentabilidade.

Tendo isso em vista, o modelo do desenvolvimento sustentável deve ser capaz não só de contribuir para a superação dos atuais problemas, mas também de garantir a própria vida, por meio da proteção e manutenção dos sistemas naturais que a tornam possível.

Mas, atingir esses objetivos implica a necessidade de profundas mudanças nos atuais sistemas de organização da sociedade humana, de produção e de utilização de recursos naturais essenciais à vida no planeta e o desafio premente de superar grandes dificuldades iniciais, tais como o estabelecimento de consenso quanto às ações necessárias, o reestabelecimento da devida valoração dos bens humanos e naturais e a reversão das atuais tendências.

Historicamente, a discussão global do modelo sustentável de desenvolvimento começou há cerca de 50 anos, na década de 1970, e continua, de forma pouco animadora e cada vez mais ampla, participativa e complexa, catalisada pelo processo de globalização que, por si só, configura um desafio à sustentabilidade.

ENERGIA, AMBIENTE, SOCIEDADE E SUSTENTABILIDADE | **87**

Forma-se um cenário dinâmico e pródigo em idas e vindas, que podem ser facilmente identificadas nos resultados (ou não resultados) das diversas reuniões internacionais sobre o assunto, que se sucedem ao longo do tempo. Esse cenário é identificado pela existência de posições das mais variadas, muitas vezes radicais e calcadas em interesses específicos de grupos e países, num contexto de complexidades culturais, religiosas e sociais; e de tempos de percepção, assimilação e implantação extremamente heterogêneos, em virtude das grandes diferenças entre países e regiões do mundo.

Um cenário cujas dimensões criam a necessidade de que, neste capítulo básico, por razões de objetividade, o assunto seja aprofundado tão somente o bastante para o melhor entendimento do livro como um todo.

Assim, o que se apresenta a seguir é apenas uma visão sucinta dos aspectos históricos considerados necessários para um melhor entendimento dos principais desafios do desenvolvimento sustentável. Para informações mais detalhadas, recomendam-se ao leitor as referências no final do capítulo, bem como as inúmeras referências e fontes de dados e informações existentes e colocadas à sua disposição por meio das mais variadas mídias acessíveis atualmente.

O primeiro grande passo na discussão do desenvolvimento sustentável foi a Conferência de Estocolmo (*United Nations Conference on the Human Environment*), realizada em 1972, na qual se enfatizou a importância da questão ambiental e a necessidade de reaprender a conviver com o planeta Terra, preservando-o para garantir a continuidade da vida e da história. As preocupações demonstradas nas discussões da conferência deixaram muito nítidas as disparidades entre as realidades e o posicionamento dos países do hemisfério norte e os do hemisfério sul. Os do norte, em boa parte denominados desenvolvidos, mostraram grande preocupação com a poluição da água, do ar e do solo, priorizando ações voltadas à restauração de sua qualidade anterior. Os do sul, na maioria considerados como países em desenvolvimento, mostraram maior preocupação com a gestão racional dos recursos naturais, objetivando o desenvolvimento socioeconômico e a solução de problemas associados à exclusão social e à pobreza.

Nessa conferência e a partir dela, a questão ambiental evoluiu de problemas predominantemente nacionais para preocupações com o alcance regional e global dos problemas ambientais e com a determinação dos responsáveis. Dessa forma, foram identificados problemas ambientais internacionais, como a mudança do clima, a chuva ácida e a destruição da camada de ozônio e sua íntima relação com o desenvolvimento industrial dos últimos séculos, concentrado principalmente nos países hoje denominados desenvolvidos. Por outro lado, os países considerados em desenvolvimento têm sido cautelosos nas discussões, buscando evitar que as divisões dos custos das ações mitigadoras desses problemas afetem suas economias já debilitadas pelo próprio modelo atual, perpetuando a distorcida distribuição de riquezas em âmbito global. Tanto os países desenvolvidos como também aqueles em desenvolvimento (incluindo os mais recentemente denominados emergentes, por razões econômicas), como grupos, se apresentam um tanto desarticulados e não conseguem consenso interno, o que complica ainda mais a situação.

Desde as primeiras discussões, nas quais é possível ressaltar o papel coordenador da Organização das Nações Unidas (ONU), vários acordos ambientais têm sido negociados e inúmeros fóruns de discussão criados com o objetivo de repensar o modelo economicista adotado para o desenvolvimento e de conter o encaminhamento para a exaustão dos recursos naturais. Embora ocorram grandes discussões, a execução de ações objetivas não tem ocorrido ou tem sido muito lenta, em grande parte devido à complexidade do cenário multifacetado das nações, ao desequilíbrio da organização institucional do mundo e aos interesses políticos e econômicos específicos, no geral mais inclinados a manter o *status* atual que ajudaram fortemente a montar e no qual a estrutura de poder lhes é favorável. A avaliação objetiva dos resultados dos diversos encontros permite concluir que, aparentemente, há muito mais preocupação em postergar decisões do que em tomá-las concretamente.

Alguns fatos, marcantes neste caminho até os dias de hoje, que devem ser apontados aqui, são:

- Ao final da década de 1980, o relatório "Nosso Futuro Comum" ("Our Common Future"), resultado do trabalho da Comissão Mundial para o Meio Ambiente e o Desenvolvimento (World Comission on Environment and Development), evidenciou a recusa dos países em desenvolvimento de tratar as questões ambientais em seu estrito senso, ancorados na necessidade de discutir os paradigmas de desenvolvimento e sua repercussão na utilização dos recursos naturais e sistemas ecológicos. Como resultado desse trabalho, as propostas da comissão foram orientadas para a noção de desenvolvimento sustentável e chamaram a atenção para a importância da cooperação internacional na solução dos problemas do meio ambiente e de desenvolvimento. Nesse relatório, foi apresentado talvez o mais conhecido conceito dentre os diversos que podem ser encontrados para desenvolvimento sustentável: "modelo de desenvolvimento que satisfaz as necessidades das gerações presentes sem afetar a capacidade de gerações futuras de também satisfazer suas próprias necessidades" (World Comission on Environment and Development, 1987).

- Dos vários acordos ambientais realizados na década de 1980, o que teve melhor efeito foi o Tratado de Montreal (1987), que fixou diretrizes para a substituição industrial dos gases clorofluorcarbonos (CFC) por outros compostos menos destrutivos à camada de ozônio.

- Durante a preparação para a United Nations Conference on Environment and Development (Unced), realizada no Rio de Janeiro em 1992, foi tomada a importante Resolução n. 44/228. Esta resolução ressalta que a proteção ambiental deve ser enfocada num contexto de íntima relação entre pobreza e degradação. Reconhece também que a maioria dos problemas da poluição é causada pelos países desenvolvidos, e que estes terão maior responsabilidade em combatê-la. Sugere ainda que recursos e tecnologias devem ser colocados à disposição dos países em desenvolvimento para reverter seu processo de degradação ambiental, e que uma solução urgente e eficaz deveria ser encontrada para o problema das dívidas externas, requisito fundamental para uma estratégia de desenvolvimento sustentável. A Unced contou com a participação de 25 mil pessoas e foi denominada Cúpula da Terra (*Earth Summit*). Essa conferência foi um prenúncio da crescente importância que as questões ambientais passariam a ter no cenário político internacional, o que, embora não fosse garantia de solução, tem determinado uma alocação acelerada de recursos para o tratamento dessas questões. A Unced resultou em cinco documentos: a Agenda 21, a Convenção do Clima, a Convenção da Biodiversidade, a Declaração do Rio e os Princípios sobre Florestas. Estes documentos contêm ou delineiam acordos internacionais que têm como objetivo modificar os sistemas antropogênicos em direção ao desenvolvimento sustentável. No contexto deste livro, é particularmente importante ressaltar a ênfase dos documentos ao papel fundamental da adoção de soluções locais para a questão da sustentabilidade. Soluções estas que, integradas por soluções regionais e de caráter global, e condicionadas por forte interdependência dos diversos atores na teia da vida, permitem a visualização de uma solução global formada pela integração adequada de soluções regionais e locais. Essa possibilidade reforça o pensamento ecológico do "agir localmente, pensar globalmente", e se alinha com as Agendas 21 locais, para aplicação em pequenos municípios e regiões.

- Como prosseguimento das ações relacionadas com a Convenção do Clima – a qual tem uma estreita relação com a questão energética por causa da emissão dos gases de efeito estufa associada ao uso de combustíveis fósseis –, diversas reuniões foram realizadas, dentre as quais se destaca a de 1997, no Japão, que deu origem ao Protocolo de Kyoto, cuja implantação efetiva foi considerada de grande importância para a construção do paradigma de desenvolvimento sustentável. De acordo com esse protocolo, foram estabelecidas metas de redução das emissões dos gases de efeito estufa, a serem cumpridas até 2012 (o que não ocorreu até agora) tendo como referência as emissões de 1990. Foram discutidas as participações dos diversos países, em particular os desenvolvidos e os em desenvolvimento, e foram estabelecidos mecanismos para viabilizar o cumprimento das metas acertadas. Esses mecanismos poderiam ser de grande interesse para os países em desenvolvimento. Não houve, no entanto, um acordo quanto à ratificação do protocolo, tendo sido definida como necessária para isso a anuência de países que, em seu conjunto, contribuíam com até 55% dos gases estufa em 1990. Nesse contexto, deve-se salientar o papel negativo dos Estados Unidos, cujo senado veio protelando a ratificação, com o argumento de que a implantação do protocolo poderia comprometer seu crescimento econômico, fortemente baseado na utilização de combustíveis fósseis.

- Diversas reuniões sobre os assuntos aqui tratados ocorreram após a de Kyoto, sem expressivas modificações, causando grandes expectativas para a Conferência de 2002, que aconteceu em Johannesburgo e foi denominada Rio+10 – Cúpula Mundial para o Desenvolvimento Sustentável. Além da posição dos Estados Unidos (responsáveis por 35% dos gases estufa) de continuar retardando a ratificação do Protocolo de Kyoto, avanços pouco significativos ocorreram em relação à Cúpula da Terra no Rio, direcionados a avaliar o que foi feito na Agenda 21 no período de dez anos e criando mecanismos para facilitar medidas efetivas de sua implantação.

- Ao final de 2004, com a adesão da Rússia, foi atingida a cota necessária para ratificação do Protocolo de Kyoto, o que realmente ocorreu, mas sem grandes resultados práticos, uma vez que os Estados Unidos continuaram a se negar a cumprir seu compromisso, além de ocorrerem discussões adicionais sobre o papel dos denominados países emergentes, em particular os Brics (Brasil, Rússia, Índia, China e África do Sul), que, em Kyoto, estavam incluídos como em desenvolvimento e, em 2004, já ocupavam a posição de emergentes, com destaque econômico, mas, por outro lado, com participação negativa importante no que se relaciona às emissões de gases estufa.

- Diversas outras reuniões para resolver o assunto já foram realizadas após esse fato, como, por exemplo, a Rio + 20, em 2012, no próprio Rio de Janeiro, mas a situação parece ficar cada vez mais confusa e distante de um acordo. Os mais céticos acreditam que isso só ocorrerá quando não houver mais como reverter o encaminhamento para uma situação trágica para a humanidade como um todo, ou quando se estiver muito próximo disso ocorrer. Caso chegue-se a essa configuração, a necessidade de ações mais radicais provavelmente causará mais confusão e desacordo, gerando o risco de que o processo de degradação se acelere ainda mais. Neste cenário, um ponto importante a ser ressaltado é que, como praticamente muito pouco foi efetivamente feito, a situação só veio piorando e não há mais sentido algum na adoção da situação de 1990 como referência.

Dessa forma, a agenda ambiental internacional e a busca pelo desenvolvimento sustentável têm se debatido tanto no sentido de implantar os acordos já assinados como no de encontrar formas para proteger outros recursos naturais essenciais, por exemplo, mananciais de água. Há muito trabalho sendo feito, principalmente no nível político e científico. No setor econômico, nota-se ainda cautela no sentido de adotar formas de produção sustentáveis, mas muitas empresas e setores já se posicionaram progressivamente com esse intuito. Muitas companhias internacionais e nacionais não mais ignoram o fato de que padrões de sustentabilidade irão afetar cada vez mais os padrões de consumo da sociedade e as formas de produção e de relação com os consumidores que dominarão o século XXI, sendo, portanto, condicionantes significativos de competitividade.

GRANDES QUESTÕES ATUAIS E DESAFIOS DO DESENVOLVIMENTO SUSTENTÁVEL

O atual cenário mundial se apresenta pródigo de desafios à implantação de um modelo sustentável de desenvolvimento, refletindo não só a complexidade e os desencontros do encaminhamento institucional da questão como também a grande disparidade entre os diversos países, principalmente quanto à sua capacidade de "frear" e reverter o modelo atual de desenvolvimento humano e seu processo de imposição. Não resta dúvida de que mudanças efetivas só ocorrerão se não houver grandes rupturas e se ocorrer participação integrada de todos, seja na solução das questões internas, seja na solução das questões externas, nas quais a maior parte da responsabilidade cabe aos países mais atuantes na imposição do modelo atual.

Desse modo, é elucidativo notar que, em termos globais, a questão ambiental e, em seu bojo, a questão da necessidade de um novo modelo de organização humana têm sido debatidas há cerca de quarenta anos, apresentando um avanço muito lento em sua evolução, enquanto o efeito danoso do modelo atual tem perpetuado e até mesmo aumentado.

Um aspecto fundamental a ser enfrentado é a necessidade de eliminar as grandes disparidades mundiais não só em termos econômicos como também em todos os outros aspectos que precisam ser incorporados às decisões estratégicas com vistas ao desenvolvimento sustentável: ambientais, sociais, tecnológicas e políticas.

Nesse contexto, países desenvolvidos apresentam certas características que poderiam ser benéficas ao encaminhamento da questão, tais como legislação aplicada mais efetiva e melhores níveis de educação, de conscientização e de participação da população. Condições que, no entanto, mostram fragilidade, principalmente em momentos de crise. Nesses países, persiste o grande desafio de reverter a postura da maioria de sua população com relação à sua responsabilidade global. Desafio que requer vontade política, coesão interna e grande esforço educacional.

Por outro lado, nos países em desenvolvimento, incluindo os hoje denominados emergentes, a questão torna-se muito mais complexa. Além de haver influência mais forte de aspectos culturais e religiosos – os quais não serão aprofundados aqui por questão de objetividade –, podem ser encontrados diversos outros problemas que são claras barreiras à implantação de um modelo sustentável de desenvolvimento, tais como: a fragilidade da legislação e a falta de respeito a ela; a corrupção; o atraso tecnológico; a perversa distribuição de renda; a falta de educação adequada; e a exclusão social. Relativamente à população, o desafio é muito maior e complexo que nos países desenvolvidos, nos quais as condições de vida são, em média, bem melhores, no contexto atual da globalização. Nos países em desenvolvimento, predomina a luta pela subsistência, e a meta de uma vida digna para a maioria da população está mais distante.

Para aumentar a complexidade, o cenário apresenta certa simbiose entre as partes: há parcelas da população dos países desenvolvidos que vivem em condições semelhantes, em certos aspectos, às dos países em desenvolvimento, e vice-versa. Como a busca por melhores condições acaba sendo um grande fator de fluxo migratório, há crescente aumento da população de indivíduos originários de países em desenvolvimento nos países desenvolvidos, interferindo na manutenção dos padrões de vida, de forma similar ao que acontece internamente com países em desenvolvimento por meio do denominado êxodo rural. Esse fluxo para os países desenvolvidos tem aspectos que podem ser considerados, de certa forma, positivos para a conscientização da população local, mas não é o que tem ocorrido; o que se vê é o aumento do preconceito, da violência e das condições subumanas de vida.

Quando se visualiza o cenário em seu todo, surgem outros desafios. Isso porque o relativo "equilíbrio" dos países desenvolvidos está, na realidade, fortemente assentado nas condições precárias dos demais países. Além de maior poder econômico e político, que permite imposições até mesmo na forma de enxergar o mundo, a postura dos países desenvolvidos se configura como centro propulsor de uma globalização calcada na disseminação, para os países em desenvolvimento, de consumismo exacerbado; de processos e ações ambientalmente inadequadas; de conflitos locais e regionais; de aumento das taxas de desemprego; e de insensibilidade à miséria e à pobreza. Essa atitude, que leva à negação dos valores maiores do ser humano, resulta em fortalecimento das atividades marginais (tráfico de armas e drogas), aumento da corrupção, além da descrença nas instituições e no futuro.

Há um histórico de desequilíbrio ambiental na trajetória dos países desenvolvidos. No passado, o desenvolvimento foi conseguido à custa da degradação de seus próprios recursos ambientais e da exploração econômica de outros povos. No presente, tenta-se jogar aos não desenvolvidos a maior parte da carga necessária para que sua sociedade mantenha o padrão de vida conquistado. Inclusive a carga de se tornarem os responsáveis pela "redenção" ambiental da humanidade, segundo o ponto de vista de certos países desenvolvidos, como pode ser percebido nas discussões sobre a Amazônia e outras fontes tropicais remanescentes.

Esse olhar superficial já basta para indicar que o cenário não pode ser sustentável no seu todo sem grandes modificações. Essas modificações terão de envolver a todos. Não há como qualquer país, ou ser humano, permanecer isolado ou intocado na teia da vida. A efêmera ilusão de equilíbrio não se manterá indefinidamente, pois é forçada e contra a natureza da vida na Terra.

Hoje, não é muito difícil visualizar a queda continuada do poder das nações desenvolvidas e mesmo das demais nações. Não só para outros atores mais fortes do processo, como os detentores do capital e os traficantes de drogas e armas, que se antepõem às mudanças necessárias, como também para parte dos setores industriais, empresariais, comerciais e da sociedade civil organizada (denominada terceiro setor), que tem atuado e pressionado no sentido de propiciar espaço para as mudanças, mas de forma ainda fragmentada, desordenada e, muitas vezes, baseada em interesses próprios.

Embora as constatações apresentadas tenham sido baseadas na avaliação do contexto das nações, sua extrapolação para qualquer nação, considerando as diferentes regiões e classes sociais, pode ser feita sem qualquer dificuldade. Tendo isso em vista, como as diferenças sociais refletem um estado de coisas profundamente perverso na maioria dos países em desenvolvimento, o desafio de implantar um modelo sustentável de organização humana se torna ainda maior.

Além da injusta distribuição da pirâmide social, da falta de educação adequada e da exclusão social da maioria da população, deve-se considerar a forte propagação de um conceito materialista e consumista de sucesso que só traz mais disparidades, distanciamento e violência. Acrescentando a isso os aspectos culturais e religiosos que, na maioria dos países em desenvolvimento, evidenciam-se nas atitudes paternalistas do governo e das classes mais privilegiadas, no oportunismo e individualismo das demais classes e no assistencialismo, novos desafios de caráter local são colocados no caminho do desenvolvimento sustentável. Sobrepõem-se, então, os desafios de superar essas barreiras e resgatar os seres humanos para voos maiores: é preciso alfabetizar, informar, compartilhar, desenvolver a visão crítica, estabelecer condições para a conscientização e inclusão social, ao mesmo tempo em que se convive com a questão do desenvolvimento sustentável.

Assim, qualquer modelo de sociedade humana que não resolva as questões abordadas não poderá ser sustentável. Portanto, das grandes questões colocadas em discussão no âmbito do desenvolvimento sustentável, a mais importante a ser resolvida é a da equidade. E a solução dessa questão é fundamentalmente política, o que ressalta a importância da participação da sociedade civil organizada, tanto em termos globais – pressionando governos e atuando significativamente nos fóruns internacionais –, como em termos locais – criando condições para a inclusão social e ação proativa das comunidades. A sociedade civil organizada pode ter papel fundamental na construção do desenvolvimento sustentável, disseminando hábitos sustentáveis locais e orientando a sustentabilidade global ("agir localmente e pensar globalmente").

Há ainda outras grandes questões no cenário mundial, que representam desafios à prática do desenvolvimento sustentável. Numa rápida inserção por esse panorama, podem ser citados: o crescimento populacional; o uso da terra; o uso da água; a contaminação devida a poluentes; e a proliferação de doenças. Assim como os impactos das atividades humanas no mundo natural: a agricultura; o transporte mecanizado; a evolução da medicina, da expectativa de vida e das taxas de fertilidade; e a era digital.

O aprofundamento nessas questões não é o objetivo deste livro. Para isso, remete-se à bibliografia apresentada e ao grande número de publicações atuais sobre esse assunto.

O que se pretende é reconhecer nesse cenário os desafios impostos a qualquer estratégia de avaliação integrada da energia, em sua relação com os recursos naturais e com a prática do desenvolvimento sustentável. Neste sentido, algumas outras constatações e desafios devem ser ressaltados:

- Em paralelo com as ações preconizadas para encaminhar a solução da questão da equidade e mesmo como resposta a essa questão, um desafio posto pelo desenvolvimento sustentável é o aperfeiçoamento institucional do mundo, com vistas a uma maior cooperação e entendimento, disponibilização de tecnologia e maior interação relacionada com hábitos eficientes e humanização do padrão de desenvolvimento.

- Outra questão importante é a que se relaciona com a harmonização entre soluções globais e locais, sobre a qual comentários foram apresentados anteriormente. Nesse sentido, cresce a importância do papel e da participação da sociedade civil organizada, no encaminhamento das soluções locais (Agenda 21, local) de forma participativa, fazendo a inclusão social e, principalmente, gerando empregos.

ENERGIA E SUSTENTABILIDADE

Outros problemas importantes da agenda ambiental atual, que apresentam forte interação entre si e com a energia, relacionam-se com a água, com os resíduos e com a poluição:

- Há grande perspectiva, confirmada por fatos reais que vão se sucedendo e somando, de que a água seja o grande problema do século XXI: sua utilização inadequada, o nível de poluição dos rios e mananciais, o desperdício e as perdas técnicas (vazamentos), dentre outros fatores, estão na origem dessa situação.

- O modelo atual de consumo desenfreado, no qual a grande maioria, senão a totalidade dos produtos, apresenta período de vida útil cada vez menor e a necessidade da reposição se torna cada vez mais frequente, orquestrada por modismos e apelos publicitários, tem acelerado assustadoramente a produção de resíduos. Além disso, a grande utilização de materiais não biodegradáveis e componentes nocivos à saúde aumenta a complexidade do problema, o que se torna agravado pela tendência acelerada de urbanização e formação de megalópoles cercadas de favelas e populações periféricas com baixo padrão de vida, principalmente nos países em desenvolvimento.

- A poluição, em todas as suas formas – atmosférica, terrestre, subterrânea e aquática –, é outro problema de dimensões globais, que deve ser abordado de uma forma integrada quando se pensa em um modelo sustentável de desenvolvimento.

MEIO AMBIENTE, EQUIDADE E SUSTENTABILIDADE

Como ficou claro nas discussões globais, a implantação de uma estratégia de desenvolvimento baseada na sustentabilidade deve considerar um paradigma que englobe dimensões políticas, econômicas, sociais, tecnológicas e ambientais e que sirva como base para a procura de soluções de caráter amplo e integrado para o desenvolvimento das populações mundiais, sendo fundamental incluir, nessa cena, os problemas da pobreza, como o atendimento às necessidades básicas de alimentação, saúde e moradia. A solução para as questões ambientais deve ser encontrada dentro de um contexto amplo, no qual as demais dimensões precisam também ser revistas.

A solução de boa parte dessas questões está contida no conceito de equidade, baseado no direito que todo ser humano tem de ver atendidas suas necessidades básicas de alimentação, saúde, emprego e moradia. Esse conceito foi valorizado durante as discussões globais e hoje é parte inseparável do modelo de desenvolvimento sustentável.

Dessa maneira, o contexto ecológico causará impacto principalmente pelo caráter eminentemente não linear da dinâmica dos sistemas existentes. Será preciso incorporar a pluralidade dos ecossistemas tanto dentro da sociedade moderna global como dentro de sociedades periféricas, em que formas tradicionais de produção e cultura ainda dominam. Será preciso considerar as diferenças temporais necessárias para a percepção e efetiva implantação de transformações nas diferentes organizações sociais. Além disso, as próprias relações entre o moderno e o tradicional devem ser revistas em sua multiplicidade, já que essa variedade sugere diversas respostas para os problemas de sustentabilidade, de acordo com cada contexto. Aqui, ressalta-se a importância das soluções locais, do processo participativo e das ações embasadas na cidadania, na democracia, na ética e na responsabilidade do indivíduo social. Nesse contexto, sobressai o papel da educação em seu sentido mais amplo, o de valorização do ser humano, de conscientização ambiental e de capacitação para uma atuação efetiva no amplo debate de desenvolvimento sustentável.

Essas são características gerais do novo paradigma, no qual deverão ser estabelecidas estratégias e políticas energéticas para o desenvolvimento sustentável. Produção, transporte e uso de energia devem ser repensados, e o planejamento energético deve ser reavaliado de forma a incorporar novas tecnologias e métodos, práticas de gerenciamento, hábitos de uso e envolvimento da população. Sem dúvida, as escolhas que se apresentam devem ser viáveis dentro da realidade e do grau de desenvolvimento de cada país, os quais determinam sua capacidade de organização institucional e absorção tecnológica, social e política. Essas condições poderão se modificar em função de uma visão progressista e de um comprometimento com a sustentabilidade, num processo dinâmico que requer monitoração e reavaliação continuadas. As questões que se colocam, portanto, são: como encontrar os caminhos apropriados dentro de cada contexto específico e como construir uma base sólida para dar continuidade às mudanças que nos levarão ao desenvolvimento sustentável.

Finalmente, é importante citar um desafio imposto pela questão do desenvolvimento sustentável, que permeia tudo o que se apresentou até o momento: a necessidade de uma visão integrada e multidisciplinar. A experiência de discutir energia, meio ambiente e desenvolvimento sustentável nos setores educacional e energético nos deu a certeza de que esse desafio não é tão simples de se superar, mas deu também as certezas de que há muitas pessoas pensando nas mudanças e de que as mentes vão se abrindo, aos poucos, para a postura multidisciplinar cooperativa, a transparência e a busca de uma linguagem simples para disseminação das informações básicas necessárias para melhor interação e integração. Não só no nível superior de decisão, como também nas ações locais com encaminhamento participativo, uma vez que os envolvidos, principalmente os mais afetados com as decisões, deverão conhecer o assunto que estão discutindo e que pode afetar sua vida por gerações, em alinhamento com a valorização do conceito de equidade.

ENERGIA

Um histórico do uso da energia

Por um longo período da história da humanidade, a única forma de energia utilizada pelo homem era sua própria força muscular, aproveitada somente para coletar os alimentos necessários para a manutenção da vida. Consumiam-se em torno de 2.000 kcal/dia, provenientes dos alimentos ingeridos.

Deve-se notar que a unidade cal (caloria) aqui usada se refere à unidade de medida energética dos alimentos e é, por definição, mil vezes maior que a caloria térmica utilizada nas análises do setor energético. Nesta viagem pela evolução histórica do uso da energia, utilizou-se a primeira com o objetivo de permitir uma comparação mais direta da evolução do consumo energético ao longo da história com a energia básica necessária à sobrevivência humana.

A partir da era do homem caçador (aproximadamente cem mil anos atrás) até meados do século XVIII, o mais importante recurso energético explorado pelo homem foi a madeira, que começou a ser utilizada com a descoberta do fogo. Inicialmente, era utilizada na obtenção de calor para cozer os alimentos e aquecer as habitações em regiões de clima frio. Mais tarde, passou a ser fonte da obtenção de carvão vegetal, combustível utilizado nas indústrias de refino e formatação de utensílios de metal, cerâmicas, tinturarias, vidrarias, cervejarias, entre outras. No início, todas as atividades produtivas baseadas nesse único energético eram feitas numa escala modesta, organizada em determinado lugar e dependente de recursos locais para o abastecimento das comunidades. Quase não havia transações comerciais entre povos pela impossibilidade de transportá-la a longas distâncias. Quando a madeira ficava escassa, os povos eram obrigados a migrar ou, na impossibilidade disso, eram condenados ao desaparecimento. Nessa época, a energia humana era mais racionalmente explorada por meio das técnicas agrícola e pastoril.

O uso da energia mecânica obtida pelo aproveitamento da energia cinética dos ventos surgiu nos primeiros séculos da nossa Era e obteve um impulso maior a partir do século X, com os avanços tecnológicos obtidos; esse tipo de energia foi utilizado principalmente nos Países Baixos e na Europa Ocidental para moagem de grãos, nas serrarias dos estaleiros navais e nas bombas para secagem de lagos. A força dos ventos era também utilizada para impulsionar embarcações (primeira utilização desse recurso), bombear água para irrigação, entre outros usos. Muito antes disso, já se fazia uso da energia contida nos cursos d'água por meio de rodas d'água conhecidas como "moinhos hidráulicos", também utilizados em movimentos alternativos em processos de trituração e forja. Porém, a maior fonte de energia mecânica apareceu muito antes do surgimento dos moinhos de vento e hidráulicos, com a domesticação de animais como bois, búfalos, cavalos, dromedários e camelos. O uso de animais no transporte e nos trabalhos da lavoura, como aragem de terras, moagem de grãos, bombeamento d'água etc., durante milênios, foi a principal fonte de energia mecânica, estendendo seu domínio até a primeira metade do século XVIII. Também não se pode deixar de citar que a mão de obra escrava foi intensamente explorada na Europa e mais tarde no continente americano, até a segunda metade do século XIX. Utilizando-se dessas fontes disponíveis na época, o homem consumia em torno de 40.000 kcal/dia.

A madeira e a tração por animais, ainda nos dias de hoje, são as únicas fontes de energia utilizadas por uma considerável parte da humanidade – mesmo nas sociedades urbanas mais evoluídas, essas fontes estão presentes.

Durante a Antiguidade, e até o século XVIII, com uma população relativamente pequena e um consumo *per capita* modesto de calor e potência, foi possível manter o equilíbrio entre as fontes de energia renováveis – madeira, rodas d'água e de vento, a força humana e a dos animais – e a demanda de energia.

Entretanto, a partir de então, os avanços da mecânica provocaram uma aceleração no desenvolvimento econômico por meio da intensificação das atividades industriais, agrícolas, comerciais, da urbanização e do crescimento demográfico. Como consequência, a exploração da madeira, até então o único energético utilizado para suprir as novas necessidades de energia originadas pelo avanço dos processos de mecanização nos diversos setores, aumentou. Mas, a partir do século XVI, a madeira começou a se tornar escassa em algumas regiões da Europa Ocidental. Assim, foi necessária a sua exploração em regiões mais longínquas, o que provocou um aumento de preço. Diante desse fato e das novas leis ambientais que impediam o desmatamento em determinadas regiões da Europa, houve necessidade de se encontrar um substituto para a madeira, e este substituto foi o carvão mineral, primeiro recurso fóssil a ser explorado de forma maciça pelo homem. O carvão mineral já era conhecido e utilizado na Europa em aplicações isoladas desde o século IX, porém, foi preciso que a madeira se tornasse escassa para que o carvão surgisse com força total.

O uso do carvão em grande escala, a partir da segunda metade do século XVIII, veio acompanhado do aumento da sofisticação das máquinas a vapor. Essas máquinas, durante um século, fizeram parte da história em aplicações estacionárias na exploração de carvão mineral e energia mecânica nas indústrias; e durante aproximadamente sessenta anos movimentaram as locomotivas que faziam o transporte interurbano e dentro das próprias cidades. O carvão era também usado na indústria metalúrgica e na iluminação. O gás de hulha substituiu as velas de sebo, óleo de porco e de baleia, até então utilizadas.

No entanto, a madeira e os moinhos hidráulicos e de vento, embora tenham perdido força na Europa, ainda por muito tempo foram utilizados na América do Norte: a madeira era abundante, os rios numerosos e o potencial eólico bastante favorável. Somente mais tarde, no final do século XIX, esses recursos começaram a ser desbancados pelo carvão mineral e pelo petróleo.

O crescimento das cidades, do comércio, da indústria e o aumento da potência das máquinas levaram a um substancial aumento do consumo de carvão mineral, fazendo com que o mesmo passasse a dominar a matriz energética mundial. Ao final do século XIX, o carvão participava com 53% no consumo de energia primária total.

Analisando a forma como a energia era consumida, até o século XVIII, a evolução da humanidade se deu por meio de um consumo de energia relativamente moderado. A partir do século XIX, madeira e carvão mineral não eram mais apenas fontes de energia térmica, mas também fontes de energia mecânica. A inserção da máquina a vapor no modo de produção provocou uma ruptura no sistema, exigindo uma nova ordem de grandeza no uso da energia. A taxa de elevação do consumo de energia não acompanhava mais proporcionalmente o crescimento populacional. Nesse período, o consumo *per capita* médio anual era de aproximadamente 80.000 kcal/dia.

Na segunda metade do século XIX, os trabalhos de exploração do petróleo já tinham sido iniciados. O petróleo, assim como o carvão mineral, já era conhecido na Antiguidade, porém, a primeira exploração de forma comercial aconteceu nos Estados Unidos, mais precisamente na Pensilvânia, em 1853. Em pouco tempo, os avanços nas técnicas de perfuração e refino e o impulso dado pela indústria automobilística fizeram com que esse precioso recurso energético tomasse a dianteira do carvão mineral.

Ao contrário do que ocorreu com a madeira na Europa, a transição parcial do carvão mineral para o petróleo não ocorreu em razão da escassez do primeiro. O carvão mineral até hoje é bastante abundante na natureza e utilizado em vários setores da economia. As limitações tecnológicas impostas pelos equipamentos que utilizam esse combustível para iluminação e força motriz forçaram a busca por um combustível alternativo, que pudesse ser adaptado para atender às novas demandas de uso final, transporte e armazenamento. O gás de hulha era caro, poluente e transportado via rede, não atendendo às localidades mais distantes; o transporte e a indústria necessitavam de potências fracionadas que não eram satisfeitas pelas robustas máquinas a vapor. Na verdade, o avanço do petróleo, na escala em que ocorreu, não teria sido possível sem as inúmeras transformações tecnológicas: elas foram e continuam sendo um fator decisivo na história da humanidade.

O primeiro derivado do petróleo a ser comercializado foi o querosene, que substituiu o gás de hulha na iluminação das áreas urbanas e os óleos nas zonas rurais. A partir de 1913, outros dois derivados, diesel e gasolina, começaram a ser utilizados impulsionados pela indústria automobilística. Otto, Diesel, Benz e outros, com os seus inventos, supriram as indústrias e a população com modos alternativos de transporte de carga, de transporte individual e de máquinas industriais.

O gás natural, da mesma forma que o petróleo, também era usado na Antiguidade. No entanto, a sua difusão só aconteceu a partir da descoberta do petróleo nos Estados Unidos e da utilização de canos de ferro fundido, o que reduziu a principal limitação desse material, o seu transporte. Nos

Estados Unidos, já no início do século XX, o gás natural era utilizado na produção de eletricidade, na fabricação de negro de fumo etc. Outros países não deram muita importância ao gás natural. Entretanto, na exploração do petróleo, o gás natural vinha associado: era reinjetado para aumentar a produção do petróleo e seu excesso era queimado. Só a partir do final da década de 1950 é que o gás natural começou a se difundir em outras regiões do mundo.

Paralelamente ao petróleo, a eletricidade foi ocupando seu espaço no suprimento mundial de energia, primeiramente com a iluminação e, em seguida, com a força motriz. Várias descobertas no campo da eletricidade sucederam-se: fenômenos eletrostáticos, magnéticos e a criação artificial de fenômenos luminosos foram aplicados no desenvolvimento de novos aparelhos e novas máquinas, como baterias, dínamos, motores elétricos, lâmpadas de filamentos e uma infinidade de equipamentos produzidos na sequência para atender às novas necessidades. No início do século XX, a energia elétrica era produzida em usinas térmicas com a utilização de turbinas a vapor, e em usinas hidrelétricas com a utilização de turbinas hidráulicas. À medida que a indústria elétrica foi se desenvolvendo, redes elétricas foram sendo construídas, possibilitando o atendimento de novas regiões.

Após a Segunda Guerra Mundial, a energia nuclear começou a ser explorada como um recurso adicional para atender à demanda por eletricidade. Alguns países, principalmente aqueles que não possuíam reservas petrolíferas, investiram pesadamente nesse recurso.

As fontes foram sucedendo-se e nenhuma delas substituiu integralmente a outra. Todas têm tido sua parcela de mercado, com maior ou menor participação em função de suas disponibilidades, preços, políticas governamentais e leis ambientais, dentre outros fatores limitantes.

Até o final da década de 1960, o mundo não conhecia a palavra "escassez energética"; havia oferta de recursos energéticos em abundância, e a demanda crescente criava grandes economias de escala que faziam com que os preços pudessem ser mantidos em baixos níveis. Mas isso não quer dizer que todas as pessoas tinham e têm acesso a esses energéticos ou à renda gerada por eles.

Os dois choques do petróleo, ocorridos em 1973 e 1979, mudaram profundamente o abastecimento energético no mundo. A alta do preço e o embargo das exportações petrolíferas forçaram os países importadores a implantar políticas para driblar a crise instaurada. É possível citar algumas políticas, como a diversificação de seus supridores externos; a substituição do petróleo por outras fontes de energia como o carvão mineral, a energia nuclear e a hidroeletricidade; a implantação de programas de uso racional de energia; e a reestruturação de seus parques industriais. Nesse contexto, ações de racionamento de energia, medidas de redução de desperdícios mais gritantes e de uso racional de energia, bem como (e não menos importante) mudanças estruturais da economia nos países ricos, onde, em duas décadas, o setor terciário (menos energívoro) passou a deter cerca de dois terços tanto do Produto Interno Bruto (PIB) como do emprego, sem aumento expressivo do consumo de energia, resultaram num desacoplamento entre consumo de energia e atividade econômica: entre 1973 e 1985, o consumo total de energia *per capita* dos países ricos membros da Organização para Cooperação Econômica e Desenvolvimento (Oced) diminuiu 6%, enquanto o PIB *per capita* aumentou 21%.

A Tabela 4.1 mostra a evolução do consumo mundial de energia primária (em Mtep) nos séculos XVIII, XIX e XX e permite verificar as grandes mudanças ocorridas no referido período, assim como os impactos dos dois choques do petróleo.

Tabela 4.1 – Evolução do consumo mundial de energia primária por fonte (Mtep).

Ano	Carvão	Petróleo	Gás natural	Eletricidade primária	Total comercial	Madeira e outros	Total
1700	3	–	–	–	3	144	147
1750	5	–	–	–	5	180	185
1800	11	–	–	–	11	217	228
1850	48	–	–	–	48	288	336
1900	506	20	7	1	534	429	963
1950	971	497	156	29	1.653	495	2.148
1973	1.563	2.688	989	131	5.371	670	6.041
1989	1.226	3.095	1.652	350	7.363	744	8.107

Fonte: Martin (1992).

Nos dias atuais, para satisfazer as suas necessidades básicas, obter conforto e lazer, o homem chega a consumir 250.000 kcal/dia. Este consumo *per capita* acontece em países considerados desenvolvidos. A média mundial está em torno de 18.200 kcal/dia e há países cujo consumo *per capita* não é muito diferente do consumo das antigas civilizações. Existe uma enorme disparidade no consumo de energia entre regiões, países e até mesmo dentro de um mesmo país. Os países ricos, que detêm 30% da população mundial, consomem 70% da energia comercializada.

A Tabela 4.2 apresenta a distribuição do consumo de energia nos países desenvolvidos e em desenvolvimento, assim como do Brasil, segundo dados da International Energy Agency (IEA) para 2007.

Os valores do consumo diário *per capita* da Tabela 4.2, apresentados em tep/capita, podem ser representados em unidades de kcal/dia/capita, supondo-se que 1 tep $= 10^{10}$ cal $= 10^7$ kcal. Assim, o valor médio mundial de 1,82 tep/dia/capita corresponde a 18,2 x 10^6 kcal térmicas, ou 18.200 kcal, em calorias relacionadas à energia dos alimentos, unidade utilizada no início deste capítulo.

É interessante citar que, enquanto um enorme contingente de pessoas no mundo não tem acesso às diversas formas de energias comerciais, aproximadamente 60% da energia primária é dissipada, ou seja, não chega até o consumidor final, em função não apenas dos limites associados às próprias leis físicas, da termodinâmica, mas também da eficiência atual dos equipamentos e dos desperdícios provocados pelo mau uso da energia por parte da sociedade.

Tabela 4.2 – Distribuição do consumo primário de energia, população e consumo *per capita* nas diversas regiões, assim como no Brasil, em 2007.

Regiões	Consumo (bilhões de tep)	Participação (% no consumo)	População (milhões)	Participação (% na população)	Consumo *per capita* de energia (tep/dia)
OECD (*) – (EUA e Canadá)	2,89	24,70	850	12,86	3,40
EUA	2,34	20	302	4,57	7,75
Canadá	0,27	2,31	33	0,50	8,17
Oriente Médio	0,55	4,70	193	2,92	2,86
Antiga União Soviética	1,02	8,72	284	4,30	3,59

(continua)

ENERGIA, AMBIENTE, SOCIEDADE E SUSTENTABILIDADE | **105**

Tabela 4.2 – Distribuição do consumo primário de energia, população e consumo *per capita* nas diversas regiões, assim como no Brasil, em 2007. *(continuação)*

Regiões	Consumo (bilhões de tep)	Participação (% no consumo)	População (milhões)	Participação (% na população)	Consumo *per capita* de energia (tep/dia)
Países da Europa não pertencentes à OECD	0,11	0,94	53	0,80	1,99
China	1,97	16,85	1327	20,07	1,48
Ásia	1,38	11,80	2148	32,51	0,64
América Latina	0,55	4,70	461	6,97	1,19
África	0,63	5,38	958	14,50	0,66
Total	11,70 (**)	100,00 (**)	6.609	100,00	1,82
Brasil	0,235		191,6		1,23

(*) OECD – Organization for Economic Co-operation & Development (em Português: Organização para a Cooperação Econômica e o Desenvolvimento – OCDE): Austrália; Áustria; Bélgica; Canadá; República Checa; Dinamarca; Finlândia; França; Alemanha; Grécia; Hungria; Irlanda; Itália; Japão; República da Coreia; Luxemburgo; Países Baixos; Nova Zelândia; Noruega; Polônia; Portugal; República Eslovaca; Espanha; Suécia; Suíça; Turquia; Reino Unido e Estados Unidos.

(**) Valor ajustado para totalizar 100%. O valor apresentado na fonte é de 12,03 bilhões de tep, incluindo o consumo da aviação internacional, do transporte internacional marítimo de combustível e o comércio de eletricidade e calor.

Fonte: IEA (2009).

Infraestrutura e desenvolvimento

Em sua evolução ao longo do tempo, o conceito de desenvolvimento sustentável incorporou outros aspectos além da questão ambiental, envolvendo problemas como a distribuição inadequada de recursos econômicos e a pobreza. O atendimento dos requisitos associados ao conceito de equidade é fundamental para o desfrute da cidadania e de um padrão de vida digno.

Para que isso ocorra, no entanto, é necessário se dispor de uma infraestrutura mínima básica que permita o acesso ao denominado desenvolvimento, seja ele orientado ou não à sustentabilidade.

Dentre as condições necessárias para que os demais benefícios (e também os problemas) do desenvolvimento possam ser levados a uma região, salienta-se a infraestrutura formada por energia, transporte, telecomunicações, água e saneamento. Tais componentes da infraestrutura também se notabilizam pelos grandes investimentos necessários para sua disponibilização e, com exceção das telecomunicações, pelo grande período de tempo necessário para sua concretização.

Isso porque a execução das obras relacionadas à energia, transportes, água e saneamento causa distúrbios prontamente observados e sentidos pela população, pois requer atividades diretas sobre meios físicos terrestres e aquáticos, o que fortalece as condicionantes e reações dos mais diversos tipos: legais, regulatórios, políticos, ambientais e sociais. As telecomunicações, por outro lado, embora sujeitas aos mesmos tipos de condicionamento, apresentam a vantagem de causar menos distúrbios diretamente vivenciados pela população, uma vez que utilizam ondas elétricas e eletromagnéticas de alta frequência, cujo meio de propagação é o ar.

É como um dos principais componentes desta infraestrutura que a energia se sobressai e cumpre um papel importante no contexto da sustentabilidade, reforçado pela grande sinergia com os outros componentes, desde a fase de concepção dos projetos até sua operação. Para citar alguns exemplos, a vinculação da energia, em diversas formas, com o setor de transportes é bastante óbvia, e a energia elétrica é fundamental para o funcionamento das telecomunicações, assim como para o setor de águas e saneamento, para acionar as bombas e outros equipamentos e componentes que movimentam os diversos fluídos e controles envolvidos nos processos.

A disponibilidade da referida infraestrutura é, então, uma das condições básicas para a redução da pobreza e para a promoção do desenvolvimento. Quantificar os impactos de sua presença sobre a população ou sua influência sobre o PIB de uma região não é uma tarefa fácil, sendo até motivo de controvérsias. De qualquer modo, é possível afirmar que a disponibilidade de infraestrutura a uma dada região pode – e deveria sempre – trazer impactos positivos à população e à produção local, com respeito ao meio ambiente. Para isso, seria necessário direcionar as ações para o desenvolvimento sustentável, ao contrário do que ocorre atualmente em grande parte dos projetos de infraestrutura.

Por outro lado, a necessidade de grandes investimentos e o papel social dos projetos de infraestrutura resulta em grandes impactos econômicos aos governos, seja para conseguir o capital necessário, seja para atrair parceiros privados. Essa situação é ainda mais crítica para os países mais pobres, cujos governos, em geral, apresentam muitas vezes dependência total ou quase total de capital externo, obtido em grande parte com auxílio de linhas de financiamento internacionais subsidiadas.

Neste cenário, sempre sujeito a instabilidades relacionadas não só a aspectos nacionais, como também aos mercados internacionais (cujas crises e oscilações têm grande impacto na disponibilidade das linhas de financiamento citadas anteriormente), os países em desenvolvimento têm investido centenas de bilhões de dólares (cerca de US$ 200 bilhões em meados da década de 1990) por ano em infraestrutura. Mesmo assim, o mundo ainda apresenta hoje (como apresentava àquela época) aproximadamente 1 bilhão de pessoas sem acesso à água limpa e 2 bilhões sem acesso à eletricidade. Muito do que foi feito e ainda se faz, tem como base estruturas ineficientes ou inadequadas, representando grande soma de capital desperdiçado. Em meados da década de 1990, estimava-se que apenas nos setores de água, energia e ferrovias a perda anual devido à ineficiência era da ordem de US$ 55 bilhões nos países em desenvolvimento.

A Tabela 4.3 apresenta uma visão da cobertura de infraestrutura nos países do mundo, segundo dados apresentados em 2010 no relatório do World Economic Forum: "The Global Competitiveness Report 2009-2010". Nesse relatório, foi avaliada a infraestrutura de 133 países segundo um índice variando de 1,0 a 7,0, sendo que o índice 1,0 corresponde a extremamente subdesenvolvido e 7,0 a extensivo e eficiente de acordo com padrões internacionais. A Tabela 4.3 apresenta apenas os 10 países melhores colocados e os 10 piores colocados para os quesitos analisados: infraestrutura global, rodoviária, ferroviária, portuária, aeroviária e qualidade do suprimento de energia elétrica. Apresenta também a média mundial e os índices específicos do Brasil.

Os valores apresentados na Tabela 4.3 permitem concluir que a situação do Brasil é bastante preocupante em termos mundiais. Em apenas um dos quesitos, qualidade do suprimento de energia elétrica, o país está em situação razoavelmente melhor que a média mundial e se coloca em 55º lugar. Nos demais quesitos, os índices estão abaixo da média mundial e a colocação varia de 81º a 127º (em ferrovias).

Tabela 4.3 – Cobertura de infraestrutura nos países do mundo.

	Qualidade geral da infraestrutura		Qualidade das estradas		Qualidade da infraestrutura em ferrovias (*)		Qualidade da infraestrutura em portos		Qualidade da infraestrutura do transporte aéreo		Qualidade do suprimento de eletricidade	
Dez países melhores colocados	Suíça	6,8	Singapura	6,7	Suíça	6,8	Singapura	6,8	Singapura	6,9	Dinamarca	6,9
	Singapura	6,7	França	6,6	Japão	6,6	Hong Kong	6,8	Hong Kong	6,9	Islândia	6,9
	Hong Kong	6,7	Hong Kong	6,6	Hong Kong	6,5	Holanda	6,6	Emirados Árabes	6,7	Hong Kong	6,9
	Áustria	6,6	Suíça	6,5	França	6,5	Finlândia	6,5	Alemanha	6,6	Finlândia	6,9
	França	6,6	Alemanha	6,5	Alemanha	6,3	Alemanha	6,4	Suíça	6,5	França	6,8
	Alemanha	6,5	Áustria	6,4	Finlândia	5,9	Bélgica	6,3	Dinamarca	6,4	Suíça	6,8
	Finlândia	6,5	Emirados Árabes	6,2	Taiwan	5,8	Emirados Árabes	6,2	Holanda	6,4	Alemanha	6,8
	Islândia	6,3	Dinamarca	6,1	Coreia do Sul	5,7	Islândia	6,2	Finlândia	6,3	Suécia	6,8
	Dinamarca	6,3	Portugal	6,0	Singapura	5,7	Dinamarca	6,2	França	6,3	Holanda	6,8
	Suécia	6,2	Oman	5,9	Holanda	5,6	França	5,9	Islândia	6,3	Áustria	6,7
Média mundial	65º (**)	4,1	60º	3,9	51º	3,1	65º	4,2	70º	4,7	73º	4,6

(continua)

ENERGIA, AMBIENTE, SOCIEDADE E SUSTENTABILIDADE | **109**

Tabela 4.3 – Cobertura de infraestrutura nos países do mundo. *(continuação)*

	Qualidade geral da infraestrutura		Qualidade das estradas		Qualidade da infraestrutura em ferrovias (*)		Qualidade da infraestrutura em portos		Qualidade da infraestrutura do transporte aéreo		Qualidade do suprimento de eletricidade	
Dez países piores colocados	Bolívia	2,5	Bulgária	2,2	Gana	1,3	Nicarágua	2,7	Mauritânia	3,0	Paquistão	2,2
	Bangladesh	2,5	Ucrânia	2,2	Costa Rica	1,3	Chad	2,7	Camarões	2,9	República Kirgiz	2,2
	Nigéria	2,4	Nepal	2,1	Uganda	1,2	Peru	2,7	Líbia	2,9	Timor Leste	2,0
	Romênia	2,4	Polônia	2,1	El Salvador	1,2	Brasil	2,6	República Kirgiz	2,7	Zimbábue	2,0
	Timor Leste	2,3	Chad	2,0	Nepal	1,2	Costa Rica	2,6	Mongólia	2,7	Bangladesh	1,8
	Paraguai	2,2	Romênia	2,0	Líbia	1,1	Venezuela	2,4	Timor Leste	2,7	Tajiquistão	1,8
	Nepal	2,2	Paraguai	2,0	Guatemela	1,1	Timor Leste	2,3	Chad	2,5	República Dominicana	1,7
	Chad	2,0	Timor Leste	1,9	Jamaica	1,1	Tajiquistão	1,9	Paraguai	2,4	Nigéria	1,5
	Bósnia Herzegovina	2,0	Bósnia Herzegovina	1,7	Equador	1,0	República Kirgiz	1,6	Lesoto	2,4	Chad	1,4
	Mongólia	1,9	Mongólia	1,4	Paraguai	1,0	Bósnia Herzegovina	1,5	Bósnia Herzegovina	2,2	Nepal	1,3
Brasil	81º (***)	3,4	106º	2,8	86º	1,8	127º	2,6	89º	4,1	55º	5,2

(*) Dados referentes a somente 114 países.
(**) Posição equivalente de um país com a média mundial no conjunto de 133 países.
(***) Posição do Brasil no conjunto de países.
Fonte: World Economic Forum (2010).

Além disso, ao considerar apenas valores médios, a tabela desconsidera importantes diferenças nacionais, como no caso do Brasil, pois não representa as grandes disparidades devidas à situação fortemente heterogênea que ocorre não só entre as diversas regiões do país, como também internamente às próprias regiões. Um exemplo bem interessante pode ser visto nos diversos documentos e levantamentos relacionados ao saneamento: áreas críticas podem ser encontradas em praticamente todas as regiões, muito mais em algumas (como nas regiões Norte e Nordeste), mas existem em praticamente todas as regiões (como nas regiões com melhores índices econômicos, Sudeste e Sul), inclusive no entorno das megalópoles São Paulo e Rio de Janeiro.

Neste amplo panorama, a falta de infraestrutura básica, além de marginalizar o indivíduo, excluindo-o do acesso à cidadania, impede o desenvolvimento das atividades produtivas, desde aquelas menos sofisticadas, como a agricultura familiar e de pequeno porte (que depende da energia associada aos sistemas de irrigação), até as mais sofisticadas, como a indústria (que depende da energia elétrica, telecomunicações e transporte – logística de distribuição de produtos – etc.). Em contrapartida, sua disponibilização pode significar, além da solução desses problemas, o acesso a novos mercados, o que é de extrema importância para os países em desenvolvimento ou, em seu interior, para as regiões menos desenvolvidas.

Deve-se ressaltar aqui que, no caso de países desenvolvidos, além do transporte, a presença das telecomunicações, da energia elétrica e da água é fator determinante para o sucesso de suas empresas no mercado global, cada vez mais integrado e seletivo.

Dados do Banco Mundial comprovam que há forte ligação entre a disponibilidade de infraestrutura e o PIB *per capita*, sem, no entanto, estabelecer uma relação de causa e efeito.

Ainda segundo o Banco Mundial, em termos mundiais, a maior parte da pobreza encontra-se na zona rural, cujo aumento da produtividade e do nível de emprego se relaciona fortemente à disponibilidade de infraestrutura. Como exemplo, pode-se citar o caso de Bangladesh, onde vilas rurais com maior acesso ao transporte apresentam produções agrícolas significativamente maiores que outras sem esse acesso, além de maiores níveis de salários, empregos e saúde. Na área rural, a presença de água potável de qualidade pode possibilitar a produção de alimentos processados, de maior valor agregado, que garantem maior lucro e geram mais empregos do que a venda de produtos agrícolas *in natura*. Ainda do ponto de vista da sustentabilidade, vale ressaltar que o investimento em infraestrutura, principalmente em épocas de recessão, é uma eficiente forma de geração de empregos e de estímulos a novos negócios.

Finalmente, é importante ressaltar, mais uma vez, que o investimento em infraestrutura não implica necessariamente desenvolvimento, o qual depende de diversos outros fatores para acontecer. Mas é um investimento que, bem realizado, garante as condições básicas para o desenvolvimento, desde que responda efetiva e eficientemente à demanda pelos serviços associados aos subsetores da infraestrutura.

Energia e desenvolvimento

Até o final da década de 1980, o modelo de planejamento energético mundial adotado para satisfazer a demanda crescente por energia seguiu as estratégias orientadas para o "suprimento". Os recursos energéticos abundantes colocados à disposição dos países aceleraram o crescimento econômico, porém, serviram mais para satisfazer as elites do que os pobres. Para atender ao conforto e aos interesses financeiros das elites dos países em desenvolvimento e desenvolvidos, banqueiros, organizações internacionais de auxílio e industriais, donos de empresas de engenharia e consultoria, dentre outros tomadores de decisão da área energética implantaram grandes projetos de desenvolvimento, como barragens, usinas nucleares, refinarias de petróleo e complexos industriais, fortemente intensivos em capitais e ambientalmente não tão adequados.

Pode-se citar, como exemplo, o setor elétrico brasileiro, que despendeu enormes investimentos em grandes obras de geração de energia a partir de usinas hidrelétricas no início da década de 1980, deixando o país por alguns anos com sobras de energia elétrica; dessa forma, esse setor (inteiramente estatal na época) foi forçado a implantar políticas de incentivos tarifários para estimular as indústrias a investirem em eletrotermia, a fim de cobrir os investimentos realizados pelas empresas de energia. Durante alguns anos, a ilusão de que a energia elétrica era ilimitada, as baixas tarifas praticadas e a crença de que sempre seria possível captar empréstimos no exterior a juros baixos conduziram o país a grandes níveis de desperdício e, apesar da sobra de energia, um enorme contingente de pessoas não teve acesso a esse precioso bem.

Ao analisar a história da relação entre energia e desenvolvimento, percebe-se que elevados níveis de dependência, desarticulação entre setores energéticos, políticas centralizadoras baseadas unicamente na oferta de energia, inadequação às necessidades fundamentais e danos ao meio ambiente proporcionaram o crescimento autônomo de alguns setores e países em detrimentos de outros, resultando nas disparidades sociais entre países e até dentro de um mesmo país.

Com relação aos níveis de dependência, a não disponibilidade de um recurso energético por parte de um país ou a falta de domínio tecnológico e de condições financeiras para explorar um energético existente submete esse país à ineficiência no uso da energia e à falta de equidade na distribuição deste precioso insumo. O domínio dos sistemas energéticos (por exemplo: infraestrutura do petróleo) por empresas multinacionais, os padrões externos – muitas vezes copiados e que servem de parâmetro para dimensionar e expandir os sistemas energéticos de países pobres sem levar em consideração as especificidades locais – e os preços exorbitantes atrelados à variação do câmbio relegam uma considerável parcela da população à exclusão social, por não possuir renda suficiente para adquirir os energéticos comercializados e os diversos bens de consumo disponíveis no mercado.

Universalizar os serviços de eletricidade não tem sido uma tarefa muito fácil no Brasil. Dados atuais mostram que, no início do século XXI, algo como 12% da população, a maior parte localizada nas áreas rurais, ainda não tinha eletricidade em casa e estava privada de serviços essenciais ao bem-estar social. Programas nacionais e regionais foram desenvolvidos para preencher sua lacuna, o que veio sendo efetuado ao longo do tempo, reduzindo significativamente o número dos não atendidos. Em nível mundial, estima-se que atualmente dois bilhões de pessoas (30% da população) não tenham acesso à eletricidade, valor não muito diferente do existente no início do século XXI.

A política com ênfase unicamente na oferta desconsiderou questões essenciais para o pleno desenvolvimento social e econômico de uma nação: a distribuição da energia a preços justos para toda a população, a fim de que seja possível atender suas necessidades básicas e obter melhorias no seu padrão de vida. O *slogan* implícito sempre foi "crescimento primeiro, redistribuição depois". Além disso, nunca houve uma preocupação com a forma pela qual a energia deveria ser utilizada, o que conduziu o mundo a grandes desperdícios, exploração intensa dos recursos naturais com danos ao meio ambiente e custos elevados para a sociedade.

Embora em muitos países em desenvolvimento o PIB tenha aumentado, o crescimento não foi eficaz na erradicação da pobreza, justamente porque os benefícios dele advindos não foram devidamente distribuídos.

O enorme contingente de pessoas excluídas, sem acesso às formas comerciais de energia, mostra que este insumo, uma vez distribuído de forma justa, constitui-se num bem básico para integração do ser humano ao desenvolvimento, pois proporciona emprego e, consequentemente, renda e tudo que advém dela: alimento, habitação, saúde, condições sanitárias, educação, lazer e oportunidades, para que cada indivíduo deixe, durante sua passagem pela vida, uma contribuição, por pequena que seja, para o bem-estar das próximas gerações.

Os países desenvolvidos basearam o seu crescimento num consumo muito elevado de energia, por razões já citadas; no entanto, quando se viram privados dela, montaram estratégias mantendo e até mesmo aumentando suas taxas de crescimento, sem grandes aumentos no consumo de energia; ou seja, nesse período, conseguiram diminuir suas intensidades energéticas, que são a relação entre o consumo total de energia primária e a renda – medida pelo Produto Nacional Bruto (PNB) – que representa um dos indicadores de eficiência.

A Figura 4.1 mostra a intensidade energética para alguns países do mundo.

Figura 4.1 – Intensidade de energia *versus* tempo (1985-2005).

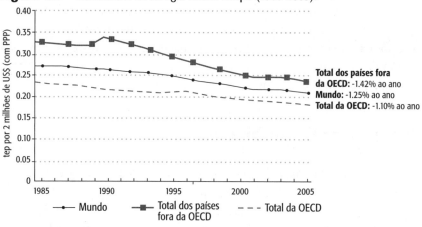

Intensidade de energia *versus* tempo, 1985-2005

Nota: TPES é a oferta de energia primária total; PIB é o Produto Interno Bruto; PPP é Paridade do Poder de Compra; tep é a tonelada equivalente de petróleo.

Fonte: IEA (2005).

Portanto, é simplista acreditar que o uso da energia precisa crescer com o nível de atividade econômica. O uso futuro da energia dependerá:

- Da composição das fontes de energia que serão utilizadas.
- Da eficiência das tecnologias de suprimento e uso final de energia.
- Da forma como será utilizada.

Em outras palavras, dependerá do modelo de desenvolvimento que será adotado daqui em diante.

Com estratégias voltadas para o uso eficiente da energia, é possível promover o desenvolvimento com crescimento econômico e erradicação da pobreza sem colocar maiores pressões sobre o ecossistema do planeta, garantindo o abastecimento energético das gerações futuras, ou, em suma, promovendo o desenvolvimento sustentável.

A definição e a quantificação da sustentabilidade de um determinado país, quanto ao seu desenvolvimento com relação à energia, vêm sendo estudadas por diversos organismos. São indicadores de eficiência econômica, de dimensão social, de dimensão de recursos e do meio ambiente, dentre outros, que estão mais bem detalhados no Capítulo 5, "Indicadores Energéticos e Sustentabilidade", deste livro.

Mesmo considerando as previsões de consumo de energia menos ambiciosas, os atuais desafios terão de ser enfrentados para aumentar os suprimentos de energia a custos razoáveis, de forma sustentável, sem maiores agressões ao meio ambiente. O primeiro passo seria promover a universalização da consciência de que o nosso planeta é fechado, indefeso e clama para que nós não o destruamos, e nem a nós mesmos.

Energia e meio ambiente

Até a Idade Média, o homem, utilizando-se dos recursos energéticos disponíveis na natureza por meio das técnicas e tecnologias que dominava, conseguiu satisfazer suas necessidades sem alterar de forma significativa o meio ambiente. Vivia de forma modesta, com um consumo moderado de energia: o comércio entre povos era pequeno; a infraestrutura para transporte de bens limitava-se a algumas regiões. Em cada canto do planeta existia um modo de vida baseado principalmente nas condições locais.

A partir de então, alguns episódios de agressão ao meio ambiente começaram a surgir. A introdução da indústria de manufaturados, intensificando a capacidade de produção e expansão das trocas, trouxe maiores necessidades de energia térmica, até então somente alimentada pela madeira. Isso começou a provocar a sua escassez em algumas regiões e também o aparecimento de problemas respiratórios, em virtude da emissão dos produtos da combustão em locais onde a queima da madeira era intensa.

A utilização intensa do carvão mineral, possibilitada principalmente pelo aparecimento da máquina a vapor no começo do século XIX, pode ser considerada o marco de uma nova ordem no consumo de energia e, consequentemente, dos impactos ambientais associados. Poucos anos depois, a utilização do petróleo e da eletricidade, juntamente com o carvão mineral, veio fundamentar, no século XX, as bases de uma economia mundial fortemente baseada em combustíveis fósseis.

A partir da Segunda Guerra Mundial, as atividades econômicas em franca expansão em vários países e a necessidade de reconstrução dos países destruídos pela guerra provocaram a aceleração e o aumento considerável no consumo de energia e, consequentemente, a exploração maciça dos recursos naturais, majoritariamente os recursos fósseis – carvão mineral e petróleo. Buscava-se o desenvolvimento de forma alheia aos próprios limites de exaustão dos recursos ambientais.

A partir da década de 1950, devido aos inúmeros relatos de problemas ambientais, foram deflagrados diversos estudos científicos que revelaram os desequilíbrios geofísicos e ecológicos causados pela exploração e pelo uso descontrolado dos recursos naturais. A sociedade vem evoluindo e, a reboque dessa evolução (que nem sempre significa andar para frente), se apropriando da natureza, em grande parte de forma desordenada e numa velocidade muito alta, deixando marcas concretas no espaço: edificações, pontes, estradas, usinas, refinarias, portos, plantações, favelas nos morros, carbono na atmosfera, esgotos nos rios etc. E as cidades continuam aumentando.

Nos últimos anos, a temática ambiental tem estado no centro das discussões dos vários segmentos da sociedade; os diversos problemas ambientais são visíveis por qualquer indivíduo que, todas as manhãs, deixa sua casa para cuidar do seu próprio sustento e de sua família, embora, infelizmente, nem todos tenham consciência do problema.

Os principais problemas ambientais da atualidade mais fortemente relacionados com a energia estão listados a seguir:

116 ENERGIA E SUSTENTABILIDADE

- A poluição do ar urbano é um dos problemas atuais mais visíveis. Está principalmente associado à queima do carvão mineral e dos derivados de petróleo na indústria, no transporte e na geração de eletricidade. Os principais poluentes do ar são o óxido de enxofre (SOx), óxido de nitrogênio (NOx), dióxido de carbono (CO_2), metano (CH_4), monóxido de carbono (CO), ozônio e partículas suspensas. As quantidades dependerão das características específicas de cada tecnologia e do tipo de combustível utilizado (gás natural, carvão, óleo, madeira etc.). Há também problemas de poluição do ar em ambientes fechados, em virtude das emissões de CO originadas da queima dos derivados da biomassa durante atividades domésticas nas áreas rurais dos países em desenvolvimento. A concentração desses poluentes na atmosfera tem causado inúmeras doenças, como bronquites crônicas, ataques de asma, rinite alérgica, entre outras doenças respiratórias e cardíacas.

- A chuva ácida refere-se ao efeito da poluição causada por reações ocorridas na atmosfera quando acontece associação de água com o dióxido de enxofre (SO_2) e os óxidos de nitrogênio (NOx), formando o ácido sulfúrico (H_2SO_4) e ácido nítrico (HNO_3). Ao serem depositados nos solos, esses ácidos têm efeitos bastante negativos na vegetação e nas estruturas (prédios e monumentos) – efeito conhecido como precipitação seca – e são dissolvidos na chuva e levados até os lençóis freáticos e rios – efeito conhecido como precipitação úmida. A ingestão de água ou alimentos contaminados pela chuva ácida é um dos causadores de problemas neurológicos no ser humano. A chuva ácida é um problema sem fronteiras, uma vez que os ácidos podem ser carregados pelo vento a distâncias superiores a 1.000 km. A queima do carvão mineral é um dos grandes causadores da chuva ácida na Europa, nos Estados Unidos e em países asiáticos, que são grandes consumidores desse combustível.

- O efeito estufa e as mudanças climáticas são resultados da modificação na intensidade da radiação térmica emitida pela superfície da Terra, por causa do aumento da concentração de gases estufa na atmosfera. O efeito estufa é um fenômeno natural que permite manter a Terra numa temperatura favorável à existência biológica. No entanto, o aumento da quantidade de gases, provenientes principalmente da queima de combustíveis fósseis, tem ampliado esse efeito. O dióxido de carbono (CO_2) é o mais significativo e preocupante entre os gases

ENERGIA, AMBIENTE, SOCIEDADE E SUSTENTABILIDADE | **117**

emitidos por conta das quantidades lançadas e da longa duração de seus efeitos na atmosfera. Outros gases são o metano, o óxido nitroso (N_2O) e os clorofluorcarbonos (CFC). Estima-se que, nos últimos cem anos, a temperatura média da superfície da Terra se elevou entre 0,4 e 0,8° C.

* O desmatamento e a desertificação configuram dois dos problemas ambientais mais antigos. As florestas vêm sendo devastadas há setecentos anos, primeiramente na Europa; hoje, boa parte das florestas tropicais está ameaçada. A destruição das florestas pode ser ocasionada pela poluição do ar, urbanização, implantação de projetos hidrelétricos, expansão da agricultura, exploração de produtos florestais, queimadas e também pela degradação da terra em áreas áridas, semiáridas e subúmidas secas, em função do impacto humano adverso relacionado ao cultivo e práticas agrícolas inadequadas, assim como o desflorestamento. A destruição de florestas por queimadas tem um duplo efeito ambiental, pois emite dióxido de carbono e ao mesmo tempo reduz a quantidade de água evaporada do solo e produzida pela transpiração das plantas, afetando o ciclo das chuvas. O desflorestamento tem influência no aquecimento global, já que as florestas possuem poder de absorção de carbono.

* A degradação marinha e costeira, assim como de lagos e rios, vem de materiais poluentes: esgotos sanitários e industriais, descarregados nos cursos d'água (causa de algo como 75% deste tipo de degradação). O restante é provocado por vazamentos oriundos da navegação, mineração e produção de petróleo.

* O alagamento ou perda de áreas de terra agricultáveis ou de valor histórico, cultural e biológico está relacionado principalmente ao desenvolvimento de barragens e reservatórios, os quais são formados para fins de navegação, saneamento básico, irrigação, lazer e geração de eletricidade. O alagamento de áreas por hidrelétricas resulta em emissão de metano e monóxido de carbono, em função da decomposição da madeira submersa; alteração no ecossistema aquático; erosão nas margens dos lagos; alterações nos lençóis freáticos e cursos de rios. As hidrelétricas causam, além dos problemas ambientais, impactos sociais relacionados ao reassentamento de populações.

* A contaminação radioativa é proveniente do beneficiamento de urânio utilizado em grande parte nas usinas nucleares para geração de

eletricidade. O resíduo liberado pelas usinas, conhecido como lixo atômico, se não for bem acondicionado, pode se tornar um grande problema, pois tem vida longa. A segurança da usina contra vazamentos radioativos é um fator primordial, já que vazamentos nucleares contaminam o ambiente e causam mortes imediatas e doenças graves.

Energia e o conceito de equidade

Ao longo deste capítulo, foram apresentadas diversas questões associadas à sustentabilidade que impactam diretamente o cenário energético, componente básico da infraestrutura para o desenvolvimento.

Diversas dessas questões estão intrinsecamente associadas às relações entre energia e sociedade, como a pobreza nos países desenvolvidos e nos países em desenvolvimento; o problema populacional; a urbanização; e os estilos de vida.

Assim, a busca da equidade também passa a ser fundamental no contexto da energia e da sustentabilidade, no qual se reflete em dois requisitos principais:

* Universalização do acesso, que corresponde a levar a energia, em suas principais formas comerciais, a todo e qualquer habitante da Terra.

* Atendimento das necessidades básicas, que corresponde a suprir todo e qualquer habitante da Terra com a energia necessária para um padrão de vida digno e confortável.

SUSTENTABILIDADE E SUSTENTABILIDADE ENERGÉTICA

Como exposto neste capítulo, há diversas questões em continuado debate quanto ao desenvolvimento sustentável e à sustentabilidade. Nesse contexto, está sempre envolvida a energia, por conta de sua importância no cenário global.

Foi também informado que seria importante e suficiente apresentar apenas uma avaliação bastante sucinta e objetiva da questão, sugerindo a busca das referências e dos dados amplamente disponíveis, em termos mundiais e nacionais, para maior detalhamento, se desejado. É o que se faz a seguir.

Soluções e políticas energéticas para o desenvolvimento sustentável

De uma forma geral, as soluções energéticas defendidas atualmente voltadas ao desenvolvimento sustentável seguem determinadas linhas de referência básica.

- Almeja-se a diminuição do uso de combustíveis fósseis – carvão, óleo, gás – e maior uso de tecnologias e combustíveis renováveis. O objetivo é alcançar uma matriz renovável em longo prazo.

- É necessário aumentar a eficiência do setor energético, desde a produção até o consumo. Grande parte da crescente demanda energética pode ser suprida por meio dessas medidas, principalmente em países desenvolvidos, onde a demanda deve crescer de forma mais moderada.

- Mudanças em todo o setor produtivo são vistas como necessárias para o aumento da eficiência no uso de materiais, transporte e combustíveis.

- O desenvolvimento tecnológico do setor energético é essencial no sentido de desenvolver alternativas ambientalmente benéficas. Isso inclui também melhorias nas atividades de produção de equipamentos e materiais para o setor e exploração de combustíveis.

- Políticas energéticas devem ser redefinidas de forma a favorecer a formação de mercados para tecnologias ambientalmente benéficas e cobrar os custos ambientais de alternativas não sustentáveis.

- Incentiva-se o uso de combustíveis menos poluentes. Num período transitório, por exemplo, o gás natural tem vantagens sobre o petróleo ou carvão mineral, por produzir menos emissões.

Tais soluções certamente devem ser consideradas como base para o estabelecimento de políticas energéticas sustentáveis.

Um fator de grande influência na evolução dos cenários energéticos deve ser o acompanhamento e a implantação dos controles e ações previstos nas diversas reuniões internacionais relacionadas à sustentabilidade que envolvem energia.

Nesse contexto, alguns aspectos de ordem geral podem ser enfatizados, como:

- A influência do processo de descarbonização nos setores de infraestrutura é bastante significativa. No setor de transportes, por exemplo, já há um movimento muito forte para o uso de combustíveis menos poluidores, como o etanol, o gás natural e o biodiesel, e para o desenvolvimento de veículos com novas formas de acionamento, como os veículos elétricos, com uso das células a combustível e os sistemas híbridos elétricos/convencionais. A redução dos impactos ambientais nesse setor pode ser obtida ainda por meio de uma série de ações específicas, como o aumento da eficiência térmica e mecânica da máquina, bem como por políticas que visem diminuir o consumo de energia, por exemplo, o incentivo ao transporte coletivo.

- No setor elétrico, há o desenvolvimento de tecnologias para diminuir o impacto ambiental negativo de usinas baseadas no uso de carvão mineral e de derivados usuais do petróleo; a maior penetração do gás natural, que é ambientalmente mais limpo do que outros combustíveis fósseis; o desenvolvimento de centrais nucleares mais seguras e com mitigação dos problemas de resíduos; e o incentivo ao uso das fontes primárias renováveis, como hidrelétricas, solares, eólicas, biomassa e células a combustível.

- No setor industrial, há mudanças tecnológicas que podem ter impacto significativo na conservação de energia, desde o uso de motores mais eficientes até novas soluções para processamento e gerenciamento de processos. Incentivos financeiros podem ainda ser criados para influenciar a demanda de produtos de maior eficiência energética por consumidores individuais, como aparelhos eletrodomésticos, sistemas de iluminação, aquecimento e refrigeração etc. Normalmente, tais políticas exigem um amplo trabalho de informação do grande público.

- É importante lembrar que o potencial para aumento da eficiência energética não se limita apenas a setores modernos da economia. Mesmo tecnologias tradicionais baseadas no uso da biomassa podem ser significativamente melhoradas, como no uso de fornos industriais para fabricação de tijolos ou mesmo em nível residencial. Pequenas modificações podem oferecer benefícios ambientais enormes, diminuindo, inclusive, a pressão sobre florestas, o que normalmente leva ao desflorestamento.

Tais aspectos gerais e, de certa forma, compactados, certamente formam um núcleo importante do cenário maior que envolve energia no âmbito da sustentabilidade e cuja apreciação mais abrangente se faz ao longo dos diversos capítulos deste livro.

REFERÊNCIAS

[IEA] INTERNATIONAL ENERGY AGENCY. *World Energy Outlook*. Paris, 2006.

_____. *Key World Energy Statistics*. Paris, 2009.

MARTIN, J.M. *Economia Mundial de Energia*. São Paulo: Editora da Unesp, 1992.

WORLD COMISSION ON ENVIRONMENT AND DEVELOPMENT. *Our Common Future*. Reino Unido: Oxford Press, 1987.

WORLD ECONOMIC FORUM. *The global competitiveness report 2009-2010*. Genebra, 2010.

Bibliografia sugerida

BIANCHI, A.L.; LIMA, A.A.M.; BABOT, L.M. et al. *O uso da matriz de relevância para o desenvolvimento do plano de ações de municípios com foco em sustentabilidade – estudo de caso de Santa Vitória do Palmar*. In: [CBENS] V Congresso Brasileiro de Energia Solar. 2014, Recife. *Anais...* Recife, 2014.

GORE, A. *Nossa escolha – um plano para solucionar a crise climática*. Barueri: Manole, 2010.

HINRICHS, R.A.; KLEINBACH, M.; REIS, L.B. *Energia e meio ambiente*. São Paulo: Cengage Learning, 2011.

REIS, L.B.; SILVEIRA, S. (Orgs.). *Energia elétrica para o desenvolvimento sustentável*. 2.ed. São Paulo: Edusp, 2012.

REIS, L.B.; FADIGAS, E.A.A.; CARVALHO, C.E. *Energia, recursos naturais e a prática do desenvolvimento sustentável*. Barueri: Manole, 2011.

REIS, L.B.; SANTOS, E.C. *Energia elétrica e sustentabilidade – aspectos tecnológicos, socioambientais e legais*. 2.ed. Barueri: Manole, 2014.

SILVEIRA, S. (Ed.). *Building sustainable energy systems – swedish experiences.* In: SWEDISH NATIONAL ENERGY ADMINISTRATION, Svensk Byggtjanst. Estocolmo, 2001.

WORLD ENERGY COUNCIL. *Living in one world – sustainability from an energy perspective.* Londres: World Energy Council, 2001.

Indicadores Energéticos e Sustentabilidade | 5

André Luis Bianchi
Engenheiro eletricista, Ulbra

Adroaldo Adão Martins de Lima
Administrador, Ulbra

Sérgio Souza Dias
Engenheiro eletricista, Centro de Excelência em
Tecnologia Eletrônica Avançada (Cietec)

INTRODUÇÃO

Os indicadores energéticos são ferramentas de orientação. Servem para conhecer falhas, estabelecer metas de minimização ou solução e avaliá-las. Sua aplicação pode ser feita em processos com as mais diversas características, podendo ser ordenados ou caóticos. Neste capítulo é abordado o uso de indicadores na avaliação da sustentabilidade, mais especificamente, a sustentabilidade energética; em suma, a importância do uso de indicadores, sua aplicação para apontar tendências de comportamento em relação à sustentabilidade, além de avaliar a dependência de uma região, localidade ou estrutura aos energéticos não renováveis e a possibilidade de mudanças visando à sustentabilidade. Nessa avaliação, considera-se a relação consumo *versus* geração local, bem como a estrutura e o acesso à tecnologia, sempre com base nas cinco dimensões da sustentabilidade – social, econômica, ambiental, espacial e política.

A IMPORTÂNCIA E O USO DOS INDICADORES

Indicadores de um sistema são variáveis definidas a partir de características do sistema, que permitem a identificação do seu estado, sua comparação com outros sistemas, o estabelecimento de metas e o acompanhamento e execução de ações corretivas para atingir as metas traçadas (Kurka e Blackwood, 2013).

Para apresentar um exemplo bastante simples de indicador e sua utilização, pode-se considerar a iluminação de uma sala qualquer. Levando em conta o tempo de utilização da iluminação e a potência (em watts) de cada lâmpada, pode-se obter a energia consumida em Wh (watt-hora) e estabelecer o indicador "energia elétrica de iluminação consumida por unidade de área da sala", calculado pela divisão da energia consumida (em Wh) pela área da sala (em m^2), cuja unidade será Wh/m^2. Este indicador pode ser usado, por exemplo, para a comparação com o consumo de energia elétrica para iluminação de uma sala de referência, que utiliza lâmpadas e luminárias mais eficientes, ou seja, com menor consumo. Isso permitirá que se estabeleça a meta de reduzir o valor do indicador da sala enfocada até atingir o valor de referência, o que será feito, nesse caso, pela substituição das lâmpadas e luminárias da sala por outras mais eficientes.

Na prática, ao invés de apenas um, utiliza-se um conjunto de indicadores que permita a melhor identificação do sistema, assim como um conjunto de metas a serem atingidas ao longo do tempo na busca de um objetivo que, em nosso caso, pode ser a sustentabilidade (Reis, 2011).

Em determinadas culturas, indicadores são ferramentas de mudança, de aprendizado e de propaganda. A sociedade mede o que valoriza e aprende a valorizar aquilo que ela mede. Por isso, o uso de indicadores deve ser feito de forma consciente e responsável, pois pode direcionar as coisas para um caminho não adequado.

Considerando, então, que o indicador é aquele que indica ou que orienta, se o objetivo é a busca do desenvolvimento sustentável, ele deve ter, neste caso, a função de apontar para uma direção ou mostrar a que ponto se chegou com determinadas práticas ou políticas. Além disso, os indicadores são as variáveis que podem servir de instrumentos de previsão e de acompanhamento. Em suma, o indicador demonstra uma informação que deixa mais perceptível uma tendência ou até mesmo a possibilidade de ocorrência de um fenômeno que não seja imediatamente detectável.

Segundo Tunstall (apud Bellen, 2006), as principais funções dos indicadores são:

- Avaliação de condições e tendências.
- Comparação entre lugares e situações.

- Avaliação de condições e tendências em relação às metas e aos objetivos.
- Apresentação de informações de advertência.
- Antecipação de futuras condições e tendências.

Considera-se ainda que os indicadores podem ser definidos de forma individual, pensando na avaliação de um determinado ponto e na forma de um indicador agregado (conjunto de indicadores), que avalia causas e consequências advindas da avaliação de um indicador ou conjunto de indicadores principal.

Para selecionar os indicadores de uma pesquisa, é necessário que se faça uma análise acerca da relevância do objeto em estudo, atentando para sua especificidade, mensuração, praticidade e disponibilidade de dados. Considerando a orientação do World Resources Institute (WRI) (apud Bianchi et al., 2011), bons indicadores devem possuir as seguintes características:

- Representatividade: representar com relevância o produto ou processo identificado.
- Comparabilidade: serem comparáveis tanto no espaço como no tempo.
- Coleta de dados: fontes confiáveis deverão existir para suprir os dados.
- Clareza e síntese: transmitir a informação de modo simples.
- Previsão e metas: prever problemas visando soluções e servir de instrumento para definição de metas.

Indicadores de sustentabilidade

O uso dos recursos naturais de forma que estes supram as necessidades atuais sem comprometer a disponibilidade deles para as gerações futuras é o conceito mais simples e difundido de sustentabilidade. Mas fica no ar a questão de como determinar qual seria a utilização de recursos naturais que pode ser considerada sustentável. Uma forma de responder à essa questão é por meio da identificação de um conjunto de indicadores de sustentabilidade que contemplem todas ou pelo menos as principais variáveis envolvidas. Esses indicadores devem permitir a representação da situação atual e das tendências de seu comportamento ao longo do tempo, assim como a determinação de metas que encaminhem o sistema (no caso, a Terra) na direção da sustentabilidade.

Conforme Silva e Lima (2010), a transformação de uma qualidade (grau de sustentabilidade do desenvolvimento) em quantidade (expressa por um índice geral de sustentabilidade) é fruto da necessidade que a sociedade tem de trabalhar com ferramentas eficientes que orientem o processo decisório e as políticas públicas da localidade em questão.

Nas primeiras discussões em nível mundial sobre a sustentabilidade, o foco era a integridade ambiental, mas com o tempo o conceito foi sendo direcionado para também incluir o elemento humano; assim, além das questões ambientais, as questões econômicas e sociais passaram a integrar o processo de sustentabilidade. Alguns conceitos mais generalistas, como o dos Programas das Nações Unidas para o Meio Ambiente e para o Desenvolvimento (Pnuma e Pnud), consideram que o desenvolvimento sustentável consiste na modificação da biosfera e na aplicação de seus recursos para atender as necessidades humanas e aumentar a qualidade de vida, e para assegurar esse desenvolvimento, os fatores econômicos, sociais e ecológicos devem ser considerados com base em expectativas de curto, médio e longo prazo (Bellen, 2006).

Segundo Ignacy Sachs (2004), o desenvolvimento sustentável alicerça-se em cinco pilares que compelem a humanidade a trabalhar com múltiplas escalas de tempo e espaço em contraponto à economia convencional. Esses pilares conduzem, também, ao trabalho por soluções que sejam vitoriosas tanto social quanto ambientalmente, eliminando as externalidades negativas das atividades econômicas. Opondo-se às estratégias de crescimento de curto prazo, ambientalmente destrutivas, embora possam trazer eventualmente benefícios sociais e ambientais, a proposição conceitual de Sachs (2004) procura contemplar, em seus cinco pilares, os aspectos sociais, ambientais, territoriais, econômicos e políticos. Estes cinco pilares (Figura 5.1) abrangem as dimensões social, econômica, ambiental, espacial e política.

- Sustentabilidade social: a dimensão social da sustentabilidade é entendida como a consolidação de um processo de desenvolvimento baseado em um tipo de crescimento diferente do atual e orientado por outra visão do que é a "boa sociedade", visando à redução da desigualdade e à distribuição de renda. Sendo assim, o objetivo nessa dimensão é construir uma civilização do "ser", em que exista maior equidade na distribuição do "ter" e da renda, de modo a melhorar substancialmente os direitos e as condições de amplas massas de população e a reduzir a distância entre os padrões de vida de abastados e não abastados. A sustentabilidade social também deve considerar o desenvolvimento em sua multidimensionalidade, abrangendo todo o espectro de necessidades materiais e não materiais, conforme enfatiza o Pnud no Relatório sobre Desenvolvimento Humano de 2004 (Bianchi et al., 2012). Sachs (2004) destaca que o pilar social é básico e imprescindível, tanto por questões intrínsecas quanto instrumentais, por causa da perspectiva de disrupção social que paira de forma ameaçadora sobre muitos lugares problemáticos do nosso planeta.

Figura 5.1 – Sustentabilidade e os cinco pilares.

- Sustentabilidade econômica: a sustentabilidade econômica deve possibilitar alocação e gestão mais eficientes dos recursos e por fluxos regulares e equilibrados do investimento público e privado. Em termos globais, uma condição fundamental para isso é superar as questões associadas às relações internacionais entre os países, decorrentes de uma combinação de fatores negativos, como as relações adversas de troca, as barreiras protecionistas ainda existentes nos países industrializados e, finalmente, as limitações do acesso à ciência e à tecnologia. A eficiência econômica deve ser avaliada por meio de critérios de lucratividade microempresarial.
- Sustentabilidade ambiental: a sustentabilidade ambiental contempla os sistemas de sustentação da vida como provedores de recursos e como depósitos dos resíduos. Nesse sentido, a dimensão ambiental considera que o uso dos recursos potenciais dos vários ecossistemas seja efetuado com mínimo dano aos sistemas de sustentação da vida, para propósitos socialmente válidos. Nessa dimensão, a redução do volume de resíduos e de poluição por meio da conservação e reciclagem de energia e recursos é fundamental, bem como a definição das regras para uma adequa-

da proteção ambiental, a concepção de uma estrutura institucional e a escolha de um conjunto de instrumentos econômicos, legais e administrativos necessários para assegurar o cumprimento das regras.

- Sustentabilidade espacial: a concentração populacional excessiva nas áreas metropolitanas tem evidenciado a destruição de ecossistemas frágeis, mas vitalmente importantes, por meio de processos de colonização descontrolados. Nesse contexto, a sustentabilidade espacial é voltada a uma configuração rural-urbana mais equilibrada e a uma melhor distribuição territorial de assentamentos humanos e atividades econômicas, ou seja, vinculada à distribuição espacial dos recursos, das populações e das atividades.

- Sustentabilidade política: a dimensão política considera que uma governança democrática serviria como base e um instrumento necessário para decisões voltadas às necessidades do planeta e da humanidade. Dessa forma, "a democracia é um valor verdadeiramente fundamental e garante também a transparência e responsabilização necessárias ao funcionamento dos processos de desenvolvimento" (Sachs, 2004, p. 81).

Observando estes cinco pilares, pode-se ter um bom ponto de partida para a definição de indicadores que estabeleçam meios de comparação a fim de analisar a situação atual e as melhorias futuras. Contudo, a definição de indicadores deve ter um objetivo claro, e estes devem ser representativos e comparáveis, conforme recomenda o WRI. A comparação é fundamental, mesmo sendo de uma dimensão para outra. Nem sempre é possível determinar indicadores que permitam comparar todo um sistema de forma altamente eficiente, porém, por mais superficiais que pareçam inicialmente, podem dar um apoio no sentido da avaliação e, com o passar do tempo, podem ser aprimorados.

Indicadores energéticos

Os indicadores energéticos devem ser capazes de demonstrar o grau de dependência de uma região, localidade ou estrutura dos energéticos não renováveis e sua capacidade de alterar o quadro ou melhorar seus índices, buscando a sustentabilidade. Ou seja, utilizando fontes locais e, preferencialmente, renováveis, mas não de forma predatória, assim como utilizando a energia da forma mais eficiente possível. A ideia de sustentabilidade não passa apenas pelo uso de fontes renováveis e aumento de eficiência, mas também pela possibilidade de geração daquilo que é consumido a partir de recursos locais, sem que haja necessidade de importação (Figura 5.2). Sendo necessária a importação de algum energético, deve-se buscar que a exportação de outro energético supra esta lacuna na balança energética "consumo x geração". E o ideal é que toda esta energia envolvida seja proveniente de fontes renováveis.

Para que se possa avaliar as melhores possibilidades de uso de energia nas mais diversas regiões, é fundamental que se conheça a distribuição das possibilidades de geração e as formas de uso final da energia. É preciso saber quais são os principais energéticos disponíveis localmente para exploração, dando preferência aos renováveis, e saber também quais são os energéticos mais utilizados, seja no setor industrial, seja no de transportes, no residencial, no agropecuário etc. Nesse sentido, é importante enfatizar o desenvolvimento de políticas para o uso de outras formas de produção e consumo de energia com base sustentável.

Figura 5.2 – Evolução em busca da sustentabilidade energética.

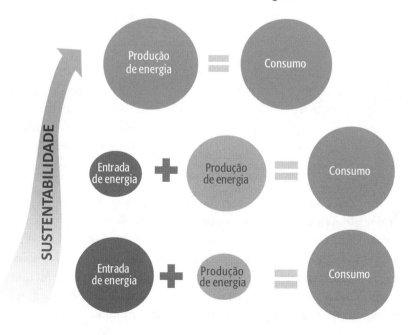

Nesse cenário, os indicadores energéticos são importantes como apoio na avaliação tanto das possibilidades de exploração e de eficiência energética como daquelas de consumo consciente.

INDICADORES ENERGÉTICOS E SUSTENTABILIDADE

A definição dos indicadores tem como base a avaliação dos energéticos renováveis disponíveis e a tecnologia para sua utilização. Esses energéticos são aplicados para o aquecimento de água, geração de combustíveis líquidos ou de energia elétrica. A obtenção de eletricidade pode ter como base a água, através de geração hidrelétrica; o vento, através de geradores eólicos; o sol, com a utilização de painéis fotovoltaicos ou aquecimento da água e geração de vapor; assim como a utilização da biomassa como fonte de etanol, biodiesel ou lenha para utilização em moto-geradores ou para geração de vapor.

Na definição de indicadores socioeconômicos, energéticos e ambientais, a fim de estabelecer um conjunto de indicadores e, a partir disso, um indicador geral de sustentabilidade em relação à geração de energia, são necessários conhecimentos sobre a sustentabilidade, sobre o que são indicadores e se eles demonstram efetivamente o que propõem.

Para melhor ilustrar a questão, apresenta-se a seguir, de forma sucinta, exemplos do processo de determinação de indicadores de sustentabilidade energética e de um índice geral de sustentabilidade energética de municípios numa certa região do Brasil (Bianchi et al., 2012). Avaliações de sustentabilidade energética regionais e nacionais poderão ser desenvolvidas de forma similar, devendo-se apenas ter maior cuidado na escolha dos indicadores, principalmente quanto ao atendimento das características apontadas pelo WRI.

Em Zen e Bianchi (2011), enfocando a sustentabilidade de municípios, foram definidos dez indicadores visando atender as cinco dimensões da sustentabilidade de Sachs e as características estabelecidas segundo o WRI. Tais indicadores avaliam os energéticos renováveis disponíveis nas localidades. A fim de determinar sua importância, os indicadores foram definidos a partir de uma consulta a profissionais de áreas cujas atividades estivessem relacionadas com o tema energia. Além disso, devido à multidisciplinaridade embutida nos indicadores avaliadores, efetuou-se uma ponderação em termos de importância, de forma a contemplar os diferentes interesses envolvidos.

A proposta dos indicadores contemplou, em linhas gerais, parâmetros relacionados ao consumo energético de pequenas regiões, aos tipos de fonte energética disponíveis, ao rendimento e à alteração ambiental que as fontes utilizadas geram. Além disso, também se observou a viabilidade econômica de se alterar a matriz energética e o interesse do poder público. Na aplicação, foram avaliadas, então, todas as fontes energéticas locais, se estas são utilizadas, de que forma e a relação dos atores locais com elas. Para cada energético disponível, o grau de envolvimento ou exploração é avaliado de 0 a 100%, e este resultado é multiplicado pelo peso do indicador (ponderação). O produto "grau de envolvimento x peso do indicador" é somado com os resultados dos demais indicadores, formando um índice geral de sustentabilidade para a localidade.

Os 10 indicadores estão dispostos na Tabela 5.1.

Tabela 5.1 – Indicadores de sustentabilidade.

Indicador	Função	Peso
Sustentabilidade social		
1. A implantação da geração de energia gera trabalho e renda	Indica qual será o impacto de cada geração de energia renovável na economia local, no que diz respeito à geração de empregos e de renda para a população local.	9,89%
2. Densidade de ocupação territorial	Indica a necessidade ou a possibilidade de investimento em geração de energia em função da densidade de ocupação populacional.	9,35%
Sustentabilidade econômica		
3. Domínio local de tecnologias	Indica a facilidade para a aquisição dos equipamentos necessários para a implantação das novas gerações energéticas, se foram obtidos na própria localidade, na região; se são nacionais ou importados.	9,57%
4. Custo marginal em operação	Indica o custo de operação do empreendimento, se é competitivo ou não. Esse custo é relacionado ao valor do Custo Marginal de Operação (CMO), referência da Agência Nacional de Energia Elétrica (Aneel).	9,14%
Sustentabilidade ecológica		
5. Impacto ambiental	Indica se o impacto ambiental é aceitável, ou seja, se os benefícios ambientais são maiores que os prejuízos.	10,11%

(continua)

Tabela 5.1 – Indicadores de sustentabilidade. *(continuação)*

Indicador	Função	Peso
6. Existência de restrições ambientais	Indica se há condições de explorar o potencial energético em função do solo adequado para o plantio e da área disponível para a planta geradora – espaço e autorização ambiental.	10,11%
Sustentabilidade espacial		
7. Potencial local	Indica se existe potencial energético local e se está sendo explorado ou é passível de exploração. Este indicador não considera apenas os potenciais renováveis, mas inclui qualquer potencial energético.	10,43%
8. Características do material energético	Indica se existe na localidade ou região material necessário para a exploração do potencial energético (renovável ou não) e se este não irá se esgotar com o uso.	10,54%
Sustentabilidade cultural		
9. Relação energia renovável e não renovável	Indica o padrão local do consumo de energia e a proximidade deste aos padrões desejados de consumo energético. O desejável é que o uso de energia proveniente de fontes renováveis seja maior do que o proveniente de fontes não renováveis.	10,57%
10. Ações de governo para desenvolver o potencial energético	Indica se o governo municipal tem interesse no desenvolvimento e na exploração de um determinado potencial energético.	10,11%

Fonte: Bianchi et al. (2012).

Na Tabela 5.1, a última coluna apresenta os pesos utilizados na realização da ponderação citada anteriormente.

Na aplicação dos indicadores, é necessário que se faça um diagnóstico inicial na localidade avaliada. Devem-se conhecer as possibilidades relacionadas aos cinco pilares da sustentabilidade, as fontes disponíveis localmente e o comportamento da população em termos de consumo, de acordo com Sachs (2004).

O segundo exemplo de determinação de indicadores de sustentabilidade energética (Bianchi et al., 2012) é uma complementação da proposta de Zen e Bianchi (2011) e utiliza o mesmo método de avaliação dos indicadores, porém, nesse trabalho, os especialistas avaliaram o grau de importância de cada indicador, com base em uma escala de 5 pontos, sendo 1 para sem importância e 5 para muito importante. A validação também ocorreu com um grupo multidisciplinar. A Tabela 5.2 apresenta os indicadores e os seus respectivos pesos para a avaliação da sustentabilidade energética.

INDICADORES ENERGÉTICOS E SUSTENTABILIDADE | **133**

Tabela 5.2 – Indicadores e pesos para a avaliação da sustentabilidade energética.

Ambiental	Peso
Produção de resíduos reutilizáveis: indica se há impacto considerável na localidade em função da produção de resíduos reutilizáveis, que podem ser sólidos, líquidos ou gasosos.	4,26%
Produção de resíduos tóxicos: indica se há impacto considerável na localidade em função da produção de resíduos tóxicos.	4,19%
Condicionantes ambientais: indica se há na localidade condicionantes ambientais que impedirão o uso dos energéticos com potencial de exploração.	3,65%
Ambiental	**Peso**
Treinamento e/ou educação de funcionários em aspectos associados ao meio ambiente: indica os investimentos do município na capacitação do pessoal em relação ao meio ambiente.	3,79%
Reciclagem, captação, tratamento e reutilização: indica se existe legislação para o desenvolvimento de ações e projetos com reciclagem de lixo, captação e tratamento das águas e reutilização.	4,23%
Relação energia renovável e não renovável: indica o padrão local do consumo de energia. O desejável é que o uso de energia proveniente de fontes renováveis seja maior do que o proveniente de fontes não renováveis, sejam eles combustíveis ou eletricidade.	4,41%
Peso total da dimensão ambiental	24,53%
Econômica	**Peso**
Geração x demanda: indica se a localidade tem sustentabilidade energética, se há ou não geração local e quanto isso impacta no consumo total local, ou seja, se o balanço energético é positivo.	3,68%
Demanda projetada: indica se há demanda projetada ou perspectivas de aumento de carga diante das transformações de atividade produtiva naquele território.	3,83%
Capacidade de investimento: indica se a localidade tem capacidade de investimento (endividamento) em novos projetos.	3,54%
Controle do passivo ambiental: indica se existe um controle local do passivo ambiental decorrente das atividades econômicas públicas e privadas.	3,72%
Investimentos em proteção ambiental: indica se a localidade realiza investimentos em proteção ao meio ambiente.	3,43%
Crescimento econômico: indica a organização da localidade frente a futuros investimentos e crescimento econômico, no que diz respeito à infraestrutura.	3,11%

(continua)

Tabela 5.2 – Indicadores e pesos para a avaliação da sustentabilidade energética.
(continuação)

Econômica	Peso
Base da economia local: trata da capacidade de a localidade suprir suas necessidades e se a balança comercial é equilibrada ou favorável.	3,72%
Peso total da dimensão econômica	25,04%

Social	Peso
Programa de incentivo ao uso consciente da energia: indica se o município estimula a informação e o conhecimento sobre a necessidade do uso racional e eficiente das energias.	3,79%

Social	Peso
Rendimento familiar *per capita*: compara o rendimento *per capita* da localidade com os padrões regional, nacional e mundial.	3,03%
Existência de instituições de ensino técnico e/ou superior: avalia se há na localidade instituições de ensino técnico e quais os níveis atendidos.	3,97%
Peso total da dimensão social	10,80%

Territorial	Peso
Zoneamento ambiental municipal: indica se existe o zoneamento de características ambientais e seus usos e atividades.	3,68%
Zoneamento do plano diretor: indica a organização municipal em relação a zonas urbanas, comerciais, industriais e rurais e isso irá refletir no desenvolvimento de projetos e ações que visem ao uso sustentável nas localidades.	3,94%
Mobilidade logística de matéria-prima energética: indica se a logística da matéria-prima interfere na mobilidade da localidade.	3,25%
Densidade de ocupação territorial: indica o controle da densidade da população na localidade em relação à ocupação do solo.	3,61%
Geoprocessamento: indica a existência de geoprocessamento e a interação com sistemas de controle.	3,18%
Peso total da dimensão territorial	17,67%

Política	Peso
Ações de governo para desenvolver energias alternativas: indica se o governo municipal incentiva e desenvolve projetos, investe e opera na geração de energias alternativas para o desenvolvimento e a exploração dos potenciais energéticos locais.	3,54%

(continua)

INDICADORES ENERGÉTICOS E SUSTENTABILIDADE | **135**

Tabela 5.2 – Indicadores e pesos para a avaliação da sustentabilidade energética.
(continuação)

Política	Peso
Ações de governo municipal para geração de emprego e renda: indica se existem ações do município para a geração de novos postos de trabalho e renda.	3,40%
Diretrizes e políticas do plano diretor: indica se a sociedade organizada, a comunidade e o governo têm interesse em aproveitar as energias renováveis como alternativa de desenvolvimento.	3,97%
Diretrizes e políticas do plano ambiental: indica se há no município um zoneamento e um sistema de gestão das áreas potenciais para exploração de fontes de energia.	3,65%
Política	Peso
Sistemas de gestão ambiental (SGA): indica a existência de um sistema de gestão ambiental municipal.	3,76%
Conselho ambiental municipal e/ou de Comitê Gestor do SGA do município: indica a existência de um sistema de gestão ambiental aberto, integrado e democrático.	3,65%
Peso total da dimensão política	21,97%
TOTAL	**100%**

Fonte: Bianchi et al. (2012).

A Tabela 5.3, também proposta por Bianchi et al. (2012), apresenta os indicadores e pesos para avaliação das alternativas energéticas de fontes renováveis. Além de fazer uma avaliação dos cinco pilares da sustentabilidade, também há uma proposta para avaliação das fontes energéticas disponíveis localmente, ou seja, uma avaliação específica para a energia.

Tabela 5.3 – Indicadores e pesos para a avaliação das alternativas energéticas de fontes renováveis.

Indicador	Peso
Potencial local: indica se existe potencial energético local e se está sendo explorado ou é passível de exploração. Esse indicador não considera apenas os potenciais renováveis, mas inclui qualquer potencial energético.	11,67%

(continua)

ENERGIA E SUSTENTABILIDADE

Tabela 5.3 – Indicadores e pesos para a avaliação das alternativas energéticas de fontes renováveis. *(continuação)*

Indicador	Peso
Impacto ambiental: indica se o impacto ambiental é aceitável, ou seja, se os benefícios ambientais são maiores que os prejuízos.	11,07%
Existência de restrições ambientais: indica se há condições de explorar o potencial energético em função do solo adequado para o plantio e da área disponível para a planta geradora – espaço e autorização ambiental.	11,37%
Características do material energético: indica se existe na localidade ou região material necessário para a exploração do potencial energético (renovável ou não) e se este não irá se esgotar com o uso.	11,76%
Tecnologias: indica a facilidade para a aquisição dos equipamentos necessários para implantação das novas gerações energéticas, se podem ser obtidos na própria localidade, na região, e se são nacionais ou importados.	10,97%
Custo Marginal em Operação (CMO): indica o custo de operação do empreendimento e se é competitivo ou não. Este custo é relacionado ao valor do CMO, referência da Aneel.	10,37%
Geração de trabalho e renda: indica qual será o impacto de cada geração de energia renovável na economia local, no que diz respeito à geração de empregos e renda para a população local.	11,07%
Densidade de ocupação territorial: indica a necessidade ou a possibilidade de investimento em geração de energia em função da densidade de ocupação populacional.	10,47%
Ações de governo para desenvolver o potencial energético: indica se o governo municipal tem interesse no desenvolvimento e exploração de um determinado potencial energético.	11,27%
TOTAL	100%

Fonte: Bianchi et al. (2012).

Observa-se que, pela avaliação dos especialistas, além da dimensão ambiental, todas as outras (econômica, política, territorial e social) apresentam papel significativo na sustentabilidade (Figura 5.3). Isso ratifica a importância das questões relacionadas aos interesses da sociedade no desenvolvimento sustentável, e não simplesmente as questões econômicas e ambientais.

Com base nos resultados obtidos pela aplicação dessa ferramenta de mensuração da sustentabilidade energética em localidades, é possível diagnosticar os pontos fortes e fracos visando ao desenvolvimento sustentável. Assim, o resultado multidimensional aponta o nível de sustentabilidade em cada dimensão, orientando a elaboração de planos de desenvolvimento equilibrados e sustentáveis.

Figura 5.3 – Impacto por dimensão na sustentabilidade energética.

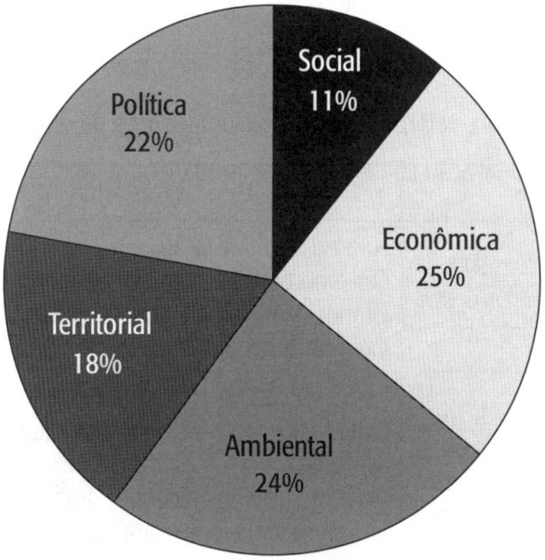

Fonte: Bianchi et al. (2012).

Um questionário composto por duas partes é o elemento base. A primeira parte tem questões voltadas para a produção e gestão dos resíduos, o sistema de planejamento urbano e ambiental, o treinamento, o zoneamento e a gestão. A segunda parte tem questões sobre consumo de energia, energias renováveis e produção agrícola. Como fontes iniciais, a coleta dos dados para a aplicação da ferramenta pode utilizar informações públicas, o que facilita bastante a aplicação da ferramenta. Para completar os dados é necessário fazer uma visita *in loco*.

Essas informações são mensuradas numa escala de Likert de 0 a 3, e o valor do indicador é o produto da informação coletada pelo peso percentual do indicador, sendo que o indicador geral é a soma dos produtos e o total não deverá ultrapassar 3. A Equação 1 apresenta o método de cálculo, onde $P_{i\%}$ é peso do indicador, V_m é o valor dado à questão e Vi é o valor do indicador.

A Tabela 5.4 apresenta o questionário com as informações coletadas para a dimensão ambiental; a Tabela 5.5, os dados para a dimensão econômica; a Tabela 5.6, para a social; a Tabela 5.7, para a territorial; e a Tabela 5.8, para a dimensão política.

$$Vi = P_{i\%} \cdot V_m \qquad \text{(Equação 1)}$$

Tabela 5.4 – Descrição, valores e pesos dos indicadores da dimensão ambiental.

i	Indicador	Valor da questão (V_m)	$P_{i\%}$
1	Existem informações sobre a quantidade e o valor desses resíduos? Quem informa?	Não existe informação. Governo e grandes empresas. Grandes empresas e governo local. Grandes empresas, governo e ONGs locais.	4,26
2	Existe a produção de resíduos tóxicos ou perigosos? Como o município controla a geração, o recolhimento e o destino?	Sim e não há programa de descarte adequado. Sim e os resíduos são encaminhados para aterros sanitários. Sim e os resíduos recebem destinação adequada. Sim, recebem destinação adequada e o governo local incentiva de forma ativa a redução deles.	4,19
3	Há condicionantes ambientais na localidade? Existe um controle dos impactos ambientais decorrente das atividades econômicas públicas e privadas?	Existem áreas de fragilidade e não há controle. Não existe grande fragilidade e não há controle. Há controle ambiental, porém somente nas áreas de fragilidade. Existe um controle rigoroso em toda a localidade.	3,65
4	Quais são as ações no sentido de organizar o processo de coleta seletiva dos resíduos e consciência ambiental e sustentável?	Não existem ações. Há coleta e ações com pouco impacto. Há coleta, existem ações, mas não há divulgação e multiplicação sobre a importância. Há coleta e ações massivas por parte do governo e da comunidade.	3,79

(continua)

INDICADORES ENERGÉTICOS E SUSTENTABILIDADE | **139**

Tabela 5.4 – Descrição, valores e pesos dos indicadores da dimensão ambiental.

(continuação)

i	Indicador	Valor da questão (V_m)	$P_{i\%}$
5	Como ocorre o recolhimento de resíduos reutilizáveis no município?	Não são recolhidos. Fiscaliza-se o tratamento dos resíduos industrial, da construção civil e comercial. Fiscaliza-se o tratamento e se faz recolhimento do resíduo reciclável da indústria, construção civil e comércio. Fiscaliza-se o tratamento, depósito em local adequado e se faz recolhimento do resíduo reciclável da indústria, construção civil, comércio e doméstico.	4,23
6	Consumo de energia local, balança RV x NRV (renovável x não renovável).	A energia NRV é 80% de toda consumida localmente. De 50% a 79% da energia consumida localmente é NRV. De 50% a 79% da energia consumida localmente é NRV, porém boa parte da RN é produzida localmente. O percentual de energia RN é superior ao de NRV.	4,41

i = Índice do indicador.

Fonte: Bianchi et al. (2012).

Tabela 5.5 – Descrição, valores e pesos dos indicadores da dimensão econômica.

i	Indicador	Valor da questão (V_m)	$P_{i\%}$
7	Existe geração significativa local, frente à demanda, de algum tipo de energia?	Nenhum tipo significativo. Há geração de energia, porém, pouco significativa (lenha e resíduos para queima). Há geração significativa de energia, porém, não renovável. Há geração significativa e grande parte dela é renovável.	3,68
8	Existe previsão de aumento da demanda de energia em função de investimentos na localidade?	Não há previsão. Estima-se aumento, porém, não existe projeto de expansão da demanda. Estima-se aumento e há previsão de expansão da demanda. Estima-se aumento, há previsão de expansão da demanda e incentivo para geração local.	3,83

(continua)

ENERGIA E SUSTENTABILIDADE

Tabela 5.5 – Descrição, valores e pesos dos indicadores da dimensão econômica.
(continuação)

i	Indicador	Valor da questão (V_m)	$P_{i\%}$
9	Há capacidade na localidade de investimento na geração de energia local?	Não há capacidade. Há apoio em termos de incentivos fiscais. Há apoio financeiro e incentivo fiscal. A governança é parceira no empreendimento baseado em energético renovável.	3,54
10	Qual o destino dos resíduos gerados na localidade?	Não são recolhidos. Apenas depositados em local adequado. Depositados em local adequado e usados como forma de renda para subsistência. Depositados em local adequado e usados como forma de renda em cooperativas organizadas.	3,72
11	Quais os investimentos em proteção ambiental realizados pelo município?	Não há investimentos por parte do governo. Investimentos básicos em fiscalização. Investimentos em fiscalização e esclarecimentos à população. Fiscalização, esclarecimentos e incentivos a práticas sustentáveis.	3,43
12	Expectativas de crescimento econômico da localidade.	Investimentos são esperados, mas não serão feitas alterações na infraestrutura. Investimentos são esperados, as melhorias de infraestrutura serão efetuadas posteriormente. Não são esperados investimentos. As melhorias de infraestrutura já se encontram em processo, pois investimentos futuros são esperados.	3,11
13	A economia local supre as necessidades da localidade?	A importação é superior à exportação. A balança comercial é equilibrada, porém os produtos exportados são primários (*commodities*). Balança comercial equilibrada e produtos exportados são beneficiados, indústria forte. Balança comercial favorável, exportação é superior à importação.	3,72

i = Índice do indicador.

Fonte: Bianchi et al. (2012).

INDICADORES ENERGÉTICOS E SUSTENTABILIDADE | **141**

Tabela 5.6 – Descrição, valores e pesos dos indicadores da dimensão social.

i	Indicador	Valor da questão (V_m)	$P_{i\%}$
14	Programa de incentivo ao uso consciente da energia.	Não há programa desse tipo. Só existem programas de empresas e governo não local. Governo local estimula e informa como fazer o uso racional e eficiente das energias. Governo local e sociedade (ONGs ou associações) estimulam e informam como fazer o uso racional e eficiente das energias.	3,79
15	Rendimento familiar *per capita*.	Abaixo da renda *per capita* média regional. Abaixo da renda *per capita* média nacional. Superior à média nacional e regional. Superior à média mundial da ONU.	3,03
16	Existem instituições de ensino profissionalizante, técnico e/ou superior?	Não existem escolas profissionalizantes, técnicas ou de ensino superior. Existem escolas de ensino profissionalizante ou técnico. Existem escolas de ensino profissionalizante e técnico. Existem escolas de ensino profissionalizante, técnico e superior.	3,97

i = Índice do indicador.

Fonte: Bianchi et al. (2012).

Tabela 5.7 – Descrição, valores e pesos dos indicadores da dimensão territorial.

i	Indicador	Valor da questão (V_m)	$P_{i\%}$
17	Zoneamento ambiental (é a caracterização ambiental, definição das zonas e seus usos).	O município não tem diagnóstico e nem lei de zoneamento ambiental. O município não tem diagnóstico, mas tem lei de zoneamento ambiental. O município tem diagnóstico e lei de zoneamento ambiental. O município tem diagnóstico, lei de zoneamento ambiental e fiscalização ativa.	3,68

(continua)

142 | ENERGIA E SUSTENTABILIDADE

Tabela 5.7 – Descrição, valores e pesos dos indicadores da dimensão territorial.

(continuação)

i	Indicador	Valor da questão (V$_m$)	P$_{i\%}$
18	Zoneamento do plano diretor (Lei de diretrizes urbanísticas e zoneamento urbano).	O plano diretor não foi concluído ou ainda não foi aprovado. Plano diretor existe, mas está desatualizado. Plano diretor está atualizado e tem o zoneamento urbano em uma única lei. Este zoneamento é feito sobre bases e estudos ambientais atualizados.	3,94
19	Mobilidade logística da matéria-prima para geração de energia local.	Sem potencial energético aproveitável. Potencial aproveitável, porém sem possibilidade de uso em virtude da dificuldade de transporte. Aproveitamento do potencial é possível parcialmente, em virtude da dificuldade de transporte. Aproveitamento do potencial é possível, sem problemas para logística dos energéticos.	3,25
20	Densidade de ocupação territorial.	Sem controle, pois o plano diretor não foi concluído ou ainda não foi aprovado. A lei de uso do solo faz parte do plano diretor ou é uma lei complementar, mas está desatualizada. A lei de uso do solo está atualizada, porém não há fiscalização. A lei de uso do solo está atualizada e há fiscalização do uso deste.	3,61
21	Geoprocessamento na localidade?	Não existe um sistema de geoprocessamento de dados na localidade. Existe um sistema de geoprocessamento de dados, porém, está desatualizado. Existe um sistema de geoprocessamento de dados atualizado por diversos setores, mas não existe um setor responsável. Existe um sistema de geoprocessamento de dados atualizado frequentemente por um setor responsável.	3,18

i = Índice do indicador.

Fonte: Bianchi et al. (2012).

INDICADORES ENERGÉTICOS E SUSTENTABILIDADE | 143

Tabela 5.8 – Descrição, valores e pesos dos indicadores da dimensão política.

i	Indicador	Valor da questão (V_m)	$P_{i\%}$
22	Ações de governo para desenvolver energias alternativas.	Não existem projetos locais para promoção do uso de energias alternativas. Existe um projeto para promoção do uso de energias alternativas. Existe um projeto para promoção do uso de energias alternativas sustentáveis. Há incentivo, projetos e interesse em parceria para a geração de energias alternativas, desenvolvimento e exploração dos potenciais energéticos locais sustentáveis.	3,54
23	Ações de governo municipal para geração de emprego e de renda.	Não existem projetos locais de longo prazo para geração de emprego e renda. Existem projetos de atração de novos investimentos na localidade para promoção de emprego e renda, porém de forma pontual (tenta atrair investimento específico). Existem projetos de longo prazo e de forma geral de atração de novos investimentos na localidade para promoção de emprego e renda. Existem projetos de longo prazo e de forma geral de atração de novos investimentos na localidade para promoção de emprego e renda, com maior incentivo para empreendimentos sustentáveis.	3,40
24	Diretrizes e políticas do plano diretor.	O plano diretor não foi concluído ou ainda não foi aprovado. O plano diretor existe, mas está desatualizado. O plano diretor está atualizado, mas não existe nele referência ao uso de energias renováveis como alternativa de desenvolvimento. O plano diretor está atualizado e há referência ao uso de energias renováveis.	3,97
25	Diretrizes e políticas do plano ambiental para exploração de fontes de energia.	Sem potencial energético aproveitável. Potencial aproveitável, porém sem possibilidade de uso por ser em área de fragilidade ambiental. Aproveitamento do potencial é possível, mas não consta no atual ou não há plano ambiental atualizado. Aproveitamento do potencial é possível e consta no plano ambiental atualizado.	3,65

(continua)

ENERGIA E SUSTENTABILIDADE

Tabela 5.8 – Descrição, valores e pesos dos indicadores da dimensão política.

(continuação)

i	Indicador	Valor da questão (V_m)	$P_{i\%}$
26	Sistemas de Gestão Ambiental (SGA).	Não há SGA. Existe um SGA, gerido e atualizado exclusivamente pelo governo local. Existe um SGA, gerido e atualizado pelo governo local com a participação das empresas. Existe um SGA, gerido e atualizado pelo governo local com a participação das empresas e da comunidade.	3,76
27	Conselho ambiental municipal e/ou comitê gestor do SGA do município.	Não há conselho e/ou comitê estabelecido. Há um conselho e/ou comitê que avalia leis voltadas à gestão ambiental local. Há um conselho e/ou comitê que propõe e avalia leis voltadas à gestão ambiental local. Há um conselho e/ou comitê que propõe, avalia e veta leis voltadas à gestão ambiental local.	3,65

i = Índice do indicador.

Fonte: Bianchi et al. (2012).

A Tabela 5.9, a seguir, apresenta o questionário para avaliação das fontes energéticas disponíveis na localidade. Deve-se considerar que o questionário pode ser aplicado para cada tipo de energético disponível, ou seja, se existir possibilidade de uso da energia solar e eólica, o questionário deve ser aplicado para cada uma delas de forma independente. Contudo, alguns itens irão se repetir por se tratar da mesma localidade. O valor de cada indicador é obtido através da aplicação da Equação 1.

Tabela 5.9 – Descrição, valores e pesos dos indicadores das fontes energéticas.

i	Indicador	Valor da questão (V_m)	$P_{i\%}$
1	Potencial local.	Não existem potenciais significativos. Existem potenciais, mas não estão sendo explorados. Existem potenciais e estão sendo explorados, mas não são renováveis. Há potencial energético local renovável sendo explorado.	11,67

(continua)

INDICADORES ENERGÉTICOS E SUSTENTABILIDADE | **145**

Tabela 5.9 – Descrição, valores e pesos dos indicadores das fontes energéticas.
(continuação)

i	Indicador	Valor da questão (V_m)	$P_{i\%}$
2	Impacto ambiental.	Não existem potenciais significativos. Existem potenciais não renováveis sendo explorados. Existem potenciais que estão sendo explorados de forma desorganizada ou irregular. Existem potenciais, eles estão sendo explorados e as ações de mitigação estão adequadas.	11,07
3	Existência de restrições ambientais.	Não existem potenciais significativos. Existem potenciais não renováveis sendo explorados. Existem potenciais que estão sendo explorados de forma inadequada ou não são explorados por ocorrerem em áreas de fragilidade ambiental. Existem potenciais que estão sendo explorados de forma sustentável sem grandes impactos (as restrições estão sendo respeitadas).	11,37
4	Características do material energético.	Não existem potenciais significativos. Há geração de energia, porém o energético de base vem de fora da localidade. Há geração de energia, parte do energético de base é da localidade. Há geração de energia, todo o energético de base necessário é da localidade.	11,76
5	Tecnologias.	Não existem potenciais significativos. Os equipamentos necessários para exploração do energético disponível são importados de fora do país. Os equipamentos necessários para exploração do energético disponível são nacionais. Os equipamentos necessários para exploração do energético disponível podem ser obtidos na própria localidade ou na região.	10,97
6	Custo Marginal em Operação (CMO).	Não existem potenciais significativos. O CMO da geração é muito superior ao de referência da Aneel. O CMO da geração é semelhante (±10%) ao de referência da Aneel. O CMO da geração é inferior ao de referência da Aneel.	10,37

(continua)

Tabela 5.9 – Descrição, valores e pesos dos indicadores das fontes energéticas.

(continuação)

i	Indicador	Valor da questão (V_m)	$P_{i\%}$
7	Geração de trabalho e renda.	Não existem potenciais significativos. A geração local não impactará significativamente a economia local. A geração local de energia trará impacto em termos de renda para a localidade. A geração de energia local trará impacto em termos de geração de empregos e renda para a localidade.	11,07
8	Densidade de ocupação territorial.	Não existem potenciais significativos. Existe potencial, mas não há interesse no investimento para geração de energia em locais de grande ocupação territorial. Existe potencial e há interesse no investimento para geração de energia local para atender vários pontos da localidade. Já existem investimento e geração de energia local a fim de atender pontos da localidade.	10,47
9	Ações de governo para desenvolver o potencial energético.	Não existem potenciais significativos. Não há mobilização por parte do governo local em relação à produção de energia na localidade. A governança local busca investimentos em relação à produção de energia na localidade. A governança local busca parceiros para a produção de energia na localidade.	11,27

i = Índice do indicador.

Fonte: Bianchi et al. (2012).

Como produto da aplicação dos indicadores (questionários), obtém-se um índice de sustentabilidade energética para a localidade. Este índice geral de sustentabilidade (IGS), que vai de 0 a 3, é o somatório dos produtos dos indicadores, valores e pesos, conforme apresenta a Equação 2.

$$IGS = \sum_{i=1}^{n} (P_{i\%} \cdot V_{m\_i})$$ (Equação 2)

Uma forma visual de observar a busca da sustentabilidade é através de um gráfico do tipo radar, com o qual se pode fazer um controle das ações em relação ao progresso em direção ao alvo, que é a sustentabilidade (Figura 5.4), analisando uma dimensão em relação à outra.

Figura 5.4 – Representação do IGS na busca da sustentabilidade.

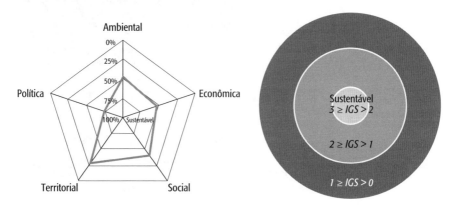

Fonte: Bianchi et al. (2012).

Uma vez avaliada a sustentabilidade energética através dos indicadores gerais e dos energéticos, pode-se fazer um plano de ações ou traçar estratégias para se efetivar as necessidades e possibilidades observadas na análise. Uma das formas mais comuns é traçar um cenário futuro. Um cenário define-se por uma descrição qualitativa e quantitativa da realidade futura, à qual se pretende chegar com a implementação de um plano de ações (Buarque, 2008).

O panorama almejado com este plano é garantir a estabilidade e abastecimento de energia para a população atual, gerar emprego, renda e criar condições para a ampliação dos investimentos na localidade. Além disso, deve-se considerar a manutenção da relação positiva entre consumo e geração, garantindo a oferta de energia de forma sustentável, com base em fontes renováveis de energia.

Para alcançar o cenário tanto de maneira qualitativa como quantitativa, ações que abrangem as cinco dimensões da sustentabilidade necessitam ser desenvolvidas. Para compreender o impacto que se espera alcançar com o plano de ações, segue na Figura 5.5 um exemplo resumido de objetivos diretos nas cinco dimensões de sustentabilidade.

Figura 5.5 – Impactos do plano de ação nas dimensões da sustentabilidade.

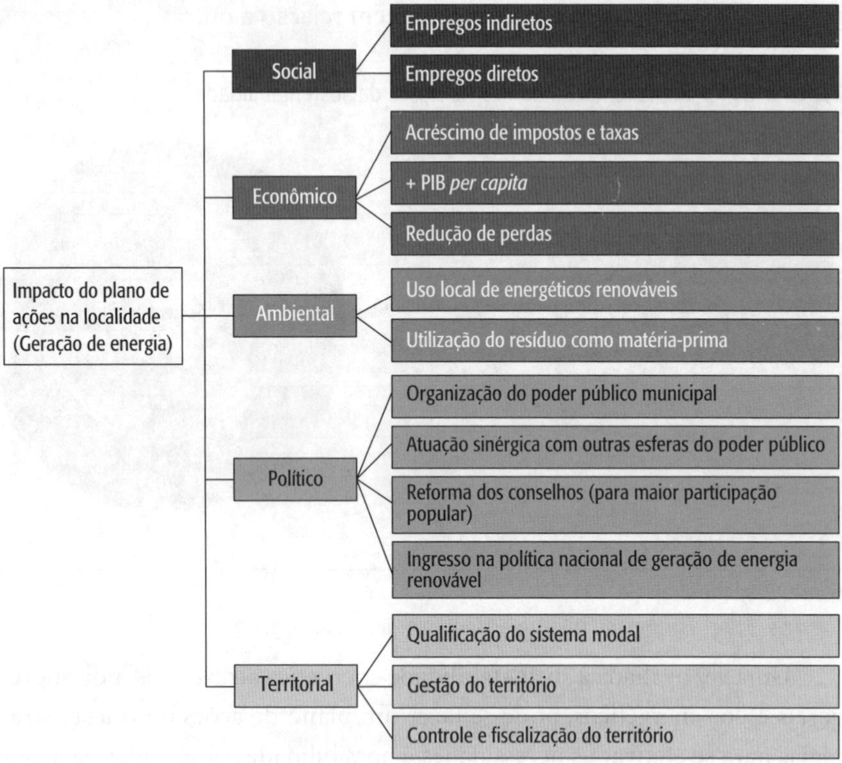

Impacto do plano de ações na localidade (Geração de energia)	Social	Empregos indiretos
		Empregos diretos
	Econômico	Acréscimo de impostos e taxas
		+ PIB *per capita*
		Redução de perdas
	Ambiental	Uso local de energéticos renováveis
		Utilização do resíduo como matéria-prima
	Político	Organização do poder público municipal
		Atuação sinérgica com outras esferas do poder público
		Reforma dos conselhos (para maior participação popular)
		Ingresso na política nacional de geração de energia renovável
	Territorial	Qualificação do sistema modal
		Gestão do território
		Controle e fiscalização do território

Fonte: Bianchi et al. (2012).

Como os impactos são baseados nos dados obtidos pela aplicação dos indicadores, é importante que se faça uma avaliação mais focada em cada dimensão, avaliando as necessidades e oportunidades específicas apresentadas.

As Figuras 5.6 e 5.7 apresentam exemplos para as dimensões social e econômica, respectivamente.

Ainda, para que um plano de ações possa ser implementado, é necessário que sejam traçadas diretrizes. As diretrizes são um conjunto de medidas que, inicialmente, deverão ser estudadas e desenvolvidas pela localidade. As ações são projetos de desenvolvimento que procuram reverter conflitos e ameaças ou aproveitar as oportunidades existentes no local. A Figura 5.8 apresenta, em linhas gerais, um esquema para a elaboração das diretrizes.

Figura 5.6 – Estimativa da geração de empregos para usinas de até 30 MW.

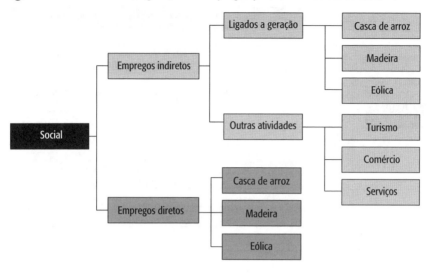

Fonte: Bianchi et al. (2012).

Figura 5.7 – Formas de retorno econômico para a localidade.

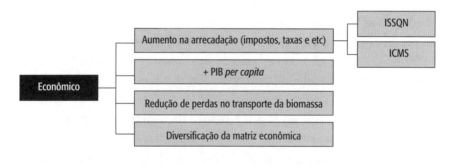

Fonte: Bianchi et al. (2012).

Sugere-se que a incorporação das diretrizes aos planos de ação para uma localidade seja feita através de ações de acordo com o sistema de planejamento local (conselhos, câmaras temáticas, grupos de trabalho etc.).

As ações relativas às dimensões de sustentabilidade são de abrangência geral e integral, estabelecidas com base nos indicadores, contudo, em um trabalho desse tipo, é muito importante que se faça um levantamento e uma identificação da percepção e do conhecimento da sociedade (conflitos

Figura 5.8 – Linhas gerais para elaboração de diretrizes para um plano de ação.

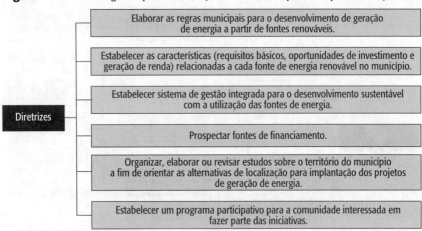

Fonte: Bianchi et al. (2012).

e oportunidades) e uma coleta de propostas e sugestões de ações (demandas da sociedade) para o desenvolvimento local, criando, assim, um espaço de discussão e reflexão entre os pesquisadores e técnicos locais.

Segundo Pesci (2007), a matriz de relevância é um dos melhores recursos técnicos para identificação dos conflitos e oportunidades, de maior poder de determinação da realidade e das ações de maiores capacidades transformadoras em uma microrregião. Em suma, esta metodologia:

- Representa a estrutura lógica e teórica da realidade, segundo a visão convergente do grupo.
- Identifica os fatores (conflitos e oportunidades) mais relevantes da realidade (raiz da árvore).
- Organiza a análise da interação dos problemas.

O processo de construção de uma matriz de relevância tem os seguintes passos:

- Listagem de conflitos percebidos pelo grupo.
- Organização dos conflitos em uma matriz quadrada (todos os conflitos nas linhas e colunas).

- Análise da influência que cada conflito exerce sobre os outros (discussão em grupo), definindo pesos numéricos que dão a ordem de grandeza da influência.

- Soma de todas as linhas, formando uma hierarquia de poder de influência dos diversos problemas.

- Soma de todas as colunas, formando uma hierarquia de grau de dependência dos diversos problemas.

Devem ser geradas duas matrizes de relevância, uma de conflitos e outra de oportunidades. Para cada ação proposta, existem conflitos e potencialidades de maior grau de relevância e também de dependência. Confrontando-os, desenvolve-se um conjunto de ações prioritárias para a localidade (Ziout et al., 2013).

Para a obtenção do poder de influência e do grau de dependência, se estabelece uma pontuação, por exemplo: 0 é neutro (conflito ou potencialidade igual, ou que não tem nenhuma relação com o outro); 1 tem relação, mas pequena influência sobre o outro; 2 tem uma média influência; e 3 influencia muito. A pergunta sempre é feita do conflito ou oportunidade da coluna para o conflito ou oportunidade da linha. Por exemplo: Se o "conflito 1" influencia muito na "oportunidade 2", o valor da relação é 3. A Figura 5.9 representa a relação.

Figura 5.9 – Exemplo de aplicação da matriz de influências.

	Conflito 1	Oportunidade 1	Oportunidade 2	Conflito 2	Oportunidade 3	Conflito 3	Grau de dependência
Conflito 1	0						
Oportunidade 1		0					
Oportunidade 2	3		0				
Conflito 2				0			
Oportunidade 3					0		
Conflito 3						0	
Grau de relevância							

Fonte: Bianchi et al. (2012).

Conforme colocado anteriormente, somando-se todos os dados da coluna do conflito 1, obtém-se o seu grau de relevância frente aos demais conflitos e oportunidades. E somando-se todos os valores da linha do conflito 1, obtém-se seu grau de dependência frente aos demais. O ideal é que se dê preferência às oportunidades (ações) que tenham o maior grau de relevância e o menor grau de dependência, mas isso nem sempre ocorre, então deve-se avaliar cada caso e determinar a oportunidade que seja menos dependente de conflitos.

As matrizes de relevância também podem ser utilizadas diretamente na concepção dos indicadores, bem como na definição do grau de importância de um em relação aos outros.

Em resumo, o uso de indicadores para avaliação da sustentabilidade não deve ser apenas no sentido de avaliar, mas sim de apontar conflitos e oportunidades que sirvam de soluções buscando a autossuficiência e a harmonia da sociedade com a natureza. Sua aplicação deve ser cíclica, em uma estrutura do tipo PDCA (*Plan-Do-Check-Act*), na qual eles podem ser aproveitados em todas as fases do projeto, como representa a Figura 5.10, com o intuito de se obter a sustentabilidade energética.

Figura 5.10 – Estrutura para desenvolvimento de um projeto de sustentabilidade e indicadores.

Na estrutura do projeto com o objetivo da busca pela sustentabilidade, o passo inicial é um diagnóstico da situação atual, verificando-se o interesse dos envolvidos e o índice geral de sustentabilidade da localidade, bem como as fontes energéticas disponíveis.

O segundo passo é o planejamento do processo, ou seja, traçar as diretrizes e o plano de ações. Nessa fase, as matrizes de relevância são importantíssimas para a definição das prioridades, oportunidades e conflitos. Já a execução, é colocar as ações pré-determinadas em prática. As oportunidades são os alvos nessa fase, mas é claro que, para que as coisas se efetivem, é muito importante que os conflitos sejam resolvidos.

A Figura 5.11 dá uma ideia da participação relativa de cada etapa envolvida no processo.

Figura 5.11 – Comparação da participação relativa de cada etapa do processo.

Na quarta parte do trabalho, se faz uma avaliação do andamento, novamente aplicando os indicadores e avaliando o IGS da localidade. Em sequência, se faz uma revisão de todo o processo a fim de ajustar as condutas e revisar quais os caminhos que deverão ser tomados dali em diante. Novamente, uma etapa de planejamento deve ser efetuada e assim o processo segue de forma contínua.

A busca da sustentabilidade nunca terá um fim, sempre é necessário fazer novas avaliações e manter constantes ações em prol de melhorias, eficiência e diminuição dos impactos ambientais. Claro que um projeto deve ter um fim, um objetivo que, quando alcançado, o encerre. Com base nesta premissa, um projeto de sustentabilidade também deve ter começo e fim, por isso, os objetivos devem ser bem claros e a busca da sustentabilidade deve ocorrer de forma gradual, de modo que os objetivos traçados sejam possíveis e coerentes com as possibilidades da localidade.

CONSIDERAÇÕES FINAIS

A busca da sustentabilidade nunca terá um fim, sempre será necessário fazer novas avaliações e manter constantes ações em prol de melhorias, eficiência e diminuição dos impactos ambientais. E é nesse sentido que se faz necessário o apoio dos Indicadores de Sustentabilidade.

É sabido que um projeto sempre deve ter um fim, um objetivo que, quando alcançado, encerre-o. Com base nessa premissa, um projeto de sustentabilidade também deve ter começo e fim, por isso, os objetivos devem ser bem claros e a busca da sustentabilidade deve ocorrer de forma gradual, de modo que os objetivos traçados sejam possíveis e coerentes com as possibilidades da localidade. Dessa forma, finalizado e avaliado um projeto, novos objetivos deverão ser traçados e a busca de melhorias sustentáveis prosseguir continuamente.

AGRADECIMENTO

Grande parte deste capítulo se baseia no resultado do projeto de pesquisa e desenvolvimento do programa P&D Aneel – CEEE-GT, ciclo 2011, intitulado *A sustentabilidade energética e o desenvolvimento de municípios: geração de energia elétrica e renda*. Os autores agradecem à equipe que atuou nesse projeto.

REFERÊNCIAS

BELLEN, H.M. *Indicadores de sustentabilidade: uma análise comparativa*. Rio de Janeiro: Editora FGV, 2006.

BIANCHI, A.L.; DIAS, S.S.; BERLITZ, F.A. et al. *Development of a tool for assessment of energy for sustainable cities – application: Cambará do Sul and Cristal*. In: Ises Solar World Congress. Kassel: Ises, 2011.

BIANCHI, A.L.; ZEN, A.C.; LIMA, A.A.M. et al. *Projeto sustentabilidade energética e a geração de empregos – relatório final. Projeto do programa de P&D Aneel*. Porto Alegre: CEEE-GT, 2012.

BUARQUE, S.C. *Construindo o desenvolvimento local sustentável*. Rio de Janeiro: Garamond, 2008.

[EPE] EMPRESA DE PESQUISA ENERGÉTICA. *Balanço Energético Nacional (BEN) 2012, ano base 2011: relatório final.* Rio de Janeiro: EPE, 2011.

KURKA, T.; BLACKWOOD, D. Participatory selection of sustainability criteria and indicators for bioenergy developments. *Renewable and Sustainable Energy Reviews*, n. 24. Elsevier, 2013, p. 92-102.

PESCI, R. *Proyectar la sustentabilidad – enfoque y metodologia de Flacam para proyectos de sustentabilidad.* La Plata: Editorial Cepa, 2007.

REIS, L.B. *Matrizes energéticas: conceitos e usos em gestão e planejamento.* Barueri: Manole, 2011.

SACHS, I. *Desenvolvimento: includente, sustentável, sustentado.* Rio de Janeiro: Garamond, 2004.

SILVA, C.L.; LIMA, J.E.S. *Políticas públicas e indicadores para o desenvolvimento sustentável.* São Paulo: Saraiva, 2010.

ZEN, A.C.; BIANCHI, A.L. *Assessment of sustainable energy of cities: a proposal of indicators.* Londres: WCST, 2011, p. 43-46.

ZIOUT, A.; AZAB, A.; ALTARAZI, S.; EL MARAGHY, W.H. Multicriteria decision support for sustainability assessment of manufacturing system reuse. *Cirp Journal of Manufacturing Science and Technology*, n. 6. Elsevier, 2013, p. 59-69.

Bibliografia sugerida

JOVANOVIC, M.; AFGAN, N.; BAKIC, V. An analytical method for the measurement of energy system sustainability in urban areas. *Journal Energy*, n. 35. Elsevier, 2010, p. 3909-3920.

KLEVAS, V.; STREIMIKIENE, D.; KLEVIENE, A. Sustainability assessment of the energy projects implementation in regional scale. *Renewable and Sustainable Energy Reviews*, n. 13. Elsevier, 2009, p. 155-166.

[OECD] ORGANIZATION FOR ECONOMIC CO-OPERATION AND DEVELOPMENT. *Data.* Disponível em: http://www.oecd.org/statistics/. Acessado em: 8 set. 2014.

REIS, L.B.; FADIGAS, E.A.; CARVALHO, C.E. *Energia, recursos naturais e a prática do desenvolvimento sustentável.* 2.ed. Barueri: Manole, 2012.

REIS, L.B.; CUNHA, E.C.N. *Energia elétrica e sustentabilidade: aspectos tecnológicos, socioambientais e legais.* 2.ed. Barueri: Manole, 2014.

Eficiência Energética | 6

Lineu Belico dos Reis
Engenheiro eletricista, Escola Politécnica da USP

Fabio Filipini
Engenheiro eletricista, Graphus Energia

INTRODUÇÃO

Em capítulos anteriores deste livro foram apresentadas soluções energéticas orientadas à sustentabilidade, nas quais se enfatiza, em diversos aspectos, a importância da eficiência energética e da conservação de energia.

No cenário das discussões internacionais e locais sobre sustentabilidade, este tema da eficiência está entre os prioritários. Dessa forma, não se pode ter a pretensão de explorar o assunto nesta obra além do necessário, para que o leitor possa reconhecer os conceitos básicos e atividades voltadas à eficiência energética e à conservação de energia, sugerindo-se pesquisa da vasta literatura disponível sobre o assunto, além da bibliografia aqui apresentada, para aprofundamento no tema.

Para atingir o objetivo proposto, este capítulo compreende os seguintes tópicos principais:

- O contexto que originou o conceito da eficiência energética – nele, se apresenta uma breve visão histórica do contexto que originou o conceito da eficiência energética e seus desdobramentos iniciais.

- Conservação de energia, eficiência energética e uso racional da energia – este tópico aborda conceitos básicos e ações associadas à eficiência energética, conservação de energia e ao uso racional da energia, três vertentes complementares e, de certa forma, sinérgicas de um mesmo processo.

- Aspectos institucionais: barreiras e incentivos – uma abordagem sucinta dos aspectos institucionais relacionados às barreiras e incentivos usualmente encontrados por projetos de eficiência energética e conservação de energia com o objetivo de situar as dificuldades encontradas por esses projetos devido a sua oposição a diversos grupos de interesse e de pressão historicamente estabelecidos.

- Índices, indicadores e níveis de eficiência energética – este tópico aborda conceitos importantes para a avaliação das condições de eficiência e seu comportamento ao longo do tempo.

- Sistemas de gestão energética – nele, são enfocados sistemas e processos associados à gestão energética, abrangendo também o planejamento e as matrizes energéticas, em sua relação com o assunto, com ênfase primordial nos setores industrial e comercial.

- Eficiência energética e o ambiente construído – uma ênfase às certificações voluntárias, os denominados selos verdes das edificações.

- Cenário brasileiro da eficiência energética – ressalta dados importantes, características dos setores consumidores de energia mais importantes e os programas de conservação de energia, eficiência energética e uso racional de energia.

- Eficiência do lado do consumo – nele, consideram-se os principais componentes de usos finais usualmente encontrados nos projetos de eficiência em instalações consumidoras.

O CONTEXTO QUE ORIGINOU O CONCEITO DA EFICIÊNCIA ENERGÉTICA[1]

Alguns fatos não possuem uma data específica, outros possuem data aproximada e outros têm datas precisas. O surgimento da preocupação mundial com a questão da eficiência energética tem data precisa: 17 de outubro de 1973, data conhecida como a do primeiro choque do petróleo.

---

[1] Resumo de texto apresentado no livro *Eficiência energética em edifícios*, uma das referências deste capítulo. Lineu Belico dos Reis (Roméro e Reis, 2012) é um dos autores, com Marcelo Roméro. Fabio Filipini é colaborador.

Naquele dia, os produtores majoritários da Organização dos Países Exportadores de Petróleo (Opep) reduziram a extração, elevando o preço do barril de US$ 2,90 para US$ 11,65 em apenas 90 dias, ou seja, o valor do barril foi multiplicado por um fator muito próximo de quatro. O principal motivo desse choque foi o apoio dado pelos Estados Unidos a Israel durante a Guerra do *Yom Kippur*, ocorrida em 1973. A Figura 6.1 ilustra o impacto dessa medida na série histórica 1861-2001.

Figura 6.1 – Evolução do preço do petróleo cru (1861-2001).

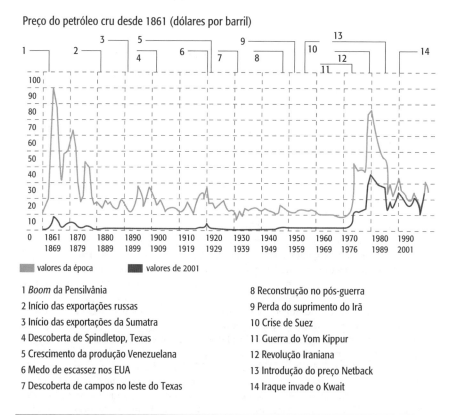

1 *Boom* da Pensilvânia
2 Início das exportações russas
3 Início das exportações da Sumatra
4 Descoberta de Spindletop, Texas
5 Crescimento da produção Venezuelana
6 Medo de escassez nos EUA
7 Descoberta de campos no leste do Texas
8 Reconstrução no pós-guerra
9 Perda do suprimento do Irã
10 Crise de Suez
11 Guerra do Yom Kippur
12 Revolução Iraniana
13 Introdução do preço Netback
14 Iraque invade o Kwait

Fonte: Wikipédia. Disponível em: http://pt.wikipedia.org/wiki/Crise_do_petr%-C3%B3leo. Acessado em: 18 maio 2010.

Esse grande aumento do preço do barril em um período tão reduzido provocou uma crise imediata no setor energético. Até aquela data, não havia uma preocupação mundial com a questão da eficiência energética.

O consumo de energia não era uma grande preocupação nem nos Estados Unidos, nem no restante do mundo desenvolvido ou em desenvolvimento. Não havia políticas públicas ou políticas governamentais que interferissem na questão de forma a disciplinar os consumos de energia. Nesse aspecto, o choque do petróleo deflagrou um processo absolutamente novo na história no cenário internacional: a aplicação em larga escala de regulamentos com força de lei visando à redução dos consumos energéticos e políticas de incentivo que objetivam o mesmo fim.

Uma consequência importante dessa crise foi a criação da International Energy Agency (IEA, em inglês, ou Agência Internacional de Energia – AIE –, em português), em 1974[2], com o objetivo inicial de tratar de questões relacionadas ao petróleo, que posteriormente se expandiram para outras fontes de energia. A AIE opera no âmbito da Organização para a Cooperação Econômica e o Desenvolvimento (Oced) e conta atualmente com 28 países-membros[3], tendo como fundadores, em 1974, os seguintes países: Áustria, Luxemburgo, Bélgica, Canadá, Dinamarca, Alemanha, Espanha, Suécia, Suíça, Irlanda, Turquia, Reino Unido, Itália, Japão e Estados Unidos.

---

[2] A Agência Internacional de Energia (AIE) é uma organização intergovernamental que atua como conselheira de política energética para 28 países-membros em seus esforços para garantir energia confiável e limpa aos seus cidadãos. Fundada durante a crise do petróleo ocorrida de 1973 a 1974, o papel inicial da AIE era coordenar as medidas em tempos de emergência de abastecimento de petróleo. Como os mercados de energia foram alterados, seu mandato foi alargado e passou a incorporar os "Três E" para fazer o equilíbrio da política energética: segurança energética, desenvolvimento econômico e proteção ambiental. O trabalho atual concentra-se em políticas de mudança climática, reforma do mercado, colaboração da tecnologia de energia e divulgação para o resto do mundo, especialmente para grandes consumidores e produtores de energia, como China, Índia, Rússia e os países da Opep.

[3] São membros da AIE: Austrália, registrada em 1979; República da Coreia, registrada em 2002; Áustria, membro fundador (1974); Luxemburgo, membro fundador (1974); Bélgica, membro fundador (1974); Países Baixos, membro fundador (1974); Canadá, membro fundador (1974); Nova Zelândia, registrada em 1977; República Checa, registrada em 2001; Noruega, que participa na Agência desde 1974, conforme acordo especial; Dinamarca, membro fundador (1974); Polônia, registrado em 2008; Finlândia, registrado em 1992; Portugal, registrado em 1981; França, registrado em 1992; República Eslovaca, registrado em 2007; Alemanha, membro fundador (1974); Espanha, membro fundador (1974); Grécia, registrado em 1977; Suécia, membro fundador (1974); Hungria, registrado em 1997; Suíça, membro fundador (1974); Irlanda, membro fundador (1974); Turquia, membro fundador (1974); Itália, membro fundador (1974); Reino Unido, membro fundador (1974); Japão, membro fundador (1974); Estados Unidos, membro fundador (1974); a União Europeia participa nos trabalhos da AIE. São também países-membros da AIE aqueles que integram a Oced, tendo em vista que a AIE é um órgão autônomo vinculado à Organização. Disponível em: http://www.iea.org/about/membercountries.asp. Acessado em: 19 maio 2010.

A AIE foi criada para atender a seis objetivos principais (IEA, 2010): manter e melhorar os sistemas internacionais para lidar com interrupções de fornecimento de petróleo; promover políticas racionais de uso de energia em um contexto global por meio de relações de cooperação com países terceiros, com a indústria e com organizações internacionais; operar um sistema de informações permanentes sobre o mercado internacional de petróleo; melhorar o abastecimento mundial de energia e a estrutura de demanda pelo desenvolvimento de fontes alternativas de energia, aumentando a eficiência do uso; promover a colaboração internacional em tecnologia energética; e auxiliar na integração das políticas ambientais e energéticas.

Nota-se que, desses objetivos, dois estão ligados diretamente à questão do petróleo (e o citam), os demais tratam de temas correlatos. Atualmente, a AIE continua operando como o órgão responsável da Oced para as questões de energia e publica, de forma bastante completa, estatísticas internacionais tanto dos países-membros da Oced como dos países não membros, como é o caso do Brasil.

A preocupação com a eficiência energética nasceu, portanto, em um contexto de crise e permaneceu ao longo das últimas quatro décadas em razão do sucesso da aplicação das ferramentas legais utilizadas e do avanço tecnológico proporcionado pelo ambiente de crise e de elevações tarifárias.

CONSERVAÇÃO DE ENERGIA, EFICIÊNCIA ENERGÉTICA E USO RACIONAL DA ENERGIA

A conservação de energia elétrica pode ajudar a preservar o meio ambiente e, dessa forma, aumentar também a qualidade de vida. Além disso, a conservação de energia poderá implicar considerável economia para o consumidor.

Ações de conservação de energia elétrica, eficiência energética e uso racional de energia podem ser realizadas por meio de medidas tanto do lado da oferta de energia, racionalizando-se a produção e distribuição, quanto do lado da demanda, atuando-se nos usos finais. A demanda pode ser influenciada, por exemplo, pela regulamentação de preços no sentido de refletir os verdadeiros custos de produção e impactos ambientais. Tais ações, adequadamente gerenciadas, poderão não só melhorar o cenário ambiental e social como resultar em considerável economia para o consumidor, principalmente em indústrias onde a energia é insumo significativo.

A participação ativa dos diversos tipos de consumidores no uso racional da energia terá efeitos substanciais no controle da demanda, na qualidade dos serviços energéticos e na economia do setor energético.

No contexto geral da eficiência energética, entende-se por racionalização uma série de medidas que têm em vista a redução do consumo, sem que haja perda de comodidade por parte do consumidor. Portanto, a internalização dos custos de produção e distribuição no preço final da energia elétrica não é suficiente para alcançar a racionalização máxima dos recursos energéticos. Uma boa maneira de racionalizar energia é aumentar a eficiência dos equipamentos utilizados, o que significa ter um equipamento que despenda do mínimo de energia possível para realizar suas tarefas, ou seja, que tenha o mínimo de perdas possível. Um exemplo pode ser dado pelos diferentes tipos de lâmpadas: uma lâmpada será mais eficiente quanto mais energia elétrica e menos calor ela puder converter em luz visível.

Em resumo, conservar energia sem comprometer o crescimento da economia implica abordar questões como a produção de equipamentos que apresentem consumo mais eficiente, preparar a população e os setores produtivos para que utilizem adequadamente as novas tecnologias e garantir a necessária proteção ambiental, além de conscientizar os atores do setor energético das vantagens da conservação. No entanto, no contexto do desenvolvimento sustentável, não se pode esquecer a necessidade de universalização do atendimento; a má distribuição de renda que restringe o acesso às tecnologias mais apropriadas e a importância de educação e transparência de informações. O que, certamente, é um grande desafio para os países em desenvolvimento, nos quais, pelo menos durante período razoável, a conservação de energia poderá significar muito mais um desaperto para permitir o atendimento da demanda reprimida do que um ganho direto em economia de energia.

Em certos países industrializados, a situação é bem diferente, sendo possível notar uma redução no consumo de materiais como ferro e cimento. Isso se deve às novas tecnologias para diminuição e substituição de materiais, reciclagem e variações no nível de investimentos em infraestrutura, o que influencia diretamente no consumo de diversos materiais. Atualmente, os países industrializados mostram ainda tendência para a introdução de tecnologias, leis e políticas de preços que favoreçam a obtenção de maior eficiência energética.

Por outro lado, a modernização da economia nos países em desenvolvimento tem significado uso crescente e em ritmo acelerado de combustíveis fósseis e eletricidade, proporcionando mobilidade, iluminação, condicionamento ambiental, lazer, produção de bens e oferta de serviços. Nesses países, existe uma vantagem potencial de que a modernização é feita com equipamentos mais eficientes energeticamente. Existe hoje um relativo barateamento desses equipamentos, em função de sua maior escala de produção e consumo.

Tradicionalmente, a adoção de novas tecnologias em países em desenvolvimento se dá na medida em que essas tecnologias se tornam mais baratas. Entretanto, fala-se hoje numa adoção imediata das tecnologias mais modernas – *leap-frogging* – particularmente nos países com desenvolvimento acelerado. Só assim o modelo de desenvolvimento do pós-guerra poderá ser evitado e passaremos diretamente para um processo de desenvolvimento sustentável.

Nesse contexto, a eficiência energética apresenta-se como um dos tópicos centrais para a conservação de energia, constituindo uma variável resultante da interação de diversos fatores econômicos, políticos e sociais. Por isso mesmo, ela é influenciada diretamente por mudanças estruturais na economia, caracterizadas por alterações nos padrões tecnológicos e no conteúdo energético do sistema produtivo como um todo e outros fatores, como o uso racional da energia, hábitos de consumo e padrão de vida das populações, que também produzem alterações nos níveis de eficiência energética. Como resultado, a conservação de energia requer uma mudança significativa de estruturas e hábitos bastante arraigados na sociedade em geral.

Assim, as áreas de atuação no campo da conservação energética são extremamente vastas, podendo-se trabalhar desde a informação dos consumidores por intermédio de campanhas publicitárias até a modificação de estruturas tarifárias de modo a induzir consumidores e concessionárias a investirem na conservação de energia. Áreas de ação que podem ser subdivididas em: educação; legislação; tarifação e incentivos; tecnologia e pesquisa. Desse modo, permite-se que os programas de conservação assumam diferentes características.

ASPECTOS INSTITUCIONAIS: BARREIRAS E INCENTIVOS

Embora já exista grande conhecimento e experiência prática sobre estratégias políticas, formas gerenciais e alternativas tecnológicas para um uso racional da energia, sua aplicação depende fortemente do cenário institucional, tecnológico e social de determinado país.

Dificuldades maiores são encontradas nos países em desenvolvimento e, no geral, podem ser reconhecidas muitas barreiras à conservação de energia, que impedem um rápido avanço nos níveis de eficiência energética possíveis de serem alcançados, sendo as mais importantes resumidas a seguir.

Barreiras técnicas e econômicas

- Custos e incertezas relacionados às novas tecnologias.
- Falta de conhecimento detalhado sobre as vantagens econômicas e ambientais das várias fontes de energia e seus usos finais.
- Falta de recursos para avanços tecnológicos (principalmente nos países em desenvolvimento).
- Custos relacionados à promoção da eficiência energética e do uso de fontes alternativas.

Barreiras relacionadas com os produtores, distribuidores e fabricantes de equipamentos

- Dilema dos fornecedores (uma vez que seus lucros são diretamente proporcionais ao consumo de energia).
- A centralização da geração (perdas associadas às grandes distâncias dos centros consumidores).
- A resistência à eficiência (diretamente ligada aos custos de produção, uma vez que equipamentos mais eficientes são mais dispendiosos).

Barreiras relacionadas com os consumidores

- A falta de informação (com respeito aos benefícios provenientes da conservação de energia).
- Dificuldades de investimentos iniciais nas camadas mais baixas da população.
- A indiferença (consumidores que veem na energia um insumo barato e com baixa participação no preço final de seu produto).

- A falta de apoio.
- A instabilidade econômica.
- Ineficiência devido ao desinteresse de terceiros (consumidores que utilizam equipamentos de terceiros).

Barreiras sociais, políticas e institucionais

- As necessidades humanas básicas das camadas desfavorecidas da população.
- Compatibilidade das estratégias e políticas energéticas com problemas globais.

ÍNDICES, INDICADORES E NÍVEIS DE EFICIÊNCIA ENERGÉTICA

A análise das condições de eficiência energética em qualquer dos segmentos da sociedade e da economia que se deseja estudar requer e permite o estudo da evolução da demanda e suprimento de energia, dos hábitos de consumo e das alterações efetuadas na economia e na sociedade. Além disso, permite obter índices, em geral denominados indicadores, que possibilitam a avaliação do potencial de conservação de energia bastando, para tanto, a existência de uma base de dados adequada.

Os indicadores e níveis de eficiência energética são ferramentas básicas nas análises de eficiência energética, sendo definidos de acordo com as características dos objetos de estudo tanto em macro como em microanálises. O sucesso ou fracasso de uma análise de eficiência energética está intimamente ligado a essa definição.

Indicadores e níveis gerais de eficiência energética

São chamados indicadores e níveis gerais de eficiência energética os valores que relacionam grandezas energéticas e grandezas econômicas, permitindo a realização de macroanálises da conjuntura de utilização dos recursos energéticos e respectivos rendimentos, sejam eles por fonte energética ou por setor de consumo.

Eficiência energética de processos e equipamentos

Indicadores de desempenho de processos, sistemas e equipamentos são importantes na avaliação qualitativa e quantitativa do potencial de conservação de energia e aumento de eficiência de seus usos finais. Entretanto, é importante salientar que, em sua utilização, deve-se dedicar atenção à escolha das variáveis e grandezas utilizadas, bem como aos aspectos relevantes ao consumo da energia, uma vez que os vários métodos de análise possuem aspectos bons e aspectos que os desabonam.

Índices e indicadores de intensidade e consumo energético

Indicadores de intensidade e consumo energético formam outro conjunto de ferramentas utilizado nas análises de eficiência e rendimento energético e de potencial de conservação de energia. Permitem a comparação entre processos, sistemas ou equipamentos de mesma natureza quanto ao consumo de energia. Podemos, assim, identificar aqueles que se apresentam mais econômicos e eficientes. Alguns exemplos de indicadores de consumo energético são fornecidos na Tabela 6.1.

Os indicadores de intensidade energética permitem a realização de macroanálises sobre a utilização da energia nos diversos setores da economia e sociedade ou, até mesmo, de toda a nação. Para tanto, relacionam variáveis energéticas, sociais e econômicas. Permitem também o traçado da evolução do uso da energia ao longo dos anos, assim como a elaboração de perspectivas e tendências do mercado de energia, demanda e suprimento para os anos futuros. A Tabela 6.2 mostra alguns desses indicadores.

Tabela 6.1 – Indicadores de consumo de energia.

Edificações	Indicador
Consumo mensal	kWh/mês – kWh/m².mês
Consumo anual	kWh/ano – kWh/m².ano
Potência instalada	W/m²

(continua)

Tabela 6.1 – Indicadores de consumo de energia. *(continuação)*

Transportes	Indicador
Automóveis	km/l
Caminhões	km/l/t
Aviões	km/l/passageiro
Produção de bens de consumo ou serviços	**Indicador**
Consumo de energia	MWh/mês – MWh/ano
Equipamentos	**Indicador**
Em geral	kWh/mês – kWh/ano
Aparelhos de ar-condicionado	EER – Btu/h/W – kWh/m^2 – kWh/m^3
Refrigeradores	kWh/ano/l
Lâmpadas	lm/W
Atividade humana	Gcal/ano

Fonte: Reis e Silveira (2012).

Tabela 6.2 – Indicadores de intensidade energética.

Setor	Indicador
Industrial	tep/mil US$ produzidos; GWh/mil US$ produzidos
Comercial	tep/mil US$ gerados; GWh/mil US$ gerados
Residencial	**Indicador**
Consumo	MWh/hab
Taxa de atendimento	%
Índices gerais	**Indicador**
Consumo final de energia/população	tep/hab
Consumo final de energia/PIB	tep/mil US$

Fonte: Reis e Silveira (2012).

GESTÃO ENERGÉTICA

Um sistema de gestão energética é formado basicamente por ações de comunicação, diagnóstico e controle, complementadas pela criação de uma Comissão Interna de Conservação de Energia (Cice).

Este sistema, em geral, abrange as seguintes medidas:

- Conhecimento das informações associadas aos fluxos de energia, às variáveis que influenciam os mesmos fluxos, aos processos que utilizam a energia, direcionando-a a um produto ou serviço.

- Acompanhamento dos índices e indicadores que possam servir de controle à evolução energética, por exemplo, consumo de energia (total, por unidade), custos específicos dos diversos energéticos, características básicas do consumo, valores médios, contratados, faturados e registrados de energia.

- Atuação com vistas a modificar os índices e indicadores de forma a reduzir o consumo de energéticos.

Um produto importante neste contexto é o diagnóstico energético, que deve incluir pelo menos as seguintes etapas: estudo dos fluxos de materiais e produtos; caracterização do consumo energético; avaliação das perdas de energia; desenvolvimento de estudos para determinar as alternativas técnicas mais econômicas para redução do consumo e das perdas.

Um relatório de diagnóstico energético deve conter pelo menos os seguintes itens:

- Com relação aos sistemas elétricos: levantamento da carga elétrica instalada; análise das condições de suprimento (qualidade do suprimento, harmônicas, fator de potência e sistema de transformação); estudo do sistema de distribuição de energia elétrica (corrente, variações de tensão e estado das conexões elétricas); estudo do sistema de iluminação (iluminância, análise de sistemas de iluminação e condições de manutenção); estudo de motores elétricos e outros usos finais (estudo dos níveis de carregamento e desempenho, condições e manutenção).

- Com relação aos sistemas térmicos e mecânicos: estudo do sistema de ar-condicionado e exaustão (sistema frigorífico, níveis de temperatura medidos e de projetos, e distribuição de ar); estudo do sistema de geração e distribuição de vapor (desempenho da caldeira, perdas térmicas, e condições de manutenção e isolamento); estudo do sistema de bombeamento e tratamento de água; estudo do sistema de compressão e distribuição de ar comprimido.

- Com relação aos balanços energéticos: análise de uso racional da energia, por exemplo, por meio de estudos técnicos e econômicos das possíveis alterações operacionais e de projeto, como da viabilidade econômica da implantação de sistemas de alto rendimento e de automação e controle digital para melhorar o desempenho energético.

Há uma estreita relação entre a gestão de energia e o planejamento e matrizes energéticas. Quando são desenvolvidos projetos específicos de eficiência energética em sistemas dos setores industrial, comercial e predial, deve-se enfocar a matriz energética local, considerando-se gestão e planejamento ao nível dos empreendimentos em análise. A construção das matrizes locais pode ser efetuada por um processo estruturado de atividades, que também permitirá monitoração e reavaliação continuadas ao longo do tempo, em função do comportamento das variáveis básicas que influenciam os fluxos energéticos (e de outros recursos) associados ao(s) empreendimento(s). Neste caso, o sistema de gestão energética utilizará dados e informações da matriz energética e se alinhará com o planejamento estratégico do empreendimento.

EFICIÊNCIA ENERGÉTICA
E O AMBIENTE CONSTRUÍDO

A questão da relação da eficiência energética com o ambiente construído tem tido importância crescente no cenário energético, principalmente em virtude do formidável crescimento recente da urbanização e da tendência à formação de megalópoles e grandes conglomerados urbanos.

Nesse contexto, o assunto tem sido preocupação constante das áreas de urbanização, arquitetura, engenharia e diversas outras, que se inserem no cenário multi e interdisciplinar que envolve essa complexa questão.

O tema será aprofundado mais adiante neste livro, nos capítulos 19, "Nas Cidades e Edificações", e 20, "No Mundo da Urbanização".

Neste capítulo, apresenta-se a seguir apenas uma breve introdução ao assunto, com ênfase às certificações voluntárias e sua evolução ao longo do tempo. O livro *Eficiência energética em edifícios* (Roméro e Reis, 2012) pode ser consultado para maior aprofundamento.

Especificamente após a crise de 1973, que repercutiu de fato nos primeiros três meses de 1974, além da criação da AIE, outro passo importante foi dado no âmbito específico dos edifícios: o desenvolvimento dos primeiros regulamentos com restrições ao consumo de energia, apoiados por força de lei e conhecidos como regulamentos energéticos. Antes da implantação desses regulamentos, o setor dos edifícios, em todo o mundo, nas áreas correlatas à eficiência energética, dependia, para a sua melhor eficiência, do desejo do arquiteto ou do empreendedor em adotar medidas para alcançar esse objetivo. Essas medidas eram implantadas por decisões voluntárias dos projetistas ou proprietários. Como apoio técnico e embasamento, muitos países já possuíam cadernos técnicos que ajudavam o arquiteto nessas áreas. Tais publicações foram desenvolvidas por institutos de tecnologia governamentais ou organizações da sociedade civil.

Nesse momento, surgem as ferramentas de certificação ambiental voluntária, visando à sustentabilidade como uma resposta do terceiro setor para a questão ambiental, com os chamados selos verdes (Figura 6.2). Esses selos não são utilizados por força de lei e são usados como opção do mercado e por exigência do cliente. Os custos para obtenção de um edifício certificado são ligeiramente mais elevados nos países mais desenvolvidos, como Estados Unidos, Canadá, Austrália, entre outros, ou seja, cerca de 5% do total. Também são mais elevados nos países em vias de desenvolvimento, como é o caso do Brasil. Em 2011, existiam cerca de quarenta edifícios certificados no país, e os investimentos situaram-se entre 10% e 20% além dos valores tradicionais de mercado. Os selos verdes estão presentes em dezenas de países e as adesões continuam crescendo, principalmente na América Latina.

Não se espera, para a segunda década do século XXI, o surgimento de uma nova política substancialmente diferente das que já existem, mas espera-se que até o final de 2020 os edifícios verdes sejam regra e não exceção, e que existam exemplos de *Zero Energy Buildings* em todos os países desenvolvidos e em desenvolvimento. Espera-se também que eles fomentem a construção de outros.

EFICIÊNCIA ENERGÉTICA NO BRASIL

A Tabela 6.3 apresenta valores médios de consumo de energia comercial *per capita*, escolhidos de forma a permitir a comparação do Brasil com a média dos países em desenvolvimento, da América Latina, dos países industrializados e do mundo.

Por essas informações, pode-se notar que, embora haja uma diferença nos anos de levantamento de dados, o consumo *per capita* no Brasil está um pouco abaixo da média da América Latina e, em 2007, se aproximou da média mundial de 1999. Além disso, o consumo *per capita* no Brasil teve um aumento em torno de 15,5% no período de 2001 a 2007.

Figura 6.2 – Panorama mundial sobre o surgimento dos regulamentos e das certificações.

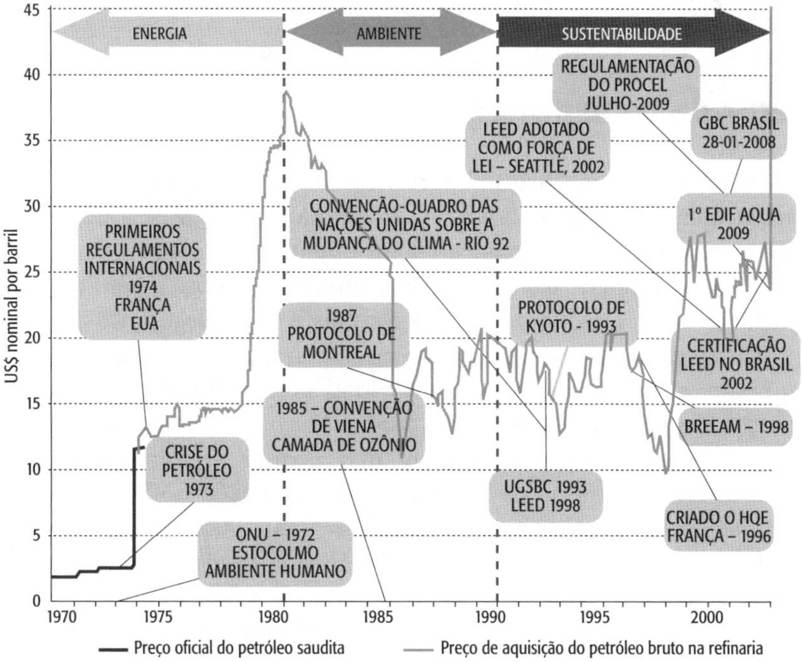

Fonte: Roméro (2009).

Tabela 6.3 – Consumo de energia *per capita* (em 10^9 J/pessoa).

Região/país	1999 (*)	2001(**)	2007 (**)
Países em desenvolvimento	34	-	-
América Latina	49	-	-
Brasil	-	45,7	52,8
Países industrializados	221	-	-
Mundo	60	-	-

Fonte: (*) Hinrichs et al. (2014) e (**) EPE (2014), BEN (2001 e 2007, respectivamente).

ENERGIA E SUSTENTABILIDADE

Análises efetuadas com foco em uso de fontes renováveis e eficiência energética, ao final de 2012, permitiram levantamento das seguintes evidências principais quanto aos importantes setores de transportes, construção civil (edificações) e indústria no Brasil.

Setor de transportes

No setor de transportes, com relação ao restante do mundo, o Brasil se encontra em situação bastante boa quanto à utilização de fontes renováveis, mas apresentando significativa instabilidade devida principalmente à falta de continuidade das políticas e às discussões sobre o conflito entre a utilização maciça de biomassa para combustíveis e a segurança alimentar.

O uso mais eficiente da energia no transporte tem sido orientado primordialmente para a redução de emissões de CO_2, mitigação associada à redução do consumo dos recursos petrolíferos não renováveis. Pode-se verificar esforço significativo para reduzir o consumo energético no transporte rodoviário, modo de transporte mais utilizado no Brasil, como no restante do mundo, mas dificuldades são encontradas, principalmente quando a propulsão dos veículos deriva de motores de combustão interna.

A lacuna tecnológica existente entre o mercado automotivo brasileiro e os mais avançados, indica a existência de um grande potencial de redução de consumo de combustível na frota de veículos brasileiros.

No Brasil, o Programa Brasileiro de Etiquetagem Veicular pode vir a estimular o desenvolvimento tecnológico, a partir do momento em que este passe a servir de referência para os consumidores na escolha de veículos mais eficientes. Mas houve, até então, pouca adesão ao programa por parte dos fabricantes.

O uso de sistemas híbridos, associados a um motor de combustão interna ou célula a combustível ou o uso de motores elétricos ainda se encontra em fase incipiente no país.

A substituição modal no transporte de passageiros e cargas, que também pode ter um efeito bastante significativo na eficiência do uso da energia, no aumento do uso de recursos renováveis e na redução da emissão de CO_2, requer atrelamento a políticas articuladas de longo prazo, o que não ocorre no país, onde também se encontra em fase incipiente.

Construção civil (edificações)

A eficiência energética em edifícios implica estratégias de redução da demanda por eletricidade para prover conforto ambiental. Em uma edificação, o consumo para obtenção de conforto térmico está relacionado com o número anual de horas de conforto térmico do usuário, do desempenho térmico da envoltória e da eficácia da ventilação natural, e a energia necessária à iluminação está relacionada à disponibilidade de luz natural internamente nas edificações e à ausência de incidência excessiva de radiação solar direta. Essas são questões tradicionalmente discutidas em pesquisas e atividades voltadas ao conforto térmico, conforto luminoso e, mais recentemente, à eficiência energética em edificações.

No Brasil, há um desafio importante a ser superado, que é a pequena e lenta introdução de tecnologias mais avançadas, já disponíveis em termos mundiais. As principais ações realizadas sobre eficiência energética de edificações têm se voltado muito mais ao desenvolvimento de simulação computacional como ferramenta de análise do desempenho do que à inovação. Além disso, há significativa falta de informação no Brasil quanto aos dados fundamentais para a elaboração de estudos sobre o comportamento térmico e energético de edificações e quanto a propriedades de materiais e sistemas construtivos utilizados na construção civil, fato que se agrava pela grande extensão do território nacional e sua diversidade climática.

Em áreas específicas, no entanto, podem-se notar avanços, relacionados principalmente à certificação voluntária do ambiente construído aplicada a edifícios. Essa certificação, abordada anteriormente neste capítulo, se refere aos selos verdes ou certificações ambientais para edificações que foram desenvolvidas com objetivo de reduzir o impacto ambiental e incentivar o uso eficiente de energia.

Indústria

A indústria brasileira apresenta significativa participação na economia, com contribuição da ordem de 27% do PIB nacional, em 2011, e no sistema energético nacional, com 38% do consumo total de energia no Brasil (sendo 40% provenientes de combustíveis fósseis), em 2010.

Estratégias para maior introdução de fontes alternativas e aumento de eficiência energética incluem a utilização de novas tecnologias específicas de cada indústria e, do ponto de vista operacional, um melhor gerenciamento do uso da energia e melhorias em procedimentos operacionais.

Uma abordagem com enfoque nos usos finais energéticos da indústria brasileira permite o reconhecimento dos maiores potenciais de economia de energia. De acordo com esses dados, em 2010, os usos térmicos (aquecimento direto e geração de vapor) formaram a maior parcela de consumo industrial de energia (82% no total, sendo 46% devido à geração de vapor e 36% devido ao aquecimento direto) e apresentam o maior potencial de conservação de energia, em torno de 83%. Acionamentos motrizes participaram com algo como 13% do consumo total da indústria, sendo 93% na forma de energia elétrica, principalmente motores, e representando 9% do potencial total de economia de energia.

Combustíveis fósseis, como gás natural, óleo combustível, coque de petróleo e o carvão mineral e seus derivados predominam, especialmente, em fornos.

Há nesse contexto grandes oportunidades para execução de ações relacionadas à busca de maior eficiência e/ou redução de consumo de combustíveis fósseis por unidade de produto, tais como: *eficiência energética*, com prioridade para medidas que reduzam o uso térmico da energia (melhorias no processo de combustão e recuperação de calor em processos) e para utilização de motores elétricos mais eficientes; *cogeração de energia*; *maior uso de energia renovável*, substituindo combustíveis fósseis por biomassa e energia solar térmica; *reciclagem e uso eficiente de materiais*, para indústrias como siderurgia, alumínio, papel, vidro e cimento, por meio de emprego de sucata na produção de aço e de alumínio, aumento do uso de aparas de papel usado na indústria papeleira, uso de cacos na produção de vidro e uso de aditivos na produção de cimento.

Programas de conservação de energia, eficiência energética e uso racional de energia no Brasil

Dois importantes programas institucionais relacionados à conservação de energia, eficiência energética e uso racional de energia podem ser ressaltados no Brasil: o Programa Nacional da Racionalização do Uso dos Derivados do Petróleo e do Gás Natural (Conpet) e o Programa Nacional de Conservação de Energia Elétrica (Procel). Além disso, no âmbito de políticas de P&D (pesquisa e desenvolvimento), devem ser citados os Projetos de Eficiência Energética e Combate ao Desperdício de Energia Elétrica, gerenciados pela Agência Nacional de Energia Elétrica (Aneel).

O Conpet, desenvolvido no âmbito da Petrobrás e do Ministério de Minas e Energia, tem os seguintes principais componentes:

EFICIÊNCIA ENERGÉTICA | **175**

- Programa Brasileiro de Etiquetagem: é um programa de conservação de energia que, através de etiquetas informativas, indica aos consumidores quais são os aparelhos a gás mais eficientes, enfocando fogões e aquecedores de água.

- Programa Brasileiro de Etiquetagem Veicular: desenvolvido pelo Instituto Nacional de Metrologia, Normalização e Qualidade Industrial (Inmetro) em parceria com a Petrobrás, informará o consumo de combustível dos veículos comercializados no país.

- Selo Conpet de Eficiência Energética: é um incentivo aos fabricantes de equipamentos domésticos a gás.

- Conpet na Escola: apresenta para professores e alunos a importância do uso racional da energia.

- TransportAR: está relacionado com apoio técnico para redução do consumo de combustível e da emissão de fumaça preta no setor de transportes.

No site do Conpet (2014), podem ser encontradas informações sobre os programas, assim como diversas outras, relacionadas com as atividades do Conpet.

O Procel, desenvolvido no âmbito da Eletrobrás e do Ministério de Minas e Energia, tem como principais componentes:

- Programas de Conservação de Energia Elétrica nos setores de comércio, saneamento, indústrias, edificações, prédios públicos, gestão energética municipal e iluminação pública: visam incentivar e estabelecer procedimentos para ações de conservação de energia elétrica nas áreas enfocadas, promovendo condições para o uso eficiente de eletricidade, reduzindo os desperdícios de energia, de materiais e os impactos sobre o meio ambiente.

- Selo Procel: desenvolvido através de parceria do Inmetro com a Eletrobrás, se tornou bastante conhecido no país durante e após o racionamento de 2001, e tem por objetivo orientar o consumidor na hora da compra, indicando os produtos com maior nível de eficiência energética, assim como estimular a fabricação e comercialização de produtos mais eficientes.

- Procel Educação: desenvolvido através de parceria com o Ministério de Educação e o Ministério de Minas e Energia, contribui no sentido de possibilitar a atuação dos professores da Educação Básica como multiplicadores e orientadores de atitudes para evitar desperdício de energia elétrica junto aos seus alunos.

No site do Procel (2014), podem ser encontradas informações sobre os produtos, assim como diversas outras, relacionadas com as atividades do Procel.

Os Projetos de Eficiência Energética e Combate ao Desperdício de Energia Elétrica, gerenciados pela Aneel, são relacionados à obrigação (incluída no contrato de concessão com a Aneel) das empresas concessionárias do serviço público de distribuição de energia elétrica de aplicarem anualmente um montante mínimo de 0,5% de sua receita operacional líquida em ações que tenham por objetivo o combate ao desperdício de energia elétrica.

No site da Aneel (2014), há uma parte dedicada à Eficiência Energética, em que são apresentadas todas as informações sobre esses projetos, inclusive o Manual para Elaboração do Programa de Eficiência Energética.

EFICIÊNCIA PELA PERSPECTIVA DO CONSUMO

O aumento da eficiência energética, como um objetivo associado à sustentabilidade, deve obviamente considerar as diversas cadeias energéticas em sua totalidade, desde a obtenção dos recursos naturais até a disposição final dos produtos residuais.

O aumento da preocupação com a utilização de recursos e da conscientização quanto à sustentabilidade tem, de certa forma, atuado como catalisador da busca de maior eficiência nesta cadeia por meio da denominada economia verde, na qual empresas aderem a programas de responsabilidade social, valorizando seus produtos e sua atuação no mercado. Isso certamente é algo positivo, mas ainda é significativamente pequeno quando do se considera o cenário mundial como um todo. No entanto, a longo prazo, pode ser visto como uma vertente orientada à melhoria do desempenho da cadeia energética.

Diversos exemplos de ações existentes e potenciais nesta cadeia já foram apresentados ao longo deste capítulo. Resta enfocar então os setores de consumo, de importância fundamental nesta questão, pois o consumo responsável ocupa uma parte preponderante na busca de um sistema energético sustentável, como pode ser inferido não só neste capítulo, como também nos capítulos anteriores deste livro.

Ao colocar o foco no consumo, é importante ressaltar a importância do enfoque dos usos finais, energéticos neste caso, que representam basicamente os serviços de energia utilizados e procurados pelos diversos componentes dos setores de consumo.

Para ilustrar os usos finais energéticos de forma simples, foi escolhida a energia elétrica, mas apresentando a ressalva de que tratamentos similares podem ser efetuados para as demais formas de energia comercial.

Assim, neste item, efetua-se uma abordagem sucinta da eficiência energética pela perspectiva do consumo dos principais usos finais de energia elétrica, identificando oportunidades de melhorias em termos de rendimento energético.

Para cumprir o proposto, organizou-se esta seção de forma a abranger os seguintes tópicos:

- Análise da utilização de energia elétrica.
- Principais usos finais para eficiência no lado do consumo.
- Eficiência no sistema de iluminação.
- Eficiência no sistema de climatização.
- Eficiência no sistema de refrigeração.
- Eficiência no sistema de força motriz.
- Eficiência no sistema de aquecimento.
- Outras considerações da eficiência energética pelo lado do consumo.

Análise da utilização de energia elétrica

A eficiência energética elétrica pelo lado do consumo considera, num primeiro momento, a análise do uso de energia elétrica. A análise de no mínimo doze meses do desempenho permite identificar as condições gerais de utilização da energia elétrica e determina as oportunidades básicas de economia com relação a enquadramento tarifário, demanda contratada e excedente de reativos.

As condições gerais de fornecimento de energia elétrica hoje seguem definidas pela Resolução 414 e pela Resolução 479 da Aneel (2009 e 2012, respectivamente).

Enquadramento tarifário

O enquadramento tarifário ocorre em função das opções de estrutura tarifária possíveis aos consumidores, e sua melhor alternativa para faturamento se decide em função dos aspectos existentes na legislação vigente e do perfil de utilização do consumidor.

A estrutura tarifária é definida pelo conjunto de tarifas aplicadas ao consumo e/ou demanda de energia elétrica, e de acordo com a modalidade tarifária.

Os consumidores são divididos em baixa tensão (inferior a 2.300 V) e alta tensão (superior a 2.300 V), sendo subdivididos com letras e algarismos que revelam a tensão de fornecimento, como exemplificado nas Tabelas 6.4 e 6.5.

As tarifas de baixa tensão são elaboradas por modalidade tarifária convencional, e para o futuro na modalidade tarifária branca (valores diferenciados entre horários do dia – ponta e fora de ponta).

Tabela 6.4 – Classificação de consumidores de baixa tensão por consumidor.

Subgrupos	Consumidor
B1	Residencial
B2	Rural
B3	Demais classes
B4	Iluminação pública

Tabela 6.5 – Classificação de consumidores de alta tensão por tensão de fornecimento.

Subgrupos	Tensão de fornecimento
A1	$\geq$ 230 kV
A2	88 kV a 138 kV
A3	69 kV
A3a	30 kV a 44 kV
A4	2,3 kV a 25 kV
A5	Sistema subterrâneo

As tarifas de alta tensão são elaboradas em três modalidades tarifárias de fornecimento: convencional, azul e verde. A Figura 6.3 resume as possibilidades do enquadramento tarifário.

O período de uso no ano, que hoje substitui a sazonalidade, antes identificada por período seco e período úmido, é identificado agora por bandeira tarifária. A bandeira tarifária existirá com uma tarifa-base, que se manterá constante ao longo do ano e com valores a serem adicionados mês a mês em função do custo da geração de energia.

Figura 6.3 – Resumo de enquadramento tarifário em alta tensão.

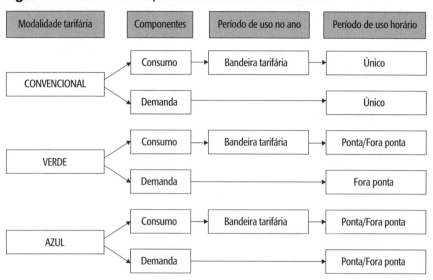

Na prática, o Operador Nacional do Sistema (ONS) irá indicar para a Aneel a previsão da condição de geração, que dependerá dos níveis de reservatórios, das chuvas, do consumo de energia e da estratégia adotada pelo órgão junto à geração. Assim, teremos a tarifa-base como o indicativo de bandeira verde. A bandeira amarela significa que os custos estão aumentando, e a vermelha indica que os custos são muito elevados. Nesse caso, o consumidor não terá opções, a não ser racionar ou otimizar o uso em períodos de maiores valores das tarifas.

Para as horas do dia, se estabelecem períodos de uso que se identificam como único, ponta e fora de ponta. O posto tarifário na ponta corresponde a um intervalo de três horas consecutivas durante os dias da semana, e cada concessionária tem a competência de definir qual será considerado o período de ponta, como por exemplo:

- Copel: 18h00 às 21h00.
- Light: 17h30 às 20h30.
- CPFL: 18h00 às 21h00.
- Elektro: 17h30 às 20h30.

O posto tarifário fora de ponta compreende as demais horas dos dias, sábados, domingos e alguns feriados nacionais definidos na Resolução 414.

O posto tarifário único não possui distinção de horas do dia, ou seja, as tarifas praticadas não possuem valores diferenciados como ocorre com os valores de ponta, que são mais elevados que os valores fora de ponta.

A melhora do enquadramento tarifário deve ser iniciada com as possibilidades de mudança de acordo com as regras da Resolução 414 da Aneel. Para consumidores de tensão superior e igual a 69 kV, a unidade consumidora terá como opção somente a modalidade tarifária azul, sendo que, com tensão inferior, poderá optar a princípio entre as três modalidades.

A demanda contratada é outra linha de corte na tomada de decisão do enquadramento tarifário, pois a demanda superior ou igual a 150 kW não poderá optar pela modalidade tarifária convencional, que será extinta em junho de 2016.

A Figura 6.4 ilustra as possibilidades de otimizar a compra de energia elétrica junto a consumidores de alta tensão.

Figura 6.4 – Resumo simplificado das alternativas para otimizar o enquadramento tarifário.

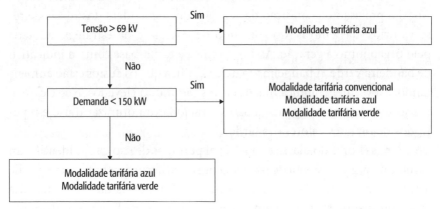

Assim, as possibilidades de ajustar o enquadramento tarifário, a fim de reduzir as despesas sem investimentos, são as seguintes alternativas:

- Convencional *versus* azul.
- Convencional *versus* verde.
- Azul *versus* verde.

A modalidade tarifária convencional não possui tarifas diferenciadas para os postos horários, ao contrário das modalidades verde e azul. As modalidades verde e azul se diferenciam no posto tarifário da ponta, sendo que a azul requer uma demanda de energia elétrica contratada e a verde somente fatura o consumo de energia elétrica. Assim, nos casos em que seja possível a mudança de modalidade tarifária em função da legislação vigente, a análise deve ser iniciada com pelo menos um histórico de doze meses na unidade consumidora.

O ponto crítico da análise é então o perfil de utilização da energia elétrica em horário de ponta. Uma unidade consumidora que não utiliza energia elétrica, ou que possui um baixo consumo, em posto tarifário de ponta deve optar pela modalidade tarifária verde. Se utiliza no horário de ponta, deve simular as três modalidades a fim de avaliar a melhor opção e verificar, numa análise anual, qual apresenta um desempenho melhor (mais economia anual).

Precisamos de energia elétrica em horário de ponta? Não. Necessitamos sim de um efeito útil desejado, por exemplo, energia mecânica, energia luminosa ou climatização. Assim, devemos observar com visão mais abrangente e avaliar alternativas de obter o efeito útil desejado a menor custo. Podemos, por exemplo, produzir água gelada ou gelo durante horário fora de ponta (menor custo) e usufruir em horário de ponta (maior custo). Outra avaliação é produzir energia elétrica com geração distribuída em horário de ponta com custo menor do que a concessionária fornece, e isso acontece em casos em que se faz uso de grupo gerador de diesel na ponta.

A seguir, listamos alguns itens para reduzir o impacto do custo da energia elétrica em horário de ponta: redistribuir ou deslocar cargas do horário de ponta; antecipar ou remanejar turnos; mudar horários de limpeza quando no horário de ponta; remanejar o horário de jantar se coincidir com o horário de ponta; agir sobre o processo criando "pulmões" na produção; e usar sistemas de termoacumulação na climatização.

Demanda contratada

A demanda de energia elétrica é a média das potências solicitadas dentro de um intervalo de tempo de quinze minutos. Ao longo de um mês, temos, em média, 2.920 verificações, nas quais o medidor da concessionária assume o maior valor registrado como a demanda medida para o mês de faturamento. A demanda representa, assim, a necessidade simultânea da carga instalada.

Para o faturamento, a concessionária adota o maior valor entre a demanda medida e o valor contratado. Porém, se a demanda medida superar o valor contratado acima do limite máximo, o consumidor pagará uma multa que é aproximadamente três vezes o valor normal da tarifa de demanda.

O maior desafio para os consumidores é, então, encontrar o melhor valor a ser contratado a fim de evitar multas e não pagar por um valor de demanda que não fará uso. A Resolução 414 rege as condições de revisão da demanda contratada, tendo como limite máximo um percentual de 5% desta. Para a redução, haverá uma carência de seis meses, e, no caso de aumento, será imediato desde que a concessionária tenha disponibilidade no seu sistema de distribuição.

A demanda máxima varia a cada mês, portanto, uma análise deve partir de um histórico de no mínimo doze meses, no qual poderemos ter a influência das chamadas variáveis independentes, como: produção, taxa de ocupação, variações climáticas e outros parâmetros que afetam diretamente o uso de energia elétrica.

Levando em consideração o histórico passado, é prudente que uma análise avalie as necessidades de expansão ou redução da carga instalada que afetarão diretamente o perfil de uso da energia elétrica.

A solução do valor otimizado da demanda contratada deve prever a melhor economia anual com o ajuste de demanda (aumento ou redução), o que pode implicar, eventualmente, em um mês com pagamento de ultrapassagem. Não é necessário eliminar todas as ultrapassagens existentes, pois devemos verificar também períodos de pagamento devido à demanda não usada.

A Figura 6.5 exemplifica graficamente uma análise de demanda contratada. Nos meses 1, 2 e 12, temos ultrapassagens, porém, nos meses 4, 5, 6, 7, 8 e 9, temos meses com pagamento de demanda não usada. Nos meses 3, 10 e 11, o valor faturado foi o valor medido, o que é o ideal para uma unidade consumidora.

Com uma análise da demanda contratada, descobrimos que, economicamente, o melhor valor é de 560 kW (limite máximo 588 kW), mesmo acontecendo uma ultrapassagem no mês 1.

Excedente reativo

A energia elétrica é transformada nos usos finais da instalação elétrica, e essa energia possui duas formas distintas: energia ativa e energia reativa. A energia ativa é a parcela dessa energia que produz o efeito útil, como a

Figura 6.5 – Exemplo do histórico da demanda de energia elétrica.

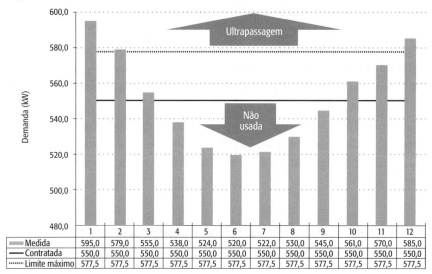

energia mecânica no eixo de um motor elétrico e a energia luminosa em sistemas de iluminação. A energia reativa (magnetização) é a responsável pelo campo magnético necessário em vários usos finais para produzir o efeito útil, por exemplo, o campo magnético em motores elétricos e nos reatores utilizados em lâmpadas de descarga (fluorescente, vapor de mercúrio, vapor de sódio e outras). A composição dessas duas formas de energia determina a energia aparente (total).

O fator de potência é, então, o índice que indica quanto da energia total é convertida em energia ativa, e este índice varia entre 0 e 100%. O valor de 100% indica que a conversão de energia elétrica para o efeito útil foi realizada completamente, como num chuveiro elétrico. Valores inferiores a 100% indicam que nem toda a energia foi aproveitada, como em motores elétricos. Não se deve confundir este valor com o rendimento energético do uso final, e sim entender que sua tecnologia permite um determinado valor de conversão, porém, o uso final pode apresentar perdas antes da entrega de seu efeito útil.

A Resolução 414 define valores para o fator de potência permitido (92% indutivo ou capacitivo), e sua não observância implica multas, que, nas faturas de energia elétrica, são denominadas como excedente reativo tanto para a demanda como para o consumo de energia elétrica. A legislação prevê também que o fator de potência pode ser verificado numa média mensal ou na média horária e depende basicamente do tipo de medição e da modalidade tarifária aplicada ao consumidor.

A correção do fator de potência, além de reduzir multas, traz efeitos benéficos tecnicamente para a instalação, como a redução de perdas por efeito Joule (aquecimento de condutores elétricos), liberação de capacidade em sistemas de geração própria e transformadores e melhoria no nível de tensão nas cargas.

A solução para corrigir o fator de potência dependerá sempre de um estudo específico em função do perfil de utilização e dos tipos dos usos finais existentes na instalação – causadores da redução do fator de potência.

Principais usos finais para eficiência no lado do consumo

A eficiência energética pelo lado do consumo continua com a busca da otimização do uso direto da energia elétrica pelos consumidores, aliada também a procedimentos de gestão da energia.

A tipologia do uso direto de energia elétrica por consumidores possui usos clássicos de energia elétrica que podem ter maior ou menor relevância em função do setor de consumo.

Os usos clássicos de energia elétrica são:

- Iluminação.
- Climatização.
- Refrigeração.
- Força motriz.
- Sistema de aquecimento.

Os sistemas de iluminação e climatização possuem sua maior representatividade no setor comercial, em serviços públicos e no poder público. A edificação pública ou privada se apresenta como o típico local que tem, nestes usos finais, a maior concentração da utilização da energia elétrica.

Os sistemas de força motriz e refrigeração possuem sua maior representatividade no setor industrial. As indústrias se apresentam como os típicos locais que têm, nestes usos finais, a maior concentração da utilização da energia elétrica.

Os sistemas de aquecimento povoam vários setores de consumo, tendo como exemplo hotéis, entidades beneficentes e indústrias de alimentos.

Independentemente do uso final em questão, para buscar a otimização, é necessário, inicialmente, avaliar sua eficiência energética; ou seja, quanto de recurso é necessário para obter o efeito útil desejado. Por exemplo, podemos avaliar o rendimento energético de um motor elétrico num sistema de bombeamento (padrão para alto rendimento). Na sequência, se busca a otimização do uso final dentro do processo que se encontra, e então podemos ter a eficiência energética global de um sistema. Uma opção é avaliar a alternativa do uso de inversores de frequência para o controle de vazão num sistema de bombeamento.

Considerando que o efeito útil será sempre preservado (por exemplo, energia mecânica no eixo do motor), o objetivo é diminuir o recurso consumido (reduzir energia elétrica utilizada). Logo, podemos ter algumas abordagens típicas para avaliação da eficiência energética:

- Otimização do uso final: substituição de equipamento existente por equipamento eficiente, como lâmpada fluorescente compacta por lâmpada LED, mantendo-se o fluxo luminoso.

- Otimização do uso final e do processo: substituição de equipamento existente por equipamento eficiente aliada à otimização do processo, por exemplo, estudo luminotécnico de um ambiente considerando um sistema mais eficiente de iluminação em relação ao existente.

- Otimização global do processo: aumento da eficiência do uso final e do processo, investigação de alternativa de mudança em rotinas do processo, por exemplo, mudança de horários de operação para sair do horário de ponta (avaliação de "gargalos de produção").

O Procel, criado em 1985, é executado pela Eletrobrás e busca incentivar e promover a utilização adequada de energia elétrica. Em 1993, instituiu o Selo Procel de economia de energia elétrica. O objetivo é estimular a fabricação de usos finais mais eficientes reconhecendo publicamente sua eficiência. Em sua página na internet (Procel, 2014), podemos obter informações básicas de rendimento energético para os diversos usos finais que devem ser sempre consultadas para buscar a melhor opção nas ações de eficiência energética.

Eficiência no sistema de iluminação

A iluminação, no setor residencial, representa 23% do consumo de energia elétrica, já nos setores comercial e de serviços públicos, atinge 44%.

ENERGIA E SUSTENTABILIDADE

No caso de serviços públicos, grande parte de seu consumo está voltada para a iluminação pública (maior consumo dos municípios quando não responsável pelo saneamento). No setor industrial, a participação da iluminação é insignificante. Estes números servem para nos mostrar onde se concentra esse uso final de energia elétrica, ou melhor, em que tipo de consumidor se tornam prioridade ações de eficiência energética na iluminação.

A iluminação, ou seja, o sistema de iluminação, é composto por lâmpadas, reatores e luminárias que, associados aos hábitos de utilização, definem o perfil de utilização desse uso final.

A medida mais simples para recolher ganhos imediatos é sempre a utilização do uso final apenas nos horários e nas quantidades efetivamente necessárias. Outra possibilidade, que permite ganhos expressivos, consiste no uso de sistemas mais eficientes, ou seja, a substituição por tecnologia atual e mais eficiente.

Certas práticas na utilização do sistema de iluminação precisam ser observadas e, sempre que possível, seguidas, como:

- Individualização de circuitos de iluminação: dividir os circuitos.

- Aproveitamento de luz natural e desligamento da iluminação artificial sempre quando possível.

- Limpeza de luminárias, difusores e lâmpadas para manter o fluxo luminoso.

- Horário de limpeza deslocado do horário de ponta.

- Desligar iluminação no horário de almoço.

- Uso de sensores de presença em locais de uso ocasional para manter a iluminação ligada somente quando necessário.

- Redução da iluminância (efeito útil desejado) a níveis adequados por norma técnica.

- Rebaixamento de luminárias quando possível para manter a iluminância desejada com possibilidade de redução do sistema de iluminação.

- Utilização de controle de iluminação externa, por exemplo, relé fotoelétrico.

- Pintura de paredes, pisos e tetos em cores claras para ajudar a difundir o fluxo luminoso de modo a exigir menor nível de iluminação artificial.

- Instalação, nas áreas próximas aos locais com iluminação natural, de sensores que ajustam automaticamente os níveis de iluminação necessários para complementar a luz natural.

Substituição de lâmpadas

Existem diversos tipos de lâmpadas, os quais apresentam características técnicas distintas. Para cada atividade, há um tipo mais adequado. A eficiência das lâmpadas é definida por lúmens por watts (energia luminosa por energia elétrica). A Figura 6.6, a seguir, ilustra alguns tipos de lâmpadas e sua eficiência.

Figura 6.6 – Eficiência luminosa (lúmens por watt).

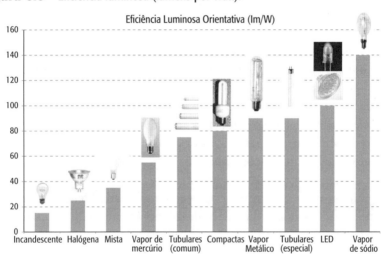

Para as alternativas de substituição, temos de considerar alguns aspectos técnicos básicos de lâmpadas, como:

- Fluxo luminoso: a energia luminosa produzida pela lâmpada e medida em lúmens.
- Temperatura de cor: medida em K (Kelvin), diz respeito ao aspecto visual (luz visível) e varia aproximadamente entre 1.500 K (laranja/vermelho) a 9.000 K (azul).
- Índice de reprodução de cor (IRC): índice de correspondência entre a cor real (luz natural) de um objeto e o que ele é apresentado diante da iluminação artificial.

Substituição de reatores e componentes

Esses equipamentos responsáveis pelo efetivo funcionamento das lâmpadas são utilizados para aumentar a tensão durante a ignição e reduzir a intensidade da corrente elétrica. Podem ser reatores eletromagnéticos ou eletrônicos e são aplicadas nas chamadas lâmpadas de descarga (fluorescentes, vapor de mercúrio, vapor de sódio e outras). Algumas lâmpadas de descarga utilizam ainda outros componentes complementares, como ignitor.

As alternativas energéticas de substituição são reatores com menores perdas, o que normalmente implica na troca de eletromagnéticos por eletrônicos.

Substituição de luminárias

A luminária recebe o fluxo luminoso da lâmpada, disponibilizado pelo reator, e o distribui no espaço, gerando a chamada curva de distribuição luminosa. Para o controle do fluxo luminoso, são utilizados refletores, aletas e difusores. Os refletores orientam os raios de luz na direção desejada e, quanto maior o índice de reflexão do material utilizado, maior será sua eficiência. As aletas e os difusores auxiliam o conforto visual, evitando o efeito de ofuscamento para os usuários. As luminárias podem ser internas ou externas às instalações e possuir características e especificações em função do tipo de aplicação.

A substituição das luminárias deve ser efetuada identificando equipamentos com maior índice de reflexão possível e melhor distribuição espacial.

Projeto eficiente no sistema de iluminação

A iluminação é o uso final que apresenta hoje a maior evolução tecnológica e, consequentemente, maiores percentuais de economia. Por exemplo, substituição de lâmpada incandescente 100 W por lâmpada com tecnologia LED 11 W (mesmo fluxo luminoso).

O sistema eficiente de iluminação deve considerar a utilização da iluminação natural, ou seja, começa no próprio projeto arquitetônico da unidade consumidora. Assim, um projeto eficiente é a combinação adequada do aproveitamento da iluminação natural e da melhor tecnologia disponível para iluminação artificial.

Na iluminação artificial, é a somatória da eficiência de lâmpadas, reatores, luminárias e sistemas de controle (sensor de presença, relé fotoelétrico, minuterias e *dimmers*) que compõe o rendimento do sistema de iluminação. A iluminação de alto rendimento proporciona níveis de iluminação dentro das normas técnicas (NBR 5413), conforto visual, produtividade e a exposição adequada de produtos e serviços.

Em estudos de diagnóstico energético, deve ser contemplada, além da substituição pura dos equipamentos (pré-diagnóstico energético) que compõem o sistema de iluminação, a análise detalhada do nível de iluminamento e sua distribuição adequada nos ambientes (estudo luminotécnico). A eficiência não é simplesmente reduzir o recurso, mas também a análise do efeito útil desejado segundo as normas técnicas existentes e as necessidades dos usuários da instalação. A iluminação, em determinados estudos, evidencia a necessidade de um ajuste do nível de iluminação do ambiente e deve ser sempre parte da análise de eficiência energética.

Um projeto eficiente de iluminação deve manter seu efeito útil existente e, sempre que possível, melhorar, considerando os seguintes aspectos:

- Nível de iluminamento no ambiente.

- Aproveitamento máximo da iluminação natural com uso de sistema de controle que otimize ao máximo o uso da iluminação artificial.

- Cores dos ambientes internos.

- A lâmpada deve ter mesmo efeito útil com menor uso de energia elétrica, observando temperatura de cor e índice de reprodução de cor.

- O reator deve ter menor perda com menor distorção harmônica possível.

- A luminária deve ser de alto rendimento: adequada ao tipo de ambiente, refletor com alto índice de reflexão e aletas e difusores com menores perdas de fluxo luminoso.

- Avaliação da necessidade de alterar a disposição de luminárias e projetores para melhor eficiência do sistema.

A observância simultânea de todos esses aspectos, aliada à experiência profissional, é que resulta num projeto eficiente do sistema de iluminação. Um projeto eficiente deve produzir o mesmo efeito útil, porém, de forma mais eficiente e racional.

Eficiência no sistema de climatização

A climatização é o sistema responsável pela manutenção dos níveis de temperatura e umidade em um ambiente, de forma a atender as condições de conforto dos usuários ou as necessidades de um processo produtivo.

As principais partes do sistema de climatização são: compressor, condensador, válvula de expansão e evaporador. Esses equipamentos são interligados pelo circuito frigorífico, por onde circula um fluído refrigerante que tem como função conduzir a energia térmica entre os seus componentes. O compressor utiliza a energia elétrica para fazer circular o fluído refrigerante nos demais componentes. Em síntese, a troca de calor no evaporador é pela transferência de calor do ambiente ao fluído refrigerante (recebe o calor), que será transferido do fluído refrigerante ao ambiente externo pela unidade condensadora (entrega o calor).

O principal objetivo do ar-condicionado é extrair calor de um ambiente ou processo de forma a garantir seu conforto, transformando energia elétrica em energia térmica de conforto.

O índice responsável por avaliar a capacidade de remoção de calor (efeito útil ou efeito frigorífico) é dito coeficiente de performance (COP) ou eficiência. A eficiência é a relação de sua energia térmica pela energia elétrica expressa usualmente em W/W (índice utilizado pelo Selo Procel), BTU/kWh ou TR/kWh. Quanto maior o COP, melhor o rendimento da climatização, sendo, portanto, um índice maior que 1.

Existem vários tipos de sistemas e equipamentos de climatização, que podem ser classificados em função do fluído utilizado para a remoção da carga térmica do ambiente climatizado. Podemos, então, ter sistemas onde a carga térmica é diretamente resfriada pelo fluído frigorífico, na dita expansão direta, ou a expansão indireta, em que a água atua na troca térmica direta com o calor do ambiente, sendo resfriada num circuito de compressão por um *Chiller*.

- Expansão direta:
    - Condensação a água (por exemplo, *selfs*).
    - Condensação a ar (por exemplo, *splits* e ar de janela).
- Expansão indireta (*Chiller*):
    - Condensação a água.
    - Condensação a ar.

Projeto de eficiência no sistema de climatização

As práticas de melhoria do sistema de climatização possuem duas abordagens típicas dependendo do tipo de sistema. Em sistemas mais simples, podem acontecer diretamente na substituição do equipamento (ar de janela por *split*) e, em sistemas mais complexos, podem envolver, além do equipamento em si, a busca pela otimização de todas as demais partes que compõem o processo da climatização, como o sistema de condensação ou as torres de resfriamento do fluído.

A Figura 6.7 ilustra a eficiência típica de um sistema de climatização com expansão direta, onde podemos perceber que a substituição de ar de janela por *split hi-wall* acarreta uma redução de potência ativa de 28% e com a opção de *split inverter*, uma economia de 38%.

O site do Procel (2014) apresenta diversos equipamentos com o Selo Procel de eficiência que são as melhores opções quando precisa-se estudar a substituição de ar de janela por *split hi-wall* ou *split inverter*.

Outra fonte de informações sobre eficiência para os equipamentos de climatização é o Inmetro (2014), que, por meio do Programa Brasileiro de Etiquetagem (PBE), fornece aos consumidores uma listagem maior de equipamentos que normalmente servem de apoio para identificar ou estimar a eficiência de sistemas existentes quando não temos dados de placa. A Figura 6.8 ilustra um resumo de eficiências para sistema de climatização com ar de janela.

Um projeto eficiente com sistema de climatização deve observar alguns detalhes que podem ser concentrados em dois pontos principais: melhoria da estrutura e melhoria do sistema de climatização.

A melhoria da estrutura refere-se ao ambiente e à aplicação de alguns processos básicos na instalação a ser climatizada, como:

a. Transmissão térmica.
   - Aplicação de isolamento em coberturas e paredes.
   - Ventilação de espaços vazios em telhados.
   - Utilização de vidros duplos nos ambientes.

b. Insolação.
   - Utilização de cor clara para coberturas e paredes.
   - Utilização de vidros reflexivos ou películas de modo que não haja redução excessiva da iluminação natural do ambiente.
   - Utilização de persianas externas ou *brises* em janelas de ambientes.

Figura 6.7 – Eficiência de climatização em expansão direta (W/W).

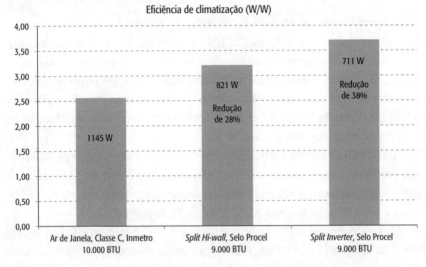

Figura 6.8 – Estimativa de eficiência para sistemas existentes de climatização – ar de janela.

Ence – Etiqueta Nacional de Conservação de Energia
Selo Procel de Economia de Energia

CONDICIONADOR DE AR JANELA — Data da atualização: 17/10/2012

Classes	Coeficiente de eficiência energética (W/W)(*)												Total de modelos por classe
	Categoria 1 ≤ 9.495 kJ/h ≤ 9.000 BTU/h			Categoria 2 9.496 a 14.769 9.001 a 13.999			Categoria 3 14.770 a 21.099 14.000 a 19.999			Categoria 4 ≥ 21.100 ≥ 20.000			
A	≥ 2,91	52	64,2%	≥ 3,02	38	56,7%	≥ 2,87	10	45,5%	≥ 2,82	7	33,3%	107
B	≥ 2,68	18	22,2%	≥ 2,78	20	29,9%	≥ 2,70	5	22,7%	≥ 2,62	8	38,1%	51
C	≥ 2,47	11	13,6%	≥ 2,56	9	13,4%	≥ 2,54	2	9,1%	≥ 2,44	1	4,8%	23
D	≥ 2,27	0	0%	≥ 2,35	0	0%	≥ 2,39	4	18,2%	≥ 2,27	0	0%	4
E	≥ 2,08	0	0%	≥ 2,16	0	0%	≥ 2,24	1	4,5%	≥ 2,11	5	23,8%	6

Fonte: Inmetro (2012).

c. Infiltração de ar e umidade.
   - Vedação de portas e janelas.
   - Correção de imperfeições nas vedações e substituição de vidros trincados ou quebrados.

d. Geração interna de calor.
   - Sistema de iluminação com mínimo possível de carga térmica.
   - Manutenção do nível de iluminamento dentro do recomendado

por norma e, quando possível, redução da iluminação (reduzir carga térmica).

A melhoria do sistema de climatização pode ser obtida por:

e. Projeto do sistema.

- Escolha do tipo mais apropriado de sistema de climatização em função das características do ambiente, por exemplo, sistema de vazão variável ou vazão constante.

- Estudo da viabilidade de sistema de termoacumulação de gelo ou água gelada e, sempre que possível, com deslocamento do horário de ponta.

- Zoneamento correto da instalação.

- Utilização de sistema evaporativo, quando aplicável.

- Utilização de água da condensação para pré-aquecer o ar externo no inverno.

- Aplicação de motores elétricos de potência adequada.

- Sistema de tratamento de água adequado para diminuir perdas por incrustações nas tubulações.

- Impedimento de incidência de raios solares em equipamentos e no ambiente climatizado.

f. Operação do sistema.

- Utilização, sempre que possível, de controle de temperatura personalizado para cada ambiente.

- Avaliação de horário de partida e parada dos equipamentos de climatização e, sempre que possível, evitar horário de ponta.

- Fechamento de tomadas de ar externo quando o sistema não é utilizado.

- Ajuste de temperatura da água resfriada e da água quente de acordo com a real necessidade da instalação.

- Conservação de janelas e portas fechadas para evitar entrada desnecessária de ar externo.

g. Manutenção do sistema.

- Redução ao mínimo da fuga de ar nos dutos.

- Isolamento e reparação de tubulações de todo sistema.

- Limpeza nos filtros do sistema.

- Identificação e reparação de todo tipo de fuga de fluídos do sistema (água quente, água gelada, fluído frigorífico, óleo e outros).
- Limpeza nos evaporadores, serpentinas de água e condensadores.
- Ajuste do sistema de purga do circuito de água das torres de resfriamento (evitar perda de água e produtos químicos).
- Desobstrução das grelhas de circulação e ar.
- Desobstrução da entrada de ar do condensador.

Eficiência do sistema de refrigeração

O sistema de refrigeração, apesar de partir dos mesmos componentes do sistema de climatização, se diferencia por ter características próprias em virtude, principalmente, do fim que se destina, ou seja, são campos específicos de aplicação. Seu efeito útil final é o mesmo da climatização, porém aplicado normalmente para conservação de alimentos e materiais (baixas temperaturas). As principais aplicações são em refrigeradores, *freezers*, refrigeradores combinados, câmaras frigoríficas, caminhões frigoríficos e produções de gelo.

O desempenho do sistema de refrigeração pode ser medido pelo coeficiente de performance (COP) utilizado no sistema de climatização, ou seja, a relação entre o efeito útil (capacidade frigorífica) pela quantidade gasta de energia para ser obtido. A refrigeração industrial em setores de alimentos (processamento e conservação) possui, no motor elétrico do compressor, seu maior dispêndio de energia elétrica.

Um esquema genérico dos componentes do sistema de refrigeração pode ser visualizado na Figura 6.9.

Basicamente, a energia elétrica é utilizada pelo compressor que aspira vapores do fluído frigorífico formado no evaporador com aumento de pressão e temperatura. O condensador troca calor dissipando o calor extraído do ambiente pelo evaporador para a área externa. A válvula de controle fecha o circuito térmico, reduzindo a pressão e a temperatura do líquido que sai do condensador.

Normalmente, a potência térmica do equipamento que produz frio pode ser expressa pelo calor que este é capaz de absorver. As potências usuais são:

- Quilocalorias por hora (kcal/h).
- *British Thermal Unit* por hora (BTU/h).

Figura 6.9 – Componentes básicos do sistema de refrigeração.

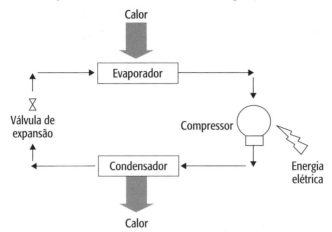

- Quilowatt (kW).
- Tonelada de Refrigeração (TR) = 3.024 kcal/h = 12.000 BTU/h = 3,52 kW.

O Procel apresenta em seu site valores característicos de consumo para refrigerador, *freezer* e refrigerador combinado. O Inmetro também divulga uma relação mais detalhada de equipamento com etiquetagem do PBE. Ao efetuarmos uma comparação entre um refrigerador de 300 litros Classe A (35,5 kWh/mês) com um de Classe E (50,8 kWh/mês), obtemos uma economia de 30% (Inmetro, 2014).

Projeto de eficiência no sistema de refrigeração

As oportunidades de melhoria do sistema de refrigeração possuem abordagens similares às do sistema de climatização, com as seguintes ações específicas:

- Identificar valores de referência de uso da energia elétrica em histórico da instalação ou de outras empresas (*benchmark*).
- Aumentar a temperatura de evaporação quando possível, pois, tipicamente, a cada 1ºC de aumento, se diminui o consumo de energia entre 1 e 4%.
- Diminuir a temperatura de condensação quando possível, pois, tipicamente, a cada 1ºC de redução, se diminui o consumo de energia entre 2 e 3%.

- Aumentar o sub-resfriamento do líquido antes de sua entrada na válvula de expansão, o que aumenta a capacidade do sistema sem aumentar a potência elétrica consumida.

- Avaliar e selecionar adequadamente o compressor em função da temperatura desejada (por exemplo, 10ºC, 0ºC, -20ºC, -40ºC). As opções mais eficientes não se definem de modo fácil, e um estudo detalhado se faz necessário.

- Evitar o uso de compressores em carga parcial, pois sua eficiência é sempre inferior à condição de plena carga.

- Usar termostato para controle do ventilador da torre de resfriamento que desliga automaticamente quando a temperatura da água de saída é inferior ao valor recomendado de 29º C (maior consumo de energia elétrica, água e produtos químicos).

- Adequar a forma de armazenamento de produtos no ambiente refrigerado evitando a falta de circulação do ar frio.

- Manter rotinas de manutenção eficientes, por exemplo, o tratamento químico da água para evitar incrustações na tubulação e condensador e vedações eficientes no ambiente refrigerado.

Eficiência no sistema de força motriz

A força motriz mais utilizada no setor industrial é a produção de energia mecânica através de motores elétricos. Os motores elétricos de indução trifásicos são os mais utilizados, e seu funcionamento está baseado em fenômenos eletromagnéticos, convertendo energia elétrica em energia mecânica.

A conversão para energia mecânica (efeito útil no eixo) não é 100% devido a um conjunto de perdas que ocorrem no motor elétrico durante o processo de conversão. As perdas são por efeito Joule no estator, perdas Joule no rotor, perdas no ferro, perdas por atrito e ventilação e perdas adicionais ou por dispersão. As perdas Joule resultam da passagem de corrente elétrica pelos seus enrolamentos. As perdas no ferro (ou em vazio) são constituídas por histerese (constante orientação do campo magnético) e por Foucault (correntes induzidas). As perdas por atrito e ventilação ocorrem nos rolamentos, na geometria irregular do rotor e pelo próprio ventilador instalado no eixo traseiro do motor. As perdas adicionais ou por dispersão incluem todas as demais perdas não classificadas e crescem quanto mais carga for solicitada no eixo do motor, como as perdas Joule.

A eficiência energética do motor (rendimento energético) é definida pela relação entre a potência mecânica entregue no eixo do motor pela potência elétrica absorvida e varia em função do carregamento do motor (percentual de carga no seu eixo). A Figura 6.10 ilustra as grandezas físicas que variam em função da carga no eixo do motor. A curva apresenta a variação do rendimento, rotação (RPM), fator de potência (Cos φ), corrente elétrica e função do carregamento do motor. Tipicamente, com um carregamento inferior a 50%, o rendimento energético do motor diminui drasticamente.

Considerando qualquer sistema de força motriz, existem outros equipamentos que contribuem para sua eficiência global, como acoplamento do motor à carga acionada (desalinhamento), equipamentos de transmissão (engrenagens, correias, polias e inversores), bombas, máquinas, ventiladores, entre outros equipamentos e dispositivos que influenciam no uso da energia elétrica desse sistema.

Apesar da elevada eficiência, esse uso final nem sempre está perfeitamente compatível com a tarefa que executa e, muitas vezes, não é utilizado de maneira racional. Existe, então, um significado potencial de economia adequando este uso final ao serviço a que se destina.

Análise do carregamento do motor elétrico

A determinação do carregamento do motor é a questão fundamental para a avaliação de seu rendimento energético e demais grandezas físicas. Os métodos para determinar o carregamento são divididos em método normalizado e método expedito. O método normalizado é utilizado em laboratório em virtude da complexidade das ferramentas necessárias e das condições para execução (freio mecânico, ensaio por dinamômetro, ensaio por máquina calibrada, ensaio de oposição elétrica e mecânica e outros). O método expedito é mais utilizado em campo e utiliza medições de potência elétrica absorvida, corrente e fator de potência, rotação (RPM) e dados de placa e de catálogos de fabricantes. Nesse método, uma vez efetuadas as medições em campo e com dados de placa, pode-se obter o rendimento energético por aplicativos como o BDMotor, *software* para viabilizar economia de energia em motores de indução trifásicos (Eletrobrás/Procel, 2014).

Figura 6.10 – Curva característica de motor em função do carregamento.

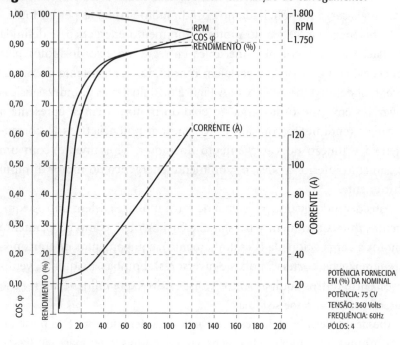

Fonte: Procel (2014).

A seguir, ilustramos um destes modos expeditos considerando a medição da potência elétrica absorvida.

$$y = \frac{PM_{Eixo}}{PM_N} \approx \frac{PA_{Medida}}{PA_N} \qquad \text{(Equação 1)}$$

Em que:
PM_{Eixo} = potência mecânica no eixo (CV)
PM_N = potência mecânica nominal (CV)
PA_{Medida} = potência ativa medida (kW)
PA_N = potência ativa nominal (kW)
y = carregamento (potência útil no eixo/potência ativa absorvida)

Obtido o carregamento, pode-se consultar a curva característica do motor em função do carregamento (procedimento dos aplicativos existentes) ou calcular o rendimento energético pela equação a seguir.

$$n = \frac{PM_{Eixo}}{PA} \approx \frac{y.\ PM_N.\ 0{,}736}{PA_{Medida}} \qquad \text{(Equação 2)}$$

Em que:

PA = potência ativa consumida (kW)

PA_{Medida} = potência ativa medida (kW)

n = rendimento energético calculado

As medições devem ser efetuadas com aparelhos apropriados e calibrados para manter a incerteza dentro dos limites aceitáveis, sempre verificando aspectos da qualidade de energia elétrica que afetam a eficiência do motor de indução trifásico (desequilíbrio de tensão e distorção harmônica total de tensão), assim como a temperatura ambiente e de operação.

Existem ainda os chamados equipamentos de monitoramento *on-line* de motores elétricos, que fazem a estimativa do rendimento diretamente em campo pelo método da assinatura de corrente, que é o tratamento das harmônicas de corrente separadas em elétricas (múltiplos de 50 ou 60 Hz) e mecânicas, como pode ser verificado, por exemplo, em SKF (2014), mais especificamente, em *Dynamic Motor Analyzers*, EXP4000.

Projeto de eficiência no sistema de força motriz

Comumente, em média, o motor de indução trifásico pode ser encontrado com 60 a 90% de carregamento. Quando superior a 75%, a substituição normalmente não é recomendável (mudança de potência), e, sendo inferior, pode ou não ser viável, cabendo uma análise específica. Assim, quando se dimensiona um motor elétrico, é prudente que sua operação seja entre 75 e 100% de carga no eixo.

A ação de eficiência energética junto ao motor elétrico de indução trifásico pode adotar os seguintes procedimentos:

* Escolha adequada em função do rendimento energético: quando da aquisição de um motor elétrico, há opção entre motores convencionais e de alta eficiência. Devem ser utilizados equipamentos com maior rendimento possível. O Procel apresenta uma relação de fabricantes com rendimentos eficientes e ainda uma listagem com eficiência *premium*, que podem e devem ser adotadas como referência.

* Substituição de motor existente por motor eficiente: é a prática da troca de motores existentes por motores eficientes com o dimensiona-

mento adequado ou não em função de seu carregamento. Lembrando que, no caso de motores superdimensionados, é preciso ter cuidado com o torque de partida (tempo de aceleração).

- Substituição de motor existente na necessidade de rebobinamento: quando analisamos os motores existentes, nem sempre é viável economicamente a troca de todos os motores, então, quando houver queima, deve-se adotar a estratégia de avaliar a economia com implantação de motor eficiente. Um rebobinamento bem feito não perde as características de rendimento do motor elétrico e, dependendo da situação, pode ser indicado. Quando se analisa a implantação de motor eficiente, calcula-se o tempo de retorno somente considerando a diferença entre o custo do motor novo e o valor que já seria destinado para o rebobinamento.

- Substituição de motor existente por perda de rendimento energético: nos procedimentos de manutenção, não é comum o acompanhamento do rendimento energético do motor, porém, essa prática pode detectar o momento em que o retorno do investimento fica aceitável em função da perda da eficiência do motor elétrico, podendo, assim, substituir um motor existente que, numa primeira abordagem, não foi atrativo.

- Implantação de controladores com velocidade variável: para determinadas atividades industriais, o emprego de motores com velocidade variável é indispensável ao processo, assim, quando da análise do sistema existente, é a oportunidade de viabilizar sistemas mais eficientes para o processo. A solução mais indicada é o uso de inversores de frequência que fazem a mudança de velocidade pela variação da frequência e tensão de operação sobre o motor.

Além das considerações acima, algumas recomendações e procedimentos devem ser adotados para aumentar as economias de energia elétrica, como:

- Ventilação adequada a fim de manter as características nominais do motor.

- Controle de temperatura ambiente não ultrapassando o limite do isolante projetado para o motor.

- Controle das variações de tensão de operação para manter o rendimento energético mais próximo da condição nominal.

- Controle de desequilíbrio de corrente que pode aumentar sobremaneira a temperatura de operação do motor reduzindo sua vida útil.
- Impedimento de partidas frequentes, evitando, assim, superaquecimento do motor.
- Verificação rotineira do isolamento dos enrolamentos do motor, prevenindo, assim, a degradação do isolante e redução de vida útil.
- Fixação correta do motor (alinhamento) e eliminação das vibrações (balanceamento) para evitar carga desnecessária no eixo.
- Lubrificação adequada de mancais (suportes) para evitar superaquecimento e manter o rendimento esperado.
- Acompanhamento, durante a vida útil do motor, de seu rendimento, identificando o momento da viabilidade de sua substituição.

Eficiência no sistema de aquecimento

Os sistemas de aquecimento, cujo recurso é a energia elétrica, normalmente, têm como produto final água quente. Sua eficiência é a relação da energia térmica (calor) pela energia elétrica. Este tipo de uso final possui alguns equipamentos típicos, como torneiras elétricas, chuveiros elétricos, geradores de acumulação (*boilers*) e geração de água quente. Esses equipamentos fazem o aquecimento por sistemas resistivos, porém, outros tipos de processos em equipamentos de uso mais específico são encontrados, como aquecimento por arco elétrico, aquecimento indutivo, aquecimento dielétrico (radiofrequência ou micro-ondas), aquecimento por emissão de plasma, aquecimento por emissão de elétrons e o aquecimento por emissão a *laser*.

As principais alternativas tecnológicas eficientes são o uso de aquecimento solar e bombas de calor.

Aquecimento solar

O aquecimento é realizado pelo coletor solar que aquece a água por meio da troca térmica com a energia solar. A água aquecida, então, é armazenada num reservatório com apoio auxiliar de energia (por exemplo, resistência elétrica). A troca térmica neste tipo de equipamento, aplicado basicamente para banho (substitui chuveiro elétrico) e piscina (sistemas convencionais), ocorre a temperaturas inferiores a 100ºC.

A instalação dos coletores deve atender à norma de orientação geográfica, conforme a NBR 12.269, e sempre direcionar o coletor ao norte geográfico com ângulo de inclinação adequado, aproveitando de forma eficiente a incidência do sol. O Procel certifica os coletores mais eficientes e deve ser consultado como fonte de referência em qualquer ação de eficiência energética ou novos projetos.

O reservatório térmico (*boiler*) isolado garante o armazenamento da água aquecida para o momento de consumo, sendo também certificado pelo Procel.

A fonte auxiliar de energia é utilizada para suprir energia em momentos em que a luz solar não está presente e/ou na necessidade de se manter a temperatura no reservatório térmico, podendo fazer uso de energia elétrica ou gás. Como exemplo, pode-se considerar uma residência com um chuveiro elétrico de 5.500 W, habitada por quatro pessoas que tomam dois banhos de quinze minutos por dia. Esse cenário demandará uma potência auxiliar de 2.500 W, o que indica uma redução de aproximadamente 55% na potência elétrica.

O rendimento energético do sistema de aquecimento solar pode ser medido pela eficiência total de seu conjunto, assim, se define pela energia térmica fornecida (calor), pela energia elétrica ou gás utilizado como recurso. Sua performance é influenciada pela temperatura de operação desejada e pelo perfil de utilização do consumidor (hábitos de consumo). Em síntese, o rendimento depende das condições meteorológicas, localização geográfica, tecnologia do coletor (por exemplo, área do coletor, material constituído) e volume do reservatório térmico.

Bomba de calor

A bomba de calor é o dispositivo que extrai energia térmica de uma fonte a baixa temperatura e faz essa energia ficar disponível a uma temperatura mais elevada com uso de energia elétrica.

A eficiência energética da bomba de calor é similar ao coeficiente de performance (COP) em sistema de climatização, assim, a medida de sua eficiência é obtida pela relação entre a energia térmica utilizável (calor entregue) e pela energia elétrica consumida. Quanto maior for o COP, maior é a eficiência da bomba de calor.

A fonte para extrair a energia pode ser:

- Ar externo: é a fonte de calor mais acessível (disponibilidade contínua), porém, não é a mais vantajosa pelas altas e rápidas variações de temperatura e umidade.

- Água: é uma alternativa eficiente e pode ser obtida de rios, lagos, córregos, subsolo e até do mar, porém, deve-se garantir a quantidade disponível e analisar quimicamente sua composição, evitando problemas de desgaste.

- Solo: o calor da terra é uma fonte intermediária para esta aplicação e depende fundamentalmente de sua composição, radiação incidente e movimento de água subterrânea. A principal vantagem é sua temperatura mais estável e o custo de extração se apresenta como desvantagem mais preocupante.

- Recuperação de calor desperdiçado: a recuperação de calor desperdiçado se obtém de todo processo que necessita de resfriamento. Quando a temperatura não é suficientemente alta para uso direto, pode então ser utilizada como fonte de energia para bomba de calor. Por exemplo, uso do calor rejeitado no sistema de climatização na unidade condensadora e/ou torre de resfriamento.

Outras considerações da eficiência energética pelo lado do consumo

Qualquer uso final (equipamento) ou processo, quando abordado com uma visão de eficiência energética, pode ser analisado comparando-se a eficiência atual com uma eficiência proposta (economia estimada) e avaliando o tempo de retorno da ação de eficiência energética. Além disso, devem-se estabelecer os procedimentos para comprovação da redução de demanda e consumo com uso criterioso da medição e verificação. Para isso, recomendamos que seja utilizado algum protocolo, como o Protocolo Internacional de Medição e Verificação de Performance (PIMVP) (Evo World, 2014).

A situação existente deve ser investigada sempre procurando evidências da sua eficiência energética (ou rendimento energético), obtendo catálogos de fabricantes e/ou fotos de dados de placa dos equipamentos em campo junto com medições específicas para cada uso final.

A situação proposta deve seguir aplicando a melhor tecnologia disponível tecnicamente, avaliando a relação custo-benefício e identificando a melhor solução para a ação de eficiência energética. Para identificar a melhor solução deve-se, necessariamente, ter as mínimas condições de contorno definidas pelo consumidor, que são o tempo de retorno aceitável (considerando o valor do dinheiro no tempo) e o montante de capital disponível para investir. Com as condições de contorno, podemos definir o grau de profundidade da ação de eficiência energética. O que ocorre em muitas situações é que, por exemplo, em uma ação de substituição de motores elétricos, teremos alguns equipamentos cujo tempo de retorno será elevado (pouca utilização), tendo, assim, sua substituição postergada quando da perda de rendimento ou necessidade de rebobinamento. Logo, a ação de eficiência energética, para ter sucesso, deve ter, além da melhor aplicação tecnológica, o comprometimento do consumidor em estabelecer as suas condições aceitáveis para investimento.

Dependendo da fonte de financiamento, a viabilidade da ação de eficiência energética deve seguir as particularidades exigidas. O projeto realizado com recursos da concessionária de distribuição da energia elétrica no Brasil, por exemplo, tem a obrigação, por lei federal em seu contrato de concessão, de investir em programas de eficiência energética. Neste caso, existe inclusive um manual e documentos para os procedimentos específicos do desenvolvimento do projeto, que podem ser obtidos na internet (Aneel, 2014).

O procedimento de medição e verificação é a peça-chave para que uma ação de eficiência energética tenha credibilidade e possa ser reproduzida de modo confiável. Outra contribuição importante é estabelecer, com segurança, a economia e garantir o tempo de retorno aceitável. O plano de medição e verificação, a ser elaborado juntamente com as ações de eficiência energética, deve ser estabelecido seguindo as recomendações de protocolos consagrados e no comum acordo entre o consumidor e o agente financiador ou o responsável da medição e verificação.

REFERÊNCIAS

[ANEEL] AGÊNCIA NACIONAL DE ENERGIA ELÉTRICA. *Resolução normativa n. 414 de 09 de setembro de 2010.*

_____. *Resolução normativa n. 479 de 03 de abril de 2012.*

EFICIÊNCIA ENERGÉTICA | **205**

CÂMARA DE COMÉRCIO E INDÚSTRIA BRASIL-ALEMANHA; REIS, L.B. *Agências para aplicação de energia no Brasil – opções e limitações quanto à implementação – Relatório Final.* São Paulo, 2013.

COMITÊ INTERMINISTERIAL SOBRE MUDANÇA DO CLIMA. *Plano nacional sobre mudança do clima (PNMC).* Brasília, 2008.

HADDAD, J. et al. *Conservação de energia: eficiência energética de instalações e equipamentos.* Itajubá: Fupai, 2001.

_____. *Eficiência energética: teoria & prática.* Itajubá: Fupai, 2007.

HINRICHS, R.A.; KLEINBACH, M.; REIS, L.B. *Energia e meio ambiente.* São Paulo: Cengage Learning, 2014.

REIS, L.B. *Matrizes energéticas: conceitos e usos em gestão e planejamento.* Barueri: Manole, 2011.

REIS, L.B.; FADIGAS, E.A.; CARVALHO, C.E. *Energia, recursos naturais e a prática do desenvolvimento sustentável.* Barueri: Manole, 2012.

REIS, L.B.; SILVEIRA, S. *Energia elétrica para o desenvolvimento sustentável.* São Paulo: Edusp, 2012.

ROMÉRO, M.A. *Curso CEPS – Curso de Extensão em Projetos Sustentáveis.* Material de aula. 2009.

ROMÉRO, M.A.; REIS, L.B. *Eficiência energética em edifícios.* Barueri: Manole, 2012.

SÓRIA, A.F.S.; FILIPINI, F.A. *Eficiência energética.* Curitiba: Base Editorial, 2010.

Sites

Aneel. Disponível em: http://www.aneel.gov.br. Acessado em: 10 set. 2014.

Conpet. Disponível em: http://www.conpet.gov.br. Acessado em: 10 set. 2014.

Crise do Petróleo. Disponível em: http://pt.wikipedia.org/wiki/Crise_do_petr%-C3%B3leo. Acessado em: 18 maio 2010.

Eletrobrás/Procel. Disponível em: http://www.procelinfo.com.br. Acessado em: 10 set. 2014.

[EPE] Empresa de Pesquisa Energética. *Balanço Energético Nacional.* Disponível em: http://www.epe.gov.br. Acessado em: 10 set. 2014.

Evo World. Disponível em: http://www.evo-world.org. Acessado em: 10 set. 2014.

[IEA] International Energy Agency. Disponível em: http://www.iea.org/about/index.asp. Acessado em: 18 maio 2010.

_____. Disponível em: http://www.iea.org/about/membercountries.asp. Acessado em: 19 maio 2010.

_____. Disponível em: http://www.iae.org. Acessado em: 19 maio 2010.

Inmetro. Disponível em: http://www.inmetro.gov.br/consumidor/tabelas.asp. Acessado em: 10 set. 2014.

Procel. Disponível em: http://www.eletrobras.gov.br/procel. Acessado em: 10 set. 2014.

SKF. Disponível em: http://www.skf.com. Acessado em: 10 set. 2014.

PARTE II

Aspectos Tecnológicos e Socioambientais

Capítulo 7
Energia de Combustíveis Fósseis e Captura e Armazenamento de CO_2
Edmilson Moutinho dos Santos, Hirdan Katarina de Medeiros Costa, Virgínia Parente e Viviane Romeiro

Capítulo 8
Energia Nuclear
Maria Alice Morato Ribeiro

Capítulo 9
Biomassa e Bioenergia
Suani Teixeira Coelho, Cristiane Lima Cortez, Vanessa Pecora Garcilasso, Manuel Moreno e Naraisa Moura Esteves Coluna

Capítulo 10
Energia Hídrica
Lineu Belico dos Reis, Djalma Caselato e Eldis Camargo Santos

Capítulo 11
Energia Eólica
Eliane A. F. Amaral Fadigas

Capítulo 12
Energia Solar
Lineu Belico dos Reis e Eliane A. F. Amaral Fadigas

Capítulo 13
Outras Tecnologias Energéticas
Gerhard Ett e Lineu Belico dos Reis

Capítulo 14
É Possível uma Arquitetura Sustentável?
Marcelo de Andrade Roméro

Capítulo 15
A Iluminação Pública em um Campus Universitário
José Sidnei Colombo Martini

Energia de Combustíveis Fósseis e Captura e Armazenamento de CO$_2$ | 7

Edmilson Moutinho dos Santos
Engenheiro eletricista, Instituto de Energia e Ambiente da USP

Hirdan Katarina de Medeiros Costa
Bacharel em Direito, Instituto de Energia e Ambiente da USP

Virgínia Parente
Economista, Instituto de Energia e Ambiente da USP

Viviane Romeiro
Bacharel em Direito, Instituto de Energia e Ambiente da USP

INTRODUÇÃO

Este capítulo descreve alguns elementos fundamentais dos combustíveis fósseis ou hidrocarbonetos. Moutinho dos Santos et al. (2002) mostram que todos os hidrocarbonetos são misturas compostas e orgânicas, cujas moléculas são constituídas principalmente de carbono e hidrogênio. Os combustíveis fósseis se encontram na natureza em sua forma bruta (ou crua), na fase gasosa (por exemplo, gás natural); líquida (por exemplo, petróleo) e sólida (por exemplo, carvão). Essas substâncias são ditas combustíveis porque podem sofrer o processo de combustão, isto é, a reação química com o oxigênio e a consequente liberação de calor.

A energia térmica ou calor é a forma de energia final mais demandada pelos seres humanos (representando cerca de 70% ou mais dos consumos finais das empresas ou das famílias). Por isso, os combustíveis fósseis tornaram-se a base energética da humanidade. Essa situação persiste desde, pelo menos, os séculos XVIII e XIX, com o carvão sustentando os processos da Revolução Industrial. No século XX, o petróleo reinou e sua soberania garantiu custos energéticos baixos, sustentando os processos de modernização e urbanização. Para o século XXI, pode-se especular sobre a expansão do uso do carvão: "o século XXI sendo tocado por uma fonte energética do século XIX". Como alternativa, pode-se igualmente explorar o cenário de eventual nascimento de uma "civilização do gás natural". O mais provável é que o futuro deve ser marcado por uma diversificação crescente da matriz energética planetária, mas todos os combustíveis fósseis ainda terão participações relevantes ao longo do século XXI.

Acredita-se cada vez mais que o uso contínuo de combustíveis fósseis contribui para a elevação dos níveis de CO_2 na atmosfera e gera problemas ambientais em escala global. Ademais, os processos de combustão conduzem a emissões de gases nocivos à saúde humana e produzem impactos ambientais locais, principalmente em grandes aglomerados populacionais e/ou industriais. Por fim, em seus processos produtivos, os combustíveis fósseis envolvem riscos e impactos nas minas de carvão ou nos mares, em casos de acidentes *offshore*. Por isso, a predominância dos combustíveis fósseis na matriz energética mundial não é isenta de custos sociais e ambientais importantes. Os seres humanos têm procurado estabelecer compromissos entre as externalidades positivas e negativas associadas à sua dependência dos combustíveis fósseis. Novas soluções tecnológicas são desenvolvidas para garantir usos mais aceitáveis dos hidrocarbonetos. Este capítulo não poderá analisar todas as dimensões ambientais dos combustíveis fósseis. Os autores apenas apresentam alguns elementos essenciais em relação aos processos de captura e armazenamento de CO_2 (CAC).

ORIGEM, PRESENTE E FUTURO DA UTILIZAÇÃO DE COMBUSTÍVEIS FÓSSEIS

Neste tópico, serão abordadas as origens e as condições presentes da utilização de cada um dos combustíveis fósseis, começando pelo carvão. Em seguida, aponta-se o desenvolvimento da indústria do petróleo (e seu reinado ainda soberano nos segmentos de transporte); e, finalmente, fala-se do gás natural e das condições para o eventual nascimento de uma nova civilização energética. Dentro de uma perspectiva mais "futurista", serão esmiuçados, nas conclusões do capítulo, diferentes cenários de evolução desses combustíveis na matriz energética mundial[1].

Carvão

Martin-Amouroux (2008) é a principal referência para os parágrafos que seguem sobre o uso do carvão. O autor mostra[2] que ninguém sabe com precisão em que época as sociedades humanas descobriram a possibilidade de utilizar o carvão mineral. A maior parte dos especialistas concorda em situá-la na idade do bronze, pelo menos um milênio antes da nossa Era. Hoje, vestígios da sua utilização são abundantes em todos os continentes.

Na China, o seu uso é muito antigo, porém só ganhou real importância com a crise da lenha, ocorrida entre os anos 750 e 1100 da nossa Era (Nef, 1954). Na África do Sul, arqueólogos encontraram vestígios de uso do carvão nas escórias de fornos primitivos que serviam para fabricar pontas de flecha, lanças e enxadas. Na América do Norte, em torno do ano 1000 da nossa Era, os índios Hopis utilizavam pequenas quantidades no território que hoje é o estado do Arizona. Na Europa Ocidental, as cinzas encontradas nas ruínas dos fortes romanos testemunham sua utilização durante a ocupação do sul da Inglaterra (The Mining Survey, 1954). Nesses casos, trata-se somente de usos esporádicos, em quantidades infinitesimais quando comparadas aos imensos volumes de biomassa (lenha, resíduos vegetais e animais) utilizados pelas sociedades pré-industriais.

O uso do carvão encontra seus primeiros registros históricos significativos por volta do século XII, com sua coleta nas praias pelos camponeses de Durham e Northumberland, no leste da Inglaterra, os quais utilizavam o energético para aquecimento. O interesse precoce por esse combustível também ocorreu em virtude da escassez de lenha em algumas regiões da Europa Ocidental, especialmente na Inglaterra, onde a crise da lenha se traduzia em escassez de combustível e em subida dos preços da madeira.

---

[1] Os dados estatísticos apresentados ao longo do texto são disponibilizados pela Agência Internacional de Energia (AIE ou, do inglês, IEA) em seus relatórios anuais, incluindo: *World Energy Outlook; Coal Information; Oil Information and Natural Gas Information* (as últimas versões de acesso gratuito desses relatórios são de 2011 ou 2012; as versões pagas de 2013, com dados de 2012, já foram disponibilizadas pela AIE, porém não foram consultadas pelos autores). Dados sobre o Brasil foram principalmente extraídos do Balanço Energético Nacional 2013 (EPE, 2013).

[2] Citando vários autores, alguns igualmente citados em nossas referências.

ENERGIA E SUSTENTABILIDADE

Nos arredores do Mar Mediterrâneo ou em outras regiões, o carvão mineral não podia substituir a madeira, por ser muito raro ou de difícil acesso. Na Inglaterra, a abundância em diversos condados, a excelente qualidade e o fato de a maior parte dos veios aflorarem, colocavam o carvão ao alcance de todos (Nef, 1954).

É a conjunção dessas condições excepcionalmente favoráveis de oferta que explica o nascimento da indústria carvoeira na Grã-Bretanha, a partir do século XIV. Nos séculos seguintes, essa indústria esteve em constante desenvolvimento tanto sob o ângulo das técnicas de produção (aprofundamento das minas, sustentação das galerias, drenagem e ventilação) como em todas as dimensões do transporte do combustível (vias hidroviárias e, logo após, ferroviárias) e das técnicas de utilização nas fábricas de vidro, nas olarias, nas usinas para produzir o gás e, sobretudo, na coqueificação[3] e na geração de eletricidade.

Lentamente, um novo modelo de consumo energético se difundiu, primeiro na Europa Ocidental, depois em todas as partes do planeta. Em 1800, o consumo mundial de carvão tornou-se significativo e já podia ser acompanhado estatisticamente. A Grã-Bretanha, disparadamente o maior consumidor de carvão mineral na época, já consumia 13,5 Mt (dos quais 5,3 Mt eram para uso em calefação de ambientes, 1,8 Mt para a metalurgia e 5,8 Mt para outras indústrias). Os usos do carvão se tornaram cada vez mais diversificados, e os combustíveis minerais superaram os combustíveis vegetais.

Entre 1800 e 1913, o carvão transformou-se em um combustível sem concorrentes nos países que se industrializavam, apresentando-se com vantagens em quase todos os usos energéticos ligados às novas técnicas (alto--forno a coque, máquina a vapor e gás manufaturado). O uso da biomassa recuou mesmo em usos tradicionais, como o aquecimento das habitações.

Contudo, desde o fim do século XIX e o início do século XX, importantes mudanças nos mercados de energia alteraram a competitividade do carvão em relação a outros energéticos. Progressivamente, o consumo de carvão desapareceu nos setores de transporte – a navegação e as vias férreas passaram a utilizar o *bunker* e o óleo diesel; os transportes rodoviário e

---

[3] A coqueificação é um processo pelo qual o carvão mineral, ao ser submetido a temperaturas elevadas na ausência de oxigênio, libera gases e vapores presentes em sua estrutura, originando um resíduo sólido poroso e infusível, que é o coque. Este, em alguns casos, exerce a função de redutor na produção de diversos metais, como no caso da redução de óxidos no minério de ferro, formando ferro gusa. O coque também pode ser utilizado em diversos processos industriais em que são requeridas fontes de carbono.

ENERGIA DE COMBUSTÍVEIS FÓSSEIS E CAPTURA E ARMAZENAMENTO DE CO_2 | **213**

aeroviário, que dominaram o século XX, são completamente ancorados em derivados de petróleo como diesel, gasolina e querosene de aviação.

A utilização do carvão também apresentou rápido declínio nos usos energéticos residenciais e comerciais (perdendo para os gases combustíveis, a eletricidade e os óleos combustíveis, na iluminação, no aquecimento de água e na calefação de ambientes). Por fim, o uso do carvão na indústria também apresentou estagnação, inclusive na siderurgia. Os progressos técnicos de maior produtividade e usos mais eficientes da energia têm contrabalançado o crescimento da produção de aço. Como consequência, o carvão refugiou-se na produção termoelétrica. Sua participação na matriz elétrica global ultrapassou os 70% em 1975.

A retomada do uso do carvão ocorreu após os choques do petróleo de 1973 e 1979 (ver mais detalhes a seguir). Entre 1980 e 2011, o consumo mundial de carvão cresceu com uma taxa anual de aproximadamente 2,5%. Esse ritmo não foi regular, tendo diminuído após a queda dos preços do petróleo em 1986 e o desmoronamento do consumo de energia nas economias socialistas da Europa durante os anos 1990. A partir do início dos anos 2000, o crescimento do consumo de carvão foi fortemente revigorado.

Entre 2000 e 2010, o ritmo de crescimento do consumo de carvão ultrapassou todas as expectativas, atingindo a média de 6,5% ao ano. O consumo total alcançou os 7,2 Gt (ou 7.200 Mt) no final de 2010. O carvão aumentou, assim, sua participação no mercado energético mundial. Embora os 27% no balanço energético planetário, atingidos em 2010, ainda o coloquem em posição inferior ao petróleo (33%), o carvão está na frente do gás natural (21%), da biomassa (10%) e das outras fontes de energia (incluindo nuclear, hidráulica e outras fontes renováveis) (9%).

Em particular, o carvão consolidou-se como uma fonte de energia privilegiada das economias emergentes da Ásia, embora seu uso continue presente em todos os países que o produzem em grande quantidade. Nos Estados Unidos, metade do parque de geração elétrica ainda se apoia no carvão; na Rússia, o consumo de carvão mantém-se como uma prioridade do governo para poder liberar maiores volumes de gás natural para exportação. E, ainda mais curioso, a Europa Ocidental também redescobre o carvão. Na Alemanha, após a opção pela energia eólica e a eventual renúncia à energia nuclear, incita-se a construção de centrais térmicas a base de gás natural e também de carvão. Aproximadamente 50% do parque de geração elétrica alemão se apoia no carvão e uma redução substancial dessa participação ao longo das próximas décadas parece muito difícil. Na Dinamarca, onde a energia eólica apresentou um grande desenvolvimento e obteve uma participação relevante na matriz de geração elétrica, o carvão ainda representa cerca de 45% da produção total de eletricidade.

Tais experiências demonstram que as fontes térmicas de geração de energia elétrica (incluindo aquelas alimentadas com carvão) revelam-se necessárias para qualquer política de promoção da geração elétrica com base em fontes renováveis intermitentes. A complementaridade plena entre diferentes fontes renováveis não se encontra disponível na maioria dos países (sequer no sofisticado e relativamente bem integrado mercado elétrico europeu).

Entre 2008 e 2010, durante os períodos de turbulências econômicas e financeiras que afetaram várias nações (e principalmente as mais desenvolvidas), o consumo total de carvão em países membros da Organização para Cooperação e Desenvolvimento Econômico (OCDE) foi bastante oscilante, o que também ocorreu com os demais energéticos. Particularmente dramática é a situação da Espanha, onde o consumo total de carvão despencou mais de 40% em apenas dois anos (Tabela 7.1).

Nos países que não fazem parte da OCDE, assim como em alguns países-membros que estiveram mais distantes dos efeitos da crise financeira, por exemplo, Coreia do Sul, México, Turquia e Finlândia, o desenvolvimento do consumo de carvão foi muito mais favorável. Para um conjunto selecionado de países externos à OCDE, o crescimento anual médio no consumo de carvão no biênio 2008 a 2010 foi de 8,6%, contra um decrescimento anual médio de 4,6% para os países da OCDE (Tabela 7.2).

Tabela 7.1 – Consumo total de carvão em países da OCDE [Mtec[4]].

Países/regiões	2008	2009	2010	Var % 2009-2008	Var % 2010-2009	TCMA* % 2010/2008
Estados Unidos	778,3	693,6	733,0	-10,9%	5,7%	-3,0%
Japão	162,9	145,0	164,8	-11%	13,7%	0,6%
Alemanha	112,4	100,1	105,6	-10,9%	5,5%	-3,1%
Coreia do Sul	89	92,4	102,8	3,8%	11,3%	7,5%

(continua)

---

[4] Os consumos totais referem-se à Oferta Total de Energia Primária e incluem a somatória de todos os carvões, depois da conversão para uma unidade de energia comum (tec). A conversão é realizada multiplicando o valor calorífico do carvão em questão pelo volume total consumido do dito carvão (medido em toneladas). Assumem-se as seguintes conversões: Mtec = Milhão de toneladas equivalentes de carvão = 0,7 x Mtep; e Mtep = Milhão de toneladas equivalentes de petróleo = 42 x 10^2 TJ (AIE, 2006).

ENERGIA DE COMBUSTÍVEIS FÓSSEIS E CAPTURA E ARMAZENAMENTO DE CO₂ | **215**

Tabela 7.1 – Consumo total de carvão em países da OCDE [Mtec]. *(continuação)*

Países/regiões	2008	2009	2010	Var % 2009-2008	Var % 2010-2009	TCMA* % 2010/2008
Polônia	84,8	77,6	86,6	-8,5%	11,6%	1,1%
Austrália	79,1	78,4	75,6	-0,9%	-3,6%	-2,2%
Turquia	42	42,4	47,3	1%	11,6%	6,1%
Reino Unido	50,8	42,6	44,4	-16,1%	4,2%	-6,5%
Canadá	38,6	33	32,2	-14,5%	-2,4%	-8,7%
República Checa	28,2	24,8	24,7	-12,1%	-0,4%	-6,4%
Itália	23,5	18,5	20,1	-21,3%	8,6%	-7,5%
França	18,1	15,1	16,1	-16,6%	6,6%	-5,7%
México	9,7	11,2	12,6	15,5%	12,5%	14%
Espanha	19,8	13,7	11,7	-30,8%	-14,6%	-23,1%
Países Baixos	11,3	10,5	10,6	-7,1%	1%	-3,1%
Grécia	11,9	12	10,4	0,8%	-13,3%	-6,5%
Israel	11,1	10,6	10,2	-4,5%	-3,8%	-4,1%
Finlândia	4,4	4,7	6	6,8%	27,7%	16,8%
Chile	6,2	5,2	5,9	-16,1%	13,5%	-2,4%
Outros países da OCDE	45	40,2	38,1	-10,7%	-5,2%	-8%

(*) TCMA = Taxa de Crescimento Médio Anual no período (em porcentagem).

Fonte: AIE (2010a e 2011a).

Em 2011, 76,4% do consumo mundial de carvão ocorreu em apenas cinco países: China, Estados Unidos, Índia, Rússia e Japão. Considerando os dez maiores consumidores (incluindo África do Sul, Alemanha, Coreia do Sul, Polônia, China e Taipei), a participação no consumo mundial sobe para 86%. Em resumo, o mercado mundial é bastante concentrado em poucas nações e acentua-se uma tendência estrutural na evolução do consumo mundial de carvão, consistente na participação crescente de países da Ásia: China, Índia, Japão e Taiwan, aos quais se juntaram mais recentemente Vietnã, Filipinas, Indonésia e outros países do Sudeste Asiático. O volume de carvão que os países asiáticos utilizam representa mais de 60% do total que é absorvido no mundo (a China sozinha representa 50% do consumo mundial).

Uma rápida apreciação nos números apresentados na Tabela 7.2 permite concluir que o Brasil pouco representa no consumo mundial de carvão. Entre 2008 e 2010, a participação brasileira esteve abaixo de 0,4%. De acordo com o Balanço Energético Nacional (BEN), de 2013, o carvão mineral representou apenas 5,4% da matriz energética nacional, atrás de petróleo (39,2%); biomassa da cana (15,4%); hidráulica (13,8%); gás natural (11,5%); lenha e carvão vegetal (9,1%).

Tabela 7.2 – Consumo total de carvão em países não OCDE [Mtec].

Países/regiões	2008	2009	2010	Var % 2009-2008	Var % 2010-2009	TCMA % 2010/2008
China	2.030	2.187,2	2.516,7	7,7%	15,1%	11,3%
Índia	368,1	405,6	433,8	10,2%	7%	8,6%
Rússia	169,8	137,3	176,9	-19,1%	28,8%	2,1%
África do Sul	150,7	140,5	141,2	-6,8%	0,5%	-3,2%
Taipei	57	54,4	60,2	-4,6%	10,7%	2,8%
Ucrânia	58	51,6	53,3	-11%	3,3%	-4,1%
Cazaquistão	49,1	44,5	48,8	-9,4%	9,7%	-0,3%
Indonésia	36,8	43,6	38,4	18,5%	-11,9%	2,2%
Tailândia	22	21,3	22,7	-3,2%	6,6%	1,6%
Coreia do Norte	24,3	23,4	22,1	-3,7%	-5,6%	-4,6%
Brasil	18,1	15,2	20,3	-16%	33,6%	5,9%
Vietnã	16,7	17,9	18,6	7,2%	3,9%	5,5%
Malásia	13,6	15,1	16,3	11%	7,9%	9,5%
Filipinas	9,8	8,3	13,5	-15,3%	62,7%	17,4%
Sérvia	11,8	10,8	10,2	-8,5%	-5,6%	-7%
Bulgária	10,6	9,1	9,6	-14,2%	5,5%	-4,8%
Romênia	12,7	10	9,3	-21,3%	-7%	-14,4%
Hong Kong (China)	10	10,9	9,1	9%	-16,5%	-4,6%
Outros países não OCDE	46,6	46,3	54,7	-0,6%	18,1%	8,3%
União Europeia	437,4	382,7	397,9	-12,5%	4,0%	-4,6%
Total OCDE	**1.627,1**	**1.471,6**	**1.558,7**	-9,6%	5,9%	-2,1%
Total não OCDE	**3.115,7**	**3.253,0**	**3.675,7**	4,4%	13,0%	8,6%
Mundo	**4.742,9**	**4.724,6**	**5.234,4**	-0,4%	10,8%	5,1%

Fonte: AIE (2010a e 2011a).

ENERGIA DE COMBUSTÍVEIS FÓSSEIS E CAPTURA E ARMAZENAMENTO DE CO$_2$ | **217**

De acordo com o mesmo BEN (EPE, 2013), o consumo de carvão mineral no Brasil, em 2012, distribuiu-se em 12,8 Mt (carvão vapor), sendo 6,2 Mt para geração de eletricidade e 6,6 Mt para fins térmicos industriais, e 10,8 Mt (carvão metalúrgico)[5].

Em outras palavras, o perfil de consumo de carvão mineral no Brasil distingue-se daquele que se observa na experiência mundial. A predominância da geração hidrelétrica no país explica o papel reduzido do carvão na geração termelétrica (maior segmento de consumo em escala mundial). Apesar disso, considerando o período de 2009 a 2012, pós-crise financeira de 2008, os consumos de carvão no país apresentam taxas médias de crescimento anual extraordinárias, particularmente para o carvão vapor e para a geração de eletricidade (ver Tabela 7.3). Em 2012, o carvão mineral representou 13% do consumo energético na indústria (redução de 2,8% em relação a 2011) e 1,6% da geração elétrica total (um incremento de 14% em comparação com 2011[6]).

Petróleo

As informações que seguem, com foco no petróleo, têm como principais referências as obras de Bret-Rouzaut et al. (2011), *Petróleo e gás natu-*

---

[5] Conforme estabelecido por Martin-Amouroux (2008), dentre as numerosas variedades de carvão mineral, serão frequentemente utilizadas as denominações de hulha ou carvão betuminoso para designar o termo conhecido em inglês como *hard coal* (correspondendo a antracitos, carvões betuminosos e sub-betuminosos superiores, os quais apresentam Poder Calorífico Superior – PCS – maior que 5.700 kcal/kg). No mundo, mais de 85% desses carvões são utilizados na geração de calor (principalmente em indústrias e usinas termelétricas), recebendo a denominação de carvão vapor. Cerca de 15% do carvão betuminoso será consumido em atividades metalúrgicas e siderúrgicas; são os carvões coqueificáveis ou metalúrgicos (para expressar o termo em inglês, *coking coal*). Através da destilação desses carvões, produz-se o coque. Carvões sub-betuminosos inferiores (4.165 kcal/kg < PCS < 5.700 kcal/kg) e o linhito (PCS < 4.165 kcal/kg) recebem a denominação de carvão marrom (tendo como origem o termo em inglês *brown coal*). Todos os tipos de carvão marrom são utilizados dominantemente como carvão vapor (principalmente na geração elétrica). Não há consenso na literatura internacional sobre os limites de PCS que definem os diferentes tipos de carvão. Os valores acima indicados são sugeridos na prática nacional. Este capítulo não trata da turfa (ou *peat*), que apresenta um PCS ainda menor e cuja utilização na geração de calor é bem menos relevante em escala mundial.

[6] A geração de energia elétrica no Brasil é *sui generis* devido à participação dominante do parque gerador hidrelétrico. O despacho de termelétricas é regido pelas condições hidrológicas observadas e pode variar substancialmente a cada ano. Porém, a maior oferta de geração intermitente (por exemplo, usinas hídricas a fio d'água ou usinas eólicas, sem que essas fontes possam encontrar elevada complementariedade) poderá conduzir o Brasil a situações similares àquelas vivenciadas na Alemanha ou na Dinamarca, impondo uma tendência de longo prazo de maior participação de combustíveis fósseis na geração elétrica do país.

Tabela 7.3 – Perfil da evolução do consumo de carvão no Brasil, por tipo de carvão e uso final.

	2009	2010	2011	2012	TCMA % 2009-2012	TCMA % 2010-2012
Carvão metalúrgico	9.281	10.954	11.351	10.841	5%	-1%
Carvão vapor para usos industriais	4.387	5.967	6.854	6.552	14%	5%
Carvão vapor para geração de eletricidade	3.952	4.753	4.585	6.207	16%	14%

Fonte: EPE (2013).

ral: como produzir e a que custo; e Moutinho dos Santos (2012), *Aspectos técnicos e ambientais da exploração do petróleo*, anteriormente organizada pelos mesmos autores, em francês e inglês.

As referências ao uso do petróleo (literalmente óleo da pedra), ou mais precisamente betume, asfalto ou mesmo piche, podem ser encontradas em escritos que remontam à antiguidade. Esses textos efetivamente descrevem o resíduo pesado e viscoso que permanece quando o petróleo atinge a superfície da Terra e perde suas frações mais leves como resultado da evaporação natural. Ao longo dos séculos, o petróleo foi usado, principalmente, como remédio e fonte energética para aquecimento e iluminação.

No que tange ao uso final para iluminação, os métodos ainda rudimentares usados para a produção de querosene, a partir do petróleo cru, marcaram a origem da indústria do petróleo moderna. As técnicas de destilação praticadas a partir da segunda metade do século XIX permitiram que frações pesadas fossem separadas e usadas como lubrificantes; parte do petróleo cru era deliberadamente descartada (nessa época ainda não existiam restrições ambientais para esse tipo de rejeito). Os aumentos de consumo do querosene iluminante levaram a um rápido crescimento do seu sistema de distribuição e comercialização.

Na virada para o século XX, as lamparinas foram sendo progressivamente substituídas pelas lâmpadas elétricas e o consumo de querosene iluminante começou a declinar. Contudo, desde o fim do século XIX, as técnicas da Segunda Revolução Industrial (motor térmico, automóvel, aviação, eletricidade, química e metais não ferrosos) mudaram a história da indústria do petróleo. A introdução das novas técnicas aumentava a

ENERGIA DE COMBUSTÍVEIS FÓSSEIS E CAPTURA E ARMAZENAMENTO DE CO_2 **219**

produtividade dos processos e a eficácia de conversão das fontes energéticas primárias. Passou-se, então, a preferir o uso dos combustíveis líquidos ou gasosos. Este movimento começou na América do Norte, onde a participação do carvão no consumo energético total caiu de 70%, em 1920, para 37%, em 1950, e 20%, em 1970. Após as duas grandes guerras da primeira metade do século XX, a substituição de carvão por petróleo e gás adquiriu uma escala mundial.

A demanda em declínio pelo querosene iluminante foi compensada pelo crescente consumo de outros produtos derivados do petróleo. Destacaram-se aqueles voltados para alimentar os motores de combustão interna (a gasolina e mais tarde o diesel, os quais passaram a ser demandados em grande escala para atender a expansão da frota de veículos automotores). Os automóveis necessitavam de uma fonte de energia flexível, de fácil transporte e armazenamento, relativamente leve e com grande densidade energética, que pudesse garantir autonomia aos usuários. Além disso, o combustível precisava ser suficientemente seguro e em conformidade com as rápidas transformações nas tecnologias dos motores.

A expansão da indústria automobilística revolucionou, por sua vez, a indústria de refino do petróleo. Novas tecnologias permitiram a extração de centenas de subprodutos a partir do petróleo bruto. A indústria do petróleo tornou-se a primeira grande indústria multiproduto e isso estimulou a adoção dos combustíveis líquidos de origem fóssil em diferentes usos.

O crescimento do consumo de petróleo em todo o planeta foi explosivo a partir de 1945. O petróleo viabilizou a bonança econômica e social do pós-guerra e tornou-se a energia de referência para a humanidade. O consumo se elevou de 350 Mt, em 1945, para mais de 1 Gt em 1960, acima de 2 Gt em 1970 e acima de 3 Gt em 1990. Em 2012, o mundo consumiu 4,1 Gt de petróleo. Entre 1965 e 2012, o crescimento anual médio do consumo planetário de petróleo foi de 2,2%[7].

A partir dos anos 1960, pela primeira vez na história da humanidade, os países mais desenvolvidos e dominantes tornaram-se dependentes da importação de energia. Países com potencial exportador de petróleo tornaram-se estratégicos para o desenvolvimento econômico do planeta. Por isso, desde meados do século XX, o mundo tem convivido com realidades energéticas fortemente influenciadas por questões geopolíticas.

---

[7] Gt = Bilhões de toneladas. Uma tonelada de petróleo cru equivale aproximadamente a 7,5 barris de petróleo (que é a unidade mais habitual na tradição brasileira). Assim, em 2012, o consumo mundial de petróleo aproximou-se de 90 milhões de barris/dia.

O petróleo é uma mercadoria estratégica para a sobrevivência e a prosperidade do homem. É possível ficar sem alguns metais ou certos produtos agroindustriais por um período razoavelmente longo. No entanto, a vida atual, com as tecnologias existentes, é inconcebível sem o petróleo. A maioria dos derivados de petróleo tem importância vital às nações em tempos de paz, assim como em tempos de guerra. O petróleo é indispensável como fonte de calor, eletricidade, força motriz ou como matéria-prima para diferentes processos químicos.

É no setor de transportes que o casamento entre tecnologias e petróleo continua mais fiel. Atualmente, cerca de 60 a 70% do petróleo consumido no planeta é utilizado para movimentar os meios de transporte rodoviários, ferroviários, aquáticos ou aéreos. Como mostrado na Figura 7.1, a partir de dados da AIE, ao longo do período de 1973 a 2011, os usos em transporte e para fins não energéticos aumentaram suas participações no consumo mundial de petróleo (crescimentos anuais médios respectivos de 0,8 e 1%). Por outro lado, os usos industriais e demais usos energéticos perderam participação (decrescimentos anuais médios respectivos de 2,1 e 1,7%).

A humanidade gradualmente reconhece as esplendorosas vantagens do petróleo, dedicado crescentemente para fins não energéticos, nos quais as possibilidades de adição de valor são muito maiores. No entanto, o petróleo também mantém seu papel de produto energético vital para o setor de transporte. Para garantir a mobilidade das pessoas, a hegemonia do petróleo permanece virtualmente indisputável. Somente em casos excepcionais é que outros energéticos puderam fazer alguma incursão significativa no mercado de combustíveis automotivos, como no caso do etanol no Brasil ou do gás natural na Argentina.

No futuro, a única alternativa energética que poderá aparentemente rivalizar com o petróleo no papel de propulsor da mobilidade humana será a eletricidade. Contudo, os desafios tecnológicos e econômicos indicam que, provavelmente, ainda se levará muitos anos, ou até mesmo décadas, antes que a eletricidade progrida de forma significativa no mercado de combustíveis automotivos. Além disso, esse processo talvez não venha a ser homogêneo. Enquanto áreas mais modernas do planeta, e mais bem supridas por infraestrutura elétrica, poderão assistir a uma rápida penetração dos veículos elétricos, não se pode descartar o cenário de manutenção dos veículos à combustão interna em zonas emergentes e menos desenvolvidas. Em outras palavras, pode-se adotar como plausível o cenário no qual o petróleo e a eletricidade encontrarão uma longa história de convivência no mercado de combustíveis automotivos.

Figura 7.1 – Participação de cada setor no consumo mundial total de petróleo no período de 1973 a 2011.

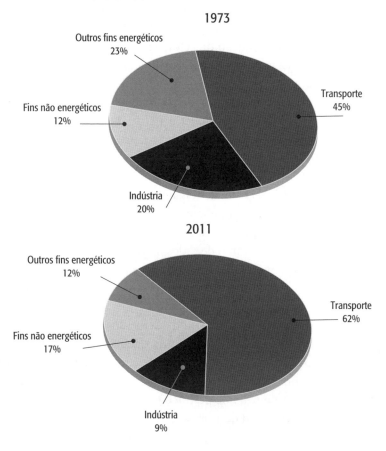

Fonte: AIE (2012).

No Brasil, apesar das grandes particularidades de um país com vantagens geográficas abundantes, que permitem uma dependência muito menor em relação aos combustíveis fósseis (em 2012, a participação de energias renováveis no balanço energético nacional foi de 42,4%; muito acima da média mundial), observa-se que a participação do petróleo no consumo energético total sempre esteve acima de 35%. Desde a crise financeira global de 2008, a participação do petróleo tem expandido ano a ano, passando de 36,7% em 2008 para 39,2% em 2012. Assim, reverteu-se o processo inverso que havia sido registrado no quinquênio anterior, quando a participação do petróleo no balanço energético nacional havia sistematicamente declinado, partindo de 40,2% em 2003.

Entre todos os setores demandantes de energia no Brasil, o segmento de transportes também tem absorvido quantidades crescentes de petróleo. O consumo energético agregado do setor, envolvendo transporte de carga e de pessoas, cresceu à expressiva taxa anual média de 8% no período 2009 a 2012 (muito superior à taxa de crescimento médio anual – TCMA – de 5,4% registrada no período anterior, de 2003 a 2008). Essa expansão torna-se mais notável quando se considera a perda de vigor no crescimento econômico do país e do setor de transporte nesses mesmos dois períodos (ver Tabela 7.4).

As políticas de estímulo ao consumo adotadas pelo país têm conduzido a aumentos sensíveis na frota de veículos leves e pesados. O consumo de combustíveis nesses veículos também é incitado pelas políticas de preço aplicadas aos derivados de petróleo. Esses aspectos compõem o quadro de expressiva evolução no consumo de todos os derivados de petróleo dedicados ao transporte. Além disso, os últimos anos também registraram queda na oferta de etanol para o mercado interno e isso levou a expansões sem precedentes no consumo da gasolina (Tabela 7.4).

A evolução do perfil de consumo de derivados de petróleo no Brasil aproxima-se de maneira ainda mais rápida daquela observada em escala planetária, com o petróleo cada vez mais dedicado aos setores de transporte em detrimento dos demais usos. Entre 2003 e 2012, a participação dos transportes no consumo total de petróleo do país expandiu-se a uma taxa de crescimento médio anual de 1,6% (ou seja, o dobro do que se registrou no mundo entre 1973 e 2011) (Figura 7.2).

Quarenta anos atrás, em resposta ao apoio dos Estados Unidos a Israel na guerra contra países árabes em outubro de 1973, as nações árabes pertencentes à Organização dos Países Exportadores de Petróleo (Opep) lançaram um embargo de petróleo e, essencialmente, proibiram as exportações para a América do Norte. O momento não poderia ter sido pior, visto que essa medida de cunho geopolítico deu início à crise energética (ou Crise do Petróleo) dos anos 1970 e 1980. Os Estados Unidos, o Brasil e todo o mundo sentiram o impacto e estabeleceram novas políticas energéticas visando aumentar a produção doméstica de petróleo e reduzir a de-

Tabela 7.4 – Evolução do consumo de combustíveis automotores no Brasil e dados econômicos – 2003 até 2013.

	2003	2008	2009	2012	TCMA 2003-2008	TCMA 2009-2012
Consumo de fontes de energia (em mil tep)						
Etanol	6.253	11.809	12.550	10.522	13,6%	-5,7%
Todos os derivados de petróleo	80.343	92.654	92.573	113.091	2,9%	6,9%
Óleo diesel	31.016	37.827	37.263	46.280	4,1%	7,5%
Gasolina	13.162	14.585	14.720	24.512	2,1%	18,5%
Querosene	2.294	2.831	2.784	3.784	4,3%	9,9%
Dados do setor de transportes						
PIB total do Brasil (em milhão de US$ de 2012)	1.426,062	1.803,875	1.797,927	2.003,536	4,8%	3,7%
PIB do setor de transporte (em milhão de US$ de 2012)	62.439	78.471	75.707	84.818	4,7%	3,9%
Consumo energético total em transporte (em mil tep)	48.291	62.829	63.041	79.308	5,4%	8%

Fonte: EPE (2013)

Figura 7.2 – Participação de cada setor no consumo brasileiro de petróleo no período de 2003 a 2012.

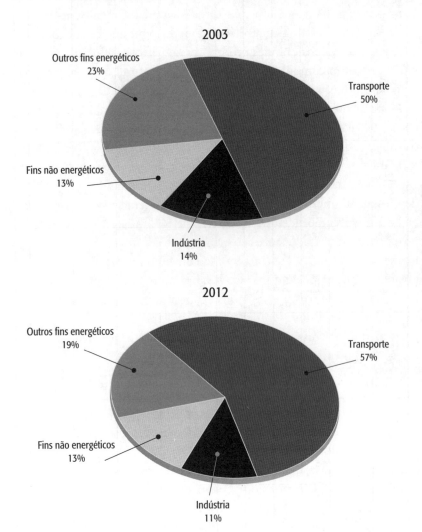

Fonte: EPE (2013).

pendência da Opep através da diversificação energética, estímulo à eficiência e promoção de novas zonas de produção no planeta.

Porém, desde 2005, a situação geopolítica do petróleo não poderia ser mais diametralmente distinta. Nos Estados Unidos, em virtude da crescente

ENERGIA DE COMBUSTÍVEIS FÓSSEIS E CAPTURA E ARMAZENAMENTO DE CO$_2$ **225**

produção de gás de xisto (ou de folhelho – vide a situação do gás natural que será tratada ainda neste capítulo), as importações de petróleo bruto têm diminuído rapidamente, e o país torna-se gradativamente menos dependente do fornecimento de petróleo da Opep. Ao mesmo tempo, o país volta a figurar na lista dos grandes produtores de petróleo. Em 2013, por exemplo, a produção combinada de petróleo e gás natural norte-americana superou a produção total da Rússia, até então considerada o maior produtor mundial. A produção de petróleo dos Estados Unidos aumentou em 50% desde 2008 e superou a marca de 8,5 milhões de barris por dia em 2014. Isso os colocará quase no mesmo nível de produção da Arábia Saudita e transformará a geopolítica petroleira mundial durante a próxima década.

O Brasil, mesmo antes do anúncio das descobertas de campos gigantes de pré-sal, em meados da década de 2000, também se legitimou a participar do novo clube de superpotências petroleiras. Entre 2003 e 2012, a produção doméstica de petróleo cru apresentou uma taxa de crescimento médio anual de 3,7%, contra 1,9% do consumo nacional. Em 2006, o país tornou-se autossuficiente em petróleo bruto, um fato histórico que carimbou a entrada do país no clube dos exportadores líquidos. No mesmo período, de 2003 a 2012, as importações petroleiras da nação cresceram com taxas médias irrisórias, 0,1% ao ano, enquanto as exportações têm disparado com a média de 9,2% ao ano (Figura 7.3).

Em curto curto prazo, a nova realidade petroleira brasileira encontra-se mascarada por problemáticas mais recentes, como a expansão mais acentuada do consumo doméstico, as restrições na capacidade de refino do país, conduzindo a aumentos nas importações de derivados de petróleo, e as dificuldades financeiras que a Petrobrás e o Brasil enfrentam e que reduzem suas capacidades de investimento. Porém, as promessas de um país petroleiro exportador continuam válidas, e o Brasil será ator relevante na nova "Revolução Petroleira Mundial". Nesta, países produtores emergentes, que estão fora da Opep, como é o caso do Brasil, verão suas produções e exportações pressionarem a Opep e todos os demais produtores tradicionais.

A AIE estima que países produtores como Estados Unidos, Canadá, Brasil e Cazaquistão aumentarão suas respectivas produções em mais de 2 milhões de barris/dia até 2025. No caso do Brasil, isso representa mais que dobrar a produção corrente. O mundo reduzirá a quantidade de petróleo a ser demandada da Opep (inclusive ficando menos exposto às instabilidades políticas que têm afetado a produção e exportação de petróleo de importantes produtores como Venezuela, Líbia e Irã).

Aos países da Opep, restará desenvolver parcerias estratégicas de longo prazo com seus novos principais clientes, isto é, as potências asiáticas. Em 2013, a China tornou-se o maior importador de petróleo do mundo, passando os Estados Unidos, e essa alteração persistirá ao longo das próximas décadas, com os países asiáticos devendo aumentar suas importações líquidas de petróleo bruto e produtos refinados em mais de 10 milhões de barris/dia até 2035.

Figura 7.3 – Balanço petroleiro brasileiro (em mil m³/ano).

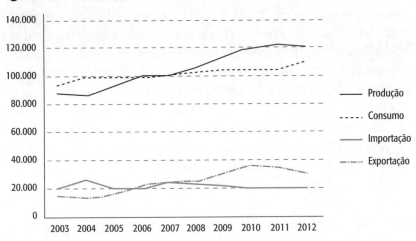

Fonte: EPE (2013).

Gás natural

O tema abordado a seguir, cujo foco é o gás natural, é trabalhado com base, principalmente, na obra de Moutinho dos Santos et al. (2002), *Gás natural: estratégias para uma energia nova no Brasil*. Como no caso do petróleo, os registros sobre a produção e uso de gás natural são muito antigos e encontrados em diferentes partes do planeta. A história da indústria do gás confunde-se em realidade com aquela do carvão, pois, em sua primeira grande expansão, nos séculos XVIII e XIX, tratava-se de produzir um gás manufaturado a partir do carvão e depois distribuí-lo através de redes canalizadas para prover principalmente iluminação pública nas grandes cidades (Comgás, 2013)[8].

A indústria moderna do gás natural, propriamente dita, nasceu nos Estados Unidos, na segunda metade do século XIX. Desde o início, os produtores de gás natural buscaram mercados no setor industrial, procurando substituir os produtores de carvão. Diferente dos fabricantes de gás manufaturado, cuja matéria-prima era o próprio carvão e que, portanto, mantinham excelentes relações com a indústria carvoeira, a penetração do gás natural deveria fazer-se através do deslocamento do carvão.

Quando irrompeu a eletricidade, os gases combustíveis perderam o mercado de iluminação e tiveram de encontrar novos usos, principalmente na cocção, no aquecimento (ou refrigeração) e como fonte de matéria-prima para processos químicos. Essa evolução implicou a criação de toda uma nova infraestrutura, bem como o desenvolvimento de novos métodos de manuseio, distribuição e comercialização do produto. Ademais, os equipamentos de queima foram adaptados para o consumo do gás natural.

Em seguida, importantes avanços tecnológicos também ocorreram no desenvolvimento de novos equipamentos já desenhados para os combustíveis gasosos. A história da indústria do gás natural de meados do século XIX até os dias atuais tem sido escrita através do acúmulo de lentos aperfeiçoamentos e eventuais introduções revolucionárias de novas tecnologias, por exemplo, os primeiros gasodutos de alta pressão, construídos com tubos de aço, sem soldadura longitudinal e soldados eletricamente.

Nos anos 1930 e 1940, graças aos novos gasodutos, a indústria de gás norte-americana expandiu-se com maior velocidade. Do tradicional uso do gás nos mercados vizinhos aos campos de produção, estabeleceu-se um verdadeiro comércio interestadual de gás. Os anos 1950 foram de notáveis inovações tecnológicas, sob o impulso de grandes empresas estatais do gás, criadas principalmente na Europa Ocidental. Novas reservas de gás natural foram descobertas e o seu sucesso técnico e econômico ultrapassou de longe as esperanças iniciais.

---

[8] Na segunda metade do século XIX, nas principais cidades da Europa, na América do Norte e em alguns outros lugares do planeta, verificou-se a expansão da iluminação a gás, conhecido como "gás de rua", produzido a partir da gaseificação do carvão e que era transportado através de canalizações urbanas. No Brasil, o período foi marcado principalmente pela criação das companhias de gás do Rio de Janeiro (a atual CEG, criada em 1854), e de São Paulo (a atual Comgás, criada em 1872) (Gás Natural Fenosa, 2013; Comgás, 2013).

228 | ENERGIA E SUSTENTABILIDADE

A partir dos anos 1960, inaugurou-se o período de grandes descobertas gasíferas no norte da África, na antiga União Soviética e no Mar do Norte. Em 1959, a Shell e a Exxon, buscando petróleo na Holanda, descobriram o campo gigante de gás de Groningen. Quatro anos mais tarde, uma empresa mista com o Estado holandês (Nederlandse Aardolie Mij) foi criada para a comercialização do gás. Em 1967, foi construído o primeiro gasoduto interligando dois países europeus e permitindo os primeiros contratos internacionais de compra de gás entre a Holanda e a França.

Nos anos 1970 e início dos anos 1980, em meio à crise energética, grandes investimentos públicos e privados foram realizados no intuito de assegurar novas fontes de suprimento de gás (cada vez mais distantes do continente europeu e norte-americano). As empresas energéticas japonesas também entraram no mundo do gás (sendo posteriormente seguidas por sul-coreanos e chineses de Taiwan e da China). Desenvolveu-se toda uma rede de suprimento de gás asiática, ancorada no transporte marítimo de gás natural liquefeito (GNL). Essa rede tem sido expandida desde então, abraçando um número cada vez maior de nações importadoras e exportadoras de gás. O GNL transforma-se, gradativamente, no segmento gasífero de maior viés global, permitindo que o gás natural aproxime-se em termos de acessibilidade ao carvão ou ao petróleo[9].

Nos Estados Unidos, desde os anos 1970 até hoje, a indústria do gás não tem deixado de surpreender. Diferentes iniciativas têm gerado transformações profundas no panorama energético doméstico e com impactos globais. Por exemplo, no setor de geração de eletricidade, o gás natural avançou rapidamente até 1972, mas teve a sua participação reduzida durante as crises energéticas e a recessão econômica dos anos 1970 e início dos anos 1980. Após o início da década de 1990, a retomada do uso do gás natural na geração de eletricidade tornou-se aposta dominante, não apenas nos Estados Unidos, mas, praticamente, em todo o mundo (com reflexos igualmente importantes no Brasil a partir de 2002)[10].

---

[9] Por questões de objetividade, este capítulo não poderá detalhar todas as dimensões associadas ao segmento industrial do GNL. A literatura sobre o tema é vasta e o leitor mais interessado não encontrará dificuldades em se aprofundar.

[10] O rápido desenvolvimento das turbinas a gás, cuja utilização é muitas vezes concebida em sofisticados ciclos térmicos ditos combinados ou em processos eficientes de cogeração transformou o gás em combustível privilegiado pelas companhias elétricas (públicas e privadas) do mundo inteiro – ver Moutinho dos Santos et al. (2002) para um detalhamento da história evolutiva das tecnologias de termeletricidade a gás.

Mais recentemente, os Estados Unidos passaram a vivenciar uma nova revolução gasífera, dessa vez, principalmente, por uma questão de oferta. Novamente, as consequências dessa revolução deverão transbordar as fronteiras norte-americanas e ganhar uma perspectiva global. Após vários anos de intensos desenvolvimentos tecnológicos, com investimentos públicos e privados, a produção de gás de xisto (ou de folhelho) tornou-se realidade nos Estados Unidos.

As dificuldades encontradas pelo país para estabilizar as condições políticas e sociais no Iraque e em todo o Oriente Médio, após a guerra do início dos anos 2000, adicionadas aos interesses sinérgicos de grandes empresas domésticas, levaram à formulação de novas políticas energéticas com viés mais nacionalista. Em particular, em 2005, foram aprovadas novas leis que isentavam a indústria petroleira e gasífera norte-americana dos rigorosos procedimentos e fiscalizações regulatórias impostos pela Environmental Protection Agency (EPA), para preservar a salubridade dos lençóis freáticos. Com essas isenções, os produtores locais passaram a receber autorização da EPA para injetar no subsolo substâncias químicas potencialmente perigosas, mesmo em áreas relativamente próximas de fontes subterrâneas de água potável. Essa nova realidade permitiu o rápido avanço tecnológico nos processos de fratura hidráulico (*hydro fracturing*) de rochas de folhelho com elevado potencial produtivo de gás e petróleo (Engdahl, 2013).

O advento do gás de xisto (ou *shale gas*) alterou completamente o cenário gasífero nos Estados Unidos. Entre 2001 e 2006, a produção doméstica decaiu com uma taxa anual média de 1,2%, e os preços subiram em mais de 10% ao ano. O consumo doméstico, consequentemente, declinou com taxa anual média de 0,5%. Os Estados Unidos prepararam-se para se transformar em um grande importador de GNL. No período seguinte, de 2007 a 2012, as tendências inverteram-se, e a produção doméstica passou a crescer em média 4,5% ao ano. A queda de preços foi acentuada, quase 17% ao ano em média. A queda do consumo também se reverteu e a demanda passou a se expandir a uma taxa anual média de 2% (Figura 7.4).

A produção de gás de xisto nos Estados Unidos foi multiplicada por quatro entre 2007 e 2011. A participação desse gás, dito não convencional na produção total do país, passou de 3% em 2002 para 40% em 2013. Além disso, a história do gás de xisto nos Estados Unidos reverte uma tradição regulatória histórica do país. No passado, com o desenvolvimento das *conservation laws*, os norte-americanos sempre adotaram políticas rigorosas de controle da extração de petróleo e gás natural, visando preservar as qualidades geológicas dos reservatórios e evitar quedas de preços que pudessem comprometer a sustentabilidade econômica do negócio. No caso da produção de gás de xisto, os Estados Unidos parecem voltar aos seus primórdios, quando produtores procuram acelerar os processos de extração, antecipando receitas, mas deteriorando os preços (Engdahl, 2013)[11].

Figura 7.4 – Balanço da produção e do consumo de gás natural nos Estados Unidos (em BMC/ano) e preço médio Henty Hub (em US$/MMBTU).

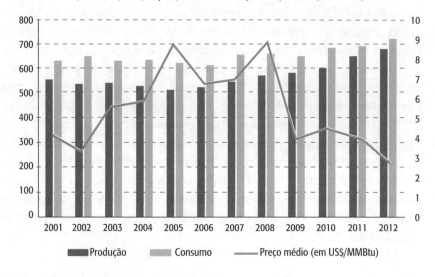

Fonte: EIA (2013).

Apesar das crises financeira e econômica que se espalharam após 2008, os cenários energéticos para o gás natural continuam favoráveis. Em 2011, em um Relatório Especial, a AIE sugeriu a perspectiva de uma "Era de ou-

---

[11] Não é possível avançar no tema sobre a sustentabilidade técnica e econômica da atual produção de gás de xisto norte-americana. Cada vez mais, surgem autores que compartilham da opinião revelada por Engdahl (2013) e que questionam a viabilidade técnica e econômica da indústria dentro das atuais condições de preços baixos. Ajustes maiores devem ser previstos, mas as condições de sobrevivência e expansão da indústria, dentro e fora dos Estados Unidos, parecem cada vez mais plausíveis. Além disso, não se trata de olhar apenas o gás de xisto. Em 2011, segundo a AIE, os gases ditos não convencionais (ver definições e classificações em Bret-Rouzaut et al., 2011) representaram cerca de 15% da produção mundial de gás. Porém, o gás de xisto representou apenas de 7 a 8%.

ENERGIA DE COMBUSTÍVEIS FÓSSEIS E CAPTURA E ARMAZENAMENTO DE CO_2 | **231**

ro para o gás natural" (AIE, 2011b). Esse cenário alinha-se com o conceito defendido por Moutinho dos Santos et al. (2002) de construção de uma "civilização do gás". Esses cenários sugerem papéis ainda mais robustos para o gás natural na matriz energética planetária, aumentando sua participação de 21% em 2008 para 25% em 2035 (Tabela 7.5)[12].

Tabela 7.5 – Consumo mundial de energia primária (em milhões de tep e em %).

Tipo de fonte de energia	2008		2035 Cenário "Era de ouro para o gás"		TCMA
	Mtep	%	Mtep	%	
Petróleo	4.059	33%	4.543	27%	0,42%
Carvão	3.315	27%	3.666	22%	0,37%
Gás natural	2.596	21%	4.244	25%	1,84%
Nuclear	712	6%	1.196	7%	1,94%
Hidráulica	276	2%	477	3%	2,05%
Biomassa	1.225	10%	1.944	12%	1,73%
Outras renováveis	89	1%	697	4%	7,92%
Energias fósseis	9.970	81%	12.453	74%	0,83%
Renováveis + nuclear	2.302	19%	4.314	26%	2,35%

(continua)

---

[12] No cenário da "Era de ouro para o gás" da AIE, o gás natural e a energia nuclear, assim como todas as formas de energia renovável, apresentam um crescimento anual médio bem superior ao consumo mundial total de energia primária. Tendo essas perspectivas de evolução, propõe-se que o consumo de petróleo e carvão experimentará quedas importantes em suas taxas de crescimento no período. Ainda haverá forte crescimento no consumo absoluto de petróleo e carvão entre 2008 e 2035. Porém, as dinâmicas de expansão das indústrias carvoeira e petroleira deverão ser reduzidas em favor do gás natural e demais fontes de energia. Evidentemente, trata-se apenas de um cenário produzido pela AIE. Em outras partes deste nosso capítulo, já foi afirmado que a realidade energética mundial poderá produzir outras situações, inclusive cenários alternativos bastante favoráveis ao carvão ou ao petróleo (ver "Considerações finais").

ENERGIA E SUSTENTABILIDADE

Tabela 7.5 – Consumo mundial de energia primária (em milhões de tep e em %). *(continuação)*

Tipo de fonte de energia	2008		2035 Cenário "Era de ouro para o gás"		TCMA
	Mtep	%	Mtep	%	
Renováveis s/ nuclear	1.590	13%	3.118	19%	2,53%
% Pet/total fósseis		41%		36%	
% Carvão/total fósseis		33%		29%	
% GN/total fósseis		26%		34%	
Total	12.272	100%	16.767	100%	1,16%

Fonte: AIE (2011b).

Em 2011, a demanda mundial de gás natural subiu somente 2% em relação a 2010 (muito menor que os 7% registrados no biênio 2009-2010). Esses crescimentos sequer chegam a compensar as perdas de mercado registradas durante os anos mais agudos da crise financeira de 2008. Antes da crise financeira, e por vários anos, a demanda global de gás natural expandiu com taxa média de 3% ao ano.

A evolução dos consumos de gás tem sido muito heterogênea. Em 2011, a demanda de gás da China cresceu em 21%. Já na Europa, registrou-se uma queda de 9%. O mercado gasífero europeu encontra-se distante de qualquer cenário de "Era dourada para o gás". Além da queda do consumo energético na região, o gás natural tem sofrido com a perda de competitividade em comparação com a geração elétrica a carvão ou eólica.

No Brasil, a indústria de gás natural é embrionária e recente. Ainda que a história das principais companhias de gás remonte ao período do Império, pode-se afirmar que um mercado mais vigoroso, com demandas e ofertas de gás sustentáveis, somente pôde ser construído no final dos anos 1990, a partir da construção do gasoduto Gasbol, conectando reservas gasíferas na Bolívia com os principais mercados energéticos das regiões Sul e Sudeste do país. A história detalhada das primeiras fases da evolução gasífera brasileira, incluindo as primeiras etapas do aproveitamento das importações de gás boliviano, encontra-se em Moutinho dos Santos et al. (2002).

Entre 2003 e 2012, a participação do gás natural no consumo total de energia do país pouco evoluiu, passando de 6 a 7,2% (tendo atingido um máximo de 7,4% em 2008). No entanto, o mercado embrionário de gás natural apresentou crescimentos pujantes em praticamente todos os segmentos (com particular destaque na geração de eletricidade) (Tabela 7.6).

A produção doméstica tem aumentado com taxas médias anuais acima de 6% (tendo apenas registrado um declínio de 2,1% durante a crise de 2008 e 2009). Além disso, o crescimento da produção doméstica continuará a acelerar à medida em que os recursos naturais do pré-sal são desenvolvidos. Estima-se que os campos de pré-sal deverão produzir grandes quantidades de gás e a oferta gasífera no Brasil poderá expandir-se com maior velocidade.

O consumo total de gás, apesar da queda de quase 20% entre 2008 e 2009, apresenta históricos de expansão muito relevantes. Com exceção do uso veicular do gás, cuja demanda declinou entre 2009 e 2012, todos os demais segmentos de consumo apresentam expansões anuais médias acentuadas, tanto no período anterior como posterior à crise financeira global. Contudo, é na geração de eletricidade que o gás natural tem evoluído em condições extremamente favoráveis, principalmente a partir de 2009, quando a disponibilidade de hidreletricidade diminuiu em resposta a chuvas menos intensas e insuficientes para repor adequadamente o nível dos reservatórios nos principais rios. Como consequência, entre 2003 e 2012, o Brasil registrou uma alteração espetacular em seu perfil de consumo de gás natural (Figura 7.5)[13].

---

[13] Dadas as dificuldades de previsão das estações de chuva no país, principalmente em decorrência das inúmeras incertezas reinantes sobre a evolução climática do planeta e seus eventuais impactos no território nacional, torna-se difícil prever a evolução futura do perfil de consumo de gás no Brasil. Porém, pode-se especular com algum grau de certeza que o consumo de gás, ainda que diversificado em diferentes segmentos, permanecerá ancorado nos consumos industriais e de geração de eletricidade. Na verdade, este último deverá consolidar-se como o principal segmento de consumo ao longo dos próximos anos.

Tabela 7.6 – Evolução do Balanço Gasífero Nacional no período de 2003 a 2012.

	2003	2008	2009	2012	TCMA 2003-2012	TCMA 2003-2008	TCMA 2009-2012	Var % 2008-2009
Produção doméstica	15.792	21.593	21.137	25.762	5,6%	6,5%	6,8%	2,1%
Importação	5.055	11.348	8.366	13.184	11,2%	17,6%	16,4%	26,3%
Variações de estoque, perdas e ajustes	-4.906	-6.042	-7.923	-5.335	0,9%	4,3%	-12,4%	31,1%
Consumo total	**15.941**	**26.898**	**21.580**	**33.611**	**8,6%**	**11%**	**15,9%**	**19,8%**
Uso em refinaria para a produção de derivados de petróleo	848	1.856	1.674	3.082	15,4%	17%	22,6%	-9,8%
Geração de eletricidade	2.905	6.427	2.908	10.070	14,8%	17,2%	51,3%	-54,8%
Uso no setor de transporte (incluindo GNV)	1.328	2.453	2.106	1.942	4,3%	13,1%	-2,7%	-14,1%
Industrial	6.658	9.605	8.243	11.192	5,9%	7,6%	10,7%	-14,2%
Outros usos energéticos	3.411	5.750	5.834	6.304	7,1%	11%	2,6%	1,5%
Consumo não energético	791	807	815	1.021	2,9%	0,4%	7,8%	1%

Fonte: EPE (2013)

Figura 7.5 – Participação de cada setor no consumo brasileiro de gás natural no período de 2003 a 2012.

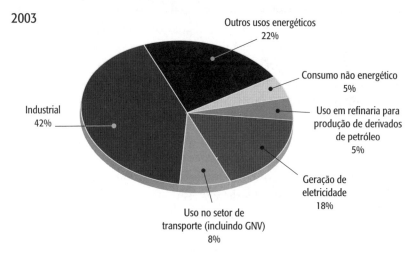

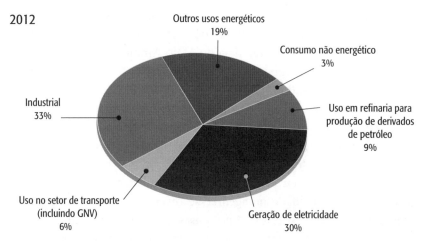

Fonte: EPE (2013).

COMBUSTÍVEIS FÓSSEIS E AS QUESTÕES AMBIENTAIS

O uso massivo dos combustíveis fósseis na matriz energética mundial é apontado como um dos principais causadores de problemas ambientais de ordem local e global. Além disso, ao longo das cadeias de suprimento desses combustíveis, encontram-se diferentes atividades complexas, intensas e que envolvem riscos com potenciais impactos negativos contra o ambiente e/ou grupos sociais específicos. As questões ambientais estão cada vez mais insurgindo na agenda dos produtores e dos consumidores de combustíveis fósseis. Porém, neste capítulo, torna-se impossível analisar todas as suas dimensões. Escolheu-se concentrar naquele que parece ser o desafio ambiental mais importante para os combustíveis fósseis, isto é, as emissões de gases de efeito estufa (GEE).

Como argumentam Bolseman et al. (2010), o principal ponto do debate atual é como diminuir as emissões de GEE, principalmente o dióxido de carbono, o metano e o óxido nitroso, decorrentes da queima de combustíveis fósseis. Respostas fáceis não estão disponíveis, o desafio é procurar e tentar construir soluções para as problemáticas que emergem nesse limiar do século XXI.

A humanidade preocupa-se de forma crescente com a capacidade do planeta de absorver as emissões de GEE associadas à produção e ao uso da energia. O conceito de sustentabilidade global ecoou nas esferas políticas, principalmente após a Conferência do Meio Ambiente do Rio de Janeiro, em 1992, voltando à tona com grande repercussão na Conferência de Kyoto, em 1997, quando foi introduzido o Protocolo de Kyoto. Este documento de alcance global tem sido alvo de um longo processo de negociação internacional para sua ratificação global e implementação. Porém, sequer seus fundamentos científicos encontram-se plenamente aceitos e validados pela comunidade internacional.

As questões que envolvem o tema das mudanças climáticas se transformaram em prioridade na agenda de diversos países, de organizações internacionais e de institutos de pesquisas. O setor energético também foi chamado para oferecer soluções para a diminuição das emissões de GEE. Segundo Schaeffer (2012), cerca de 80% das emissões globais de GEE decorrem da forte dependência mundial de fontes de energia de origem fóssil. Embora haja consideráveis incertezas sobre o escopo e as consequências dessas emissões, parece haver bem menos dúvidas de que essa situação poderá levar a um aumento na frequência de "eventos climáticos extremos", incluindo violentas tormentas, inundações e ondas de calor.

Pacala e Socolow (2004), em estudo sobre essa temática e considerando as tecnologias e os conhecimentos atuais, propuseram diversas estratégias factíveis para a mitigação das emissões de GEE (por volta de 1 bilhão de toneladas por ano até 2054). Esses autores citam 15 estratégias possíveis de serem executadas e distribuídas dentro de sete grupos de amplas medidas. São elas:

(1) Eficiência energética baseada na adoção de:

- Motores com menor consumo de combustível.
- Decréscimo pela metade do número de quilômetros percorridos por carros anualmente.
- Uso de melhores práticas no consumo de energia em residências e em prédios comerciais.
- Produção de eletricidade a partir de carvão com o dobro da eficiência atual.

(2) Alteração do uso de combustível de 1.400 plantas de geração de eletricidade a partir de carvão para gás natural.

(3) Captura e armazenamento de carvão baseados em:

- Captura e permanente armazenamento de CO_2 proveniente das emissões de 800 plantas de geração de eletricidade a partir de carvão.
- Produção de hidrogênio a partir de carvão e subsequente utilização do hidrogênio enquanto combustível.
- Produção de combustíveis sintéticos a partir de plantas de carvão e da captura e do armazenamento de CO_2.

(4) Alcance do dobro da capacidade mundial em geração nuclear para realocar plantas baseadas em carvão.

(5) Incremento de geração a partir de energia proveniente do vento e do sol com:

- Crescimento da capacidade de energia eólica em 50 vezes da atual.
- Instalação de capacidade de geração elétrica a partir do sol em 700 vezes à corrente capacidade.
- Uso de 4.000 km^2 em painéis solares para produzir hidrogênio para células de combustíveis.

(6) Aumento da produção de etanol.

(7) Extinção de práticas de desflorestamento e aumento da área de florestas mundial, assim como adoção de técnicas de conservação de solo durante o processo de plantação e colheita.

Apesar de tudo, Pacala e Socolow (2004) não destrincham os problemas de ordem técnica, gerencial e econômica das soluções propostas. Os diferentes passos que poderão ser necessários para limitar as emissões vão acarretar custos que terão de ser vinculados aos usos dos hidrocarbonetos. Neste capítulo, revela-se impossível explorar todas as dimensões do problema. A seguir, dedicam-se algumas reflexões ao uso da técnica de captura e armazenamento de CO_2 (CAC) como estratégia possível para a redução das emissões de GEE provenientes do consumo de combustíveis fósseis.

COMBUSTÍVEIS FÓSSEIS E CAPTURA E ARMAZENAMENTO DE CO_2

No âmbito das Mudanças Climáticas Globais (MCG), os avanços na formulação de políticas públicas e na regulação têm se tornado cada vez mais complexos com a pluralidade de posicionamentos políticos e de interesses econômicos das diversas nações (Stern, 2007).

A disseminação do uso de tecnologias que impliquem a minimização das externalidades negativas para o meio ambiente apresenta-se como estratégia fundamental para a redução das emissões de GEE na atmosfera terrestre. Nenhuma das tecnologias possíveis será individualmente suficiente para a redução efetiva dessas emissões. Conforme já mencionado, dentre as opções sugeridas, destaca-se o sequestro de carbono. Este pode ser realizado por meios naturais, mediante a remoção do carbono da atmosfera (através da fotossíntese), ou por meios artificiais, mediante as tecnologias de Captura e Armazenamento de Carbono (CAC, ou CCS, da sigla em inglês *Carbon Capture and Storage*). O armazenamento final do dióxido de carbono retirado da atmosfera pode ser realizado na hidrosfera, através de armazenamento oceânico; na biosfera, através de armazenamento por biomassa; e na litosfera, através de armazenamento geológico (AIE, 2010b). Nos parágrafos que seguem, o foco será principalmente o armazenamento geológico do CO_2.

A partir de descrições do IPCC (2005), pode-se elencar os principais segmentos econômicos geradores de GEE, destacando-se a geração de eletricidade. As principais tecnologias para capturar o dióxido de carbono também são analisadas. São elas:

- Pós-combustão, a partir da separação do CO_2 dos gases de exaustão das usinas termelétricas convencionais, através de técnicas de adsorção, absorção, criogenia ou membranas de separação. Essa tecnologia já é comercializada, porém implica alto custo operacional em razão do aumento do consumo energético.

- Pré-combustão, na qual o dióxido de carbono é separado do combustível antes da sua queima, resultando em um gás composto por monóxido de carbono e hidrogênio.

- Oxicombustível, a partir da queima do combustível com alto teor de oxigênio, o que resulta no dióxido de carbono praticamente puro como gás de exaustão.

Em todos os segmentos industriais mencionados pelo IPCC, as tecnologias de captura e armazenamento de carbono podem ser executadas. A concentração de CO_2, a pressão e o tipo de combustível (sólido ou líquido) são fatores determinantes na escolha do sistema de captura para cada segmento industrial. Uma vez capturado, o dióxido de carbono é comprimido e transportado para reservatórios (geológicos) apropriados. O transporte do gás é realizado especialmente por meio de carbodutos (ou gasodutos de CO_2) ou navios (ver Figura 7.6).

Figura 7.6 – Ciclo de um projeto de captura e armazenamento de carbono.

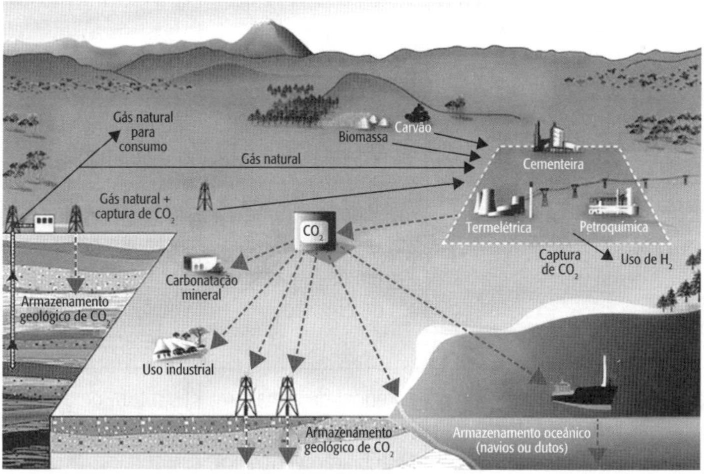

Fonte: IPCC (2005).

Dentre os critérios para análise da viabilidade econômica, o IPCC (2005) define uma distância de até trezentos quilômetros (300 km) para o transporte do dióxido de carbono entre as fontes estacionárias e os reservatórios geológicos. No entanto, destaca-se que a distância não deve ser considerada um critério único.

Para a estocagem do dióxido de carbono, três tipos de reservatórios geológicos apresentam grande potencial de armazenamento: campos de petróleo, camadas de carvão e aquíferos salinos. No caso da injeção de CO_2 em campos de petróleo, existe a possibilidade da recuperação de hidrocarbonetos através da Recuperação Avançada de Petróleo (ou *Enhanced Oil Recovery* – EOR). Essa tecnologia permite extrair óleo residual das jazidas por meio, por exemplo, da injeção de água ou gás. No caso da injeção de CO_2 em camadas de carvão, é possível recuperar hidrocarbonetos através da Recuperação Avançada de Metano (ou *Enhanced Coalbed Methane* – ECBM). A Tabela 7.7 mostra as vantagens e desvantagens das três modalidades de reservatórios geológicos para estocagem de dióxido de carbono (Heyberger et al., 2005).

Tabela 7.7 – Análise dos reservatórios geológicos para estocagem de dióxido de carbono.

Reservatórios	Capacidade de armazenamento	Vantagens	Desvantagens
Campos de petróleo	930 Gt CO_2	Estrutura de armazenamento conhecida. Viabilidade econômica através da EOR.	Usualmente distantes das fontes de emissão. Média capacidade de armazenamento.
Camadas de carvão	40 Gt CO_2	Viabilidade econômica através da ECBM. Proximidade das fontes de emissão.	Problemas técnicos de injeção em razão da pouca permeabilidade do carvão. Limitada capacidade de armazenamento.
Aquíferos salinos	Até 10.000 Gt CO_2	Potencial de armazenamento. Distribuição geográfica.	Estrutura de armazenamento pouco conhecida.

Fonte: Heyberger et al. (2005).

A importância do uso da CAC em larga escala para a redução da emissão de carbono na atmosfera tem sido discutida em toda a comunidade internacial. De acordo com a AIE (2010a), essa tecnologia deverá contribuir com aproximadamente 20% do total da redução da emissão de GEE necessária até 2050. Portanto, uma combinação de outras opções tecnológicas deverá ser igualmente explorada para obter a redução da emissão com o menor custo possível. A redução da emissão que pode ser obtida através da CAC será oriunda especialmente dos setores industriais e energéticos. Ainda segundo a AIE (2010a), o custo para a redução da emissão pode ser até 70% mais elevado na ausência do uso da CAC.

Em termos de distribuição geográfica, o cenário atual de projetos de CAC em andamento no mundo contabiliza 234 projetos pilotos, sendo que 65 deles já estão em implementação. Segundo o Global CCS Institute (2013), a América do Norte aporta 33 desses projetos: Estados Unidos (26 projetos) e Canadá (sete projetos). As demais iniciativas são abrigadas por Europa (15 projetos), Austrália (quatro projetos) e China (12 projetos), Oriente Médio (três projetos), Coreia (dois projetos), África (um projeto) e América do Sul (um projeto) (Figura 7.7).

Figura 7.7 – Cenário atual de tecnologia CCS em implementação no mundo.

Fonte: Global CCS Institute (2013).

Dentre os 65 projetos em andamento, somente 20 estão ativos: nove nos Estados Unidos, cinco no Canadá, dois na Europa, um na África, um no Oriente Médio, um no Brasil e um na Austrália. Os países que dependem fortemente de combustíveis fósseis investem em projetos CAC como uma das poucas alternativas para reduzir a emissão de carbono sem implicar, para tanto, o aumento da importação de energia ou comprometimento da viabilidade das indústrias locais. No caso do Brasil, recentemente um estudo do Global CCS Institute (2013) citou o projeto de CAC no campo de Lula, em área de pré-sal da Petrobrás. Em princípio, trata-se de um dos mais novos projetos do mundo, o qual entrou em operação em 2013. Não foram identificadas informações oficiais na página eletrônica da Petrobrás, mas, de acordo com o Global CCS Institute (2013), o projeto tem as características apresentadas a seguir.

- Tipo de captura: pré combustão (processamento do gás natural).
- Tipo de transporte: injeção direta.
- Tipo de armazenamento: uso do CO_2 para recuperação avançada de petróleo.
- Localização: campo de Lula, costa do Brasil.
- Proponente: Petrobrás.

O projeto piloto teve início em 2011 e entrou em operação em escala comercial a partir de 2013. Trata-se de uma planta de processamento de gás natural que captura aproximadamente 700.000 tCO_2 anuais. O CO_2 é diretamente injetado em um duto de dois quilômetros para recuperação avançada de petróleo no campo de Lula, na bacia de Santos. Monitores de alta pressão serão usados para acompanhar o comportamento da injeção de CO_2.

Embora a utilização da CAC ainda seja considerada ínfima em escala planetária, com apenas poucos projetos operando em grande escala, a injeção de dióxido de carbono no subsolo é considerada uma prática recorrente na exploração de petróleo. Esse processo de recuperação avançada de petróleo tem sido realizado desde a década de 1960. Como a finalidade da recuperação do petróleo sempre foi otimizar e resgatar a maior quantidade possível de óleo de uma determinada jazida, a estocagem do carbono não era o foco desse tipo de tecnologia. No entanto, as indústrias que produzem os combustíveis fósseis parecem encontrar-se em situação bastante favorável para implementar e aprimorar os sistemas de CAC[14].

---

[14] Em princípio, deve-se relembrar que a CAC diferencia-se de uma tecnologia para recuperação avançada de petróleo ou metano substancialmente pelo foco no armazenamento. Portanto, sua efetividade requer o cumprimento da etapa de monitoramento do gás

CONSIDERAÇÕES FINAIS

Fonte de energia emblemática da Revolução Industrial do século XIX, o carvão mineral deveria ter desaparecido da cesta energética mundial ao longo do século XX. O mundo inteiro deveria ter seguido essa tendência. A partir de 1979, o International Institute for Applied System Analysis (Iiasa) não hesitou em excluir o carvão de suas opções energéticas de longo prazo. O declínio da parcela do carvão no balanço energético mundial seria inevitável ao longo dos séculos XX e XXI, desaparecendo totalmente antes de 2050. O petróleo e, em seguida, o gás natural também atingiriam seus pontos de inflexão e começariam seus percursos de declínio. Tomariam a dianteira outras fontes de energia não fósseis, como a energia nuclear, a solar e a fusão (Marchetti e Nakicenovic, 1979).

Os modelos de grandes ciclos de substituição energética introduzidos pela Iiasa apresentavam resultados interessantes, e o sistema energético global parecia funcionar tão perfeitamente como um relógio suíço. Gradualmente, fontes energéticas ditas "antigas" seriam substituídas por fontes "modernas". Essas convicções espalharam-se em quase todos os livros de planejamento e economia da energia publicados desde os anos 1980. Confortava os pesquisadores a ideia de uma tendência inevitável e mesmo desejável rumo a uma "Era pós-hidrocarbonetos".

Esses modelos de substituição têm sido criticados e gradualmente abandonados, já que nada tem passado da forma prevista. A partir do ano 2000, o carvão aumentou a sua participação no mercado energético mundial e consolidou-se como uma fonte de energia privilegiada das economias emergentes da Ásia, mas não unicamente. Como visto ao longo deste capítulo, o carvão retorna fortemente em muitos outros países, incluindo importantes nações desenvolvidas com inegável vocação de promover sistemas energéticos ditos mais limpos. Com os desdobramentos da indústria gasífera dos Estados Unidos e a nova pausa no desenvolvimento da energia nuclear, o carvão começou a chegar de forma abundante e a preços muito competitivos nos portos do mundo inteiro, inclusive na Europa Ocidental, que não tem hesitado em resgatá-lo e utilizá-lo.

---

injetado. Para a captura do dióxido de carbono com fins de redução da emissão de carbono na atmosfera, faz-se necessário assegurar que o aprisionamento do gás seja efetivo em um período de longa escala de tempo. Esse período sobrepassa o alcance da escala humana e adentra em tempos geológicos (período de milhões de anos).

As evoluções acima descritas não parecem ser conjunturais. Elas se inserem no quadro de importantes revisões das trajetórias de longo prazo que descrevem as prospectivas energéticas do planeta – ver, por exemplo, AIE (2006) e CE (2011). Em todos esses estudos, há sinais que indicam "trajetórias favoráveis" aos consumos de carvão e demais hidrocarbonetos. O cenário dito mais "fóssil" tornou-se a referência na família dos cenários denominados como *business as usual* desses estudos. Em praticamente todas essas referências, o petróleo e o carvão continuam a liderar os cenários energéticos de longo prazo.

Visões energéticas ditas mais ecológicas revelam-se cada vez menos críveis, uma vez que os países ainda parecem não comungar de objetivos e políticas convergentes em respeito aos efeitos ambientais da produção e do consumo da energia. Além disso, percebe-se que ainda não há um novo paradigma tecnológico definitivo e dominante capaz de substituir o carvão e os demais hidrocarbonetos até 2030 ou 2050. Como consequência, a menos que o panorama energético mundial altere-se dramaticamente, as perspectivas até 2050 continuam muito favoráveis para o carvão e demais hidrocarbonetos. A participação do carvão no mercado global de energia tende a aumentar e a superar os 30% até 2050.

O preço para o CO_2 emitido pode assumir um papel decisivo como instrumento indutor de grandes transformações energéticas globais. No entanto, a evolução desse preço parece requerer as condições adequadas e convergentes ainda não existentes.

As condições nacionais serão muito importantes para induzir os empreendedores e os formuladores de políticas em suas escolhas tecnológicas e energéticas. A geopolítica da energia terá peso relevante em qualquer equação que se procure resolver. Há de se acompanhar processos políticos intrincados em cada país, muitas vezes ultrapassando os interesses puramente econômicos ou as políticas estabelecidas por poderes centrais (as quais nem sempre consideram as forças regionais com a devida magnitude).

Nesse sentido, o carvão e os demais hidrocarbonetos manterão vantagens geopolíticas indiscutíveis em muitas nações, nas Américas, na Europa Ocidental e na Ásia. As forças políticas relacionadas ao carvão e aos demais hidrocarbonetos, em praticamente todo mundo, ainda são muito poderosas e desautorizam análises simplistas que conduzam ao seu desaparecimento ou mesmo perda de proeminência ao longo da primeira metade do século XXI.

ENERGIA DE COMBUSTÍVEIS FÓSSEIS E CAPTURA E ARMAZENAMENTO DE CO_2 | **245**

É talvez na China e, até mesmo, em toda a Ásia, que os combustíveis sólidos demonstram ser "geopoliticamente" muito competitivos em comparação com as demais opções energéticas. Assim, o interesse pelo carvão deverá permanecer intenso mesmo com as emissões de CO_2 sendo fortemente precificadas.

No Brasil, as condições geográficas e históricas tornam as fontes renováveis de energia particularmente competitivas e o uso do carvão vapor, principalmente para geração de eletricidade, não encontra uma forte sustentação nas políticas energéticas. No entanto, a opção pelo carvão siderúrgico permanece a mais competitiva nos planos de expansão do parque siderúrgico nacional. Ademais, o pré-sal e seus impactos econômicos e geopolíticos serão definitivos para manter o país com vínculos fortes nos combustíveis fósseis.

Assim, mirando o futuro com as perspectivas mais razoáveis de hoje, há poucos elementos que nos levem a acreditar em saltos vigorosos por meio dos quais o carvão e os demais hidrocarbonetos deixem de ser considerados opções energéticas interessantes antes de 2050. Além desse horizonte, qualquer hipótese torna-se ainda mais incerta. As futuras trajetórias energéticas poderão ser muito diferentes de qualquer cenário mais "carvoeiro", "petroleiro" ou "gasífero". De fato, devemos sempre reafirmar, dadas as experiências passadas, que as evoluções energéticas não são regidas por nenhum determinismo. Contudo, os quadros atuais desautorizam cenários prospectivos nos quais os combustíveis fósseis deixem de prevalecer na matriz energética mundial.

REFERÊNCIAS

[AIE] AGÊNCIA INTERNACIONAL DE ENERGIA. *World energy statistics, world energy outlook and special reports on oil, coal and natural gas.* 2010a, 2011a, 2012. Disponível em: http://www.iea.org. Acessado em: 15 set. 2014.

_____. *Energy technology perspectives – scenarios & strategies to 2050.* Paris: OECD/IEA, 2006.

_____. *Legal aspects of storing CO_2: update and recommendations.* Paris: IEA, 2010b.

_____. *World energy outlook 2011 – special report: are we entering a golden age of gas?* Paris: OECD/IEA, 2011b.

BOLSEMAN, F. et al. *Energy, economics and the environment: cases and materials*. 3.ed. Nova York: Thomson Reuters and Foundation Press, 2010.

BRET-ROUZAUT, N.; FAVENNEC, J.P; MOUTINHO DOS SANTOS, E. (Coords.). *Petróleo & gás natural: como produzir e a que custo*. Rio de Janeiro: Synergia, 2011.

[CE] COMISSÃO EUROPEIA. *World energy technology outlook: Weto-H2*. Bruxelas: CE, 2011.

COMGÁS. *História da empresa*. Disponível em: http://www.comgas.com.br/pt/empresa/quemSomos/Paginas/quem-somos.aspx. Acessado em: 15 set. 2014.

[EIA] ENERGY INFORMATION ADMINISTRATION. *Statistical review of world energy 2013 – workbook*. 2013. Disponível em: http://www.eia.gov. Acessado em: 15 set. 2014.

ENGDAHL, F.W. Gaz de schiste: une bulle spéculative sur le point d'exploser? *Nexus 88, Géopolitique/Énergie*. set.-out., p. 38-45, 2013.

[EPE] EMPRESA DE PESQUISA ENERGÉTICA. *Balanço energético nacional 2013 – ano base 2012: relatório final*. Rio de Janeiro: EPE, 2013.

GÁS NATURAL FENOSA. *História da empresa*. Disponível em: http://portal.gasnatural.com/servlet/ContentServer?gnpage=4-60-2&centralassetname=4-60-2-1-1-0. Acessado em: 15 set. 2014.

[GLOBAL CCS INSTITUTE] GLOBAL CARBON CAPTURE STORAGE INSTITUTE. *Large scale CCS projects*. Disponível em: https://www.globalccsinstitute.com/projects/large-scale-ccs-projects. Acessado em: out. 2013.

_____. *Petrobras Lula oil field CCS project*. Disponível em: http://www.globalccsinstitute.com/project/petrobras-lula-oil-field-ccs-project. Acessado em: 15 set. 2014.

HEYBERGER, A.; MERCIER, A.; CZERNICHOWSKI-LAURIOL, I. et al. Reducing greenhouse gas emissions: CO_2 capture and geological storage. *Geoscience Issues*, 2005. Disponível em: http://www.ademe.fr/sites/default/files/assets/documents/28576_co2_gb.pdf. Acessado em: 26 out. 2013.

[IPCC] INTERGOVERNMENTAL PANEL ON CLIMATE CHANGE; METZ, B.; DAVIDSON, O.; CONINCK, H. (Eds.) et al. *Carbon dioxide capture and storage, special report*. Cambridge: Cambridge University Press, 2005.

MARCHETTI, C.; NAKICENOVIC, N. *The dynamics of energy systems and the logistic substitution model*. Luxemburgo: Iiasa, 1979.

MARTIN-AMOUROUX, J.M. *Charbon, les metamorfoses d'une industrie. La nouvelle géopolitique du XXI siècle*. Paris: Éditions Technip, 2008.

MOUTINHO DOS SANTOS, E. Aspectos técnicos e ambientais da exploração de petróleo. In: EITLER, K.; LINS, V. (Orgs.). *Textos – Energia que transforma*. Rio de Janeiro: Fundação Roberto Marinho, 2012, p. 54-71.

MOUTINHO DOS SANTOS, E. et. al. *Gás natural: estratégias para uma energia nova no Brasil*. São Paulo: Annablume/Fapesp/Petrobrás, 2002.

NEF, J.U. *La naissance de la civilization industrielle et le monde contemporain*. Paris: A. Colin, 1954.

PACALA, S.; SOCOLOW, R. Stabilization wedges: solving the climate problem for the next 50 years with current technologies. *Science*, 2004. Disponível em: http://www.sciencemag.org/content/305/5686/968.full?ijkey=Y58LIjdWjMPsw&keytype=ref&siteid=sci. Acessado em: 05 out. 2015.

SCHAEFFER, R. Mudanças Climáticas. In: EITLER, K.; LINS, V. (Orgs.). *Textos – Energia que transforma*. Rio de Janeiro: Fundação Roberto Marinho, 2012, p. 32-6.

STERN, N. *The economics of climate change: the stern review*. Cambridge: Cambridge University Press, 2007.

THE MINING SURVEY. *The coal mining industry in South Africa*. v. 5, n. 3, p. 32, set. 1954.

Bibliografia sugerida

[GLOBAL CCS INSTITUTE] GLOBAL CARBON CAPTURE STORAGE INSTITUTE. *A review of existing best practice manuals for carbon dioxide storage and regulation*. Canberra: CO2CRC, 2011.

NAKICENOVIC, N.; GRUBLER, A.; MCDONALD, A. *Global energy perspectives*. Cambridge: Cambridge University Press, 1998.

Energia Nuclear | 8

Maria Alice Morato Ribeiro
Engenheira química, Instituto de Pesquisas Energéticas e Nucleares

INTRODUÇÃO

A energia nuclear pode ser produzida a partir de fissão, fusão ou decaimento radiativo. A fusão ocorre quando átomos leves são forçados a se unir, produzindo átomos mais pesados, e ocorre a emissão de energia nuclear devido à combinação dos núcleos leves. Já a fissão acontece quando átomos pesados se dividem em partes mais leves, mais estáveis, e é emitida energia nuclear. O decaimento radiativo ocorre quando átomos instáveis emitem energia e acomodam-se em níveis mais baixos de energia, nos quais são mais estáveis.

A definição de radiatividade vem exatamente do conceito de decaimento radiativo, quando a energia emitida é a chamada radiação. Os elementos químicos podem possuir vários isótopos (que possuem uma mesma combinação de prótons e nêutrons), e os isótopos mais instáveis emitem radiatividade para gerar isótopos mais estáveis. Estes isótopos mais instáveis são denominados radioisótopos, pois são radiativos, ou seja, emitem radiação.

A energia nuclear também possui aplicações médicas, que aos poucos têm entrado em nossa vida como rotina de exames de imagem e procedimentos como radioterapia. Essas aplicações médicas constituem um grande avanço na medicina, tanto na prevenção de doenças quanto no seu tratamento, evitando muitos procedimentos invasivos, por exemplo, cirurgias. Como isso funciona? Basicamente, os radioisótopos podem ser usados como traçadores, pois possuem comportamento idêntico ao dos isótopos mais estáveis; e também como fonte de energia, ou seja, o material biológico recebe as radiações emitidas pelo radioisótopo. Nesse caso, temos como exemplo a radioterapia.

Outro exemplo de aplicação médica da radiatividade é a tomografia por emissão de pósitrons, cuja sigla PET vem do inglês Pósitron Emission Tomography, que detecta casos de câncer identificando alterações metabólicas nas células. Para esse exame, utiliza-se atualmente glicose marcada com o isótopo Flúor-18, cuja meia vida é 110 minutos, ou seja, a cada 110 minutos, a quantidade de Flúor-18 cai pela metade.

Também utiliza-se industrialmente a energia nuclear. Um exemplo de utilização comum e muito importante é a esterilização de material cirúrgico com radiação gama, principalmente em plásticos, que não poderiam ser submetidos a altas temperaturas, necessárias para a esterilização convencional.

Uma outra finalidade para a radiação gama é a esterilização de frutas para exportação, pois ela extermina os micro-organismos que podem estar presentes nas frutas e que são proibidos nos países que as estão importando, sem modificar sabor, textura nem cor da fruta. Assim, podemos concluir que a energia nuclear está próxima de nós, incluída no nosso dia a dia.

Já na geração elétrica a partir da energia nuclear o mais importante é que a utilização do urânio como combustível não causa a emissão de gases do efeito estufa. Essa é uma grande vantagem comparativa em relação às termelétricas movidas a carvão ou a derivados de petróleo. E isso tem sido reconhecido principalmente na última década.

Outra vantagem é que a energia nuclear não polui o ar por não emitir óxidos de nitrogênio, derivados de enxofre, entre outros, evitando assim os efeitos muito prejudiciais à saúde. Também é imune a variações climáticas e imprevisibilidades que prejudicam o aproveitamento de energia eólica e solar, pois a nuclear utiliza combustíveis com densidade de energia muito alta (facilitando o estabelecimento de reservas estratégicas significativas) com recursos e instalações de fabricação distribuídos em diversos locais e, principalmente, em países geopoliticamente estáveis (NEA, 2011).

Certamente, o setor nuclear ainda enfrenta uma série de desafios: em primeiro lugar, a necessidade de melhoria contínua da segurança e da cultura de segurança (reforçada, em particular, pelos acidentes de Three Mile Island, Chernobyl, e do mais recente acidente de Fukushima Daiichi); a necessidade de controlar a disseminação de tecnologias e materiais que podem ser utilizados para fins não pacíficos; e a necessidade de implementar soluções definitivas para a gestão/eliminação de resíduos radioativos.

Caso queira continuar crescendo, o setor nuclear deve atender às demandas de sustentabilidade e segurança exigidas pela opinião pública.

ASPECTOS POSITIVOS E NEGATIVOS, MITOS E VERDADES

A maior parte das pessoas possui um medo descabido quando ouve falar em energia nuclear, o que provavelmente está ligado à imagem impactante da explosão de uma bomba atômica.

Mas a radiação faz parte do ambiente natural em que vivemos e, se utilizarmos as medidas de proteção adequadas, não é algo que tenhamos de temer. Ao contrário, podemos até usá-la para o nosso bem, como nas aplicações médicas nucleares.

Grande parcela dos elementos químicos emissores de radiação são parte da natureza. Por exemplo, o tório faz parte das areias monazíticas encontradas em praias do estado do Espírito Santo, aqui no Brasil; o radônio é um gás nobre encontrado dentro de residências em todo o mundo. O urânio não é um elemento raro no planeta, sendo mais abundante que a prata. Ele está presente no solo, nas rochas, nas águas, em vegetais e em animais. Praticamente todos os organismos vivos possuem urânio em sua constituição, mesmo que em diminutas quantidades, geralmente apresentadas em ppm (partes por milhão) ou ppb (partes por bilhão) (NRC, 1980; Shiraishi e Yamamoto, 1995; ATSDR, 1999).

Existem mitos a respeito desses elementos, como o de que não há dose segura, mas, se isso fosse verdade, seria perigoso respirar ou mesmo comer alimentos, inclusive naturais. A dose de radiação que tomamos diariamente é resultado de diversas fontes de radiação que estão ao nosso redor.

O CICLO DO COMBUSTÍVEL NUCLEAR

Uma das principais aplicações nucleares é a produção de energia elétrica a partir de reatores nucleares. Mas, para se fabricar o combustível nuclear, desde a mineração até a produção de energia elétrica, são necessárias muitas etapas, como: prospecção, mineração, conversão (produção de UF_6 – hexafluoreto de urânio), enriquecimento e fabricação do combustível. Essas etapas consistem o ciclo do combustível nuclear, que pode ser aberto ou fechado. O ciclo aberto, cujo esquema pode ser observado na Figura 8.1, implica a formação de rejeitos.

Já o ciclo fechado, mostrado na Figura 8.2, é utilizado quando se possui um parque de geração nucleoelétrica grande que justifique a existência de reciclagem do combustível. Tal reciclagem, mesmo que parcial, reduz a quantidade de combustível irradiado e de resíduos de alto nível para serem eliminados, enquanto reduz os requisitos de fornecimento de urânio natural.

No caso do Brasil, a opção pelo ciclo fechado não se tornou atrativa pois ainda não se tem um parque de geração nuclear grande, e as opções futuras ainda não estão claras. Então, essa opção pelo ciclo aberto implica na manutenção da disposição temporária dos rejeitos por mais tempo, sem maiores consequências.

Figura 8.1 – Ciclo aberto do combustível nuclear.

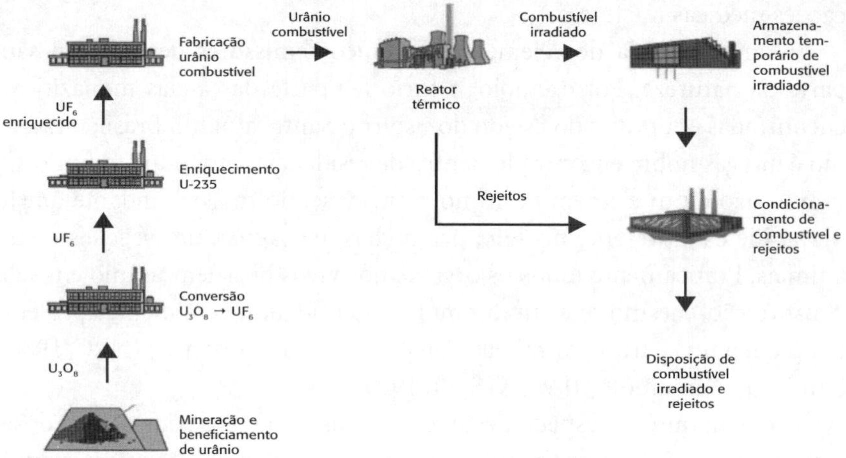

Fonte: EPE (2006-2007).

A exploração de urânio

O urânio é um elemento comum na Terra, estando presente na maior parte das rochas e mesmo no mar. Na Tabela 8.1, são apresentados alguns valores de concentração de urânio em partes da crosta terrestre.

A jazida de urânio é definida como uma ocorrência de urânio cuja extração é economicamente viável. Portanto, é uma relação entre os custos de extração e o preço de mercado. Assim, atualmente, nem a água do mar, nem

ENERGIA NUCLEAR | 253

Figura 8.2 – Ciclo fechado do combustível nuclear.

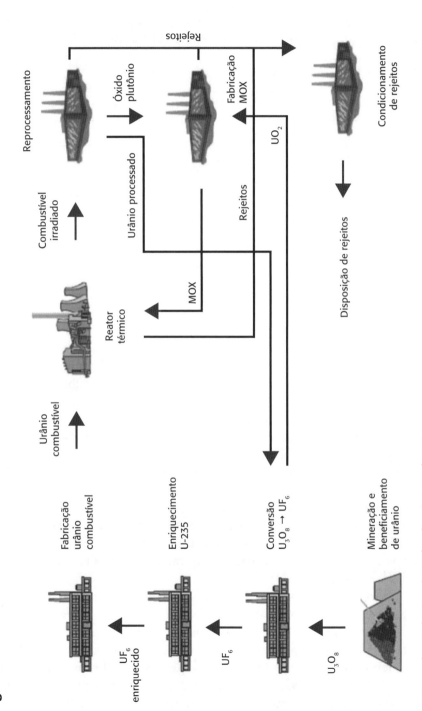

MOX: combustível misto de óxidos de urânio e plutônio.

Fonte: EPE (2006-2007).

qualquer granito são jazidas, mas no futuro qualquer uma poderia tornar--se, caso os preços subam o suficiente (World Nuclear Association, 2012a).

Tabela 8.1 – Concentração de urânio em partes da crosta terrestre.

Tipo	Concentração (ppm[1])
Minério com alto teor de urânio (2% U)	20.000
Minério com baixo teor de urânio (0,1% U)	1.000
Granito	3-5
Rochas sedimentares	
Água do mar	0,003

[1]ppm = partes por milhão.

Fonte: adaptado de World Nuclear Association (2012a).

A Figura 8.3 mostra a evolução do preço do urânio nos últimos 25 anos. A exploração desse elemento ocorre em aproximadamente 20 países, e quase metade da produção mundial é proveniente de dez minas em seis países: Canadá, Austrália, Nigéria, Cazaquistão, Rússia e Namíbia.

No Brasil, a partir de 1970, ocorreu a exploração de urânio no Brasil, que resultou na extração de três depósitos: Poços de Caldas (mina fechada em 1997), Lagoa Real – Caetité (operacional desde 1999) e Itataia – Santa Quitéria (com início de operação comercial previsto para 2016).

A única mina de urânio em operação no Brasil localiza-se em Caetité (Bahia) e tem capacidade de produzir 400 t de concentrado de urânio por ano. Durante o período de 2000 a 2013, foi produzido um total de 3.636 t de concentrado de urânio. Existe um projeto para duplicação da capacidade de produção da unidade, que já está em andamento e será desenvolvido para aumentar tanto a capacidade de mineração quanto a de beneficiamento do minério.

Adicionalmente, em 2008, as Indústrias Nucleares Brasileiras (INB) entraram em acordo com a empresa Galvani, produtora de fertilizantes, para recuperar o urânio existente no fosfato da mina de Itatiaia, em Santa Quitéria. A mina deve produzir 970 t de urânio por ano a partir de 2019, com previsão de aumento de capacidade para até 1.270 t de urânio por ano, a qual será alcançada apenas quando a demanda de fosfato for alta o suficiente de modo a permitir a recuperação de tal quantidade de urânio.

Figura 8.3 – Evolução histórica do preço do urânio no mercado spot em US$/lb U_3O_8.

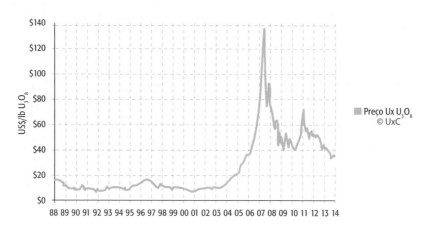

Fonte: The Ux Consulting Company (2015).

A mineração do urânio visa extrair o óxido de urânio do minério e pode ser efetuada em minas a céu aberto ou subterrâneas (quando o minério está muito abaixo da superfície), conforme esquema mostrado na Figura 8.4. Em ambos os processos, o minério é transportado para usinas de processamento nas quais o urânio é separado do minério. Em minas convencionais, o minério de urânio é, na primeira etapa, moído e depois disperso em água, produzindo uma "lama" constituída por finas partículas suspensas em água. A "lama" é então enviada para tanques com ácido sulfúrico para que os óxidos de urânio sejam dissolvidos, separando as rochas remanescentes e outros minerais não dissolvidos.

A Figura 8.5 mostra a mina de Caetité, no Brasil, a céu aberto, e ao lado o tambor de concentrado de U_3O_8.

Atualmente, utiliza-se o método de mineração por lixiviação – *In Situ Leaching* (IS) –, o qual efetua a exploração da mina com impacto ambiental e custos menores. A mineração por lixiviação (ISL) consiste em bombear uma solução lixiviante por um orifício aberto por uma broca no sentido da perfuração e na sequência bombear em sentido inverso, para o líquido retornar em direção à superfície trazendo consigo o urânio, como na Figura 8.4. Este licor é enviado à usina de beneficiamento, onde passa por vários processos até se tornar um concentrado de urânio (diuranato de amônia) de cor amarelada e que é denominado de *yellow cake*.

Esse concentrado é enviado para a etapa de purificação, na qual serão separados os elementos nucleares indesejáveis no combustível nuclear, co-

Figura 8.4 – Esquema de mina a céu aberto e subterrânea.

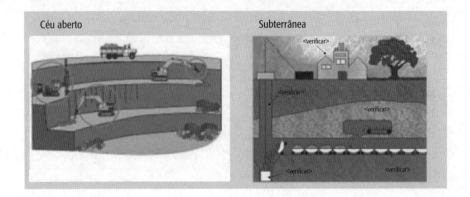

Fonte: IAEA (2009).

Figura 8.5 – Mina de urânio em Caetité, Brasil, e tambor de *yellow cake* ou concentrado de U_3O_8.

Fonte: Zaparolli (2011).

mo por exemplo o tório, a fim de constituir-se em um concentrado de urânio de grau nuclear.

A conversão

Para que o urânio contido no concentrado de U_3O_8 possa ser enriquecido, é necessário efetuar a transformação deste óxido em hexafluoreto de urânio, um gás. O enriquecimento é o processo no qual ocorre aumento da concentração de U-235 em relação à concentração de U-238.

A conversão do U_3O_8 já nuclearmente purificado em UF_6 pode ser efetuada por dois métodos: o de via seca e o de via úmida, os quais ocorrem em várias etapas.

O processo de conversão por via úmida é dividido em cinco etapas básicas: purificação do concentrado de urânio; obtenção do UO_3; obtenção de UF_4; obtenção de UF_6. O esquema desse processo é mostrado na Figura 8.6.

O concentrado recebido na etapa de conversão normalmente não está purificado, esse processo é efetuado utilizando TBP (tributilfosfato) e querosene ou n-hexana.

Figura 8.6 – Esquema das etapas utilizadas, na rota úmida, para produção de UF_6.

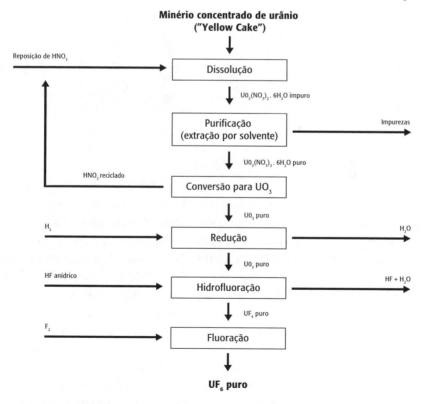

Fonte: adaptado de IAEA (2009).

O UO_3 é obtido a partir da calcinação do concentrado de urânio. Este óxido reage com H_2, obtido a partir da dissociação da NH_4 (em H_2 e N_2) produzindo o UO_2 em pó. A partir desse óxido obtém-se o UF_4, por meio da reação do óxido com ácido hidrofluorídrico (HF). O UF_4 é um sólido verde na forma de pó. Na etapa seguinte, obtém-se o UF_6, a partir da fluoração (reação com F_2) do UF_4. O processo de conversão por via úmida é mostrado na Figura 8.7.

Já o processo de conversão por via seca produz UF_6 com pureza de 99,99% e compreende cinco estágios principais: classificação, redução, hidrofluoração, fluoração e destilação.

Figura 8.7 – Fluxograma esquemático do processo de conversão úmida de *yellow cake* para UF_6.

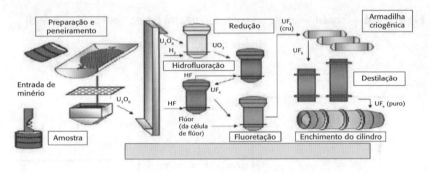

Fonte: NRC Course (2012a).

Após a separação por peneiras, o U_3O_8 é alimentado na etapa de redução e reage com hidrogênio, a alta temperatura, para formar o UO_2. Então, é enviado para a reação com o ácido fluorídrico anidro, em leito fluidizado, para produzir o tetrafluoreto de urânio (UF_4). Na etapa seguinte, o UF_4 reage com o flúor gasoso, produzindo o UF_6. Este UF_6 é então destilado para separar a fração de gases leves que ainda está presente. O UF_6, agora líquido, é colocado em cilindros. Em seguida, ele solidifica e é enviado para a usina de enriquecimento, que pode estar localizada em outro local.

O processo de conversão por via úmida foi desenvolvido e é utilizado pela Honeywell Co na sua usina em Metropolis, Illinois, Estados Unidos.

No mundo, cinco grandes produtores de hexafluoreto de urânio se destacam. São eles: Comuhrex (Areva), França, capacidade de 14.000 t UF_6/ano; Cameco, Canadá, capacidade de 12.500 t UF_6/ano; BNFL, Inglaterra, capacidade de 6.000 t UF_6/ano; ConverDyn (Honeywell), Estados Unidos, capacidade de 15.000 t UF_6/ano; e Rosatom, Rússia, capacidade 18.000 t UF_6/ano. Todas essas usinas de conversão estão em franca expansão, sendo que a maior parte dos novos projetos alcançarão até 25.000 t de UF_6natural/ ano – como no caso de Areva, Cameco e Honeywell (Gonçalves, 2012).

Enriquecimento

A maioria dos reatores utiliza como combustível o urânio enriquecido, cuja proporção do isótopo U-235 é da ordem de 3,5 a 5%, enquanto na natureza essa concentração é de 0,711%. Por isso é necessário enriquecer, ou seja, aumentar a proporção de U-235 no combustível, e isso é efetuado através da separação isotópica, baseada nas massas tômicas, que são apenas levemente diferentes entre os isótopos U-235 e U-238.

Como já explicado anteriormente, o urânio necessita estar na forma gasosa para seu uso no processo de enriquecimento. O UF_6, em temperatura ambiente, é um sólido com alta pressão de vapor e, por isso, nas condições de temperatura e pressão dos processos de enriquecimento mais comuns, comporta-se como um gás.

O componente básico de uma planta de enriquecimento é o elemento de separação isotópica. Nesse elemento ocorre a separação de uma corrente de alimentação em duas correntes, sendo uma mais enriquecida e outra mais empobrecida, conforme esquema da Figura 8.8.

O grau de separação de um elemento é medido por um parâmetro denominado fator de separação (α). O fator de separação α pode ser definido como:

$$\alpha = [xp/(1- xp)]/[xw/(1- xw)] \qquad \text{(Equação 1)}$$

Em que:
xp: fração mássica de urânio na corrente enriquecida.
xw: fração mássica de urânio na corrente empobrecida.

As equações de balanço material da mistura e do isótopo desejado, respectivamente, são:

$$F = P + W \qquad \text{(Equação 2)}$$

Em que:
F = vazão de alimentação do estágio.

W = vazão da corrente de extração de rejeito.
P = vazão da corrente de extração de produto.

E a equação de balanço material para o isótopo é:

$$F\, xf = P\, xp + W\, xw \qquad \text{(Equação 3)}$$

Em que:
xf: fração mássica de urânio na corrente de alimentação.

Figura 8.8 – Esquema do enriquecimento em um módulo.

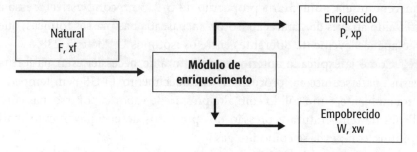

A unidade de separação é definida pelos valores de α e pelas variáveis de vazão (F ou P ou W). Mas nenhuma delas define, individualmente, o desempenho de uma unidade de separação. Por isso, utiliza-se uma variável definida por Cohen em 1951, denominada variação de valor no elemento de separação:

$$\delta U = P^{*}V(yp) + W^{*}V(xw) - F^{*}V(xf) \qquad \text{(Equação 4)}$$

Em que:
$$V(x) = (2x-1)^{*}\ln(1/(1-x)) \qquad \text{(Equação 5)}$$

A unidade da variação de valor δU é definida como unidade de trabalho separativa (UTS). A UTS ou unidade de trabalho separativa (em inglês a sigla é SWU) é a unidade que mede o enriquecimento e pode ser definida como a quantidade de energia requerida para obter 1 kg de material de um nível de enriquecimento para outro.

Existem muitos processos de separação isotópica, mas os mais comumente utilizados são a ultracentrifugação e a difusão gasosa.

ENERGIA NUCLEAR | 261

A separação por meio da ultracentrifugação é efetuada utilizando a pequena diferença de massa entre o U-238 e o U-235. Como a massa do U-238 é maior que a do U-235, o U-238 é arrastado para a parte mais próxima da parede do cilindro da centrífuga, enquanto o U-235, de menor massa, fica na parte mais interna. Também ocorre separação na direção axial com a formação de fluxo axial de contracorrente, que aumenta a separação dos isótopos. Ver Figura 8.9 e, para maiores detalhes, ver Crus (2005).

O fator de separação típico das ultracentrífugas de gerações novas é da ordem de 1,25, alcançando até 2. O consumo de eletricidade é baixo, da ordem de 50 kWh por unidade de separação isotópica. Essa tecnologia pode ser desenvolvida de forma modular, permitindo a expansão conforme a demanda e até mesmo alterando facilmente um projeto de forma a modificar o enriquecimento com um mesmo número de centrífugas.

Figura 8.9 – Esquema de uma ultracentrífuga a gás com U-238 representado em cinza escuro e U-235 representado em cinza claro.

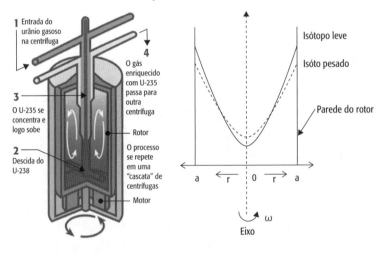

Fonte: Adaptado de Como enriquecer urânio. Disponível em: http://www.clicrbs.com.br/pdf/7745217.pdf. Acessado em: 07 out. 2013.

O método de difusão gasosa efetua a separação isotópica utilizando a diferença de velocidade de difusão dos isótopos de urânio (U-235 e U-238) por meio de uma membrana porosa (Figura 8.10). O fator de separação da difusão gasosa é muito baixo (1,0043) e, por isso, requer usinas muito grandes para viabilizar a operação. Por exemplo, a planta de difusão gasosa da Eurodif é constituída por 1.400 barreiras.

Figura 8.10 – Esquema do processo de difusão gasosa.

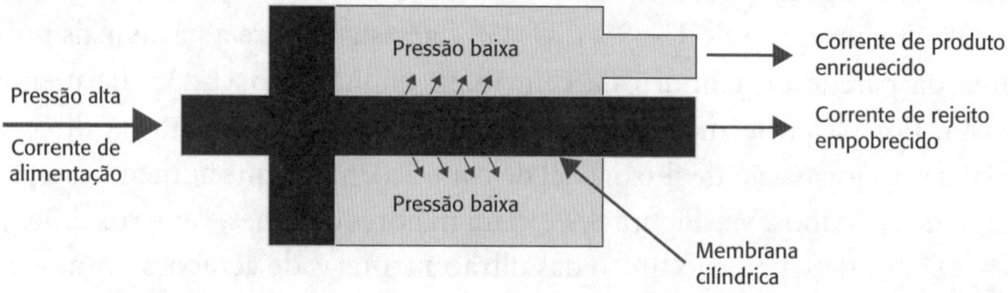

Pressão alta
Corrente de alimentação

Pressão baixa

Pressão baixa

Corrente de produto enriquecido

Corrente de rejeito empobrecido

Membrana cilíndrica

Fonte: IAEA (2009).

Esse processo consome muita energia, sendo que seu consumo é cinquenta vezes maior que na ultracentrifugação, por isso constroem-se cascatas desses elementos em séries, sendo que cada série é constituída por muitas unidades. Na Figura 8.11 é mostrada a interligação de centrífugas em série. Em cada estágio, o produto enriquecido alimenta o estágio de enriquecimento superior; e o produto empobrecido, o inferior, conforme esquema da Figura 8.12.

O processo de enriquecimento de urânio gera UF_6 empobrecido, que é convertido em U_3O_8, o qual pode ser estocado de forma segura, aguardando possibilidades futuras de reúso. A única usina no mundo que efetua esta operação de reconversão para U_3O_8 é a unidade da Areva, em Pierrelatte (França), gerando também como subproduto ácido hidrofluorídrico ultrapuro a 70%.

No Brasil, o enriquecimento de urânio desembarcou juntamente com o Acordo Nuclear Brasil-Alemanha, em 1976, quando foi definida a compra de uma usina de enriquecimento de urânio, por um processo denominado Jet-Nozzle, de eficiência contestada por cientistas e técnicos e sobre o qual nem mesmo a Alemanha detinha experiência. A usina foi adquirida pelo Brasil e instalada em Rezende, na área da Nuclei (Nuclebrás Enriquecimento Isotópico S.A.). Essa usina nunca operou comercialmente por problemas técnicos e o Brasil continuou fortemente dependente do estrangeiro para o fornecimento de combustível nuclear.

Surge então, no início dos anos 1980, o chamado Programa Nuclear Paralelo da Marinha do Brasil, que iniciou o desenvolvimento do processo de enriquecimento de urânio por centrifugação. Foi construída uma planta de demonstração no Centro Experimental de Aramar, em Iperó-SP. E, posteriormente, utilizando-se a mesma tecnologia, foi implantada em Resende, pela INB (sucessora da Nuclei), em substituição às de Jet-Nozzle, cascatas de ultracentrífugas com base na tecnologia desenvolvida pela Marinha.

ENERGIA NUCLEAR | 263

Figura 8.11 – Esquema de uma cascata de ultracentrífugas a gás.

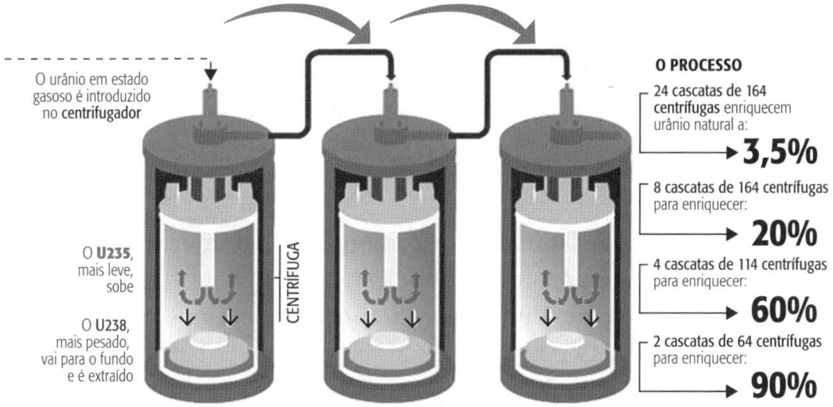

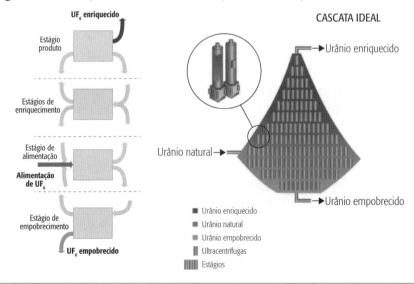

Fonte: Adaptado de *Enriquecer urânio*. Disponível em: http://4.bp.blogspot.com/-1OL-
-AAQjeIY/UNYR2SgEDKI/AAAAAAAAhuA/t08u6a5F6zo/s1600/fo-
to_09032010200644.jpg. Acessado em: 15 set. 2014.

Figura 8.12 – Esquema das cascatas de enriquecimento isotópico.

Fonte: IAEA (2009).

A usina é composta por várias cascatas montadas em quatro módulos, tendo sido inaugurada em 2006. Os quatro módulos devem totalizar as 115.000 SWU/ano, sendo cada módulo composto por quatro ou cinco cascatas de 5.000 a 6.000 SWU/ano. Espera-se que o primeiro estágio da usina atenda a 60% das necessidades de combustível das usinas nucleares Angra 1 e Angra 2. Existe previsão de um segundo estágio da usina, no qual se atingirá 200.000 SWU/ano (WNA, 2013).

Fabricação de combustível

As instalações de fabricação de combustível convertem o UF_6 enriquecido em combustível para reatores nucleares. O UF_6 é recebido em cilindros especiais com diferentes dimensões em função do enriquecimento do material nele contido. O cilindro é então aquecido e o UF_6 é vaporizado e convertido em UO_2 na forma de pó. O processo de conversão do UF_6 em UO_2 pode ser efetuado por dois métodos: via seca ou via úmida (TCAU).

No processo por via úmida, por batelada, o UF_6 é vaporizado e transferido para o reator onde é efetuada a precipitação em um tanque pré-carregado com CO_2 e amônia gasosa (NH_3), produzindo TCAU, que é um sólido amarelo. Em seguida, o TCAU disperso em água é bombeado para filtros rotativos a vácuo e sai lavado e seco, sendo enviado para a fase de redução num forno de leito fluidizado. Nesse forno, a aproximadamente 540 °C, o TCAU é alimentado junto com hidrogênio e vapor d'água em contracorrente.

Desse reator, sai o UO_2 em pó, que é resfriado a aproximadamente 80 °C ou 90 °C. A batelada de UO_2 é estabilizada e descarregada em tambores de geometria especial para estocagem. Esse é o processo utilizado no Brasil para fabricação das pastilhas de UO_2 em uso nos reatores de Angra 1, Angra 2 e, no futuro, para Angra 3.

A Figura 8.13 mostra um diagrama do esquema do processo por via úmida.

O processo de conversão por via seca, também denominado rota seca integrada (RSI ou IDR em inglês), é um processo contínuo de conversão do UF_6 em UO_2. Nesse processo, os cilindros de UF_6 são aquecidos, e o UF_6 vaporiza para um reator de leito fluidizado. O UF_6 reage com a água formando o UO_2F_2. Estas partículas são transferidas para um segundo reator de leito fluidizado, com vapor superaquecido e amônia craqueada (produzindo H_2) que reduz o UO_2F_2 para UO_2, e essa reação é repetida em um outro reator a fim de assegurar que a conversão seja completa. O esquema da Figura 8.14 mostra as principais etapas do processo de conversão do UF_6 para UO_2. O UO_2 produzido está na forma granular.

Figura 8.13 – Esquema do processo de conversão do UF_6 em UO_2 via úmida.

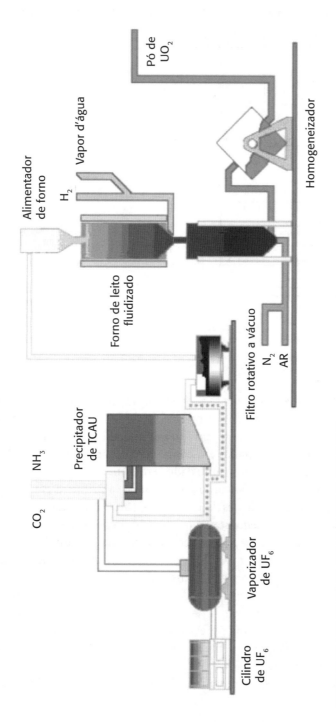

Fonte: adaptado de NRC Course (2012b).

Figura 8.14 – Esquema do processo de conversão do UF$_6$ em UO$_2$ via seca.

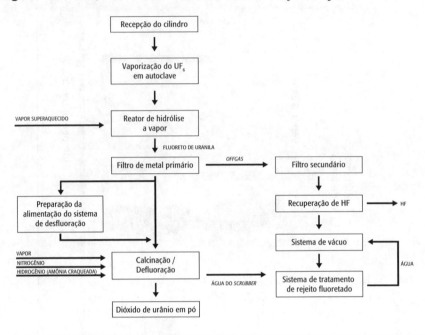

Fonte: adaptado de NRC Course (2012b).

O UO$_2$, obtido por via seca ou via úmida na forma de pó, é convertido em pastilhas cerâmicas. Após o término da fabricação, essas pastilhas são carregadas mecanicamente em varetas metálicas resistentes a corrosão. Essas varetas são montadas em conjuntos de combustível que são levados para montagem no reator, embalados em *containers* especiais.

No processo de fabricação das pastilhas, a primeira etapa é a mistura com pequenas quantidades de aditivos para alcançar as especificações físicas necessárias. A etapa seguinte é a prensagem do pó de UO$_2$, na qual são produzidas as chamadas "pastilhas verdes". Estas são encaminhadas para sinterização num forno à temperatura de 1.750 °C e em presença de gás hidrogênio, onde adquirem resistência mecânica (dureza) necessária às condições de operação a que serão submetidas dentro do reator da usina nuclear.

As pastilhas sinterizadas passam, ainda, por uma etapa de retificação para ajuste fino das dimensões, sendo então acondicionadas em caixas e armazenadas adequadamente em um depósito, para posterior envio aos reatores nucleares.

Na Figura 8.15, é mostrado um esquema do processo de produção das pastilhas.

ENERGIA NUCLEAR | 267

Figura 8.15 – Esquema do processo de produção das pastilhas de UO_2.

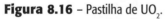

Fonte: INB (2013).

A Figura 8.16 mostra a pastilha de UO_2.

Após a etapa de fabricação, as pastilhas são colocadas em tubos fabricados com material adequado, geralmente Zircalloy (Zircalloy 2 para reatores BWR e Zircalloy 4 para PWR), e montadas em configurações conforme as especificações de cada reator. O material de revestimento (*cladding*) destes tubos deve ser adequado, pois protege o refrigerante do reator da contaminação com produtos de fissão que estão contidos dentro do elemento combustível. O conjunto do tubo e das pastilhas forma a barra de combustível, que é montada na forma de matrizes compondo o chamado elemento combustível (*fuel assemblies*). Na Figura 8.17, é mostrado um conjunto de combustível da usina de Angra 1.

Figura 8.16 – Pastilha de UO_2.

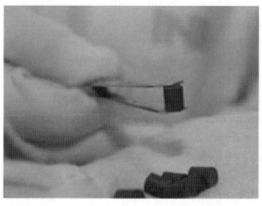

Fonte: Gonçalves (2012).

Figura 8.17 – Elemento combustível de Angra 1.

Fonte: Gonçalves (2012).

As etapas básicas de carga e montagem do elemento combustível são: limpeza e inspeção do tubo, solda da parte inferior do tubo, carga das pastilhas, solda de fechamento da parte superior do tubo, perfuração a *laser*, carga de hélio, solda final, teste de vazamento a hélio, inspeção, montagem do elemento, inspeção, estocagem e carregamento no *container* de transporte.

No Brasil, a unidade que fabrica elementos combustíveis está localizada na cidade de Rezende, Rio de Janeiro, e pertence às Indústrias Nucleares Brasileiras (INB). Possui capacidade de produção de pastilhas de 160 t/ano e capacidade de montagem de combustível de 280 t/ano.

Existem outros tipos de elemento combustível que utilizam outros compostos de urânio, como: urânio metálico, para reatores de pesquisa, e óxido misto de urânio (MOx), constituído de mistura de urânio reprocessado e plutônio. No Brasil, não existem instalações de reprocessamento nem se utilizam, nos reatores comerciais, elementos combustíveis do tipo óxido misto.

Após o término da utilização do combustível no reator nuclear, eles são colocados em unidades de estocagem e então denominados combustível usado (*spent nuclear fuel*). Na Figura 8.18 é mostrado o elemento combustível usado sendo removido durante o processo de troca de combustível. Aproximadamente um terço do combustível nuclear do reator é substituído durante a etapa, geralmente anual, da troca do combustível.

Figura 8.18 – Elemento combustível usado em processo de remoção durante a troca de combustível do núcleo de um reator.

Fonte: adaptado de NRC Course (2012c).

Combustível pós-irradiado

Após a substituição do combustível no núcleo do reator por um elemento combustível novo, a sua composição típica é de 94 a 86% de urânio, aproximadamente 1 a 1,3% de plutônio, 3 a 5% de produtos de fissão, ~ 0,2% de compostos transurânicos e produtos de fissão estáveis que não são radiativos, todos resultantes da reação de fissão do urânio dentro do núcleo (NRC Course, 2012c). Nota-se que o combustível nuclear usado, diferentemente dos combustíveis fósseis, gera um rejeito de alto potencial energético.

A maior parte do combustível utilizado no mundo está armazenada nas piscinas de estocagem de combustível usado, que possuem no mínimo 7 m de profundidade. A água é utilizada tanto com o objetivo de resfriar os elementos quanto para operar como blindagem em relação aos intensos níveis de radiação desses elementos. Ver Figura 8.19.

Primeiramente, os elementos são colocados numa piscina de estocagem dentro do reator (estocagem úmida ou *wet storage*) e, após determinado período, são enviados para uma estocagem intermediária. A estocagem a seco não é adequada até que o combustível tenha ficado em estocagem com água por alguns anos (mínimo entre 5 e 10 anos), quando então a quantidade de calor gerada pelo decaimento radiativo tenha sido suficientemente reduzida.

Atualmente, a maior parte dos elementos combustíveis é mantida estocada nessas piscinas, inclusive no Brasil, onde a totalidade deles se encontra nas piscinas dentro das usinas de Angra 1 e 2.

As opções para estocagem e uso do elemento combustível são três: estocagem em longo prazo, reprocessamento e disposição final.

A estocagem em longo prazo consiste na transferência dos elementos combustíveis das piscinas de estocagem dentro dos reatores para locais de estocagem a seco. A disposição final é a estocagem definitiva do combustível.

A etapa de reprocessamento consiste na recuperação do urânio e do plutônio, entre outros radionuclídeos, que estão presentes no combustível após a irradiação no reator. De modo simplificado, o reprocessamento consiste nas etapas de desmontagem do elemento combustível, lixiviação e separação do urânio, plutônio e produtos de fissão a partir do combustível picado. O plutônio (Pu-239) recuperado pode ser usado como substituto do urânio (U-235) em novos conjuntos de combustível. Essa combinação é denominada combustível de óxido misto ou MOx.

Na Figura 8.20, é apresentada a árvore de opções para destino do combustível usado.

Figura 8.19 – Piscina de estocagem para elemento combustível usado dentro de um reator.

Fonte: adaptado de NRC Course (2012c).

Figura 8.20 – Árvore de decisões possíveis para uso do combustível usado.

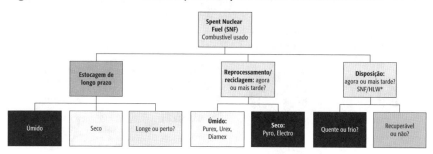

(*) SNF = Short term storage (Rejeito de estocagem a curto prazo); HLW = High level waste (Rejeito de alto nível).

Fonte: adaptado de NRC Course (2012c).

No Brasil, a gestão dos resíduos radiativos é de responsabilidade da Comissão Nacional de Energia Nuclear (CNEN). A legislação prevê a construção de um repositório no Brasil e esta solução deve ser equacionada antes do término do comissionamento da usina Angra 3.

A PRODUÇÃO DE ENERGIA ELÉTRICA

A produção de energia elétrica pelo uso de reatores nucleares ainda é muito pouco conhecida pelo público, o que, muitas vezes, induz as pessoas ao medo.

Atualmente existem 438 reatores nucleares em operação, acumulando um total de 16.096 reatores-ano de operação, no final de 2012. O Brasil contribui com 43 reatores-ano para esse número (IAEA, 2015). Estes números demonstram a maturidade da geração nucleoelétrica que, além disso, é uma fonte de energia com baixíssima emissão de gases do efeito estufa.

O primeiro reator nuclear que produziu energia elétrica foi o Experimental Breeder Reactor EBR-I. Estes reatores são chamados de reatores da primeira geração, denominada geração I (*generation I*), como: Shipping Port, Magnox, Fermi (Figura 8.21).

A geração II abrange os reatores instalados desde a década de 1960 até 1990, que são a maior parte dos reatores em operação no mundo atualmente. As usinas de Angra 1, 2 e 3 possuem projetos enquadrados na definição de geração II.

Figura 8.21 – Evolução dos reatores nucleares para geração elétrica.

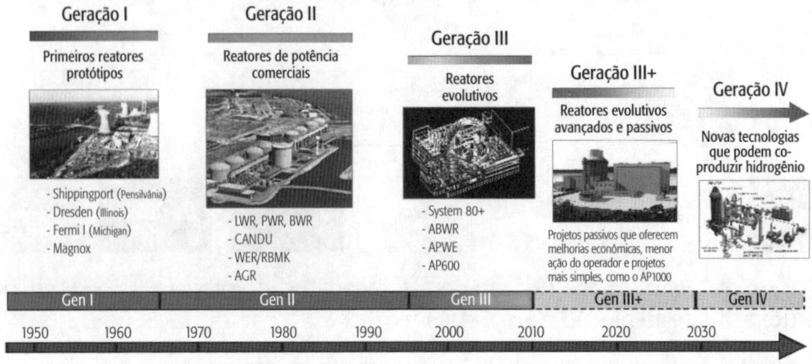

Fonte: Westinghouse (2013).

Os reatores de geração III consistem na evolução dos reatores em operação (geração II) instalados até o final da década de 1990. Essa geração possui características evolutivas adicionais à geração II, tais como: padronização, segurança, tamanho físico e produção de energia.

A padronização é muito importante por tornar mais fácil para a indústria compartilhar e comparar as informações de segurança, já que, anteriormente, cada empresa possuía um projeto original de reator. Essa padronização significa equipamentos, salas de controle, treinamento e medidas de segurança similares (Testa, 2013a). Assim, empresas proprietárias de usinas poderão efetuar *benchmarking* entre elas e estabelecer as melhores práticas em todo o parque que será instalado.

Essa padronização também poderá melhorar a velocidade de licenciamento das usinas, que era um grande entrave para os reatores da geração II (Testa, 2013a) e também tornava mais difícil e, consequentemente demorada, a tarefa de licenciamento e fiscalização das entidades reguladoras, como a NRC americana (United States Nuclear Regulatory Commission) ou a Comissão Nacional de Energia Nuclear (CNEN), no Brasil.

Para os reatores da geração III, é previsto o uso de recursos de segurança "passiva", que são menos vulneráveis ao fracasso, porque eles não dependem de ações de origem elétrica, mecânica ou do fator humano para funcionar. Um exemplo dessas ações passivas é o resfriamento de emergência. A Westinghouse, para seus reatores AP, apresenta o sistema de resfriamento

ENERGIA NUCLEAR | **273**

passivo do núcleo, que utiliza um tanque de água em um nível elevado e localizado dentro da contenção. A mesma Westinghouse inclui também o sistema de resfriamento passivo da contenção, que utiliza um tanque de água sobre o telhado do edifício da contenção que, por sua vez, abriga o reator, o vaso de contenção e os geradores de vapor. Os reatores AP-600 e AP-1000 da Westinghouse já obtiveram a aprovação de seus projetos pela NRC.

Com relação ao tamanho, os componentes críticos das usinas de geração III são maiores e pesam mais que os seus antecessores da geração II. Quanto ao peso, os reatores construídos na geração II requerem cerca de 2.200 toneladas de aço forjado, enquanto os da geração III necessitam de cerca de o dobro disso. Mas as novas usinas de geração III estão na faixa de capacidade de geração de 1.000 MW (AP-1000 da Westinghouse, Figura 8.22) até 1.600 MW (Evolutionary/European Reactor Power – EPR), e assim tendem a ser maiores que as da geração II.

Os reatores da geração IV são denominados reatores avançados e prevê-se que estarão instalados por volta de 2030. As principais metas dos projetos de reatores da geração IV são: sustentabilidade, economia, eficiência no uso de combustíveis, segurança e confiabilidade.

Uma característica importante é a eliminação da necessidade de plano de emergência externo à usina, isso porque a probabilidade de dano ao núcleo será muito baixa. Em relação à confiabilidade, os projetos da geração IV vão exceder as expectativas em termos de segurança.

A geração IV ainda possui características que protegem contra a proliferação de armas, pois aumentam a garantia de que não ocorrerá desvio ou roubo de material utilizável em armas e fornece maior proteção física contra atos de terrorismo.

A produção de energia dentro do reator

Nos reatores nucleares se produz a energia elétrica a partir da reação de fissão dos átomos de urânio. O que é essa reação e como ela se processa? A reação de fissão ilustrada na Figura 8.23, conforme já comentado anteriormente, é uma reação em que átomos mais pesados se dividem em partes mais leves.

O combustível mais comumente utilizado nos reatores nucleares é o urânio. Esse elemento é encontrado na natureza na forma de vários isótopos, que possuem o mesmo número de prótons (92), mas com número de nêutrons diferentes. O isótopo mais abundante é o U-238 (abundância 99.2745%), que possui 146 nêutrons, depois o U-235 (abundância 0.7200%), que possui 143 nêutrons, em seguida temos o U-234 (abundância 0.0055%), com 142 nêutrons (NCSU, 1999).

No caso dos reatores que utilizam como combustível urânio, o isótopo que normalmente sofre a fissão é o U-235, que, ao ser bombardeado por nêutrons térmicos, divide-se em vários átomos, além de produzir energia, denominada nuclear, como na Figura 8.23. Para que a reação de fissão seja controlada, devem-se produzir nêutrons térmicos, com a energia necessária para que o nêutron não seja tão energético e passe pelo átomo de urânio sem fissioná-lo.

A reação de fissão pode ser em cadeia e descontrolada, mas, dentro de um reator nuclear, essa reação em cadeia não ocorre por vários motivos, tanto pela presença de controle de moderação como pela presença de absorvedores de nêutrons.

Figura 8.22 – Esquema do AP-1000 da Westinghouse, mostrando suas principais características.

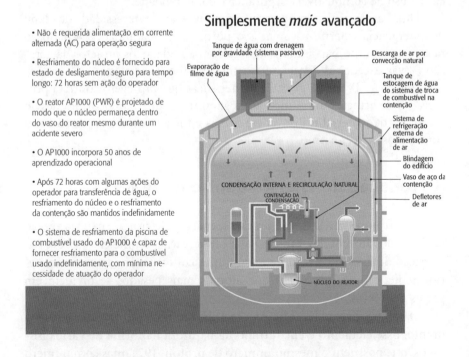

Fonte: Westinghouse (2011).

Figura 8.23 – Reação de fissão do U-235.

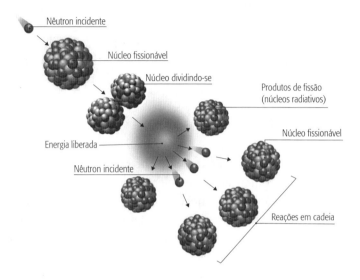

Fonte: Webster (2015).

A moderação é a propriedade que um material moderador possui de diminuir a velocidade dos nêutrons rápidos, transformando-os em térmicos. Por isso, os moderadores permitem que ocorra a fissão. Absorvedores de nêutrons são materiais que capturam os nêutrons térmicos, evitando um aumento de sua quantidade de modo a evitar a reação em cadeia.

A energia nuclear emitida na reação de fissão é convertida em energia térmica, pelo uso de refrigerantes que se aquecem e produzem energia elétrica por meio de turbinas a vapor. O refrigerante mais utilizado nos reatores nucleares atuais é a água.

Podem-se classificar os reatores nucleares em seis diferentes tipos:
- Os *Pressurized Water Reactor* (PWR), que usam a água no estado líquido como refrigerante e por isso são pressurizados.
- Os *Boilling Water Reactor* (BWR), que usam a água no estado de vapor para refrigerar o núcleo.
- Os reatores PWR avançados, que usam a mesma tecnologia dos reatores PWR convencionais acrescida de avanços relacionados à segurança.
- Os reatores BWR avançados, que são os BWR convencionais com a adição de avanços relacionados à segurança.

- Os reatores moderados à água pesada.
- Os reatores refrigerados a gás.

Os reatores tipo PWR e BWR são classificados como reatores à água leve, pois a utilizam (com a composição isotópica natural de hidrogênio) como refrigerante, moderador e refletor. Essa classe de reatores é a mais utilizada no mundo para produção de energia elétrica.

Os reatores PWR

Na Figura 8.24, são mostrados os principais componentes dos reatores PWR, incluindo a contenção. No núcleo, ocorrem as reações de fissão e o refrigerante é utilizado para remover o calor. Nesse caso, o refrigerante é a água líquida que, mesmo aquecida a altas temperaturas, permanece líquida pois está pressurizada. Também são mostrados os sistemas para reatores PWR que produzem a energia elétrica por meio de turbinas a vapor.

A temperatura de entrada da água no vaso do reator é de aproximadamente 290 ºC (variando um pouco em função do projeto térmico do reator). A água circula na parte externa do núcleo, operando como refletor, depois, circula dentro do núcleo, onde é aquecida, saindo do vaso a aproximadamente 325 ºC. Para que não ocorra a vaporização da água, a mesma é mantida pressurizada a aproximadamente 15 Mpa (Lamarsh e Baratta, 2001). A água que refrigera o núcleo circula pelo uso de bombas acionadas por motores elétricos. Para suprir a falta de energia elétrica da rede externa, o reator possui um sistema a diesel de emergência e um sistema de resfriamento de emergência. A corrente de água sai do vaso do reator e dirige-se para o gerador de vapor, onde ocorre a sua produção, usando o calor contido na água que sai do vaso do reator. O vapor produzido no seu próprio gerador (Figura 8.25) sai a uma temperatura de aproximadamente 293 ºC e 5 MPa. Reatores PWR de maior capacidade podem utilizar vários GV produzindo vapor.

Com a função de prevenir a variação de pressão (aumento ou diminuição), que pode levar a uma vaporização da água no núcleo, os PWR são equipados com pressurizadores. A Figura 8.26 mostra um esquema de um pressurizador. Ele é constituído por um tanque que contém vapor e água quente na parte inferior. Possui um sistema de controle que é atuado pelo valor da pressão na água de refrigeração do núcleo; em caso de pressão alta, acionam-se os *sprays* na parte superior e, em caso de pressão baixa, nos aquecedores imersos na água do fundo, com a finalidade de aumentar a pressão.

Figura 8.24 – Principais componentes dos reatores tipo PWR, incluindo a contenção (Areva).

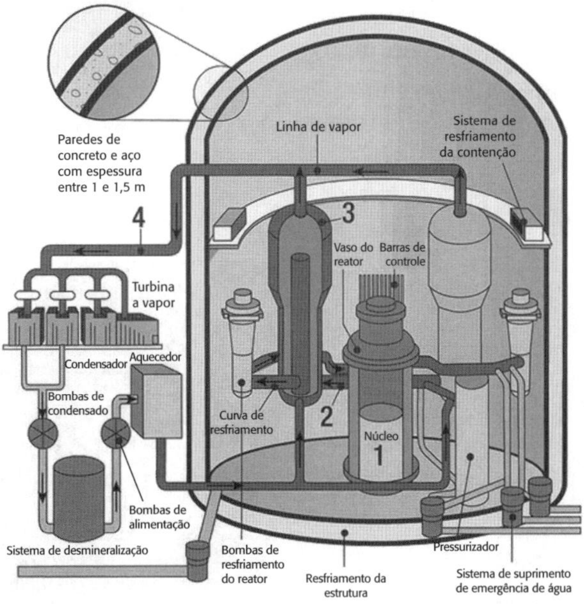

Fonte: NRC (2015).

Na Figura 8.27, é mostrado o esquema de um pressurizador operando com quatro geradores de vapor e uma bomba de alimentação de água para cada gerador de vapor.

Os reatores tipo PWR usam como combustível o dióxido de urânio (UO_2) levemente enriquecido (2 a 5% em peso) na forma de pastilhas de 1 cm de diâmetro por 2 cm de altura.

Estes cilindros são colocados em varetas seladas de aço inox e Zircalloy 2 ou 4 (sem níquel), com aproximadamente 4 m de comprimento. Os tubos de Zircalloy possuem a função de suporte do combustível e previnem o escape dos produtos de fissão para o refrigerante. Eles também são pressurizados com gás hélio à pressão de aproximadamente 3,4 MPa.

As barras de combustível são arranjadas na forma de estrutura denominada "conjunto do combustível", conforme mostrado na Figura 8.28.

O arranjo desses conjuntos de combustível no núcleo do reator é aproximadamente cilíndrico. Os reatores PWR mais comuns contêm entre 150 e 200 conjuntos de combustível. O controle da produção de energia e da

Figura 8.25 – Esquema de gerador de vapor em tubos de U e foto de gerador de vapor vertical com tubos em U.

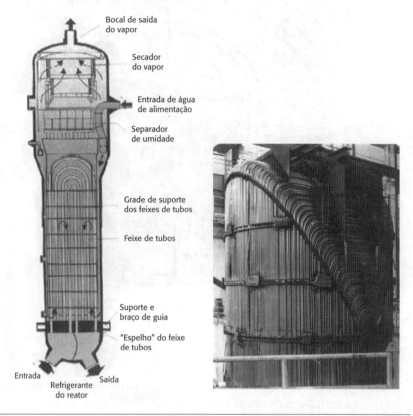

Fontes: Eletronuclear (2003); NRC (2007).

reação de fissão no reator é efetuado por barras de controle e pelo sistema de injeção de ácido bórico no sistema de refrigeração.

Em reatores PWR utilizados em submarinos, o enriquecimento do urânio pode atingir 90% em peso do U-235, e isso reduz as dimensões do núcleo e do reator. O urânio altamente enriquecido é caro e, por motivos econômicos, não é usado em plantas estacionárias.

Reatores BWR

Os reatores BWR, que usam a água de refrigeração no estado vapor, foram inicialmente utilizados experimentalmente no começo dos anos

Figura 8.26 – Esquema de um pressurizador em reator PWR.

1. Suspiro
2. Bocal central de aspersão
3. Válvulas de segurança e de alívio
4. Caixa com conjunto de aspersão
5. Bocais de instrumentação
6. Bocal de visita
7. Camisa de proteção contra a água de borrifo
8. Suportes de apoio
9. Bocal da linha de compensação
10. Joelho
11. Bocal de instrumentação
12. Cone misturador
13. Bocal de amostragem
14. Barras de aquecimento
15. Bocal de drenagem

Fonte: Eletronuclear (2003).

1950, com os famosos experimentos Borax, que mostraram que era de fato possível controlar e tornar estável um reator, mesmo com a vaporização da água, desde que a pressão fosse adequada (ANL, 1998).

Desde então, o BWR e o PWR competem na área de produção comercial de energia nuclear. Nos últimos anos, o BWR tem perdido penetração neste mercado, principalmente após o acidente de Fukushima, que será tratado posteriormente, junto com os principais acidentes nucleares; será mais difícil ainda a construção de novos reatores desse tipo.

Mas uma das maiores vantagens dos reatores BWR é que o vapor formado no núcleo vai diretamente para as turbinas a vapor que produzem a energia elétrica. E ainda, a quantidade de água bombeada no núcleo de BWR é menor que em um reator PWR equivalente, visto que, no BWR, o refrigerante absorve calor usando o calor latente (para vaporizar a água), que é maior que o calor sensível (utilizado no PWR).

A desvantagem, porém, advém também do fato de que o vapor que sai do núcleo é radiativo e vai diretamente para as turbinas a vapor. Então, todos os componentes do sistema da turbina devem ficar no prédio da contenção blindada.

Um reator BWR típico, como na Figura 8.29, funciona da seguinte forma:

- O núcleo dentro do reator cria calor por meio da reação de fissão.

Figura 8.27 – Esquema simplificado do sistema de produção de vapor com quatro geradores de vapor e um pressurizador em reator PWR.

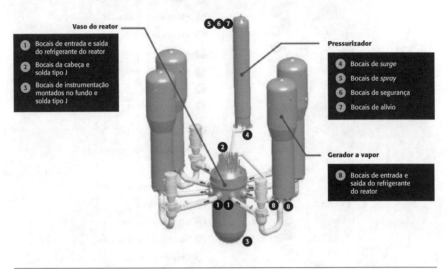

Fonte: Hirano et al. (2010a).

- No núcleo, a água sobe do *plenum* (câmara inferior) para a parte superior através do núcleo e, nesse trajeto, recebe calor sensível e latente. Parte do refrigerante está vaporizado quando atinge o topo do núcleo.
- Essa mistura passa pelos separadores de vapor, que removem a maior parte da água. O vapor, então, passa para o conjunto de secadores, que removem a água remanescente que sai do reator pela linha que alimenta a turbina a vapor.
- A linha de vapor alimenta a turbina principal, que gira um gerador produzindo eletricidade. O vapor não utilizado é enviado para o condensador, onde é condensado.
- A água extraída do condensador com uma série de bombas é reaquecida e retorna para a alimentação do reator.

O núcleo do reator contém conjuntos de combustível que são refrigerados pelo sistema de circulação de água constituído por bombas elétricas. Essas bombas e outros sistemas operativos na planta recebem energia elétrica da rede elétrica externa. Se ocorrer falta de energia externa, então entra em operação o sistema de refrigeração de emergência, o qual é alimentado por outras bombas, que podem ser alimentadas

Figura 8.28 – Esquema da estrutura básica do conjunto do combustível em reator PWR.

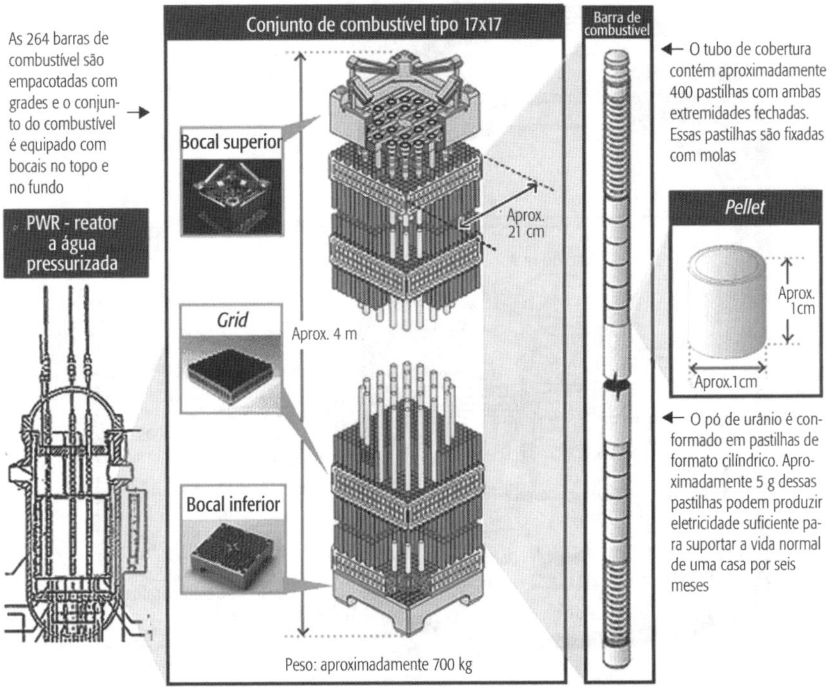

Fonte: Nuclear Fuel Industries (2006).

eletricamente por geradores a diesel de emergência dentro do próprio local da usina.

Outros sistemas de segurança do reator, como a refrigeração da contenção, também necessitam de energia elétrica.

A pressão no circuito de refrigeração do núcleo do BWR é de aproximadamente 7 MPa, que é metade do valor utilizado no circuito similar do PWR. Por isso, a espessura da parede necessária para o vaso do reator de um BWR é menor que a de um PWR. Mas, como a densidade de potência de um reator BWR é menor que a de um PWR, o tamanho do vaso dele é maior para a mesma potência. Consequentemente, o custo do vaso dos dois é aproximadamente o mesmo (Lamarsh e Baratta, 2001).

Um BWR do tipo descrito por Lamarsh e Baratta (2001) produz vapor a aproximadamente 290°C e 7 MPa, com eficiências entre 33 e 34%. Sistemas de BWR típicos contêm entre 370 e 800 conjuntos de combustível.

Figura 8.29 – Esquema de um reator BWR.

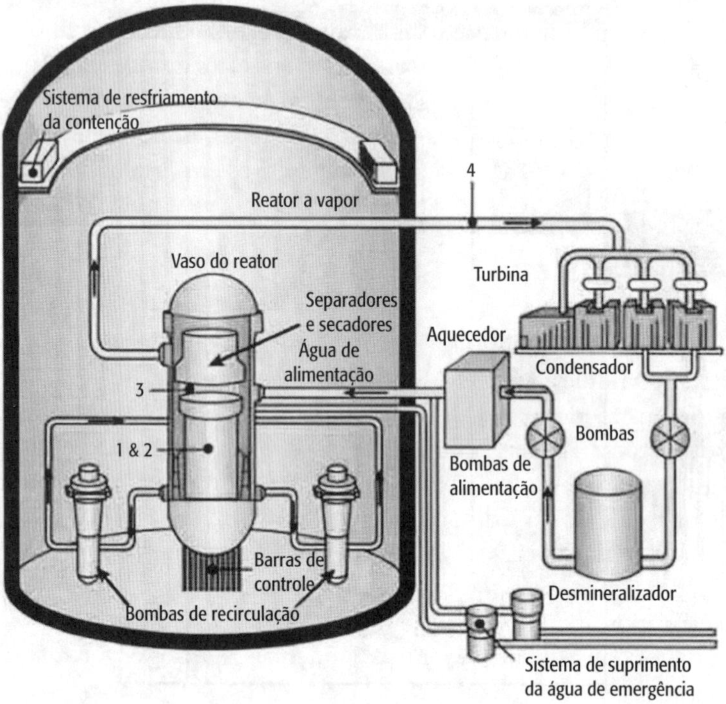

Fonte: NRC (2013b).

O combustível do reator BWR é, em essência, similar ao do reator PWR. A diferença é que as barras de controle do BWR são sempre colocadas no fundo do reator, enquanto as dos reatores PWR são colocadas no topo. A razão disso é que, no topo do BWR, existe menor densidade de água em virtude da presença de vapor, e a movimentação das barras nessa região não tem tanto efeito no controle da reação quanto se colocada no fundo, onde existe água líquida.

ACIDENTES NUCLEARES E SEGURANÇA

O início do uso da energia nuclear para geração elétrica, na década de 1950, deu origem a preocupações sobre os acidentes e seus possíveis efeitos. Um cenário nuclear particularmente perigoso e muito estudado foi a perda de resfriamento do núcleo que poderia resultar na fusão do mesmo. Os projetos ocidentais de reatores tentam evitar esses acidentes, sendo que a indústria tem sido muito bem sucedida. Em mais de 14.500 reatores-ano de operação comercial em 32 países, ocorreram apenas três grandes acidentes com usinas nucleares – Three Mile Island, Chernobyl e Fukushima – o segundo sendo de pouca relevância para o projeto de reatores, pois seu projeto não possuía contenção. Os três acidentes são descritos em detalhes a seguir.

Three Mile Island

A unidade 2 da usina Three Mile Island (TMI-2) localiza-se próxima à cidade de Middletown, Pensilvânia, e teve seu combustível parcialmente derretido em 28 de março de 1979. Este foi o acidente operacional mais grave da história da energia nuclear comercial nos Estados Unidos, embora as liberações radiativas tenham sido pequenas e não tenham sido detectados efeitos na saúde dos trabalhadores e do público geral. A fusão parcial dos elementos combustíveis de TMI-2 foi causada por uma combinação de mau funcionamento do equipamento, problemas relacionados com o projeto e erros dos operadores.

A maior consequência foram as mudanças radicais envolvidas no planejamento de resposta a emergência, treinamento de operadores do reator, proteção radiológica e outras áreas operacionais das usinas. Uma análise cuidadosa dos eventos do acidente identificou problemas e levou a mudanças permanentes e abrangentes de como a NRC regula seus licenciados – que, por sua vez, reduziram o risco para a saúde pública e aumentaram a segurança. Outros órgãos licenciadores no mundo também foram forçados a aumentar a segurança, apesar das diferenças que separam os diversos países em termos de supervisão regulatória.

Resumo de eventos

O acidente começou por volta de quatro horas da manhã no dia 28 de março de 1979, quando a usina sofreu uma falha no circuito secundário, na parte não nuclear do reator 2 da usina. Uma falha (mecânica ou elétrica) impediu que as bombas principais de alimentação de água enviassem água para os geradores de vapor. Isso causou o desligamento da turbina a vapor e, em seguida, o desligamento do próprio reator. Imediatamente, a pressão no circuito primário começou a aumentar, e a válvula de descarga do pressurizador foi automaticamente aberta para controlar a pressão. A válvula deveria ter fechado quando a pressão caiu para níveis adequados, mas ficou travada na posição aberta. A Figura 8.30 mostra um esquema do reator de TMI-2.

No entanto, os instrumentos na sala de controle indicaram que a válvula foi fechada e, assim, os operadores não tiveram conhecimento de que a água de resfriamento estava saindo pela válvula travada em aberto. O circuito primário foi perdendo água e não havia nenhum instrumento que mostrasse a quantidade de água que cobria o núcleo, então os operadores assumiram que havia quantidade de água suficiente, porque o nível de água no pressurizador estava elevado. Quando os alarmes soaram e as luzes de emergência acenderam, os operadores não perceberam que o reator estava passando por um acidente de perda de refrigerante e tomaram uma série de ações que pioraram as condições.

A água que escapava pela válvula travada reduziu tanto a pressão do sistema primário que as bombas de refrigeração do reator tiveram de ser desligadas para evitar vibrações perigosas. Para evitar que o pressurizador se enchesse completamente, os operadores reduziram a quantidade de água de resfriamento de emergência que estava sendo bombeada para o circuito primário. Sem o fluxo adequado de água, o combustível nuclear ficou superaquecido a tal ponto que o revestimento de zircônio se rompeu e as pastilhas de combustível começaram a derreter. Posteriormente, verificou-se que cerca de metade do núcleo foi fundido durante as fases iniciais do acidente. Apesar de TMI-2 ter sofrido uma fusão grave do núcleo, o tipo mais perigoso de acidente nuclear, as consequências externas à planta foram mínimas. Ao contrário do acidente de Chernobyl e Fukushima, o prédio de contenção do TMI-2 permaneceu intacto e manteve contido quase todo o material radiativo do acidente.

Atualmente, o reator TMI-2 está permanentemente desligado e todo o combustível foi removido. O sistema de resfriamento do reator está completamente drenado, a água foi descontaminada de elementos radiativos e evaporou-se. Os resíduos radiativos do acidente foram enviados para fora do local para uma área de descarte adequada, e o combustível do reator e os detritos do núcleo foram enviados para o Departamento de Energia do Idaho National Laboratory. Em 2001, a FirstEnergy adquiriu TMI-2 da GPU e contratou o monitoramento de TMI-2 pela Exelon, o atual proprietário e operador de TMI-1. As empresas planejam manter as instalações TMI-2 na condição de armazenamento monitorado, até que a licença de operação da TMI-1 expire, quando então serão descomissionadas.

Figura 8.30 – Esquema do reator de TMI-2.

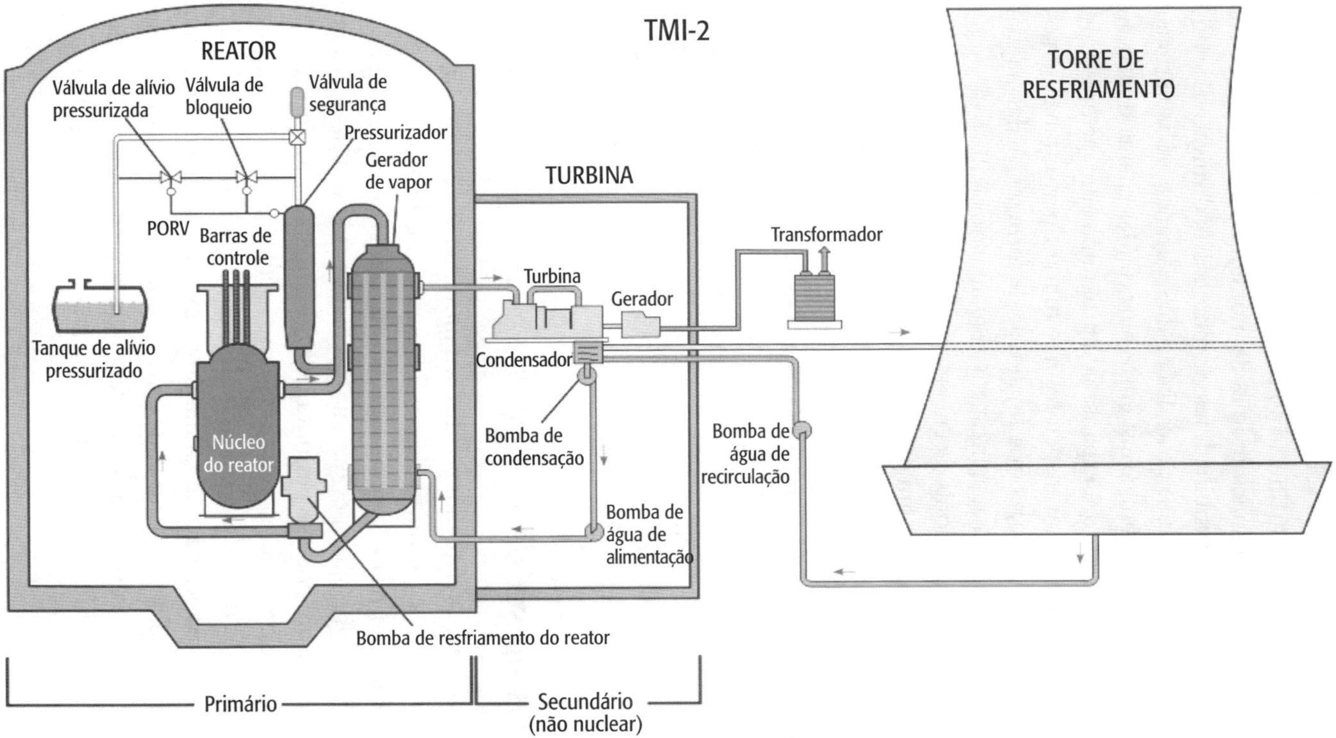

Fonte: NRC (2013c).

Como já foi dito anteriormente, devido ao acidente de Three Mile Island (TMI-2), muitas evoluções ocorreram, como: melhoria no treinamento de operadores; melhoria no planejamento de emergências; mudanças na instrumentação, incluindo as de monitoramento, capaz de resistir a acidentes graves e recombinadores de hidrogênio; divulgação de informações sobre a indústria; uso de avaliação de segurança probabilística e análise dos eventos mais prováveis; entre outras. Mas chama a atenção uma ação do NRC americano: a expansão do programa de inspetores residentes, na qual, no mínimo dois inspetores que moram perto trabalham exclusivamente em cada usina, com a finalidade de fornecer vigilância diária do licenciado em relação à aderência aos regulamentos NRC.

As empresas geradoras de energia elétrica reconheceram suas responsabilidades e formaram um grupo de autoavaliação, o Institute of Nuclear Power Operation, cuja sede, em Atlanta, possui várias funções: avalia eventos e práticas dentro da indústria nuclear dos Estados Unidos, divulga recomendações e realiza avaliações periódicas de cada empresa no país, incluindo operações, manutenção, engenharia, treinamento, proteção radiológica, química e de apoio empresarial. De acordo com os resultados dessas inspeções, classifica-se o seguro da usina e oferecem-se programas de treinamento altamente especializados para o pessoal de serviços públicos, incluindo gerentes da usina.

Efeitos na saúde

Após estudos efetuados por diversas universidades, como a Universidade de Columbia e a Universidade de Pittsburgh, concluiu-se que, apesar dos sérios danos ao reator, as emissões reais tiveram um efeito negligenciável sobre a saúde física das pessoas ou o ambiente. O NRC (2013c) estima que as cerca de 2 milhões de pessoas que estavam em torno do reator TMI-2 durante o acidente receberam uma dose média de radiação de apenas 1 millirem acima da dose de *background* (fundo habitual). Para efeito de comparação, a exposição à radiografia de tórax é de cerca de 6 millirem, e a dose fundo radioativa natural, de cerca de 100 a 125 millirem por ano para a área. A dose máxima do acidente para uma pessoa dentro do perímetro do sítio teria sido inferior a 100 millirem acima da radiação de fundo.

Chernobyl

O complexo de Chernobyl situa-se a aproximadamente 130 km ao norte de Kiev, Ucrânia (Figura 8.31), consistindo de quatro reatores nucleares tipo RBMK-1000, sendo que as unidades 1 e 2 foram construídas entre 1970 e 1977, enquanto as unidades 3 e 4 são de 1983 (IA86). Na época do acidente, mais dois reatores tipo *Reaktor Bolshoy Moshchnosty Kanalny* (RBMK) estavam em construção no local. Volto a ressaltar que o acidente de Chernobyl teve pouca relevância para o projeto de reatores ocidentais, pois seu projeto não possuía contenção. E no ocidente já era proibida a instalação de reatores nucleares de potência para geração elétrica sem o uso de contenção.

Os reatores soviéticos do tipo RMBK não possuem a estrutura de contenção, que consiste na estrutura de concreto e revestimento de aço sobre o vaso do reator, e que é projetada para manter a radiação dentro da unidade mesmo no caso de acidente. Foi o que ocorreu na usina de Chernobyl.

O reator tipo RBMK opera com água a vapor (mas não é um reator BWR), moderado a grafite, utilizando U-235 enriquecido a 2%. Como esses reatores não possuem contenção, em caso de acidente caso ocorra ruptura do elemento combustível, são liberados para o meio ambiente externo parte da carga de combustível e produtos de fissão, como plutônio, iodo, estrôncio e césio.

Em abril de 1986, a equipe de operação do reator Chernobyl-4 preparou um teste para determinação de quanto tempo as turbinas permaneceriam girando e fornecendo potência num evento de perda do suprimento principal de energia elétrica. Testes similares já haviam sido realizados em Chernobyl e em outras usinas, apesar do fato de que os reatores RMBK serem conhecidos pela grande instabilidade em configurações de baixa potência.

O acidente de Chernobyl foi o produto de uma falta de cultura de segurança. O projeto do reator era pobre do ponto de vista da segurança e permitia aos operadores desligar parte do sistema de segurança, o que provocava um estado de perigo.

Foi o que aconteceu: os operadores desligaram parte do sistema de segurança a fim de permitir a realização do teste previsto. Como a vazão de água de resfriamento diminuiu, houve um aumento de potência. Isso porque, nos reatores RMBK lá instalados, a reação de fissão aumentava em caso de perda de água de resfriamento, mesmo que se transformasse em vapor.

Essa é uma característica de insegurança desse tipo de reator, pois em todos os reatores construídos no ocidente, a reação de fissão diminui em caso de perda de refrigeração.

Mas, no caso de Chernobyl, quando os operadores tentaram desligar e retirar o reator da sua condição de instabilidade decorrente dos erros anteriores, essa peculiaridade do projeto causou um grande aumento de potência.

Os operadores não estavam informados sobre isso e não estavam cientes de que o teste realizado poderia levar o reator a uma condição explosiva. Além disso, eles não cumpriram procedimentos operacionais, e esta combinação de fatores provocou um acidente nuclear severo, no qual o reator foi totalmente destruído dentro de poucos segundos.

Adicionalmente, os blocos de grafite usados como moderadores entraram em combustão e produziram fogo quando o ar entrou no núcleo do reator, em alta temperatura, aumentando mais ainda a emissão de material radiativo para o ambiente.

Por ter ocorrido em um tipo específico de reator, não utilizado mundialmente, esse acidente não teve grandes consequências sobre o desenvolvimento de projetos de reatores no mundo ocidental, mas teve grandes impactos nos reatores instalados na União Soviética, dando início à implantação da cultura de segurança, até pelo aumento do contato com o Ocidente.

Figura 8.31 – Esquema do reator RMBK-1000 de Chernobyl.

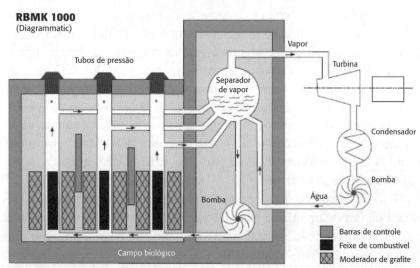

Fonte: WNA (2015).

O acidente causou a maior liberação não controlada de radiação para o ambiente no mundo, devido à operação de reatores nucleares civis, durante aproximadamente 10 dias. Essa liberação causou problemas sociais e econômicos muito sérios para um grande contingente de populações da Rússia, Bielo-Rússia e Ucrânia.

Os efeitos na saúde da população em geral, na União Soviética e no mundo, foram devastadores. Ocorreram duas mortes de operadores devido à explosão inicial e mais 28 mortes, entre bombeiros e trabalhadores da emergência e limpeza, nos três meses após a explosão, causadas por síndrome aguda da radiação e parada cardíaca.

Ocorreram no mínimo 1.800 casos documentados de câncer de tireoide em crianças, que estavam com idade entre 0 e 14 anos na época do acidente, o que é um número muito mais alto que o normal. Os estudos também registraram que os trabalhadores de limpeza da área também apresentaram aumento de casos de câncer ou doenças relacionadas ao aumento da exposição (IAEA, 2005).

Quanto às emissões, foram liberados mais de 100 diferentes elementos radiativos para a atmosfera por causa da explosão do reator 4. Muitos desses elementos eram de meia vida curta e decaíram rapidamente, reduzindo a radiatividade. Os mais perigosos são: iodo (ligado ao câncer de tireoide), estrôncio (que pode causar leucemia) e césio (que pode atacar o fígado e o baço), respectivamente com meia vida de oito dias, 29 anos e 30 anos. Mas dois radionuclídeos, o iodo 131 e o césio 137 contribuíram de forma significativa para a dose de radiatividade recebida pelos indivíduos do público.

Fukushima

Os reatores de Fukushima Daiichi são do tipo BWR, com um projeto da primeira geração de BWR (1960) fornecido pela GE, Toshiba e Hitachi, com contenção do tipo Mark I. O complexo de Fukushima Daiichi é formado por seis usinas.

O reator 1 possui potência de 460 MWe, os reatores 2 a 5 possuem 784 MWe e a unidade 6 possui 1100 MWe. Os elementos combustíveis medem cerca de 4 m de comprimento, existindo quatrocentos deles na unidade 1, 548 nas unidades 2 a 5 e 764 na unidade 6. Cada elemento combustível tem 60 barras de combustível de óxido de urânio com revestimento de zircônio. Só a unidade 3 tem um núcleo parcial de óxido misto (MOx) (32 elementos, MOx com 516 barras com baixo enriquecimento). Todos operam normalmente a 286 °C na saída do núcleo sob uma pressão de 6.930 kPa e com a pressão de 115 a 130 kPa na contenção. A pressão de operação é de cerca da metade de uma PWR.

O BWR Mark I (Figura 8.32) tem um sistema de contenção primária compreendendo um vaso de contenção primário (PCV), ou contenção seca (*drywell*), com espessura de 30 mm de aço apoiado por uma concha de concreto armado, conectado a um poço em forma de toro (*wetwell*) contendo a piscina de supressão (com 3.000 m³ de água nas unidades 2 a 5).

A contenção contém o vaso de pressão do reator (RPV). A água na piscina de supressão atua como um meio de absorção de energia no caso de um acidente. O *wetwell* está ligado à contenção seca por um sistema de ventas, que abre em caso de alta pressão na contenção seca. A função do sistema de contenção é conter a energia liberada durante um acidente de perda de refrigerante (Loca) de qualquer tamanho e para proteger o reator de agressões externas. A versão japonesa do Mark I é um pouco maior que a versão original GE.

O vaso de contenção contém o vaso de pressão do reator (RPV). A água na piscina de supressão atua como um meio de absorção de energia no caso de um acidente. O *wetwell* está ligado à contenção seca por um sistema de ventas, que abre em caso de alta pressão na contenção seca. A função do sistema de contenção é conter a energia liberada durante um acidente de perda de refrigerante (Loca) de qualquer tamanho e para proteger o reator de agressões externas. A versão japonesa do Mark I é um pouco maior que a versão original GE.

Durante a operação normal, a atmosfera da contenção seca e a atmosfera *wetwell* são preenchidas com nitrogênio, e a água do *wetwell* está em temperatura ambiente. Uma pequena quantidade de hidrogênio é habitualmente formada por decaimento radiolítico da água, o qual é normalmente tratado por recombinadores no vaso de contenção. Eles seriam insuficientes para combater uma formação maior de hidrogênio como a que ocorre em virtude da oxidação do revestimento de combustível de zircônio. Além disso, a baixa pressão de confinamento de hidrogênio e outros gases permite que estes sejam rotineiramente ventilados por meio de filtros de carvão, que aprisionam a maioria dos radionuclídeos.

O reator BWR, Mark I, de Fukushima possuía vários sistemas de segurança que atuavam em caso de acidente com perda de refrigerante[1].

---

[1]   Para maiores detalhes, ver: WNA (2012b).

Figura 8.32 – Esquema do reator BWR de Fukushima.

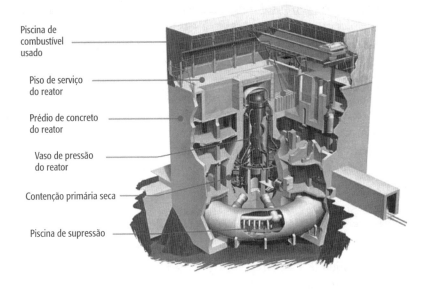

Fonte: WNA (2012b).

A seguir são relatados resumidamente os eventos que levaram ao acidente em Fukushima.

Resumo de eventos

Às 2h46 do dia 11 de março de 2011, um terremoto de magnitude 9,0 (na escala Richter) atingiu o Japão, sendo este o maior que já atingiu o país. O complexo de usinas denominado Fukushima Daiichi Nuclear Power Plant, da Tepco, ficava situado a 178 km do epicentro do terremoto. A Figura 8.33 mostra a foto das condições no complexo de Fukushima Daiichi antes do desastre.

Dos seis reatores do complexo de Fukushima, estavam em operação no momento em que ocorreu o terremoto apenas as unidades 1, 2 e 3. As unidades 4, 5 e 6 estavam em período de inspeção e, portanto, desligadas. Na Tabela 8.2, estão mostradas as capacidades e o estado operacional das usinas do complexo de Fukushima, antes e depois do terremoto.

Evento 1 – perda de energia após o terremoto

O primeiro evento foi o desligamento da conexão de energia elétrica, apesar de o complexo ser conectado a seis linhas de transmissão que faziam o fornecimento de energia elétrica para as usinas (uma das quais estava em obras e, por isso, fora de operação). O desligamento ocorreu porque o terremoto levou ao colapso as torres das linhas de transmissão e também em virtude de danos nas subestações. Mas os geradores de emergência a diesel foram acionados, fornecendo eletricidade para as usinas. Os sistemas de resfriamento de emergência, como o sistema de isolamento do condensador (IC) e o sistema de refrigeração do núcleo do reator – *Reactor Core Isolation Cooling Reactor* (RCIC) –, automaticamente entraram em operação e refrigeraram o reator.

Evento 2 – perda de energia após o tsunami

O tsunami chegou à área do complexo cerca de 40 minutos após o terremoto. Nas unidades 1 a 5, os geradores a diesel e os equipamentos da fonte de alimentação AC foram inundados e danificados pela água, tornando-os inutilizados. Como resultado, os equipamentos de refrigeração e injeção de água, acionados por essa fonte de energia, também ficaram inutilizados.

Evento 3 – perda do último nível de dissipação de calor

O tsunami também inundou e danificou as bombas de resfriamento de água do mar em todos os reatores, levando a uma perda da função do sistema de remoção de calor residual e do sistema de água de resfriamento do componente. Isso significa a perda da última camada de dissipação de calor, pois o calor residual dentro dos reatores não seria removido pela água do mar.

Evento 4 – perda total de energia

Os reatores de Fukushima têm grande parte de seus quadros de manobra no piso térreo dos edifícios das turbinas em vez de elevados, como em algumas plantas similares nos Estados Unidos. Também possuem salas de controle com instrumentação analógica típica do período de construção da década de 1970, de modo que não só muitos instrumentos falham, como os dados não puderam ser acessados remotamente para auxiliar no diagnóstico e nas ações corretivas.

Nas unidades 1, 2 e 4, o tsunami levou a uma perda total da fonte de energia em corrente contínua e à instrumentação da sala de controle central,

Figura 8.33 – Foto do complexo de usinas nucleares de Fukushima antes do acidente.

Fonte: The Sasakawa Peace Foundation (2012).

o que tornou impossível para os operadores o monitoramento das condições da planta, a operação das válvulas motorizadas e todas as outras funções de controle. Na unidade 3, permaneceu ativa a fonte de alimentação em corrente contínua, mas as baterias se esgotaram. Já as unidades de 1 a 4 sofreram a perda total de energia, tanto a corrente alternada como as fontes de alimentação em corrente contínua por um prolongado período de tempo.

Evento 5 – derretimento do núcleo

O desligamento do sistema de resfriamento do núcleo causou a diminuição do nível de água no reator, e a exposição do núcleo eventualmente conduziu à sua fusão. Na unidade 1, a alimentação de água parou por aproximadamente 14 horas, enquanto nas unidades 2 e 3 as injeções pararam por aproximadamente seis horas. De acordo com o governo japonês (Nerh, 2011) e com a Tepco (2011a, 2011b), o dano ao núcleo iniciou-se cerca de

Tabela 8.2 – Estado operacional das unidades do completo de Fukushima Daiichi durante e após o terremoto.

Unidade	Capacidade	Data de comissionamento	Tipo da contenção	Estado quando ocorreu o terremoto	Estado após o terremoto
1	460 MW	1971	Mark I	Operando com potência nominal	Desligamento automático
2	784 MW	1974	Mark I	Operando com potência nominal	Desligamento automático
3	784 MW	1976	Mark I	Operando com potência nominal	Desligamento automático
4	784 MW	1978	Mark I	Desligada para inspeção	
5	784 MW	1978	Mark I	Parada para inspeção	
6	1100 MW	1979	Mark II	Parada para inspeção	

Fonte: Adaptado de The Sasakawa Peace Foundation (2012).

três horas após o terremoto na unidade 1 e cerca de 40 horas após o terremoto nas unidades 2 e 3. A Figura 8.34 mostra os resultados de uma simulação das condições em cada reator após uma análise da sequência de eventos.

Durante o processo de fusão do núcleo, provavelmente o zircônio presente no revestimento dos elementos combustíveis reagiu com a água, produzindo uma grande quantidade de hidrogênio. A oxidação do revestimento de zircônio na presença de vapor de água produz hidrogênio, numa reação exotérmica, com 5,8 MJ/kg de Zircônio, o que agrava o problema do calor de decaimento de combustível. Essa reação se torna autossustentável a temperaturas elevadas, dando origem a um incêndio no revestimento de zircônio com uma frente de combustão ao longo do eixo das barras de

Figura 8.34 – Estimativa das condições do núcleo.

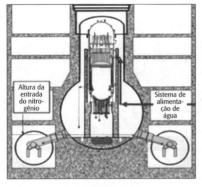
(a) Unidade 1

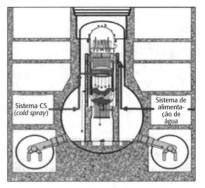
(b) Unidade 2

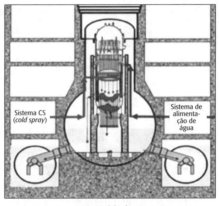
(c) Unidade 3

Fonte: Tepco (2011c).

combustível. Esse fogo pode ocorrer em combustível irradiado após grande perda de líquido refrigerante.

O hidrogênio, combinado com os materiais radioativos voláteis, vazou dos vasos de contenção para as contenções do reator, resultando em explosões de hidrogênio nos edifícios dos reatores das unidades 1, 3 e 4. Na mesma época, foram ouvidas explosões nas vizinhanças da unidade 2, existindo uma elevada probabilidade de que lá não tenham ocorrido explosões causadas por hidrogênio. A Figura 8.35 mostra as consequências das explosões de hidrogênio.

Evento 6 – explosões de hidrogênio

Figura 8.35 – Consequências das explosões de hidrogênio.

Nesta foto, tirada em 20 de março de 2011, as unidades 1 a 4 são apresentadas da direita para a esquerda, com os edifícios das turbinas em primeiro plano. O mar está na frente dos prédios de turbinas.

Fonte: The Sasakawa Peace Foundation (2012).

Evento 7 – contaminação ambiental

Durante esses eventos, o combustível foi liberado para o ambiente externo e, em estudos posteriores (Tepco, 2011d, 2011e, 2011f), descobriu-se que ocorreu contaminação da atmosfera, de águas oceânicas e do solo. Utilizando estimativas apresentadas pela Nuclear Safety Commission of the Nuclear and Industrial Safety Agency (Nisa) (Sasakawa Peace Foundation, 2012), apenas 2% do iodo 131 (I^{131}) e 1% de césio 137 (Cs^{137}) nos reatores foram libertados para o meio ambiente.

A piscina de combustível irradiado

A situação da piscina de combustíveis usados foi tão séria quanto a situação dos reatores. Em particular, a situação da unidade 4 era mais crítica em função de ter maior quantidade de combustível estocada, inclusive combustível novo, o que levou a um rápido aumento de temperatura. Como essa unidade possuía cascos secos para armazenar combustível usado e por algumas características do sistema de refrigeração, ela sofreu danos mas as condições não se tornaram críticas.

A maior quantidade de radiação liberada na planta de Fukushima deve ter sido a partir dessas unidades de estocagem de combustível usado.

Impactos

O acidente de Fukushima teve grande impacto na sociedade. A partir desse acidente, espalhou-se uma grande revolta contra a energia nuclear, o que acarreta muita dificuldade na implantação de novas unidades de geração nuclear, não só no Japão, mas no mundo todo. Talvez, com o passar do tempo, a população em geral tenha maior conhecimento do acidente e diminua essa grande oposição.

Uma das causas deste medo é a confusão que existe sobre a exposição a baixas doses. É necessário explicar para a sociedade que não é possível extrapolar a consequência de doses baixas, que atingiram indivíduos do público, e os efeitos sobre a saúde.

Não ocorreram mortes devido ao acidente nuclear, e a exposição resultou em doses muito baixas de radiação. Mas ainda são feitos estudos de acompanhamento para avaliar os impactos sobre a saúde no longo prazo.

Em 2015, quatro anos após o acidente, um pequeno grupo de cientistas se reuniu em Tóquio para avaliar o resultado da catástrofe. Ninguém morreu ou ficou doente com a radiação – um ponto confirmado pela AIEA (Agência Internacional de Energia Atômica, IAEA em inglês). Mesmo entre os funcionários de Fukushima, espera-se que o número adicional de casos de câncer nos próximos anos seja tão baixo a ponto de ser indetectável, um sinal impossível de discernir em meio ao ruído das estatísticas gerais (NYT, 2015).

O mais importante, em termos de segurança dos reatores nucleares, é o aprendizado que resulta desse acidente e as alterações em termos de segurança para que não ocorra nada similar, mesmo em outros países. E isso tem sido feito tanto pela AIEA como pelas agências nacionais.

No Brasil, não temos reatores BWR, nem em operação nem em projeto. Porém, a Cnen (Comissão Nacional de Energia Nuclear) acompanha todas as discussões para, quando aplicável, exigir as mudanças nos sistemas de segurança que surjam a partir dos estudos sobre Fukushima.

ENERGIA NUCLEAR E SUSTENTABILIDADE

A energia contida numa única pastilha de dióxido de urânio (0.001 t) do tamanho de um dedo é da ordem de 50.000 kWh, o que equivale a 481 m³ de gás natural ou 807,4 kg de carvão ou 564 litros de óleo combustível (NEI, 2013) (Figura 8.36).

Essa comparação já demonstra que o consumo de combustível nuclear é muito menor e, portanto, o uso do urânio como combustível implica menor impacto ambiental desde a mineração até a produção de energia elétrica. Até mesmo na geração de resíduos após o uso, a relação entre a quantidade de energia produzida por uma pastilha e a quantidade de rejeito gerado é muito menor quando comparado com outras fontes energéticas. Da pastilha de urânio, 96% em peso pode ser reciclado em novo combustível e apenas 4% seria considerado lixo. Por exemplo, no caso do carvão, aproximadamente 10% do seu peso resulta em cinzas, que são os resíduos gerados após a sua queima. Normalmente, de 70 a 80% dessas cinzas são descartadas em aterros sanitários secos, constituindo rejeito do processo. As cinzas espalham no ambiente aproximadamente 100 vezes

Figura 8.36 – Esquema mostrando comparação de combustíveis.

Uma pastilha de urânio pesando aproximadamente 7 g gera tanta energia quanto...

Uma tonelada de carvão

481 m³ de gás natural

564 L de óleo

Fonte: U3O8 Company (2013).

mais radiação que um reator nuclear produzindo a mesma quantidade de energia. Isso porque, na natureza, o carvão encontra-se misturado a urânio e tório, entre outros elementos radiativos (Hvistendahl, 2007).

Dentre as fontes de energia limpas, a energia nuclear é a que possui melhor custo/benefício em termos ambientais, maior confiabilidade e condições de fornecimento contínuo. As fontes de energia renováveis, como a eólica e a solar, embora limpas, não podem fornecer continuamente energia e também não possuem a confiabilidade da nuclear. A energia nuclear também é, dentre as energias limpas, a que utiliza menor área de terreno para produção de 1.000 MWe de energia, conforme a Figura 8.37.

Figura 8.37 – Área de terreno para gerar 1.000 MWe.

Tipo de energia	Área (Km²)
Eólica	541
Solar	177
Biomassa	4002
Etanol	22608
Nuclear	0,8

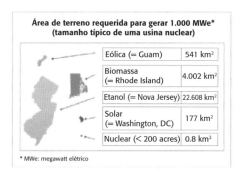

Fonte: U3O8 Company (2013).

A indústria nuclear é a única indústria produtora de energia que assume total responsabilidade por todo o seu desperdício e descarte de resíduos, os quais estão inclusos nos preços dos contratos de venda.

REFERÊNCIAS

[ANL] ARGONNE NATIONAL LABORATORIES. *Borax-I*. 1998.

AREVA. *How does a pressurised water reactor work?* Disponível em: http://www.epr--reactor.co.uk/scripts/ssmod/publigen/content/templates/show.asp?P=165&L= EN. Acessado em: 16 set. 2013.

ATOMIC POWER REVIEW. *Steam generators: design and details.* 2012. Disponível em: http://atomicpowerreview.blogspot.com.br/2012/03/steam-generators-design-and-details.html. Acessado em: 07 out. 2013.

[ATSDR] AGENCY FOR TOXIC SUBSTANCES AND DISEASE REGISTRY OF UNITED STATES. *Toxicological profile for uranium.* Washington: U.S. Department of Health and Human Services, 1999.

BERNSTEIN, J. *Swu for u and me.* Disponível em: http://arxiv.org/ftp/arxiv/papers/0906/0906.2505.pdf. Acessado em: 07 out. 2013.

CRUS, M.U.L. *Modelagem dos parâmetros separativos de ultra centrífugas para enriquecimento de urânio através de modelos de redes neurais híbridas.* São Paulo, 2005. Dissertação (Mestrado). Instituto de Pesquisas Energéticas e Nucleares.

[CTMSP] CENTRO TECNOLÓGICO DA MARINHA EM SÃO PAULO. *Ciclo do combustível nuclear.* Disponível em: http://www.mar.mil.br/ctmsp/ciclo_combustivel.html. Acessado em: 04 out. 2013.

ELETRONUCLEAR. *Estudo de Impacto Ambiental (EIA) da Unidade 3 da Central Nuclear Almirante Álvaro Alberto*, v. 1, 2003. Disponível em: http://www.eletronuclear.gov.br/hotsites/eia/v01_02_caracterizacao.html. Acessado em: 24 ago. 2015.

[EPA] ENVIRONMENTAL PROTECTION AGENCY. *Coal ash.* Disponível em: http://www.epa.gov/radiation/tenorm/coalandcoalash.html. Acessado em: 29 out. 2013.

[EPE] EMPRESA DE PESQUISA ENERGÉTICA. *Plano nacional de energia 2030.* 2006-2007. Disponível em: http://www.epe.gov.br/PNE/20080512_7.pdf. Acessado em: 07 out. 2013.

EUROPEAN NUCLEAR SOCIETY. *Nuclear power plants, world-wide.* Disponível em: http://www.euronuclear.org/info/encyclopedia/n/nuclear-power-plant-world-wide.htm. Acessado em: 22 set. 2013.

GLASER, A. Characteristics of the gas centrifuge for uranium enrichment and their relevance for nuclear weapon proliferation. *Science and Global Security.* v. 16, p. 1-25, 2008. Disponível em: http://www.princeton.edu/sgs/publications/sgs/archive/16-1-Glaser.pdf. Acessado em: 07 out. 2013.

GONÇALVES, J.S. A Conversão. In: *II Semana de Engenharia Nuclear.* 2012, Rio de Janeiro. Disponível em: http://www.nuclear.ufrj.br/semana2012/pdf/Joao_Descricao_Conversao_CCOMC.pdf. Acessado em: 04 out. 2013.

HIRANO, S.; HAMASAKI, K.; OKIMURA, K. Maintenance activities for alloy 600 in PWR plants – part 1. *E-Journal of Advanced Maintenance.* v. 2, n. 2, 2010a. Disponível em: http://www.jsm.or.jp/ejam/Vol.2.No.2/GA/13/article.html. Acessado em: 17 set. 2014.

_____. Maintenance activities for alloy 600 in PWR plants – part 2. *E-Journal of Advanced Maintenance*. v. 2, n. 3, 2010b. Disponível em: http://www.jsm.or.jp/ejam/Vol.2.No.3/GA/14/article.html. Acessado em: 17 set. 2014.

HVISTENDAHL, M. Coal ash is more radioactive than nuclear waste? *Scientific American*. 2007. Disponível em: http://www.scientificamerican.com/article.cfm?id =coal-ash-is-more-radioactive-than-nuclear-waste. Acessado em: 29 out. 2013.

[IAEA] INTERNATIONAL ATOMIC ENERGY AGENCY. *Forum sharpens focus on human consequences of Chernobyl accident*. 2003. Disponível em: http://www.iaea.org/newscenter/features/chernobyl-15/forum_launched.shtml. Acessado em: 24 out. 2013.

_____. *Thyroid cancer effects in children*. 2005. Disponível em: http://www.iaea.org/newscenter/features/chernobyl-15/thyroid.shtml. Acessado em: 24 out. 2013.

_____. *IEA-TECDOC-1613 - Nuclear Fuel Cycle Information System*. Viena: IAEA, 2009, p. 13.

_____. *Nuclear power reactors in the world*. 2015. Disponível em: http://www-pub.iaea.org/MTCD/Publications/PDF/rds2-35web-85937611.pdf. Acessado em: 24 ago. 2015.

[INB] INDÚSTRIAS NUCLEARES DO BRASIL. *Ciclo da fabricação de combustível*. Disponível em: http://www.inb.gov.br/pt-br/LeiAcesso/FAQ.pdf. Acessado em: 17 set. 2014.

_____. *Imagens*. Disponível em: http://www.inb.gov.br/pt-/WebForms/Galeria_fotos.aspx?secao_id=124. Acessado em: 7 out. 2013.

[MIT] MASSACHUSETTS INSTITUTE OF TECHNOLGY. *Technical lessons learnned from the Fukushima-Daichii accident and possible corrective actions for the nuclear industry: an initial evaluation*. Massachusetts: MIT, final 2011. Disponível em: http://web.mit.edu/nse/pdf/news/2011/Fukushima_Lessons_Learned_MIT-NSP -025.pdf. Acessado em: 25 ago. 2015

LAMARSH, J.R.; BARATTA, A.J. *Introduction to nuclear engineering*. Nova Jersey: Prentice Hall, 2001.

[NCSU]NORTH CAROLINE STATE UNIVERSITY. *Table of Isotopic Masses and Natural Abundances*. Carolina do Norte: NCSU, 1999. Disponível em: http://www.ncsu.edu/ncsu/pams/chem/msf/pdf/IsotopicMass_NaturalAbundance.pdf. Acessado em: 24 ago. 2015

[NEA] NUCLEAR ENERGY AGENCY. *Trends towards sustainability in the nuclear fuel cycle*. 2011. Disponível em: http://www.oecd-nea.org/ndd/pubs/2011/6980-trends-fuel-cycle.pdf. Acessado em: 17 set. 2014.

[NEI] NUCLEAR ENERGY INSTITUTE. *Nuclear fuel processes*. Disponível em: http://www.nei.org/Knowledge-Center/Nuclear-Fuel-Processes. Acessado em: 28 out. 2013.

[NERH] NUCLEAR EMERGENCY RESPONSE HEADQUARTERS. *Report of the Government of Japan to the IAEA Ministerial Conference on nuclear safety – on the accident at the Tepco Fukushima Nuclear Power Plant*. 2011. Disponível em: http://www.kantei.go.jp/jp/topics/2011/iaea_houkokusho.html. Acessado em: 17 set. 2014.

[NFI] NUCLEAR FUEL INDUSTRIES. *Light water reactor*. 2006. Disponível em: http://www.nfi.co.jp/e/product/prod02.html. Acessado em: 16 set. 2013.

[NRC] NATIONAL RESEARCH COUNCIL. *Mineral tolerance of domestic animals*. Washington: National Academy of Sciences, 1980.

_____. *Image of steam generator*. 2007. Disponível em: https://www.flickr.com/photos/nrcgov/6946377535. Acessado em: 15 out. 2015.

_____. *Information Digest 2013–2014*. v. 25, 2013a. Disponível em: http://www.nrc.gov/reading-rm/doc-collections/nuregs/pubs/2013/. Acessado em: 22 set. 2013.

_____. *Boiling water reactors*. 2013b. Disponível em: http://www.nrc.gov/reactors/bwrs.html. Acessado em: 23 out. 2013.

_____. *Backgrounder on the Three Mile Island accident*. 2013c. Disponível em: http://www.nrc.gov/reading-rm/doc-collections/fact-sheets/3mile-isle.html. Acessado em: 14 out. 2015.

_____. *Power nuclear reactors*. 2013c. Disponível em: http://www.nrc.gov/reactors/pwrs.html. Acessado em: 18 set. 2013.

_____. *Pressurized water reactors*. 2015. Disponível em: http://www.nrc.gov/reactors/pwrs.html. Acessado em: 24 ago. 2015.

NRC COURSE. *Module 3: Conversion*. 2012a. Disponível em: http://pbadupws.nrc.gov/docs/ML1204/ML12045A005.pdf . Acessado em: 04 out. 2013.

_____. *Module 5: Fuel fabrication*. 2012b. Disponível em: http://pbadupws.nrc.gov/docs/ML1204/ML12045A009.pdf. Acessado em: 04 out. 2013.

_____. *Module 6: Back end of the fuel cycle: spent nuclear fuel and irradiated materials*. 2012c. Disponível em: http://pbadupws.nrc.gov/docs/ML1204/ML12045A009.pdf. Acessado em: 04 out. 2013.

[NYT] NEW YORK TIMES. When radiation isn't the real risk. *The New York Times*. Nova York, 21 set. 2015. Disponível em: http://www.nytimes.com/2015/09/22/science/when-radiation-isnt-the-real-risk.html?_r=0. Acessado em: 14 out. 2015.

PINHEIRO, O.L.; MARQUES, A.L. Enriquecimento de urânio no Brasil. *Economia & Energia*. n. 54, 2006. Disponível em: http://ecen.com/eee54/eee54p/enriquec_uranio_brasil.htm#_ftnref2. Acessado em: 17 set. 2014.

SHIRAISHI, K.; YAMAMOTO, M. Dietary 232Th and 238U intakes for Japanese as obtained in a market basket study and contributions of imported foods to internal doses. *J. Radioanal. Nucl. Chem.* v. 196, n. 1, p. 89-96, 1995.

SMYTH, H.W. *The Smyth Report.* Disponível em: http://www.atomicarchive.com/Docs/SmythReport/smyth_ix-a.shtml. Acessado em: 07 out. 2013.

[TEPCO] TOKYO ELETRIC POWER COMPANY. *On the status of the reactor core in Fukushima Daiichi Nuclear Power Plant Unit 1.* 2011a. Disponível em: http://www.tepco.co.jp/cc/press/betu11_j/images/110515k.pdf. Acessado em: 17 set. 2014.

_____. *On the status of the reactor core in Fukushima Daiichi Nuclear Power Plant Unit 2 and Unit 3.* 2011b. Disponível em: http://www.tepco.co.jp/cc/press/betu11_j/images/110524b.pdf. Acessado em: 17 set. 2014.

_____. *On the status of the reactor core in Fukushima Daiichi Nuclear Power Plant Units 1-3.* 2011c. Disponível em: http://www.tepco.co.jp/nu/fukushima-np/images/handouts_111130_09-j.pdf. Acessado em: 17 set. 2014.

_____. *The result of the nuclide analysis of radioactive materials in the air at the site of Fukushima Daiichi Nuclear Power Station.* 2011d. Disponível em: http://www.tepco.co.jp/en/press/corp-com/release/betu11_e/images/110322e4.pdf. Acessado em: 19 out. 2015.

_____. *The result of seawater nuclide analysis.* 2011e. Disponível em: http://www.tepco.co.jp/en/press/corp-com/release/11032208-e.html. Acessado em: 17 set. 2014.

_____. *The results of nuclide analyses of radioactive materials in the ocean soil off the coast of Fukushima Daiichi Nuclear Power Station.* 2011f. Disponível em: http://www.tepco.co.jp/en/press/corp-com/release/11050305-e.html. Acessado em: 17 set. 2014.

TESTA, B.M. *Comparison of gen 2 and gen 3 nuclear power plants.* 2013a. Disponível em: http://energy.about.com/od/nuclear/a/Gen-2-And-Gen-3-Nuclear-Power-Plants-Compared.htm. Acessado em: 22 set. 2013.

_____. *Three generations of nuclear power plants in the U.S.* 2013b. Disponível em: http://energy.about.com/od/nuclear/a/Three-Generations-Of-Nuclear-Power--Plants-In-The-U-S.htm. Acessado em: 22 set. 2013.

THE SASAKAWA PEACE FOUNDATION.*The Fukushima nuclear accident and crisis management – Lessons for Japan-US alliance cooperation,* set. 2012. Disponível em: https://www.google.com.br/url?sa=t&rct=j&q=&esrc=s&source=web&cd=1&cad=rja&uact=8&ved=0CCMQFjAAahUKEwiVzdrbncTHAhUEDZAKHeJgAKw&url=http%3A%2F%2Fwww.spf.org%2Fjpus%2Fimg%2Finvestigation%-2Fbook_fukushima.pdf&ei=MF_cVZX1EYSawATiwYHgCg&usg=AFQjCNE--65Ggx67HpXU_0ODrpv7T0zRENQ&sig2=heLGXJV252vj1Cg-lgXykg. Acessado em: 25 ago. 2015.

U3O8 COMPANY. *Nuclear energy.* 2013. Disponível em: http://www.u3o8corp. com/main1.aspx?id=97. Acessado em: 28 out. 2013.

WEBSTER, M. *Visual Dicitionary Online.* Disponível em: http://visual.merriam--webster.com/science/chemistry/matter/nuclear-fission.php. Acessado em 13 out. 2015.

WESTINGHOUSE. *AP1000 passive safety system and timeline for station blackout.* 2011. Disponível em: http://www.westinghousenuclear.com/Portals/0/New%20 Plants/AP1000/AP1000%20Station%20Blackout.pdf?timestamp=14048423534 31. Acessado em: 24 ago. 2015.

_____. *AP1000 brochure.* Disponível em: http://www.westinghousenuclear.com/ docs/AP1000_brochure.pdf. Acessado em: 18 set. 2013.

WHITAKER, J.M. *Uranium enrichment plant charactheristics – a training manual for the IAEA.* Disponível em: http://books.sipri.org/files/books/SIPRI83Krass/SI-PRI83Krass05.pdf. Acessado em: 07 out. 2013.

[WNA] WORLD NUCLEAR ASSOCIATION. *Supply of uranium.* 2012a. Disponível em: http://www.world-nuclear.org/info/Nuclear-Fuel-Cycle/Uranium-Resources/Supply-of-Uranium/#.Uk2pmYZwq2U. Acessado em: 03 out. 2013.

_____. *Fukushima: background on reactors.* 2012b. Disponível em: http://www. world-nuclear.org/info/Safety-and-Security/Safety-of-Plants/Appendices/Fukushima--Reactor-Background/#.UlvzKBCojhg. Acessado em: 17 set. 2014.

_____. *Nuclear power in Brazil.* 2013. Disponível em: http://www.world-nuclear. org/info/Country-Profiles/Countries-A-F/Brazil/#.UmlucBDJKyg. Acessado em: 24 out. 2013.

_____. *Chernobyl Accident 1986.* 2015. Disponível em: http://www.world-nuclear. org/info/Safety-and-Security/Safety-of-Plants/Chernobyl-Accident. Acessado em: 24 ago. 2015.

WORLD NUCLEAR REPORT. *The World Nuclear Industry Status Report 2013.* Disponível em: http://www.worldnuclearreport.org/World-Nuclear-Report-2013.html#construction_times_and_costs_of_reactors_currently_under_construction. Acessado em: 24 ago. 2015.

ZAPAROLLI, D. *Energia nuclear: ampliação do parque nuclear depende de decisões políticas.* 2011. Disponível em: http://www.quimica.com.br/pquimica/1823/energia-nuclear-ampliacao-do-parque-nuclear-depende-de-decisoes-politicas/2. Acessado em: 01 set. 2015.

Sites

Como enriquecer urânio. Disponível em: http://www.clicrbs.com.br/pdf/7745217. pdf. Acessado em: 07 out. 2013.

Enriquecer urânio. Disponível em: http://4.bp.blogspot.com/-1OL-AAQjeIY/ UNYR2SgEDKI/AAAAAAAAhuA/t08u6a5F6zo/s1600/foto_09032010200644.jpg. Acessado em: 15 set. 2014.

Esquema de reator PWR e BWR. 2013. Disponível em: http://www.nrc.gov/reading--rm/basic-ref/students/reactors.html. Acessado em: 17 set. 2014.

Scribd. *Aula Aplicação de Radioisótopos*. Disponível em: http://pt.scribd.com/ doc/39176915/Aula-Aplicacao-de-Radioisotopos. Acessado em: 17 set. 2014.

The Ux Consulting Company, LLC. Disponível em: http://www.uxc.com. Acessado em: 17 set. 2014.

Biomassa e Bioenergia | 9

Suani Teixeira Coelho
Engenheira química, Instituto de Energia e Ambiente da USP

Cristiane Lima Cortez
Engenheira química, Instituto de Energia e Ambiente da USP

Vanessa Pecora Garcilasso
Engenheira química, Instituto de Energia e Ambiente da USP

Manuel Moreno
Engenheiro florestal, Instituto de Energia e Ambiente da USP

Naraisa Moura Esteves Coluna
Engenheira agrícola e ambiental, Instituto de Energia e Ambiente da USP

INTRODUÇÃO

Atualmente, o sistema energético internacional é fortemente dependente de combustíveis fósseis (carvão, petróleo e gás): cerca de 80% do consumo mundial de energia se originam dessas fontes; consumo este que apresentava um crescimento anual de cerca de 2% (média em 20 anos), e que nos últimos cinco anos cresceu em média 3,1% ao ano.

Esse cenário, porém não deve durar, não só devido à exaustão gradativa das reservas de combustíveis fósseis, como também pelos efeitos negativos ao meio ambiente que resultam do seu uso, entre os quais o aquecimento global. Na verdade, como mostra a Figura 9.1, a evolução no consumo de energia no mundo desde a Revolução Industrial se apoiou, principalmente, no carvão (depois do início com o uso de madeira das florestas) e posteriormente no petróleo, sendo recente a participação das energias renováveis.

Figura 9.1 – Evolução de energia no mundo.

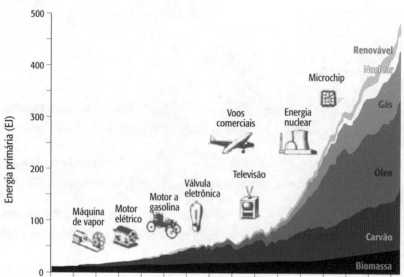

Fonte: GEA (2012).

Problemas relacionados à segurança no suprimento de energia têm também um papel relevante. A segurança energética está ligada ao fato de a produção de petróleo estar concentrada em poucos países, dos quais Estados Unidos, Japão, China, Coréia e alguns países da União Europeia estão entre os maiores importadores.

As energias renováveis, nesse contexto, apresentam inúmeras vantagens ambientais, sociais, econômicas (pela geração de empregos) e estratégicas. Dentre elas, a bioenergia apresenta papel especial em vista da elevada geração de empregos e das possibilidades de produção local nos países em desenvolvimento. Entretanto, como mostra a Figura 9.2, as energias renováveis e a biomassa ainda têm participação reduzida na matriz energética mundial. As renováveis representam 19,1% da matriz energética mundial, contra mais de 78% de energias fósseis. Além disso, deve ser ressaltado que, desse total de renováveis, apenas aproximadamente a metade (9,7%) corresponde verdadeiramente a energias renováveis, pois o restante corresponde à biomassa tradicional, proveniente de desmatamento em países em desenvolvimento, o que não pode ser considerado renovável (Karekezi et al., 2004).

Figura 9.2 – Participação das energias renováveis na matriz energética mundial (2011).

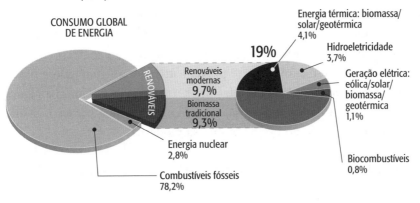

Fonte: REN 21 (2012).

No caso do Brasil, a participação das energias renováveis na matriz energética é muito maior que a média mundial, com 14,2% de energia hidráulica e quase 30% de biomassa (principalmente produtos de cana-de-açúcar, como o etanol e a bioeletricidade, e o uso de carvão vegetal no setor siderúrgico), atingindo um total de mais de 40% de energias renováveis, conforme analisado a seguir.

Desta forma, quando se analisam os conceitos de energia e sustentabilidade no Brasil, a participação da bioenergia assume papel preponderante, como é discutido neste capítulo.

CONCEITOS BÁSICOS – BIOMASSA MODERNA E TRADICIONAL

O conceito de biomassa inclui toda a matéria de origem vegetal existente na natureza ou gerada pelo homem e/ou animais: resíduos urbanos, rurais (agrícolas e de pecuária), agroindustriais, óleos vegetais, combustíveis produzidos a partir de produtos agrícolas e vários outros exemplos.

A bioenergia corresponde à energia produzida a partir da biomassa, assim como os biocombustíveis. Isso inclui o álcool combustível, produzido a partir de cana-de-açúcar e usado como combustível nos automóveis; os resíduos do processamento da cana e de outros produtos agrícolas que são usados para a geração de energia nas indústrias; o carvão vegetal, produzido a partir de madeira de reflorestamento, que é usado como matéria-prima na indústria siderúrgica brasileira; entre outros.

É importante notar que, neste caso, estamos estudando a biomassa produzida de forma sustentável, sem desmatamento, ao contrário da biomassa chamada tradicional, que é proveniente de desmatamento e usada de forma extremamente ineficiente (Karekezi et al., 2002). Como a Figura 9.3 ilustra, o uso da biomassa tradicional corresponde a perdas bastante elevadas, ao contrário do uso da biomassa moderna.

Figura 9.3 – Conversão energética da biomassa tradicional e moderna.

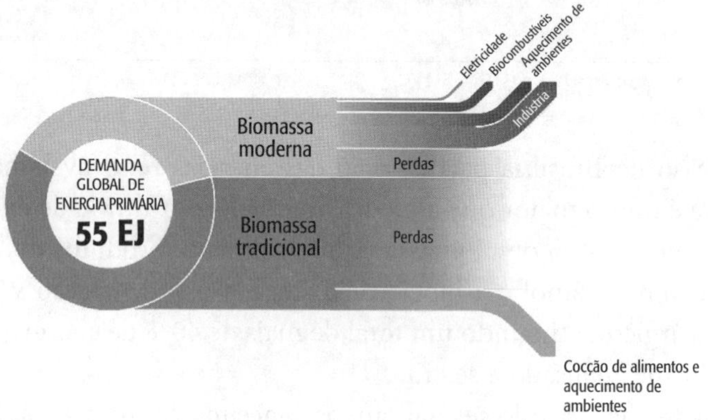

Fonte: REN 21 (2013).

As tecnologias tradicionais de uso da biomassa são aquelas de combustão direta (e ineficiente) de madeira, lenha, carvão vegetal, resíduos agrícolas, resíduos de animais e urbanos, com impactos extremamente negativos na saúde (principalmente de mulheres e crianças nos países menos desenvolvidos). Há também as chamadas tecnologias "aperfeiçoadas" de uso da biomassa, incluindo as tecnologias mais eficientes de combustão direta de biomassa (fogões e fornos).

A Figura 9.4 ilustra exemplo relacionado à biomassa tradicional.

Figura 9.4 – Biomassa tradicional.

Por sua vez, as tecnologias modernas de uso da biomassa ("biomassa moderna") são tecnologias avançadas de conversão de biomassa, por exemplo, para a geração de eletricidade a partir de madeira e resíduos rurais/urbanos; e o uso de biocombustíveis, como o Programa do Álcool no Brasil, o uso de bagaço de cana, biogás e outras biomassas para geração de energia térmica e/ou elétrica. As Figuras 9.5, 9.6 e 9.7 apresentam exemplos relacionados à biomassa moderna.

Figura 9.5 – Biomassa moderna – Programa Nacional do Álcool no Brasil.

No Brasil, o bagaço de cana é usado para cogeração de eletricidade, além de geração de eletricidade excedente, que é exportada para a rede, como discutido adiante.

Na África Subsaariana, através do projeto Cogen for Africa (financiado pela Unep/GEF/AfDB), tecnologias mais eficientes são usadas para a geração de energia elétrica a partir de bagaço de cana e resíduos de madeira, contribuindo para aumentar o acesso à energia na zona rural, numa região onde o acesso à energia é extremamente reduzido.

Neste capítulo, apenas a biomassa moderna, aqui denominada simplesmente biomassa, será abordada.

Figura 9.6 – Usina de cana em Uganda com sistema de geração de excedentes de eletricidade a partir de bagaço de cana.

Figura 9.7 – Fábrica de chá no Quênia, onde os excedentes de eletricidade são fornecidos às residências na região rural.

CENÁRIOS GLOBAL E BRASILEIRO – POTENCIAL DE PRODUÇÃO DE BIOENERGIA NO BRASIL E NO MUNDO

Apesar de ainda ter uma participação reduzida na matriz energética mundial, como mostrado na Figura 9.2, o uso das energias renováveis tem crescido de forma significativa, como ilustra a Figura 9.8, a seguir, inclusive os biocombustíveis, como ilustra a Figura 9.9.

Figura 9.8 – Crescimento médio anual das energias renováveis.

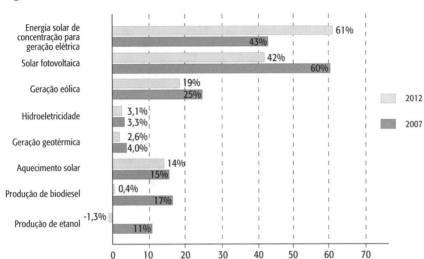

Fonte: REN 21 (2013).

Por sua vez, o Brasil tem uma matriz energética elétrica sustentável, devido à utilização de energia hidráulica, o que representa mais de 74% do fornecimento de energia elétrica, bem como os programas de biocombustíveis (Proálcool e Probiodiesel).

A bioenergia tem sido parte integrante da matriz energética brasileira há bastante tempo, em consequência de políticas introduzidas no país. Essa é a razão pela qual os gases de efeito estufa (GEE) provenientes da produção de energia no Brasil são relativamente reduzidos quando comparados com outros países.

A Figura 9.10 ilustra o consumo final de energia por fonte no Brasil em 2012, na qual se verifica a participação importante da bioenergia, na forma de etanol no setor de transporte e de bagaço de cana, e da lenha para geração de energia elétrica.

Figura 9.9 – Produção de biocombustíveis no mundo.

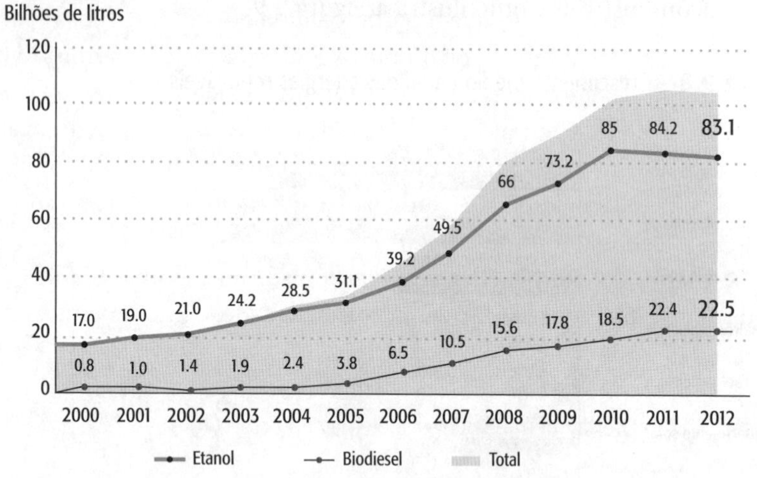

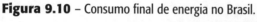

Fonte: REN 21 (2013).

Figura 9.10 – Consumo final de energia no Brasil.

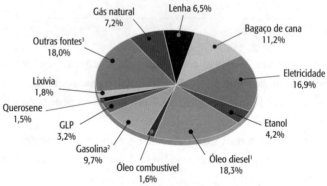

(1) Inclui biodiesel. (2) Inclui apenas gasolina A (automotiva). (3) Inclui gás de refinaria, coque de carvão mineral e carvão vegetal, dentre outros. recuperações.

Fonte: BEN (2013).

A participação dos biocombustíveis no total da energia utilizada no setor de transporte é significativa, com 17,9% a partir do etanol de cana-de-açúcar (usado como etanol puro em veículos flexíveis e misturado à gasolina), contra 25,3% para a gasolina. O consumo de óleo diesel, no entanto, ainda é alto, uma vez que o produto ainda é altamente subsidiado no país. Por essa razão também, o combustível diesel não tem permissão para ser usado em veículos leves, só em caminhões, máquinas agrícolas e de transporte urbano. Com o objetivo de reduzir o consumo de combustível diesel no país, um programa para incentivar o uso de biodiesel foi implementado em 2003, e desde 2010 todo o óleo diesel no país é misturado com 5% de biodiesel em volume.

Na matriz de energia elétrica, a participação da biomassa ainda é reduzida, com 5,5% contra 74% da hidroeletricidade, como mostra a Figura 9.11.

Figura 9.11 – Oferta interna de energia elétrica no Brasil.

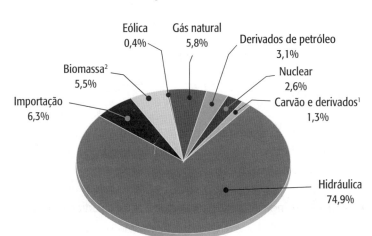

(1) Inclui gás de coqueia. (2) Inclui lenha, bagaço de cana, lixívia e outras recuperações.

Fonte: BEN (2013).

Entretanto, a biomassa (em particular o bagaço de cana) é uma estratégia interessante, pois o período de geração de eletricidade nas usinas das regiões Sudeste e Centro-Oeste corresponde ao período da safra de cana (entre abril e novembro) que, por sua vez, é justamente a época de chuvas mais reduzidas, na qual as barragens das hidrelétricas apresentam níveis mais baixos e, portanto, uma menor oferta, conforme a Figura 9.12.

Figura 9.12 – Complementariedade das fontes de energia elétrica no Brasil.

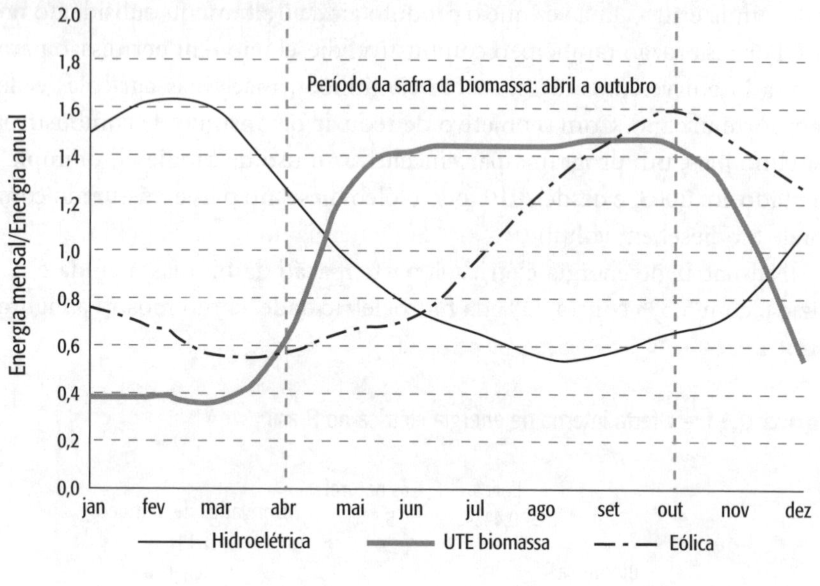

Fonte: ONS (2012).

A geração de eletricidade a partir de biomassa ainda é relativamente pequena comparada com a potência total instalada no país, mas apresenta significativa diversidade como ilustra a Figura 9.13.

Figura 9.13 – Potência instalada para energia elétrica a partir da biomassa no Brasil.

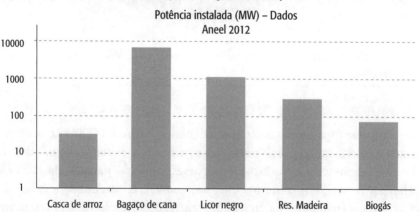

Fonte: Aneel (2012).

Dos diferentes tipos de biomassa, o bagaço de cana é o responsável pela maior potência instalada no país, correspondendo a quase 10.000 MW instalados (considerando consumo próprio e geração de excedentes nas usinas de açúcar e álcool), seguido de licor negro (setor de celulose), resíduos de madeira (serrarias e movelarias), biogás (principalmente aterros sanitários) e casca de arroz (usinas beneficiadoras de arroz).

Entretanto, o potencial existente é muito superior a esses números, como pode ser verificado no atlas de bioenergia do Brasil (Cenbio, 2012) e ilustrado na Figura 9.14.

Figura 9.14 – Atlas de bioenergia do Brasil.

Fonte: Cenbio (2012).

CONVERSÃO ENERGÉTICA DE BIOMASSA

Biomassa plantada

Etanol

Muitos autores utilizam o termo bioetanol para o combustível líquido obtido a partir de biomassa, que tem as mesmas características e composição química do etanol (fórmula C_2H_5OH). A diferença reside no processo de produção, já que o etanol, de forma geral, pode ser obtido por meio da biomassa ou de outras fontes, como o petróleo.

Porém, neste texto, será utilizado o nome químico da substância – etanol –, apesar de ser analisado apenas o álcool etílico ou etanol procedente dos açúcares obtidos a partir de espécies vegetais.

O etanol pode ser produzido por meio de rotas biológicas com base em qualquer biomassa que contenha quantidades significativas de amido ou açúcares, conforme observado na Figura 9.15. Alguns vegetais, como a beterraba açucareira e a cana-de-açúcar, produzem e acumulam em suas estruturas quantidades significativas de monossacarídeos (glicose e frutose) ou dissacarídeos (sacarose). Por outro lado, existem espécies que armazenam hidratos de carbono em forma de polissacarídeos, como o amido ou a inulina, encontrados nos grãos dos cereais como milho, trigo, centeio etc. Outra possível fonte de açúcares é a celulose, encontrada nas paredes celulares dos vegetais, mas o aproveitamento deste recurso ainda está em desenvolvimento e será discutido no item "Etanol de segunda geração".

Na atualidade, existe no mundo um predomínio da produção de etanol com base em materiais amiláceos, principalmente a partir de milho. Nesse caso, o processo para a fabricação do etanol começa com a separação, limpeza e moagem do grão. Posteriormente, o amido obtido é tratado com enzimas a altas temperaturas que o descompõem em açúcares. Esses açúcares são fermentados por leveduras, micro-organismos capazes de transformá-los em etanol. O vinho resultante é destilado para conseguir purificar o etanol. No caso da cana e da beterraba, o processo requer uma etapa a menos, pois os açúcares estão disponíveis na biomassa sem a necessidade de enzimas para sua liberação. Por meio da moagem destes vegetais, é extraído um caldo rico em açúcares que pode ser fermentado diretamente. O vinho resultante é destilado do mesmo modo como é feito na produção de etanol baseada no amido.

A produção mundial de biocombustíveis se expandiu rapidamente, com uma taxa de crescimento anual médio, de 2007 até 2012, de 11% para o etanol e 17% para o biodiesel. Depois desses anos de crescimento exponencial, a produção de biodiesel continuou sua expansão em 2012, mas a produção de etanol atingiu um máximo em 2010 e, desde então, tem decaído por motivos climáticos e econômicos.

Figura 9.15 – Principais fontes de carboidratos.

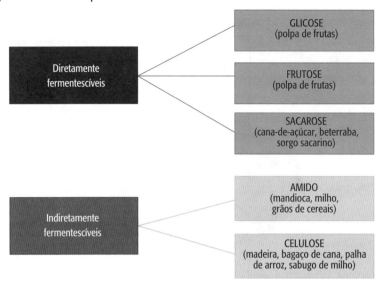

Fonte: Coelho (2012).

Deve-se ter em conta que pequena parte da produção de etanol é utilizada para aplicações industriais e de bebidas, em vez de para combustível, sendo que este uso corresponde entre 80 e 90% do consumo global (REN 21, 2013).

Os Estados Unidos fabricam o etanol a partir de milho e são atualmente líderes no mercado de etanol, representando cerca de 60% da produção global. O Brasil utiliza cana-de-açúcar na produção de etanol, estando em segundo lugar com 27% de participação da produção global, enquanto os outros países ficam bem atrás (REN 21, 2013), conforme observado na Figura 9.16.

Etanol de cana-de-açúcar

O Brasil pode ser considerado um caso especial em termos de cota de energias renováveis na sua matriz energética, principalmente em virtude do fornecimento de energia elétrica baseada, em grande parte, em hidrelétricas, e às iniciativas nacionais relacionadas a biocombustíveis que têm sido intensamente implementadas desde 1975. Nessa época, foram introduzidas no país políticas públicas destinadas a promover a produção e o consumo de biocombustíveis em larga escala para reduzir a dependência externa do petróleo im-

Figura 9.16 – Produção de etanol no mundo em 2012.

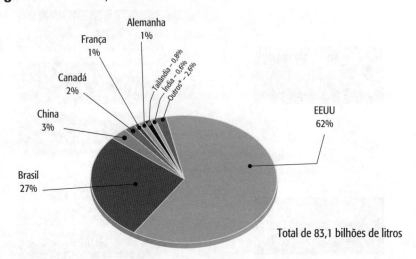

(*) Argentina, Indonésia, Espanha, Bélgica, Holanda, Colômbia e Áustria.

Fonte: adaptado de REN 21 (2013).

portado. Desde então, várias experiências transformaram o Brasil em um líder mundial em bioenergia, fundamentalmente em função da produção, distribuição e utilização de etanol de cana-de-açúcar no setor de transportes.

A cana-de-açúcar é originária da Ásia e foi plantada no Brasil pelos portugueses em 1532. No começo, as plantações prosperaram principalmente no Nordeste do país, tendo sido o principal produto brasileiro nos séculos XVI e XVII. A cana-de-açúcar é um cultivo de regiões tropicais, pois necessita de grande quantidade de insolação para seu desenvolvimento. As terras apropriadas para o cultivo são as mais fundas e férteis, mas ele evolui de forma satisfatória em territórios menos fecundos, como o cerrado.

No Brasil, o ciclo da cana-de-açúcar é geralmente de seis anos, ocorrendo cinco cortes, sendo que o primeiro deles é feito 12 ou 18 meses após o plantio, quando é colhida a chamada cana-planta. Depois de cortada, a cana rebrota (chamada de cana-soca), podendo ser feito um corte por ano ao longo de quatro anos consecutivos, com uma redução gradual da produtividade. Após o o quinto corte, substitui-se a cana antiga por um novo plantio, dando início a um novo ciclo produtivo. Para melhorar a produtividade do solo, a área cultivada fica alguns meses em descanso, com cultivo de leguminosas fixadoras de nitrogênio.

Atualmente, o Brasil é líder mundial na produção de cana, sendo moídas cerca de 600 milhões de toneladas em cada safra. A maior parte dos canaviais se localiza no interior do estado de São Paulo, e a região com a produção mais importante é Ribeirão Preto, conforme a Figura 9.17.

Figura 9.17 – Área plantada de cana-de-açúcar no Brasil.

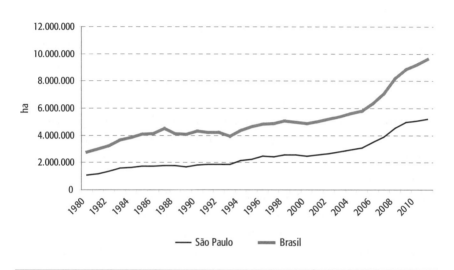

Fonte: Unica (2013).

O etanol é um combustível líquido, utilizado principalmente nos motores de explosão ciclo Otto, que se converteu a partir da crise do petróleo da década de 1970 em um produto estratégico para o Brasil. Em 1975, foi instituído o Programa Nacional do Álcool (Proálcool), cujo objetivo era diminuir as importações de petróleo expandindo a produção e o uso energético do etanol. Nos anos 1980, o governo investiu em usinas, destilarias e fábricas de automóveis para realizar essa expansão. Um incentivo importante do Proálcool consistiu no estabelecimento de níveis mais significativos no teor de etanol anidro na gasolina até atingirem 25%. Por outro lado, o governo definiu que o preço do etanol hidratado para o consumidor devia ser menor que o preço da gasolina. Também foram abertas linhas de crédito favoráveis para que os usineiros incrementassem sua capacidade de produção.

Quanto ao setor automobilístico, incentivou-se a venda de carros E-100 por meio da redução de impostos. Todos esses incentivos resultaram em um incremento na produção de etanol no início da década de 1980, como mostrado na Figura 9.18.

Durante 1985, os preços do petróleo caíram e houve uma recuperação dos preços do açúcar. Em 1986, o governo federal reduziu os incentivos para a agroindústria canavieira dando lugar ao que se chamou de crise do álcool. Em 1989, aconteceram descontinuidades no abastecimento de etanol, afetando seriamente a confiança do consumidor e provocando a queda das vendas dos carros a etanol hidratado (E-100). O ponto de inflexão nessa queda só chega em 2003, com o lançamento dos veículos flexíveis, quando o consumo de etanol hidratado voltou a crescer.

A produção desse combustível cresceu de 0,6 milhões de m^3 no ano de 1975 para 25 milhões nos dias atuais. Hoje em dia, o etanol é usado no Brasil como um aditivo para gasolina, em uma mistura chamada "gasohol", com uma proporção de 20%, E-20, a 26%, E-26, de etanol anidro[1]. Por outro lado, o etanol hidratado é dedicado a veículos *flex*, que funcionam com qualquer proporção de gasolina e etanol, até E-100.

O etanol substituiu 44,6% da gasolina no Brasil em 2010, sendo que nos Estados Unidos esta porcentagem chegou a 9,5%. A meta definida nos Estados Unidos em 2007 pelo *Energetic Independency Security Act* (Eisa), vulgarmente conhecida como fase 2 do Renováveis Fuels Standart (RFS-2), é alcançar a substituição de 20% de todos os combustíveis de transporte até 2022. A Directiva Energias Renováveis (RED), emitida pela Comissão Europeia, estabeleceu a meta de substituir 10% de todos os combustíveis de transporte com combustíveis renováveis na Europa até 2020. Em 2010, a proporção real de etanol e biodiesel no consumo de combustíveis na Europa foi de apenas 3,4%.

Os motores *flex-fuel* utilizam controle eletrônico de mistura e de ignição sem qualquer interferência do motorista, cumprindo os requisitos de

---

[1] O etanol anidro, com 99,5% de teor alcoólico total mínimo em volume, a 15ºC, é usado como um componente de mistura na gasolina em uma proporção que, segundo a legislação em vigor, pode variar de 18% a 25% em volume. Este combustível pode ser referido como E18 a E25. A partir do dia 16 de março de 2015, o percentual obrigatório de adição de etanol anidro combustível à gasolina é de 27% na gasolina comum e 25% na gasolina *premium* (Portaria n. 75, de 5 de março de 2015, da Agricultura, Pecuária e Abastecimento).

O etanol hidratado (E-100), com média de 95,54% de teor alcoólico, em volume, a 15 °C, é usado principalmente pela frota de *flex-fuel*. A frota *flex* foi tecnicamente desenvolvida para utilizar uma mistura em qualquer proporção de gasolina e etanol.

Figura 9.18 – Histórico da venda de etanol nas etapas do Proálcool.

Fonte: Datagro (2012).

eficiência, dirigibilidade e limites legais de emissões de gases. A partir de 2005, a maioria dos veículos novos vendidos no Brasil tem motor *flex* e desde então vem se aperfeiçoando o desempenho dos sistemas de partida a frio (Figura 9.19). Nos Estados Unidos, no Canadá e na Suécia também são comercializados veículos com motores flexíveis, mas operando em uma faixa de teores de etanol que vai da gasolina pura, sem etanol, até uma mistura de 85% de etanol anidro e 15% de gasolina.

O Brasil tem um desempenho notável no rendimento agroindustrial, medido em termos de litros de etanol hidratado produzido por hectare. Esse rendimento era de 2.024 litros em 1975, mas atualmente tem evoluído para 6.831 litros de hidratado equivalente de etanol por hectare. O rendimento agrícola médio, medido em toneladas de cana por hectare, no período de cinco anos, de 2005 a 2009, foi de 85,5 toneladas por hectare na região Centro-Sul, que é a mais produtiva. No entanto, em virtude das secas severas em 2010 e 2011, bem como do envelhecimento dos canaviais causado por uma taxa mais baixa de renovações que o normal, o rendimento agrícola médio caiu para 67 toneladas por hectare em 2011 (Datagro, 2012), como ilustrado na Figura 9.20.

Figura 9.19 – Vendas de carros *flex-fuel*.

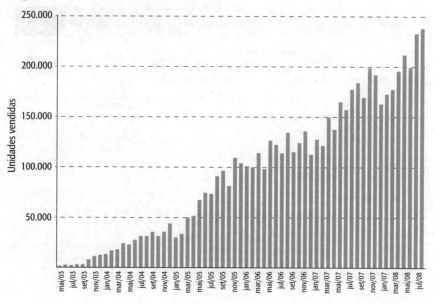

Fonte: Anfavea (2009).

Figura 9.20 – Evolução do rendimento agrícola médio da cana-de-açúcar no Brasil.

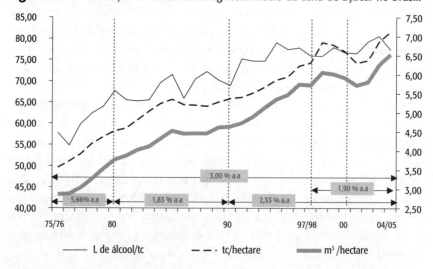

Fonte: Datagro (2012).

Processo de fabricação do etanol de cana

Após o corte, é fundamental transportar a cana o mais rápido possível para sua moagem na usina, evitando perdas de sacarose, sendo que seu armazenamento é prejudicial. Isso obriga as usinas a operarem unicamente durante o período da safra.

Na fabricação do etanol, as etapas iniciais (até a filtração) são basicamente as mesmas da produção de açúcar. Quando a cana chega à usina, é limpa antes de ser moída, então, é extraído o caldo em moendas. Nos rolos utilizados para a moenda, o caldo rico em sacarose é separado da fibra, chamada de bagaço. Outra opção para a extração do caldo é a difusão, que consiste em lavar sucessivamente com água quente a cana picada e desfibrada. Em qualquer dos dois casos, o caldo obtido é destinado à produção de açúcar ou etanol (ver Figura 9.21).

Figura 9.21 – Processo de fabricação do açúcar e etanol de cana.

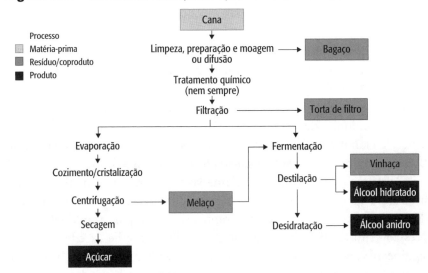

No caso da produção de açúcar, o caldo é tratado quimicamente e filtrado para a eliminação de impurezas, gerando um resíduo chamado de torta de filtro, que é aproveitado como adubo na plantação de cana. O caldo purificado é concentrado em evaporadores e cozedores, sendo posteriormente centrifugado para conseguir a cristalização da sacarose. Dessa etapa se obtém outro resíduo, chamado de melaço, uma solução que contém um elevado teor de açúcares, podendo ser utilizado como matéria-prima para a produção de etanol mediante fermentação.

Dessa forma, a produção de etanol de cana-de-açúcar pode vir tanto da fermentação do caldo como de misturas de caldo e melaço. A este caldo, chamado de mosto, são adicionadas leveduras, fungos unicelulares da espécie *Saccharomyces cerevisae*, para que possa ser fermentado, dando origem ao vinho, que possui uma concentração de 7 a 10% de etanol. Após a fermentação, as leveduras são recuperadas usualmente por centrifugação e tratadas para novo uso, enquanto o vinho é enviado para as colunas de destilação. Na destilação, o etanol é recuperado em forma hidratada, com aproximadamente 96% de etanol em volume e o resto em água. Na destilação, a vinhaça é gerada como resíduo, normalmente numa proporção de 10 a 13 litros por litro de etanol hidratado produzido. O etanol hidratado (96% em água) pode ser o produto final ou pode ser desidratado pelos processos de destilação extrativa (usando metil-etileno glicol) ou utilizando uma peneira molecular (pelo processo de adsorção em colunas com um zeólito), obtendo o etanol anidro com aproximadamente 99,7% de etanol em volume.

Além do etanol, o bagaço de cana, que é o resíduo da moagem da cana, é utilizado em sistemas de aquecimento e geração de energia combinados (cogeração) nas usinas para fornecer a energia térmica e eletromecânica dentro das usinas e vender o excedente de energia elétrica para a rede comercial. Em junho de 2012, havia 352 sistemas de cogeração em usinas de açúcar e etanol registrados pela Agência Nacional de Energia Elétrica no Brasil, com uma capacidade instalada total de 7.588 MW.

As primeiras tecnologias implantadas para geração de energia elétrica utilizando o bagaço visavam apenas à autossuficiência da usina, empregando a tecnologia de turbinas de contrapressão com vapor saturado de média pressão (18 a 22 bar), produzindo uma quantidade de excedente pouco significativa, que poucas vezes era comercializada. Com a liberalização do setor elétrico brasileiro e os incentivos às fontes renováveis de energia, foram estimulados os investimentos para aumentar a quantidade desse excedente. Esse incremento foi realizado frequentemente com um *retrofit* dos sistemas existentes, mantendo a tecnologia de contrapressão e elevando a pressão até 40 bar. Atualmente, algumas usinas já passaram da tecnologia de contrapressão para condensação e aumentaram a pressão, atingindo 100 bar.

A quantidade de excedentes em eletricidade que pode ser disponibilizada à rede depende da tecnologia adotada para a conversão e do consumo de vapor no processo, sendo que uma melhoria substancial poderia ser obtida adotando uma tecnologia mais eficiente para a geração, combinada com uma eletrificação do processo e redução da demanda de vapor. É importante ressaltar que a indústria brasileira (Dedini, TGM etc.) vem acompanhando a evolução dos equipamentos, de modo que conseguiu aumentar os parâmetros de operação com pressões até 92 bar e temperaturas até 520 ºC, elevando consideravelmente a eficiência das caldeiras e turbinas.

Etanol de milho

A Figura 9.22 apresenta um diagrama com os principais componentes do processo de fabricação do etanol a partir do milho com moagem úmida.

Figura 9.22 – Processo de fabricação do etanol a partir de milho com moagem úmida.

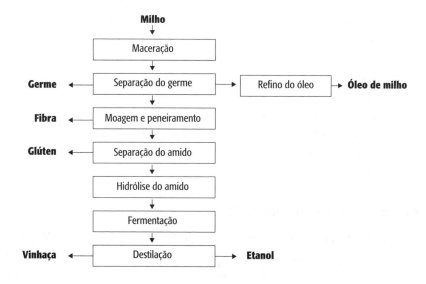

Para a produção de etanol a partir de amido de milho existem dois processos de produção: moagem úmida e moagem a seco, encontrando-se a principal diferença entre os dois no tratamento inicial do grão.

Na moagem a seco, o grão de milho é moído, produzindo a farinha sem separar as diversas partes do grão. A farinha é misturada com água e são adicionadas enzimas para converter o amido em dextrose, um açúcar simples. A partir daí o processo é similar ao da obtenção de etanol da cana-de-açúcar. O mosto é transferido para fermentadores, onde é adicionada a levedura para que comece a conversão de açúcar em etanol e dióxido de carbono (CO_2). Após a fermentação, a "cerveja"[2] resultante é transferida para colunas de destilação, onde o etanol é separado do restante, chamado de vinhaça. O etanol é concentrado usando destilação convencional (álcool hidratado) e depois desidratado em sistema de peneira molecular (álcool anidro).

Na moagem úmida, o grão é embebido em água com ácido sulfuroso. Esta maceração facilita a separação do gérmen, que possibilita a extração de óleo de milho. A moagem úmida era a principal opção até os anos 1990, mas, hoje em dia, a via seca se consolidou como o processo para a produção do etanol.

O processamento do milho para a produção de etanol demanda uma quantidade significativa de energia proveniente de fontes fósseis. O vapor necessário é produzido em caldeiras que utilizam gás natural como combustível, e a eletricidade é suprida pela rede, que nos Estados Unidos provém de uma matriz fundamentalmente fóssil. Por isso, ainda existe controvérsia sobre os benefícios ambientais do uso do etanol de milho em substituição à gasolina.

O balanço energético para o etanol de milho nas condições americanas seria em média 1,4. No que se refere à redução de emissões de CO_2, o etanol de milho só reduziria aproximadamente 30% em relação à gasolina, enquanto o etanol de cana-de-açúcar, no Brasil, tem uma redução de 84% (Macedo et al., 2008).

Etanol e sustentabilidade

A rápida expansão da produção de biocombustíveis tem levantado uma série de perguntas sobre os impactos negativos ao meio ambiente e à sustentabilidade econômica e social. A sustentabilidade ambiental dos bicombustíveis está interligada principalmente com temas relacionados a práticas agrícolas, uso do solo, competição com alimentos, logística e conservação da biodiversidade, mas também podem ser produzidos impactos na fase industrial, no transporte ou no consumo. Essa questão tem sido

---

[2] Traduzido do termo "*corn beer*" (Patzek et al., 2005).

motivo de numerosas publicações científicas, com resultados conclusivos sobre a sustentabilidade do etanol de cana.

A Tabela 9.1 ilustra a viabilidade econômica do etanol de cana brasileiro, já que este se tornou totalmente competitivo com a gasolina no mercado local e internacional. Os investimentos exclusivamente privados no setor, sem necessidade de assistência governamental, demonstram a competitividade econômica do etanol de cana.

Tabela 9.1 – Comparação das matérias-primas para produção de etanol.

	Cana-de-açúcar (Brasil)	Milho (EUA)	Beterraba (Europa)
Balanço energético (a)	8,1	1,4	2
Custo de produção (b)	14,48	24,83	52,37
Redução de CO_2 comparado com a gasolina (c)	84%	30%	40%

Fontes: (a) Macedo et al. (2008); (b) World Watch Institute (2006); (c) Henniges e Zeddies (2003); Doornbosch e Steenblik (2007).

Quanto à discussão sobre a sustentabilidade ambiental, são tratados brevemente a seguir os fatores-chave que devem ser considerados. Uma análise mais detalhada pode ser encontrada em Coelho et al. (2014) e Gorren et al. (2014).

- Defensivos agrícolas e fertilizantes: a cana-de-açúcar tem um reduzido consumo tanto de defensivos agrícolas como de fertilizantes convencionais quando comparada com outras culturas (Macedo, 2005). A minimização de defensivos agrícolas é consequência do melhoramento genético para conseguir variedades mais resistentes de cana-de-açúcar, bem como do controle biológico das principais pragas da cana. Além disso, a cultura da cana é caracterizada pela reciclagem integral dos resíduos para o campo, como a aplicação da vinhaça e da torta de filtro, as cinzas das caldeiras e as águas residuais do processo industrial, o que reduz a aplicação de fertilizantes.

- Emissões atmosféricas: a etapa mais significativa de emissões atmosféricas na produção de etanol é durante a colheita da cana-de-açúcar, em virtude da queima da palha e do uso de veículos e equipamentos de transporte que utilizam combustíveis fósseis. Tradicionalmente, a palha é queimada de forma controlada antes de acontecer a colheita, com o intuito de facilitar o corte manual. A colheita mecanizada elimina a necessidade da queima, reduzindo as emissões de poluentes. No Brasil, há legislação para regular essa prática e eliminar progressivamente as queimadas. Na etapa industrial da produção de etanol, há emissões atmosféricas com relação à queima de bagaço em caldeiras. No entanto, a Resolução 382/2006 do Conselho Nacional de Meio Ambiente (Conama) estabelece os limites máximos de emissão de poluentes atmosféricos, como material particulado e óxidos de nitrogênio (NOx).

- Resíduos sólidos: os resíduos sólidos provenientes da produção de etanol, como a torta de filtro e as cinzas das caldeiras, são aplicados no campo para a fertilização. Já o bagaço da cana-de-açúcar é queimado em caldeiras para produção de energia térmica para consumo na planta e energia elétrica, tanto para suprimento da própria indústria como para venda do excedente à rede.

- Uso do solo e competição com alimentos: em 2012, o período de seca prolongada nos Estados Unidos afetou significativamente a produção de milho para os diversos fins, fazendo com que governadores de alguns estados solicitassem à Environmental Protection Agency (EPA), Agência de Proteção Ambiental dos Estados Unidos, a eliminação da obrigatoriedade de adição de álcool à gasolina no país, argumentando que a elevação no preço final da carne (aves e suínos) teria sido provocada pela maior destinação de milho no país para etanol. Esse é um exemplo da discussão acerca da competição alimentos *versus* biocombustíveis (*food versus fuel*), que já ocorre há bastante tempo. Na verdade, os principais fatores responsáveis pelos recentes aumentos dos preços dos alimentos são: preço do petróleo, uma vez que influencia os custos de transporte e os custos dos fertilizantes utilizados na agricultura; variação dos estoques internacionais de alimentos; barreiras tarifárias; variação cambial (por exemplo, desvalorização do dólar americano); aumento do consumo mundial de alimentos devido ao aumento da renda *per capita* e população em países em desenvolvimento; manutenção de subsídios agrícolas pelos países desenvolvidos; e maior consumo de carnes e produtos industrializados.

No caso do Brasil, é importante relacionar a evolução da área plantada com grãos com a área plantada com soja e cana. Observa-se que, mesmo com o crescimento da área de cana, a área plantada com grãos é dominada pelo crescimento da soja (ver Figura 9.23).

Figura 9.23 – Evolução da área plantada no Brasil.

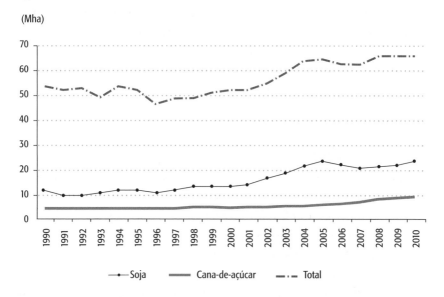

Fonte: adaptado de IBGE (2012).

Por outro lado, o zoneamento é uma importante ferramenta tecnológica para a produção agrícola orientada à produção de biocombustíveis e sua sustentabilidade, determinando as áreas aptas para o cultivo de cana. Há vários tipos de zoneamento de áreas rurais, os principais são: zoneamento de risco climático (Zarc), zoneamento ecológico-econômico (ZEE) e zoneamento agroecológico (ZAE).

- Uso da água: a gestão sustentável da água doce é um dos mais prementes desafios para os próximos anos. Para a produção de etanol de cana-de-açúcar no Brasil, a quantidade de água requerida deve ser separada em duas etapas, a etapa agrícola e a etapa industrial. Na fase agrícola, a irrigação acontece com mais frequência na região Nordeste, mas também é utilizada no Centro-Sul, principalmente nos estados do Rio de Janeiro, Espírito Santo e oeste de São Paulo. Em geral, a irrigação é praticamente desnecessária na região Centro-Sul, pois o regime hidrológico, que concentra as chuvas de novembro a março, é compatível com o período e a quantidade requerida pela cultura. Essa é uma vantagem da cana em relação ao milho. Apesar de 96% da cultura de milho nos Estados Unidos não ser irrigada, quando a irrigação é necessária, consome 785 litros/litro de etanol. Durante a fase industrial, considerando o reúso da água (Elia Neto e Shintaku, 2009a) no estado de São Paulo, os níveis de captação e lançamento de água têm sido reduzidos; de cerca de 5 m^3/t de cana captados em 1997, atingiu-se 1,85 m^3/t de cana em 2004, sendo possível afirmar que o nível atual de captação é de aproximadamente 1 m^3/t de cana (Elia Neto e Shintaku, 2009b).

Etanol de segunda geração

É definido como "etanol de segunda geração" o etanol produzido a partir da hidrólise e da fermentação de materiais lignocelulósicos. Esse processo já foi realizado no fim do século XIX, mas nos últimos 20 anos essa tecnologia tem sido proposta como uma alternativa para incrementar a produção de biocombustível. Esse processo se encontra em escala experimental, mas seu sucesso poderia revolucionar a produção de etanol, já que ele seria produzido aproveitando os resíduos orgânicos lignocelulósicos, como são muitos dos resíduos agrícolas, industriais e urbanos.

As tecnologias para a obtenção do etanol de segunda geração estão baseadas na hidrólise das longas cadeias de polissacarídeos (celulose e hemicelulose) da biomassa, decompostas em açúcares fermentáveis. Existem diferentes configurações de processos e formas de integração, podendo ser diferenciados em quatro grupos segundo sua estratégia:

1. *Hidrólise com fermentação separada.* Foi a primeira configuração a ser utilizada, na qual se realiza o pré-tratamento da biomassa com ácidos ou álcalis para a hidrólise e solubilização da hemicelulose. Desta hidrólise da hemicelulose se obtêm pentoses (açúcares de cinco carbonos C5), cuja fermentação ocorre num estágio separado. Obtém-se também a partir desse pré-tratamento um composto denominado celulignina, que é encaminhado para a hidrólise da celulose por meio de enzimas, produzindo hexoses (açúcares C6) que serão enviadas para fermentação.

2. *Sacarificação com fermentação simultânea.* Neste processo, que é atualmente o mais estudado, a hidrólise enzimática e a fermentação das hexoses (açúcares C6) ocorrem na mesma etapa, enquanto a hidrólise da hemicelulose ocorre em uma etapa diferente.

3. *Sacarificação com cofermentação simultânea.* Nele, a cofermentação se refere à fermentação de açúcares, pentoses e hexoses no mesmo reator, juntamente com a sacarificação da celulose.

4. *Bioprocesso consolidado.* Estratégias nas quais um único micro-organismo seria capaz de realizar todas as etapas necessárias para a produção de etanol.

Apesar de os biocombustíveis de segunda geração poderem contribuir significativamente para o futuro *mix* de fornecimento de energia, o custo é um dos principais obstáculos à sua produção comercial no curto e médio prazo. Em comparação com os biocombustíveis de primeira geração, em que a matéria-prima pode representar mais de dois terços dos custos totais, no caso dos biocombustíveis de segunda geração, a parcela da matéria-prima no custo total é relativamente baixa (30 a 50%) (Carriquiry et al., 2011). Ainda é preciso muita pesquisa para tornar esses processos eficientes e econômicos para sua replicação em escala industrial.

Florestas energéticas

O Brasil é um país que reúne inúmeras vantagens comparativas que o situam como líder mundial no mercado de produtos agrícolas, agroindustriais e silviculturais, em particular aqueles dedicados à energia. Assim, o país apresenta uma produção de biomassa lignocelulósica com enorme potencial de aproveitamento tanto para transformação de energia térmica como elétrica. Condições geográficas favoráveis, grande quantidade de terra agricultável com características tecnológicas adequadas e condições climáticas que possibilitam múltiplos cultivos ao longo de um único ano fazem deste o país que reúne o maior quantitativo de vantagens para liderar na produção e no uso energético da biomassa em grande escala.

A floresta energética é uma fonte de biomassa que corresponde à resultante de plantações de curta rotação (ciclos de 1 a 1,5 ano), isto é, florestas de crescimento rápido que apresentam maior número de plantas por hectare visando à maior produção de massa seca em menor área útil.

No caso brasileiro, "florestas energéticas" para o cultivo do eucalipto e do pínus, espécies com longa tradição no país, poderiam ser destinadas a fornecer madeira para a geração de energia, principalmente para os setores energointensivos que já utilizam madeira em seu processo.

Goulart et al. (2003) mostram que os maiores valores de massa seca por hectare foram obtidos nos tratamentos com menos área vital (1,5 m x 1,0 m e 2,0 m x 1,5 m) e (3 m x 1 m, 3 m x 1,5 m e 3 m x 2 m). Nesse contexto, as florestas plantadas para fins energéticos apresentam um cenário bastante positivo. Porém, ao aumentar o número de plantas para produção de maior massa seca por hectare, consequentemente, aumenta a concentração de adubo, comprometendo a viabilidade econômica do plantio.

Segundo estudos laboratoriais, os espaçamentos de 3 m x 1,5 m em dois anos proporcionam até 45 toneladas de massa seca por hectare, apresentando custo favorável se conduzidos dois ciclos de rebrota após o primeiro corte (Gonçalves et al., 2009).

Atualmente, com os avanços conquistados na área da silvicultura no Brasil, tornam-se promissoras as expectativas quanto ao uso da biomassa florestal como insumo para a geração de energia e para a substituição de combustíveis tradicionais, não somente por suas características energéticas, mas também pelo potencial de redução dos gases de efeito estufa. O Brasil é um dos maiores produtores de madeira proveniente de florestas plantadas com mais de sete milhões de hectares (Abraf, 2012), destacando--se na produção do *Eucalyptus ssp*, como observado na Tabela 9.2. O reflorestamento tem se tornado uma alternativa viável, cuja finalidade é a produção da matéria-prima para diversas indústrias.

Tabela 9.2 – Área de floresta plantada no Brasil por espécie.

Espécie	Área de Plantios Florestais (ha)		
	2010	2011	%
Eucalyptus	4.754.334	4.873.952	69,6
Pinus	1.756.359	1.641.892	23,4
Outros	527.830	489.281	7,0
Total	7.038.523	7.005.125	100

Fonte: adaptado de Abraf (2012).

A situação promissora do potencial das plantações energéticas para impulsionar o uso da madeira para fins energéticos no Brasil merece especial atenção. O país conta com 105 milhões de hectares de áreas degradadas disponíveis para o cultivo de florestas energéticas, sendo o eucalipto a principal espécie em potencial. A perspectiva é utilizar essas áreas para garantir uma futura demanda de madeira de alto valor agregado, parte da qual poderia servir para atender ao mercado energético do carvão vegetal e/ou dos *pellets* de madeira.

A utilização da biomassa florestal como fonte de energia é, sem dúvida, a alternativa que contempla a vocação natural do Brasil, em virtude da curva de aprendizado de mais de 60 anos em melhoramento genético no gênero *Eucaliptus ssp*, que hoje pode ser produzido em diversas regiões do país (Macedo, 2001; Escobar, 2013).

Vale ressaltar que a produção de florestas plantadas tradicionais de eucalipto, com espaçamentos de 3x2 e 3x3, apresentam um custo médio de produção (muda, plantio, custo do terreno, adubação, colheita e transporte) de R$ 160,00 a R$ 180,00 por tonelada, em um ciclo de aproximadamente cinco a sete anos. Nessas condições, a madeira produzida é capaz de atender somente à demanda nacional dos setores madeireiro e de celulose. Na maioria dos casos, portanto, é inviável para uso energético.

A solução encontra-se em produzir florestas energéticas de curta rotação. Com elas, é possível atingir o dobro da produtividade por hectare em ciclos de 1 a 1,5 ano em relação ao mesmo custo produtivo das florestas plantadas tradicionais (Escobar, 2015).

Outro ponto a ser destacado é que a principal espécie utilizada para sua produção, o eucalipto, pode ser cultivado em áreas degradadas ou consideradas impróprias para o cultivo de outras espécies, fato que o converte em líder no mercado da biomassa para bioenergia.

Na atualidade, as plantações tradicionais de eucalipto apresentam um incremento médio anual (IMA) em torno de 20 toneladas de massa seca por hectare. Entretanto, as plantações de florestas de eucalipto de curta rotação com finalidade exclusiva de produção de biomassa destinada à geração de energia chegam a atingir rendimentos de até 45 toneladas de massa seca por hectare/ano.

O desenvolvimento de uma produção em escala que aperfeiçoe a obtenção de energia a partir da biomassa florestal é fundamental para o aproveitamento deste potencial para suprir o déficit de madeira para energia que demandaria em torno de 1 a 2 milhões de hectares por ano dependendo das condições de plantio. Cenários simulados pela Câmara Setorial de

Silvicultura (2009) mostram que será necessário reflorestar mais 6,72 milhões de hectares nos próximos dez anos para atender à demanda prevista de madeira, alcançando assim uma área total de 13,5 milhões de hectares em 2020. Dentre as poucas espécies arbóreas aptas ao atendimento dessa demanda de madeira, está o eucalipto, que vem sendo utilizado comercialmente há quase um século na silvicultura brasileira.

Os avanços tecnológicos alcançados na geração de eletricidade a partir da biomassa sólida e o desenvolvimento do setor florestal brasileiro (aumento de produtividade, melhoramento genético, redução de custos etc.) possibilitam imaginar um cenário favorável para o desenvolvimento das plantações energéticas como fonte de matéria-prima para a produção de biomassa florestal em grande escala, que possa atender à demanda térmica de alguns setores nacionais e/ou internacionais de forma competitiva frente aos combustíveis tradicionais (Muller, 2005; Escobar, 2013).

Oleaginosas e biodiesel

Oleaginosas

As oleaginosas são vegetais que possuem óleos e gorduras que podem ser extraídos por meio de processos adequados. Os principais óleos e gorduras vegetais comercializados são: óleo de soja, óleo de algodão, óleo de dendê, óleo de canola, óleo de girassol, óleo de milho, óleo de gergelim, óleo ou gordura de coco, óleo ou gordura de palma, entre outros.

É importante ressaltar que a expansão da produção de oleaginosas, bem como de qualquer cultura para a produção de bioenergia, deve ser realizada sem competição com alimentos e sem provocar desmatamento. Algumas experiências na Indonésia e na Malásia, com base na substituição de vegetação nativa, fizeram com que a comunidade mundial (principalmente a União Europeia) passasse a olhar com receio a expansão da produção de óleos vegetais (e de biocombustíveis em geral). Cumpre ressaltar que a Malásia recentemente introduziu uma lei proibindo o desmatamento para produção de palma no país (Chiew, 2009).

O óleo de palma é o óleo vegetal mais consumido no mundo, superando até mesmo o de soja. Portanto, a expansão interna da sua produção representa uma oportunidade para o Brasil (atualmente importador desse óleo), mas também um desafio para que sua expansão ocorra de forma planejada, agregando mais benefícios econômicos, sociais e ambientais.

Para a maioria dos óleos vegetais, a colheita é influenciada pela sazonalidade, clima, tipo de planta, rendimento e forma de colheita propriamente dita (manual *versus* mecânica).

As diversas culturas de oleaginosas devem ser processadas muito rapidamente para evitar a deterioração. Por conta disso, transporte e logística são os principais fatores a serem considerados. A forma mais eficaz de minimizar os custos e o tempo de transporte é instalar unidades de produção que comportem pré-tratamento, prensagem e armazenamento nas proximidades das plantações. Assim, a maioria das fábricas de óleo vegetal em larga escala em todo o mundo está conectada às instalações de refino e, muitas vezes, localizada estrategicamente, sobretudo em termos de logística (Schober e Mittelbach, 2009).

De forma geral, são necessários investimentos em outras fontes (cultura vegetal tradicional ou algas) – tanto para a produção de biodiesel como para a utilização *in natura*, por exemplo, matéria-prima para a indústria de cosméticos, entre outras –, que preferencialmente não sejam utilizadas como alimento, a fim de minimizar qualquer possibilidade de a produção de biodiesel afetar, de alguma maneira, os preços dos óleos vegetais, ou até mesmo dos grãos, utilizados como alimento. Dado o tamanho do mercado de combustível, independentemente do percentual de mistura de biodiesel ao diesel, o uso dessas fontes alternativas impactaria o mercado de óleos vegetais e toda a sua cadeia produtiva, pois, segundo a Usda (2010), o consumo mundial de diesel é cerca de 10 vezes a produção mundial dos principais óleos vegetais.

Nesse contexto, o pinhão manso (*jatropha curcas*) vem sendo objeto de grande interesse pelo fato de poder ser cultivado em regiões áridas e semiáridas, áreas degradadas e de não necessitar de irrigação. Evidentemente, quando o mesmo é irrigado, sua produtividade aumenta consideravelmente, o que faz com que vários investidores na África defendam a irrigação dessa cultura.

Cabe ressaltar que a grande vantagem do pinhão manso é a sua utilização em áreas degradadas e sem irrigação, o que, consequentemente evita a competição com alimentos, principalmente em regiões pobres como a África. Por outro lado, o pinhão manso é praticamente desconhecido como cultura no Brasil, apesar de se encontrar disseminado por vários estados brasileiros como cerca viva e como matéria-prima para produção de sabão e iluminação de lamparinas. Ainda existe a falta de informações agronômicas e genéticas sobre essa cultura, por não haver até então um número suficiente de variedades, o que é fundamental para garantir que eventuais doenças não atinjam toda a plantação (Franco e Gabriel, 2008).

Na verdade, o pinhão manso ainda não foi totalmente domesticado e não existe nenhum programa de melhoramento genético bem estabelecido no mundo que tenha resultado em, ao menos, um cultivo que pudesse ser desenvolvido com maior segurança.

Biodiesel

O biodiesel é definido pela American Society for Testing Materials (ASTM) como um combustível líquido sintético, originário de matéria-prima renovável e constituído por mistura de ésteres alquílicos, de ácidos graxos de cadeias longas, derivados de óleos vegetais ou gorduras animais. Também pode ser definido como derivado de biomassa renovável que pode substituir, parcial ou totalmente, combustíveis de origem fóssil em motores a combustão interna ou para geração de outro tipo de energia, de acordo com a definição para biodiesel adotada na Lei n. 11.097/2005, que introduziu o biodiesel na matriz energética brasileira (BNDES Setorial, 2007).

O biodiesel foi introduzido na matriz energética brasileira quando o governo federal considerou estratégico para o Brasil promover um combustível renovável que pudesse fomentar o desenvolvimento regional, gerar emprego e renda no campo, além de reduzir a necessidade da elevada importação de diesel (BNDES Setorial, 2007).

O biodiesel pode ser produzido a partir de diferentes tipos de óleos e gorduras vegetais, como óleo de soja, óleo de algodão, óleo de dendê, óleo de canola, óleo de girassol, óleo de milho, óleo de gergelim, óleo ou gordura de coco, óleo ou gordura de palma, entre outros, bem como de gorduras de origem animal (usualmente sebo) e de óleos de descarte, como óleos utilizados em frituras.

Os óleos vegetais e gorduras animais são compostos, basicamente, por triacilgliceróis (TAG), também conhecidos como triglicerídeos. Os TAG são ésteres de ácidos graxos (AG) com glicerol (1, 2, 3 propano-triol), também chamado de glicerina. Os TAG dos óleos vegetais e da gordura animal contêm diferentes AG, que podem estar ligados à cadeia do glicerol. Os diferentes AG contidos nos TAG revelam o perfil dos óleos vegetais e gorduras animais, pois cada AG possui propriedades químicas peculiares. O perfil de cada AG é o parâmetro de maior influência sobre as propriedades dos óleos vegetais e gorduras animais.

Para a produção de biodiesel, os óleos vegetais e gorduras animais são submetidos a uma reação química denominada transesterificação, na qual reagem com um álcool (metanol ou etanol), na presença de um catalisador (básico ou ácido), produzindo os alquil ésteres correspondentes (metílico ou etílico) da mistura de AG presente no óleo e na gordura animal de origem.

Atualmente, no Brasil, a rota mais utilizada para a produção de biodiesel é a transesterificação metílica. A justificativa do uso da rota metílica dá-se pelo fato de que, nos países que possuem projetos de biodiesel em estágio mais avançado (principalmente na Alemanha), a produção de etanol é bastante restrita (com exceção dos Estados Unidos).

No contexto brasileiro, o uso de um álcool de cadeia curta, como o etanol, seria mais vantajoso, uma vez que a produção deste é consolidada no país. Entretanto, um dos maiores problemas para a utilização dessa via no Brasil trata da contaminação da glicerina com etanol, o que acaba inviabilizando sua comercialização uma vez que a descontaminação tem um alto custo econômico.

A reação de transesterificação de um triglicéride (maior componente de um óleo vegetal ou gordura animal) com um álcool (etanol ou metanol) para a produção de biodiesel é representada por Knothe et. al. (2006):

$$
\underset{\text{(triglicéride)}}{
\begin{array}{l}
CH_2 - O - \overset{\displaystyle O}{\overset{\displaystyle \|}{C}} - R \\[2mm]
CH - O - \overset{\displaystyle O}{\overset{\displaystyle \|}{C}} - R \\[2mm]
CH_2 - O - \overset{\displaystyle O}{\overset{\displaystyle \|}{C}} - R
\end{array}}
+ \underset{\text{(álcool)}}{3R'OH}
\xrightarrow{\text{catalisador}}
\underset{\substack{\text{(éster metílico} \\ \text{ou etílico;} \\ \text{biodiesel)}}}{3R' - O - \overset{\displaystyle O}{\overset{\displaystyle \|}{C}} - R}
+ \underset{\text{(glicerol)}}{
\begin{array}{l}
CH_2 - OH \\[2mm]
CH - OH \\[2mm]
CH_2 - OH
\end{array}}
$$

Observa-se por meio da estequiometria da reação de transesterificação que cada 1 mol de triglicéride (óleo ou gordura) reage com 3 mols de metanol ou etanol para formar 3 mols de ésteres metílicos ou etílicos de ácidos graxos (biodiesel) e 1 mol de glicerol.

Outro método de produção de biodiesel é por meio da esterificação, que consiste na obtenção de éster a partir da reação entre um ácido graxo e um álcool de cadeia curta (metanol ou etanol), com formação de água como subproduto. A reação de esterificação também pode ser catalisada com catalisadores ácidos ou básicos, além de enzimas (Cardoso, 2008; Leão, 2009). O mecanismo básico da reação de esterificação é apresentado a seguir, na Figura 9.24.

O biodiesel é totalmente compatível com o diesel de petróleo, portanto, pode ser misturado em várias proporções. O denominado B5, por exemplo, representa 5% de biodiesel no diesel de petróleo, o B20, representa 20%, e assim por diante. É importante salientar que essa mistura é utilizada em motores do ciclo diesel.

Figura 9.24 – Mecanismo básico da reação de esterificação.

$$R - C \overset{O}{\underset{OH}{<}} \quad + \quad R_1 - OH \quad \rightleftharpoons \quad R - C \overset{O}{\underset{O - R_1}{<}} \quad + \quad H_2O$$

Ácido carboxílico   Álcool   Éster   Água

R → cadeia de carbonos

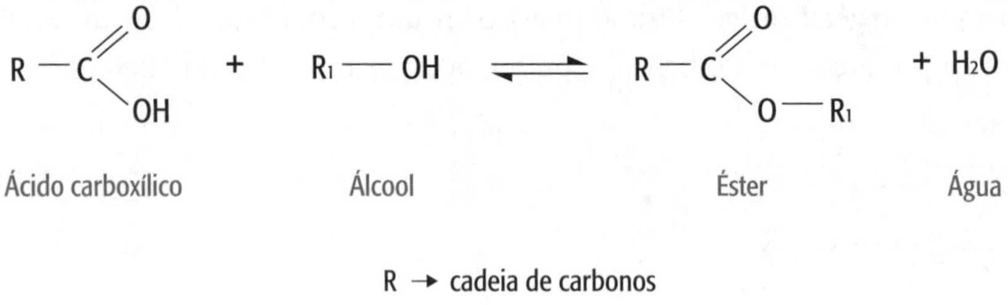

Fonte: Leite e Braga (2008).

O biodiesel apresenta vantagens quando comparado ao combustível fóssil: é derivado de matérias-primas renováveis de ocorrência natural quando produzido a partir do etanol, o que reduz as dependências dos derivados de petróleo; é biodegradável; proporciona redução nas principais emissões presentes nos gases de exaustão (com exceção dos óxidos de nitrogênio – NOx); além de possuir alto ponto de fulgor, o que lhe confere manuseio e armazenamento mais seguros (Knothe et al., 2006).

Entretanto, alguns dos problemas inerentes ao biodiesel estão relacionados ao seu alto custo, que tem sido compensado em muitos países por legislações específicas, marcos regulatórios ou subsídios na forma de isenção fiscal.

Uma estratégia para reduzir o custo do biodiesel é minimizar os custos de matéria-prima. O uso de óleo residual para a produção de biodiesel traz a vantagem ambiental de ser uma alternativa para o descarte desse resíduo. Caso seja descartado de maneira errônea, contribui para a poluição dos rios, entupimento dos dutos de água e prejudica o sistema de tratamento do esgoto.

O biodiesel foi introduzido na matriz energética brasileira quando o governo federal considerou estratégico para o Brasil promover um combustível renovável que pudesse fomentar o desenvolvimento regional, gerar emprego e renda no campo, além de reduzir a necessidade da elevada importação de diesel (BNDES Setorial, 2007). Em 2012, o Brasil importou cerca de 8 milhões de m³ de óleo diesel, equivalente a, aproximadamente, 6,6 bilhões de dólares de FOB, sem considerar os custos de frete e impostos (ANP, 2013). A Figura 9.25 ilustra a participação, em volume e dispêndio, dos principais derivados de petróleo importados no ano de 2012.

No Brasil, as principais matérias-primas utilizadas para a produção de biodiesel são óleo de soja e gordura animal. A Figura 9.26 apresenta as principais matérias-primas utilizadas na produção mensal de biodiesel (B100) entre os anos de 2005 e 2012.

Em terceiro lugar, em geral aparece o óleo de algodão. Entretanto, durante os meses de junho e julho de 2013, a terceira matéria-prima mais utilizada para a produção de biodiesel no Brasil foi o óleo de fritura,

Figura 9.25 – Participação, em volume e dispêndio, dos principais derivados de petróleo importados – 2012.

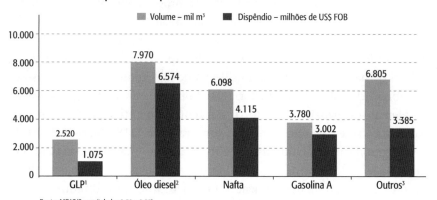

Fonte: MDIC/Secex (tabelas 2.52 e 2.55)
Nota: Dólar em valores correntes.
[1]Inclui propano e butano. [2]Inclui diesel marítimo. [3] Inclui gasolina de aviação, óleo combustível e derivados não energéticos.

Fonte: ANP (2013).

Figura 9.26 – Principais matérias-primas utilizadas na produção mensal de biodiesel (B100) – 2005 a 2012.

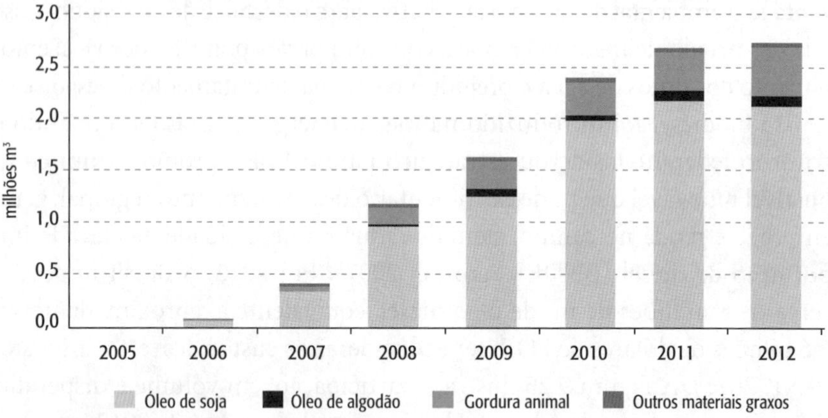

Fonte: ANP (2013).

considerado matéria-prima de baixa qualidade. Em agosto de 2013, o óleo de algodão voltou a assumir o terceiro lugar. Isso se deve provavelmente ao fato de que o óleo de algodão teve sua produção influenciada por fatores externos, como clima, regime hidrológico, quebra de safra, entre outros. Em relação ao óleo residual de fritura, sua obtenção tem sido estável sem grandes alterações ao longo do ano, em virtude da não interferência direta de fatores externos. Assim, a importância do aprimoramento da sua utilização como matéria-prima para a produção de biodiesel é necessária para que essa fonte se torne mais significativa na nossa matriz.

A produção de biodiesel tem aumentado significativamente desde 2005, conforme observado na Figura 9.26. Apesar da intenção do governo federal de basear o programa no sistema de agricultura familiar, o uso da mamona e da palma como matéria-prima não se concretizou por diversos problemas (Obermaier et al., 2010), concentrando a atual produção principalmente no óleo de soja (75%) e na gordura animal (18,7%) (MME, 2013).

O grande problema do uso de outras culturas está na questão agronômica, na falta de informação científica e comercial da cultura a ser utilizada, ou na questão da caracterização dos óleos a serem utilizados, como a viscosidade, entre outros aspectos.

Dados preliminares obtidos com base nas entregas dos leilões promovidos pela Agência Nacional de Petróleo, Gás Natural e Biocombustíveis (ANP) mostram que a produção de biodiesel em setembro de 2013 foi de

253 mil m³. No acumulado do ano, a produção atingiu 2,16 bilhões m³, um acréscimo de 9% em relação ao mesmo período de 2012 (1,98 bilhão m³) (MME, 2013).

As Figuras 9.27 e 9.28 apresentam, para o período do B5 (período de obrigatoriedade da mistura de 5% de biodiesel ao diesel mineral a partir de 2010), a produção acumulada anual e, posteriormente, a produção mensal de biodiesel com a variação percentual em relação ao mesmo período do ano anterior.

Figura 9.27 – Produção acumulada anual de biodiesel.

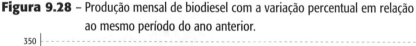

Fonte: MME (2013).

Figura 9.28 – Produção mensal de biodiesel com a variação percentual em relação ao mesmo período do ano anterior.

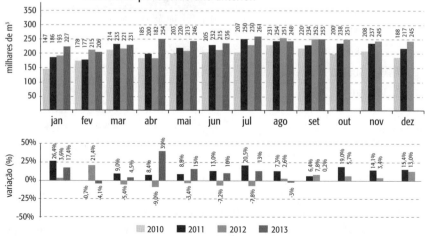

Fonte: MME (2013).

A Figura 9.29 apresenta a capacidade nominal e a produção de biodiesel (B100), segundo as grandes regiões do Brasil (mil m³/ano) em 2012.

Figura 9.29 – Capacidade nominal e a produção de biodiesel (B100), segundo as grandes regiões do Brasil (mil m³/ano) em 2012.

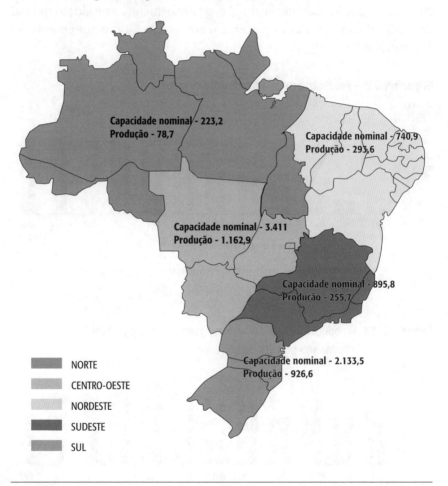

Fonte: ANP (2013).

O principal critério para a qualidade do biodiesel é o atendimento à Resolução ANP n. 14/2012, que estabelece as especificações do produto. Geralmente, a qualidade do combustível pode ser influenciada por vários fatores, incluindo a qualidade da matéria-prima, a composição em ácidos graxos do óleo ou gordura animal de origem e o processo de produção (Knothe et al., 2006). Quando as especificações são atendidas, o biodiesel pode ser utilizado em motores ciclo diesel, sem neles exigir qualquer modificação nem oferecer qualquer comprometimento de durabilidade e de confiabilidade do motor. Mesmo quando adicionado ao diesel de petróleo, o biodiesel deve atender às especificações, independentemente dos teores empregados.

Resíduos rurais

Resíduos dendroenergéticos

Madeira

Desde épocas imemoráveis, a madeira é utilizada como fonte de energia pela humanidade. Na atualidade, continua sendo a fonte de energia renovável mais importante, proporcionando mais de 9% do total de energia primária mundial. Mais de dois milhões de pessoas ainda dependem da dendroenergia para a cocção de alimentos e aquecimento, sendo geograficamente a energia renovável mais descentralizada do mundo. O interesse pelos energéticos derivados da madeira volta a crescer, estimulado pelos preços do petróleo e pelas metas para aumentar o uso de fontes renováveis (FAO, 2012).

O biocombustível de madeira pode derivar de diversas fontes:

- Diretas: com o uso de florestas nativas ou plantadas para fins energéticos.
- Indiretas: derivadas de resíduos florestais ou de subprodutos de processos industriais do setor madeireiro.
- Recuperadas: derivadas da construção civil ou de poda urbana.

O aproveitamento energético da madeira pode ser na origem primária (*in natura*) ou também após o processamento/pirólise, na forma de carvão ou gás de síntese ou, finalmente, por compactação mecânica na forma de briquetes ou *pellets*. Esses processos são empregados para aperfeiçoar o poder calorífico e a eficiência energética da madeira, que estão diretamente relacionados ao teor de umidade, como representado na Figura 9.30.

Segundo dados atuais do Balanço Energético Nacional (BEN, 2013) a biomassa lignocelulósica (lenha, carvão vegetal e lixívia[3]) representa cerca

---

[3] Lixívia ou licor negro: obtido através do processo de cozimento da madeira para produção de celulose, denominado processo sulfato ou *kraft* (Velázquez, 2000).

de 10,8% da oferta interna total de energia utilizada no país. Estima-se que a madeira energética tenha sido responsável pela produção de 30,4 milhões de toneladas equivalente de petróleo (tep), quantidade da mesma ordem de grandeza das demais fontes renováveis em termos nacionais, como observado na Figura 9.31 e na Tabela 9.3.

Figura 9.30 – Poder calorífico da madeira em função da umidade.

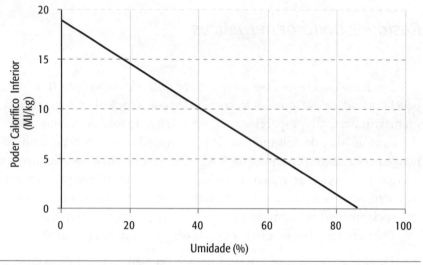

Fonte: Adaptado de FAO (2004).

É inegável que a madeira ainda ocupa um importante papel estratégico para a produção e o uso de energia firme de fonte renovável no país. Entretanto, a produção e a utilização como biomassa moderna ainda é incipiente (Escobar, 2013).

Ao longo dos últimos dez anos, cerca de um terço da madeira para energia no país foi destinada ao uso doméstico e agropecuário, sendo a maior parte usada pelas indústrias nos setores de alimentação e bebidas, celulose e papel, ferro-gusa, ferro-ligas e cerâmica vermelha (BEN, 2013).

Dentre esses setores, a indústria de celulose utiliza seus próprios resíduos do processo proveniente da madeira de florestas plantadas de eucalipto para produzir vapor e eletricidade em sistemas de cogeração de alta eficiência.

Os setores de alimentos, cerâmica vermelha e gesseira usam diretamente a biomassa para produzir calor; são usados resíduos agroflorestais, mas em alguns casos inclusive de florestas naturais, apesar da proibição da legislação vigente.

Figura 9.31 – Representação da madeira na oferta interna de energia no Brasil.

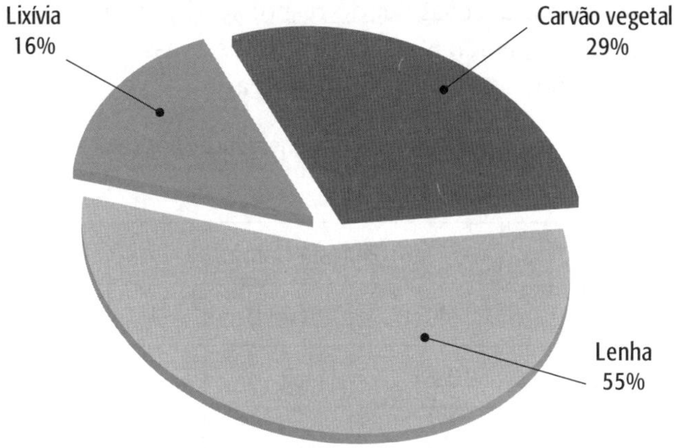

Lixívia 16%

Carvão vegetal 29%

Lenha 55%

Fonte: Adaptado de BEN (2013).

Tabela 9.3 – Oferta interna de energia.

Fonte	Mtep
	2012
RENOVÁVEIS	120,2
Energia hidráulica e eletricidade	39,2
Biomassa de cana	43,6
Lenha, carvão vegetal e lixívia	30,4
Outras renováveis	7,1
NÃO RENOVÁVEIS	163,4
Petróleo	111,2
Gás natural	32,6
Carvão mineral	15,3
Urânio (U_3O_8)	4,3

Fonte: Adaptada de BEN (2013).

ENERGIA E SUSTENTABILIDADE

O setor que utiliza a maior quantidade de energia proveniente da madeira é a indústria siderúrgica, que emprega o carvão vegetal como termo redutor no processo industrial, sendo responsável por um terço de todo o consumo nacional de lenha. Na Tabela 9.4, observa-se o consumo de madeira para energia por setor e por fonte no país.

Tabela 9.4 – Consumo de madeira para fins energéticos por setor e por fonte no Brasil.

Lenha para Energia	Floresta Nativa			Floresta Plantada	
	$(10^3 \, t)$	$(10^3 \, t)$	%	$(10^3 \, t)$	%
Produção de carvão vegetal	30.086	11.132	37	18.954	63
Residencial	24.158				
Industrial	20.421	40.544	77	12.175	23
Rural	8.140				
Total	82.805	51.676	62	31.129	38

Fonte: Adaptada de BEN (2013); Abraf (2012).

Atualmente, 62% da madeira destinada para uso energético no Brasil ainda é proveniente de florestas nativas, contribuindo para o desmatamento no país. Observa-se que essa madeira de desmatamento é usada da seguinte forma: 36% para carvão (setor de ferro-gusa/aço), 29% para uso industrial (principalmente para produção de calor no setor de cerâmica, celulose e alimentos), 25% no setor residencial/comercial e 10% na agricultura (principalmente para fins térmicos).

Também observa-se que a participação da madeira renovável na geração total de energia no país é de 31,1 milhões de toneladas de madeira consumida a partir de floresta plantada, apresentando assim um déficit de 51,6 milhões de toneladas de madeira proveniente de florestas nativas.

A demanda da madeira para geração de energia térmica e elétrica tende a continuar crescendo nos diversos setores energointensivos, principalmente para abastecimento de caldeiras na queima direta da madeira *in natura*. Entretanto, o desafio encontra-se em aplicar tecnologias mais eficientes como a carbonização ou a compactação mecânica (briquetes e/ou *pellets*), buscando melhorar o aproveitamento energético da madeira.

Carvão vegetal

O carvão vegetal é um produto sólido obtido por meio da carbonização da biomassa lignocelulósica, resultante da pirólise mediante a ação do calor que elimina a maior parte dos componentes voláteis da madeira, cujas características dependem das técnicas utilizadas para sua obtenção e o uso para o qual se destina. Durante o processo de pirólise, ocorre a concentração de carbono no carvão vegetal. Essa concentração elimina a maior parte do hidrogênio e do oxigênio da madeira.

O carvão de alto rendimento é produzido na faixa de 300 ºC a 500 ºC, ao atingir temperaturas mais elevadas, fatalmente abaixa o rendimento, apresentando redução de sua resistência físico-mecânica e em seguida degradação (Brito, 1990).

A função é concentrar energia no volume disponível. A madeira, com sua própria combustão parcial, remove os materiais voláteis da base sólida ricos em água, oxigênio e compostos orgânicos leves e oleosos. O produto resultante é o carvão vegetal, bem como os voláteis condensáveis e os gases, conforme ilustra a Figura 9.32.

Figura 9.32 – Balanço global da conversão laboratorial da madeira em carvão vegetal até 500 ºC e principais produtos resultantes.

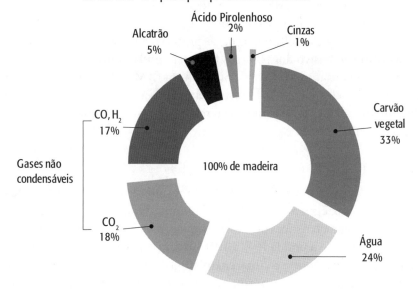

Fonte: Adaptada de Doat e Petrof (1975).

Após o processo de pirólise, a madeira praticamente dobra o conteúdo de energia, passando de aproximadamente 10 MJ/kg para 17 a 20 MJ/kg de poder calorífico inferior, que varia dependendo das taxas de carbono fixo desejado.

A produção de carvão vegetal no Brasil ainda usa a mesma tecnologia do século passado. Não houve significativa evolução da tecnologia na mesma proporção do aumento nacional do setor ferro/aço. Há uma estimativa de que o setor da indústria de ferro e aço no Brasil consome anualmente 95% do total de 7,2 milhões de toneladas de carvão vegetal produzido, ou seja 6,8 milhões de toneladas, o que equivale a quase 27 milhões de toneladas de lenha (BEN, 2012).

O Brasil é o maior produtor do mundo de ferro-gusa a carvão vegetal, que é utilizado como insumo industrial para oxirredução do minério de ferro, principalmente em altos-fornos, substituindo assim o carvão mineral ou o coque de petróleo.

A opção pelo uso de carvão vegetal ao coque de petróleo resulta em uma melhor qualidade dos produtos siderúrgicos, por não conter enxofre. Paralelamente, atua de forma positiva em termos ambientais, uma vez que reduz as emissões atmosféricas e líquidas desse poluente (Uhlig et al., 2008).

A exploração e a transformação da madeira em carvão vegetal ocorrem de forma heterogênea no território nacional. Isso porque, se por um lado as siderúrgicas investiram na modernização do processo com a inserção de tecnologias, por outro a produção artesanal do carvão ainda é predominante. Para este último caso, de precariedade das instalações, o uso predatório e intensivo dos recursos florestais ainda utiliza 47% de florestas nativas. A Associação Mineira de Silvicultura (AMS, 2009), pretende utilizar carvão vegetal apenas de florestas renováveis até 2020, com a ampliação de aproximadamente 980 mil hectares de florestas plantadas em novas áreas por ano.

Pellets de madeira

O *pellet* é um biocombustível sólido resultante do tratamento industrial e da compactação – peletização da biomassa lignocelulósica. Em virtude de suas características de alta densidade, maior rendimento energético (> 18 MJ/kg), baixa umidade (7 a 10%), diâmetro de 6 a 16 mm, facilidade de manuseio, transporte e armazenamento (ocupa menos espaço físico no armazenamento e no transporte), resulta em um biocombustível com alto valor agregado.

A combustão é altamente eficiente em termos de emissões de compostos químicos e compostos orgânicos voláteis quando comparados aos resíduos lignocelulósicos ou de lenha natural, tornando os *pellets* uma das formas de aquecimento menos poluentes, surgindo como uma alternativa de substituição da biomassa *in natura*. Como resultado, obtém-se uniformidade operacional, ganho em rendimento térmico e segurança no suprimento de energia, estimulando a diminuição do desmatamento no país.

A situação promissora do potencial de peletização para impulsionar o mercado de biocombustíveis sólidos no Brasil merece especial atenção. Com as atuais condições favoráveis no mercado internacional dos *pellets* de madeira, a demanda situa-se em torno de 22,4 milhões de toneladas, segundo o Renewable Energy Policy Network for the 21st Century (REN 21, 2013).

No Brasil, o setor dos *pellets* ainda se desenvolve lentamente. Existe pouca informação e, no geral, sua produção é em pequena escala, destinada principalmente ao mercado doméstico e comercial de uso térmico (até mesmo como granulado higiênico para gatos, desperdiçando, assim, o seu uso energético).

Segundo a Abipel (2013), existem 14 fábricas que, juntas, apresentam uma produção de 59.980 t/ano, utilizando somente 25% do total da capacidade instalada de 237.375 t/ano, como pode ser observado na Tabela 9.5.

Tabela 9.5 – Capacidade instalada e produção de *pellets* de madeira no Brasil.

	Empresa/Local	Capacidade (t/ano)	Produção (t/ano)
BRA01	Madersul, São Paulo	18.750	4.800
BRA02	Piomade, Rio Grande do Sul	3.750	2.880
BRA03	Koala Energy, Santa Catarina	22.500	1.000
BRA04	Briquepar, Paraná	30.000	12.000
BRA05	Energia Futura, Rio Grande Sul	18.750	4.800
BRA06	BR Biomassa, Paraná	22.500	8.000

(continua)

352 | ENERGIA E SUSTENTABILIDADE

Tabela 9.5 – Capacidade instalada e produção de *pellets* de madeira no Brasil. *(continuação)*

	Empresa/Local	Capacidade (t/ano)	Produção (t/ano)
BRA07	Ecopell, São Paulo	22.500	5.000
BRA08	Ecoxpellets, Paraná	37.500	5.600
BRA09	Eco-Pellets, Minas Gerais	1.125	100
BRA10	Línea, Paraná	30.000	1.000
BRA11	Copellets, São Paulo	7.500	4.800
BRA12	Elbra, Santa Catarina	22.500	10.000
		237.375	59.980

Fonte: Adaptada de Abipel (2013).

Esse fato é decorrente de diversos fatores, como a descentralização dos resíduos agrícolas, a falta de incentivos fiscais específicos para a produção de biomassa para fins energéticos e a carência de informação dos potenciais usos dos *pellets* como biomassa moderna.

Por outro lado, a recente Política Nacional de Resíduos Sólidos (Brasil, 2010) obriga a indústria e os produtores rurais a darem um destino adequado a seus resíduos até 2014. Como não é permitido o descarte dos resíduos sem tratamento, essa nova legislação acaba por incentivar indiretamente o melhor aproveitamento dos resíduos de poda urbana e das indústrias madeireiras na forma de *pellets* para fins energéticos, pois estes não poderão mais ser dispostos em aterros diretamente.

Além disso, os *pellets* correspondem a uma alternativa viável na redução de custos de grandes consumidores de energia térmica, que não se encontram próximos da fonte de biomassa *in natura*, devido à redução de custos relacionados ao manuseio e transporte.

O desenvolvimento do mercado de *pellets* de madeira está relacionado principalmente à demanda térmica do setor comercial e industrial que poderia absorver aproximadamente 21 milhões de toneladas de *pellets* por ano. Para evidenciar as vantagens, basta comparar o preço corrente do gás natural no país, em torno de 15 a 20 US$/MMBTU, com o preço dos *pellets* de biomassa, que custam cerca de 8 a 12 US$/MMBTU, possibilitando até 35% de economia (Escobar, 2013), fato que pode ser relevante para a segurança energética nacional e para a tomada de decisão do combustível a ser utilizado.

Com o encarecimento dos combustíveis tradicionais (além dos seus impactos ambientais) e os custos decrescentes da biomassa com altas taxas de produção por hectare, é muito provável que a curto prazo exista maior viabilidade comercial na fabricação de *pellets* de madeira no Brasil que, por suas características particulares, apresenta um caso exclusivamente nacional, em virtude das características naturais favoráveis do país, como clima, solo e tecnologia na produção florestal.

Resíduos de madeira e derivados

As estimativas da disponibilidade de resíduos de madeira e resíduos florestais são incertas e dependem das circunstâncias locais. Apesar da pouca informação disponível sobre estes parâmetros, decorrente principalmente da dispersão desse material no vasto território nacional, sabe-se que as oportunidades estão inicialmente concentradas no aproveitamento dos resíduos nos setores industriais que dispõem da matéria-prima sem necessidade de transporte.

Os resíduos de madeira gerados anualmente no Brasil são da ordem de 30 milhões de toneladas, sendo as principais fontes a indústria da madeira de base florestal, com resíduos de processamento de madeira (serrarias, fábricas de folheados emoldurados, painéis etc.), e a indústria de reflorestamento e exploração de florestas nativas (resíduos gerados na exploração florestal), que contribui para 91% dos resíduos gerados, seguindo os resíduos de madeira de construção civil (3%) e, finalmente, resíduos de áreas urbanas (6%) (MMA, 2009; STCP, 2011; SAE, 2011).

Apenas uma porção do volume do resíduo gerado chega a ter aproveitamento econômico, social e/ou ambiental. A maioria dos resíduos de madeira gerados na região amazônica, por exemplo, é simplesmente abandonada ou queimada sem fins energéticos.

Por outro lado, a situação é bem diferente quando se enfoca resíduos de madeira industrial gerados nas regiões Sul e Sudeste do Brasil. Nesse caso, os resíduos industriais de madeira são utilizados principalmente para a produção de produtos reconstituídos (celulose e painéis de madeira) e para a geração de energia (térmica/elétrica) ou, muitas vezes (cerca de 10 a 20% dos resíduos de madeira), permanecem no campo, sob a forma de ramos e restos de tronco após o corte das árvores, na qualidade de nutrientes para o solo (Hora e Vidal, 2011). Um caso característico acontece nas plantações de eucalipto das indústrias de celulose e de painéis, que dispõem toda a casca do eucalipto no campo como fonte de cálcio no solo, diminuindo assim até 30% dos custos de calcário para o próximo plantio. A Tabela 9.6 mostra a disponibilidade de resíduos de madeira provenientes de florestas nativas ou plantadas.

Tabela 9.6 – Operações florestais e geração de resíduos (% da madeira residual).

Operação (%)	Floresta Natural		Floresta Plantada	
	Produto	Resíduo	Produto	Resíduo
Corte	30-40	60-70	80-90	10-20
Processamento primário e secundário	10-20	10-20	30-40	40-50
Total	10-20	80-90	30-40	60-70

Fonte: Adaptada de FAO (2007).

Esses resíduos são utilizados para fins diferentes dependendo da região onde se encontram e da quantidade. O aproveitamento direto ou indireto dos resíduos de madeira (lascas, restos de serraria, carvão vegetal e licor negro) acontece em sistemas de cogeração, em usinas e refinarias de biomassa.

O uso mais intensivo da indústria de biomassa residual para a autogeração é no setor de celulose e papel, que tem uma capacidade instalada de cerca de 1.500 MW. De acordo com a Agência Nacional de Energia Elétrica (Aneel), os estados brasileiros com maior utilização são Paraná e São Paulo, com um potencial de geração entre 27,5 MW e 82,9 MW. O potencial de utilização dos resíduos de madeira ainda é pouco explorado no Brasil, especialmente porque grande parte encontra-se na região amazônica, resultado da indústria madeireira. Existem inúmeras barreiras que não permitem sua recuperação como um subproduto, como logística, manuseio, transporte, tecnologia específica para aproveitamento e a inexistência de um mercado interno adequado para resíduos de madeira. Ademais, é importante destacar a necessidade de políticas específicas para o aproveitamento dos resíduos lignocelulósicos no Brasil.

Resíduos agrícolas

Resíduos agrícolas do cultivo da cana-de-açúcar

Palha

A palha da cana é constituída pelas pontas e folhas da parte aérea da planta. A folha da cana-de-açúcar apresenta lâminas de sílica em suas bordas, o que a torna bastante cortante, podendo causar ferimentos ao trabalhador responsável pela colheita. Por essa razão, quando a colheita é manual, tem de ser realizada uma queimada da palha antes de se proceder ao corte. Como consequência, existem impactos ambientais significativos, como a desproteção do solo e a emissão de poluentes na atmosfera.

O método convencional de colheita de cana pode ser substituído em situações adequadas por um processo mecanizado de colheita, aumentando a produtividade, melhorando as condições de trabalho e evitando as tradicionais queimadas. Atualmente, a prática da queimada é proibida no estado de São Paulo, mas, devido à tradição do seu emprego, está passando por um período de transição regulado pela Lei n. 11.241/2002, a qual dispõe sobre a eliminação gradativa da queima da palha da cana-de-açúcar.

Quando a colheita da cana não é feita com o emprego de queimadas, a palha é abandonada no campo como proteção para o solo. Contudo, estudos realizados (Sousa et al., 2012) apontam que, para uma boa proteção do solo, basta 50% do volume de palha produzido, deixando disponíveis os 50% restantes para outras atividades, como o aproveitamento energético.

O aproveitamento energético da palha consiste em aplicar o poder calorífico dessa biomassa por meio da sua combustão em uma caldeira para a produção de vapor que será utilizado no processo da própria usina e para a geração de energia elétrica. Hoje em dia, a palha é queimada misturada com o bagaço (resíduo da moenda) em baixas proporções. No futuro, a palha poderia ser usada na fabricação de etanol de segunda geração.

O bagaço da cana-de-açúcar

O bagaço é um resíduo fibroso da extração do caldo da cana-de-açúcar, processo que é realizado nas moendas das usinas sucroalcooleiras, sendo uma mistura de celulose, hemicelulose, lignina e, em menor parte, compostos inorgânicos. A quantidade resultante desse subproduto depende do teor de fibra da cana processada. Segundo a Conab (2011), no Brasil são produzidos em média 277 kg de bagaço por tonelada de cana, considerando que, comumente, nas usinas de açúcar e álcool, usa-se como valor padrão 50% de umidade.

Quase 90% do bagaço é usado como combustível para caldeira (Conab, 2011), sendo que o restante é reservado para outros usos, principalmente para a produção de celulose e alimentação de gado confinado. Por outro lado, o bagaço é destinado à geração de calor e eletricidade em um processo conjunto chamado de cogeração. Da quantidade de bagaço destinado à geração de energia, só cerca de 46% tem atualmente aproveitamento para a comercialização de eletricidade (Figura 9.33).

Figura 9.33 – Usos do bagaço.

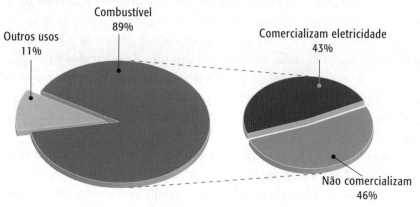

Fonte: Conab (2011).

O bagaço, entendido como combustível sólido, tem um poder calorífico superior (PCS) em torno de 4.500 kcal/kg, resultando em um poder calorífico inferior (PCI) de 1.650 kcal/kg, quando possui um teor de umidade de 45 a 50% (Lima, 1979). Para o aproveitamento desse poder calorífico, o bagaço é queimado em caldeiras geradoras de vapor, para sua posterior transformação em energia térmica, mecânica e elétrica. Existem outros métodos para o aproveitamento energético do bagaço, como gaseificação e pirólise, sendo a combustão o método que atualmente está amplamente desenvolvido e instalado na indústria.

As primeiras tecnologias implantadas para geração de energia elétrica que utilizavam o bagaço visavam apenas à autossuficiência da usina, empregando a tecnologia de turbinas de média pressão (18 a 22 bar), produzindo uma quantidade de excedente de energia elétrica pouco significativa, que poucas vezes era comercializada. Com a liberalização do setor elétrico brasileiro e os incentivos às fontes renováveis de energia, foram estimulados os investimentos para aumentar a quantidade desse excedente. Este incremento foi realizado frequentemente com um *retrofit* dos sistemas existentes, elevando a pressão até cerca de 40 bar. Atualmente, algumas usinas já aumentaram a pressão para 100 bar.

A quantidade de excedentes em eletricidade que pode ser disponibilizada à rede depende da tecnologia adotada para a conversão e do consumo de vapor no processo, sendo que poderia ser obtida uma melhoria substancial adotando uma tecnologia mais eficiente para a geração, combinada com uma eletrificação do processo e redução da demanda de vapor.

Vinhaça

A vinhaça é um resíduo líquido proveniente da destilação de uma solução alcoólica chamada "vinho", obtida do processo de fermentação alcoólica do caldo de cana, do melaço ou da mistura de caldo e melaço para a obtenção de álcool. A quantidade de vinhaça produzida por litro de etanol apresenta uma enorme variação, mas, de forma geral, os profissionais especializados no processo de produção do etanol afirmam que, em usinas implantadas recentemente, obtêm-se uma média de 7 a 10 litros de vinhaça por litro de etanol. Entretanto, em usinas antigas, registra-se uma média de 10 a 15 litros de vinhaça por litro de etanol (Salomon, 2007). Ver Figura 9.34.

A vinhaça é uma suspensão aquosa rica em potássio de coloração parda que contém, em média, 93% de água e 7% de sólidos, apresentando elevados teores de DQO e DBO, de onde advém seu potencial altamente poluidor de águas superficiais e subterrâneas. A putrefação da matéria orgânica contida na vinhaça intensifica o mau cheiro característico e emite CH_4 na atmosfera, sendo este um GEE. A vinhaça é extraída no processo de destilação a uma temperatura que chega até 110 ºC, é muito ácida, com pH variando entre 3,7 e 4,5, e a utilização de H_2SO_4 nas dornas de fermentação torna-a extremamente corrosiva (Ludovice, 1997).

Figura 9.34 – Estimativa da produção nacional de vinhaça.

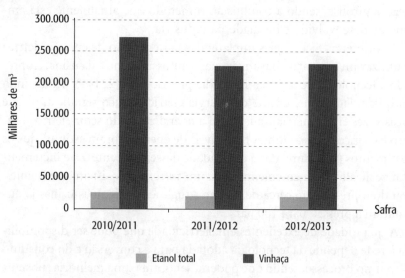

Fonte: Unica (2013).

Na atualidade, o destino da vinhaça é a fertirrigação dos canaviais, dado que a tecnologia de uso agrícola da vinhaça no cultivo da cana como fonte fertilizante foi praticamente desenvolvida no Brasil por não existir outro país com geração tão importante desse tipo de resíduo. Sabe-se que a aplicação sem critérios de dosagem da vinhaça no solo pode causar um desequilíbrio de nutrientes, gerando resultados diferentes daqueles esperados. Por isso, atualmente, as agências ambientais estaduais estão restringindo a aplicação de vinhaça no solo.

A enorme quantidade de vinhaça resultante da fabricação de etanol combustível (Figura 9.34), assim como as normas ambientais que regulam o uso da vinhaça para fertirrigar os canaviais visando à proteção dos solos e aquíferos, impulsionam a procura de alternativas para o tratamento desse resíduo. A biodigestão anaeróbia e a concentração-incineração da vinhaça se vislumbram como duas opções possíveis para melhorar a gestão desse resíduo, aproveitando o potencial energético contido na sua matéria orgânica.

Em primeiro lugar, a biodigestão anaeróbia permite que a carga orgânica desse efluente possa ser transformada em biogás em condições de confinamento, com suas subsequentes possibilidades de utilização. Existem poucas experiências em escala industrial no Brasil de biodigestão anaeróbia de vinhaça, sendo as mais importantes a Destilaria São João, que manteve em operação uma planta de biodigestão até o final de 1997 (Pinto, 1999) e que utilizava o biogás na frota de veículos da própria usina, e a Usina São Martinho, em Pradópolis-SP, que ainda usa o biogás para secar a levedura comercializada como ração animal.

Por outro lado, a vinhaça pode ser incinerada depois de ser concentrada, de forma que seu poder calorífico seja utilizado para a geração de vapor. Esse sistema já teve alguns experimentos de implantação no Brasil no passado, mas o processo de concentração da vinhaça é altamente demandante de energia, o que inviabilizava economicamente o funcionamento. Com os atuais métodos de concentração de vinhaça que aproveitam o próprio calor residual da destilaria, pode-se colocar novamente em discussão sua aplicabilidade em determinadas situações.

Resíduos de criações animais

A pecuária de corte no Brasil teve início praticamente no mesmo período da colonização. Primeiramente, a atividade fornecera animais para outras culturas e, em seguida, atendeu à demanda interna por proteína animal. A partir da década de 1930, com as políticas de ocupação e desenvolvimento, o governo passou a estimular a ocupação do Centro-Oeste. Já na década de 1970 a expansão foi para a região amazônica (Dos Santos, 2014). E desde o início dessa ocupação na década de 1970, o papel central do setor é fundamental e estratégico para o ajustamento da conta de transações correntes do balanço de pagamentos.

Cabe ressaltar que a criação animal é uma atividade predominante em pequenas propriedades rurais. Além de fixar o homem no campo, é uma atividade importante do ponto de vista econômico e social, pois a mão de obra empregada é tipicamente familiar, constituindo uma importante fonte de renda e de estabilidade social.

Atualmente, o Brasil possui uma forte indústria produtora de proteína animal, graças ao investimento realizado em organização, tecnologia e desenvolvimento de produtos ao longo de pelo menos seis décadas, por cooperativas e indústrias chamadas "integradoras".

Em decorrência dessa mudança no modelo de produção, o país está bem situado no mercado internacional e conseguindo aproveitar o crescimento da demanda que está acompanhando tanto o deslocamento da produção por sua inviabilização ambiental na Europa e em alguns países da Ásia como o crescimento da renda. Na Tabela 9.7, é demonstrada a evolução da criação animal no Brasil.

Tabela 9.7 – Evolução da criação animal no Brasil.

	2006	2007	2008	2009	2010	2011	2012
Bovino	30.373.560	30.712.914	28.700.370	28.062.688	29.278.095	28.823.944	31.118.740
Suíno	25.221.891	27.410.308	28.840.083	30.932.830	32.510.596	34.873.154	35.979.529
Avicultura	3.929.620.092	4.371.802.833	4.895.496.374	4.773.641.106	4.988.320.741	5.287.702.566	5.242.986.130

Fonte: IBGE-Sidra (2013).

A questão ambiental passou a ser encarada sob a ótica da necessidade de se conciliar o desenvolvimento de uma nação com o aumento no consumo de água e energia associado à geração de resíduos, agravando-se o aspecto relativo ao aumento de poluição. Nesse sentido, os diversos setores da produção animal começam a se organizar para atender a dois requisitos com o objetivo de que seus produtos possam competir e ter boa aceitação no mercado: questões legais e exigência dos mercados interno e externo (Lucas Jr. e Santos, 2000).

Além disso, deve ser considerada a questão da sustentabilidade ambiental diretamente ligada à disposição adequada dos resíduos, bem como ao seu uso como fonte de energia sustentável.

Os resíduos pecuários são aqueles resultantes da atividade pecuária intensiva ou extensiva, como esterco e outros produtos resultantes da atividade biológica dos bovinos, suínos, aves, entre outros. Esse tipo de resíduo é importante matéria-prima para a produção de biogás, que pode ter papel fundamental no suprimento energético da zona rural.

O lançamento dos resíduos de criação e agroindustriais sem tratamento prévio em corpos hídricos provoca a elevação da DBO da água, além da eutrofização e proliferação de doenças veiculadas pela água. A grande quantidade de resíduos gerada na atividade é apresentada na Tabela 9.8.

Tabela 9.8 – Produção de dejetos de diferentes animais.

Categoria	Produção de dejetos (kg/animal/dia)[a]	Produção de biogás (m³/ano/animal)[b]
Bovinos de corte	20	268,76
Aves de corte	0,11	0,32
Suínos média	2,31	50,66

Fonte: (a) adaptada de Manso e Ferreira (2007) e Berto (2004); (b) baseada em Motta (1986), Santos (2000) e Lucas Jr. e Santos (2000).

A atividade mais importante para a produção e utilização do biogás é a abordagem e disposição dos dejetos suínos, em virtude de seu alto potencial poluidor e também pelo fato de os animais serem criados em confinamento. A produção de resíduos na suinocultura é variável de acordo com o estágio de desenvolvimento do animal, tipo e quantidade de ração fornecida. Um suíno na faixa dos 15 a 100 kg produz, em média, 2,3 kg de esterco por dia.

Segundo Cenbio (2012), só para os resíduos provenientes da suinocultura existe um potencial disponível de, aproximadamente, 226 MW, ou seja, cerca de 5.134 MWh por dia de energia. Um animal, em média, gera 50,66 m³ de biogás ao ano.

Segundo o MCTI (2013), ao todo, a suinocultura possui cerca de 38 projetos de manejo de dejetos aprovados no Mecanismo de Desenvolvimento Limpo (MDL) com a geração de energia e obtenção de crédito de carbono.

No entanto, a criação que possui maior potencial é a bovinocultura de corte, gerando por animal cerca de 268,76 m³ de biogás ao ano. Sua dificuldade de utilização é que o principal sistema de criação é de forma extensiva, no qual o resíduo permanece no campo, sendo utilizado como adubo.

A avicultura de corte e poedeira, apesar de ter uma baixa geração por cabeça (0,32 m³ de biogás ao ano), cria um montante muito significativo no país, podendo ter uma contribuição maior que bovinos e suínos.

Porém, estas criações são unidades isoladas (granjas avícolas e de suínos), o que dificulta o tratamento do efluente para a geração de biogás, além da viabilidade desse tipo de projeto depender de grande disponibilidade dos resíduos. Assim, talvez seja mais indicada uma solução integrada com diversos criadores.

Além disso, a utilização dos dejetos da bovinocultura de corte depende do tipo de criação adotada, isto é, se for um sistema extensivo, o manejo desse resíduo é inexistente, permanecendo no solo como adubo. Já para o sistema intensivo ou em confinamento, existe a possibilidade de manejar esses resíduos para a produção de biogás.

Infelizmente, os motivos de não haver maior difusão e utilização desses processos são carência de informações dos criadores, pouco acesso a tecnologias adequadas de tratamento, baixa capacidade de investimento e falta de incentivo.

Caso os dejetos provenientes das criações animais fossem totalmente tratados e aproveitados para geração de energia, contribuiriam para o aumento da renda dos criadores, bem como para o fortalecimento da geração distribuída e para o alívio no consumo de energia da rede do Sistema Interligado Nacional (SIN).

RESÍDUOS URBANOS

Efluentes domésticos

As profundas desigualdades regionais existentes na infraestrutura de saneamento fazem da universalização e da melhoria dos serviços de abastecimento de água, esgotamento sanitário, limpeza urbana, coleta de lixo e drenagem urbana um objetivo a ser alcançado, ainda hoje, pelo Estado e conquistado pela sociedade brasileira (IBGE, 2011).

Segundo o Atlas de Saneamento de 2011 (IBGE, 2011), na pesquisa realizada em 2000, 52,2% dos municípios tinham serviço de coleta, já em 2008 esse percentual passou para 55,1% dos municípios. Além disso, percebe-se que as diferenças regionais permaneceram inalteradas. A região Sudeste continua apresentando um percentual elevado de seus municípios com coleta de esgoto, 95,1%. A região Norte é a que apresenta a menor proporção de municípios com coleta (13,3%), seguida da região Centro-Oeste (28,3%), da região Sul (39,7%) e da região Nordeste (45,6%).

Esses dados revelam que o sistema de tratamento de esgoto sanitário continua insuficiente para atender à demanda do setor, uma vez que somente metade dos municípios brasileiros faz coleta de esgoto e que grande parte do esgoto coletado não recebe tratamento adequado antes de ser lançado nos corpos d'água.

Diante de diversas alternativas para o tratamento do efluente, a digestão anaeróbia pode ser a mais viável nas grandes cidades, onde a questão do espaço urbano é mais complexa. Os biodigestores são equipamentos utilizados para a digestão de matérias orgânicas presentes nos efluentes líquidos. Essa técnica permite a diminuição da quantidade de sólidos, bem como a redução de seu potencial poluidor, além da recuperação da energia na forma de biogás.

O potencial nacional de produção de biogás pelas ETE estimado em 195.212 m³/dia (Salomon, 2007) é escassamente aproveitado e tem destinação insatisfatória. Por outro lado, há alternativas tecnologicamente viáveis para o aproveitamento energético do biogás produzido nas ETE, como o uso em caldeiras, injeção na rede existente de gás natural ou uso como combustível veicular. Cada uma dessas alternativas de utilização implica, por sua vez, diferentes tipos de tratamentos do biogás, de forma a atingir os requisitos técnicos para tal destinação.

Para cada um dos usos finais do biogás, existem distintas rotas tecnológicas, sendo necessária uma comparação dos aspectos de sustentabilidade entre as opções. Por exemplo, no caso de uso de biogás para fins térmicos, as experiências existentes utilizam-no sem separação do CO_2, enquanto que, para uso veicular, há necessidade de separação/purificação do CH_4.

O desafio reside, portanto, em obter informações técnicas que permitam uma decisão com base científica com relação à escolha entre os diferentes processos e destinações do biogás.

No Brasil, existe uma iniciativa de cogeração de energia elétrica da Companhia de Saneamento de Minas Gerais. Este sistema de cogeração de energia elétrica da Copasa tem como objetivo evitar que gases poluentes sejam emitidos ao meio ambiente, além de fornecer 90% da energia consumida pela ETE Arrudas. Isso é possível graças ao aproveitamento do gás que é liberado durante o processo de tratamento do esgoto. Em vez de ser eliminado no ar, o gás é canalizado para a estação termelétrica instalada na ETE, onde é queimado, gerando o calor que alimenta as turbinas que produzem eletricidade. A ETE Arrudas é a única estação, de toda a América Latina, a contar com essa tecnologia. O sistema tem capacidade de produção de 2,4 MW, o suficiente para abastecer cerca de três mil residências. Com a nova fonte de energia, a Copasa economiza cerca de R$ 2,7 milhões por ano (Copasa, 2013).

Resíduos sólidos

Segundo a Associação Brasileira de Normas Técnicas (ABNT), os resíduos sólidos são aqueles nos estados sólido e semissólido que resultam de atividades de origem industrial, doméstica, hospitalar, comercial, agrícola, de serviços e de varrição. Ficam incluídos nessa definição os lodos provenientes de sistemas de tratamento de água, aqueles gerados em equipamentos e instalações de controle de poluição, bem como determinados líquidos cujas particularidades tornem inviável o seu lançamento na rede pública de esgotos ou corpos de água, ou exijam para isso soluções técnicas e economicamente inviáveis diante da melhor tecnologia disponível (ABNT, 2004).

Os resíduos sólidos de origem domiciliar, de poda, de varrição, comercial e industrial não perigosos são denominados resíduos sólidos urbanos (RSU), de acordo com a classificação estabelecida no art. 13 da Política Nacional de Resíduos Sólidos (PNRS) – Lei n. 12.305/2010, regulamentada pelo Decreto n. 7.404/2010.

De acordo com a Associação Brasileira de Empresas de Limpeza Pública e Resíduos Especiais (Abrelpe, 2012), a geração de RSU no Brasil cresceu 1,3%, de 2011 para 2012, índice que é superior à taxa de crescimento populacional urbano no país no período, que foi de 0,9%. Em 2012, o Brasil gerou cerca de 63 milhões de toneladas de RSU, sendo coletadas apenas cerca de 57 milhões de toneladas. Ou seja, mais de 6 milhões de toneladas receberam um destino incerto e sanitariamente inadequado, sendo vetores de doenças e poluição do meio ambiente. De todo os RSU coletados no país, apenas 58% são destinados a aterros sanitários e, anualmente, aproximadamente 27,8 milhões de toneladas são enviadas a aterros controlados ou lixões, onde não recebem o tratamento final adequado.

De acordo com Cortez (2011), a Política Nacional de Resíduos Sólidos (PNRS) estabelece claramente a distinção entre resíduo/rejeito e destinação final/disposição final. O resíduo, após a destinação final, se torna o rejeito, que deverá ter a disposição final em aterros sanitários. A destinação e a disposição devem obedecer às normas operacionais específicas de modo a minimizar os impactos ambientais adversos e a evitar danos ou riscos à saúde pública e à segurança. A destinação final inclui tratamento e recuperação por processos tecnológicos disponíveis e economicamente viáveis, como a reutilização, a reciclagem, a compostagem, a recuperação e o aproveitamento energético.

Assim, a PNRS proíbe, a partir de 2014, dispor em aterros sanitários qualquer tipo de resíduo que seja passível de reutilização ou reciclagem, bem como o uso de lixões (inclusive para rejeitos). Dada a considerável fração orgânica do RSU e seu poder calorífico, as tecnologias disponíveis para o aproveitamento energético de RSU compreendem processos termoquímicos (combustão, pirólise e gaseificação) e processos biológicos (digestão anaeróbia).

Dentre os processos termoquímicos, o único disponível em escala comercial e mundialmente difundido é a incineração, que converte os resíduos em calor, escória, cinzas e gases de combustão. O calor pode ser utilizado em outros processos produtivos ou produzir vapor em caldeiras e por meio de turbinas gerar energia elétrica. A escória, geralmente formada pelos componentes inorgânicos dos resíduos, possui metais ferrosos e não ferrosos que podem ser separados e destinados para a reciclagem. As cinzas e o pó de filtro (material particulado proveniente dos equipamentos de controle de poluição ambiental) são rejeitos e precisam ser depositados em aterro industrial. Os gases de combustão devem ser limpos de poluentes e material particulado até atingir os níveis impostos pela legislação antes de serem emitidos na atmosfera. Neste ponto, é importante uma legislação rígida que realmente garanta a saúde da população no entorno de qualquer usina de recuperação de energia (URE), como é o caso da Resolução paulista SMA 079/2009, que estabelece as diretrizes exigidas no licenciamento, condições operacionais, limites de emissão, critérios de controle e monitoramento (São Paulo, 2010).

O aproveitamento energético de RSU por processo biológico se dá por meio de processo de digestão anaeróbia realizado em digestores fechados e pode ser dividido em quatro fases: pré-tratamento, digestão dos resíduos, recuperação do gás e tratamento dos resíduos. O pré-tratamento envolve a separação mecânica do material não digerível (a fim de remover os materiais indesejáveis e aqueles que podem ser reciclados, como vidros, metais, plásticos etc.) e a trituração da fração orgânica para obtenção de um material homogêneo (Verma, 2002). Assim, esse método ficou conhecido como Tratamento Mecânico Biológico (TMB): a parte mecânica é o pré-tratamento; e a parte biológica, a decomposição da fração orgânica do RSU.

É possível uma grande variação na configuração da planta de TMB devido à variedade de tratamentos mecânicos e biológicos existentes, que podem gerar diferentes fluxos de saída: biogás, composto orgânico, combustível derivado de resíduos (CDR – usado em tratamentos térmicos, como, por exemplo, a incineração) e rejeitos.

É importante frisar que o objetivo maior desses processos não é a geração de energia, e sim a destinação final (tratamento) dos RSU, isto é, transformar esses resíduos em rejeitos para a disposição final nos aterros sanitários.

O aterro sanitário consiste no confinamento do material depositado no solo, compactado e coberto com camadas de terra, isolando-o do meio ambiente. Por enquanto, os aterros sanitários recebem os RSU. A compactação dos resíduos permite a obtenção de maior densidade, acentuando a produção de gás por unidade de volume, enquanto que a cobertura adequada, além de impedir a entrada de água proveniente de escoamento superficial, também impede a entrada de oxigênio e a fuga de biogás para a atmosfera. A infiltração de oxigênio retardaria o processo de decomposição anaeróbia, fase em que o metano é produzido (Borba, 2006).

O aterro sanitário deve atender a normas ambientais e operacionais específicas, como impermeabilização do solo e extração de biogás e chorume, de modo a evitar danos à saúde pública e à segurança, minimizando os impactos negativos.

O chorume é captado por meio de tubulações instaladas durante o aterramento do lixo e escoado para o sistema de tratamento local ou então para tanques de armazenamento para, posteriormente, ser transportado para uma estação de tratamento. Caso o chorume não seja coletado de maneira eficaz, poderá acarretar o aumento da umidade dos resíduos, influenciando negativamente a velocidade de degradação da matéria orgânica e, consequentemente, diminuindo a geração do biogás. Por outro lado, nas estações secas do ano, alguns aterros utilizam a técnica de recirculação do chorume captado, a fim de manter a umidade dos resíduos adequada para a atuação dos micro-organismos (Maciel, 2003).

A coleta de biogás em um aterro sanitário ocorre por exaustão forçada, promovida pelos sopradores instalados no sistema. Este é transportado através de uma rede de tubulação conectada à planta de extração de biogás, promovendo, posteriormente, sua queima em *flare*, ou então, outros usos finais, como o aproveitamento energético.

Note que, quando o aterro sanitário passar a receber apenas rejeitos, não haverá mais produção de biogás, pois não haverá mais fração orgânica para sofrer digestão anaeróbia.

A energia proveniente dos RSU ganha importância frente às novas políticas de geração de energia a partir de biomassa e outras fontes renováveis, visto que podem reduzir o consumo de combustíveis fósseis.

REFERÊNCIAS

[ABIPEL] ASSOCIAÇÃO BRASILEIRA DAS INDÚSTRIAS DE *PELLETS*. Pellets *no Brasil, 2013*. Disponível em: http://www.abipel.com.br/media/5468/ABIPEL--maio-2013.pdf. Acessado em: 08 ago. 2013.

[ABRAF] ASSOCIAÇÃO BRASILEIRA DE PRODUTORES DE FLORESTAS PLANTADAS. *Anuário Estatístico*. Brasília: Abraf, 2012.

[ABRELPE] ASSOCIAÇÃO BRASILEIRA DE EMPRESAS DE LIMPEZA PÚBLICA E RESÍDUOS ESPECIAIS. *Panorama de resíduos sólidos no Brasil*, 2012. Disponível em: http://a3p.jbrj.gov.br/pdf/ABRELPEPanorama2012.pdf. Acessado em: jul. 2013.

[ABNT] ASSOCIAÇÃO BRASILEIRA DE NORMAS TÉCNICAS. NBR 10.004/2004. 2004.

[AMS] ASSOCIAÇÃO MINEIRA DE SILVICULTURA. *Florestas energéticas no Brasil*: demanda e disponibilidade. 2009.

[ANEEL] AGÊNCIA NACIONAL DE ENERGIA ELÉTRICA. 2012. Disponível em: http://www.aneel.gov.br/. Acessado em: 2013.

[ANFAVEA] ASSOCIAÇÃO NACIONAL DOS FABRICANTES DE VEÍCULOS AUTOMOTORES. *Produção, vendas e exportação de auto veículos*. 2008. Disponível em: http://www.anfavea.com.br/tabelas.html. Acessado em: 19 set. 2014.

[ANP] AGÊNCIA NACIONAL DO PETRÓLEO, GÁS NATURAL E BIOCOMBUSTÍVEIS. *Resolução ANP n. 14, de 11 de maio de 2012*. Disponível em: http://nxt. anp.gov.br/nxt/gateway.dll/leg/resolucoes_anp/2012/maio/ranp%2014%20-%20 2012.xml. Acessado em: 19 set. 2014.

_____. *Anuário Estatístico Brasileiro do Petróleo, Gás Natural e Biocombustíveis*. 2013. Disponível em: http://www.anp.gov.br/?pg=66833#Se__o_2. Acessado em: 19 set. 2014.

_____. *Boletim Mensal do Biodiesel – agosto de 2013*. 2013a. Disponível em: http:// www.anp.gov.br/?pg=68327&m=&t1=&t2=&t3=&t4=&ar=&ps=&cachebust=1381510063482. Acessado em: 19 set. 2014.

_____. *Boletim Mensal do Biodiesel – julho de 2013*. 2013b. Disponível em: http:// www.anp.gov.br/?pg=68327&m=&t1=&t2=&t3=&t4=&ar=&ps=&cachebust=1381510063482. Acessado em: 19 set. 2014.

_____. *Boletim Mensal do Biodiesel – setembro de 2013*. 2013c. Disponível em: http://www.anp.gov.br/?pg=68327&m=&t1=&t2=&t3=&t4=&ar=&ps=&cachebust=1381510063482. Acessado em: 19 set. 2014.

[BEN] BALANÇO ENERGÉTICO NACIONAL. *Resultados Preliminares 2011*. Rio de Janeiro: Ministério de Minas e Energia, 2012.

_____. *Resultados Preliminares 2012*. Rio de Janeiro: Ministério de Minas e Energia, 2013.

BERTO, J.L. *Balanço de nutrientes em uma sub-bacia com concentração de suínos e aves como instrumento de gestão ambiental*. Porto Alegre, 2004. Tese (Doutorado). Universidade Federal do Rio Grande do Sul.

[BNDES SETORIAL] BANCO NACIONAL DE DESENVOLVIMENTO ECONÔMICO E SOCIAL. *Formação do mercado de biodiesel no Brasil.* Rio de Janeiro, n. 25, p. 39-64, 2007.

[BNDES] BANCO NACIONAL DE DESENVOLVIMENTO ECONÔMICO E SOCIAL; [CGEE] CENTRO DE GESTÃO E ESTUDOS ESTRATÉGICOS. *Etanol de cana-de-açúcar: energia para o desenvolvimento sustentável.* Rio de Janeiro: BNDES, 2008.

BORBA, S.M.P. *Análise de modelos de geração de gases em aterro sanitários: estudo de caso.* Rio de Janeiro, 2006. Dissertação (Mestrado). Universidade Federal do Rio de Janeiro.

BRASIL. Presidência da República. Casa Civil. Subchefia para Assuntos Jurídicos. *Decreto n. 7.404, de 23 de dezembro de 2010.* 2010a. Disponível em: http://www.planalto.gov.br/ccivil_03/_Ato2007-2010/2010/Decreto/D7404.htm. Acessado em: 20 jan. 2011.

_____. Senado Federal, Subsecretaria de Informações. *Lei n. 12.305, de 2 de agosto de 2010.* 2010b. Disponível em: http://www.cbcs.org.br/userfiles/comitestematicos/outrosemsustentabilidade/Lei_12.305_de_02ago2010_Pol-Nac-Res-Solidos.pdf. Acessado em: 15 dez 2010.

BRITO, J.O. Carvão vegetal no Brasil: gestões econômicas e ambientais. *Estudos Avançados.* v. 4, n. 9, p. 221-227, 1990.

CÂMERA SETORIAL DE SILVICULTURA. *Agenda estratégica do setor florestal. Ano base 2009.* 40p. Brasília, 2009.

CARDOSO, A.L. *Estudo cinético das reações de esterificação de ácidos graxos catalisadas por ácidos de Lewis e de Bronsted para produção de biodiesel.* Viçosa, 2008. Dissertação (Mestrado). Universidade Federal de Viçosa.

CARRIQUIRY, M.A.; DU, X.; TIMILSINA, G.R. Second-generation biofuels: economics and policies. *Energy Policy.* v. 39, p. 4222–4234, 2011.

[CENBIO] CENTRO NACIONAL DE REFERÊNCIA EM BIOMASSA. *Atlas de bioenergia do Brasil.* São Paulo: Cenbio, 2012. Disponível em: http://cenbio.iee.usp.br/download/atlasbiomassa2012.pdf. Acessado em: 19 set. 2014.

CHIEW, W.P. Current and future production of palm oil in Malaysia Palm Oil Board Ministry of Plantation Industries and Commodities. In: *Malaysia International Conference Biomass in Future Landscapes: Sustainable Use of Biomass and Spatial Development.* 2009, Berlim.

COELHO, S.T. Notas de aula. 2012.

COELHO, S.T.; STRAPASSON, A.; GRISOLI, R.P.S.; FERREIRA, D.; GORREN, R.; COLUNA, N.M.E. Sustentabilidade ambiental dos biocombustíveis. In: PERLIN-

GEIRO, C.A.G. (Org.). *Biocombustíveis no Brasil - fundamentos, aplicações e perspectivas*. 1.ed. Rio de Janeiro: Synergia Editora, 2014, v. 1, p. 288-317.

COMISSÃO EUROPEIA. *Directiva 2009/28/CE do Parlamento Europeu e do Conselho de 23 de abril de 2009 relativa à promoção da utilização de energia proveniente de fontes renováveis que altera e subsequentemente revoga as Directivas 2001/77/CE e 2003/30/CE*. Jornal Oficial da União Europeia, n. 5, 2009.

[CONAB] COMPANHIA NACIONAL DE ABASTECIMENTO. A geração termoelétrica com a queima do bagaço de cana-de-açúcar no Brasil. Análise do desempenho da safra 2009-2010. Mar. 2011. Disponível em: http://www.conab.gov.br/OlalaCMS/uploads/arquivos/11_05_05_15_45_40_geracao_termo_baixa_res.. pdf. Acessado em: 31 ago. 2015.

[CONAMA] CONSELHO NACIONAL DO MEIO AMBIENTE. *Resolução Conama n. 382, de 26 de dezembro de 2006*. Disponível em: http://www.mma.gov.br/port/conama/legiabre.cfm?codlegi=520. Acessado em: 31 ago. 2015.

[COPASA] COMPANHIA DE SANEAMENTO DE MINAS GERAIS. *Copasa é premiada por sistema de cogeração de energia*. Disponível em: http://www.copasa.com.br/cgi/cgilua.exe/sys/start.htm?sid=3. Acessado em: set. 2013.

CORTEZ, C.L. *Estudo do potencial de utilização da biomassa resultante da poda de árvores urbanas para a geração de energia: estudo de caso AES Eletropaulo*. São Paulo, 2001. Tese (Doutorado). Instituto de Eletrotécnica e Energia da Universidade de São Paulo.

DATAGRO. *Banco de dados*. 2012. Disponível em: http://www.datagro.com.br/. Acessado em: 19 set. 2014.

DIAS-FILHO, M.B. *Produção de bovinos a pasto na fronteira agrícola*. Belém: Embrapa Amazônia Oriental, 2010.

DOAT, J.; PETROF, G. La carbonization des bois tropicaux. *Bois et forêts des tropiques, nogent sur marne*. v. 159, p. 55-64, 1975.

DOORNBOSCH, R.; STEENBLIK, R. *Biofuels: is the cure worse than the disease? (Round table on sustainable development)*. OECD Report SG/SD/RT. Paris: Organization for Economic Co-operation and Development, 11-12 set. 2007.

DOS SANTOS, M.C.; BELIK, W.; DE ZEN, S.; DE ALMEIDA, L.H. A rentabilidade da pecuária de corte no Brasil. *Segurança alimentar e nutricional*, v. 21, n. 2, p. 505--517. Campinas, 2014.

[DOU] DIÁRIO OFICIAL DA UNIÃO. p. 17, seção 1. 06 mar. 2015.

ESCOBAR, J. Biomasa lignocelulósica en Brasil: perspectivas de uso para pellets y briquetas en el sector industrial. *The Bioenergy International*. n. 18, p. 38 e 39, 2013.

ESCOBAR, J.F. A energia da biomassa. Perspectivas energéticas da madeira. *Revista Opiniões*, ano 12, n. 38, dez.-fev. 2015.

ELIA NETO, A.; SHINTAKU, A. Usos e reúsos de água e geração de efluentes. In: ELIA NETO, A.; SHINTAKU, A; DONZELLI, J.L. et al. *Manual de conservação e reúso de água na agroindústria sucroenergética.* Brasília: ANA, 2009a, p. 69-179.

_____. As boas práticas industriais. In: ELIA NETO, A.; SHINTAKU, A; DONZELLI, J.L. et al. *Manual de conservação e reúso de água na agroindústria sucroenergética.* Brasília: ANA, 2009b, p. 183-256.

[FAO] FOOD AND AGRICULTURE ORGANIZATION OF THE UNITED NATIONS. *Unified bioenergy terminology.* Roma, 2004.

_____. *Forest and energy in emerging countries.* FAO, 2007.

_____. *Yearbook of forest products.* Roma: FAO, 2012.

FRANCO, D.A.S.; GABRIEL, D. Aspectos fitossanitários na cultura do pinhão manso (*Jatropha curcas L.*) para produção de biodiesel. *Instituto Biológico.* v. 70, n. 2, p. 63 e 64, 2008. Disponível em: http://www.biologico.sp.gov.br/docs/bio/v70_2/ 63 e 64.pdf. Acessado em: 19 set. 2014.

GONÇALVES, J.E.; SARTORI, M.M.P.; LEÃO, A.L. Energia de briquetes produzidos com rejeitos de resíduos sólidos urbanos e madeira de *Eucalyptus grandis. Revista Brasileira de Engenharia Agrícola e Ambiental.* v. 13, n. 5, p. 657-661, 2009.

GORREN, R.; COELHO, S.T.; GRISOLI, R. et al. Sustentabilidade social dos biocombustíveis. In: PERLINGEIRO, C.A. (Org.). *Biocombustíveis no Brasil: fundamentos, aplicações e perspectivas.* Rio de Janeiro: Synergia Editora, 2014, p. 320-332.

GOULART, M.; HASELEIN, C.R.; HOPPE, J.M. et al. Massa específica básica e massa seca de madeira de *Eucalyptus grandis* sob o efeito do espaçamento de plantio e da posição axial no tronco. *Ciência Florestal.* v. 13, n. 2, p. 167-175, 2003.

GOVERNMENT PRINTING OFFICE. *Energy Independence and Security Act of 2007.* Washington, DC: 2007. Disponível em: http://www.gpo.gov/fdsys/pkg/ BILLS-110hr6enr/pdf/BILLS-110hr6enr.pdf. Acessado em: 31 ago. 2015.

HENNIGES, O.; ZEDDIES, J. Fuel ethanol production in the USA and Germany – a cost comparison. *World Ethanol Biofuels Rep.* v. 1, n. 11, 2003.

HORA, A.B.; VIDAL, A.F. *Perspectivas do setor de biomassa de madeira para geração de energia.* Rio de Janeiro: BNDES Setorial, 2011.

[IBGE] INSTITUTO BRASILEIRO DE GEOGRAFIA E ESTATÍSTICA. *Pesquisa Nacional de Saneamento Básico 2008.* Rio de Janeiro: IBGE, 2010. Disponível em: http://www.ibge.gov.br/home/estatistica/populacao/condicaodevida/pnsb2008/ PNSB_2008.pdf. Acessado em: 19 set. 2014.

_____. *Atlas de saneamento 2011.* Disponível em: http://www.ibge.gov.br/home/ estatistica/populacao/atlas_saneamento/default_zip.shtm. Acessado em: maio 2013.

_____. *Pesquisa Agrícola Municipal 2009.* 2012. Disponível em: http://www.sidra. ibge.gov.br/bda/pesquisas/pam/default.asp. Acessado em: 20 set. 2012.

[IBGE-SIDRA] INSTITUTO BRASILEIRO DE GEOGRAFIA E ESTATÍSTICA – SISTEMA IBGE DE RECUPERAÇÃO AUTOMÁTICA. *Produção pecuária municipal.* 2013. Disponível em: http://www.sidra.ibge.gov.br/bda/tabela/listabl.asp?-c=1092&z=t&o=24. Acessado em: 19 set. 2014.

KAREKEZI, S.; LATA, K.; COELHO, S.T. Traditional biomass energy: improving its use and moving to modern energy use. In: *Renewables 2004. International Conference for Renewable Energies.* Thematic Background Papers, Bonn, 2004. Disponível em: http://www.renewables2004.de/pdf/tbp/TBP11-biomass.pdf. Acessado em:

KITAYAMA, O. *Apresentação à indústria de cogeração de energia.* In: Workshop Diagnóstico e Perspectivas da Produção de Bioenergia a Partir de Biomassa no Estado de São Paulo. 2008, São Paulo.

KNOTHE, G.; GERPEN, J.V.; KRAHL, J.; RAMOS, L.P.R. *Manual de biodiesel.* Trad. Luiz Pereira Ramos. São Paulo: Edgard Blücher, 2006.

LEÃO, L.S. *Estudo empírico e cinético da esterificação de ácidos graxos saturados sobre o óxido nióbio.* Rio de Janeiro, 2009. Dissertação (Mestrado). Universidade Federal do Rio de Janeiro.

LEITE, O.D.; BRAGA, V.S. *Esterificação e transesterificação: conheça as características dessas reações.* Disponível em: http://educacao.uol.com.br/disciplinas/quimica/esterificacao-e-transesterificacao-conheca-as-caracteristicas-dessas-reacoes.htm. Acessado em: 19 set. 2014.

LIMA, R.L. *A mandioca como alternativa de geração de energia carburante.* In: Simpósio Nacional sobre fontes convencionais e de energia. 1979, Brasília, *Anais...* Brasília, 1979, p. 173-184.

LUCAS JR., J.; SANTOS, T.M.B. *Aproveitamento de resíduos da indústria avícola para produção de biogás.* In: Simpósio sobre Resíduos da Produção Avícola. 2000, Concórdia. *Anais...* Concórdia, 2000.

LUDOVICE, M.T.F. *Estudo do efeito poluente da vinhaça infiltrada em canal condutor de terra sobre o lençol freático.* Campinas, 1997. 117p. Dissertação (Mestrado). Universidade Estadual de Campinas.

MACEDO, I.C. *Geração de energia elétrica a partir de biomassa no Brasil. Situação atual, oportunidades e desenvolvimento.* Rio de Janeiro: Secretaria Técnica de Uso Setorial de Energia, 2001.

MACEDO, I. *A energia da cana-de-açúcar – doze estudos sobre a agroindústria da cana-de-açúcar no Brasil.* São Paulo: Berlendis & Vertecchia, 2005.

MACEDO, I.; SEABRA, J.E.A.; SILVA, J.E.A.R. Greenhouse gases emissions in the production and use of ethanol from sugarcane in Brazil: the 2005/2006 averages and a prediction for 2020. *Biomass and Bioenergy.* v. 32, p. 582-595, 2008.

MACIEL, F.J. *Estudo da geração, percolação e emissão de gases no aterro de resíduos sólidos de Muribeca – PE.* Recife, 2003. Dissertação (Mestrado). Centro de Tecnologia e Geociências. Departamento de Engenharia Civil da Universidade Federal de Pernambuco.

MANSO, K.R.J.; FERREIRA, O.M. *Confinamento de bovinos: estudo do gerenciamento dos resíduos.* 2007. Disponível em: http://cigeneticabovina.com.br/pe/dcd768bbf6991ca78688c72e4c51ba09.pdf. Acessado em: 19 set. 2014.

MANZATTO, C.V. (Org.). *Zoneamento agroecológico da cana-de-açúcar.* Rio de Janeiro: Embrapa Solos, 2009.

MARTHA JR., G.B.; ALVES, E.; CONTINI, E. Pecuária brasileira e a economia de recursos naturais. *Perspectiva Pesquisa Agropecuária.* n. 1, p.1-2, 2011.

MATOS, A.T. Tratamento de resíduos agroindustriais. In: *Curso sobre tratamento de resíduos agroindustriais.* 2005, Minas Gerais, 34p.

MERCHANT RESEARCH AND CONSULTING. *Ethanol (EtOH): 2013 world market outlook and forecast up to 2017,* dez. 2013. Disponível em: http://www.researchandmarkets.com/reports/2643404/ethanol_etoh_2013_world_market_outlook_and#pos_O. Acessado em: 18 set. 2015.

[MCTI] MINISTÉRIO DE CIÊNCIA, TECNOLOGIA E INOVAÇÃO. *Atividades de Projetos MDL aprovado nos termos da Resolução n. 1.* Disponível em: http://www.mcti.gov.br/index.php/content/view/57967/57967.html. Acessado em: fev. 2013.

[MMA] MINISTÉRIO DO MEIO AMBIENTE. *Projeto Pnud 00/20 – Levantamento sobre a geração de resíduos provenientes da atividade madeireira e proposição de diretrizes para políticas, normas e condutas técnicas para promover o seu uso adequado.* Curitiba: MMA, 2009, p. 35.

[MME] MINISTÉRIO DE MINAS DE ENERGIA. *Boletim mensal dos combustíveis renováveis.* n. 69, out. 2013. Disponível em: http://www.mme.gov.br/spg/galerias/arquivos/publicacoes/boletim_mensal_combustiveis_renovaveis/Boletim_DCR_nx_069_-_outubro_de_2013.pdf. Acessado em: 19 set. 2014.

MOTTA, F.S. Produza sua energia: biodigestores anaeróbios. Recife: Editora Gráfica, 1986.

MULLER, M.D. *Produção de madeira para geração de energia elétrica numa plantação clonal de eucalipto em Itamarandiba, MG.* Viçosa, 2005. 94 p. Tese (Doutorado). Universidade Federal de Viçosa.

OBERMAIER, M.; HERRERA, S.; ROVERE, E.L. Análise de problemas estruturais da inclusão da agricultura familiar na cadeia produtiva de biodiesel. In: *IV Congresso Brasileiro de Mamona e I Simpósio Internacional de Oleaginosas Energéticas.* 2010, João Pessoa. *Anais...* João Pessoa, 2010.

[ONS] OPERADOR NACIONAL DO SISTEMA ELÉTRICO. *Plano da operação energética 2012/2016 – PEN 2012. Relatório Executivo*, v. 1, set. 2012.

PATZEK, T.W.; ANTI, S.M.; CAMPOS, R. et al. Ethanol from corn: clean renewable fuel for the future, or drain on our resources and pockets? *Environment, development and sustainability*, v.7, 3.ed. p. 319–336. Springer, 2005. Disponível em: http://link.springer.com/article/10.1007/s10668-004-7317-4. Acessado em: 04 set. 2015.

PINTO, C.P. *Tecnologia da digestão anaeróbia da vinhaça e desenvolvimento sustentável*. São Paulo: Faculdade de Engenharia Mecânica/Universidade Estadual de Campinas, 1999.

[REN21] RENEWABLES ENERGY POLICY NETWORK FOR THE 21ST CENTURY. *Global status report, 2011*. Paris: REN21 Secretariat. Disponível em: http://www.ren21.net/Portals/0/documents/Resources/GSR2011_FINAL.pdf. Acessado em: 18 set. 2015.

_____. *Global status report, 2012*. Paris: REN21 Secretariat. Disponível em: http://www.ren21.net/Portals/0/documents/Resources/GSR2012_low%20res_FINAL.pdf. Acessado em: 04 set. 2015.

_____. *Global status report, 2013*. Paris: REN21 Secretariat. Disponível em: http://www.ren21.net/Portals/0/documents/Resources/GSR/2013/GSR2013_lowres.pdf. Acessado em: 04 set. 2015.

[SAE] SECRETARIA DE ASSUNTOS ESTRATÉGICOS DA PRESIDÊNCIA DA REPÚBLICA. *Diretrizes para a estruturação de uma Política Nacional de Florestas Plantadas*. Brasília: SAE, 2011.

SALOMON, K.R. *Avaliação técnico-econômica e ambiental da utilização do biogás proveniente da biodigestão da vinhaça em tecnologias para geração de eletricidade*. Itajubá, 2007, 219 p. Tese (Doutorado). Instituto de Engenharia Mecânica, Universidade Federal de Itajubá.

SANTOS, M.A. *Inserção do biodiesel na matriz energética brasileira: aspectos técnicos e ambientais relacionados ao seu uso em motores de combustão*. São Paulo, 2007. 118p. Dissertação (Mestrado). Universidade de São Paulo.

SANTOS, T.M.B. *Balanço energético e adequação do uso de biodigestores em galpões de frangos de corte*. Jaboticabal, 2000. Tese (Doutorado). Universidade Estadual Paulista.

SÃO PAULO; SECRETARIA DE ESTADO DE MEIO AMBIENTE. *Resolução SMA--079 de 4 de novembro de 2009, publicado no DOE de 05-11-09*, seção 1, p. 44 e 45. São Paulo, 2010. Disponível em: http://www.ambiente.sp.gov.br/wp-content/uploads/resolucao/2009/2009_res_est_sma_79.pdf. Acessado em: jul. 2014.

SCHOBER, S.; MITTELBACH, M. Biofuels Assessment on Technical Opportunities and Research Needs for Latin America. BioTop Project n.: FP7-213320. In: *Im-*

proved Biodiesel and Pure Plant Oil Production Technologies: Technical Opportunities and Research Needs. Graz, abr. 2009.

SOUSA, G.B.; MARTINS, V.F.; MATIAS, S.S.R. Perdas de solo, matéria orgânica e nutrientes por erosão hídrica em uma vertente coberta com diferentes quantidades de palha de cana-de-açúcar em Guariba – SP. *Eng. Agric.* v. 32, n. 3, 2012.

STCP. Informativo. *Brasil foco de investimento n. 14.* Curitiba, 2011.

UHLIG, A.; GOLDEMBERG, J.; COELHO, S.T. O uso do carvão vegetal na siderurgia brasileira e o impacto sobre as mudanças climáticas. *Revista Brasileira de Energia.* v. 14, n. 2, p. 67-85, 2008.

[UNICA] UNIÃO DA INDÚSTRIA DA CANA-DE-AÇÚCAR. *Dados de produção.* Disponível em: http://www.unicadata.com.br/. Acessado em: 15 dez. 2013.

_____. *Histórico de produção e moagem.* Disponível em: http://www.unicadata.com.br/. Acessado em: 19 set. 2014.

[USDA] UNITED STATES DEPARTMENT OF AGRICULTURE. *Oilseeds: world markets and trade – Foreign Agricultural Service.* 2010. Disponível em: http://www.fas.usda.gov/data/oilseeds-world-markets-and-trade. Acessado em: jul. 2014.

VELÁZQUEZ, S.M.S.G. *A cogeração de energia no segmento de papel e celulose: a contribuição à matriz energética do Brasil.* São Paulo, 2000. 190 p. Dissertação (Mestrado). Universidade de São Paulo.

VERMA, S. *Anaerobic digestion of biodegradable organics in municipal solid wastes.* 2002. Dissertação (Mestrado). Columbia University/Fu Foundation School of Engineering & Applied Science/Department of Earth & Environmental Engineering.

WORLD WATCH INSTITUTE. *Biofuels for transportation, global potential and implications for sustainable agriculture and energy in the 21st century.* Washington, 2006.

ZUCCHI, J.D. *Modelo locacional dinâmico para a cadeia agroindustrial da carne bovina brasileira.* Piracicaba, 2010, 201p. Tese (Doutorado). Escola Superior de Agricultura Luiz de Queiroz, Universidade de São Paulo.

Energia Hídrica | 10

Lineu Belico dos Reis
Engenheiro eletricista, Escola Politécnica da USP

Djalma Caselato
Engenheiro eletricista, Instituto Mauá de Tecnologia

Eldis Camargo Santos
Advogada, Agência Nacional das Águas

ASPECTOS POSITIVOS E NEGATIVOS, MITOS E VERDADES

- **Aspectos positivos:** a energia hídrica é uma fonte renovável de energia e possui benefícios socioambientais quando bem estruturada.

- **Aspectos negativos:** pode gerar impactos socioambientais negativos e de grande influência regional, dependendo do tipo e das dimensões do aproveitamento, além de possíveis impactos no aquecimento global.

- **Mitos:** trata-se de fonte de energia "limpa", o que, na verdade, quer dizer que não há emissões atmosféricas. Isso nem sempre acontece nas grandes hidrelétricas, pois novos reservatórios podem emitir gás metano devido à decomposição da vegetação. Além disso, equipamentos elétricos são suscetíveis de emissão de ozônio.

- **Verdades:** causa diversos problemas de caráter socioambiental, que têm tornado cada vez mais difícil a viabilização do projeto de usinas de grande porte, principalmente com reservatórios de regularização, os quais, no entanto, podem contribuir para minimizar enchentes a jusante.

GERAÇÃO HIDRELÉTRICA: PRINCIPAIS TECNOLOGIAS

Aspectos básicos da produção de energia elétrica nas centrais hidrelétricas

O ser humano descobriu, desde épocas imemoriais, que a força da água resultante de um desnível do terreno por onde ela passa produz uma energia capaz de realizar trabalho, e que esse trabalho tanto pode ser destrutivo como construtivo. Assim, desde a construção dos equipamentos mais simples, como o monjolo e a roda-d'água, até a tecnologia atual de grandes turbinas hidráulicas, o homem aprendeu a dominar a força da água e a transformá-la para seu benefício. A pequena potência gerada pelo monjolo e pela roda-d'água era capaz de produzir trabalho suficiente para a trituração de grãos alimentícios. Hoje em dia, a grande potência gerada por uma turbina hidráulica é capaz de abastecer a iluminação e o consumo de cidades inteiras. O auge desse desenvolvimento foi atingido com a descoberta da possibilidade de se construir um equipamento (a turbina) capaz de transformar a energia cinética e potencial da água em energia mecânica, que é, então, transformada em energia elétrica por meio de geradores elétricos, que nada mais são do que conversores eletromecânicos de energia.

Assim, além da magnitude da queda-d'água (energia potencial), a potência de um aproveitamento hidrelétrico também depende da vazão de água passando pela turbina (energia cinética). Essa vazão, medida em metros cúbicos por segundo (m^3/s), recebe o nome de vazão turbinada.

A análise energética de um aproveitamento hidrelétrico permite verificar que a potência elétrica possível de ser obtida é dada por:

$$P = \eta_{TOT} \times g \times Q \times H \qquad \text{(Equação 1)}$$

Em que:

η_{TOT}: é o rendimento total do conjunto, considerando as perdas em todas as estruturas que estão no circuito hidráulico e equipamentos da usina que estão no circuito de energia.

g: aceleração da gravidade: $9,8 \ m/s^2$.

Q: vazão (m^3/s).

H: queda bruta (m).

P: potência elétrica (kW).

ENERGIA HÍDRICA | **377**

Em sua conceituação básica, a energia hidrelétrica resulta da transformação de energia hidráulica em mecânica e de mecânica em elétrica.

A turbina hidráulica efetua a transformação da energia hidráulica em mecânica. Seu funcionamento, conceitualmente, é bastante simples: é o mesmo princípio da roda-d'água, que, movimentada pela água, faz girar um eixo mecânico. O gerador elétrico tem seu rotor acionado por acoplamento mecânico com a turbina e transforma energia mecânica em elétrica por causa das interações eletromagnéticas ocorridas em seu interior. Em geral, utilizam-se geradores síncronos, de corrente alternada, porque os sistemas de potência devem operar com frequência fixa, que, no Brasil, é de 60 Hz (controlada como constante). Para controlar a potência elétrica do conjunto, utilizam-se reguladores:

- De tensão, controlando a tensão nos terminais do gerador, por atuação na tensão aplicada (e, portanto, na corrente) no enrolamento do rotor do mesmo gerador (enrolamento de excitação).

- De velocidade, controlando a frequência pela variação de potência, por ajustes na válvula de entrada de água da turbina.

O valor da vazão turbinada e suas características ao longo do tempo estão relacionados com o regime fluvial do rio onde se localiza a usina, o tipo de aproveitamento (que pode ser a fio d'água ou com reservatório de regularização), a regularização da vazão (se existente) e com um cenário que considere as outras formas de utilização da água. Se o aproveitamento for totalmente voltado à produção de energia elétrica, toda a vazão regularizada poderá ser turbinada. Já em um aproveitamento que contemple outros usos da água, como irrigação, navegabilidade e geração de energia elétrica, por exemplo, a vazão turbinada poderá ser apenas parte da vazão regularizada total.

Em geral, o regime fluvial natural do rio, que determina a vazão que pode ser utilizada para gerar energia elétrica, é bastante variável, dependendo de diversos fatores, dentre eles o regime pluvial da bacia hidrográfica à qual pertence.

Neste contexto, as centrais hidrelétricas podem utilizar apenas a vazão mantida pelo rio a maior parte do tempo, nas centrais denominadas "a fio d'água" ou a vazão resultante de regularização por meio de reservatórios.

Centrais hidrelétricas "a fio da água" são aquelas que não têm reservatório de acumulação ou cujo reservatório tem capacidade de acumulação insuficiente para que a vazão disponível para as turbinas seja muito diferente da vazão estabelecida pelo regime fluvial. Nessas condições, podem estar situadas as centrais de pequeno porte, como mini-hidrelétricas (e também micro-hidrelétricas) com potências iguais ou menores que 1 MW, parte das Pequenas Centrais Hidrelétricas (PCH), que são centrais com potência de até 30 MW. Assim como centrais de grande porte, que utilizam tecnologias específicas, como no caso das usinas de Santo Antônio e Jirau, no rio Madeira, onde se utilizam turbinas do tipo bulbo. Há também usinas hidrelétricas com reservatório de acumulação, que operam a maior parte do tempo "a fio da água", ou seja, sem utilizar sua capacidade de regulação e turbinando a vazão estabelecida pelo projeto, como é o caso da usina de Itaipu.

Centrais hidrelétricas que efetuam regularização da vazão, por sua vez, estão associadas à construção de reservatórios que permitem o armazenamento da água e o controle da vazão, e até mesmo a obtenção de uma (ou mais de uma, no caso da regularização parcial) vazão constante durante certo período. Essa vazão é garantida pelo armazenamento de água durante o período de chuvas, para encher o reservatório, que será esvaziado durante o período de seca (ou de poucas chuvas). O reservatório resulta da construção de uma barragem, cuja altura determina a área inundada pela usina e o volume da água contida no próprio reservatório. O máximo volume teórico efetivo de um reservatório seria aquele que permitisse a obtenção de apenas uma vazão regularizada durante o período de análise, utilizando toda a água que passasse no local onde está construída a barragem. Qualquer volume maior que esse máximo teórico não aumentaria a vazão regularizada e seria menos econômico em razão da maior altura da barragem.

Na prática, pelos aspectos técnicos e econômicos, na definição da melhor altura da barragem, sempre foram considerados critérios que, geralmente, resultaram em dimensionamento menor que o correspondente ao maior volume teórico. O aumento da relevância dos aspectos sociais e ambientais tem enfatizado ainda mais a importância do compromisso entre a altura da barragem, os limites relacionados com a área inundada e o volume do reservatório, o que tem conduzido a projetos com regularização parcial (diferentes vazões regularizadas em diferentes períodos) e, consequentemente, a menores áreas inundadas e volumes.

Além de aspectos ambientais e sociais específicos, o uso múltiplo das águas deve ser considerado no estabelecimento dos limites de área inundada e volume. Além disso, o conjunto possível de vazões regularizadas pode ser avaliado pelo desempenho da usina no sistema elétrico interligado, que permite maior flexibilidade operativa na utilização dos diversos aproveitamentos ao ser usado como "circuito hidráulico virtual".

As primeiras centrais hidrelétricas do mundo foram construídas como aproveitamentos de quedas naturais já existentes no curso dos rios onde foram instaladas. No Brasil, o primeiro aproveitamento hidrelétrico para atendimento público, considerado também a primeira central elétrica da América do Sul, denominada Marmelos, foi construído no ano de 1889 para atendimento da cidade de Juiz de Fora, com a potência de 250 kW. Nessa época, a geração de energia elétrica tinha basicamente o objetivo de suprir iluminação residencial e pública. A energia elétrica para o acionamento de motores só ocorreu mais tarde, com o avanço tecnológico.

No Brasil, o conceito de UHE (usina hidrelétrica) compreende usinas geradoras de energia com mais de 30 MW de potência instalada. Usinas com potência entre 1 MW e 30 MW são consideradas PCH, usinas com potência inferior a 100 kW são comumente chamadas de microcentrais hidrelétricas, e usinas com 100 kW até 1000 kW de potência instalada são chamadas de minicentrais hidrelétricas. Estas últimas podem ser utilizadas com geradores do tipo assíncrono, que são máquinas mais acessíveis do ponto de vista econômico, mas que, por motivos técnicos, não podem ser utilizadas em grandes usinas.

Conhecer essa classificação é importante uma vez que as leis e regulamentações existentes, estabelecidas tanto pela Agência Nacional de Energia Elétrica (Aneel) como pelos órgãos e entidades ambientais, seguem essa divisão estabelecida de acordo com a potência instalada.

Para a Aneel, um dos pontos mais importantes é o aproveitamento integral das quedas-d'água existentes ao longo do rio. Assim, o rio é dividido em quedas-d'água aproveitáveis para a construção de usinas e cada usina aproveita o máximo da queda-d'água de seu local de instalação.

Com relação aos reservatórios, aqueles de maior porte, associados a maiores problemas socioambientais, são usualmente encontrados nas grandes e médias centrais. Em alguns casos, as PCH também podem apresentar reservatórios, mas bem menores.

Além de possível retirada de água para irrigação, as centrais hidrelétricas contêm: vertedouros que permitem extravasar água acima de certo limite, quando necessário, de forma similar ao "ladrão" da caixa d'água; comportas que propiciam o desvio da água para que ela não passe pelas turbinas; eclusas que facilitam a navegação fluvial; e escadas de peixes que permitem a piracema.

A determinação das melhores características de um reservatório depende de diversos fatores, que incluem os apontados anteriormente, relacionados com a hidrologia, o dimensionamento mecânico e elétrico, o desempenho no sistema elétrico interligado, os requisitos ambientais e sociais e os usos múltiplos da água. Trata-se de uma tarefa multidisciplinar e interativa.

Além dos componentes descritos, a central hidrelétrica contém diversos outros, dentre os quais se destacam a tomada d'água, os condutos de adução, as chaminés de equilíbrio ou câmaras de descarga e a casa de máquinas ou casa de força.

As Figuras 10.1, 10.2, 10.3 e 10.4 apresentam, de forma simplificada, esquemas de duas configurações básicas das centrais hidrelétricas, com seus principais componentes, e o diagrama dos equipamentos finais mais atuantes na produção, na operação e no controle de energia elétrica.

Figura 10.1 – Central hidrelétrica em desvio.

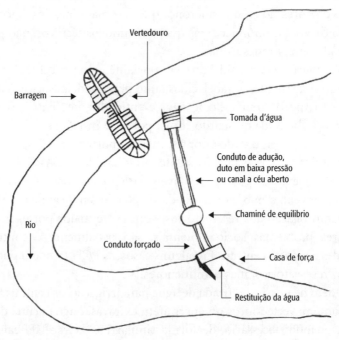

(continua)

Figura 10.1 – Central hidrelétrica em desvio. (*continuação*)

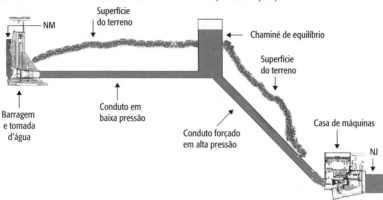

A central hidrelétrica em desvio, como diz o próprio nome, baseia-se no desvio de água em certo local do rio – associado ao Nível de Montante (NM) – para a produção de energia elétrica e retorno de água ao rio em local com menor altitude – associado ao Nível de Jusante (NJ). De uma forma geral, tal configuração é mais utilizada para centrais de pequeno porte, as PCH, como mostra a Figura 10.2.

Figura 10.2 – Configuração típica de PCH.

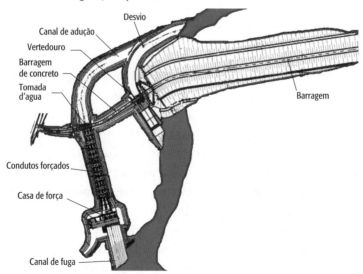

A central em barramento (Figura 10.3) impede totalmente a passagem do rio e contém na própria barragem a tomada d'água, os condutos e a casa de máquinas. É a configuração mais utilizada para as centrais hidrelétricas de médio e grande porte, quando as condições topográficas são favoráveis a essa configuração.

Figura 10.3 – Central hidrelétrica em barramento.

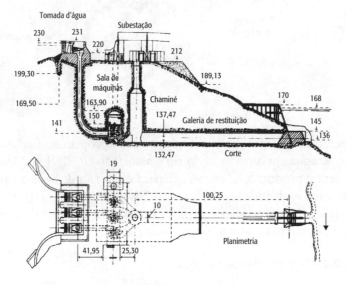

Fonte: Souza et al. (1983).

O diagrama da Figura 10.4 apresenta a turbina e o gerador acoplados mecanicamente pelo eixo (no qual se desenvolve a potência mecânica Pmec), assim como ilustra os dois reguladores comentados anteriormente, fundamentais para a operação e o controle da central: o regulador de tensão e o de velocidade (controlador da frequência).

Além das usinas a fio d'água e das com reservatórios de regularização de vazões, devem ser citadas as usinas reversíveis, embora não exista nenhuma em operação no Brasil, atualmente.

A usina reversível é usada para gerar energia para satisfazer à carga máxima, porém, durante as horas de demanda reduzida, a água é bombeada de um represamento no canal de fuga para um reservatório a montante para posterior utilização. As bombas funcionam com energia extra de qualquer outra usina do sistema. Em certas circunstâncias, essas usinas representam um complemento econômico de um sistema de potência:

servem para aumentar a produção de outras usinas do sistema e proporcionam potência suplementar para atender às demandas máximas. Como há perda de energia na operação dessas usinas, é necessário um planejamento estratégico para obtenção de rendimento econômico na operação global do sistema: essas usinas têm valor por converterem potência de baixo valor das horas de baixa demanda em potência de alto valor nas horas de pico. A Figura 10.5 apresenta o esquema de uma usina desse tipo.

Figura 10.4 – Diagrama geral de uma hidrelétrica.

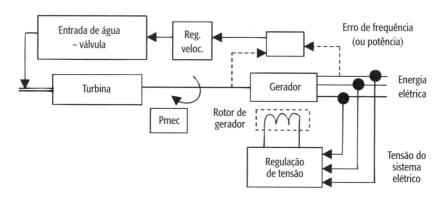

Fonte: Reis (2011).

Conforme visto, no caso das centrais hidrelétricas, a produção de energia elétrica pode ser limitada pelo uso múltiplo da água, por exemplo, irrigação, navegação, controle de inundações, suprimento de água e recreação. Uma das maneiras básicas de melhorar a contribuição de centrais hidrelétricas nos sistemas de potência é a construção de várias em um mesmo rio ou mesma bacia hidrográfica.

Nesse caso, para a construção e operação de várias centrais hidrelétricas em um mesmo rio ou mesma bacia, é necessário levar em conta o planejamento integrado de recursos hídricos da bacia hidrográfica. O planejamento de operação e construção de centrais precisa avaliar a melhor maneira de posicioná-las para gerar a maior quantidade de energia possível, pois certa vazão de água pode proporcionar geração de muito mais energia, dependendo da altura H. No caso da construção, deve-se avaliar a melhor divisão das quedas do aproveitamento. No caso da operação, deve-se avaliar as vazões turbinadas para obter a melhor operação em cascata. Um dos benefícios do planejamento e da operação em cascata eficientes é o fato de que as centrais a montante aumentam a energia das centrais a jusante, pois podem aumentar o nível mínimo de água dos reservatórios destas últimas.

Figura 10.5 – Esquema de uma central hidrelétrica reversível.

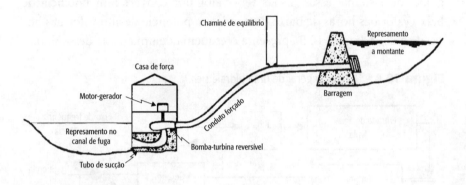

Fonte: Reis (2011).

A Figura 10.6 mostra uma divisão de quedas em um rio.

Um aspecto importante a ser citado no caso de diversas centrais no mesmo rio ou bacia diz respeito ao efeito acumulativo dos impactos socioambientais na região influenciada. Esse problema foi evidenciado recentemente no Brasil, na região do Pantanal, na qual há, em operação, em construção e em fase de projeto um grande número de PCH. Como cada uma passou ou passa pelo processo de licenciamento ambiental em separado, é solicitada uma avaliação integrada do impacto que elas podem causar na região – o que pode ser feito por meio da Avaliação Ambiental Integrada (AAI) e da Avaliação Ambiental Estratégica (AAE), assuntos enfocados na Parte IV deste livro.

Principais componentes do projeto, construção e operação das centrais hidrelétricas

A construção de uma usina hidrelétrica inicia-se por serviços de campo que visam realizar levantamentos topográficos, geológicos, geotécnicos, hidrológicos e ambientais. Esses serviços de campo objetivam determinar

Figura 10.6 – Divisão de quedas em um rio.

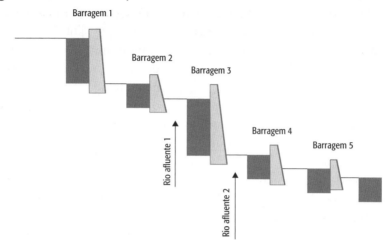

a queda natural do local do aproveitamento, elaborar os desenhos planialtimétricos das áreas envolvidas, definir os níveis de água, as jazidas de areia e cascalhos, além de cadastrar juridicamente as propriedades atingidas.

Os estudos geológicos permitem determinar as áreas de empréstimos de solo, as condições das regiões onde serão implantadas as estruturas civis e, ainda, determinar os locais para bota-fora, canteiro e alojamento dos operários durante a construção. Os serviços de hidrologia permitem determinar as vazões de água e a medição de sedimentos no local.

Para a construção da barragem, é necessário investigar o tipo de material existente na região para a definição do tipo de estrutura a ser construída, que pode ser: barragem de terra, barragem de rochas, barragem de concreto convencional ou compactado a rolo, ou ainda a construção de uma barragem do tipo mista, ou seja, utilizando vários tipos de construção.

Se o local permitir, o vertedouro deve ser do tipo sem equipamento, denominado vertedouro com soleira livre, que tem o custo mais baixo; porém, se as condições não forem favoráveis, constrói-se o vertedouro com a utilização de comportas para controlar o fluxo de vazão durante o período em que há excesso de água no reservatório.

As outras estruturas civis devem ser construídas da forma mais econômica possível, de preferência utilizando materiais existentes na região. A casa de força, em particular, deve ser a menor possível, mas suficiente para a instalação de todos os equipamentos que serão alocados nela e com condições suficientes para montagem e desmontagem deles, quando necessário.

De forma geral, nas centrais de grande porte, predominam largamente os custos das obras de engenharia civil, conforme aumenta a influência nos custos dos equipamentos eletromecânicos na medida em que a potência diminui.

Os equipamentos eletromecânicos mais importantes de uma central hidrelétrica são a turbina hidráulica e o gerador síncrono. Embora existam outros equipamentos, por exemplo, o barramento blindado, o transformador de força, o transformador de potencial, o transformador de corrente e as comportas do vertedouro, a turbina e o gerador são considerados os mais importantes por serem justamente aqueles que convertem a energia hidráulica em mecânica e a energia mecânica em energia elétrica.

O tipo de turbina mais adequado para cada empreendimento deve ser definido de acordo com a queda-d'água encontrada no local do rio onde se pretende construir a usina.

As variáveis mais significativas para a determinação da potência de uma unidade geradora (turbina x gerador) são a queda-d'água e a vazão de água que passa pela turbina. A queda bruta da barragem é definida pela diferença entre o nível superior e o nível inferior da água da usina. O nível superior é chamado montante; e o inferior, jusante. Os níveis de água envolvidos no cálculo da queda são considerados os níveis normais da água, ou seja, aqueles que estatisticamente ocorrem por mais tempo. Para o cálculo da turbina, a queda de referência equivale à queda bruta menos as perdas existentes nas tubulações, na entrada de água e na própria turbina. Essas perdas podem ter uma variação de cerca de 1,2 a 4 m de coluna d'água. Isso significa que quanto menor a queda bruta, maior o percentual de perdas encontrado no circuito hidráulico.

A potência resultante da turbina pode ser calculada por três processos: peso, pressão e velocidade, ou por uma combinação desses processos, ou por todos eles juntos.

Os quatro tipos de turbinas mais utilizadas em usinas hidrelétricas são a Pelton, a Francis, a Kaplan e a Propeler. Como vimos, a escolha da turbina depende de dois parâmetros, que são a queda e a vazão de água. Simplificadamente, pode-se dizer que a turbina Pelton é mais utilizada em grandes quedas, como a UHE Henry Borden, situada na Serra do Mar, em Cubatão, que possui cerca de 700 m de queda. A turbina do tipo Francis é utilizada em quedas médias, que vão desde 40 a 500 m, por exemplo, a UHE Ilha Solteira no Rio Paraná, com queda de referência igual a 41,5 m, e a UHE Boulder (Estados Unidos), com 510 m de queda. Já a turbina

Kaplan é utilizada em quedas baixas, como a UHE Jupiá, com 21,3 m de queda de referência, e a UHE Pickwick Landing (Estados Unidos), com 43 m de queda. A Propeler também é utilizada em quedas baixas, mas difere da Kaplan pelo detalhe de que as pás desta são reguláveis, e as da primeira são fixas. Como exemplo, pode-se citar Rock Island, em Nova York (Estados Unidos), com 32 m de queda.

A turbina Pelton, utilizada em grandes quedas, caracteriza-se por suas pás apropriadas para receber um ou mais jatos fortíssimos de água de forma tangencial, de modo que a força da água move as pás, que por sua vez impulsionam o rotor, fazendo-o girar. Esse tipo de turbina utiliza-se da energia produzida pela alta velocidade dos jatos de água que incidem tangencialmente sobre suas pás. Pode-se dizer que as famosas rodas-d'água encontradas em antigas fazendas são as precursoras das turbinas Pelton.

As demais turbinas, Francis, Propeler e Kaplan, desenvolvem potência (capacidade de produzir trabalho) pela combinação da ação da pressão constante da água e de sua velocidade. São as chamadas turbinas de reação.

Ao longo dos anos, desde o século XIX, a turbina sofreu grandes evoluções tecnológicas, não apenas pelo desenvolvimento de mecanismos apropriados para cada tipo de queda e de vazão de água, mas também pelo aprimoramento de sua eficiência. Toda evolução tecnológica ligada à turbina se deu no sentido da redução de custos e na melhoria da eficiência, ou seja, na diminuição das perdas durante a conversão da energia hidráulica em energia mecânica. Um aspecto muito importante foi o desenvolvimento tecnológico que se deu para evitar o processo de cavitação nas pás das turbinas.

A cavitação é um processo hidráulico produzido pelos turbilhões ocorridos na água, que provocam um processo de corrosão nas pás das turbinas. Trata-se de uma queda rápida de pressão que, combinada com a temperatura e a velocidade da água, resulta na liberação de ondas de choque que provocam danos à superfície da pá da turbina. O desenvolvimento tecnológico foi possível justamente pela descoberta das condições que propiciam esse fenômeno e de maneiras para evitar e atenuar a cavitação.

Assim, a eficiência de uma turbina aumentou cerca de 80% no início do século XX, até atingir aproximadamente 94% nos dias atuais. O diâmetro da roda da turbina teve um crescimento, nesse período, desde valores inferiores a 1 m até 9,5 m. A potência evoluiu de 200 kW até 700.000 kW, aproximadamente. O mundo possui ou está muito próximo de possuir 20 milhões de usinas hidrelétricas. Nos últimos 25 anos, houve um desenvolvimento considerável de turbinas para baixa queda, e um aumento da capacidade individual de cada turbina de produzir energia.

Hoje em dia, para baixas quedas, existem turbinas tipo S e turbinas tipo bulbo. As turbinas tipo S são as que se montam com o eixo na posição horizontal. Nelas, o conduto forçado de entrada de água e o tubo de sucção (saída de água) formam um S deitado. As turbinas tipo bulbo são as que alojam o gerador dentro de uma carcaça em formato de um bulbo totalmente vedado, com a água passando pelo seu lado externo para o acionamento da turbina por meio de suas pás.

As Figuras 10.7, 10.8 e 10.9, a seguir, apresentam exemplos de aplicação dessas turbinas.

Figura 10.7 – Turbina S com gerador a montante.

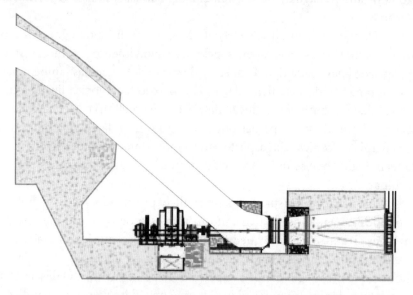

Figura 10.8 – Turbina S com gerador a jusante.

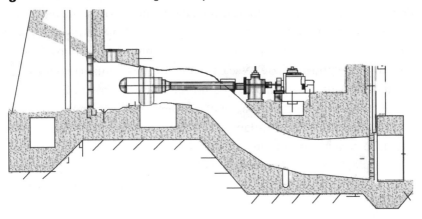

Figura 10.9 – Turbina tipo bulbo.

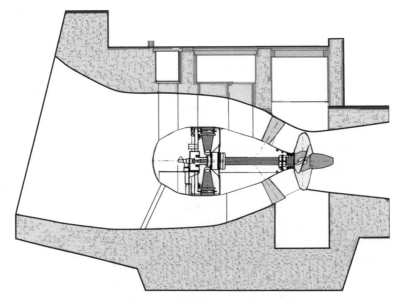

Como vimos, o gerador é o equipamento que converte a energia mecânica da turbina em energia elétrica pelo acoplamento mecânico que existe entre a turbina e o gerador. Esse equipamento é composto de duas partes: a estática, que é constituída de um núcleo magnético onde são instalados condutores, formando o enrolamento estatórico; e a móvel, o rotor, que possui também um núcleo magnético onde são instalados polos norte e polos sul de forma alternada e que contém condutores elétricos, formando o enrolamento rotórico. Nesse enrolamento, passa uma corrente contínua que forma o campo magnético no interior do gerador. Por ele estar girando quando a turbina é acionada, o fenômeno de indução produz tensão nos terminais do enrolamento estatórico do gerador. Como consequência, o gerador produz energia elétrica.

Uma das grandes evoluções ocorridas na área elétrica foi o aparecimento dos tiristores, dispositivos que permitem a transformação da corrente alternada em corrente contínua. Antes da existência desses dispositivos, era necessária a utilização de várias máquinas rotativas, como o gerador de corrente contínua, para a produção da corrente necessária para o campo magnético no seu interior. Com o advento dos tiristores, pode-se dispensar as várias máquinas rotativas, melhorando, com isso, o controle sobre as grandezas elétricas e liberando espaço físico dentro da usina.

Outro procedimento que propiciou um grande desenvolvimento na construção dos geradores foi a introdução de novos materiais para a isolação elétrica dos enrolamentos. A utilização de epóxi na fabricação do isolante permitiu maior robustez em termos térmicos, ou seja, maior capacidade de operar em temperaturas mais elevadas, e em decorrência disso uma maior potência unitária, além de possibilitar uma fabricação mais compacta dos enrolamentos do gerador.

Outro ponto significativo no desenvolvimento da tecnologia de conversão eletromecânica foi a evolução que se deu na área de resfriamento do gerador. Em geradores com potência até cerca de 5 MW, o calor é retirado da máquina por meio de dutos que se direcionam para o lado externo da casa de força. Em geradores maiores, há uma câmara dotada de trocadores de calor entre ar e água, em que a água resfria o ar, e este, uma vez resfriado, retorna para o interior do gerador para que também seja resfriado, tornando-se, portanto, um sistema fechado de ventilação. Nessa área de resfriamento do gerador, o ápice ocorreu quando a tecnologia existente permitiu resfriar o enrolamento do estator com uma passagem de água deionizada no interior do condutor elétrico que forma o enrolamento.

Todo o desenvolvimento tecnológico conquistado na construção desses equipamentos permitiu aumentar cada vez mais a potência unitária da turbina e do gerador, propiciando a construção de usinas maiores com aproveitamento mais adequado das quedas-d'água existentes.

CENÁRIOS GLOBAL E BRASILEIRO

Brasil, Canadá, Rússia e China são os países com maior número de usinas hidrelétricas. As maiores usinas do mundo encontram-se nesses países, na Venezuela e nos EUA. No Brasil, a maior usina existente é Itaipu, com a potência total de 14.000 MW, considerada também a maior do hemisfério sul. A Tabela 10.1 apresenta algumas das maiores usinas hidrelétricas do mundo atualmente.

Tabela 10.1 – Maiores hidrelétricas do mundo (em 2013).

Usina	Potência (MW)	País
Três Gargantas	18.400	China
Itaipu	14.000	Brasil
Simon Bolivar	10.055	Venezuela
Tucuruí	8.370	Brasil
Sayano Susheskaya	6.500	Rússia
Grand Coulee	6.495	EUA
Longtan	6.426	China
Krasnoyarsk	6.000	Rússia
Churchill Falls	5.429	Canadá
Bourassa	5.328	Canadá

A Tabela 10.2 apresenta uma lista das maiores usinas hidrelétricas já construídas e operando no Brasil atualmente.

Tabela 10.2 – Maiores hidrelétricas do Brasil (em 2013).

Hidrelétrica	Rio	Capacidade instalada (MW)
Tucuruí I e II	Tocantins	8370
Itaipu (*)	Paraná	7000
Ilha Solteira	Paraná	3444
Xingó	São Francisco	3000
Paulo Afonso IV	São Francisco	2460
Itumbiara	Paranaíba	2280
São Simão	Paranaíba	1710
Foz de Areia	Iguaçu	1676
Jupiá	Paraná	1551
Porto Primavera	Paraná	1540

(*) Dados referentes apenas à parte brasileira de Itaipu, uma usina binacional (Brasil e Paraguai).

Fonte: Aneel (2013).

DESENVOLVIMENTO TECNOLÓGICO: OS GRANDES E PEQUENOS APROVEITAMENTOS HIDRELÉTRICOS

No geral, o desenvolvimento tecnológico no campo das hidrelétricas tem como base os seguintes principais campos de pesquisa, dentre os quais alguns já foram apresentados anteriormente: aplicação de tiristores e outros equipamentos da eletrônica de potência; introdução de novos materiais para o isolamento elétrico dos enrolamentos; introdução de materiais eletromagnéticos com menores perdas e maiores capacidades de magnetização, técnicas mais avançadas de projeto e testes; introdução de sistemas de monitoração e controle utilizando as técnicas mais avançadas de medição, monitoração e controle; evolução no sistema de resfriamento dos ge-

ENERGIA HÍDRICA | **393**

radores; avanços nos projetos de turbinas visando ao aumento do rendimento e ao melhor desempenho ambiental, por exemplo, desenvolvendo formatos de pás mais adequados à passagem de peixes.

Conforme já citado, o desenvolvimento tecnológico visa aumentar cada vez mais a potência unitária da turbina e do gerador, propiciando a construção de usinas maiores com aproveitamento mais adequado das quedas-d'água existentes.

Há, no entanto, alguns desenvolvimentos que merecem ser enfocados à parte, devido às perspectivas a eles associadas. Dentre eles, destacam-se a recapacitação, a operação com rotação ajustável e a técnica de construção denominada usinas plataforma. Esses desenvolvimentos são tratados especificamente a seguir.

Recapacitação

Um aspecto importante no caso das centrais hidrelétricas é a possibilidade de recapacitação de usinas antigas, já próximas ou até mesmo além do fim de sua vida útil de projeto. Embora a recapacitação possa ser visualizada para certos tipos de centrais (termelétricas, por exemplo), este capítulo focará apenas em usinas hidrelétricas, devido à grande possibilidade de sua aplicação no Brasil, onde diversos projetos de recapacitação já estão em andamento ou já foram realizados.

De uma forma geral, todo o setor elétrico internacional está voltado aos estudos e projetos para a modernização e reabilitação de usinas hidrelétricas.

Muitas vezes, condicionantes de ordem econômica podem inviabilizar qualquer modificação na usina, levando o proprietário a continuar operando até a sua exaustão ou a desativá-la completamente. No entanto, existe sempre a possibilidade de planejar o serviço de forma que possa ser executado ao longo de vários anos conforme a disponibilidade econômica.

Sempre há real possibilidade de execução desses projetos em antigas usinas hidrelétricas, considerando o baixo investimento para reabilitação de uma central elétrica que opera em situação precária e ineficiente.

A reabilitação de usinas hidrelétricas tem se constituído em um atrativo aos empresários voltados para o setor. Alguns benefícios desses investimentos são aqui sintetizados: repotenciação; aumento da potência de saída e/ou do valor da eficiência da turbina e do gerador; redução do tempo de parada para manutenção; aumento da vida útil dos equipamentos principais da usina; redução de problemas com vibração e cavitação, além de redução de problemas mecânicos que poderiam resultar em uma falha catastrófica. Com relação à repotenciação, no entanto, aspectos regulatórios têm diminuído o interesse dos empreendedores, uma vez que esbarram sempre na dificuldade em modificar o valor da energia garantida da usina, pois é esse valor que define o quanto será pago pela energia gerada.

No caso brasileiro, em que os atrasos no programa de execução de novas usinas hidrelétricas estão, cada vez mais, levando à deterioração da qualidade do produto – energia elétrica –, a repotenciação de usinas antigas torna-se atrativa, na medida em que os gastos de capital empregado e o tempo de reabilitação e modernização são bem menores que a execução de uma nova obra. Parte-se do fato de que inovações tecnológicas verificadas nos últimos anos – na área de projetos de equipamentos, de sistemas de isolação e de materiais – propiciam a consideração de soluções que preconizam a melhora das unidades geradoras. Além do que, a recapacitação, em princípio, não causará novos impactos socioambientais além daqueles já absorvidos e resolvidos ao longo do tempo.

Hidrelétricas operando com rotação ajustável

Conforme já apresentado, as usinas hidrelétricas devem gerar energia com níveis de tensão e valores de frequência bem determinados. A necessidade de um valor fixo de frequência impõe que as turbinas hidráulicas, acopladas aos eixos dos geradores, operem em rotação fixa, o que, considerando as características naturais de uma turbina e as variações das condições elétricas e hidráulicas ao longo do tempo de operação de uma usina, pode resultar numa redução da eficiência por longos períodos.

Isso porque a turbina hidráulica é projetada para operar em certa altura de queda-d'água, com rotação definida, produzindo nessas condições sua potência nominal. Embora variações na altura de queda ou no regime de vazões, em virtude das sazonalidades próprias do aproveitamento, também sejam levadas em consideração no projeto da turbina, isso faz com que a mesma trabalhe fora do ponto ótimo na qual ela foi projetada, ou seja, com rendimento menor, o que pode resultar, ao longo do tempo, em diminuição do rendimento efetivo do equipamento. Engenheiros projetistas de turbinas reconhecem que a necessidade de operação em rotação fixa impõe limitações e até dificuldades (em alguns casos) para o projeto e para a operação de uma turbina.

Nesse contexto, quando uma turbina encontra-se em operação, apenas a rotação deve manter-se invariável. A altura de queda-d'água varia em função das características topográficas do reservatório e do regime de vazões, podendo permanecer por longos períodos fora da região de máximo rendimento.

Do ponto de vista tecnológico, a evolução da eletrônica de potência nas últimas décadas viabiliza, hoje, a produção de dispositivos e equipamentos capazes de realizar o acoplamento entre subsistemas de diferentes frequências, o que viabiliza a operação da turbina com rotação variável, do gerador e, consequentemente, da usina, com frequência variável. A partir dessas constatações e do resultado de levantamento de aplicações reais já existentes, constituiu-se pesquisa de ponta em nível mundial sobre a viabilidade da utilização da rotação ajustável na geração hidrelétrica como forma de ampliar a eficiência energética do aproveitamento. Nessas condições, há potencial de ganhos energéticos e ambientais significativos, que dependerá da situação considerada, dada a grande influência das características particulares de cada aproveitamento nos benefícios energéticos e/ou ambientais que podem ser obtidos. Um aspecto adicional a ser considerado quanto a essa possibilidade é a potencial revolução que a rotação ajustável pode causar no projeto dos geradores, porque pode permitir projetos de geradores com frequência pelo menos maior que duas vezes a usual (60 Hz, no caso do Brasil), o que resultaria em equipamentos menores e mais leves, com consequentes impactos nas dimensões, arranjos e projetos das obras de engenharia civil.

ASPECTOS AMBIENTAIS ESPECÍFICOS

O cenário da avaliação de impactos ambientais de projetos usando recursos hídricos é extremamente amplo e depende largamente das características específicas de cada caso, devendo-se, no caso das hidrelétricas, considerar que a produção de energia é apenas um dos possíveis usos da água.

A engenharia de recursos hídricos envolve diversos aspectos multi e interdisciplinares. O inter-relacionamento entre a poluição do ar, da água e dos resíduos sólidos, a influência do abastecimento de água na concentração e dispersão da população e as correlações entre sistemas de abastecimento de água e sistemas de produção de energia hidrelétrica são apenas alguns desses aspectos, que demonstram a complexidade da questão. Além disso, é fundamental dar extrema atenção à evolução da regulamentação existente, assim como à criação e ao aperfeiçoamento de organismos voltados à gestão correta e ao planejamento adequado dos recursos hídricos, como os comitês e os planos de bacias.

É importante ressaltar que todos esses possíveis problemas das hidrelétricas e da grande maioria dos impactos socioambientais estão largamente associados às dimensões dos reservatórios. Desse modo, os impactos usuais das grandes usinas são muito menores para as PCH. Ou até mesmo quase inexistem para certas PCH, mini e microusinas.

Para fornecer uma visão sucinta, porém abrangente, dos principais impactos ambientais das hidrelétricas, apresentam-se, a seguir, aspectos relevantes considerados em análises e avaliações constantes em alguns Estudos de Impactos Ambientais (EIA). Com essa visão geral, procura-se não só ressaltar a importância de certos aspectos ambientais das hidrelétricas, mas também ilustrar a complexidade e o caráter multidisciplinar da questão.

Os tópicos ilustrativos de um EIA, apresentados a seguir, estão divididos segundo os impactos no meio físico-biótico e impactos socioeconômicos.

Impactos ao meio físico-biótico

- Geologia e geomorfologia: devem-se incluir aspectos como estabilidade das encostas; assoreamento; aspectos paisagísticos; e inundação de áreas com recursos minerais.

- Hidrogeologia: devem ser avaliadas as condições de ocorrência e distribuição das águas subterrâneas na área de influência dos reservatórios, como elevação do nível do lençol freático, aumento de disponibilidade de águas subterrâneas e possibilidades de contaminação do aquífero por resíduos de agrotóxicos.

- Qualidade das águas: a avaliação do efeito dos reservatórios na qualidade das águas é também de grande importância.

- Solo: os principais impactos esperados no solo estão ligados ao conjunto das obras de engenharia, por exemplo, instalação do canteiro de obras, abertura das estradas de serviço, áreas de empréstimo e de deposição de descartes, estrada de interligação e, finalmente, a própria formação dos reservatórios.

- Vegetação e fauna: avaliação dos impactos em geral, na fauna e na flora, durante e com a formação final do lago.

Impactos socioeconômicos

Os impactos socioeconômicos da construção e operação de novas hidrelétricas podem abranger uma enorme gama de aspectos, dos quais alguns são enfatizados a seguir, a fim de, principalmente, ilustrar o grande número de assuntos envolvidos na avaliação socioambiental dos projetos.

Devem ser avaliados problemas associados a: impacto dos novos projetos no perfil demográfico da região afetada, nas áreas urbanas e rurais; efeito do processo de desapropriação que ocorrerá na área com relação à qualidade de vida de pequenos proprietários, moradores e arrendatários; impacto da chegada de população atraída por possibilidades de empregos no empreendimento; geração de emprego durante e após o período das obras e sua relação com a população local e a proveniente de fora da região; aumento de acidentes de trabalho, do tráfico de drogas, alcoolismo, prostituição e violência; aumento de acidentes de trânsito, doenças sexualmente transmissíveis, acidentes com animais peçonhentos e de doenças infectocontagiosas e parasitárias; e aumento da demanda por serviços sociais básicos, especificamente o cuidado no trato das populações indígenas e quilombolas.

Por outro lado, a construção das hidrelétricas poderá criar o potencial para promover o desenvolvimento regional, desde que se criem condições e incentivos para atração de investimentos que poderão ser realizados em razão das vantagens locais que serão criadas. Nesse caso, deve-se atentar para o problema associado ao maior valor de mercado das terras da região, o que dificultará a permanência dos desapropriados em suas atividades econômicas originais e acentuará a concentração de terras existentes. Além disso, deve-se considerar, prioritariamente, a vocação econômica da região. Em adição ao término das obras de implantação das usinas, as cidades que receberem as vilas residenciais e os locais onde serão construídos os canteiros de obras disporão de infraestrutura que poderá ser reaproveitada em diversas formas a serem definidas futuramente.

É importante ressaltar que aqui se pretendeu apenas dar uma ideia da complexidade e das dificuldades da avaliação necessária. Para maiores detalhes e aprofundamento, faz-se referência à literatura especializada, incluindo aquelas citadas nas referências deste capítulo.

HIDRELÉTRICAS E OUTROS USOS DA ÁGUA: PRIORIDADES, ASPECTOS TÉCNICOS, JURÍDICOS E AMBIENTAIS NO BRASIL

Neste item, enfoca-se especificamente a relação das hidrelétricas com os diversos usos da água, em virtude, principalmente, da grande importância da água, assim como da energia, no desenvolvimento da sustentabilidade.

O gerenciamento dos recursos hídricos tem utilizado a implantação de reservatórios como uma importante ferramenta para atender aos usos múltiplos das águas e satisfazer as necessidades humanas. No entanto, com o crescimento acentuado da demanda de energia elétrica e da água destinada ao abastecimento público (em termos mundiais, o consumo *per capita* de água por ano quadruplicou em 50 anos, enquanto a população mundial duplicou), industrial e agrícola, o uso múltiplo das águas vem provocando o surgimento de conflitos que envolvem tanto aspectos ambientais como operacionais.

Entre os usos conflitantes dos reservatórios, pode-se destacar: abastecimento de água (humano, animal, industrial e agrícola); irrigação; recreação; regularização de vazão mínima para controle da poluição; navegação; e geração de energia elétrica. Dentre esses usos, o abastecimento de água e a irrigação, diferentemente da geração de energia elétrica, se caracterizam pelo aspecto primordial de consumo, ou seja, o retorno da água para o curso principal de onde foi retirada é mínimo. É importante ressaltar também que, numa avaliação integrada dos usos da água, esses aspectos devem ser considerados não só pelo seu impacto atual, como também pela futura utilização potencial.

Historicamente, no Brasil, o uso da água até a chegada dos portugueses era regido por uma situação de liberdade total de sua utilização. Somente com as regras advindas do modelo colonizador os usos da água

ENERGIA HÍDRICA | **399**

passaram a determinar um tipo de gestão segundo a concepção legal e científica alienígena. O antigo Código de Águas, Decreto n. 24.643/34, foi elaborado em legislações vigentes na Europa, onde predominam países de clima úmido.

Não foi muito diferente com a atual lei das águas – Política Nacional de Recursos Hídricos, Lei n. 9.433/97. Ainda que assegurado um modelo inovador de gestão, próprio para o Estado Democrático de Direito e perfilhado pelas necessidades ecológicas e sociais do Brasil, o espírito europeu ainda está presente, pois o modelo brasileiro seguiu a orientação da legislação francesa. De pronto, juridicamente, esse modelo trouxe um grande problema, pois a França adota a forma unitária de Estado, diferentemente do Brasil, que optou pela forma federativa. Acrescenta-se o modelo americano de regulação na administração de bens, no qual o Brasil também se espelhou.

O Brasil é o grande reservatório de água do mundo, segundo os dados do GEO Brasil: a vazão média anual dos rios em território brasileiro é de cerca de 80 mil m³/s. Esse valor corresponde a aproximadamente 12% da disponibilidade mundial de recursos hídricos (ANA, 2007, p. 27). A energia hídrica corresponde a cerca de 15% da matriz energética brasileira. O petróleo concorre com cerca de 37%, e o biocombustível com cerca de 32%. Em relação à energia elétrica, contudo, a energia hídrica concorre com cerca de 74% da oferta.

Seguindo as instruções da Declaração de Dublin, a Lei de Recursos Hídricos do Brasil passou a adotar alguns princípios importantes, acabando com a hegemonia do setor elétrico, até então o ator principal nos usos da água. Dentre os princípios, destacam-se os usos múltiplos da água, a bacia hidrográfica como unidade de gestão e a participação comunitária. A prioridade de usos da água passou a ser, em situação de escassez, para o consumo humano e a dessedentação de animais.

Mesmo com essa prioridade presente, é inegável o valor da água para o desenvolvimento do país. A água, elemento que integra um complexo sistema ecológico planetário, também é capaz de gerar energia. O seu uso antrópico para esse fim pode se dar de forma simples, por exemplo, com o uso da roda-d'água para prover energia para pequenas comunidades que vivem de subsistência. Pode acontecer, igualmente, que determinadas massas de água contenham uma quantidade de energia que permita realização de trabalho suficiente para gerar eletricidade para um número bem expressivo de necessidades antrópicas.

Nesses casos, esse uso deverá ser precedido de estudos de técnicos especialistas em diversas áreas do saber, objetivando que o empreendimento tenha um custo razoável e factível para toda a sociedade, sem macular bens e pessoas, e que seja eficiente tecnicamente.

Para o aproveitamento hidráulico de um curso de água, muitos estudos, medições e trabalhos de campo são efetivados com vistas a realizar levantamentos e análises que poderão resultar na construção de uma usina hidrelétrica de pequeno, médio ou grande porte.

Esses conhecimentos são obtidos em etapas:

- Estimativa do potencial hidrelétrico.

- Estudos de inventário hidrelétrico (estudo de engenharia: potencial hidrelétrico, estudo de divisão de quedas e definição do aproveitamento ótimo).

- Estudo de viabilidade: verificação da otimização técnico-econômica e ambiental.

- Projeto básico: nesta fase o aproveitamento é detalhado e tem definido seu orçamento, com maior precisão, de forma a permitir à empresa ou ao grupo vencedor da licitação de concessão a implantação do empreendimento. Nessa etapa, se realiza também o Projeto Básico Ambiental, em que são detalhados os programas sociais e ecológicos definidos nos estudos de viabilidade. Trata-se, portanto, de aprofundar o conhecimento sobre as medidas necessárias à prevenção, mitigação ou compensação dos impactos identificados, até o nível de projeto, preparando-os para a imediata implantação.

- Projeto executivo: etapa em que se processa a elaboração dos desenhos de detalhamento das obras civis e dos equipamentos hidromecânicos e eletromecânicos necessários à execução da obra e à montagem dos equipamentos.

- Execução das obras civis: etapa normalmente simultânea à anterior na qual os equipamentos são instalados e testados, estando, no final dessa etapa, a Central Hidrelétrica pronta para operar com potência total ou sendo aumentada gradativamente no decorrer da etapa (Souza, 2002).

Sempre atentando para os diversos aspectos do meio ambiente (natural, cultural e artificial), cada uma das etapas, na medida e grau de levantamento técnico proposto, deve ao menos relacionar as adversidades ambientais causadas pelo aproveitamento hidráulico.

As normas que embasam as autorizações e licenças para viabilizar os AHE dão o endereçamento dos dados técnicos que devem ser disponibilizados obrigatoriamente. Os detalhamentos ficam por conta das especificidades ecológicas e sociais da região onde o empreendimento ou atividade está sendo proposta.

As regras para o setor elétrico implicam uma intricada leitura de procedimentos e normas jurídicas. Procurando o aperfeiçoamento do sistema, diversas alterações legais vêm mudando ao longo do tempo, assim como os sistemas de comando e administração do setor elétrico e suas regras técnicas. Acrescenta-se todo o arsenal legal voltado para o uso da água para gerar eletricidade.

Basicamente, o empreendedor deverá obter a concessão para a geração hidrelétrica, intermediada pela licença ambiental e a outorga de direito de uso de recursos hídricos.

No Plano Internacional, a Carta de Dublin (1992), assinada por diversos países durante reunião que ocorreu um pouco antes da Rio-92, considerou, pela primeira vez como princípio, o valor econômico da água, consagrando a mulher como agente imprescindível na gestão da água. No Brasil, as indicações da Carta de Dublin foram agregadas na Lei da Política Nacional de Recursos Hídricos (Lei n. 9.433/97), relacionada com a questão de gênero.

Além dos princípios de Dublin, outros fundamentos internacionais asseguram um endereçamento para a água como um bem ambiental, como é o caso dos princípios do desenvolvimento sustentável, da precaução, da prevenção, da participação pública, da informação, do poluidor-pagador, dentre outros.

Do ponto de vista do direito internacional, mesmo diante de princípios reconhecidos e internamente aplicados nos diversos países, a frágil coercibilidade dos acordos e o pouco respeito aos princípios e aos bens compartilhados ainda são realidade. O Estudo Prévio de Impacto Ambiental (Epia) das AHE Santo Antônio e Jirau, por exemplo, excluiu do projeto os possíveis impactos diretos no território boliviano.

Na seara nacional, as novas práticas jurídicas brasileiras – notadamente a partir da edição da Política Nacional do Meio Ambiente (PNMA), da promulgação da Constituição Federal de 1988 e a Lei da Política Nacional de Recursos Hídricos (PNRH) – são encaminhadas e reverenciadas em medidas preventivas e coercitivas. A absorção desse novo modelo requer, para as atividades que se utilizam de recursos ambientais, a adoção, de uma

ENERGIA E SUSTENTABILIDADE

vez por todas, de posturas de gestão e planejamento integrado no trato do bem comum, de forma sustentável.

Constituição Federal, água e hidrelétricas

A Constituição Federal de 1988, em diversos dispositivos, aponta o intuito de proteção ao meio ambiente, regrando competências e domínio dos bens ambientais e, pela primeira vez, dedicando um capítulo específico ao tema. Em linhas gerais, no capítulo que trata dos direitos fundamentais, a Constituição nomeia diversos interesses individuais e coletivos (art. 5º), fato esse que assevera um novo modelo de gestão, agregando a participação pública e o entendimento legal dos direitos e interesse metaindividuais, também conhecidos como direitos de terceira geração.

Esse direcionamento implica a sistêmica interpretação do direito daquilo que nossa Carta Maior menciona como bens de domínio da União ou Estado, como é o caso da água. Aqui reside o novo endereçamento, pois a partir do mencionado entendimento dos direitos coletivos, o poder público passa a ser o guardador e administrador dos direitos e interesse de todos. A alteração reside em conceber a água não como um bem dominical da União ou dos estados-membros, ou seja, um bem sem direito real, sem dono. É o que se chama de domínio iminente.

No que concerne à competência dos diversos agentes estatais para administrar os bens e, notadamente, a água, o art. 21º, XIX, diz ser de competência exclusiva da União a definição de critérios de outorga de direito de uso de recursos hídricos e a instituição do Sistema Nacional de Gerenciamento de Recursos Hídricos (art. 21º, XIX). Já para legislar sobre a água, o legislador constitucional indica a competência privativa da União (art. 22º, IV), admitindo por lei complementar (até hoje não editada) que os estados legislem sobre o assunto, embora muitos deles já venham regrando a matéria, fato que torna esses endereçamentos, em tese, inconstitucionais.

O trato da água no âmbito de recurso hídrico é diferenciado em sua dimensão ambiental. Nessa seara, o art. 23º enumera as competências comuns entre os entes federados, e o art. 24º registra as competências concorrentes entre a União e os estados para legislarem sobre o meio ambiente. No primeiro caso, tendo em vista a competência comum, a Lei complementar n. 140/2011, ainda que cheia de lacunas e erros jurídicos, regulamentou o parágrafo único que determina a cooperação visando ao

Pacto Federativo. Quanto ao art. 24, a regra estabelecida é que a União determina normas gerais, sendo que os estados poderão legislar conforme suas peculiaridades ou suplementar quando não houver uma regra geral. Outro ponto importante foi a opção do legislador constitucional em direcionar a gestão brasileira para a descentralização, admitindo que os municípios legislem em assuntos de interesse local.

No corpo de nossa Carta Magna, outros dispositivos devem ser observados, como o art. 170, VI, que trata dos princípios econômicos do país; os arts. 215 e 216, sobre a proteção aos bens e manifestações culturais; proteção ao meio ambiente do trabalho, no art. 200, VI, dentre outros.

Alguns dispositivos ainda carecem de regulamentação, o que vem gerando conflitos jurídicos. É o caso do § 3º do art. 231, que estabelece que o aproveitamento de recursos hídricos em terras indígenas só poderá ser efetivado com a autorização do Congresso Nacional, da oitiva das comunidades afetadas e com participação nos resultados dos lucros. Esse conflito foi evidenciado no AHE Belo Monte, onde foi levantada pela comunidade a ausência da oitiva pontual das comunidades, o que foi contestado sob a alegação de que as audiências públicas (próprias do licenciamento) já haviam atendido esse quesito na ocasião da audiência pública relativa ao Epia. O tema foi levado para a Organização dos Estados Americanos, que recomendou a suspensão do empreendimento, fato não aceito pelo Brasil.

Quanto ao capítulo do meio ambiente (art. 225), em seu *caput*, se encontram os princípios balizadores para o tema. Aplica-se o direito para todos brasileiros e estrangeiros residentes no país; abraça-se o entendimento de que o meio ambiente é um bem de uso comum do povo; indicam-se dois patamares para o meio ambiente: equilíbrio ecológico e sadia qualidade de vida; e, ao final, convalidam-se os princípios do desenvolvimento sustentável e da participação pública.

O capítulo pode ser dividido, metodologicamente, em quatro partes:

- Princípios e fundamentos do meio ambiente.
- Deveres do poder público (§ 1º).
- Proteção específica a bens e biomas (§§2º, 4º e 6º).
- Sistema de responsabilização (§ 3º).

Cabe aqui referenciar o instituto afeto ao tema do presente compêndio, o Epia.

O instituto é abrigado pela Constituição Federal com a seguinte afirmação: "exigir na forma da lei, para instalação, de obra ou atividade potencialmente causadora de significativa degradação do meio ambiente, estudo prévio de impacto, a que se dará publicidade". Ou seja, o estudo tem de ser feito antes do início do empreendimento de significativo impacto, na forma da lei e ter publicidade. Não há indicação constitucional de que esse instrumento é parte do licenciamento ambiental, mas não é o que acontece. O Epia no Brasil é solicitado na licença ambiental prévia e, em algumas legislações, ao avesso da Constituição, é descartado ou recebe uma menor exigência, como é o caso dos Relatórios Ambientais Simplificados. Questiona-se essa prática por ausência de base legal e constitucional.

Entende-se por degradação ao meio ambiente as alterações de suas características. O termo significativo dá ideia de algo relevante de forma subjetiva. Portanto, a incidência do Epia deve ser submetida à apreciação de todos os interessados, uma vez que o meio ambiente é um bem comum de todos. Somente assim pode-se ter a certeza da dimensão subjetiva de sua relevância ou não.

Assim, os estudos para determinar o melhor rendimento de um reservatório, além de estarem ligados à hidrologia, ao desempenho do sistema interligado e aos requisitos ambientais, incluem as orientações legais. No que concerne aos requisitos do licenciamento ambiental e à outorga de direito de uso de recursos hídricos, parte-se para a visão geral do que diz respeito às políticas do meio ambiente e de recursos hídricos e depois para a legislação pontual de cada um dos bens (flora, fauna, comunidades tradicionais, dentre outras). Tudo sob a égide da cautela, dado que existe um árduo procedimento de responsabilização civil, penal e administrativa.

Aspectos ambientais específicos

Etimologicamente, o termo *ambiente* advém do latim, *amb + ire*, ou seja, "ir em volta de". A palavra *meio* é entendida como algo que está no centro. Portanto, "meio ambiente" é tudo que está em volta de algo. Nesse sentido, a PNMA define em seu art. 3º, I, que meio ambiente "é o conjunto de condições, leis, influências e interações de ordem física, química e biológica, que permite, abriga e rege a vida em todas as suas formas".

Como se vê, nossa lei admite textualmente a visão sistêmica e, nesse âmbito, a água (superficial e subterrânea) é considerada pelo mesmo diploma legal da PNMA, em seu art. 3º, V, um recurso ambiental.

Não obstante, a água dotada de valor ambiental é um recurso ambiental, como se vê na leitura do art. 3º, V, da Lei n. 6.938/81. A água será disponibilizada segundo interesses e limites indicados na PNRH, sob a égide da gestão dos recursos hídricos. Portanto, do ponto de vista jurídico, a água está sob o manto das leis ambientais, quanto à sua preservação e conservação, e sob os auspícios dos órgãos gestores de recursos hídricos para sua utilização e exploração.

Um exemplo do conflito de afazeres nas searas ambiental e hídrica é o levantamento da vazão ecológica de determinado empreendimento que se utiliza das correntes hídricas. Por exemplo, para o licenciamento ambiental, a vazão usada para gerar as turbinas não poderá comprometer o pulso hidrológico a jusante do empreendimento, ou seja, a vazão vertida deve proporcionar o equilíbrio ecológico e a sadia qualidade de vida rio abaixo, preservando e conservando as interações do meio ambiente e protegendo os diversos bens ambientais. O uso da água para garantir a vazão turbinável e de referência não poderá alterar as condições de qualidade da água a montante. O ambiente lêntico dos reservatórios e os sedimentos ali depositados alteram as condições ecológicas e econômicas rio acima e rio abaixo. O impedimento físico da fluidez da água, uma vez construída a usina hidrelétrica, compromete o ecossistema daquele curso de água.

Esse e outros aspectos indicam a necessária articulação entre os agentes públicos em suas atribuições. Em certos casos, os impactos são significativos de modo que não valerá a pena investir no empreendimento pretendido, pois a inviabilidade ambiental é nítida.

Em suma, mesmo considerando que o setor elétrico tem planos e projetos próprios para o país sobre a questão ambiental, pelo princípio da ubiquidade, prevalece o cômputo legal, fixando a obediência aos instrumentos jurídicos, sob pena de responder penal, civil e administrativamente pela ameaça ou danos ao meio ambiente.

Política Nacional do Meio Ambiente – Lei n. 6.938/81

Esse documento foi a primeira iniciativa realmente voltada para regulamentar os princípios, objetivos, diretrizes, instrumentos para gestão dos bens ambientais. A lei segue a seguinte estrutura:

406 ENERGIA E SUSTENTABILIDADE

- Princípios (art. 2º).
- Definições (art. 3º).
- Objetivos (art. 4º).
- Diretrizes.
- Agentes públicos que fazem parte do sistema de gestão – Sistema Nacional do Meio Ambiente (Sisnama) – (art. 6º e seguintes).
- Instrumentos da política (art. 9º e seguintes).
- Outras instruções (a partir do art. 12).

Todos os dispositivos merecem atenção para a geração, transmissão ou distribuição de energia elétrica ou quaisquer outros tipos de empreendimento. No caso da geração que utiliza como fonte a água, cabe especificamente indicar os elementos ligados a um dos mecanismos de gestão, a licença ambiental.

O licenciamento e a revisão das atividades, efetiva ou potencialmente poluidoras, constituem instrumentos da PNMA, segundo o art. 9º, IV, da Lei n. 6.938/81.

O art. 10, do mesmo diploma legal, determina que a construção, instalação, ampliação e funcionamento de estabelecimentos e atividades utilizadores de recursos ambientais, considerados efetiva e potencialmente poluidores, bem como os capazes, sob qualquer forma, de causar degradação ambiental, dependerão de prévio licenciamento de órgão ambiental estadual competente, integrante do Sisnama, e do Instituto Brasileiro do Meio Ambiente e dos Recursos Naturais Renováveis (Ibama), em caráter supletivo, sem prejuízo de outras licenças.

Nota-se que, com o advento da Constituição Federal, todos os entes federados se tornaram agentes capazes de proceder ao licenciamento ambiental, por conta da competência comum do art. 23, apesar das alterações pretendidas pela Lei complementar n. 140/2011, pois aqui o legislador alterou o sistema de competências incidindo em grave afronta à Contituição.

Em que pese as distorções, parte das Resoluções n. 001/86 e n. 237/97 do Conselho Nacional de Recursos Hídricos (Conama) ainda prevalece. Dentre as diretrizes da Resolução n. 001/86, do Conama, destacam-se para o Epia:

- Contemplar todas as alternativas tecnológicas e de localização do projeto, confrontando-o com a hipótese de sua não execução.

ENERGIA HÍDRICA | **407**

*   Identificar e avaliar sistematicamente os impactos ambientais gerados nas fases de implantação e operação da atividade.

*   Definir os limites da área geográfica a ser, direta ou indiretamente, afetada pelos impactos, denominada área de influência do projeto, considerando, em todos os casos, a bacia hidrográfica na qual se localiza.

*   Considerar os planos e programas governamentais propostos e em implantação na área de influência do projeto e sua compatibilidade. O parágrafo único dá permissão aos estados e municípios envolvidos de agregarem solicitações por conta das peculiaridades regionais ou locais.

Os conflitos advindos desses condicionantes são muitos, por exemplo, a ausência de endereçamento a respeito dos limites das áreas geográficas que afetam o empreendimento, direta ou indiretamente, levando em conta a bacia hidrográfica. Um exemplo real é o que vem acontecendo com a AHE São Manoel.

A usina de 700 MW, prevista para ser erguida na divisa dos estados do Mato Grosso e Pará, está com seu processo de licenciamento ambiental inativo no Ibama. A retomada desse processo de licenciamento vinha sendo ensaiada pelo governo nos últimos meses, mas os planos foram interrompidos devido a uma série de protestos indígenas que se espalharam pelo país.

São Manoel tem precedente. Em outubro de 2011, sete servidores da Fundação Nacional do Índio (Funai) e da EPE foram mantidos como reféns em uma das aldeias da terra Kayabi. O governo afirma que a usina não afeta diretamente terras indígenas demarcadas, situação que impossibilitaria a hidrelétrica de ir a leilão. Segundo a EPE, o projeto está previsto para uma área que fica a menos de 2 km do limite declarado da terra Kayabi. "Os índios, no entanto, garantem que a barragem alagaria suas terras e mexeria diretamente com comunidades que vivem nas margens do Teles Pires."

A Resolução 001/82 ainda oferece um rol exemplificativo de atividades que devem se submeter ao Epia (art. 2º). Diz ainda que o processo de licenciamento ambiental deve ser compatibilizado com as etapas de planejamento e implantação dos projetos (art. 4º). Com esse dispositivo, o licenciamento liga-se com o Epia (tome-se em conta que uma Resolução não é lei, conforme determina o art. 225, IV, § 4º da Constituição Federal). No art. 9º, encontram-se as instruções referentes ao Relatório Ambiental (Rima), documento que visa disponibilizar análises, de forma simples, aos interessados e não especialistas no estudo realizado.

Já a Resolução Conama n. 237/97, no art. 2º, § 1º, nomeia as atividades e empreendimentos sujeitos ao licenciamento ambiental. Essas atividades e empreendimentos estão relacionados no Anexo 1 da citada resolução, entre as quais destacamos barragens e diques. Os procedimentos e critérios para a geração elétrica estão relacionados na Resolução Conama n. 6/87. O art. 3º dessa resolução determina que os órgãos ambientais estaduais e os demais integrantes do Sisnama envolvidos no processo de licenciamento estabeleçam etapas e especificações adequadas às características dos empreendimentos. O art. 8º, § 2º da resolução, por sua vez, diz que a emissão da licença prévia somente será concedida (se for o caso) após análise do Rima.

A Resolução Conama n. 279/2001 trata de procedimentos simplificados de licenciamento para empreendimentos elétricos de pequeno porte. O art. 2º, § 2º, dispõe que a licença prévia somente será concedida mediante a apresentação, se for o caso, da outorga de direito de recursos hídricos ou da reserva de disponibilidade hídrica. O enquadramento do empreendimento no procedimento do licenciamento simplificado será dado, segundo o art. 4º, pelo órgão ambiental competente, após decisão fundamentada do órgão técnico.

O art. 10 traz uma interessante determinação e responsabilidade legal para os técnicos que conduzem os estudos ambientais: "as exigências e as condicionantes estritamente técnicas das licenças ambientais constituem obrigação de relevante interesse ambiental".

Voltando para a regra básica do licenciamento ambiental, o § 2º do art. 2º, da Resolução Conama n. 237/97, dá liberdade para os órgãos gestores competentes definirem critérios de exigibilidade, o detalhamento e a complementação do Anexo 1 da referida resolução, levando em consideração as especificidades, os riscos ambientais, o porte e outras características do empreendimento. Trata-se de ato administrativo discricionário, ou seja, as atividades não relacionadas ficam à mercê desse último critério. É mister observar que estamos falando de normas gerais e, nesse contexto, os estados e municípios podem determinar normas jurídicas mais restritivas.

Segundo as regras do art. 3º da Resolução n. 237/97, a licença ambiental dependerá da análise e aprovação do Epia para empreendimentos e atividades considerados efetiva ou potencialmente causadores de significativo impacto ambiental. É esse documento que dará subsídio para o deferimento ou não da licença prévia. Será aqui onde serão apresentados, avaliados e discutidos os diversos aspectos ligados ao trato dos bens ambientais, em seus diferentes vieses: meio ambiente natural, artificial, cultural e do trabalho, considerando sempre as determinações do equilíbrio ecológico e sadia qualidade de vida para as gerações presentes e futuras.

O art. 10 da Resolução n. 237/97 enuncia as etapas do licenciamento. O ponto mais importante desse procedimento está no inciso I, quando o órgão ambiental competente define, em conjunto com o empreendedor, os documentos e estudos que se farão necessários para a análise no escopo da licença ambiental. Trata-se do Termo de Referência. Uma crítica a esse procedimento é a ausência dos demais interessados na definição dos estudos que se farão necessários, fato que impediria ações judiciais futuras.

O art. 19 da Resolução n. 237/97 enumera os casos passíveis de cancelamento ou suspensão da licença: violação ou inadequação das condicionantes ou normas legais, omissão ou falsa descrição de informações relevantes e a superveniência de graves riscos e de saúde.

Uma das características marcantes nos procedimentos de licenciamento ambiental é a realização de audiência pública para discussão do documento (Rima). Nesse aspecto, é preciso destacar que sua não realização, quando convocada conforme a Resolução Conama n. 9/87, inviabilizará a licença ambiental.

Política Nacional de Recursos Hídricos

Por meio da Lei n. 9.433/97, foi editada a "Lei das Águas", ou seja, foi instituída a Política Nacional de Recursos Hídricos e o Sistema Nacional de Gerenciamento de Recursos Hídricos. Os capítulos têm a seguinte estrutura: fundamentos; objetivos; diretrizes; instrumentos de gestão; ação do poder público; sistema nacional de gerenciamento; e infrações e penalidades.

Em cada um desses temas, há muito a comentar, porém, o endereçamento para o setor elétrico privilegia os temas direcionados para esse uso da água. É importante destacar, a esse respeito, a opção pelos usos múltiplos da água, a bacia hidrográfica como unidade de gestão e a convocação para gestão descentralizada e participativa.

Também deve-se prestar atenção aos objetivos da lei, que, dentre outros aportes, determina o respeito ao transporte aquaviário e, dentre suas diretrizes, aponta a gestão sistemática dos aspectos relacionados à qualidade e quantidade de água, as interfaces de articulação e integração com a gestão ambiental, planos, uso do solo e dos sistemas estuarinos.

Por conta do art. 12, IV, da Lei, o aproveitamento dos potenciais hidrelétricos está sujeito ao regime de outorga de direito de uso de recursos hídricos. Para a consolidação do ato administrativo da outorga de direito de uso de recursos hídricos, são obrigatórios o cumprimento do art. 13 – que condiciona a outorga às prioridades estabelecidas no Plano de Recursos Hídricos –, a verificação da classe de enquadramento, a manutenção do transporte aquaviário e a preservação dos usos múltiplos.

A Lei n. 9.984/2000 – criada pela Agência Nacional de Águas (ANA) – dispõe em seu art. 7º que, para licitar a concessão ou autorizar o uso de potencial de energia hidráulica em corpo de água de domínio da União, a Aneel deverá promover, junto à ANA, a prévia obtenção de declaração de reserva de disponibilidade hídrica (DRDH), que será transformada automaticamente pelo poder outorgante em outorga de direito de uso de recursos hídricos a quem receber da Aneel a concessão ou autorização, devendo sempre obedecer às condicionantes do art. 13º da Lei n. 9.433/97 (comentado anteriormente).

Nesse aspecto e com intuito ilustrativo, vale a pena conferir a sentença prolatada na Ação Civil Pública (ACP) n. 2007.70.002083-5 e 2008.70. 07.001198-0, cujo objetivo é prevenir ações jurisdicionais, pois o processo provavelmente recebeu reformas pelos Tribunais competentes. Resumidamente:

> Foi impetrada ACP pela organização não governamental Liga Ambiental em face da ANA (e outros), solicitando (para ANA) a anulação da outorga preventiva em relação à AHE do Baixo Iguaçu e a não concessão da outorga de direito de uso de recursos hídricos enquanto o Plano Nacional de Recursos Hídricos e o Plano de Recursos Hídricos da Bacia do Iguaçu, não foi aprovado pelo Comitê de Bacia.
>
> Entendeu o magistrado, neste caso, que a legislação não estabelece que as outorgas fiquem obstaculizadas até a criação dos Comitês e Planos de Bacia, unicamente deve ficar explícito que os outorgados serão obrigados a se adaptar no caso de plano superveniente e diante da ausência dos Comitês, outras entidades e órgãos ambientais atuantes na seara ambiental poderiam exercer o controle, reforçando que a Lei n. 9.433, de 1997 (lei das águas) depende de uma imbricada sistematização de ações e medidas de planejamento.
>
> Ressalva, porém, que a Resolução da ANA (nova DRDH) foi emitida quando já vigorava o Plano Nacional de Recursos Hídricos, que dentre outras coisas há vedação à instalação de qualquer barragem no rio Iguaçu, dando, assim,

provimento ao pedido do Ministério Púbico Federal para: a) proibição do início de qualquer obra que tenha por finalidade a construção de usina hidrelétrica na área de influência do Parque Nacional do Iguaçu; b) condenação do Ibama e ICMBio a não licenciar ou anuir com o licenciamento de qualquer usina hidrelétrica nessa mesma área; c) anular a DRDH objeto da Resolução n. 362/2008 e proibir a Agência Nacional de Águas a não conceder declaração de disponibilidade hídrica para captação de água para produção de energia elétrica.

Ante o exposto decidiu: ANULAR a Declaração de Reserva de Disponibilidade Hídrica objeto da Resolução n. 362/2008 da Agência Nacional de Águas e PROIBIR a aludida agência a conceder nova declaração para captação de água para produção de energia elétrica na área de influência do Parque Nacional do Iguaçu.

O feito está *sub judice*.

Quanto à ANA, por meio da Resolução n. 142, de 17 de fevereiro de 2014, as condições de operação foram alteradas, com mais duas regras operativas (aumento da vazão mínima e redução da flutuação de vazão). Segundo as informações dos especialistas em recursos hídricos, nada mais foi pedido desde então.

O exemplo serve para mostrar a necessária observação das regras jurídicas, pois mesmo findo o feito, com ganho para este ou aquele, o empreendimento sofrerá atrasos e gastos.

O que se leva em conta aqui é a estrita observação das regras do setor, que, quanto mais obedecidas, menor a necessidade da intervenção jurisdicional.

A ANA, por meio da Resolução n. 131/2003, dispõe sobre procedimentos referentes à emissão de declaração de reserva de disponibilidade hídrica e de outorga de direito de uso de recursos hídricos, para uso de potencial de energia hidráulica superior a 1 MW em corpo de água de domínio da União.

O Sistema de Gerenciamento de Recursos Hídricos, a partir do art. 32º, da Lei n. 9.433/97, proporciona a administração das águas visando a um sistema integrado, cooperativo e negociado de gestão, a saber:

Art. 32. Fica criado o Sistema Nacional de Gerenciamento de Recursos Hídricos, com os seguintes objetivos:
I – coordenar a gestão integrada das águas;
II – arbitrar administrativamente os conflitos relacionados com os recursos hídricos;

ENERGIA E SUSTENTABILIDADE

III – implementar a Política Nacional de Recursos Hídricos;

IV – planejar, regular e controlar o uso, a preservação e a recuperação dos recursos hídricos;

V – promover a cobrança pelo uso de recursos hídricos.

Integram o Sistema Nacional de Gerenciamento o Conselho Nacional de Recursos Hídricos, a ANA, os Conselhos de Recursos Hídricos dos Estados e Distrito Federal, os Comitês de Bacia Hidrográfica e os órgãos dos poderes públicos federal, estaduais, do Distrito Federal e municípios cujas competências se relacionem com a gestão de recursos hídricos; e as Agências de Água. Cada um tem sua atribuição específica enumerada na lei.

A Lei n. 9.433/97 indica uma série de infrações e penalidades administrativas referentes à utilização inadequada de recursos hídricos superficiais e/ou subterrâneos.

Ao final, é preciso compreender que esse novo modelo de gestão, trazido pelo tema ambiental e incorporado nas regras jurídicas brasileiras, não ganhará efetividade se não for agregado pelo setor energético e conciliado pelos gestores da área de recursos hídricos. Pode-se renegá-lo, considerá-lo extremamente rígido ou entrave para o desenvolvimento, mas, sem sombra de dúvida, possui uma legitimação de difícil e temerosa quebra, pois está em jogo o sistema democrático e o bem-estar das presentes e futuras gerações.

CONSIDERAÇÕES FINAIS

As perspectivas futuras das hidrelétricas, tanto de grande porte como PCH, no sistema brasileiro, dependem fortemente do encaminhamento das questões socioambientais e dos problemas regulatórios associados a esse tipo de usina cuja construção tem encontrado forte resistência, justamente devido a esses problemas.

Nesse contexto, essas perspectivas não dependerão somente da introdução de avanços no desenvolvimento tecnológico e no tratamento das questões socioambientais das hidrelétricas, enfocados neste capítulo, mas também da avaliação integrada, considerando diferentes alternativas de produção e de complementação de energia elétrica apresentadas neste livro, como tratado mais adiante.

REFERÊNCIAS

[ANA] AGÊNCIA NACIONAL DE ÁGUAS. *Resolução nº 127, de 3 de abril de 2006.* Disponível em: http://www.ana.gov.br. Acessado em: 20 nov. 2007.

[ANEEL] AGÊNCIA NACIONAL DE ENERGIA ELÉTRICA. *Acompanhamento das pequenas centrais hidrelétricas.* Editora Brasília, 2012.

_____. *Atlas de energia elétrica do Brasil.* Editora Brasília, 2008.

_____. *Resolução Aneel n. 652, de 9 de dezembro de 2003: Estabelece os critérios para o enquadramento de aproveitamento hidrelétrico na condição de Pequena Central Hidrelétrica (PCH).*

CARTA DE DUBLIN. *Conferência internacional sobre água e meio ambiente: o desenvolvimento na perspectiva do século 21, Declaração de Dublin e Relatório da conferência.* Dublin, 26-31 de janeiro de 1992.

CASELATO, D. *Modernização e reabilitação de usinas hidrelétricas.* São Paulo, 1994. Dissertação (Mestrado). Escola Politécnica da Universidade de São Paulo.

_____. *Repotenciação de usinas hidrelétricas em ambiente de restrição financeira – contribuição de ordem técnica para a privatização.* São Paulo, 1998. Tese (Doutorado). Escola Politécnica da Universidade de São Paulo.

CONAMA. *Resolução n. 279 de 27 de junho de 2001: Estabelece procedimentos para o licenciamento ambiental simplificado de empreendimentos hidrelétricos com pequeno potencial de impacto ambiental.*

[PNMA] POLÍTICA NACIONAL DO MEIO AMBIENTE. *Lei n. 6.938, de 31 de agosto de 1981.*

REIS, L.B. *Geração de energia elétrica.* Barueri: Manole, 2011.

SOUZA, Z. *Geração de energia hidrelétrica. Módulo 4.* São Paulo: Unicamp/USP/Efei, 2002, p. 16.

SOUZA, Z.; FUCHS, R.D.; SANTOS, A.H.M. *Centrais hidro e termelétricas.* Itajubá: Edgar Blucher/Eletrobrás, 1983.

TIAGO FILHO, G.L.; NASCIMENTO, J.G.A.; FERRARI, J.A. et al. A evolução histórica do conceito das pequenas centrais hidrelétricas no brasil. In: V Simpósio de Pequenas e Médias Centrais Hidrelétricas. 2006, Florianópolis. *Anais...* Florianópolis, 2006.

Bibliografia sugerida

CHAPALLAZ, J.M.; GHALI, J.D. Manual on induction motors used as generators. *Gate, Eschborn, Germany.* v. 10, p. 211, 1992.

HEINLEIN, K.P.; DOURADOR, F.M.A. *Alterações tecnológicas a serem implementadas em usinas hidroelétricas, objetivando melhorar a convivência com os peixes.* São Paulo, 2009. Monografia (Curso de Especialização em Gestão Ambiental e Negócios no Setor Energético). Instituto de Eletrotécnica e Energia da Universidade de São Paulo.

PRADO JR., F.A.A.; AMARAL, C.A. *Pequenas centrais hidrelétricas no estado de São Paulo.* São Paulo: CSPE, 2000.

REIS, L.B.; SANTOS, E.C. *Energia elétrica e sustentabilidade.* 2.ed. Barueri: Manole, 2014.

RETSCREEN INTERNATIONAL. *Clean energy project analysis: retscreen engineering & cases textbook.* Minister of Natural Resources, Canadá: 2001-2004.

SIMONE, G.A. *Centrais e aproveitamentos hidrelétricos – uma introdução ao estudo.* São Paulo: Érica, 2000, p. 246.

SOUZA, Z.; SANTOS, A.H.M.; BORTONI, E.C. *Centrais hidrelétricas: implantação e comissionamento.* Rio de Janeiro: Interciência, 2009.

Energia Eólica | 11

Eliane A. F. Amaral Fadigas
Engenheira eletricista, Escola Politécnica da USP

INTRODUÇÃO

Energia eólica é definida como a energia cinética contida nas partículas de ar em virtude delas possuírem massa e velocidade de deslocamento. Ainda há dúvidas de quando e onde exatamente o potencial energético dos ventos começou a ser utilizado. Especula-se que os moinhos de vento foram usados no Egito, perto de Alexandria, há supostamente 3.000 anos, não havendo, no entanto, provas convincentes de que os povos mais desenvolvidos da Antiguidade, como egípcios, romanos e gregos, realmente conheciam os moinhos de vento.

A primeira informação confiável extraída de fontes históricas é de que os moinhos de vento nasceram na Pérsia, 200 anos a.C., onde eram usados na moagem de grãos e no bombeamento d'água. Eram moinhos bem primitivos, com baixa eficiência e de eixo vertical.

Hoje, a energia eólica é majoritariamente convertida em energia elétrica e tem como principal função o abastecimento tanto de cargas elétricas localizadas em locais remotos como dos inúmeros consumidores conectados às redes de transmissão e distribuição de energia elétrica.

Constitui-se uma fonte limpa e renovável de energia e que tem, ao longo dos últimos 30 anos, aumentado sua participação na geração de eletricidade, em função dos diversos incentivos econômicos e de políticas

ENERGIA E SUSTENTABILIDADE

públicas adotadas por diversos países com o objetivo de tornar suas matrizes elétricas mais limpas e diminuir a dependência dos combustíveis fósseis.

A adoção dessas políticas resultou, nesse período, no aperfeiçoamento da tecnologia, no aumento da potência unitária das turbinas eólicas e no crescimento do número de fabricantes, com consequente redução dos custos dos equipamentos. A Figura 11.1 mostra a evolução da potência unitária das turbinas nos últimos 30 anos.

Figura 11.1 – Evolução da potência unitária das turbinas eólicas.

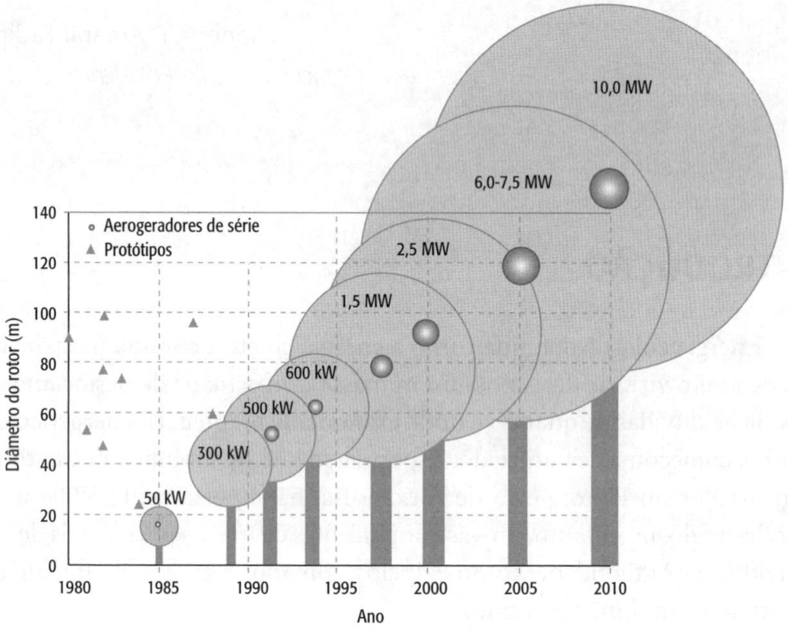

Fonte: Dewi (2001).

A ENERGIA EÓLICA NO BRASIL

No Brasil, pode-se considerar que a primeira ação que verdadeiramente veio a impulsionar o uso das novas fontes renováveis de energia, em particular a eólica, foi efetuada em 2002, com a aprovação da Lei n. 10.438, que criou o Programa de Incentivos às Fontes Alternativas de Energia (Proinfa), o qual fixou metas para a participação dessas fontes no sistema elétrico interligado nacional.

Esse programa incorporou características do Sistema *Feed-in*, garantindo o acesso da eletricidade renovável à rede elétrica e o pagamento de preço fixo pela energia gerada diferenciado por tipo de fonte geradora. O Proinfa também adotou premissas do sistema de cotas, como o leilão de projetos de energia renovável, determinando cotas de potência contratada para cada tecnologia, além de subsídios por meio de linhas especiais de crédito do Banco Nacional de Desenvolvimento Econômico e Social (BNDES), dentre outras premissas adotadas. O Proinfa foi responsável por 1.422,9 MW de potência instalada no Sistema Elétrico Brasileiro.

A partir de 2009, foi implantado o sistema de leilões competitivos. De 2009 à 2012, nos seis leilões em que a fonte eólica teve participação, foram contratados 7 GW de geração eólica em novos projetos. Segundo Abeeólica (2013), tais projetos deverão aumentar a capacidade instalada para mais de 8,4 GW até 2017, atraindo investimentos de 21 bilhões de reais.

A situação da fonte eólica no Brasil, no momento, é bastante favorável. Também segundo Abeeólica (2013), em 2012 foram gerados 15 mil empregos diretos, e o Brasil, até o final daquele ano, somava 11 fabricantes de aerogeradores instalados nas diversas regiões do país. Tal fato é explicado pelo elevado potencial eólico brasileiro (300 GW) com ventos de excelente qualidade, pelo recente progresso tecnológico alcançado pela indústria eólica no Brasil, bem como pelas condições atrativas dos leilões do mercado regulado e as condições de financiamento e incentivos fiscais, que resultam em redução dos custos de produção e dos preços negociados nos leilões.

A Figura 11.2 mostra a evolução da capacidade eólica instalada no Brasil, resultado principalmente dos referidos sistemas de leilões realizados para abastecer o mercado regulado de energia elétrica e garantir a segurança energética esperada.

O VENTO E SUAS CARACTERÍSTICAS

Os ventos são massas de ar em movimento que podem ser classificadas como ventos de circulação global e local. Os ventos de circulação global são resultantes das variações de pressão, temperatura e densidade, causados pelo aquecimento desigual da Terra pela radiação solar, que varia em função da distribuição geográfica, período do dia e sua distribuição anual. A rotação da Terra também afeta esses ventos planetários. A Figura 11.3 ilustra o comportamento dos ventos de circulação global que cobrem todo o planeta.

Figura 11.2 – Evolução da capacidade acumulada (MW) com fonte eólica no Brasil.

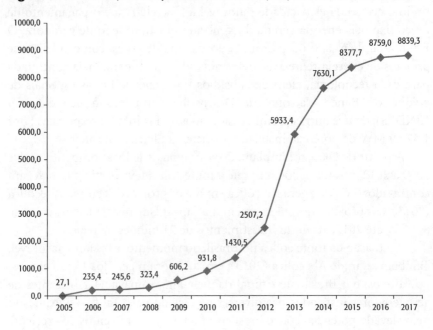

Fonte: Abeeólica (2013).

Nas grandes altitudes, o ar se move ao longo de linhas de mesma pressão (isolinhas). Esses movimentos de massas de ar a uma altitude de mais de 650 m são conhecidos como ventos geostróficos. Nessa altura, o fluxo de ar está livre da influência da superfície. Nas altitudes mais baixas, as diferentes superfícies da Terra, compostas por massas de água, terra e vegetação, afetam significativamente o fluxo de ar em virtude das variações de pressão, absorção de diferentes quantidades de radiação solar (efeito térmico) e umidade, ou seja, efeitos climáticos próximos à superfície. Essa parte da atmosfera, cujos ventos são influenciados pela superfície, é conhecida como camada limite.

Além do sistema de vento global (Equador – polos), há também os modelos de ventos locais, como os do "mar para o continente" e vice-versa, e o dos "vales para as montanhas" e vice-versa.

As brisas marítimas e terrestres são geradas nas áreas costeiras como resultado da diferença nas capacidades de absorção de calor da terra e do mar. Os ventos das montanhas e vales são criados durante o dia.

ENERGIA EÓLICA | **419**

Figura 11.3 – Ventos de circulação global.

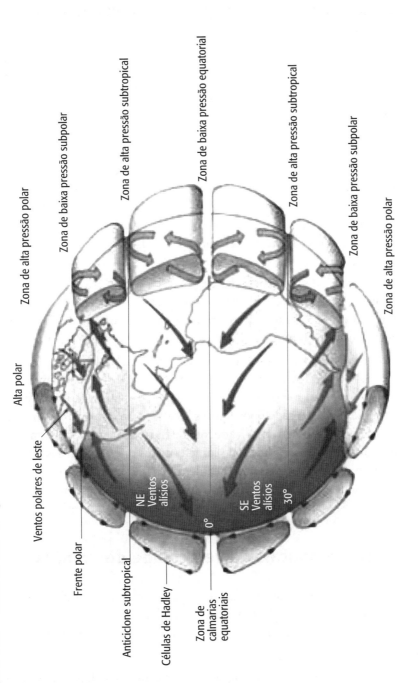

Fonte: Silva (2003).

Variações temporais e espaciais da velocidade dos ventos

Os modelos de ventos locais consistem em um dos fenômenos que acontecem na superfície da Terra, influenciados por sistemas climáticos associados às diferentes escalas de tempo e espaço que dependem, fundamentalmente, das condições geográficas do local. As escalas de tempo e espaço são divididas em:

- **Escala planetária ou macroescala**: movimentos atmosféricos de longa duração entre 10^2 e 10^5 horas, percorrendo uma distância entre 10^2 e 10^5 km. São causas comuns desses movimentos atmosféricos: mudanças na climatologia local, alteração interanual na posição e intensidade da Zona de Convergência Intertropical (ZCIT) e movimentação sazonal da ZCIT.

- **Escala regional ou mesoescala**: movimentos atmosféricos de duração média entre 1 e 100 horas, percorrendo uma distância entre 1 e 100 km. São causas comuns desses movimentos atmosféricos: efeitos de canalização dos ventos e gradientes térmicos terra-mar e terra-terra.

- **Escala local ou microescala**: movimentos atmosféricos de pequena duração (entre 1 e 10^{-3} horas), percorrendo uma distância entre 1 e 10^{-3} km. São causas comuns desses movimentos atmosféricos: efeitos aerodinâmicos causados por fatores locais, como a forma da superfície, rugosidade do terreno e variações de fluxo de calor no cruzamento do limite entre as superfícies de características diferentes. Esses fatores induzem o surgimento de um perfil vertical de velocidade. Esse perfil de gradiente vertical produz fortes variações de alta frequência na velocidade do vento, conhecidas como turbulências atmosféricas.

Variações temporais da velocidade dos ventos

No aproveitamento da energia eólica para fins de geração de eletricidade, torna-se importante distinguir os vários tipos de variações temporais da velocidade dos ventos, a saber: variações interanuais, sazonais, diárias e de curta duração.

- **Variações interanuais**: são variações lentas na velocidade dos ventos causadas por fenômenos de mesoescala. Ocorrem em escalas de tempo maiores que um ano. O conhecimento da variação interanual da velocidade dos ventos é de grande importância na estimativa de longo prazo da produção de energia de um aerogerador.

- **Variações sazonais:** o aquecimento desigual da Terra durante as estações do ano provoca variações significativas na velocidade média dos ventos ao longo de um mês e ao longo de um ano. Essas variações também estão associadas a fortes efeitos de mesoescala e são de grande importância nos estudos eólicos, principalmente no Brasil, pois têm impacto significativo na capacidade dos aerogeradores de complementar a demanda da rede elétrica em regiões onde existe complementaridade entre geração eólica e hídrica.

- **Variações diárias:** o aquecimento desigual da superfície terrestre, em função da variação da quantidade de radiação solar incidente ao longo do dia, provoca alterações na velocidade do vento em regiões de diferentes latitudes e altitudes. Essas variações são observadas tanto no litoral, em função das brisas marítimas/terrestres, como no interior, em função das brisas de montanhas/vales, associados a efeitos de canalização (orográficos). Análises aprofundadas dessas variações são essenciais para a definição de estratégias de operação de aerogeradores conectados diretamente à rede elétrica.

- **Variações de curta duração:** estão associadas a pequenas flutuações (turbulências), como também a rajadas de vento. É importante o conhecimento dessas variações, que se dão em intervalos de minutos a décimos de segundos, para o projeto construtivo da turbina eólica, pois flutuações turbulentas na velocidade do vento induzem forças cíclicas nos diversos componentes da turbina eólica, podendo causar problemas de estresse e fadiga. O conhecimento das flutuações de curta duração da velocidade dos ventos também é importante, pois elas influenciam na operação e controle da turbina eólica e na qualidade da potência elétrica fornecida.

Variações em função da localização e da direção dos ventos

Em microescala, variações na direção dos ventos podem ocorrer em intervalos de tempo consistentes com os da ocorrência de variações na velocidade. Variações sazonais na direção dos ventos podem ser pequenas, em torno de 30°. Já variações mensais podem ultrapassar 180°. Também podem ocorrer variações bruscas (de curta duração), em função do seu comportamento turbulento. O conhecimento das variações na direção dos ventos é importante na escolha dos locais mais adequados para a instalação dos aerogeradores em um sítio e para o ajuste do mecanismo que coloca as pás sempre na direção perpendicular à direção dos ventos para captarem a máxima quantidade de energia.

Gradiente vertical do vento

No interior da camada limite, normalmente, o ar escoa com uma certa turbulência, tendo em vista a influência dos parâmetros, como: densidade e viscosidade do fluído, acabamento da superfície (rugosidade) e forma da superfície (presença de obstáculos).

A potência contida no vento é em função, dentre outros parâmetros, da densidade do ar. A densidade do ar é função da temperatura e da pressão, sendo esses parâmetros variáveis com a altura em relação ao solo.

Como as turbinas eólicas são instaladas no interior da camada limite (abaixo de 650 m), torna-se importante conhecer a distribuição da velocidade do vento com a altura (gradiente vertical), pois a produção energética da turbina eólica é afetada pela altura de instalação, e o gradiente vertical do vento produz cargas mecânicas nas pás do rotor eólico, podendo afetar sua integridade física. Os ventos turbulentos são causados pela dissipação da energia cinética em energia térmica por meio da criação e destruição de pequenas rajadas progressivas. Esses ventos são caracterizados também por diversas propriedades estatísticas: intensidade, função densidade de probabilidade, autocorrelação, escala integral de tempo e função densidade espectral de potência. Rohatgi e Nelson (1994 apud Manwell et al., 2004) apresentam essas propriedades com mais detalhes. A Figura 11.4 ilustra um perfil de vento em função da altura relativa ao solo, mostrando a camada limite atmosférica.

Em estudos do aproveitamento energético dos ventos, são usados alguns modelos ou "leis" matemáticas para representar o perfil vertical dos ventos e corrigir a velocidade do vento com a altura.

Figura 11.4 – Gradiente vertical do vento.

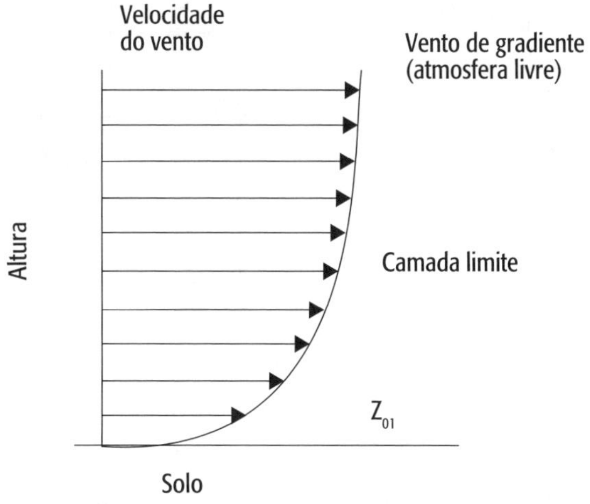

Velocidade do vento

Vento de gradiente (atmosfera livre)

Altura

Camada limite

Z_{01}

Solo

Fonte: Custódio (2007).

Influência do terreno nas características do vento

Rugosidade do terreno

Na maioria dos terrenos, a superfície (rugosidade) do solo não é uniforme e muda significativamente de uma localização para outra. A rugosidade do terreno é uma grandeza que depende das mudanças naturais na paisagem.

Na Figura 11.5, observa-se a influência da mudança da rugosidade de um valor z_{01} (por exemplo: terreno gramado) para z_{02} (por exemplo: terreno com árvores) no perfil vertical do vento. O valor z_0 é um parâmetro do modelo logarítmico que descreve a alteração da velocidade do vento com a altura, significando o comprimento a partir do solo no qual a velocidade do vento deixa de ter um valor nulo.

Obstáculos naturais e superficiais

Os obstáculos também influenciam no perfil de escoamento da velocidade dos ventos, provocando o efeito de sombreamento. Deve-se analisar

Figura 11.5 – Influência da mudança da rugosidade no perfil vertical do vento.

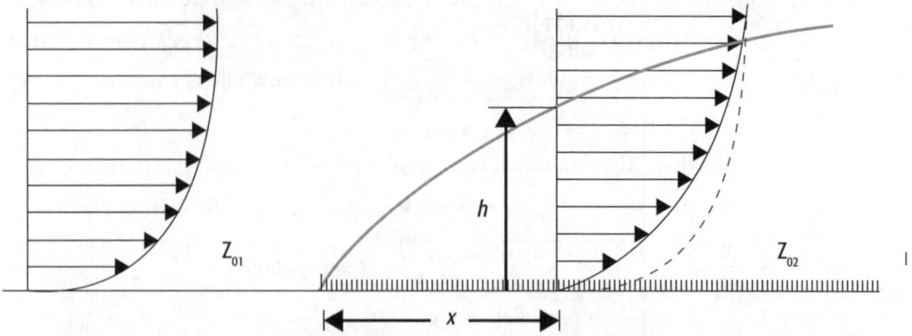

Fonte: Dewi (2001).

a posição do obstáculo relativo ao ponto de interesse, suas dimensões (altura, largura e comprimento) e sua porosidade, esta última definida como a relação entre a área livre e a área total de um obstáculo. Como exemplo de obstáculos, destacam-se edifícios, silos, árvores, entre outros. A Figura 11.6 ilustra a influência dos obstáculos no perfil de escoamento dos ventos. Nota-se que os obstáculos não apenas obstruem o movimento das partículas de ar como também modificam a distribuição de velocidades dos ventos.

Figura 11.6 – Influência dos obstáculos no escoamento dos ventos.

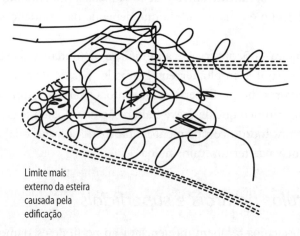

Fonte: Fadigas (2011).

A influência dos obstáculos está diretamente ligada a suas dimensões, sobretudo sua altura. A área influenciada pela presença de um obstáculo (efeito de sombreamento) pode estender-se por até três vezes a sua altura, no sentido vertical, e até quarenta vezes essa mesma altura, no sentido horizontal, na direção do vento.

Manwell et al. (2004) apresenta resultados obtidos de estudos que mostram a redução na velocidade e potência do vento bem como efeitos de turbulência a jusante de uma edificação de determinada altura. Esse efeito está representado na Figura 11.7.

Figura 11.7 – Efeitos na velocidade, potência e turbulência do vento a jusante de uma edificação.

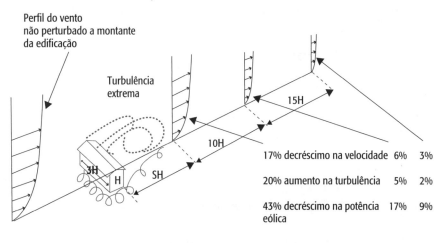

Fonte: adaptada de NREL (1997).

Orografia

Variações na altura do terreno, como presença de colinas, vales e depressões, provocam um aumento na velocidade e considerável mudança de direção. Para descrever o relevo de uma superfície, normalmente são utilizadas curvas de nível. A Figura 11.8 ilustra o escoamento do vento em uma colina, apresentando o desenvolvimento do perfil de velocidade a montante e no topo da colina. Esse perfil é dependente da forma e altura da colina.

Figura 11.8 – Escoamento em torno de uma colina.

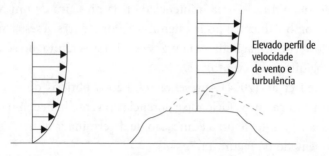

Fonte: adaptada de Manwel et al. (2004).

ENERGIA GERADA POR UM AEROGERADOR

Potência extraída do vento

A energia contida no vento é a energia cinética, ocasionada pela movimentação de massas de ar e calculada pela seguinte equação:

$$E = ½ \, mv^2 \; (\text{Joules}) \quad \quad (\text{Equação 1})$$

Em que:
m: massa do ar (kg);
v: velocidade da partícula de ar (m/s).

A energia contida no vento que atravessa uma determinada área é dada pela seguinte equação:

$$P = ½ \cdot \varrho \cdot A \cdot v^3 \; (\text{Joule por segundo = Watt}) \quad (\text{Equação 2})$$

Em que:
ϱ: densidade do ar ou massa específica do ar.

Considerando esta área como aquela varrida pelas pás de um aerogerador do tipo "hélice de eixo horizontal", como o indicado na Figura 11.9, seu cálculo se efetua usando a seguinte equação:

$$A = \frac{\pi}{4} D^2, \text{ sendo "D" o diâmetro do rotor eólico} \quad (\text{Equação 3})$$
$$(2 \times \text{comprimento da pá})$$

Figura 11.9 – Área varrida pelas pás de um aerogerador de eixo horizontal.

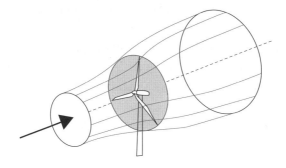

Fonte: Burton (2001).

Tendo em vista que locais que apresentam a mesma velocidade média dos ventos podem apresentar diferentes potências eólicas em função da variação na massa específica do ar, é mais adequado comparar o potencial eólico desses locais por meio da potência por unidade de área ou densidade de potência (P/A).

$$P/A = \frac{1}{2} \cdot \varrho \cdot v^3 \text{ (Watts/ m}^2\text{)} \qquad \text{(Equação 4)}$$

A massa específica do ar ϱ é função da pressão e da temperatura. Em condições padrão (ao nível do mar, 15 °C e 1 atm de pressão), a massa específica do ar é de 1.2256 kg/m³. Como a temperatura do ar e a pressão atmosférica variam com a altura, aerogeradores instalados em um mesmo local, mas em alturas diferentes, podem captar energia com diferentes densidades de potência, dada a variação na massa específica e velocidade do ar.

Os aspectos mais relevantes são que a potência do vento depende da área de captação e é proporcional ao cubo de sua velocidade. Pequenas variações da velocidade do vento podem ocasionar grandes alterações em sua potência.

Curva de potência de um aerogerador

O aerogerador é uma máquina que transforma, primeiramente, a energia cinética do vento em energia mecânica, nas pás do rotor e, posteriormente, transforma esta em energia elétrica por meio de um gerador elétrico acoplado ao eixo do rotor eólico.

A potência elétrica desenvolvida por um aerogerador em função da velocidade de vento é descrita pela sua "curva de potência" ou curva de desempenho, que é função do desempenho de seus vários componentes. A curva de potência normalmente é levantada por meio de testes de operação do aerogerador em campo, como descrito em IEC (2005). A Figura 11.10 apresenta uma curva típica de potência de um aerogerador.

Figura 11.10 – Curva típica de potência de um aerogerador.

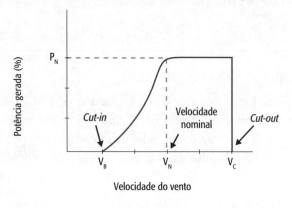

Fonte: Fadigas (2011).

A curva de potência de um aerogerador ilustra três características da velocidade do vento:

- Velocidade *cut-in*: velocidade do vento em que o aerogerador começa a gerar eletricidade.

- Velocidade nominal (Vn): velocidade do vento a partir da qual o aerogerador gera energia na sua potência nominal. Frequentemente, mas nem sempre, a máxima potência.

- Velocidade *cut-out*: velocidade do vento em que o aerogerador é desligado para manter as cargas, a potência do gerador elétrico e a integridade física da máquina dentro dos limites de segurança ou fora dos limites de danos aos diversos componentes do aerogerador.

A potência elétrica desenvolvida pelo aerogerador, representada pela curva de potência, pode ser calculada pela seguinte equação:

$$Pe(v) = (\frac{1}{2})\rho A Cp \eta V^3 \qquad \text{(Equação 5)}$$

Em que:

η: a eficiência do conjunto eixos-caixa de engrenagem – gerador elétrico.

C_p é denominado "coeficiente de potência" real ou eficiência da turbina eólica. Traduz a relação entre a potência mecânica da turbina eólica e a potência contida no vento não perturbado. O C_p teórico (máximo coeficiente de potência utilizável) é de 59,7% e é conhecido como Eficiência de Betz.

Curva de distribuição da velocidade do vento

A velocidade do vento possui um comportamento aleatório e de difícil previsão. Em função desse comportamento, as velocidades são modeladas utilizando funções de distribuição probabilística.

O comportamento do vento em determinado local pode ser melhor retratado por uma determinada função probabilística; enquanto para outro local, com diferente comportamento eólico, uma segunda função pode fornecer resultados melhores. As principais funções de distribuição de probabilidades utilizadas pela engenharia eólica são:

- Distribuição normal ou distribuição Gaussiana.
- Distribuição normal bivariável.
- Distribuição exponencial.
- Distribuição de Rayleigh.
- Distribuição de Weibull.

A busca de uma única distribuição que retratasse de forma satisfatória o maior número de comportamentos dos ventos fez com que pesquisadores analisassem de forma aprofundada os diversos métodos probabilísticos. Esses estudos constataram que a distribuição de Weibull consegue retratar bem um grande número de padrões de comportamento dos ventos. Isso porque essa distribuição incorpora tanto a distribuição exponencial (k = 1) como a distribuição de Rayleigh (k = 2), além de fornecer uma boa aproximação da distribuição normal (quando o valor de k é próximo de 3,5). Outra grande utilidade da função de Weibull é retratar o comportamento de ventos extremos.

A função densidade de probabilidade de Weibull requer o conhecimento de dois parâmetros: k, fator de forma, e c, fator de escala. Esses parâmetros são em função da velocidade média ($\overline{V}$) e do desvio padrão (s^2).

A função densidade de probabilidade de Weibull é definida pela seguinte equação:

$$p(v) = \left[\frac{k}{c}\right]\left[\frac{v}{c}\right]^{k-1} e^{\left[-\left(\frac{v}{c}\right)^k\right]}$$ (Equação 6)

A seguir, apresenta-se uma das formas de calcular os parâmetros c e k. Manwell et al. (2004) descrevem com mais detalhes e apresentam outras formas de calcular os parâmetros da função de Weibull. Os parâmetros c e k podem ser calculados analiticamente pelas seguintes equações:

$$k = \left(\frac{\sigma_v}{\overline{V}}\right)^{-1.086}; \quad c = \frac{\overline{V}}{\Gamma(1+\frac{1}{k})}$$ (Equação 7)

Em que:
$\Gamma(x)$= função Gama.

A Figura 11.11 apresenta o comportamento da função de distribuição de Weibull para diversos valores de k, considerando c constante e unitário. Analisando as curvas, verifica-se que, à medida que o parâmetro de forma k aumenta, a distribuição tende a se concentrar, indicando uma grande ocorrência de registros em torno do valor da velocidade média, ou seja, uma menor variabilidade da velocidade de vento, o que seria ideal.

Figura 11.11 – Curvas de função de distribuição de densidade de Weibull para diferentes valores de k.

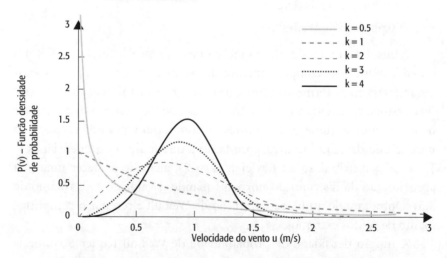

Fonte: Silva (2003).

Estimativa da produção de energia de um aerogerador

Considerando dada distribuição do regime de vento p(v) e uma curva de potência de um determinado aerogerador Pe(v), a potência elétrica média gerada pode ser calculada pela seguinte expressão:

$$Pe = \int Pe(v)p(v)dv \qquad \text{(Equação 8)}$$

Em que:

Pe(v): potência elétrica retirada da curva de potência do aerogerador;

p(v): probabilidade de ocorrência de um determinado valor de velocidade do vento.

Para um perfil de vento representado pela função de Weibull, a potência média gerada pode ser calculada pela seguinte expressão:

$$Pe = \int Pe(v) \left\{ \left[\frac{k}{c}\right]\left[\frac{v}{c}\right]^{k-1} e \left[-\left(\frac{v}{c}\right)^{k}\right] \right\} \qquad \text{(Equação 9)}$$

A energia gerada por um aerogerador em um determinado período, por exemplo, um ano, pode ser calculada pela seguinte equação.

$$EG(ano)=\overline{Pe} \times 8760h/ano \qquad \text{(Equação 10)}$$

Em que:

8760 é o número de horas no ano.

Estimativa da produção de energia de um parque eólico

Um parque eólico é normalmente constituído por mais de um aerogerador. A quantidade de aerogeradores instalada depende da potência total que se deseja instalar no parque e da potência unitária do aerogerador escolhido.

A distribuição da localização dos aerogeradores na área do sítio é um processo complexo, feito por meio do uso de ferramentas computacionais, tendo em vista as inúmeras variáveis que influenciam no cálculo desta distribuição. A Figura 11.12 mostra a esteira formada pela rotação das pás de um aerogerador. A esteira de um aerogerador é a região atrás da turbina eólica afetada pela extração da energia pelo rotor. É uma região turbulenta, com a presença de vórtices de karman. A região atrás da turbina, onde é formada a esteira, é denominada de "sombra". Quando um aerogerador opera na sombra de outro aerogerador, deverá extrair energia de uma massa de ar com menor potencial eólico, em função da menor velocidade média do vento e da maior turbulência, reduzindo seu desempenho.

O estudo de distribuição de aerogeradores em um parque eólico é conhecido como estudo de *Micrositing*.

Figura 11.12 – Esteira formada por uma turbina eólica.

Fonte: Danish Wind Industry Association (2010).

A perda de eficiência do parque eólico depende do espaçamento entre os aerogeradores. Entretanto, quanto maior esse espaçamento, maior será a área necessária e maiores as despesas com arrendamento de terreno.

A produção bruta de energia de um parque considera apenas as perdas por interferência das esteiras entre rotores dos aerogeradores.

Na produção líquida de energia do parque, devem ser incluídas:

- Perdas elétricas: rede interna do parque e rede elétrica até o ponto de entrega.
- Consumo próprio.
- Perdas por indisponibilidade do sistema elétrico e dos aerogeradores (indisponibilidade forçada e programada).

Um aerogerador, como qualquer máquina, necessita de manutenção e, por vezes, exige sua parada. Alguns tipos de manutenção provocam paradas. Os fabricantes têm garantido disponibilidade mínima entre 97 e 98%.

A produção anual bruta de um parque eólico pode ser calculada pela seguinte equação:

$$EG(ano)_{Bruta} = \sum_1^{nT} EG(ano) \qquad \text{(Equação 11)}$$

Em que:
nT = número de turbinas do parque.

A produção líquida anual de energia de um parque pode ser calculada pela seguinte equação:

$$EG(ano)_{central} = \sum_1^{nT} EG(ano)_n \; x \, (1 - perdas) \qquad \text{(Equação 12)}$$

Em que:
Perdas = perdas elétricas + consumo próprio + indisponibilidade.

A produção anual líquida de um parque pode também ser calculada pela seguinte equação:

$$EG(ano) = Pn \; x \; Fc \; x \; 8760h \, /ano \qquad \text{(Equação 13)}$$

Em que:
Pn: potência nominal do parque.
Fc: fator de capacidade anual.

O Fc pode ser calculado pela seguinte equação:

$$Fc = \frac{Potência \; média}{Potência \; nominal} \qquad \text{(Equação 14)}$$

Em que:
Pmédia: potência média gerada no período.
Pnominal: potência nominal do parque eólico.

AEROGERADORES: TECNOLOGIA

As máquinas eólicas modernas são referidas como turbinas eólicas, sistemas de conversão de energia eólica ou aerogeradores para distingui-las das máquinas tradicionais. Variam desde pequenas turbinas que fornecem potências na ordem de dezenas ou centenas de kW, utilizadas principalmente em áreas rurais, até turbinas consideradas de grande porte, que produzem potências na ordem de alguns MW e que normalmente estão interconectadas à rede elétrica.

Há várias topologias de aerogeradores. A maioria das topologias está relacionada ao rotor da turbina e ao tipo de gerador elétrico utilizado.

Existe uma variedade de máquinas eólicas desenvolvidas para extrair a energia dos ventos e transformá-la em energia mecânica e elétrica. A Figura 11.13 mostra alguns tipos de máquinas eólicas que foram propostas nos últimos anos.

As turbinas eólicas modernas, que estão sendo utilizadas para geração de energia elétrica tanto em aplicações isoladas como conectadas às redes elétricas, apresentam-se em duas configurações básicas, conforme a orientação do eixo com relação ao solo: turbinas de eixo horizontal e turbinas de eixo vertical.

Figura 11.13 – Alguns tipos de máquinas eólicas propostas para conversão de energia eólica.

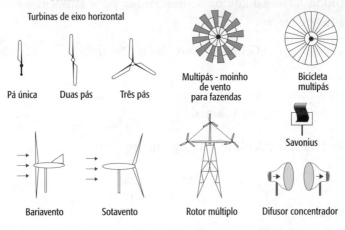

Fonte: Manwell et al. (2004).

Os aerogeradores de eixo horizontal geralmente possuem duas ou três pás, mas há alguns com número maior. Aerogeradores com grande número de pás normalmente são utilizados na conversão de energia eólica em energia mecânica, com aplicação usual no bombeamento de água em sítios e fazendas, e são conhecidos como cata-ventos ou turbinas multipás.

Grande parte dos aerogeradores comerciais de eixo horizontal utilizada para geração de eletricidade, tanto em pequena como em elevada potência nominal, possui três pás, por serem os que apresentam maiores vantagens técnicas e econômicas. Porém, aerogeradores de uma ou duas pás, que também foram desenvolvidos e estão em uso em alguns países, apresentam características que os tornam eficientes e mais econômicos em algumas aplicações, entre elas a geração de energia em plantas *offshore*. A Figura 11.14 apresenta os modelos de aerogeradores de eixo horizontal mais utilizados na atualidade.

Figura 11.14 – Aerogeradores de eixo horizontal: multipás, três, duas e uma pá.

Fonte: Boyle (1996).

Os aerogeradores de eixo vertical possuem vantagens e desvantagens com relação aos de eixo horizontal. Uma das vantagens consiste na possibilidade de aproveitar os ventos vindos de qualquer direção, sem a necessidade de possuir mecanismo que direcione o rotor com a mudança de direção do vento.

O aerogerador de eixo vertical mais conhecido é o tipo Darrieus, inventado em 1925 e mostrado na Figura 11.15. Esse modelo possui pás curvas (cada uma com uma seção transversal de aerofólio simétrico), com uma ponta fixada na extremidade superior do eixo vertical e a outra na extremidade inferior do mesmo eixo. O aerogerador de eixo vertical modelo Darrieus é o mais avançado da categoria.

Uma vantagem adicional com relação ao de eixo horizontal está na localização dos componentes principais junto ao solo, o que facilita os trabalhos de manutenção da turbina. Outros modelos de eixo vertical desenvolvidos são: eixo vertical tipo H e eixo vertical tipo V, propostos tendo como um dos objetivos vencer as dificuldades de manutenção, transporte e instalação das pás curvas do aerogerador modelo Darrieus. A Figura 11.15 mostra esses dois modelos.

Figura 11.15 – Aerogerador de eixo vertical: a) modelo Darrieus; b) modelo V e c) modelo H.

Fonte: Boyle (1996).

A potência unitária dos aerogeradores comerciais vem aumentando substancialmente ao longo dos últimos 30 anos. Enquanto na década de 1980 os modelos comerciais tinham potência na ordem de 50 kW, hoje os aerogeradores alcançaram em torno de 6.000 kW, o que certamente altera sua classificação em termos de potência. Com base nos modelos existentes, pode-se classificá-los como:

- Aerogeradores de pequeno porte: potência até 100 kW.
- Aerogeradores de médio porte: potência entre 100 kW e 1.000 kW.
- Aerogeradores de grande porte: potência maior que 1.000 kW.

Os principais componentes ou subsistemas de um aerogerador de eixo horizontal são mostrados na Figura 11.16. Eles incluem:

- Rotor: pás e cubo (suporte), onde estes são acopladas, e mecanismo de controle de passo da pá.

- Trem de acionamento: as partes rotativas da turbina (excluindo o rotor), eixos (alta e baixa rotação), caixa multiplicadora de velocidade, acoplamentos, freio mecânico e gerador elétrico.
- Nacele e sua base: compartimento no qual estão alojados os vários componentes (excluindo o rotor), base da nacele e sistema de orientação do rotor (yaw).
- Suporte estrutural (torre).

O aerogerador, em função de sua aplicação, necessita de componentes adicionais para fazer o acondicionamento da potência gerada para atendimento direto das cargas ou conexão à rede elétrica. São cabos, chaves, disjuntores, transformador e, quando usados, banco de capacitores, conversores de potência e filtros de harmônicos.

Figura 11.16 – Principais componentes ou subsistemas de um aerogerador de eixo horizontal.

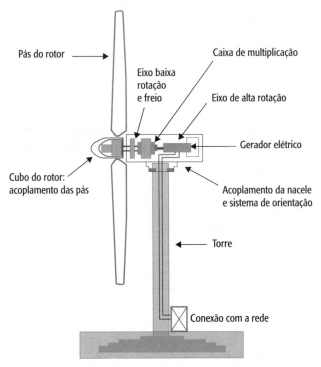

Fonte: Macedo (2002).

APLICAÇÃO DAS TURBINAS EÓLICAS

Turbinas eólicas encontram aplicações para fornecimento tanto de energia mecânica como de energia elétrica, sendo esta última a de maior aplicação. As aplicações podem ser classificadas em: aplicações autônomas e aplicações conectadas à rede elétrica.

As aplicações autônomas são isoladas da rede elétrica convencional para atendimento de cargas em regiões isoladas, como áreas rurais e ilhas. Como exemplo, podem-se citar: edificações comunitárias (escolas, centros de saúde etc.); fazendas; cooperativas rurais; residências; bombeamento de água; estações repetidoras de sinais; dessalinização de água, barcos, dentre outras, em sistemas individuais, sistemas híbridos e minirredes elétricas.

O suprimento de energia a cargas isoladas com aerogeradores se depara com algumas questões: as primeiras aplicações da energia eólica na geração de eletricidade se deram em áreas remotas para atendimento de cargas isoladas. Tanto nos Estados Unidos como em outros países da Europa e da Ásia, a turbina de pequeno porte associada a um banco de baterias era uma boa e única alternativa em locais onde não era economicamente viável estender a rede elétrica.

Nos dias atuais, em locais remotos onde a extensão da rede elétrica convencional ainda é uma alternativa cara, fontes autônomas de energia, a exemplo de uma pequena turbina eólica associada a um banco de baterias, apesar do seu custo elevado, são uma alternativa. A Figura 11.17 ilustra o atendimento de uma carga com aerogerador de pequeno porte em área isolada.

As aplicações conectadas à rede elétrica se dividem em duas categorias:

- **Geração distribuída**: sistemas de pequeno porte conectados à rede elétrica convencional de distribuição de energia para atendimento de cargas urbanas como: residência, comércio, indústria, condomínios, dentre outras, em sistemas individuais, sistemas híbridos e minirredes elétricas.

- **Geração centralizada**: centrais eólicas compostas por inúmeros aerogeradores conectados à rede de distribuição ou transmissão de energia. Podem ser instaladas em terra ou no mar (centrais *offshore*).

Mais de 95% da capacidade instalada de turbinas eólicas mundialmente está conectada a redes elétricas de grande porte. A operação das turbinas em uma rede de grande porte tem inúmeras vantagens importantes com respeito às características de geração de um aerogerador. A potên-

ENERGIA EÓLICA | **439**

Figura 11.17 – Pequeno aerogerador alimentando uma casa isolada.

Fonte: Pereira (2008).

cia gerada por uma turbina não precisa ser controlada de forma a acompanhar a demanda instantânea de potência de um consumidor específico. A variação da energia gerada pelo aerogerador é compensada pelas outras fontes conectadas à rede elétrica.

A geração distribuída tem várias vantagens, porém, existem regiões nas quais o potencial eólico que justifica a instalação de aerogeradores está restrito a áreas mais afastadas, ou seja, longe dos pontos de consumo, o que cria a necessidade de construir plantas geradoras centralizadas e de maior potência.

A concentração de várias turbinas em uma mesma área também tem vantagens técnicas. Do ponto de vista econômico, o custo de instalação por unidade da potência instalada é menor quando se instala um grande número de turbinas mais próximas umas das outras.

Um aspecto adicional está no custo de conexão com a rede elétrica. A instalação em locais onde a distância até o ponto de conexão é longa só se justifica com uma planta de grande porte.

A Figura 11.18 mostra a central eólica de Osório (RS), conectada ao sistema elétrico interligado.

Figura 11.18 – Central eólica de Osório, RS, Brasil.

Fonte: Fadigas (2008).

Plantas *offshore*

Nos últimos anos, a utilização de fazendas eólicas *offshore*, ou seja, instaladas no mar, começaram a fazer parte da paisagem nos países europeus que ficam no Mar do Norte.

Umas das razões mencionadas para o fato das turbinas estarem migrando para o mar está na indisponibilidade de terras em alguns países, como Holanda, Dinamarca e Alemanha, para desenvolvimento de plantas de grande porte. A exploração da energia eólica com instalações em terra ainda irá permanecer dominante por muitos anos, pois existem vários países (inclusive na Europa) com grande potencial a ser ainda explorado.

Outro argumento para a instalação de fazendas no mar está no excelente potencial eólico (ventos com velocidades mais altas). Esse argumento é correto e importante, mas não é o motivo decisivo. De acordo com relatórios divulgados, as melhores condições de vento são compensadas pelos altos custos de instalação e conexão com a rede elétrica em terra, de forma que as perspectivas econômicas podem não ser as melhores.

Um terceiro argumento para a instalação de plantas no mar tem ganhado força nas discussões públicas e aparenta tornar-se de fato o impulso ao desenvolvimento. O uso de turbinas eólicas no mar possibilita a construção de parques com potências superiores a 1.000 MW, atingindo, portanto, capacidades semelhantes a das plantas convencionais de energia. As turbinas desenvolvidas e adequadas para instalação no mar estão atingindo potências unitárias bem superiores às usadas em terra. Essa perspectiva tem atraído investidores para esse mercado. Em contraste com as plantas instaladas em terra, que também são de domínio de consumidores privados, além dos grandes investidores coorporativos, a instalação em mar reúne características favoráveis ao domínio dos grandes investidores.

As áreas costeiras do Mar do Norte e do Mar Báltico, onde estão instaladas as centrais *offshore*, fornecem diferentes condições com relação à utilização da energia, de modo que o desenvolvimento do uso da energia eólica no mar procede com diferentes graus nas regiões individuais. A Figura 11.19 mostra uma planta *offshore* instalada na Dinamarca.

Figura 11.19 – Planta *offshore*: Horns Rev II, Dinamarca.

Fonte: GWEC (2012).

ASPECTOS ECONÔMICOS

Quando se consideram os efeitos negativos ao meio ambiente causados por uma fonte de energia a base de derivados de petróleo, os impactos sociais e ambientais negativos provocados pela implantação dos reservatórios de grandes centrais hidrelétricas, ou ainda as questões de segurança associadas às usinas nucleares, fontes renováveis de energia, a exemplo da eólica e da solar, não podem ser avaliadas apenas do ponto de vista econômico.

No entanto, isso não significa que a utilização de fontes renováveis de energia faz sentido "a qualquer preço". Preços exorbitantes da energia gerada não são aceitáveis pela economia de um país de uma forma geral. A lucratividade do ponto de vista do gerenciamento do negócio e a lucratividade para a economia nacional são, todavia, dois aspectos totalmente distintos.

A base para todas as considerações econômicas no que tange ao aproveitamento da energia solar, mais especificamente de uma de suas formas, que é a energia eólica, é o custo de fabricação dos equipamentos que compõem a fonte geradora, no caso particular, o aerogerador. A baixa densidade energética do recurso eólico, associada em menor escala à eficiência da turbina eólica, exige que esta tenha uma grande área de captação, o que encarece o equipamento.

No presente, estão disponíveis no mercado aerogeradores com potência unitária que alcançam o patamar de 6.000 kW. Durante os últimos 15 anos, houve um enorme progresso no sentido de reduzir os custos desses equipamentos.

As primeiras séries de aerogeradores fabricados e comercializados na década de 1980 nos Estados Unidos e na Dinamarca, com potências bem inferiores, apresentavam custos na ordem de 5.000 US$/kW. Atualmente, os aerogeradores estão sendo comercializados a preços inferiores a 1.000 US$/kW, o que permite sua operação econômica frente às fontes convencionais, por exemplo, usinas termelétricas, mesmo em locais com regimes de vento menores.

O grande desafio para os próximos anos é reduzir ainda mais os custos dos aerogeradores, e há potencial para que isso seja realizado. Em primeiro lugar, o nível de desenvolvimento tecnológico atingido até o momento ainda oferece oportunidades para soluções com custos mais efetivos: materiais mais leves, estruturas mais simples etc.; e, em segundo lugar, o custo pode ser consideravelmente reduzido se forem produzidas grandes quantidades de aerogeradores. Obviamente, a linha de produção nunca irá se assemelhar à de um automóvel, porém, como os preços não são idênticos aos custos, a economia de escala, regra elementar da economia que também se aplica aos aerogeradores, faz com que os fabricantes considerem a situação do mercado na formação de seus preços de forma que suas margens de lucro variem conforme tempo e localização.

No caso específico do Brasil, que ainda possui uma pequena participação da energia eólica, a estabilização do mercado em longo prazo é de suma importância na redução dos custos.

Um planejamento de longo prazo para o setor eólico, com regras bem definidas baseadas em arcabouços regulatórios e montantes de energia que favoreçam a economia de escala, beneficiará não apenas fabricantes e investidores, mas a economia como um todo, pois criará mais empregos e capacitação tecnológica.

Outra questão importante a ser considerada, que certamente irá contribuir para a redução do preço de venda da tecnologia eólica, relaciona-se aos aspectos ambientais. A internalização de custos ambientais na avaliação econômica de um projeto de geração de energia e a possibilidade de obtenção de receita adicional com a venda de créditos de carbono e certificados verdes já são práticas em uso em alguns países e têm contribuído para uma maior penetração desse tipo de tecnologia na geração de energia.

O incentivo às fontes renováveis, particularmente às "novas fontes renováveis" (o que exclui as centrais hidrelétricas de médio e grande porte), em geral, visa atender objetivos estratégicos relacionados, com maior ou menor ênfase, dependendo do país, à segurança energética, à redução dos gases de efeito estufa e à geração de emprego e renda. Como consequência, tem havido um aumento no número de fabricantes dos diversos componentes dos aerogeradores, modelos variados e com custos reduzidos.

Este comportamento do mercado eólico tem sido favorecido em função dos vários instrumentos de incentivo às fontes renováveis de energia adotados pelos diversos países. Na Europa, por exemplo, os principais instrumentos de incentivo adotados para promoção das novas fontes renováveis de energia são: sistema de leilão (*tender system*); sistema de cotas/certificados verdes (*cotas obligation system*) e sistema baseado em preço (*feed-in tariffs*). Esses instrumentos normalmente coexistem com outros, como incentivos fiscais e apoio à pesquisa e ao desenvolvimento.

O preço dos aerogeradores é o componente principal nos custos totais de uma central eólica instalada. Todavia, os demais custos não devem ser desconsiderados.

O custo unitário de produção de energia não é determinado apenas pelo custo da máquina. Existem custos adicionais associados com: a instalação da usina e a conexão desta com a rede elétrica, custos de operação e manutenção, custos associados à disponibilidade dos aerogeradores e demais equipamentos e energia total produzida pela central geradora, função do comportamento do vento e do desempenho dos equipamentos.

Os custos de instalação são determinados pela acessibilidade, condições da fundação (tipo de solo) e distância da central até o ponto de conexão com a rede elétrica principal. Não há uma generalização desses custos, porém, é sabido que alguns efeitos são óbvios. Locais remotos e hostis terão custos de instalação e de conexão à rede maiores que locais mais acessíveis. Também os custos de operação e manutenção serão mais caros, e a disponibilidade menor. Esses efeitos nos custos são significativos quando se comparam custos de centrais eólicas em terra (*onshore*) e centrais no mar (*offshore*). A Tabela 11.1 apresenta a participação dos diversos componentes de custos no custo total de uma central eólica.

Tabela 11.1 – Distribuição dos custos de uma central eólica.

Categoria de custos iniciais de projeto	Fazenda eólica de médio/grande porte (%)	Fazenda eólica de pequeno porte (%)
Estudo de viabilidade	Menos de 2	1-7
Negociações de desenvolvimento	1-8	4-10
Projeto de engenharia	1-8	1-5
Custos de equipamentos	67-80	47-71
Instalações e Infraestrutura	17-26	13-22
Diversos	1-4	2-15

Fonte: Dutra (2007).

Entre 1980 e o início da década de 2000, houve uma redução significativa no custo de geração das turbinas eólicas em função do efeito combinado entre a redução do custo de capital e o aumento do desempenho das turbinas. Todavia, em relação ao aumento da eficiência, a partir de 2000, o custo de capital das turbinas aumentou em função do aumento do custo das *commodities*, matérias-primas, mão de obra e lucro dos fabricantes, bem como aumento da escala das turbinas. A Figura 11.20 ilustra dados históricos da avaliação de custos feitos por três organismos, Renewable Energy Laboratory (NREL) e Lawrence Berkeley National Laboratory (LBNL), Lemming et al. e Danish Energy Agency (DEA) (NREL e IEA, 2012).

ENERGIA EÓLICA | 445

Figura 11.20 – Custo uniforme de geração de energia (2010 – US$/MWh) para Estados Unidos e Europa (excluindo incentivos) entre 1980 e 2009.

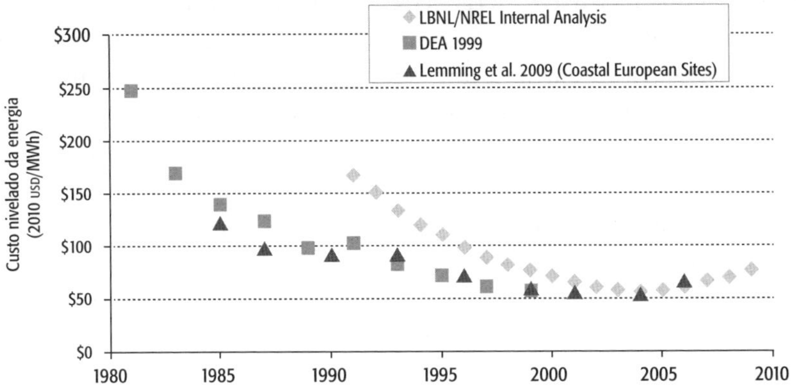

Fonte: NREL e IEA (2012).

No Brasil, pode-se considerar que a indústria eólica ainda está em um estágio inicial de desenvolvimento. O custo por kW instalado (R$ 3.500), em relação ao número de fabricantes instalados (11) no país ao final de 2012, apresenta valores bem superiores aos da China e da Europa. A redução dos custos das turbinas eólicas no Brasil ainda é um desafio a ser superado.

Um fato curioso é que os recentes investimentos no Brasil têm demonstrado uma clara redução no preço da energia eólica (R$/MWh) nos leilões. De acordo com Abeeólica (2013), a forte competição nos últimos certames, especialmente em 2011, levou os preços a patamares mínimos, com remuneração bem reduzida e preços inferiores aos outros mercados internacionais.

ASPECTOS AMBIENTAIS

A preocupação crescente com o aquecimento global tem levado os governos mundiais a discutirem formas de diminuir as emissões de dióxido de carbono, bem como outros gases responsáveis pelo aumento do efeito estufa na Terra. Reuniões internacionais para discutir e negociar questões relativas às mudanças climáticas e ao combate à pobreza têm sido realizadas desde o início da década de 1970 com o objetivo de tornar o desenvolvimento econômico mais sustentável.

A União Europeia, objetivando diminuir as emissões de gases de efeito estufa, estabeleceu metas para aumentar a participação das fontes renováveis de energia na matriz energética em 2020 para 20%.

O aproveitamento da energia dos ventos é uma das formas de produção de eletricidade a partir de fontes renováveis de energia mais interessantes e promissoras mundialmente.

Apesar de ser uma fonte de energia renovável e limpa, também apresenta impactos ambientais negativos, porém, relativamente baixos comparados aos de fonte de energia convencional.

Ao se considerar toda a fase de implantação, verifica-se que, indiretamente, a energia eólica usada para produção de eletricidade causa impactos negativos indiretos oriundos da fase de preparação do sítio eólico e instalação dos aerogeradores.

Não é fácil medir e atribuir valor aos benefícios ambientais de uma central geradora de energia. Em geral, os benefícios ambientais da energia eólica são calculados em função das emissões que se deixa de produzir com as outras fontes quando estas são substituídas pela energia eólica.

À medida que a participação da energia eólica na oferta total de energia elétrica a nível mundial foi crescendo ao longo dos tempos, aumentou a importância de seus efeitos ao meio ambiente. Relatórios divulgados apresentam informações sobre projetos eólicos que sofreram atrasos na instalação ou deixaram de ser construídos em função dos impactos negativos ao meio ambiente.

A implantação de parques eólicos pressupõe que todos os projetos sejam precedidos de estudos ambientais, cujas características e respectivas profundidades e abrangência devem depender das especificidades de cada projeto e dos efeitos causados em função de sua localização.

A realização de estudos de impacto ambiental decorre da aplicação da legislação ambiental vigente. Na fase de estudo de viabilidade se obtêm as primeiras informações do local e são feitos estudos para verificar a melhor forma de mitigar os impactos. A obtenção de licenças ambientais é um dos requisitos fundamentais para que os projetos sejam aprovados e recebam licenças de instalação.

Um projeto eólico é constituído pelas fases de construção, operação e desativação dos aerogeradores ou parque eólico. Nessas fases, existem várias ações causadoras dos diversos impactos ambientais associados a esse tipo de projeto, sendo que essas ações impactam mais ou menos dependendo da fase do projeto.

Os principais impactos ambientais atribuídos à fonte eólica são:

- Interação da fauna com os aerogeradores: durante a fase da obra, a perturbação originada é sentida por todas as espécies que utilizam a área de implantação do parque eólico, podendo consistir em esmagamento ou ferimento de vários animais (répteis, anfíbios e pequenos mamíferos) e perturbação dos locais de repouso, alimentação e reprodução de todas as espécies. Durante a fase de exploração, ou seja, quando as turbinas entram em operação, os principais impactos causados na fauna dizem respeito ao risco de colisão das aves contra as turbinas e alteração no habitat natural das aves.

- Impacto visual dos aerogeradores: os recursos visuais ou estéticos se referem às características naturais e culturais de um ambiente e são de interesse público. Em um projeto eólico, a avaliação da compatibilidade entre as características do projeto e do entorno devem ser simuladas levando-se em conta diferentes arranjos de instalação das turbinas eólicas.

- Ruído provocado pelos aerogeradores: o ruído causado por aerogeradores tem sido um dos impactos ambientais mais estudados pelos engenheiros. O ruído é definido como um som indesejável, ou seja, que incomoda. O incômodo ou transtorno causado pelo ruído depende de sua intensidade, frequência, distribuição da frequência e modelo da fonte de ruído; níveis de ruído de fundo, terreno entre o emissor e o receptor, e da natureza do receptor de ruído.

- Efeitos de interferência eletromagnética: aerogeradores podem ser um obstáculo para as ondas eletromagnéticas (rádio, televisão, telefonia). Essas ondas podem ser refletidas, espalhadas ou defletidas pelos componentes metálicos dos aerogeradores.

- Impacto no uso da terra: há uma variedade de questões a serem consideradas com relação ao uso da terra quando se instalam aerogeradores. Algumas delas envolvem regulamentações e permissões governamentais (como zoneamento, permissões para construção, aprovação de autoridades da aeronáutica quando o sítio se situar próximo a um aeródromo, dentre outras). Outras podem não estar sujeitas à regulação, mas têm impacto na aceitação pública.

A operação de uma usina eólica é plenamente compatível com atividades agropecuárias e piscicultura. Porém, além dos fatores já mencionados, no desenvolvimento do projeto, também merece atenção a verificação de presença de nascentes de rios no terreno, influência no ecossistema local e estudos da presença de sítios arqueológicos.

A obtenção de licenças ambientais é de extrema importância no desenvolvimento do projeto. No Brasil, são três as licenças ambientais que a usina deve obter até o pleno funcionamento de um empreendimento de geração de eletricidade (Resolução n. 237/97):

- LAP – Licença ambiental prévia.
- LAI – Licença ambiental de instalação.
- LAO – Licença ambiental de operação.

REFERÊNCIAS

[ABEEÓLICA] ASSOCIAÇÃO BRASILEIRA DE ENERGIA EÓLICA. *Boletim anual de geração eólica*. São Paulo: Abeeólica, 2013.

BOYLE, G. *Renewable energy: power for a sustainable future*. Reino Unido: Oxford University Press, 1996.

BURTON, T. et al. *Wind energy handbook*. Londres: John Wiley & Sons, 2001.

[CONAMA] CONSELHO NACIONAL DO MEIO AMBIENTE. *Resolução n. 237, 19 de dezembro de 1997*. Brasília, 1997.

CUSTÓDIO, R.S. *Energia eólica para produção de energia elétrica*. Rio de Janeiro: Eletrobrás, 2007.

DANISH WIND ENERGY ASSOCIATION. *Wind energy reference manual*. Disponível em: http://windpower.org/en/tour/wres/variab.htm. Acessado em: mar. 2010.

[DEWI] DEUTSCHES WINDENERGIE; INSTITUT GMBH. *Curso informativo de energia eólica*. Rio de Janeiro: Dewi/GMBH, 2001.

DUTRA, R.M. *Proposta de políticas específicas para energia eólica no Brasil após a primeira fase do Proinfa*. Rio de Janeiro, 2007, 415p. Tese (Doutorado). Universidade Federal do Rio de Janeiro.

FADIGAS, E.A.F.A. *Notas de aula de PEA 5002*. São Paulo: Escola Politécnica da Universidade de São Paulo, 2008.

_____. *Energia eólica*. Barueri: Manole, 2011.

GWEC. *Global wind energy report*. 2012. Disponível em: http://www.gwec.net/publications/global-wind-report-2/global-wind-report-2012/. Acessado em: 20 ago. 2015.

IEC. *61400-12-1. Wind Turbiros. Power Measurements of Electricity Producing Wind Turbines*, dez. 2015.

MACEDO, W.N. *Estudos de sistemas de geração de eletricidade utilizando a energia solar fotovoltaica e eólica*. Belém, 2002. 152p. Dissertação (Mestrado). Centro Tecnológico da Universidade Federal do Pará.

MANWELL, J.F. et al. *Wind energy explained: theory, design and applications*. Londres: John Wiley & Sons, 2004.

[NREL] NATIONAL RENEWABLE ENERGY LABORATORY. *Wind resource assessment handbook*. EUA, 1997.

[NREL] NATIONAL RENEWABLE ENERGY LABORATORY; [IEA] INTERNATIONAL ENERGY AGENCY. *Wind task 26: the past and the future cost of wind energy*. EUA, 2012.

PEREIRA, A.L. *Slides de aula*. Universidade de São Paulo, 2008.

SILVA, G.R. *Características de vento da região nordeste. Análise, modelagem e aplicações para projetos de centrais eólicas*. Recife, 2003, 131p. Dissertação (Mestrado). Universidade Federal de Pernambuco.

Energia Solar | 12

Lineu Belico dos Reis
Engenheiro eletricista, Escola Politécnica da USP

Eliane A. F. Amaral Fadigas
Engenheira eletricista, Escola Politécnica da USP

INTRODUÇÃO

O Sol é uma imensa fonte de energia inesgotável. Dele depende a vida na Terra. Muitas fontes de energia renovável derivam do Sol, incluindo o uso direto da energia solar para fins de aquecimento ou geração de eletricidade e o uso indireto, como a energia dos ventos, ondas e água corrente, bem como a energia das plantas e dos animais (madeira, palha, estrume e outros restos de plantas e resíduos). A energia das marés resulta da força gravitacional entre a Lua e o Sol, e a energia geotérmica origina-se do calor gerado nas profundezas da Terra. A Figura 2.1 (do Capítulo 2) deste livro demonstra a importância da energia solar no contexto global das energias na Terra.

O aproveitamento efetivo da quantidade de energia emitida pelo Sol, em suas diversas aplicações práticas, dependerá do rendimento global associado à tecnologia considerada, desde a captação da energia solar até o elemento final da cadeia energética, em geral, um equipamento conectado ao consumidor.

Mas, nesse rendimento, prepondera largamente o limite associado à etapa inicial de coleta e condicionamento da energia solar para aplicação tecnológica, como se verá a seguir.

A ENERGIA DO SOL NA SUPERFÍCIE TERRESTRE

Do total de radiação solar incidente na Terra (uma parcela da energia emitida pelo Sol), 30% são refletidos imediatamente de volta para a atmosfera. Os 70% restantes são utilizados para aquecer a superfície da Terra, a atmosfera e os oceanos (47%) ou são absorvidos na evaporação da água (23%). Praticamente uma quantidade muita pequena é utilizada na formação dos ventos e ondas e absorvida pelas plantas no processo de fotossíntese.

Na utilização da energia solar, tanto na forma de energia térmica, como na geração elétrica, a variável básica do aproveitamento é a radiação solar incidente nos equipamentos dedicados à captação da energia do Sol disponível localmente.

Os sistemas baseados na utilização da energia solar têm potencial de suprir grande parte da necessidade de energia do planeta. Diversas limitações e barreiras, no entanto, ainda devem ser superadas, relacionadas principalmente ao rendimento dos sistemas, aos seus custos e às necessidades de armazenamento, uma vez que a energia solar não é disponível durante a noite e é uma fonte intermitente de energia. Os avanços tecnológicos têm se direcionado no sentido de superar esses problemas, sendo que a adoção em massa dos sistemas solares auxiliaria muito neste sentido.

O imenso potencial da energia solar é ilustrado na Figura 12.1, que permite a comparação da energia solar que atinge a superfície terrestre, fontes de energia nuclear e de combustíveis fósseis com o consumo mundial de energia, no período de um ano.

Figura 12.1 – Energia solar, fontes nuclear e fósseis, comparadas ao consumo de energia mundial em um ano.

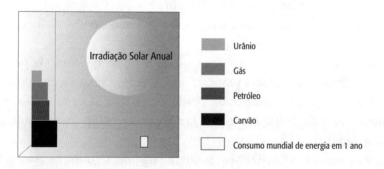

Fonte: The German Energy Society (2008).

A transmissão da energia do Sol para a Terra se dá através de radiação eletromagnética de ondas curtas, uma vez que os comprimentos de onda de 97% da radiação solar variam entre 0,3 e 3,0 μm.

Além disso, devido às flutuações climáticas, em seu caminho até o solo, a radiação solar incidente no limite superior da atmosfera sofre uma série de reflexões, dispersões e absorções. Como consequência, a incidência total da radiação solar sobre um corpo localizado no solo é a soma de três componentes, uma direta, outra difusa e uma terceira, refletida. A radiação direta é aquela proveniente diretamente do disco solar sem sofrer nenhuma mudança de direção, além da provocada pela refração atmosférica. A radiação difusa é aquela recebida por um corpo após a modificação da direção dos raios solares por reflexão ou espalhamento na atmosfera. E a radiação refletida depende das características do solo e da inclinação do equipamento captador.

Os níveis de radiação solar em um plano horizontal na superfície da Terra variam com as estações do ano, devido principalmente à inclinação de seu eixo de rotação em relação ao plano da órbita em torno do Sol. Variam também de acordo com a região, devido principalmente às diferenças de latitude, condições meteorológicas e altitude.

Para um aproveitamento adequado da energia solar, é importante que se conheça o comportamento da radiação solar disponível no local, o que é efetuado por meio de medições adequadas.

A radiação total pode ser medida com o uso de diversos instrumentos. O mais utilizado é o piranômetro, que tem o sensor localizado no plano horizontal, recebendo, portanto, radiação em todas as direções no hemisfério. A radiação direta é medida pelo piro-heliômetro, instrumento provido de um dispositivo de acompanhamento do Sol e de um sistema ótico que só admite a energia proveniente do disco solar e de um estreito anel adjacente.

Pela natureza estocástica da radiação solar incidente na superfície terrestre, é conveniente basear as estimativas e previsões do recurso solar em informações solarimétricas levantadas durante prolongados períodos de tempo.

Os dados solarimétricos são apresentados habitualmente na forma de energia coletada ao longo de um dia, produzindo uma média mensal ao longo de muitos anos. As unidades de medição mais frequentes são: Langley/dia (ly/dia), cal/cm^2/dia, Wh/m^2 e intensidade média diária em W/m^2 (1 ly/dia = 11,63 Wh/m^2 = 0,4846 W/m^2).

Em condições atmosféricas ótimas, ou seja, céu claro sem nenhuma nuvem, a iluminação máxima observada ao meio-dia num local situado ao nível do mar é de 1 kW/m². Atinge um valor de 1,05 kW/m² a 1.000 metros de altura e, nas altas montanhas, chega a 1,1 kW/m². Fora da atmosfera, a intensidade se eleva a 1,377 kW/m². Este índice é a chamada constante solar, sendo utilizado um valor médio, pois o mesmo varia com a distância da Terra em torno do Sol.

Além disso, a radiação solar total incidente varia em diferentes locais da superfície da Terra. Enquanto uma superfície horizontal no sul da Europa ocidental (sul da França) recebe em média por ano uma radiação de 1.500 kWh/m², ou mais, e no norte, a energia anual varia entre 800 e 1.200 kWh/m², uma superfície no deserto do Saara recebe cerca de 2.600 kWh/m² ano, ou seja, duas vezes a média europeia.

O Brasil possui um ótimo índice de radiação solar, principalmente o Nordeste brasileiro. Na região do semiárido estão os melhores índices, com valores típicos de 200 a 250 W/m² de potência contínua, o que equivale a cerca de 1.752 a 2.190 kWh/m² por ano de radiação incidente. Isso coloca o local entre as regiões do mundo com maior potencial de energia solar.

As informações solarimétricas, muitas vezes, como no caso do Brasil, são organizadas nos denominados atlas solarimétricos. A Figura 12.2 apresenta o exemplo de conteúdo de um atlas solarimétrico.

TECNOLOGIAS DE UTILIZAÇÃO DA ENERGIA SOLAR

Como já apresentado, a radiação solar (que reflete a energia disponibilizada pelo Sol em um determinado local e instante) pode ser convertida em energia útil ao ser humano usando várias tecnologias. Pode ser absorvida em coletores solares para prover aquecimento de ambiente e de água a temperaturas relativamente baixas. Usando concentradores solares feitos de espelhos facetados, é possível obter elevadas temperaturas que são utilizadas em processos térmicos ou para geração de eletricidade. A radiação solar pode ser também convertida diretamente em eletricidade usando células fotovoltaicas.

As principais tecnologias de utilização direta da energia solar podem ser classificadas em função da sua utilização, ou seja, do uso final propiciado ao ser humano. Basicamente, podem ser consideradas tecnologias associadas ao

ENERGIA SOLAR | 455

Figura 12.2 – Irradiação solar no Brasil.

Obs.: Figura original colorida disponível em http://www.manoleeducacao.com.br/energiaesustentabilidade.

Fonte: Pereira et al. (2006).

uso final direto da energia térmica proporcionada pelo Sol e tecnologias associadas ao uso da radiação solar para produção de energia elétrica.

No caso da produção de energia elétrica, uma diferenciação se dá principalmente no processo de captação da radiação solar e seu condicionamento adequado aos requisitos da tecnologia de uso final. Assim, existe a tecnologia fotovoltaica, que efetua transformação direta da radiação solar em energia elétrica, e um conjunto de tecnologias que utiliza a energia térmica do Sol para produzir calor, que, então, será utilizado em diferentes tipos de geração termelétrica, nos denominados sistemas termossolares.

As tecnologias de utilização da energia solar são enfocadas a seguir.

TECNOLOGIAS DE UTILIZAÇÃO DA ENERGIA SOLAR NA FORMA TÉRMICA

Uma grande variedade de equipamentos pode ser utilizada para captar a energia térmica do Sol. Entre os mais simples, podem ser citados os fornos e outros equipamentos para aquecimento utilizados por populações isoladas, que não são enfocados aqui por fazerem parte do assunto tratado no Capítulo 21 deste livro, universalização do atendimento.

Dentre as tecnologias aqui consideradas, para uso em baixas temperaturas, a maioria dos sistemas é composta de vidros, que têm a propriedade de transmitir a luz visível e bloquear a radiação infravermelha. Para uso em elevadas temperaturas, utilizam-se habitualmente espelhos. Pode-se dividir o aproveitamento em dois tipos principais, detalhados a seguir.

Sistema solar ativo

A captação da energia solar a baixas temperaturas pode ser feita com o uso de vários equipamentos em função da aplicação. Um desses equipamentos é o que se denomina de coletor solar plano, usualmente montado no telhado de uma edificação para captar a radiação solar. A maioria dos sistemas é estruturalmente simplificada, e o calor produzido é utilizado para aquecer água para uso interno das edificações ou aquecer água de piscina. A Figura 12.3 mostra um esquema simplificado desse tipo de coletor.

Dentre as aplicações mais antigas de sistema solar a baixas temperaturas é possível citar a estufa, utilizada na agricultura em culturas que exigem certas condições ambientais para se desenvolverem, bem como na secagem de produtos agrícolas. Também é uma aplicação antiga a utilização do calor solar para evaporar água do mar e obter sal de cozinha. Outra antiga e interessante aplicação da energia solar a baixas temperaturas, muito utilizada nos países do Oriente Médio, é a dessalinização da água do mar e da água salobra de poços para obtenção de água doce.

No campo do aquecimento ambiental, existem diversas configurações de sistemas utilizados, na sua maioria em países de clima frio. Um deles é o uso de radiadores, em que a água quente passa, introduzindo ar quente no ambiente. Outra configuração de coletores solares a ar, cujo princípio de funcionamento é semelhante ao de água, é o sistema em que o ar passa através do coletor, que pode ser instalado verticalmente sobre a fachada das

Figura 12.3 – Esquema básico de um coletor solar para aquecimento de água.

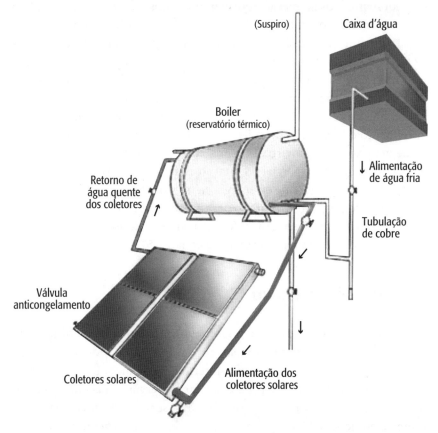

Fonte: Fantinelli (2006).

edificações, e o ar pré-aquecido pelo sol pode ser direcionado ao ambiente que se quer aquecer ou pode ser armazenado em um acumulador para ser usado em outro período.

Também o calor solar é utilizado para fins de refrigeração ambiental mediante ciclo de absorção. O calor solar, neste caso, é utilizado como pré--aquecedor, tendo em vista que esse tipo de sistema exige temperaturas mais elevadas.

Existe uma enorme quantidade de equipamentos para aproveitamento do Sol a baixas temperaturas. Para aquecimento de ar ambiente, a maioria desses equipamentos está instalada em países de clima frio. Para aquecimento de água, os coletores solares são utilizados em inúmeros países. Esses equipamentos ainda são considerados caros para o poder aquisitivo da grande maioria da população de países em desenvolvimento.

Atualmente, no Brasil, existe um número muito grande de fabricantes de coletores solares. Porém, para uma maior introdução desse equipamento no mercado, há a necessidade de criação de mecanismos de incentivos governamentais aplicados para o consumidor e para a empresa fabricante para baratear os custos e atingir as camadas mais pobres da população. O aquecimento de água usando coletor solar é visto hoje como uma alternativa de geração (geração virtual), tendo em vista a sua utilização em larga escala, como substituto parcial ou total ao chuveiro elétrico, poderia liberar uma substancial quantidade de energia elétrica das redes para atendimento do aumento de carga, contribuindo para a redução da necessidade de construção de novas fontes geradoras de eletricidade e, consequentemente, do agravamento da poluição ambiental ocasionada.

Sistema solar passivo

Consiste na absorção da energia diretamente por uma edificação em função do seu projeto arquitetônico, com o intuito de reduzir a energia requerida para aquecer o ambiente interno. Normalmente, esse tipo de sistema se utiliza do próprio ar para coletar a energia, em geral, sem a necessidade de utilizar bombas ou ventiladores, sendo o sistema parte integrante da edificação. Um edifício projetado de forma eficiente, ou seja, fazendo um bom aproveitamento da luz solar e da circulação de ar, diminui a necessidade de consumir energia elétrica na iluminação e acondicionamento do ambiente.

TECNOLOGIAS DE UTILIZAÇÃO DA ENERGIA SOLAR PARA GERAÇÃO DE ELETRICIDADE

Os sistemas que permitem utilização da energia transmitida à Terra pelo Sol para geração de eletricidade podem ser divididos em dois tipos básicos:

- Sistemas fotovoltaicos, que efetuam a transformação da energia solar em elétrica diretamente.

- Sistemas termossolares (ou heliotérmicos), em que a energia solar é usada para produzir a energia térmica que será transformada em energia elétrica. Em geral, produzindo vapor que acionará uma termelétrica a vapor.

SISTEMAS FOTOVOLTAICOS

Os sistemas fotovoltaicos contêm células solares capazes de converter a energia solar diretamente em eletricidade. Cada célula solar é composta por camadas de material semicondutor. Quando a radiação solar incide sobre uma célula solar é gerado um potencial elétrico (tensão) através das camadas de material semicondutor. Esse potencial é responsável pela circulação de corrente elétrica por um circuito externo quando este é fechado.

A tecnologia fotovoltaica pode ser instalada em quase todas as regiões do planeta. Por não conter partes móveis, esses sistemas podem operar de forma silenciosa. Sistemas fotovoltaicos geralmente têm uma durabilidade de 25 anos.

Evolução mundial da capacidade instalada dos sistemas fotovoltaicos

Desde a introdução das primeiras células fotovoltaicas com tecnologia de silício cristalino, em 1954, a geração de energia elétrica a partir de sistemas fotovoltaicos tem aumentado gradativamente sua participação na matriz elétrica mundial. Durante muitos anos, em virtude dos altos custos da instalação, os sistemas fotovoltaicos ficaram restritos a aplicações espaciais e pequenas aplicações autônomas isoladas. Nos últimos anos, no entanto, a capacidade instalada de sistemas fotovoltaicos tem aumentado significativamente, uma vez que o aumento de produção dos módulos fotovoltaicos resultou em diminuição dos custos; houve, em muitos países, incentivos governamentais para diversificar a matriz energética e substituir fontes baseadas em combustíveis fósseis; e se deu aumento massivo da capacidade instalada de sistemas fotovoltaicos conectados à rede elétrica.

A Figura 12.4 ilustra o aumento dos sistemas conectados à rede.

Figura 12.4 – Proporção de sistemas fotovoltaicos conectados e desconectados da rede elétrica ao longo dos anos.

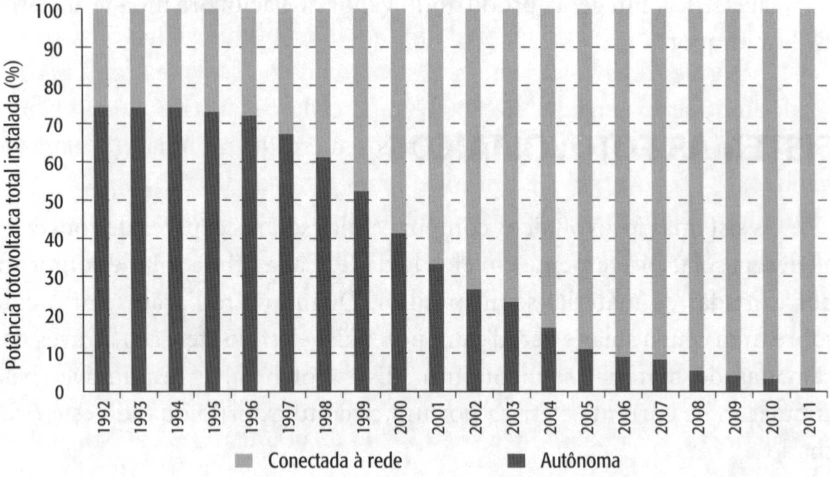

Fonte: EIA (2012).

A Tabela 12.1 apresenta a evolução do mercado mundial dos módulos fotovoltaicos.

Tabela 12.1 – Evolução do mercado mundial de módulos fotovoltaicos (MWp).

Ano	2000	2001	2002	2003	2004	2005	2006	2007	2008	2009
Mercado mundial	278	334	477	583	1.122	1.422	1.596	2.894	6.090	7.203

Fonte: Epia (2012a).

Como pode ser verificado pela Tabela 12.1, o mercado mundial tem se desenvolvido aumentando de menos de 1 GW, em 2003, para mais de 7,2 GW, em 2009. Após apresentar uma taxa de crescimento de 160% de 2007 para 2008, o mercado em 2009 continuou crescendo a uma taxa de 15%. Embora a Alemanha continue na liderança, outros mercados apresentam crescimento significativo. A Coreia do Sul e, em particular, a Espanha, em contraste, assistiram a suas instalações declinarem.

O crescimento de 2009 está principalmente associado ao desenvolvimento do mercado alemão, que quase dobrou em um ano, passando de 1,8 GW, em 2008, para aproximadamente 3,8 GW instalados, em 2009, representando mais de 53% do mercado mundial de módulos fotovoltaicos.

Apesar do desenvolvimento na Alemanha, outros países continuaram expandindo seus mercados em 2009. O mercado italiano instalou 711 MW, estabelecendo-se como o segundo maior mercado mundial. O mercado também se desenvolveu significativamente fora da Europa, com 484 MW instalados no Japão e 477 MW (incluindo 40 MW de aplicações não conectadas às redes) nos Estados Unidos. A República Checa e a Bélgica tiveram um expressivo progresso em 2009, com 411 MW e 292 MW instalados respectivamente.

Desenvolvimentos também tiveram lugar na França, com 285 MW instalados, dos quais, 185 MW já foram conectados. Canadá e Austrália estão emergindo enquanto Coreia do Sul não conseguiu repetir os números de 2008.

No sul da Europa, Portugal e Grécia, dois mercados promissores com enorme potencial, estão atrasados, aguardando um contexto mais favorável. A Espanha, líder em 2008, em função da crise e de seu pesado mercado regulatório, teve uma expansão inexpressiva em 2009.

A China aparece como um novo agente em 2009, com aproximadamente 160 MW instalados, e a Índia com aproximadamente 30 MW.

A União Europeia representou, em 2009, 5,6 GW, ou 78% do mercado mundial.

Tipos básicos de sistemas fotovoltaicos

Sistemas fotovoltaicos podem ser instalados próximos aos grandes centros de consumo de energia, de forma centralizada ou descentralizada, conectada ou desconectada da rede elétrica. Eles podem prover energia para pequenas ou grandes aplicações.

Nesse contexto, as aplicações de um sistema fotovoltaico podem ser divididas em: sistemas autônomos e sistemas conectados à rede elétrica.

* **Sistemas autônomos**: consistem em sistemas fotovoltaicos não conectados à rede elétrica de distribuição. São utilizados na alimentação de cargas em áreas remotas (residências, boias marítimas, estações repetidoras de sinais de comunicação, dentre outras), ou cargas situadas

em áreas urbanas (iluminação de áreas externas, placas sinalizadoras, dentre outras). Entre os sistemas isolados, existem muitas configurações possíveis, a depender do tipo de carga a ser alimentada. As configurações mais comuns são:

- **Carga CC sem armazenamento**: a energia elétrica é usada, quando produzida, para alimentar equipamentos que operam em corrente contínua (CC), por exemplo, bombeamento de água.

- **Carga CC com armazenamento**: é o caso em que se deseja utilizar equipamentos elétricos, em corrente contínua, existindo ou não geração fotovoltaica simultânea. Para que isso seja possível, a energia elétrica, quando excedente, deve ser armazenada em baterias.

- **Carga CA sem armazenamento**: da mesma forma como apresentado para o caso CC sem armazenamento, porém, é necessário um inversor para alimentação das cargas que funcionam em corrente alternada (CA).

- **Carga CA com armazenamento**: da mesma forma como apresentado para o caso CC com armazenamento, porém, para alimentação de equipamentos que operem em corrente alternada.

- **Sistemas autônomos híbridos**: são sistemas em que a configuração não se restringe apenas à geração fotovoltaica. Em outras palavras, são sistemas isolados da rede elétrica nos quais existe mais de uma forma de geração de energia, por exemplo, gerador diesel, turbinas eólicas e geração fotovoltaica. Esses sistemas são mais complexos e necessitam de algum tipo de controle capaz de integrar os vários geradores, de forma a garantir a melhor forma de operação para o usuário. Os sistemas fotovoltaicos, além de serem usados para alimentação de cargas individuais, remotas ou urbanas, podem ser instalados em minirredes, associadas a outros tipos de fontes, para alimentação de um grupo de cargas. As minirredes são enfocadas no Capítulo 21.

- **Sistemas conectados à rede**: são aqueles em que o arranjo fotovoltaico representa uma fonte complementar ao sistema elétrico de grande porte ao qual está conectado. São sistemas que não utilizam armazenamento de energia, pois toda a potência gerada é entregue à rede instantaneamente. As potências instaladas vão desde poucos kWp em instalações residenciais, até alguns MWp em grandes sistemas operados por empresas. Esses sistemas se diferenciam quanto à forma de conexão à rede. Podem ser sistemas descentralizados e sistemas centralizados.

Entre os sistemas fotovoltaicos descentralizados mais comuns, encontram-se os sistemas residenciais, comerciais e industriais de autoprodutores. Se a energia produzida for inferior à demanda, a rede elétrica complementa. Caso seja superior, o excedente é injetado na rede elétrica da concessionária local.

A Figura 12.5 apresenta um exemplo de sistema fotovoltaico descentralizado.

Figura 12.5 – Sistema fotovoltaico descentralizado integrado a uma edificação.

Fonte: Roberts e Guariento (2009).

Os sistemas centralizados, por outro lado, podem produzir uma grande quantidade de energia, de centenas de kW até vários MW, em um único local. Esses sistemas são chamados de centrais fotovoltaicas e, geralmente, produzem energia para indústrias ou centros urbanos com grande intensidade energética. Esse tipo de aplicação pode ser explorado comercialmente pelas próprias concessionárias ou por investidores interessados em atuar no mercado de venda de energia. A Figura 12.6 apresenta um sistema fotovoltaico centralizado.

Figura 12.6 – Sistema fotovoltaico centralizado.

Fonte: Solarpraxis (2012).

Outras aplicações de células fotovoltaicas são:

- **Produtos de consumo**: podem ser destacados como principais calculadoras, relógios, lanternas e rádios portáteis.
- **Aplicações profissionais**: responsáveis por uma significativa parcela do mercado de células fotovoltaicas. Podem-se destacar como principais os sistemas de telecomunicações (rádios, telefones remotos, estações repetidoras), sinalização marítima, cercas eletrificadas, entre outros. Trata-se de sistemas autônomos, como os apresentados anteriormente, mas com aplicação específica.

Principais componentes de um sistema fotovoltaico

Um sistema fotovoltaico de produção de energia elétrica compreende o agrupamento de módulos em painéis fotovoltaicos e de outros equipamentos relativamente convencionais, que transformam ou armazenam a energia elétrica para que possa ser utilizada facilmente pelo usuário.

Os principais constituintes desse sistema são: conjunto de módulos fotovoltaicos, regulador de tensão, sistema para armazenamento de energia e inversor de corrente contínua/corrente alternada. A Figura 12.7 mostra um esquema em bloco de um gerador fotovoltaico, cujos principais componentes serão enfocados a seguir.

Figura 12.7 – Diagrama de bloco de um sistema solar fotovoltaico.

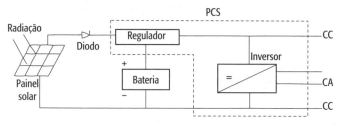

Fonte: Reis (2011).

Nesse esquema, o gerador fotovoltaico está integrado por uma associação de módulos, conexões, diodos de proteção e estruturas de suporte. Cada um desses componentes é enfocado separadamente a seguir.

Módulo fotovoltaico

O módulo fotovoltaico é o componente responsável pela captação da radiação solar. Ele é composto por um conjunto de células solares interligadas, geralmente fabricadas com tecnologias de silício cristalino ou tecnologias de filmes finos. A Figura 12.8 apresenta o diagrama de um módulo fotovoltaico plano composto por células de silício cristalino.

Figura 12.8 – Camadas de um módulo fotovoltaico de silício cristalino.

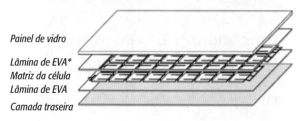

(*) EVA = Acetato vinílico de etileno.

Fonte: Tobías et al. (2011).

As células solares são interligadas em um circuito série/paralelo por meio de uma fita condutiva (prata). Camadas finas de espuma vinílica acetinada (EVA) ou polivinil butiral (PVB) são utilizadas para fixar as células em suas posições e para protegê-las de água. O módulo é geralmente encapsulado entre uma camada frontal transparente (vidro) e uma camada inferior à prova de água (polímero). Por fim, a estrutura é emoldurada através de uma estrutura metálica que garante rigidez mecânica e durabilidade.

A durabilidade dos módulos fotovoltaicos é fixada em 25 anos. Eles conseguem operar durante vinte anos mantendo no mínimo 80% da potência nominal e atingem facilmente trinta anos de utilização.

Tecnologias de células solares fotovoltaicas

As primeiras células solares foram desenvolvidas em tecnologia de silício monocristalino. O processo de produção dessas células, apesar de estar bastante maduro, necessita de grande quantidade de energia até a obtenção do grau de pureza necessário para aplicações solares. Visando diminuir os custos de produção e também estabelecer processos mais simples, novas tecnologias de fabricação de células foram e continuam a ser desenvolvidas.

Os principais tipos de células solares disponíveis comercialmente em módulos fotovoltaicos são as células de silício cristalinas (c-Si), como as células de silício monocristalino (sc-Si) e as células de silício multicristalino (mc-Si), apresentadas na Figura 12.9, e células fabricadas com tecnologia de filmes finos, como as células de silício amorfo hidrogenado (a-Si), células de telureto de cádmio (CdTe), células de disseleneto de cobre e índio (CIS) e células de disseleneto de cobre, gálio e índio (CIGS), das quais algumas são apresentadas na Figura 12.10.

Figura 12.9 – Células de silício cristalino: monocristalino (esq.) e multicristalino (dir.).

Fonte: Ruther (2004).

ENERGIA SOLAR | 467

Figura 12.10 – Células de filmes finos: (1) telha com módulo fotovoltaico de filme fino flexível integrado; (2) módulo de a-Si; (3) célula solar de CdTe; (4) módulo fotovoltaico de CIS/CIGS.

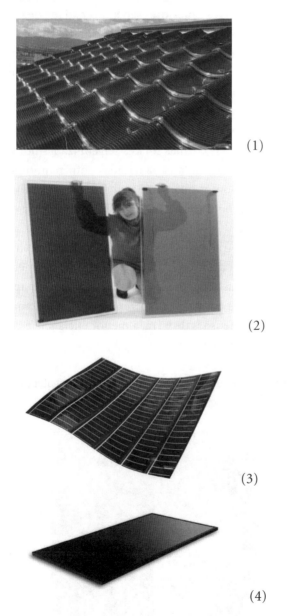

Fonte: Ruther (2004).

Atualmente, uma terceira geração de células solares baseada em conceitos bem diferentes das células cristalinas e de filmes finos está começando a entrar no mercado fotovoltaico. As maiores vantagens dessas tecnologias em relação às anteriores são a diversidade de materiais utilizados em sua fabricação (como polímeros, óxido de titânio e eletrólitos líquidos), os processos de fabricação alternativos (em baixas temperaturas) e a possibilidade de produção com baixo custo, além da utilização de materiais não tóxicos.

Além disso, como tecnologias emergentes, em fase inicial de produção ou em laboratório, existem as células solares multijunção, células solares de arseneto de gálio (GaAs), células solares sensibilizadas por corante, células solares orgânicas, células solares fabricadas com nanotubos de carbono, células solares com pontos quânticos (*quantum dots*) e células solares com portadores quentes (*hot carrier*). A Figura 12.11 apresenta exemplos destas células.

Em sistemas centralizados, em geral, são utilizadas células solares com tecnologia de silício cristalino, porém, é crescente o número de aplicações em que são utilizadas tecnologias de filmes finos, que apesar do menor rendimento, são mais baratas. Como geralmente os sistemas centralizados contam com boas extensões de terra, a menor eficiência é compensada por meio do acréscimo de mais módulos.

Figura 12.11 – Células de tecnologias emergentes: (1) nanotubos de Ti_{O2}; (2) estrutura de nanotubos de carbono.

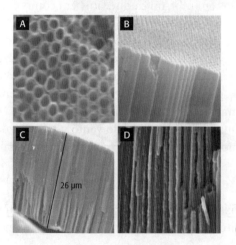

(1)

(continua)

Figura 12.11 – Células de tecnologias emergentes: (1) nanotubos de Ti_{O2}; (2) estrutura de nanotubos de carbono. *(continuação)*

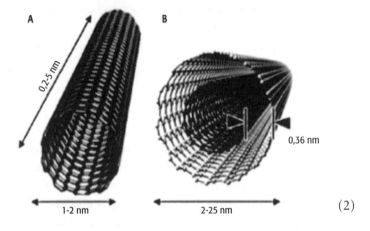

Fonte: Chaar et al. (2011).

Estrutura de sustentação e posicionamento

Um módulo fotovoltaico tem o maior nível de captação de energia quando sua superfície está posicionada perpendicularmente à direção da radiação solar. No entanto, a trajetória do Sol muda continuamente ao longo do dia e do ano. Dessa forma, é necessário realizar uma análise para estabelecer qual a melhor orientação dos módulos para atender a um determinado perfil de consumo.

Como estruturas de fixação, existem as estruturas fixas, que mantêm os módulos posicionados em uma única direção, bem como as estruturas com sistema de rastreamento (seguidor solar), que alteram a posição dos módulos para acompanhar a trajetória do Sol ao longo do dia e do ano, maximizando a captação de energia. Apesar de apresentarem custo mais elevado de investimento, estruturas com seguidor solar têm a vantagem de aumentar a relação entre a produção de energia e a área ocupada de solo. Além disso, alguns sistemas possuem um mecanismo de segurança que posiciona os módulos na direção horizontal quando a velocidade do vento ultrapassa determinado limiar. Esse mecanismo protege a estrutura contra eventuais rajadas de vento.

Estruturas fixas

As estruturas fixas de posicionamento de módulos fotovoltaicos mais utilizadas são constituídas por perfis metálicos, que formam uma estrutura rígida para dar sustentação mecânica aos módulos. Uma vez definida a orientação (azimute) e inclinação da estrutura, ela é construída e não mais pode ser alterada. A maior produção anual de energia de sistemas fotovoltaicos de estrutura fixa instalados no hemisfério sul é obtida quando os módulos são orientados para o norte geográfico com inclinação igual à da latitude local.

Sistema de posicionamento com seguidor solar sazonal

Um sistema de posicionamento com seguidor solar sazonal permite ajustar a inclinação dos módulos fotovoltaicos ao longo do ano para acompanhar a declinação solar. Esse sistema é muito vantajoso em locais de maior latitude, em que a inclinação ótima dos módulos difere bastante entre os meses de verão e inverno. Por acompanhar a declinação solar, não é necessário realizar alterações de posição todo dia, de modo que o ajuste pode ser manual, com menores custos.

Sistema de posicionamento com seguidor solar azimutal

Um sistema de posicionamento com seguidor solar azimutal é composto por uma estrutura metálica orientada ao longo do dia por meio de um servomecanismo que altera a orientação dos módulos em relação a um eixo, de acordo com o ângulo de azimute solar, permitindo maior exposição aos raios solares ao longo do dia.

Sistema de posicionamento com seguidor solar em dois eixos

O sistema de posicionamento com seguidor solar em dois eixos permite alterar a orientação dos módulos fotovoltaicos de acordo com os ângulos de azimute e zênite solar. Dessa forma, os módulos ficam praticamente perpendiculares à direção dos raios solares ao longo de todo o dia. Esse sistema é o que permite a maior produção de energia, porém, seu custo é mais elevado.

A estrutura de sustentação dos módulos utiliza madeira, aço galvanizado ou alumínio. Além do suporte, a estrutura deve permitir o agrupamento e a interligação dos módulos de forma simples. A Figura 12.12 apresenta exemplos dessas estruturas.

Figura 12.12 – Estruturas de sustentação e posicionamento: (1) estrutura fixa para fixação de módulos fotovoltaicos; (2) estrutura de posicionamento com seguidor solar sazonal; (3) sistema de posicionamento com seguidor solar azimutal; (4) sistema de posicionamento com seguidor solar em dois eixos.

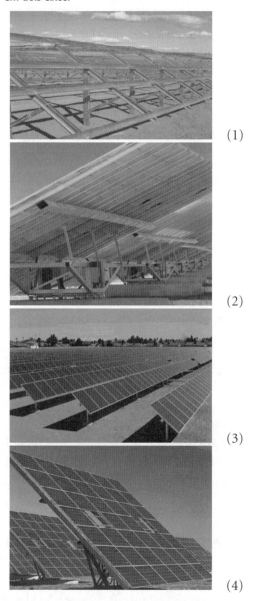

Fontes: (1), (2) e (4): Meca Solar (2013); (3): NREL (2012).

Sistema de armazenamento de energia

O sistema de armazenamento de energia é constituído de baterias eletroquímicas. Assim como o gerador fotovoltaico, as baterias são aparelhos estáticos, de corrente contínua e baixa tensão. A bateria de chumbo-ácido é barata e encontrada facilmente. Há baterias de maior eficiência, como as de níquel-cádmio, cujo custo ainda inviabiliza o uso em grande escala. Acumuladores automotivos podem ser utilizados em sistemas fotovoltaicos, porém, com um tempo de vida útil bem mais reduzido que aqueles projetados especificamente para esse fim.

Subsistema condicionador de potência

O subsistema condicionador de potência, conhecido normalmente como PCS (*Power Conditioning Subsystem*), permite a interligação da fonte de energia elétrica, gerada na forma de corrente contínua, com uma carga ou sistema de potência em corrente alternada. O PCS é composto de vários dispositivos, normalmente acoplados fisicamente. Suas funções são controlar o acionamento/desligamento e o ponto de operação do arranjo fotovoltaico; efetuar a proteção do sistema; além, obviamente, de controlar a conversão da corrente contínua em alternada.

Inversor

O componente mais importante do PCS é o inversor, que deve converter a energia CC (corrente contínua) para a forma CA (corrente alternada). Essa conversão possibilita a conexão e sincronização às redes de distribuição de energia e equipamentos elétricos e eletrônicos usuais dos setores residencial e industrial.

Inversores são fornecidos em uma ampla faixa de potências. Eles podem ser de pequeno porte para instalações descentralizadas e de grande porte para geração centralizada. A Figura 12.13 apresenta exemplos desses dois tipos de inversores.

Potência e energia geradas pela instalação solar fotovoltaica

A potência gerada a cada instante, $P_{g(t)}$, dependerá basicamente de dois fatores:

- A radiação solar horária incidente no plano coletor (painel).
- A potência instalada, que estará ligada à área do painel e às características deste e dos demais equipamentos constituintes do sistema condicionador de potência.

Figura 12.13 – Inversores: (1) de pequeno porte para geração descentralizada; (2) de grande porte para geração centralizada.

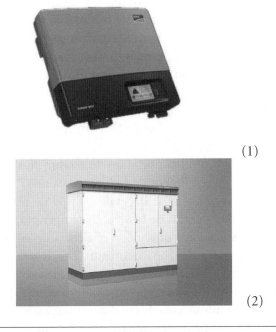

(1)

(2)

Fonte: SMA (2013).

A potência gerada num sistema fotovoltaico com a configuração mostrada na Figura 12.7 é dada pela seguinte expressão:

$$P_{g(t)} = \eta A R_S^{(t)} \qquad \text{(Equação 1)}$$

Em que:

η: rendimento total do sistema, composto pelo rendimento do painel solar e o rendimento do sistema de condicionamento da potência.

A: área do painel solar.

$R_S^{(t)}$: radiação solar incidente, em função do tempo.

Nota-se, pela expressão apresentada, que a potência gerada tem uma relação direta com a área A do painel solar. Essa área, por outro lado, deve ser determinada considerando as condições locais do aproveitamento. Geralmente, a área é calculada pela expressão: $P_I / \eta R_{SM}$, onde P_I é a potência instalada e R_{SM}, a radiação solar máxima, que serão comentadas a seguir.

A potência instalada P_I de uma central fotovoltaica é considerada a potência obtida pelo arranjo durante o período de insolação máxima. Existem critérios diferentes para a determinação dessa potência instalada, dependendo das condições de insolação local, do tipo de configuração (sem ou com armazenamento) e do uso do sistema. Há métodos baseados no número de dias em que o sistema pode ficar sem sol (critério para dimensionar os painéis e a bateria) e métodos estatísticos, similares aos das hidrelétricas. As baterias fazem um papel similar aos dos reservatórios nas hidrelétricas, regulando a potência e, portanto, aumentando o fator de capacidade do sistema.

Com relação à radiação solar máxima, R_{SM}, para determinação da potência instalada, costuma-se usar o valor de 1 kW/m², que é a radiação utilizada como referência na fabricação das células, testadas sob condições específicas.

O rendimento da central é o produto do rendimento do condicionamento de potência e do rendimento do grupo de painéis.

O rendimento da célula solar depende do tipo de material utilizado para sua fabricação, das técnicas de fabricação, temperaturas e outros fatores externos. Na operação em módulo, a eficiência do conjunto diminui um pouco devido ao fator de empacotamento, à eficiência ótica da cobertura frontal do módulo, à perda nas interligações elétricas das células nos módulos e ao descasamento nas características das células.

O rendimento de um sistema de condicionamento de potência depende basicamente da potência de entrada do inversor, indo de zero para uma entrada de alguns por cento da potência nominal, subindo rapidamente e praticamente se estabilizando num patamar entre 50 e 100% da potência nominal. A Tabela 12.2 relaciona os rendimentos obtidos, considerando diversos tipos de tecnologia usados na geração fotovoltaica.

Tabela 12.2 – Rendimentos obtidos atualmente em células, módulos, condicionamento de potência e centrais fotovoltaicas.

Materiais e/ou tecnologias	Células		Módulos
	Laboratório	Comercial	
Si-monocristalino	22,8%	12-15%	10-13%

(continua)

Tabela 12.2 – Rendimentos obtidos atualmente nas células, módulos, condicionamento de potência e centrais fotovoltaicas. *(continuação)*

Materiais e/ou tecnologias	Células		Módulos
Si-policristalino	NI	12%	11%
Fitas e placas	NI	11%	10%
Filmes finos	NI	7%	NI
Si-amorfo	12%	9%	9%
PCS	95% plena carga		
Centrais	9 a 10%		

NI = nenhuma informação

Fonte: Reis (2011).

A energia anual gerada pelo sistema fotovoltaico pode ser expressa por:

$$E_G = P_i \times F_c \times 8760 \qquad \text{(Equação 2)}$$

Em que:

E_G: energia gerada por ano (kWh/ano).

F_C: fator de capacidade.

8760 é o número de horas no ano.

O fator de capacidade do sistema, definido de modo similar ao apresentado pelas hidrelétricas (e válido também para as termelétricas) depende de:

- Disponibilidade de insolação.
- Perdas no sistema.
- Capacidade instalada dos principais componentes: P_I, dos painéis solares e W_B, do conjunto de baterias.

Informações a respeito do fator de capacidade máximo das instalações existentes ainda são escassas, principalmente quando se tenta observar períodos mais longos; no entanto, já existem alguns dados práticos que o situam em torno de 25 a 30%. A esse respeito, o dado mais importante refere-se às instalações da Arco Solar (Estados Unidos), de Lugo e Carissa Plains, ambas na Califórnia, que têm atingido 30% de fator de capacidade máximo. A Tabela 12.3 resume os dados obtidos.

Tabela 12.3 – Fator de capacidade máximo.

Fonte	Fator de capacidade máximo
US DOE	0,27 a 0,30
Arco solar	0,30
UFPE/Chesf	0,23 a 0,30 (previsão)

Fonte: Reis (2011).

Inserção no meio ambiente

Não há razão para acreditar que o uso em larga escala de sistemas fotovoltaicos implicará grandes danos ao meio ambiente, se todos os cuidados forem tomados antecipadamente. Na verdade, os maiores problemas se encontram na produção das células, não se esperando impactos significativos na aplicação. Esses impactos na produção seriam mais importantes numa análise de ciclo de vida ou em uma comparação mais ampla de tecnologias de geração, que englobasse também o impacto da produção dos equipamentos (turbinas e geradores nas hidrelétricas; turbinas, geradores e caldeiras nas termelétricas; aerogeradores nas eólicas).

Alguns métodos de fabricação de células fotovoltaicas utilizam materiais perigosos à saúde humana, como o seleneto de hidrogênio, e de solventes similares àqueles usados na produção de outros semicondutores. Os riscos podem ser reduzidos a níveis baixos, se modernas técnicas de minimização e reciclagem de sobras forem empregadas durante a fabricação. A destruição dos módulos que contêm cádmio ou outros metais pesados poderia causar danos ao meio ambiente, no entanto, os módulos descartados podem ser economicamente reciclados, minimizando os problemas de destruição.

Na aplicação de sistemas fotovoltaicos de pequeno porte, o principal problema será o das baterias, pois os painéis ocuparão pequeno espaço no telhado das construções ou em locais específicos de uma pequena comunidade.

No caso de sistemas solares fotovoltaicos de grande porte, desenvolvidos para operar em paralelo com os sistemas de potência (rede em CA), além das baterias, pode-se eventualmente considerar, como impacto ambiental, a perda do uso do espaço preenchido pelo sistema para outras finalidades. Mas isso dependerá largamente da localização do sistema e, obviamente, da área ocupada.

GERAÇÃO TERMOSSOLAR (OU HELIOTÉRMICA)

É efetuada por equipamentos mais sofisticados que aqueles dos sistemas fotovoltaicos. Utiliza sistemas de captação complexos que orientam a radiação solar coletada para um ponto concentrador com a finalidade de produzir temperaturas elevadas que, então, são utilizadas para produzir energia térmica e gerar energia elétrica.

Existem instalados, em alguns países, projetos comerciais e pilotos com diferentes configurações de sistemas. Podem-se destacar os sistemas de conversão heliotermelétrica de receptor central, mais conhecidos como torres de potência, e os sistemas distribuídos de conversão heliotermelétrica, nos quais se destacam os concentradores parabólicos de foco linear (concentrador cilindro-parabólico) e os discos parabólicos. Existem ainda os sistemas fotovoltaicos de concentração, de desenvolvimento mais recente.

Existem centrais de receptor central (torres de potência) instaladas nos Estados Unidos, Israel, Kuwait e Espanha. A eficiência média global desses equipamentos está em torno de 20%. São equipamentos ainda caros e de eficiência inferior às centrais convencionais que utilizam combustíveis fósseis, o que limita a aplicação em maior escala.

Centrais com concentradores cilindro-parabólicos foram construídas e testadas nos Estados Unidos, Japão e Europa. Conhecidas como Segs (*solar electric generating systems*), esses sistemas, na faixa de 14 a 80 MW, chegaram a atingir eficiências em torno de 15%.

No Brasil, nunca se deu muita atenção a esse tipo de sistema até recentemente, quando se iniciaram atividades de pesquisa e desenvolvimento no campo das heliotermelétricas. O Cepel/Eletrobrás, em convênio com a Companhia Hidro Elétrica do São Francisco (Chesf), a Companhia de Eletricidade do Estado da Bahia (Coelba), a Petrobrás, a Companhia de Desenvolvimento dos Vales do São Francisco e do Parnaíba (Codevasp) e a Fundação Brasileira para o Desenvolvimento Sustentável (FDS), realizou um estudo preliminar sobre as tecnologias de concentração da radiação solar para a geração de eletricidade. O estudo consistiu em uma revisão do estado da arte da energia heliotermelétrica e a identificação de locais adequados para a implantação desse tipo de projeto.

O processo básico da geração termossolar

A geração termossolar é um processo que converte a energia solar em energia térmica, esta em mecânica e esta, por sua vez, em energia elétrica. O processo de conversão passa por quatro sistemas básicos: coletor, receptor, transporte-armazenamento e conversão elétrica. O coletor tem a função de captar e concentrar a radiação solar incidente na superfície e dirigi-la até o sistema em que a radiação é convertida em energia térmica. O receptor absorve e converte a radiação solar, transferindo o calor a um fluído de trabalho. No sistema de transporte-armazenagem, o fluído é transferido para o sistema, em que a energia térmica converte-se em energia mecânica, por meio dos ciclos básicos termodinâmicos, o ciclo de Rankine (vapor), Brayton (gás), entre outros, dependendo da temperatura e da natureza do fluído.

A conversão de energia mecânica em energia elétrica é feita por meio dos mesmos processos convencionais utilizados na geração termelétrica a combustíveis fósseis. Alguns projetos incluem fonte secundária, utilizando combustível fóssil no processo de conversão, nos períodos de baixa insolação.

A Figura 12.14 representa esquematicamente o processo completo de conversão, como efetuado em um sistema de receptor central, a torre de potência.

Figura 12.14 – Componentes do processo de conversão de energia solar em elétrica.

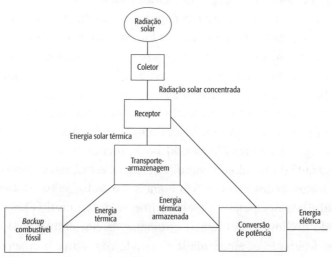

Fonte: Reis (2011).

Há dois tipos básicos de sistemas de captação e conversão da radiação solar em energia elétrica:

- Sistemas de conversão heliotermelétrica de receptor central – torres de potência.
- Sistemas distribuídos de conversão heliotermelétrica.

Sistemas de conversão heliotermelétrica de receptor central – torres de potência

Nos sistemas com coletor de receptor central, torres de potência são constituídas por um campo de heliostatos (refletores solares), que direciona a energia solar ao receptor central e a converte em energia térmica. A energia térmica é convertida em seguida em energia elétrica, por meio de um ciclo termodinâmico convencional (Rankine ou Brayton). A Figura 12.15 mostra a fotografia de uma planta de um sistema do tipo torre de potência.

O sistema é constituído por quatro subsistemas principais: o campo de heliostatos, a torre com o receptor, o módulo de armazenamento e o conjunto turbina-gerador.

O campo de heliostatos consiste basicamente em um conjunto de espelhos que direcionam a radiação solar direta para a cavidade receptora. Essa configuração evita a necessidade de transmitir energia térmica ao longo de grandes distâncias, com a consequente economia de custos e de energia derivada da eliminação da rede de distribuição. A geometria de um campo de heliostatos reproduz, em forma segmentada, a geometria de um paraboloide de revolução, cujo eixo tem a direção dos raios solares. Na região focal da superfície parabólica está situada a cavidade receptora.

O receptor, instalado no alto da torre, transfere a energia solar captada e convertida em energia térmica para um fluído térmico. Existem dois tipos básicos de receptores: externo e tipo cavidade.

- Receptores externos, normalmente, são constituídos de painéis formados por um número muito grande de pequenos tubos verticais (20 a 56 mm) soldados lado a lado, formando um cilindro. Os extremos estão conectados com tubos coletores por onde circula o fluído térmico que retira calor do receptor.
- Receptores do tipo cavidade são usados para reduzir as perdas térmicas, por meio da localização dos tubos absorvedores no interior de

uma cavidade devidamente isolada. O tamanho e o peso da torre são afetados pela escolha do fluído térmico. A construção pode ser de aço ou concreto.

Figura 12.15 – Fotografia da planta Solar One, localizada em Daggett-Barstow.

Fonte: Reis (2011).

Os receptores, sejam externos ou tipo cavidade, apresentam em sua parte inferior uma região destinada a determinar a distribuição do fluxo da luz refletida por um heliostato e a precisão do seu posicionamento.

A escolha do fluído térmico é determinada principalmente pela temperatura de operação do sistema, por considerações de custo/benefício e pela segurança operacional. Cinco fluídos têm sido estudados em detalhe para utilização em sistemas de receptor central: óleos térmicos, vapor, misturas de sais (nitratos), sódio líquido e ar (ou hélio).

Potência e energia da central de receptor central – torre de potência

A potência instantânea de uma central com coletor de receptor central – torre de potência – pode ser expressa como:

$$P_{G^{(t)}} = \eta_o \times \eta_r \eta_t \times I(t) \times N \times S_h \qquad \text{(Equação 3)}$$

Em que:

η_o: eficiência ótica do campo de heliostatos.

η_r : eficiência do receptor.

η_t : eficiência do ciclo termodinâmico.

I_t : radiação direta.

N : número de heliostatos.

S_h : superfície de cada heliostato.

O número de heliostatos (N) é variável e depende da altura da torre e da inclinação do terreno.

A eficiência de uma central desse tipo é da ordem de 15%, sendo o produto da eficiência do ciclo termodinâmico 26%, a eficiência do receptor 85% e a eficiência ótica 66%.

É possível aperfeiçoar cada um dos subsistemas, em particular no ciclo termodinâmico que, no caso de ciclo combinado, poderia ser elevado para 35%, resultando em uma eficiência da central da ordem de 20%.

O sistema de receptor central é capaz de operar a temperaturas de 500 °C a 1.500 °C.

A Tabela 12.4 mostra os valores de eficiência obtidos e os perseguidos pelo Department of Energy (DOE) de uma central térmica dos Estados Unidos.

Tabela 12.4 – Eficiência anual do sistema de *Solar One*, em 1985.

Item	Solar One (1985)	Objetivo do DOE
Heliostatos	0,82	0,92
Campo de heliostatos	0,70	0,70
Receptor	0,69	0,90
Transporte	0,99	0,99
Turbina	0,30	0,42
Sistema de suporte	0,61	0,92
Disponibilidade	0,78	0,90
Eficiência global	0,01	0,20

Fonte: Reis (2011).

A energia pode ser calculada do mesmo modo como foi apresentado anteriormente.

Sistemas distribuídos de conversão heliotermelétrica

Nos sistemas distribuídos, a energia solar é convertida em energia térmica no próprio coletor solar. Os principais componentes tecnológicos dos processos mencionados são o concentrador cilindro-parabólico e o disco-parabólico.

O concentrador cilíndrico parabólico

O concentrador cilindro-parabólico é um coletor solar linear de seção transversal parabólica. Sua superfície refletora concentra a luz solar em um tubo receptor localizado ao longo de um canal onde o foco transforma-se em uma linha focal (Figura 12.16). O fluido correndo no tubo é aquecido e então transportado a um ponto central através de uma tubulação projetada para minimizar as perdas de calor. O concentrador cilindro-parabólico tem tipicamente uma única linha focal horizontal e, portanto, acompanha o sol somente em um eixo, norte-sul ou leste-oeste. O concentrador cilindro-parabólico opera a temperaturas de 100 °C a 400 °C.

Figura 12.16 – Esquemas de sistemas com concentrador cilindro-parabólico.

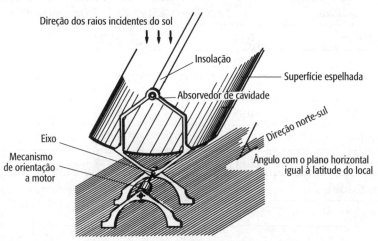

Fonte: Reis (2011).

A Figura 12.17 a seguir mostra a eficiência de um *Solar Electric Generating System* (Segs) nas várias etapas do processo de geração de eletricidade. O fator de capacidade previsto para um Segs é de 54%, para sistemas contendo geração solar e geração por combustível com mesmo dimensionamento; para o caso de se utilizar apenas a geração solar, esse fator deve ser no máximo de 30%.

Figura 12.17 – Eficiência dos Segs nas várias etapas do processo de geração de eletricidade.

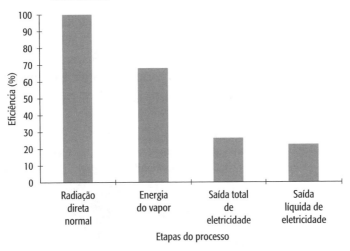

Fonte: Reis (2011).

O concentrador disco-parabólico

O disco-parabólico é um coletor de foco pontual que acompanha o movimento do Sol em dois eixos, concentrando a energia solar em um receptor localizado no ponto focal do disco (Figura 12.18). O receptor absorve a energia solar radiante, convertendo-a, por meio de fluido circulante, em energia térmica. A energia térmica pode, então, ser convertida em eletricidade usando um turbogerador acoplado diretamente ao receptor, ou ser transportada através de tubos ao sistema central de potência. O disco-parabólico, que pode alcançar temperaturas de 1.500 °C, tem diversos atributos importantes:

- É o tipo de sistema mais eficiente porque o foco é pontual.

- Tipicamente, tem raios de concentração variando de 600 a 2.000 vezes, portanto é altamente eficiente como absorvedor de energia e conversor de potência.
- Tem coletor modular e as unidades receptoras podem funcionar independentemente ou como parte de um grande sistema de discos. Os discos-parabólicos que geram eletricidade de um conversor central de potência captam a luz solar dos receptores individuais e a transportam ao sistema de armazenamento térmico ou sistema de conversão de potência por meio de um fluído condutor de calor.

Nos discos-parabólicos, o processo pode ser similar ao anterior ou, ainda, a conversão em energia elétrica pode ser realizada no mesmo coletor parabólico, transportando, desse modo, energia elétrica.

Nesse tipo de sistema, a eficiência comprovada para a conversão solar em eletricidade é de 28% para o ciclo Stirling e de 15% para o Rankine com fluído orgânico.

Figura 12.18 – Detalhes construtivos de um concentrador disco-parabólico utilizado no sistema instalado em Shenandoah, Geórgia, Estados Unidos.

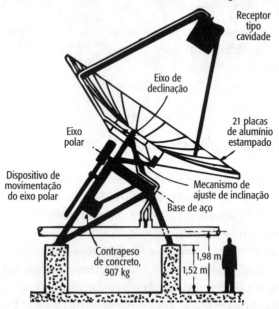

Fonte: Reis (2011).

Sistemas fotovoltaicos de concentração

Os sistemas fotovoltaicos de concentração, que atualmente se encontram em fase de expansão de aplicações, se baseiam no desenvolvimento de sistemas de concentração solar (discos parabólicos, lentes e outros), que direcionam a energia para minicélulas fotovoltaicas.

Além dos sistemas concentradores solares, as minicélulas fotovoltaicas, com cerca de 1 cm^2, são componentes básicos desses sistemas.

Os sistemas concentradores solares principais aqui considerados são os próprios discos parabólicos e arranjos específicos de lentes, com ênfase às lentes de Fresnel.

Atualmente, existem diversos fabricantes desenvolvendo e oferecendo esses sistemas, a grande maioria deles utilizando arranjos de lentes.

No caso dos discos, um conjunto de minicélulas fotovoltaicas é instalado diretamente no foco da parabólica. Um problema desse tipo de solução, que ainda tem suscitado estudos e pesquisas, é a refrigeração do conjunto de minicélulas.

No segundo caso, as lentes são montadas de forma a direcionar a luz solar para as minicélulas, estando ambas montadas adequadamente em estruturas apropriadas. A questão da troca de calor fica facilitada quando comparada à alternativa com discos parabólicos, em virtude da área muito maior ocupada pelas células.

Como ilustração, a Figura 12.19 apresenta um desses sistemas, da Emcore Corp, nos Estados Unidos.

A chaminé solar

A chaminé solar se baseia na ideia de aquecer o ar, forçando-o a subir por uma chaminé, e de instalar uma turbina eólica no corpo dela (ver esquema conceitual na Figura 12.20) ou diversas turbinas na entrada de ar, para produzir energia elétrica.

Um protótipo foi construído e operou durante anos, em Manzanares (Figura 12.21), na Espanha, mas foi descontinuado devido a uma tempestade que acabou por derrubar a chaminé, que não estava fixada com propriedade por se tratar de um protótipo. Esse protótipo com chaminé de 198 m de altura e raio de 5 m, coletor solar (de vidro) com raio de 120 m tinha uma potência instalada de 50 kW (segundo cálculos teóricos, poderia ter chegado a cerca de 200 kW).

Figura 12.19 – Sistema fotovoltaico de concentração da Emcore Corp, nos Estados Unidos.

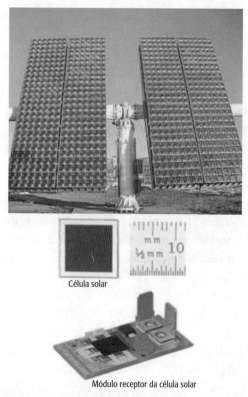

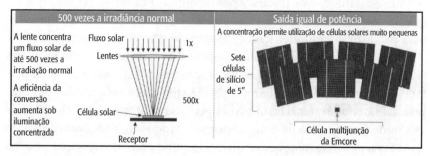

Fonte: Reis (2011).

Figura 12.20 – Esquema conceitual da chaminé solar.

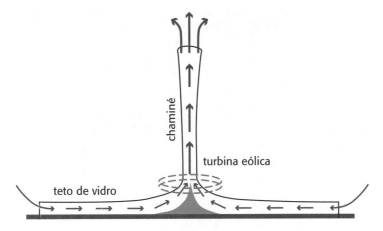

Fonte: Reis (2011).

Um dos problemas é a altura necessária para a chaminé, uma vez que a energia que irá mover a(s) turbina(s) eólica(s) será em função do empuxo de ar, que depende da diferença de pressão entre o ar na entrada do coletor e o ar na saída da chaminé.

Assim, grandes alturas são necessárias para se obter potências da ordem de MW. Um projeto com torres enormes, com 1.000 m de altura, para produzir 200 MW cada (com 32 turbinas eólicas instaladas em entradas ao pé da chaminé) foi concebido pelo renomado construtor alemão Jörg Schlaich (que, para isso, criou a empresa Enviro Mission) e inclui outros usos, como plantações sob a estufa criada pelo coletor, turismo, dentre outros para se tornar viável. Esse projeto foi cogitado para aplicação em área desértica da Austrália; houve recuos, mas parece estar novamente em evidência. Outros projetos similares, mas com chaminés menores, também têm sido visualizados para aplicação em outras áreas desérticas.

IMPACTO AMBIENTAL DA UTILIZAÇÃO DA ENERGIA TERMOSSOLAR

O uso direto da energia solar para satisfazer às necessidades energéticas humanas atuais é vantajoso porque o equilíbrio térmico da Terra não é

Figura 12.21 – Protótipo da chaminé solar.

Fonte: Reis (2011).

perturbado. A instalação de uma central solar em terra árida não muda necessariamente o equilíbrio térmico total. O solo desértico absorve luz por todo o espectro, mas em quantidades diferentes, dependendo da composição química da camada superficial e, portanto, de sua cor. Geralmente, a absorção de um gerador solar não é a mesma que o solo de um deserto. Cerca de 1 a 10% da radiação é extraída na forma de eletricidade e remetida ao consumidor, a distância. Na prática, a emissividade dos geradores solares (que faz com que a geração solar não convertida seja irradiada de volta como infravermelho) é um parâmetro aberto e depende amplamente do material de encapsulação dos painéis ou espelhos solares (diferentes espécies de plásticos, vidros e metais). Assim, a emissividade pode ser ajustada de modo que o equilíbrio permaneça basicamente inalterado.

O impacto do equilíbrio térmico da energia solar parece menos importante que alguns outros efeitos do uso da terra. Em quase todos os países, grandes áreas outrora ocupadas por florestas foram desmatadas para agricultura, urbanização, indústrias e rodovias, afetando o equilíbrio térmico, porque a absorção, reflexão e radiação térmica foram alteradas.

A perturbação térmica ambiental provocada pela utilização da energia solar é, então, muito menor que a provocada pela energia fóssil. Isso é igualmente válido para o efeito do CO_2 produzido pelo consumo de combustíveis.

REFERÊNCIAS

CHAAR, L.E.; IAMONT, L.E.; ZEIN, N.E. Review of photovoltaic technologies. In: *Renewable and Sustainable Energy Reviews*, v. 15. Amsterdã: Elsevier, 2011.

[EIA] ENERGY INFORMATION ADMINISTRATION. *Trends in photovoltaic applications: survey report of selected EIA countries between 1992 and 2011.* Suíça: EIA, 2012.

[EPIA] EUROPEAN PHOTOVOLTAIC INDUSTRY ASSOCIATION. *Global market outlook for photovoltaics until 2016.* Bruxelas: Epia, 2012a.

_____. *Solar generation 6 – solar photovoltaic electricit empowering the world.* Bruxelas: Epia, 2012b.

FANTINELLI, J.T. *Análise da evolução de ações na difusão do aquecimento solar de água para habitações populares. Estudo de caso em Contagem, MG.* Campinas, 2006. Tese (Doutorado em Planejamento de Sistemas Energéticos). Unicamp.

[NREL] NATIONAL RENEWABLE ENERGY LABORATORY. *Utility-scale concentrating solar power and photovoltaics projects: a technology and market overview.* Colorado: NREL, 2012.

PEREIRA, E.B.; MARTINS, F.R.; ABREU, S.L.; RUTHER, R. *Atlas brasileiro de energia solar.* São José dos Campos: Instituto Nacional de Pesquisas Espaciais (Inpe), 2006.

REIS, L.B. *Geração de energia elétrica – tecnologia, inserção ambiental, planejamento, operação e análise de viabilidade.* Barueri: Manole, 2011.

ROBERTS, S.; GUARIENTO, N. *Building integrated photovoltaics: a handboook.* Berlim: Springer, 2009.

RUTHER, R. *Edifícios solares fotovoltaicos: o potencial da geração solar fotovoltaica integrada à edificações urbanas e interligada à rede elétrica pública no Brasil.* Florianópolis: Labsolar, 2004.

SOLARPRAXIS. *Inverter and PV system technology industry guide 2012.* Berlim, 2012.

THE GERMAN ENERGY SOCIETY. *Planning and installing photovoltaic systems: a guide for installers, architects, and engineers.* Berlim: Earthscan, 2008.

Bibliografia sugerida

HINRICHS, R.A.; KLEINBACH, M.; REIS, L.B. *Energia e meio Ambiente.* São Paulo: Cengage Learning, 2011.

REIS, L.B.; FADIGAS, E.A.; CARVALHO, C.E. *Energia, recursos naturais e a prática do desenvolvimento sustentável.* 2.ed. Barueri: Manole, 2012.

REIS, L.B.; SILVEIRA, S. *Energia elétrica para o desenvolvimento sustentável.* São Paulo: Edusp, 2012.

WHITAKER, C.M.; TOWNSEND, T.U.; RAZON, A. et al. PV Systems. In: LUQUE, A.; HEGEDUS, S. *Handbook of photovoltaic science and engineering.* West Sussex: John Wiley and Sons, 2011.

ZILLES, R.; MACEDO, W.N.; GALHARDO, A.B.G. et al. *Sistemas fotovoltaicos conectados à rede elétrica.* São Paulo: Oficina de Textos, 2012.

Sites

Meca Solar. 2013. Disponível em: http://www.mecasolar.com/_bin/index.php. Acessado em: 10 mar. 2013.

NREL. Disponível em: http://www.nrel.gov/ncpv/. Acessado em: 10 mar. 2013.

SMA. 2013. Disponível em: http://www.sma-america.com.en_us/home.html. Acessado em: 10 mar. 2013.

Tecnometal Energia Solar. Disponível em: http://www.tecnometalenergiasolar.com.br/. Acessado em: 10 mar. 2013.

Outras Tecnologias Energéticas | 13

Gerhard Ett
Engenheiro químico, Instituto de Pesquisas Tecnológicas

Lineu Belico dos Reis
Engenheiro eletricista, Escola Politécnica da USP

INTRODUÇÃO

Petróleo é uma matéria-prima nobre, que ainda existirá por muitas centenas de anos, e novas reservas aparecerão, novas tecnologias surgirão e seu processo de obtenção se tornará ainda mais limpo e de menor custo. Porém, o custo de extração se tornará cada vez mais dispendioso e outras tecnologias poderão se mostrar mais competitivas.

O contínuo aumento dos preços internacionais do petróleo, instabilidades políticas, fontes de energia estratégicas, a conscientização ambiental e o uso de combustíveis renováveis fizeram com que a aplicação de tecnologias e as pesquisas relacionadas aos biocombustíveis e às fontes de energia alternativa crescessem em ritmo acelerado.

No setor de energia elétrica, destaca-se a utilização das energias hidroelétrica, eólica, solar, geotérmica e dos oceanos, além da obtida a partir da biomassa e do hidrogênio, sendo que estas duas últimas também apresentam grande influência no setor de transportes. A demanda mundial por energia, principalmente sustentável, aumentará fortemente nas próximas décadas. A população cresceu aproximadamente 3 bilhões nos últimos 40 anos e deverá crescer igualmente nos próximos, devendo chegar a 9,3 bilhões de pessoas em 2050 (Figura 13.1). A qualidade de vida está diretamente relacionada ao consumo energético, desta forma, prevê-se que o consumo de energia deverá ter forte crescimento.

Figura 13.1 – Aumento populacional em relação à história.

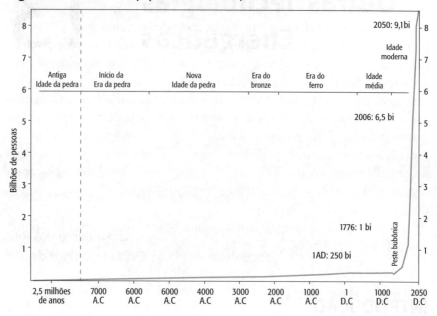

Os países em desenvolvimento, apesar de possuírem 75% da população mundial, consomem apenas 25% do total da energia gerada em todo o mundo, sendo que cerca de 2 bilhões de pessoas ainda não possuem sequer acesso à energia elétrica.

Este capítulo enfatiza a utilização de fontes renováveis na produção de energia elétrica, complementando os capítulos específicos apresentados para as energias hídrica, solar, eólica e obtida a partir da biomassa. Assim, enfoca a energia dos oceanos, a energia geotérmica, as células a combustível (aplicação, atualmente em evidência, do hidrogênio) e a fusão nuclear (também utilizando hidrogênio, mas ainda em fase de pesquisa). Finalmente, faz referência às minirredes, que permitem a integração de fontes renováveis de pequeno porte.

ENERGIA DOS OCEANOS

A energia dos oceanos é classificada como sustentável e limpa. Existem várias formas para se aproveitar a energia provida por eles, que são a energia contida no fluxo das marés, a das correntes marítimas e a das ondas, assim como a presente no diferencial térmico (termoclinas).

Os oceanos estendem-se por 71% da superfície do globo terrestre, ocupando uma área de 361 milhões de km². Considerando-se que a média de energia solar incidente sobre a superfície dos oceanos é de 176 W/m², poder-se-ia efetuar uma estimativa do potencial dessa fonte renovável, da ordem de 40 bilhões de MW, se tudo corresse bem e seu uso integral fosse possível. A energia contida nos oceanos existe na forma de marés, ondas, gradiente térmico, salinidade, correntes e biomassa marítima. Embora o fluxo total de energia de cada uma dessas fontes seja grande, apenas uma pequena fração desse potencial é passível de ser explorada em um futuro previsível. Há duas razões para isso: primeiro, a energia oceânica é de baixa densidade, requerendo uma planta de grande porte para sua captação; e, segundo, essa energia frequentemente está disponível em áreas distantes dos grandes centros de consumo.

As principais tecnologias em consideração atualmente são apresentadas a seguir.

Energia das marés

As marés são criadas pela atração gravitacional que a Lua exerce sobre a Terra. A energia das marés é proveniente do enchimento e esvaziamento alternados das baías e dos estuários, que, sob certas condições, fazem com que o nível das águas suba consideravelmente na maré cheia. Essa energia pode ser eventualmente utilizada para gerar energia elétrica. Um esquema de aproveitamento das marés contém uma barragem, construída em um estuário e equipada com uma série de comportas, que permite a entrada da água para a baía.

A eletricidade é gerada por turbinas axiais cujo diâmetro chega a atingir até 9 m. Como a vazão da água varia continuamente, os ângulos do distribuidor, as pás das turbinas ou ambos, são regulados para a máxima eficiência. Se a turbina for usada em ambas as direções (na subida e na descida da água), para geração de eletricidade ou para bombeamento, é necessária dupla regulação.

Dois tipos de turbinas podem ser usadas: a turbina bulbo convencional e a turbina Straflo (de *Straight Flow*).

A barragem pode ser operada de diversas maneiras. O método mais simples utilizado é conhecido como geração na maré alta. Durante a maré alta, a água entra na baía através das comportas e é mantida até a maré recuar suficientemente e criar um nível satisfatório em que a água é liberada por meio das turbinas para geração de eletricidade. O processo de liberação das águas é mantido até a maré começar a subir novamente, fazendo com que a diferença de nível caia abaixo de um ponto de operação mínimo. Tão logo a água comece a subir, ela começa a entrar na baía novamente, repetindo o ciclo.

Um segundo método, chamado *flood generation*, gera eletricidade no ciclo inverso ao anterior, quando a maré flui para fora da baía. Essa técnica não é especialmente eficiente, pois a natureza da inclinação das baías geralmente resulta em baixa produção de energia.

Outro método consiste em extrair energia da maré alta e baixa. No entanto, nem sempre significa mais energia, porque a geração de energia durante a subida da maré irá restringir o reenchimento da baía e limitar a quantidade de energia que pode ser gerada durante a maré alta. Além disso, a geração nos dois sentidos exige máquinas complexas e pode impedir a navegação, devido à diminuição do nível da baía.

Usinas reversíveis podem ser usadas para bombear a água do mar para a baía ou vice-versa, dependendo do tipo de usina. Ao operar a turbina no modo reverso, agindo como bomba, o nível de água na baía pode ser aumentado, melhorando as características operativas.

A energia gerada

Localizada numa baía conveniente, a máxima energia que se pode retirar das marés é dada pela expressão:

$$E_{max} = \eta \delta g R^2 S \qquad \text{(Equação 1)}$$

Em que:
δ = densidade da água do mar.
g = aceleração da gravidade.
R = altura da maré.
S = área total da baía.
η = eficiência de conversão da energia mecânica em eletricidade.

Um fator importante a ser considerado é o comprimento L da barragem, necessário para fechar a baía (e aprisionar a água depois que ela é levada pela maré). O parâmetro L/S permite comparar diferentes locais, sendo sempre desejável um valor pequeno de L/S.

O fator de capacidade desse tipo de aproveitamento é de cerca de 25%. Deve ser salientado que, embora as marés sejam fenômenos previsíveis, a energia produzida pelas usinas maremotrizes, por ser função de ciclo das marés, não é utilizável para seguir a curva de carga, sendo, portanto, o uso das maremotrizes mais indicado na complementação de outras fontes de produção de eletricidade.

Energia das ondas

A energia das ondas tem como fonte os ventos originados pelo aquecimento das massas de ar pelo Sol. Estas podem viajar centenas de quilômetros com pouca perda de energia, sendo a potência da onda proporcional ao quadrado da amplitude, podendo variar na faixa de 20 a 70 kW/m (média anual). Nas zonas temperadas em ambos os hemisférios, onde existem as maiores ondas, variam entre 30º e 60º.

As ondas, criadas pela interação dos ventos com a superfície do mar, contêm energia cinética, que é descrita pela velocidade das partículas de água; e energia potencial, que é uma função da quantidade de água deslocada do nível médio do mar. O aumento da altura e do período das ondas e, consequentemente, dos níveis de energia, depende essencialmente da faixa da superfície do mar sobre a qual o vento sopra e de sua duração e intensidade. Influem ainda sobre a formação das ondas os fenômenos de marés, as diferenças de pressão atmosférica, os abalos sísmicos, a salinidade e a temperatura da água.

A maior concentração da energia das ondas ocorre entre as latitudes 40º e 60º em cada hemisfério, onde os ventos sopram com maior intensidade. A conversão de energia das ondas em eletricidade não é simples, devido à baixa frequência das ondas (ao redor de 0,1 hertz), devendo ser aumentada para a velocidade de rotação das máquinas elétricas e mecânicas convencionais, em torno de 1.500 e 1.800 rpm.

Existe uma grande variedade de tecnologias e sistemas para o aproveitamento das ondas, sendo possível classificá-las como:

• *Shoreline*: sistemas utilizados nas costas, sendo o mais comum a coluna de água oscilante (CAO), ou, em inglês, *Oscillating Water Column* (OWC). Consiste em uma estrutura oca, parcialmente submersa, em que o deslocamento alternado das ondas faz com que elas entrem na abertura submersa da estrutura e pressurize o ar internamente, criando um fluxo na turbina Wells (nome de seu inventor). Essa energia mecânica é então transmitida para um gerador, produzindo eletricidade. Estima-se que uma média de 3 milhões de ondas quebram nas costas durante um ano.

- *Near-shore:* sistema que fica perto da costa, como por exemplo, um sistema Osprey (*Ocean Swell Powered Renewable Energy*), com profundidade em torno de 20 m. São semelhantes às *Shoreline*, próximas da costa, mas com maior profundidade. Essas usinas também podem servir como ancoradouros para pequenos barcos. A carcaça do coletor é geralmente ligada à terra firme por meio de uma barragem, que proporciona fácil acesso à usina para fins de manutenção, bem como um local seco e protegido para a passagem dos cabos.

- *Offshore:* sistema de água mais profunda (40 a 60 m). Existem diversos dispositivos, como:

  - Pelamis.

  - *Archimedes Wave Swing* (AWS).

  - *Mccabe Wave Pump.*

  - *Floating Wave Power* (FWPV).

  - *Point Absorber Wave Energy Converter* (Pawec).

  - *Salter Duck.*

  - *Wave Dragon.*

A conversão de energia a partir das ondas apresenta claras semelhanças com a eólica. Dado que as ondas são produzidas pela ação do vento, os dois recursos apresentam idêntica irregularidade e variação sazonal. Em ambos os casos, extrai-se energia de um meio fluído (água ou ar), em movimento e de extensão praticamente ilimitada.

A natureza ondulatória do mar (em comparação com o simples movimento de velocidade mais ou menos constante do vento) está na origem da maior complexidade de concepção de sistemas de conversão. Em compensação, o recurso energético das ondas apresenta maior concentração espacial (numa camada de algumas dezenas de metros abaixo da superfície) do que a energia eólica.

O pioneiro da tecnologia moderna foi Yohio Masuta, no Japão, em 1940, que desenvolveu uma boia de navegação alimentada por energia de onda, equipada com uma turbina a ar, que era, na verdade, o que mais tarde foi nomeado como coluna de água oscilante (CAO). Porém, a primeira usina foi construída na França, "la Range", em 1966.

A crise do petróleo de 1973, induziu uma grande mudança no cenário das energias renováveis, pois despertou o interesse pela produção em larga escala de geração baseada no uso da energia das ondas. O governo britânico começou, em 1975, um ambicioso programa de pesquisa, sendo seguido, em 1985, pelo governo norueguês. Nos anos seguintes, até o início dos anos 1990, a atividade na Europa permaneceu principalmente em nível acadêmico.

Em 1991, a comissão europeia de energia das ondas, pelo seu programa de P&D em energias renováveis, decidiu apoiar o desenvolvimento da tecnologia e a construção de plantas. Desde então, cerca de trinta projetos de energia das ondas foram financiados.

Nos últimos anos, houve crescente interesse em energia das ondas no Brasil, Estados Unidos, Canadá, Coreia do Sul, Austrália, Nova Zelândia, Chile, Inglaterra, Argentina, Índia, Rússia, México e outros países.

Os sistemas de extração de energia apresentados na Figura 13.2 podem interagir com as ondas de diversas maneiras, de acordo com algumas de suas propriedades, como:

- Variação no perfil da superfície (inclinação e altura das ondas).
- Variações de pressões abaixo da superfície.
- Movimento orbital das partículas fluidas abaixo da superfície.
- Movimento unidirecional de partículas, ou seja, movimento de grandes massas d'água na arrebentação, que pode ser provocado natural ou artificialmente.

Esses sistemas podem incluir: estruturas flutuantes, que são balsas atracadas na superfície do mar ou perto dela; estruturas articuladas, chamadas "seguidores de superfície", pois acompanham o perfil das ondas; equipamentos de bolsas flexíveis que enchem de ar com o crescimento das ondas; colunas d'água oscilantes (OWC), que agem como um pistão para bombear ar (e podem flutuar ou serem fixados na superfície do mar ou abaixo dela); e equipamentos de focalização, usando câmaras perfiladas que aumentam a amplitude das ondas e, portanto, acionam bombas pneumáticas ou enchem um reservatório na linha da costa.

Figura 13.2 – Representação simbólica de vários tipos de equipamentos de aproveitamento das ondas.

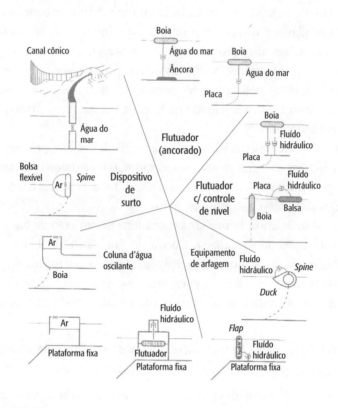

Fonte: Reis (2011).

A potência disponível nas ondas

A energia potencial, por ciclo, de uma frente de onda de largura L no oceano é a energia da água situada acima do nível médio do mar. A potência disponível em um ciclo da onda será, então, a variação total dessa energia potencial.

Demonstra-se que essa potência, por unidade de comprimento da onda (L), pode ser estimada por:

$$P = \frac{P}{L} = \sigma g^2 h^2 T / 32\pi \qquad \text{(Equação 2)}$$

Em que:

σ: densidade da água do mar.

g: gravidade.

h: amplitude total da onda (do ponto mais alto ao ponto mais baixo).

T: período da onda em segundos (igual ao inverso da frequência – número de ondas por segundo).

Por exemplo: se h = 6 m e 60 m, resulta que p = 36 watts/m.

Essa é uma densidade linear de energia bastante pequena, sendo necessário utilizar captadores de grandes dimensões para obter uma quantidade razoável de energia das ondas.

Energia proveniente do calor dos oceanos (gradiente térmico)

Uma parte significativa da radiação solar incidente na superfície da Terra é usada no aquecimento das águas dos oceanos. Esta temperatura decresce com a profundidade dos oceanos. O conceito de conversão de energia térmica dos oceanos (*Ocean Thermal Energy Conversion* – Otec) explora essa diferença de temperatura para produzir eletricidade. Nas regiões tropicais, a superfície do mar chega a atingir temperaturas próximas de 25ºC , em contraste com os 5ºC de temperatura existentes em profundidades de 1.000 m. Como a eficiência da operação dos ciclos de potência é baixa com pequenas diferenças de temperatura, uma Otec é viável apenas em regiões com gradiente térmico de 20 ºC ou mais.

As plantas Otec podem ser construídas em terra ou instaladas em plataformas flutuantes ou barcos no mar. Em ambos os casos, o componente essencial é o enorme tubo requerido para levar a água fria à superfície. Para uma planta de 100 MW, o tubo pode alcançar 20 m de diâmetro e comprimento de 600 a 1.000 m.

Essas plantas são projetadas para trabalharem em ciclos fechados ou abertos, conforme esquemas das Figuras 13.3 e 13.4. Em ciclo fechado, a água quente da superfície é bombeada para um evaporador, no qual um fluído de trabalho (amônia, propano ou freon) é evaporado. O vapor flui por meio da turbina para o condensador, onde é refrigerado e condensado pela água fria bombeada da profundidade do oceano. O fluído condensado é bombeado de volta para o evaporador, fechando o ciclo. Em um ciclo aberto, a água do mar serve como fluído de trabalho e fonte de energia. A água quente do mar é evaporada em uma pressão baixa (0,03 bar), em um *flash evaporator*. O vapor resultante passa então através da turbina e é condensado ou pelo contato direto com a água fria do mar ou pelo condensador de superfície.

Em ambos os casos, a condensação do vapor causa diferença de pressão por meio da turbina, que cria um fluxo de vapor suficiente para acionar um gerador e produzir eletricidade.

Figura 13.3 – Planta Otec operando em ciclo fechado.

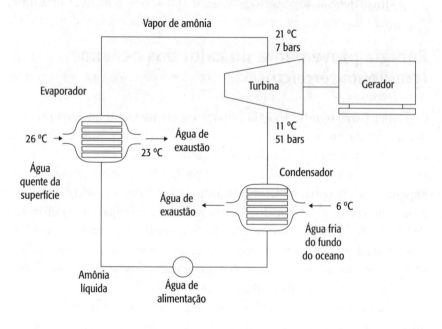

Fonte: Reis (2011).

A potência que pode ser retirada do sistema depende do fluxo de calor (e, portanto, de água quente) multiplicado pela eficiência de conversão em eletricidade (a eficiência de um ciclo de Rankine).

$$P = Q \times \eta_R \quad \text{(Equação 3)}$$

Por exemplo, a queda de temperatura do propano é de 1,7ºC ao passar pelo evaporador. Pode-se mostrar que o fluxo de água ϕ é:

$$\phi = \frac{1.35}{\eta_R} \ (m^3/s) \qquad \text{(Equação 4)}$$

Em que η_R (a eficiência de um ciclo de Rankine) é de, aproximadamente, 90% de um ciclo de Carnot operando entre as mesmas fontes.

$$\eta_R = 0.9 \times \frac{T_i - T_f}{T_i} \qquad \text{(Equação 5)}$$

Por exemplo, em um sistema onde $T_i = 22°C$ e $T_f = 13°C$, a eficiência η_R será 0,0288 ou 28,8%.

O fluxo de água necessário para gerar 100 MW é, pois, 29,2 10^6 L/min.

Uma observação interessante é que a potência de um sistema Otec varia com o cubo do gradiente de temperatura disponível ΔT, pois a potência é proporcional à eficiência do ciclo de Carnot (isto é, ΔT), ao fluxo de calor transferido por condução nos trocadores de calor (que variam com ΔT) e ao fluxo de líquido que passa pelas superfícies dos trocadores de calor que, como se pode demonstrar, também varia com ΔT. Assim,

$$P \approx (\Delta T)^3 \qquad \text{(Equação 6)}$$

Figura 13.4 – Planta Otec operando em ciclo aberto.

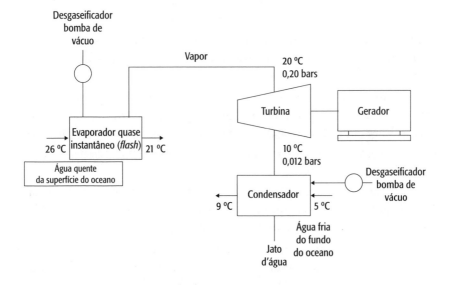

Fonte: Reis (2011).

USINAS GEOTÉRMICAS

A energia geotérmica é a energia obtida a partir do calor proveniente do interior da Terra. A temperatura do solo aumenta conforme a profundidade, mas em virtude das zonas de intrusões magmáticas, existem regiões muito mais quentes e mais próximas da superfície, a um potencial geotérmico elevado.

A energia geotérmica é considerada limpa, e seu aproveitamento para geração de eletricidade é igual ao de uma termelétrica, pois o calor produz o vapor de água que movimenta a turbina. Outra grande vantagem é a densidade energética da planta, sendo que a geração geotérmica não precisa de reservatórios e não gera resíduos.

É uma das poucas formas de energia renováveis que não são direta ou indiretamente obtidas da radiação solar. A temperatura de milhares de graus vem do interior da Terra, do Magma. Parte da energia de seu aquecimento provém do decaimento radioativo de isótopos de urânio-235, urânio-238, tório-232 e potássio-40. A perda de calor até a superfície gera este gradiente de calor, aquecendo aquíferos. Na Europa, por exemplo, a cada 30 m de profundidade, a temperatura sobe 1ºC.

A energia geotérmica está associada a um aquífero, que é uma formação geológica do subsolo constituída por rochas permeáveis, que armazena água em seus poros ou fraturas. O aquífero pode ter extensão de poucos a milhares de quilômetros quadrados, ou pode, também, apresentar espessuras de poucos a centenas de metros. Etimologicamente, a palavra *aquífero* pode ser decomposta em: *aqui* = água; *fero* = transfere.

Há muitos anos, cientistas reconheceram que o calor existente no subsolo terrestre apresenta um bom potencial para substituir os combustíveis fósseis na geração de eletricidade. A exploração geotérmica teve início na Grécia e Roma Antiga, em que a água quente era aproveitada para medicina, lazer e uso doméstico.

A primeira usina geotérmica no mundo foi criada em 1904, na Itália (Larderello), e em 1913 já produzia 250 kWe. Hoje, a planta produz 700 MWe e tem previsão de produzir 1 GWe. O projeto de Gaysers, na Califórnia, foi o primeiro desse tipo nos Estados Unidos, com uma potência instalada de 2,8 GWe. Países com grande potencial geotérmico são: Itália, Islândia, Estados Unidos, México, Filipinas, Nova Zelândia, Japão, Turquia, Rússia, China, França, Indonésia, El Salvador, Quênia e Nicarágua.

CÉLULA A COMBUSTÍVEL

Células a combustível são dispositivos eletroquímicos em que ocorrem reações de oxirredução, similares a uma bateria, porém, a massa ativa é externa, normalmente na forma de gás hidrogênio. São equipamentos que transformam energia química de combustíveis diretamente em energia elétrica, com uma eficiência em torno do dobro de qualquer máquina térmica.

Com as novas tecnologias em desenvolvimento, especialmente a nanotecnologia aplicada a materiais, estima-se que em poucos anos a célula a combustível alcançará custos de equipamento iguais ou até inferiores do motor de combustão interna que revolucionou todo o sistema de transporte nos últimos 100 anos. Ao ser utilizado como fonte de energia numa célula a combustível, o hidrogênio libera energia e não gera quaisquer poluentes. A reação química resultante dessa operação gera, além de energia, calor e vapor de água.

A geração de energia elétrica através das células a combustível ocorre por meio de duas reações eletroquímicas parciais de transferência de carga entre dois eletrodos separados, num eletrólito apropriado; ou seja, a oxidação de um combustível no ânodo e a redução de um oxidante no cátodo. Escolhendo-se, por exemplo, hidrogênio como combustível e oxigênio (do ar ambiente) como oxidante, têm-se, na denominada célula ácida, a formação de água e a produção de calor, além da liberação de elétrons para um circuito externo, que podem gerar trabalho elétrico. As células a combustível são classificadas conforme o tipo de eletrólito, como se vê na Figura 13.5.

Existem atualmente vários tipos de células a combustível comerciais, classificadas conforme seu eletrólito:

- Células a combustível de membrana polimérica (PEM).

- Células a combustível de ácido fosfórico (PAFC).

- Células a combustível de carbonato fundido (MCFC).

- Células a combustível de óxido sólido (SOFC).

- Células a combustível alcalinas (AFC).

- Célula a combustível de membrana polimérica (PEMFC).

Figura 13.5 – Ilustração dos tipos de célula a combustível.

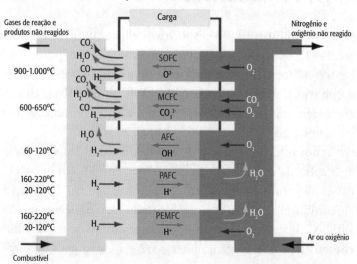

Células a combustível de membrana polimérica (PEM)

Um esquema simplificado de uma célula a combustível de eletrólito polimérico sólido é apresentado na Figura 13.6. Os prótons produzidos na reação anódica são conduzidos pelo eletrólito até o cátodo, onde se combinam com o produto da redução do oxigênio, formando água (H_2O) como produto final.

A célula a combustível do tipo PEM apresenta grande vantagem pela sua simplicidade de funcionamento. O eletrólito utilizado nesse tipo de célula de combustível é uma membrana de troca iônica (polímero ácido sulfônico fluorizado ou outro polímero similar), que é boa condutora de prótons do ânodo para o cátodo. Por sua vez, o combustível utilizado é o hidrogênio com elevado grau de pureza (Kordesch e Simader, 1996).

Além do hidrogênio como combustível, as células a combustível PEM (Figura 13.6) podem trabalhar com combustíveis alternativos, desde que estes sejam previamente convertidos em hidrogênio. Os combustíveis utilizados nas PEM indiretas podem ser, por exemplo, metanol, etanol, metano, propano, biocombustível etc.

Uma variante importante da PEM é a célula a combustível com alimentação direta de metanol (DMFC). Como combustível, o metanol tem diversas vantagens em relação ao hidrogênio – por ser líquido à temperatura ambiente, ser facilmente transportado e armazenado (Hirschenhofer et al., 1998). Os principais problemas das DMFC são o sobrepotencial eletroquímico no ânodo, o que reduz sua eficiência, e o fato de o metanol difundir através da membrana de troca iônica (MEA) do ânodo para o cátodo. Atualmente, novos desenvolvimentos poderão ser em breve apresentados e progressos importantes deverão fazer com que esse tipo de célula a combustível seja utilizado em dispositivos eletrônicos portáteis e, também, na área de transportes (Larminie e Dicks, 2003).

Outro tipo de célula a combustível, que nos últimos anos tem sido objeto de muito interesse pela comunidade científica e pelo governo, é a célula a etanol direto (DEFC), tendo a vantagem de ser um combustível não tóxico e sustentável. Além disso, o Brasil possui toda uma logística de distribuição de etanol, destacando-se como um dos maiores produtores mundiais desse produto, obtendo o segundo lugar, atrás apenas dos Estados Unidos.

Reações PEM (Reação 1)
Ânodo: $H_2(g) \rightarrow 2\ H^+(aq) + 2e^-$
Cátodo: $1/2\ O_2(g) + 2\ H^+(aq) + 2\ e^- \rightarrow H_2O(l)$

Reações DMFC (Reação 2)
Ânodo: $CH_3OH(aq) + H_2O(l) \rightarrow CO_2(g) + 6\ e^- + 6\ H^+(aq)$
Cátodo: $6\ H^+(aq) + 6\ e^- + 3/2\ O_2(g) \rightarrow 3\ H_2O(l)$

Figura 13.6 – Célula a combustível tipo PEM (membrana polimérica).

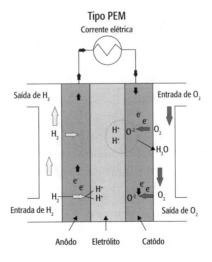

Fonte: Ett; Ett; Jardini (2012).

Células a combustível alcalinas (AFC)

Nas células a combustível alcalinas (Figura 13.7) o eletrólito utilizado é uma solução concentrada de hidróxido de potássio (KOH 85% peso) para operar em temperaturas elevadas (aproximadamente 250 ºC) e soluções menos concentradas (35 a 50% peso) para temperaturas inferiores a 120ºC (Larminie e Dicks, 2003). As pilhas AFC utilizadas no programa Apollo, da Nasa, utilizavam uma solução de KOH 85% peso e funcionavam à temperatura de 250ºC (Kordesch e Simader, 1996).

O problema das baixas velocidades de reação (baixas temperaturas) é superado com a utilização de eletrodos porosos de platina. Nesse tipo de célula a combustível, a redução do oxigênio no cátodo é mais rápida em eletrólitos alcalinos, comparativamente com os ácidos e, por isso, existe a possibilidade da utilização de metais não nobres (Larminie e Dicks, 2003). As principais desvantagens dessa tecnologia são o fato de os eletrólitos alcalinos (por exemplo, NaOH e KOH) dissolverem o gás carbônico (CO_2) e a circulação do eletrólito na célula, tornando seu funcionamento mais complexo (Larminie e Dicks, 2003). No entanto, o eletrólito apresenta custos reduzidos.

Figura 13.7 – Célula a combustível tipo AFC (alcalina).

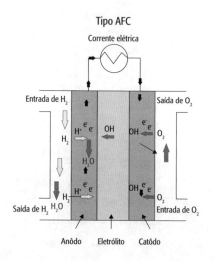

Fonte: Ett; Ett; Jardini (2012).

Reações AFC (Reação 3)
Ânodo: $H_2(g) + 2\ OH^-(aq) \to 2\ H_2O(l) + 2\ e^-$
Cátodo: $1/2\ O_2(g) + H_2O(l) + 2\ e^- \to 2\ OH^-(aq)$

Células a combustível de ácido fosfórico (PAFC)

As células a combustível de ácido fosfórico (PAFC), Figura 13.8, foram as primeiras a serem produzidas comercialmente e apresentam uma ampla aplicação em âmbito mundial. Muitas unidades de 200 kW produzidas pela empresa International Fuel Cells Corporation estão instaladas nos Estados Unidos, na Europa (Larminie e Dicks, 2003) e também no Brasil (Rio de Janeiro e Curitiba).

Figura 13.8 – Célula a combustível tipo PAFC (ácido fosfórico).

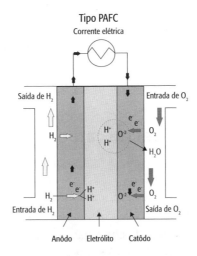

Fonte: Ett; Ett; Jardini (2012).

Reações PAFC (Reação 4)
Ânodo: $H_2(g) \to 2\ H^+(aq) + 2\ e^-$
Cátodo: $1/2\ O_2(g) + 2\ H^+(aq) + 2\ e^- \to H_2O(l)$

Nesse tipo de célula a combustível, o eletrólito utilizado é o ácido fosfórico, cuja concentração pode atingir 100%. Opera com temperaturas entre 160°C e 220°C, uma vez que em temperaturas mais baixas o ácido fosfórico é um mau condutor iônico e o envenenamento da platina pelo monóxido de carbono (CO) no ânodo torna-se mais severo.

A estabilidade relativa do ácido fosfórico é elevada em comparação com outros ácidos comuns e, consequentemente, a célula de combustível do tipo PAFC pode produzir energia elétrica a temperaturas elevadas (220°C). A utilização de um ácido concentrado minimiza a pressão de vapor da água, facilitando a gestão da água na célula. O suporte utilizado universalmente para o ácido é o carbeto de silício e o eletrocatalisador utilizado no ânodo e cátodo é a platina (Kordesch e Simader, 1996).

O problema do armazenamento do hidrogênio pode ser resolvido pela transformação do metano em hidrogênio e dióxido de carbono, mas o equipamento necessário para essa operação acrescenta à célula custos consideráveis, maior complexidade e tamanho superior (Larminie e Dicks, 2003). No entanto, estes sistemas apresentam as vantagens associadas à simplicidade de funcionamento da tecnologia das células a combustível, disponibilizando um sistema de produção de energia elétrica seguro e que envolve baixos custos de manutenção. Alguns desses sistemas funcionaram continuamente por muitos anos sem a necessidade de qualquer manutenção ou intervenção humana (Larminie e Dicks, 2003).

Célula a combustível de carbonato fundido (MCFC)

A célula a combustível de carbonato fundido (Figura 13.9) utiliza como eletrólito uma combinação de carbonatos alcalinos (Na, K, Li) que são estabilizados em um suporte de aluminato de lítio ($LiAlO_2$). Esse tipo de célula a combustível funciona a temperaturas entre 600 e 700°C, nas quais os carbonatos alcalinos formam um sal altamente condutor de íons (íon carbonato). A temperaturas elevadas, pode-se utilizar o níquel como catalisador no ânodo e óxido de níquel no cátodo, não sendo necessária a utilização de metais nobres (Hirschenhofer et al., 1998). Por causa da elevada temperatura de operação, é possível utilizar diretamente, nesse tipo de sistema, o gás natural, não havendo, portanto, a necessidade de "reformadores" externos. No entanto, essa simplicidade é contraposta pela natureza do eletrólito, uma mistura quente e corrosiva de lítio, potássio e carbonatos de sódio.

Figura 13.9 – Célula a combustível tipo MCFC (carbonato fundido).

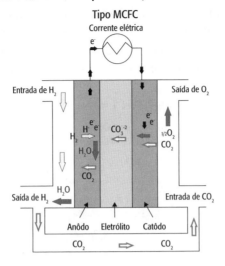

Fonte: Ett; Ett; Jardini (2012).

Reações MCFC (Reação 5)
Ânodo: $H_2(g) + CO_3^{2-} \rightarrow H_2O(g) + CO_2(g) + 2\ e^-$
Cátodo: $1/2\ O_2(g) + CO_2(g) + 2\ e^- \rightarrow CO_3^{2-}$

Células a combustível de óxido sólido (SOFC)

As células a combustível de óxido sólido (Figura 13.10) trabalham com temperaturas entre 600 e 1000°C, possibilitando assim velocidades de reação elevadas sem a utilização de catalisadores nobres (Hirschenhofer et al., 1998). O eletrólito utilizado nesse tipo de célula é uma cerâmica à base de óxido de zircônio (ZrO_2), estabilizado com itria (Y_2O_3). Esta estabiliza a fase cúbica da zircônia, passando a ser condutora de O^{2+} acima de 800°C. Na temperatura elevada de funcionamento, ocorre o transporte dos íons de oxigênio do cátodo para o ânodo.

O metano pode ser utilizado diretamente, não sendo necessária a utilização de uma unidade de reforma externa (Larminie e Dicks, 2003). No entanto, os materiais cerâmicos que constituem essas células acarretam dificuldades adicionais na sua utilização, envolvendo custos elevados de fabricação e a necessidade de outros equipamentos para que a célula produza energia elétrica. Esse sistema extra engloba o pré-aquecimento do combustível e do ar e o sistema de arrefecimento. Apesar de funcionar a temperaturas superiores a 1.000ºC, o eletrólito da SOFC mantém-se permanentemente no estado sólido. Tipicamente, tem-se como ânodo o ZrO_2/Y_2O_3/Ni e como cátodo o $LaSrMnO_3$ (Kordesch e Simader, 1996).

Figura 13.10 – Célula a combustível tipo SOFC.

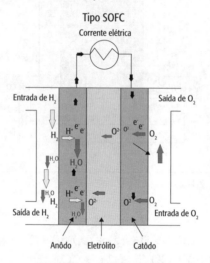

Fonte: Ett; Ett; Jardini (2012).

Reações SOFC (Reação 6)
Ânodo: $H_2(g) + O^{2-} \rightarrow H_2O(l) + 2\ e^-$
Cátodo: $1/2\ O_2(g) + 2\ e^- \rightarrow O^{2-}$

Comparação entre as propriedades das células a combustível

Tabela 13.1 – Comparação de vantagens e desvantagens entre os tipos de CAC.

	Combustível	Vantagens	Desvantagens
PEMFC (polímero sólido)	H_2 e gás natural, metanol ou etanol reformado	Alta densidade de corrente, operação flexível	Contaminação do catalisador com CO (< 10 ppm), custo da membrana

(continua)

Tabela 13.1 – Comparação de vantagens e desvantagens entre os tipos de CAC. *(continuação)*

	Combustível	Vantagens	Desvantagens
AFC (alcalina)	H_2	Alta eficiência (83% teórica)	Sensível a CO_2 (< 50 ppm), gases ultrapuros
PAFC (ácido fosfórico)	Gás natural ou H_2	Maior desenvolvimento tecnológico	Moderada tolerância ao CO (< 2%), corrosão dos eletrodos
DMFC (metanol direto)	Metanol	Utilização de metanol direto	Baixa eficiência, baixo tempo de vida útil da membrana
MCFC (carbonato fundido)	Gás natural, Gás de síntese	Tolerância a CO e CO_2	Materiais resistentes, reciclagem de CO_2
SOFC (óxido sólido)	Gás natural, Gás de síntese	Alta eficiência, a reforma do combustível pode ser feita na célula	Totalmente tolerante ao CO, expansão térmica, problema de materiais

Fonte: Ett; Ett; Jardini (2012).

Vantagens de se utilizar células a combustível

Uma célula a combustível pode converter em torno de 83% da energia contida em um combustível em energia elétrica e calor, pois não há dependência, como no ciclo de Carnot (Kordesch e Simader, 1996). Hoje, as células a combustível podem operar com eficiência de 60%.

Centrais de produção de energia através de células, por não possuírem partes móveis, apresentam maiores níveis de confiança se comparadas aos motores de combustão interna e às turbinas de combustão. Não sofrem paradas bruscas em razão do atrito ou falhas das partes móveis durante sua operação.

A substituição das centrais termelétricas convencionais que produzem eletricidade a partir de combustíveis fósseis por células a combustível melhorará a qualidade do ar em virtude da ausência de emissão de poluentes particulados no ar (fuligem), como óxidos nitrosos e sulforosos que causam chuvas ácidas e *smog*, e reduzirá o consumo de água e efluentes (Kordesch e Simader, 1996).

As emissões de uma central elétrica de células a combustível são dez vezes menores que o requerido nas normativas ambientais mais restritas. Além disso, as células a combustível produzem um nível muito inferior de dióxido de carbono e seu funcionamento permite a eliminação de muitas fontes de ruídos associadas aos sistemas convencionais de produção de energia por intermédio do vapor.

A flexibilidade no planejamento, incluindo a modulação, resulta em benefícios financeiros estratégicos para as unidades de células a combustível e para os consumidores. As células a combustível podem ser desenvolvidas para funcionarem a partir de etanol, metanol, gás natural, gasolina ou outros combustíveis de baixo custo para extração e transporte. Um reformador químico que produz hidrogênio enriquecido possibilita a utilização de vários combustíveis gasosos ou líquidos, com baixo teor de enxofre (Kordesch e Simader, 1996). Na qualidade de tecnologia alvo de interesse recente, as células a combustível apresentam um elevado potencial de desenvolvimento. Em contraste, as tecnologias competidoras das células a combustível, incluindo turbinas de gás e motores de combustão interna, já atingiram um estado avançado de desenvolvimento.

HIDROGÊNIO

O hidrogênio é muito utilizado em processos industriais: processos petroquímicos (hidrocraqueamento), hidrogenação de alimentos, solda, insumo para indústria química e de fertilizantes (síntese de amônia), como combustível para foguetes e propulsão para cápsulas espaciais. Em um futuro próximo, poderá ser utilizado também como uma fonte alternativa de energia para geração de eletricidade em automóveis, ônibus, navios e dispositivos eletrônicos diversos, como telefones celulares e computadores pessoais, em células a combustível.

É um elemento simples e comum no universo e, no estado natural e sob condições normais, é um gás incolor, inodoro e insípido. O hidrogênio molecular (H_2) existe na forma de dois átomos ligados pelo compartilhamento de elétrons – ligação covalente. Cada átomo é composto por um próton e um elétron. Alguns cientistas acreditam que esse elemento dá origem a todos os demais elementos por meio do processo de fusão nuclear. O hidrogênio normalmente existe combinado a outros elementos, por exemplo, o oxigênio (formando a água); com o carbono (formando o

OUTRAS TECNOLOGIAS ENERGÉTICAS | **513**

metano); e na maioria dos compostos orgânicos. Como é quimicamente muito ativo, raramente permanece sozinho como um único elemento. Possui maior quantidade de energia por unidade de massa que qualquer outro combustível conhecido, 141,9 MJ por quilo (ver Tabela 13.2). Além disso, quando resfriado ao estado líquido, esse combustível de baixo peso molecular ocupa um espaço equivalente a 1/700 daquele que ocuparia no estado gasoso. Essa é uma das razões pelas quais o hidrogênio é utilizado como combustível para propulsão de foguetes e cápsulas espaciais, que requerem combustíveis de baixo peso, compactos e com grande capacidade de armazenamento de energia.

A seguir, apresenta-se uma lista com as características do hidrogênio:

- É o elemento mais abundante do universo (75%) – NREL.

- Representa 30% da massa do Sol.

- É o terceiro elemento mais abundante na Terra.

- É incolor, inodoro e insípido.

- Possui baixa densidade: 0,0899 g/L (11,24% do ar atmosférico, 14,4% menos denso que o ar).

- A sua combustão gera 28.890 kcal/kg.

- 1 kg de H_2 contém energia equivalente a 3,5 L de petróleo, 2,1 kg de gás natural e 2,8 kg de gasolina.

- Inflamabilidade: 4,1% a 74,2% de H_2 em volume de ar seco – temperatura de ignição: 565°C a 579°C.

- Combustão: chama azul clara, quase invisível.

Tabela 13.2 – Comparação entre densidades energéticas.

Combustível	(MJ/kg, 25°C)	Fator
Hidrogênio*	141,90	1,00
Gasolina	47,27	0,33
Gás natural	47,21	0,33
Metano	55,55	0,39
Metanol	22,69	0,16
Etanol	29,70	0,21

(continua)

Tabela 13.2 – Comparação entre densidades energéticas. (*continuação*)

Combustível	(MJ/kg, 25°C)	Fator
Querosene	46,00	0,32
Carvão	31,38	0,22
Madeira	17,12	0,12

(*) Combustível gasoso.

Fonte: Ett; Ett; Jardini (2012).

Produção de hidrogênio

Na natureza, o hidrogênio é encontrado ligado ao carbono (hidrocarbonetos) ou ao oxigênio (água), em 70% da superfície terrestre. A quebra dessas ligações permite produzir hidrogênio gasoso para ser utilizado como combustível. Existem muitos processos que podem ser utilizados para quebrar essas ligações, e todos exigem energia em forma de calor ou radiação solar.

A seguir estão descritos alguns métodos, em uso ou em desenvolvimento, para a produção de hidrogênio.

Reforma de combustíveis líquidos e gasosos

A maior parte do hidrogênio produzido no mundo em escala industrial é realizada pelo processo de reforma de vapor, a partir de biogás e gás natural (em ambos predomina o metano, que é atualmente o meio com o menor custo para se produzir hidrogênio comercial). A reforma de vapor utiliza energia térmica (calor), obtida da queima seletiva de hidrocarbonetos, para obter hidrogênio e monóxido de carbono. Envolve a reação desses combustíveis com vapor em superfícies catalíticas, como níquel ou platina. O primeiro passo da reação decompõe o combustível em pequena quantidade de hidrogênio e monóxido de carbono (CO). Uma segunda reação, com injeção de vapor, transforma o monóxido de carbono e a água em dióxido de carbono (CO_2) e hidrogênio (H_2). Essas reações ocorrem a altas temperaturas, de 500 °C a 800 °C.

A reforma do álcool é considerada estratégica para o Brasil pelo Ministério de Ciência e Tecnologia e pelo Ministério de Minas e Energia por se tratar de um combustível renovável com ciclo fechado de emissão de dióxido de carbono, uma vez que o gás emitido foi antes removido da atmosfera pela cana-de-açúcar. A reação de *Shift*, ou seja, a adição de água na forma de vapor no processo de reforma, pode ser obtida como produto de reação da célula e aumenta a eficiência do reformador.

No local de consumo de hidrogênio, ocorrem dois passos: obtenção de gás de síntese (mistura de monóxido de carbono e hidrogênio) mediante queima parcial do combustível e injeção de água ou vapor. Na presença de catalisadores adequados, esse passo tem um rendimento de cerca 85%. O combustível pode ser sólido, líquido ou gasoso, desde que o equipamento seja adaptado ao estado escolhido. O processamento de metano (biogás e gás natural) é idêntico, embora o último geralmente contenha gases sulfo-rosos, que devem ser removidos.

Reforma do etanol em hidrogênio

O etanol normalmente é produzido pela fermentação da cana-de-açú-car, do milho, da beterraba ou de outras matérias-primas e tem sido usado por décadas como combustível para transporte em várias partes do mundo. A maior parte do etanol produzido nos Estados Unidos é oriunda da fermentação do milho, processo mais dispendioso.

O Brasil é o maior produtor mundial de cana-de-açúcar, obtendo açúcar e etanol (álcool etílico). O etanol é hoje importante fonte de energia no Brasil, o que diminui a sua dependência do petróleo e deixa a gasolina dos veículos 25% mais renovável, devido a sua adição.

O principal benefício ambiental do uso de etanol é que o dióxido de carbono produzido foi antes removido da atmosfera pelas plantas de ca-na-de-açúcar: trata-se de uma reciclagem perfeita. Como é miscível com água em qualquer proporção, não causa maiores problemas em eventuais derramamentos ou vazamentos. O etanol é a aposta brasileira primária como combustível alternativo para a produção de hidrogênio ou para motores de combustão interna. A área cultivada em 2015 no país é de mais de 8,95 milhões de hectares, responsáveis pela produção de aproxi-madamente 655,18 milhões de toneladas de cana-de-açúcar (em 2014), com aproximadamente 50 mil plantadores e 366 usinas processadoras espalhadas pelo Brasil, sendo que a maioria se encontra no Sudeste,

Paraná, Nordeste e com forte crescimento na região Centro-Oeste (Conab, 2014).

Na reforma do etanol, é necessário 0,41 L de etanol para a geração de 0,65 Nm^3 de hidrogênio, volume necessário para a geração de 1 kW pela célula a combustível tipo PEM. A reforma do etanol acontece em uma reação dele com vapor de água a temperatura de 500ºC e em presença de um catalisador, gerando hidrogênio.

A reforma do etanol (Reação 7)

$$C_2H_5OH + H_2O \rightarrow CO + 4 H_2$$
$$CO + H_2O \rightarrow CO_2 + 2H_2$$

Essa tecnologia está em desenvolvimento em nível mundial, por institutos de pesquisas (Ipen, IPT, Copel, INT, Cenpes etc.), universidades (USP, UFRJ, Coppe, UFRGS, Ufam, Unesp, Unicamp etc.) e empresas brasileiras (Electrocell, Uniteh, Novo Cell), que já possuem unidades para comercialização.

Reforma de gás natural

O gás natural (CH_4) é uma fonte de energia rica em hidrogênio, com a relação de um átomo de carbono (C) para quatro átomos de hidrogênio (H). É um dos combustíveis fósseis mais utilizados no mundo, com uma participação na matriz energética mundial de aproximadamente 23%, atrás apenas do petróleo, que detém 40%. Dentre os principais combustíveis fósseis, como o petróleo e o carvão, o gás natural é o menos poluente. Hoje, aproximadamente metade da produção de hidrogênio no mundo provém do gás natural. Para ser utilizado numa célula a combustível do tipo PEM, o gás natural passa pelo processo de reforma para obtenção do hidrogênio. Nas células a combustível de óxido sólido (SOFC) ou carbonato fundido (MCFC), a reforma a vapor ocorre internamente devido à alta temperatura – entre 600°C e 1.000°C. O catalisador utilizado a essa temperatura pode ser o níquel, mais barato que a platina.

Se o pico global da produção de gás natural ocorrer por volta de 2020, como predizem alguns geólogos, será necessário usar outros métodos de produzir hidrogênio ou utilizar um combustível renovável como o etanol – álcool etílico oriundo da cana-de-açúcar. Esta deverá ser a principal aposta brasileira.

A reforma do gás natural (metano) consiste na reação química deste com vapor de água em altas temperaturas (500ºC a 600ºC) e em presença de um catalisador, gerando hidrogênio, conforme a reação a seguir.

A reforma do gás natural   (Reação 8)

$$CH_4 + H_2O \rightarrow CO + 3H_2$$
$$CO + H_2O \rightarrow CO_2 + 2H_2$$

As reservas brasileiras estimadas de gás natural para 2011 remontam a 1 trilhão de m^3, com a entrada dos campos do Espírito Santo, Bacia de Santos, Sergipe/Alagoas e o aumento da utilização de gás liquefeito do petróleo (GLP).

Para sua reforma, são necessários 0,18 m^3 de gás natural, de alta pureza, para a geração de 0,65 m^3 de H_2, volume necessário para a geração de 1 kWh pela célula a combustível tipo PEM.

O preço do metro cúbico de gás natural para cogeração (Comgas, 2015) é R\$ 0,213493/m^3 para faixa de consumo de 150.000 m^3/mês – sendo que o custo da energia será R\$ 38,42/MWh.

Gasolina e diesel

A gasolina e o diesel também podem ser utilizados para produzir hidrogênio para as células a combustível, mas são mais inconvenientes por conterem compostos sulforosos. A única vantagem seria o aproveitamento da infraestrutura dos postos de abastecimento de combustível como transição para o modelo de postos a hidrogênio no futuro. Mas a tendência deverá ser o aproveitamento da infraestrutura estabelecida pelo álcool (etanol).

Metanol

Atualmente, o metanol é uma importante matéria-prima na indústria química, e sua maior utilização está na produção de formaldeído e Metil-Tert-Butil-Éter (MTBE) – aditivo para a gasolina que está sendo banido aos poucos nos Estados Unidos. Já foi conhecido como álcool da madeira, devido a sua obtenção comercial a partir da fermentação e destilação de resíduos de madeira. Como pode causar cegueira, não tem sido usado em combustíveis, salvo casos excepcionais. O metanol é um líquido incolor, tem miscibilidade em água, álcool ou éter em todas as proporções e possui um odor suave à temperatura ambiente.

Conversão biológica

No caso da rota bioquímica, existem basicamente três tipos de processo: biodigestão, fermentação e hidrólise ácida ou enzimática.

O Brasil dispõe de grandes volumes de dejetos agrícolas para biodigestão pela decomposição anaeróbica da matéria orgânica de granjas de suínos, de frangos, frigoríficos e de outras fontes de metano, como as estações de tratamento de esgoto e aterros sanitários.

Bactérias anaeróbias

O metano, componente principal do "biogás", é produzido por bactérias anaeróbias. Essas bactérias são encontradas em grande quantidade no meio ambiente. Elas quebram ou digerem a matéria orgânica na ausência de oxigênio e produzem o biogás como resíduo metabólico. Fontes de biogás incluem depósitos de lixo, esterco e estações de tratamento de água e esgoto. O metano também é o principal componente do gás natural, produzido por bactérias anaeróbias há milhões de anos.

Algas

Os processos biológicos e fotobiológicos utilizam algas e bactérias para produzir hidrogênio. Sob condições específicas, os pigmentos em certos tipos de algas absorvem energia solar. As enzimas na célula de energia agem como catalisadores para decompor as moléculas de água. Algumas bactérias também são capazes de produzir hidrogênio, mas, diferentemente das algas, necessitam de substratos para seu crescimento. Os organismos não apenas produzem hidrogênio, mas também podem absorver poluentes ambientais. Essa tecnologia provavelmente estará disponível nos próximos 20 a 50 anos.

Recentemente, uma pesquisa financiada pelo Departamento de Energia dos Estados Unidos levou à descoberta de um mecanismo para produzir quantidades significativas de hidrogênio a partir de algas. Há 60 anos, os cientistas sabem que as algas produzem pequenas quantidades de hidrogênio, mas não haviam encontrado um método factível para aumentar essa produção. Cientistas da Universidade da Califórnia, Berkeley e o Laboratório Nacional de Energia Renovável encontraram a solução. Após permitir que a cultura de algas crescesse sob condições normais, os pesquisadores privaram-nas de enxofre e oxigênio. Após muitos dias gerando hidrogênio, a cultura de algas foi colocada novamente sob as condições normais por alguns poucos dias, permitindo assim que armazenassem mais energia. O processo pode ser repetido várias vezes. A produção de hidrogênio por algas pode eventualmente promover um meio prático e de baixo custo para a conversão de luz solar em hidrogênio.

Biogás

Para o uso do biogás em células a combustível do tipo PEM, é necessário um estágio inicial de purificação desse biogás, para mais de 80% de pureza do metano, e a sua posterior reforma pelo reformador para a geração de hidrogênio. A tecnologia já existe, mas a integração completa desse sistema está em desenvolvimento no Brasil, já implantada com sucesso no exterior, apesar de seus altos custos e baixa eficiência geral.

Este modelo de biodigestão de materiais orgânicos está em amplo crescimento pelo seu aspecto ambiental de tratamento de dejetos e pela real possibilidade de os produtores conseguirem financiamentos para a implantação desses sistemas por empresas especializadas em MDL (créditos carbono), por exemplo, o projeto da Sadia com produtores suínos em Santa Catarina.

Eletrólise

A eletrólise faz uso da eletricidade para romper a água em átomos de hidrogênio e oxigênio, passando por ela uma corrente elétrica. Esse processo é conhecido há mais de 200 anos. Seu funcionamento envolve dois eletrodos, um negativo (ânodo) e outro positivo (cátodo), que são submersos em água pura, à qual se deu maior condutibilidade pela aplicação de um eletrólito, como um sal, para melhorar a eficiência do processo e a aplicação de uma tensão. Uma tensão de 1,24 V é necessária para separar os átomos de oxigênio e de hidrogênio em água pura, à temperatura de 25 ºC e pressão de 1,03 kg/cm². A menor quantidade de eletricidade necessária pra eletrolisar um mol de água é de 65,3 Watts-hora (25 ºC). O hidrogênio é liberado no cátodo e o oxigênio no ânodo. A produção de um metro cúbico (1 m³) de hidrogênio requer cerca 3 kWh de energia elétrica.

Embora a eletrólise consuma mais energia do que é possível produzir com o hidrogênio obtido, ela poderá melhorar significativamente a produtividade das usinas hidrelétricas e das redes de distribuição: o hidrogênio produzido nos grandes reservatórios das usinas durante o período de baixo consumo poderá cobrir pontas de consumo.

A água deverá ser uma das principais fontes de hidrogênio no futuro. Companhias de energia no Brasil estão pesquisando a viabilidade econômica de se produzir hidrogênio a partir da água utilizando os reservatórios das grandes usinas hidrelétricas brasileiras. A ideia é produzir energia durante a madrugada, período em que a demanda é baixa e de menor custo.

À medida que o gás natural se tornar mais escasso e caro, a eletrólise, provavelmente, se tornará um processo mais competitivo. Se os custos das células fotovoltaicas, da geração eólica, hídrica e geotérmica e de todas as formas de energia renováveis livres de carbono diminuírem, a eletrólise por meio desses métodos será uma opção também atrativa.

Fontes renováveis de energia também podem produzir eletricidade por eletrólise. Por exemplo, o Centro de Pesquisas em Energia da Humboldt State University projetou e construiu um sistema solar de hidrogênio autossuficiente. O sistema usa um arranjo fotovoltaico de 9,2 kW para fornecer energia a um compressor que faz a aeração dos tanques de peixes. A energia não utilizada para movimentar o compressor aciona um eletrolisador de 7,2 kW. O eletrolisador pode produzir 53 pés cúbicos de hidrogênio por hora (25 litros por minuto). A unidade está operando desde 1993. Quando o sistema fotovoltaico não fornece energia suficiente, a célula a combustível utiliza o hidrogênio para gerar a energia necessária.

A eletrólise de vapor é uma variação do processo convencional de eletrólise. Uma parte da energia necessária para decompor a água é adicionada na forma de calor em vez de eletricidade, tornando o processo mais eficiente que a eletrólise convencional. A 2.500 °C, a água se decompõe em hidrogênio e oxigênio. Este calor pode ser fornecido por um dispositivo de concentração de energia solar. O problema nesse processo é impedir a recombinação do hidrogênio e do oxigênio sob as altas temperaturas utilizadas no processo.

O Brasil possui 68 GW de potência hidráulica instalada, que corresponderia a 144 empreendimentos de geração se parte dessas usinas fizessem eletrólise da água em horários fora do pico de consumo, como no período noturno e nos meses de cheia, quando há necessidade de escoamento da água excedente pelos vertedouros das usinas. Existe, assim, um grande potencial latente de geração de hidrogênio pelas usinas hidrelétricas brasileiras. Lembrando que, pela tecnologia existente atualmente, se gasta mais energia para gerar hidrogênio por eletrólise do que a gerada pelas células a combustível, em torno de 4 kW gastos de energia para 1 kW acumulado de hidrogênio. Se considerássemos que a energia elétrica gasta para a geração de hidrogênio fosse calculada pelo seu custo marginal de geração (água vertida ou fora de horário de ponta) e não pelo seu custo tradicional, poderia haver uma oportunidade de mercado nesse sistema.

Outro ponto que deve ser mencionado é que a eletrólise pode ser feita por fontes renováveis alternativas, como: energia eólica, fotovoltaica e pequenas centrais hidrelétricas (PCH). Um dos grandes projetos na área de eletrólise está sendo feito pela Itaipu Binacional, que também tem projetos para a aplicação de hidrogênio nas áreas automotiva e estacionária.

Rota termoquímica

Decomposição termoquímica

A decomposição termoquímica da água utiliza produtos químicos como o brometo ou o iodeto, assistidos pelo calor. Essa combinação provoca a decomposição da molécula de água.

Processo fotoeletroquímico

Os processos fotoeletroquímicos utilizam dois tipos de sistemas eletroquímicos para produzir hidrogênio. Um utiliza complexos metálicos hidrossolúveis como catalisadores, enquanto o outro utiliza superfícies semicondutoras. Quando o complexo metálico se dissolve, absorve energia solar e produz uma carga elétrica que inicia a reação de decomposição da água. Esse processo imita a fotossíntese. O outro método utiliza eletrodos semicondutores em uma célula fotoquímica para converter a energia eletromagnética em química. A superfície semicondutora possui duas funções: absorver a energia solar e agir como um eletrodo. A corrosão induzida pela luz limita o tempo de vida útil do semicondutor.

Decomposição térmica da água

Os Estados Unidos, o Japão, o Canadá e a França têm investigado a decomposição térmica da água, uma técnica radicalmente diferente para geração de hidrogênio. Esse processo utiliza calor em temperaturas acima de 3.000ºC para decompor as moléculas de água.

Fotólise

A ideia de se utilizar um fotocatalisador para promover a fotólise da água não é nova; entretanto, até agora somente catalisadores que operavam na faixa ultravioleta da luz solar haviam sido desenvolvidos, o que os tornavam pouco eficazes. Os poucos fotocatalisadores que aproveitavam a faixa visível do espectro solar eram pouco estáveis. O National Institute of Advanced Industrial Science and Technology, em Tsukuba, desenvolveu um fotocatalisador muito estável que utiliza a energia da luz solar para "quebrar" as moléculas de água. Embora ainda não seja muito eficiente, pois quase 99% da energia solar não é utilizada, representa o melhor que já surgiu. O material é um óxido de índio, níquel e tântalo; sendo que a eficácia depende da quantidade de níquel no material e da superfície de contato. O estudo está apenas começando, e os pesquisadores garantem que, muito em breve, estarão lançando no mercado o primeiro fotocatalisador comercialmente viável para obtenção de hidrogênio gasoso a partir da água líquida.

No Instituto de Química da Universidade de São Paulo (USP), corantes orgânicos naturais estão sendo pesquisados, e os resultados já parecem ser promissores. A natureza usa a clorofila para a fotossíntese de hidrocarbonetos e oxigênio a partir de gás carbônico e água.

Gaseificação de biomassa

A biomassa, como vertente energética, pode trazer diversos benefícios para o meio ambiente, especialmente por apresentar ciclo fechado de carbono. O CO_2 liberado na queima de biomassa em processos termoquímicos é absorvido durante a fotossíntese formando glicose e liberando oxigênio.

A biomassa oferece as melhores perspectivas entre todas as fontes de energia renováveis e como fonte de hidrogênio, seja produzindo álcool etílico (etanol), metanol ou metano. Cana-de-açúcar, milho, florestas cultivadas, soja, dendê, girassol, colza, mandioca, palha de arroz, lascas ou serragem de madeira e dejetos de criação animal são bons exemplos de biomassa. Seu valor energético é alto, pois uma tonelada de matéria seca gera 19 GJ. Um hectare de cana-de-açúcar produz 980 GJ, e a mesma área reflorestada gera 400 GJ.

O uso de combustíveis como álcool etílico e álcool metílico e/ou metano produzidos a partir de biomassa, fermentação de lixo ou esgoto, bagaço da cana-de-açúcar e outros resíduos orgânicos da produção de celulose e de alimentos, produz gás carbônico que, todavia, foi retirado da atmosfera pelas plantas envolvidas. As reações de reforma podem ser aplicadas diretamente a carvão vegetal, sem fermentação. Um hectare plantado com capim-elefante ou bambu permite a produção anual de 15 a 20 toneladas de *pellets* de carvão vegetal, sem necessidade de replantio.

Para cada 1 kg de glicose formado, são consumidos 1,5 kg de CO_2, conforme equação abaixo, o que pode ser observado na reação geral da fotossíntese, vide Reação 9.

$$6CO_2 + 12H_2O \rightarrow C_6H_{12}O_6 \text{ (glicose)} + 6O_2 \qquad \text{(Reação 9)}$$

De acordo com o Painel Intergovernamental de Mudança Climática (IPCC), órgão que auxilia os países no Protocolo de Kyoto, existem gases de efeito estufa muito mais impactantes que o CO_2, como o metano (CH_4), que é liberado naturalmente em aterros em uma mistura chamada de biogás e através da decomposição da biomassa submersa nas represas de uma usina hidrelétrica. Nesse caso, o impacto é 21 vezes maior que o CO_2 no efeito estufa, vide Tabela 13.3.

Tabela 13.3 – Fatores de potencial de aquecimento global de diferentes gases do efeito estufa (GEE).

Símbolo	Molécula	Índice
CO_2	Dióxido de carbono	1
CH_4	Metano	21
N_2O	Óxido nitroso	310
HFC	Hidrofluorcarbonetos	140-11.700
PFC	Perfluorcarbonetos	6.500-9.200
SF_6	Hexafluoreto de enxofre	23.900

Fonte: Orsini (2012).

O Brasil possui a maior biodiversidade de bambu do mundo e este tem se mostrado uma matéria-prima interessante para a produção de hidrogênio. Os métodos de extração do hidrogênio proveniente da biomassa que apresentam maior viabilidade para o Brasil são a gaseificação e a biodigestão, usando como fontes os diversos resíduos de biomassa e o bagaço de cana-de-açúcar. Existem vários processos em estudo no Brasil e com grande potencial futuro, por ser uma tecnologia já existente hoje em dia. Seu forte potencial pode ser confirmado pelos altos investimentos nos setores de papel, celulose e cana-de-açúcar, pela busca de receitas complementares pelas empresas e pelo interesse em cogeração para a diminuição da dependência do sistema elétrico e diminuição de custos.

O processo de gaseificação consiste na transformação de combustíveis sólidos em gás. Grande quantidade de resíduos sólidos de produção de alimentos e de celulose, por exemplo, são combustíveis valiosos, mas com baixa densidade para justificar seu transporte: processando-se localmente para produção de briquetes ou pelotas de carvão vegetal, os resíduos podem ser facilmente transportados para o local de consumo de energia com total segurança e a preços competitivos. Podem também ser armazenados para cobrir períodos de entressafras. O mesmo se aplica a plantações de bambu, capim-elefante e outras gramíneas – podem render em torno de 60 ton de material seco (cerca de 20 t de carvão) por hectare por ano, com cuidados mínimos. Qualquer cultura bem planejada permite evitar a erosão do solo e segurar a água: pontos vitais para a humanidade.

A gaseificação é um processo termoquímico que converte um insumo sólido ou líquido em gás por meio de sua oxidação parcial em uma mistura subestequiométrica, pobre em oxigênio e de forma autotérmica. O gás resultante pode constituir uma mistura de monóxido de carbono e hidrogênio, denominada gás de síntese ou *syngas*.

A gaseificação é quase tão antiga quanto o motor a combustão, sendo atualmente muito utilizada em plantas industriais de até 1 Mt/ano, utilizando o carvão como matéria-prima. No entanto, só recentemente a gaseificação de biomassa tem se destacado devido à necessidade de desenvolvimento de alternativas energéticas de baixo custo, renováveis e limpas.

O *syngas,* produzido por gaseificação de carvão, resíduos de petróleo (Rasf) ou gás natural é muito utilizado no mundo em diversos setores:

- 50 mil MWth para produtos químicos.
- 35 mil MWth para combustíveis líquidos.
- 30 mil MWth para energia.
- 10 mil MWth para combustíveis gasosos.

Na Europa, na América do Norte e na Ásia, existem várias plantas de demonstração de energia elétrica via gaseificação de biomassa, sendo cavacos de madeira e resíduos agrícolas utilizados como matéria-prima.

A logística da biomassa é um fator que tem levado diversos países a desenvolver soluções para reduzir o custo de coleta, transporte e pré-tratamento, o que pode inviabilizar uma planta industrial. No setor de bioenergia, encontram-se disponíveis vários tipos de modais para transportar a biomassa, como: rodoviário, fluvial e ferroviário.

Os governos têm lançado programas para aumentar a densidade energética e facilitar o transporte da biomassa. Uma das soluções empregadas é a aplicação do processo de pirólise para produção do bio-óleo, muito estudada em países como Alemanha, Canadá, Holanda, Estados Unidos e Brasil (Bioware, CTC, IPT, Ipen, Unicamp, USP, UFPA, entre outros). A torrefação é muito estudada na França, nos Estados Unidos, na Áustria e no Brasil (IPT, UFPA e USP-Poli).

O bagaço de cana-de-açúcar (50% de umidade) possui poder calorífico superior (PCS) de aproximadamente 9 MJ/kg, mas se o bagaço for seco e processado via pirólise para produzir bio-óleo, poderá quase dobrar a quantidade de energia por quilograma, passando para cerca de 20 MJ/kg, e, por ser líquido, será mais facilmente transportado. O bagaço pode também ser torrado, mantendo-se na forma sólida, cujo PCS também poderá alcançar 20 MJ/kg.

O processo de gaseificação da biomassa resulta de reações complexas e pode ser subdividido em várias etapas: pirólise ou decomposição térmica, oxidação, gaseificação e craqueamento. Dependendo da organização do processo (movimento relativo da biomassa e do gás de gaseificação), essas etapas podem transcorrer em diferentes regiões do gaseificador ou em todo o seu volume de maneira simultânea.

As reações químicas mais importantes de cada uma dessas etapas são:

- **Pirólise ou decomposição térmica**: a etapa se desenvolve em temperaturas próximas de 600°C e consiste na decomposição térmica da matéria orgânica em um sistema alotérmico (Orsini, 2012), ou seja, por ação externa de calor, em ausência total ou parcial de oxigênio, tendo como produtos da reação: fração gasosa constituída de hidrogênio, monóxido de carbono, dióxido de carbono e metano; fração líquida constituída de bio-óleo e fração sólida representada pelo resíduo sólido carbonoso (Reação 10).

$$C_n H_m O_p \leftrightarrow \Sigma_{gás} C_x H_y O_z + \Sigma_{líquido} C_a H_b O_c \text{ (bio - óleo)} + \Sigma_{sólido} C \text{ (Reação 10)}$$

- **Oxidação parcial ou completa do carbono fixo do combustível**: Essa etapa fornece a energia térmica para o processo de volatilização e gaseificação. A Reação 11 é altamente exotérmica, sendo utilizada nas usinas térmicas. O valor do fator indicado depende da temperatura em que ocorre a reação e dependerá da relação entre monóxido de carbono e dióxido de carbono. Se produzir somente monóxido de carbono, a entalpia de reação a 298 K é de -110 MJ/kmol. Se produzir somente dióxido de carbono, é de -393 MJ/kmol.

$$C + \lambda O_2 \leftrightarrow (2 - 2\lambda)CO + (2\lambda - 1)CO_2 \qquad \text{(Reação 11)}$$

- **Gaseificação do resíduo sólido carbonoso:** inclui reações heterogêneas entre os gases e o resíduo sólido carbonoso ou coque residual, assim como reações homogêneas entre os produtos gasosos. A Reação 12 é uma reação endotérmica que possui uma entalpia de reação de 172,58 MJ/kmol. Seu efeito se verifica, mais nitidamente, na região onde a concentração de oxigênio é muito baixa, ou seja, após a zona de combustão. Essa reação, juntamente com a Reação 13, é responsável pelo declínio de temperatura na zona de gaseificação.

$$C + CO_2 \rightleftharpoons 2CO \text{ (Reação de Boudouard)} \qquad \text{(Reação 12)}$$

A Reação 12 consiste em uma reação endotérmica que possui entalpia de reação de 131 MJ/kmol, sendo portanto responsável em grande parte pelo controle da temperatura máxima obtida no leito. A constante de equilíbrio para essa reação é dada juntamente com as das demais reações envolvidas. É a reação que fornece quase a totalidade do hidrogênio gerado no processo.

$$C + H_2O \rightleftharpoons CO_2 + H_2 \text{ (Reação carbono-água)} \qquad \text{(Reação 13)}$$

- **Reação de metanação**

$$C + 2H_2 \rightleftharpoons CH_4 \text{ (Reação de metanação)} \qquad \text{(Reação 14)}$$

A Reação 14 consiste em uma reação exotérmica que possui entalpia de reação de -75 MJ/kmol. É responsável, juntamente com a fase de volatilização, pela formação de metano. Para processos que pretendem gerar gases para sínteses químicas, essa reação é especialmente importante.

- **Reação de Shift**

$$CO + H_2O \rightleftharpoons CO_2 + H_2 \text{ (Reação de Shift)} \qquad \text{(Reação 15)}$$

A Reação 15 é uma reação exotérmica que possui entalpia de reação de -41,20 MJ/kmol, chamada de conversão de monóxido de carbono ou *Shift*. É uma reação importante pois tem o papel de converter parte da água em hidrogênio.

OUTRAS TECNOLOGIAS ENERGÉTICAS | 527

- **Reação de oxidação do monóxido de carbono**

$$CO + 1/2O_2 \rightleftharpoons CO_2 \qquad \text{(Reação 16)}$$

A Reação 16 é uma reação exotérmica que possui entalpia de reação de -238 MJ/kmol. Essa reação desempenha um papel de importância secundária, pois na fase em que se tem oxigênio predomina a reação de combustão do carbono, que possui velocidade muito maior que essa reação. Assim, o oxigênio reage preferencialmente com o carbono e muito pouco com o monóxido de carbono formado.

- **Reação de oxidação do hidrogênio**

$$H_2 + 1/2O_2 \rightleftharpoons H_2O \qquad \text{(Reação 17)}$$

A Reação 17 é uma reação exotérmica que possui entalpia de reação de -242 MJ/kmol. Essa reação, embora de alta velocidade, também tem efeito negligenciável no processo. Isso se deve ao fato de que o hidrogênio é produzido pelas Reações 13 e 15, que possuem, por sua vez, velocidades muito menores que a Reação 11, responsável pelo rápido consumo de todo o oxigênio disponível.

- **Produção de gás de síntese**

A Reação 18 é uma reação endotérmica que possui entalpia de reação de 206 MJ/kmol. Essa reação não é uma reação de gaseificação, mas de rearranjo molecular, conhecida como reforma de metano e favorecida com o uso de catalisadores.

$$CH_4 + H_2O \rightleftharpoons CO + 3H_2 \qquad \text{(Reação 18)}$$

A oxidação parcial de gás natural ou metano é uma rota alternativa para produzir gás de síntese. A Reação 19 é uma reação exotérmica que possui entalpia de reação de -36 MJ/kmol.

$$CH_4 + 1/2O_2 \quad CO + 2H_2 \qquad \text{(Reação 19)}$$

- **Craqueamento do alcatrão**

Processo de destruição térmica dos compostos que formam o alcatrão, com a obtenção de CO, CO_2, CH_4 e outros gases como produtos (Reação 20).

$$Alcatrão + Vapor + Calor \rightleftharpoons CO + CO_2 + CH_4 \qquad \text{(Reação 20)}$$

- **Oxidação parcial dos produtos da pirólise**

$$(CO + H_2 + CH_4) + O_2 \rightleftharpoons CO_2 + H_2 \qquad \text{(Reação 21)}$$

O aumento da pressão favorece a formação de metano, segundo a Reação 13, por causa da diminuição do número de mols ao se passar dos reagentes aos produtos. A adição de vapor de água ao ar de gaseificação, na prática até aproximadamente 30%, aumenta o conteúdo de hidrogênio e de monóxido de carbono no gás obtido, como mostram as Reações 13, 15 e 18.

Principais tipos de gaseificadores

Até hoje foram idealizados e desenvolvidos diversos tipos de gaseificadores com o intuito de atender às peculiaridades de cada aplicação de acordo com as características da matéria-prima utilizada e as necessidades de gás.

Existem diversas variáveis para classificação de gaseificadores:

- Tipo de leito: leito fixo, leito fluidizado e fluxo de arraste.
- Tipo de fluxo: concorrente (fluxo paralelo) e contracorrente.
- Classificação por temperatura: temperatura de fusibilidade das cinzas e viscosidade.
- Matéria-prima: estado físico e tamanho de partícula.
- Transporte: pneumático ou hidráulico.
- Estágio: duplo ou simples.
- Tipo de parede: refratário, camisa de água e serpentina.
- Sistema de resfriamento do *syngas*: *Water Quench*, *Chemical Quench*, *Cold Gas Quench*, *Convective Syngas Cooling* e *Radiant Syngas Cooling*.
- Classificação pelo oxidante e sua concentração.

Porém, atualmente, a grande maioria dos gaseificadores em comercialização ou em fase de desenvolvimento pode ser enquadrada segundo o tipo de leito utilizado, conforme apresentado a seguir (Higman e Van Der Burgt, 2008).

A diferença básica entre os gaseificadores é a velocidade com que o gás atravessa o leito agitando as partículas, como pode ser visto na Figura 13.11. Uma comparação dos principais regimes de gaseificadores é apresentada na Tabela 13.4.

Figura 13.11 – Desenho esquemático mostrando diferentes tipos de gaseificadores de acordo com o fluxo de matéria em seu interior.

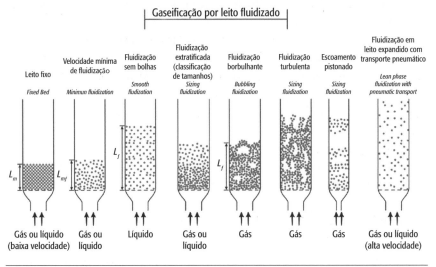

Fonte: adaptado de Grace (1986).

Tabela 13.4 – Comparação dos principais tipos de gaseificadores.

		Leito fixo (*fixed bed*)		Leito fluidizado (*fluidized bed*)		Fluxo de arraste (*entrained flow*)
		Downdraft	*Updraft*	Borbulhante	Circulante	
Temperatura (°C)		700-1.200	700-900	< 900	< 900	1.200-1.500
Alcatrão (Tar)		Baixo	Muito alto	Intermediário	Intermediário	Isento
Controle		Fácil	Muito fácil	Intermediário	Intermediário	Muito complexo
Escala		< 1-5 MWth	< 20 MWth	10-100 MWth	20-100 MWth	> 100 MWth
Matéria-prima		Muito crítico	Crítico	Pouco crítico	Pouco crítico	Muito crítico

Fonte: adaptada de Basu (2010).

Segundo Basu (2010), 77,5% dos projetos de gaseificadores são do tipo de leito fixo, 20% são do tipo fluidizado ou circulante e 2,5% de outros tipos.

Gaseificador de leito fixo (*fixed bed*)

Em gaseificadores de leito fixo, a biomassa é mantida "estática" no interior do gaseificador.

Dentre os gaseificadores de leito fixo, destacam-se dois grandes subgrupos de circulação de gases: um concorrente e outro contracorrente. O gaseificador concorrente, também denominado *downdraft*, consome de 99 a 99,9% do alcatrão, sendo o modelo mais utilizado durante a Segunda Guerra Mundial. A eficiência é menor porque o gás sai a altas temperaturas (aproximadamente 700ºC).

Nos gaseificadores contracorrente, também denominados *updraft* (por exemplo: Lurgi e BGL), o gás gerado normalmente contém de 10 a 20% de alcatrão com concentração de 100 g/Nm^3 e é de operação mais simples.

Gaseificador de leito fluidizado (*fluidized bed*)

Em gaseificadores de leito fluidizado, a biomassa é movimentada no interior do gaseificador por meio de um fluído, normalmente um gás, muitas vezes ar. Existem os tipos: borbulhante (p. ex.: HTW, KRW, U-Gas) e leito circulante (por exemplo: Foster, KBR/TRIG®; Wheeler, Lurgi e ZWS).

Fluxo de arraste (*entrained flow*)

Em gaseificadores de fluxo de arraste, a biomassa é literalmente arrastada para dentro do gaseificador, podendo ser bombeada se for líquida e pressurizada se for sólida, em uma câmera com gás inerte de processo (CO_2), e então reagir no gaseificador com uma relação subestequiométrica de O_2.

Basicamente, existem dois tipos de fluxo: o fluxo ascendente, *up-flow* (por exemplo: Shell-Prenflo; Conoco-Philips, Prenflo, MHI e TPRI), e o fluxo descendente, *down-flow* (por exemplo: Siemens, Choren, HT-L, GE/Texaco e OMB).

O consumo energético para processos de gaseificação conduzidos a baixa pressão é quatro vezes maior que o consumo de energia em processos realizados a alta pressão, mostrando maior viabilidade econômica para processos de alta pressão (Higman e Van Der Burgt, 2008).

Por operarem a altas temperaturas, não há formação de alcatrão, dado que essa fração de produto é queimada no próprio gaseificador, aumentando a eficiência.

Existem centenas de plantas comerciais em operação por fluxo de arraste de carvão, mas nenhuma de biomassa. As maiores plantas operadas a carvão estão na China, que, devido à grande demanda energética, está investindo muito em geração de energia térmica oriunda do carvão e também de biomassa (sorgo e cana-de-açúcar).

FUSÃO NUCLEAR, "A ÚLTIMA FRONTEIRA"

A fusão começou a ser estudada na década de 1930 e, nos anos seguintes, as pesquisas tinham fins bélicos, que só começaram a ser testados nos anos 1950. Na mesma década, a tecnologia começou a ser estudada para a produção de energia, o que continua até hoje.

Atualmente, seu uso mais notável foi a produção de bombas de hidrogênio, um tipo de bomba nuclear. No futuro, servirá, principalmente, para produzir energia de forma mais eficiente e limpa que a fissão.

Fusão nuclear é o processo de formação de um núcleo a partir da colisão e posterior junção de dois núcleos menores. Os núcleos que colidem devem ter, inicialmente, uma energia cinética total que lhes permita se aproximar, contra a repulsão coulombiana, o suficiente para que a interação nuclear forte passe a ser efetiva e mais importante.

Como a repulsão coulombiana é tanto maior quanto for a carga elétrica dos núcleos em colisão, a fusão nuclear pode ser provocada com mais facilidade entre núcleos com número pequeno de prótons.

Dois núcleos não colidem naturalmente porque seus campos eletromagnéticos se repelem. Só pressão e altíssimas temperaturas conseguem fazer com que elétrons se dispersem do núcleo, facilitando a colisão. Esse processo só ocorre naturalmente em estrelas, como o Sol, que é composto de 73% de hidrogênio, 26% de hélio e 1% de outros elementos. Isso é explicado pelo fato de ocorrerem reações em seu núcleo, em que átomos de hidrogênio se fundem originando átomos de hélio.

As estrelas, em sua grande maioria, são bolas de plasma, confinado pelo campo gravitacional, e as reações de fusão entre seus constituintes são as responsáveis pela produção de energia.

A fusão que ocorre no Sol é um processo relativamente lento, com temperaturas muito elevadas, da ordem de 15 milhões de graus Celsius e uma pressão extrema de 200 bilhões de atmosferas. No processo em desenvolvimento para produção da energia de fusão na Terra, visualiza-se temperatura em torno de 100 milhões de graus Celsius e pressão similar à de um pneu de automóvel.

O projeto considera a fusão de dois isótopos de hidrogênio, o deutério e o trítio, para formar o hélio. No futuro, poderá ser possível produzir por grama de combustível o equivalente a 11 toneladas de carvão.

O combustível da reação de fusão é um gás ionizado de baixa densidade, um plasma produzido a partir do hidrogênio. O controle e a utilização desse plasma para produção de energia são possíveis em virtude de uma tecnologia que combina, dentre outros componentes básicos, um acelerador de partículas e campos magnéticos perfeitamente equilibrados para minimizar a dispersão do plasma.

Em 2009, começou a ser construído o Reator Termonuclear Experimental Internacional (Iter), em Cadarache, no sul da França, com a participação de diversos países. Ele foi concebido com capacidade de 500 MW. Especula-se que as primeiras centrais comerciais de fusão poderão entrar em operação em 2050.

A seguir, observa-se alguns exemplos:

- 6 g de hidrogênio, o elemento químico mais usado na fusão, geram 127 MeV x 1.023 MeV, o suficiente para abastecer uma casa com quatro pessoas por 156 dias.

- A fusão de dois núcleos de oxigênio 16 forma um núcleo de enxofre 32, e é liberada uma energia de 25,6 MeV. Desse modo, a energia liberada nessa reação de fusão é suficiente para excitar outros núcleos e produzir uma reação em cadeia. Em um reator nuclear, a reação de fusão em cadeia é controlada, o que não acontece numa bomba termonuclear (bomba H).

- Na reação de fusão mais fácil de ser realizada, a do hidrogênio, dois isótopos (átomos com o mesmo elemento, mas número diferente de nêutrons) se unem para formar um átomo de hélio, gás inerte e não radioativo.

- Um núcleo de deutério e um de trítio produzem átomos de hélio.

MINIRREDES

Uma minirrede é definida como um conjunto das instalações destinadas à produção, transporte e distribuição de energia elétrica. Em sua conceituação geral, trata-se de um sistema elétrico com integração de geração de pequeno porte, preferencialmente renovável, e rede de distribuição, para alimentação de pequenas cargas locais. Devido às suas características específicas, as minirredes apresentam controle automático, de certa forma sofisticado, consistentes com seu grande nicho de aplicação atual, em termos mundiais, para alimentação de pequenas redes isoladas e áreas rurais.

Assim, para maiores detalhes sobre as minirredes neste livro, remete-se ao Capítulo 21, sobre universalização do acesso.

Resta acrescentar que, com a evolução das configurações dos sistemas elétricos, no sentido da denominada rede inteligente (*smart grid*), e com maiores incentivos à geração distribuída, pode-se visualizar a aplicação de minirredes locais, rurais ou urbanas, interligadas ao sistema elétrico de grande porte.

No Brasil, muitas comunidades vivem em sistemas elétricos isolados, principalmente na região amazônica, em virtude da dificuldade de instalação das linhas de transmissão. Mas existem aplicações, mesmo em estados mais desenvolvidos, que também as utilizam, como ao longo de rodovias.

CONSIDERAÇÕES FINAIS

Na busca de uma fonte de armazenamento ideal de energia, o desafio continua a ser encontrar uma fonte limpa, eficiente, com baixo custo, alta densidade de potência e isento de impacto ambiental em sua fabricação, operação e descarte.

A cada dia, novas promessas, novas tecnologias, um novo tipo de gerador ou bateria são apresentados, utilizando novos materiais como o grafeno e as biobaterias, como as baterias de fluxo a base de quinonas, mas a fonte de energia mais utilizada no mundo ainda é à base de petróleo e carvão mineral.

REFERÊNCIAS

BASU, P. *Biomass gasification and pyrolysis: practical design and theory*. Oxford: Elsevier, 2010.

CONAB. *Acompanhamento Brasileiro da Cana-de-açúcar, safra 2014/15, n. 3 – Terceiro levantamento*. 2014. Disponível em: http://www.novacana.com/usinas-brasil/. Acessado em: 21 ago. 2015.

ETT, G.; ETT, V.; JARDINI, J.A. Uso do hidrogênio para transporte de energia gerada a partir de usinas hidroelétricas. In: JARDINI, J.A. (Org.). *Alternativas não convencionais para a transmissão de energia elétrica: estudos técnicos e econômicos*. Brasília: Teixeira, 2012, p. 283-303.

ETT, G.; ANTUNES, R.A.; OLIVEIRA, M.C.L. et al. Bipolar plates and PEM fuel cell efficiency. In: JOHNSON, A.E.; WILLIAMS, E.C. (Org.). *Fuel cell efficiency*. Nova York: Nova Science, 2012, p. 57-81.

GRACE, J.R. Contacting modes and behaviour classification of gas – solid and other two-phase suspensions. *The Canadian Journal of Chemical Engineering*, v. 64, 3.ed., p. 353-363, jun. 1986.

HIGMAN, C.; VAN DER BURGT, M. *Gasification*. Oxford: Elsevier, 2008.

HIRSCHENHOFER, J.H.; STAUFFER, D.B.; ENGLEMAN, R.R. et al. *Fuel cell handbook*. Parsons Corporation, 1998.

KORDESCH, K.; SIMADER, G. *Fuel cells and their applications*. VCH Publishers, 1996.

LARMINIE, J.; DICKS, A. *Fuel Cell Systems Explained*, 2.ed., 428p., mar. 2003.

ORSINI, R.R. *Estudo do aproveitamento do resíduo da lavoura cafeeira como fonte de biomassa na obtenção de hidrogênio*. São Paulo, 2012, 142p. Tese (Doutorado). Instituto de Pesquisas Energéticas e Nucleares.

REIS, L.B. *Geração de energia elétrica: tecnologia, inserção ambiental, planejamento, operação e análise de viabilidade*. Barueri: Manole, 2011.

Bibliografia sugerida

CENTRO NACIONAL DE REFERÊNCIA EM BIOMASSA. *Comparação entre tecnologias de gaseificação de biomassa existentes no Brasil e exterior e formação de recursos humanos na Região Norte: estado da arte da gaseificação*. São Paulo: Cenbio, 2002.

INSTITUTO DE PESQUISAS TECNOLÓGICAS. *Desenvolvimento de planta piloto para gaseificação de biomassa*. São Paulo: Diretoria de Inovação, 2012.

LINARDI, M. *Introdução à ciência e tecnologia de células a combustível*. São Paulo: Artliber, 2010.

REIS, L.B. *Geração de energia elétrica*. São Paulo: Tec Art Editora, 2001.

REIS, L.B.; CUNHA, E.C.N. *Engenharia elétrica e sustentabilidade: aspectos tecnológicos, socioambientais e legais*. 2.ed. Barueri: Manole, 2014.

REIS, L.B.; FADIGAS, E.A.F.A.; CARVALHO, C.E. *Energia, recursos naturais e a prática do desenvolvimento sustentável*. 2.ed. Barueri: Manole, 2012.

REIS, L.B.; HINRICHS, R.A.; KLEINBACH, M. *Energia e meio Ambiente*. São Paulo: Cengage, 2010.

SILVA, E.P. *Introdução à tecnologia e economia do hidrogênio*. Campinas: Editora da Unicamp, 1991.

SOUZA, F.D.A.; COELHO, J.C.M.; LAPLAZA, J.M.M. et al. *Seminário sobre gaseificação de biomassa e tecnologia de gaseificadores*. São Paulo: IPT, 1981.

SOUZA, M.M.V.M. *Tecnologia do hidrogênio*. Rio de Janeiro: Synergia, 2009.

TICIANELLI, E.A.; GONZALEZ, E.R. Fundamental and applied research on polymer electrolyte fuel cells. In: PANDALAI, S.G. (Org.). *Recent research developments in electroanalytical chemistry*. Transworld Research Network, 1999, v. 1, p. 179-198.

É Possível uma Arquitetura Sustentável? | 14

Marcelo de Andrade Roméro

Arquiteto e urbanista, Faculdade de Arquitetura e Urbanismo da USP

INTRODUÇÃO

É possível uma arquitetura sustentável? Este é um tema que vem sendo discutido em todo o mundo há cerca de trinta anos[1]. Após o embargo do petróleo pela Opep[2] em 1973[3], o mundo energético tornou-se outro e, como consequência, a questão do consumo de energia nos edifícios sofreu o

---

[1] Assumiremos aqui o ano de 1987 como sendo um dos mais importantes para a questão da sustentabilidade na arquitetura, tendo em vista o lançamento do relatório "Nosso Futuro Comum" nesse ano e as discussões anteriores e posteriores ocorridas no âmbito das Nações Unidas.

[2] A Opep foi criada em 1960 em Bagdá pelos cinco maiores países produtores de petróleo do mundo, cinco no mundo árabe e um na América Central, a saber: Arábia Saudita, Irã, Iraque, Kuwait e Venezuela. A criação da Opep é tida como uma forma de fazer frente à força das grandes empresas compradoras, beneficiadoras e distribuidoras de petróleo no mundo, a saber: (1) Royal Dutch Shell (Shell); (2) Anglo-Persian Oil Company ou British Petroleum (BP); (3) Standart Oil of New Jersey (Esso-Exxon); (4) Standart Oil of New York (Socony ou Mobil); (5) Texaco ou Chevron; (6) Standart Oil of California (Socal); e (7) Gulf Oil. Após uma série de fusões e incorporações, as sete irmãs tornaram-se apenas quatro: (1) ExxonMobil, originária da Standart Oil of New Jersey (Esso-Exxon), que se fundiu com a Standart Oil of New York (Socony ou Mobil); (2) Chevron, originária da Texaco, da Chevron, da Standart Oil of California e da Gulf Oil; (3) Shell; e (4) British Petroleum (BP). Conclui-se, portanto, que as quatro irmãs estão divididas entre o continente americano e o continente europeu.

[3] Um artigo interessante publicado pela revista do Ipea (2010) resume esse fato histórico.

ENERGIA E SUSTENTABILIDADE

seu primeiro impacto, o estopim para o surgimento da discussão da sustentabilidade no âmbito dos edifícios[4] no mundo. De lá para cá, sobretudo no ambiente acadêmico, o estudo desse tema tem levantado alguns questionamentos importantes, como por exemplo: foi a arquitetura sempre sustentável? Se a resposta for positiva, ou seja, a arquitetura sempre foi sustentável, por que então foi necessário rebatizá-la de "arquitetura sustentável"? Por que não continuamos a utilizar o verbete "arquitetura" simplesmente, já que o conceito em si não se alterou? Por que foi necessário criar um conceito "novo"?

Se não, ou seja, a arquitetura foi sustentável durante um período de tempo e simplesmente deixou de ser, sendo necessário rebatizá-la, então surgem novas perguntas, como: por que a arquitetura deixou de ser sustentável? Em que momento histórico isso ocorreu? Quais foram as ações que propiciaram essa mudança? Para analisar esse tema, dois conceitos necessitam ser definidos: o de arquitetura e o de sustentabilidade.

O QUE É ARQUITETURA?

Esse é o primeiro conceito que necessita ser resgatado, analisado e compreendido. Lúcio Costa (apud Lemos, 1989, p. 54, grifo nosso) define arquitetura como a "construção concebida com a intensão de ordenar plasticamente o espaço, em função de uma determinada época, *de um determinado meio*, de uma determinada técnica e de um determinado programa". Em uma explicação mais ampliada da questão, Costa (1995) complementa:

> Arquitetura é antes de mais nada construção, mas, construção concebida com o propósito primordial de ordenar e organizar o espaço para determinada finalidade e visando a determinada intenção. E nesse processo fundamental de ordenar e expressar-se ela se revela igualmente arte plástica, porquanto nos inumeráveis problemas com que se defronta o arquiteto desde a germinação do projeto até a conclusão efetiva da obra, há sempre, para cada caso específico, certa margem final de opção entre os limites – máximo e mínimo – determinados pelo cálculo, preconizados pela técnica, condicionados pelo meio, reclamados pela função ou impostos pelo programa, cabendo então ao sentimento individual do arquiteto, no que ele tem de artista, portanto,

[4] Roméro e Reis (2012) discutem esse assunto.

escolher na escala dos valores contidos entre dois valores extremos, a forma plástica apropriada a cada pormenor em função da unidade última da obra idealizada. A intenção plástica que semelhante escolha subentende é precisamente o que distingue a arquitetura da simples construção. Por outro lado, a arquitetura depende ainda, necessariamente, da época da sua ocorrência, *do meio físico e social a que pertence, da técnica decorrente dos materiais empregados* e, finalmente, dos objetivos e dos recursos financeiros disponíveis para a realização da obra, ou seja, do programa proposto. (grifo nosso)

Costa não entende a arquitetura desvinculada do meio físico na qual está inserida, considerando aqui meio físico como lugar, local e clima associado. O conceito de meio físico pode ser entendido também como o ambiente no qual está inserida a arquitetura, incluindo tanto o espaço natural como a forma urbana. Ou seja, o espaço natural como ambiente físico, sem a intervenção do homem, e a forma urbana com o ambiente físico e a intervenção do homem (Serra, 1987). A arquitetura deve estar preparada para ambas as situações. De fato, se analisarmos os exemplos da arquitetura vernácula, notaremos que os conceitos de arquitetura *versus* clima viveram juntos por boa parte da história dos edifícios no mundo. Não havia sentido para um construtor de casas que vivia acima do paralelo 55° Norte considerar uma arquitetura sem a presença de materiais isolantes térmicos como o gelo, o ar, as peles de animais ou a madeira.

No Anchorage Museum (Alaska, EUA), há uma grande quantidade de material sobre a vida dos seus habitantes, sobretudo daquelas populações que lá se estabeleceram em cerca de 10.000 a.C., e também das populações mais recentes que migraram sobretudo dos Estados Unidos e do Canadá, nos séculos XIX e XX. Esse material refere-se a habitações, incluindo tendas, construtibilidade de suas casas, materiais, roupas, costumes, e também como os desafios trazidos pelo clima foram vencidos. Neles, vê-se com clareza o uso de tendas feitas com peles de animais, bem como de cabanas de madeira semienterradas e forradas com peles de caribus e ursos. Exemplos semelhantes a esses são encontrados em todas as latitudes do planeta, seja do norte ou do sul, seja da zona equatorial, demonstrando que a arquitetura não existe sem considerar o clima do lugar.

Outra característica da arquitetura que esteve presente nela nos últimos dez milênios e em todas as latitudes foi a utilização dos materiais locais na sua concepção. Via de regra, os materiais mais apropriados para um determinado clima estavam presentes no local e no lugar, como o gelo nas latitudes mais elevadas, a madeira nas latitudes intermediárias, o barro nos climas com elevadas amplitudes diárias e as treliças de madeira trancada nos climas quente e úmido. Arquitetura, portanto, é construção; e construção com características climáticas sem desrespeitar o lugar na qual está inserida.

O QUE É SUSTENTABILIDADE E O QUE É SUSTENTABILIDADE NA ARQUITETURA

O conceito de desenvolvimento sustentável adquiriu nos dias atuais uma abrangência que corre o risco de banalizá-lo, mas quando foi cunhado pela primeira vez, em 1987, pela ex-primeira-ministra da Noruega, Gro Brundtland, tinha um significado claro: "desenvolvimento sustentável significa suprir as necessidades do presente sem afetar a habilidade das gerações futuras de suprirem as próprias necessidades"[5].

Quando migrou para a arquitetura, ainda no final dos anos 1980, o conceito de sustentabilidade significava a produção de uma arquitetura de baixo impacto ambiental, nos moldes do conceito original cunhado por Brundtland, e que não produzisse impactos ambientais que alterassem os ecossistemas do planeta. No âmbito da arquitetura, o conceito foi adquirindo cada vez mais clareza e cada vez mais especificidade qualitativa e quantitativa. Qualitativa porque os conceitos e critérios foram se definindo, e quantitativa porque surgiram na sequência os primeiros indicadores a respeito dos critérios formulados.

A primeira expressão concreta disso foi quando, em 1990, o Building Research Establishment (BRE), fundado em 1921 no Reino Unido, desenvolveu o Breeam, um método de avaliação ambiental de edifícios que define padrões de qualidade com base em critérios de desempenho. O Breeam foi o pioneiro e, desde o seu lançamento, já certificou cerca de 425 mil edifícios, iniciando uma fase de desenvolvimento de uma série de outros métodos e ferramentas de avaliação ambiental para o setor dos edifícios no mundo.

---

[5] Gro Brundtland presidia em 1987 uma comissão da Organização das Nações Unidas (ONU) e, na oportunidade, publicou um folheto muito importante e que, de certa forma, mudou o rumo da história, chamado "Our Common Future" ("Nosso Futuro Comum", em tradução livre), no qual conceitua sustentabilidade (Cabrera, 2015).

Por ordem de surgimento, apenas citando os mais representativos, temos: Breeam (1990), HQE (1996), Leed (1998) e DGNB (2012). Um aspecto importante e que merece análise é a definição de sustentabilidade nos edifícios para estes métodos, para estas ferramentas e para estes países, pois, afinal, foram eles que definiram esse escopo e são eles que continuam a definir o que são edifícios sustentáveis. Roméro e Reis (2012), comparando os aspectos e tópicos presentes em doze ferramentas de sustentabilidade existentes em todo o mundo[6], encontraram cinco aspectos comuns a todos elas:

- O local. Este aspecto revela uma preocupação das ferramentas de sustentabilidade com a inserção do edifício e o local onde ele está sendo construído, e demonstra haver uma estreita relação entre objeto e lugar, entendendo que o edifício de alguma forma impactua o ambiente ao seu redor, seja ele natural, seja ele forma ou ambiente urbano.

- A água. Este aspecto revela uma preocupação das ferramentas de sustentabilidade com o consumo de insumo, que se torna caro e cada vez mais raro nos centros urbanos. O problema das concentrações urbanas é a grande demanda por água tratada diária, necessária para suprir as necessidades das pessoas e, na mesma proporção, a mesma quantidade de resíduos gerados. De acordo com as certificações, os edifícios devem atuar em duas frentes: a redução do consumo e a ampliação da oferta *in situ*. A redução do consumo é realizada nos pontos finais de utilização por meio de conscientização e por meio do uso de tecnologias mais eficientes. A ampliação da oferta é feita por meio do desenvolvimento de opções tecnológicas que captem a água no próprio edifício e no seu exterior imediato, tratem ela e, então, a utilizem.

- A energia. Este aspecto revela uma preocupação das ferramentas de sustentabilidade com o consumo de energia proveniente de combustíveis fósseis e não renováveis. Este é o aspecto principal e por conse-

---

[6] (1) Building Research Establishment Environmental Asessment Method (Breeam), Reino Unido; (2) Sustainable Building Asessment Tool (SBTA), África do Sul; (3) Alta Qualidade Ambiental (Aqua), Brasil; (4) Haute Qualité Environnementale (HQE), França; (5) Leadership in Energy and Environmental Design (Leed), EUA; (6) Green Star, Austrália; (7) The Building Environmental Assessment Method (Beam), Hong Kong; (8) Assessment System (EWH), Taiwan; (9) Comprehensive Assessment System for Building Environmental Efficiency (Casbee), Japão; (10) The Energy and Resources Institute – Green Rating for Integrated Habitat Assessment (Teri-Griha), Índia; (11) German Sustainable Building Council (DGNB), Alemanha; (12) Sistema Voluntário para a Avaliação da Construção Sustentável (Lidera), Portugal.

guinte, as certificações apontam os seus incentivos em uma só direção: as energias renováveis. Elas devem ser incentivadas a todo custo, dependendo evidentemente da disponibilidade de cada país e de cada região geográfica. Tal como no caso da água, as ações no âmbito das energias também devem atuar em duas frentes: a redução do consumo e a ampliação da oferta *in situ*. A redução do consumo é realizada nos pontos finais de utilização (os equipamentos) por meio de conscientização e por meio do uso de tecnologias mais eficientes. A ampliação da oferta é feita por meio do desenvolvimento de opções tecnológicas de geração energética no próprio edifício e no seu exterior imediato. Ainda no âmbito da energia, todas as certificações admitem e são unânimes em um aspecto conceitual: o projeto de arquitetura é responsável tanto por elevar os consumos quanto por otimiza-los e por este motivo, uma parcela significativa do escopo destas certificações trata das questões energéticas.

- A qualidade do ambiente interior. Este aspecto revela uma preocupação das ferramentas de sustentabilidade com o impacto do ambiente interior na qualidade de vida dos seus ocupantes, quer proveniente do projeto de arquitetura, quer proveniente dos materiais colocados ali.

- A questão dos materiais. Este aspecto revela uma preocupação das ferramentas de sustentabilidade com o impacto dos materiais de construção utilizados no edifício, tanto no meio ambiente exterior como internamente ao edifício. Este aspecto das certificações mostra um reconhecimento de que existe uma cadeia produtiva para cada material de construção e, mesmo que um dado material ou equipamento seja de baixo impacto na etapa de uso, ele pode não ter ocorrido na sua etapa de produção. No momento atual, praticamente todas as certificações mais utilizadas no mundo estão inserindo em seus manuais a questão do ciclo de vida dos materiais, admitindo, portanto, este conceito.

O significado de sustentabilidade na arquitetura aceito pelas Nações Unidas, pela sociedade civil e pelos governos, tanto na última década do século XX como nas duas primeiras décadas do século XXI, resulta, portanto, em um projeto que seja concebido com no mínimo todos esses cinco conceitos presentes e inclusos no projeto de arquitetura e nos projetos complementares.

A ARQUITETURA SEMPRE FOI SUSTENTÁVEL?

Do nosso ponto de vista, a arquitetura nasceu com princípios de sustentabilidade e estes princípios foram adotados por ela de forma natural, sem que tenha havido *a priori* uma tomada de decisão na direção da arquitetura sustentável, e enquanto a escala da produção arquitetônica era baixa e não suficiente para impactar significativamente o meio ambiente imediato.

O fator "escala" foi e continua sendo um divisor de águas na questão da arquitetura sustentável, e a sustentabilidade é diretamente proporcional à escala. Enquanto a arquitetura se restringia a habitações unifamiliares ou multifamiliares, o impacto sobre o ambiente praticamente inexistia, pois essas habitações não produziam impacto na etapa de construção e na etapa de uso. Quando abandonadas, por questões culturais, de caça ou climáticas, o sítio edificado era totalmente regenerado, voltando à sua condição de espaço natural em menos de um ano em alguns casos ou poucos anos, quando alguns vestígios dessas habitações eram deixados nos locais. Essa condição ocorria na movimentação de tribos nômades em todos os continentes, desde as primeiras migrações intercontinentais até o século XIX, nas tribos indígenas da América do Norte. Até nos dias de hoje, em pleno século XXI, os assentamentos indígenas na região Norte do Brasil, se abandonados por questões de migração ou qualquer outra causa, não produzirão impactos ambientais significativos e em poucos anos o local do assentamento tornará a ser um espaço natural.

Alguns exemplos de aglomeração do passado foram construídos com base em princípios de sustentabilidade, como foi o caso da cidade Neolítica de Çatalhöyük,[7] situada em Anatólia, no Planalto de Konya, Centro-Sul da atual Turquia. O assentamento, construído para uma população máxima de 10 mil pessoas, foi ocupado entre 7.500 e 5.700 a.C., tendo o seu auge ocorrido por volta de 7.000 a.C. As habitações foram construídas com tijolos de barro, secos ao sol, com dimensões de 50 x 31 x 10 e 32 x 16 x 8 cm (C, L, H) e foram projetadas unidas umas às outras, com cobertura feita do mesmo material, dando ao conjunto edificado uma característica de elevada massa térmica considerável. Os tijolos, matéria prima principal da cidade, foram construídos com material local, garantindo um dos princípios da arquitetura sustentável que é o uso de materiais existentes no local, evitando dispên-

---

[7] Mais informações em: http://www.catalhoyuk.com. Acessado em: 09 fev. 2015.

dios energéticos no transporte e impacto ambiental em áreas vizinhas. As aberturas para a iluminação natural situavam-se nas paredes verticais e eram de baixíssima proporção, cerca de 5% de *Window Wall Ratio* (WWR)[8], garantindo baixa quantidade de radiação solar no interior das habitações.

Outros assentamentos urbanos, entretanto, foram construídos sem uma preocupação com a preservação do espaço natural e sua adaptação à forma urbana. Um desses exemplos é a cidade maia de El Mirador, construída no norte da atual Guatemala, que tornou-se uma das mais importantes cidades maias no século VI a.C. (Brown, 2011). Argumenta-se que a necessidade da cal para a construção das pirâmides e dos edifícios era cada vez maior, e sua fabricação necessitava a extração e a queima de quantidades cada vez maiores de madeira. Houve, consequentemente, um desmatamento em larga escala nas florestas vizinhas, causando também danos no ecossistema local. A ação das chuvas fez com que a cal existente nos edifícios se desprendesse, fosse depositada nos pântanos e os levasse à infertilidade por conta do acúmulo de cerca de quatrocentos anos, reduzindo a produção de alimentos para manter a população interna e inviabilizando a exportação e as trocas comerciais com os vizinhos. Esse cenário de falta de insumos e de excedentes fez com que El Mirador perdesse o seu poder de troca e entrasse em declínio (Jeremias, 2014).

Desde o tempo do surgimento das primeiras cidades, há 10 mil anos, como foi o caso do assentamento encontrado no vale do rio Jordão e conhecido como Jericó, até os dias de hoje, existem exemplos de cidades e seus edifícios com preocupação em manter o ambiente local e o seu entorno para as gerações futuras, bem como, existem exemplos nos quais não houve essa preocupação.

No âmbito dos edifícios, a questão da sustentabilidade, especificamente a relação arquitetura *versus* clima, foi um pouco mais preservada que nas cidades. Por ser o local do abrigo, da permanência transitória e da permanência prolongada, houve um cuidado maior com os materiais da sua envoltória externa e a relação com as estações do ano e com o clima predominante do lugar. Exemplos de uma arquitetura associada ao clima são encontrados em todas as latitudes e longitudes do planeta e em todos os sítios onde o homem decidiu se estabelecer.

Esse casamento praticamente perfeito durou por cerca de dez mil anos e começou a se fragilizar no início do século XX, quando o homem entendeu que poderia dominar o clima exterior, minimizando o seu rigor e

---

[8] Percentual de aberturas iluminantes na fachada.

criando grandes ambientes quentes nas latitudes mais elevadas e grandes ambientes gelados nas latitudes mais próximas ao Equador. Especificamente, a climatização artificial de Carrier e a lâmpada elétrica de Edson propiciavam isso. Com essa consciência, do ponto de vista do arquiteto, o clima estava dominado. Tratava-se de uma questão superada. O arquiteto sentia-se livre. As amarras restritivas do clima haviam sido vencidas. O avanço da engenharia estrutural soltou a última amarra e agora, graças ao efeito conjunto do concreto armado e do aço, os edifícios poderiam tornar-se independentes da envoltória. Esta, que no passado limitava os vãos, as espessuras das paredes e a transparência do edifício, não oferecia mais resistência e limitação. Estava aberto o caminho para outra arquitetura, independente, senhora de si, transparente, que poderia alcançar as nuvens e que havia vencido um antigo e persistente oponente: o clima.

O resultado imediato foi o aumento dos consumos de energia nos edifícios e nas cidades. Este aumento se deu principalmente nos grandes edifícios, sobretudo do setor comercial. Impulsionados pelos preceitos da arquitetura moderna que acabara de nascer, embora não todos, os arquitetos passaram a produzir uma arquitetura bela, transparente e custosa, tanto para ser construída, como para ser mantida. Nesse momento, ela definitivamente deixa de ser sustentável e permanecerá assim por cerca de cinco décadas. Nesse período, nenhum dos aspectos da sustentabilidade aceitos hoje como sendo importantes eram considerados de forma intencional. O consumo de energia e de água, o impacto no local imediato, os materiais e os seus impactos no ambiente exterior e nos ambientes interiores deveriam reverenciar a arquitetura. Ela sim era algo importante, e o ambiente deveria suportá-la. As exceções estavam na arquitetura vernacular, produzida regionalmente, de pequenas dimensões e construída em pequena escala.

Bones, na obra *Lessons from Modernism – Environmental Design Strategies in Architectures 1925-1970*, aponta alguns exemplos da arquitetura moderna que, não obstante, a modernidade e a possibilidade de autossuficiência em relação ao clima, e ainda entende que ele, clima, pode transformar-se em um grande aliado para tornar o interior dos edifícios menos rigorosos que o exterior. Este é um aspecto fundamental na relação arquitetura *versus* clima, ou seja, os usuários devem se sentir mais confortáveis dentro dos edifícios do que fora deles, considerando edifícios passivos. Certamente existem exceções, e elas ocorrem, via de regra, quando as cargas térmicas internas são por demais elevadas, fazendo com que as inércias térmicas dos materiais de construção ou o efeito da ventilação não sejam suficientes para retirar o calor interno. Exceto nesses casos, não é raro os arquitetos produzirem edifícios onde é mais confortável estarmos fora dele do que dentro.

Como os governos, a iniciativa privada ou o próprio mercado não impunham nenhum tipo de restrição ao consumo de energia, água ou madeiras certificadas, os consumos subiram a valores incalculáveis, da ordem de 100 kWh/m^2 por mês, como ocorreu nos grandes escritórios dos EUA. No Brasil, os casos mais graves atingiram valores máximos de 50 kWh/m^2 por mês. Hoje, na segunda década do século XXI, os grandes edifícios corporativos atingem valores médios de cerca de 25 kWh/m^2 por mês, e a tendência até o final desta década é que os limites máximos atinjam 20 kWh/m^2 por mês, em virtude, principalmente, de uma ação conjunta entre projetos de arquitetura mais eficientes e o uso de tecnologias eficientes de iluminação e climatização.

CONSIDERAÇÕES FINAIS

Foi necessário, sim, rebatizar a arquitetura e o termo que fazia mais sentido no contexto do início dos anos 1990 foi arquitetura sustentável. Isso não significa que não houvesse, no passado, uma arquitetura sustentável, mas significa que ela se desvirtuou. A prática corrente era desvirtuá-la. A prática corrente era, inclusive, ensinar a desvirtuá-la.

Naquele momento (início dos anos 1990), a arquitetura tinha se tornado tão insustentável que a boa arquitetura, aquela concebida para operar com base no clima do lugar, foi chamada de "arquitetura bioclimática", como se a arquitetura não fosse bioclimática em sua essência. A arquitetura nasceu bioclimática, fomos nós que retiramos dela essa característica. O movimento da arquitetura sustentável devolveu a ela o que já era dela e acrescentou outras preocupações não menos importantes, como com os elevados consumos de água e com a cadeia produtiva dos materiais de construção e o seu impacto no interior dos edifícios. Na verdade, o termo "arquitetura bioclimática" é um pleonasmo e, como pleonasmo, deve ser suprimido. A arquitetura deveria ser chamada simplesmente de arquitetura.

Já o termo "arquitetura sustentável" necessita permanecer por mais um período de tempo, pois como já demonstramos, esse tipo de arquitetura agrega alguns valores com os quais a arquitetura nunca se preocupou. Vivemos em um mundo onde a população já ultrapassou a marca dos 7

É POSSÍVEL UMA ARQUITETURA SUSTENTÁVEL? | **545**

bilhões de pessoas; as concentrações urbanas já abrigam quase 4 bilhões de pessoas e o fornecimento de água e de energia para esses locais tem se tornado uma tarefa cada vez mais difícil e custosa. A cidade de São Paulo é o mais recente exemplo desse fato, onde governo e sociedade civil estão empenhados em mudar comportamentos de consumo, elevar tarifas e elevar o fornecimento. Em suma, reduzir a demanda e aumentar a oferta. Depois deste período de tempo, que deve levar cerca de uma ou duas décadas, dependendo do nível de consciência dos países, que são diferentes entre si, e quando os arquitetos tiverem incorporado de fato os conceitos de sustentabilidade, a arquitetura deveria voltar a se chamar simplesmente "arquitetura" e assim permanecer.

Se a arquitetura não se voltar para as questões da sustentabilidade, cada vez mais, aliás, como está fazendo, o planeta sofrerá mais do que já vem sofrendo. A Terra possui uma superfície horizontal aproximada de 128.614.400 km^2 de terra seca. Se considerarmos o acréscimo devido às áreas inclinadas, esse valor pode ser significativamente maior. As áreas urbanizadas são da ordem de 0,6% da superfície seca do planeta e esse pequeno percentual abriga, no momento, pouco mais que 50% da população total e absorve aproximadamente 50% dos recursos naturais e agrícolas. No caso brasileiro, a área urbanizada representa cerca de 23 mil quilômetros quadrados, ou aproximadamente 0,5% do território nacional[9]. Nestes 0,5% vive aproximadamente 90% da população[10], e essa pequena parcela de terra absorve mais da metade dos recursos naturais brasileiros. As concentrações urbanas do planeta podem ser consideradas como "buracos negros urbanos[11]", pois são verdadeiros sugadores de recursos naturais, como água, energia, matéria prima, produtos acabados e agro-produtos, e cabe à

---

[9] Valores calculados com base em levantamento feito por satélites pela Empresa Brasileira de Pesquisa Agropecuária (Embrapa). O estudo considerou as áreas urbanizadas nos 5.507 municípios brasileiros existentes em 2006 (EBC, 2014).

[10] A população brasileira em 16 de fevereiro de 2015 era de 203.844.664 habitantes. A cada 19 segundos a população brasileira líquida é acrescida de um novo brasileiro (IBGE, 2015).

[11] Buracos negros são pontos existentes no universo com grande concentração de matéria, de tal forma que a sua força gravitacional atrai partículas e outras massas que se aproximam da sua área de influência. São pontos isolados no universo que atraem grandes concentrações de matéria. Os grandes centros urbanos atuam da mesma forma no território nacional e mundial, e tal como os buracos negros atuam no espaço, os urbanos atuam no território; a tendência é que a sua força de atração seja cada vez maior. Representam cerca de 0,27% da superfície seca e sugam em média dois terços dos recursos naturais e manufaturados produzidos. Ainda no século XIX, 90% da população do planeta viverá nas zonas urbanizadas, ou seja, viverá em 0,27% da área da Terra.

arquitetura amenizar e colaborar com essa condição, uma vez que as concentrações urbanas são, na verdade, grandes concentrações de arquitetura.

REFERÊNCIAS

BROWN, C. El Mirador, the Lost City of the Maya: Now overgrown by jungle, the ancient site was once the thriving capital of the Maya civilization. *Smithsonian Magazine*, maio 2011. Disponível em: http://www.smithsonianmag.com/history/el-mirador-the-lost-city-of-the-maya-174146.1 Acessado em: 09 fev. 2015.

CABRERA, L.C. *Afinal, o que é sustentabilidade?* Disponível em: http://www.planetasustentavel.abril.com.br. Acessado em: 07 fev. 2015.

COSTA, L. Considerações sobre arte contemporânea. In: _____. *Registro de uma vivência*. São Paulo: Empresa das Artes, 1995. 608p.

EBC. Área urbanizada do Brasil não chega a 0,5% do território nacional, revela Embrapa. *EBC*, 14 abr. 2014. Disponível em: http://memoria.ebc.com.br/agencia-brasil/noticia/2006-04-14/area-urbanizada-do-brasil-nao-chega-05-do-territorio-nacional-revela-embrapa. Acessado em: 15 fev. 2015.

[IBGE] INSTITUTO BRASILEIRO DE GEOGRAFIA E ESTATÍSTICA. *Projeção da população do Brasil e das Unidades da Federação*. Disponível em: http://www.ibge.gov.br/apps/populacao/projecao/. Acessado em: 16 fev. 2015.

[IPEA] INSTITUTO DE PESQUISA ECONÔMICA APLICADA. Petróleo: da crise aos carros flex. *Revista Desafios do Desenvolvimento*. 2010, ano 10, ed. 59. 29 mar. 2010. Disponível em: http://www.ipea.gov.br. Acessado em: 07 fev. 2015.

JEREMIAS, J. *Maias: Trabalho de Arquitetura Latino Americana*. Out. 2014. Disponível em: https://prezi.com/fc2svd5pjmch/maias/. Acessado em: 09 fev. 2015.

LEMOS, C. *Dicionário da Arquitetura Brasileira*. 2.ed. São Paulo: Artshow Books Ltda., 1989.

ROMÉRO, M.A.; REIS, L.B. *Eficiência energética em edifícios*. Barueri: Manole, 2012,195p.

SERRA, G.G. *O espaço natural e a forma urbana*. Coleção Espaços. Barueri: Nobel, 1987, 211p.

A Iluminação Pública em um Campus Universitário | 15

José Sidnei Colombo Martini
Engenheiro eletricista, Escola Politécnica da USP

INTRODUÇÃO

A energia elétrica passou a ser utilizada no Brasil em 1879, no final do período imperial, dez anos antes da proclamação da república, quando D. Pedro II trouxe essa inovação tecnológica e a implantou na iluminação de uma estação de estrada de ferro. A partir daí, a energia elétrica sempre foi um sinal de desenvolvimento e qualidade de vida, considerada um insumo essencial e social.

A cada instante, mais e mais, a sociedade se entrega à disponibilidade e continuidade da energia elétrica. Isso pode ser sentido pelos reflexos contundentes nos momentos de interrupção do seu fornecimento. Trens, metrôs, centros cirúrgicos, elevadores, sinalização de trânsito e tantas outras atividades essenciais à vida moderna sucumbem diante de uma falta de energia elétrica.

O caráter essencial da energia elétrica é um dos motivos pelo qual a universalização do acesso e o seu uso são metas de governos, principalmente pela característica produção de "força e luz". Esse binômio, tão importante, deu título a várias empresas que se dedicaram, e ainda se dedicam, ao suprimento desse tipo de energia.

Historicamente a distribuição de energia elétrica nos centros urbanos teve seu início para substituir a iluminação pública a gás e o transporte por tração animal. Para isso, foram construídas redes aéreas, suportadas por postes, que alimentavam os veículos elétricos de transporte público urbano, localmente conhecido por "bondes".

Ao longo do tempo, a iluminação sempre foi um serviço público muito valorizado, pois além do conforto que propicia aos cidadãos, e exatamente por isso, valoriza os imóveis, que têm seus acessos iluminados, valoriza ruas, que passam a ter um visual noturno de destaque, valoriza bairros e cidades, pela segurança percebida pela população. Em todas as cidades em expansão, a água encanada, a energia elétrica, o asfalto e a iluminação pública são fatores de atração para a ocupação de novas áreas, em novos loteamentos, por exemplo.

Visto pelo lado da sustentabilidade, a iluminação pública atende a um dos seus principais aspectos, o fator social. Por ser algo que é distribuído a todos, independentemente de classe social ou poder aquisitivo, ela é democrática, pois ilumina o caminho de todos, igualmente.

É verdade que a humanidade viveu muito tempo sem o conforto da iluminação pública. No entanto, nos dias de hoje, basta faltar energia elétrica no período noturno para que todos possam sentir, pela ausência, a importância que a iluminação pública tem. Mesmo que se esteja dentro de veículos motorizados, o deslocamento urbano é muito mais seguro quando feito através de ruas e avenidas iluminadas, e melhor ainda quando feito através de ruas e avenidas bem iluminadas.

A disponibilidade da iluminação pública ampliou o tempo de vida social nas cidades, pela facilidade e segurança nos deslocamentos pelas ruas. Um dos reflexos sociais importantes gerados por ela foi a expansão da educação no período noturno, o que dá a oportunidade de estudo a uma camada da população que necessita trabalhar durante o dia, e que, por isso, não tem formas de cursar escolas no período diurno.

Essa condição viabilizadora do ensino noturno, em escolas de primeiro e segundo grau e universidades, permitiu ampliar o atendimento a um número maior de alunos, uma vez que, de maneira econômica, as mesmas instalações escolares que eram utilizadas no período diurno, puderam ser utilizadas no período noturno também.

O CAMPUS UNIVERSITÁRIO E SUA INCLUSÃO NO URBANISMO

Uma universidade se caracteriza pela abordagem universal do conhecimento, sendo ele mantido pelas bibliotecas, museus, bancos de dados e pela memória acadêmica humana, replicado pelo ensino nos distintos níveis e expandido pela pesquisa e inovação, através de escolas e institutos que focam as várias áreas do saber, como a medicina, a filosofia, a engenharia, o direito etc.

Na verdade, pode-se dizer que uma universidade é a reunião sinérgica do conhecimento, da inquietação e da busca pela sua ampliação, que se apoia no patrimônio do já conhecido e se lança na busca de respostas às questões da existência, da dinâmica, do destino e do porquê.

No início, o conhecimento era assunto de filósofos e artesãos. Os artesãos aplicavam o conhecimento na transformação de materiais e na criação de utensílios e da arte, enquanto os filósofos ocupavam-se com o planejamento, estratégia e inovação. Mas, com o acúmulo do conhecimento, continuamente adquirido, não houve outra maneira que não a de abrir mão de alguns tipos de assuntos, para dar foco a outros; com isso, veio a especialização, e com ela, as escolas especializadas.

Inicialmente, uma escola era um agrupamento de pessoas que se reunia, por interesse filosófico ou negocial, ao redor de um líder, sem necessariamente haver um local específico para essas reuniões. Mas, com a necessidade de espaços para expor ideias e realizar experimentos, as escolas começaram a ganhar espaços próprios, dando origem a uma arquitetura voltada à comunicação e ao experimento.

Naturalmente, os grupos com maiores recursos ou influências foram obtendo espaços e edificações para a prática do desenvolvimento do conhecimento e sua disseminação.

Por se tratar de uma atividade normalmente desenvolvida em grupos de pessoas, as escolas nasceram dentro das cidades, em locais nobres, pois nobre era a atividade da pesquisa e do ensino. Assim, mesmo que construídos em áreas contíguas, mas periféricas das cidades existentes, os edifícios das escolas foram sendo envolvidos pelo crescimento das cidades, em uma verdadeira fagocitose urbana, que inicialmente envolveu mas que logo asfixiou, dificultou a vida e a expansão das escolas, distribuídas dentro das cidades.

Algumas mantiveram-se convivendo com o novo ambiente ao seu redor, com novos ruídos, com a dificuldade de acesso, com a limitação de espaços para expansão de suas atividades. Afinal, nada havia sido planejado para uma expansão gigantesca, com a popularização do ensino, antes reservado aos filhos de famílias abastadas que podiam mantê-los estudando ou pesquisando. Além disso, a percepção da necessidade de proximidade física, de contato frequente entre professores e alunos, de distintas especializações, como maneira de promover uma formação holística dos novos universitários, fez com que, simultaneamente, em vários países, se desenvolvessem projetos de "cidades universitárias" – áreas planejadas ao convívio, ensino, pesquisa, com ambientação propícia à reflexão, com urbanismo e paisagem que dessem as condições para a inspiração e a concentração necessária ao ensino e ao aprendizado.

Assim nasceram os *campi* universitários. Áreas periféricas às cidades, ou mesmo distantes, mas dotadas de infraestrutura para as necessidades da vida, de verdadeiras cidades. Isso é o que justifica a existência de residências estudantis, e mesmo de professores, que em muitas universidades foram pontos de destaque na formação de um novo tipo de convívio, o convívio acadêmico.

Os *campi* criados em áreas próximas às cidades existentes em pouco tempo começaram a ser envolvidos pela expansão urbana, muitas vezes catalisada pela existência desses próprios *campi*, que naturalmente causam uma valorização imobiliária no seu entorno, com a construção de residências de professores e expansão de uma atividade social de boa qualidade.

No seu interior, os *campi* desenvolveram um urbanismo que, criativo e distinto das cidades, não escapou das necessidades de infraestrutura, redes de água, esgotos, redes de energia elétrica, de transmissão de dados, de ruas, de jardins, de estacionamentos, de iluminação pública.

AS NECESSIDADES DE ILUMINAÇÃO PÚBLICA DE UM CAMPUS

Um campus universitário é, em princípio, uma extensão da cidade. Suas necessidades de iluminação pública parecem prosaicas e relacionadas às necessidades de se enxergar, à noite, por onde se vá passar. Essa impressão, minimalista, é rapidamente suplantada pela percepção das necessidades especiais que um campus apresenta.

Um campus universitário, por ser uma área planejada, normalmente constituída por edifícios com arquitetura elaborada e de importância reconhecida pelo valor da atividade que abrigam, é naturalmente uma área de visitação, um valor social, um orgulho da comunidade que o tem em si.

A elaboração paisagística noturna faz parte da valorização dos edifícios, jardins e áreas dos *campi* como elemento simbólico da importância social que a universidade tem dentro da sociedade. Edifícios cuja arquitetura é diferenciada, monumentos que memorizam personalidades ou expressões culturais, jardins que criam cenários lúdicos devem ser iluminados e ter seus destaques reforçados com o auxílio da iluminação pública, que atua como a tinta do pincel do artista sobre a tela tridimensional da paisagem.

Mesmo em tempos de crise, quando a economia é feita como forma de recuperação financeira de um campus, a valorização da paisagem e do próprio campus não deve ser afetada, assim como não se negligencia o trato de uma pintura valiosa, por conta da circunstância de dificuldade passageira de um museu. Se assim não fosse, estar-se-ia destruindo o patrimônio público.

Um campus universitário, por outro lado, é uma área para a qual acorrem, de maneira sincronizada, um grande número de pessoas. Populações de várias dezenas de milhares de estudantes não são raras, todas com suas agendas, normalmente sincronizadas para entrar, deslocar-se e sair por meio de um sistema viário, nem sempre concebido para suportar o volume de veículos que a modernidade propicia aos usuários do campus. Isso impõe a necessidade de uma iluminação pública de qualidade, desde as entradas no campus, por todas as ruas, calçadas e caminhos, no entorno dos edifícios, restaurantes, áreas bancárias, bibliotecas, estacionamentos, pontos de ônibus, enfim, em todas as áreas que, iluminadas, aumentem a segurança noturna das pessoas, tanto no transitar como na segurança física contra malfeitores.

O aspecto segurança noturna tem motivado investimentos em iluminação pública como forma de inibir a ação de vândalos, na destruição de ativos públicos, malfeitores, no ataque às pessoas e seus pertences, de animais, como cães errantes e abandonados, além da ocorrência de acidentes envolvendo pessoas e veículos.

Outra característica importante a considerar é a atração social que um campus exerce sobre o seu entorno, para práticas esportivas, lazer ou mesmo simplesmente caminhar.

Dado o adensamento das cidades, um campus universitário acaba se transformando em uma ilha de verde, e urbanismo de aspecto paisagístico atraente. O cinturão perimetral ao campus, quando o plano urbanístico da cidade não impede, logo se transforma num paredão de edifícios, com varandas voltadas para a área do campus. Mais que isso: dada a proximidade, as áreas internas do campus são oferecidas, pelos agentes imobiliários, como espaço de lazer acoplado aos imóveis que negociam, valorizando, e muito, os imóveis lindeiros.

Como decorrência, principalmente quando o campus é de uma universidade pública, a sociedade passa a confundi-lo com um parque, e passa a exigir a disponibilidade para uso próprio, nas condições e horários que cada um pretende.

Essa situação de área urbanizada com objetivos acadêmicos, que passa a ser exigida como área de lazer, traz situações operacionais que não foram consideradas no projeto da infraestrutura do campus. As ruas passam a não ter a largura suficiente, o convívio de pedestres correndo no leito carroçável e competindo com veículos na hora do lusco-fusco, ciclistas esportivos correndo em grupos e exigindo faixa livre e exclusiva nos momentos de *rush* são situações diárias que o administrador do campus tem de enfrentar. Ou seja, o ambiente interno do campus rapidamente se transforma em um caso agudo de gestão da convivência de pessoas, modais de transporte, travessias, estacionamentos, práticas esportivas de rua, além de ter de preservar as condições para a prática do ensino e pesquisa, para o qual foi criado.

Nesse aspecto, as necessidades de iluminação pública de um campus universitário em muito se assemelham às necessidades de todas as áreas urbanas. No entanto, por ser uma área referencial, em um campus universitário, ela deve ser exemplar, com uma qualidade que permita a prática de atividades noturnas em um ambiente com a mesma segurança das horas naturalmente iluminadas do dia.

As primeiras instalações de iluminação pública em um campus

Na fase da efetiva instalação de um campus universitário, que normalmente se faz em épocas distintas, muitas são as demandas por recursos não previstos, decorrentes de modificações de projetos ou percalços de obras. Por sua natureza, a iluminação pública é uma das últimas instalações a serem realizadas, normalmente quando as etapas construtivas de edifícios e de arruamento já foram concluídas. Um bom projeto luminotécnico, em uma área nobre como um campus, considera a infraestrutura elétrica de alimentação em dutos subterrâneos. No entanto, não é raro acontecer de, pelas condições de prazo ou de recursos, a iluminação pública ser realizada, provisoriamente, com alimentação aérea, comprometendo o paisagismo.

Normalmente, essas instalações provisórias acabam durando muitos anos até que um projeto adequado seja implementado.

Dependendo da época de instalação dos *campi*, o projeto da iluminação pública seguiu os ditames técnicos e tecnológicos disponíveis então. A intensidade luminosa das lâmpadas, inicialmente incandescentes e posteriormente a vapor metálico, oferecia resultados luminosos modestos, mas muito melhores do que conviver com a escuridão, por isso mesmo, aceitos e tolerados.

Na maioria das vezes, quando a alimentação elétrica era feita de maneira aérea, a distância entre os postes era ditada pela necessidade de sustentação dos cabos elétricos. Como a iluminação veio posteriormente à alimentação elétrica aérea, os postes utilizados para suportar as luminárias foram os já existentes. Com isso, o resultado luminotécnico ficava dependente dessa característica construtiva legada, o que resultava em uma iluminação formada por manchas de luz, uma sob cada poste existente.

Somente nos projetos mais elaborados de *campi,* nos quais a iluminação mereceu postes específicos, com a alimentação elétrica feita de maneira subterrânea, é que a distância entre as luminárias pode ser definida por critérios luminotécnicos, onde as necessidades dos usuários balizaram a intensidade luminosa a ser produzida, e com isso o distanciamento entre postes.

Mesmo com a possibilidade de localização dos postes em função de características luminotécnicas, que impuseram uma relação entre tipo de luminária, altura de poste, distância entre eles e intensidade luminosa desejada para a área iluminada, os conceitos aplicados foram os usuais de cada época de projeto, o que mudou significativamente ao longo dos anos. Essa mudança não se deu somente no aspecto tecnológico, mas manifestou-se principalmente na maneira de valorizar o pedestre em relação aos veículos.

As primeiras instalações tiveram seus projetos orientados à iluminação do leito carroçável das ruas e avenidas. Com isso, a iluminação das calçadas era feita com as abas dos fachos luminosos centrados no eixo das ruas. O resultado que se obtinha era de qualidade aceitável à época, mas muito inferior ao das demandas atuais.

A obsolescência das técnicas e tecnologias de iluminação pública

A iluminação pública passou por períodos nos quais a tecnologia que passava a existir foi progressivamente oferecendo melhor qualidade de luz, desde os archotes, o lampião a gás, as luminárias com lâmpadas incandescentes, as luminárias com lâmpadas a vapor metálico, até as modernas luminárias a *Light Emitting Diode* (LED).

Os archotes tiveram vida curta, pois o combustível que alimentava a chama era limitado e, com isso, a duração da iluminação era igualmente limitada. A mão de obra para mantê-los era intensa e rapidamente foram substituídos pela iluminação a gás.

Os lampiões de gás, alimentados por tubulações especiais, já não apresentavam as limitações dos archotes. No entanto, ainda demandavam a operação manual de acender e apagar a chama resultante da queima do gás, a fonte de luz.

As luminárias elétricas a lâmpadas incandescentes eliminaram a necessidade de acender e apagar individualmente as luminárias, podendo isso ser feito em blocos, ligando e desligando circuitos elétricos.

As luminárias elétricas a lâmpadas incandescentes com célula fotoelétrica acoplada simplificaram mais ainda o processo de ligar e desligar, pois com a célula fotoelétrica, a variação da luz natural fazia a comutação automaticamente. Quando a luz do dia se reduzia, ao entardecer, a célula fotoelétrica fechava um contato na luminária e ela se acendia. Do mesmo modo, no amanhecer, com a chegada da luz do dia, a mesma célula fotoelétrica abria um contato na luminária, fazendo-a se desligar. Com isso, a operação ficou muito fácil, realizando-se automaticamente. A manutenção da iluminação consistia em, à noite, inspecionar quais luminárias não estavam acesas e, de dia, verificar se havia luminária acesa, realizando as substituições de células ou de lâmpadas decorrentes. A situação operacional de cada lâmpada era: acesa ou apagada. Quando acesa, a lâmpada consumia a energia elétrica para mantê-la a pleno.

As luminárias elétricas a vapor metálico vieram em seguida oferecendo mais luz com menos energia. Com isso, gradualmente as luminárias a lâmpada incandescente foram sendo substituídas por luminárias a lâmpada de vapor metálico, com benefícios de qualidade e de economia de energia. A substituição de lâmpadas incandescentes por lâmpadas de vapor metálico foi um passo importante em prol de um dos aspectos da sustentabilidade, pois, sob o aspecto econômico, ela representou uma redução na quantidade de energia elétrica necessária para produzir um mesmo efeito luminoso.

Finalmente, as novas luminárias a LED vieram para substituir as luminárias a vapor metálico, produzindo um mesmo efeito luminoso com praticamente metade da energia elétrica. Além disso, dado seu volume compacto, utilizando um volume menor de materiais e por sua tecnologia de semicondutores, as luminárias LED atendem a quatro aspectos da sustentabilidade: social, pois sua finalidade é totalmente voltada ao bem estar da sociedade; econômico, pois pelo baixo consumo de energia, e a economia que isso representa, com o mesmo montante de recursos é possível atender a um maior número de pessoas; ambiental, pois pelo seu baixo consumo de energia exige um volume de geração elétrica menor, resultando em um menor impacto ambiental; cultural, pois ambientes noturnos bem iluminados passam a incorporar os desejos sociais e, por isso, passam a ser respeitados como um patrimônio público a se preservar.

REQUISITOS PARA UM PROJETO DE ILUMINAÇÃO PÚBLICA EM UM CAMPUS

A tendência natural da expansão e da manutenção dos processos urbanos e, dentre eles o da iluminação pública, é agregar em cada momento, o que haja de mais econômico e que atenda à necessidade local em foco. Com isso, os sistemas urbanos vão se configurando como uma somatória de soluções e implementações, formando um mosaico de partes heterogêneas que naturalmente vão impondo limitações de interface entre as distintas implementações. De tempos em tempos, ocorrem oportunidades de revisão e substituição de alguns desses processos urbanos que, tratados de maneira sistêmica, revitalizam funcionalidades essenciais, enquanto geram recursos para as expansões funcionais futuras.

Esse é o caso da Universidade de São Paulo (USP) que, no ano de 2012, tomou a decisão de modernizar o sistema de iluminação pública de todos os seus *campi,* em face da obsolescência de postes, circuitos elétricos e luminárias, mas principalmente pela necessidade de melhor o atendimento luminoso às áreas internas comuns, como fator de incremento à segurança noturna. Assim, foram executados projetos luminotécnicos para os *campi* de Bauru, Lorena, Piracicaba, Pirassununga, Ribeirão Preto, Santos, São Carlos e São Paulo.

Para subsidiar a elaboração dos projetos, considerando as particularidades de cada campus, foram adotadas as seguintes diretrizes:

- Utilizar tecnologias de ponta, com padronização e identidade noturna para a USP.
- Usar luz branca para ampliar a sensação de segurança/percepção do entorno.

- Priorizar segurança de pedestres: caminhos, estacionamentos, pontos de ônibus.
- Minimizar interferências com arborização, integrando vegetação e iluminação, respeitando áreas que não devem ser iluminadas.
- Adotar níveis de iluminação adequados a câmeras de segurança.
- Obter valorização noturna sóbria de monumentos e obras arquitetônica.
- Inovar tecnologicamente, com maior rendimento luminoso e menor consumo.
- Monitorar a rede à distância, para controlar a operação, programar acionamentos e níveis de iluminação por local ou horário.

Tais diretrizes provocaram a definição de vários requisitos que acabaram compondo os editais de licitação para o fornecimento dos sistemas de iluminação pública, em cada campus.

Assim, o aspecto tecnologia de ponta fez com que fosse cotejado o uso de lâmpadas LED *versus* os demais tipos de lâmpadas de vapor metálico, em face da robustez já testada e do futuro tecnológico assegurado, o que se confirmou nos anos seguintes pelo crescente volume de projetos utilizando o LED para a iluminação pública.

A definição da identidade noturna da USP foi resultado do estudo de vários cenários que motivou especificações de valorização da pessoa, em face dos objetos, do respeito à fauna e à flora, da consideração dos princípios da sustentabilidade.

A definição do uso da luz branca foi outro aspecto muito debatido e a decisão apoiou-se em estudos luminotécnicos para dar às pessoas a máxima percepção do entorno, maximizando assim a segurança noturna, nas áreas definidas como "caminhos seguros", rotas de deslocamento de pedestres entre prédios e pontos de ônibus, utilizados pela maioria dos usuários dos *campi*.

A priorização da segurança de pedestres talvez tenha sido o aspecto inovador que influiu de maneira contundente da formulação das especificações do novo sistema de iluminação. As calçadas e caminhos foram considerados prioritários e, com isso, luminárias especiais e dedicadas foram incorporadas ao projeto, para que o pedestre pudesse ter uma qualidade de iluminação pública nas calçadas e caminhos, e que se destacasse frente às demais áreas urbanas. Essa mesma qualidade de iluminação foi adotada para cobrir os estacionamentos, por serem áreas abertas e amplas mas de trânsito semelhante ao das calçadas. O mesmo tratamento luminotécnico foi dedicado aos pontos de ônibus, de maneira coerente com a valorização do pedestre e do uso do transporte público de qualidade.

A minimização de interferência com a arborização impôs a utilização de postes de menor estatura para que o facho luminoso não fosse interceptado pela copa das árvores. Esse problema, então existente, havia se instalado com o uso histórico de postes de alta estatura que, com o crescimento de árvores ao seu redor, passaram a iluminar suas copas, projetando sombras em locais que deveriam ser iluminados. Juntamente com o projeto do novo sistema de iluminação foi especificado um novo padrão de poda de árvores, de tal modo que os ramos sejam podados de maneira adequada ao aproveitamento luminoso.

Os níveis de iluminação no solo adotados como referência nos novos projetos levaram em consideração as necessidades luminosas de câmeras de segurança, de tal forma a garantir que nas áreas de trânsito de pedestres, sempre se dispusesse de intensidade luminosa suficiente para o registro de imagens, por um sistema de circuito fechado de TV, que foi desenvolvido simultaneamente ao novo sistema de iluminação.

O aspecto da valorização arquitetônica, com sobriedade, mas com destaque, fez com que fossem especificados sistemas dedicados a cada tipo de cena a iluminar (monumentos, fachadas, projeção proposital de sombras) de modo que o resultado paisagístico valorizasse o ambiente noturno.

No aspecto da inovação tecnológica, além de explorar os recursos da iluminação a LED, foram ainda explorados os recursos de iluminação autônoma com a utilização de postes dotados de painéis solares e baterias que, juntamente com as luminárias a eles acopladas, dispensam a instalação de infraestrutura de alimentação elétrica, bem como o uso de energia elétrica proveniente da rede de distribuição para o acionamento da respectiva luminária.

Finalmente, quanto ao aspecto da operação e manutenção, foram especificados sistemas de telegestão apoiados em tecnologia de Internet das Coisas (*Internet of Things* – IoT), de tal forma que cada luminária se comunica, sem fio, com sua vizinha, e esta com sua outra vizinha, de tal forma a constituir uma rede *Wireless Mesh* (*WiMesh*, ou malha sem fio, em português) inteligente para viabilizar uma operação de despacho de luz, conceito esse inovador. Além disso, os sistemas de telegestão permitem resultados econômicos que aumentam a vantagem dos sistemas LED sobre os demais.

Essas especificações técnicas elaboradas, que constituíram o caderno técnico do edital de licitação dos novos sistemas de iluminação dos *campi* da USP, vêm sendo utilizadas como referência para projeto dos novos sistemas de iluminação de cidades e de outros empreendimentos, materializando assim o papel da universidade de ser um referencial de tecnologias e de auxiliar a difundi-las em benefício da sociedade.

A necessidade de uma nova infraestrutura para um campus inteligente

A popularização do uso do automóvel e o uso individual de telefones móveis são dois exemplos de assuntos que não foram considerados no projeto original dos *campi* da USP, pois na época em que tais projetos foram realizados, essa realidade não existia. Isso faz com que toda a infraestrutura necessária para o uso desses recursos tenha de ser "acomodada" dentro dos planos originais dos *campi*. Ocorre que a adaptação da infraestrutura existente nem sempre pode ser feita com pequenos ajustes, exigindo, às vezes, intervenções mais profundas. Esse é o caso, por exemplo, da canalização da rede de fibras ópticas nos *campi*, que exige rasgar ruas e canteiros para a instalação de dutos que nunca foram previstos.

Ao considerar a revitalização da infraestrutura da USP, nos aspectos mais relevantes em cada campus, foi considerada a criação da infraestrutura necessária para suportar os avanços tecnológicos já perceptíveis, como o acesso à imagem e à banda larga nos ambientes externos aos prédios.

Dentre os *campi* da USP, o campus da capital e, dentro dele, a Cidade Universitária Armando de Salles Oliveira (Cuaso), ilustrada na Figura 15.1, exigiu atenção especial pelo porte da área e pelo volume de usuários que atende.

Em meados de 2012, a Cuaso já se apresentava como uma área incrustada na cidade de São Paulo, dentro do subdistrito do Butantã. Ocupava uma área de 470 hectares, ou aproximadamente 470 quarteirões, com 60 km de ruas e avenidas e 120 km de calçadas. Abrigava 2 mil habitantes fixos, em seu conjunto residencial, recebia 45 mil usuários/dia, contando os professores, alunos, funcionários, prestadores de serviços visitantes e pessoas que passavam através da Cuaso para cortar caminho entre pontos da cidade de São Paulo.

Por suas ruas trafegavam 40 mil veículos/dia, parte deles fazendo uso dos 11 estacionamentos existentes, além de se utilizar das ruas como local de estacionamento. Na Cuaso, também eram consumidos 80.000 m^3 de água, 23 mil MVA de energia elétrica por mês. Contava ainda com 200 cães (*city dog*) e 22 mil árvores. Produzia 15 t/dia de lixo e contava com 3 mil postes de iluminação pública.

Além dessas marcas, a área da Cuaso era mais e mais demandada por grupos de esportistas, das distintas modalidades: ciclistas, corredores, pes-

A ILUMINAÇÃO PÚBLICA EM UM CAMPUS UNIVERSITÁRIO | **559**

soas andando para se exercitar, pessoas pastoreando seus cães, crianças brincando, além de mais de uma dúzia de linhas de ônibus urbanos, vindos das distintas áreas da cidade de São Paulo e de cidades vizinhas.

Figura 15.1 – Cidade Universitária Armando de Salles Oliveira.

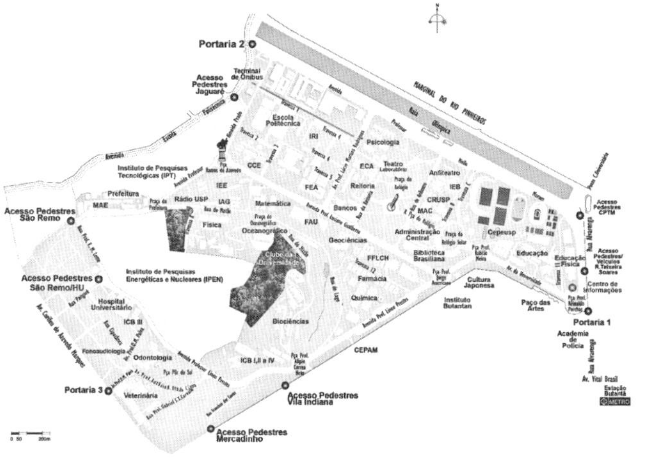

Fonte: Prefeitura da Cidade Universitária Armando de Salles Oliveira (2012).

Ao considerar a modernização da iluminação pública de uma cidade como a Cuaso, que pelo porte assemelha-se a um grande número de cidades brasileiras, não se pode deixar de considerar a influência que essa melhoria possa causar a outros processos urbanos existentes, ou a existir.

Coexistem em uma cidade vários "processos urbanos" que interagem entre si, conforme mostra o Quadro 15.1 a seguir.

Quadro 15.1 – Processos urbanos e suas interações.

Processo	Interação
Água potável	Suprimento, reserva
Água pluvial	Bocas de lobo e galerias
Esgoto	Doméstico, químico, hospitalar
Resíduos	Lixo comum, químicos
Energia elétrica	Alta tensão, tensões de uso final

(continua)

Quadro 15.1 – Processos urbanos e suas interações. *(continuação)*

Processo	Interação
Iluminação	Pública, externa, edifícios
Gás	Gás natural, gás liquefeito de petróleo
Estacionamento	Público, reservado
Trânsito	Interno, do entorno
Segurança	Pública, patrimonial, acesso
Fauna	Cães, gatos, aves
Flora	Árvores, plantas
Telecomunicações	Telefone, wi-fi, IPTV
Qualidade do ar	Gases, particulados
Meteorologia	Registro de ocorrências, previsão

A gestão operacional de cada um desses processos exige que eles sejam mensurados, controlados e coordenados em suas características, com o objetivo de atender às demandas corporativas da cidade.

Para isso, é necessária instrumentação adequada, procedimentos de controle específicos para cada processo e procedimentos de coordenação, para concatenar ações entre distintos processos e que apresentam dependência operacional entre si. Esse é o caso do suprimento de energia elétrica e de água potável em locais que exijam bombeamento. Uma falta de energia elétrica implica na decorrente falta de água potável.

Um modelo de relacionamento entre esses níveis é o apresentado na Figura 15.2.

Para cada processo urbano, a instrumentação é composta por sensores e atuadores que permitem o controle do respectivo processo. Medidores de temperatura, luminosidade, tensão elétrica, válvulas, disjuntores são alguns dos instrumentos e atuadores utilizados para manter o processo sob controle.

O controle de um processo urbano em si é realizado pela comparação da situação atual do processo, caracterizada pela medição, utilizando a instrumentação, com as respectivas referências operacionais, que devem existir. O resultado dessa comparação determina o tipo de ação que deva ser tomada.

A ILUMINAÇÃO PÚBLICA EM UM CAMPUS UNIVERSITÁRIO | **561**

Para processos espacialmente distribuídos, e dependendo do tipo de processo, as medições realizadas pela instrumentação são transformadas em dados e transmitidas a um centro de controle. Nesse centro, as decisões são tomadas e as ordens para a realização de ações são igualmente transmitidas aos atuadores correspondentes.

Figura 15.2 – Níveis da gestão dos processos urbanos.

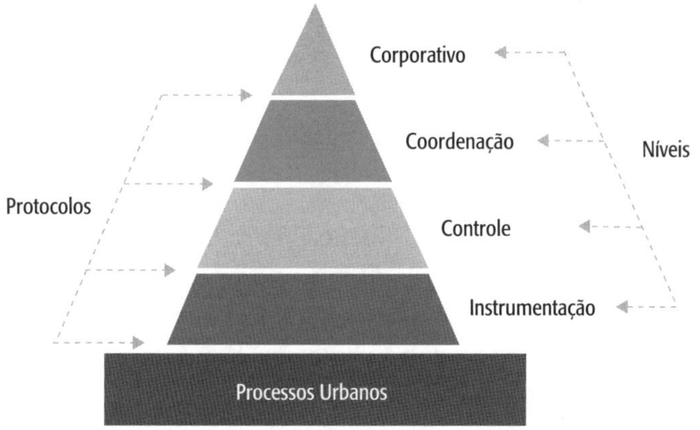

Modelo referencial de 4 camadas para supervisão e controle

Nota-se a importância de um bom sistema de comunicações para a realização do controle do processo. Os dados recebidos no centro de controle são normalmente armazenados em sistemas de informação para uso posterior, tanto para uma análise pós-operação, como para o estabelecimento de novas referências operacionais.

Na Figura 15.3 é apresentado o diagrama que representa esse tipo de controle, "controle de malha fechada", no qual, além do controle regulatório do processo, aparece ainda o controle antecipativo, quando é possível obter informações de perturbações que irão interferir no processo sob controle.

Esse é o tipo de controle em tempo real, tipicamente utilizado na gestão de cidades inteligentes.

Considerando-se uma cidade inteligente, e os processos anteriormente citados, tem-se o modelo referencial da Figura 15.4. Nesse modelo, cada processo conta com sua respectiva instrumentação e controle, todos coordenados centralmente, segundo diretivas corporativas demandadas pela cidade. Os níveis de instrumentação e controle determinam o nível de automatização de cada processo e o nível de coordenação implica na inteligência com a qual a cidade conta.

Figura 15.3 – A supervisão e controle em tempo real.

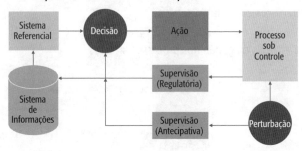

Já na Figura 15.5 nota-se a influência de cada processo urbano sobre os demais processos. Essa matriz de impacto operacional – que é típica para cada cidade, pois depende de características personalizadas de interações – mostra as vinculações entre processos, o que exige procedimentos específicos para atuação em cada intercorrência.

Essa abordagem de consideração de cada processo e suas interações resulta em uma nova forma de tratar a modernização de cada parte da infraestrutura para cada processo urbano, viabilizando que a modernização de um processo antecipe e facilite a adequação de infraestrutura para outros processos.

Figura 15.4 – Sistema Integrado de Gestão da Infraestrutura Urbana (Siginurb).

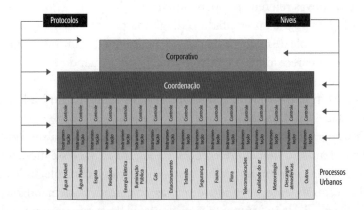

Figura 15.5 – Interdependência entre processos urbanos.

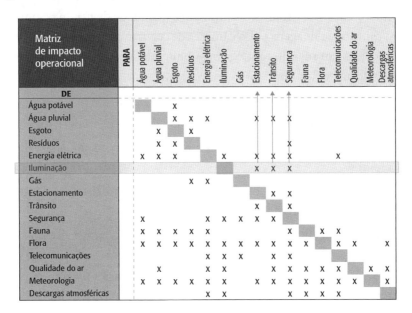

Características de um sistema de iluminação pública implantado

O projeto da nova iluminação pública da Cuaso teve início com a consideração das premissas enunciadas e de uma visão holística do resultado pretendido. Isso significou a elaboração de visões-protótipo de locais, monumentos, fachadas, esculturas, vias. Adicionalmente, foram verificadas as condições da iluminação então existente, bem como pontuados requisitos, dentre os quais podem ser destacados:

a. Eliminação pontos escuros nos caminhos pedonais, estacionamentos e novas ruas ainda sem iluminação.
b. Mitigação de sombras causadas por árvores.
c. Melhoraria da uniformidade da intensidade luminosa e redução de ofuscamentos.
d. Eliminação de pontos escuros.

ENERGIA E SUSTENTABILIDADE

e. Manutenção de pontos não iluminados por interesse ambiental.

f. Manutenção de níveis de iluminação e qualidade de luz que garantam a captura de imagens pelas câmeras de segurança instaladas em diversas áreas externas do campus, possibilitando a detecção de detalhes de cor, forma e fisionomias.

g. Utilização da luz branca.

h. Compartilhamento da nova infraestrutura da rede de IP com a rede de TI.

i. Detecção de defeitos com rapidez, viabilizando maior agilidade de reparos.

j. Integração do sistema de iluminação com outros sistemas de gestão energética e de utilidades públicas.

k. Melhoria na eficiência do controle patrimonial do novo sistema.

Nessa fase, foram definidos os níveis de iluminação no solo em cada avenida, considerando as várias situações; sempre privilegiando o pedestre e seus caminhos, e respeitando os níveis de iluminamento por área, constantes na norma NBR 5101 – Iluminação pública. Na Figura 15.6, tem-se uma visão-protótipo da vista aérea do resultado pretendido do projeto.

Com o privilégio da iluminação para os pedestres, foi compulsória a redução da altura de instalação das luminárias e da adoção de braços mais longos para se reduzir as sombras provocadas pelas árvores. Tal redução na altura das luminárias exigiu menores vãos entre postes, que passaram a ter 15 m, em média.

Este fato, aliado à existência de várias áreas sem iluminação, resultou em uma ampliação das 3.200 luminárias então existentes para 6.113 luminárias constantes do projeto. Com isso, a distribuição para as vias de trânsito passou a ser, em média, de 30 m, e para as vias pedonais, 15 m. Na Figura 15.7, tem-se um comparativo entre as situações anterior e a atual, com as novas luminárias LED.

Figura 15.6 – Visão-protótipo da vista aérea da Cuaso com a nova iluminação.

Fonte: Conestoga Rovers & Associados Engenharia SA (2012).

No novo sistema, os postes são dotados de luminárias dedicadas às calçadas que produzem efeito luminoso uma vez e meia maior que a intensidade luminosa anterior.

O resultado luminotécnico do novo projeto pode ser observado na Figura 15.8. As fotos foram realizadas com espaçamento de poucos minutos entre si, na ocasião em que o primeiro circuito da nova iluminação foi acionado. Na foto da esquerda, tem-se a iluminação original, e na direita, a iluminação a LED, no mesmo local.

Os efeitos paisagísticos obtidos realmente valorizaram o cenário noturno. Na Figura 15.9, também pode ser visto o Monumento Ramos de Azevedo, já com a nova iluminação.

Nota-se que a intensidade luminosa no solo no novo sistema a LED é de maior intensidade que a do sistema substituído. Os números constantes da Figura 15.7 representam o número de lux em cada posição do solo.

Figura 15.7 – Comparativo de características do projeto luminotécnico.

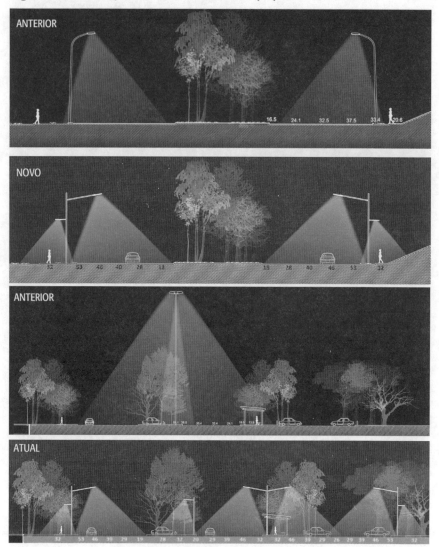

Fonte: Conestoga Rovers & Associados Engenharia SA (2012).

Figura 15.8 – Comparativo de imagens com os sistemas de iluminação antigo e novo.

Fonte: Prefeitura da Cidade Universitária Armando de Salles Oliveira (2012).

No projeto luminotécnico realizado, foi explorada a iluminação ascendente para realçar aspectos arquitetônicos. Na Figura 15.10, nota-se o edifício J. O. Monteiro de Camargo iluminado por fachos de luz fixados no solo. Esse tipo de iluminação ascendente foi aplicado a várias praças, sob árvores, criando um visual de volume na paisagem noturna.

Enquanto isso, a Figura 15.11 apresenta algumas imagens da iluminação a LED.

Figura 15.9 – Monumento Ramos de Azevedo, Cidade Universitária (USP).

Fonte: Prefeitura da Cidade Universitária Armando de Salles Oliveira (2012).

Figura 15.10 – Edifício J.O. Monteiro de Camargo, Cidade Universitária (USP).

Fonte: Prefeitura da Cidade Universitária Armando de Salles Oliveira (2012).

Figura 15.11 – Algumas imagens de espaços iluminados com a nova Iluminação LED.

Um estacionamento

Um ponto de ônibus

Uma avenida de pista dupla

Uma travessia de pedestres

Um estacionamento de bancos

Uma avenida e uma calçada

Fonte: Prefeitura da Cidade Universitária Armando de Salles Oliveira (2012).

A infraestrutura para uma nova iluminação

Um sistema de iluminação a LED dotado de telegestão difere significativamente de um sistema de iluminação pública convencional. Em um sistema convencional, a tecnologia aplicada é essencialmente eletrotécnica:

circuitos elétricos, poste, luminárias dotadas de fusível, reator, lâmpada e uma célula fotoelétrica. O circuito de alimentação elétrica, normalmente subterrâneo, passando por eletrodutos, ou simplesmente com os cabos enterrados, passa junto ao pé de cada poste, derivando um ramal de alimentação, simplesmente.

Em um sistema de iluminação a LED com controle de intensidade luminosa, a tecnologia aplicada é eletrotécnica, eletrônica, computacional e de comunicações. Na Figura 15.12, tem-se um comparativo entre as principais partes componentes de cada sistema de iluminação, convencional e a LED, que compõem respectivamente um poste dotado de luminária.

Figura 15.12 – Componentes de postes de iluminação convencional e a LED.

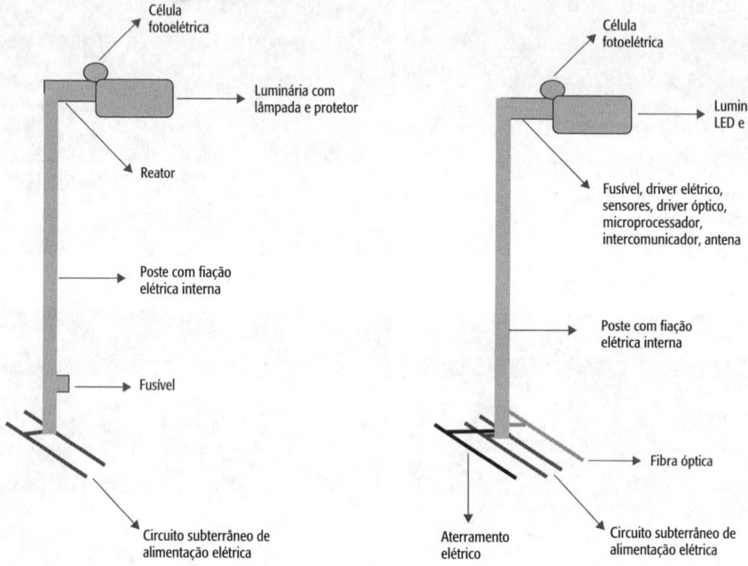

Inicialmente, o circuito de alimentação de uma luminária LED demanda um aterramento elétrico de boa qualidade, pois seu sistema eletrônico é sensível às interferências causadas por descargas atmosféricas.

Por se tratar de equipamento com telessupervisão e telecomando, é comum a presença de um circuito de fibras ópticas para viabilizar a comunicação entre o centro de controle e os equipamentos alocados nos postes. Dessa forma, a infraestrutura de alimentação dos postes de iluminação a

LED normalmente é composta por um duto para passagem do circuito elétrico, um duto para a passagem do circuito óptico e de uma caixa acopladora que permite a alimentação subterrânea elétrica e óptica de cada poste.

A complexidade maior reside na caixa de condicionamento da alimentação elétrica, que é composta por dispositivos de proteção elétrica e de um sistema de telecomunicação, para que a luminária desse poste possa se comunicar, sem fio, com as luminárias vizinhas usando a tecnologia *WiMesh*. Adicionalmente, nessa caixa há um microprocessador, que executa programas de comunicação e controle, recebendo informações externas do centro de controle ou mesmo de outras luminárias, convertendo tais informações em sinais de modulação elétrica para acionar as lâmpadas LED. Dadas as características das lâmpadas LED, que permitem a modulação da intensidade luminosa que produzem, em função da intensidade elétrica com que são excitadas, há um *driver* modulador, comandado pelo microprocessador, que realiza a tarefa de alimentar controladamente os LED.

Nos postes de iluminação a LED é comum haver previsão para a instalação de equipamentos de sistemas Wi-fi, de Circuito Fechado de Televisão (CFTV), de telefonia celular, todos eles demandando essa infraestrutura de aterramento de qualidade, circuito elétrico e circuito óptico.

A telegestão de um sistema de iluminação a LED

A tecnologia de iluminação a LED, que permite que a intensidade luminosa seja controlada através do controle da alimentação das lâmpadas LED, permitiu um forte avanço na área da iluminação.

Até então, os estados operacionais de uma lâmpada eram: totalmente acesa ou totalmente apagada, ante as tecnologias utilizadas. Com os LED, passa a ser disponível uma faixa contínua de variações de intensidade luminosa, permitindo graduar a iluminação com a correspondente graduação do consumo de energia elétrica.

Isso traz um novo conceito operacional para a operação da iluminação, o do "despacho de luz". Despachar luz significa dosar a quantidade de luz para cada local atendido pela iluminação. Para isso, é preciso que cada luminária disponha de um endereço, de uma forma de enviar a ela um comando para que, dotada dos recursos já descritos, ela possa responder ao comando recebido.

No sistema instalado na Cuaso, cada uma das luminárias é dotada de um endereço *Internet Protocol* (IP) personalizado, com o qual a luminária pode ser endereçada. Dessa forma, o Centro de Controle pode enviar à cada luminária uma ordem de intensidade luminosa, de tal forma a gerar o efeito luminoso desejado em cada local da Cuaso.

Reciprocamente, através desse mesmo endereço IP, cada luminária consegue enviar ao Centro de Controle informações referentes a quanto está produzindo de luz, há quantas horas está funcionando, com qual tensão está sendo alimentada, qual o estado de funcionamento de cada uma de suas partes internas, quanto está consumindo de energia elétrica, dentre outras informações. Isso permite a supervisão e controle do processo de iluminação pública.

Na Figura 15.13, é representado o sistema de telessupervisão e telegestão de iluminação pública instalado na Cuaso. Cada luminária opera comunicando-se permanentemente com um ponto de concentração de informações (*gateway*), do qual as informações são enviadas à internet, devidamente protegidas. Da internet, elas são retiradas através de uma proteção (*firewall*) e armazenadas em um servidor para serem processadas, segundo os critérios operacionais próprios para o momento. Em consequência, novas informações, agora de comando, são transmitidas a cada luminária, através de seus respectivos *gateways*, de tal forma a se manter o diálogo operacional de cada luminária com o Centro de Controle. Assim é feito o despacho de luz.

Na realidade, o caminho da informação de cada luminária até atingir o centro de controle nem sempre é feito diretamente entre a luminária e o seu *gateway*. As luminárias comunicam-se automaticamente entre si em uma malha sem fio WiMesh. Isso significa que as luminárias, que são "coisas", relacionam-se através da internet, em uma técnica chamada *Internet of Things* (IoT, em inglês, ou Internet das Coisas, em português).

Na Figura 15.14, há a representação esquemática do sistema de comunicações entre luminárias e o Centro de Controle. Note-se que nesse processo há rotas redundantes e alternativas, tudo para garantir a comunicação da luminária com o Centro de Controle.

Figura 15.13 – Telegestão do sistema de iluminação.

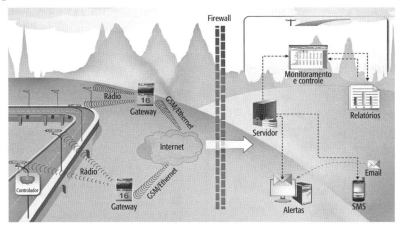

Fonte: Alper Energia (2012).

Figura 15.14 – Telegestão através da tecnologia de IoT (Internet das Coisas).

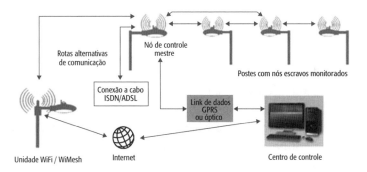

Fonte: Alper Energia (2012).

Dispondo do conjunto de informações referentes a cada luminária, no Centro de Controle, é possível a visualização da situação de cada uma das áreas sob controle, de cada um dos postes e luminárias, bem como informações relativas à manutenção de cada luminária.

Na Figura 15.15, são exibidas algumas imagens com as quais se faz a telegestão do sistema de iluminação. Como cada poste é georreferenciado, há imagens do arruamento com cada poste identificado por uma sinalização que reflete seu estado operacional. Igualmente, são representadas em imagens as programações horárias de iluminação, para cada luminária e para grupos de luminárias.

Figura 15.15 – Imagens de telas da telegestão, no Centro de Controle.

 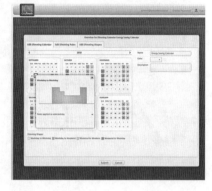

Fonte: Alper Energia (2012).

Uma possibilidade que o sistema de iluminação a LED permite é o controle automático por demanda. Nesse processo, sensores de presença de pedestres e de veículos são instalados ao longo de caminhos e de ruas e, conforme ocorra uma aproximação de pessoa ou veículo, tais sensores comandam automaticamente a elevação da intensidade luminosa nos locais à frente, na respectiva trajetória.

Isso possibilita uma expressiva economia de energia elétrica, pois permite que em períodos de pouco movimento, como nas madrugadas, a intensidade luminosa seja reduzida, ajustando-se automaticamente às reais necessidades, quando ocorram.

Luminárias com autoalimentação fotoelétrica

Dado o baixo consumo de energia elétrica de luminárias LED e diante da possibilidade de modulação luminosa (dimerização), para certas aplicações viabilizam-se as luminárias autoalimentadas. Essas luminárias são fixadas em postes dotados de painéis fotovoltaicos e de baterias que acumulam energia elétrica gerada durante o dia. Quando a luminosidade natural baixa, essas luminárias são ligadas e alimentadas pela energia elétrica armazenada nas baterias.

No projeto da iluminação pública da Cuaso foi aplicado esse tipo de luminária no entorno da raia olímpica, como forma de contornar obstáculos de instalação. A raia olímpica localiza-se próxima ao muro limítrofe com a Marginal do Rio Pinheiros. Na estreita faixa de terra entre a água da raia e o muro já existia uma tubulação de gás de alta pressão ao longo de toda a extensão longitudinal da raia, inviabilizando a instalação de dutos para a alimentação elétrica e óptica dos postes de iluminação.

Dado o objetivo de iluminar o perímetro da raia olímpica para a criação de espaço para prática de caminhadas e corridas de preparo atlético, a solução foi adotar as luminárias autoalimentadas, com baterias suficientes para mantê-las em operação pelo período de utilização noturna. O custo com os painéis fotovoltaicos e com as baterias foi compensado com a economia decorrente da geração fotovoltaica, dispensando a energia que seria consumida da rede elétrica e a infraestrutura de dutos, que foi evitada. No projeto, foi definida a instalação de 216 unidades autônomas, distribuídas em uma extensão de 4.320 m, com distância média de 20 m entre postes, para uso de luminárias LED com potência entre 50 a 60 W e eficiência luminosa mínima de 85 lm/W, portanto, exigindo um fluxo mínimo de 4.250 lm. Tais luminárias operam exatamente como as demais, sob o aspecto de telegestão, e são conectadas ao Centro de Controle pelo sistema WiMesh. O resultado operacional desse tipo de luminária demonstra a viabilidade de sua instalação em regiões em que não haja rede elétrica disponível.

As luminárias autoalimentadas, por depender do uso de painéis fotovoltaicos e de baterias, apresentam uma forma esteticamente distinta das luminárias convencionais e, por isso mesmo, geram reações iniciais de estranheza, pois, por motivos de segurança das baterias e de melhor aproveitamento da radiação solar, tanto as baterias como o painel fotovoltaico localizam-se na parte superior dos postes, como se vê na Figura 15.16. Já existem experimentos com postes revestidos de transdutores fotovoltaicos e com o recheio de baterias, de tal modo que a forma do poste e da luminária em muito se assemelham com os postes convencionais. Essa alternativa, no entanto, ainda é experimental e acredita-se que em alguns anos já seja possível a produção de postes e luminárias autoalimentadas com perfil estético semelhante ao dos postes e luminárias LED convencionais.

Figura 15.16 – Luminária autoalimentada.

Fonte: Prefeitura do campus USP da capital (2012).

Um aspecto bastante discutido nas luminárias auto alimentadas foi o uso de baterias e seu possível impacto ambiental, pelos materiais que são utilizados em sua fabricação.

Para mitigar tal impacto, no caso das luminárias auto alimentadas instaladas na Cuaso, foi exigido do fornecedor o "selo verde", isto é, para cada bateria fornecida foi comprovada a destinação final adequada de uma outra bateria correspondente, corretamente descartada.

A OPERAÇÃO E MANUTENÇÃO DE UM SISTEMA DE ILUMINAÇÃO A LED

No ciclo de vida dos ativos urbanos (concepção, projeto, construção, operação, manutenção e descarte), cada fase é percebida pela sociedade com uma característica própria. A concepção é criativa, inovadora; o projeto é planejador, quantificador; a construção é exuberante, festejada;

a operação é sóbria, discreta; a manutenção é compulsória, acidental; o descarte é esquecido, pouco valorizado. Essas percepções vêm mudando ao longo do tempo. Com a valorização da sustentabilidade, todas as fases têm ganhado importância maior, principalmente a manutenção e descarte. O descarte, pouco a pouco, vai ganhando o valor de um funeral de objetos, que entregaram suas vidas em benefício dos humanos. O reaproveitamento, a reciclagem, muito tem a ver com a doação de órgãos humanos. Isso significa um salto cultural importante. Uma percepção de que os recursos são finitos. Uma valorização do existente, em contraposição ao consumismo.

Por outro lado, a operação, e sua aliada – a manutenção –, vão se impondo como valor, juntamente com essa percepção social de que os bens públicos, para produzirem seus efeitos, devem ser operados adequadamente e mantidos para que a operação e disponibilidade se perpetuem. A valorização da operação e da disponibilidade tem disputado espaço com o final da construção, quando são feitas as inaugurações. Estas rendem dividendos políticos, dão visibilidade, são notícia, são fatos pontuais e destaque. A operação, ao contrário, só é notícia quando há algum fato inesperado, um acidente, uma paralização.

Consideradas as percepções sobre as várias fases do ciclo de vida de um ativo público, e considerado o novo sistema de iluminação a LED instalado na Cuaso, a operação e a manutenção desse novo sistema merecem uma reflexão especial.

Operar um sistema de iluminação como o da Cuaso significa despachar luz em um ambiente universitário. Para despachar a luz é necessário que se conheça a demanda de luz em cada local a ser iluminado. Isso, por si só, exige o conhecimento das atividades realizadas em cada local, para que a iluminação se faça no momento adequado e com a intensidade adequada. Iluminar além do necessário é desperdiçar energia. Iluminar aquém do necessário é não satisfazer as necessidades dos usuários.

Mesmo com a possibilidade de despachar luminária por luminária, o despacho de luz se faz por áreas cobertas por um conjunto de luminárias, todas identificadas. Essas áreas são em sua maioria fixas, pátios de estacionamento, trechos de ruas, trechos de jardim, praças. No entanto, há áreas que se configuram a partir de uma necessidade específica (um acontecimento esportivo, um evento cultural, uma manifestação). Nesses casos, áreas especiais podem ser configuradas e despachadas como um bloco.

ENERGIA E SUSTENTABILIDADE

No despacho de luz, considerando a coordenação operacional, podem se configurar situações não previstas como, por exemplo, uma solicitação de emergência, uma percepção de insegurança em uma área do campus, um acidente. Nesses casos, o despacho de luz deve se dar de imediato, podendo ser um importante recurso de inibição de situações indesejadas, como percepções de insegurança e assaltos.

A prática do despacho de luz, algo inédito em *campi* universitários, criará procedimentos e conhecimento nessa atuação de logística aplicada e resultará em uma nova disciplina operacional a ser utilizada pela sociedade.

Sob o ponto de vista da manutenção, novos procedimentos devem ser incorporados à rotina diária. Mesmo que os LED tenham duração estimada de mais de dez anos (o que reduz a necessidade de troca de lâmpadas, a limpeza dos blocos ópticos que protegem os LED, a conservação dos itens eletrônicos associados às luminárias, a conferência da boa qualidade do aterramento de cada poste, a limpeza dos painéis fotovoltaicos, a verificação do estado das baterias, a poda de galhos de árvores que interfiram na boa iluminação), o atendimento às situações apontadas pelo próprio sistema de iluminação, através de seu automonitoramento, deverão ser atividades realizadas metodologicamente e com rigor, para que as características do sistema de iluminação se mantenham.

Como todo ativo público, os postes e as luminárias estarão sempre expostos a acidentes e vandalismos. Nesses casos, a imediata recuperação da normalidade funcional deve ser meta a perseguir, para que os usuários percebam o zelo e o cuidado com que esse importante ativo público é tratado.

Para assegurar a correta manutenção do novo sistema de iluminação a LED, juntamente com o fornecimento do sistema foi licitado um contrato de manutenção, com duração de cinco anos, de tal forma que técnicos especializados pudessem se incumbir, desde o início da operação, dos procedimentos de manutenção adequados que, juntamente com a garantia de dez anos de operação para os LED, dão à USP a segurança de oferta de uma iluminação pública de qualidade.

Aspectos técnicos e econômicos de um novo sistema de iluminação a LED

Determinadas as necessidades luminotécnicas do projeto, efetuou-se uma análise técnica e econômica comparando-se as duas possibilidades mais usuais de tecnologias de fontes de luz branca disponíveis no mercado: lâmpadas de descarga a multivapores metálicos e LED.

Para cada tecnologia foi calculado o custo da obra da rede viária, passeios e caminhos pedonais. No cálculo foi considerado que as duas tecnologias utilizariam a mesma infraestrutura projetada, pois esta foi definida pelas necessidades luminotécnicas independentemente da tecnologia de lâmpada a ser empregada.

O cálculo de consumo entre as duas tecnologias considerou:

- Potência total de cada luminária, ou seja, potência requerida da rede: da lâmpada mais reator, e para o caso do LED o seu consumo e da sua fonte (*driver*).

- Cálculo da energia, produto da potência total instalada pelas horas de consumo por ano.

- Cálculo do dispêndio financeiro com consumo de energia elétrica anual para as duas tecnologias estudas, considerando as mesmas condições de funcionamento para ambas. Nesse cálculo foi considerada a tarifa de média tensão (A4), cobrada pela concessionária distribuidora local, levando-se em conta o valor da tarifa no período de ponta e no período de fora de ponta.

- Todos os impostos pertinentes, menos o ICMS, do qual a USP é isenta.

- Cálculo do custo da manutenção para cada tecnologia, adotando-se os custos médios estimados de manutenção praticados pelo Departamento de Iluminação Pública de São Paulo (Ilume).

A escolha do LED entre as tecnologias disponíveis levou em consideração, além dos motivos econômicos, a tendência mundial pela sua utilização, que vinha se confirmando nas grandes cidades dos Estados Unidos, Europa, Ásia e, também, na América do Sul, como é o caso da Argentina, onde todo o parque de iluminação pública de Buenos Aires seria substituído por LED.

Um motivo importante considerado foi a possibilidade de acesso remoto às grandezas elétricas da luminária LED, bem como a possibilidade de comandos e controle de intensidade luminosa.

A longa vida útil dos LED, especificada no projeto e no edital de licitação da obra em 60 mil horas (quase quinze anos), ultrapassa em muito o período de garantia exigido. As lâmpadas a multivapor metálico apresentam um tempo de serviço muito menor, não chegando aos cinco anos de vida.

A opção pela luz branca com Índice de Reprodução de Cor (IRC) de no mínimo 70 procurou propiciar a melhor percepção visual noturna aos usuários, com consequente aumento na sensação de segurança aos pedestres e melhor sensibilização das câmeras de segurança.

O projeto também considerou aspectos intangíveis, como a satisfação dos usuários pela alta qualidade dos serviços, pelo alto nível de iluminação, maior conforto visual e sensação de segurança, bem como a redução de reclamações por menor ocorrência de falhas.

Uma das características técnicas importantes assumidas foi a de eficiência luminosa de 85 lm/W para os LED.

No aspecto consumo de energia elétrica, o sistema antigo, com 3.200 luminárias, demandava uma potência de 937 kW, com potência média de 293 W por luminária. O novo sistema a LED, com 6.113 luminárias, demanda a pleno funcionamento 655kW, ou seja, 107 W por luminária. Isso significa que uma luminária LED apresenta uma economia de 63% em consumo de energia elétrica, comparada a uma luminária do antigo sistema. Considerando-se os dois sistemas integralmente, além do incremento da qualidade de iluminação, somente comparando o consumo de energia elétrica, o novo sistema apresenta uma economia de 30%. Na Tabela 15.1 são apresentados os comparativos considerados.

Tabela 15.1 – Comparativo de consumo entre a iluminação antiga e a de LED.

CARGA TOTAL DA ILUMINAÇÃO EXISTENTE (estudo inicial)												
Tipo	Potência		Qtde	Perdas				Potência		Potência		Perdas Rede 5%		Potência	
				Reator		Ignitor		por tipo		Total		Potência		Total	
	(un)		(un)	Potência		Potência		por tipo		Total		Potência		Total	
VS	400	w	320	46,0	w	3,0	w	449,00	w	143,68	kW	7,18	kW	150,86	kW
VS	250	w	2.240	37,0	w	3,0	w	290,00	w	649,60	kW	32,48	kW	682,08	kW
VS	150	w	480	26,0	w	2,0	w	178,00	w	85,44	kW	4,27	kW	89,71	kW
VS	70	w	160	15,0	w	0,6	w	85,60	w	13,70	kW	0,68	kW	14,38	kW
			3.200							892,42	kW	44,62	kW	937,04	kW

(continua)

A ILUMINAÇÃO PÚBLICA EM UM CAMPUS UNIVERSITÁRIO **581**

Tabela 15.1 – Comparativo de consumo entre a iluminação antiga e a de LED. *(continuação)*

CARGA TOTAL DA ILUMINAÇÃO PROJETADA (estudo inicial)											
Tipo	Potência	Qtde	Perdas		Potência	Potência		Perdas Rede 5%		Potência	
			Reator	Ignitor							
	(un)	(un)	Potência	Potência	por tipo	Total		Potência		Total	
LED	190	w	1.112			190,00	w	211,28	kW	10,56	kW	221,84	kW
LED	55	w	1.084			55,00	w	59,62	kW	2,98	kW	62,60	kW
LED	90	w	3.917			90,00	w	352,53	kW	17,63	kW	370,16	kW
			6.113					623,43	kW	31,17	kW	654,60	kW

Fonte: Prefeitura da Cidade Universitária Armando de Salles Oliveira (2012).

Considerou-se também a utilização de lâmpadas de multivapor metálico nos pontos em que foram projetadas luminárias no novo sistema. Nesse caso, a economia que o LED representava era de 46%, 1.207 kW contra 655 kW, como pode ser observado na Tabela 15.2.

Dessa maneira, considerados a tecnologia, os aspectos técnicos e econômicos, o projeto com lâmpadas LED mostrou-se o mais econômico e de melhor resultado para a USP.

Tabela 15.2 – Comparativo de consumo de lâmpadas de vapor multimetálico e LED.

CARGA TOTAL DA ILUMINAÇÃO PROJETADA - Multivapores Metálicos													
Tipo	Potência	Qtde	Perdas				Potência		Potência		Perdas Rede 5%		Potência	
			Reator		Ignitor									
	(un)	(un)	Potência		Potência		por tipo		Total		Potência		Total	
Vmet	150	w	3.917	26,0	w	2,0	w	178,00	w	697,23	kW	34,86	kW	732,09	kW
Vmet	250	w	1.112	37,0	w	3,0	w	290,00	w	322,48	kW	16,12	kW	338,60	kW
Vmet	100	w	1.084	18,0	w	2,0	w	120,00	w	130,08	kW	6,50	kW	136,58	kW
			6.113							1.149,79	kW	57,49	kW	1.207,28	kW

(continua)

Tabela 15.2 – Comparativo de consumo de lâmpadas de vapor multimetálico e LED. *(continuação)*

	CARGA TOTAL DA ILUMINAÇÃO PROJETADA - LED											
Tipo	Potência	Qtde	Perdas		Potência	Potência		Perdas Rede 5%		Potência	
			Reator	Ignitor							
	(un)	(un)	Potência	Potência	por tipo	Total		Potência		Total	
LED	190	w	1.112			190,00	w	211,28	kW	10,56	kW	221,84	kW
LED	55	w	1.084			55,00	w	59,62	kW	2,98	kW	62,60	kW
LED	90	w	3.917			90,00	w	352,53	kW	17,63	kW	370,16	kW
			6.113					623,43	kW	31,17	kW	654,60	kW

Fonte: Prefeitura da Cidade Universitária Armando de Salles Oliveira (2012).

A NOVA ILUMINAÇÃO PÚBLICA E A SUSTENTABILIDADE

Desde 1968, quando a Fazenda Butantã começou a ser ocupada pela Cidade Universitária, vem se materializando um plano, traçado em 1934, objetivando a construção de um espaço para acomodar uma universidade especial, a Universidade de São Paulo, nascida como resposta a um ideal constitucionalista que, fracassado na batalha campal, se impôs, posteriormente, pela vontade da sociedade brasileira.

Passado quase meio século, os ativos urbanos que foram sendo construídos ao longo desse período começam a dar sinais de final de vida útil.

Cabe a uma universidade, como paradigma social, cuidar de seus ativos e substituí-los a tempo e hora para que os serviços por eles prestados não se interrompam ou se degradem.

Em toda entidade em expansão, que tem permanentemente planos de crescimento, os recursos existentes são insuficientes para materializar tais planos. No entanto, em alguns momentos, por uma distinta visão administrativa, ou por uma situação financeira favorável, algumas obras de recuperação são realizadas no sentido de recuperar ativos já em final de vida.

Na verdade, seria desejável que cada ativo fosse controlado em seu tempo de vida e condições operacionais, de tal forma que a cada instante fosse possível saber quando será a data oportuna para receber uma revitalização e, paralelamente, pudesse ser feita uma provisão para que os recursos necessários fossem disponíveis naquela data.

Talvez esse seja um primeiro passo para a conquista da sustentabilidade de uma cidade, no caso, a Cidade Universitária. Esse passo estaria dentro do pilar de sustentabilidade "Cultura".

Como o novo sistema de iluminação inicia sua vida útil integralmente recuperado, e como os meios de gestão das luminárias já existem, congenitamente, há a oportunidade de prestigiar esse aspecto da sustentabilidade. Sob esse ponto de vista, e dadas as providências de garantia e manutenção contratadas, pode-se dizer que o sistema de iluminação a LED da Cidade Universitária é, culturalmente, sustentável.

Sob o aspecto "Social", um sistema de iluminação pública é intrinsecamente voltado ao atendimento da sociedade. Muitas vezes, na maioria das cidades, a abrangência desses sistemas não é plena, cobrindo somente parte das áreas habitadas ou utilizadas pela sociedade. No caso da Cidade Universitária, o projeto e a implantação do novo sistema de iluminação cobriu todas as áreas consideradas importantes de serem iluminadas, e foi além. Considerou a intensidade de iluminação adequada, e mesmo a não iluminação, para preservar aspectos econômicos e ambientais. Adicionalmente, os cuidados com a segurança dos usuários da Cidade Universitária, bem como com os trabalhadores que realizaram a implantação do novo sistema, foram levadas sob forte fiscalização. Como resultado, não foi registrado nenhum acidente de trabalho grave com trabalhadores, tampouco com frequentadores do campus. Portanto, pode-se dizer que o sistema de iluminação a LED da Cidade Universitária é, socialmente, sustentável.

Sob o aspecto "Econômico", é importante que todos os influentes de um sistema sejam considerados no cálculo de seu custo, no momento da escolha de opções técnicas e tecnológicas. No caso do sistema de iluminação a LED da Cidade Universitária, buscou-se considerar todos esses aspectos, indo até a valoração dos itens que compunham o antigo sistema de iluminação que, valorizados, fizeram parte da composição da oferta de valor apresentada pelos concorrentes. Nada se perdeu. Além disso, o cômputo não se restringiu à aquisição, mas englobou a manutenção e longevidade das partes críticas do sistema, que foram cobertos por garantia contratual. Portanto, pode-se dizer que o sistema de iluminação a LED da Cidade Universitária é economicamente sustentável.

Quando se fala em sustentabilidade, o aspecto que mais se sobressai é o "Ambiental". Nesse sentido os cuidados tomados com o projeto e implantação do novo sistema de iluminação da Cidade Universitária foram exaustivos. Iniciou-se pela avaliação das árvores cujos ramos estavam interferindo na iluminação projetada, uma vez que no antigo sistema o impacto arbóreo era contundente, pois as árvores foram plantadas sob as luminárias e, com o crescimento vegetal, passaram a se constituir em anteparos luminosos, projetando sombras sob as copas. Mas o cuidado foi além. Mesmo realizando o projeto de implantação, no momento da execução foram encontrados obstáculos ocultos, como raízes de árvores, que demandaram o ajuste do projeto, desviando o traçado de implantação de dutos e exigindo novas caixas de acoplamento de tubulações, tudo feito para a preservação dos indivíduos vegetais, de tal sorte que não foi registrado um óbito sequer de árvore em decorrência das atividades de abertura de valetas para a implantação de dutos de passagem. Tais preocupações oneraram a instalação, além do previsto, e o adicional necessário foi incorporado à obra.

Foi definido um programa de poda seletiva de galhos como forma de assegurar as condições de projeto luminotécnico, tudo feito com as necessárias autorizações ambientais e respeito ao acervo vegetal de 22 mil árvores da Cidade Universitária.

O impacto na vida da Cidade Universitária também foi considerado. Muitas travessias que impactariam a vida da cidade durante a fase de obras foram realizadas por método não destrutivo, com perfurações horizontais sob o leito carroçável, de tal modo a não gerar desconforto aos usuários durante a obra de instalação do novo sistema de iluminação. O ruído produzido pelas máquinas escavadeiras também foi considerado, de tal modo que não interferissem nas atividades acadêmicas.

No caso das baterias utilizadas nos postes com luminárias autoalimentadas, foi tomada a providência de se exigir o "selo verde", que assegura a compensação ambiental para cada bateria utilizada.

Dessa forma, pode-se dizer que o sistema de iluminação a LED da Cidade Universitária contribui destacadamente para a sustentabilidade do campus da USP na capital.

Assim, dentro do conceito de sustentabilidade mostrado na Figura 15.17, que agasalha vários aspectos subjetivos e de definição ainda em desenvolvimento, além de críticas e sugestões de melhorias em cada um dos aspectos aqui considerados, espera-se que seja possível contribuir para o aprimoramento das práticas e obtenção de melhores resultados em novos sistemas de iluminação que serão especificados e construídos a partir das experiências obtidas com o sistema de iluminação a LED da Cidade Universitária Armando de Salles Oliveira, da Universidade de São Paulo.

Figura 15.17 – Uma representação dos fatores influentes da sustentabilidade.

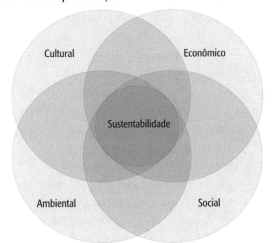

REFERÊNCIAS

BECERRA, J.L.R. *Aplicabilidade do Padrão de Processamento Distribuído e Aberto nos projetos de Sistemas Abertos de Automação*. São Paulo, 1998. Tese (Doutorado). Epusp.

CONESTOGA ROVERS & ASSOCIADOS ENGENHARIA S.A. *Lighting Masterplan - Universidade de São Paulo*. 2012.

PARTE III

Aspectos Sistêmicos

Capítulo 16
Nos Sistemas Elétricos
Lineu Belico dos Reis

Capítulo 17
Nos Transportes
Lineu Belico dos Reis

Capítulo 18
Na Indústria
Ricardo Ernesto Rose

Capítulo 19
Nas Cidades e Edificações
Carlos Leite e Rafael Tello

Capítulo 20
No Mundo da Urbanização
Gilda Collet Bruna e Adriana Silva Barbosa

Capítulo 21
Na Universalização do Acesso
Lineu Belico dos Reis e Eliane A. F. Amaral Fadigas

Nos Sistemas Elétricos | 16

Lineu Belico dos Reis
Engenheiro eletricista, Escola Politécnica da USP

INTRODUÇÃO

Neste capítulo, são enfocados os sistemas elétricos sob perspectivas relacionadas à sustentabilidade, apresentando inicialmente as características gerais da indústria de energia elétrica e de seu suprimento.

Em seguida, apresentam-se os aspectos tecnológicos, ambientais e sociais mais relevantes dos três componentes da cadeia de suprimento: geração, transmissão e distribuição.

A geração distribuída, que envolve geração de pequeno porte conectada diretamente aos sistemas de distribuição, é, então, abordada com ênfase na sua importância na eficiência energética, na maior utilização de fontes renováveis e no aumento de flexibilidade e confiabilidade do sistema elétrico.

Em seguida, são enfocados os sistemas de armazenamento, cuja evolução recente tem ocorrido com alta velocidade, proporcionando perspectivas de grandes modificações nas configurações e características do sistema elétrico.

A partir daí, são abordadas as tecnologias e procedimentos disponíveis para aperfeiçoamento e modernização da transmissão e distribuição, caminhando-se para o item final, voltado à apresentação dos aspectos mais importantes relacionados aos sistemas elétricos e energéticos do futuro, as redes inteligentes.

Nesse contexto, o capítulo foi organizado contendo os seguintes itens principais:

- A indústria da energia elétrica.
- O suprimento de energia elétrica.
- Geração de energia elétrica.
- Transmissão e distribuição de energia elétrica.
- A transmissão de energia elétrica.
- A distribuição de energia elétrica.
- Geração distribuída.
- Sistemas de armazenamento.
- Tecnologias e procedimentos para aperfeiçoamento e modernização da transmissão e distribuição e sua aplicação ao sistema elétrico brasileiro.
- Sistemas elétricos e energéticos do futuro: redes inteligentes.

A INDÚSTRIA DA ENERGIA ELÉTRICA

Um dos componentes mais importantes do setor energético é a indústria da energia elétrica, cuja cadeia é formada pelas empresas responsáveis pela geração, transmissão, distribuição e consumo de energia.

O consumo, que extrapola os limites da indústria da energia elétrica propriamente dita, não será assunto específico deste capítulo, embora apresente diversos aspectos de inter-relação e integração com os atores do setor de energia elétrica, como as ações e os projetos voltados aos usos finais da eletricidade e à conservação de energia: o programa de pesquisa e desenvolvimento (P&D), obrigatório nas empresas de acordo com as regras estabelecidas para o setor elétrico e submetido à aprovação e monitoração pela Agência Nacional de Energia Elétrica (Aneel), a eficiência energética pelo lado do consumo e as ações do Programa de Conservação de Energia Elétrica (Procel), de divulgação educativa, certificação e etiquetagem de equipamentos eficientes. Ações na área do consumo envolvem ainda, entre outros atores, os fabricantes, os consumidores em geral, os órgãos reguladores e os de defesa do consumidor. Em seu contexto geral, o setor de consumo apresenta uma complexidade muito maior que a indústria de energia elétrica propriamente dita e também tem um papel preponderante na construção do desenvolvimento sustentável, principalmente por meio de ações relacionadas, por exemplo, com combate ao desperdício, uso racional da energia, políticas de eficiência energética, políticas industriais setoriais e regulação específica orientada à sustentabilidade.

Desse modo, a cadeia da indústria da energia elétrica, abordada especificamente neste capítulo, engloba geração, transmissão e distribuição, cujas características básicas são apresentadas a seguir, assim como uma visão simplificada dos principais impactos ambientais associados.

É importante ressaltar que os impactos socioambientais da indústria de energia elétrica aqui enfocada relacionam-se principalmente com o denominado período de vida útil dos projetos. Um enfoque ideal ainda bastante distante da realidade, mesmo em âmbito global, consideraria análises de ciclo de vida não apenas do projeto em si, mas de todos os seus componentes. Algumas empresas do setor elétrico brasileiro, com visão mais avançada, têm caminhado nessa direção, em geral de forma fragmentada. Por exemplo, há empresas cada vez mais preocupadas com o desmonte dos projetos, do término de sua vida útil (ou da vida útil de seus componentes), que configura uma etapa importante da análise do ciclo de vida.

Deve ser enfatizada também a importância da gestão social e ambiental dos projetos durante sua vida útil, ou seja, no contexto da operação, embutindo todos os processos de manutenção. Nesse sentido, a grande maioria dos aspectos socioambientais abordados neste capítulo faz parte das responsabilidades e do dia a dia da empresa, envolvendo posturas adequadas e proativas de todos os funcionários, sejam eles da própria empresa ou terceirizados. Nesse contexto, a informação e sensibilização adequadas são da maior importância, devendo a inserção socioambiental da empresa de energia elétrica fazer parte fundamental da política de capacitação e treinamento do pessoal interno, dos prestadores de serviço e dos usuários e consumidores. Tal sensibilização, para o setor energético e em seu âmbito, para o setor elétrico como um todo, é de fundamental importância para a construção da sustentabilidade. Isso porque a gestão e o gerenciamento corretos da operação (embutida nela a manutenção) não têm conseguido o tratamento prioritário que merecem, como os fatos não param de demonstrar (com diversos desligamentos de grande porte da rede e os apagões acontecendo em função de problemas operacionais), o que, na verdade, tem forte relação com a falta de estratégias de longo prazo e com uma cultura nacional de descaso com a manutenção, praticamente generalizada em todos os setores da vida nacional.

Cada componente da cadeia da indústria de energia elétrica tem características organizacionais, técnicas, econômicas e de inserção socioambiental específicas, que serão enfocadas separadamente ao longo deste capítulo.

O SUPRIMENTO DE ENERGIA ELÉTRICA

Conforme apontado anteriormente, a área de suprimento de energia elétrica compreende a geração, a transmissão e a distribuição. A Figura 16.1 apresenta um mapa com os principais componentes do sistema elétrico brasileiro, incluindo a geração, a transmissão e parte da distribuição, devendo-se ressaltar que não inclui os sistemas isolados, não conectados à rede, e que são característicos da região amazônica.

Figura 16.1 – Diagrama do sistema elétrico brasileiro, apresentando o Sistema Interligado Nacional (SIN).

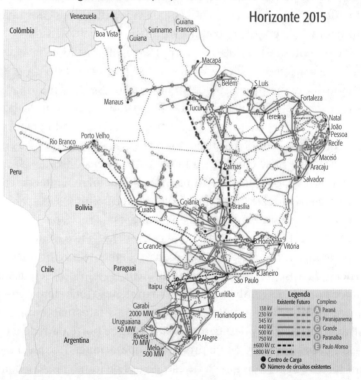

Fonte: ONS (2015).

A área de geração preocupa-se especificamente com o processo da produção de energia elétrica por meio de uso de diversas tecnologias e fontes primárias. Existe uma grande gama de opções para geração de eletricidade, cada uma delas com características bem distintas quanto a dimensionamento, custos e tecnologia.

As fontes primárias, associadas aos recursos naturais utilizados nas transformações para produzir energia elétrica, podem ser renováveis ou não renováveis. Fontes renováveis são mais adequadas a um modelo de desenvolvimento sustentável global, conforme visto.

Nesse contexto, assentado nas características globais com ênfase nos problemas relacionados com emissões atmosféricas, e com referência apenas à energia elétrica, o Brasil poderia ser considerado um exemplo, se não ocorressem sérios problemas sociais e ambientais, associados às grandes hidrelétricas (que são atualmente responsáveis por algo em torno de 90% da geração de energia elétrica no país), dentre os quais podem ser citados o alagamento de terras férteis, afundamento de cidades e deslocamento de populações, impactos biológicos e geológicos negativos, afundamento de sítios históricos, ecológicos e belezas naturais.

A geração termelétrica (em fase de expansão no país) apresenta problemas gerais associados à emissão de poluentes atmosféricos, à baixa eficiência energética e ao considerável consumo de água na condensação (dependendo da tecnologia utilizada). A geração por meio das denominadas novas fontes renováveis, das quais se destacam as usinas eólicas e as usinas solares fotovoltaicas, encontra-se em fase ainda inicial de aplicação. Com significativa aceleração no caso da energia eólica, por motivos, sobretudo, econômicos. O país ainda está em fase de incentivo a projetos pilotos e instalações de grande porte (leilões específicos), no caso da energia solar, cujos custos têm se mostrado decrescentes em termos globais.

A geração ou produção de energia elétrica compreende todo o processo de transformação de fonte (recurso natural) primária de energia em eletricidade (forma secundária da energia) e é responsável por uma parte bastante significativa dos impactos ambientais, sociais, econômicos e culturais dos sistemas de energia elétrica. Para ilustrar o impacto ambiental negativo de projetos de geração de energia elétrica em âmbito global, basta lembrar sua grande participação na produção mundial dos "gases estufa". No Brasil, como já comentado, a maior parcela da geração é efetuada por grandes hidrelétricas, o que torna o país diferenciado nesse cenário das emissões atmosféricas, mas não o redime ambiental e socialmente, por causa dos sérios problemas associados aos reservatórios desses tipos de usinas, os quais, além disso, também têm sua participação na emissão de "gases estufa" (metano, no caso).

O transporte da energia elétrica produzida pelas usinas geradoras até os pontos de consumo é efetuado por dois componentes básicos, a transmissão (que, no caso dos sistemas interligados, é denominada rede básica), com tensões iguais ou maiores que 230 kV, e a distribuição, com tensões abaixo de 230 kV.

A transmissão está normalmente associada ao transporte de blocos significativos de energia a distâncias razoavelmente longas. Pode ser caracterizada de uma forma bem grosseira, mas elucidativa, pelas linhas de transmissão formadas por torres de grande porte e condutores de grande diâmetro, cruzando longas distâncias desde o ponto de geração até os pontos específicos próximos aos grandes centros de consumo da energia elétrica.

A Figura 16.2 apresenta componentes de uma linha de transmissão CA (em corrente alternada) de 440 kV.

Figura 16.2 – Componentes de uma linha de transmissão CA de 440 kV.

Fonte: Reis (2012).

Do ponto de vista socioambiental, a transmissão apresenta, entre outros, problemas relacionados com segurança, interferência de campos elétricos e magnéticos (muitos deles com solução embutida nas próprias práticas de projeto), convivência com a vegetação nas áreas distantes dos grandes centros e com a população (além da vegetação) nos grandes centros, convivência com movimentos comunitários estabelecidos em torno da questão da posse de terras, convivência com práticas agrícolas não saudáveis (queimadas, por exemplo) e pressões associadas às pequenas comunidades localizadas próximas às grandes linhas, mas sem acesso à energia elétrica.

A partir dos pontos limites da transmissão, desenvolvem-se os sistemas atualmente englobados na distribuição.

A distribuição está associada ao transporte da energia no varejo, ou seja, do ponto de chegada da transmissão até cada consumidor individualizado, seja ele residencial, industrial ou comercial, urbano ou rural. Os sistemas de distribuição apresentam, de modo geral, problemas socioambientais similares aos de transmissão, estando as principais diferenças relacionadas com as dimensões das populações envolvidas e a necessidade de convivência com as áreas densamente povoadas e construídas das megalópoles e grandes cidades. Nesse contexto, a distribuição nas áreas rurais e nos municípios de pequeno porte apresenta características totalmente diferentes da distribuição nas áreas densamente povoadas. Nestas, ressaltam-se problemas até mesmo relacionados com a dificuldade de execução de qualquer tipo de trabalho, seja de construção ou de manutenção (principalmente em casos emergenciais, como tempestades, enchentes etc.), por causa, sobretudo, do tráfego e da movimentação humana ao redor. No caso específico das linhas subterrâneas (mais caras, mas, muitas vezes, economicamente justificáveis nos grandes centros em razão dos diversos problemas de convivência urbana), os problemas são acrescidos pelo desconhecimento do que existe sob a terra no local de trabalho: dutos de água e esgotos, telefonia etc. Mesmo problemas associados à convivência com a vegetação podem ser mais críticos nos grandes centros, nos quais a poda de árvores apresenta complicadores muitas vezes não encontrados nas pequenas cidades e áreas rurais. Além disso, nos grandes centros, o impacto econômico, tanto na transmissão como na distribuição, do custo das áreas necessárias para a construção das subestações e também das linhas pode ser decisório no que se refere à tecnologia utilizada, especialmente àquela pertinente a sistemas subterrâneos.

Cada uma dessas áreas do suprimento é abordada a seguir, com ênfase nos aspectos tecnológicos e socioambientais.

GERAÇÃO DE ENERGIA ELÉTRICA

Análises específicas das diversas formas de produção de energia foram apresentadas anteriormente neste livro, em sua Parte II: "Aspectos Tecnológicos e Socioambientais". Os capítulos contidos na referida parte do livro enfocaram: energia de combustíveis fósseis e captura e armazenamento de CO_2; energia nuclear; biomassa e bioenergia; energia hídrica; energia eólica; energia solar e outras tecnologias energéticas, de forma bastante detalhada, enfatizando principalmente os aspectos tecnológicos e socioambientais.

Assim, no que concerne à geração, apresenta-se aqui apenas um cenário sucinto, considerado suficiente para o entendimento do restante do capítulo, remetendo-se à Parte II do livro e às referências deste capítulo para maior detalhamento.

Aspectos Tecnológicos

Os principais processos de transformação utilizados para a geração de eletricidade são:

- Transformação de energia mecânica em elétrica por meio do uso de turbinas hidráulicas (movimentadas por quedas-d'água e marés) e turbinas eólicas, evoluções tecnológicas dos antigos cata-ventos (movidos pelo vento) para acionar geradores elétricos.

- Transformação direta da energia solar em elétrica por meio de células fotovoltaicas.

- Transformação de energia térmica, produzida por combustão (da energia química), fissão nuclear, energia geotérmica ou pelo Sol, em energia mecânica pela utilização de máquinas térmicas (turbinas e motores) que acionarão geradores elétricos.

- Transformação da energia produzida por reações químicas, como no caso das células a combustível (associadas ao ciclo do hidrogênio).

Conforme já visto, as fontes primárias usadas para a produção da energia elétrica podem ser classificadas em não renováveis e renováveis.

As fontes não renováveis compreendem os combustíveis derivados do petróleo, o carvão mineral, os combustíveis radioativos (urânio, tório, plutônio etc.) e o gás natural. A utilização atual dessas fontes para produzir eletricidade ocorre principalmente a partir da transformação da fonte primária em energia térmica, por exemplo, por meio de combustão e fissão. A geração elétrica obtida por esse meio é conhecida como geração termelétrica.

As fontes renováveis compreendem a energia hídrica, a energia eólica, a energia solar, a energia baseada no uso do hidrogênio, a energia geotérmica e a biomassa: cana-de-açúcar, florestas energéticas e resíduos animais, humanos e industriais. A maioria dessas fontes apresenta características fortemente dependentes das condições climáticas, que devem ser devidamente consideradas em seu dimensionamento e operação, por meio de sistemas específicos de armazenamento ou por complementação efetuada por outras formas de geração elétrica. Essas fontes podem ser usadas para produzir eletricidade, principalmente, por meio de usinas hidrelétricas (água), eólicas (vento), solares fotovoltaicas (sol, diretamente) e centrais termelétricas (biomassa renovável e sol, indiretamente, produzindo vapor e centrais geotérmicas).

No contexto das fontes renováveis, as usinas hidrelétricas e a produção de energia a partir da biomassa apresentam um passado histórico bem significativo, assim como a utilização da energia eólica para fins energéticos diferentes da energia elétrica. Isso originou formas diferentes para classificar as outras fontes renováveis que produzem energia elétrica, como eólica e solar, que são denominadas novas fontes renováveis ou fontes alternativas, por diversos especialistas e autores.

Mundialmente, os meios de suprimento de energia elétrica, praticados em larga escala nas últimas décadas, utilizam fontes primárias não renováveis, entre as quais predominam o carvão mineral, o combustível nuclear, os derivados do petróleo e o gás natural. A baixa eficiência da utilização desses combustíveis para gerar eletricidade, aliada aos problemas de caráter ambiental, tem resultado em um interesse crescente pela utilização de fontes renováveis. Uma grande barreira à introdução maciça delas, no entanto, é a ênfase nos aspectos econômicos em detrimento dos ambientais, uma vez que a maioria dos combustíveis não renováveis ainda apresenta baixos custos, certamente pela não incorporação dos custos e benefícios das externalidades negativas dessa prática (ambientais e sociais) nas análises de viabilidade. Mesmo quando os aspectos ambientais são levados em conta, tecnologias renováveis ficam dependendo da existência, abrangência e, finalmente, da efetiva aplicação da legislação ambiental.

Nesse aspecto, podem-se encontrar grandes diferenças entre as realidades dos países desenvolvidos e não desenvolvidos — e também entre os próprios países não desenvolvidos. Mesmo aqueles que têm legislação ambiental adequada (que certamente não são maioria) encontram grandes empecilhos para fazer cumprir a legislação, por causa das pressões que ocorrem em um cenário abrangente, no qual convivem aspectos econômicos, culturais, sociais e até mesmo antidemocráticos.

No contexto da predominância vigente dos aspectos econômicos, as novas tecnologias renováveis, apesar de apresentarem grande desenvolvimento tecnológico e contínuo declínio nos seus custos, além de terem se mostrado uma importante prática para reduzir a dependência de combustíveis importados, ainda não alcançaram um patamar capaz de competir globalmente com as tecnologias de fontes não renováveis, que já estão bem maduras. Na situação atual, no entanto, as vantagens das novas tecnologias à base de fontes renováveis tornam-nas bastante atrativas, na maioria dos casos, para o desenvolvimento de fontes de suprimento descentralizadas e em pequena escala, fundamental para a busca do desenvolvimento sustentável, tanto para os países desenvolvidos como para os que estão em desenvolvimento. Nesse contexto, destacam-se as centrais que utilizam fontes renováveis locais, que não requerem alta tecnologia para instalação ou técnicos especializados para sua operação. Essas tecnologias mostram-se, particularmente adequadas para países em desenvolvimento, ao mesmo tempo em que se tornam possibilidades bem atraentes para muitos países desenvolvidos que utilizam indústria leve e apresentam baixo índice de poluição.

De qualquer forma, os grandes progressos técnicos das alternativas de geração de energia elétrica a partir de fonte renovável, obtidos durante os últimos anos, largamente impulsionados pelo desenvolvimento da eletrônica, da biotecnologia e da tecnologia de materiais, têm aumentado o uso desse tipo de geração e permitido a identificação de nichos de aplicação, mesmo que outros aspectos, além dos econômicos, não tenham grande impacto nos procedimentos decisórios. A gaseificação da biomassa é uma dessas tecnologias que poderão prover eletricidade a custo comparável com a que é produzida por usinas a carvão. A geração eólica de eletricidade está crescendo rapidamente a custo baixo e mostra-se como melhor opção econômica em locais específicos. As usinas hidrelétricas de micro, míni e pequeno porte (Pequenas Centrais Hidrelétricas – PCH) são uma boa opção, economicamente viável e ambientalmente aceitável, para muitas regiões, em diversos países. O custo dos módulos fotovoltaicos tem decrescido significativamente nos últimos anos em razão do progresso tecnológico e da experiência de campo, o que tem garantido sua viabilização em diversos projetos e aplicações. Outras soluções são economicamente viáveis para pequenas comunidades, como a utilização do gás proveniente de lixo e resíduos agrícolas e industriais.

A produção de energia renovável pode prover desenvolvimento econômico e oportunidades de emprego, especialmente em áreas rurais. As fontes renováveis, no âmbito de um modelo sustentável, poderão ajudar a reduzir a miséria nessas regiões e aliviar as pressões sociais e econômicas que conduzem à migração urbana.

Finalmente, com relação à geração, é importante comentar sobre a distinção que se faz atualmente entre a geração de maior porte, em geral conectada aos sistemas de transmissão, e a de pequeno porte, conectada aos sistemas de distribuição. Este último tipo de geração, que tem sido referenciado na literatura do setor elétrico como geração distribuída (ou geração embutida, menos frequentemente), tem um tratamento diferenciado, como será apontado ao longo deste capítulo.

Geração de energia elétrica e a questão ambiental

A geração de energia elétrica apresenta um amplo leque de alternativas, cada uma com características próprias. Além das diferenças associadas com características específicas dos locais dos projetos, deve ser considerada a grande variedade de alternativas de geração, compreendendo hidrelétricas, termelétricas, solares, eólicas, células a combustível, energia geotérmica, aproveitamento de energia oceânica e, em médio e longo prazos, outras tecnologias em desenvolvimento, como os sistemas de armazenamento e a fusão nuclear.

Além disso, cada alternativa também apresenta grande diversidade, como no caso das grandes e médias hidrelétricas e as PCH (com potência de até 30 MW), míni (até 1 MW) e microusinas (até 100 kW). Ou, no caso das termelétricas, que também apresentam diferentes tecnologias e uma variedade de opções de combustíveis, fósseis e renováveis.

Centrais solares e eólicas, assim como as demais, apresentam suas características específicas.

Deve-se ressaltar um aspecto importante da análise efetuada tanto aqui como na Parte II do livro: ela enfoca apenas as usinas geradoras que, na realidade, são somente um elo em cadeias muito mais amplas, que vão desde a captura dos recursos naturais até a disposição final dos próprios componentes das usinas. Qualquer avaliação mais simples de ciclo de vida, relacionada com cada tipo de usina, permite que se reconheça uma série de componentes adicionais com significativos desafios ambientais, como: mineração, exploração de petróleo e gás, gasodutos e oleodutos, fabricação de células fotovoltaicas e de outros equipamentos das usinas e desmantelamento de unidades, entre outros aspectos que deveriam fazer parte de uma avaliação integrada, refletindo-se como custos e benefícios sociais e ambientais em análise orientada pela sustentabilidade.

TRANSMISSÃO E DISTRIBUIÇÃO DE ENERGIA ELÉTRICA

A energia elétrica, da geração até o consumidor, realiza um percurso que pode envolver os sistemas de transmissão e de distribuição. A necessidade da transmissão de energia elétrica ocorre por razões técnicas e econômicas e está associada a várias características que incluem desde a localização da fonte de energia primária até o custo da energia elétrica nos locais de consumo.

A transmissão está associada, em geral, às centrais de geração distantes dos centros de consumo em virtude de sua própria natureza (como no caso de usinas hidrelétricas, que dependem de grandes desníveis em rios, e de usinas termelétricas a carvão mineral, nas quais, em geral, é mais econômico gerar energia elétrica em local próximo à mina), e/ou de um fator associado à economia de escala (como no caso de grandes usinas termelétricas, nas quais o porte da usina pode implicar a necessidade de localização menos privilegiada em relação à carga).

As características básicas dos sistemas de transmissão, dos pontos de vista técnico e tecnológico, estão vinculadas às características da energia elétrica gerada, usualmente, por meio de geradores elétricos em corrente alternada operando na frequência nominal da rede elétrica (50 ou 60 Hz, sendo esta última a frequência do sistema brasileiro). Esses geradores são muito mais robustos e baratos que os de corrente contínua, o que privilegia a geração por corrente alternada. Outra família de geradores, também de corrente alternada, tem sido constantemente aprimorada e usada em algumas aplicações. Trata-se dos geradores assíncronos a partir de máquinas de indução, visualizados para aplicações de pequeno porte. Entretanto, a grande maioria dos geradores em uso são máquinas síncronas, e a tensão nominal de geração varia, dependendo do porte da máquina, desde algumas centenas de volts até 20 a 25 kV.

Transmitir grandes quantidades de energia nesse reduzido nível de tensão não é econômico à luz da atual tecnologia, pois a necessidade de reduzir as perdas de potência elétrica inerentes ao processo de transmissão implicará a necessidade de condutores com bitolas (diâmetros) inimagináveis. Por esse motivo, junto às usinas, subestações elevadoras transformam a tensão para o nível adequado, o qual depende principalmente do montante de potência a transportar e da distância envolvida. Após percorrer a transmissão, na proximidade dos locais de consumo, subestações transformadoras rebaixam o nível de tensão para um valor intermediário a fim de que ela seja repartida entre vários locais. Esse nível intermediário configura a tensão superior da distribuição, de 230 kV.

São tensões típicas de transmissão no Brasil os níveis em alta tensão (AT) 230 kV e em extra-alta tensão (EAT) 345 kV, 440 kV, 500 kV e 765 kV (800 kV). Estudos efetuados para a transmissão de grandes blocos de energia a distâncias muito longas (mais de 1.800 km, para trazer energia da região Norte para a Sudeste) chegaram a considerar o uso dos níveis em ultra-alta-tensão (UAT) 1.000 kV e 1.200 kV.

Esses valores das tensões, medidas em kV (quilovolts), são consistentes com normas internacionais e nacionais, as quais se aplicam a toda a indústria da energia elétrica, assim como as indústrias associadas e fornecedoras de equipamentos e componentes.

Outro nível de tensão que pode ser encontrado no Brasil está associado a um tipo diferente de transmissão, a denominada corrente contínua em alta-tensão (CCAT) ou *high voltage direct current* (HVDC). Essa tecnologia torna-se competitiva com relação às tecnologias em corrente alternada para algumas situações específicas: transmissão subterrânea ou submarina, transmissão a distâncias muito longas, interligação de sistemas com frequências diferentes ou com necessidade de rápido controle do fluxo de energia etc.

No Brasil, a tecnologia CCAT tem aplicação no sistema de transmissão de Itaipu, conectando ao sistema sudeste na região de São Paulo (na subestação de Ibiúna) as máquinas da usina de Itaipu pertencentes ao Paraguai (onde a frequência é 50 Hz), perfazendo uma capacidade de transmissão contínua de 7.000 MW (os outros 7.000 MW correspondem às máquinas brasileiras – 60 Hz – e são transmitidos em corrente alternada em 800 kV). Essa mesma tecnologia CCAT é utilizada na transmissão da geração das usinas do Rio Madeira (Santo Antônio, com 3.150 MW e Jirau, com 3.750 MW, num total de 6.900 MW), próximas a Porto Velho, em Rondônia, até Araraquara, no estado de São Paulo, a cerca de 2.400 km. Essas aplicações são efetuadas em ± 600 kV, que foi a maior tensão operativa da CCAT no mundo até alguns anos atrás, quando sistemas CCAT em níveis superiores (± 800 kV) entraram em operação e/ou têm sido planejados e construídos em diversos países, como China, Índia, países da África e no próprio Brasil, onde será utilizada na transmissão da geração de Belo Monte, na Amazônia, até próximo a Belo Horizonte. Deve-se ressaltar que a transmissão CCAT de Itaipu utiliza uma das grandes vantagens dessa tecnologia, que é permitir a interligação de sistemas com frequências diferentes: o sistema paraguaio (assim como as máquinas paraguaias de Itaipu), com frequência de 50 Hz (frequência utilizada na Europa e na maioria dos países da América do Sul, mas não no Brasil), e o sistema brasileiro, que opera em 60 Hz (frequência também utilizada na América do Norte).

Visualmente, a transmissão pode ser caracterizada pelas torres que ressaltam ao longo de estradas e paisagens do interior do país, servindo como suporte a blocos de condutores elétricos, em geral três, correspondendo aos sistemas trifásicos de corrente alternada, utilizados como padrão básico em todo o mundo. Também são encontrados alguns tipos de torres suportando seis blocos de condutores, três de cada lado, correspondendo a um circuito trifásico duplo. Estes são mais comuns nos sistemas de repartição da energia, mais próximos aos centros de consumo, transportando blocos menores de energia e, em geral, já pertencendo aos sistemas de distribuição. O outro tipo de sistema de transmissão CCAT caracteriza-se por torres suportando apenas dois blocos de condutores, correspondentes respectivamente ao polo positivo e ao negativo.

A Figura 16.3 apresenta silhuetas típicas de linhas de transmissão CA e CC, ilustrando a diferença relacionada ao número de condutores e às características das torres.

A Figura 16.4 ilustra diversos componentes da cadeia da indústria de energia elétrica, apresentando o que é chamado de diagrama unifilar de parte de um sistema elétrico de potência. Nesse diagrama, são representadas duas centrais (usinas) geradoras (X e Y) e duas grandes macrorregiões de consumo (M e N). A transmissão é representada pelas linhas entre duas barras (que representam as subestações), as subestações de elevação (TE)

NOS SISTEMAS ELÉTRICOS | **603**

Figura 16.3 – Silhuetas de torres de linhas de transmissão CA (a) e CC (b).

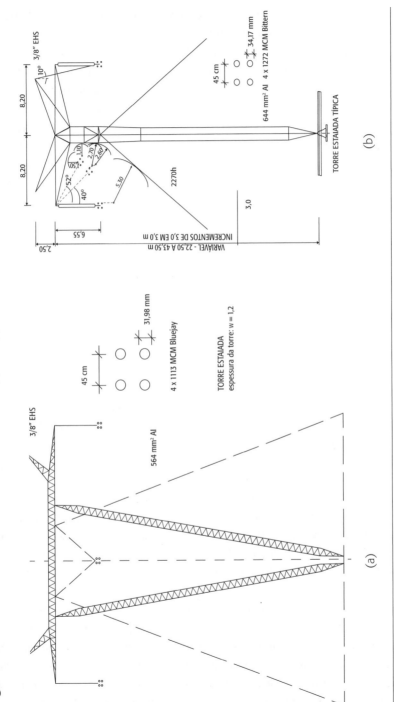

Fonte: Reis (2012).

e abaixamento (TA) de tensão são representadas pelos símbolos de transformadores, e não se representa o sistema de distribuição (D), cujo impacto na transmissão é representado pelo símbolo de uma carga elétrica (flecha). As quatro cargas elétricas na macrorregião N podem corresponder, por exemplo, a quatro cidades diferentes. A figura permite distinguir também outra função executada pelas linhas (em geral de transmissão) no sistema elétrico, que é a de interconexão de sistemas independentes (LI). A função interconexão é executada por linhas de transmissão que não visam apenas suprir diretamente a carga, mas interligar duas regiões a fim de aumentar a confiabilidade elétrica e energética ou a melhora do desempenho operacional.

Figura 16.4 – Diagrama unifilar de sistema de transmissão.

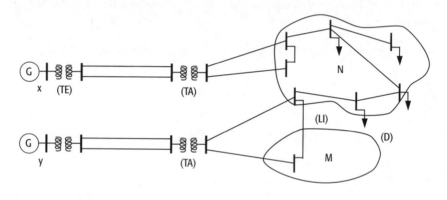

Fonte: Reis (2012).

Antes de chegar aos locais de consumo, a não ser em casos muito especiais de grandes consumidores em alta-tensão, alimentados diretamente pela transmissão, a energia elétrica passa pelo estágio da distribuição. A distribuição engloba os níveis de tensão, desde 230 kV e abaixo, sendo reduzidos até os níveis de distribuição propriamente ditos, que compreendem os circuitos alimentadores dos consumidores residenciais e comerciais/industriais de pequeno porte (rede primária). São tensões típicas de repartição no Brasil os níveis 34,5 kV, 69 kV, 88 kV e 138 kV. Subestações de distribuição reduzem a tensão do nível de repartição para que a energia possa chegar próximo às casas e para permitir o seu uso. As tensões de distribuição vão de 3 a 25 kV (mais usualmente 13,8 kV e 23 kV no Brasil) na rede primária e de 110 a 380 V na rede secundária, à qual estão conectadas as residências.

Em resumo, as linhas, as subestações e os circuitos nos sistemas elétricos podem desempenhar as seguintes funções:

- Transmissão: interliga a geração aos centros de carga.
- Interconexão: transmissão que efetua a interligação entre sistemas independentes.
- Distribuição: rede que interliga a transmissão aos pontos de consumo.

As áreas de transmissão e distribuição apresentam características bem específicas, que afetam seu projeto, gestão e operação de formas bastante diferenciadas.

De uma forma geral, é possível caracterizar os sistemas de transmissão por:

- Altos níveis de tensão (no modelo atual da rede básica, acima de ou igual a 230 kV).
- Gerenciamento de grandes blocos de energia.
- Distância de transporte da ordem de centenas de quilômetros (normalmente acima de 100 km, no caso do Brasil).
- Sistemas com várias malhas, interligando blocos de geração (usinas) a regiões de consumo de grande porte (carga elétrica agregada) nos finais ou em pontos bem determinados das linhas, ou sistemas radiais, conectando usinas isoladas de grande porte às regiões de consumo ou interconectando sistemas independentes.

Por sua vez, os sistemas de distribuição apresentam:

- Baixos níveis de tensão (iguais a ou abaixo de 138 kV no novo modelo).
- Gerenciamento de menores blocos de energia.
- Menores distâncias de transporte.
- Sistema predominantemente radial em condições normais, podendo haver malhas para atendimento em emergência, em que cada ramal alimenta um grande número de cargas.

Com base nessas ponderações, descrevem-se a seguir a transmissão e a distribuição de energia elétrica.

A transmissão de energia elétrica

Uma função importante das redes de transmissão é a interligação de sistemas independentes aos subsistemas. Essa função, que permite a operação interligada do sistema elétrico brasileiro, apresenta grandes vantagens ao dimensionamento desse sistema.

Torna possível o melhor uso das fontes de geração, pois a rede de transmissão pode ser usada como uma espécie de "circuito hidráulico", permitindo que água seja guardada em certos reservatórios, à custa de esvaziamento de outros, de forma a tirar o melhor partido da diversidade hidrológica sazonal das bacias hidrográficas do país. Isso provoca a redução do custo, o aumento da flexibilidade operativa e da confiabilidade de suprimento e a redução do porte de dimensionamento do sistema, além de permitir a obtenção de vantagem de melhor gerenciamento da grande diversidade do uso da energia elétrica nos diversos segmentos de consumo. Por essa razão, os sistemas de transmissão começaram a interligar-se há muitas décadas e, hoje, são poucas as regiões desenvolvidas que não fazem parte de sistemas regionais nacionais, ou mesmo transnacionais, que operam interligados.

Na Figura 16.1, do início deste capítulo, que apresenta mapa com diagrama simplificado do grande sistema interligado brasileiro, podem ser identificadas as referidas interligações, os subsistemas Norte (N) e Nordeste (NE) e outro no Sul (S), Sudeste (SE) e Centro-Oeste (CO).

A principal desvantagem da interligação de diferentes sistemas é a necessidade de uma operação segura do ponto de vista da estabilidade entre geradores, ou seja, um distúrbio em um local pode provocar o desligamento de outros geradores em locais mais distantes (efeito dominó), agravando substancialmente o defeito. Mas isso pode ser superado tecnicamente de diversas maneiras, como: dimensionamento adequado do sistema para os defeitos mais frequentes, melhoria do sistema de proteção com a adoção de atuações protetivas que isolam a área defeituosa e introdução de técnicas modernas de gestão de confiabilidade.

Outra possível desvantagem das interligações é o aumento dos níveis de corrente de curto-circuito, que pode ocasionar a necessidade do uso de equipamentos mais dispendiosos nas subestações novas e/ou troca de equipamentos em subestações já existentes. O aumento dos níveis de curto-circuito, por sua vez, também ocasiona efeitos vantajosos, como a melhoria do desempenho do sistema diante de perturbações do tipo: injeção de correntes harmônicas, variações da tensão decorrentes de manobras de cargas ou equipamentos elétricos etc.

Ambos os aspectos apontados configuram vantagens da transmissão CCAT, que apresenta, em geral, melhor desempenho transitório, maior confiabilidade e não afeta níveis de curto-circuito.

O planejamento e a operação da transmissão apresentam uma gama extensa de interação socioambiental. Como adiantado no início deste capítulo, diversos aspectos sociais e ambientais, relacionados principalmente com a segurança e a confiabilidade, estão embutidos nas práticas do projeto. Outros aspectos de grande importância relacionam-se com os impactos ao longo do roteiro seguido pela linha e pela localização das subestações: é imprescindível preocupar-se com áreas de proteção ambiental e áreas indígenas; existem dificuldades relacionadas com a convivência com as populações e a vegetação nas áreas sob as linhas (as denominadas faixas de passagem, em geral, não adquiridas pelas empresas de transmissão, mas cuja utilização é negociada com os proprietários); há os problemas associados às áreas das subestações, principalmente de convivência com as populações vizinhas (essas áreas, sim, são adquiridas pelas empresas de transmissão); existe o sério problema, no caso das linhas muito longas mais comuns nas regiões Norte, Nordeste e Centro-Oeste do país, da população não atendida por energia elétrica "embaixo do linhão", como se diz. Grandes diferenças entre essas questões existem entre as linhas de transmissão em áreas rurais e regiões do interior e aquelas dos grandes centros urbanos.

Aspectos socioambientais dos sistemas de transmissão

As linhas de transmissão causam impactos socioambientais também durante sua construção, além da fase de operação. Grandes linhas de transmissão, principalmente as associadas aos aproveitamentos de potenciais remanescentes de energia elétrica (região amazônica em especial), apresentam algumas questões bastante específicas. A necessidade da construção de subestações intermediárias ao longo das linhas interfere também nos contextos sociais e no meio ambiente local. Os primeiros problemas gerados pela implantação de linhas de transmissão começam com a sua construção e são principalmente:

- Desobstrução da faixa: desmatamento para início das obras.
- Escavações para as fundações.
- Montagem das estruturas: movimentação local.
- Implantação de um canteiro de obras.
- Abertura de estradas de acesso.

Todas essas atividades influem na vida da população local, que nem sempre é beneficiada pela energia transportada, sendo muito comum, no caso das linhas longas de alta-tensão, a existência de comunidades sem energia elétrica "bem embaixo do linhão", como se diz. Outra questão: o traçado da linha visa, economicamente, ao caminho mais curto; o que, muitas vezes, causa conflito com populações e meio ambiente. Com o fortalecimento da legislação ambiental, cada vez mais, os traçados das linhas têm sido alterados por causa das restrições associadas às áreas de preservação ambiental ou áreas indígenas. Outro fator importante no contexto da preservação ambiental é a construção de acessos para as obras e manutenção constante das linhas. Dessa maneira, fica facilitada a penetração populacional, que é um tipo de impacto indireto significativo. Essa consequência pode ser mais nociva para o meio ambiente que o próprio desmatamento necessário para a limpeza da faixa de segurança da linha de transmissão.

Há ainda outros efeitos elétricos e magnéticos que, geralmente, são considerados já durante os projetos das linhas, na forma de critérios que determinam valores e limites aceitáveis. Os principais são:

- Efeitos de campos elétricos e magnéticos: a existência desses campos pode causar indução de tensão e corrente em objetos metálicos. O projeto deve respeitar condições de segurança que garantam a ausência de perigo na manipulação desses objetos a uma distância segura da linha. A presença desses campos pode também produzir interações nocivas com organismos vivos muito expostos aos seus efeitos.

- Efeito corona: refere-se a fontes de interferência eletromagnética que causam problemas de recepção em aparelhos de rádio e televisão; o que pode ser bastante incômodo para os moradores da região afetada. Produz ruído audível, provocando sensação de insegurança, e formação de ozônio e óxido de nitrogênio, que, por sua vez, contribuem para a formação de chuva ácida.

- Transferências de potencial: como qualquer equipamento elétrico, as linhas de transmissão e subestações estão sujeitas à ocorrência de curtos-circuitos. Esse tipo de falta ocasiona elevações de potencial em locais próximos às torres de transmissão e subestações, ou seja, a corrente que flui para a terra no momento do curto-circuito atravessa o corpo humano, podendo ocasionar a morte do indivíduo. Esse efeito está relacionado à resistividade do solo, à distância da pessoa até o local da falta e ao dimensionamento do aterramento das torres de transmissão e subestações. O projeto das linhas e subestações deve considerar a segurança das pessoas que, por qualquer motivo, estejam próximas às unidades energizadas no momento do curto-circuito ou das descargas atmosféricas.

A distribuição de energia elétrica

A distribuição está associada ao transporte de energia no varejo, ou seja, do ponto de chegada da transmissão até cada consumidor individualizado, seja ele residencial, industrial, comercial, urbano ou rural. Os sistemas de distribuição gerenciam menores blocos de energia e percorrem menores distâncias quando comparados aos de transmissão.

O sistema de distribuição de energia elétrica é uma estrutura dinâmica constituída por geração de pequeno porte (a geração distribuída), linhas, subestações, redes de média e baixa tensão, o qual busca suprir as cargas, atendendo a requisitos técnicos e de qualidade em um determinado ambiente socioeconômico que o afeta e é influenciado por ele. No cenário atual do país, consideram-se tensões de distribuição aquelas abaixo dos 230 kV, tensão mínima da rede básica. Nesse contexto, desde a repartição com a transmissão até a entrada do consumidor, considerando os denominados sistemas de distribuição primária e secundária, podem ser encontrados os seguintes níveis de tensão: 138 kV, 69 kV, 34,5 kV, 23 kV e 13,8 kV. Geralmente, a distribuição é feita com uso de torres nas tensões mais altas e com a utilização de postes nas mais baixas, em geral, abaixo de 23 kV. A distribuição subterrânea utilizada em casos específicos apresenta custos maiores que a distribuição aérea.

A tensão mais utilizada para a distribuição urbana é de 13,8 kV, tensão transformada em 380V, 220V e 127 V, por exemplo, para a alimentação de residências, indústrias e comércio de pequeno porte.

O relacionamento da empresa com o consumidor e com o mercado caracteriza os condicionantes que determinam como a empresa deve comportar-se tecnicamente, tanto no que diz respeito aos investimentos na expansão como no que se refere ao atendimento dos atuais consumidores. A função comercialização trata da venda do produto ao consumidor, do atendimento técnico comercial (novas ligações e orientações quanto ao uso da energia elétrica) e da prospecção e projeção de mercado.

Aspectos socioambientais dos sistemas de distribuição

Geralmente, os sistemas de distribuição apresentam problemas socioambientais similares aos de transmissão, sendo as principais diferenças relacionadas com as dimensões das populações envolvidas e com a necessidade de convivência com as áreas densamente povoadas e construídas das megalópoles e grandes cidades. As áreas rurais e os municípios de pequeno porte apresentam características totalmente diferentes. Problemas de convivência com a vegetação são mais críticos nos grandes centros, nos quais a poda de árvores apresenta complicadores não encontrados nas pequenas cidades e áreas rurais. As empresas de distribuição devem entregar o produto energia elétrica em todos os locais de consumo. Assim, têm contato direto com todos os tipos de consumidor; o que gera a necessidade de ênfase especial na comercialização e na relação com o público, com os órgãos reguladores e com os órgãos de defesa do consumidor. As empresas de distribuição têm agências de atendimento público em todos os municípios de atuação e, mais recentemente, constituíram ouvidorias, que cuidam da sua relação com os consumidores e com órgãos de regulação e de defesa do consumidor. No contexto do setor elétrico, além disso, são as empresas de distribuição que recebem o pagamento direto pelo fornecimento de energia elétrica.

No âmbito do setor elétrico, projetos de distribuição não se encontram sujeitos aos mesmos requisitos de licenciamento ambiental dos projetos de geração de maior porte e dos projetos de transmissão. Isso se deve ao pequeno porte das obras, incluindo a geração distribuída. Por sua vez, os projetos de distribuição inserem-se em um contexto que envolve outras questões sociais e ambientais, e sofrem forte impacto das legislações ambientais estaduais e municipais – o que requer ações específicas para cada caso e faz com que as empresas de distribuição procurem adotar ações proativas relacionadas com a poda de árvores, informação e conscientização de consumidores e até mesmo ações preventivas de problemas sociais, não deixando de fornecer energia a locais não regularizados legalmente.

É importante ressaltar a questão já citada das perdas comerciais (resultantes dos "gatos", como são popularmente referenciados), que configura um sério problema das empresas de distribuição e faz parte de uma questão maior, a qual requer envolvimento multidisciplinar e abordagem de todos os aspectos técnicos, econômicos, ambientais, sociais e, talvez primeiramente, políticos.

A convivência com áreas mais povoadas impõe à distribuição cuidados especiais quanto à segurança e qualidade de vida dos cidadãos (ruído, impacto visual e ocupação do solo). Esses aspectos evidenciam-se ainda mais nas áreas urbanas, requerendo cuidados especiais no projeto e na operação desses sistemas. A segurança da população e das instalações é um problema de grande importância, principalmente, nos grandes centros urbanos. As empresas, em geral, desenvolvem diversas campanhas, programas de educação e esclarecimento dos riscos, mas estão sempre às voltas com acidentes decorrentes de ações inconsequentes, como a busca de pipas e balões que caem nas subestações. Muitos acidentes ocorrem porque muitas empresas de distribuição têm dificuldades para atender às ocorrências durante emergências, como alagamentos, congestionamentos etc. Um exemplo: durante o período de chuvas, é comum a ocorrência de rompimento de cabos de distribuição, que ficam soltos até a chegada de socorro (das empresas), causando acidentes fatais que envolvem crianças ou pessoas desavisadas. Há também os riscos bem maiores de acidentes nas áreas pobres da periferia dos grandes centros, onde existem os "gatos" (forma desordenada de "desviar" eletricidade sem pagar, que dá origem à boa parte das "perdas comerciais"). Existem ainda roubos de cabos e equipamentos.

Outro aspecto extremamente importante do ponto de vista ambiental para a distribuição é a arborização, porque faz necessária a prática da poda das árvores para a manutenção da rede de distribuição aérea, a fim de diminuir riscos de defeitos durante ventanias e tempestades. Por causa disso, muitas empresas de distribuição têm atuado em conjunto com poderes municipais e instituições sociais em programas de arborização e atividades de conscientização e educação ambiental relacionadas ao tema.

GERAÇÃO DISTRIBUÍDA

A expressão "geração distribuída" vem sendo utilizada para designar principalmente projetos de geração de pequeno porte, conectados de forma dispersa à rede elétrica, usualmente ao sistema de distribuição. Embora haja diversas tentativas de definição, em uma concepção mais ampla, geração distribuída refere-se à geração não despachada de forma centralizada, usualmente conectada aos sistemas de distribuição e com potências menores que 50 a 100 MW.

Diversas tecnologias de geração e armazenamento anteriormente disponíveis, ou desenvolvidas recentemente, podem ser visualizadas para esse tipo de aplicação, que deverá ter um impacto significativo no desempenho dos sistemas elétricos. Podem ser citadas a geração eólica, as pequenas turbinas hidráulicas, geradores a diesel, turbinas a gás com baixa inércia, células a combustível, sistemas a biomassa; sistemas fotovoltaicos e termossolares, armazenamento em bobinas magnéticas supercondutoras, armazenamento em baterias, armazenamento de energia por ar comprimido e volantes de inércia.

A maioria dessas tecnologias está disponível hoje de forma modular, nas faixas de poucos kW a mais que 100 kW, e são atrativas para a geração distribuída e aplicações de armazenamento. Elas seriam tipicamente conectadas à média tensão, embora unidades maiores, de algumas dezenas de MW ou mais, possam vir a ser conectadas em tensões maiores e até mesmo na transmissão.

Esse tipo de geração remonta ao início da indústria da eletricidade, quando os preços da transmissão eram proibitivos. Abandonado pelas companhias ao longo do tempo, até mesmo pelas tendências de centralização e, em alguns países, como o Brasil, pela estatização do setor elétrico, volta agora ao cenário, no novo modelo.

De um modo geral, esta tendência – associada principalmente à competição, preocupações ambientais (globais), restrições de local para construção de novas usinas de médio e grande porte – traz de novo a questão de centralização e descentralização, já abordada neste livro.

Considerando apenas os projetos de geração distribuída que se conectarão à rede elétrica, pode-se considerar a seguinte classificação, com base em seu possuidor e no responsável por sua operação:

- Geração distribuída isolada (*Stand Alone Distributed Generation* – SADG), que se refere à geração distribuída que será operada de forma isolada ao sistema elétrico.

- Geração distribuída interconectada (*Interconnected Distributed Generation* – IDG), que se refere à geração distribuída que será interconectada ao sistema elétrico, operando em paralelo com ele. Esse tipo de geração pode ser subdividido em: geração distribuída da concessionária (*utility-owned IGD*), que é possuída e operada pela concessionária; geração distribuída do consumidor (*costumer-initiated IGD*), que é possuída e operada pelo consumidor-investidor; e geração distribuída do consumidor, mas operada pela concessionária.

Embora do ponto de vista técnico essa classificação possa não vir a significar grandes diferenças, segundo os diferentes pontos de vista das concessionárias e dos consumidores-investidores, ela pode implicar consideráveis impactos econômicos e até mesmo legais.

Com relação ao seu papel no sistema elétrico, podem ser consideradas as seguintes vertentes principais de geração distribuída:

- **Reserva descentralizada**: funciona como um parque descentralizado capaz de suprir as mais diversas necessidades, como: excesso de demanda na ponta; cobertura de apagões; e melhorar as condições qualitativas do fornecimento em regiões mal atendidas em tensão ou em frequência.

- **Fonte de energia**: se volta para atender cargas que lhe são contíguas, seja para autoconsumo industrial ou predial (comercial, residencial ou de atendimento público, como hospitais, terminais aeroportuários ou símiles), com ou sem produção de excedentes exportáveis, seja para suprir necessidades locais de distribuição de energia.

No momento, existe um mercado para a geração distribuída que é significativo, mas difícil de delinear e dependente de uma série de aspectos para se realizar no Brasil. Mas a superação das barreiras e a criação de incentivos para a geração distribuída podem ter grande importância no aperfeiçoamento do sistema elétrico brasileiro devido a diversos fatores, dentre os quais se ressaltam a eficiência energética, a aceleração do uso de fontes renováveis e/ou com menores impactos ambientais, o aumento da flexibilidade operativa e da confiabilidade do sistema elétrico e a redução potencial dos custos do sistema. Questões importantes a serem resolvidas envolvem principalmente adequação da legislação e regulação, assim como o avanço da instalação das redes inteligentes (*smart grid*).

No que se relaciona ao meio ambiente, não se pode garantir, sem uma análise mais aprofundada e específica, que, do ponto de vista global, projetos de geração distribuída causem menos impactos negativos para o meio ambiente que centrais geradoras convencionais, pois para produzir a mesma quantidade de energia de uma central, são necessários vários projetos de geração distribuída, que podem ser dos mais diversos tipos.

SISTEMAS DE ARMAZENAMENTO

Os sistemas de geração de energia elétrica renováveis, como o hidrelétrico, o solar fotovoltaico e o eólico, apresentam características estatísticas e estocásticas que demandam medidas apropriadas para conciliar a geração com a carga, de forma que se obtenha o melhor uso das fontes primárias de energia e que se reduza ao máximo as perdas.

Os métodos mais conhecidos para aumentar a utilização de energia renovável nos sistemas elétricos têm como conceito principal o emprego de sistemas de armazenamento para estocar a energia potencial de ser gerada a mais do que a carga momentânea, nas situações em que a disponibilidade do recurso renovável excede sua necessidade, de forma que permita seu consumo futuro, naquelas situações nas quais a carga excede a capacidade de energia à disposição. Exemplos bastante conhecidos desses métodos são as barragens com reservatórios das usinas hidrelétricas, as usinas hidrelétricas reversíveis e as baterias dos sistemas solares fotovoltaicos e eólicos.

Apesar de os métodos de dimensionamento para armazenamento local em usinas hidrelétricas já estarem bem definidos e conhecidos, sensíveis melhoras podem ser obtidas para os sistemas solares fotovoltaicos e para turbinas eólicas. Esses melhoramentos estão relacionados principalmente com o aperfeiçoamento e a proliferação de sistemas de medição e monitoração, com vistas à obtenção de dados mais precisos a serem utilizados no dimensionamento.

Outras tecnologias, como sistemas mais avançados, baseados na associação de equipamentos da eletrônica de potência (da família Facts – *Flexible AC Transmission Systems*) com os mais diversos tipos de sistemas de armazenamento, também podem ser utilizadas para "suavizar" as características de carga, permitindo melhor operação de todo o sistema elétrico e melhor utilização de energia renovável. Esse tipo de sistema tem tido uma inserção acelerada nos sistemas de potência, e sua aplicação, quando associada ao armazenamento de energia, permite visualizar um grande impacto no planejamento e na operação dos sistemas elétricos, uma vez que poderá possibilitar – com grande rapidez de resposta, sem inércia mecânica nem contribuição ao curto-circuito – a introdução, no lugar mais adequado, de um sistema armazenador e fornecedor de energia elétrica. Modificações nos critérios de planejamento e operação, assim como desenvolvimento de modelos para estudos já se encontram em andamento para incorporar esses sistemas.

O armazenamento permite que o sistema de suprimento de energia opere mais ou menos independentemente do sistema de demanda de energia. Ele atende quatro principais necessidades: utilização dos suprimentos de energia quando a demanda de curto prazo não existe; resposta a flutuações de demanda de curta duração (estacionárias ou móveis), recuperação da energia perdida (por exemplo, por regeneração – freio – em aplicações móveis) e atender os requisitos de expansão da transmissão estacionária. O armazenamento é de importância crítica para a melhor utilização de opções energéticas renováveis, como eólicas e solares, para eventual aperfeiçoamento do desempenho no pico de sistemas existentes térmicos ou nucleares, em termos de eficiência e, consequentemente, emissões. Sistemas de armazenamento de energia avançados incluem sistemas mecânicos (inércias e sistemas pneumáticos), eletroquímicos (baterias avançadas, células a combustível reversíveis e hidrogênio), puramente elétricos ou magnéticos (super e ultracapacitores e sistemas de armazenamento magnético supercondutores, os *Superconducting Magnetic Energy Storage* – SMES), armazenamento hidráulico por bombas, térmicos (calor) e ar comprimido. No geral, a instalação de algum desses sistemas de armazenamento necessariamente diminui a eficiência total do sistema, e suas eficiências estão na faixa de 60% para sistemas hidráulicos reversíveis até mais que 90% para inércias e supercapacitores. Há ainda outros sistemas de armazenamento, utilizando vanádio, ainda em fase de desenvolvimento, mas apresentam baixa densidade energética e altos custos.

O custo e a durabilidade (ciclo de vida) dos sistemas de alta tecnologia continuam a ser o grande desafio, que possivelmente poderá ser superado pelo uso de materiais e processos de fabricação mais avançados. O armazenamento de energia deve ser uma peça-chave no caso de pequenos sistemas locais, nos quais a confiabilidade é um requisito importante.

Finalmente, devem ser citados os novos tipos de equipamentos de usos finais, incluindo tecnologias que também apresentarão características de armazenar energia e, em determinadas situações, esta poderá ser fornecida à rede de distribuição, como é o caso do carro elétrico, que começa a entrar nos mercados de transporte, podendo reduzir as emissões do setor de

ENERGIA E SUSTENTABILIDADE

transportes, além de também servir como fonte intermitente de energia elétrica para a rede, em termos de distribuição.

TECNOLOGIAS E PROCEDIMENTOS PARA APERFEIÇOAMENTO E MODERNIZAÇÃO DA TRANSMISSÃO E DISTRIBUIÇÃO E SUA APLICAÇÃO AO SISTEMA ELÉTRICO BRASILEIRO

Com base nas características das tecnologias e procedimentos enfocados, assim como do sistema elétrico brasileiro, é possível sintetizar o seguinte cenário de ações para a diminuição da emissão de gases do efeito estufa, por meio de redução de perdas, melhor utilização dos recursos renováveis e aperfeiçoamento da transmissão e distribuição.

No caso do grande sistema interligado, todas as tecnologias e procedimentos enfocados serão aplicáveis, em situações localizadas e específicas, devendo-se privilegiar formas de planejamento e gestão integradas que harmonizem o desempenho de um grande núcleo centralizado com os diversos sistemas energéticos descentralizados de menor porte.

Os futuros sistemas de infraestrutura e controle certamente se tornarão mais complexos para: gerenciar cargas maiores e mais variáveis; reconhecer e despachar fontes geradoras em pequena escala; e permitir a integração de fontes descentralizadas e intermitentes sem reduzir o desempenho do sistema, com relação ao transporte de maiores blocos de energia, oscilações de frequência e qualidade de tensão. As demandas futuras ao grande sistema interligado podem ser significativamente menores que as estimativas atuais quando se considerar o impacto do aumento da geração distribuída. Tecnologias e procedimentos avançados e outros que forem surgindo deverão ser efetivamente considerados na determinação e desenvolvimento dos novos componentes (de transmissão e distribuição) que forem agregados ao longo do tempo.

Para os sistemas isolados de energia elétrica, deverão ser aplicadas de forma mais imediata tecnologias e procedimentos operativos relacionados à eficiência energética, à energia descentralizada, à geração distribuída e ao armazenamento. Sempre com ênfase na utilização de recursos energéticos locais, uma vez que, nesses sistemas, os sistemas de transmissão e distribuição serão desenvolvidos com orientação ao melhor desempenho dessas fontes, que impactarão diretamente a geração a diesel e, portanto, a emissão de gases do efeito estufa desse combustível. Sistemas poligeradores formando minirredes e implantação de hidrelétricas de porte reduzido (míni e micro) operando à rotação ajustável deverão ser efetivamente considerados.

Finalmente, é importante salientar que, nesse cenário, especial atenção deve ser sempre dada às demais questões ambientais além da poluição atmosférica e da adaptação e evolução do arcabouço regulatório necessário para embasar e incentivar as ações necessárias. Nesse sentido, é importante colocar foco especial na modicidade tarifária sem, no entanto, abdicar dos aspectos da qualidade. Uma avaliação correta de todos esses aspectos influenciará não só a viabilidade de introdução das transformações necessárias, como também a velocidade na qual elas poderão ser implantadas.

SISTEMAS ELÉTRICOS E ENERGÉTICOS DO FUTURO: REDES INTELIGENTES

Em sua conceituação ampla, a energia inteligente (*smart power*) configura uma revolução elétrica consubstanciada pela necessidade de responder a novos desafios impostos principalmente por duas necessidades em nível global:

- A necessidade de adoção de políticas adequadas para reduzir os impactos das mudanças climáticas, no âmbito das quais a energia cumpre um papel importante.

- A necessidade de maior segurança energética, envolvendo os desequilíbrios entre o suprimento e a demanda, e, no caso do sistema elétrico, a confiabilidade.

Para atender a esses desafios, ao modificar suas fontes de suprimento, construir novos projetos de transmissão e distribuição e aumentar seus esforços para obter maior eficiência energética, os sistemas de energia elétrica deverão passar por significativas mudanças tecnológicas. Nas próximas décadas (próximos 30 anos?), a indústria deverá adotar o conceito de rede inteligente, a *smart grid*, e a arquitetura do sistema irá mudar de um modelo baseado em controle central e predomínio de grandes fontes geradoras para um modelo com número bem maior de pequenas fontes e inteligência descentralizada. Isso causará uma transformação total do modelo operacional da indústria – a primeira grande mudança na arquitetura desde que a corrente alternada se tornou dominante após a Feira Mundial em Chicago, em 1893.

Do ponto de vista de componentes físicos, o sistema elétrico do futuro deverá integrar quatro diferentes infraestruturas: a geração com baixo teor de carbono (de grande e pequeno porte); o transporte da energia elétrica (transmissão e distribuição); as redes locais de energia; e as redes inteligentes. Os principais atributos desse sistema deverão ser:

- Confiabilidade "total" de suprimento.

- Melhor uso possível da geração centralizada e de tecnologias de armazenamento em combinação com recursos distribuídos e cargas consumidoras controláveis e despacháveis de forma a assegurar o menor custo.

- Mínimo impacto ambiental da produção e entrega de eletricidade.

- Redução da eletricidade usada na geração e aumento da eficiência do sistema de suprimento e da eficiência e eficácia dos usos finais.

- Robustez do sistema de suprimento e entrega da eletricidade quanto aos ataques físicos e cibernéticos e aos grandes fenômenos naturais.

- Garantia de energia de alta qualidade aos consumidores que a requeiram.

- Monitoramento de todos os componentes críticos do sistema de potência para permitir manutenção automatizada e prevenção de desligamentos.

Além disso, o referido sistema deverá contar com cinco funcionalidades básicas: visualização do sistema em tempo real; aumento da capacidade do sistema; eliminação de gargalos aos fluxos elétricos; capacidade própria de se ajustar às diferentes situações operativas; e aumento da conectividade dos consumidores.

Do ponto de vista não apenas do sistema físico, mas também dos diferentes atores do setor elétrico, envolvendo regulação, consumidores e mercados de energia elétrica, será montado um sistema integrado e flexível, conectando todos os participantes do cenário, como ilustrado na Figura 16.5.

No cenário mundial hoje, há diversas visões alternativas de como tudo isso será efetuado. Visões que divergem principalmente em alguns detalhes ou tópicos específicos, mas o fato concreto é que todas convergem para a necessidade premente de modificações.

Nesse contexto, é importante ressaltar que, na medida em que a indústria se ajustar a essas mudanças tecnológicas e de paradigma, mudanças nos arcabouços financeiros e regulatórios serão necessárias para garantir sua viabilidade. Tecnologia, economia e considerações ambientais tornarão obsoletas diversas práticas atuais do setor elétrico.

Figura 16.5 – Modelo conceitual da rede inteligente.

Fonte: Grimoni (2011).

Em virtude dessas transformações, o suprimento e controle massivos darão lugar ao controle individual. Longe dos apelos do consumo, deve-se buscar mais produtividade e sustentabilidade. A regulação deverá se adaptar a este novo mundo.

A nova indústria elétrica objetivará três metas principais: a criação de um paradigma de controle descentralizado; a transição para um sistema com predomínio de fontes geradoras com baixo teor de carbono; e a construção de um modelo de negócio que promova muito mais eficiência.

Essas três metas, em conjunto, irão definir o futuro da energia. Um sistema e um modelo que levaram mais de um século para serem montados deverão ser extensivamente reformados no período de algumas décadas. Muitas das tecnologias e instituições para que isso ocorra ainda estão sendo projetadas ou testadas.

Nesse cenário tecnológico, o futuro do sistema elétrico deve ser orientado para enfocar adequadamente os seguintes aspectos principais:

- Como o setor interage com seus consumidores e como as operações viabilizadas pelo chamado *smart grid* podem revolucionar essa interação.
- Como o sistema elétrico de suprimento também cumprirá um papel fundamental nessa mudança, para permitir a melhor integração das grandes fontes energéticas do sistema centralizado com as pequenas fontes, próximas aos consumidores.

- Como os diversos atores do setor elétrico devem se reestruturar para responder a esses desafios.

As respostas não são de fácil obtenção, em função das grandes mudanças que são necessárias. Nesse contexto, o atual modelo de negócio e a atual estrutura regulatória deverão se submeter a uma mudança radical, com uma nova missão: a de vender serviços energéticos a mínimos custos, e não a de vender máximos kWh.

Como um exemplo dos impactos da introdução dos conceitos do *smart grid* no setor elétrico, apresenta-se, no Quadro 16.1, seus impactos esperados na distribuição, componente do setor elétrico no qual têm sido focados os projetos e atividades relacionadas às redes inteligentes, em sua fase inicial no Brasil.

Quadro 16.1 – Impactos do *smart grid* na distribuição.

Impactos	Comentários
Gerenciamento pelo lado da demanda por meio da tarifação dinâmica	Há a necessidade de padrões de consumo que propiciem melhor administração dos picos de consumo. A aplicação de novos mecanismos tarifários converge para o gerenciamento pelo lado da demanda. Benefícios do gerenciamento e da sensibilização em torno da demanda favorecem o planejamento da expansão do setor, no longo prazo.
Menor demanda por novas unidades geradoras	Isso ocorre pelo ganho de eficiência que o *smart grid* proporciona às redes elétricas. Esses ganhos, na atividade de geração, implicam redução da demanda por novas unidades de geração. O meio ambiente é favorecido com o *smart grid*, atendendo, assim, a requisitos de sustentabilidade. Outro aspecto é a possibilidade de fomento à microgeração distribuída, isto é, geração em unidades residenciais pelo uso mais acentuado da energia solar ou até mesmo pelo processamento de resíduos.
Monitoramento das atividades de geração, transmissão, distribuição e consumo	Isso irá beneficiar, em um contexto de complexas operações dos sistemas elétricos, o monitoramento da saúde das redes, de pontos de desperdício e da qualidade da eletricidade. O gerenciamento realizado com a ajuda de mecanismos de redes inteligentes pode proporcionar melhor qualidade do serviço.

(continua)

Quadro 16.1 – Impactos do *smart grid* na distribuição. *(continuação)*

Impactos	Comentários
Integridade do fluxo de informações ao longo do *smart grid*	A segurança das operações que se estabelecem entre os agentes de geração, transmissão, distribuição e comercialização em um ambiente de redes inteligentes é algo fundamental. Segundo especialistas, *smart meters* são pontos extremamente atrativos para *hackers* maliciosos. Mudanças de vulnerabilidade de um padrão físico para um padrão digital também alteram a escala de seus impactos.
Novos padrões de serviço de distribuição, consumo e comercialização	O *smart grid* leva a uma nova definição do papel do usuário de energia elétrica, conferindo-lhe um determinado protagonismo nas definições que envolvem o serviço de energia elétrica. O consumidor passa a contar com ferramentas capazes de gerenciar o uso da eletricidade de acordo com o que espera de seus equipamentos, administrar a qualidade, a quantidade e o momento do consumo de energia em função do preço do quilowatt, da carga total da rede elétrica, do consumo resultante do seu bairro, dentre outros aspectos.
Papel das distribuidoras de energia elétrica	Ocorrerá uma radical transformação do papel das distribuidoras de energia elétrica. De detentoras de um monopólio regulado, as distribuidoras passariam de fornecedoras exclusivas de energia para fornecedoras exclusivas daquele excedente que os seus consumidores não puderem obter pela administração de carga. Esse será um ponto complexo nas discussões sobre a regulação setorial, no contexto do *smart grid*.

Fonte: Reis e Fonseca (2012).

REFERÊNCIAS

[DOE] DEPARTMENT OF ENERGY. *The smart grid: an introduction*. Disponível em: http://www.doe.energy.gov/smartgrid.htm. Acessado em: 18 jan. 2011.

FOX-PENNER PETER. *Smart power — climate change, the smart grid and the future of electric utilities*. Washington: Island Press, 2010.

GRIMONI, J.A.B. Máquinas elétricas, redes inteligentes e geração distribuída. In: *Curso de especialização em energias renováveis, geração distribuída e eficiência energética do Pece – Programa de Educação Continuada em Engenharia*. 2011, São Paulo.

ENERGIA E SUSTENTABILIDADE

[IPCC] *INTERGOVERNMENTAL PANEL ON CLIMATE CHANGE. Climate change 2007 – mitigation, contribution of working group III to the fourth assessment report of the Intergovernmental Panel on Climate Change.* Cambridge: Cambridge University Press, 2007. Disponível em: http://www.ipcc.ch/pdf/assessment-report/ ar4/wg3/ar4-wg3-chapter4.pdf. Acessado em: 03 jun. 2011.

[ONS] OPERADOR NACIONAL DO SISTEMA ELÉTRICO. *Mapas do SIN*. Disponível em: http://www.ons.com.br. Acessado em: 07 ago. 2015.

REIS, L.B. *Geração de energia elétrica – tecnologia, inserção ambiental, planejamento, operação e análise de viabilidade.* Barueri: Manole, 2011.

_____. *Transmissão de Energia Elétrica* (Disciplina do curso de MBA em Gestão de Negócios de Energia Elétrica e Gás Natural). Belo Horizonte: Fundação Getulio Vargas, 2012.

REIS, L.B.; FADIGAS, E.A.A.; CARVALHO, C.E. *Energia, recursos naturais e a prática do desenvolvimento sustentável.* 2.ed. Barueri: Manole, 2012.

REIS, L.B.; FONSECA, J.N. *Empresas de distribuição de energia elétrica no Brasil – temas relevantes para gestão.* Rio de Janeiro: Synergia, 2012.

REIS, L.B.; SANTOS, E.C. *Energia elétrica e sustentabilidade – aspectos tecnológicos, socioambientais e legais.* 2.ed. Barueri: Manole, 2014.

REIS, L.B.; SILVEIRA, S. (Orgs.). *Energia elétrica para o desenvolvimento sustentável.* São Paulo: Edusp, 2012.

Nos Transportes | 17

Lineu Belico dos Reis
Engenheiro eletricista, Escola Politécnica da USP

INTRODUÇÃO

Neste capítulo é abordada a relação entre a sustentabilidade e o setor de transportes, com foco principal na energia a ele associada, em particular, na energia de tração (força motriz) dos veículos. Ressalta-se que o tema é extremamente amplo, complexo e dinâmico, e o espaço disponível limitado, o que fez com que se decidisse por uma análise sucinta, mas representativa, que fornece ao leitor uma base para maiores aprofundamentos por meio das referências utilizadas e de outras publicações sobre o assunto. Além disso, outros capítulos deste mesmo livro também podem ser utilizados para esse propósito, por melhor detalharem alguns aspectos aqui citados. Nesse caso, as indicações dos capítulos são efetuadas em locais apropriados do texto que se segue.

Em termos energéticos, o setor de transportes, no Brasil, assim como em todo o mundo, caracteriza-se por dois aspectos principais:

- Forte utilização de fontes energéticas derivadas do petróleo.
- Predominância do transporte rodoviário.

Nesse cenário, as questões energéticas associadas ao setor de transportes formam um grande leque de desafios, incluindo sua utilização como tração (força motriz) nas tecnologias de transporte, como insumo básico na construção de vias para transporte, como componente importante da logística de transportes, dentre outros.

Como consequência, o encaminhamento da evolução energética do setor de transportes no sentido da sustentabilidade contém as seguintes medidas:

- Maior utilização de fontes alternativas renováveis de energia.
- Aumento da eficiência energética no setor de transportes como um todo.
- Valorização dos subsetores (modais) menos intensivos em energia.

Essas medidas são bastante complexas quando se trata de sua aplicação efetiva, pois o setor de transportes é, de certa forma, refratário à alteração das estruturas e padrões atuais, com fortes barreiras ao transporte sustentável devidas aos interesses cristalizados durante todo o período de evolução do setor. O que acontece não só quanto às alternativas energéticas, mas também quanto à adequação da infraestrutura disponível e da logística de transporte, num contexto cuja superação requer um processo de planejamento integrado de longo prazo, que seja consistente e esteja incluído nas prioridades da busca por sustentabilidade. O que pode ser distinguido, no cenário atual do país, deixa muito a desejar, pois acumulam-se planos e projetos desagregados, que vão sendo adiados, sem grandes perspectivas de realização, sendo alguns até mesmo abandonados.

Neste capítulo, o foco é direcionado principalmente às tecnologias de tração (força motriz) dos diversos subsetores (modais) de transporte, à sua identificação e análise de suas principais questões e respectivas soluções, em alinhamento com os conceitos de sustentabilidade. Aspectos energéticos associados à construção das vias para transporte e à logística são considerados, eventualmente, em segundo plano, principalmente quando apresentam relação com as tecnologias de tração.

É importante citar, quando se enfoca as tecnologias de tração, outros aspectos que se acrescentam aos anteriores, reforçando as dificuldades relacionadas a mudanças no setor de transportes:

- Os equipamentos de tração do setor de transportes apresentam, no geral, longa duração: um automóvel dura em média 15 anos; uma aeronave, entre 25 e 35 anos; e navios, mais ainda.
- A incorporação de nova tecnologia de tração na linha de produção de uma fábrica requer adaptações e investimentos que não são viáveis a curto prazo.

- A introdução de nova tecnologia de tração no setor de transportes, dependendo do caso, pode requerer implementação de nova infraestrutura de armazenagem, distribuição e comercialização.

Nesse contexto, este capítulo foi organizado considerando os seguintes tópicos de interesse:

- Estrutura e variáveis básicas do setor de transportes.
- Visão geral sobre o transporte no Brasil.
- O setor de transportes, o meio ambiente e a energia de tração.
- Utilização da energia de tração nos vários modais de transporte.
- O setor de transportes e a sustentabilidade energética.
- Energia e as estratégias e indicadores para a mobilidade sustentável.

ESTRUTURA E VARIÁVEIS BÁSICAS DO SETOR DE TRANSPORTES

O setor de transportes pode ser caracterizado como conjunto dos diversos modais de locomoção de mercadorias e de pessoas, compreendendo o meio (elemento transportador), a via (trajetória percorrida), as instalações complementares (terminais) e a forma de controle (logística). Geralmente, entre regiões, estados e países, predomina a movimentação de cargas, sendo que, nas cidades, predomina o deslocamento de pessoas. Os transportes regionais são compostos de ferrovias, rodovias, hidrovias e aerovias, ao passo que o transporte urbano engloba o uso de ônibus, metrôs, barcos, trens suburbanos e automóveis, helicópteros, caminhões, motos, bicicletas e até animais.

A estrutura do setor de transportes, nesse contexto, pode ser caracterizada por seus componentes (subsetores) principais, denominados modais, que são: rodoviário, ferroviário, aquaviário e dutoviário. O modal aquaviário compreende os transportes marítimos e fluviais, e o modal dutoviário se refere ao transporte por meio de dutos, como ocorre com o gás natural e no setor de petróleo.

O uso dos modais pode se destinar ao transporte de passageiros ou de cargas (frete). Dados e informações relacionadas ao transporte de passageiros utilizam a unidade passageiro quilômetro (pass.km), que corresponde a um passageiro transportado por um quilômetro, independentemente do modal. Enquanto que, no transporte de cargas, se usa a unidade toneladas quilômetro (t.km), correspondente a uma tonelada de carga transportada por um quilômetro, independentemente do modal e do tipo de carga transportado.

Uma característica fundamental na avaliação da energia no setor de transportes é a intensidade energética, que é definida como a energia consumida por pass.km no caso do transporte de passageiros ou energia consumida por t.km no caso do transporte de cargas. O valor da intensidade energética reflete a eficiência dos veículos, a utilização de sua capacidade e das condições de operação do referido veículo.

A distribuição e integração dos modais de transporte em um país, região ou no mundo tem diversos impactos, dentre os quais se ressaltam a integração dos diversos mercados abrangidos, a eficiência da integração efetivada, a comodidade relacionada ao acesso a bens e serviços e os impactos ambientais, que afetam fortemente a qualidade de vida dos habitantes.

Sendo um dos fatores importantes da infraestrutura necessária para o desenvolvimento, assim como energia, telecomunicações e saneamento, o setor de transportes tem efeitos positivos e negativos sobre o meio ambiente e a qualidade de vida da população. Como efeitos positivos, pode-se considerar a facilidade de intercâmbio entre regiões, possibilitando maiores trocas, seja de pessoas e mercadorias ou até mesmo de serviços, como educação e saúde. Como efeitos negativos, além dos diversos impactos ambientais relacionados às vias associadas aos diversos tipos de transporte, pode-se citar a poluição, causada principalmente pelo uso indiscriminado de combustíveis derivados do petróleo.

Além disso, os meios de transporte apresentam uma relação intrínseca com a energia em sua tração (força motriz), que vai desde o uso direto da própria energia humana até o desenvolvimento de tecnologias mais sofisticadas, em busca de maior eficiência energética, aumento de utilização de fontes renováveis e melhor adequação ambiental, nos rumos da sustentabilidade.

De uma forma geral, a escolha do sistema de transporte mais adequado para determinada situação envolve análises técnicas e econômicas, expectativas das cargas ou dos passageiros a serem transportados e consideração das condições urbanas e regionais. O grau de dificuldade da escolha está associado a questões como custos, consumo energético, capacidade ofertada, flexibilidade, produtividade, velocidade, regularidade, segurança etc. O processo de planejamento e gestão que encaminha a melhor decisão a ser tomada faz parte do estudo da logística de transportes, que leva em consideração todas as variáveis citadas. Por outro lado, dentre os fatores que influem na escolha do modal pelos usuários se ressaltam o preço de utilização, a infraestrutura disponível e a qualidade dessa infraestrutura.

VISÃO GERAL SOBRE O TRANSPORTE NO BRASIL

Neste item, apresentam-se inicialmente dados sobre a distribuição modal e o consumo energético do setor de transportes no Brasil. A seguir, mostra-se uma visão do cenário do setor de transportes, com ênfase no Brasil, enfocando os modais rodoviário, ferroviário, aquaviário (fluvial e marítimo) e aéreo.

Finalmente, são ressaltados aspectos específicos do transporte urbano e dos denominados transportes alternativos, cuja importância tem sido reavaliada cada vez mais no âmbito da questão do desenvolvimento sustentável.

Distribuição modal do transporte no Brasil

Com foco no Brasil, a Figura 17.1 apresenta a distribuição modal do transporte motorizado de passageiros e de carga no país, em 2009. A figura também enfatiza a predominância do transporte rodoviário, bem mais pronunciada no transporte de passageiros que no transporte de cargas.

Figura 17.1 – Distribuição modal do transporte motorizado no Brasil (2009).

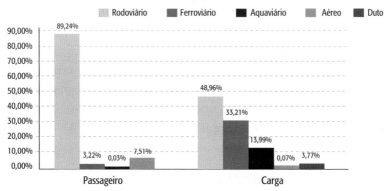

Passageiro: considera apenas transporte por barca; considera apenas transporte nacional.
Carga: considera somente carga transportada por cabotagem e navegação interior; considera somente carga nacional.

Obs.: Percentuais calculados com base em dados fornecidos em pass.km e t.km.

Fonte: PBMC (2013).

Considerando apenas o transporte de passageiros, a Figura 17.2 apresenta a distribuição modal do transporte urbano e interurbano, em 2009.

Figura 17.2 – Transporte de passageiros no Brasil (2009).

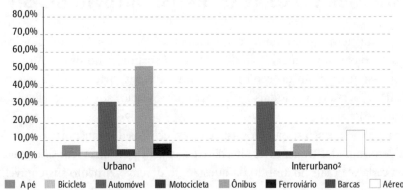

(1) Transporte municipal e intermunicipal; (2) Transporte interestadual. Para cidades com mais de 60 mil habitantes que contêm a maior parte da população e frota

Fonte: PBMC (2013).

Os dados apresentados nessa figura ilustram, no transporte urbano de passageiros, a predominância dos ônibus em relação aos automóveis, enquanto que o transporte ferroviário vem em seguida, em nível pouco maior que o transporte pedestre, que supera o uso de motocicletas e bicicletas. No transporte interurbano, há significativa predominância dos automóveis em relação ao transporte aéreo e aos ônibus.

Por outro lado, com foco apenas no transporte de cargas, verifica-se, em 2009, predominância do transporte rodoviário, com cerca de metade do total, ficando o modo ferroviário e os modos fluvial e marítimo (aquaviário), respectivamente, na segunda e terceira colocação, com cerca de 30% e 14% do total, conforme apresentado na Figura 17.3.

Consumo energético do setor de transportes no Brasil

Do ponto de vista da matriz energética, de acordo com o Balanço Energético Nacional, de 2010, da Empresa de Pesquisa Energética (EPE),

Figura 17.3 – Transporte de cargas no Brasil (2009).

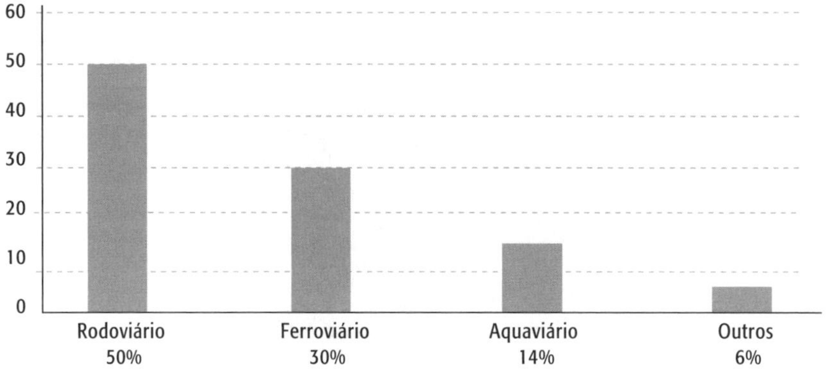

Rodoviário	Ferroviário	Aquaviário	Outros
50%	30%	14%	6%

Fonte: PBMC (2013).

no ano de 2009, o setor de transportes participou em 28% do consumo final de energia no Brasil, sendo sua quase totalidade, 92,02%, preenchida pelo transporte rodoviário. Os demais modais tiveram participação relativamente inexpressiva, com 4,59% do transporte aéreo, 2,17% do hidroviário e 1,23% do ferroviário.

A Figura 17.4 ilustra a participação percentual do setor de transportes no consumo energético total em 2009, e a Figura 17.5 ilustra a participação percentual dos diversos modais no consumo energético do setor de transportes em 2009.

Figura 17.4 – Participação do setor de transportes no consumo energético total (2009).

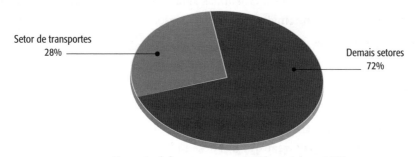

Percentual do consumo energético total em 2009

Fonte: EPE (2010).

Figura 17.5 – Participação dos diversos modais no consumo do setor de transportes (2009).

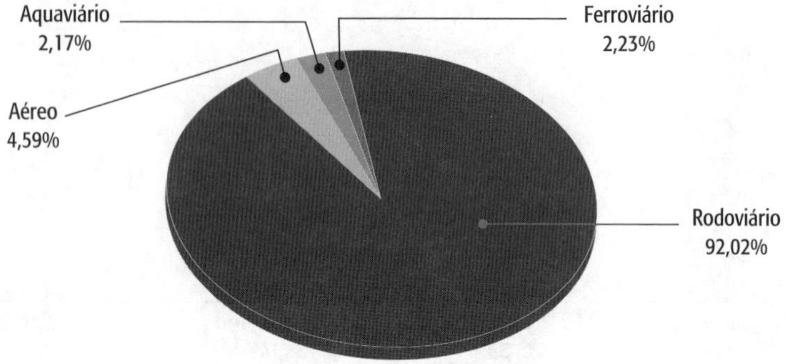

Aquaviário 2,17%
Ferroviário 2,23%
Aéreo 4,59%
Rodoviário 92,02%

Fonte: EPE (2010).

Esses números retratam o fato de que o transporte no Brasil, como no restante do mundo, privilegia a modalidade rodoviária. Segundo especialistas, essa modalidade chega a ser três vezes mais cara que a ferroviária e nove vezes mais que a marítima ou a fluvial. Essa grande ênfase no transporte rodoviário também traz como resultado limitações na logística, que na verdade tem sido desenvolvida muito mais como uma logística de transporte rodoviário do que de transporte como um todo, com suas diversas opções.

Quanto ao transporte rodoviário, no entanto, o Brasil apresenta características diferenciadas em relação aos demais países, devido à significativa participação dos biocombustíveis, visto que o biodiesel e, principalmente, o etanol suprem 18,8% do consumo, sendo o restante suprido por combustíveis fósseis, principalmente o óleo diesel, com 48,4%, como mostrado na Figura 17.6.

Transporte rodoviário

No Brasil, a partir da década de 1950, houve exagerada ênfase ao transporte rodoviário, o que causou um desequilíbrio no sistema de transportes do país, uma vez que os demais modais de transporte pouco evoluíram. Esse desequilíbrio apresentou significativos reflexos no meio ambiente, na economia, na distribuição do desenvolvimento e até mesmo na desigualda-

Figura 17.6 – Participação percentual dos combustíveis no consumo do transporte rodoviário (2009).

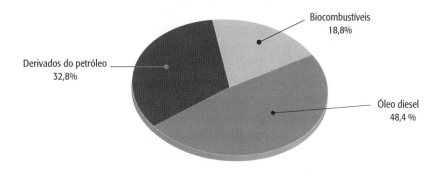

Fonte: EPE (2010).

de social. Desequilíbrio que se mantém até os dias atuais e configura um dos maiores problemas da infraestrutura brasileira, os quais vêm sendo enfrentados de forma tímida, principalmente por causa do grande poder de pressão (política e econômica) do setor de transporte rodoviário — como também acontece no restante do mundo.

Na literatura especializada do setor de transportes, pode-se encontrar diversas tentativas de avaliar o quanto a economia do país perde com esse desequilíbrio e os problemas daí originados, como o alto custo do transporte de carga; a necessidade de grandes investimentos em rodovias e o alto custo de sua manutenção; os problemas de congestionamento nas grandes cidades, com o consequente efeito na poluição, na saúde, na qualidade de vida e também no sistema produtivo; as distorções sociais (efeito relacionado também com a grande ênfase no automóvel como fator de *status*); o aumento da mortalidade; entre outros. Os números que resultam dessas tentativas, no geral, são bastante altos e apontados como quantias que, se fossem adequadamente aplicadas, resolveriam ou teriam evitado os problemas. Apesar de o assunto não ser tão simples assim e sua solução ir muito além de efetuar investimentos adequados, esses valores podem ser utilizados como indicadores de que a situação não está nada bem.

O desproporcional peso que o meio de transporte rodoviário representa hoje em relação aos demais modais tem causado grande impacto econômico, principalmente em decorrência da situação precária de grande parte das rodovias brasileiras e também da proliferação de postos de cobrança de pedágio nas malhas rodoviárias privatizadas. Por exemplo, a comercialização de safras agrícolas colhidas nas regiões de cerrado tem sua viabilidade diminuída em virtude do custo do transporte. O que ocorre apesar dos progressos alcançados na recuperação de rodovias após abertura ao capital privado que, no entanto, avançam em ritmo muito lento quando se considera as dimensões continentais do país.

Por outro lado, os problemas causados pelo transporte rodoviário nas áreas urbanas têm levado, na produção de veículos, ao desenvolvimento de tecnologias motrizes (de tração) ambientalmente mais adequadas, utilizando fontes alternativas de energia renováveis e com reduzida emissão de poluentes. Em razão das sucessivas crises do petróleo e da grande preocupação com o meio ambiente, principalmente no que se refere a amenizar a poluição atmosférica, as montadoras procuram realizar pesquisas e projetos de automóveis visando utilizar fontes de energia alternativas e produzir motores menos poluentes.

Nesse sentido, o Brasil credenciou-se como um país inovador, com o desenvolvimento do carro a álcool (etanol), cujo ápice se deu durante as décadas de 1970 e 1980. Embora este empreendimento tenha tido grande apoio no exterior, pelo menos dos que se preocupam com melhor adequação ambiental e desenvolvimento sustentável, o país passou por altos e baixos, principalmente devido à falta de políticas estratégicas consistentes, pressões dos grupos nacionais e internacionais associados às tecnologias atuais de utilização de derivados do petróleo e até mesmo devido à própria postura dos produtores do álcool.

Mais recentemente, a utilização do etanol ressurgiu com os carros *flex-fuel*, que permitem a utilização de dois combustíveis, a gasolina e o próprio etanol. Carros movidos com o combustível gás natural comprimido também começaram a ocupar seu espaço, em um processo que acabou perdendo a aceleração inicial devido principalmente à falta de incentivos e à limitação da malha de gasodutos no país. Além disso, existe a política de misturar o álcool à gasolina. Ocorrem discussões sobre a revitalização da frota rodoviária movida apenas por etanol, desenvolve-se o biodiesel, enquanto carros elétricos começam a ocupar, meio timidamente, seu espaço, em um processo que perdeu o ímpeto inicial devido à descoberta dos campos de petróleo e gás nas camadas do pré-sal, em águas profundas, em uma evidente falta de planejamento energético de longo prazo. Por envolver a energia motriz (tração) do setor de transportes, esses assuntos são tratados em maior detalhe posteriormente neste capítulo.

Transporte ferroviário

Embora o Brasil possua um território extenso e, consequentemente, altos custos de transporte interno, esse fato não foi suficiente para influir nas decisões políticas do passado, cuja estratégia econômica não priorizou investimentos em ferrovias.

A grande disparidade dos investimentos nos modais ferroviário e rodoviário de transporte no país pode ser ilustrada pelos valores apresentados na Tabela 17.1, que ilustra a evolução da rede de transporte do país entre 1940 e 1990, em quilômetros.

Tabela 17.1 – Evolução da rede de transporte entre 1940 e 1990 no Brasil.

Ano	1940	1962	1990
Ferrovia (km)	38.000	36.572	30.129
Rodovia (km)	185.000	523.000	1.495.192

Fonte: Reis et al. (2011).

A situação brasileira contrasta com o cenário internacional, no qual o tráfego mundial de mercadorias por via férrea supera 7 bilhões de t.km, das quais metade é representada pela antiga URSS e cerca de um quarto pela América do Norte.

Após a II Guerra Mundial, o governo brasileiro encampou quase a totalidade das ferrovias brasileiras, criando, em 1957, a Rede Ferroviária Federal S.A, dividindo as 14 ferrovias estatizadas em quatro sistemas regionais: Nordeste, Centro, Centro-Sul e Sul.

Durante a década de 1970, projetos de ampliação da malha ferroviária foram iniciados, mas foram logo descontinuados, com forte redução dos investimentos nesse modal. O cenário da década de 1980 e meados da década de 1990 apresentou o pior desempenho operacional do modal em sua história, resultando numa frota sucateada e vias sem manutenção adequada.

Foi quando o governo federal optou pela concessão do serviço de transporte ferroviário de cargas, segundo um modelo no qual não houve transferência de ativos, uma vez que as vias, oficinas, terminais e vagões, toda a infraestrutura e equipamentos foram arrendados às concessionárias por período de 30 anos, prorrogáveis por igual período.

Com o início da operação dessas concessionárias, houve investimentos na recuperação das vias e reforma dos trens, o que resultou em aumento dos volumes movimentados, mas em nível ainda pequeno quando comparado com o modal rodoviário. Por outro lado, a expansão do sistema só pode ser realizada com novas concessões ou por investimentos do poder público.

Atualmente, o cenário se apresenta um pouco confuso, uma vez que há iniciativas do governo visando à maior participação do capital privado que não têm se realizado por causa de diversos fatores, dentre os quais se ressaltam discordâncias quanto às condições econômicas das concessões. De qualquer forma, o processo não está totalmente estagnado e pode, eventualmente, acelerar.

Um fato de grande importância nesse cenário é que há um grande potencial a ser desenvolvido, que pode ser facilmente percebido quando se consideram os diversos segmentos do mercado, a grande participação dos bens primários na exportação e as grandes extensões de terra do país.

Deve-se ressaltar que, em sua concepção e construção, assim como as rodovias, as ferrovias apresentam dificuldades relacionadas às limitações impostas pelos acidentes geográficos (rios, encostas íngremes e vales profundos), que podem ser vencidos por meio de recursos técnicos (pontes, cremalheira ou funicular e túneis). Uma possível vantagem das ferrovias, é a de poder-se utilizar, para a tração, a energia elétrica, nos países que dela podem dispor com abundância. No transporte pesado de carga, como nos grandes comboios de minério e de grãos, o transporte ferroviário supera largamente o transporte rodoviário, em termos econômicos.

É importante citar também que, no cenário internacional, destacam-se as inovações tecnológicas (tração elétrica, turbo trens, trens de alta velocidade – TAV – e veículos leves de transporte – VLT) direcionadas para o aumento da velocidade média de tráfego a um custo energético relativamente baixo, restabelecendo a competitividade das ferrovias (principalmente para distâncias médias, entre 500 e 600 km, e para o transporte urbano de alta capacidade, o metrô). Sua aplicação no Brasil se encontra em fase inicial, com implantação e visualização de alguns projetos que também podem ser usados para ilustrar o grande potencial de desenvolvimento do modal ferroviário no país.

Transporte aquaviário

Transporte marítimo

No Brasil, o transporte marítimo é o mais importante, no âmbito do setor de transporte aquaviário, que também inclui o transporte fluvial. Sua importância pode ser demonstrada pelo fato de que cerca de 75% do comércio internacional do país é efetuado por via marítima.

No entanto, por várias décadas, o transporte marítimo interno no Brasil esteve relegado a um plano inferior devido a diversos problemas, a maioria dos quais ainda persiste. Assim, o transporte marítimo contribui com apenas de 6 a 9% do total do transporte no país, apesar do extenso litoral que o país possui.

Vários fatores contribuem para este estado de marasmo do transporte marítimo, inclusive o internacional, dentre eles: sucateamento dos portos brasileiros; sucateamento e desestímulo para as empresas de cabotagem nacionais e internacionais; demora excessiva no processo de modernização e redução de custos; desestímulo ao investimento privado devido à falta de retorno e problemas de regulação e trabalhistas; assim como falta de capitalização por parte do governo.

Transporte fluvial

No Brasil, com sua imensa quantidade de rios, o transporte fluvial é o menos utilizado, principalmente no transporte de mercadorias, embora seja a forma de transporte mais econômica e com melhores características relacionadas aos impactos ambientais.

No entanto, há regiões no país que dependem exclusivamente desse tipo de transporte, como é o caso da Amazônia, onde não há outras opções de locomoção a grandes distâncias.

Diversas obras têm sido efetuadas, ou pelo menos planejadas, para melhorar essa situação, mas o ritmo tem sido muito lento, por muitos motivos, a maioria deles similar ao que acontece com o transporte marítimo.

As principais hidrovias do Brasil são: hidrovia do Solimões – Amazonas; hidrovia Tocantins – Araguaia; hidrovia do Madeira; hidrovia do São Francisco; hidrovia Tietê – Paraná; e hidrovia Paraguai – Paraná.

O porto fluvial de maior movimento é o de Manaus, no Amazonas, que também é o que tem melhor infraestrutura.

Transporte aéreo

A primeira linha aérea comercial foi implantada na Alemanha, em fevereiro de 1919. A primeira linha transatlântica foi inaugurada em junho de 1939 por um Boeing 316. A partir de 1952, com os motores de reação, a velocidade média subiu cerca de 50% e a capacidade elevou-se para cerca de 150 passageiros. Finalmente, a partir de 1970, foram introduzidos os aviões de grande capacidade, melhorando as condições de tráfego nos aeroportos, pela redução dos custos de operação/assento/km.

Atualmente, o transporte aéreo passa por um novo desenvolvimento, com diminuição de custos operacionais, devido à adoção dos turborreatores de duplo fluxo, *turbofan*, que consomem 20 a 25% a menos de combustível e são mais silenciosos. Há anteprojetos de aparelhos com capacidade entre 800 e 1.000 lugares ou 150 a 200 toneladas de carga.

A logística de transporte aéreo e a otimização de carregamento das aeronaves são fatores importantes para a sobrevivência das empresas aéreas. O processo de despacho e recebimento de cargas nos aeroportos, de forma a torná-lo mais ágil, é de fundamental importância para a redução de custos. No transporte de passageiros, a taxa de ocupação de poltronas/voo é um indicativo de competição e sustentação das empresas aéreas. Acordos operacionais ou mesmo associações entre empresas são formas de incrementar a taxa de ocupação, reduzindo custos.

A logística de transporte aéreo no Brasil se encontra em situação preocupante, refletindo um período de grandes desacertos e descontinuidades gerenciais, e tem sido um grande motivo de preocupação por conta de o país ter sediado ou estar prestes a sediar eventos esportivos mundiais de massa, como a Copa do Mundo de Futebol, em 2014, e as Olimpíadas, em 2016. Além disso, o aumento geral do número de passageiros em voos internos no país e para o exterior, devido à melhoria do poder aquisitivo de boa parte da população, também passou a colaborar com as citadas preocupações. Embora tenham ocorrido altos investimentos que permitiram desempenho aceitável durante a Copa do Mundo de Futebol, ao menos nos locais de realização dos jogos, ainda há muito a fazer para que o país como um todo possua uma malha moderna e confiável. Essa implantação pode ser uma base para que o país possa se consolidar como destino turístico, se existirem políticas adequadas nesse sentido.

Visão geral do transporte urbano e dos transportes alternativos

Transporte urbano

A asfixia do transporte nas cidades, principalmente as de grande porte, por conta em grande parte do uso excessivo e individual do automóvel, traz a necessidade de revalorizar os transportes coletivos. O crescimento tentacular das cidades, que provoca migrações cotidianas entre o domicílio e o local de trabalho, tem requerido soluções urgentes nesse domínio. Uma das formas que tem sido preconizada para mitigar essa situação é desencorajar o uso do automóvel individual, dando-se prioridade aos transportes coletivos. Mas, como isso envolve aspectos culturais e diversas formas de pressões, incluindo as distribuídas por meio das diversas mídias que influenciam o dia a dia da população, sua implantação deverá demandar grande esforço da sociedade como um todo. Além disso, é preciso solucionar a questão do transporte de carga, que exerce grandes impactos nos grandes centros, mais expressivos nos casos das grandes cidades do Brasil, por causa de logísticas equivocadas e do desequilíbrio em prol do transporte rodoviário citado anteriormente. Esses são alguns dos problemas principais de uma questão complexa e bem atual. A construção de metropolitanos – metrôs – representa um esforço importante, embora muito ainda precise ser feito.

O transporte urbano, por sua importância na vida cotidiana das populações, constitui, em termos mundiais, um grande campo de pesquisa e desenvolvimento tecnológico. O aerotrem, por exemplo, ainda é uma solução em fase inicial no Brasil. O problema da integração, isto é, da passagem da velocidade pedestre à velocidade de circulação embarcada, ou entre circulações embarcadas, ainda é o grande desafio para alcançar a agilidade nos meios de transportes urbanos, pois depende de muito investimento e de boas decisões políticas.

Há necessidade de se encontrar caminhos que preparem as cidades para enfrentar os seus graves problemas de transporte urbano e para garantir melhor qualidade ambiental para a sociedade. Nesse sentido, há movimentos visando à proposição de medidas efetivas de reorganização das cidades e dos seus sistemas de transporte urbano para discussão pela sociedade e pelas entidades públicas e privadas ligadas a essas áreas. Essas propostas, assim como várias outras, feitas por entidades públicas e privadas, de ciência política e de direitos humanos, formam um quadro geral que poderia se transformar no arcabouço de um programa de ação efetivo para o país, pactuado no âmbito de uma ampla discussão na nossa sociedade.

Uma avaliação mais aprofundada dessas questões também pode ser encontrada nos seguintes capítulos deste livro: capítulo 19, "Nas Cidades e Edificações"; e capítulo 20, "No Mundo da Urbanização".

Transportes alternativos

Além dos diversos meios de transporte já citados, existem muitos outros alternativos que, embora de menor eficiência e capacidade, são ainda muito utilizados pelas comunidades. Dentre eles: motocicleta, bicicleta, ultraleve, animais de montaria, de carga e de tração, força do próprio homem, asas-deltas, veículos movidos a motor-ventilador para deslocamento em regiões alagadas e cobertas por vegetação, trenós, naves espaciais e outros menos usuais.

Os transportes alternativos, em sua maioria, são pouco poluentes e facilitam a integração entre os meios de transporte de maior capacidade de carga e o deslocamento de pessoas.

A humanidade tem procurado transportes alternativos àqueles mais poluentes, principalmente aos que utilizam derivados do petróleo. Na medida em que os níveis de poluição nas grandes cidades forem ultrapassando os limites de sustentabilidade, os meios de transporte alternativos e ambientalmente mais adequados deverão se tornar mais populares.

OS MODAIS DE TRANSPORTE, O MEIO AMBIENTE E A ENERGIA DE TRAÇÃO

A seguir, apresenta-se uma visão sucinta da integração do setor de transportes com o meio ambiente, com foco principal na produção e no consumo de energia das diversas tecnologias de tração.

Conforme visto no início deste capítulo, o setor de transportes enfocado em seu total, considerando sua construção e operação, apresenta grande número de impactos ambientais, como pode ser visto, de forma resumida, no Quadro 17.1, para o modal rodoviário.

NOS TRANSPORTES | 639

Quadro 17.1 – Aspectos e impactos ambientais do transporte rodoviário.

Aspectos ambientais	Impactos ambientais
Obras civis	- Desmatamento - Danos à fauna, à flora e à paisagem - Erosão do solo - Redução de fertilidade do solo - Assoreamento de recursos hídricos
Desapropriação	- Interferência nas propriedades rurais
Remanejamento da população	- Interferência nas propriedades rurais - Deslocamento da população residente - Interferência nas atividades existentes na área - Mudanças de hábitos
Vazamento, cargas perigosas ou não	- Depleção de recursos físicos (carga) - Interferência no solo - Interferência na água
Derramamento de produtos perigosos	- Contaminação do solo - Contaminação da água
Risco de incêndio	- Interferência em áreas verdes - Interferência no ser humano - Interferência socioeconômica - Produção de resíduos
Risco de explosão	- Interferência no ser humano - Contaminação do solo - Poluição do ar - Produção de resíduos
Ruído	- Interferência no ser humano - Interferência na fauna
Risco de acidentes	- Interferência no ser humano - Interferência socioeconômica - Geração de resíduos
Risco de interrupção do fluxo de carga e passageiros	- Interferência no ser humano - Interferência socioeconômica
Risco de colisão e choque	- Interferência no ser humano - Geração de resíduos - Depleção de recursos físicos - Interferência socioeconômica

(continua)

Quadro 17.1 – Aspectos e impactos ambientais do transporte rodoviário. *(continuação)*

Aspectos ambientais	Impactos ambientais
Queimada das margens e além	- Depleção de recursos naturais - Interferência socioeconômica - Interferência na flora, na fauna e no solo - Produção de resíduos

Fonte: Reis et al. (2011).

Os impactos ambientais do transporte rodoviário podem ser positivos ou negativos, podem existir no presente ou ser um passivo ainda não reparado. Impactos ambientais remanescentes da época da construção de uma rodovia, listados no EIA/Rima, e que ainda não foram eliminados no presente, fazem parte do passivo ambiental da rodovia.

Tabelas similares podem ser desenvolvidas para os demais modais – como é feito por Reis et al. (2011) –, mas elas não incluem o impacto da produção e do consumo de energia das diversas tecnologias de tração, objetivo deste item do capítulo, que é analisado a seguir.

Modal rodoviário

O uso de derivados do petróleo no transporte rodoviário é responsável por expressiva parcela da poluição atmosférica, devido às emissões de dióxido de carbono, óxido de nitrogênio, monóxido de carbono e hidrocarbonetos.

O nível de poluição do ar é medido pela quantidade de substâncias poluentes que, devido à sua concentração na atmosfera, tornam o ar impróprio ao bem-estar público, à fauna, à flora e às atividades da população. Essa concentração é mais crítica em áreas urbanas, onde as edificações dificultam a dispersão das emissões. No caso das tecnologias de tração baseadas na utilização de derivados do petróleo, a quantidade e o tipo das emissões dependem do regime de funcionamento dos motores (elemento de tração), de sua regulagem, conservação e manutenção, da velocidade desenvolvida pelos veículos e das condições da pista e do tráfego.

Com exceção dos veículos movidos a hidrogênio, qualquer veículo que utilize energia proveniente do processo de combustão produz emissões que afetam a qualidade do ar.

Os impactos da emissão de poluentes podem ser caracterizados:

- Quanto ao valor, sendo sempre negativos, pois pioram a qualidade do ambiente.

- Quanto ao espaço, colaborando para agravar o efeito estufa, a chuva ácida e a inversão térmica, que afetam regiões em todo o mundo.

- Quanto ao tempo, atuando em longo e médio prazo, como no caso do aumento de temperatura do planeta em função do acúmulo de dióxido de carbono (CO_2) na atmosfera, e podendo ser cíclico, como no fenômeno da inversão térmica, quando as partículas suspensas no ar permanecem em baixa altitude causando sérios danos à saúde da população.

- Quanto à reversibilidade, o impacto pode ser parcialmente revertido.

- Quanto à incidência, que pode ser direta ou indireta, conforme o local afetado.

Para obtenção de baixos níveis de emissão de poluentes, não é necessário apenas a existência de motor de tecnologia avançada, mas também de combustíveis adequados, que possam reduzir os danos ao meio ambiente — como nos casos do etanol (álcool), no Brasil, e do metanol (obtido a partir do milho), nos Estados Unidos.

A crescente preocupação com o meio ambiente tem estimulado estudos e pesquisas para a utilização de fontes alternativas de energia. Observa-se, atualmente, uma grande tendência mundial para o desenvolvimento de veículos movidos a gás natural, hidrogênio (células a combustível) e eletricidade. Os fabricantes não sabem prever até quando o motor tradicional a explosão estará em uso, mas apesar dos avanços nas tecnologias alternativas, elas ainda não conseguiram ser desenvolvidas para que os veículos se tornem mais baratos e acessíveis, com autonomia suficiente para satisfazer o consumo de massa.

Soluções híbridas têm sido desenvolvidas, nas quais as fontes alternativas são utilizadas nas cidades, enquanto o combustível tradicional do veículo (álcool, gasolina, gás, diesel ou outros) é usado nas rodovias, onde o fator poluição é menos concentrado.

A queima indevida de pneus usados nos centros urbanos e a sua disposição inadequada nos nos rios também provocam poluição considerável nas grandes cidades.

O derramamento dos combustíveis nos postos de abastecimento devido a acidentes e trabalhos de manutenção também causa impactos ambientais no local de ocorrência, cuja magnitude e importância vai depender principalmente do tipo de combustível e das condições do local.

Outros tipos de ações também têm sido efetuadas buscando maior eficiência das tecnologias de tração veicular, rodízio de veículos etc. Essas ações são apresentadas em maior profundidade mais adiante neste capítulo.

Modal ferroviário

Os principais poluentes gerados no processo necessário para a movimentação da composição ferroviária são: os subprodutos da combustão do óleo diesel; o desgaste das pastilhas dos freios (composto por pó de amianto ou similar); sucateamento das unidades; poluição sonora; resíduos sólidos, líquidos e gasosos gerados na manutenção das unidades; campo elétrico-magnético nas proximidades das linhas eletrificadas (no caso de tração elétrica); poluição estética devido a cortes, aterros e instalação de trilhos e redes aéreas; resíduos sólidos, líquidos e gasosos gerados nas estações de apoio; poluição visual nas instalações mal cuidadas; poluição do solo e da água devido ao derramamento de produtos; e poluição do solo, da água e do ar causada por acidentes com composições e cargas.

Dessa lista concisa, desenvolvida para tração com base em óleo diesel, apenas as emissões atmosféricas são diretamente associadas à produção e ao uso de energia pela tecnologia de tração. No caso da tração elétrica, quando possível, as emissões atmosféricas não existirão, configurando uma tecnologia limpa.

Modal aquaviário

Modal marítimo

Os poluentes diretos são aqueles derivados do funcionamento dos motores de propulsão. Os grandes navios de carga geram poluentes derivados da própria atividade durante as viagens.

Os navios mais modernos são equipados com maquinários destinados a processar os resíduos antes de descartá-los no mar ou destiná-los aos portos. Já os navios mais antigos dispunham seus resíduos ao longo das viagens, contribuindo para a poluição dos oceanos. Como os navios possuem grandes reservatórios de óleo combustível para consumo próprio, em caso de acidente, ocorrem derramamentos no mar. Nessas situações, as embarcações deverão dispor de planos de emergência para minimizar os impactos.

Petroleiros com milhões de barris de petróleo bruto e navios transportando combustíveis (como os navios metaneiros, que transportam gás natural liquefeito), produtos químicos, produtos perigosos e até combustível e resíduos nucleares cruzam os oceanos todos os dias interligando os países do mundo. Quando grandes acidentes acontecem, dependendo da localização das embarcações, a poluição do mar e da costa litorânea é inevitável. Diversas medidas para remediação têm sido tomadas para minimizar os impactos, mas o fato é que, uma vez ocorrido o problema, o impacto se torna chocante e praticamente irreversível. Em função da atuação de órgãos de proteção ao meio ambiente, das pesadas multas e da divulgação rápida das ocorrências, as empresas de navegação marítima têm tomado todo o cuidado possível na elaboração de planos de emergência e treinado seus colaboradores embarcados e em terra. Existem vários exemplos de grandes desastres marítimos com navios. Os acidentes ocorridos em litorais brasileiros vêm recebendo tratamento de reparação ambiental e as multas recebidas têm sido de grande vulto.

Não se pode desprezar a poluição gerada pela operação dos portos. A existência de guindastes de grande porte, caminhões, equipamentos pesados e grande quantidade de pessoas poderá causar grandes problemas ambientais, se não houver um controle constante.

Nos portos de embarque e desembarque de petróleo, inclusive no Brasil, têm ocorrido acidentes com derramamento de petróleo cru ou seus derivados com certa frequência, sendo que substâncias químicas também têm registro de derramamentos.

Os aspectos ambientais, quanto ao transporte marítimo, referem-se aos acidentes provenientes em função da movimentação de cargas, manobras dos navios e construções e reformas das instalações. Os acidentes com navios e suas cargas e equipamentos, tanto em alto-mar como na costa marítima, podem resultar em incêndios, derramamento de produtos, obstrução de canais navegáveis etc. Na região dos portos e nas rotas marítimas percorridas pelos navios, podemos encontrar, como impactos ambientais significativos, a contaminação do solo (portos) e a poluição do ar e das águas marinhas (costa marítima e alto-mar). A contaminação das águas, além de provocar uma grande mortandade da fauna e da flora marinhas na região atingida, impossibilita qualquer atividade econômica nas áreas circunvizinhas.

Modal fluvial

Como o sistema de propulsão, em geral, utiliza óleo diesel, os gases de escapamento, principalmente CO_2, irão poluir o ambiente. A concentração será muito pequena e até insignificante dada a concentração das localidades por onde as barcaças irão circular. Torna-se necessário monitorar o ajuste das bombas injetoras dos motores a diesel para evitar a geração excessiva de gases de escapamento. Todo cuidado deve ser tomado para que o trânsito de barcaças pelo leito dos rios não gere resíduos e poluentes. Além disso, há de se considerar a interação desse transporte com a questão dos usos múltiplos da água. Por exemplo, a parte navegável do rio Tietê, no estado de São Paulo, sofre impacto da poluição despejada no rio pela cidade de São Paulo e cidades ribeirinhas rio abaixo, que já chegaram à sua foz em confluência com o rio Paraná, também navegável. Espera-se que a rota fluvial de comércio venha a ser mais um argumento a favor da limpeza do rio, inclusive com a conscientização das pessoas e dos usuários das embarcações. Outro tipo de poluição que a intensificação do trânsito de embarcações poderá causar é a sonora, que poderá incomodar os habitantes ribeirinhos e provocar alterações na fauna e na flora.

A possibilidade de eventual acidente com carga perigosa justifica estudos para viabilizar e implantar planos de controle de riscos para cada tipo de atividade e diferentes dimensões de embarcações e cargas. O setor de meio ambiente necessita manter controle sobre o cumprimento das legislações pertinentes.

Os impactos ambientais positivos com a implantação dos corredores de transporte de cargas, turismo e comércio fluvial são vários. Dentre eles, se destacam:

- Desenvolvimento das cidades onde são instalados os terminais de carga.
- Geração de empregos.
- Desenvolvimento da indústria naval.
- Fomento ao turismo.
- Desenvolvimento do comércio das regiões envolvidas.
- Geração de riqueza para o interior do país.
- Pesca esportiva, na qual o peixe pescado é devolvido ao rio.
- Turismo ecológico: no rio Amazonas e no Pantanal, onde os turistas recebem informações para conscientização ambiental, como evitar

jogar latas de lixo no rio e, em acontecimento, interromper a viagem para recuperá-las, bem como disponibilizar balanças e usá-las nos barcos turísticos para a pesagem dos peixes pescados a bordo.

Os impactos ambientais negativos são relativos ao controle do meio ambiente, dentre os quais se destacam:

- Assoreamento e desbarrancamento das margens dos rios, provocados por manobras das barcaças nas curvas, principalmente nas épocas de seca.

- Destruição da mata ciliar, que além de outras funções serve como alimento para os peixes.

- Impactos no desenvolvimento normal dos peixes e da fauna do rio.

- Trânsito constante de barcaças que importuna as populações ribeirinhas dos rios, não trazendo nenhuma contraposição positiva para elas, isto é, não gerando progresso.

- Alteração da rotina das comunidades ribeirinhas.

- O desassoreamento dos leitos dos rios, necessário para aprofundar a calha e permitir o transporte de maior tonelagem, que se não for efetuado com os necessários cuidados ambientais, poderá gerar impactos desastrosos para os ecossistemas: geração de resíduos, alteração da mata ciliar, danos à fauna e flora e poluição.

Cabe salientar que a implantação das rotas fluviais, execução de desassoreamento ou qualquer licitação ou trabalho de vulto que envolva a exploração de rotas fluviais depende de elaboração de EIA/Rima com o processo e as atividades que o sistema exige.

Modal aéreo

O ruído é o maior problema da população que reside próximo aos aeroportos. A tecnologia tem procurado resolver o problema, mas, por enquanto, uma solução é proibir a operação de alguns tipos de aviões em aeroportos dentro de áreas densamente povoadas (exemplo: os aviões que superam a barreira do som). A poluição resultante da queima do combustível pode alterar o meio ambiente como um todo, porém, para a atmosfera das grandes cidades, não chega a ser muito significativa, levando em consideração os diversos outros tipos de poluentes existentes.

Em caso de acidentes, a maioria seguida de explosão, o transporte aéreo causa problemas localizados e as medidas mitigadoras minimizam as consequências advindas dos resíduos. Os resíduos resultantes da operação da aviação de carga e de passageiros são tratados conforme legislação pertinente.

A destinação dos resíduos de bordo é realizada nos aeroportos. A operação dos próprios aeroportos gera resíduos tanto operacionais como resultantes dos setores de manutenção.

Visão geral do cenário do transporte urbano e dos transportes alternativos

Transporte urbano

No caso do transporte urbano, convivem diversas das formas de transporte enfocadas anteriormente. Do ponto de vista de geração de poluentes, o enfoque se torna mais complexo devido à dificuldade de modelar o efeito conjunto dessas formas de transporte, acrescido das diversas outras fontes que ocorrem no meio urbano. Em uma análise desse tipo, é preciso considerar:

- O crescimento desordenado das cidades, com a geração de crescente miséria para toda a sociedade, especialmente para os setores de baixa renda, com grandes impactos negativos no meio ambiente, nos patrimônios histórico e arquitetônico e na eficiência da economia urbana.

- A degradação crescente da qualidade da vida urbana, traduzida pela queda da qualidade do transporte público – do qual depende a maioria da população, pela redução da acessibilidade das pessoas ao espaço urbano, pelo aumento dos congestionamentos, da poluição atmosférica e dos acidentes de trânsito e pela invasão das áreas residenciais e de vivência coletiva por tráfego inadequado de veículos.

Transportes alternativos

Embora em menor quantidade, os veículos alternativos motorizados contribuem para aumentar a poluição do ar das grandes cidades (motos, helicópteros, barcos, pequenos aviões, dentre outros). A poluição do solo por descarte de componentes usados, pneus, baterias e óleos também é considerável, principalmente quando o descarte do resíduo for inadequado.

Muitos transportes alternativos contribuem para evitar o crescimento da poluição causada pelos meios de transportes quando não usam combustíveis poluentes ou usam combustíveis menos poluentes (carros e ônibus a gás, bicicletas, carros elétricos, tração animal e outros).

Algumas alternativas para controlar a poluição provocada pelos veículos automotores em áreas urbanas são a extensão da malha ferroviária, principalmente metrôs; o controle do fluxo de veículos em circulação; o controle de regulagem de automóveis e caminhões; a utilização de mais pessoas por condução; e a conscientização da população.

UTILIZAÇÃO DA ENERGIA DE TRAÇÃO NOS VÁRIOS MODAIS DE TRANSPORTE

Tração no modal rodoviário

A utilização da energia de tração no transporte rodoviário, em nosso país, de certa forma se insere na cultura no desperdício, além de ser parte primordial do consumismo.

Os meios de comunicação e a propaganda têm introduzido cada vez mais, em nossas casas e em nossas consciências, a moda da mecanização excessiva, ou seja, do excesso de conforto. Esta é uma das principais causas da deterioração dos sistemas de transporte coletivo das cidades e do estímulo ao uso crescente do automóvel.

A mesma quantidade de combustível consumido por um carro para conduzir uma só pessoa para o trabalho ou para a escola poderia ser utilizada, em outro tipo de veículo, para conduzir dez ou vinte pessoas em um sistema de transporte coletivo. Se esse veículo, por exemplo, for movimentado por motor elétrico (trólebus), além de consumir muito menos energia e ter uma durabilidade muito maior, não poluirá o meio ambiente com fumaça, monóxido de carbono, aldeídos e outras emissões tóxicas originadas da combustão.

Nas estradas, pode-se observar algo similar. As viagens de fins de semana, que no passado poderiam ser feitas em confortáveis trens elétricos, com uma só máquina conduzindo inúmeros vagões, hoje são realizadas em automóveis, lotando as estradas, que se tornam cada vez mais insuficientes, provocando acidentes e consumindo milhões de litros de gasolina ou de álcool.

Um automóvel de tamanho médio ocupa cerca de 4 m de uma via pública. Um ônibus razoável transporta cerca de quarenta pessoas confortavelmente sentadas, ocupando não mais que 12 m de via pública: três vezes mais espaço, para transportar vinte a quarenta vezes o número de pessoas! Naturalmente, os ônibus deslocam-se devagar na cidade, por causa do congestionamento, pois a área total utilizada pelos ônibus para transportar todos os passageiros seria dezenas de vezes menor que a ocupada pela soma dos automóveis (devendo-se considerar ainda que 4 milhões de automóveis representam uma capacidade instalada equivalente a de uma usina de 300 giga watts, ou seja, quase o necessário para produzir toda a energia consumida na Suíça).

O transporte rodoviário é responsável por cerca de 90% do consumo de combustíveis derivados do petróleo em todo o mundo, que são tradicionalmente a gasolina e o óleo diesel.

Muitos países estão em busca de novas tecnologias para modificar a composição química desses combustíveis tradicionais, tornando-os mais limpos e diminuindo a emissão de poluentes, sem comprometer o desempenho dos veículos. Uma das formas é por meio da adição de componentes que tornem a queima do combustível mais completa, evitando a emissão de grande volume de poluentes indesejáveis.

Além disso, estão utilizando e buscando fontes de energia alternativas, dentre as quais as mais comuns são: metanol, etanol, biodiesel, gás natural veicular comprimido (GNV), gás liquefeito de petróleo (GLP), óleos vegetais, eletricidade, energia solar e hidrogênio (via células a combustível).

No Brasil, o álcool combustível (etanol) já está misturado na gasolina em porcentagem crescente ao longo do tempo, atualmente, em torno de 25%, ou seja, um quarto do combustível total. A utilização de apenas álcool combustível nos veículos, como já apresentado anteriormente, passou por um período de grande sucesso, foi descontinuado e atualmente retornou nos veículos *flex-fuel*, sendo muito dependente da política governamental, que é bastante mutável. Quanto aos combustíveis renováveis, há ainda o biodiesel e o uso de outros óleos vegetais, assunto tratado mais detalhadamente nos capítulos 9, "Biomassa e Bioenergia", e 13, "Outras Tecnologias Energéticas", deste livro. O GNV é usado em pequena proporção por causa de limitações associadas principalmente com a disponibilidade de gás e a rede de abastecimento. A eletricidade como energia de tração rodoviária ainda se encontra em fase inicial no país, tendo sofrido atraso devido à falta de política de longo prazo e à descoberta das jazidas de petróleo e gás do pré-sal.

Considerando o mundo como um todo, esses tipos de energia podem ou não competirem com os combustíveis tradicionais, dependendo das condições oferecidas por cada país para sua utilização.

Tração no modal ferroviário

As fontes de energia utilizadas para a propulsão das unidades no transporte ferroviário são obtidas por meio de:

- Queima de biomassa (antigas locomotivas a vapor).
- Queima de óleo mineral (motor diesel).
- Energia elétrica.

Uma das vantagens do sistema ferroviário sobre o transporte rodoviário é o melhor desempenho energético devido ao baixo atrito entre as rodas e os trilhos de aço, o que se reflete em menor consumo de energia. Outra vantagem importante é a necessidade de poucas interrupções durante o trajeto (o que diminui as perdas e os transitórios devido a frenagens e acelerações), já que o trânsito pelos trilhos é praticamente livre.

No Brasil, o início do transporte ferroviário foi impulsionado pela utilização da lenha. A Mata Atlântica era vista pelos empreendedores como uma enorme biomassa a ser queimada. Com o passar do tempo e o advento de novas tecnologias, as máquinas a vapor foram sendo substituídas por máquinas mais modernas.

Para o transporte ferroviário, hoje em dia, são utilizados os seguintes tipos de energia:

- Óleo diesel.
- Eletricidade.

Um litro de óleo diesel transporta, por quilômetro, uma carga de 30 toneladas por rodovia (30 t.km); 125 toneladas por ferrovia (125 t.km) e 575 toneladas por hidrovia (575 t.km).

Tração no modal aquaviário

Tração no modal marítimo

O combustível mais utilizado no transporte marítimo é o óleo diesel. A propulsão à energia nuclear é utilizada em submarinos.

No século passado, era usada a propulsão pelo vento por meio de barcos à vela; hoje em dia, esse tipo de propulsão é utilizada como meio de esporte e em pequenas embarcações de pescadores. Nos primórdios da humanidade, era utilizada a força humana nos barcos a remo. O remo ainda é utilizado pelos índios, populações ribeirinhas dos locais mais remotos e também nas competições esportivas. Os grandes navios eram impulsionados pela energia do vapor. Os barcos a vapor utilizam como combustível o carvão ou a lenha e provocam mais poluição ao meio ambiente.

Pela grande tonelagem dos navios atuais, a relação energia/carga torna-se econômica, visto que o esforço mecânico é praticamente constante durante os grandes trajetos e a maior quantidade de energia é gasta para sair da inércia.

O desenvolvimento de novos tipos de energia para a navegação de cabotagem poderá vir a ser, no futuro, um fator de redução dos custos desse tipo de transporte.

Tração no modal fluvial

No transporte fluvial, as barcaças que são usualmente deslocadas por empurradores com motor alimentado por óleo diesel, não possuem muitas alternativas quanto ao tipo de combustível.

A potência necessária para deslocar a carga é muito menor em comparação com o transporte rodoviário, representando muita economia de energia: uma chata com 120 m de comprimento e 11 m de largura pode flutuar com até 1,2 mil toneladas de carga – capacidade similar a de 42 caminhões na estrada. A barcaça é empurrada ao ritmo de 14 quilômetros/hora, por um empurrador com apenas três vezes a potência de uma carreta. Esse exemplo deixa clara a economia necessária para deslocar a carga, comparativa com os outros modais. Essa vantagem pode ser resumida na verificação da capacidade de transporte de um litro de óleo diesel, por quilômetro, nos principais modais: 30 toneladas por rodovia; 125 toneladas por ferrovia e 575 toneladas por hidrovia.

Tração no modal aéreo

A gasolina de aviação e o querosene são os combustíveis mais usados na maioria das aeronaves. O querosene é usado nos jatos turbo hélice e nos *turbofan*. Os aviões com motores à hélice utilizam a gasolina de aviação como combustível.

O maior consumo de combustível é na decolagem e na aterrissagem. Nos voos panorâmicos esportivos, com planadores, asa-deltas e seus sucessores, utilizam-se apenas as correntes de ar para sustentação, podendo permanecer horas no ar sem que qualquer combustível seja utilizado, a não ser o esforço humano. Os ultraleves em geral utilizam motores de combustão comum (automotivo) e o uso de combustível de aviação também é comum. O consumo é compatível ao dos veículos automotores. Recentemente, no esporte, está sendo utilizada a asa-delta motorizada, que utiliza combustível comum. Os helicópteros utilizam combustível de aviação, e o consumo é inferior ao dos aviões. Os pequenos aviões e jatos também utilizam a gasolina de aviação. Os dirigíveis, movidos a ar quente, acionados por um maçarico a gás, também têm sido usados para voos panorâmicos e para divulgação e marketing de empresas. Os balões a gás têm participado de grandes competições panorâmicas em diversas partes do globo, inclusive conseguiram dar a volta completa na Terra em passado recente. Também utilizam o gás como combustível de aquecimento do ar. Os foguetes aeroespaciais utilizam a reação entre gases como fonte de propulsão para vencer a atmosfera da Terra e a força da gravidade. Uma vez no espaço, utilizam os motores para acelerar e para retornar à atmosfera terrestre.

Visão geral do cenário do transporte urbano e dos transportes alternativos

Transporte urbano

No transporte urbano, os combustíveis mais utilizados são a gasolina, o etanol e o óleo diesel. Em menor escala, no Brasil, usa-se o gás natural, que, após fase de grande expansão, está agora em compasso de espera, devido principalmente a limitações na rede de distribuição. Há mistura de etanol na gasolina e de bioetanol no diesel para reduzir principalmente a poluição nos grandes centros urbanos.

Transportes alternativos

Dentre os meios de transporte que dependem do esforço humano (caminhada, bicicleta, remo e muitos outros), a energia necessária é aquela transformada no metabolismo do organismo humano. Já os veículos de deslocamento e esportes individuais consomem pouca energia, mas, em compensação, a relação carga/potência é também pequena. Os meios de transporte automotores alternativos ainda carecem de desenvolvimento do estado da arte e mudanças de hábitos para que sejam viáveis. Muitas experiências vêm sendo desenvolvidas com combustíveis alternativos, intercambiáveis e mais eficientes para transporte, principalmente coletivo, mas suas efetivações dependem sobretudo de aspectos econômicos, de decisão política e também de conscientização ambiental coletiva. A viabilização de certos transportes com energia alternativa (solar, células a combustível, óleos vegetais, elétrica, gás e muitos outros) depende do esgotamento dos mananciais atuais ou da inviabilização ambiental das fontes energéticas usadas nos meios de transportes hoje em dia. Estudos e testes científicos estão em andamento.

O SETOR DE TRANSPORTES E A SUSTENTABILIDADE ENERGÉTICA

Conforme se viu, a busca de sustentabilidade energética do setor de transportes, no mundo todo, é um enorme desafio. Nesse cenário, a mitigação dos impactos ambientais atmosféricos e a mudança de hábitos (culturais) ocupam lugares de destaque, ao lado de soluções aventadas para a sustentabilidade energética, como o aumento da eficiência energética, do uso de combustíveis renováveis e de fontes de energia alternativas.

Além disso, muito pode ser feito pela logística de transportes, orientada para o aproveitamento das sinergias positivas das diversas tecnologias, dos diversos combustíveis e dos diversos modais.

Mitigação dos impactos ambientais atmosféricos

No caso do setor de transportes, a mitigação dos impactos ambientais atmosféricos apresenta relação direta com as ações já citadas, associadas ao uso eficiente da energia, ao aumento da utilização de combustíveis renováveis e de fontes energéticas alternativas, à logística de transportes por meio de políticas e práticas orientadas à redução e/ou racionalização do uso de transportes motorizados e à promoção da transferência das viagens para equipamentos ou modais mais eficientes e menos impactantes.

Uso eficiente da energia

O aumento da eficiência no uso da energia no setor de transportes, mesmo no caso da utilização de combustíveis fósseis, é uma das principais vertentes orientadas à mitigação dos impactos ambientais atmosféricos do setor. Assim, detecta-se, no cenário mundial atual, grande esforço para reduzir o consumo energético, principalmente no transporte rodoviário, o mais utilizado.

No caso dos veículos movimentados por motores de combustão interna (MCI), que configuram a grande maioria dos equipamentos usados no transporte rodoviário, esse esforço tem apresentado avanços positivos, mas lentos, com algumas dificuldades cuja solução ainda deve consumir uma ou mais décadas.

Usualmente, entre 70 e 80% da energia química do combustível armazenado no tanque do veículo é perdida na forma de transferência de calor e/ou exaurida com os gases pelo escapamento. O restante é convertido em energia mecânica, que será usada para o deslocamento. Essa energia mecânica ainda está sujeita às perdas que ocorrem no sistema de transmissão (*powertrain*), entre 17 e 40%. Logo, para que o veículo efetivamente se movimente, vencendo as resistências ao rolamento, aerodinâmica, inércia e de rampa, resta entre 15 e 25% da energia originalmente armazenada no tanque de combustível.

De uma forma geral, todos os componentes da cadeia energética apresentada têm sido objeto de ações visando ao aperfeiçoamento e aumento de rendimento. Mas é importante lembrar que aumentos de rendimento localizados desses componentes dificilmente se refletirão diretamente e na mesma proporção no consumo de energia.

Uma das formas utilizadas para diminuir as perdas é a utilização de novas tecnologias e novos materiais. No caso específico do Brasil, há um grande potencial de redução de consumo de combustível pela frota de veículos, devido à defasagem tecnológica existente com relação aos mercados automotivos mais avançados, por diversos motivos, principalmente de ordem política, institucional e de organização e postura estratégica empresarial, que não cabe aqui discutir.

Podem-se citar, no país, algumas ações voltadas a estimular a introdução dos veículos mais avançados, como o Programa Brasileiro de Etiquetagem Veicular. Mas o que tem se observado, com relação a esse programa, é a baixa taxa de adesão por parte dos fabricantes e falta de conscientização dos usuários.

Nesse contexto, deve-se ressaltar que foi instituído pelo Conselho Nacional de Meio Ambiente (Conama), em 1986, o Programa de Controle da Poluição do Ar por Veículos Automotores (Proconve), baseado na experiência internacional de países desenvolvidos. Esse programa visa à redução dos níveis de emissão de poluentes nos veículos automotores por meio do estabelecimento de limites máximos de emissões para as diversas categorias de veículos e do incentivo ao desenvolvimento tecnológico nacional voltado à melhoria do funcionamento dos motores e queima perfeita de combustíveis. Em relação a esse programa, houve avanços, como a incorporação de catalisadores pelos veículos leves e a injeção eletrônica, ainda na década de 1990. Apesar disso, o aumento da deterioração da qualidade do ar, devido ao crescimento da frota de veículos automotores, incentivado por políticas governamentais inconsistentes, se tornou realidade indesejável em muitas cidades do Brasil. A adoção de medidas, em âmbito federal ou por meio de iniciativas municipais, que evitem que a situação caminhe para os níveis observados na região metropolitana de São Paulo (RMSP), os piores do país, se torna premente nessas cidades.

Outra forma de aumento da eficiência energética dos veículos que vem sendo adotada por diversas montadoras no mercado mundial é a utilização de sistemas híbridos, formados pela associação de um motor de combustão interna (ou célula a combustível), com um gerador, um dispositivo de armazenagem de energia, em sua grande maioria baterias, e um ou mais motores elétricos. Esses componentes podem ser associados de diversas formas e com diferentes características operacionais, que podem ser adaptadas às condições de tráfego. Os veículos híbridos que utilizam MCI à gasolina nas estradas e permutam para tração elétrica nas condições de trânsito mais pesado das áreas urbanas são exemplos dessa forma de busca de aumento de eficiência e redução de emissões atmosféricas.

Outra solução importante para o aumento do rendimento, principalmente do ponto de vista operacional, está relacionada à utilização de tecnologias baseadas no armazenamento de energia durante a frenagem para uso posterior como propulsora do veículo. Acumuladores hidráulicos, nos quais um gás é comprimido por efeito de pressão hidráulica fornecida durante a frenagem (ou por uma bomba impulsionada pelo motor de combustão interna) e que, quando expandido, é usado para acionar um motor hidrostático, já estão disponíveis no mercado e apresentam características compatíveis para aplicação em caminhões de entrega e ônibus urbanos.

Ultracapacitores capazes de acumular muito rapidamente uma grande quantidade de carga elétrica, recuperada na hora da frenagem, por exemplo, para liberá-la posteriormente de maneira instantânea, também são exemplos dessas tecnologias de armazenamento.

Aumento da utilização de combustíveis renováveis e de fontes alternativas de energia

A mitigação dos impactos atmosféricos do setor de transportes também pode ser obtida por meio do uso de combustíveis renováveis ou fontes alternativas de energia com menores taxas de emissão de resíduos atmosféricos, ou até mesmo nenhuma. Nesse cenário, se integram os biocombustíveis e as fontes alternativas de energia para transporte, compreendendo o gás natural, o hidrogênio e a energia elétrica (por meio dos carros elétricos). Essas alternativas tecnológicas são tratadas separadamente e de forma sucinta a seguir.

Biocombustíveis no setor de transportes

A participação dos biocombustíveis no setor de transportes tem aumentado continuamente, tanto mundialmente como no Brasil. Em termos mundiais, sua participação no consumo de combustíveis do transporte rodoviário atingiu 2% em 2008 e deve chegar a 8% em 2035 (IEA, 2010), sendo os Estados Unidos, o Brasil e a União Europeia os maiores produtores, nessa ordem. No Brasil, a participação de renováveis na matriz energética de transportes é a maior do mundo (18,8% em 2009) e continua crescendo.

Além do uso direto do etanol no país, há mistura do etanol na gasolina, hoje em nível de 25%. Nos motores a diesel, há mistura de biodiesel. Em termos mundiais, apesar de quase toda a produção de biocombustíveis líquidos produzidos ter sido usada no transporte rodoviário, projetos recentes de demonstração na Inglaterra, na Austrália e no Japão comprovam seu alto potencial de uso em grande escala na aviação e na navegação. No Brasil, misturas contendo 20% de biodiesel com o diesel mineral (B20) já foram testadas com sucesso em locomotivas.

Biocombustíveis compatíveis com óleo diesel e gasolina têm tido boa taxa de introdução no setor de transportes, puros ou misturados com os derivados de petróleo, principalmente por não exigirem modificações significativas nos motores.

ENERGIA E SUSTENTABILIDADE

Os processos de produção de biocombustíveis compatíveis com óleo diesel e gasolina se encontram em diferentes estágios de desenvolvimento tecnológico, incluindo muitos processos mais recentes, conforme pode ser visto na Figura 17.7, que inclui os denominados biocombustíveis convencionais e os avançados.

Figura 17.7 – Processos de produção de biocombustíveis para o transporte.

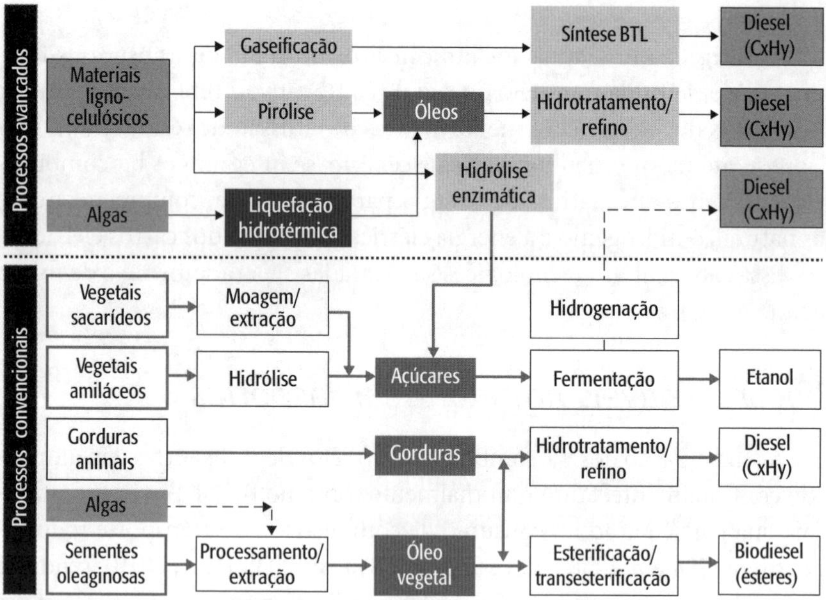

Fonte: PBMC (2013).

Os processos convencionais, da denominada 1ª geração, podem ser classificados, conforme suas rotas de produção, em: químicos, como a esterificação, transesterificação e hidrotratamento de óleos vegetais e gorduras; e bioquímicos, como a fermentação dos açúcares produzidos por hidrólise de vegetais amiláceos, assim como milho, mandioca e batata, ou por fermentação de vegetais com alto teor de sacarídeos, como a cana-de-açúcar e a beterraba, por exemplo.

Esses processos, no Brasil, são dominados e estão em uso corrente (exceto pela obtenção de etanol por hidrólise de mandioca, descontinuada por razões econômicas e energéticas), mas o uso de algas para a produção de biocombustíveis está ainda em fase de pequenos projetos-piloto.

Os processos avançados, das denominadas 2ª a 4ª geração, se baseiam no uso de materiais lignocelulósicos, como madeira, restos de madeira, resíduos vegetais, grama, algas e outros. Os principais processos são:

- Os processos termoquímicos, que incluem a gaseificação, a pirólise (processos que se espera estarem disponíveis em escala industrial entre 5 e 10 anos) e a liquefação hidrotérmica, ainda em estágio de desenvolvimento.

- Os processos químicos, como a conversão via síntese BTL (*biomass to liquids*), que engloba a síntese catalítica de Fischer-Trospch (FT). Apesar de ser um processo conhecido há quase 100 anos, a aplicação da síntese FT em larga escala ainda não se consolidou industrialmente. Pode-se tornar economicamente viável em até 5 anos.

- Os processos bioquímicos, como a hidrólise enzimática de materiais celulósicos e a fermentação de caldo de cana-de-açúcar para a produção de óleo diesel e outros hidrocarbonetos.

Pode-se citar ainda, no Brasil, o processo baseado na fermentação do caldo de cana-de-açúcar para a produção de diesel e outros hidrocarbonetos no mercado nacional, ainda em fase inicial.

Conforme já ressaltado, maiores informações sobre esses assuntos podem ser encontradas nos capítulos 9, "Biomassa e Bioenergia", e 13, "Outras Tecnologias Energéticas", deste livro.

Fontes alternativas de energia no setor de transportes

Diversas fontes alternativas de energia podem ser consideradas para aplicação no setor de transportes, como mostrado na Figura 17.8, que ressalta as principais fontes alternativas aos produtos tradicionais do petróleo, gasolina e óleo diesel. Elas são o gás natural veicular (GNV), o hidrogênio e a eletricidade, por meio dos carros elétricos, híbridos ou não.

Iniciativas para a promoção do uso do GNV no transporte público urbano foram realizadas, no Brasil, na década de 1980. No entanto, a inexistência da produção em larga escala de veículos coletivos a gás natural, a baixa qualidade do gás natural distribuído, a falta de disponibilização do suprimento de gás natural na maior parte do país e razões específicas do comportamento dos usuários debilitaram essas iniciativas e resultaram em uma situação atual de estagnação.

Figura 17.8 – Fontes de energia e o setor de transportes.

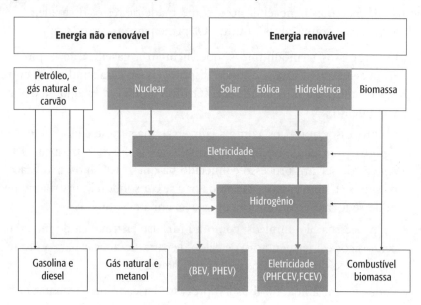

BEV – Veículo elétrico à bateria; PHEV – Veículo elétrico híbrido carregável (por meio de conexão à rede); FCEV – Veículo elétrico com célula a combustível; PHFCEV – Veículo elétrico híbrido com célula a combustível carregável (por meio de conexão à rede).

Fonte: Grimoni (2011).

Já o hidrogênio é um gás inodoro, incolor, muito leve e não tóxico, com o dobro da densidade energética do gás natural. Sua combustão libera apenas água e calor. Por outro lado, não se encontra disponível na natureza em sua forma elementar (H_2) e, uma vez produzido, é necessário estocá-lo e distribuí-lo de forma a se adaptar às necessidades do setor de transporte. Em sua forma liquefeita (-253 °C), o hidrogênio ocupa um espaço 600 vezes menor do que em estado gasoso, sendo esta a forma utilizada para seu transporte em grande quantidade. A principal possibilidade para utilização de hidrogênio em veículos é por meio de células a combustível (*fuel cells*), que têm sido utilizadas, ainda em quantidade muito pequena, no transporte urbano (ônibus de grande porte) e em automóveis híbridos. No Brasil, a tecnologia de células a combustível no setor de transportes é incipiente.

Comparativamente aos veículos tradicionais, os veículos elétricos apresentam diversas vantagens, dentre elas, grandes ganhos de eficiência, como pode ser visto na Figura 17.9.

Figura 17.9 – Comparação da eficiência dos veículos elétricos em relação aos veículos com MCI (motores de combustão interna).

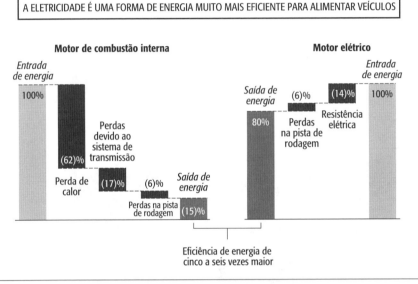

Fonte: Grimoni (2011).

Os veículos elétricos movidos à bateria (*battery electric vehicles* – BEV), como os indicados na Figura 16.8, embora não emitam poluentes atmosféricos, ainda apresentam dificuldades de entrada em massa no mercado, principalmente relacionadas com custo, peso, infraestrutura e logística de recarga ou reposição das baterias. Embora esteja havendo grande e rápido avanço tecnológico, as baterias ainda são mais pesadas que um tanque de combustível, e a limitação de sua capacidade de estocagem energética acaba restringindo a autonomia do veículo. Além disso, o tempo de duração da recarga, de várias horas, é uma desvantagem com relação aos veículos movidos a combustíveis líquidos, cujo abastecimento toma apenas alguns minutos.

A Figura 17.10 apresenta exemplos de veículos de transporte pessoal disponíveis no mercado mundial, que utilizam eletricidade como fonte única de energia ou em sistemas híbridos.

Figura 17.10 – Veículos elétricos de transporte pessoal.

PHEV ou EREV	EV
Saturn VUE (2011)	Nissan Leaf (2010) — Daimler Smart ForTwo (2010)
Chevrolet Volt (2011)	Mitsubishi iMIEV (2010), com alcance de 100 milhas; PG&E, em demonstração
Ford Escape (2008) — Ford/Eaton Caminhão de serviços (Frota de 10 caminhões para concessionárias)	Dodge ZEO, com alcance de 150 a 200 milhas (carro-conceito)
Toyota Prius PHEV (2009) — VW Golf TwinDrive autonomia de 30 milhas, frota de 20 carros (2009)	Subaru R1e (2008)

PHEV – Veículo elétrico conectável à rede; EREV – Veículo elétrico com alcance estendido; EV – Veículo elétrico.

Fonte: Grimoni (2011).

A infraestrutura e a logística de recarga também são, no momento, desvantagens com relação aos veículos movidos a combustíveis líquidos. A difusão de postos de recarga e a evolução dos sistemas elétricos inteligentes (*smart systems*), que permitirão recarga na própria empresa ou residência do proprietário do veículo, são soluções para esses problemas, mas que ainda demandarão tempo para efetiva implantação. A implantação de logística baseada na criação de postos de troca de baterias também tem sido estudada.

Atualmente, os principais esforços no desenvolvimento dos veículos elétricos estão direcionados para as baterias. Dentre as tecnologias existentes, podem-se citar as baterias de níquel metal-hidreto metálico (Ni-MH), que possuem o dobro da densidade energética das baterias de chumbo-ácido, permitindo autonomia de cerca de 100 km, e as baterias de íon de lítio, que possuem o dobro das baterias Ni-MH, com autonomia superior a 200 km.

Outro aspecto importante da inserção do carro elétrico, que configura um desafio à mudança de hábitos, é quanto à limitação da velocidade em valores menores que a dos veículos tradicionais. O silêncio total do motor em funcionamento é também apontado como um fator no mínimo estranho por parte dos condutores.

Por esses motivos, há alguns anos a indústria parece ter privilegiado os carros híbridos, que aliam a potência do motor a gasolina com a economia do motor elétrico. Soluções híbridas têm sido desenvolvidas, nas quais as fontes alternativas são utilizadas nas cidades, enquanto o combustível tradicional do veículo (álcool, gasolina, gás, diesel ou outros) é usado nas rodovias, onde o fator poluição é menos concentrado.

Estudos indicam que os carros elétricos devem ganhar mais espaço nas megalópoles a partir de 2015.

Logística: redução e racionalização do uso de transportes motorizados e transferência para meios de transporte mais eficientes e menos impactantes

Redução e/ou racionalização do uso de transportes motorizados

No caso do transporte de passageiros, a redução e/ou racionalização do uso do transporte motorizado envolve ações relacionadas à gestão da mobilidade. Diversas sugestões para isso aparecem na literatura e nas discussões sobre esse tema, como, dentre outras: limitação ou falta de incentivo ao uso do automóvel, por meio de cobrança de pedágio, implantação de rodízio ou aumento do custo de estacionamento; incentivo às práticas de compartilhamento de veículos e adoção de formas não presenciais de trabalho ("teletrabalho"), de troca de informações ("teleconferência") e de aquisição de bens ("telecompras"), por meio da telemática, que podem ser implantadas em separado ou mesmo conjuntamente.

No entanto, a adoção dessas sugestões apresenta, dentre outros, dois problemas adicionais, relacionados à mudança de hábitos (aspecto predominantemente cultural, já abordado em outras partes deste livro) e à disponibilização de infraestrutura adequada, que pode ser um desafio altamente complexo e até mesmo inexequível, principalmente nos grandes centros urbanos.

A mudança de hábitos deverá requerer, dentre outras atividades, campanhas informativas e educativas voltadas para a adoção de práticas ambientalmente sustentáveis no setor de transportes e para a prática consciente da mobilidade sustentável.

Com relação à disponibilização de infraestrutura adequada, é preciso considerar que nenhuma mudança de hábito deve ser colocada em prática enquanto não houver a infraestrutura necessária para que ela possa ser absorvida pela população. Isso pode envolver também a adoção de políticas de uso e ocupação do solo que permitam proximidade entre as zonas habitacionais e aquelas onde existe oferta de empregos e lazer. A falta da infraestrutura pode não só colocar em risco a campanha de mudança de hábitos, como também retirar a eventual boa ideia do cenário por um longo tempo.

No que se refere ao transporte de carga, a situação se torna bem mais complexa, por envolver outros tipos de atores, com maior poder de pressão política e econômica do que os passageiros individuais. De qualquer forma, pode-se afirmar que a existência de flexibilidade no uso e na ocupação do solo que permita suprimento de produtos e serviços na proximidade das zonas de consumo é um fator facilitador da solução dessa questão.

Transferência das viagens para equipamentos ou modos de maior eficiência energética

Este item busca identificar o potencial de redução nas emissões de CO_2 por meio da substituição modal no transporte de passageiros e cargas.

No que se refere ao transporte de passageiros, as principais medidas voltadas para reduzir o impacto ambiental atmosférico do setor de transportes por meio de substituição modal se baseiam na transferência de viagens dos automóveis para os modos de transporte público e coletivo, como ônibus, trens e metrôs.

Incentivar o uso de transportes públicos coletivos depende da sua disponibilidade, o que pode ser um problema nos países em desenvolvimento, como é o caso do Brasil. Ainda assim, o potencial de atração de viagens de automóveis para esses modais depende de medidas que envolvem: integração física, operacional, institucional e tarifária entre os modais de transporte; integração entre as políticas econômica, de transporte, de saúde pública e de inclusão social; e adequação das formas como o poder público desestimula o uso do transporte individual.

Com relação ao transporte de cargas, a situação é bastante diferente, por envolver a estrutura produtiva, peculiaridades dos produtos, seu consumo e transporte. Além disso, a substituição de modal pode, em certos casos, ser impossibilitada por questões físicas e pela natureza estrutural de alguns processos produtivos.

No Brasil, a produção a ser escoada é formada, em sua maior parte, por produtos agrícolas, produtos siderúrgicos, minérios e combustíveis, incluindo o petróleo e biocombustíveis como etanol e biodiesel. A distância entre os centros produtores e consumidores é, em muitos casos, superior a 500 km, o que, junto das características dos produtos – no geral, de grande volume e baixo valor agregado –, justifica o uso de modais de grande capacidade, o que implica menor uso de energia por unidade transportada e menos emissões atmosféricas. Além das grandes distâncias, há outros fatores a serem considerados, como: o fluxo setorial e regional de produtos; a identificação dos modais mais adequados aos produtos transportados, características específicas da região, dentre outros.

Assim, no Brasil, ainda há muito a ser feito, uma vez que a oferta brasileira de transporte atual se concentra no transporte rodoviário, que é pouco apropriado para o perfil dos produtos brasileiros e apresenta deficiências, como o fato de grande parte da frota de veículos já ser ultrapassada, com problemas de manutenção e com maior consumo de combustível fóssil. Sem contar o estado deplorável, a insegurança e a falta de manutenção das rodovias, com poucas exceções.

Além disso, é importante ressaltar que, no trânsito urbano e em vias que ligam grandes centros como Rio de Janeiro e São Paulo, a quantidade de veículos causa lentidão no tráfego, aumento da poluição sonora e maiores concentrações de poluição atmosférica.

ENERGIA DE TRAÇÃO, ESTRATÉGIAS E INDICADORES PARA A MOBILIDADE SUSTENTÁVEL

O envolvimento das mais diversas áreas do saber e da multidisciplinaridade tem resultado em diversas instituições, empresas e pesquisadores que vêm se debruçando ultimamente sobre a questão dos transportes, em virtude, principalmente, do problema do aquecimento global. Nesse cenário, além dos desenvolvimentos tecnológicos e de logística apresentados anteriormente, busca-se o estabelecimento de estratégias e indicadores que possam, ao longo do tempo, conduzir à denominada mobilidade sustentável.

Pesquisas interessantes nessa área têm sido conduzidas no âmbito do World Business Council for Sustainable Development (WBCSD), em suas avaliações e projeções relacionadas à mobilidade sustentável. Uma visão geral e sucinta de pontos importantes de um dos relatórios apresentados por essa instituição, o "Sustainable Mobility 2030: meeting the challenges to sustainability, The Sustainable Mobility Project – Full Report, 2004" é apresentada a seguir, complementada por indicação dos pontos diretamente relacionados com a energia de tração, visando principalmente divulgar bases que podem ser utilizadas para maiores discussões e aprofundamentos pelo leitor.

Energia das tecnologias de tração e ações estratégicas para a mobilidade sustentável

As principais ações estratégicas recomendadas no relatório do WBCSD (2004), no sentido da construção de um paradigma sustentável de mobilidade, são:

- Garantir que as emissões dos poluentes convencionais relacionados aos transportes não constituam um problema significativo de saúde pública em qualquer lugar do mundo.

- Limitar as emissões de "gases estufa" relacionadas ao transporte em níveis sustentáveis.

- Reduzir significativamente o número de mortes ou danos graves que possam ocorrer nas estradas devido aos veículos, tanto nos países desenvolvidos como nos países em desenvolvimento.

- Reduzir o ruído causado pelos meios de transporte.

- Mitigar os congestionamentos de trânsito.

- Estreitar a lacuna existente relacionada às oportunidades de acesso à mobilidade, que inibem a possibilidade dos habitantes dos países pobres e das camadas menos favorecidas dos outros países buscarem uma vida melhor para eles e suas famílias.

- Preservar e aumentar as possibilidades e oportunidades de mobilidade para a população em geral, tanto nos países desenvolvidos como nos demais.

Dentre essas ações, as duas primeiras, voltadas ao controle de emissões, se relacionam diretamente com a energia das tecnologias de tração usadas para transporte, ao passo que a mitigação dos congestionamentos de trânsito também atua no controle dessas emissões, de forma indireta.

Energia das tecnologias de tração e indicadores de mobilidade sustentável

Os 12 indicadores sugeridos pelo WBCSD (2004) são: acessibilidade; requisitos financeiros impostos aos usuários; tempo de viagem; confiabilidade; segurança (*safety*) quanto a danos físicos e risco de vida; segurança (*security*) quanto a danos morais e de posse; emissão de gases estufa; impactos ao meio ambiente e no bem-estar público; uso de recursos naturais; implicações quanto à equidade; impacto nos gastos e retornos públicos; perspectivas da taxa de retorno ao investimento privado. Cada um deles é conceituado de forma sucinta a seguir.

- **Acessibilidade:** Indicador fundamentalmente relacionado à oportunidade que um indivíduo num certo local tem de participar de uma atividade particular ou de um conjunto de atividades.
- **Requisitos financeiros impostos aos usuários**
  - Quanto à mobilidade pessoal: parcela do orçamento pessoal (ou familiar) destinada ao transporte.
  - Quanto à mobilidade de bens: custos totais da logística por unidade (peso ou valor) movida por unidade de distância.
- **Tempo de viagem**
  - Quanto à mobilidade pessoal: tempo médio de locomoção da origem ao destino, incluindo esperas e baldeações.
  - Quanto à mobilidade de bens: tempo médio requerido para envio dos bens, da origem ao destino.
- **Confiabilidade**
  - Quanto à mobilidade pessoal: variabilidade do tempo de viagem porta a porta de um usuário típico do sistema.

- Quanto à mobilidade de bens: variabilidade do tempo da origem ao destino para modos típicos de envio.
- **Segurança (*safety*) quanto a danos físicos e risco de vida**
  - Quanto à mobilidade pessoal: probabilidade de alguém ser morto ou ferido durante o uso do sistema e o número total de mortes e ferimentos graves.
  - Quanto à mobilidade de bens: probabilidade de alguma carga ser danificada ou destruída e o valor total dos bens danificados ou destruídos em caso de acidente.
- **Segurança (*security*) quanto a danos morais e de posse**
  - Quanto à mobilidade pessoal: probabilidade de alguém ser assediado, roubado ou fisicamente agredido durante uma viagem.
  - Quanto à mobilidade de bens: para os indivíduos, probabilidade de uma encomenda ser roubada ou danificada durante o transporte; para a sociedade, em adição a isso, o valor total dos bens perdidos por conta de roubo ou pilhagem.
- **Emissão de gases do efeito estufa**: níveis de emissão de gases do efeito estufa.
- **Impactos ao meio ambiente e no bem-estar público**
  - Níveis de emissões convencionais dos meios de transporte.
  - Impactos nos ecossistemas.
  - Ruído devido aos sistemas de transporte.
- **Uso de recursos naturais**
  - Uso de energia devido aos sistemas de transporte e segurança energética.
  - Uso de terra associada ao transporte.
  - Uso de material associado ao transporte.
- **Implicações quanto à equidade**: Envolve o conjunto e a distribuição de valores de indicadores no âmbito das comunidades, estados, regiões e do mundo como um todo. O indicador equidade deve refletir a preocupação com o acesso aos sistemas de transporte, da população em geral.
- **Impacto nos gastos e retornos públicos**: Indicador que deve tentar refletir duas das maiores preocupações dos governos: financiamento

dos sistemas de transporte e os retornos financeiros que esses sistemas geram.

- **Perspectiva da taxa de retorno ao investimento privado**: Indicador que deve incluir custos (de capital e operação); retornos privados de capital; retornos garantidos pelos governos ("ajuda para lançamento", subsídios operacionais, fundos públicos para financiar o capital etc.); e os custos impostos pelas políticas regulares.

Uma análise expedita permite verificar que a energia das tecnologias de tração do setor de transportes tem impacto direto nos seguintes indicadores:

- Emissão de gases do efeito estufa.
- Impactos ao meio ambiente e no bem-estar público, no que se relaciona aos níveis de emissões convencionais dos meios de transporte.
- Uso de recursos naturais, no que se relaciona ao uso de energia devido aos sistemas de transporte e segurança energética.

REFERÊNCIAS

[DOE] DEPARTAMENT OF ENERGY. *The smart grid: an introduction*. Disponível em: http://www.oe.energy.gov/smartgrid.htm. Acessado em: 30 set. 2014.

[EPE] EMPRESA DE PESQUISA ENERGÉTICA. *Balanço energético nacional*. Brasília: Ministério de Minas e Energia, 2010.

FOX-PENNER, P. *Smart power – climate change, the smart grid and the future of electric utilities*. Washington: Island Press, 2010.

GRIMONI, J.A.B. Máquinas elétricas, redes inteligentes e geração distribuída. In: [PECE] PROGRAMA DE EDUCAÇÃO CONTINUADA EM ENGENHARIA. *Curso de especialização em Energias Renováveis, Geração Distribuída e Eficiência Energética*. 2011, São Paulo.

[IEA] INTERNATIONAL ENERGY AGENCY. *World Energy Outlook*. Paris, 2010.

[IEEE] INSTITUTE OF ELECTRICAL AND ELECTRONIC ENGINEERS. *Primeiro relatório*. Disponível em: http://smartgrid.ieee.org. Acessado em: 30 set. 2014.

[IPCC] INTERGOVERNMENTAL PANEL ON CLIMATE CHANGE. *Climate change 2007 – mitigation, contribution of working group III to the fourth assessment report of the Intergovernmental Panel on Climate Change*. Cambridge: Cambridge

University Press, 2007. Disponível em: http://www.ipcc.ch/pdf/assessment-report/ar4/wg3/ar4-wg3-chapter4.pdf. Acessado em: 03 jun. 2011.

MORAES, N.G. *Avaliação das tendências da demanda de energia no setor de transportes no Brasil.* Rio de Janeiro, 2005. Dissertação (Mestrado). Universidade Federal do Rio de Janeiro.

[PBMC] PAINEL BRASILEIRO DE MUDANÇAS CLIMÁTICAS. *Primeiro relatório de avaliação nacional, volume 3 – mitigação à mudança climática, capítulo 3. Caminhos para mitigação das mudanças climáticas.* Rio de Janeiro, 2013.

REIS, L.B. *Geração de energia elétrica.* 2.ed. Barueri: Manole, 2011.

REIS, L.B.; FADIGAS, E.; CARVALHO, C.E. *Energia, recursos naturais e a prática do desenvolvimento sustentável.* 2.ed. Barueri: Manole, 2012.

SANTOS, G.; BEHRENDT, H.; TEYTELBOYM, A. Part II: Policy instruments for sustainable road transport. *Research in transportation economics.* v. 28, p. 46-91, 2010.

[WBCSD] WORLD BUSINESS COUNCIL FOR SUSTAINABLE DEVELOPMENT. *Sustainable mobility 2030: meeting the challenges to sustainability, the Sustainable mobility project – full report, 2004.* Hertfordshire: WBCSD, 2004.

Sites

[IEC] International Eletrotechnical Comission. Disponível em: http://www.iec.ch/smartgrid/. Acessado em: 24 fev. 2011.

Smartgrids. Disponível em: http://www.smartgrids.eu. Acessado em: 30 set. 2014.

Wikipédia. Disponível em: http://pt.wikipedia.org/wiki/. Acessado em: 4 set. 2013.

Na Indústria | 18

Ricardo Ernesto Rose
Jornalista, Ricardo Rose Consultoria

INTRODUÇÃO

O Brasil é uma das nações mais importantes do mundo quando se trata de recursos naturais. O país possui as maiores reservas de florestas equatoriais e 15% de todos os recursos hídricos da Terra; é dotado de uma das maiores biodiversidades do planeta e gera 85% de sua eletricidade a partir de fontes renováveis. Tem o mais amplo programa de combustíveis renováveis do mundo e capacidade para dobrar sua área agrícola sem derrubar um hectare de vegetação original. Adversidades também não faltam: a maior parte do esgoto doméstico não é coletada e só uma parcela é tratada; centros metropolitanos concentram problemas ambientais dos mais variados. As duas megacidades do país, São Paulo e Rio de Janeiro, apresentam todas as mazelas e maravilhas das cidades cosmopolitas. Essas e outras razões fazem com que o Brasil represente um dos mais importantes interlocutores em todos os fóruns mundiais voltados ao tema da sustentabilidade. Seja na questão das mudanças climáticas e dos projetos de energia renovável ou na discussão sobre as florestas e a agricultura, passando pelo estudo dos problemas urbanos, da mobilidade e da diversidade biológica, não há como prescindir da presença brasileira nos fóruns internacionais.

Da mesma forma como nas questões macroambientais, o país apresenta aspectos variados e até contraditórios. Isso também acontece na relação da atividade econômica com o meio ambiente. Já existe a compreensão de que o impacto da economia sobre os ecossistemas não pode mais ser ignorado. O consumo de água e energia, a utilização de recursos naturais e as emissões de carbono são alguns dos temas que estão adquirindo uma importância crescente na agenda política de governos e no planejamento estratégico das empresas. Leis ambientais, normas técnicas e a conscientização da população estão provocando mudanças na maneira de produzir e consumir. Isso vai muito além de simplesmente controlar a poluição, já que esta é gerada por insumos mal aproveitados em processos produtivos geridos de forma ineficiente. Assim, já existem empresas de ponta no Brasil que estão reduzindo o uso de recursos naturais e insumos, fabricando mais com menos, aumentando a eficiência energética e gerando menos emissões de gases de efeito estufa. Para alcançar tal patamar de desenvolvimento, esses empreendimentos investem cada vez mais em novas tecnologias e na capacitação de seus funcionários e fornecedores.

Por outro lado, há a realidade da maioria das empresas atuando nos mais variados setores da economia. O Brasil tem cerca de 7 milhões de empreendimentos – incluindo as micro, pequenas, médias e grandes empresas. No entanto, existem apenas cerca de 4.000 unidades de produção certificadas na norma ambiental ISO 14.000 e menos de uma dezena na norma de eficiência energética ISO 50.001. O que ocorre, geralmente, é que a maior parte das empresas privadas e da administração pública limita-se ainda a cumprir a legislação ambiental, focada no combate da poluição gerada, o que se convencionou chamar de "tratamento de final de tubo". Por outro lado, grande parte das pequenas e microempresas nem ao menos consegue atingir esses objetivos. A Câmara Brasil-Alemanha (AHK), em sua publicação *Acreditando no Brasil* (2011) refere-se a esse problema da seguinte maneira:

> Se, por um lado, há aspectos da legislação que precisam ser atualizados e aprofundados, por outro é mais urgente que o marco legal existente seja efetivamente cumprido. Este é um dos motivos pelo qual o país ainda apresenta tantas falhas em relação à redução da poluição ambiental e à preservação dos recursos naturais (AHK, 2011, p. 198).

Genericamente, considera-se que a poluição ambiental começa a surgir com a industrialização, quando são gerados resíduos que, por sua estrutura química ou volume, não são facilmente degradáveis por processos naturais. A industrialização e a consequente poluição e destruição dos recursos naturais têm início na Inglaterra do século XVIII, quando máquinas movidas a carvão foram usadas pela primeira vez na indústria têxtil e na mineração; tecnologia que posteriormente foi expandida a outras atividades econômicas.

A partir do começo do século XX, a cidade de São Paulo – ainda uma cidade com cerca de 250 mil habitantes – passou a ocupar a liderança no processo de industrialização no país. A província de São Paulo, que havia acumulado capital com o comércio do café e recebido grandes levas de imigrantes europeus com experiência fabril, tornou-se o palco propício para o estabelecimento da atividade industrial. Assim, importantes indústrias se estabeleceram no Brasil, atuando em variados setores econômicos. A canadense Light, por exemplo, no setor de energia; a francesa Rhodia e a alemã Bayer no setor farmacêutico; e as americanas Goodyear e Ford, no setor automobilístico, e a General Electric, no setor ferroviário e de equipamentos. Por volta dos anos 1930, o país já dispunha de um parque industrial capaz de atender às necessidades básicas do mercado consumidor interno, ainda restrito e pouco sofisticado, em virtude do baixo poder aquisitivo da maior parte da população.

A ampliação das cadeias de produção de vários setores da economia tem início depois da Segunda Guerra Mundial. Nessa época, o Brasil já dispunha de uma indústria de base estruturada, preparada para apoiar o crescimento de outros setores produtivos, ainda em fase inicial de desenvolvimento. O estabelecimento da indústria automobilística e de seus fornecedores criou demandas técnicas que resultaram na expansão da cadeia produtiva de metalurgia e na produção de máquinas e equipamentos. Enquanto a indústria se expandia e surgia um mercado consumidor no país, o Estado investia na expansão da infraestrutura ampliando a rede de transportes rodoviários e ferroviários e aumentando a capacidade de geração de energia – notadamente, eletricidade. Ao mesmo tempo, criava-se a Petrobrás e iniciava-se a construção das primeiras refinarias de petróleo, iniciativa que estabeleceu as bases para o desenvolvimento da indústria petroquímica na década seguinte. Às empresas industriais estrangeiras que se estabeleciam no país, eram oferecidas vantagens na importação de equipamentos e na isenção de impostos. Durante complexo processo de expansão, a industrialização ganhou peso na economia e se estendeu por diversas regiões do Brasil.

Na década de 1960, o Brasil iniciou uma fase de crescimento econômico muito forte, com um aumento anual do PIB em torno de 7%. A prioridade do governo com o crescimento econômico, baseado em uma política industrial de substituição de importações, ignorava qualquer preocupação com a questão ambiental e mantinha a legislação ambiental limitada ao mínimo controle. Como não havia normas legais a cumprir, poucas empresas efetivamente tratavam seus efluentes e emissões ou davam uma destinação correta aos seus resíduos. O mesmo acontecia com as administrações municipais que dispunham de poucos recursos para investir em saneamento. Essa situação de completo descaso com relação ao impacto das atividades econômicas no meio ambiente arrastou-se até a década de 1980, quando junto com a redemocratização foram criadas e votadas leis referentes aos diversos temas ambientais (Política Nacional do Meio Ambiente, Estudo de Impacto Ambiental, legislação sobre resíduos etc.), criaram-se os órgãos de controle ambiental e todo um capítulo sobre meio ambiente foi incluído na Constituição, votada em 1988.

Paralelamente, a abertura comercial da economia brasileira, iniciada no final dos anos 1980, forçou muitas empresas locais a melhorarem sua atuação e produtividade, para enfrentar a concorrência dos produtos importados. Para se tornarem mais competitivos, principalmente no mercado internacional, os empreendedores passaram a adotar normas de qualidade (série ISO 9.000) e de atuação ambiental (ISO 14.000).

> Com a abertura do mercado brasileiro no final dos anos 1980, as empresas brasileiras tiveram que enfrentar a concorrência dos artigos importados e, portanto, melhorar sua produtividade. Isso implicava adotar normas de qualidade e de atuação ambiental. Empresas exportadoras também foram pressionadas por seus compradores estrangeiros a implementar sistemas de produção mais limpos, já que os consumidores dos países industrializados preferem produtos ambientalmente corretos (AHK, 2011, p. 202).

Esse avanço, no entanto, só ocorreu com uma parcela das empresas, já que a maioria continuava atuando somente no mercado local, em que as exigências em relação à qualidade são menores. Essas empresas também não mantêm contratos de fornecimento com grandes empresas nacionais e multinacionais, o que, em muitos casos, as forçaria a obter uma certificação de qualidade ou ambiental. Por isso, uma parcela considerável das empresas ainda não internalizou a questão da eficiência e da qualidade, limitando-se a cumprir a legislação.

No aspecto social, ocorreu uma conscientização cada vez maior em relação à questão ambiental, para a qual contribuíram principalmente a mídia e as ONGs (organizações não governamentais). Por isso, atualmente, grandes empresas procuram transmitir uma imagem positiva, mostrando iniciativas nas áreas ambiental e social. O assunto passou a ter uma importância cada vez maior na mídia e nas atuações públicas das empresas, fazendo com que cada vez mais as instituições bancárias, os fabricantes de produtos de consumo, as redes de supermercados e vários outros setores associem sua estratégia de marketing às causas ambientais e sociais.

ENERGIA E EMISSÕES NA INDÚSTRIA

Em seu *Mapa estratégico da indústria 2013-2022*, lançado em Brasília, em 2013, a Confederação Nacional da Indústria (CNI) analisa as *Tendências mundiais com forte impacto na indústria* da seguinte maneira:

A regulação ambiental tem saído dos fóruns globais para as pautas legislativas dos países. O risco de aquecimento global conduz países, órgãos multilaterais, empresas e ONGs a se preocuparem com a redução da emissão de gases de efeito estufa. As práticas produtivas sustentáveis já são reconhecidas pelos consumidores como fontes de valor adicional aos produtos. A busca por uma economia de baixo carbono implica priorizar o uso de fontes não fósseis de produção de energia, reduzir o desflorestamento e adaptar o processo industrial e o sistema de transporte.

A tendência mundial rumo a uma economia sustentável e de baixo carbono representa oportunidades e riscos para a indústria brasileira. Para o horizonte de 2022, os riscos estão relacionados às barreiras no comércio internacional, impostas com base em requisitos e padrões ambientais mínimos. O Brasil não pode estar ausente desse debate, precisa participar e influenciar nas definições dos requisitos e padrões tendo em consideração as especificidades de nossa economia. Como oportunidade, destacam-se a matriz energética brasileira (com elevada participação de fontes renováveis) e o pioneirismo no uso de biocombustíveis. Novos negócios ambientais relacionados ao mercado de créditos de carbono e à biodiversidade também apresentam oportunidades para o Brasil.

A gestão ambiental é uma ferramenta importante para se obter ganhos de produtividade com, por exemplo, maior eficiência energética e reutilização de materiais. Serão necessários investimentos crescentes em pesquisa e

ENERGIA E SUSTENTABILIDADE

desenvolvimento de tecnologias limpas que minimizem os danos ao meio ambiente, além da adaptação da produção a padrões internacionais de ecoeficiência. Novos negócios ambientais relacionados ao mercado de créditos de carbono e à biodiversidade também apresentam oportunidades. Aqui também é essencial uma regulamentação adequada que evite a insegurança jurídica, investimento em educação e redução dos custos sistêmicos da economia brasileira (CNI, 2013, p. 17).

O documento espelha toda uma situação mundial que se tornou mais patente nos últimos 10 anos, quando ficou cada vez mais claro que o clima do planeta estava mudando, em parte devido às atividades econômicas. O Protocolo de Kyoto, assinado em 2005, apesar de estar em compasso de espera, continua válido, e seus termos serão renegociados durante a Conferência das Partes (COP-21) em Paris, no final de 2015. Nas novas rodadas das COP, nações como China, Índia, Brasil e Rússia, muito provavelmente, terão de assumir compromissos de redução de emissões de gases de efeito estufa (GEE). Países industrializados ainda não signatários do protocolo, como Estados Unidos, Canadá e Austrália, poderão condicionar sua entrada no acordo à criação de barreiras comercias aos produtos fabricados por empresas ou países que não aceitaram limites de emissões de GEE, como diz o próprio relatório da CNI. A relação entre a produção, o consumo de energia e as emissões atmosféricas é um importante aspecto a se considerar em todo o desenvolvimento industrial das próximas décadas.

A indústria brasileira é responsável pelo consumo de cerca de 38% da energia primária gerada no Brasil. O setor também é responsável pelo uso de cerca de 86 milhões de toneladas ou equivalentes de petróleo (2010); 40% dos quais na forma de combustíveis fósseis, principalmente carvão mineral e seus derivados (coque e gás de coqueria) e derivados de petróleo, como o óleo combustível e outras fontes secundárias de petróleo (gás de refinaria e coque de petróleo, entre os principais). Grande parte deste consumo é feito por segmentos industriais que, em sua maioria, são energointensivos, isto é, têm alto consumo de energia. A Figura 18.1 mostra o consumo de energia primária dos diversos setores da economia brasileira.

Segundo dados publicados pela Empresa de Pesquisa Energética (EPE, 2011b), ligada ao Ministério das Minas e Energia (MME), o consumo de energia no setor industrial, em 2006, estava dividido principalmente entre os seguintes subsetores: não ferrosos, 20%; setor químico, 13%; alimentos e bebidas, 12%; fundição de ferro e aço, 10%; papel e celulose, 8%; mineração e peletização, 5%; setor têxtil, 5%; ligas de ferro, 4%; cimento e cerâ-

Figura 18.1 – Consumo de energia primária dos principais setores da economia brasileira.

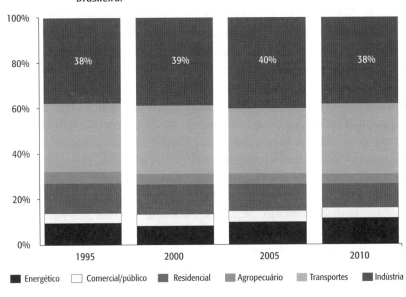

Fonte: adaptada de EPE (2011a).

mica, 2% cada um; e 20% consumido por outros setores (indústria de vidro, setor automobilístico etc.).

O segmento industrial que mais demanda energia (energointensivo) é formado por indústrias que, por peculiaridades nos materiais que processam e por características em seu modo de produção, utilizam grandes volumes de energia; seja na forma elétrica, térmica ou mecânica. Esses grandes consumidores industriais incluem empresas da cadeia de fundição de metais ferrosos e não ferrosos, indústria química e petroquímica, indústria de papel e celulose e vidro e cerâmica. Esses segmentos são responsáveis pela produção dos insumos básicos que entram na composição de grande quantidade de materiais usados nas mais diversas atividades da economia, desde a construção civil, incluindo obras de infraestrutura, à produção de automóveis, eletrodomésticos, eletrônicos e demais utensílios de uso cotidiano, passando pela fabricação de máquinas e equipamentos, entre outras aplicações. Pela própria estrutura da indústria brasileira e mundial, esses insumos básicos e os materiais a partir deles fabricados estão intimamente ligados ao tipo de desenvolvimento econômico da sociedade contemporânea.

O segmento brasileiro de indústrias eletrointensivas – que têm alto consumo de energia elétrica – engloba, segundo o MME, 408 empresas (dados de 2013) que, juntas, utilizam quase 30% de toda a energia elétrica consumida no país. Comparativamente, uma tonelada de alumínio, para ser fabricada, demanda 14 mil quilowatt-hora (kWh), enquanto uma residência de classe média consome em média 200 kWh por mês – cerca de 70 vezes menos. No aspecto produtivo, a produção da cadeia eletrointensiva aumentou em mais de 100% ao longo dos últimos 20 anos, em virtude de uma política industrial de apoio e incentivo do governo brasileiro, com o objetivo de atrair empresas produtoras. Por outro lado, também aumentou a demanda interna e externa por produtos produzidos por esses setores industriais. Em outras palavras, isso quer dizer que haverá uma elevação na demanda por energia nesse setor. O aumento do consumo de energia significa também o aumento de emissões, já que grande parte da energia utilizada pelo setor industrial é baseada na queima de combustíveis não renováveis e não somente em eletricidade.

Em todo o mundo, indústrias de manufatura contribuem em 1/3 com o uso global de energia. Emissões resultantes do uso de energia e do processo de produção chegam a 6,7 Gigatoneladas (Gt); aproximadamente 25% das emissões globais, dos quais 30% resultam da indústria do ferro e do aço; 27% de metais não metálicos (principalmente cimento) e 16% da produção de químicos e petroquímicos, conforme a Agência de Energia Internacional (International Energy Agency – IEA) (2008). No Brasil, a indústria contribui com cerca de 5% das emissões totais do país. Na Figura 18.2, vemos a contribuição do setor industrial brasileiro nas emissões de CO_2 no cômputo total e no que se refere ao consumo de energia.

Figura 18.2 – Contribuição das fontes de emissão às emissões brasileiras de CO_2 e participação da indústria na parcela "energia".

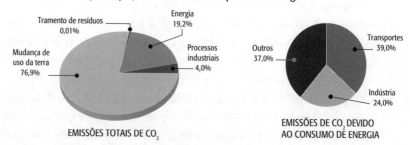

Obs.: Consideram-se apenas as emissões de CO_2; não inclui outros gases de efeito estufa.

Fonte: MCT (2010).

GESTÃO ENERGÉTICA E EFICIÊNCIA

Segundo dados da publicação "Das renováveis à eficiência energética", lançada em 2012 pela Câmara Brasil-Alemanha, apenas 63% da energia elétrica gerada no Brasil é efetivamente utilizada. O percentual de perda (37%) acontece principalmente na transmissão da eletricidade a longas distâncias entre as usinas geradoras e os locais de consumo – principalmente as cidades. Essa perda, segundo a Agência de Energia Internacional, é de em média 14,3% nos países desenvolvidos. Os dois países que apresentam a menor perda de energia durante a transmissão são Canadá e Japão, com uma perda entre 9 e 11%.

No setor industrial brasileiro, encontram-se muitas oportunidades de redução do consumo e aumento da eficiência energética. Segundo especialistas, as intervenções mais comuns em relação ao consumo de energia elétrica abrangem, entre outras:

- Troca das instalações de iluminação.

- Utilização de sistemas de automação para operação de motores.

- Limitação da iluminação artificial para casos necessários.

- Troca da energia elétrica pela térmica solar, para aquecimento de água e reutilização de energia.

- Troca dos diversos motores elétricos em operação por outros mais modernos e eficientes, já que estes são responsáveis por 68% de toda a energia consumida na indústria (AHK, 2012).

Especialistas estimam que haja um potencial de redução no consumo de energia no setor industrial de cerca de 30%. No entanto, ainda são poucas as iniciativas no sentido de reduzir essa demanda e, consequentemente, diminuir as emissões atmosféricas resultantes da queima de diversos gases. A primeira medida legal específica nessa área, publicada em 2010, atacou o problema do super ou subdimensionamento dos motores elétricos na indústria. A eletricidade poupada em todo o país por meio deste marco legal corresponde anualmente a uma usina hidrelétrica com capacidade de geração de 380 MW. Em um estudo divulgado em 2012, foi constatado que, de uma amostragem de 2.119 motores testados na indústria brasileira, mais de 1/3 eram operados com menos de 50% de sua capacidade nominal (AHK, 2012).

As oportunidades para redução da demanda por energia – seja na forma de combustíveis fósseis, seja de eletricidade – estão em diversas áreas, variando em custos e complexidade. Essas medidas vão desde intervenções no campo operacional, passando pela substituição dos equipamentos convencionais (e por vezes ultrapassados) por outros mais eficientes, até a adoção de novos processos de produção – o que significa uma total reformulação da unidade produtiva. A seguir, apresentamos mais detalhes a respeito de medidas que podem proporcionar economia de energia e redução de emissões no setor industrial.

Melhoria nos processos de combustão

A necessidade de calor para a operação de processos produtivos ocorre praticamente em todos os segmentos industriais. Há um desperdício de energia por meio dos volumes excessivos de ar de combustão com produção de fuligem. Para evitar esse tipo de perda, é possível introduzir soluções como, por exemplo, ajustar os queimadores de óleo combustível e de gás natural para uma faixa ideal de excesso de ar de cada combustível e proceder à manutenção periódica dos queimadores. Outra providência, quando atuando com processos de alta temperatura, como metalurgia ou vidro, seria o uso adicional ou puro de oxigênio (O_2) no processo de queima.

Recuperação de calor

Dependendo das características do processo produtivo, a recuperação de calor pode gerar economias de combustível entre 5 e 40%. Dentre as intervenções no processo, com vistas à recuperação de calor, podemos citar:

- A recuperação do vapor, por meio de diversos processos de reaproveitamento de gases de exaustão, isolamento de tubulações e melhorias das trocas de calor em caldeiras.

- O aquecimento de fluídos de processo, por meio do uso de recuperadores de calor. Em refinarias de petróleo, há estimativas de economia de energia com esse procedimento que se situam entre 6 e 15%.

- A recuperação de calor de fornos, seja por meio da recuperação de seus gases ou de trocas de calor.

Melhoria da eficiência dos motores elétricos e sistemas de ar comprimido

Equipamentos acionados por motores, assim como compressores, bombas e ventiladores, contribuem com até 60% da eletricidade utilizada no setor industrial e com mais de 30% de todo o consumo de eletricidade. A otimização de motores pode resultar em ganhos de eficiência de 20 a 25%, conforme IEA (2008), com processos relativamente simples, como:

- Tornar mais eficientes os motores elétricos por meio do monitoramento dos sistemas, reduzindo as perdas com sua deterioração.
- Melhorar o fluxo em sistemas de ventilação e bombeamento e substituir motores convencionais por outros de alto rendimento.
- Adequar a carga, eliminando o superdimensionamento de motores.

Segundo estudos realizados na Europa, um programa de eficiência energética local poderia gerar uma economia de 29%, com investimentos totalizando cerca de US$ 500 milhões, mas resultando em economias anuais de US$ 10 bilhões. Motores bem dimensionados, apesar de poderem custar 20% a mais do que motores convencionais, são equipamentos mais eficientes e podem proporcionar redução de perdas entre 20 e 30%, conforme IEA (2008).

Sistemas de ar comprimido também apresentam um significativo potencial de redução de consumo de eletricidade, seja através da operação integrada de compressores, seja no controle de vazamentos ou no controle do nível de pressão do sistema, resultando em uma economia de energia em torno de 20 a 30%.

Outras medidas de eficiência energética

Outras medidas que podem contribuir com a redução do consumo de energia nos processos produtivos envolvem a programação, o controle e a manutenção. Nesta série, se incluem medidas como: planejamento de produção, instalação ou reparo de isolamentos térmicos, eliminação de vazamentos de vapor ou calor, regulagem e controle de temperatura de equipamentos, redução de pressão em sistemas de vapor, instalação e/ou manutenção de purgadores, fechamento de tanques aquecidos, manutenção de válvulas, entre outras. Cabe também ressaltar os ganhos de energia produzidos por sistemas de iluminação mais eficientes. Embora essa medida responda por percentual reduzido do consumo energético na indústria – menos de 2% em 2010 –, as economias possíveis pela utilização de tecnologias de iluminação mais eficientes são estimadas da ordem de 14%. Além das providências referentes à eficiência energética – o que indiretamente também trará uma redução nas emissões de dióxido de carbono –, cabe ressaltar ainda outras providências que poderão proporcionar uma redução direta do fator de emissão. Essas medidas incluem as descritas a seguir.

Substituição de combustíveis

Trata-se da troca de um combustível mais poluente por outro com menos emissões. Um exemplo é a troca de óleo combustível por gás natural, o que permite reduzir em até 27% as emissões no caso de 100% de substituição de combustível. Essa medida já foi bastante utilizada na indústria ceramista e exige adaptações de baixo custo, como a troca de queimadores.

Cogeração de energia

A cogeração de energia é a produção de calor e eletricidade combinados e é uma boa oportunidade para aproveitamento térmico de gases de exaustão, que antes não eram reutilizados no processo. A medida é amplamente aplicada em grandes indústrias, como: sucroalcooleira, química, celulose e papel, refino de petróleo e aço; indústrias que têm sobras de energia térmica em seu processo de produção. Para evitar o aumento das emissões de gases de efeito estufa (GEE) gerados por combustíveis não renováveis, a cogeração deve utilizar biomassa (bagaço, madeira etc.) que sobra do processo industrial ou reaproveitar gases originados na produção (gás de alto-forno, de baixo forno e de coqueria e gás de refinaria).

Uso de energias renováveis

Outra providência para a redução de emissões na indústria é a utilização de fontes renováveis de energia, como a biomassa e a energia solar. A biomassa atualmente em uso na indústria brasileira inclui a lenha, o carvão vegetal e os resíduos agroindustriais; especialmente o bagaço de cana e a lixívia. A Tabela 18.1 mostra o quanto a oferta de biomassa no Brasil é relevante para o suprimento de energia em atividades industriais.

Tabela 18.1 – Quantidades disponíveis de resíduos agrícolas em 2005.

	Quantidade equivalente	
Resíduos agrícolas/agroindustriais	Mil tep	PJ
Resíduos da soja	64.588	2.704
Resíduos do milho	74.263	3.110
Palha de arroz	21.789	912
Casca de arroz	910	38
Folhas e pontas da cana-de-açúcar	25.079	1.050
Total	**184.575**	**7.728**

Fonte: EPE (2007a e 2007b).

O emprego de carvão vegetal na indústria siderúrgica é característica típica do Brasil. A prática possui vários pontos positivos, dentre os quais a simplificação do processo e a ausência de enxofre, elemento indesejável na fabricação de aço. O emprego do carvão vegetal, todavia, é inviável em fornos de grande capacidade, em virtude da sua baixa resistência mecânica. Os equipamentos com maiores capacidades para uso de carvão vegetal não ultrapassam 500 mil toneladas de ferro-gusa/ano; enquanto altos-fornos a coque mineral chegam a ter capacidades perto de três milhões de toneladas de ferro-gusa/ano. O maior problema no uso do carvão vegetal está na sua origem, já que uma parcela significativa é extraída de florestas nativas de maneira ilegal, o que o torna um combustível proibitivo, tanto do ponto de vista das emissões – parte da biomassa que não é aproveitada se deteriora, gerando grandes quantidades de metano – como da conservação dos ecossistemas. Outro aspecto é que florestas plantadas especificamente para transformação em carvão poderiam ter um uso mais nobre – como a fabricação de móveis, por exemplo –, além de poderem competir também com uma cultura voltada ao plantio de alimentos. Como alternativa ao uso do coque e do carvão, países como Alemanha e Japão desenvolveram tecnologias para injeção de resíduos de plástico em fornalhas, processo já em funcionamento em alguns fornos na Áustria e no Japão. O plástico utilizado deve ser livre de cloro e sua utilização não pode competir com o mercado de reciclagem, conforme IEA (2008).

ENERGIA E SUSTENTABILIDADE

O uso da energia solar térmica pode ser um complemento para processos industriais que utilizam água a baixas temperaturas, como cozimento de alimentos, secagem de produtos diversos, lavagem, esterilização e outros. Essas técnicas são usadas nas indústrias alimentícia, ceramista, têxtil, papeleira e química, nas quais as operações de secagem ou de pré-aquecimento de água são comuns no processo produtivo.

RECICLAGEM E USO EFICIENTE DE MATERIAIS

A reciclagem de materiais em processos produtivos permite economizar energia e matéria-prima, além de trazer benefícios ambientais para a empresa, como a redução da geração de resíduos ou efluentes. A Figura 18.3 mostra os percentuais de reciclagem de diversos materiais no Brasil:

Figura 18.3 – Percentuais de reciclagem de diversos materiais no Brasil.

Proporção de material reciclado em atividades industriais selecionadas
Brasil - 1993-2008

— 91,5% Latas de alumínio
- - - 54,8% Embalagens PET
— 47,0% Vidro
— 46,5% Latas de aço
— 43,7% Papel
- - - 26,6% Embalagem longa vida

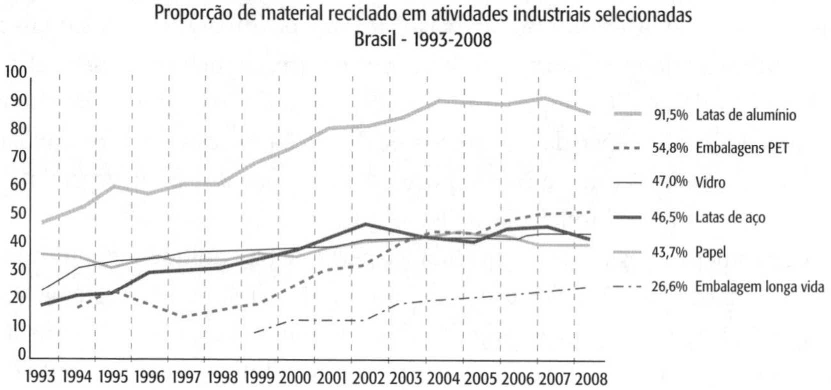

Fonte: Cempre (2009).

Essa prática é particularmente interessante nas indústrias do setor siderúrgico, de alumínio, de papel, vidro e cimento. Dentre as possibilidades que se apresentam, podemos citar os exemplos mais importantes, descritos a seguir.

Utilização de sucata na produção de aço

Por suas características físicas, o aço é um material que pode ser reaproveitado várias vezes, sem perder suas características, como dureza, resistência e flexibilidade. A utilização de matéria-prima reciclada gera uma economia significativa para as empresas, já que se evita a fase de transformação do minério em metal, que envolve grande consumo de combustível fóssil, além de gerar GEE e resíduos. Cada tonelada de ferro reciclado representa uma economia de 1.140 quilos de minério de ferro, 154 quilos de carvão e 18 quilos de cal. Segundo dados do MME de 2008, no Brasil, o percentual de reciclagem do aço era de 29% (MME, 2008), o que representou, em 2007, cerca de 9,8 milhões de toneladas de aço recuperado por ano. Aproximadamente 43% da sucata processada no Brasil é proveniente da chamada sucata de obsolescência, que se origina da coleta de produtos em desuso, como veículos velhos e embalagens, entre outros.

Utilização de sucata na produção de alumínio

A produção do alumínio a partir da bauxita requer grandes quantidades de energia elétrica, fazendo com que as empresas fabricantes desse metal estejam entre os maiores consumidores de energia. Esse é o motivo pelo qual a remuneração pela sucata de alumínio é tão alta, fazendo com que o Brasil seja o campeão mundial na reciclagem desse material. Em 2011, o país reciclou 98,3% de todas as latas de alumínio, o que representa aproximadamente 250 mil toneladas desse minério. A Figura 18.4 apresenta os índices de reciclagem do alumínio no Brasil em comparação com outros países.

A grande vantagem da reciclagem é que ela proporciona uma economia de energia de 95% em comparação com a fabricação de alumínio a partir do minério. Além dessa economia, poupa-se energia na extração da bauxita e na fabricação da alumina, que têm sua demanda reduzida pelo maior uso de sucata de alumínio.

Utilização de aparas de papel

De acordo com dados fornecidos pela Associação Brasileira de Celulose e Papel (Bracelpa), o índice de papel reciclado no país é de 45% (2011); enquanto nos países industrializados esse valor ultrapassa os 60% (Alemanha, Japão e Reino Unido), chegando até 80% em países como Espanha e Coreia do Sul. A Figura 18.5 apresenta a evolução do consumo de aparas de papel no Brasil.

Figura 18.4 – Tabela comparativa dos índices de reciclagem do Brasil com outros países.

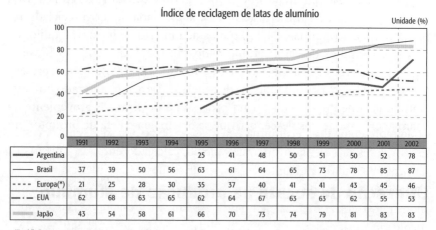

(*) média Europa

Fonte: Abal (2008).

Figura 18.5 – Evolução do consumo de aparas de papel no Brasil.

Fonte: Bracelpa (2013).

Em 2011, segundo a associação, o consumo de papel no país foi de 9,6 milhões de toneladas e a recuperação de aparas foi de 4,4 milhões de toneladas. Um aspecto importante no aproveitamento de aparas de papel é que se consome menos energia para a fabricação do mesmo volume de papel. Além disso, são gerados volumes menores de efluentes, o que faz com que se gaste menos energia para a operação das Estações de Tratamento de Efluentes (ETE) e sejam gerados volumes menores de resíduos. Se, por um lado, está provada a vantagem da reciclagem do papel como fator de economia de energia, por outro lado, ainda é dificultoso estabelecer definitivamente sua vantagem na redução de emissões de CO_2. Há que se levar em conta fatores como o transporte das aparas até sua reintrodução no processo industrial. Segundo a EPE (2007a e 2007b), de acordo com uma estimativa baseada em dados médios de consumo de energia na indústria de celulose e papel, a reciclagem pode representar uma economia de emissões de 50,3 kg de CO_2/t de papel. Esses valores representam um valor médio, calculado entre as emissões de fábricas integradas, fabricantes exclusivas de celulose e de papel, além de recicladoras, e podem diferir dependendo do tipo de fábrica. Mesmo assim, demonstra o grande potencial de redução de emissões deste setor, já que anualmente são fabricadas mais de 9 milhões de toneladas de papel anualmente.

Reaproveitamento de cacos de vidro

A reciclagem do vidro é uma prática antiga, mesmo no Brasil, além de amplamente empregada devido à economia de matérias-primas (areia e barrilha) e energia. A maior economia que se obtém em seu reúso é com combustíveis, já que a cada 10% de cacos de vidro adicionados, obtém-se uma economia de 3% nos combustíveis utilizados para aquecer o forno. Segundo a Associação Técnica Brasileira da Indústria de Vidro (Abividro), o índice de reciclagem de vidro no Brasil é de 20%, atingindo 47% no caso de embalagens – índice superior ao norte-americano (40%), mas bastante inferior ao europeu (em média 90%). A reciclagem, além de proporcionar economia de combustíveis, também evita emissões de CO_2 resultantes do processo de fabricação. Caso a reciclagem de vidros no Brasil aumente em mais 15% (atingindo 35%), estima-se que a economia de combustíveis possa chegar a 5% do total, evitando emissões de 32,5 kg CO_2/t vidro.

A Política Nacional de Resíduos Sólidos, aprovada em 2010, que entrou em vigor em agosto de 2014 mas ainda precisa ser implantada pela grande maioria dos municípios brasileiros, deverá gerar volumes de materiais reciclados adicionais aos já existentes, contribuindo para que a indústria – de papel, vidro, ferro, alumínio e outros materiais de elevado valor de reciclagem – tenha uma disponibilidade maior dessas matérias-primas.

Adicionalmente, fabricantes e distribuidores de determinados produtos serão requisitados a implantarem medidas de logística reversa, a fim de recolher seus resíduos. Os setores de agrotóxicos, pilhas e baterias, pneus, óleos lubrificantes, lâmpadas fluorescentes (que contêm vapor de sódio ou mercúrio) e produtos eletroeletrônicos (e seus componentes) devem implantar essa coleta. A proposta permite ainda que essa exigência seja estendida a outros setores, como embalagens plásticas, metálicas e de vidro, conforme Fecomércio (2013).

Aditivos na produção de cimento

Entre os minerais não metálicos, o cimento contribui com uma demanda de 83% da energia total e 94% das emissões de CO_2. Em média, a energia representa de 20 a 40% do custo de produção desse material, conforme IEA (2008). Neste caso, qualquer iniciativa que possa reduzir a demanda por energia na produção de cimento pode representar uma boa alternativa. A fase final da produção inclui a moagem do clínquer junto com aditivos, em proporções que dependem do tipo de cimento a ser produzido. As normas ABNT regulam o teor das adições de materiais ao cimento, como o gesso, material pozolânico e escória de alto-forno, cujos teores totais podem variar entre 5 e 70%. A adição dessas substâncias permite que sejam produzidas quantidades menores de clínquer; produto intermediário para fabricação do qual se utiliza o maior volume no processo de produção do cimento. Dados disponíveis informam que aumentando em 4% o volume de aditivos nesta indústria, poderiam ser evitados 9,2 kg de emissões de CO_2 por tonelada de clínquer.

Mitigação de emissões

O cientista inglês James Lovelock, um dos primeiros a apontar a gravidade das mudanças climáticas causadas pelas emissões das atividades econômicas, escreveu recentemente:

> Ao comparar fontes de energia, geralmente admite-se que a energia é usada para produção de eletricidade. Tal pressuposto ignora o uso considerável de energia de combustível fóssil pela indústria e para aquecimento no inverno.

Hoje, as principais fontes de energia são: combustão de combustível fóssil, energia nuclear e energia hidrelétrica. Nenhuma das fontes de "energia renovável" da moda provocou um impacto significativo sobre o suprimento até agora e, dessas, apenas a energia solar tem chance de cumprir o prometido a tempo de compensar a mudança climática (Lovelock, 2010, p. 100).

No Brasil, ainda existem poucos estudos sobre o potencial de redução de emissões de CO_2 na indústria. O estudo mais recente disponível foi realizado por Henriques Jr. (2010). Uma das conclusões desse estudo é que as medidas de eficiência energética poderiam contribuir mais com a mitigação de emissões de GEE na indústria, chegando a aproximadamente 42% do total (Figura 18.6).

Figura 18.6 – Contribuição para o abatimento acumulado (2010-2030) de CO_2 no total da indústria brasileira, por medida (total de abatimento: 1.535.844 mil t de CO_2).

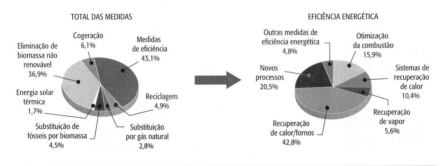

Fonte: Henriques Jr. (2010).

Nas Figuras 18.7 e 18.8, pode-se ver qual a contribuição possível na redução de GEE para cada segmento industrial. Assim, por exemplo, é a indústria siderúrgica que apresenta o maior potencial de redução dos GEE, dada a reciclagem de materiais (reúso da sucata). O segundo setor com as maiores perspectivas de redução de emissões é o papeleiro, com o aproveitamento de aparas de papel. Sob a perspectiva do aumento da eficiência energética e da substituição de combustíveis, a indústria siderúrgica também seria responsável por respectivamente 43,3 e 90,2% do total do potencial de redução de emissões de GEE (conforme a Figura 18.7).

Quando analisada dentro de cada segmento industrial, a contribuição de cada medida de mitigação se distribui de forma diferenciada, em função das especificidades de cada indústria. Assim, na indústria siderúrgica, as medidas de eficiência energética e a eliminação de biomassa de origem não renovável (carvão vegetal) agregam as maiores contribuições para a mitigação de emissões de GEE: 42 e 41%, respectivamente. A eliminação de biomassa não renovável também tem papel relevante em indústrias como: alimentos e bebidas (66%), ferro-ligas (84%) e cerâmica (68%).

Figura 18.7 – Contribuição dos segmentos industriais, por medida para o abatimento acumulado de CO_2 (2010-2030).

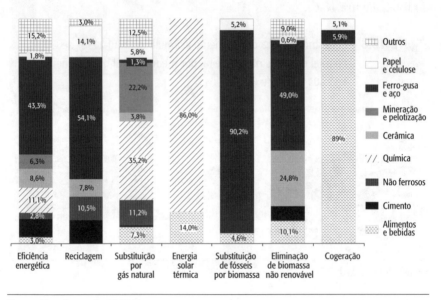

Fonte: Henriques Jr. (2010).

Com referência aos custos das reduções associadas a essas medidas, constata-se que quase 50% do potencial de mitigação de emissões de GEE apresenta custos de abatimento negativos (Figura 18.9). As medidas de eficiência energética também se encontram nessa mesma situação, ao passo que uma extensa faixa de redução de emissões seria possível a um custo relativamente reduzido (aproximadamente US$ 9/t de CO_2), correspondente a quase 900 Mt de CO_2.

Figura 18.8 – Contribuição das medidas, por segmento industrial, para o abatimento acumulado de CO_2 (2010-2030).

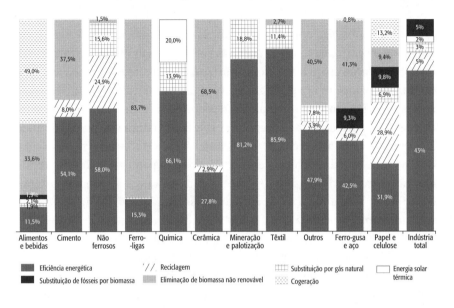

Fonte: Henriques Jr. (2010).

Figura 18.9 – Custos de abatimento de emissão de CO_2 por medida (taxa de desconto = 8% a.a.).

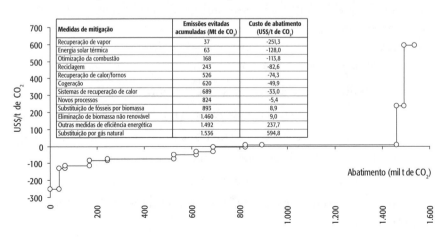

Fonte: Henriques Jr. (2010).

POLÍTICAS DE INCENTIVO À EFICIÊNCIA ENERGÉTICA

O Programa Nacional de Conservação de Energia Elétrica (Procel), programa de incentivo à eficiência energética, foi criado em 1985, no formato de uma cooperação entre diferentes ministérios e a estatal Eletrobrás, tendo sido transformado em um programa governamental em 1991, financiado com recursos do governo e contribuições das empresas concessionárias do setor de energia. O principal foco do programa está na redução de perdas de energia geradas por fatores técnicos, na racionalização do consumo de eletricidade e na melhoria da eficiência energética dos equipamentos elétricos vendidos no mercado. Entre 1986 e 2009, estima-se que esse programa tenha contribuído com a redução de aproximadamente 38.400 TWh, o que equivale aproximadamente a uma usina com capacidade total de 9.105 MW (Procel, 2001). Financeiramente, o programa gerou uma economia de cerca de R$ 25 bilhões para investimentos de R$ 1,1 bilhão.

A estrutura do Procel é constituída por diferentes subprogramas para fomentar o uso eficiente de energia nos diversos segmentos do setor industrial, na construção civil, no saneamento ambiental, no gerenciamento público da energia, na iluminação pública, entre outros setores. Do programa Procel, também fazem parte plataformas de informação e iniciativas de capacitação, com o objetivo de oferecer conhecimento básico sobre gestão de energia para os diferentes segmentos da população. Além disso, o programa também visa contribuir com o aumento da cooperação e da troca de informações entre os diversos atores envolvidos na questão da eficiência energética. Com isso, o Procel contribui para o desenvolvimento econômico e tecnológico do país e se divide nos seguintes subprogramas:

- Procel Edifica (eficiência energética em edificações).
- Procel Indústria (eficiência energética na indústria).
- Procel Sanear (eficiência energética no setor de saneamento ambiental).
- Procel EPP (eficiência energética em edificações públicas).
- Procel GEM (gerenciamento municipal de energia).
- Procel Reluz (eficiência energética na iluminação pública e sinais de trânsito).
- Procel Selo (certificação de tecnologias que apresentam eficiência energética).

- Procel Info (plataforma informativa em relação ao tema da eficiência energética).
- Procel Educação (iniciativa de treinamento em relação ao tema da eficiência energética).

O subprograma Procel Indústria é uma iniciativa de cooperação entre a CNI e a Eletrobrás, com grande importância para o setor industrial. O objetivo principal desse programa é promover a capacitação de técnicos, a fim de que estes possam identificar oportunidades de melhoria do uso da energia no setor industrial. O Procel Indústria foi criado durante a crise de energia elétrica em 2001, para aumentar a oferta de eletricidade e evitar consequências negativas para a população e a economia. Uma das providências desse programa foi criar o Projeto de Otimização Energética de Sistemas Motrizes, incentivando o uso de motores de alta potência, a fim de reduzir as perdas técnicas de energia. O projeto foi elaborado baseado em iniciativas semelhantes implantadas no hemisfério norte, resultando em grande economia de energia. A segunda providência deste projeto se refere aos sistemas operados por motor, já em funcionamento, nos quais é possível restringir e minimizar as perdas de energia.

O Procel Indústria foi implantado por meio de acordos entre a Eletrobrás e as associações industriais dos diferentes estados. Com esse programa, a indústria foi beneficiada com a capacitação de seus técnicos. Em contrapartida, esse mesmo pessoal capacitado ficaria incumbido de identificar oportunidades de economia de energia nas empresas, possibilitando assim a efetiva introdução de medidas de eficiência energética. Além do treinamento dos multiplicadores e dos técnicos, a cooperação entre a Eletrobrás e as associações das indústrias também prevê a realização das seguintes ações:

- Sensibilizar a alta direção das empresas em relação à importância do tema da eficiência energética e criar condições para a afetiva participação dessas empresas no Procel Indústria.
- Divulgar os benefícios das medidas de eficiência energética e incentivar sua implantação.
- Planejar e realizar *workshops* direcionados para os diferentes setores da indústria, divulgando os resultados do programa e apresentando casos de sucesso.

Além dos acordos com as federações das indústrias de cada estado, a Eletrobrás também mantém colaboração com outras organizações, como:

Serviço de Apoio a Micro e Pequenas Empresas no Estado do Rio de Janeiro (Sebrae/RJ); Confederação Nacional da Indústria (CNI); e o Instituto Euvaldo Lodi Núcleo Central, com o objetivo de divulgar o programa, seja por meio de eventos de diversos tipos e publicações como os "Guias Técnicos em Sistemas Motrizes", seja por outras atividades, como seminários, cursos e instalação de laboratórios de testes.

O Ministério das Minas e Energia e a Petrobrás criaram, em 1991, o Programa Nacional da Racionalização do Uso dos Derivados do Petróleo e do Gás Natural (Conpet), focado especialmente no setor de transportes, além de programas de etiquetagem de aparelhos de uso domésticos. No âmbito do Conpet, a iniciativa Transportar gerou reduções em torno de 227,5 mil t de CO_2, com a economia de óleo diesel (Conpet, 2011).

Ainda com relação à eficiência energética, três leis em vigor merecem destaque:

* A Lei n. 8.631/93, que estipula que parte dos recursos da Reserva Global de Reversão (RGR), gerados pelo setor elétrico, seja alocada em projetos de conservação de energia elétrica. O marco legal estabelece que empresas distribuidoras de energia elétrica ficam obrigadas a aplicarem 1% de suas receitas operacionais líquidas em projetos ou iniciativas de combate ao desperdício de energia elétrica.

* A Lei n. 9.991/2000, que complementa a lei anterior, define, entre outros pontos, que o percentual de recursos destinados aos programas de eficiência energética seja de 0,25% da Receita Operacional Líquida (ROL) das concessionárias de energia elétrica.

* A Lei n. 10.295/2001, conhecida como "lei da eficiência energética", que estabelece o fundamento para a regulamentação de padrões mínimos de rendimentos para vários equipamentos e outras normas específicas, que estão sendo criadas por tipo de equipamento.

CONSIDERAÇÕES FINAIS

Em seu livro *O fim do capitalismo como o conhecemos*, o economista Elmar Altvater escreve:

O efeito estufa, a destruição da camada de ozônio, a poluição local da atmosfera, a desertificação, o desaparecimento das florestas tropicais úmidas, as perdas de biodiversidade, a impermeabilização de paisagens inteiras pela construção de rodovias etc. são as consequências visíveis ou sensíveis que o uso da energia fóssil estocada para os fins de acionamento do processo econômico acarreta para os sistemas vivos, dependentes da energia do fluxo solar [...]. Este conflito também pode ser interpretado como um conflito entre a economia capitalista e a ecologia. Está presente desde o início da Revolução Industrial. Hoje é objeto de conferências internacionais, sendo analisada nas instituições da "governança global". Os efeitos mais nocivos das emissões sobre a natureza devem ser reduzidos. Essa é a lógica que hoje determina os grandes tratados de proteção ambiental, mormente a política de proteção ao clima com base no Protocolo de Kyoto. Na maioria das vezes, a estratégia da redução do consumo de recursos e de emissões nocivas visa aumentar a eficiência de energia – por um "fator quatro" ou mesmo um "fator dez" (von Weizsäcker/Lovins/Lovins, 1997). De qualquer modo, o aumento da eficiência é a principal linha de política ambiental europeia. Disso também os políticos ambientalistas esperam uma redução do consumo de recursos e da oneração da natureza das emissões (Altvater, 2010, p. 132 e 133).

A questão do uso eficiente da energia se torna cada vez mais importante, tanto no mundo como no Brasil. Já em seu relatório de 2008, a Agência Internacional de Energia chama atenção para o fato de que o desenvolvimento de iniciativas de eficiência energética, a substituição de combustíveis e o uso de energias renováveis no setor industrial dependem, em grande parte, de investimentos em P&D, tanto no setor privado como público. Outro aspecto ressaltado pela agência é que o desenvolvimento de novas tecnologias nessa área deverá ocorrer com uma maior cooperação entre os países, incentivadas pelos governos e contando com financiamento de instituições locais e internacionais. Ainda segundo a IEA, os governos poderão ajudar a fomentar o desenvolvimento de novas tecnologias e técnicas neste mercado com isenção de taxas, redução de impostos e financiamento público; ou estabelecendo padrões mínimos de atuação, como, no caso do Brasil, já ocorre com o Procel.

O quadro geral das mudanças climáticas, cada vez mais detalhado nos relatórios de entidades como o Painel Intergovernamental de Mudanças Climáticas (IPCC), deverá forçar que empresas em todo o mundo se tornem energeticamente mais eficientes. Se nos países industrializados grande parte da matriz energética, incluindo a eletricidade, é baseada em combustíveis fósseis, no Brasil, 83% da energia elétrica é gerada a partir de hidrelé-

694 | ENERGIA E SUSTENTABILIDADE

tricas. Mesmo assim, caberá às indústrias reduzirem suas emissões resultantes do uso de outras energias, pois é bastante provável que, nas próximas rodadas de negociação do Protocolo de Kyoto – ou algum outro acordo que o substitua –, o país necessariamente tenha de assumir metas de redução de emissões.

No mundo todo, institutos de pesquisa e empresas estão desenvolvendo – em alguns casos, já implantando – tecnologias para um melhor aproveitamento dos gases de combustão e do CO_2. Na universidade de Aston, na Inglaterra, por exemplo, está sendo desenvolvida uma parceria entre a universidade e o instituto de pesquisa alemão Fraunhofer. Trata-se de um projeto que desenvolveu uma tecnologia baseada em processos de conversão termal, como a pirólise, em combinação com a gaseificação e a combustão. Como matéria-prima, utilizam-se resíduos ou biomassa, que são aquecidos em uma unidade térmica. Em condições intermediárias de pirólise, isto é, em torno de 400°C e livre de oxigênio, o Pyroformer (assim a tecnologia é chamada) converte o combustível em gases inflamáveis, líquidos que podem ser armazenados e carvão para fertilização, para ser usado em usinas acionadas a carvão ou aquecimento. A grande vantagem do Pyroformer é que pode ser utilizado com qualquer tipo de biomassa, incluindo resíduos de digestão anaeróbica, resíduos agrícolas, estrume e lodo de estações de tratamento de esgoto ou uma mistura de tudo isso. Dada a natureza do combustível desse processo, não existe competição com a biomassa destinada à alimentação. Já existe uma unidade instalada atuando com pirólise e gaseificação, combinando calor e força, produzindo 400 kW de eletricidade, além de calor e refrigeração para um prédio em Birmingham. Uma linha comercial do equipamento foi lançada no mercado em 2014[1]. Segundo os criadores da tecnologia, uma planta de 5 MW de eletricidade custará em torno de 25 milhões de euros (cerca de R$ 80 milhões) (conforme *Fraunhofer Magazine*, 2013).

O projeto descrito é apenas um exemplo das diversas iniciativas já em andamento no setor industrial em todo mundo, visando tornar mais eficiente o uso de energia e reduzir as emissões. A competição internacional e a pressão de normas e legislações – que poderão se concretizar em barreiras não tarifárias para produtos energointensivos com grande emissão de GEE – deverão forçar as empresas em todo o mundo a incluírem a efi-

---

[1] Mais informações em: http://bioenergy-midlands.org/. Acessado em: 21 ago. 2015.

ciência energética em suas estratégias empresariais em médio prazo. A indústria brasileira, apesar da pujança do mercado interno, estará cada vez mais inserida na economia internacional e será solicitada a incorporar normas e procedimentos internacionais para não perder – e para ser capaz de aumentar – seu acesso aos mercados dos países industrializados. Nesse aspecto, será importante também o papel do governo, como indutor e incentivador de iniciativas.

REFERÊNCIAS

[ABAL] ASSOCIAÇÃO BRASILEIRA DE ALUMÍNIO. *Boletim Técnico Abal*. 2008. Disponível em: http://www.abal.org.br/. Acessado em: 23 set. 2008.

[ABIVIDRO] ASSOCIAÇÃO TÉCNICA BRASILEIRA DAS INDÚSTRIAS AUTOMÁTICAS DE VIDRO. *Índice de reciclagem de vidro no Brasil*. São Paulo: Abividro, 2010. Disponível em: http://www.abividro.org.br/index.php/28. Acessado em: jan. 2010.

[AHK] CÂMARA BRASIL-ALEMANHA. *Das renováveis à eficiência energética*. São Paulo: Câmara Brasil-Alemanha, 2012.

_____. *Acreditando no Brasil*. São Paulo: Câmara Brasil-Alemanha, 2011.

ALTVATER, E. *O fim do capitalismo como o conhecemos*. Rio de Janeiro: Civilização Brasileira, 2010.

[CEMPRE] COMPROMISSO EMPRESARIAL PARA A RECICLAGEM. Disponível em: http://www.cempre.org.br. Acessado em: 23 set. 2009 (não mais disponível).

CONPET. *Informações sobre o Programa Nacional da Racionalização do Uso dos Derivados do Petróleo e do Gás Natural*. 2011. Disponível em: http://www.conpet.gov. br. Acessado em: 21 ago. 2015.

[CNI] CONFEDERAÇÃO NACIONAL DA INDÚSTRIA. *Mapa estratégico da indústria 2013-2022*. 2013. Disponível em: http://arquivos.portaldaindustria.com.br/app/co nteudo_18/2013/05/13/3827/20130611143455907359o.pdf. Acessado em: 8 set. 2013.

[EPE] EMPRESA DE PESQUISA ENERGÉTICA. *Plano nacional de energia 2030 – Geração termelétrica/Biomassa*. Rio de Janeiro: EPE, 2007a, 250p.

_____. *Plano nacional de energia 2030 – Geração termelétrica, gás natural/biomassa*. Rio de Janeiro: EPE, 2007b, 166p.

_____. *Balanço energético nacional – ano base 2010*. Rio de Janeiro: EPE, 2011a.

_____. *Decenal de energia – versão em consulta pública*. Rio de Janeiro: EPE, 2011b.

FECOMÉRCIO. *Cartilha de resíduos sólidos: o que o empresário do comércio e serviços precisa saber.* Disponível em: http://www.fecomercio.com.br/arquivos/arquivo/assuntos/cartilharesduosslidosc1dfd96e.pdf. Acessado em: 9 nov. 2013.

Frauhofer Magazine 2013, edição especial. Munique: Frauhofer-Gesellschaft, 2014.

HENRIQUES JR., M.F. *Potencial de redução das emissões de gases de efeito estufa no setor industrial brasileiro.* 2010, Rio de Janeiro. Tese (D.Sc.). Programa de Planejamento Energético, Coppe/UFRJ.

[IEA] INTERNATIONAL ENERGY AGENCY. *Energy technology perspectives.* Paris: IEA, 2008.

LOVELOCK, J. *Gaia: alerta final.* Rio de Janeiro: Intrínseca, 2010.

[MCT] MINISTÉRIO DA CIÊNCIA E TECNOLOGIA. *Segunda comunicação nacional do Brasil.* Brasília, 2010. Disponível em: http://www.mcti.gov.br. Acessado em: 21 ago. 2015.

[MME] MINISTÉRIO DE MINAS E ENERGIA. *Plano decenal de expansão de energia 2022.* Brasília, 2013. Disponível em: http://www.mme.gov.br/documents/1432061. Acessado em: 17 ago. 2015.

_____. *Balanço Energético Nacional 2008, ano base 2007.* Rio de Janeiro: EPE, 2008, 248p. Disponível em: http://www.mme.gov.br/site/menu/select_main_menu_item.do?channelId=1432&pageId=17726. Acessado em: 19 mar. 2009.

PROCEL. *Informações sobre o Programa Nacional de Conservação de Energia Elétrica.* 2011. Disponível em: http://www.eletrobras.gov.br. Acessado em: 21 ago. 2015.

Site

Bracelpa. Disponível em: http://bracelpa.org.br. Acessado em: 20 set. 2013.

Nas Cidades e Edificações | 19

Carlos Leite
Arquiteto e urbanista, Universidade Presbiteriana Mackenzie

Rafael Tello
Economista, NHK Sustentabilidade e Instituto Horizontes

INTRODUÇÃO

Este capítulo trata da relação entre as questões da sustentabilidade da energia nas edificações e cidades. Tratar dessa relação é fundamental nesse momento por diversas razões. A ampla oferta de energia é fundamental para o desenvolvimento econômico e social. No entanto, o sistema atual de geração de energia é altamente impactante para a biosfera, com severa influência na mudança do clima. Nesse contexto, as cidades surgem como grandes consumidoras de energia e os edifícios como equipamentos com alta demanda de energia.

Atualmente, são muitos os desafios a serem enfrentados por cidades e edificações, como o aumento da eficiência energética, do consumo de energia gerada de fontes renováveis e, até mesmo, do apoio à geração distribuída de energia. A intensidade e complexidade dos desafios implicam a necessidade de reavaliação dos atuais modelos de cidades e de edificações. Mais que isso, para que efetivamente desenvolvam-se meios para a superação dos desafios, os processos de planejamento urbano e de *design* de construções vigentes no Brasil precisam de profundas mudanças, entre as quais: maior tempo para estágios de concepção e planejamento; envolvimento de diversos profissionais, ainda no estágio de concepção, para inclusão de diferentes visões sobre problemas e suas soluções possíveis; eficaz integração de projetos; realização de simulações de desempenho para diferentes cenários; e análise de custos no ciclo de vida para a tomada de decisões.

O nível das mudanças necessárias deixa clara a dificuldade enfrentada por empresas e profissionais com atuação no Brasil de contribuírem com a sustentabilidade, por meio de suas edificações e projetos urbanos. Por essa razão, este capítulo tem predominantemente exemplos internacionais de construções, bairros e cidades que visam à sustentabilidade. No entanto, é importante destacar que já existem no país diferentes mecanismos e alguns exemplos de sustentabilidade em edificações e cidades. Espera-se que os exemplos internacionais aqui apresentados inspirem e auxiliem profissionais brasileiros a provocarem mudanças em seus campos de atuação, contribuindo com o movimento pró-sustentabilidade nas áreas de arquitetura, urbanismo e engenharias, acelerando as mudanças que deseja-se ver pelo Brasil.

O PLANETA URBANO

Desde 2007, o mundo presencia uma nova realidade, historicamente radical: há mais gente nas cidades que no campo e a velocidade do processo recente de urbanização é enorme, se colocada sob o prisma histórico da vida humana no planeta. Há 100 anos, apenas 10% da população mundial vivia em cidades. Atualmente, esse percentual é de mais de 50%; em 2030, será de 60%, com a população urbana atingindo o número de 5 bilhões de habitantes; e até 2050, 75% das pessoas do mundo viverão em cidades. Globalmente, todo o crescimento futuro da população ocorrerá nas cidades. Principalmente na Ásia, na África e na América Latina, sendo que na Ásia e na África, isso sinaliza uma mudança decisiva do crescimento rural para o urbano, alterando um equilíbrio que perdurou por milênios (Leite, 2012).

Não apenas o mundo se tornou urbano, mas as cidades cresceram de modo dramático, com rápido crescimento populacional e consequente expansão da mancha urbana. Em 1950, 83 cidades tinham mais de um milhão de habitantes no mundo; em 1990, mais da metade da população dos Estados Unidos já vivia em metrópoles com mais de um milhão de habitantes; e em 2007, eram 468 as metrópoles desse porte no mundo. Tem-se agora a explosão das megacidades do século XXI: as cidades com mais de 10 milhões de habitantes, que já concentram 10% da população mundial (Burdett e Sudjic, 2008).

A maioria das megacidades tem concentração de pobreza e graves problemas socioambientais, decorrentes da falta de maciços investimentos em infraestrutura e saneamento. Sua importância na economia nacional e global é desproporcionalmente elevada. Segundo a Organização das Nações Unidas para a Educação, a Ciência e a Cultura (Unesco), no futuro, existirão muitas megacidades, que estarão localizadas em novos endereços – das 16 existentes em 1996, passarão a 25 em 2025, muitas delas fora dos países desenvolvidos.

Ou seja: em um planeta superpopuloso, as cidades se transformaram no grande palco da vida humana. Trata-se, essencialmente, de uma grande invenção humana. A cidade é o lugar onde são feitas todas as trocas, interações e compartilhamentos dos homens, dos grandes e pequenos negócios à interação social e cultural. É nas cidades que se geram as inovações, o conhecimento, o empreendedorismo e a vida em sociedade. Mas também é nela em que há um crescimento desmedido da pobreza, das favelas e do trabalho informal: estimativas da ONU indicam que dois em cada três habitantes estejam vivendo em favelas ou sub-habitações nos países em desenvolvimento. A população mundial que vive em favelas cresce a uma taxa de 25% ao ano.

Apesar disso, as pessoas se mudam para as cidades em busca de uma vida melhor – e normalmente conseguem, mesmo vivendo em favelas. Apesar das condições precárias nas grandes cidades, a população permanece nelas porque sabe que é ali que estão as oportunidades, por mais difíceis que sejam.

É nas cidades que observam-se atualmente os limites do modelo vigente até o início deste século, o modelo do "crescimento com esgotamento": as cidades cresceram sem planejamento e ordenamento e, em muitas delas, se veem agora os limites dos recursos ambientais, o seu esgotamento. Limites que se refletem, por exemplo, nas enormes demandas por recursos hídricos e energéticos nas grandes metrópoles, mas também nas cidades brasileiras de porte médio, que, assim como as grandes, adotaram, infelizmente, o mesmo modelo e têm crescido de forma desordenada e pouco planejada.

Em inúmeras cidades, tem-se hoje uma relação ambiente construído--ambiente natural pobre, senão criminosa, no que se refere à preservação dos recursos originais básicos. Rios estão poluídos. Muitos foram retificados. Áreas de várzea foram indevidamente ocupadas. Os cinturões verdes e de captação de bacias d'água foram destruídos. Ocupações ilegais e favelas emergiram em extensas áreas de preservação ambiental. Há poucas áreas verdes. O ar está poluído. Ilhas de calor: em cidades como o Rio de Janeiro, há variações de temperatura de até 10 °C numa distância de 2,5 km, causadas principalmente pelo aumento das emissões de gás carbônico na atmosfera, que retêm o calor; pela redução da área arborizada; pela drenagem de regiões; e pelos corredores de edifícios. Estima-se que 45% da superfície da cidade de São Paulo esteja impermeabilizada, sendo que em algumas áreas esse indicador pode chegar a 90% (Leite, 2012).

Não se trata de catástrofes "naturais". As enchentes urbanas, que frequentemente ocorrem nas cidades brasileiras, não são catástrofes "naturais" e sim resultados perniciosos de uma ocupação absolutamente inadequada e irresponsável do território urbano. Uma mistura explosiva de inexistência e/ou ineficiência no uso do planejamento urbano com falta de um Estado regulador e eficiente. Falta de educação urbana da sociedade e alto padrão de corrupção ainda são regras nas cidades brasileiras, infelizmente. Quando o território atinge momentos de uso próximos aos limites de seus recursos, as catástrofes facilmente emergem. Os gargalos podem ser vistos em crescentes e prejudiciais congestionamentos nas vias ou no alagamento catastrófico nos meses de maior chuva.

O crescimento urbano mostra suas diversas faces no planeta atual, indo vertiginosamente das possibilidades do sucesso planejado ao fracasso absoluto: Tóquio, a maior megacidade do planeta, possui um invejavelmente eficiente sistema de transporte público que atende a 43 milhões de pessoas por dia enquanto as pessoas defecam nas ruas de Lagos, que, graças à riqueza do petróleo, atrai 600 mil imigrantes por ano, apesar de 40% de sua superfície ser coberta por água (Leite, 2012).

Diversos macroeconomistas têm considerado que o crescimento das cidades será o modelo econômico de desenvolvimento no futuro. Isso porque é nas megacidades que acontecem as maiores transformações, gerando uma demanda inédita por serviços públicos, matérias-primas, produtos, moradia, transportes e empregos (Glaeser, 2011).

Logo, criar cidades que suportem de forma sustentável o crescimento populacional esperado para o futuro se apresenta como um grande desafio para os governos e a sociedade civil. Cresce a intensidade da pressão sobre os tradicionais modelos de governança urbana, gestão pública, habitação, transporte individual e consumo nas cidades. Mudanças são necessárias para que sejam compatibilizadas as necessidades dos habitantes urbanos com a capacidade do espaço construído e dos ecossistemas com influência sobre as cidades. Essas mudanças têm início na definição da organização do território e na forma das cidades – seu tamanho, desenho e densidade –, pois elas têm grande influência na quantidade de energia consumida nas cidades, na organização e eficiência do transporte e na qualidade da habitação oferecida aos seus habitantes. A morfologia urbana e a organização espacial das cidades são aspectos básicos indicadores de como a sociedade tratará o ambiente, a economia e a sustentabilidade no século XXI.

De qualquer modo, a boa notícia é que o crescimento populacional mundial está desacelerando e começando a se estabilizar, inclusive no Brasil.

Em comparação com o Censo 2000, a população do Brasil cresceu 12,3%, o que resulta em um crescimento médio anual de 1,17%, a menor taxa observada na série histórica em análise comparativa. O país registrou, em 2011, uma taxa de urbanização de 85%. A região Nordeste possui o menor índice de urbanização: 73,7%. Maranhão (60,2%) e Piauí (66,5%) são os estados menos representativos no que diz respeito a esse indicador. No outro extremo, Rio de Janeiro (97,4%) e São Paulo (96,8%) concentram quase a totalidade de sua população em áreas urbanas (IBGE, 2012). O Censo de 2010 verificou também que as cidades com menos de 500 mil habitantes são as que mais crescem no país, possivelmente sob influência da migração, embora as grandes cidades continuem concentrando uma parcela significativa da população (aproximadamente 30% da população brasileira vive nessas cidades). Por sua vez, o percentual de municípios que tiveram perdas populacionais é mais expressivo entre os de menor porte, sendo que mais de 60% daqueles com menos de 2 mil habitantes apresentaram taxa de crescimento negativa em 2010. Composta por 39 municípios, formando uma área de 7.947,28 km² (um milésimo da superfície brasileira), a Região Metropolitana de São Paulo (RMSP), com cerca de 19,7 milhões de habitantes (98% dela na área urbana), é o principal polo econômico e demográfico do Brasil, responsável por 18,9% do PIB nacional, praticamente um a cada 10 brasileiros mora nessa metrópole. A Região Metropolitana do Rio de Janeiro (RMRJ) – também conhecida como Grande Rio – é composta por 19 municípios, que abrangem 12% da área total do estado (5.292 km²), e possui 6 entre os 10 municípios que mais arrecadam no estado, gerando 59% do PIB do estado do Rio de Janeiro (IBGE, 2012; IBGE, 2011).

Enfim, deve-se ter em mente que a cidade é um organismo vivo, criado e gerido pelo Homem. Como tal, necessita de cuidado adequado, visto que está continuamente sujeita a falhas. Planejar a cidade é cuidar dela. Tratá-la com zelo e cuidado é fazê-la funcionar bem. A ineficiência na sua gestão e operação corresponde à sua falência.

Além disso, as cidades se reinventam. Elas podem reescrever suas histórias – e muitas o estão fazendo atualmente por conta de uma demanda nova e impetuosa, que tem o enorme mérito de estar mobilizando toda a sociedade e não apenas *experts*, com o objetivo de desenvolver com sustentabilidade em vez de apenas crescer, superando o modelo típico do século XX.

DESENVOLVIMENTO URBANO SUSTENTÁVEL

Além da quantidade de pessoas que vivem nas cidades, o que caracteriza a sociedade contemporânea como urbana é a aplicação de sua lógica mesmo nas áreas rurais. A agropecuária moderna possui uma lógica industrial e está intimamente ligada às instituições urbanas, que oferecem crédito, equipamentos e demandam seus produtos. A lógica urbana domina todas as cadeias de produção, que afetam, por sua vez, o desenvolvimento das populações urbanas.

As questões urbanas são complexas. A forte correlação entre urbanização e aumento de renda *per capita* é uma das razões para o habitante urbano consumir mais e gerar mais resíduos que seu equivalente rural. Assim, o crescimento das cidades representa maior pressão sobre recursos energéticos e hídricos, maior necessidade de descarte e tratamento de resíduos sólidos e líquidos e maior poluição do ar. A alta renda do cidadão urbano gera desafios para a dinâmica das cidades, uma vez que aumentam todas as formas de consumo de bens e serviços urbanos e diminui o combate aos seus múltiplos efeitos negativos – entre eles obesidade, problemas respiratórios, acidentes de trânsito, para citar alguns apenas.

Apesar de o habitante urbano médio ser mais rico que o rural, a desigualdade é grande nas cidades, com tendências à segregação social, à desigualdade no acesso aos serviços urbanos e à insegurança. Esse é um dos graves problemas das cidades brasileiras. Uma das amostras do seu despreparo para atender à população é o déficit habitacional de 5,9 milhões de domicílios, concentrado nas famílias com renda de até seis salários mínimos (Leite e Tello, 2011).

Por outra perspectiva, as cidades também sofrem os efeitos das alterações ambientais provocadas por sua ação como, por exemplo, o aumento da poluição do ar, do solo e das águas. São ainda apontados riscos para o futuro, decorrentes do aumento do nível dos oceanos causado pelas mudanças climáticas. Se isso ocorrer, algumas cidades costeiras poderão ser seriamente prejudicadas. Além disso, os eventos extremos decorrentes da mudança climática, como enchentes, secas e tempestades, tendem a gerar maior pressão por espaço para moradias e infraestrutura, estimulando maior invasão de áreas importantes ambientalmente.

Atualmente, os conceitos de um desejável modelo de desenvolvimento urbano mais qualificado têm recaído sobre as denominadas "cidades sustentáveis". O conceito de cidade sustentável envolve a necessidade de a cidade atender aos objetivos sociais, ambientais, políticos e culturais, bem como aos objetivos econômicos e físicos de seus cidadãos. É um organismo dinâmico tão complexo quanto a própria sociedade e suficientemente ágil para reagir rapidamente a suas mudanças, que, num cenário ideal, deveriam operar em ciclo contínuo, sem desperdícios (*cradle-to-cradle*) (Mcdonough e Braungart, 2002).

Cradle to Cradle Design (por vezes abreviado para C2C) é uma abordagem biomimética (que remete ao *design* natural) do projeto de sistemas. Ela modela a indústria humana sobre os processos da natureza, nos quais os materiais são considerados os nutrientes que circulam no metabolismo saudável. Sugere que a indústria deva proteger e enriquecer os ecossistemas e o metabolismo biológico da natureza, estruturando o metabolismo produtivo com técnicas, sistemas e materiais que gerem desperdício zero, idealmente.

Ou seja, assim como na natureza, deve-se promover um sistema de ciclo fechado – *cradle to cradle* – sem desperdício. Um ciclo de vida contínuo, no qual nada é desperdiçado e tudo é reciclado, gerando um processo industrial produtivo mais complexo e mais inteligente, que utilize muito menos os recursos finitos do planeta e muito mais os recursos artificiais (Mcdonough e Braungart, 2002).

O planeta urbano está, hoje, todo conectado e globalizado. Não apenas as pessoas movem-se constantemente, como toda a produção de bens, em consequência de demandas e ofertas de recursos ambientais. Em um mundo no qual cada indivíduo precisa de 1,8 hectares para satisfazer ou compensar suas necessidades vitais básicas, vários países já necessitam de mais espaço do que o tamanho de seus territórios (capacidade da biosfera dividida pela população atual). Singapura, por exemplo, se fosse compensar sua produção de CO_2 plantando florestas em seu próprio território, precisaria ter uma área 20 vezes maior (Maas, 2010).

Conforme Gehl e Rogers (2010, p. 32), dois dos principais precursores das cidades sustentáveis,

> [...] um morador típico de Atlanta, Estados Unidos, consome mil vezes mais unidades de energia do que um morador típico da cidade de Ho Chi Minh, Vietnã. Independentemente da imensa diversidade de padrões de vida de ambos, há um claro sintoma aí: nós precisamos urgentemente redefinir a maneira como a energia é gasta em muitas cidades do planeta.

A cidade sustentável deve operar segundo um modelo de desenvolvimento urbano que procure balancear, de forma equilibrada e eficiente, os recursos necessários ao seu funcionamento, seja nos insumos de entrada (terra urbana e recursos naturais, água, energia, alimento etc.), seja nas fontes de saída (resíduos, esgoto, poluição etc.). Ou seja, todos os recursos devem ser utilizados da forma mais eficiente possível para alcançar os objetivos da sociedade urbana. O suprimento, o manuseio eficiente, o manejo de forma sustentável e a distribuição igualitária para toda a população urbana dos recursos de consumo básicos na cidade são parte das necessidades básicas da população urbana e itens de enorme relevância na construção de novos paradigmas de desenvolvimento sustentável, incluindo-se desafios prementes, como o aumento da permeabilidade nas cidades.

QUESTÕES PRIORITÁRIAS PARA AS CIDADES MAIS SUSTENTÁVEIS

A cidade sustentável deve buscar novos modelos de funcionamento, gestão e crescimento, diferentes dos praticados principalmente no século XX. Tem sido consenso internacional a opção pelos parâmetros advindos da cidade compacta: modelo de desenvolvimento urbano que otimiza o uso das infraestruturas urbanas e promove maior sustentabilidade – eficiência energética, melhor uso das águas e redução da poluição, promoção de relativamente altas densidades de modo qualificado, com adequado e planejado uso misto do solo, misturando as funções urbanas (habitação, comércio e serviços), conforme diversos urbanistas contemporâneos (Chakrabarti, 2013; Gehl e Rogers, 2010; Glaeser, 2012; Rogers, 2001).

Esse modelo é baseado em um eficiente sistema de mobilidade urbana, que conecte os núcleos adensados em rede, promovendo maior eficiência nos transportes públicos e gerando um desenho urbano que encoraje a caminhada e o ciclismo, além de novos formatos de carros (compactos, urbanos, elétricos e de uso como serviço avançado, com os usuários compartilhando os veículos e pagando apenas pelo tempo utilizado e trajeto realizado).

A população residente tem maiores oportunidades para interação social, bem como uma melhor sensação de segurança pública, uma vez que se estabelece melhor o senso de comunidade – proximidade, usos mistos, calçadas e espaços de uso coletivo –, que induz à sociodiversidade territorial – uso democrático do espaço urbano por cidadãos de diversos grupos de faixa de renda e extratos sociais.

Cidades com bons sistemas de transporte público e que têm evitado a sua expansão desmedida apresentam menores níveis de emissões de gases estufa por pessoa do que cidades que não os têm. Singapura, por exemplo, tem um quinto da população de carros *per capita* em comparação com cidades de outros países de elevado rendimento. A maior parte das cidades europeias que têm altas densidades possui centros nos quais andar a pé e de bicicleta são os meios de mobilidade preferidos por grande parte da população (Leite, 2012).

Um olhar mais atento para os fatores específicos que contribuem para a eficiência de carbono revela a dinâmica de como um determinado território urbano compacto pode apresentar melhores indicadores ambientais se comparados a configurações espaciais dispersas, seja no meio rural, seja no modelo dos subúrbios. Dois fatores decisivos são a otimização dos recursos consumidos na cidade, incluindo-se a redução do consumo de energia associado a edifícios – otimiza-se a infraestrutura geral quando se têm edificações que concentram o uso e a ocupação do solo, por meio da verticalização e maior densidade construída, por exemplo – e transportes – sistemas de transportes coletivos que incentivam modais com nenhuma ou pouca emissão de gases de efeito estufa e que contribuem para a redução do consumo de combustíveis. Territórios compactos geram maiores níveis de acessibilidade e permitem a redução da intensidade de viagens.

Se nesse modelo de cidade compacta forem promovidas densidades qualificadas – com uso misto do solo e multicentralidades ligadas por uma eficiente rede de transportes (transportes públicos eficientes, ciclovias e áreas adequadas ao pedestre) –, têm-se, então, os ingredientes básicos para uma cidade sustentável.

É possível observar na Figura 19.1 a relação inversa entre adensamento populacional nas cidades e consumo de energia relacionado ao transporte. Com o aprofundamento da análise do gráfico, percebe-se que as cidades com ocupação de alta densidade se concentram na Europa e na Ásia, com destaque para Hong Kong, com mais de 300 habitantes por hectare. Nesse grupo, merecem destaque as cidades de Copenhagen e Amsterdã, que mesmo com densidades de ocupação inferiores às observadas na região, possuem baixo consumo de energia para o transporte. Ambas as cida-

Figura 19.1 – Densidade urbana x consumo de energia *per capita*: cidades mais compactas, com maiores densidades urbanas (habitantes/hectare) consomem menos energia *per capita* (Gigajoules *per capita*).

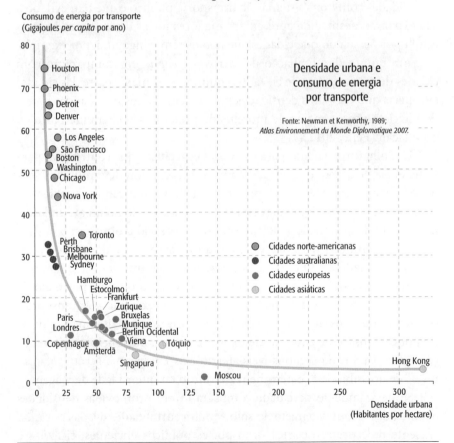

Fonte: Flat Iron Bike. Disponível em: http://flatironbike.com/2013/02/18/another-city-is-possible-cars-and-climate/. Acessado em: 30 set. 2014.

des são internacionalmente reconhecidas pelo intenso uso da bicicleta por seus habitantes, o que pode explicar os valores registrados.

No extremo contrário, cidades com ocupação de baixa densidade (menos de 25 habitantes por hectare) estão concentradas na América do Norte e na Oceania, porém, o consumo *per capita* de energia para o transporte é muito superior na primeira região em relação à última. Mesmo Montreal, com aproximadamente o dobro da densidade de ocupação em relação às cidades da Oceania, possui consumo superior.

Conforme Glaeser e Kahn (2008, p. 22),

> [...] a densidade populacional de Manhattan é de 274 habitantes/ha enquanto a média nas cidades americanas é de 80. As áreas de baixa densidade nos Estados Unidos geram 2,5 vezes a quantidade de emissão de gases de efeito estufa e consomem o dobro de energia, *per capita*, do que as de alta densidade. Se o custo social da emissão de 1 tonelada de dióxido de carbono é de U\$ 43, então o estrago ambiental associado a uma nova casa na Grande Huston é de mais de 500 vezes do que uma em São Francisco, o de uma casa no subúrbio de Boston, 200 vezes maior do que uma casa na área central Boston.

O crescimento ordenado do território é pré-requisito básico para uma cidade mais sustentável. Compondo esse tema, têm-se os parâmetros que o definem, como os elementos de desenho urbano que formam a adequação urbanística do território (formas de implantação, adequações visual, paisagística e sonora, pré-existências a manter, geografia a respeitar); o nível de compacidade do território (onde compactar mais a cidade e com quais índices); densidade qualificada atrelada aos eixos de crescimento e desenvolvimento urbano nas escalas regional e macrometropolitana; graus de renovação urbana; crescimento territorial integrado ao sistema de mobilidade; e níveis de uso misto e uso coletivo do território. Deve-se sempre buscar o desenvolvimento urbano a partir de uma adequada, amigável e ponderada ligação entre o ambiente construído e a geografia natural. Um desenvolvimento urbano que respeite as características geográficas do território e que promova uma boa relação com as águas e áreas verdes é fundamental.

Finalmente, é importante destacar também o surgimento e a disseminação das chamadas *smart cities* (cidades inteligentes), cuja aplicação das *smart grids* (redes inteligentes) vem transformando consumidores em geradores de energia e, com isso, pressionando o setor elétrico a modificar seus sistemas, promovendo eficiência e reduzindo impactos ambientais negativos.

As *smart grids* são redes inteligentes de transmissão e distribuição de energia com base na comunicação interativa entre todas as partes da cadeia de conversão de energia. As *smart grids* conectam unidades descentralizadas de geração grandes e pequenas com os consumidores para formar uma estrutura ampla. Elas controlam a geração de energia e evitam sobrecarga da rede, já que durante todo o tempo apenas é gerada tanta energia quanto o necessário. Este novo paradigma tecnológico deve transformar o sistema elétrico em uma moderna rede que permitirá às concessionárias de energia e aos consumidores mudar a forma como disponibilizam e consomem energia. A parte mais visível dessa evolução, atualmente, está no uso, em larga escala, dos medidores eletrônicos de energia, que permitirão, em curto prazo, exercitar novas modalidades tarifárias e novos comportamentos de consumo. Telecomunicações, sensoriamento, sistemas de informação e computação, combinados com a infraestrutura já existente, passam a constituir cada vez mais um arsenal poderoso que pode fazer a diferença. Para se alcançar um novo patamar de eficiência, as tecnologias que até então eram empregadas para dar suporte à infraestrutura elétrica passarão a ser essenciais, como as tecnologias de informação e comunicação, que suportarão a utilização em larga escala de medidores eletrônicos e sensores. Essa nova infraestrutura tecnológica permitirá a melhor administração do sistema elétrico – ativos, energia e serviços ao consumidor – resultando em uma maior eficiência técnica, econômica, social e ambiental (CPQD, 2014).

Com a incorporação da gestão inteligente e integrada das informações – já que agora existe a possibilidade de medir, captar e monitorar as condições de quase tudo, por meio de câmeras, sensores e telefones celulares, por exemplo –, é possível estabelecer a comunicação e interação entre pessoas, sistemas e objetos nas cidades que formam uma enorme rede de fluxos: 30 bilhões de etiquetas RFID (identificação por rádio frequência) estarão presentes no planeta, em diversos ecossistemas; já existem mais de 1 bilhão de telefones com câmeras; em breve, existirão 1 trilhão de dispositivos conectados (a "internet das coisas"). Ou seja: as cidades inteligentes atuarão como um sistema de redes inteligentes conectadas. Os cidadãos urbanos serão usuários dos diversos sistemas presentes na cidade e terão, cada vez mais, acesso *on-line* a todos os serviços urbanos, do consumo de água e energia à escolha do posto de saúde, incluindo serviços de transporte providos por *smart cars* (compactos, movidos a energia limpa, compartilháveis e com uso sob demanda, conforme o modelo pioneiro desenvolvido pelo MIT

Media Lab CityCar). No século das cidades, a sustentabilidade é o seu *leitmotif*. Os exemplos se multiplicam: Estocolmo, Copenhagen, Masdar, Song Do etc. As boas práticas, em um planeta urbano e globalizado, replicam-se rapidamente, como os BRT (Veículos Leves sobre Pneus), VLT (Veículos Leves sobre Trilhos), prédios verdes, parques lineares, entre outros.

Nova York inspirou-se em São Paulo para adotar o alerta público de graus de poluição (iluminação das antenas de TV). Curitiba implantou invejáveis práxis de planejamento urbano eficiente, dos quais se destaca o sistema de corredores de ônibus implantado ao longo dos corredores de adensamento residencial.

Curitiba continua ganhando importantes prêmios que dão o merecido reconhecimento à sua tradição de planejamento sustentável: a Clinton Climate Initiative C40 Cities, em 2007, e o prêmio Globe Award Sustainable City, em 2010, que elege, a cada ano, a cidade mais sustentável do mundo. O prêmio é organizado pelo Globe Forum, da Suécia.

A cidade de Surrey, na Inglaterra, desenvolveu um empreendimento imobiliário – um pequeno bairro novo – que virou referência pois é *zero energy*. Ele não demanda energia da rede elétrica, obtendo toda a energia para consumo de painéis solares em larga escala (todas as coberturas de todos os edifícios residenciais, aproveitamento de luz natural e sistema de cogeração por resíduos vegetais). A Figura 19.2 mostra um bairro projetado para desenvolvimento com consumo zero de energia em Hackbridge, próximo a Londres.

Copenhagen tem sido constantemente apontada como uma das cidades mais verdes do planeta (Siemens, 2009). Dentre as diversas medidas que vêm sendo adotadas com sucesso nos últimos anos, destaca-se a matriz energética limpa, derivada basicamente das fontes solar e eólica.

Em toda a Dinamarca, diversas cidades estão coletando seu lixo orgânico urbano e reciclando-o em compostos usados nas fazendas, ou seja, o lixo reciclado retorna para a terra.

Em Freiburg, cidade alemã de duzentos mil habitantes, há mais painéis solares nas coberturas das casas que em toda a Inglaterra (60 milhões de habitantes).

Em Calgary, no Canadá, após a realização de um extenso mapeamento, descobriu-se que a cidade possuía a maior "pegada ecológica" do país, isto é, sua população tinha o maior consumo de recursos naturais e maior necessidade de uso de serviços ambientais para absorção de seus resíduos, emissões e efluentes. A má notícia foi trabalhada pela gestão municipal como

Figura 19.2 – Beddington Zero Energy Development (BedZED).

Beddington Zero Energy Development (BedZED) é um bairro projetado para ser totalmente ecologicamente responsável e de consumo energético reduzido. Fica em Hackbridge, próximo a Londres, e foi finalizado em 2002. Com 82 casas e espaços de trabalho e lazer, ele possui 777 m² de painéis solares, biodigestores e cogeração e miniturbinas eólicas. Carros não são permitidos e a mobilidade se dá por transporte público e bicicletas.

Fonte: Zed Factory. Disponível em: http://www.zedfactory.com/zed/?q=node/102. Acessado em: 30 set. 2014.

alavancagem para uma ampla estratégia de redução do indicador, com surpreendente aceitação da população. A cidade desenvolveu planos de desenvolvimento sustentável de longo, médio e curto prazo, amplamente divulgados junto à população, que abraçou a causa. Uma das metas mais ousadas, já em andamento, é a redução de 80% do lixo não reciclado até 2020.

Apesar de os Estados Unidos não serem signatários do Protocolo de Kyoto, várias de suas cidades estão fortemente empenhadas na redução de suas emissões de gases de efeito estufa e na conquista de novos padrões de desenvolvimento sustentável. Há alguns anos, foi publicado o *ranking* das *green cities* americanas, de onde derivam práticas exemplares que se replicam e geram-se novas oportunidades na atração de capital e investimentos, além da melhoria na qualidade de vida dos cidadãos. Como o *ranking* já existe há vários anos, foi possível produzir uma agenda replicável, na qual se destacam:

- Energias alternativas e renováveis: energias eólica e solar na produção energética e conservação da energia são prioridades em Boston, São Francisco, Portland, Houston, Austin e Sacramento.

- *Green building*: adoção de certificação Leed e outros programas em cidades como Boston, Los Angeles, Portland, Seattle, Chicago, Nova York e São Francisco estão se expandindo para todos os tipos de ambiente construído, não apenas edifícios de escritórios.

- Florestação de cidades: o aumento do gradiente verde nas cidades – por meio do plantio de árvores em ruas ou com a construção de tetos verdes – que diminui o calor, melhora a qualidade do ar e da água e promove o sequestro de emissões de CO_2, propiciando valorização imobiliária e melhora na qualidade ambiental da cidade e na qualidade de vida de seus habitantes: Chicago, Oakland, Los Angeles, Nova York, Tulsa e Atlanta já estão fazendo.

- "Resíduos são bons": em Boston, a compostagem em recinto fechado que se desloca para tirar vantagem do gás é o exemplo perfeito de utilização de digestores anaeróbicos. Na cidade, também há práticas da transformação dos aterros em geradores de energia por meio dos gases resultantes (*urban waste-to-clean energy*).

Em Tel Aviv, a maior área metropolitana de Israel, toda a água do banho e da descarga vai para o maior complexo de tratamento do Oriente Médio, o Shafdan, movido a energia limpa, onde o esgoto é bombeado para dentro da terra e novamente retirado, passando por tratamentos físicos, químicos e biológicos para ser purificado e recuperado (Procel Info, 2012).

Em Bristol, o uso de energia doméstica já foi reduzido em 16% (2005 a 2010), e a eficiência energética da habitação melhorou em 25% (2000 a 2011). A cidade estabeleceu as ambiciosas metas de reduzir o uso de energia em 30% e as emissões de CO_2 em 40% até 2020 e em 80% até 2050 (em relação a 2005) (Programa Cidades Sustentáveis, 2014).

Masdar (Emirados Árabes Unidos) é a maior das novas cidades planejadas totalmente inteligentes; ela está sendo planejada no meio do deserto para abrigar 45 mil moradores e 45 mil trabalhadores, tem como meta emissão nula de gases de efeito estufa e reaproveitamento total dos resíduos gerados. A base para o alcance desses objetivos é o uso massivo de tecnologia de ponta no planejamento da cidade, na geração de energia, na mobilidade e nas construções. O consumo energético será garantido em sua quase totalidade por energia solar e a mobilidade será integralmente baseada em VLT e míni VLT elétricos (carros não circularão pela cidade). A cidade terá alto desempenho ambiental, entretanto, o modelo é de difícil replicação, pelos seus custos e pela dificuldade em encontrar as condições necessárias para sua realização, o que limita seu potencial como exemplo para outras cidades no mundo. A China também está desenvolvendo a sua cidade *eco-friendly-high-tech*, Dongtan.

AMBIENTE CONSTRUÍDO E EDIFÍCIOS: EFICIÊNCIA ENERGÉTICA, TECNOLOGIAS DISPONÍVEIS E CERTIFICAÇÕES

As edificações têm papel de destaque na promoção da sustentabilidade e no combate à mudança climática. Isso porque, segundo o Programa de Meio Ambiente das Nações Unidas (UNEP-SBCI, 2009), o setor da construção é responsável por 30% das emissões de gases de efeito estufa e 40% do consumo de energia da sociedade mundial.

Por outro lado, existe grande potencial na promoção de eficiência energética no setor da construção, uma vez que grande parte das ações com esse objetivo trazem ganhos econômicos para investidores e ocupantes das edificações. A grande maioria dos investimentos necessários para promoção de eficiência energética tem valor máximo de US$ 20,00 para eliminação de uma tonelada de CO_2 equivalente, isto é, os investimentos se tornam economicamente viáveis se forem cobradas taxas superiores a US$ 20,00 para a emissão de cada tonelada de CO_2 (UNEP-SBCI, 2009).

Basicamente, as

> [...] diretrizes projetuais no setor da construção civil para o tema de energia partem de tomadas de decisão em termos de oferta e demanda. Em termos de oferta, é preciso optar por comprar energia ou gerar energia para o consumo da edificação. Em termos de demanda, há que se considerar a eficiência energética no consumo de energia de forma coerente com as necessidades dos futuros usuários em termos de conforto térmico, visual e de utilização de equipamentos diversos. Deste modo, as diretrizes projetuais apresentadas têm a intenção de subsidiar as decisões pela oferta de energia, além de guiar o processo de projeto da envoltória da edificação e do sistema de ventilação natural e artificial, e a escolha de materiais, sistemas construtivos e sistemas prediais eficientes, que contribuam para redução no consumo de

energia durante a fase de uso e operação da edificação. Estas diretrizes incorporam conceitos de eficiência energética aplicados à arquitetura; aos sistemas de condicionamento de ar, ventilação e exaustão; aos sistemas de iluminação natural e artificial; e aos sistemas e equipamentos previstos. (Asbea, 2012, p. 71)

Em termos de oferta, deve-se privilegiar: as energias "limpas" (menos emissoras de gases de efeito estufa); a disponibilidade local; o equilíbrio entre a demanda do empreendimento e a capacidade da rede existente e futura.

As opções de energia renovável a ser utilizada são: energia solar (painéis solares térmicos para o aquecimento de água e/ou calefação de ambientes; painéis solares fotovoltaicos para a produção de eletricidade); energia eólica; valorização energética de dejetos; energia hidráulica; e energia geotérmica.

Em termos de demanda, deve-se procurar privilegiar: condicionamento natural; condicionamento artificial e natural; condicionamento exclusivamente artificial e, a partir dessas opções:

> [...] realizar um estudo de alternativas, dentre as formas e volumetrias possíveis para a edificação, de forma a se beneficiar o máximo possível das potencialidades climáticas do local e compensar as limitações existentes – orientação solar, zonas de sombra, ventos dominantes, áreas de ruído, configuração e natureza das edificações do entorno e topografia, etc. Este estudo deve estar em conformidade com as demandas de uso da edificação e de conforto térmico e visual dos usuários. (Asbea, 2012, p. 72)

Para aproveitar o potencial aumento da eficiência energética, diversas organizações desenvolveram iniciativas para estimular e apoiar os *stakeholders* ligados ao setor da construção a melhorarem seus processos, de modo a produzirem empreendimentos mais eficientes.

No âmbito das Nações Unidas, o Programa de Meio Ambiente (Pnuma) criou a Iniciativa Construções e Edificações Sustentáveis (UNEP-SBCI, sigla em inglês), uma parceria público-privada dedicada à promoção de políticas e práticas internacionais de promoção da construção sustentável, especialmente direcionada ao combate da mudança climática. A iniciativa vem desenvolvendo modelos para a promoção de sustentabilidade na habitação social e ferramentas para a gestão e mitigação das emissões geradas no ciclo de vida dos empreendimentos.

Outra iniciativa internacional de destaque é a Rede Global de Desempenho de Edificações (GBPN, sigla em inglês), que reúne instituições parceiras de regiões com 65% do potencial de mitigação de gases de efeito estufa (GEE) por meio da economia de energia em edificações (China, Estados Unidos, Europa e Índia). A rede tem o objetivo de evitar a emissão de mais de 2,1 Gigatons de CO_2 até 2050 e trabalha intensivamente na promoção de padrões de construção mais rígidos de desempenho energético de edificações e geração e disseminação de conhecimento sobre construções mais eficientes.

No âmbito corporativo, a pressão por maior sustentabilidade no setor da construção deu origem a diferentes certificações ambientais de empreendimentos, concebidas de acordo com as características climáticas, tecnológicas e sociais locais. O objetivo das certificações é auxiliar os profissionais da cadeia produtiva da construção a projetarem e construírem empreendimentos com melhor desempenho ambiental. Três certificações se destacam pela abrangência, disseminação e potencial de crescimento no Brasil.

A primeira é a Leed (sigla em inglês para Liderança em Energia e *Design* de Interiores), certificação do Green Building Council, de origem norte-americana, disseminada por 143 países. Para ser certificado, o empreendimento deve ter bom desempenho em sete aspectos (espaço sustentável; eficiência no uso da água; energia e atmosfera; materiais e recursos; qualidade ambiental interna; inovação e processos; e critérios de prioridade regional). Os empreendimentos são classificados de acordo com seu desempenho, podendo obter selos entre os níveis "Certificado" (nível mínimo aceitável) e "Platina" (nível máximo). O sistema é formado por pontos que são dados ao empreendimento caso ele cumpra as exigências de cada um dos sete aspectos supracitados, de modo que, quanto mais alta a pontuação alcançada, mais elevado o nível de certificação obtido.

Também se destaca a Démarche HQE (sigla em francês para Alta Qualidade Ambiental), certificação da HQE Association, de origem francesa, adaptada no Brasil pela Fundação Vanzolini, recebendo o nome de Processo Aqua. A certificação avalia todo o ciclo de vida do empreendimento observando tanto o Sistema de Gestão do Empreendimento (SGE) como a Qualidade Ambiental do Edifício (QAE).

Uma terceira certificação é a Breeam (sigla em inglês para Método de Avaliação Ambiental do BRE), certificação da Building Research Establishment (BRE), de origem inglesa, que já certificou mais de 250 mil edificações em mais de 50 países. A certificação confere ao empreendimento uma classificação entre 1 a 5 estrelas, conforme seu desempenho em diferentes aspectos ambientais (energia, gestão, saúde e bem-estar, transporte, água, materiais, poluição, uso do solo e ecologia). O BRE é parceiro da CBIC na construção do Parque de Inovação e Sustentabilidade do Ambiente Construído (Pisac), o que deve estimular a disseminação da Breeam no país.

Por fim, também é destacado o Selo Casa Azul, certificação da Caixa Econômica Federal, de origem brasileira, lançado em 2010, como instrumento de promoção da sustentabilidade em projetos financiados pelo banco. A certificação avalia aspectos socioambientais de empreendimento, classificando-os nos níveis bronze, prata ou ouro, de acordo com seu desempenho em seis categorias (qualidade urbana; projeto e conforto; eficiência energética; uso e conservação de recursos naturais; gestão de água; e práticas sustentáveis), em um sistema de pontos, semelhante ao Leed.

Pode-se observar que todas as certificações incluem a avaliação da eficiência do empreendimento em relação ao uso da energia, como forma de reduzir as emissões de GEE e/ou o custo durante a ocupação. Percebe-se que, além do uso racional de energia, as certificações também valorizam empreendimentos que utilizem fontes renováveis de energia. Todas as certificações são voluntárias e têm um duplo objetivo: por um lado, orientam empreendedores, projetistas e executores de edificações a promoverem produtos mais sustentáveis. Por outro lado, as certificações informam aos consumidores o desempenho ambiental de empreendimentos, auxiliando na decisão de compra. Apesar de não haver indícios de que as certificações irão se tornar obrigações legais, vários clientes corporativos já exigem que todas as suas operações ocorram em edificações sustentáveis (escritórios, fábricas, galpões logísticos etc.). Um exemplo do poder dos clientes está na certificação de vários estádios brasileiros construídos e reformados para a Copa do Mundo de 2014, resultado de sugestões da Fifa para a promoção de jogos ambientalmente corretos.

Há, no Brasil, uma iniciativa de grande destaque buscando a certificação de edificações segundo sua eficiência energética: o Programa Nacional de Conservação de Energia Elétrica (Procel), cuja missão é "promover a eficiência energética, contribuindo para a melhoria da qualidade de vida da população e eficiência dos bens e serviços, reduzindo os impactos ambientais" (Procel Info, 2014). O programa possui uma linha de ação dedicada à promoção da eficiência energética em edificações, o Procel Edifica, justificado pelo potencial de economia de energia de 30% com projetos de *retro-*

fit e de 50% para edificações novas concebidas considerando tecnologias de eficiência energética.

Como parte do Procel Edifica, foi criada a Etiqueta Nacional de Conservação de Energia (Ence), que avalia o desempenho das edificações em eficiência energética em três aspectos: envoltória (40% do total); iluminação (30% do total); e condicionamento de ar (30% do total).

A Ence estimula outras ações de promoção de desempenho ambiental de edificações, concedendo bonificações de até um ponto para empreendimentos que incluam em seus projetos: redução no consumo de água; energias renováveis; sistema de cogeração; inovações tecnológicas; fração solar para coletores; ou elevadores nível A pela avaliação da norma VDI 4707.

Até setembro de 2013, segundo o Inmetro (2015), haviam sido emitidas 68 Ences para edificações comerciais, de serviços e públicas; 2039 para unidades residenciais unifamiliares; 21 para unidades multifamiliares e três para áreas comuns. Esses números ainda são baixos em relação à atividade total do setor da construção, mas indicam potencial para ampla aplicação da etiqueta nas edificações brasileiras.

Tecnologias de eficiência energética para edificações

As certificações apontam os níveis de desempenho esperados pelos empreendimentos, mas não limitam a atuação dos profissionais, de modo a garantir que novos processos e tecnologias possam ser adotados, estimulando a inovação e o desenvolvimento contínuo do setor.

A busca por eficiência energética deve começar na concepção da edificação, quando ainda há plena abertura para a inserção de elementos que melhorem o seu desempenho durante todo o seu ciclo de vida. Um conjunto de técnicas pode ser encontrado no livro *Eficiência energética na arquitetura* (Lamberts et. al., 1997), que trata tanto de princípios da arquitetura bioclimática como do uso racional de energia. A busca pelo uso máximo de elementos passivos (luz solar, ventilação natural etc.) e seleção de equipamentos com maior eficiência na oferta de condições de conforto térmico e luminotécnico são princípios trazidos pelo livro.

Complementando o projeto da edificação, é preciso selecionar corretamente como será a sua envoltória. Os projetos devem buscar atender a norma NBR 15.575 e podem ainda objetivar alcançar o nível A do Procel

Edifica. Algumas referências que apresentam o desempenho de diferentes sistemas de parede e coberturas estão em publicações do Conselho Brasileiro de Construção Sustentável (CBCS, 2009), da Câmara da Indústria da Construção da Federação das Indústrias do Estado de Minas Gerais (CIC/FIEMG, 2011) e da Caixa Econômica Federal (CEF, 2010).

Ghisi et al. (2007) apresentam a participação de diferentes equipamentos no consumo de energia de domicílios em diferentes zonas bioclimáticas no Brasil.

Observa-se que o principal consumidor de energia em todas as regiões é o refrigerador, responsável por valores entre 33 e 40% do consumo de energia. Em seguida, ordenamos o chuveiro elétrico, o ar-condicionado e a iluminação. O Inmetro oferece aos consumidores tabelas com o desempenho de diversos modelos desses e outros equipamentos, com seu respectivo desempenho no consumo de energia e classificação, segundo a Ence. Segundo a Caixa (CEF, 2010), a economia no consumo de energia por equipamentos líderes em eficiência energética pode chegar a 31% no caso de refrigeradores, 34% para condicionadores de ar e até 75% para lâmpadas.

Existe uma grande quantidade de tecnologias promotoras de eficiência energética se difundindo no país. Listamos aqui algumas delas:

- Painéis fotovoltaicos; bombas de calor e condicionadores de ar também podem ser abastecidos por sistemas de energia solar fotovoltaica. Nesse caso, em vez de 0,35 kW, necessário para a refrigeração tradicional, apenas uma potência de 0,05 kW é suficiente.

- Aquecedores solares de água.

- Condicionadores de ar com fluido Ikon B ou com Volume de Refrigeração Variável (VRF).

- Chuveiros podem ser aquecidos com gás ou com energia solar e podem ter sua demanda de energia reduzida com o uso de dispositivos economizadores de água (12,5% de economia), inibidores de fluxo (25%) ou equipamentos que usam o calor residual da água que vai para o ralo no preaquecimento da água antes de entrar no aquecedor (até 70%).

- Bomba de calor.

- Lâmpadas LED.

- Teto verde.

- Vidros eficientes: duplo com gás; Low-e; e reflexivos.

- Vidro duplo com gás: são chapas de vidro com gás entre elas, o gás utilizado geralmente é o argônio, uma grande vantagem do vidro para climas quentes, já que ele deixa passar toda a luminosidade e filtra boa parte dos raios infravermelhos.

- Vidro baixo emissivo ou Low-e: vidro com camada extrafina de metal de baixa emissividade. Funciona pela diferença de temperatura e reflete o calor de volta para a fonte, seja ela externa ou interna. Deixa passar a luz natural, mas barra as radiações UV e IV. Reduz a perda de calor através das janelas e retém a temperatura do ambiente. É ideal para climas frios e quentes.

- Vidros refletivos: os vidros refletivos, também chamados de vidros metalizados, são vidros que recebem um tratamento de óxidos metálicos, com a finalidade de refletir os raios solares, reduzindo a entrada de calor e proporcionando ambientes mais confortáveis e economia de energia com aparelhos de ar-condicionado.

CONSIDERAÇÕES FINAIS

Compreendido o estado atual do consumo de energia e o potencial do investimento em eficiência energética em edificações e nas áreas públicas urbanas, se faz necessário um olhar para o futuro, com análise das tendências e propostas de evolução com maior eficiência e menor impacto ambiental.

No campo das tendências, a instituição de referência é a Empresa de Pesquisa Energética (EPE), empresa pública vinculada ao Ministério de Minas e Energia, que realiza estudos e pesquisas destinadas a subsidiar o planejamento do setor energético. As atividades da EPE incluem estudos sobre energias renováveis e eficiência energética.

Os estudos da EPE aqui considerados trazem informações sobre as tendências para os setores residencial e comercial no intervalo de 2012 a 2021 e apresentam o cenário utilizado pelo governo na elaboração de seus planos para o setor de energia, bem como o planejamento de leilões para a contratação de energia.

Com relação aos combustíveis para cocção, o mesmo estudo mostra que, entre 2012 e 2021, há uma tendência de substituição da lenha e do carvão vegetal por GLP e gás natural, sem, no entanto, haver alteração no consumo específico, uma vez que ganhos de eficiência promovidos por equipamentos melhores são contrabalançados por um maior uso decorrente de aumento da renda. Em outras palavras, o aumento do uso de equipamentos alimentados por GLP e gás natural não implicará aumento no consumo desses combustíveis, a substituição de equipamentos antigos por outros mais modernos e eficientes faz com que os ganhos de eficiência agregada compensem o aumento do volume de fogões e fornos em operação no país.

Já com relação à eletricidade, as tendências de consumo são influenciadas por três diferentes fatores. O primeiro é o aumento no número de residências com acesso à eletricidade, fortemente influenciado pelo programa Luz para Todos, que, ao interligar os domicílios em áreas rurais às redes de energia, fará com que 77 milhões de residências tenham acesso permanente à rede em 2012 (24,2% de crescimento em relação a 2011).

O aumento esperado na renda média brasileira também estimula a demanda por energia, uma vez que há um crescimento da demanda por eletrodomésticos. Haverá um aumento de 33% e 23,7% na posse média de ares-condicionados e televisores, respectivamente, o que implica um crescimento real no número de equipamentos ainda maior, uma vez que há ainda o aumento no número de domicílios – cerca de 13 milhões – até 2021.

O terceiro efeito a ser considerado, o aumento da eficiência energética dos equipamentos, tende a reduzir a demanda média por energia nas edificações comerciais e residenciais. Os estudos da EPE indicam que os principais ganhos são decorrentes da substituição de lâmpadas menos eficientes, especialmente as incandescentes, por outras mais eficientes – fluorescentes compactas ou LED.

Segundo a EPE, ao comparar a eficiência vigente em relação às melhores tecnologias disponíveis no mercado, há, nos setores residencial e comercial, um potencial de conservação entre 2012 e 2021 de 3.427,2 e 981,2 10^3 toneladas equivalentes de petróleo ao ano respectivamente. O potencial percentual de conservação do setor residencial equivale a 14% de sua parcela do consumo de energia em 2011. A conservação potencial do setor residencial equivale à produção gerada por uma usina hidrelétrica de 8.000 MW, o que é semelhante a 60% do potencial instalado da usina de Itaipu.

A evolução esperada no padrão de consumo de energia nos setores residencial e comercial somados representa cerca de 4% do total de emissões de GEE e mantém esse patamar até 2021. Em termos absolutos, o setor comercial permanece com emissões anuais estáveis em 2 milhões de toneladas de CO_2-eq, e o setor residencial passará de 18 milhões de toneladas de CO_2-eq em 2011, para 23 milhões em 2021.

As tendências observadas para o setor da construção e seus produtos são consideradas inaceitáveis por diferentes organizações. Elas trabalham visões, manifestos ou planos cujos objetivos são modificar essas tendências para caminhos com menor consumo e emissões de GEE.

As empresas de consultoria GBPN e KPMG (2013) apresentam, no relatório *Buildings for our future* (Edificações para nosso futuro), uma proposta de profundo aumento na ridigez de códigos de obras, forçando o aumento da eficiência energética em reformas e novas construções. As análises têm foco nos Estados Unidos, Europa, China e Índia, mas os resultados esperados indicam a possibilidade de uma redução de 25% das emissões de CO_2 em 2020, e 50% em 2030, quando comparados com a tendência baseada nos valores de 2005.

O estudo destaca a importância da ação rápida e ampla, para reduzir os efeito *lock in* (pode-se traduzir como efeito engessamento), decorrente da construção e operação de edificações ineficientes, que permanecem com taxas de consumo de energia e emissões de GEE acima do desejável por anos e até décadas.

No Brasil, o Minstério das Minas e Energia apresenta o Plano Nacional de Eficiência Energética (MME, 2011), no qual mostra legislações e iniciativas públicas de promoção da eficiência energética em edificações residenciais, comerciais e públicas e algumas propostas de linhas de ação para agentes públicos e privados.

Por fim, o Gewec e o Greenpeace lançaram no segundo semestre de 2013 o relatório *[R]evolução energética: a caminho do desenvolvimento limpo*, no qual garantem que se pode alcançar uma redução na demanda de energia de 13%, em 2030, e 27%, em 2050, frente ao cenário referência. Isso permitiria dispensar uma geração de energia equivalente à produção de 20 usinas como Angra II (Gewec e Greenpeace, 2013).

Para alcançar esses níveis de eficiência, os autores do estudo apontam quatro conjuntos de iniciativas a serem implementadas:

- Normas mais rígidas para a construção.
- Sistemas de ventilação, aquecimento e esfriamento de alto desempenho.
- Melhoria na eficiência da iluminação.
- Melhoria no nível de eficiência de aparelhos domésticos.

Parece claro que há possibilidade para modificar as tendências de consumo de energia e emissões de GEE pelo setor da construção, mas para isso é preciso uma ampla rede pública e privada de ação orquestrada, que visa promover a eficiência energética e o investimento em desenvolvimento tecnológico, bem como a garantia de uma oferta de baixo custo de produtos com eficiência energética de ponta. Um exemplo que pode inspirar o Brasil vem do programa japonês Top Runner, que estimula uma constante corrida das empresas pela produção de equipamentos mais eficientes, com busca concomitante de redução dos preços (Interacademy Council e Fapesp, 2010).

Ou seja, o setor de construção civil está desenvolvendo padrões mais sustentáveis de edificações com maior eficiência energética. Mas é importante lembrar que o repositório final das construções é a cidade – um organismo complexo que vai além do conjunto de edifícios. É preciso que se tenham edificações mais sustentáveis, mas isso não é suficiente.

Mesmo com todo o gigantismo de tamanhos e populações, diversas cidades no mundo estão rapidamente migrando de um modelo de crescimento com esgotamento dos recursos energéticos para um novo modelo de desenvolvimento urbano sustentável, no qual há padrões de ordenamento territorial adequadamente planejados, educação da sociedade e mudanças de hábitos, assim como inúmeros avanços tecnológicos.

REFERÊNCIAS

[ASBEA] ASSOCIAÇÃO BRASILEIRA DOS ESCRITÓRIOS DE ARQUITETURA. *Guia de sustentabilidade para arquitetura: diretrizes de escopo para projetistas e contratantes.* São Paulo: Asbea, 2012.

BURDETT, R.; SUDJIC, D. (Eds.). *Endless city.* Londres: Phaidon Press, 2008.

CÂMARA BRASILEIRA DA INDÚSTRIA DA CONSTRUÇÃO. *Guia orientativo para atendimento à norma ABNT 15575/2013.* Fortaleza: Gadioli Cipolla Comunicação, 2013.

[CBCS] CONSELHO BRASILEIRO DA CONSTRUÇÃO SUSTENTÁVEL. *Avaliação de sustentabilidade de empreendimentos. Comitê de avaliação de sustentabilidade: posicionamento CBCS.* CBCS: São Paulo, 2009.

[CEF] CAIXA ECONÔMICA FEDERAL. *Selo casa azul. Guia caixa sustentabilidade ambiental. Boas práticas para habitação mais sustentável.* São Paulo: Páginas & Letras, 2010.

ENERGIA E SUSTENTABILIDADE

CHAKRABARTI, V. *A country of cities: a manifesto for an urban america*. Nova York: Metropolis, 2013.

CIC/FIEMG. *Guia da sustentabilidade na construção*. 2008. Disponível em: http://www.ambiente.sp.gov.br/municipioverdeazul/DiretivaHabitacaoSustentavel/GuiaSustentabilidadeSindusConMG.pdf. Acessado em: 11 abr. 2011.

[CPQD] CENTRO DE PESQUISA E DESENVOLVIMENTO EM TELECOMUNI-CAÇÕES. Disponível em: http://www.cpqd.com.br/mercado/smart-grid. Acessado em: 30 set. 2014.

[EPE] EMPRESA DE PESQUISA ENERGÉTICA. *Plano decenal de expansão de energia*. 2012a. Disponível em: http://www.epe.gov.br/mercado/Documents/S%C3%A9rie %20Estudos%20de%20Energia/20121221_1.pdf. Acessado em: 13 out. 2013.

_____. *Avaliação da eficiência energética para os próximos 10 anos (2012-2021) em série estudos de demanda*. 2012b. Disponível em: http://www.epe.gov.br/PDEE/20130326_1.pdf. Acessado em: 13 out. 2013.

GBPN; KPMG. *Buildings for our future: the deep path for closing the emissions gap in the building sector*. 2013. Disponível em: http://www.gbpn.org/reports/buildings-our-future-deep-path-closing-emissions-gap-building-sector. Acessado em: 13 out. 2013.

GEHL, J.; ROGERS, R. *Cities for people*. Londres: Island, 2010.

GEWEC; GREENPEACE. *[R]evolução energética: a caminho do desenvolvimento limpo*. 2013. Disponível em: http://www.greenpeace.org/brasil/Global/brasil/image/2013/Agosto/Revolucao_Energetica.pdf. Acessado em: 13 out. 2013.

GHISI, E.; GOSCH, S.; LAMBERTS, R. Electricity end-uses in the residential sector of Brazil. *Energy policy*. v. 35, n. 8, p. 4107-20, 2007.

GLAESER, E. *Triumph of the city: how our greatest invention makes us richer, smarter, greener, healthier, and happier*. Nova York: Penguin, 2012.

GLAESER E.; KAHN, M. The greenness of cities: carbon dioxide emissions and urban development. *NBER Working Paper Series*. n. 14238. Cambridge: Harvard University Press, 2008.

[IBGE] INSTITUTO BRASILEIRO DE GEOGRAFIA E ESTATÍSTICA. *Sinopse do censo demográfico 2010*. Rio de Janeiro: IBGE, 2011.

_____. *Síntese de indicadores sociais: uma análise das condições de vida da população brasileira*. Rio de Janeiro: IBGE, 2012.

INTERACADEMY COUNCIL; [FAPESP] FUNDAÇÃO DE AMPARO À PESQUISA DO ESTADO DE SÃO PAULO. *Um futuro com energia sustentável: iluminando o caminho*. 2010. Disponível em: http://www.fapesp.br/publicacoes/energia.pdf. Acessado em: 13 out. 2013.

LAMBERTS, R.; DUTRA, L.; PEREIRA, F.O.R. *Eficiência energética na arquitetura.* São Paulo: PW, 1997. Disponível em: http://www.labeee.ufsc.br/publicacoes/livros. Acessado em: 13 out. 2013.

LEITE, C. *Cidades sustentáveis, cidades inteligentes.* Porto Alegre: Bookman, 2012.

LEITE, C.; TELLO, R. *Indicadores de sustentabilidade no desenvolvimento imobiliário urbano.* São Paulo: Fundação Dom Cabral/Secovi-SP, 2011.

MAAS, W. *Visionary cities (future cities).* Roterdã: NAI Publishers, 2010.

MCDONOUGH, W.; BRAUNGART, M. *Cradle-to-cradle: rethinking the way we make things.* Nova York: North Point Press, 2002.

[MME] MINISTÉRIO DAS MINAS E ENERGIA. *Plano nacional de eficiência energética: premissas e diretrizes básicas.* 2011. Disponível em: http://www.orcamentofederal.gov.br/projeto-esplanada-sustentavel/pasta-para-arquivar-dados-do-pes/Plano_Nacional_de_Eficiencia_Energetica.pdf. Acessado em: 13 out. 2013.

MORISHITA, C.; SORGATO, M.J.; VERSAGE, R. et al. *Catálogo de propriedades térmicas de paredes e coberturas.* Florianópolis: Labeee, 2010. Disponível em: http://www.labeee.ufsc.br/sites/default/files/projetos/catalogo_caixa_v4.PDF. Acessado em: 13 out. 2013.

PROGRAMA CIDADES SUSTENTÁVEIS. *Bristol, na Inglaterra, foi eleita Capital Verde Europeia de 2015.* 2014. Disponível em: http://www.cidadessustentaveis.org.br/boas-praticas/bristol-na-inglaterra-foi-eleita-capital-verde-europeia-de-2015. Acessado em: 30 set. 2014.

PROCEL INFO. *Energias renováveis para cidades sustentáveis.* 2012. Disponível em: http://www.procelinfo.com.br/main.asp?View=%7BF5EAADD6-CCB0-4E29-A0C4-482D3D66BB65%7D&Team=&params=itemID=%7B944C0810-AC42-410E-9B7E-BBE15FE06215%7D;&UIPartUID=%7BD90F22DB-05D4-4644-A8F2-FAD4803C8898%7D. Acessado em: 30 set. 2014.

_____. Disponível em: http://www.procelinfo.com.br/main.asp?TeamID={4CC-4F5C8-DE07-4E50-9F61-CED15C904533}. Acessado em: 30 set. 2014.

ROGERS, R. *Cidades Para Um Pequeno Planeta.* Barcelona: Gustavo Gili, 2001.

SATTHERWAITE, D. Cidades e mudanças climáticas. In: *Urban Age South America Newspaper Essay.* Londres/São Paulo: Urban Age/London School of Economics, 2008.

SIEMENS. *European green city index: assessing the environmental impact of Europe's major cities.* Disponível em: http://www.siemens.com/entry/cc/features/urbanization_development/all/en/pdf/report_en.pdf. Acessado em: 31 ago. 2015.

UNEP-SBCI. *Building and climate change: summary for decision makers.* 2009. Disponível em: http://www.unep.org/sbci/pdfs/SBCI-BCCSummary.pdf. Acessado em: 13 out. 2013.

Sites

Association HQE. Disponível em: http://assohqe.org/hqe/. Acessado em: 30 set. 2014.

Breeam. Disponível em: http://breeam.org. Acessado em: 30 set. 2014.

Eletrobras. Disponível em: http://eletrobras.com.br/procel.

Empresa de Pesquisa Energética. Disponível em: http://www.epe.gov.br. Acessado em: 30 set. 2014.

Flat Iron Bike. Disponível em: http://flatironbike.com/2013/02/18/another-city-is-possible-cars-and-climate/. Acessado em: 30 set. 2014.

Footprint Network. Disponível em: http://www.footprintnetwork.org/en/index.php/GFN/. Acessado em: 30 set. 2014.

GBC Brasil. Disponível em: http://www.gbcbrasil.org.br/?p=certificacao. Acessado em: 30 set. 2014.

GBPN. Disponível em: http://www.gbpn.org/. Acessado em: 30 set. 2014.

Inmetro. Disponível em: http://www.inmetro.gov.br/consumidor/tabelas.asp. Acessado em: 30 set. 2014.

_____. Disponível em: http://www.inmetro.gov.br. Acessado em: 02 set. 2015.

Instituto Tecnológico de Massachusetts. Disponível em: http://www.media.mit.edu/news/citycar. Acessado em: 30 set. 2014.

Masdar City. Disponível em: http://www.masdarcity.ae/en/index.aspx.

Unep. Disponível em: http://www.unep.org/sbci/index.asp. Acessado em: 30 set. 2014.

Vanzolini. Disponível em: http://www.vanzolini.org.br/conteudo_104.asp?cod_site=104&id _menu=758. Acessado em: 30 set. 2014.

Zed Factory. Disponível em: http://www.zedfactory.com/zed/?q=node/102. Acessado em: 30 set. 2014.

No Mundo da Urbanização | 20

Gilda Collet Bruna
Arquiteta e urbanista, Universidade Presbiteriana Mackenzie

Adriana Silva Barbosa
Arquiteta e urbanista, Essa Township

INTRODUÇÃO

A urbanização é um fenômeno contínuo; pode-se dizer que começou com a fundação de uma vila ou núcleo urbano que ora se desenvolve, ora se retrai, mas que está continuamente em modificação. Por isso, entender o que esse fenômeno significa leva a pensar, como Lewis Carroll, que uma pobre Morsa, ainda em 1872, estava em apuros com o aquecimento do oceano (atualmente fala-se no urso polar), como se a mudança climática estivesse em ação e seu universo estivesse em mutação.

> Chegou a hora, disse a Morsa,
> De falar de muitas coisas:
> De sapatos – e navios – e lacre
> De repolhos – e reis
> E por que o mar é tão quente
> E se porcos têm asas.
> (Carroll, 1872 apud Farr, 2013, p. xi).

Sim, chegou a hora de falar sobre muitas coisas. Este capítulo procurará visualizar os vários momentos da urbanização no espaço geográfico que vem se tornando urbano, bem como entender a necessidade de uma política de gestão dos recursos naturais em prol da sustentabilidade do ambiente construído. Nessa contextualização, analisam-se a seguir diversos aspectos relacionados à urbanização: formação de cidades a partir de suas atividades econômicas, crescimento ou morte – pois a cidade também pode morrer quando perde parte de sua vida econômica, suas atividades e habitantes, por muitos motivos, entre eles não oferecer possibilidade de trabalho mais qualificado (Jacobs, 1969). Mas muitas cidades crescem e se espraiam por um amplo território. Desse modo, procura-se, como objetivo, entender a urbanização, a influência do migrante nesse processo de ocupação do território e os efeitos de uma formação espraiada, em contraposição à urbanização compacta em relação ao meio ambiente e à sustentabilidade. O migrante é aquele que se desloca no território, seja da área rural para a urbana, seja de uma pequena urbanização para outra maior. Essa análise considera o adensamento populacional e suas respectivas demandas por habitat, incluindo o alcance da energia como qualidade de vida e sustentabilidade da urbanização.

Portanto, a urbanização sustentável tem como objetivo limitar o consumo de modo que permita a preservação dos recursos naturais; produzir energia para atender à demanda das comunidades, mas diminuir o consumo, almejando uma produção mais adequada à população servida; e aumentar a qualidade de vida com menores custos. O consumo reduzido de recursos naturais leva a um menor impacto ambiental. Será isso uma utopia?

Para reduzir os impactos ambientais do consumo, é preciso usar a energia de forma eficiente, buscando o máximo de desempenho de aparelhos e processos, com o mínimo de consumo das reservas naturais (Farr, 2013). Portanto, deveria ser possível obter menor impacto na natureza, consumindo menos frente à escassez de recursos. Assim, a eficiência deve atingir tanto o uso de máquinas como equipamentos domésticos e também o próprio uso habitacional e atividades econômicas, em grandes ou pequenas urbanizações. Dessa forma, é possível promover a conservação de energia e a proteção do meio ambiente. Como dizia Herodotus (apud Jacobs, 1969, p. 5, tradução nossa): "vou contar uma história de como percorro as pequenas cidades não menos do que aquelas que uma vez foram grandes e são pequenas hoje; e aquelas que em meu próprio tempo de vida alcançaram grandeza, foram bastante pequenas nos velhos tempos".

Hoje, grandes urbanizações; ontem, pequenas. A reflexão leva ao pensamento de Herodotus e permite compará-lo com as transformações das urbanizações no território. Assim, a urbanização pode ser um fenômeno que mostra a quantidade de pessoas que vivem em áreas urbanizadas, desenvolvendo a economia peculiar à sua época. Em âmbito global, pode-se destacar o fato de cada vez mais pessoas viverem em áreas urbanizadas, embora estas possam crescer ou diminuir conforme o aumento ou diminuição da população e a oferta e a demanda de atividades. Esse fenômeno se consubstancia mundialmente, ainda no século XXI. Em razão disso, a América Latina se destaca como a região em que 80% das pessoas vivem em cidades, como aponta a notícia de 22 de agosto de 2012 da *Folha de S. Paulo* (Soares, 2012), na qual é citado o "Relatório da Organização das Nações Unidas (ONU) – Habitat",[1] que mostra que a América Latina é a região mais urbanizada do mundo, isto é, há mais pessoas vivendo em áreas urbanas. Já em 2010, essa região se despontava quanto à urbanização, só perdendo para o norte da Europa e para a América do Norte. Mesmo assim, a região vem crescendo relativamente pouco, devido à redução da natalidade. Nesse panorama, é importante registrar que, segundo esse relatório da ONU, houve redução da pobreza, embora a região da América Latina continue sendo talvez uma das mais desiguais.

Para enfrentar os problemas característicos de uma região altamente urbanizada, a ONU recomenda investimentos em transporte e infraestrutura. Em transporte, para conectar as pessoas em suas urbanizações. Em infraestrutura, para levar saneamento básico (água, esgoto e drenagem) e energia para essas urbanizações. Porém, serão essas urbanizações sustentáveis? Como foi o crescimento da urbanização? Será que no Brasil a migração do campo para a cidade pode ser a principal responsável por essa urbanização?

O objetivo deste capítulo é analisar o fenômeno da urbanização sob diferentes ângulos, para primeiramente entender como a urbanização se fixa no território, se em loteamentos fechados ou abertos, formando certos tipos de bairros; depois, como a densidade local afeta a qualidade de vida; e como ocorre o consumo de energia e a sustentabilidade frente ao crescimento populacional e à expansão da área ocupada. No entanto, a urbanização precisa ser sustentável, "conectando pessoas à natureza e aos sistemas naturais, mesmo em densos ambientes urbanos" (Farr, 2013, p. 37).

De fato, há muitas formas de estruturar cidades: países desenvolvidos descobrindo e fundando cidades; nativos crescendo e se expandindo; imigrações de outros países; e no Brasil, pode-se considerar também a migra-

---

[1] "Estado das Cidades da América Latina e Caribe – 2012", relatório do Programa da ONU-Habitat.

ção rural-urbana, do campo para cidades menores, até chegar às megacidades. Essa migração rural-urbana "constrói uma cidade de chegada", muitas vezes uma favela, outras um cortiço em locais urbanos degradados. Como expõe Saunders (2013), é a partir desse fenômeno migratório que se inicia uma cidade de chegada. É nessa cidade que a população se forma para a vida urbana. Essa formação se dá, muitas vezes, na comunidade ou nas reuniões da escola dos filhos, nas quais descobrem-se novas atividades, sendo possível, com o tempo, melhorar de vida. Como coloca esse autor, pode ser que essa cidade de chegada passe a contar com serviços urbanos, podendo-se dizer que, antes disso, o governo não havia chegado à cidade e, agora, os moradores pertencem a um habitat – seu entorno, bairro – e conseguem reunir uma renda familiar para, finalmente, formar uma classe média e deixar a pobreza.

Saunders (2013) pesquisou essa questão em muitos países, podendo-se destacar seu estudo na cidade de São Paulo, Brasil, acompanhando a "cidade de chegada": a favela Jardim Ângela. Com esse tipo de urbanização, no princípio, os impactos ambientais são, na maioria, negativos; ou seja, não há sustentabilidade: usam-se recursos naturais, poluem-se a água e o solo e destroem-se florestas, exaurindo o local. Entretanto, com o tempo, há crimes que acabam arrefecendo: as habitações são "refeitas" em alvenaria; a favela passa paulatinamente a se integrar e a se urbanizar; grande parte das pessoas se torna proprietária de sua habitação; e muitas constituem pequenos negócios. Como diz Glaeser (2011), as cidades são aglomerações que se tornam máquinas de novas iniciativas, sobrevivendo a tumultuados momentos sociais, podendo-se dizer que, finalmente, as cidades triunfaram.

Com isso, ao longo dos anos, a cultura rural torna-se uma cultura urbana civilizada que comanda o desenvolvimento, reinvestindo em si mesma, criando e se reinventando até tornar-se parte da cultura global. Para aquelas pessoas típicas da migração rural para a área urbana, que iniciaram sua vida em uma cidade de chegada e que conseguiram superar as dificuldades e sobreviver, a cidade de chegada acaba ficando muito distante, como reminiscência de uma infância longínqua.

URBANIZAÇÃO, UM FENÔMENO SOCIAL

Outras análises atribuem significados diversos ao fenômeno da urbanização e reurbanização, principalmente quando há mudança dos estratos sociais na urbanização. De fato, nesses casos, pode ocorrer um processo de gentrificação, como expõe Furtado (2011), quando, em uma recuperação de área deteriorada, as moradias da classe de baixa renda são renovadas, atraindo a classe média que acaba por comprá-las. Configura-se, assim, o chamado processo de gentrificação. No entanto, é preciso entender este amplo fenômeno que considera a produção e o consumo de bens e mercadorias, bem como a força de trabalho, frente à mudança das formas de ocupação do solo e mesmo de segregação social no espaço cada vez mais urbano. Nesse processo, continua o autor, deve-se considerar o papel das políticas públicas como o grande suporte dessas transformações urbanas, pois acabam, por vezes, influindo na exclusão da classe pobre da área alvo de reurbanização ao levar-lhe infraestrutura e serviços públicos. As urbanizações tornam-se cidades e, segundo Furtado, geram organismos complexos formados pela junção de pessoas voltadas para o trabalho, que comercializam, compram, vendem e tornam-se especialistas em contraposição a pessoas distantes umas das outras, como ocorreu nas grandes civilizações.

Mas onde a classe pobre acaba se localizando e por que ocorre um processo de periferização social? Para responder a essa questão, é preciso examinar cada caso, procurando saber se essa população pobre também é atraída para ocupar outras áreas. Será porque, no Brasil, as áreas centrais da cidade, em geral deterioradas, oferecem um custo de vida menor, como as áreas periféricas? Furtado (2011, p. 37), ao sintetizar esse fenômeno em seu livro *Gentrificação urbana em Porto Alegre*, no qual analisa vários autores e traz muitos exemplos, afirma que:

> A história do desenvolvimento urbano é uma história de constantes padronizações e transformações da cidade, que se torna mais rápida e institucionalizada com o advento do capitalismo. Este processo de transformação necessita ser visto como uma constante (re)estruturação do espaço urbano, com nada permanecendo intocado por muito tempo.

Porém, não se pode dizer que essa transformação das urbanizações ocorre de forma sustentável. O consumo é excessivo; praticamente se desconhece a importância de se "reduzir a quantidade de matéria-prima usada [na construção] em materiais, produtos e sistemas de produção [...] [usando conservantes para esses materiais, ou mesmo] projetar visando à desconstrução [ou] usando painéis pré-fabricados" (Keeler e Bruke, 2010, p. 173). Como criar populações conscientes dessa necessidade de sustentabilidade?

Por outro lado, é nessa transformação urbana que as pessoas são vencedoras e, como tais, são estimuladas a se desenvolver e obter vantagens. Tanto Saunders (2013), como Glaeser (2011), mostram que é a urbanização com suas cidades que "transmite" conhecimento entre a população, cria vantagens produtivas e liga pessoas com vontade de progredir. Em suma, nas "áreas metropolitanas que têm cidades maiores [as pessoas] ganham 30% mais que os trabalhadores que não estão em cidades metropolitanas" (Glaeser, 2011, p. 6). Segundo Glaeser (2011), a produtividade é maior nas áreas metropolitanas maiores, pois cidades criam vantagens que se sobrepõem aos custos. "Moradores em metrópoles com mais de um milhão de habitantes, em média têm uma produtividade 50% mais alta que aqueles que vivem em metrópoles menores" (Glaeser, 2011, p. 6). Parece, assim, que há um ganho socioeconômico para quem vive em áreas mais densas, pois, em geral, essas áreas concentram mais talentos, embora também convivam com aqueles que ainda são pobres; com pequenas empresas; e também com cidadãos com maior conhecimento e habilidade. Essas análises mostram que se deve festejar a urbanização como uma forma de desenvolvimento. Mas, acrescenta-se que esse crescimento precisa ser mais sustentável.

Com base nesses aspectos, pode-se analisar o final dos anos 1960 no Brasil, período em que os incentivos governamentais começaram a estimular o desenvolvimento no interior do país, levando e expandindo a urbanização. No estado de São Paulo, o governo propôs levar a industrialização para o interior, quando o programa estadual rodoviário foi implantado. Na segunda metade da década seguinte, o governo federal organizou o Programa Nacional de Cidades de Porte Médio. Procurava, com isso, fortalecer essas cidades médias com equipamentos sociais e urbanos, transporte e habitação, para que a população migrante lá permanecesse e gerasse riqueza e qualidade de vida, deixando de continuar sua migração até as metrópoles, principalmente as do sudeste, Rio de Janeiro e São Paulo (Steinberger e Bruna, 2001).

Como se observa, houve sempre uma prioridade para desenvolver outras áreas do país por meio de uma urbanização controlada, de modo que fosse possível organizar esse crescimento em cidades com serviços urbanos e sociais e que, por isso, atraíssem a população, embora ainda não se falasse em sustentabilidade. Mais recentemente, o crescimento de cidades com menos de 500 mil habitantes se destacou, pois estas cresceram mais, embora a migração campo-cidade tenha diminuído consideravelmente, posto que a migração parte agora de cidades pequenas para maiores. Foi assim que a população da América Latina e do Caribe se multiplicou por oito, passando de 60 milhões de habitantes no começo do século XX para cerca de 588 milhões em 2010 (Do Rio, 2012).

No caso da urbanização brasileira, a migração interna é muito importante para entender o processo de ocupação do território. Essa urbanização ocorreu tanto devido à migração das áreas rurais para as urbanas, buscando cidades maiores, à procura de trabalho e moradia, como em razão do estímulo de programas governamentais para atrair a população para as cidades médias, nas quais pode-se encontrar escolas, postos de saúde e outros serviços urbanos. Nesse período, chamado de "desconcentração concentrada", o governo federal procurava atrair a população para as cidades intermediárias, que ofereciam qualidade de vida urbana (Steinberger e Bruna, 2001).

Nesse direcionamento da urbanização, pode-se entender que o lema "interiorização do desenvolvimento" foi praticamente um grito de guerra lançado em meados do século XX pelo governo (federal e estadual), que levou a uma nova configuração da urbanização no território nacional. Se anteriormente a preocupação era transferir a capital para o interior do país, após a construção de Brasília, agora pensava-se em ocupar o território nacional, até então praticamente vazio. Como um dos estímulos do governo federal, destaca-se a proposta para a ocupação de uma área ao longo da Rodovia BR 364, que se estende de Mato Grosso a Porto Velho (Rondônia), apoiando um programa de implantação de habitação e área agrícola local ao longo da rodovia. Assim, entre 1970 e 1980, cerca de 1,5 milhão de pessoas saíram da região sul em direção ao Centro-Oeste e ao Norte do país (Bruna, 1984). Com isso, surgiram urbanizações cujos habitantes tiveram de, por exemplo, enfrentar formas diferentes de cultivar a terra, pois estavam acostumados com suas plantações no sul do país, com diferentes tipos de solo e de culturas; frente às dificuldades, muitos abandonaram a área. Com o tempo, notou-se que várias dessas urbanizações vieram a se consolidar, como as cidades de Ji-Paraná, Ariquemes e Vilhena (Franco, 2011).

Cresceu, assim, a urbanização no interior, transformando a ocupação do território nacional. Podia-se falar, então, em um país cuja área urbana não era mais unicamente aquela existente ao longo da orla litorânea, resultante da colonização portuguesa, embora também houvesse fundações de Portugal que foram alcançadas por viagens fluviais. No entanto, as urbanizações da colonização portuguesa modificaram a política instalada pelo Tratado de Tordesilhas. Essas novas urbanizações ultrapassaram os limites impostos por esse tratado, ao serem englobadas como território brasileiro pela assinatura do Tratado de Madri, em 1750. Formou-se, assim, um Brasil muito maior que aquele preconizado por Tordesilhas (Gasparetto Jr., 2010),[2] o que permitiu, ainda, encerrar os conflitos territoriais entre Portugal e Espanha.

Outro destaque importante nesse período do crescimento da urbanização brasileira foi o início de uma nova conformação territorial, com obras rodoviárias que permitiram que a urbanização adentrasse o território do interior da nação. A abertura das rodovias Belém-Brasília e Transamazônica começou um novo direcionamento da urbanização. Pode-se dizer, ainda hoje, que muitas modificações vêm acontecendo. Ocorreu, assim, o espraiamento da urbanização, como se observa atualmente no estado de São Paulo, com a formação da macrometrópole paulista (Roméro e Bruna, 2010), cujo território ocupa as regiões metropolitanas de São Paulo, Baixada Santista e Campinas, podendo-se acrescentar a recém-criada região metropolitana do Vale do Paraíba. Também acabam se juntando a essa expansão territorial a região do aglomerado urbano-rural de Jundiaí e a região metropolitana de Sorocaba, a ser criada conforme Projeto de Lei Complementar n. 33/2005. Como se observa, a transformação do território nacional continua sendo comandada pela migração. Os desafios de gestão são grandes, a começar pela necessidade de prover habitações para tantos migrantes, por vezes recém-chegados na área. Em geral, a população pobre precisa contar com um habitat urbano, com equipamentos de saúde, educação, saneamento e mobilidade, para que possa desempenhar suas atividades diárias na busca por trabalho e renda.

Segundo o Instituto Brasileiro de Geografia e Estatística (IBGE), o Censo de 2010 (Brasil, 2010) apontou que esse crescimento, na última década, se mostrou maior nas regiões Norte (2,09%) e Centro-Oeste (1,91%); seguidas pelas regiões Nordeste (1,07%) e Sudeste (1,05%) e, finalmente, a região Sul (0,87%) (Soares e Matos, 2011). Assim, embora em ritmo menor de crescimento, a população continua aumentando e procurando habitar cidades. Entretanto, o crescimento econômico necessário para manter essa

---

[2] Com esse tratado, a fronteira brasileira foi estabelecida mais ou menos como é atualmente, permitindo que a Amazônia ficasse sob o domínio português. Também a capital do vice-reino português no Brasil foi transferida da cidade de Salvador para o Rio de Janeiro.

população encontra limites da natureza para superar os riscos ambientais, ao mesmo tempo em que precisa urgentemente de infraestrutura, principalmente de saneamento básico, de modo a proteger a saúde e o ambiente construído da população (Green Council Brasil, 2013).

No entanto, Abramovay (2012) fala de um impressionante declínio da proporção de pobres na população mundial, principalmente nos últimos 30 anos; embora o caminho mais curto para enfrentar a pobreza, diz esse autor, fosse acelerar diretamente o crescimento econômico, o que não é totalmente possível, pois esbarra em limites ambientais cada vez maiores. Desse modo, a ONU (apud Abramovay, 2012) também enfatiza que a "economia verde" não se sustenta, mesmo com as maiores eficiências em material e energia, pois o ecossistema continua a ser exaurido. Por isso, há necessidade de se poder contar com uma nova cultura econômica, que permita pensar simultaneamente nos impactos diretos na vida das pessoas e nos ecossistemas, para só então vir a pensar na capacidade da economia reduzir a pobreza e aumentar a qualidade de vida. Atualmente, segundo esse autor, frente ao crescimento econômico, é preciso equacionar como atender às demandas sociais, mas prioritariamente, respeitar os ecossistemas, sem os quais não se terá um urbanismo mais sustentável.

Ora, o crescimento econômico da cidade atrai a migração rural de pobres que deixam sua penosa vida no campo em busca de novos horizontes e encontram nas favelas novas amizades, novos aprendizados e novas perspectivas de vida. Glaeser (2011) afirma que a cidade mostra sua fortaleza quando atrai a população desigual à procura de novas oportunidades de vida, que certamente não encontraria se ficasse em seu antigo ambiente rural. Portanto, é na cidade que o pobre pode melhorar de vida. Por isso, certas urbanizações são muito mais "ricas" em suas ofertas aos migrantes que outras. Assim, pode-se entender que as urbanizações formadas por favelas e cortiços são pontos de transição para uma vida melhor, modos de deixar para trás a pobreza e adentrar uma classe média.

REFLEXÕES SOBRE URBANIZAÇÃO E DENSIDADE

Visualizando as cidades no território, observa-se que algumas são mais densas, portanto, contam com maior concentração populacional. Porém, mesmo que esse adensamento urbano não forme um tecido mais ou menos homogêneo, a cidade grande estimula a construção de edifícios altos e associa novas tecnologias e empreendedorismo. É com muitas pessoas concentradas em um ambiente que a urbanização gera "invenção, criatividade e produtividade necessária para abastecer a empresa e gerar lucro" (Norquist, 1998, p. 17). Daí a importância da densidade. Com isso, essas novas formas de empreender continuam atraindo a migração, provavelmente vinda agora de cidades menores. Também são mais rentáveis para seus habitantes, pois estes, graças à densidade, dividem com os vários vizinhos os custos da infraestrutura, que se torna muito mais cara quando a densidade é muito baixa, pois serão divididos por um número menor de pessoas.

Se a urbanização enseja a formação de concentrações de pessoas por um lado, por outro, a falta de estrutura adequada para a circulação pode dificultar a vida nesses núcleos e acelerar o espraiamento urbano. O espraiamento é típico de uma urbanização com baixa densidade, o que encarece as estruturas das cidades e, consequentemente, os custos de vida. Esse mecanismo de formação de valorização do habitat acaba atribuindo às áreas mais periféricas valores menores que às áreas mais densas, como as centrais. Estas contam com serviços de infraestrutura e equipamento urbano, embora muitas vezes se encontrem degradadas, precisando de regeneração.

Por outro lado, as áreas regeneradas também alcançam valores mais altos em oposição a áreas antigas decadentes, como atualmente ocorre no bairro da Mooca, em São Paulo. Visualiza-se nesse bairro a regeneração urbana por meio da substituição de usos do solo, como se observa nas Figuras 20.1a e 20.1b, apresentadas a seguir, casas que estão sendo substituídas por edifícios residenciais; na Figura 20.1b, o galpão industrial está sendo demolido. Mudam-se os edifícios e a forma de vida urbana, que agora se apoia mais ainda no consumo energético, na medida em que todos os equipamentos modernos domésticos são elétrico-eletrônicos. Nesse sentido, é preciso haver consumo eficiente e controlado, mas também arquitetura e urbanismo sustentáveis, de modo que permita a redução do consumo e a preservação dos recursos naturais.

Por essas características de ocupação, também muitas das áreas periféricas no Brasil são constituídas por migrantes pobres e vários conjuntos habitacionais construídos por empresas públicas, para a população de baixa renda. Também é na periferia que o migrante pobre tem algum poder de compra. E, como primeiro se observa, essas áreas são bem servidas por equipamentos elétrico-eletrônicos, o que pode ser visto pelos vários tipos de antenas que coroam as edificações. Assim, torna-se importante contar com um programa de modernização no qual esses equipamentos certificados assumam um consumo com maior eficiência energética.

Figura 20.1 – a) Rua Marcial, Mooca, SP, substituição das casas por edifícios; b) Rua dos Campineiros, Mooca, SP, galpão industrial sendo demolido.

Fotos: Adriana Silva Barbosa (2013).

Nas urbanizações, procura-se regenerar a área ao qualificá-las, o que lhes atribui valores maiores, enquanto outras não se regeneram facilmente. Pode ser que ocultem problemas de contaminação do solo, por óleo das fábricas, ou vazamentos de postos de abastecimento de combustível que antes existiam no local. Podem também ser áreas tombadas para preservação histórica ou da paisagem. No aspecto urbanístico, ruas estreitas (menos de 12 m de largura) não permitem empreendimentos do tipo condomínio; seus valores são menores e migrantes pobres encontram oportunidades como: educação, saúde e emprego, que não encontravam no campo. Antigamente, em certas regiões, a moradia era para o trabalhador que precisava morar perto da fábrica, seu posto de trabalho. Na Figura 20.1, observam-se casas típicas de operários; na Figura 20.2a, mostra-se a substituição de uma antiga fábrica por um centro de compras; e na Figura 20.2b veem-se condomínios residenciais sendo construídos. Os usos mudam com a modernização. Entretanto, precisam se preparar para serem mais sustentáveis.

Assim, além da urbanização dispersa, pode-se refletir sobre a urbanização compacta. Esta modificação pode ser reconhecida em diferentes países, inclusive no Brasil. Desse modo, em oposição à urbanização espraiada, já mencionada, a urbanização compacta é bem recebida pela população que aprecia a vida perto de áreas centrais, com comércio, serviços, jardins e parques.

Figura 20.2 – a) Antiga fábrica transformada em supermercado, localizada na Av. Paes de Barros, esquina com a Rua dos Trilhos, na Mooca, SP; b) Quadra na Rua Borges de Figueiredo, próximo à estação de trem da Mooca.

As antigas edificações foram demolidas para a construção de um condomínio. Ocorre, assim, um processo de valorização de imóveis pela regeneração urbana.

Fotos: Adriana Silva Barbosa (2013).

Para entender esses tipos de áreas, pode-se tomar como referência os subúrbios da periferia americana, que têm densidade populacional muito baixa. No Brasil, a ocupação de área suburbana é feita, predominantemente, pela população de baixa renda familiar, que forma favelas muito densas. São assim as chamadas periferias brasileiras pobres. No país, além desse tipo de área pobre, atualmente foram construídos, na periferia de metrópoles, grandes condomínios horizontais para classes de renda familiar média e alta, formando um enclave social de poder aquisitivo mais alto. Essa segregação social estimulada pelos condomínios cria uma cidade "murada", pois constitui um novo padrão urbano, com preconceitos contra certos segmentos de população, gerando sentimentos de incerteza e desordem, medo de expansão e desrespeito aos direitos de cidadania (Caldeira apud Augusto, 2002) em função da alteração da qualidade do espaço público, que praticamente deixa de ser público, tornando-se vazio, local de passagem de veículos (Caldeira apud Augusto, 2002). Esses enclaves geram distância social ao estabelecerem desigualdade de urbanização e implosão da vida pública, segundo Augusto (2002); com isso, transforma-se o modo de vida na urbanização.

Vale lembrar a urbanização compacta, em que muitas pessoas têm acesso à infraestrutura e a serviços e equipamentos públicos. Porém, o custo de vida pode ser divido com muitos vizinhos. Nesse tipo de urbanização, a população vive em bairros próximos a outros bairros, que oferecem serviços urbanos e infraestrutura, como acessos específicos para pedestres, com bosques e praças urbanas, originando melhor qualidade de vida. Desse modo, as áreas urbanizadas sofrem variações, em maior ou menor extensão, destacando-se aquelas em que a urbanização se estende formando conurbações. Em certos casos, essa urbanização compacta se forma ao redor de um centro urbano, que pode se expandir, e com o tempo se tornar, de fato, uma urbanização espraiada — que alcança outra urbanização espraiada, nascida de outra cidade compacta e assim por diante, como ocorre no contínuo de áreas urbanas de regiões metropolitanas. Ou seja, as urbanizações compactas podem se tornar espraiadas, como diz Sposito (2009), principalmente quando se associam formando conurbações não só de cidades, mas também de regiões metropolitanas. Por exemplo, com a nova centralidade representada pelas avenidas Engenheiro Luiz Carlos Berrini e das Nações Unidas (via marginal ao rio Pinheiros), a cidade assume as novas tecnologias representadas por empreendimentos do setor terciário superior, ali localizado.

Essas urbanizações acabam formando extensas áreas de um tecido urbano contínuo e vêm sendo geridas por muitas legislações, como a lei de uso e ocupação do solo do município; o código municipal de obra, que muitas vezes exige determinadas providências, como captar água de chuva por determinado período de tempo, de modo a poder soltá-la lentamente depois da tormenta e assim evitar maiores inundações; as normas oriundas do Estatuto da Cidade (2001), relativas ao impacto ambiental e ao impacto de vizinhança; e as do Estatuto da Metrópole (2015), envolvendo "as funções públicas de interesse comum em regiões metropolitanas e aglomerações urbanas, [e ainda, se for o caso] o plano de desenvolvimento urbano integrado e outros instrumentos de governança interfederativa" (art. 1º).

Na formação dessas urbanizações, destaca-se a periferia em que o migrante pobre tem algum poder de compra. Destaca-se também que a regeneração urbana qualifica determinada urbanização. No entanto, as urbanizações de áreas centrais acabam empobrecidas e, por isso, seu valor é menor que o de urbanizações regeneradas. Áreas centrais das cidades não se regeneram facilmente e podem, como mencionado anteriormente, ocultar problemas de contaminação do solo por óleo das fábricas, que antes existiam no local, ou postos de abastecimento de combustível. Ou ainda, podem ser áreas tombadas para preservação histórica ou da paisagem e, com isso, aumentar as dificuldades de gestão. Tanto a urbanização dispersa como a compacta são igualmente importantes para a formação de uma rede de cidades e podem ser reconhecidas em diferentes países, inclusive no

Brasil. Desse modo, em oposição à urbanização espraiada ou dispersa, a urbanização compacta é apreciada pela população por conta de seus usos mistos e também porque o acesso é fácil em percursos a pé, atravessando praças e parques. Vale lembrar que ao reduzir o uso do veículo motor, a poluição atmosférica diminui, premiando, de certa forma, aquela urbanização. Apoiando a cidade densa, o Green Building Council do Brasil[3] se propõe a incentivá-la "premiando" a implantação de empreendimentos residenciais cujos terrenos tenham divisa com terrenos de comunidades existentes. Incentiva-se, assim, a integração de novas comunidades com o ambiente construído.

Alguma desigualdade social entre pobres e ricos na urbanização é importante para gerar progresso, e esse é um ponto positivo desse modelo. O progresso acontece porque se apoia em capital humano, que desenvolve conhecimento suficiente para compartilhar inovações. Pode-se observar que, hoje, os ricos trabalham; antes, viviam de renda, como coloca Eduardo Pegurier (2013) em seu artigo "A longa fuga da miséria", comentando o livro *The great escape: health, wealth, and the origins of inequality*, de Angus Deaton, publicado nos Estados Unidos.

Comentando um lado sustentável do urbanismo brasileiro, destaca-se que a energia hidrelétrica, que é renovável, tem grande participação na matriz energética, embora, em períodos críticos de secas, a quantidade de água não consiga suprir as necessidades da população. Por isso, a economia no consumo energético é cada vez mais importante, seja na habitação e seus ambientes internos e externos, seja nos equipamentos domésticos que usam eletricidade. É preciso ainda considerar outros ângulos do urbanismo, talvez referenciando as propostas atuais que dão peso maior à regeneração da comunidade e ao redescobrimento da atratividade da rua principal e do ambiente urbano, com o renascimento dos bairros. Nesses bairros, as calçadas agem como a espinha dorsal, as ruas locais só são usadas para acesso às residências, funcionando como caminhos verdes, com seus jardins e pátios (Norquist, 1998). Tem-se, desse modo, uma urbanização mais próxima dos recursos naturais que passam a ser deliberadamente preservados, levando à maior sustentabilidade.

No Brasil, para regulamentar as urbanizações, pode-se citar a Lei Lehmann (Lei n. 6.766/79, modificada pela Lei n. 9785/99), que trata do loteamento, das porcentagens de ocupação de áreas verdes, de equipamentos

---

[3] Disponível em: http://www.gbcbrasil.org.br. Acessado em: 21 set. 2015.

sociais e outros. Como lei federal, deve ser atendida por todos os níveis de governo (estados, Distrito Federal e municípios). Com base nessa legislação, cabe à iniciativa privada traçar os loteamentos. Somam-se a essas considerações as diretrizes dadas pela Lei n. 6.938/81, que criou o Sistema Nacional de Meio Ambiente e rege os impactos ambientais de atividades, usos e ocupação do solo. Destaca-se seu incentivo a não consumir mais recursos naturais que os estritamente necessários, ou seja, utilizar, preferencialmente, as áreas já em estágio de urbanização, evitando a ocupação dispersa.

No interior dessas áreas urbanizadas, podem-se destacar certas zonas, sejam mais centrais, intermediárias ou periféricas. Em muitas cidades em que prevalece a formação radial, essas zonas são reconhecidas por círculos concêntricos, que juntamente com as vias arteriais formam setores urbanos, onde se localizam pessoas de diferentes classes sociais, distribuídas por esses círculos e setores. Essa distribuição de classes sociais representa, por vezes, certos tipos de pessoas, como operários, funcionários de classe média ou a população rica, e pode ser reconhecida pela variação de movimentos de expulsão ou assimilação de pessoas, como analisado no início do século XX pela Escola de Sociologia Urbana de Chicago (Reissman, 1970).

Segundo esse autor, a migração da população de uma para outra dessas zonas ocorre em função tanto da valorização local como da oferta de acesso ao trabalho, serviços, infraestrutura e transporte. Conforme a densificação existente, o custo de vida em algum desses locais pode ser maior ou menor. Desse modo, há sempre uma flutuação de população entre esses locais nas urbanizações, sendo que a distribuição da população por essas áreas ocorre conforme suas possibilidades financeiras de habitar um ou outro local, bem como de ver atendidas suas necessidades por esses serviços e equipamentos urbanos.

Assim, pode-se perguntar: como é morar na periferia? Ou ainda, por que morar nas áreas centrais? Qual é mais econômica? Qual é mais sustentável?

Partindo-se do centro da vida urbana, à sua volta se dispõe esse núcleo da urbanização, conforme o poder aquisitivo. Ou ainda, porque lá se encontram atividades culturais. As áreas intermediárias em geral recebem a população de renda média e alta que migra para essas novas localizações, bem como o comércio e serviços, acompanhando esses clientes. Essas áreas intermediárias são ocupadas prioritariamente por edifícios verticais, aproveitando as vantagens dessa nova localização. Quando se distanciam do antigo centro, este começa a empobrecer e se degradar. Nessas áreas intermediárias, estão os grandes condomínios residenciais verticalizados, com alto consumo de energia, pois seus moradores demandam-na para a circulação vertical, para as modernidades eletro-eletrônicas, dentre outras.

Já os condomínios horizontais estão localizados principalmente na periferia, também com alto consumo de energia, que comanda seu microcosmo, desde o controle total da segurança condominial até as especialidades de suas atividades. Tanto os condomínios verticais como horizontais, em prol de segurança e conforto, acabam sendo murados (com alvenaria ou grades); formam, então, grandes enclaves urbanos, que só oferecem acesso àquelas pessoas que são admitidas; e assim esfacelam o espaço público, que passa a ser usado unicamente para a circulação de veículos, que poluem o ambiente. Mesmo internos à cidade, esses condomínios formam seu microcosmo, resultam em uma urbanização fragmentada, desligada da cidade, pois, como microcosmos, são verdadeiras miniaturas de cidade que se desconectam da própria cidade-mãe da qual fazem parte; precisam de energia para poder usufruir das vantagens de seu estilo de vida: energia consumida continuamente, dia e noite; quase não se preocupam se é renovável; também não se preocupam com esses custos, nem com a sustentabilidade de seus espaços urbanos (Oliveira, 2009).

Nessa mudança, os contrastes sociais estão presentes: as populações de renda familiar mais baixa ocupam áreas centrais degradadas, de um lado, e de outro, as periferias pobres. Sejam cortiços ou favelas, demandam a atenção do poder público: querem ser urbanizadas, contar com escolas, postos de saúde, transporte coletivo e ainda com o poder público subsidiando sua habitação, a habitação de interesse social[4] e a habitação popular,[5] com financiamento governamental. Esse é o esforço institucional para a diminuição das desigualdades sociais. O projeto desses conjuntos habitacionais precisa ser mais sustentável, pois eles acabam formando muitos bairros; devem conduzir a cidades mais sustentáveis.

A UTOPIA DA URBANIZAÇÃO COMPACTA

Tanto a urbanização espraiada como a urbanização compacta trazem em seu bojo certo adensamento populacional. A primeira conta com um

---

[4] Habitação de interesse social: para famílias com renda de zero a três salários mínimos.
[5] Habitação popular: para famílias com renda de até 10 salários mínimos.

centro comercial a partir do qual desenvolve o crescimento disperso. Sua densidade média é baixa, como naqueles projetos de cidades novas construídas para desconcentrar a cidade grande, por exemplo, Londres, cuja recomendação do Relatório Keith em 1946 era de uma densidade de 12 casas por acre ou 83 acres para cada 1.000 pessoas, significando aproximadamente 30 habitantes por hectare (The Spectator Archive, 1964).[6]

Nessas urbanizações pouco adensadas, as densidades alcançam entre 40 a 50 habitantes por hectare, semelhante aos 50 hab/ha que ocorrem nas áreas periféricas brasileiras (Nobre, 2014). Na região metropolitana de São Paulo, mesmo contando com uma grande área verticalizada, a densidade média é de aproximadamente 71 hab/ha, baixa para uma aglomeração urbana de 19 milhões de habitantes. Isso se dá porque, na metrópole paulista, o espraiamento tem sido uma regra e a cidade compacta uma exceção, embora sejam desenvolvidos pelo mercado imobiliário. Observa-se que, em geral, é comum que nas periferias a densidade diminua.[7] Maiores densidades são encontradas em favelas e bairros populares, até mesmo naqueles mais verticalizados (Nobre, 2014), atingindo, no Rio de Janeiro, as favelas de 1.000 a 1.500 hab/ha, segundo Del Rio (1990 apud Nobre, 2014).

Portanto, essa é a utopia de uma urbanização mais densa, que foi rejeitada no século XX. O nível de consumo energético é alto, porque nem todos os eletrodomésticos estão etiquetados conforme o selo Procel, mesmo que tenham sido adquiridos recentemente. Assim, não são eficientes. A preocupação da população volta-se para usufruir das benesses da cidade: obtenção da casa própria pelos programas governamentais, como o Programa do Governo Federal PAC – Minha Casa, Minha Vida, complementado pelo Programa Minha Casa Melhor, que oferece crédito para a compra de eletrodomésticos e móveis (Mendes, 2013).

Por um lado, como coloca Richard Rogers (2001), as urbanizações compactas oferecem uma série de intervenções que permitem otimizar sua eficiência, aumentando a convivência entre moradores; reduzindo a neces-

---

[6] 1 acre = 0,406 hectare. Cidades novas de 1946 tinham uma densidade de 12 casas por acre, ou 83 acres para cada 1.000 pessoas. Atualmente, a decisão é aumentar o número de pessoas; a densidade passou a ser 59 acres para 1.000 habitantes. E para os britânicos como um todo, 55 acres para 1.000 habitantes.

[7] "Densidade demográfica é a relação entre a população e uma determinada área. Existem diferentes conceitos sobre densidade, que variam em função da população e a área que se estuda, mas a unidade é geralmente dada em habitantes por hectare, em que um hectare é igual a 10.000 m^2 (ou abreviado em hab/ha)" (Nobre, 2014).

sidade de translado por automóvel; diminuindo os congestionamentos; e, com isso, a poluição do ar. Esses tipos de urbanização compacta "reduzem o desperdício de energia [...] [e nesse sentido podem] duplicar a eficiência da distribuição de energia tradicional" (Rogers, 2001, p. 50). Vale destacar, como diz Rogers (2001, p. 32), que esse "modelo de cidade densa [...] foi tão rejeitado no século XX" porque reproduzia as cidades industriais da era vitoriana, em que a expectativa de vida estava ao redor dos 25 anos. Hoje, por outro lado, procura-se considerar as cidades mais densas concebidas por um urbanismo que desenhe uma urbanização socialmente diversifica-da, menos poluída e com predominância de usos mistos do solo. Nada se menciona do habitat em que se insere a habitação, nem da necessidade de sustentabilidade, tanto para esta como para a urbanização.

Sobre essa questão, destaca-se que o Green Building Council Brasil, na certificação para casa, na categoria Implantação, concede três pontos de crédito se a construção de novas residências estiver em terrenos que fazem divisa com pelo menos 75% do seu perímetro, com comunidades já exis-tentes. Mas isso mostra um incentivo ao adensamento. Ora, as densidades ocorrem em quadras e lotes e, no Brasil, como mencionado, o loteamento é regulamentado pela Lei federal n. 6766/79, que dispõe sobre o parcela-mento do solo urbano, modificada pela Lei n. 9785/99. Esta lei trata do parcelamento, uso e ocupação do solo urbano.

Assim, seguindo a legislação, esse traçado de loteamentos é geralmen-te definido pela iniciativa privada,[8] que deve seguir ainda as densidades previstas no plano diretor do município. Todos os enfoques devem estar em conformidade, de modo a levar uma densidade adequada à função social da cidade e da propriedade urbana, determinada pelo plano diretor da cidade. Desse modo, certas áreas são passíveis de determinados usos do solo; bem como determinada densidade construída, referida pelo coefi-ciente de aproveitamento e pela taxa de ocupação do lote, que indicam se este pode ser usado em parte ou no total dos 100% da área, ou em outra proporção; além de exigir determinadas porcentagens de áreas permeáveis, o que objetiva manter a qualidade ambiental local.

Essas medidas e outras previstas para alguns setores urbanos procu-ram imprimir afastamentos frontal, de fundo e laterais no loteamento e nas

---

[8] Além da legislação de zoneamento do município, esses traçados urbanos estão sujeitos à legislação ambiental, com destaque para a Lei das Águas, o Código Florestal, as resoluções do Conselho Nacional de Meio Ambiente (Conama) e resoluções da Secretaria de Estado do Meio Ambiente (Sema), além das demais regulamentações federais, estaduais e municipais.

construções, de modo a formar uma reserva de espaço suficiente para iluminação e ventilação urbanas, especificamente nas edificações. Essas legislações locais variam de cidade para cidade, embora todas tragam restrições à ocupação do solo urbano, que nem sempre são obedecidas.

No entanto, não se pode esquecer que outra parte da urbanização decorre de assentamentos irregulares, ocupados prioritariamente pela população pobre. Essa ocupação tem características diversas, conforme seu local no território nacional, por exemplo, o bioma costeiro brasileiro, que no ano 2000 tinha baixa densidade, em média 305,93 hab/km^2 (Hogan et al., 2010, p. 60), uma densidade baixíssima em termos de quadra.

Ora, vale lembrar que a cidade é um lugar crítico para o qual se dirige a sociedade, onde enfrentam-se problemas e abrem-se possibilidades para reduzir a pobreza, por exemplo, por meio do acesso a escolas e serviços de saúde, conforme Hogan et al. (2010, p. 47). Além disso, não se pode deixar de mencionar que, segundo esses autores, há sobreposição de problemas para o meio ambiente e para a população, com perigo de degradação e contaminação de ambientes frágeis (Hogan et al., 2010, p. 53), pois a falta de infraestrutura de saneamento, por exemplo, deixa áreas contaminadas e possibilita que a população contraia doenças, muitas das quais são veiculadas por transmissão hídrica. Torna-se, então, cada vez mais difícil equilibrar as desigualdades humanas, visto que existem desigualdades nas urbanizações que dificultam a implantação de soluções para o urbanismo sustentável.

URBANIZAÇÃO SUSTENTÁVEL: UM SONHO NECESSÁRIO

O urbanismo sustentável é aquele que associa os princípios da urbanização à qualidade de vida e aos serviços públicos e de transporte, permitindo que a população tenha mobilidade e acesso a serviços sociais e à infraestrutura; ou seja,

> O urbanismo sustentável é aquele com um bom sistema de transporte público e com possibilidade de deslocamento a pé integrado com edificações e infraestrutura de alto desempenho. A compacidade (densidade) e a biofilia (acesso humano à natureza) são valores centrais do urbanismo sustentável. (Farr, 2013, p. 28)

ENERGIA E SUSTENTABILIDADE

Com essa definição, o urbanismo sustentável precisa focalizar soluções para os problemas de uma urbanização que precisa ser mais compacta que dispersa; é necessário que sua forma e densidade cooperem na geração desse espaço urbano e permitam ao morador vivenciar com segurança uma urbanização com espaços de qualidade, que trate da paisagem urbana, do acesso por transportes públicos e da facilidade para transitar a pé ou de bicicleta, que contenha espaços livres de poluição e que permita preservar os recursos naturais.

Por isso, Douglas Farr (2013) afirma que é importante se apoiar no Princípio da Precaução. Em outras palavras, diz esse autor, se o problema apresentado se reveste de danos públicos graves ou irreversíveis, deve-se estabelecer uma análise bem detalhada e, obrigatoriamente, provar que não há dano. Para examinar possíveis respostas a danos públicos, o urbanismo sustentável deve ser o resultado de uma proposta que inclui tanto arquitetura como urbanismo, contando com edifícios sustentáveis e buscando reformular o ambiente construído.

Desse modo, pode-se considerar um projeto de urbanismo que ofereça o equilíbrio entre a saúde ambiental e o mundo natural, por meio da criação ou regeneração do ambiente construído, com benefícios para as pessoas e para o ambiente. Modifica-se, assim, a vida urbana, diminuindo seus custos, com menor poluição atmosférica, da água e do solo; ou seja, menos gases de efeito estufa, na medida em que se aumentam os percursos para pedestres, diminuindo o uso de veículos motores poluidores.

Segundo Farr (2013, p. 10), os automóveis expandiram o uso do solo, levando a uma urbanização dez vezes maior que o próprio aumento da população. Áreas ocupadas com baixíssima densidade implicam maior impacto nos recursos naturais, com crescente impermeabilização do solo em razão do asfaltamento de muitas vias. A economia de energia desejável não consegue acompanhar a urbanização espraiada: "o aumento anual de 2,5% em quilômetros rodados não vem sendo compensado com maiores economias de energia" (Farr, 2013, p. 10). Enquanto se mantêm baixas densidades, com construção e manutenção caras, há um alto custo também para a saúde individual.

Mas, segundo Rogers e Gumuchdjian (2001), cada geração precisa reinventar seus sistemas públicos por meio dos quais são definidas as intervenções, assim como priorizar sistemas de gestão ambiental urbana. Vale mencionar que, segundo Lovelock (apud Rogers e Gumuchdjian, 2001, p.

26), "O planeta não é inanimado. É um organismo vivo. A Terra, as rochas, oceanos, atmosfera e todos os seres vivos são um grande organismo. Um sistema de vida holístico e coerente, que regula e modifica a si mesmo". Nessas condições, é imperativo respeitar a natureza e entender uma urbanização sustentável como aquela formada por bairros, distritos e corredores sustentáveis.

Desse modo, os bairros podem ser considerados a unidade básica das urbanizações. Em geral, formam comunidades urbanas em que os cidadãos estabelecem contatos na vizinhança, contam com usos residenciais e mistos, típicos de atividades locais, e podem ter os próprios parques e áreas de lazer. Também os bairros são conectados por vias que se estruturam em sistemas urbanos e regionais, formando uma rede social bem definida. Com esses elementos, é possível modificar a vida urbana, diminuindo seus custos, começando, por exemplo, por reduzir o consumo de energia elétrica usando energias renováveis ou por proporcionar mais percursos a pé e, consequentemente, poluir menos a atmosfera com os gases de efeito estufa que os veículos motores produzem. Por isso, o urbanismo sustentável deve ser um projeto para longo prazo, decidido com participação da comunidade.

Farr (2013) afirma que o urbanismo sustentável nasceu nos Estados Unidos, no fim do século XX, concebendo um crescimento urbano inteligente, como proposto pelo movimento do Novo Urbanismo Americano,[9] com a "integração de sistemas humanos e naturais [...] bem como com construções sustentáveis" (The Urbanization Earth, 2013). A legislação ambiental americana data dos anos 1970 e ainda hoje é fundamental para a sustentabilidade urbana (The Urbanization Earth, 2013),[10] tendo servido de exemplo para as regulamentações de vários países, inclusive o Brasil. Essas legislações federais americanas possibilitaram que cada estado ajustasse a lei para suas necessidades e, assim, pudesse controlar a conservação do solo e a preservação de suas paisagens naturais. As legislações am-

---

[9] "O *Novo Urbanismo* é um movimento voltado para o desenho urbano que defende o projeto de vizinhanças para pedestres com funções mistas de habitação e trabalho. Surgiu nos Estados Unidos no início dos anos 1980 e continua atuante em muitos projetos de desenho e planejamento urbano" (Colin, 2010). O Novo Urbanismo pode ser entendido como uma reação ao espraiamento ou suburbanização (The Urbanization Earth, 2013). Destaca-se que a função do bairro é considerada como a de um centro autônomo, em que as habitações devem ser acessadas por caminho a pé de cinco minutos, ou seja, em um raio de 600 metros.

[10] Nos anos 1970 foi criada a política ambiental nos Estados Unidos, incluindo a Lei de Água Limpa, Lei do Ar Limpo, Lei das Espécies Ameaçadas, Lei de Proteção Ambiental, Lei de Manutenção da Zona Costeira e a criação da Agência de Proteção Ambiental.

bientais no Brasil também fazem parte de um Sistema Nacional de Meio Ambiente, criado pela Lei federal n. 6.938/81. Por meio dessa legislação, tanto os poderes estaduais como municipais devem manter a qualidade dos recursos naturais existentes. Ao poder local assumido pelos municípios cabe impor restrições ao uso e à ocupação do solo, procurando proteger as áreas mais frágeis ambientalmente.

Pode-se destacar que, globalmente, as cidades estão procurando dirigir o crescimento urbano por meio de critérios que permitem avaliar o grau de sustentabilidade que conseguem imprimir em seu urbanismo e em suas edificações. Pode-se falar que essa sustentabilidade já vem sendo impulsionada pelas empresas e corporações, que a vêm adotando mesmo como parte de sua Responsabilidade Social (ABNT ISO 26.000 – Inmetro). Pode-se considerar, assim, que tornar a cidade mais sustentável já se iniciou com esse movimento das empresas. Por isso é que se deve procurar avaliar como crescerão as urbanizações sustentáveis. Também porque, além da responsabilidade social, as certificações vêm imprimindo maior sustentabilidade na construção civil, principalmente de edifícios comerciais.

Nessas avaliações, os Sistemas de Certificação de Edificações são também "ferramentas para o controle do consumo de energia no processo de implantação de um projeto integrado" (Keeler e Burke, 2010, p. 21), isto é, um projeto mais sustentável. Há vários tipos de certificações para avaliar a sustentabilidade utilizada em diferentes países. Talvez mais empregado nos Estados Unidos, o projeto Liderança em Energia e Projeto Ambiental (*Leadership in Energy and Environmental Design* – Leed) também é importante no Brasil, onde há um Conselho do Leed nacional.

A certificação vem sendo aplicada mundialmente, pois é um dever de todos os países cuidarem do meio ambiente, de modo que diminuam as consequências negativas que precisam ser enfrentadas no panorama mundial de mudanças climáticas.[11] É importante ainda mencionar que a Fundação Vanzolini adaptou o método francês de certificação de edifícios

---

[11] No Reino Unido, os britânicos usam a Avaliação Ambiental feita pelo Órgão de Pesquisa sobre o Edifício (Building Research Establishment – Breeam), assim como o governo britânico usa a Estratégia de Desenvolvimento Sustentável do Governo do Reino Unido (UK Government Sustainable Development Strategy, do Department for Environment, Food and Rural Affairs); na Alemanha, usa-se a certificação do Conselho Edifício Sustentável (German Sustainable Building Council – DGNB); na França, usa-se a certificação de Alta Qualidade Ambiental (Haute Qualité Environmentale – HQE).

para ser usado no Brasil, que assim conta com a certificação Alta Qualidade Ambiental (Aqua). No Brasil, destaca-se também o Selo Azul da Caixa Econômica Federal, organizado para avaliar projetos de habitação de interesse social; e, em termos de consumo de energia, o Programa Nacional de Eficiência Energética em Edifícios (Procel),[12] que trata também da etiquetagem de aparelhos eletrodomésticos. Todos esses sistemas de certificação interferem na urbanização, pois propõem determinados padrões que influem na "relação entre edificação, comunidade e o entorno" (Keeler e Burke, 2010, p. 20). Mas pode-se dizer ainda que essas certificações são meios de estimular o mercado a desenvolver edifícios e cidades mais sustentáveis, pois incentivam o aumento do valor dos empreendimentos certificados, isto é, tornando-os mais sustentáveis.

Sintetizando, segundo o Instituto Ressoar (Silva, 2013), tem-se que:

> Uma construção sustentável deve contemplar em sua construção e na vida útil do empreendimento três aspectos fundamentais: ser ecologicamente correto, socialmente justo e economicamente viável. Isso acarreta uma difícil tarefa de não só construir o empreendimento de forma ecológica, mas de manter a vida útil da construção com essa mesma filosofia.

Conforme as características da construção sustentável, após auditoria e exame do atendimento aos critérios, o empreendimento pode ser certificado segundo sua tipologia. Mas segundo Lamberts e Triana (2007 apud CEF, 2010), os projetos mais sustentáveis precisam conseguir reduzir o consumo de eletricidade, lenha e gás nas edificações residenciais e aumentar o uso de energias renováveis. Assim, segundo os autores, esses são os critérios mais importantes para se ter edificações mais sustentáveis. Não se pode esquecer que, segundo Triana et al. (2010), os eletrodomésticos consomem energia, principalmente a geladeira e o *freezer*, que atingem 27% do consumo; o chuveiro representa 24%; o ar-condicionado, 20%; e a iluminação artificial, 14%.

Assim, para reduzir o consumo de energia na habitação, necessariamente, o eletrodoméstico é o alvo, que precisa ser formado por aparelhos mais eficientes, dispositivos economizadores e, também, uso de fontes al-

---

[12] Há ainda no país normas que cuidam da gestão da qualidade, como aquelas que trazem padrões internacionais, da ISO (International Organization for Standartization). Destas, destacam-se as normas ISO 9.000, que tratam da gestão da qualidade; e as ISO 14.000, da gestão ambiental.

ternativas. Certamente, com a diminuição do consumo, haverá diminuição nos gastos mensais dos moradores. Mas, também para avaliar a eficiência desse consumo, pode-se considerar que as etiquetas do Procel Inmetro (Programa Brasileiro de Etiquetagem), quando mais eficientes, recebem a etiqueta A; quando menos, etiqueta E.[13] Além disso, é importante ainda estimular a eficiência energética por meio de lâmpadas de baixo consumo nas áreas privadas, quesito esse que, conforme a certificação Selo Azul, é obrigatório para Habitação de Interesse Social (HIS); também a eficiência energética nos dispositivos economizadores é um quesito obrigatório, assim como a medição individualizada de gás.

Com isso, utilizar ao máximo os recursos naturais, como iluminação natural, é mais um passo para construir um projeto arquitetônico adequado à sustentabilidade. Fica clara, assim, a necessidade de conscientizar a população sobre a importância dessas medidas para reduzir o consumo energético: comprando aparelhos economizadores ou equipamentos como lâmpadas mais eficientes, medidas adequadas ao projeto de sua habitação. Por isso, é preciso saber como usar esses diferentes tipos de medidas economizadoras, de modo a conseguir um resultado mais sustentável para sua habitação (CEF, 2010).

É importante destacar que, para conseguir uma certificação, o empreendimento precisa estar totalmente comprometido com o desenvolvimento sustentável, desde o início do projeto.[14] Por isso é que deve "planejar a conservação de energia e projetar visando ao consumo eficiente de energia, na alimentação dos sistemas de calefação, refrigeração, iluminação e força" (Keeler e Burke, 2010, p. 49 e 50). O conforto térmico, segundo os autores consultados, lida com a qualidade do ambiente interno às edificações responsáveis por cerca de 1/3 de toda a energia consumida e por um consumo de eletricidade maior que 60%; daí também se preparar para enfrentar o aquecimento global, objetivando formar ambientes sustentáveis,[15] mudando grande parte das formas de construir hoje usuais.

---

[13] Segundo estudos da Eletrobrás e do Laboratório Green solar da PUC/MG, o aquecimento solar de água gera uma economia de 44% no gasto de energia e uma economia de 61% na conta das famílias (Triana et al., 2010, p.107).

[14] Segundo a Fundação Vanzolini, podem-se relacionar os 14 quesitos analisados: relação do edifício com seu entorno; escolha integrada de produtos, sistemas e processos construtivos; canteiro de obras de baixo impacto ambiental; gestão da energia; gestão da água; gestão de resíduos de uso e operação do edifício; manutenção – permanência do desempenho ambiental; conforto higrométrico; conforto acústico; conforto visual; conforto olfativo; qualidade sanitária do ar; e qualidade sanitária da água.

[15] Sustentabilidade ecológica, segundo Keeler e Burke (2010).

Pode-se observar, entretanto, que cidades como aquelas do estado da Califórnia, nos Estados Unidos, observam padrões para edificações eficientes em energia. As condições regionais e locais têm grande influência no consumo de energia, e esses padrões americanos devem ser atualizados periodicamente e também serem conferidos nos projetos antes de se obter o alvará e iniciar a construção. Há variações nesses padrões conforme as zonas climáticas, a inclinação do eixo da Terra com suas variações sazonais e distintas transferências térmicas que influenciam no desempenho energético dos materiais de construção; e conforme os requisitos mínimos prescritos para as instalações e iluminação elétrica, para vedação externa dos edifícios e assim por diante.

Desse modo, o edifício em foco deve comprovar que alcança determinado padrão requerido, pois as condições de seu projeto permitem, por exemplo, reduzir a necessidade de refrigeração mecânica e de iluminação elétrica; melhora-se, assim, a eficiência de alcance do padrão preconizado, sendo muito mais eficientes em consumo de energia. Essa eficiência está relacionada com os diferentes comportamentos das comunidades. Nesse sentido, pode-se, por exemplo, dimensionar as aberturas e vedos, procurando controlar a entrada de sol nas edificações, em determinado período do ano; ou usar vidros duplos para maior confinamento de calor na habitação em períodos frios, usufruindo, dessa forma, do próprio desempenho térmico dos materiais para obter melhores resultados na construção.

Por outro lado, pode-se refletir sobre as propostas do movimento americano conhecido como Crescimento Urbano Inteligente, como coloca Farr (2013). Esse movimento data de 1996, quando se estabeleceu uma relação de dez princípios relativos à sustentabilidade para aplicação em programas de reurbanização (Farr, 2013, p. 16).[16] Como já comentado, esses programas focalizam urbanizações que se apoiam em bairros com percursos a pé, usos mistos, preservação de espaços abertos, dentre outros. Vários congressos e seminários sobre urbanismo, como os congressos internacionais de arquitetura moderna (Ciam), são campo de discussões sobre projetos e obras realizadas com esses princípios e podem propugnar o uso de um modelo novo (Buckminster Fuller apud Farr, 2013, p. 17).

---

[16] Os dez princípios do crescimento urbano inteligente são: crie uma gama de oportunidades e escolhas de habitação; crie bairros nos quais se possa caminhar; estimule a colaboração da comunidade e dos envolvidos; promova lugares diferentes e interessantes com um forte senso de lugar; faça decisões de urbanização previsíveis, justas e econômicas; misture os usos do solo; preserve espaços abertos, áreas rurais e ambientes em situação crítica; proporcione uma variedade de escolhas de transporte; reforce e direcione a urbanização para comunidades existentes; e tire proveito do projeto de construções compactas.

Essa discussão vem se disseminando pela sociedade global, enfatizando o debate atual sobre sustentabilidade da arquitetura e do urbanismo. Com isso, despontaram muitas propostas procurando resolver os problemas das cidades, muitas propondo maior densidade residencial e a criação de parques. Nesses congressos internacionais, a discussão sobre urbanização mais sustentável focaliza aspectos prejudiciais à saúde humana, principalmente quanto à poluição atmosférica e à poluição da água, que ainda estão presentes em muitos países, afetando a população e o meio ambiente.

Podem-se entender esses dez princípios[17] para o crescimento urbano inteligente comparando-os, no Brasil, com as diretrizes do Estatuto da Cidade, expresso pela Lei n. 10.257/2001, incluindo também o Estatuto da Metrópole (da Lei n. 13.089 de 12/01/2015), cujas diretrizes passaram a ser utilizadas por meio dos planos diretores municipais (EC/2001). Este segundo também deve ser levado em consideração no caso de a urbanização avançar continuamente em outros municípios. Nesse caso, é preciso considerar a governança interfederativa no campo do desenvolvimento urbano, envolvendo as funções públicas de interesse comum de Regiões Metropolitanas e Aglomerações Urbanas instituídos pelo Estado. Esses municípios têm prazo de três anos para entregar seus Planos de Desenvolvimento Integrado (PNDI) de modo que a sinergia resultante assegure um desenvolvimento urbano compacto, coordenado e conectado (Embarq Brasil, 2015).

Tendo isso em vista, o controle da expansão da urbanização precisa ser feito pela cidade (município) que, desse modo, está delineando sua política de expansão urbana, apoiando-se em legislações e normas técnicas, dentre elas o Estatuto da Cidade em vigor desde 2001.[18] Assim, as diretrizes do Estatuto da Cidade poderiam ser seguidas pelos municípios, principalmente quanto à participação da população nas decisões de questões urbanas de seus interesses, discutindo e aprovando decisões para sua cidade, cumprindo a função social da cidade e da propriedade, como estabelecido pelo plano

---

[17] Os dez instrumentos para a governança interfederativa são: (1) plano de desenvolvimento urbano integrado; (2) planos setoriais interfederativos; (3) fundos públicos; (4) operações urbanas consorciadas interfederativas; (5) zonas para a aplicação compartilhada de instrumentos urbanísticos previstos na lei do Estatuto da Cidade; (6) consórcios públicos; (7) convênios de cooperação; (8) contratos de gestão; (9) compensação por serviços ambientais ou outros serviços prestados pelo município à unidade territorial urbana; (10) parcerias público-privadas interfederativas (Embarq Brasil, 2015).
[18] Lei federal n. 10.257/2001. Estatuto da Cidade.

diretor. Esse Estatuto trata ainda da questão ambiental, nos incisos XII, XIII e XIV do art. 2º, como questões que devem ser consideradas nas diretrizes do desenvolvimento urbano proposto. Destaca-se o inciso XII, que trata da "proteção, preservação e recuperação do meio ambiente natural e construído, do patrimônio cultural, histórico, artístico, paisagístico e arqueológico". O inciso XIII exige "audiência do Poder Público municipal e da população interessada nos processos de implantação de empreendimentos ou atividades com efeitos potencialmente negativos sobre o meio ambiente natural ou construído, o conforto ou a segurança da população".

Nesse sentido, ao focalizar os empreendimentos, se está querendo prever que sua implantação não prejudique o meio natural nem o construído, e assim, o projeto ofereça conforto e segurança à comunidade que nele venha a viver. Também importante em relação ao meio ambiente é o inciso XIV, que fala da "regularização fundiária e urbanização de áreas ocupadas por população de baixa renda, mediante o estabelecimento de normas especiais de urbanização, uso e ocupação do solo e edificação, considerando a situação socioeconômica da população e as normas ambientais". Em outras palavras, é preciso só ocupar solo previamente legal ou regularizado, dando valor então aos padrões urbanos adotados, procurando resguardar a população pobre, para que obtenha a posse de sua habitação. No entanto, há casos de população de baixa renda que, sem contar com qualquer recurso, acaba invadindo áreas não oficialmente loteadas, principalmente áreas públicas, mas também algumas de propriedade privada, formando favelas ou assentamentos humanos irregulares. Por isso mesmo é que o Estatuto da Cidade fala da regularização fundiária e do estudo prévio de impacto ambiental como instrumentos da política urbana (capítulo II, art. 4º) que podem ser usados pelos municípios.

Mas, diretamente sobre o impacto ambiental, o Estatuto, em sua seção XII, trata do Estudo de Impacto de Vizinhança, abrangendo os artigos 36, 37 e 38. Procura, com o artigo 36, direcionar as ações: "empreendimentos e atividades privadas ou públicas em área urbana [...] dependerão de elaboração de Estudo Prévio de Impacto de Vizinhança – (EIV), para obter licenças ou autorizações de construção, ampliação ou funcionamento, a cargo do poder público municipal". Desse modo, a questão ambiental está presente na organização da ocupação de urbanizações.

Em seguida, o artigo 37 explicita como o EIV pode cuidar dos impactos do empreendimento ou atividade, sejam positivos ou negativos, focalizando a qualidade de vida para a população moradora perto desses empreendimentos. Para tanto, o EIV deve focalizar os seguintes aspectos da área: "I – adensamento populacional; II – equipamentos urbanos e comunitários; III – uso e ocupação do solo; IV – valorização imobiliária; V – geração de tráfego e demanda por transporte público; VI – ventilação e iluminação; VII – paisagem urbana e patrimônio natural e cultural". Esses documentos devem ficar disponíveis para consulta, no poder público municipal específico. E, finalmente, o último artigo do Estatuto da Cidade que trata do impacto ambiental é o 38, que, conforme essa mesma legislação, afirma que o EIV (documento municipal) não substitui o EIA (documento estadual ou federal) como estudo prévio de impacto ambiental.

Diretrizes similares poderiam, como menciona Farr (2013, p. 16), melhorar a saúde pública e o desenho urbano semelhante ao proposto pelo Congresso Americano para o Novo Urbanismo (CNU),[19] que prioriza a urbanização sustentável, tanto em relação àquela restrita ao perímetro urbano como àquela localizada em área rural. Para se aplicar no Brasil um modelo semelhante no tocante ao uso e à ocupação do solo, este modelo deveria prioritariamente ser instituído e aprovado tornando-se lei, para utilizar sua força e fazer com que as decisões tomadas não sejam esquecidas, mas que os planos urbanos sejam obedecidos.

Entretanto, no Brasil, ocorreram de fato desobediências civis, ao não se cumprir a lei, por exemplo, com construções em áreas de várzeas ou em Áreas de Preservação Permanente (APP). Assim, se os desastres ambientais aparecerem, como deslizamentos de terra e inundações, muitos dos cidadãos já atingidos pela catástrofe podem pensar: por que não obedeci às autoridades e saí da área problema? No entanto, nesses casos, também as autoridades locais são responsáveis, juntamente com os próprios moradores, porque deveriam estar protegendo a população e não deixar que ocupassem áreas semelhantes.

Uma forma de urbanização que se pode observar é a ocupação territorial junto ao litoral brasileiro. Considerando que esse território se apresenta como um ambiente natural, frágil e, em geral, protegido por legislações de preservação e proteção, a ocupação deve respeitar as características físicas e climáticas, como orienta o Anuário Brasileiro de Desastres Naturais de 2012 (Brasil, 2012), mostrando que cada região do litoral possui algum tipo de vulnerabilidade ambiental, como urbanização em áreas de risco ou ati-

---

[19] O CNU revê as posturas do Ciam, passando a considerar as escalas (região, metrópole, cidade pequena, bairro, via e bloco) (Farr, 2013, p. 18).

vidade humana inapropriada, o que vem provocando danos econômicos e sociais. A região mais ao sul é marcada pela ocorrência de grandes desastres, como o estrago produzido pelo Furacão Catarina, o primeiro registro de um ciclone tropical no Oceano Atlântico Sul, em 2004 (Eco4u, 2011), que atingiu o litoral entre os estados de Santa Catarina e Rio Grande do Sul.

Por sua vez, a região Nordeste do país é caracterizada pela "grande variabilidade interanual de chuvas e a baixa capacidade de armazenamento de água no solo" (Brasil, 2012, p. 25), o que tem provocado secas frequentes e intensas, desestabilizando a economia da região. Na região Sudeste, há alta densidade demográfica aliada à ocupação desordenada em áreas de risco em uma região caracterizada por chuvas intensas na parte sul, com ocorrência de deslizamentos de terra e inundações; e seca extrema na parte norte. As urbanizações levam também à desestabilização da economia local; esses tipos de desastres têm acontecido no país.[20] Nos exemplos de ocupação urbana voltada para a economia do turismo, é possível encontrar no litoral, casos que contam com um urbanismo (desenho urbano) adequado ao ambiente. Mas há casos que parecem ser apenas um processo de loteamento estruturado simplesmente para aumentar a oferta do mercado imobiliário. Muitas dessas urbanizações têm a dimensão de um bairro em fase inicial de formação, mas por não seguirem a legislação, podem levar ao comprometimento da qualidade urbana futura de toda a faixa costeira do país.

No entanto, é preciso ter consciência de que o uso e a ocupação do solo podem deixar toda a população exposta a eventos naturais que poderiam ser previamente evitados ao se escolher outro lugar para a implantação do projeto, considerando a topografia, áreas sujeitas a inundação e tipos de solo. Nesse sentido, podem-se analisar algumas urbanizações características dessas áreas rurais, baseando-se em coleta *in loco* e em mapas virtuais, identificando-se 13 casos de urbanizações, com distintas formas de ocupação localizadas ao longo da costa brasileira. Essas urbanizações podem ser agrupadas segundo suas características de urbanismo consolidado; urbanismo histórico; urbanismo recente promovido por imobiliária; urbanismo orgânico balnear; urbanização em encosta; e urbanismo de *resort*. Esses tipos

---

[20] O Anuário Brasileiro de Desastres Naturais (Brasil, 2012) define desastre do seguinte modo: "desastre é o resultado de eventos adversos, naturais ou provocados pelo homem, sobre um cenário vulnerável, causando grave perturbação ao funcionamento de uma comunidade ou sociedade, envolvendo extensivas perdas e danos humanos, materiais, econômicos ou ambientais, que excedem a sua capacidade de lidar com o problema usando meios próprios".

de urbanização podem ser mais especificados quanto à densidade, recreação, aspectos históricos, dentre outros, como se pode ver no Quadro 20.1: Morfologia das urbanizações no litoral brasileiro. Observa-se que, quando ocorrem uso e ocupação inadequados do solo e há desconhecimento desse fato, aumenta a vulnerabilidade da população aos eventos naturais, com correspondentes danos e impactos em razão do desastre. Os maiores números de óbitos estão relacionados com movimentos de massa e inundações, como mostra o Anuário Brasileiro de Desastres, (Brasil, 2012, p. 17).

Quadro 20.1 – Morfologia de urbanizações no litoral brasileiro.

1 – Urbanização consolidada. Típica de cidades como Santos e Guarujá, que surgiram com o processo de colonização do país e com o tempo se transformaram em cidades. Atraiu migrantes da região Nordeste à procura de trabalho na construção civil e aposentados buscando morar de frente para o mar. Nesses locais, a atividade turística não é mais a principal economia. O processo de urbanização já se mostra mais intenso. Antes, várias mansões de veraneio das famílias de São Paulo formavam a orla da praia; hoje, foram substituídas por torres residenciais e por redes hoteleiras. Os municípios vêm cuidando do meio ambiente, oferecendo saneamento básico e limpeza de praias. Outros elementos ainda precisam ser valorizados junto à população em prol da sustentabilidade.	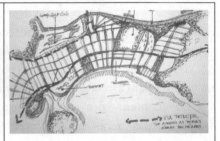 Guarujá Golf Club, Ilha do Mar Casado, Praia de Pernambuco, São Paulo. Desenho a partir de *Google Earth* por Adriana Silva Barbosa, 2013.
2 – Urbanização histórica. Aldeias de baixa densidade. A urbanização não cresceu e não se verticalizou, nem se adensou, mas as primeiras edificações foram preservadas; depois transformadas em pousadas voltadas para o turista alternativo. O urbanismo (desenho urbano) é orgânico e as ruas não estão voltadas para a vista da praia, mas mantêm o padrão de urbanização portuguesa, na qual o mar não era o centro das atividades sociais, mas sim a igreja e a praça. Como um passo, a sustentabilidade está apoiada no urbanismo que respeita a área de praia.	 Arraial da Ajuda, Bahia, aldeias de baixo adensamento. Urbanismo Histórico. Desenhado a partir de *Google Earth* por Adriana Silva Barbosa, 2013.

(continua)

Quadro 20.1 – Morfologia de urbanizações no litoral brasileiro. *(continuação)*

3 – Urbanização histórica: aldeias de alta densidade. O modelo colonial se adensa e o turismo passa a ser a atividade econômica principal. O processo atrai hotéis de grandes redes que descaracterizam a arquitetura original e dificultam a sustentabilidade. O desenho orgânico se preserva, mas recebe novas ruas e a praia sofre uma série de intervenções viárias para que o mar seja acessível ao automóvel e ao turista; isso dificulta ser uma urbanização mais sustentável.	 Porto Seguro, Bahia, aldeia de alto adensamento. Desenhado a partir de *Google Earth* por Adriana Silva Barbosa, 2013.
4a – Urbanização recente promovida por imobiliárias. O urbanismo é desconexo e sem unidade. Criam-se faixas de loteamentos que se encostam e que são cortados por vias paralelas à costa, sem qualquer planejamento, sem áreas de comércio, saúde e institucionais. Formam unicamente a divisão da área em lotes para serem vendidos. O processo se repete na costa brasileira, podendo ser planejado ou não. A falta de sustentabilidade merece maior atenção.	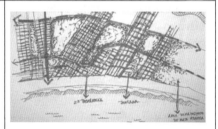 Enseada de Bertioga, São Paulo. Desenhado a partir de *Google Earth* por Adriana Silva Barbosa, 2013.
4b – Urbanização recente: sistema diagonal. Uma rua em forma sinuosa atravessa a área, dando acesso às ruas sem saída, finalizadas em sistema *cul-de-sac*, protegendo os lotes da alta circulação de automóveis. Os lotes de frente para o mar possuem recuos maiores, com uma rua somente para pedestre. Esse cuidado com a praia mostra uma preocupação com a questão ambiental, mas ainda não se pode dizer que a sustentabilidade vem sendo valorizada.	 Praia de Mucuri, Bahia. Desenhado a partir de *Google Earth* por Adriana Silva Barbosa, 2013.

(continua)

Quadro 20.1 – Morfologia de urbanizações no litoral brasileiro. *(continuação)*

4c – Urbanização recente: sistema retangular. Não se nota um plano urbano para a área, mas um desenho em que a única preocupação parece ser vender lote. O loteamento é feito sem infraestrutura de saneamento. Este passa a acontecer conforme os terrenos são vendidos. Mostra um tipo de urbanismo promovido por pessoas (ou proprietários de terras) que parece desconhecer os princípios e vantagens do urbanismo e mesmo da sustentabilidade.	 Praia de Guaratiba, Prado, Bahia. Desenhado a partir de *Google Earth* por Adriana Silva Barbosa, 2013.
4d – Urbanização recente: sistema circular. No desenho, as vias estão organizadas em sistema de rotatória, distribuindo-se em ruas sem saída e ruas que se cruzam com as duas avenidas principais paralelas à praia. Este urbanismo tem vantagens do ponto de vista ambiental, porque permite criar corredores ambientais, preservando áreas contínuas de florestas, por exemplo. A sustentabilidade começa a se esboçar com esse desenho e com a preservação da praia.	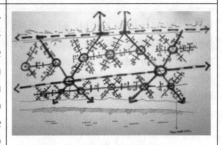 Bertioga, São Paulo. Desenhado a partir de *Google Earth* por Adriana Silva Barbosa, 2013.
4e – Urbanização recente: sistema retangular. Grandes lotes compostos por pequenas pousadas e residências de veraneio. O desenho em formato retangular mostra grandes lotes capazes de abrigar pousadas com até oito chalés, com uma área de lazer no centro do lote e com acesso controlado. Parece uma urbanização de entrave social, porque controla o acesso, o que funciona também como uma medida de qualidade ambiental, sendo um passo inicial para a sustentabilidade.	 Praia do Flamengo, Salvador, Bahia. Desenhado a partir de *Google Earth* por Adriana Silva Barbosa, 2013.

(continua)

Quadro 20.1 – Morfologia de urbanizações no litoral brasileiro. *(continuação)*

5 – Urbanização orgânica balnear de alta densidade. Exemplo em Caraguatatuba, onde o corredor ambiental está presente. As ruas têm desenho orgânico, conforme a morfologia da área. Aos fundos do terreno, há uma densa mata fechada. A densidade é pertinente porque os lotes são pequenos e encostados uns nos outros. Isso pode ser considerado um passo em direção à sustentabilidade.	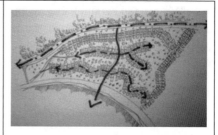 Praia de Tabatinga, Caraguatatuba, São Paulo. Desenhado a partir de *Google Earth* por Adriana Silva Barbosa, 2013.
6 – Urbanização orgânica: balnear de baixa densidade. No exemplo, as ruas acompanham a topografia e o rio interfere na expansão da urbanização. A densidade baixa e as ruas secundárias estão direcionadas para a praia. Parece que a urbanização se desenvolveu sem um plano básico; surge espontaneamente conforme o aumento da atração de turistas. Parece não haver preocupação com a sustentabilidade.	 Praia dos Nativos, Trancoso, Bahia. Desenhado a partir de *Google Earth* por Adriana Silva Barbosa, 2013.
7 – Urbanização orgânica de montanha de baixa densidade. Acomoda-se à morfologia do terreno, onde as ruas acompanham o relevo e respeitam as barreiras topográficas existentes na área. Em terreno montanhoso, não é possível um desenho urbano retangular. Parece que a preocupação com a sustentabilidade se prende na organização do território.	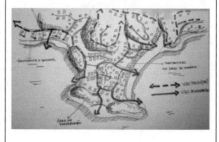 Entre as cidades de Guarujá e Bertioga, São Paulo. Desenhado a partir de *Google Earth* por Adriana Silva Barbosa, 2013.

(continua)

Quadro 20.1 – Morfologia de urbanizações no litoral brasileiro. *(continuação)*

8 – Urbanização orgânica de montanha de alta densidade. O desenho urbano segue a topografia do lugar. Por ser uma topografia muito íngreme, as ruas surgem nas áreas de menor inclinação. Não se observa preocupação com a sustentabilidade, a não ser acompanhar o relevo.	 Ilha Bela, São Paulo. Desenhado a partir de *Google Earth* por Adriana Silva Barbosa, 2013.
9 – Urbanização em sistema misto – orgânico e retangular. Desenho orgânico, opção do urbanista, pois o terreno é plano e a responsabilidade é da iniciativa privada. Objetiva dar privacidade aos moradores e evitar a total derrubada de mata existente; cria corredores verdes para a circulação de espécies locais. As duas ruas distribuidoras coletoras determinam os acessos mais importantes às áreas residenciais e à avenida principal. Como barreiras topográficas, dois morros laterais separam a praia da Riviera de São Lourenço de outras praias. É controlado e monitorado por um sistema de segurança administrado e gerenciado pelos moradores. Em áreas públicas dos loteamentos, isso não ocorre; e assim as pousadas precisam oferecer lugar mais reservado para o turista; por isso oferecem um empreendimento planejado, sendo assim, mais sustentável.	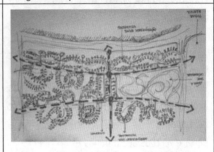 Riviera de São Lourenço, Bertioga, São Paulo. Desenhado a partir de *Google Earth* por Adriana Silva Barbosa, 2013.
10 – Urbanização de *resort* em área urbana consolidada. Os resorts construídos oferecem ao turista a paisagem natural, mas com o tempo formam focos de novos loteamentos. O *resort* do exemplo se instalou em uma área de 45 mil m², há 40 anos, e hoje está rodeado por áreas urbanizadas bastante adensadas. Parece que preservam os morros e não invadem a praia. Assim, trazem um traço ambiental mais sustentável.	 Praia da Enseada, Guarujá, São Paulo. Desenhado a partir de *Google Earth* por Adriana Silva Barbosa, 2013.

(continua)

Quadro 20.1 – Morfologia de urbanizações no litoral brasileiro. *(continuação)*

11 – Urbanização de *resorts* em áreas isoladas. São focos de urbanizações. Trata-se de um processo de urbanização que ocorreu no litoral da região Nordeste do Brasil, construído por empresas hoteleiras atraídas pelo baixo preço dos terrenos e belas paisagens. Parecem ter preocupação ambiental com o local.	 Terra Vista Golf Club e o Club Med, Trancoso, Bahia. Desenhado a partir de *Google Earth* por Adriana Silva Barbosa, 2013.
12 – Urbanização de *resort* com campos de golfe profissional. Localizada em áreas antes não habitadas. As empresas são responsáveis por toda a infraestrutura de urbanização. Constituem verdadeiras cidades voltadas para oferecer lazer e entretenimento ao turista. Há 25 *resorts* associados somente nessa região do Nordeste. Devem ter preocupação com a sustentabilidade, principalmente em manter a qualidade da paisagem.	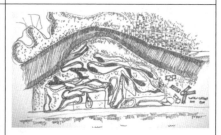 Resort Hotel e Golfe, Comandatuba, Bahia. Desenhado a partir de *Google Earth* por Adriana Silva Barbosa, 2013.
13 – Urbanização de *resort* com campos de golfe e condomínios residenciais. Um *resort* que além de campo de golfe oferece condomínio residencial. Neste caso, o empreendedor sabe que um *resort* desse porte, com o tempo, atrai novos loteamentos no seu entorno. Portanto, aproveita apenas o seu potencial de mercado, oferecendo casas de alto padrão, com o benefício de que seus moradores possam usufruir das instalações de lazer do próprio *resort*. Precisam manter a paisagem natural. Parece que este é um traço de sustentabilidade.	  Resort Costa do Sauípe, Bahia. Desenhado a partir de *Google Earth* por Adriana Silva Barbosa, 2013.

Fonte: Barbosa (2013).

As análises dos casos mencionados mostram que, na costa brasileira, a urbanização ocorreu em função da atividade do turismo. Não só modificou as cidades e aldeias já existentes, mas também criou novos focos de urbanização, que certamente influenciam na qualidade das novas urbanizações constituídas por novos loteamentos que vieram em seguida. Muitos deles surgiram sem nenhuma infraestrutura de saneamento básico. Pode-se dizer que a preocupação com a sustentabilidade é pequena, a não ser por preservar a paisagem local.

Segundo o Anuário de Desastres Naturais (Brasil, 2012), o uso e a ocupação inadequada do solo aumentam a vulnerabilidade da população aos eventos naturais. Os exemplos mostrados de desenho de urbanizações no litoral são adaptados ao local, ou são apenas loteamentos sem nenhuma consideração com as características do próprio local e do terreno. As formas espontâneas de urbanização, às vezes, são mais adequadas à morfologia do lugar do que aquelas compostas por empreendedores da construção civil e promotores do turismo. Porém, essa urbanização espontânea não conta com instalação prévia de água e esgoto para abastecer a população que vai ocupar a área. Destaca-se, assim, que uma urbanização adequada quanto à forma não deve expor a população a perigo de escorregamento ou inundação; deve ser pensada na fase inicial do projeto, a partir da própria escolha de terreno. Para que isso ocorra, é preciso que todos estejam conscientes – seja promotor, seja morador – de possíveis desastres que poderão enfrentar, com perdas ambientais, econômicas e humanas. A sustentabilidade deve ser uma preocupação de todos.

CONSUMO ENERGÉTICO

As urbanizações deveriam se preocupar em usar menos recursos naturais e, assim, consumir menos energia elétrica. A economia de consumo de energia é importante e também vem sendo um critério de maior sustentabilidade. O Programa Nacional de Conservação de Energia Elétrica (Procel), instituído em 1985,[21] estimula uma eficiência energética progra-

---

[21] Resultados do Procel 2013, ano base 2012. Eletrobrás Procel. Superintendência de Eficiência Energética (PFD). O Procel foi instituído em 30 de dezembro de 1985, como um programa brasileiro coordenado pelo Ministério de Minas e Energia (MME) destinado a promover o uso eficiente da energia elétrica e combater o seu desperdício.

mada desde a concepção do projeto à construção, para que possa alcançar um potencial técnico de economia de até 50%. No caso de se procurar adaptar edifícios existentes, o máximo estimado é uma economia de 25%, conforme relatório do Procel (2013). Mais ainda, quanto à localização do empreendimento, é importante considerar a adaptação do projeto às características climáticas brasileiras.

Pensa-se, assim, que a economia de energia é efetuada quando se adotam fontes de energia renováveis em um sistema combinado com o tipo de energia usado atualmente, como uma forma de diminuir os custos para o consumidor final. Nesse sentido, podem ser usados:

- Sistema de aquecimento solar.
- Sistema de recuperação de calor.
- Redução das perdas relativas à distribuição de água quente.
- Redução do consumo energético associado à iluminação do interior e exterior da residência.

A Lei de Eficiência Energética foi criada em 2001, mas, em relação aos edifícios residenciais, o marco é o ano de 2010, com o lançamento da etiqueta para edifícios residenciais (Procel, 2013).

Pode-se ver no Quadro 20.2 que, no Brasil, o governo federal criou o Programa Luz Para Todos, incluindo também os moradores de áreas rurais, de modo a dar condições para reduzir a pobreza das comunidades e estabelecer um desenvolvimento local. Houve, assim, um esforço consciente no país para levar eletricidade a todos os cidadãos. O objetivo é estimular o desenvolvimento econômico e social das comunidades, o que fortalece as urbanizações isoladas, principalmente aquelas nas áreas rurais.

Quadro 20.2 – Luz Para Todos.

O Programa – Em 2003, o governo federal incorporou como meta acabar com a exclusão elétrica, levando energia para as áreas rurais até 2008. Assim, focalizou atender às famílias que moravam em locais com menores índices de desenvolvimento e famílias de baixa renda. Com isso, a energia era um objetivo na medida em que estimula o desenvolvimento econômico e social das comunidades e auxilia ainda na redução da pobreza e no aumento da renda familiar. Esse programa foi estendido, primeiramente, até 2011, e posteriormente de 2011 até 2014, pois o Censo do IBGE de 2010 indicou que ainda havia população sem energia elétrica.

(continua)

Quadro 20.2 – Luz Para Todos. *(continuação)*

Aplicação do Programa – Em 2009, a meta alcançada foi o atendimento de 10 milhões de pessoas. Até março de 2012, o total de residentes em áreas rurais atendidos era de 14,4 milhões. As obras necessárias para o estabelecimento desse programa geraram 439 mil postos de trabalho. Foi utilizado 1,4 milhão de km de cabos elétricos, beneficiando com essa energia a população moradora no campo. Como impacto do programa, destaca-se, já em 2009, que 79,3% da população atendida adquiriu televisores; 73,3% comprou geladeira; 39%, liquidificador; e 24,14% adquiriram bombas d'água. Destaca-se ainda que esse programa trouxe melhorias para todos, como mostram os dados relacionados a seguir: criação de oportunidades de trabalho – 34,2%; aumento da renda familiar – 35,6%; atividades escolares no período diurno – 43%; melhoria nas condições de moradia – 88,1%; e qualidade de vida dos moradores dessas áreas rurais – 91,2%.

Prioridades de atendimento:

- Famílias atendidas pelo Plano Brasil sem Miséria e Programa Territórios da Cidadania.
- Populações afetadas por barragens de usinas hidrelétricas.
- Assentamentos rurais.
- Equipamentos e serviços sociais, como postos de saúde, escolas.
- Populações de grupos especiais, como minorias raciais, quilombos, indígenas, extrativistas.
- Assentados em áreas de concessão ou permissão em que o atendimento tem elevado impacto tarifário, bem como comunidades isoladas.

Fonte: MME (2013).

Ora, o consumo energético, para ser eficiente, precisa contar com projetos e construções mais sustentáveis, bem como com a eficiência dos eletrodomésticos. Por isso, é preciso que geladeiras, *freezers*, micro-ondas etc. tenham a etiqueta A (equipamento mais eficiente, oposto ao E, menos eficiente, do Programa Brasileiro de Etiquetagem/Inmetro), além de não usarem lenha e gás, para que aumentem o uso de energias renováveis. Geladeiras e *freezers* são os grandes consumidores, alcançando 27% do consumo. O chuveiro elétrico consome 24% e, logo em seguida, o ar-condicionado, 20%. Já a iluminação artificial fica com 14%, totalizando, assim, o consumo energético de uma residência (Eletrobrás, 2007 apud CEF, 2010).

Deve ficar claro também que a eficiência no consumo energético depende da arquitetura da construção em termos de conforto ambiental, incluindo pátios e massas arborizadas. Ainda assim, segundo a CEF (2010), é preciso completar a residência com tecnologia, por exemplo, com dispositivos economizadores, medições individualizadas e outros, que tendem a diminuir o consumo de energia. Desse modo, os critérios do Selo Azul Caixa pedem para incluir no projeto, por exemplo, lâmpadas de baixo consumo nas áreas privativas, como um quesito obrigatório para Habitação de Interesse Social de até três salários mínimos. Também são quesitos obrigatórios os dispositivos economizadores em áreas comuns e ainda a medição individualizada de gás (CEF, 2010, p. 107).

Pode-se sublinhar ainda, como comentado em CEF (2010), que as lâmpadas de baixo consumo, fluorescentes convencionais e compactas, devem ser usadas em locais que vão precisar de iluminação durante muito tempo, como cozinhas e áreas de serviços e, no caso de uso intermitente, é aconselhável usar sensores de presença. As lâmpadas em unidades habitacionais devem ter o selo Procel ou estar classificadas como nível A (Programa Brasileiro de Etiquetagem – PBE), daí a importância de contar com um projeto luminotécnico.

Para projetos de paisagismo, usam-se lâmpadas tipo LED, junto com dispositivos economizadores. A edificação como um todo deve ter sua iluminação planejada com circuitos independentes, permitindo usar lâmpadas só naqueles espaços que estão sendo ocupados, o que, consequentemente, diminui os custos totais, descontado aquele setor que não precisa ficar intermitentemente ligado.

Nas urbanizações, de um modo geral, grande parte das edificações atendidas por energia elétrica também é pioneira no seu desperdício. Esse desperdício ocorre, por vezes, em função de não terem considerado os avanços tecnológicos na construção, na arquitetura bioclimática, nos materiais e equipamentos que podem permitir melhor aproveitamento energético, sem abrir mão do conforto humano (Procel Edifica, 2013, p. 50).

Observa-se então, que a maior parte do consumo de energia na residência é absorvida pelos sistemas artificiais de iluminação, climatização e aquecimento de água. Portanto, diminuir esse consumo pode ser conseguido a partir do projeto. Por exemplo, ao se posicionar o edifício corretamente em relação ao Sol, se estará economizando energia, pois alguns setores ficarão, na maior parte do tempo, com iluminação natural; ou adotando um pé-direito mais alto, que permita que o ar quente possa sair por aberturas altas, refrescando os ambientes (Brasil, 2012, p. 25). Também o uso de materiais precisa ser considerado de modo que contribua para diminuir o aquecimento e seja possível manter o ambiente confortável.[22] Ainda com relação ao aquecimento de água, pode-se usar o aquecimento solar, que leva a uma redução nos gastos com energia, segundo a Companhia de Desenvolvimento Habitacional do Estado de São Paulo (CDHU) (Pisani et al., 2013).

Destaca-se, porém, que a economia de energia residencial não será possível se o desenho urbano e o projeto arquitetônico não estiverem adequados às condições climáticas locais. Esses requisitos relativos à implantação do edifício são necessários e, por isso, são solicitados pelas certificações com relação ao parâmetro de localização do empreendimento. Em outras palavras, no desenho urbano, a posição dos lotes na quadra precisa estar de acordo com as características climáticas do local em termos de insolação, caso contrário, será necessário usar sistemas artificiais de iluminação, resfriamento e aquecimento de água, consumindo muito mais energia, além de gastar muito do orçamento familiar.

Dado esse fato, salienta-se que o desempenho energético precisa ser alcançado conjuntamente com a disposição da construção nas quadras e lotes. Assim, a ocupação do terreno pode oferecer condições favoráveis à iluminação natural, evitando o uso de ar-condicionado (Leed Casa, 2010).

Dito isso, procura-se estimar, por exemplo, a quantidade de energia a ser consumida anualmente. Para tanto, o Procel criou um Programa de Simulação Energética – Domus Procel Edifica – com o qual se pode prever o gasto de energia com base no histórico climático da cidade. Assim é que o selo Procel foi gerado para diferentes tipologias, objetivando a redução do consumo de energia elétrica.[23] Desse modo, podem-se fazer análises e simulações, obtendo uma etiqueta virtual, para saber qual a porcentagem que poderia ser alcançada com determinado projeto de edificação, em certa área urbana. Nessa análise, torna-se importante focalizar diversos aspectos relativos a consumo e conforto, bem como de climatização, para entender a eficiência energética nas edificações comerciais, de serviços, edifícios públicos, segundo padrões de qualidade (Domus Procel Edifica, 2013).

O Procel Reluz trata da iluminação pública e da sinalização semafórica eficiente (Domus Procel Edifica, 2013). Também incentiva a mudança de lâmpadas incandescentes por lâmpadas de vapores metálicos, que

---

[22] Consultar ainda Sinduscon SP (2011).

[23] A eficiência energética pode ser estimada por meio do Programa de Simulação Termoenergética da Edificação Domus Procel Edifica, que já está adaptado ao Programa Brasileiro de Etiquetagem de Edificações.

economizam o gasto em energia. O resultado do Procel 2013 mostra que, no Brasil, 2,9% do consumo total de energia elétrica vem da iluminação pública. No caso do Procel Sanear, o objetivo está ligado à diminuição do consumo de energia com serviços relativos ao abastecimento de água e esgotamento sanitário. Atualmente, no Brasil, o gasto com o consumo de energia relativa a esses serviços atinge 3% do consumo total de energia elétrica. No entanto, o consumo anual de energia elétrica residencial no país em 2012 foi de 26% (EPE, 2013).

Considerando a matriz de energia brasileira, destaca-se que a participação da energia hidrelétrica é grande. Entretanto, há períodos críticos de secas, quando a quantidade de água não pode suprir as necessidades. Por outro lado, há grande perda de energia em áreas residenciais de classe social mais baixa, principalmente porque essa população pobre estabelece conexões ilegais de eletricidade – chamadas "gatos" e "macacos". Os "gatos" são feitos pelos residentes (Gandra, 2010). Os "macacos" são fraudes na medição de eletricidade (Kelman, 2010).

O fato é que os consumidores ilegais não pagam pela energia, embora ela seja paga por todos os demais consumidores. Isso é roubo de energia, o que é crime. Essas perdas e custos de energia são altos para os concessionários, para o governo e para os consumidores que pagam os gatos de energia que lhe foram roubados. Portanto, esses "ladrões de energia" significam piores resultados para a coletividade de consumidores, que paga por essa energia. Por sua vez, o aumento de gatos reflete no aumento da tarifa anual, posto que a Agência Nacional de Energia Elétrica (Aneel) autoriza a transferência desse custo diretamente para os consumidores (Kelman, 2010). A Aneel diz que isso acontece frequentemente em favelas com o aumento da violência (crimes e homicídios), com menores taxas de abastecimento de água e quando a população é extremamente pobre. Com isso, a distribuição de energia elétrica registra altas perdas – cerca de R$ 5 bilhões por ano – com conexões ilegais. Essas pessoas são responsáveis pelas ligações de gatos de energia e também pela geração de problemas que não são de simples solução. Mas há outra forma de se conseguir um consumo eficiente de energia?

Energia solar

A energia solar é pouco explorada no Brasil, mas, se devidamente considerada, pode ajudar a aumentar a eficiência em energia. Contudo, infelizmente, essa forma de energia raramente aparece na matriz energética brasileira. Fala-se da energia solar como uma riqueza natural relativa a programas de biomassa e de etanol, mas não se menciona seu uso direto na transformação de energia fotovoltaica. Também a participação das diversas fontes de energia na expansão da capacidade de geração prevista para o período de 2009 a 2019 prevê "a energia hidrelétrica representando 56% do total; as fontes alternativas, 23%; a energia nuclear, 2% e a energia de fontes fósseis, 19%. E a probabilidade anual de déficit de energia não deve exceder a 5%" (Tolmasquim, 2011, p. 77).

Entende-se, assim, que o suprimento de energia estará garantido. Corroborando com essa expectativa, Marco Antonio Mroz mostra, já em 2010, que a energia renovável no Brasil e no estado de São Paulo representa, respectivamente, 45,5 e 55,1%. Neste total, são importantes a energia hidrelétrica e a energia da cana-de-açúcar. Além disso, o autor fala que o preço da energia solar é mundialmente decrescente, podendo-se estimar sua admissão cada vez maior no âmbito das energias renováveis (Mroz, 2013).

Mas, hoje, já há municípios que têm legislação incentivando o uso de energia solar. É o que se pode ver no município de São Paulo, com a Lei municipal n. 14.459/2007 e o Decreto n. 49.148/2008, que tratam do uso de energia solar para o aquecimento de água em projetos novos (Fretin e Bruna, 2008).[24] Mesmo assim, há resistência das comunidades em adotar a energia solar; essa resistência se baseia no custo do sistema e nas contínuas variações do clima (dias com e sem sol), como mostram os autores consultados. No entanto, essa lei permite diminuir o consumo de energia elétrica na cidade, como já ocorre em muitas cidades do estado da Califórnia, nos Estados Unidos, e mesmo na Suíça e na Alemanha.

No caso do Brasil, a Resolução normativa n. 482/2012, da Aneel, estabeleceu as condições para a conexão à rede, de microgeração (potência inferior a 110 kWp) e minigeração (potência instalada entre 100 kWp e 1 MWp), criando um Sistema de Compensação de Energia. Isso permite que os sistemas fotovoltaicos e outras formas de geração de energia elétrica a partir

---

[24] Muitos outros municípios brasileiros também contam com lei semelhante, como Rio de Janeiro, Recife, Porto Alegre, Belo Horizonte, Campinas e Piracicaba. Aqueles que resistem em adotar a energia solar em seus projetos falam do alto custo inicial do sistema e da eficiência em razão de variações climáticas. Edificações novas com três ou mais banheiros devem instalar aquecedores solares de água e toda a infraestrutura do sistema de aquecimento solar. Isso é obrigatório para o projeto habitacional (uni e multifamiliar) com quatro ou mais banheiros e também para uso não residencial.

de fontes renováveis, instaladas em residências e empresas, se conectem à rede elétrica de modo simplificado, atendendo ao consumo local e levando o excedente à rede, gerando, então, créditos de energia. Objetiva-se, assim, um equilíbrio entre produzir e consumir energia solar, de modo que o consumidor possa balancear a conta total, injetar a energia restante na rede e acumular créditos de energia para abater do consumo no final do mês. Essa possibilidade, no entanto, depende da viabilização de outras modificações no sistema elétrico, como a introdução de medidores digitais com fluxo nos dois sentidos. Observam-se, nesse sentido, muitas modificações quanto às possibilidades de consumir energia solar e de torná-la eficiente.

Por outro lado, no Brasil, a quantidade de sistemas fotovoltaicos ainda é insignificante, praticamente inexistente nas zonas urbanas, enquanto poderiam ser importantes alternativas tanto para habitação individual como multifamiliar. Com isso, a diversidade nos sistemas de produção de energia deveria ser um passo em direção à sustentabilidade. No caso dos sistemas de aquecimento solar de água, enfatiza-se sua colocação em habitações de interesse social implantadas pelos governos (federal, estadual, distrital e municipal).

O Ministério de Minas e Energia e a Caixa Econômica Federal já fizeram um acordo em março de 2009, adotando o Programa de Energia Térmica Solar e Uso de Água de Chuva em habitação a ser construída pelo PAC-Habitação. A mudança na matriz energética representa a participação do Ministério do Meio Ambiente na mitigação dos efeitos do aquecimento global conforme criação de um Grupo de Trabalho para garantir o aquecimento solar de água nas casas do PAC (Constâncio, 2009). De acordo com essa fonte, um mix de sistema elétrico-solar-híbrido objetiva obter 80% de energia renovável e usar somente 20% de energia elétrica, embora, no Brasil, ainda não se tenha atingido resultado como esse.

No entanto, o estado de São Paulo, por meio da CDHU, objetiva instalar 15 mil aquecedores de água solares, dando um passo na direção de edifícios mais sustentáveis. A CDHU fez um acordo com empresas que fabricam um kit com gerador de energia solar: coletor a ser instalado no telhado; e reservatório térmico para guardar água. Esses equipamentos serão instalados em casas em vários municípios do estado, com cinco anos de garantia e 20 anos de vida útil[25].

---

[25] Para ver como funciona esse aquecedor solar, consultar: http://www.soletrol.com.br/educacional/comofunciona.php. Acessado em: 02 ago. 2015.

HABITAÇÃO SOCIAL E SUSTENTABILIDADE

O exemplo em foco é o da habitação social do Conjunto Rubens Lara em Cubatão, SP, construído pela CDHU, pela Secretaria do Meio Ambiente e pela Secretaria da Habitação do Estado de São Paulo, e alvo da pesquisa *Habitação social no Brasil: projetos e sustentabilidade no século XXI* (Pisani et al., 2013).

Esse é um dos conjuntos com aquecedor solar de água, mostrando maior eficiência energética. O Conjunto Rubens Lara faz parte do Programa de Recuperação Socioambiental da Serra do Mar, iniciado em 2007. Nesse programa, o objetivo da CDHU era retirar as famílias que moravam em área irregular na Serra do Mar, que é uma área de preservação ambiental, sendo ainda área de risco. A CDHU convidou para parceria o Projeto Sushi – Iniciativa de Habitação Social Sustentável (Sustainable Social Housing Initiative), do Programa Ambiental das Nações Unidas (United Nations Environment Programme – Unep), que prevê a retirada de 5.350 famílias dessas áreas de risco. Com isso, 1.396 famílias serão alocadas em outros municípios e 3.954 formarão três bairros novos em Cubatão, SP: Conjunto Rubens Lara, Vila Harmonia e Parque dos Sonhos.

O Conjunto Rubens Lara foi considerado pelo Programa de Iniciativa de Habitação Sustentável do Programa da ONU-Unep um exemplo de habitação sustentável. Entre os pontos positivos a considerar, destaca-se a parceria entre o governo municipal, estadual e federal; e ainda a recuperação sistêmica da Serra do Mar, com a remoção de moradores de áreas de risco e preservação ambiental. O projeto foi elaborado, detalhado e assessorado por equipe multidisciplinar de profissionais e de assistência social, que acompanharam o deslocamento da população da Serra do Mar para a área do projeto,[26] junto ao bairro Jardim Casqueiro.

Esse projeto foi aprovado pela prefeitura de Cubatão, SP, e composto por 26 lotes residenciais privados, oito lotes institucionais, dois lotes comerciais e sete áreas verdes. Conta com uma hierarquia de vias com prevalência de pedestres nas vias secundárias e com um grande eixo diagonal que reúne diversas atividades e equipamentos de lazer, além de ser a prin-

---

[26] Outros pontos importantes para a sustentabilidade não foram implantados: lajes-jardim e aproveitamento de águas pluviais; pontos que contribuiriam para a melhoria do desempenho térmico e de gestão das águas.

cipal via de integração com os bairros do entorno. Há propostas de ciclovias e passeios para pedestres no perímetro do conjunto, permitindo maior integração entre bairros circunvizinhos.

É importante ainda assinalar que, embora o conjunto Rubens Lara não tenha recebido nenhum selo verde, sua obra levou em conta todos os requisitos arquitetônicos e urbanísticos de sustentabilidade preconizados pelo Selo Azul da Caixa, ainda que não tenha recebido a certificação. Vale ressaltar que o conjunto apresenta três tipologias de habitação: casas sobrepostas; edifício com cinco pavimentos; e edifício com nove andares. Localiza-se em um antigo aterro sanitário dos anos 1940, que recebia resíduos sólidos de obras e construção de túneis da Rodovia Anchieta e continuou como aterro da construção civil. As análises efetuadas mostraram que, embora o aterro esteja sobre mangue, esse local não oferece riscos à saúde dos moradores. Como inovação de projeto para habitação social, destaca-se a flexibilidade com divisórias de gesso acartonado no interior das tipologias de três dormitórios, sendo que 50% das unidades têm três dormitórios, o que também é inovador, pois privilegia o perfil das famílias da área. Também o paisagismo nos condomínios e nas áreas públicas foi projetado e executado, o que é um avanço em relação aos conjuntos habitacionais tradicionais.

O conjunto Rubens Lara (Autossustentável, 2013) possui também aquecimento solar de água, com chuveiro híbrido, proporcionando uma economia em torno de 30% no orçamento familiar. Estima-se ainda que cada consumidor desperdice cerca de 10% da energia fornecida, seja em razão de hábitos adquiridos ou uso ineficiente de eletrodomésticos. Nesse sentido, a sustentabilidade também se apoia nas áreas de lazer e verdes comunitárias, pisos permeáveis, técnicas construtivas racionalizadas, mão de obra local, materiais de construção usando resíduos reciclados e pé-direito maior, possibilitando a ascensão do calor e deixando a área ocupada pelos usuários com maior conforto. Acrescente-se a essas qualidades o fato de esse programa representar a recuperação da Mata Atlântica na Serra do Mar em São Paulo. Finalmente, é importante lembrar que, embora o Conjunto Rubens Lara não tenha recebido nenhuma certificação, estudou-se seu projeto em função do Selo Azul da Caixa Econômica (CEF, 2010), como apresentado no Quadro 20.3, a seguir.

Quadro 20.3 – Análise da certificação Selo Azul da Caixa – Conjunto habitacional Rubens Lara, Cubatão, SP.

Dos quesitos obrigatórios solicitados pelo Selo Azul para a certificação e o estímulo a práticas sustentáveis, destacam-se seis categorias:

Categoria (1) – Qualidade urbana; Categoria (2) – Projeto e conforto; Categoria (3) – Eficiência energética; Categoria (4) – Conservação de recursos materiais; Categoria (5) – Gestão da água; Categoria (6) – Práticas sociais.

Conjunto habitacional Rubens Lara, localizado em Cubatão, SP.

Foto: Gilda Collet Bruna (2012).

Analisando os quesitos em cada uma dessas categorias, destacam-se primeiramente aqueles não atendidos ou que não se aplicam em cada categoria.

Categoria 1 – Qualidade urbana

- Quesito infraestrutura: Item 1.1 – o projeto não atende a tratamento no próprio empreendimento ou em ETE da região.
- Item 1.5 – o projeto não se aplica à reabilitação de imóveis.

Categoria 2 – Projeto e conforto

- Quesito 2.2 – flexibilidade do projeto, que trata da existência de projeto de arquitetura com alternativas de modificação ou ampliação – atende parcialmente, visto que o projeto dá flexibilidade a algumas mudanças das divisões internas em unidades de dois ou três dormitórios, embora não haja propostas alternativas de projeto.

Categoria 3 – Eficiência energética

- Quesito 3.6 – fontes alternativas de energia, que trata da redução do consumo de energia elétrica com a utilização de sistemas operacionais eficientes na edificação – o projeto não atende.

(continua)

Quadro 20.3 – Análise da certificação Selo Azul da Caixa – Conjunto habitacional Rubens Lara, Cubatão, SP. *(continuação)*

- Também não há informações suficientes com relação ao quesito 3.7 – eletrodomésticos eficientes: existência de eletrodomésticos (geladeira, aparelhos de ar condicionado etc.) com o selo Procel.

- Quesito 3.8 – fontes alternativas de energia; relacionado à existência eficiente: existência de eletrodomésticos (geladeira, aparelhos de ar condicionado etc.) com o selo Procel.

- Quesito 3.8 – fontes alternativas de energia; relacionado à existência de sistemas de geração e conservação de energia por meio de fontes alternativas com eficiência comprovada pelo proponente/fabricante, como painéis fotovoltaicos e gerador eólico, dentre outros, com previsão de suprir 25% da energia consumida local.

Categoria 4 – Conservação de recursos materiais

- Quesito 4.3 – componentes industrializados ou pré-fabricados; trata da adoção de sistema construtivo de componentes industrializados, montados em canteiro, projetados de acordo com as normas ou com aprovação técnica no âmbito do Sinat, demonstrando conformidade com a norma de desempenho NBR 15575 (ABNT, 2008) – o projeto atende parcialmente.

- Quesito 4.8 – pavimentação com RCD: projeto de pavimento especificando o uso de agregados produzidos pela reciclagem de resíduos de construção e demolição – o projeto não atende.

Categoria 5 – Gestão da água

- Quesito 5.2 – dispositivos economizadores – sistemas de descarga: existência em todos os banheiros e lavabos, de bacia – o projeto atende parcialmente.

- Quesito 5.5 – aproveitamento de águas pluviais: existência de sistema de aproveitamento de águas pluviais independente do sistema de abastecimento de água potável para coleta, armazenamento, tratamento e distribuição de água não potável com plano de gestão – o projeto não atende.

- Quesito 5.6 – retenção de águas pluviais: existência de reservatório de retenção de águas pluviais, com escoamento para o sistema de drenagem urbana nos empreendimentos com área de terreno impermeabilizada superior a 500 m^2 – o projeto não atende.

- Quesito 5.7 – infiltração de águas pluviais: existência de reservatório de retenção de águas pluviais com sistema para infiltração natural da água em empreendimentos com área impermeabilizada superior a 500 m^2 – o projeto não atende.

Categoria 6 – Práticas sociais

- Quesito 6.6 – participação da comunidade na elaboração do projeto: promover a participação e o envolvimento da população-alvo na implementação do empreendimento e na consolidação deste como sustentável desde a sua competição como forma de estimular a permanência dos moradores no imóvel e a valorização da benfeitoria – o projeto não atende.

(continua)

772 | ENERGIA E SUSTENTABILIDADE

Quadro 20.3 – Análise da certificação Selo Azul da Caixa – Conjunto habitacional
Rubens Lara, Cubatão, SP. *(continuação)*

• Quesito 6.11 – ações para geração de emprego e renda: promover o desenvolvimento econômico dos moradores – o projeto não atende.

Como se observa, alguns itens, talvez por serem muito inovadores em projetos urbanos e de edificações, não são atendidos. Em relação à infraestrutura, infelizmente a urbanização e sua população não contam com tratamento de esgoto. Quanto a projeto e conforto, não existe alternativa em energia visando reduzir o consumo. Também não existem fontes alternativas de energia no projeto referindo-se à geração e conservação. E, talvez pelo fato de o projeto ainda estar em fase de implantação em alguns de seus setores, não foi possível acessar informação relativa ao consumo de energia por eletrodomésticos. Quanto à conservação de recursos materiais, o projeto atende parcialmente, tanto no campo da industrialização da construção – no qual não há um esforço sistematizado –, como no uso de material de reciclagem e demolição como componente de pavimentação. Quanto à gestão da água, o projeto atende parcialmente com relação a sistemas economizadores de água. Também atende parcialmente pois ainda não incorpora elementos para a retenção de águas pluviais, nem em relação à infiltração de águas pluviais, mostrando que ainda falta muito esforço tanto das construtoras como da gestão pública para que a implantação de aspectos como esses venha em auxílio das áreas mais atingidas por enchentes, inundações e deslizamento de terra. Finalmente, em relação às práticas sociais, o projeto não conta com a participação da comunidade nas decisões de projeto, bem como na implantação do conjunto habitacional e permanência dos moradores na área. Assim, ainda não há ações para a geração de emprego e renda.

Apesar desses quesitos mais negativos, pode-se dizer que o conjunto Rubens Lara tem um alto nível de quesitos atendidos, atingindo 69% do total implementado. Por isso, sem dúvida é o conjunto habitacional mais sustentável no estado de São Paulo, que pode ser considerado um exemplo, tendo, assim, iniciado o caminho em direção à maior sustentabilidade.

Fonte: CEF (2010); Pisani et al. (2013).

Em primeiro lugar, como se pode observar no Quadro 20.3, o manual do Selo Azul afirma que é necessário aproveitar ao máximo as condições bioclimáticas ao se projetar uma habitação, de modo a fomentar construções de baixo impacto ambiental. Nesse sentido, esse projeto deve trazer sugestões adequadas para o uso de água e de energia, apresentando propostas duradouras para atender às necessidades de hoje e futuras, criando um ambiente saudável. Vale ressaltar que, com sua construção, o Conjunto Rubens Lara (Pisani et al., 2013) não recebeu nenhum certificado ou selo verde e também não considerou todos os quesitos de um projeto sustentável. Entretanto, é um conjunto habitacional referencial em termos arquitetônicos e urbanísticos de mais sustentabilidade entre os estudados no país.

São 53 critérios que deveriam ser atendidos segundo o Selo Azul da Caixa. Verificam-se os quesitos obrigatórios que foram atendidos: a infraestrutura e a qualidade do entorno; paisagismo; local de coleta seletiva; equipamento de lazer, social e esportivo; desempenho térmico de vedação; desempenho térmico e orientação ao sol e ventos; lâmpadas de baixo consumo, privativas para Habitação de Interesse Social; dispositivos economizadores nas áreas comuns; medições individualizadas; gás; qualidade dos materiais e componentes; formas e escórias reutilizáveis; gestão de resíduos de construção e demolição (RCD). Observa-se ainda que, nesses quesitos obrigatórios atendidos referenciados pelo Selo Azul, alguns são atendidos parcialmente e outros não são atendidos; há ainda quesitos marcados como "não se aplica" e outros sobre os quais não há informação suficiente.

CONSIDERAÇÕES FINAIS

Como se observa, as urbanizações podem ser consideradas embriões das cidades e refletem sua cultura, representada pelos hábitos de vida da população. Isso mostra que a cidade aceita um projeto mais sustentável de habitação, mesmo que esse projeto reflita o conhecimento de novos equipamentos etiquetados e novas formas de reduzir o impacto ambiental em prol de maior sustentabilidade.

Pode-se entender a sustentabilidade como uma forma de vida na qual se diminui o consumo dos recursos naturais, compartilham-se os custos da urbanização, na medida em que a população participa com consciência dessa necessidade, e as transformações vão ocorrendo vagarosamente para, em longo prazo, permanecerem.

As empresas e corporações já vêm adotando a certificação como um *modus vivendi* em prol de maior sustentabilidade. Com isso, acabam mostrando aos empreendedores, proprietários e ao poder público que o valor da sustentabilidade se reflete nos imóveis; procuram estender esse valor para as muitas urbanizações que se conectam em rede pelo país, valorizando a formação de bairros compactos e a diminuição da urbanização dispersa.

Há locais em que a comunidade se mostra mais flexível, aceitando, desde o início do projeto, os controles de consumo de energia, por exemplo, por meio da implantação de medidores individuais de água e gás; dispositivos economizadores; sensores de presença; minuterias; lâmpadas de baixo consumo energético; aquecimento solar de água, dentre outros. Mais ainda, a comunidade valoriza os exemplos de habitações que contam com essas inovações. O consumo da energia e a cultura da sustentabilidade estão de mãos dadas, em execução paulatinamente. São realmente poucos os exemplos que se pode dizer que já estão procurando ser mais sustentáveis. É preciso ainda conseguir somar muitos casos de mudanças de comportamento pessoal para acabar com os "gatos" de roubo de energia.

Dos exemplos mais sustentáveis relacionados ao meio ambiente, ressalta-se aquele de urbanizações que precisam preservar a paisagem. Seja porque dela dependem economicamente, seja porque nas localizações litorâneas a preservação da praia é um dos primeiros elementos de sustentabilidade que se pode notar. Seguem, logo mais, a preservação da praia, onde os veículos motores não podem trafegar; e a preservação de matas e florestas, bem como o amoldamento da ocupação à topografia.

Das transformações em ação, talvez seja mais importante ressaltar a oportunidade da população de baixa renda familiar poder melhorar, aprender e incorporar esse aprendizado em suas negociações, tornando-se, com o tempo, classe média. Isso ocorre em favelas densas, nas cidades dos arranha-céus, de modo que os enclaves sociais possam ser superados, visto que a densidade permite o desenvolvimento de inovações das técnicas correntes. Desse modo, com o tempo, a urbanização pode deixar de ser um sonho necessário.

REFERÊNCIAS

ABRAMOVAY, R. *Muito além da economia verde*. São Paulo: Abril, 2012.

AUGUSTO, M.H.O. Segregação Social e Violência Urbana. *Revista Brasileira de Ciências Sociais*. v. 17, n. 48, p. 216-222, 2002.

AUTOSSUSTENTÁVEL. *Energia solar no Brasil e seus benefícios*. 2013. Disponível em: http://www.autossustentavel.com/search/label/energia. Acessado em: 05 dez. 2013.

BARBOSA, A.S. *O papel da qualidade ambiental nos empreendimentos turísticos: o caso de Vilamoura, Portugal, e Riviera de São Lourenço, São Paulo, Brasil*. 2013. Tese (Doutorado). Bolsa Capes (sanduíche).

BRASIL; [IBGE] INSTITUTO BRASILEIRO DE GEOGRAFIA E ESTATÍSTICA. *Censo 2010*.

BRASIL; [MIN] MINISTÉRIO DA INTEGRAÇÃO NACIONAL. Secretaria de Defesa Civil. Centro Nacional de Gerenciamento de Riscos e Desastres. *Anuário Brasileiro de Desastres 2012*. Brasília: Cenad, 2012.

BRUNA, G.C. (Org.). *Política nacional de cidades de porte médio e revisão de critérios de seleção das referidas cidades*. São Paulo: FAU-USP, 1984.

[CEF] CAIXA ECONÔMICA FEDERAL. *Boas práticas para habitação mais sustentável*. São Paulo: Páginas & Letras, 2010.

COLIN, S. *Novo urbanismo*. 2010. Disponível em: http://coisasdaarquitetura.wordpress.com/2010/07/18/novo-urbanismo/. Acessado em: 29 nov. 2013.

CONSTÂNCIO, P. Criado GT para garantir aquecimento solar de água nas casas do PAC. *Ministério do Meio Ambiente*, 22 jul. 2009. Disponível em: http://www.mma.gov.br/informma/item/5612-criado-gt-para-garantir-aquecimento-solar-de-agua-nas-casas-do-pac. Acessado em: 18 ago. 2015.

DO RIO, P.S. América Latina tem 80% de seus moradores em áreas urbanas. *Folha de S. Paulo*. 21 de agosto de 2012. Disponível em: http://www1.folha.uol.com.br/mundo/1140435-america-latina-tem-80-de-seus-moradores-em-areas-urbanas.shtml. Acessado em: 29 set. 2013.

DOMUS PROCEL EDIFICA. *Programa de simulação higrotermoenergética de edificações*. Disponível em: http://www.pucpr.br/arquivosUpload/1237063891363351 925.pdf. Acessado em: 20 nov. 2013.

ECO4U. *O inexplicável Catarina, o primeiro furacão no Brasil: estamos preparados para as mudanças climáticas?* 2011. Disponível em: http://eco4u.wordpress.com/2011/02/07/o-inexplicavel-catarina-o-primeiro-furacao-no-brasil-estamos-preparados/. Acessado em: 02 dez. 2013.

[EPE] EMPRESA DE PESQUISA ENERGÉTICA. 2013. Disponível em: http://www.achamrio.com.br/srcreleases/fernando_perrone_eletrobras.pdf. Acessado em: 2 dez. 2013.

FARR, D. *Urbanismo sustentável: desenho urbano com a natureza*. Porto Alegre: Bookman, 2013.

FRANCO, R.A. *A importância da construção da BR 364 para o desenvolvimento socioeconômico de Rondônia*. Ariquemes, 2011. Artigo (Licenciatura em História). Faculdades Integradas de Ariquemes. Disponível em: http://www.fiar.com.br/revista/pdf/1336052298A_IMPORTNCIA_DA_CONSTRUÇÃO_DA_BR_364_PARA_O_DESENVOLVIMENTO_SOCIOECONOMICO_DE_RONDONIA-4fa28a4adfe2f.pdf. Acessado em: 2 nov. 2013.

FRETIN, D.; BRUNA, G.C. 159 – A lei da energia solar em São Paulo – análises e comentários. In: 7º Seminário Internacional do Núcleo de Pesquisa em Tecnologia da Arquitetura e Urbanismo da Universidade de São Paulo. *Espaço sustentável: ino-*

vações em edifícios e cidades. 2008, São Paulo. Disponível em: http://www.usp.br/nutau/CD/159.pdf. Acessado em: 2 out. 2014.

FUNDAÇÃO VANZOLINI. *Certificação Aqua, que atesta sustentabilidade de projeto habitacional, prevê também conforto de morador.* 2010. Disponível em: http://www.vanzolini.org.br/noticias-104.asp?cod_site=104&id_noticia=195. Acessado em: 2 out. 2014.

FURTADO, C.R. *Gentrificação urbana em Porto Alegre.* Porto Alegre: Editora da UFRGS, 2011.

GANDRA, A. *Programa ajuda empresas a identificar perdas de eletricidade.* 2010. Disponível em: http://exame.abril.com.br/economia/meio-ambiente-e-energia/noticias/programa-ajuda-empresas-identificar-perdas-eletricidade-576470. Acessado em: 24 jan. 2011.

GASPARETTO JR., A. *História brasileira.* 2010. Disponível em: http://www.historiabrasileira.com/brasil-colonia/tratado-de-madrid/. Acessado em: 21 out. 2013.

GLAESER, E. *How our greatest invention makes us richer, smarter, greener, healthier and happier.* Nova York: Penguin Press, 2011.

GREEN COUNCIL BRASIL. *Referencial GBC Brasil Casa. Energia e Atmosfera (EA) Assunto: Crédito 8.* Leed Implantação. Disponível em: http://www.gcbbrasil.org. Acessado em: 22 ago. 2013.

HOGAN, D.J.; MARANDOLA JR., E.; OJIMA, R. *População e ambiente: desafios à sustentabilidade.* São Paulo: Blucher, 2010.

JACOBS, J. *The economy of cities.* Londres: Jonathan Cape, 1969.

KEELER, M.; BURKE, B. *Fundamentos de projeto de edificações sustentáveis.* Trad. Alexandre Salvaterra. Porto Alegre: Bookman, 2010.

KELMAN, J. *Sobre gatos e macacos.* 2010. Disponível em: http://www.energiahoje.com/brasilenergia/ideias/2010/09/02/416915/sobre-gatos-e-macacos.html. Acessado em: 24 jan. 2011.

LEED CASA. Energia Renovável. In: Referencial GBC Brasil Casa, item Energia e Atmosfera. 2010.

MENDES, P. *Famílias do Minha Casa terão R$ 5 mil para eletrodomésticos e móveis.* G1, 2013. Disponível em: http://g1.globo.com/politica/noticia/2013/06/familias-do-minha-casa-terao-r-5-mil-para-eletrodomesticos-e-moveis.html. Acessado em: 5 dez. 2013.

[MME] MINISTÉRIO DAS MINAS E ENERGIA. *Programa Luz Para Todos.* 2013. Disponível em: https://www.mme.gov.br/luzparatodos/Asp/o_programa.asp. Acessado em: 20 nov. 2013.

MROZ, M.A. *A revolução silenciosa da energia solar no Brasil*. 2013. Disponível em: http://www.nei.com.br/artigos/a+revolucao+silenciosa+da+energia+solar+-no+Brasil.html. Acessado em: 10 dez. 2013.

NOBRE, E. *Índices urbanísticos*. s/d. Disponível em: http://www.fau.usp.br/docentes/depprojeto/e_nobre/AUP573/aula4.pdf. Acessado em: 2 out. 2014.

NORQUIST, J.O. *The wealth of cities: revitalizing the centers of american life*. Massachusetts: Addison Wesley Longman Inc., 1998.

OLIVEIRA, T. Financiamentos habitacionais: classe E de 0 a 3 SMS; classe D de 3 a 6 SMS; classe C de 6 a 10 SMS. *Construção Mercado*. n. 96, jul. 2009. Disponível em: http://construcaomercado.pini.com.br/negocios-incorporacao-construcao/96/vendas-como-vender-para-eles-282311-1.aspx. Acessado em: 9 dez. 2013.

PEGURIER, E. *A longa fuga da miséria*. Princeton: Princeton University Press, 2013.

PISANI, M.A.J. et al. *Habitação social no Brasil: projeto e sustentabilidade no século XXI* (Relatório de pesquisa). São Paulo: Mackpesquisa, 2013.

PROCEL EDIFICA. *Lei de eficiência energética. Resultados do Procel 2013, Ano Base 2012, Relatório Completo*. 2013.

REISSMAN, L. *El proceso urbano: las ciudades en las sociedades industriales*. Barcelona: Gustavo Gili, 1970.

ROGERS, R.; GUMUCHDJIAN, P. *Cidades para um pequeno planeta*. Barcelona: Gustavo Gili, 2001.

ROMÉRO, M.A.; BRUNA, G.C. *Metrópoles e o desafio urbano frente ao meio ambiente*. São Paulo: Blucher, 2010.

SAUNDERS, D. *Cidade de chegada: a migração final e o futuro do mundo*. São Paulo: DVS, 2013.

SILVA, D. *Situação das construções sustentáveis no Brasil*. Disponível em: http://www.ressoar.org.br/dicas_sustentabilidade_certificacao_para_construcoes_situacao.asp. Acessado em: 23 nov. 2013.

[SINDUSCON SP] SINDICATO DA CONSTRUÇÃO DE SÃO PAULO. Painel 2 – certificação ambiental de edificações: lições aprendidas e visão de futuro – experiências brasileiras. In: Seminário Internacional. Avaliação Ambiental de Edifícios. *As práticas brasileiras e as tendências mundiais*. 2011, São Paulo. Disponível em: http://www.sindusconsp.com.br/downloads/eventos/2011/avalicao_ambiental/6_edificio.pdf. Acessado em: 20 nov. 2013.

SOARES, P. América Latina tem 80% das pessoas vivendo em cidades. *Folha de S.Paulo*. Folha Corrida, 22 de agosto de 2012. Disponível em: http://www1.folha.uol.com.br/fsp/corrida/62086-america-latina-tem-80-das-pessoas-vivendo-em-cidades.shtml. Acessado em: 29 set. 2013.

SOARES, P.; MATOS, C. Censo 2010 aponta envelhecimento da população brasileira. *Folha de S. Paulo*. 29 de abril de 2011. Disponível em: http://www1.folha.uol.com.br/cotidiano/908895-censo-2010-aponta-envelhecimento-da-populacao-brasileira.shtml. Acessado em: 29 set. 2013.

SPOSITO, M.E.B. Urbanização difusa e cidades dispersas: perspectivas espaço-temporais contemporâneas. In: REIS, N.G. (Org.). *Sobre dispersão urbana*. São Paulo: Via das Artes, 2009, p. 38-54.

STEINBERGER, M.; BRUNA, G.C. Cidades médias: elos do urbano-regional e do público-privado. In: ANDRADE, T.A.; SERRA, R.V. (Orgs.). *Cidades médias brasileiras*. Rio de Janeiro: Ipea, 2001, p. 35-77.

THE SPECTATOR ARCHIVE. *New towns and land*. 1964. Disponível em: http://archive.spectator.co.uk/article/25th-december-1964/4/new-towns-and-land. Acessado em: 4 dez. 2013.

THE URBANIZATION EARTH. *Reflexões para um mundo urbanizado*. 2013. Disponível em: http://theurbanearth.net/2008/06/05/sala-de-leitura-o-novo-urbanismo-the-new-urbanism/. Acessado em:

TOLMASQUIM, M.T. *Novo modelo do setor elétrico brasileiro*. Rio de Janeiro/Brasília: Synergia/EPE, 2011.

TRIANA, M.A.; PRADO, R.T.A.; LAMBERTS, R. Categoria 3. Eficiência Energética. In: [CEF] CAIXA ECONÔMICA FEDERAL. *Boas práticas para habitação mais sustentável*. São Paulo: Páginas & Letras, 2010.

Sites

Dayane. 2009. Disponível em: http://www.revistasustentabilidade.com.br/eficiencia-energetica/nao-editar-casas-do-pac-da-habitacao-terao-energia-solar-termica-para-substituir-chuveiros-eletricos. Acessado em: 24 jan. 2011.

Resort Brasil. Disponível em: http://www.resortbrasil.com.br.

Embarq Brasil. 2015. Disponível em: http://embarqbrasil.org/conteudo/estatuto--da-metropole-propoe-gestao-urbana-compartilhada. Acessado em: 02 ago. 2015.

[PROCEL] Programa Nacional de Conservação de Energia Elétrica. 2013. Disponível em: http://www.procelinfo.com.br. Acessado em: 01 ago. 2015.

Procel Sanear. Disponível em: http://www.eletrobras.com/pci/main.asp?View=%7B623FE2A5-B1B9-4017-918D-B1611B04FA2B%7D&Team=&params=itemID=%7B6D82CF76-DD28-4E7B-8A60-7F31CB419A79%7D;&UIPartUID=%7BD90F22DB-05D4-4644-A8F2-FAD4803C8898%7D. Acessado em: 2 dez. 2013.

Na Universalização do Acesso | 21

Lineu Belico dos Reis
Engenheiro eletricista, Escola Politécnica da USP

Eliane A. F. Amaral Fadigas
Engenheira eletricista, Escola Politécnica da USP

INTRODUÇÃO

Dentre os grandes desafios associados à busca de um modelo de desenvolvimento sustentável para a humanidade, ressaltam-se a existência de grandes populações que vivem em condições de profunda pobreza e a má distribuição da riqueza natural e humana.

Neste cenário, é importante considerar também, como demonstrado nas discussões globais sobre o assunto, que os problemas ambientais estão diretamente relacionados aos problemas da pobreza, como o atendimento às necessidades básicas de alimentação, saúde e moradia. A solução para as questões ambientais tem de ser encontrada dentro de um contexto amplo, no qual aspectos sociais, econômicos e políticos precisam também ser revistos. No encaminhamento dessa solução, destaca-se o conceito de equidade, valorizado durante as discussões globais e que hoje é parte inseparável do modelo de desenvolvimento sustentável.

O conceito de equidade, no âmbito energético, se reflete como universalização do acesso, que pode ser entendida como dar acesso a todos os seres humanos habitantes da Terra às diversas formas de energia na quantidade necessária para o atendimento de suas necessidades básicas. Universalização deve ser estendida aos demais vetores básicos da infraestrutura necessária ao desenvolvimento humano, seja do ponto de vista global, regional ou mesmo de uma pequena comunidade isolada, dentre os quais se ressaltam a água, o saneamento, os transportes e as telecomunicações.

A indisponibilidade de um recurso energético por parte de um país ou a falta de domínio tecnológico e condições financeiras para explorar um energético existente, submete esse país à ineficiência no uso da energia e à falta de equidade na distribuição desse precioso insumo, além de expô-lo à insegurança energética. O domínio de sistemas energéticos por empresas multinacionais, os padrões externos muitas vezes copiados e que servem de parâmetro para dimensionar e expandir os sistemas energéticos de países pobres sem levar em consideração as especificidades locais e os preços exorbitantes atrelados à variação do câmbio relegam uma considerável parcela da população à exclusão social, por não possuir renda suficiente para adquirir os energéticos comercializados e os diversos bens de consumo disponíveis no mercado.

A política com ênfase unicamente na oferta, de certa forma, desconsiderou questões essenciais para o pleno desenvolvimento social e econômico de uma nação: a distribuição da energia a preços justos para toda a população, a fim de que seja possível atender suas necessidades básicas e obter melhorias em seu padrão de vida. Além disso, não houve preocupação com a forma pela qual a energia deveria ser utilizada, o que conduziu a grandes desperdícios, exploração intensa dos recursos naturais com danos ao meio ambiente e custos elevados para a sociedade.

Embora em muitos países em desenvolvimento o PIB tenha aumentado, isso não resultou na erradicação da pobreza, justamente porque os benefícios advindos desse crescimento não foram devidamente distribuídos.

Por essa razão, o acesso às formas comerciais de energia, proporcionado de forma justa, constitui um bem básico para a integração do ser humano ao desenvolvimento, pois proporciona emprego e, consequentemente, renda, bem como tudo que advém dela: alimento, habitação, saúde, condições sanitárias, educação, lazer e oportunidades para que cada indivíduo contribua para o bem-estar das próximas gerações.

Por outro lado, deve-se considerar a enorme disparidade no consumo de energia entre regiões mundiais, países e até mesmo dentro de um mesmo país ou cidade. Em termos mundiais, os países ricos, que detêm cerca de 30% da população mundial, consomem algo como 70% da energia comercializada. Com relação aos diferentes países, a disparidade apresenta padrões bastante diferenciados, em razão das características específicas de cada um.

Enquanto um enorme contingente de pessoas no mundo não tem acesso às diversas formas de energias comerciais, aproximadamente 60% da energia primária produzida é perdida, ou seja, não chega até o consumidor final, em função não apenas dos limites associados às próprias leis físicas, como a lei da termodinâmica, mas também da eficiência atual dos equipamentos e dos desperdícios provocados pelo mau uso da energia por parte da sociedade.

Dessa forma, em razão de suas características técnicas, que impõem a necessidade de produção de energia no mesmo momento da utilização, a energia apresenta limitações quanto ao armazenamento e requer sistemas de transporte especializados (transmissão e distribuição). A energia elétrica se notabiliza como o grande desafio da universalização do acesso. Em nível mundial, estima-se que dois bilhões de pessoas não têm acesso à eletricidade, o que é um número alarmante. O fato da estimativa dos não atendidos permanecer na ordem dos dois bilhões já há algum tempo, apesar de metas planejadas e do crescimento populacional, de certa forma demonstra a ineficiência das ações adotadas até o momento.

Universalizar os serviços de eletricidade não tem sido uma tarefa muito fácil no Brasil. Dados atuais mostram que, em pleno século XXI, algo em torno de 12% da população, a maior parte localizada em áreas rurais e isoladas, ainda não tem eletricidade em casa e está privada de serviços essenciais ao bem-estar social. Deve-se também considerar a existência de grande parcela da população atendida de forma precária e não legalizada, como ocorre em grande parte de áreas adjacentes aos grandes conglomerados urbanos.

Deve-se ressaltar que o Brasil, de dimensões continentais, com grandes diferenças econômicas e heterogeneidades sociais, culturais e físicas, apresenta significativo grau de disparidades a serem consideradas quanto à universalização do acesso, em sua forma mais geral. No cenário brasileiro, considerando inclusive as condicionantes que se colocam a essa universalização, podem ser distinguidos alguns grupos específicos de populações não atendidas ou precariamente atendidas:

- As comunidades isoladas distantes da rede elétrica e/ou com grande dificuldade de acesso, como ocorre na região Amazônica, em reservas ecológicas, ilhas e certas comunidades pelo interior do país.

- As áreas rurais, consideradas como aquelas que estão afastadas da zona urbana. Muitas permanecem isoladas por não serem atendidas pela rede elétrica. Essas comunidades representam um desafio ao governo e ao país na busca de eletrificação e da consequente melhoria de vida de sua população.

- As áreas suburbanas dos grandes centros, nas quais prevalecem situações precárias quanto às moradias, posse de terras, conexão elétrica etc.

Considerando as características desses sistemas e áreas, ressalta-se a importância das soluções locais, do processo participativo e das ações emanadas da sociedade civil organizada, embasadas na cidadania, na democracia, na ética e na responsabilidade social do indivíduo.

Com base nessas considerações iniciais e com o objetivo de apresentar aqui uma visão geral dessa complexa questão, que possa orientar análises e ações mais aprofundadas, organizou-se este capítulo considerando os seguintes tópicos, que serão enfocados especificamente a seguir:

- Desafios da universalização do acesso.
- O cenário geral brasileiro.
- Sistema interligado e sistemas locais.
- Aspectos tecnológicos e desafios, considerando sistemas isolados e rurais e sistemas urbanos.
- Tendências tecnológicas portadoras de futuro, enfocando tecnologias em evolução ou em fase inicial de desenvolvimento, que deverão, no futuro, ter grande impacto tecnológico no assunto tratado neste capítulo: as minirredes e as redes inteligentes (*smart grid*).

DESAFIOS DA UNIVERSALIZAÇÃO DO ACESSO

A implantação de uma estratégia de desenvolvimento baseada na sustentabilidade deve se apoiar num paradigma que englobe dimensões políticas, econômicas, sociais, tecnológicas e ambientais, de modo que sirva como base para a busca por soluções de caráter amplo para o desenvolvimento da população mundial. Nas discussões globais sobre sustentabilidade, foi ressaltada a importância de priorizar a solução dos problemas relacionados à pobreza, como o atendimento energético e a garantia das necessidades básicas de alimentação, saúde e moradia; questões contidas no conceito de equidade.

Nesse contexto, a falta de infraestrutura energética é uma séria barreira para o desenvolvimento de muitos países. Em conjunto com os transportes e os sistemas de comunicação, um sistema energético efetivo colabora para aumentar a eficiência nas atividades de produção tradicionais, estabelecer novas indústrias e diversificar a economia, contribuindo assim para o desenvolvimento econômico. O acesso à energia é, portanto, componente essencial de qualquer estratégia de desenvolvimento socioeconômico sustentável e fundamental para a melhoria dos padrões de vida das populações que não têm acesso à energia confiável e eficiente, particularmente a eletricidade. Na realidade, cerca de dois bilhões de seres humanos não têm acesso a eletricidade, nem que seja para suprir suas necessidades básicas.

O suprimento dessas necessidades para grandes populações envolve uma considerável mobilização de capital para investimento em infraestrutura energética. Porém, ao mesmo tempo em que as necessidades de infraestrutura crescem com o aumento da população, da urbanização e do desenvolvimento econômico, fontes de capital para investimentos em grande escala se tornam mais competitivas e menos disponíveis.

Contudo, por causa de sua importância central no processo de desenvolvimento, do tamanho dos desafios iniciais e da complexidade dos sistemas energéticos, o setor de energia continua a receber atenção substancial dos governos nacionais, dos financiadores e das agências de desenvolvimento. Essas dificuldades nos países em desenvolvimento têm provocado, ao longo do tempo, uma mudança gradual da visão convencional baseada na criação de sistemas energéticos centralizados para uma visão preocupada em facilitar o acesso à eletricidade por meio de sistemas pequenos e descentralizados. Nos últimos anos, embora não no ritmo desejado, esse enfoque mais flexível tem acelerado a eletrificação de muitas regiões em desenvolvimento.

É um cenário atrativo, adequado e conveniente para fontes renováveis. A biomassa, tradicionalmente, já é muito usada nessas regiões, embora não para a geração de eletricidade.

Para eletricidade, como fontes renováveis, a construção de grandes hidrelétricas foi, durante muito tempo, a solução mais tradicional. Entretanto, nas últimas décadas, outras tecnologias baseadas no uso de fontes renováveis, como a energia solar, a eólica, a eletricidade baseada no uso de biomassa e as hidrelétricas de pequeno porte, têm se difundido, ao mesmo tempo em que as grandes hidrelétricas têm sido criticadas pelos grandes problemas ambientais e sociais.

ENERGIA E SUSTENTABILIDADE

Pequenos sistemas renováveis são atraentes para os países em desenvolvimento, como a tecnologia solar fotovoltaica, as mini-hidrelétricas, as micro-hidrelétricas, as eólicas de pequeno porte, as usinas movidas a biogás, o aquecimento solar, os fornos solares, a biomassa para fornos eficientes, as bombas eólicas, dentre outros. Esses sistemas geram serviço ao menor custo em áreas rurais isoladas distantes da rede.

Ressalta-se, no entanto, que o desafio não está somente em suprir a demanda e promover o desenvolvimento. Isso tem de ser feito de maneira sustentável, o que significa que os sistemas devem ser eficientes dos pontos de vista de produção e uso, e que as tecnologias têm de ser confiáveis, ambientalmente adequadas, institucionalmente gerenciáveis e atrativas economicamente.

Dentre os benefícios das fontes renováveis de pequeno porte, podem ser citados:

- Criação de empregos locais.
- Educação (por meio de provisão de iluminação e TV).
- Acesso à água potável (bombeamento de água, destilarias solares e dessalinização).
- Maiores oportunidades para a produção agrícola (bombeamento de água e irrigação).
- Diminuição do trabalho relacionado à coleta de combustível (fornos avançados e fornos solares).
- Crescimento da oferta de serviços de saúde (eletricidade e refrigeração fotovoltaica, aquecedores solares de água e destilarias solares).

O Quadro 21.1, a seguir, apresenta uma visão geral da aplicação de energias renováveis em sistemas de pequeno porte, por setor.

No contexto mais específico da energia elétrica e do desafio da universalização do acesso, também podem ser citados diversos aspectos importantes a serem considerados, que ajudam a desenhar um cenário básico de desafios a serem superados:

- O custo da eletricidade deve ser ressarcido pelas tarifas, que poderão incluir subsídios governamentais, mas que só serão gerenciáveis se o sistema for corretamente planejado e construído com padrões de custos e qualidade voltados para as necessidades reais, ou seja, evitando custos superdimensionados, ociosidades e desperdícios. Deve ser também

Quadro 21.1 – Aplicações de energias renováveis em sistemas de pequeno porte, por setor.

Tecnologia	Doméstico	Pequenos negócios	Agricultura	Saúde	Comunidade	Outros
Solar						
Fotovoltaica	X	X	X	X	X	X
Solar térmica elétrica		X			X	X
Solar térmica aquecimento	X	X		X	X	X
Fornos solares	X	X			X	
Biomassa						
Fornos avançados	X					
Briquetes	X	X				X
Aquecimento distrital					X	X
Geração de eletricidade						X
Biogás						
Geração de eletricidade	X			X	X	X
Combustíveis para transporte		X				X
Micro a pequenas hidrelétricas		X			X	X
Eólica						
Turbinas	X			X	X	X
Bombas	X		X	X	X	

Fonte: Gregory et al. (1997).

evitada a má qualidade do produto, que no caso implica a transferência da responsabilidade aos consumidores, os quais, por sua vez, tentariam resolver os problemas a seu modo, com resultados menos controláveis pela sociedade, normalmente envolvendo ineficiência e riscos.

- Sendo a energia um bem vital para a produção e qualidade de vida, a sociedade deve procurar contornar as desigualdades sociais e econômicas atuando no sentido de possibilitar o acesso das camadas mais pobres da sociedade a esse serviço. Isso pode ser conseguido por meio de tarifas módicas, alternativas de suprimento e subsídios específicos. Dessa forma, pode-se utilizar a energia elétrica como um instrumento de integração e desenvolvimento social.

- A energia nos sistemas isolados está orientada a satisfazer as demandas básicas de aquecimento, iluminação e comunicação. A porcentagem elevada de gastos das famílias em energia representa um esforço importante da economia local para atingir um determinado nível social.

- O desenvolvimento energético nesses locais passa, pelo menos inicialmente, pelo estabelecimento de políticas e pela execução de programas e projetos. Na medida em que esses programas estiverem desconectados de uma visão sustentável, correm o risco de criarem situações artificiais por meio de intervenções pontuais, distorcendo mercados já estabelecidos.

- No marco conceitual da produtividade, pode-se entender também que a geração elétrica e a redistribuição da economia local são elementos importantes que permitem encarar a produção além da transformação de matéria-prima. Nesse sentido, a criação de empresas locais de serviço energético pode ter um impacto positivo sobre a economia regional.

- Deve-se ter como uma das prioridades da política energética a integração da população aqui enfocada no mercado interno de energia. Essa população diverge do cenário energético convencional por sua alta dispersão e baixa acessibilidade, e por isso confronta-se com a realidade de pagar mais pela energia ou não ter acesso a ela. Na medida em que as referidas populações se encontram mais distantes e mais dispersas, os custos de acesso à energia são mais altos, mas a capacidade de pagar por ela é menor. Em termos exclusivamente de mercado, essa população não terá nenhuma opção de acesso à energia, visto que o setor privado vê o setor como de baixa ou nenhuma rentabilidade e por isso trata sua eletrificação como um aspecto político e social.

Portanto, devem-se buscar formas e alternativas para o subsídio da eletrificação rural.

- Vale destacar que o uso de recursos energéticos na área rural normalmente não apresenta problemas ambientais no nível macro. Na maioria dos casos, os problemas ambientais expressam-se no nível local, por exemplo, em razão da exposição a partículas.

- Na área rural, as condições para a difusão de fontes renováveis de energia são melhores que nos mercados urbanos. Muitas vezes, as novas tecnologias renováveis são a melhor opção tecnológica para certos usos finais, trazendo também grande benefício para o meio ambiente.

- Uma alternativa que vem se tornando cada vez mais atraente é o uso da biomassa, que não acarreta grandes impactos globais por ser um recurso renovável. Para isso, é necessário que seja corrigido o seu uso corrente, ou seja, a biomassa é ainda, em grande parte, usada de forma extrativa, sem qualquer preocupação com a renovação do recurso.

O CENÁRIO GERAL BRASILEIRO

Entre o pós-guerra e o final da década de 1970, o Brasil apresentou acentuado crescimento econômico, que permitiu construir um parque industrial relativamente maduro. Esse crescimento, no entanto, não foi equilibrado e foi incapaz de melhorar as condições de vida de grande parte da população do país.

O referido crescimento econômico revelou-se claramente incapaz de prover boa parte dos brasileiros com itens básicos de qualidade de vida e padrões mínimos de bem-estar social, como saneamento, água, luz, telefone, saúde e educação. A grande desigualdade no perfil da distribuição da renda é, ainda hoje, uma característica da economia do país, por diversos fatores, dentre os quais se destacam três:

- O passado escravagista relativamente recente, que deu origem ao baixíssimo nível de remuneração do fator trabalho no início do processo de industrialização e a um círculo vicioso de baixa escolarização, exclusão e destituição da cidadania, não resolvido pelas políticas sociais ao longo das últimas sete décadas.

- A natureza tardia da industrialização brasileira, que induziu a rápida incorporação de progresso tecnológico pouco intensivo em mão de obra e gerou significativa marginalidade urbana (metropolitana e não metropolitana), decorrente das maciças migrações do ambiente rural para o urbano.

- A modernização agropecuária, impulsionada por várias décadas de política econômica como sucedânea da reforma agrária, que consagrou não apenas a manutenção do regime da propriedade e da gestão rurais, mas, sobretudo, o seu caráter concentrador.

Mais recentemente, ainda que se observem incrementos da renda média de todos os grupos sociais no país, esses aumentos são maiores nos grupos sociais mais favorecidos e nas regiões mais desenvolvidas, reforçando a tendência de concentração.

Outro aspecto importante a ser considerado é o processo de rápida urbanização das últimas décadas, que, no entanto, pouco alterou a situação de pobreza e miséria nas zonas rurais, e que, de certa forma, também ocupou espaços urbanos, metropolitanos e não metropolitanos.

No Brasil, há algum tempo, a eletrificação rural tem sido um tema de preocupação de diversos governos, que direcionaram políticas e programas voltados à universalização do acesso.

Tais políticas e programas foram instituídos por diferentes governos, sem continuidade em longo prazo, uma vez que não há um planejamento estratégico nacional e cada governo busca colocar sua marca e pretende se apresentar como o executor da universalização do acesso.

Os programas de universalização de energia, normalmente, possuem características semelhantes em seus planejamentos, dentre as quais se destacam: necessidade de altos investimentos na expansão da rede, em razão da conexão de clientes distantes da infraestrutura já existente; altos custos operacionais decorrentes do aumento das distâncias e consequente redução da produtividade das equipes de operação e manutenção de redes; e baixo consumo e baixa capacidade de pagamento dos serviços pela população beneficiada, normalmente localizada em regiões de menor desenvolvimento econômico.

Assim, os programas apresentam certas similaridades, até mesmo no nome, como se verá a seguir e, ao longo do tempo, o acesso à energia elétrica vai, de qualquer forma, aumentando, embora mais lentamente do que poderia ser conseguido com uma estratégia de Estado, de longo prazo.

Os principais programas a serem citados são:

- Luz da Terra.
- Luz no Campo.
- Luz para Todos.

Suas principais características são resumidas a seguir.

O programa Luz da Terra foi criado em 1995 e teve como base o modelo de grande sucesso aplicado no Rio Grande do Sul. O Banco Nacional de Desenvolvimento Econômico e Social (BNDES), em parceria com a Escola Politécnica da Universidade de São Paulo (USP), propôs ao governo do estado de São Paulo a criação de um programa de eletrificação rural cujo objetivo era o atendimento elétrico para a população mais pobre. O programa, porém, não atingiu seus objetivos, pois apresentou problemas, associados principalmente à necessidade de os residentes das áreas rurais pagarem uma determinada taxa de instalação e se cadastrarem para obtenção de financiamento para isso, uma vez que muitos tinham dificuldades em obter documentos básicos, como certidão de nascimento.

Em função da constatação do baixo nível de atendimento rural ainda presente em toda a década de 1990, em várias regiões, o governo federal instituiu, em dezembro de 1999, o Programa Nacional de Eletrificação Rural, Luz no Campo, com o objetivo de eletrificar um milhão de propriedades/domicílios rurais até 2003, por meio da interligação às redes de energia elétrica. O programa Luz no Campo, porém, também não atendeu aos seus objetivos e apresentou falha semelhante ao Luz da Terra, pois os residentes de áreas rurais também deveriam pagar uma determinada taxa para cobrir os custos de instalação. Muitos não tiveram condição de efetuar o pagamento e, após alguns anos, houve necessidade de se estabelecer a anistia de dívidas dos consumidores de energia elétrica contraídas no âmbito do programa.

Estando o programa Luz no Campo ainda em andamento, foi instituída por lei, em 2002, a universalização de atendimento. Essa lei delegou à Agência Nacional de Energia Elétrica (Aneel) a fixação de metas de eletrificação, fixou a gratuidade do atendimento e tomou providências para prorrogar e criar encargos setoriais (taxas e impostos) cujos recursos devem financiar a universalização. Uma resolução da Aneel, em 2003 (resolução 233), definiu as metas de universalização para cada município do país e estabeleceu como limite nacional para o completo atendimento o ano de 2015.

O programa Luz para Todos, também ainda em andamento, resultou dessas ações, criado com o objetivo principal de promover o acesso à energia elétrica para famílias de baixo poder aquisitivo e residentes no meio rural e atender às demandas comunitárias de escolas, postos de saúde e sistemas de bombeamento de água, por meio da extensão de redes ou atendimento descentralizado.

Na busca pelo melhor uso dos recursos energéticos, o Luz para Todos prioriza o uso de rede de baixo custo e, de forma complementar, sistemas de geração descentralizados (micro e minicentrais hidrelétricas, solares, eólicas, pequenas centrais térmicas e sistemas híbridos) com rede isolada e/ou sistemas individuais, desde que o custo do projeto (geração, redes, operação e manutenção) por unidade consumidora seja inferior ao do projeto de extensão de rede.

Sua meta inicial foi a eletrificação de dois milhões de novas unidades consumidoras até 2008, alcançada em 2009.

Posteriormente, foi necessário revisar os números, adicionando mais um milhão de famílias, e prorrogar o programa inicialmente até dezembro de 2011. No entanto, não há certeza sobre o atendimento da meta e ainda restam muitas ligações a serem feitas, a um custo cada vez maior, pois se localizam em regiões mais isoladas e de difícil acesso, como é o caso da região amazônica.

Entretanto, o programa Luz para Todos também apresenta algumas distorções, como a insuficiência de recursos para cobrir os altos custos de implantação, operação e manutenção do programa e o risco de inviabilização das tarifas de energia em regiões menos desenvolvidas, onde os impactos tarifários do programa são mais expressivos. Esses entraves são acarretados, principalmente, pelo principal diferencial do programa que não obriga o pagamento da instalação pelo proprietário rural. Dessa forma, os encargos são repassados a todos os consumidores por meio do aumento da tarifa na área de concessão e não apenas daqueles diretamente beneficiados. Essa situação cria um dilema no campo das políticas públicas, uma vez que aumentar a tarifa em estados carentes não é desejável, porém, transferir boa parte do ônus às empresas supridoras de energia compromete a capacidade de investimento do setor.

De qualquer forma, como já comentado, houve e continua a haver progresso na busca pela universalização do acesso, mesmo que hoje não se disponha de informações confiáveis sobre os resultados obtidos até o momento, não somente quanto ao número de atendimentos, mas principalmente quanto ao acompanhamento da situação dos projetos, fundamental para avaliação das condições de sustentabilidade, que não são atendidas se houver apenas mudança da condição de "sem acesso" à eletricidade para a de cidadão com "lâmpadas apagadas".

SISTEMA INTERLIGADO E SISTEMAS LOCAIS

Um aspecto importante quando se trata da universalização do acesso se refere ao tratamento integrado do sistema interligado e dos sistemas locais. Esse aspecto se evidencia quando se enfoca o planejamento energético de forma simplista, na qual pode ser entendido como a determinação do melhor cronograma de implementação dos possíveis projetos energéticos, com vistas ao atendimento das necessidades da população. O tratamento integrado considera para a determinação da melhor solução, na busca por sustentabilidade, os aspectos técnicos, econômicos, políticos e socioambientais.

Levando em conta todas as incertezas associadas às projeções do futuro (necessárias nos estudos de planejamento), há certo descompasso entre a distribuição temporal e geográfica das necessidades e das possíveis alternativas de oferta de energia, pois estas últimas estarão vinculadas a locais determinados pela disponibilidade natural dos recursos e, principalmente, por suas características econômicas.

Assim, o que o planejamento deve buscar é a integração mais adequada de um novo projeto de produção de energia ao sistema energético, de forma a utilizar, da melhor maneira possível, as características intrínsecas da forma de produção energética focalizada. Daí pode-se entender a existência de grandes sistemas interligados, unindo diversas centrais energéticas e diversos centros de consumo, em um sistema energético direcionado ao atendimento das necessidades, de forma econômica, segura e confiável.

Mas os sistemas interligados nem sempre são desenvolvidos para atender todas as possíveis demandas, de forma a visar o atendimento universal à população ou à equidade energética. Isso porque a distribuição heterogênea (às vezes até perversa) do desenvolvimento, faz com que a extensão da rede para o atendimento de pequenas demandas nem sempre seja econômica. Como a grande massa da população que não tem acesso à energia reside nessas regiões, em algumas situações, surgem os sistemas isolados, com adoção de soluções locais, pelo menos até que a demanda de energia cresça para justificar a extensão da rede.

Em consonância com essa diferenciação entre os sistemas interligados e os isolados, o cenário do planejamento apresenta como características importantes dois tipos básicos de planejamento: o centralizado e o descentralizado ou local.

O planejamento centralizado resulta, em geral, em projetos de grande ou médio porte, distantes dos centros consumidores, os quais são conectados por meio de grandes projetos de transporte de energia, como oleodutos, gasodutos e linhas de transmissão de alta tensão. São, em geral, centrais produtoras que, do ponto de vista puramente econômico, podem ser mais atrativas que alternativas menores, mais próximas dos grandes centros de carga. Estão, em geral, associadas a fontes primárias, cujo aproveitamento é mais adequado ao local de ocorrência, por exemplo, no setor elétrico, grandes hidrelétricas (no caso do Brasil), usinas na boca de minas de carvão (há vários casos desse tipo nos Estados Unidos e na Índia) e usinas de gás natural (quando a transmissão elétrica for mais econômica que o gasoduto ou qualquer outra solução). Usinas nucleares muitas vezes também se enquadram nesse conceito em razão da economia de escala e dos requisitos de refrigeração e segurança.

O planejamento descentralizado, por outro lado, refere-se, em geral, às centrais de pequeno ou mesmo médio porte, desenvolvidas para atendimento do consumo local/regional, estando, portanto, próximas às cargas. Por exemplo, no setor elétrico, as Pequenas Centrais Hidrelétricas (PCH), as micro-hidrelétricas, as mini-hidrelétricas, os sistemas solares fotovoltaicos, os sistemas eólicos e as centrais térmicas de pequeno porte exemplificam esse tipo de geração, assim como centrais de médio porte em locais com maior consumo (cidades ou microrregiões de maior porte). Esse tipo de planejamento tem sido utilizado principalmente para sistemas isolados, mas também se aplica a soluções locais que poderão ser integradas a soluções globais, no caso dos sistemas interligados. O planejamento local integrado tem se tornado mais importante ultimamente, em razão das perspectivas de aumento de projetos de geração distribuída e, em seu bojo, dos projetos de cogeração de pequeno e médio portes.

Dizer qual desses tipos de planejamento é o mais adequado seria continuar incorrendo nos erros de que se quer fugir para buscar o desenvolvimento sustentável. Privilegiar por muito tempo um aspecto do problema em relação ao seu oposto complementar dinâmico leva ao desequilíbrio. Foi o que aconteceu nos últimos tempos quando se deu, e ainda se dá, no Brasil e no mundo, ênfase à centralização. Os resultados foram problemas de degradação ambiental que nos trouxeram a preocupação atual com a sustentabilidade do modelo de vida humana. Privilegiar somente a descentralização, por outro lado, poderia levar ao desperdício ou ao uso ineficiente e não econômico de fontes energéticas naturalmente atrativas – como algumas hidrelétricas potenciais na bacia amazônica brasileira e fontes de gás natural (GN) em países vizinhos ou blocos regionais.

A solução é a busca do equilíbrio dinâmico dos opostos: ações locais dentro de uma estratégia global. O ideal é coordenar e integrar um planejamento local participativo a um planejamento maior, estratégico e indicativo, com critérios globais.

A solução também é o planejamento local, descentralizado, de maior importância para o desenvolvimento sustentável. Esse tipo de sistema permite uma participação maior dos envolvidos, além de uma inserção social, política, ambiental e mesmo tecnológica, mais adequada e democrática, que poderá até decidir por exportações ou importações de blocos maiores de energia, em um fórum mais amplo, como o da globalização energética citada anteriormente. Num dueto que comporá o desenvolvimento sustentável, a gestão descentralizada deve equilibrar dinamicamente a tendência à globalização energética.

ASPECTOS TECNOLÓGICOS E DESAFIOS

Sistemas isolados e eletrificação rural

Ao se enfocar os desafios associados à universalização do acesso no Brasil, dois tipos diferentes de comunidades desatendidas podem ser considerados:

- As comunidades isoladas, entendidas como aquelas não atendidas pela rede elétrica, como reservas ecológicas, áreas rurais etc. Em tais comunidades ou sistemas isolados que, em sua grande maioria, estão situados na Amazônia, o atendimento energético apresenta dificuldades muito maiores do que somente uma grande distância da rede elétrica. Em função das particularidades e complexidades específicas de cada localidade, os sistemas isolados são identificados como "sistemas das capitais" e "sistemas do interior". Nestes últimos, grande parte das localidades tem período de atendimento diário inferior a 24 horas. Os sistemas isolados ainda podem ser divididos em: concentrados, nos quais se tem uma geração centralizada para ser distribuída para uma determinada população (por exemplo, a geração a diesel de Manaus); e distribuídos, nos quais se tem a geração em pequena escala, normalmente para uma família ou um pequeno grupo de pessoas.

- As comunidades rurais são aquelas que estão afastadas da zona urbana. Muitas delas permanecem isoladas por não serem atendidas pela rede elétrica. Embora mais próximas da rede elétrica, sua conexão não se justifica pela análise econômica convencional. Levar energia a essas comunidades representa um desafio para o governo e para o país na busca pela eletrificação e pela consequente melhoria do padrão de vida das suas populações. O desenvolvimento de soluções para levar energia elétrica a esses locais é conhecido como eletrificação rural.

Suprimento de energia aos sistemas isolados e a áreas rurais

Existem diversas alternativas técnicas para o suprimento de energia elétrica às comunidades citadas. No entanto, é preciso ter um conhecimento correto e claro das características de cada comunidade, seja ela isolada ou rural, para definir os melhores meios para o seu suprimento energético.

O caráter temporal dessas alternativas dependerá das características da população atingida. Há regiões próximas mas não atendidas pela rede elétrica principal que, num futuro próximo, poderão demandar mais energia elétrica, viabilizando seu acesso à rede principal. Há também regiões isoladas e de difícil acesso onde não é viável a chegada da rede principal, necessitando, portanto, de soluções técnicas independentes de suprimento de energia.

Alguns dos sistemas de suprimento disponíveis para as áreas rurais e isoladas são descritos a seguir.

- Sistema MRT. O Monofilar com Retorno pela Terra (MRT) constitui-se em um dos sistemas mais econômicos, pois tem uma única fase (em contraponto aos sistemas trifásicos) e estrutura simples, sendo próprio para pequenas cargas. Não possui condutor de retorno, sendo que o circuito da corrente se fecha pelo próprio solo. Sua principal vantagem é o baixo custo em relação aos outros sistemas, porém, o aterramento precisa ser eficiente e, em alguns casos, pode inviabilizar o sistema. O MRT costuma ser viável numa faixa de cerca de 15 km da linha principal e com potências de até 20 ou 25 kVA, o que restringe um pouco sua aplicação. O MRT é particularmente interessante para regiões com potencial de crescimento que poderão ser futuramente atendidas pela rede principal, sendo basicamente um sistema intermediário.

- O sistema solar-fotovoltaico. Esse sistema tem como vantagens a sua alta confiabilidade, modularidade e mobilidade, constituindo-se em uma forma de energia limpa. Sua principal desvantagem é o alto custo dos equipamentos e de instalação, o que restringe sua aplicação a sistemas que requerem baixas demandas. Mesmo assim, os custos dos sistemas fotovoltaicos vêm sendo reduzidos significativamente nos últimos anos. De qualquer forma, esse sistema é competitivo para locais remotos com dificuldades de acesso, no caso de reservas ecológicas, em situações de necessidade estratégica e com objetivo social.

- O sistema eólico. Embora pequenos aerogeradores apresentem custos bem maiores que os de grande porte, o atrativo desse sistema é o seu baixo custo de instalação, operação e manutenção, sendo adequado para pequenas demandas. Da mesma forma que a energia solar fotovoltaica é uma fonte intermitente de energia, necessitando de banco de baterias ou outra fonte complementar para atender a cargas com níveis elevados de confiabilidade. Embora o potencial eólico em regiões isoladas como as da Amazônia seja mais limitado que o solar, sua aplicação poderia ocorrer praticamente em todas as regiões do Brasil para atendimento de cargas isoladas.

- O sistema a diesel. Em algumas regiões do Brasil, principalmente na região Norte, é comum encontrar comunidades pequenas sendo supridas por grupos geradores a diesel. Esse tipo de suprimento apresenta baixa confiabilidade e gera alta manutenção dos equipamentos, além de ser ambientalmente desfavorável.

- O sistema a biogás (biodigestores), motor a combustão com biocombustíveis e microturbinas a gás natural. São alternativas que podem se tornar opções interessantes e competitivas para o suprimento de comunidades rurais ou isoladas, dependendo das condições locais.

- Os sistemas híbridos. Representam uma forma importante de uso das energias renováveis para aplicação no planejamento descentralizado e no suprimento energético de localidades isoladas. Combinando diversas fontes e considerando as características específicas de cada uma delas (por meio do melhor uso da sinergia global) e o perfil do consumo, esses sistemas buscam a melhor solução para o uso energético global. Os sistemas híbridos podem ser formados apenas por fontes renováveis ou pela combinação de renováveis com não renováveis. Dependendo das condições climáticas, assim como da estrutura regional, podem-se ter diferentes possibilidades de combinações, como: solar-diesel, eólico-diesel, solar-eólico, diesel-solar-eólico, biogás-eólico-solar, dentre outras. Em relação aos sistemas autônomos, os híbridos apresentam a vantagem de proporcionar maior confiabilidade, melhor qualidade no serviço elétrico e menor custo por unidade de energia gerada (R$/kWh). São, no entanto, mais complicados de integrar-se adequadamente e sua operação depende largamente dos sistemas de controle. Atualmente, essas dificuldades têm sido solucionadas por meio da implantação das minirredes, que, pela sua importância, são tratadas separadamente mais adiante neste capítulo.

Há ainda outras fontes alternativas, como as micro, míni e pequenas centrais hidrelétricas e a biomassa, que também pode ser considerada no processo de suprimento de energia e na formação de sistema híbridos. Todas essas alternativas, no entanto, devem ser confrontadas com a opção de conexão à rede principal, considerando-se as características da região em foco e determinando-se a natureza e o nível de demanda de energia elétrica para então escolher o melhor sistema do ponto de vista econômico e de confiabilidade.

Sistemas urbanos

Conforme apontado na introdução deste capítulo, embora não sejam citados na maior parte da literatura sobre universalização do acesso, os sistemas elétricos urbanos também constituem um desafio no cenário da energia e sustentabilidade, envolvendo diversos outros aspectos relacionados à equidade, como posse da terra, moradia, educação, lazer e emprego. Neste contexto, no âmbito da eletricidade, afetam importante parcela da população urbana atendida de forma precária e não legalizada, em áreas adjacentes aos grandes conglomerados urbanos, cuja população utiliza ligações clandestinas para dispor de energia elétrica, os denominados "gatos" ou "macacos" (dependendo da região do país).

Em razão dos diversos problemas associados a essa questão, sua solução deve ser encaminhada de forma integrada, visto que é bastante complexa, envolvendo diversas instituições governamentais e não governamentais, em diversos níveis (municipais, estaduais e federais, dependendo do caso).

Do ponto de vista das empresas de energia elétrica, principalmente das concessionárias dos serviços de distribuição (distribuidoras), essa é uma questão fundamental em razão de seu impacto no custo do suprimento de eletricidade e nas tarifas, uma vez que se refere a serviço não cobrado de valores que chegam a atingir percentuais maiores que 10% da energia fornecida em muitos locais do país.

Esta energia não cobrada, denominada pelas distribuidoras como perdas comerciais, é componente importante de um processo de gestão eficiente do serviço de distribuição, como sumarizado a seguir.

Redução do nível de perdas da distribuição

Como citado, na distribuição, em geral, o nível real de perdas de energia é maior que o admitido e reconhecido nas tarifas, impactando diretamente nas receitas dessas distribuidoras e em seu resultado operacional. Isso traz a necessidade de tratar a gestão de perdas de energia sob o enfoque de um tema estratégico, envolvendo projetos que requerem investimentos pesados, diversos controles de gestão e habilidades internas de gestão, cujos resultados são de lenta resposta.

O problema de perdas de energia elétrica nas distribuidoras contém aspectos relacionados à configuração e à qualidade dos sistemas elétricos (no caso das denominadas perdas técnicas, de caráter totalmente elétrico) e às variáveis econômicas e sociais, além de outras (no caso das citadas perdas comerciais, causadas principalmente pelos gatos ou macacos).

O Quadro 21.2 apresenta as variáveis e hipóteses relacionadas ao assunto.

Quadro 21.2 – Variáveis e hipóteses relacionadas ao tema perdas de energia.

Variáveis	Hipóteses
Desenvolvimento Urbanização Infraestrutura Escolaridade Habitação	Quanto maior o desenvolvimento, menores os índices de perdas.
Renda Renda *per capita* Pobreza Posse de bens	Quanto maior a renda, menores os índices de perdas.

(continua)

Quadro 21.2 – Variáveis e hipóteses relacionadas ao tema perdas de energia.
(continuação)

Variáveis	Hipóteses
Desorganização Desigualdade Violência urbana Favelização	Quanto maior a desorganização social, maiores os índices de perdas.

Fonte: Reis e Fonseca (2012).

Existem ainda outras variáveis importantes e setoriais: tarifa média, grau de universalização, percentual de consumo residencial, posse de ar--condicionado e área da concessionária. O Quadro 21.3 mostra como o índice de perdas é influenciado por essas variáveis:

Quadro 21.3 – Variáveis setoriais e correlação com perdas de energia.

Variáveis setoriais
Grau de universalização: quanto mais pessoas têm acesso à energia, por meio das redes das concessionárias, menor é o furto.
Tarifa média: quanto menor a tarifa, menores as perdas.
Percentual de consumo residencial: quanto maior o número de consumidores nessa classe, maiores os índices de perdas, confirmando a hipótese de concentração das perdas nessa classe de consumidores.
Posse de ar-condicionado: quanto maior a presença desse equipamento, maiores os índices de perdas.
Área da concessionária: quanto maior a área, menores as perdas, o que contradiz a hipótese inicial, indicando, de certa forma, uma predominância das perdas comerciais.

Fonte: Araújo (2007).

A influência de variáveis externas no controle das empresas acaba pesando significativamente para que várias distribuidoras tenham níveis elevados de perdas de energia. Informações e dados de 2008 revelaram que o nível de perdas totais de energia no país era de aproximadamente 16%. Essas perdas são de natureza técnica (energia dissipada entre o suprimento e a entrega para o consumo, no processo de transporte da energia elétrica, em instalações de distribuição como redes e equipamentos de transformação de tensão) e de natureza não técnica ou comercial (com origem em erros de leitura e medição, fraudes e furtos relativos). Alguns estados da federação apresentam perdas técnicas que chegam a quase 20%. Os níveis de perdas técnicas mais acentuadas estão na região Norte, em cerca de 20%. Nas demais regiões, as perdas são de aproximadamente 13%.

Gestão de perdas

O gerenciamento de perdas, como tema estratégico e complexo para administração das empresas, tem merecido especial atenção de gerentes e dirigentes na maioria das distribuidoras do país. Não são poucas as distribuidoras com nível de perdas acima dos limites permitidos e passíveis de serem reconhecidos e admitidos na composição das tarifas.

Algumas distribuidoras organizam robustos planos de combate às perdas, contemplando ações específicas para perdas técnicas e outras iniciativas e projetos para perdas não técnicas ou comerciais. O Quadro 21.4 descreve algumas ações, iniciativas e projetos para a redução do nível de perdas.

Quadro 21.4 – Ações e iniciativas e projetos para a redução do nível de perdas.

Perdas técnicas	Perdas não técnicas ou comerciais
Investimento em reposição de ativos.	Investimento em capacitação de equipes.
Investimento em novas tecnologias e equipamentos de distribuição.	Investimento em campanhas de comunicação e conscientização.
Investimento em reconfigurações de linhas, redes e conexões.	Incentivos para consumidores que regularizam sua situação.
Estabelecimento de premiação para gestores e equipes que atuam no processo para situações de superação de metas pactuadas.	Estabelecimento de premiação para gestores e equipes no caso de superação de metas pactuadas.
Estudos e aplicação de *benchmark* de resultados e de boas práticas no assunto.	Aquisição e instalação de novos medidores.
Investimento em capacitação técnica específica.	Trabalho sociocultural e demais campanhas diretamente nas comunidades.
	Intensificação do trabalho de inspeção em unidades consumidoras.

Fonte: Reis e Fonseca (2012).

TENDÊNCIAS TECNOLÓGICAS PORTADORAS DE FUTURO

Neste item são abordadas tecnologias em evolução ou fase inicial de desenvolvimento que deverão, no futuro, ter grande impacto tecnológico no assunto tratado neste capítulo.

Minirredes

Definição de minirredes elétricas

Minirrede elétrica é um sistema de potência de pequeno alcance e capacidade de potência composta por alimentador (linha de distribuição) fontes e cargas conectadas ao alimentador, podendo operar na forma ilhada, ou seja, desconectada da rede convencional de energia, atendendo às cargas de forma independente ou conectada à rede principal. As minirredes variam em termos de capacidade de potência e podem ser um pequeno sistema para atendimento de uma única residência até um sistema para atendimento de várias cargas, atingindo potência de até 100 MW.

Com relação aos aspectos operacionais, uma minirrede pode operar conectada à rede elétrica principal durante o período normal de funcionamento e operar desconectada, assumindo, sozinha, as cargas na ocorrência de alguma falha de suprimento da rede convencional (modo ilhado). Também possui a possibilidade de gerenciar suas cargas e fontes, de forma a ajustar a operação do sistema visando a melhorias na confiabilidade, na qualidade do fornecimento e na redução de custos operacionais.

Diversos tipos de fontes de energia são utilizados em minirredes. Destacam-se os sistemas fotovoltaicos, turbinas eólicas, grupos geradores a diesel, banco de baterias, pequenas unidades termelétricas em sistemas de cogeração de energia, dentre outros. A Figura 21.1 ilustra exemplos de arquitetura de minirrede elétrica. Uma arquitetura é definida em função de como as cargas e fontes estão distribuídas no alimentador e do tipo de rede utilizada para alimentação das cargas (rede CC, rede CA ou rede mista CC/CA).

Evolução histórica das minirredes elétricas

Embora nos últimos 30 anos as minirredes elétricas tenham recebido atenção especial, o conceito não é novo. Minirrede elétrica é uma reformu-

Figura 21.1 – Exemplo de arquitetura de minirrede elétrica: a) CC centralizado e b) CA distribuído.

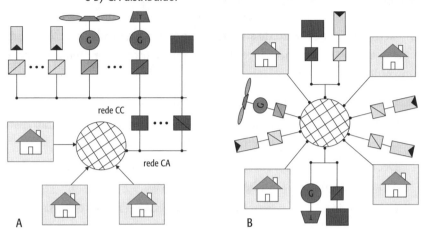

Fonte: Vandenbergh (2009 apud Fadigas e Bolanos, 2012).

lação do antigo sistema de potência que Thomas Edson e os pioneiros da eletricidade criaram. A indústria elétrica, entre 1880 e 1920, iniciou-se com o que hoje podemos chamar de geração distribuída em arquiteturas de minirrede. Naturalmente, os termos "geração distribuída" e "minirredes elétricas" não eram conhecidos naquela época.

Nas duas primeiras décadas do século XX, a maioria das cidades em várias partes do mundo recebia energia por meio de um sistema de potência com fontes de geração de energia de capacidade de potência inferior a 10 MW. As áreas servidas ficavam a poucos quilômetros umas das outras, e os sistemas de potência individuais não eram interligados. Portanto, cada cidade operava como uma ilha independente – ou seja – uma minirrede. Adicionalmente, minirredes com menores capacidades de potência supriam energia às plantas industriais, comércio e hotéis, que frequentemente realizam a operação própria desses sistemas, combinando, em alguns casos, geração de vapor e eletricidade – ou seja – unidades de cogeração de energia.

No entanto, entre 1910 e 1920, várias inovações tecnológicas e outros fatores contribuíram para a implantação de fontes geradoras de energia elétrica com maiores potências, interconectadas por linhas de transmissão. Novas cidades foram conectadas e a energia pode ser compartilhada entre elas. Durante esse período, linhas de transmissão com tensões próximas a

150 kV foram introduzidas, permitindo a transferência de energia a longas distâncias com significativa eficiência.

Em 1970, mais de 95% da energia elétrica vendida nos Estados Unidos, por exemplo, era por meio de sistemas de potência centralizados. A despeito desse fato, vários nichos de mercado continuaram a ser atendidos pelas minirredes, incluindo:

- Ilhas que os cabos submarinos não podiam alcançar.
- Comunidades remotas onde os custos para extensão de linhas para conectar as cargas ao sistema interligado eram proibitivos.
- Decisões dos consumidores em gerar sua própria energia, apesar de se situarem próximos às linhas de transmissão.
- Consumidores que, com a finalidade de possuírem um sistema de boa qualidade e alta confiabilidade, possuíam suas minirredes para operar em ilha na ocorrência de alguma interrupção da rede convencional.

Uma volta ao passado

Nos últimos 30 anos ocorreram mudanças tecnológicas significantes, políticas regulatórias e necessidades energéticas de consumidores que têm contribuído para aumentar o potencial valor da geração distribuída (GD) e de minirredes elétricas (MR). Essas formas de suprimento de energia já possuem, hoje, uma atratividade econômica em várias aplicações. Pode-se atribuir o aumento do interesse pela GD e pelas MR aos seguintes fatores:

- Custo de transmissão e distribuição: dificuldades na construção de novas linhas de transmissão e distribuição bem como subestações por problemas relacionados a obtenção das permissões, resistência da população, bem como custos elevados.
- Melhores tecnologias de GD: células combustíveis, bem como microturbinas, oferecem novas oportunidades à implantação de GD. O custo das fontes renováveis de energia, como turbinas eólicas e módulos fotovoltaicos, diminuiu significativamente, enquanto seu desempenho aumentou na última década. Adicionalmente, o custo das formas mais tradicionais de geração distribuída, como motor a combustão interna e pequenas turbinas a combustão, tem declinado em razão das melhorias na tecnologia e do aumento da escala de produção.

- Qualidade e confiabilidade: a necessidade e a busca por alta confiabilidade e qualidade na potência têm aumentado à medida que consumidores instalam equipamentos baseados em microprocessadores e outras máquinas bastantes sensíveis. A GD pode oferecer significativas melhorias nessas áreas.

- Revolução na eletrônica de potência: a eletrônica de potência tornou possível desenvolver novas tecnologias de acondicionamento e controle da potência, como os inversores (necessários com o uso de fontes de corrente contínua e de frequência variável) e conversores, que proporcionam um melhor meio de conectar as fontes nas redes de distribuição de energia.

- Políticas públicas: adotadas nos diversos países, têm favorecido a GD proporcionado uma melhor forma de aumentar a eficiência e a segurança do sistema, diminuir as emissões de gases de efeito estufa, bem como gerar outros benefícios de interesse nacional. Essas políticas incluem os diversos mecanismos de incentivos, por exemplo, oferta de crédito aos investimentos, à energia gerada, sistemas de compensação de energia (*net-metering*), obrigação de cotas de geração com energias renováveis, dentre outros.

- Maior conhecimento por parte dos consumidores: os consumidores hoje estão muito mais atentos às diversas formas de geração de energia e mais propensos a gerar energia em suas instalações. Um sistema de GD bem projetado, seja com fontes individuais ou na arquitetura de MR, pode oferecer baixo custo, elevada confiabilidade e baixas emissões de gases comparados aos sistemas convencionais.

Arquiteturas de minirredes

Há muitas arquiteturas de minirredes, variando desde um pequeno sistema que supre um único consumidor até sistemas de maior capacidade de potência, que suprem centenas de consumidores. Para selecionar a arquitetura mais apropriada, alguns pontos-chaves devem ser observados no projeto desses sistemas. São eles:

- Número de consumidores atendidos.
- Funcionamento em tempo parcial ou completo da minirrede.
- Comprimento da rede (alimentador) e tipos de cargas.

- Nível de tensão usado.
- Configuração do alimentador (radial, anel, em malha etc.).
- Tipos de fontes geradoras utilizadas.
- Minirrede CC (corrente contínua), CA (corrente alternada) ou mista (CA/CC).
- Opções de recuperação de calor – sistema de cogeração.
- Nível desejado de qualidade e confiabilidade.
- Métodos de controle e proteção.

Com respeito às características mencionadas, não há um sistema particular que possa ser universalmente utilizado em minirredes. As variedades de cargas a serem supridas, aplicações pretendidas, tecnologias de geração a serem usadas e ambientes nos quais essas tecnologias serão implantadas definem as diversas arquiteturas de minirredes. A Figura 21.2 ilustra algumas das tecnologias de geração utilizadas em GD e minirredes.

Figura 21.2 – Exemplos de tecnologias de geração utilizadas em DG e MR.

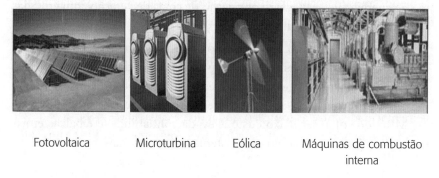

Fotovoltaica   Microturbina   Eólica   Máquinas de combustão interna

Fonte: Epri (2001).

Minirredes elétricas no Brasil

O Brasil é um país de grande dimensão territorial, cercado de muitas ilhas e possuidor de uma imensa floresta, a Floresta Amazônica, onde se localizam algumas cidades de médio porte, mas também inúmeros lugarejos e vilas, a maioria destes servidos por geração própria de eletricidade isoladas da rede convencional. O suprimento é considerado muito ineficiente, tendo em vista que a fonte de eletricidade mais utilizada é baseada em grupos geradores a diesel que fornecem energia em tempo parcial (normalmente durante quatro a cinco horas por dia), em razão do custo elevado do diesel e da logística complicada para levar o combustível às regiões de difícil acesso, com presença de muitos rios e áreas quase permanentemente alagadas.

A Lei Aneel n. 10.438 que, dentre outras atribuições, instituiu a universalização dos serviços de energia, tem incentivado o suprimento de energia elétrica às comunidades isoladas também por meio de sistemas fotovoltaicos individuais e extensão de rede onde é possível e viável economicamente.

Em lugarejos onde os consumidores são bastante dispersos, o atendimento é feito individualmente. Porém, há locais em que as casas não se situam muito longe umas das outras e há cargas comunitárias, como escolas, postos de saúde, sistema comunitário de bombeamento de água, dentre outras, situação que reúne condições mais propícias para a instalação de minirredes elétricas.

As minirredes já vêm sendo instaladas pelas concessionárias de energia há alguns anos. As primeiras minirredes instaladas eram baseadas apenas em grupos geradores a diesel. Há aproximadamente cinco anos têm sido instaladas minirredes com módulos fotovoltaicos, pequenas turbinas eólicas, banco de baterias e grupo-diesel, esta última como fonte de *backup*. As vantagens do uso de minirrede nesses casos são menor custo de implantação, maior confiabilidade dos sistemas e melhor aproveitamento da complementaridade entre as fontes, o que reduz a capacidade do grupo-diesel, que é considerado uma fonte cara em áreas remotas com fortes impactos ambientais.

Nas áreas urbanas, regiões servidas pelas redes elétricas convencionais, ainda é incipiente o uso de minirredes. Acredita-se que deverá haver um aumento de investimentos em geração distribuída com fontes locais instaladas nas próprias edificações dos diversos consumidores como também na forma de minirrede possibilitada e incentivada pela criação da Resolução Aneel 482/2012, que instituiu o sistema de compensação de energia elétrica. Em razão dessa resolução, os consumidores podem investir em micro ou minigeração de energia, gerando sua própria energia e conectando sua fonte ou minirrede à rede de baixa ou média tensão das concessionárias de energia. Se houver excedente de energia, este fica como crédito para ser compensado em outro posto horário ou na próxima fatura com validade de 36 meses. Nas áreas urbanas, existe um grande potencial para instalação de minirredes em complexos industriais, condomínios de casas e apartamentos, complexos turísticos, *campi* universitários, dentre outros. A Figura 21.3 ilustra uma arquitetura básica de minirrede que pode ser aplicada em áreas urbanas.

Figura 21.3 – Arquitetura básica de minirrede.

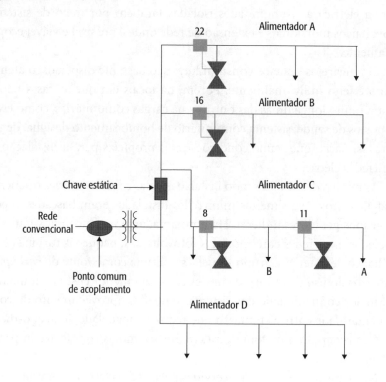

Fonte: Adaptado de Lasseter e Piagi (2004).

Redes inteligentes (*smart grids*)

As redes inteligentes (*smart grids*), enfocadas no Capítulo 16 deste livro, "Nos Sistemas Elétricos", configuram uma verdadeira revolução nos sistemas elétricos por meio da introdução massiva de sistemas de medição digitais e de comunicação comandável por equipamentos atuais da Tecnologia da Informação (TI).

A introdução, ainda que lenta, dessas novas tecnologias, permitirá grandes avanços relacionados à universalização do acesso, por se alinhar totalmente com as soluções aventadas para o atendimento das comunidades isoladas e rurais, incluindo as minirredes, e por permitir medição e monitoramento a distância, o que pode ser utilizado para dificultar e diminuir as ligações clandestinas ("gatos" ou "macacos"), configurando uma colaboração das distribuidoras ao complexo problema da universalização do acesso nas redes urbanas.

REFERÊNCIAS

ARAÚJO, A.C.M. *Perdas e inadimplência na atividade de distribuição de energia elétrica no Brasil.* Rio de Janeiro, 2007. Tese (Doutorado). Universidade Federal do Rio de Janeiro.

BERMANN, C. *Energia no Brasil: para que, para quem – crise e alternativas para um país sustentável.* São Paulo: Livraria da Física, 2002.

_____. (Org.). *As novas energias do Brasil - dilemas da inclusão social e programas de governo.* São Paulo: Fase, 2007.

[EPRI] ELETRIC POWER RESEARCH INSTITUTE. *Investigation of the technical and economic feasibility of micro-grid based power system.* Report. 2001.

FADIGAS, E.A.F.A.; BOLANOS, J.R.M. *Minirredes elétricas.* Apostila. São Paulo: USP, 2012.

GREGORY, J. et al. Financing renewable energy projects. *Intermediate Technology Publications.* 1997.

LASSETER, R.H.; PIAGI, P. *Microgrid: a conceptual solution.* Aachen: Pesc'04, 2004.

OLIVEIRA, A. (Coord.). *Energia e desenvolvimento sustentável.* Rio de Janeiro: Instituto de Economia da UFRJ/Eletrobrás/MME, 1998.

REIS, L.B. *Geração de energia elétrica – tecnologia, inserção ambiental, planejamento, operação e análise de viabilidade.* 2.ed. Barueri: Manole, 2011.

REIS, L.B.; FADIGAS, E.A.; CARVALHO, C.E. *Energia, recursos naturais e a prática do desenvolvimento sustentável.* 2.ed. Barueri: Manole, 2012.

REIS, L.B.; FONSECA, J.N. *Empresas de distribuição de energia elétrica no Brasil – temas relevantes para gestão.* Rio de Janeiro: Synergia, 2012.

REIS, L.B.; SILVEIRA, S. *Energia elétrica para o desenvolvimento sustentável.* São Paulo: Edusp, 2012.

PARTE IV

Planejamento, Gestão e Políticas Energéticas para Sustentabilidade

Capítulo 22
Políticas, Planejamento Energético e Regulação de
Mercados de Energia no Brasil
*Sergio Valdir Bajay, Moacir Trindade de Oliveira Andrade
e Maurício Dester*

Capítulo 23
Ferramentas de Avaliação Ambiental no Planejamento
e na Gestão Energética
Lineu Belico dos Reis e Carlos Moya

Capítulo 24
Planejamento com Base na Matriz de Energia Elétrica
*Maurício Dester, Moacir Trindade de Oliveira Andrade e
Sergio Valdir Bajay*

Capítulo 25
Planejamento, Gestão e Política de Energia Elétrica e
Sustentabilidade
*Maurício Dester, Moacir Trindade de Oliveira Andrade e
Sergio Valdir Bajay*

Capítulo 26
Política de Energia Elétrica e Sustentabilidade no Brasil
*Maurício Dester, Moacir Trindade de Oliveira Andrade e
Sergio Valdir Bajay*

Capítulo 27
Uma Agenda para Reflexões, Posicionamento e Ação
Lineu Belico dos Reis e Arlindo Philippi Jr

Políticas, Planejamento Energético e Regulação de Mercados de Energia no Brasil

22

Sergio Valdir Bajay
Engenheiro mecânico, Universidade Estadual de Campinas

Moacir Trindade de Oliveira Andrade
Engenheiro eletricista, Universidade Estadual de Campinas

Maurício Dester
Engenheiro eletricista, Universidade Estadual de Campinas

INTRODUÇÃO

Segundo uma concepção moderna, o governo/Estado pode atuar em três esferas, bem distintas e complementares, em relação ao setor energético:

- Formulação de políticas públicas.
- Planejamento energético.
- Regulação dos mercados de energia.

A primeira é uma atividade de governo, a última é de Estado, enquanto que o planejamento é uma atividade de apoio a ambas.

Neste capítulo, se conceituam e se analisam criticamente essas três atividades no Brasil, junto com uma breve apresentação sobre como se processa a comercialização de energia no país. Essa apresentação é necessária para compreender como se processa a regulação de alguns desses mercados.

FORMULAÇÃO DE POLÍTICAS PÚBLICAS NA ÁREA DE ENERGIA

Por meio da formulação de políticas energéticas, o governo sinaliza à sociedade as suas prioridades e diretrizes para o desenvolvimento do setor. Essas diretrizes podem ter uma aplicação compulsória, por meio de leis ou decretos governamentais, ou então, podem estimular os agentes do setor a tomar certas medidas, motivados por incentivos financeiros – fiscais, creditícios ou tarifários (Bajay e Carvalho, 1998).

O papel de formular políticas públicas na área de energia é intransferível para outros órgãos. Trata-se de uma responsabilidade da administração direta do governo. Os instrumentos utilizados para implementar políticas energéticas podem ser bem diversificados, incluindo (Bajay, 1989a):

- Uso de legislação.
- Atuação de empresas controladas pelo governo.
- Atuação de órgãos públicos reguladores das atividades de empresas do setor energético.
- Fomento ou restrição ao consumo de energéticos, por meio da manipulação de seus preços.
- Realização de campanhas publicitárias ou de esclarecimento público.
- Apoio a projetos de pesquisa, desenvolvimento e demonstração.
- Concessão de facilidades de financiamento, eventualmente a juros subsidiados.
- Concessão de incentivos fiscais.
- Concessão de subsídios diretos.

A Lei n· 9.478/97, entre outras importantes medidas, criou o Conselho Nacional de Política Energética (CNPE), vinculado à Presidência da República. O CNPE é um órgão que assessora a Presidência da República na formulação de políticas e diretrizes de energia. Entre os objetivos principais do conselho está o de promover o aproveitamento racional dos recursos energéticos do país. Uma outra atribuição do CNPE é assegurar o suprimento de insumos energéticos às áreas remotas ou de difícil acesso. O conselho faz ainda uma revisão periódica nas matrizes energéticas, levando em consideração as fontes convencionais e alternativas, além das tecnologias disponíveis. Os integrantes do CNPE devem estabelecer diretrizes para programas específicos, como aqueles que envolvem o uso do gás natural, do álcool, de outras biomassas, do carvão e da energia termonuclear, além de traçar diretrizes para a exportação e importação do petróleo.

O CNPE é formado por nove ministros de Estado e ainda pelo secretário executivo do Ministério de Minas e Energia, pelo presidente da Empresa de Pesquisa Energética (EPE), por um representante dos estados e do Distrito Federal, um representante da sociedade civil especialista em matéria de energia e um representante de universidade brasileira, também especialista na área. Estes últimos são designados pelo Presidente da República para um mandato de dois anos.

O presidente do conselho é o Ministro de Minas e Energia. Os outros oito ministros são da Ciência e Tecnologia; do Planejamento, Orçamento e Gestão; da Fazenda; do Meio Ambiente; do Desenvolvimento, Indústria e Comércio Exterior; da Casa Civil; da Integração Nacional; e da Agricultura, Pecuária e Abastecimento.

O CNPE precisa deixar de ser um mero órgão homologatório de propostas emanadas do Ministério de Minas e Energia (MME) e se transformar em um verdadeiro foro de debates de políticas energéticas, envolvendo os vários ministérios presentes no conselho, que, frequentemente, extravasam os limites de competência do MME.

Os comitês técnicos e grupos de trabalho previstos no regimento do CNPE estão sendo muito pouco utilizados, refletindo a pouca importância que está se dando à preparação de bons trabalhos técnicos, envolvendo visões multiministeriais, para subsidiar as decisões do conselho.

O CNPE deveria adotar o mesmo procedimento da Comissão Europeia, lançando inicialmente uma proposta de política para ser discutida pelos *stakeholders*. Após uma avaliação de suas críticas e recomendações, o conselho publicaria a versão final, melhorada, dessa política.

PLANEJAMENTO ENERGÉTICO

Os papéis do planejamento energético são:

- Possibilitar a elaboração de metas quantitativas realistas para as políticas energéticas do governo.
- Balizar o comportamento dos mercados de energia e a atuação de seus agentes (produtores, transportadores, armazenadores, distribuidores, comercializadores, governo e órgãos reguladores).

Segundo Bajay (2013), se o comportamento dos mercados demonstrar que o planejamento não está sendo realista, ele deve ser aprimorado. Caso contrário, novas políticas devem ser formuladas, novas leis devem ser promulgadas ou os mecanismos de regulação devem ser melhorados, de modo a induzir mudanças desejáveis e realistas na evolução dos mercados de energia.

O planejamento energético objetiva, para determinado sistema energético, promover uma utilização racional dos diversos energéticos consumidos neste sistema e otimizar o seu suprimento, seguindo as diretrizes das políticas energéticas, econômicas, sociais e ambientais vigentes, em sintonia com outros sistemas energéticos que interagem com o sistema em questão.

O espaço geográfico do sistema que é objeto de planejamento pode ser um município, um conjunto de municípios, um estado, um conjunto de estados, uma região composta de partes de municípios ou estados, ou uma nação ou uma comunidade composta por um conjunto de nações. É importante compreender que quanto maior a autonomia política e econômica do espaço geográfico analisado, maiores são as chances de sucesso na implantação de determinado plano energético (Bajay, 1989a).

O planejamento energético não termina com a elaboração de um plano e de suas metas de suprimento de energéticos, economias de energia, níveis de investimentos etc. Trata-se de um processo contínuo, que inclui todas as fases de implantação do plano e as inevitáveis correções e atualizações (Bajay, 1989b).

A necessidade de um planejamento energético é admitida mesmo por governos ou organismos internacionais que não são adeptos de um planejamento global do sistema econômico e social.

Segundo Bajay (1989a), diretrizes de políticas energéticas devem ser adotadas nas fases iniciais do planejamento para orientar a evolução dos trabalhos. Essas diretrizes são detalhadas e eventualmente alteradas ao longo dos trabalhos, em função de questões de exequibilidade técnica, econômica, política e social e da própria dinâmica de otimização embutida no processo de planejamento.

Como o processo de planejamento energético, pela sua abrangência e caráter iterativo, é uma atividade bastante complexa, ele requer a utilização de modelos computacionais como ferramentas metodológicas.

O "arsenal" de tipos de modelos disponíveis para aplicação em sistemas energéticos inclui balanços de energia e de exergia; modelos de projeção da demanda energética; de otimização, determinísticos ou estocásticos; do suprimento, global ou setorial; de energéticos; corporativos; de equilíbrio, geral ou setorial; e técnicas de avaliação qualitativa ou quantitativa de impactos sobre a sociedade de novos programas ou projetos na área energética.

Em termos de técnicas matemáticas empregadas, estas ferramentas podem ser: modelos contábeis, modelos econométricos, modelos de simulação, modelos de programação matemática ou modelos mistos.

Há vários níveis de planejamento energético, correspondendo a estudos do lado da oferta, da demanda ou de ambos, a abordagens micro ou macroeconômicas e, nesse último caso, contemplando agregações setoriais ou globais,[1] com diversas dimensões espaciais possíveis para o problema[2] (Bajay, 1989a).

O planejamento energético pode ser determinativo ou indicativo. No segundo caso, os planos servem para orientar ações regulatórias, como a organização de leilões para a compra de energia elétrica ou a concessão de usinas hidrelétricas ou de áreas para a exploração de petróleo e gás, conforme praticado atualmente no Brasil.

O planejamento da expansão do setor elétrico brasileiro era determinativo até meados da década de 1990, quando houve a abertura do mercado de energia elétrica para a competição na geração e, parcialmente, para a comercialização. A partir de então, passou a ser indicativo.

O planejamento da exploração de petróleo e gás no país ainda se confunde com o planejamento determinativo da Petrobrás, dada a posição dominante dessa empresa estatal no mercado, no qual detinha um monopólio legal até 1997.

O planejamento energético pode ser executado por algum órgão da administração direta do governo, como um ministério ou uma secretaria, e pode ser delegado a empresas estatais ou colegiados formados por técnicos dessas empresas, ou ainda, delegado a instituições criadas especialmente com essa finalidade.

Durante várias décadas, os planejamentos da expansão dos setores elétrico e de petróleo e gás foram delegados pelo governo federal para a Eletrobrás e para a Petrobrás, respectivamente. No caso do setor elétrico, a Eletrobrás coordenava o Grupo Coordenador do Planejamento do Sistema (GCPS), do

---

[1] Otimizações multisetoriais ou globais do suprimento de energéticos e estudos sobre a evolução da economia, da qual o setor energético é um importante componente.

[2] Planejamento energético regional, nacional ou internacional.

qual também participavam representantes das principais empresas geradoras e transmissoras do país, controladas pelo governo federal ou por alguns governos estaduais, como os de São Paulo, Minas Gerais, Paraná e Rio Grande do Sul,[3] e que produzia planos decenais e planos de longo prazo para a expansão do parque gerador e da rede de transmissão. Nessa época, os planos da expansão dos sistemas elétricos das concessionárias eram desenvolvidos de forma independente, porém, tinham de ser consolidados nos grupos de trabalho do GCPS e ser aprovados pelo seu comitê diretor, um colegiado composto por representates das diretorias das concessionárias participantes, constituindo os estudos que compunham os planos decenais, com edição anual, e de longo prazo, com ciclo quinquenal.

O Ministério de Minas e Energia (MME) criou, em 10 de maio de 1999, através da Portaria n. 150, o Comitê Coordenador do Planejamento da Expansão dos Sistemas Elétricos (CCPE), com a atribuição de coordenar a elaboração do planejamento da expansão dos sistemas elétricos brasileiros, de caráter indicativo para a geração, consubstanciado nos Planos Decenais de Expansão e nos Planos Nacionais de Energia Elétrica de longo prazo. O CCPE tinha a atribuição de elaborar e apresentar pareceres e proposições relativos a questões específicas afetas à expansão do sistema. O planejamento da expansão da transmissão, elaborado pelo CCPE, tinha um caráter determinativo para as obras consideradas por esse comitê como inadiáveis, para garantia das condições de atendimento do mercado, constituindo estas obras o Programa Determinativo da Transmissão para as demais obras de transmissão, sobretudo em longo prazo, o planejamento do CCPE era indicativo.

O CCPE substituiu o GCPS e era formado por um Conselho Diretor, presidido pelo Secretário de Energia do MME, uma Secretaria Executiva, exercida pela Eletrobrás, um Comitê Diretor, coordenado pela Eletrobrás e constituído por representantes por ela indicados e de outras empresas que tinham interesse em participar do processo de planejamento da expansão, além de comitês técnicos e grupos de trabalho.

O Plano Decenal de Expansão 2001-2010 foi aprovado pelo Comitê Diretor do CCPE em dezembro de 2001, passando, em seguida, por um processo de revisão que terminou em fevereiro de 2002. O CCPE lançou, ainda em 2002, um sumário executivo do Plano 2002-2011 em novembro

---

[3] Cesp em São Paulo, Cemig em Minas Gerais, Copel no Paraná e CEEE no Rio Grande do Sul.

e um sumário executivo do Plano 2003-2012 em dezembro, atualizando a atividade que estava atrasada desde 1999 (Bajay, 2002a).

O Conselho Nacional de Política Energética (CNPE), por seu turno, com o devido apoio da Secretaria de Energia do MME, divulgou, em dezembro de 2001, suas primeiras projeções, em longo prazo, da matriz energética nacional; essas projeções foram melhoradas, do ponto de vista metodológico, e atualizadas em dezembro de 2002 (Bajay, 2004a).

O artigo 13 da Lei n. 9.648/98 define que as atividades de coordenação e controle da operação da geração e transmissão de energia elétrica nos sistemas interligados devem ser executadas pelo Operador Nacional do Sistema Elétrico (ONS), pessoa jurídica de direito privado, mediante autorização da Agência Nacional de Energia Elétrica (Aneel), integrado por titulares de concessão, permissão ou autorização e consumidores a que se referem os artigos 15 e 16 da Lei n. 9.074/95. Logo, o ONS é responsável pelo planejamento da operação e pelo despacho das usinas que compõem o parque gerador de energia elétrica no país.

O sistema elétrico brasileiro é operado de uma forma centralizada, com base no custo mínimo, pelo ONS, que utiliza, entre outros, um modelo de otimização estocástica dual, que representa todo o sistema hidrotérmico do país. Esse modelo, denominado Newave, foi desenvolvido pelo Centro de Pesquisas em Energia Elétrica (Cepel), que pertence à Eletrobrás.

Em 2002, Bajay, na época Diretor do Departamento Nacional de Política Energética do Ministério de Minas e Energia, propôs a criação de um órgão de apoio ao ministério, em substituição ao CCPE, para a execução dos exercícios de planejamento da expansão de caráter estrutural, como planos decenais e planos de longo prazo para o setor energético como um todo. Os custos marginais oriundos desses exercícios seriam balizadores fundamentais para a formulação de políticas públicas, para a prática da regulação, por parte do governo, e para a realização do planejamento estratégico, por parte dos agentes que atuam no setor, além de influenciar na formação de preços dos energéticos (Bajay, 2002c; Bajay, 2003). Como 2002 era o último ano do mandato do presidente Fernando Henrique Cardoso e sua coligação partidária não venceu as eleições presidenciais realizadas naquele ano, a implantação desse órgão de apoio ao MME foi deixada para a coligação vencedora das eleições.

O atual modelo do setor elétrico brasileiro, aprovado em março de 2004 (Leis n. 10.847 e 10.848), criou a Empresa de Pesquisa Energética

(EPE) para suceder ao CCPE como órgão de apoio ao MME nas suas atividades de planejamento.

A EPE tem as seguintes atribuições:

- Execução de estudos para definição da matriz energética, com a indicação das estratégias a serem seguidas e das metas a serem alcançadas, dentro de uma perspectiva de longo prazo.
- Execução dos estudos de planejamento integrado dos recursos energéticos.
- Execução dos estudos do planejamento da expansão do setor elétrico (geração e transmissão).
- Promoção dos estudos de potencial energético, incluindo inventário de bacias hidrográficas e de campos de petróleo e de gás natural.
- Promoção dos estudos de viabilidades técnico-econômica e socioambiental de usinas e obtenção da licença prévia para aproveitamentos hidrelétricos.

Fora do setor elétrico, os planos governamentais para as indústrias de petróleo e de gás continuam sendo meros reflexos dos planos da Petrobrás para essas indústrias (Bajay, 2013).

Apesar do progresso dos últimos anos, o planejamento energético no Brasil ainda possui diversas limitações e apresenta problemas tanto "a montante" como "a jusante" do processo de planejamento (Bajay, 2013), que são discutidos nos próximos capítulos do livro.

COMERCIALIZAÇÃO DE ENERGIA NO BRASIL

Energia elétrica

A administração do presidente Luis Inácio Lula da Silva efetuou, em 2004, algumas mudanças no modelo institucional do setor elétrico brasileiro, visando:

- Buscar modicidade tarifária.
- Reduzir a percepção de elevados riscos no setor.
- Propiciar retornos justos aos investidores.
- Conectar à rede elétrica cerca de 13 milhões de brasileiros sem acesso a esse serviço.

O mercado de energia elétrica foi mantido dividido em duas partes, como criado no governo anterior, uma compreendendo os consumidores livres e a outra os consumidores cativos (Figura 22.1). Os consumidores livres podem escolher e contratar os seus suprimentos diretamente com as empresas geradoras (produtores independentes, autoprodutores e concessionárias) ou por meio de comercializadores; eles suprem as suas necessidade de consumo de energia elétrica por meio de contratos bilaterais livremente negociados com esses agentes. Os consumidores cativos são atendidos por empresas concessionárias distribuidoras, que efetuam suas compras de eletricidade em um *pool* gerenciado por uma nova entidade, a Câmara de Comercialização de Energia Elétrica (CCEE), que substituiu o Mercado Atacadista de Eletricidade (MAE).

Figura 22.1 – Os mercados de contratação regulada e contratação livre no atual modelo institucional do setor elétrico brasileiro.

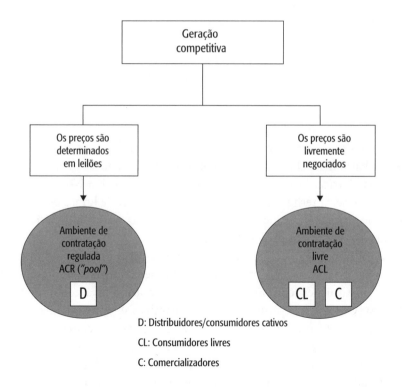

Para atender à demanda projetada dos consumidores, o plano decenal, elaborado pela EPE e homologado pelo MME, propõe datas de entrada em operação de novas usinas, identifica restrições regionais na rede básica de transmissão e designa as novas linhas de transmissão a serem construídas. Leilões gerais ou específicos para certas fontes, denominados leilões de "energia nova", são organizados para todas as categorias de usinas/fontes de energia. O primeiro desses leilões ocorreu em dezembro de 2005.

Os editais dos leilões visam atrair propostas de investidores cujos projetos atendam às necessidades de suprimento energético ou de reforço da rede básica de transmissão detectadas no plano decenal. As propostas requerendo os menores preços para a energia gerada, ou as menores receitas para as novas linhas de transmissão, vencem os leilões.

Os custos marginais de geração têm crescido no Brasil. Para minimizar aumentos tarifários, o atual modelo institucional contempla dois tipos de leilões de energia elétrica: um para a geração de plantas existentes, após o término dos contratos vigentes (leilões de "energia velha"), e o outro para a geração das novas usinas (leilões de "energia nova"). As propostas vencedoras dos leilões de "energia velha" tendem a ser mais baratas que as dos leilões de "energia nova", contribuindo, dessa forma, para reduzir os preços médios.

Entre os principais resultados fornecidos pelo modelo Newave, utilizado pelo ONS para otimizar a operação do parque gerador brasileiro, encontram-se os custos marginais de operação, que, junto com limites inferiores e superiores definidos pelo MME, formam o preço de liquidação de diferenças (PLD) de cada um dos subsistemas do país: Norte, Nordeste, Sul, Sudeste/Centro-Oeste.

As redes de transmissão são fortemente interconectadas dentro de cada subsistemas. O mesmo não acontece entre os subsistemas. Há, ainda, sistemas elétricos isolados no país, sobretudo na região Norte, parte dos quais deve ser interligada, em médio prazo, a partir de linhas de transmissão provenientes da usina de Tucurui e de outras usinas hidrelétricas, em construção, ou sendo planejadas, na região.

A EPE, o ONS, a CCEE e a Aneel auxiliam o MME a monitorar as condições do suprimento em um horizonte de cinco anos. Representantes dessas instituições compõem o Comitê de Monitoramento do Setor Elétrico (CMSE), que propõe medidas corretivas sempre que julgar necessário, que incluem o estabelecimento de margens de reserva de geração.

Um parque gerador constituído por uma maioria de usinas hidrelétricas de médio e grande porte tem suprido energia elétrica barata no Brasil por décadas. Esse quadro, no entanto, mudou na última década.

Custos marginais crescentes constituem uma das razões, particularmente na geração (Bajay, 2006). Muitas usinas que entraram em operação recentemente ou que venceram os leilões de "energia nova" são usinas termelétricas, com custos de geração superiores aos das usinas hidrelétricas. Mesmo os custos dessas últimas têm crescido, porque as novas usinas hidrelétricas têm se localizado mais longe dos principais centros de carga do que antes, requerendo longas linhas de transmissão, e porque os supostos custos de mitigação ambiental têm subido exponencialmente.

Impostos e taxas de diversos tipos cobrados pelo governo federal e governos estaduais aos consumidores de eletricidade no país também têm crescido na atual década, situando-se entre as mais altas do mundo.

As tarifas de eletricidade, que no Brasil são fixadas por área de concessão das empresas distribuidoras, têm aumentado mais em áreas de concessão extensas e com baixa densidade de carga, em áreas com geração termelétrica local de pequeno e médio porte e alto custo operacional, e em locais com índices elevados de furtos de eletricidade.

O atual modelo do setor elétrico brasileiro deu dois grandes passos para atenuar o crescimento dos preços da eletricidade no país: o uso obrigatório de leilões no mercado regulado e a separação entre "energia nova", mais cara, e "energia velha", mais barata, com leilões separados para cada uma dessas categorias (Bajay, 2010b). Uma outra oportunidade surgiu recentemente com o fim dos períodos de concessão de diversas usinas hidrelétricas de grande porte e sua renovação com tarifas reguladas com base nos custos de operação e manutenção, mais uma taxa de remuneração pelo serviço prestado.

Segundo Bajay (2010b), um sistema de geração hidrotérmico, predominantemente hidrelétrico como o brasileiro, pode propiciar custos e tarifas mais baratas do que os sistemas predominantemente termelétricos existentes na maioria dos países. No entanto, os planejamentos da operação e da expansão desse tipo de sistema apresentam maiores dificuldades. O tempo todo se busca um equilíbrio, muito instável, entre um nível adequado de segurança do suprimento e um custo razoável para se ter essa segurança.

Petróleo e gás

Raramente o petróleo é consumido diretamente como combustível. Em geral, ele é transportado até refinarias, onde são obtidos os derivados por meio de diversos processos de destilação e craqueamento das cadeias dos hidrocarbonetos. É também nas refinarias que se reduz o conteúdo de poluentes presentes no petróleo, sobretudo o enxofre, por meio de processos químicos como a hidrogenação. Em algumas refinarias, também se produzem matérias-primas para a indústria petroquímica, como a nafta e o eteno. Diversos resíduos do processamento do petróleo nas refinarias, como o coque de petróleo e os gases de refinaria, são comercializados ou então consumidos como combustíveis nas próprias refinarias.

Além de seus usos finais como combustíveis automotivos e como fontes de produção de calor em fornos, secadores e caldeiras, os derivados de petróleo também têm sido utilizados no Brasil como combustíveis em usinas termelétricas que operam utilizando ciclos a vapor, ou com unidades diesel, e em plantas de cogeração, isto é, de produção simultânea e sequencial de potência mecânica/elétrica e energia térmica, a partir de uma mesma fonte de combustível (Bajay et al., 2010).

O gás natural é um combustível que, desde que existam redes de suprimento disponíveis, pode substituir, com relativa facilidade, diversos outros combustíveis, sobretudo derivados de petróleo, em: fornos; secadores; caldeiras; usinas termelétricas ou de cogeração; e centrais de refrigeração ou ar-condicionado. Seu consumo apresenta uma elevada elasticidade-preço, principalmente na indústria, e significativa redução de poluição na produção de eletricidade, quando comparado com outros combustíveis, como o óleo diesel e o carvão.

Os principais mercados do gás natural no Brasil são o industrial, a termeletricidade e o gás natural veicular. A baixa disponibilidade do combustível, as pequenas extensões das redes de transporte e distribuição e a elevação de seu preço nos últimos anos têm restringido o consumo desse energético no Brasil. O consumo na termeletricidade pode ocorrer em unidades movidas por motores de combustão interna, em centrais termelétricas que seguem o ciclo Brayton ou o ciclo combinado, ou, ainda, em usinas de cogeração que podem adotar qualquer uma dessas tecnologias (Bajay et al., 2010).

O gás natural pode estar associado ao petróleo ou não. Independente de se ter um caso ou outro, as suas formas de exploração e produção são semelhantes, geralmente efetuadas por empresas que atuam em ambas as indústrias. Diferente do petróleo, no entanto, o gás natural não pode ser considerado uma *commodity stricto sensu*, na medida em que a sua importação mais econômica é via gasodutos, em geral de países vizinhos, e a sua importação na forma criogênica ou comprimida nem sempre é factível economicamente.

POLÍTICAS, PLANEJAMENTO ENERGÉTICO E REGULAÇÃO DE MERCADOS DE ENERGIA NO BRASIL | **823**

Já o petróleo é uma verdadeira *commodity*, podendo ser importado/ exportado e armazenado com facilidade. O seu transporte e de seus derivados por meio de oleodutos e o seu manuseio em instalações portuárias e outros tipos de terminais são as únicas atividades da cadeia do petróleo que usualmente são consideradas monopólios naturais, sendo, consequentemente, reguladas tais quais os gasodutos e linhas de transmissão e distribuição de eletricidade, principalmente no que diz respeito à regulação tarifária e às regras de livre acesso a terceiros.

A indústria de gás canalizado, assim como o setor elétrico, se baseia, em grande parte,[4] em uma estrutura de redes para escoar sua produção até os mercados. Ela exige grandes investimentos iniciais em razão dos altos custos marginais e altos riscos técnicos e financeiros envolvidos. Por esse motivo, a estrutura monopolista pode ser considerada adequada no início de seu desenvolvimento. Com a depreciação dos investimentos, os riscos e os custos marginais tendem a diminuir, e o retorno sobre o investimento, por sua vez, a aumentar. A falta de transparência nos preços da *commodity* gás e do transporte, juntamente com o aumento do lucro, tendem a refletir em pressões da sociedade para ações do governo por meio de uma regulação mais rígida e/ou da introdução de competição (IEA, 1998).

As redes de gasodutos, na maioria dos países, são consideradas monopólios naturais, como as redes de transmissão e distribuição, sendo, portanto, sujeitas ao mesmo tipo de regulação. Para se ter competição nessa indústria é preciso desverticalizar, também, as atividades de produção ou importação/ exportação, transporte, distribuição e comercialização (ANP, 2001).

O Brasil e inúmeros outros países optaram, no passado, em estabelecer "monopólios legais" para a sua indústria de petróleo e gás, exercidas por empresas estatais. Nas duas últimas décadas, boa parte desses monopólios tem sido eliminada, mas levará ainda vários anos para que essas empresas estatais deixem de deter um elevado poder de mercado em seus países de origem, limitando sobremaneira a competição, sobretudo na indústria de gás canalizado, se a capacidade e a distribuição geográfica da rede disponível de gasodutos ainda forem incipientes frente aos requisitos de seu mercado potencial, como ocorre no caso brasileiro (Bajay, 2002b). Em relação a essa última questão, é importante frisar que a necessidade de se instalar rapidamente extensas redes de distribuição tem feito com que o governo faça concessões de distribuição de gás canalizado com exclusividade

---

[4] A exceção é o transporte de gás natural nas formas comprimida ou criogênica.

de comercialização desse energético durante longos períodos, impossibilitando a competição e a existência de consumidores livres durante esses períodos; o que tem ocorrido no Brasil, onde os governos estaduais constituem o Poder Concedente para a atividade de distribuição. Alguns estados, como São Paulo, Rio de Janeiro e Espírito Santo, já regulamentaram mercados livres para grandes consumidores que, no entanto, ainda não se desenvolveram significativamente dada a atual indisponibilidade de oferta de gás natural a preços competitivos no país.

O atual modelo institucional das indústrias de petróleo e gás brasileiras foi inaugurado pelas Emendas Constitucionais n. 5 e 9, de 1995. A primeira delas dá uma nova redação ao art. 25 da Constituição Federal: "Cabe aos Estados explorar diretamente, ou mediante concessão, os serviços locais de gás canalizado, na forma da lei, vedada a edição de medida provisória para a sua regulamentação"; antes dessa emenda, esse artigo mencionava: "[...] mediante concessão a empresa estatal". A Emenda Constitucional n. 9 dá uma nova redação ao art. 177 da Constituição: "A União poderá contratar junto a empresas estatais e privadas as atividades previstas nos incisos 1 a 4: pesquisa e lavra de jazidas; refinação do petróleo nacional ou importado; importação e exportação; transporte de petróleo, derivados e gás natural".

A Lei n. 9.478/97 flexibilizou o monopólio do petróleo e do gás natural e criou o Conselho Nacional de Política Energética (CNPE) e a Agência Nacional do Petróleo, Gás Natural e Biocombustíveis (ANP).

Durante mais de 50 anos, a Petrobrás foi detentora de um monopólio legal dos mercados de petróleo e gás no país e atuou de uma forma verticalmente integrada, tanto nos segmentos *upstream, midstream* como *downstream*. Apesar de o monopólio legal não existir mais após 1997, a Petrobrás continua verticalmente integrada e é a empresa dominante nesses mercados (Bajay, 2006; Sant'ana et al., 2008); as demais empresas têm preferido, em geral, se associar à Petrobrás do que competir com ela.

A regulação da exploração e produção ocorre por meio de contratos de concessão de produção de petróleo e gás assinados entre a Agência Nacional do Petróleo, Gás Natural e Biocombustíveis (ANP) e os vencedores das rodadas de licitação de blocos. Há a possibilidade de transferência do contrato de concessão, mediante autorização da ANP.

A regulação da distribuição de gás canalizado é responsabilidade direta dos estados ou de agências reguladoras estaduais, que podem elaborar contratos de concessão, definindo quesitos de qualidade, segurança, preço, entre outros.

Na maior parte dos estados brasileiros que possuem empresas distribuidoras de gás canalizado, a Petrobrás é uma das sócias, frequentemente majoritária (Oliveira e Bajay, 2005).

A falta de integração e comunicação entre a ANP e as agências reguladoras estaduais da distribuição de gás canalizado constitui um fator de incerteza, inibindo a entrada de outras empresas nessa indústria (Castello e Cavalcanti, 2004).

Em 2009, foi aprovada a Lei n. 11.909, que define o marco regulatório para as atividades de importação, regaseificação/liquefação, transporte e comercialização de gás natural. Essa lei resultou do reconhecimento da incapacidade da Lei n. 9.478 em estimular a competição após o processo de reforma da indústria.

Segundo Colomer (2010), as principais inovações regulatórias trazidas pela Lei n. 11.909 que contribuem para a redução de parte dos custos de transação são o estabelecimento da concessão como regime jurídico da atividade de transporte, a adoção de mecanismos de concurso aberto (chamada pública) com a assinatura de termos de compromisso, a regulação do livre acesso, a definição e limitação do escopo de atuação de cada agente do poder público e a consolidação jurídica do arcabouço regulatório.

Embora a Lei n. 11.909 estimule os investimentos da Petrobrás em novos gasodutos ao reduzir os custos de transação, ela não é capaz de reduzir as barreiras à entrada de novos agentes no segmento de transporte. Dessa forma, a nova legislação associada à incompletude do processo de reforma da indústria de petróleo e gás contribui para a concentração de mercado no setor de gás natural e para a consolidação da posição dominante da Petrobrás (Colomer, 2010).

O preço pago nos *city gates* pelo gás natural de origem nacional possui duas parcelas: o preço da *commodity* – o gás – e a tarifa de transporte. O preço do gás natural de origem nacional, fornecido pela Petrobrás, é constituído pela soma de uma parcela fixa, atualizada anualmente pelo IGP-M da FGV, com uma parcela variável, reajustada trimestralmente pela variação de uma cesta de óleos e do câmbio.

A maior parte do gás importado no Brasil é de origem boliviana, transportada no gasoduto Gasbol, operado no território nacional pela TBG. O preço da *commodity* é reajustado trimestralmente, com base nas variações de uma cesta de óleos combustíveis.

O preço do gás natural se situa em uma faixa bem definida. O limite inferior é fixado pelo custo de produção, transporte e distribuição, acrescido da margem de remuneração do capital investido e dos impostos que incidem sobre o gás. O custo de oportunidade do energético substituído pelo gás por unidade de conteúdo energético útil estabelece o limite superior (Bajay e Rodrigues, 1996). Como o gás é um forte substituto dos derivados de petróleo, o preço fica encapsulado por uma cesta desses derivados. Em mercados nos quais se configura concorrência, há uma tendência de o preço permanecer perto do limite inferior, um preço de concorrência. Já em monopólios, ou oligopólios dominados por uma empresa líder, ele fica perto do limite superior.

No caso do Brasil, isso é bastante evidente. A Petrobrás, sendo o principal *player* na área de refino e, também, o principal produtor e importador de gás, enfrenta um conflito interno, no qual, havendo uma política de preços de fomento ao consumo do gás natural, haverá excesso de oferta dos derivados de petróleo. Como o mercado de derivados é mais estável e desenvolvido que o do gás natural, naturalmente há uma tendência para se manter o preço do gás perto do limite superior, limitando fortemente substituições mais concretas (Oliveira e Bajay, 2005).

No Brasil, o gás natural possui sua tarifa regulada para o consumidor final; seus principais substitutos, por sua vez, são reajustados conforme a lei da oferta e procura, e são normalmente ligados diretamente ao preço do barril de petróleo. Este descolamento entre os preços relativos do gás natural e seus substitutos leva a uma artificialidade dos preços do gás para o consumidor final. Esse fato pode refletir em pressões pela demanda de gás – quando seu preço relativo for menor que de outros combustíveis –, ou em sobra de gás – quando seu preço relativo for maior. Por mais que o preço do gás natural no Brasil seja indexado a uma cesta de óleo combustível, ao dólar e a outros índices de preços, a velocidade da regulação não acompanha a dinâmica do mercado. Os reajustes tarifários nos estados são normalmente anuais; e as revisões, a cada quatro ou cinco anos. Até alguns anos atrás, no Brasil, existia uma forte pressão pela demanda de gás natural, já que o seu preço relativo estava baixo em relação aos derivados de petróleo (Sant'ana et al., 2008); esse quadro se reverteu nos últimos anos.

Os suprimentos de gás natural podem ser "firmes" ou "interruptíveis". Os primeiros envolvem contratos de aquisição de quantidades específicas de gás, sem interrupção e, em geral, por períodos relativamente longos, enquanto os fornecimentos interruptíveis dependem da disponibilidade não contratada de gás e da ociosidade dos gasodutos. Evidentemente, os

POLÍTICAS, PLANEJAMENTO ENERGÉTICO E REGULAÇÃO DE MERCADOS DE ENERGIA NO BRASIL | **827**

preços dos suprimentos interruptíveis são mais baixos que os dos suprimentos firmes, para atrair compradores que precisam dispor de alternativas quando houver a interrupção do suprimento. Nos últimos anos, a Petrobrás passou a realizar leilões de suprimentos interruptíveis de gás natural sempre que há sobras temporárias de suprimentos alocados a usinas termelétricas que não estão sendo despachadas pelo ONS.

A regulação da tarifa de transporte cabe à ANP. A tarifa de transporte do gás de origem nacional é diferenciada segundo os estados da União, utilizando-se o conceito de momento de transporte, que é o produto entre a distância média equivalente e o volume máximo possível de ser retirado em cada estado, obedecendo-se às restrições de capacidade de cada gasoduto. A tarifa por unidade de volume x distância é obtida dividindo-se a receita total, em reais, necessária para cobrir os custos e propiciar um retorno adequado ao investimento, por uma demanda em unidade de momento de transporte, em m^3.km. A tarifa de transporte do gasoduto Brasil-Bolívia, no entanto, é do tipo selo, isto é, não varia com a distância[5] (Bajay, 2002b).

Apesar de recente, a indústria de gás natural no Brasil já apresenta sinais de maturação nos grandes mercados industriais, principalmente nos estados de São Paulo e Rio de Janeiro. A liberalização da comercialização nesses estados, em 2011 e 2009, respectivamente, representou uma oportunidade para o desenvolvimento da competição na indústria do gás no país (Sant'ana et al., 2008). Esse desenvolvimento, no entanto, ainda depende de alguns fatores, como um excedente de gás, transparência de informação e uma regulação por incentivos[6] eficiente no transporte, na distribuição e no armazenamento de gás.

Após analisar a evolução institucional do mercado de gás natural em países onde a competição tem conseguido baixar os preços desse energético, Sant'Ana et al. (2009) recomendam a criação, no Brasil, de um operador da rede nacional de transporte de gás, a instalação de *hubs* de comercialização do gás, tal qual nos Estados Unidos, e a criação de um mercado *spot* para o gás.

---

[5] As tarifas postais são características de mercados monopolizados e criam subsídios cruzados, que ajudam a desenvolver mercados mais distantes dos centros produtores (Oliveira e Bajay, 2005).

[6] Vide seção posterior deste capítulo, sobre o objetivo e os tipos de regulação por incentivos.

Outros combustíveis

A desregulamentação da atividade sucroalcooleira no Brasil (década de 1990) forçou um grande salto de eficiência e redução nos custos de produção; nesse período, ficou claro que é possível haver competição em alguns mercados antes considerados monopólios naturais. Biocombustíveis passaram a fazer parte das agendas globais e sua participação aumentou substancialmente na matriz energética brasileira.

As condições atuais do mercado de combustíveis no Brasil são muito diferentes das dos anos 1970, quando se estruturou e regulamentou a introdução do etanol hidratado no país. Hoje há importantes volumes de biocombustíveis produzidos em centenas de unidades no território nacional. O setor emprega centenas de milhares de pessoas e gera benefícios sociais e ambientais relevantes.

Além do elevado rendimento na etapa agrícola, decorrente da alta eficiência fotossintética da cana-de-açúcar, uma das razões do menor custo do etanol produzido no Brasil é o aproveitamento do bagaço da cana não só para gerar, em plantas de cogeração, a energia elétrica necessária ao processo produtivo nas usinas, mas, também, para produzir excedentes substanciais. Esses excedentes são vendidos para concessionárias de distribuição de energia elétrica ou para grandes consumidores.

O setor sucroalcooleiro é o maior autoprodutor de energia elétrica no país e também o maior gerador de excedentes de energia elétrica para a rede pública. A utilização de caldeiras de alta pressão e de turbinas a vapor eficientes, junto com diminuições no consumo energético específico das usinas, têm permitido a geração crescente de excedentes de eletricidade. A mecanização gradual da colheita da cana-de-açúcar tem disponibilizado parte da palha da cana para ser queimada nas unidades de cogeração, contribuindo para incrementar ainda mais esses excedentes.

Uma ampla gama de matérias-primas pode ser empregada para a produção do biodiesel, incluindo os óleos vegetais de cultivos anuais (como soja e colza) e perenes (como as palmáceas), gorduras animais, bem como óleos e gorduras residuais. A principal matéria-prima que tem sido utilizada no Brasil para a produção de biodiesel tem sido a soja, seguida pelo sebo.

Com o mercado garantido pela exigência de uma mistura de biodiesel ao óleo diesel comercializado no país (5% a partir de 2010), como definido pela Lei n. 11.097/2005, a produção desse biocombustível se expandiu de forma acelerada.

POLÍTICAS, PLANEJAMENTO ENERGÉTICO E REGULAÇÃO DE MERCADOS DE ENERGIA NO BRASIL | **829**

O mercado do biodiesel é garantido pelo seu uso mandatório, e os seus preços têm sido definidos, de forma significativamente superiores aos preços (ex-tributos) do óleo diesel substituído, em leilões promovidos periodicamente pela ANP (Bajay et al, 2010).

É desigual a maturidade dos mercados para os biocombustíveis líquidos no Brasil. Enquanto o uso regular de etanol, em mistura com a gasolina, teve início ainda nas primeiras décadas do século passado, o biodiesel é um produto relativamente novo no país, comercializado apenas a partir de 2003.

Refletindo a importância crescente dos veículos com motores flexíveis – "veículos flex", introduzidos no mercado brasileiro em 2003 e que têm respondido pela maioria das vendas de veículos leves nos últimos anos, o consumo de etanol hidratado aumentou em volumes absolutos e relativos até 2008, deslocando parte do consumo de gasolina e etanol anidro (Bajay et al., 2010). Esse quadro, no entanto, mudou a partir de 2009, quando o governo federal começou a utilizar o preço da gasolina, produzida pela Petrobrás, para ajudar a conter o crescimento da inflação; por conta do grande número de veículos flex no mercado, que permitem aos seus proprietários escolher o combustível mais barato, os artificialmente baixos preços da gasolina acabaram encarecendo o etanol hidratado e, consequentemente, diminuido o seu consumo. Nestes últimos anos, a indústria sucroalcooleira entrou em uma profunda crise financeira, que ocasionou o fechamento de diversas usinas e o adiamento de diversos novos projetos. Além disso, o preço e a oferta de etanol hidratado no mercado interno têm oscilado de acordo com as condições climáticas de cada safra e as condições do mercado internacional de açúcar, no qual o país é um dos principais supridores.

Bajay et al. (2010) propõem a criação de um marco regulatório específico para ordenar o mercado de biocombustíveis; ele estimularia os investimentos produtivos, promoveria a competição equilibrada e a defesa contra abusos econômicos e asseguraria o fluxo de informações. Esse marco regulatório deveria:

- Consolidar e aperfeiçoar a legislação existente quanto à definição da cadeia decisória e às condições de regulação e instrumentos de acompanhamento do mercado.

- Definir de forma clara o marco tributário para os combustíveis, contemplando as suas externalidades positivas e as diferenças estruturais entre os mercados de combustíveis fósseis e de renováveis.

- Promover a evolução do processo de comercialização do etanol no mercado doméstico (mercado futuro e contratos de longo prazo) e criar mecanismos para favorecer o estoque privado.

- Estimular os investimentos em infraestrutura para o transporte e estocagem de etanol; definir marcos regulatórios sobre dutovias para etanol e outros biocombustíveis.

- Incentivar a consolidação da energia elétrica produzida a partir da cana-de-açúcar, com mecanismos de precificação adequados e apoio à conexão com a rede e comercialização.

O carvão mineral pode ser classificado como carvão vapor e como carvão metalúrgico. O primeiro é utilizado essencialmente como combustível, sobretudo em usinas termelétricas, enquanto a principal utilização do segundo é como agente redutor (coque de carvão) na metalurgia de metais primários, como o ferro-gusa (Bajay et al., 2010).

O principal uso do carvão vapor no Brasil é na geração termelétrica, em usinas empregando ciclos a vapor, nos estados da região Sul. Nesses estados, algumas plantas industriais também consomem esse energético em fornos e, sobretudo, em caldeiras; destacam-se, nesses usos, os segmentos químico; papel e celulose; alimentos e bebidas; cerâmica; e cimento. O elevado teor de cinzas desse carvão, completamente produzido no sul do país, e a falta de uma infraestrutura ferroviária adequada tornam muito elevado o seu custo de transporte para outras regiões.

A maior parte do carvão metalúrgico consumido no país é transformada em coque de carvão, nas coquerias das usinas siderúrgicas. Do restante, uma parcela majoritária é consumida, na forma pulverizada, como combustível nos altos-fornos da indústria siderúrgica; parcelas menores são consumidas nos fornos dos segmentos de mineração e pelotização, metais não ferrosos, cimento e outros segmentos industriais. A injeção de carvão pulverizado nas ventaneiras dos alto-fornos pode substituir uma parte do coque necessário para a produção do ferro-gusa por carvão de menor custo.

Nas coquerias, além do coque, é produzido gás de coqueria e alcatrão. O coque de carvão mineral é, em quase sua totalidade, consumido como redutor nos altos-fornos das usinas siderúrgicas. Ele também é empregado como combustível nesses altos-fornos e, em pequena escala, em fornos de outros segmentos industriais, como metais não ferrosos, ferro-ligas, mineração, pelotização e cimento. O gás de coqueria é utilizado como combustível nos reatores das próprias coquerias, em fornos e caldeiras das usinas siderúrgicas e na geração de eletricidade para essas usinas. O outro subproduto da produção de coque a partir do carvão mineral é o alcatrão, que é utilizado como matéria-prima, como combustível nas usinas siderúrgicas e para gerar eletricidade nessas usinas.

O ciclo do combustível nuclear é constituído pelas seguintes etapas produtivas: mineração e concentração do urânio, conversão do concentrado (*yellow cake*, U_3O_8) em hexafluoreto de urânio (UF_6), enriquecimento, fabricação do combustível de usinas nucleares e reprocessamento do combustível gasto, no caso de se optar por um ciclo fechado.

Atualmente, o Brasil, por meio da empresa estatal Indústrias Nucleares do Brasil S.A. (INB), vinculada ao Ministério da Ciência e Tecnologia (MCT), atua nas etapas de mineração, concentração, enriquecimento e fabricação do combustível de usinas nucleares. O concentrado de urânio produzido no Brasil, mais a parcela importada, é convertido em hexafluoreto de urânio e enriquecido no exterior, retornando, a seguir, para ser convertido no dióxido de urânio (UO_2) contido nos elementos combustíveis, fabricado localmente para emprego nas centrais nucleares. Em breve, parte da conversão e do enriquecimento também deverá ser realizada no Brasil (Bajay et al., 2010).

A lenha ainda tem uma participação importante na produção de energia primária no Brasil. Nos últimos anos, essa participação se estabilizou em 10,3%, superior à participação do gás natural. Os setores industrial, residencial e agropecuário são os seus maiores consumidores de lenha, nessa sequência. No setor industrial, esse energético é mais consumido nas indústrias de cerâmica vermelha, alimentos e bebidas e papel e celulose (EPE e MME, 2012). O Brasil é um dos maiores produtores de carvão vegetal no mundo, a partir da lenha, para utilização sobretudo na indústria siderúrgica. Segundo a EPE e MME (2012), uma pequena parcela da lenha produzida no país é utilizada na geração de energia elétrica. Dadas as dimensões continentais brasileiras e o peso do custo do transporte no preço final da lenha, os mercados desse energético são, em geral, próximos aos locais de produção, no caso de lenha de reflorestamento, ou de coleta, no caso de lenha catada, essa última ainda utilizada com frequência em algumas regiões do interior, em propriedades rurais.

Alguns segmentos industriais energointensivos consomem resíduos de seus processos produtivos como combustíveis. Destacam-se, entre eles, pelas quantidades enormes envolvidas, o setor sucroalcooleiro com seu bagaço da cana-de-açúcar e a indústria de papel e celulose com a lixívia resultante da produção de celulose. Pode-se mencionar, ainda, o aproveitamento de gases de coqueria, de alto-forno e de aciaria, em usinas siderúrgicas, e o aproveitamento, como combustíveis, de resíduos da indústria petroquímica e das refinarias de petróleo. Em razão do alto custo de seu transporte, *vis-à-vis* seu poder calorífico, a maior parte desses resíduos é consumida *in situ* ou então vendida para instalações industriais próximas.

O aproveitamento de resíduos urbanos, agrícolas e florestais como combustíveis no Brasil é ainda muito pequeno, apesar de seu grande potencial, comparando-se com a experiência de diversos outros países que também têm abundância desses resíduos.

REGULAÇÃO DOS MERCADOS DE ENERGIA

A regulação tem por objetivo básico prover o equilíbrio das relações entre os consumidores, as concessionárias e o Estado, esse último por meio de planos do governo.

É comum haver interpretações errôneas por parte dos envolvidos na prestação dos serviços públicos. Os consumidores frequentemente buscam a agência reguladora como um órgão de proteção, como o Procon, no caso brasileiro. O governo tende a ver a agência como mais um dos órgãos subjugados aos seus interesses de curto prazo e as empresas concessionárias muitas vezes enxergam a agência com "ares" de polícia.

A busca pelo equilíbrio nessas relações é a verdadeira função da regulação. Cabe às agências reguladoras:

- Refletirem, em sua prática regulatória, planos e ações do governo devidamente previstos na legislação vigente.

- Proverem suporte aos consumidores em suas relações com as empresas concessionárias, tendo por base o arcabouço regulatório existente.

- Garantirem a prestação de serviços de qualidade por meio de tarifas que garantam a viabilidade econômica das concessões, lucros justos aos acionistas, modicidade tarifária e a evolução tecnológica na prestação do serviço durante os períodos de concessão.

Segundo Marques Neto (2004), as agências reguladoras se caracterizam como uma nova autoridade estatal e, para o desenvolvimento de suas funções, requerem:

- Autonomia e independência nos diversos ordenamentos constitucionais.
- Neutralidade e noção de equilíbrio de interesses.
- Aplicação racional dos objetivos públicos.
- Estabilidade na regulação.
- Capacitação técnica adequada do seu quadro próprio e dos serviços terceirizados.
- Fonte própria de recursos.
- Dirigentes com mandatos e estabilidade.
- Agilidade operacional.

De uma forma geral, a experiência do Brasil tem sido boa com suas agências reguladoras. No entanto, o desempenho das agências poderia ser bem melhor se as seguintes barreiras fossem removidas: contingenciamento frequente dos orçamentos das agências, pelo governo, a título de compor o seu superávit primário (Bajay, 2006); e baixa remuneração dos técnicos sêniors das agências, o que acaba atraindo-os para empregos nas empresas reguladas, nas quais o seu conhecimento e experiência de regulação são bastante valorizados e refletidos em salários bastante atrativos, *vis-à-vis* os oferecidos pelas carreiras das agências.

A regulação dos mercados de energia visa atender às seguintes necessidades:
- Para os empreendedores:
  - "Regras do jogo" justas e transparentes.
  - Projetos financiáveis.
  - Retornos justos nos projetos.
- Para os investidores:
  - Retornos justos nos investimentos.
  - Equilíbrio entre riscos e benefícios.
  - Estabilidade.
- Para a sociedade como um todo:
  - Fornecimentos de energia amplamente disponíveis e confiáveis.
  - Preços acessíveis dos energéticos.
  - Desenvolvimento sustentável (financeiro e ambiental) da infraestrutura energética.
- Atração de empreendedores e investidores.

Há três tipos de regulação dos mercados de energia: a regulação econômica, a regulação técnica e a regulação ambiental. A regulação econômica tradicional é a aplicada em mercados constituídos por monopólios; ela foi inicialmente concebida nos Estados Unidos, no final do século XIX. A partir da década de 1990, se passou a ter um outro tipo de regulação econômica, aplicável, agora, a mercados nos quais há algum nível de competição.

Em todos os mercados regulados de energia, há a necessidade de se ter uma regulação técnica que garanta a qualidade da energia. Em alguns mercados, como o do gás canalizado, também se precisa de uma regulação técnica para assegurar a segurança do suprimento, minimizando riscos de acidentes. Um caso particular de regulação ambiental é a outorga de recursos hídricos.

Regulação econômica

As finalidades da regulação econômica em ambiente monopolista são:

- Proteger os consumidores de eventuais abusos das empresas concessionárias monopolistas.
- Autorizar o repasse, para as tarifas, dos custos considerados justificáveis.
- Conceder taxas de retorno "razoáveis" sobre os ativos das empresas concessionárias.
- Fiscalizar a qualidade do serviço.

Há dois tipos de modelos de regulação tarifária para mercados monopolísticos: no primeiro, a tarifa é fixada com base no "serviço pelo custo", enquanto o segundo tipo engloba os modelos que incentivam ganhos de produtividade.

A sistemática de fixação da tarifa com base no custo de serviço exige, para que ela funcione bem, um acompanhamento bastante próximo pelo órgão regulador, dos custos operacionais e, principalmente, dos investimentos das empresas concessionárias, o que implica interações demoradas, frequentemente muito burocráticas, e caras entre a empresa concessionária e o órgão regulador.

A formação tarifária, nesse método de regulação, baseia-se nos custos médios e não nos custos marginais conforme recomenda a teoria econômica. Nesse método, como a taxa de remuneração incide sobre o ativo remunerável, há uma constante tentação para que a empresa concessionária realize sobreinvestimentos.

A partir de meados da década de 1980, têm sido implementados, em várias partes do mundo, novos métodos de regulação tarifária, que têm como objetivo incentivar explicitamente melhorias de desempenho das empresas concessionárias.

Em todos esses métodos, um fator que influencia significativamente sua eficácia é o período de tempo, regular, estabelecido entre duas revisões tarifárias consecutivas; ele não deve ser muito curto, encarecendo demais o custo do processo regulatório e não dando tempo suficiente para que a empresa concessionária responda, de forma satisfatória, aos incentivos estabelecidos pelo órgão regulador; nem muito longo, a ponto de permitir que distorções da situação desejada possam prejudicar a empresa concessionária ou seus consumidores.

Um pré-requisito absolutamente essencial para que esses sistemas tarifários que incentivam ganhos de produtividade tenham sucesso na sua aplicação é que o órgão regulador conheça os custos marginais de curto e de longo prazo dos mercados regulados, por meio das áreas de planejamento das empresas concessionárias e/ou via um planejamento governamental da expansão do setor.

Os principais sistemas tarifários que incentivam ganhos de produtividade estão relacionados a seguir (Oliveira e Bajay, 2005):

- Tarifas atreladas a metas de desempenho.
- Taxa de retorno confinada em um determinado intervalo.
- Regulação por comparação de desempenhos.
- Formação da tarifa com base no serviço pelo preço.
- Regulação tarifária com base em "tetos de receita" ou em um sistema híbrido "teto tarifário/teto de receita".

No caso de "tarifas atreladas a metas de desempenho", há a premiação ou punição de empresas que consigam ou não atingir metas estabelecidas anteriormente. Essas metas podem ser estabelecidas tomando como base uma empresa de referência ou um grupo dessas empresas. Esse método também pode ser facilmente adaptado à regulação do tipo "serviço pelo custo".

Uma alternativa é o regulador manter a taxa de retorno da empresa concessionária em um intervalo bem definido. Nesse caso, há um sistema de controle, no qual há um acréscimo caso a empresa tenha um retorno abaixo do limite inferior e um decréscimo caso ele fique acima do limite superior. Cabe ao órgão regulador fixar limites apropriados e criar regras para quando a taxa de retorno cair fora do intervalo fixado. Esse método não é muito utilizado.

O método de comparação de desempenhos é bastante empregado. Aqui, é essencial a escolha da empresa ou grupo de empresas que serão mantidas como referência e imprescindível que elas também estejam sujeitas à mesma regulação.

Na formação de tarifa baseada no "serviço pelo preço", primeiro estabelece-se um valor inicial máximo para a tarifa, por processo licitatório, ou usando como referência a tarifa de alguma empresa ou grupo eficiente de empresas. Definido o valor inicial máximo da tarifa, o método determina quanto desse valor será reduzido anualmente à guisa de repasse aos consumidores de parte dos ganhos de produtividade que se espera que a empresa concessionária irá perseguir até a próxima revisão tarifária. Esse tipo de regulação econômica por incentivos evita a burocracia e os elevados custos exigidos pelo método do "serviço pelo custo".

Como uma alternativa ao teto tarifário, o teto de receita pode ser usado para recuperar receitas perdidas em melhorias de eficiência e evitar vendas excessivas e desnecessárias do produto.

É importante ressaltar que, embora esses métodos possam ser usados individualmente, em geral, são combinados para terem melhor efeito e explorarem relações de complementariedade.

No Brasil, os custos das empresas concessionárias distribuidoras de energia elétrica incorridos no atendimento de seus consumidores cativos são divididos em duas parcelas: a parcela "não gerenciável", composta pela compra da energia nos leilões, tarifa de uso da rede básica de transmissão, impostos e encargos governamentais e a parcela gerenciável. Essa última é regulada com base no serviço pelo preço, mas os custos de operação e manutenção das concessionárias considerados "razoáveis", que podem ser repassados para as tarifas, são estabelecidos por comparação de desempenho com uma "empresa de referência" virtual, que contempla as principais características técnicas das redes de distribuição dessas empresas.

A regulação das tarifas de transmissão de energia elétrica no Brasil é feita com base em "tetos de receita".

Os sistemas tarifários que incentivam ganhos de produtividade, se não estiverem devidamente sincronizados com uma boa regulação técnica, da qualidade da energia fornecida, podem induzir a subinvestimentos (é o contrário do que pode acontecer com a regulação tarifária baseada no serviço pelo custo).

A regulação econômica em ambientes concorrenciais possui as seguintes finalidades:

- Proteção dos consumidores cativos em relação a práticas monopolísticas, como o subsídio cruzado entre consumidores "cativos" e livres.
- A mediação de conflitos entre os agentes do setor.
- Fiscalização e dissuasão de ações típicas de cartel.
- Fomento à competição e ao aumento de eficiência no fornecimento e no consumo de energia.

A eficácia dessas atividades depende de boas informações providas pelo planejamento energético. A autonomia dos órgãos reguladores em relação ao governo é um ponto-chave, principalmente em relação às questões econômicas.

Regulação e fiscalização da qualidade da energia

Conforme ilustrado na Figura 22.2, há três tipos de indicadores para a qualidade da energia: a qualidade do produto, a qualidade do serviço e a qualidade do atendimento comercial.

Figura 22.2 – Expressões da qualidade da energia.

No caso da energia elétrica, a qualidade do produto está relacionada com o valor da tensão e com a produção de harmônicos. A qualidade dos serviços de geração, transmissão e distribuição é mensurada por meio de indicadores da continuidade desses serviços ao longo do tempo, como a frequência e a duração de interrupções do fornecimento para cada consumidor ou para a área de concessão como um todo. Vários indicadores podem ser definidos para se mensurar a qualidade do atendimento comercial das empresas concessionárias distribuidoras de eletricidade, a maior parte deles representando períodos para o atendimento de reclamações e para a realização de serviços solicitados pelos consumidores.

Na distribuição de gás canalizado, os indicadores de qualidade são semelhantes, substituindo-se o valor da tensão pela pressão do gás.

O órgão regulador dispõe de vários tipos de instrumentos para fiscalizar a qualidade da energia: indicadores e padrões, pesquisas de satisfação, ouvidoria, relatórios específicos e fiscalização de campo (Figura 22.3).

Figura 22.3 – Instrumentos de fiscalização da qualidade.

Diversos indicadores são utilizados para se mensurar a qualidade dos produtos, serviços e atendimento comercial. Para cada indicador, é definido um padrão, que estabelece o nível desejado de qualidade. Penalidades são definidas para o não atendimento dos padrões especificados pelo órgão regulador (Figura 22.4).

Figura 22.4 – Indicadores e padrões para a qualidade da energia.

Regulação ambiental

Alguns acreditam que é necessária uma rígida fiscalização e monitoramento das atividades impactantes do meio ambiente (regulação direta); outros defendem o uso de incentivos de mercado (instrumentos econômicos); outros acreditam, ainda, que, dar aos cidadãos mais informações para julgar os riscos e participar na tomada de decisões favoreceria o trabalho dos governos (mecanismos de participação pública).

Um outro tema bastante discutido na atualidade é a conveniência e a eficácia de se ter um enfoque pontual das questões ambientais (unidades produtivas isoladas) ou um enfoque integrado, envolvendo produtos e cadeias produtivas.

A regulação direta envolve o estabelecimento, por parte do poder público, de padrões de conduta ambiental considerados adequados, os quais devem ser atendidos pelos regulamentados, sob risco de enfrentarem as penalidades cabíveis, criminais ou civis.

Os principais instrumentos de regulação ambiental direta são:

- Padrões ambientais.
  - Padrões de emissões.
  - Padrões de qualidade.
- Cotas de extração/uso de recursos naturais.
- Controle de processos e produtos.
- Zoneamento ambiental.
- Licenciamento ambiental.

- Licença prévia (LP).
- Licença de instalação (LI).
- Licença de operação (LO).

Desses instrumentos, os mais utilizados no Brasil são os padrões ambientais, o zoneamento ambiental e o licenciamento ambiental, afetando tanto produtores como grandes consumidores de energia.

Órgãos responsáveis pela regulação dos mercados de energia no Brasil

A ANP é responsável pela regulação técnica e econômica de toda a cadeia produtiva do petróleo e seus derivados, das atividades *upstream* da cadeia do gás natural, do álcool combustível e do biodiesel.

A Constituição Federal do Brasil estabelece que os governos estaduais são o poder concedente para as atividades de distribuição e comercialização de gás canalisado. Consequentemente, cabe a eles a tarefa da regulação técnica e econômica da cadeia *downstream* do gás natural. Para tanto, foram criadas agências de regulação estaduais.

Segundo a Constituição brasileira, diferente do que ocorre com o gás natural, o governo federal é o poder concedente de toda a cadeia produtiva – geração, transmissão, distribuição e comercialização – da energia elétrica. A Aneel é que realiza a regulação técnica e econômica de toda essa cadeia. Ela também define diretrizes e supervisiona os investimentos mandatórios das empresas desse setor em projetos de pesquisa e desenvolvimento e eficiência energética, essa última só no caso das empresas concessionárias distribuidoras de energia elétrica.

A Aneel possui convênios com diversas agências reguladoras estaduais. Por meio desses convênios, ela repassa recursos para essas agências realizarem, de uma forma descentralizada, algumas das tarefas regulatórias da Aneel, sobretudo no que diz respeito à fiscalização.

A regulamentação ambiental no Brasil é compartilhada entre os governos federal, por meio do Instituto Brasileiro do Meio Ambiente e dos Recursos Naturais Renováveis (Ibama); estadual, por meio de secretarias ou fundações estaduais do meio ambiente; e municipal, por meio de secretarias municipais do meio ambiente.

O mesmo ocorre no que diz respeito à outorga de recursos hídricos: a Agência Nacional de Águas (ANA) é a responsável por essa atividade no

POLÍTICAS, PLANEJAMENTO ENERGÉTICO E REGULAÇÃO DE MERCADOS DE ENERGIA NO BRASIL | **841**

âmbito do governo federal, enquanto secretarias estaduais e municipais de recursos hídricos têm essa responsabilidade em nome dos governos estaduais e municipais.

Destaquem-se, ainda, os comitês de bacias hidrográficas que, segundo a legislação brasileira de recursos hídricos, têm a prerrogativa de elaborar planos de recursos hídricos e estabelecer prioridades para o uso da água nas bacias sob sua jurisdição.

CONSIDERAÇÕES FINAIS

Uma atuação eficaz do governo sobre o setor energético nestas três funções – formulação de políticas energéticas, planejamento energético e regulação dos mercados de energia – exige que essas atividades sejam desenvolvidas de uma forma autônoma entre si, mas fortemente complementar. A existência de diferentes agentes executando essas funções distintas facilita se atingir esse objetivo. Essa separação das funções, com a otimização dos respectivos procedimentos, inclusive das interações entre as funções, que já teria sido desejável para se melhorar a intervenção governamental nesse setor quando vários de seus mercados eram completamente monopolísticos e compostos majoritariamente por empresas estatais, passa a ser absolutamente essencial em um mercado no qual consumidores "livres" e "cativos" têm de conviver e não há "incentivos de mercado" para a cooperação entre empresas estatais, empresas concessionárias privadas, produtores independentes e comercializadores, além do óbvio "canto de sereia" das práticas de cartel (Bajay e Carvalho, 1998).

Essa atuação eficaz e complementar só começou a ser esboçada em 2001, visto que a ausência anterior dessa integração foi apontada como uma das grandes causas institucionais da crise de abastecimento de energia elétrica, verificada em 2001 (Kelman et al., 2001).

Bajay (2003) defende que algumas questões na área de energia – por exemplo, restrições locacionais para usinas termelétricas; fomento à geração distribuída de eletricidade, de uma forma geral, e com fontes renováveis de energia, em particular; programas de eletrificação rural; programas de eficiência energética; priorização de certos usos finais para o gás natural, para efeito de políticas tarifárias; e subsídios tarifários para populações de baixa renda – podem ser melhor tratadas, inclusive em termos de interação com as partes interessadas, de uma forma descentralizada.

O Brasil possui uma legislação ambiental rigorosa. Sua aplicação, no entanto, tem apresentado falhas, em razão de orçamentos insuficientes dos órgãos ambientais tanto do governo federal como dos governos estaduais (Bajay, 2004b) e de lacunas na própria legislação, que permitem interpretações fortemente subjetivas.

As políticas e a regulação ambiental são descentralizadas no Brasil, envolvendo não só instituições federais e estaduais, como também municipais. O mesmo tipo de descentralização foi estabelecido pela Lei n. 9433/97 para os recursos hídricos. Essa lei criou um novo agente, o Comitê de Bacias Hidrográficas (Barbosa e Braga, 2003), compreendendo representantes de municipalidades, que são responsáveis por elaborar um Plano de Bacia e estabelecer as suas prioridades para o uso da água. Pode-se perceber o quanto esse comitê é importante para os interesses e atividades do setor energético, em geral, e o setor elétrico, em particular.

Até agora, tem havido pouca coordenação entre as políticas ambientais e de recursos hídricos, de um lado, e as políticas energéticas, do outro. A centralização da formulação de políticas e do planejamento energético no governo federal contrasta com a descentralização existente nas áreas ambiental e de recursos hídricos, tornando acordos e ações conjuntas mais difíceis de ocorrerem (Bajay, 2010a).

O MME precisa, o mais rápido possível, recuperar o tempo perdido, investindo com determinação na descentralização de parte de suas atividades, mantendo, no entanto, uma sólida coordenação central. Essa descentralização pode se dar, inicialmente, por meio de uma participação mais pró-ativa do representante dos estados brasileiros nos trabalhos do CNPE e de convênios firmados com secretarias estaduais de energia, meio ambiente e recursos hídricos e órgãos a eles associados (Bajay, 2003).

REFERÊNCIAS

[ANP] AGÊNCIA NACIONAL DO PETRÓLEO. Indústria brasileira de gás natural: regulação atual e desafios futuros. *Séries ANP*. n. 1, Rio de Janeiro, 2001.

BAJAY, S.V. Planejamento energético: necessidade, objetivo e metodologia. *Revista Brasileira de Energia*. v. 1, n. 1, p. 45-53, 1989a.

_____. Planejamento energético regional: a experiência paulista à luz de práticas que a inspiraram, no exterior. In: LA ROVERE, E.L.; ROBERT, M. (Eds.). *Capaci-*

POLÍTICAS, PLANEJAMENTO ENERGÉTICO E REGULAÇÃO DE MERCADOS DE ENERGIA NO BRASIL 843

tação para a tomada de decisões na área de energia. Montevideu: Finep/Unesco, 1989b.

_____. Uma revisão crítica do atual planejamento da expansão do setor elétrico brasileiro. *Revista Brasileira de Energia.* v. 9, n. 1, p. 159-71, 2002a.

_____. A regulação na indústria de petróleo e gás brasileira. In: Congresso Brasileiro de Energia. 2002b, Rio de Janeiro, p. 359-62.

_____. Uma nova concepção de planejamento energético para o Brasil. In: Congresso Brasileiro de Energia. 2002c, Rio de Janeiro, p. 893-8.

_____. Integração entre as atividades de formulação de políticas públicas, planejamento e regulação nos mercados de energia elétrica e gás canalizado. In: Congresso Brasileiro de Regulação de Serviços Públicos Concedidos. 2003, Gramado, s/p.

_____. Formulação de políticas públicas, planejamento e regulação de mercados de energia: as visões das administrações FHC e Lula e os desafios pendentes. *Revista mensal eletrônica de jornalismo científico ComCiência.* n. 61, 2004a. Disponível em: http://www.comciencia.br/reportagens/2004/12/07.shtml. Acessado em: 6 out. 2014.

_____. National energy policy: Brazil. In: CLEVELAND, C.J. (Ed.). *Encyclopedia of energy.* Elsevier Inc., 2004b, p. 111-25, v. 4.

_____. Integrating competition and planning: a mixed institutional model of the Brazilian electric power sector. *Energy.* v. 31, n. 6 e 7, p. 865-76, 2006.

_____. Avaliação crítica do atual modelo institucional do setor elétrico brasileiro. In: Congresso Brasileiro de Energia. 2010a, Rio de Janeiro, p. 139-51.

_____. Evaluación crítica del modelo institucional actual del sector eléctrico brasileño. *Oil & Gas Journal Latinoamericana.* v. 16, n. 6, p. 18-20, 2010b.

_____. Evolução do planejamento energético no Brasil na última década e desafios pendentes. *Revista Brasileira de Energia.* v. 19, n. 1, p. 255-66, 2013.

BAJAY, S.V.; CARVALHO, E.B. Planejamento indicativo: Pré-requisito para uma boa regulação do setor elétrico. In: Congresso Brasileiro de Planejamento Energético. 1998, São Paulo, p. 324-8.

BAJAY, S.V.; NOGUEIRA, L.A.H.; SOUSA, F.J.R. O etanol na matriz energética brasileira. In: SOUSA, E.L.L.; MACEDO, I.C. (Coords.). *Etanol e bioeletricidade: a cana-de-açúcar no futuro da matriz energética.* São Paulo: União da Indústria de Cana-de-Açúcar, 2010, p. 261-309.

BAJAY, S.V.; RODRIGUES, M.G. Diagnóstico e perspectivas do setor de gás natural no Brasil. *Revista Brasileira de Energia.* v. 5, n. 1, p. 24-47, 1996.

BARBOSA, P.S.F.; BRAGA, B.P.F. Electric energy sector and water resource management in the new Brazilian private energy market. *Water International*. v. 28, n. 2, p. 246-53, 2003.

CASTELLO, M.; CAVALCANTI, B. Regulação de gás natural no Brasil: conflito de competência ANP x agências reguladoras estaduais. In: Congresso Brasileiro de Energia. 2004, Rio de Janeiro, p. 2021-27.

COLOMER, M. *Estruturas de incentivo ao investimento em novos gasodutos: uma análise neo-institucional do novo arcabouço regulatório brasileiro*. Rio de Janeiro, 2010. Tese (Doutorado). Universidade Federal do Rio de Janeiro.

[EPE] EMPRESA DE PESQUISA ENERGÉTICA; [MME] MINISTÉRIO DE MINAS E ENERGIA. *Balanço energético nacional 2012*. Brasília: EPE/MME, 2012.

[IEA] INTERNATIONAL ENERGY AGENCY. *Natural gas pricing in competitive markets*. Paris: IEA, 1998.

KELMAN, J.; VENTURA FILHO, A.; BAJAY, S.V. et al. *Relatório da Comissão de Análise do Sistema Hidrotérmico de Energia Elétrica*. Brasília: Agência Nacional de Águas, 2001.

MARQUES NETO, F.A. Autonomia e independência das agências reguladoras. In: Reunião Anual Ibero-Americana de Reguladores de Energia. 2004, Rio de Janeiro.

OLIVEIRA, L.G.M.; BAJAY, S.V. Políticas públicas e regulação do setor de gás natural: experiência internacional e propostas para o Brasil. In: Congresso Brasileiro de Regulação de Serviços Públicos Concedidos. 2005, Manaus, s/p.

SANT'ANA, P.H.M.; JANNUZZI, G.M.; BAJAY, S.V. Modelo para o desenvolvimento da competição na indústria de gás natural no Brasil. *Revista Brasileira de Energia*. v. 14, n. 1, p. 107-27, 2008.

_____. Developing competition while building up the infrastructure of the Brazilian gas industry. *Energy Policy*. v. 37, n. 1, p. 308-17, 2009.

Ferramentas de Avaliação Ambiental no Planejamento e na Gestão Energética

23

Lineu Belico dos Reis
Engenheiro eletricista, Escola Politécnica da USP

Carlos Moya
Engenheiro civil, Instituto Mauá de Tecnologia

INTRODUÇÃO

Este capítulo enfoca um aspecto da maior importância quanto à relação da energia com a sustentabilidade: como as ferramentas de planejamento e de gestão energética atualmente disponíveis permitem a avaliação das questões ambientais.

Nesse contexto, o capítulo aborda o cenário atual da questão no Brasil e suas perspectivas futuras, considerando a evolução da legislação e regulação concernentes.

Com esse objetivo, o capítulo apresenta os seguintes tópicos principais:

- Inserção ambiental dos projetos energéticos.
- Planejamento Integrado de Recursos.
- Avaliação de Custos Completos.
- Avaliação Ambiental Estratégica.
- Avaliação Ambiental Integrada.

INSERÇÃO AMBIENTAL DOS PROJETOS ENERGÉTICOS

Em geral, cita-se a legislação como um precursor da incorporação da avaliação de impactos ambientais em projetos de infraestrutura em geral e em projetos energéticos específicos.

De fato, um longo caminho desde a promulgação do National Environmental Protection Act (Nepa)[1] em 1970, nos Estados Unidos, passando pela Conferência da Organização das Nações Unidas (ONU) de Estocolmo, em 1972, foi pavimentando as bases do conceito de meio ambiente,[2] como um todo, para ser visto como objeto de tutela e proteção e variável fundamental na definição de projetos de desenvolvimento.

O Brasil, que inicialmente se opôs a uma pseudorrestrição ao desenvolvimento em função de uma maior proteção ambiental, acabou por responder às pressões internacionais ao promulgar a Política Nacional do Meio Ambiente em 1981, um marco da legislação ambiental.

Essa legislação consolidou, para todo o território nacional, dentre outros, o instrumento de licenciamento ambiental já praticado em alguns estados brasileiros (São Paulo, Rio de Janeiro e Minas Gerais, por exemplo), amparado em estudos prévios de impacto ambiental. Essas licenças vieram a se caracterizar por verdadeiras autorizações dos órgãos ambientais integrantes do Sistema Nacional de Meio Ambiente (Sisnama), que, de acordo com a postura de comando e controle vigente, introduziram um conjunto de procedimentos para os diversos setores da economia de modo a considerar a variável ambiental nos processos decisórios de projetos que apresentem impactos ambientais significativos.

Mas não se pode creditar apenas à força da legislação a chamada conscientização pelo meio ambiente. O setor de energia, desde os movimentos dos anos da década de 1970, já incluía variáveis ambientais no seu planejamento, de forma esparsa e posteriormente de forma mais estruturada, como ocorreu com os já famosos Caderno de Reservatórios da Cesp, no estado de São Paulo, em 1978, e Manual de Efeitos Ambientais da Eletrobrás, de 1983, para a geração hidrelétrica.

---

[1] Política ambiental americana.

[2] Importante distinguir que quando se menciona o termo *meio ambiente* está se incluindo os meios físico, biótico, socioeconômico e cultural. É muito comum, na experiência internacional, dizer-se socioambiental (reforçando que o meio socioeconômico faz parte do meio ambiente).

Esse pioneirismo fez com que o setor de energia estivesse alinhado com a nova legislação vigente, mas também tenha desempenhado papel de vanguarda ao promover os primeiros estudos de impacto ambiental de médios e grandes projetos e ao aplicar metodologias de avaliação de impacto ambiental ainda pouco conhecidas no Brasil.

Introduzia-se no setor um comportamento voluntário de valorização da variável ambiental, em certa oposição à postura de comando e controle da legislação, decorrente da conscientização e vanguarda do setor. Isso se deveu, em grandes proporções, também à ação de agentes multilaterais de crédito, como o Banco Mundial, que passaram a considerar a avaliação ambiental como parte integrante do processo decisório de seus financiamentos.

Esse último instrumento de caráter econômico completa o quarteto dos principais tipos de instrumentos da política ambiental, cada um com a sua importância, que impulsionam de forma integrada a estratégia de desenvolvimento com sustentabilidade, a saber: comando e controle; legal; econômico e voluntário.

A dicotomia entre meio ambiente e desenvolvimento levou a ONU a procurar uma nova abordagem que considerasse os dois enfoques. Em 1982, o Conselho de Administração do Programa das Nações Unidas para o Meio Ambiente (Pnuma) havia proposto a criação de uma comissão para estudar os problemas ambientais e possíveis soluções, que terminou por transformar-se, em 1983, na conhecida Comissão Brundtland, nome de sua presidente Gro Harlem Brundtland, da Noruega.

Os trabalhos seriam concluídos em 1987. O relatório denominado "Nosso Futuro Comum" apresentou o conceito de desenvolvimento sustentável, como base para suas proposições relativas à proteção ambiental e ao desenvolvimento das nações.

"O desenvolvimento sustentável é aquele que atende às necessidades do presente sem comprometer a possibilidade de as gerações futuras atenderem às suas próprias necessidades".

Essa definição encerra dois conceitos-chave: o conceito de necessidades, sobretudo as necessidades essenciais dos pobres do mundo, que devem receber a máxima prioridade; e a noção das limitações, que os estágios da tecnologia e da organização social impõem ao meio ambiente, impedindo-o de atender às necessidades presentes e futuras.

O principal objetivo do desenvolvimento é satisfazer às aspirações humanas. Por outro lado, há muitas maneiras de a sociedade comprometer seu futuro, sendo a exploração excessiva dos recursos uma delas. Esse conflito de interesses mostra claramente que, se é relativamente fácil definir desenvolvimento sustentável, sua viabilização prática é bastante problemática.

O relatório "Nosso Futuro Comum" não apresentou um planejamento detalhado das ações que levariam ao desenvolvimento sustentável, porém, apontou os caminhos para tal, propondo a adoção de estratégias que permitissem às nações substituir os atuais modelos de crescimento:

- Retomada do crescimento.
- Mudança na qualidade do crescimento.
- Atendimento das necessidades humanas básicas.
- Manutenção de um nível populacional sustentável.
- Conservação e melhoria da base de recursos.
- Reorientação tecnológica.
- Inclusão da variável ambiental na economia e nos processos decisórios.

Portanto, concomitantemente, o setor energético brasileiro esteve alinhado a esse planejamento rumo ao desenvolvimento sustentável, em suas bases conceituais e em seu direcionamento estratégico.

Do planejamento (pensar antes de agir) à gestão (implantar e gerir) há um longo caminho. Fazendo-se uma reflexão da evolução da efetiva aplicação dos instrumentos da política nacional do meio ambiente aos procedimentos do setor energético, constata-se resumidamente que:

- Os instrumentos legais, fortemente amparados no comando e controle, persistem ainda como predominantes e têm uma força bastante significativa.
- O licenciamento ambiental tornou-se complexo e com atividades de manejo específico para gerir a tramitação administrativa e técnica junto aos órgãos ambientais do Sisnama.
- O nível dos estudos ambientais requerido possui uma crescente demandado por mais detalhes, conhecimento mais aprofundado da realidade ambiental vigente e futura, com prazos de elaboração mais longos e custos crescentes de elaboração.
- Os valores financeiros das medidas e programas destinados a prevenir, mitigar, corrigir ou compensar os impactos ambientais diretos e indiretos decorrentes dos empreendimentos do setor energético são crescentes à medida que se aprofunda o detalhamento dos estudos ambientais e incidem diretamente no orçamento dos empreendimentos

FERRAMENTAS DE AVALIAÇÃO AMBIENTAL NO PLANEJAMENTO E NA GESTÃO ENERGÉTICA | 849

– o que, em economia, se caracteriza como a inclusão das externalidades ambientais.

- O processo decisório passa por um extenso manejo de *stakeholders* (ou partes interessadas), que representam a parcela da sociedade direta ou indiretamente envolvida nos empreendimentos, bem como as instituições governamentais e não governamentais ligadas aos setores energético e ambiental.

- As chamadas exigências ambientais incluídas nas licenças ambientais, decorrentes do processo de análise pelos órgãos ambientais e das consultas aos *stakeholders*, têm frequentemente caminhado para um conjunto de ações destinadas a melhorar a região onde se situam os empreendimentos, em uma tendência clara de substituir ou complementar ações que estariam a cargo dos agentes institucionais regionais – também contribuindo para aumentar os custos dos empreendimentos do setor energético.

- A chamada judicialização do processo de licenciamento ambiental é uma realidade, pois, de acordo com a legislação de 1985, em função da tutela de defesa dos direitos difusos[3] (entre os quais se inclui o meio ambiente), cabe ao Ministério Público, aos órgãos ambientais integrantes do Sisnama e às organizações não governamentais de defesa ambiental a iniciativa perante o poder judiciário de propor ações civis públicas de tutela antecipada (ou seja, em casos de perigo iminente ou de afronta flagrante à legislação vigente)[4] e também de reparação do dano causado ou indenização pecuniária, em função da responsabilidade objetiva[5] dos agentes.

A discussão de cada item acima requereria uma longa análise, mas a principal constatação é a de que o processo de licenciamento ambiental tem sido alegado (injustamente) como um dos principais entraves ao desenvolvimento de projetos energéticos no país, refletindo-se em prazos mais longos e custos crescentes. Uma consequência pode ser uma deseconomia pelo atraso na entrada em operação de projetos para atender o crescimento da demanda energética e até na adoção de soluções alternativas, em alguns casos mais caras, para a sociedade.

---

[3] Os direitos difusos dizem respeito a toda a coletividade.

[4] Em jargão jurídico, respectivamente, *periculum in mora* e *fumus bonus juris*.

[5] Sem a comprovação da ação culposa.

Pode-se alegar, em contraponto, que o exame antecipado, nas etapas iniciais dos empreendimentos, previne a ocorrência de impactos ambientais significativos, planeja a adoção de medidas antes que elas ocorram e diminui as consequências eventualmente negativas para toda a sociedade, caminhando para a tese do desenvolvimento sustentável.

Apregoa-se, portanto, uma valorização da avaliação prévia de impacto ambiental e busca-se exaurir preventivamente todos os eventuais danos futuros.

Como uma síntese, pode-se afirmar que os principais instrumentos da política nacional do meio ambiente aplicáveis ao setor energético são:

- Avaliação prévia dos impactos ambientais – desde as fases iniciais de projetos do setor que possam causar significativo impacto ambiental.
- Licenciamento ambiental – junto aos órgãos ambientais do Sisnama.
- Inclusão da variável ambiental ao planejamento setorial alinhado ao planejamento ambiental do país.
- Avaliação ambiental estratégica do planejamento setorial de modo a alinhar-se aos preceitos do desenvolvimento sustentável.
- Inclusão da variável ambiental no processo decisório de escolha de alternativas tecnológicas e locacionais de projetos do setor.
- Manejo de *stakeholders*.
- Orçamentação de programas ambientais incluídos nas contas dos projetos do setor.
- Gerenciamento e gestão ambiental de projetos do setor.

PLANEJAMENTO INTEGRADO DE RECURSOS (PIR)

O ato de planejar é, simultaneamente, o mais corrente na vida do homem e a mais sofisticada atividade da sociedade humana organizada.

Em cada época, em cada contexto, os altos desígnios ou as decisões estratégicas, em um escalão mais elevado de intervenção, ou o bom governo ou o eficaz gerenciamento, em um escalão mais baixo, sempre envolveram os princípios, as etapas e os condicionamentos do planejamento como instrumento do exercício de um poder sobre um coletivo (comunidade) e os seus recursos (Almeida, 1999).

Em regimes políticos de índole democrática, o conceito de planejamento tende a apresentar características resultantes, seja de uma maior

FERRAMENTAS DE AVALIAÇÃO AMBIENTAL NO PLANEJAMENTO E NA GESTÃO ENERGÉTICA | **851**

descentralização espacial e administrativa, seja de uma maior participação dos atores da sociedade civil, como agentes do desenvolvimento e representantes de interesses potencialmente conflitantes.

O planejamento, dessa forma, pode ser considerado como o processo ordenado e sistemático de definir um problema, por meio da identificação e da análise das necessidades e demandas não satisfeitas que o constituem, ao estabelecer metas realistas e factíveis, decidir sobre suas prioridades, levantar os recursos necessários para alcançá-las e prescrever ações administrativas para a sua solução, com base na avaliação de estratégias alternativas (Lisella, 1977).

Desse ponto de vista, o planejamento incorpora e combina uma dimensão política e uma dimensão técnica. Técnica porque é ordenado e sistemático e deve utilizar técnicas de organização, sistematização e hierarquização de informações sobre o objeto e os instrumentos de intervenção. Política porque toda a decisão e definição de objetivos passam por interesses e negociações entre atores sociais (Buarque, 1990). Portanto, o planejamento é parte do exercício do poder dentro da sociedade (Ingelstam, 1987).

A concepção de planejamento está ganhando novas conotações que incorporam visões modernas e avançadas do processo social e suas implicações sobre formulação, negociação, decisão e implantação de meios e instrumentos de desenvolvimento.

O desenvolvimento sustentável é, atualmente, a base da orientação estratégica do planejamento, com repercussões sobre sua metodologia e suas técnicas de formulação e aplicação.

Além da definição consagrada da Comissão Brundtland, Buarque (1994) propõe que o desenvolvimento sustentável é o processo de mudança social e elevação das oportunidades da sociedade, compatibilizando, no tempo e no espaço, o crescimento econômico, a conservação ambiental, a qualidade de vida e a equidade social, partindo de um claro compromisso com o futuro e da solidariedade entre gerações.

Nas décadas mais recentes, constata-se a evolução de um novo contexto decorrente de diversos fatores emergentes, dos quais se realçam os seguintes:

- Reconhecimento de importantes alterações ambientais de origem antrópica, com potenciais consequências diversas e a necessidade de controle dos efeitos prejudiciais.

- Crescente preocupação com a proteção da fauna e da flora em um contexto conservacionista em defesa da biodiversidade.

852 | ENERGIA E SUSTENTABILIDADE

- Crescente preocupação com os atuais e futuros desequilíbrios entre as disponibilidades e necessidades de recursos naturais, em nível planetário e regional, levando em consideração os desníveis de qualidade de vida e o aumento das desigualdades sociais.

- Preocupação e tomada de consciência de uma ética imperiosa de possibilitar às futuras gerações o usufruto e a capacidade de gerir os recursos naturais que dispomos na atualidade.

- Finalmente, a realidade da globalização das mudanças ambientais e da intervenção dos agentes econômicos e decisores, bem como da aplicação de princípios universais, em nível planetário.

Em termos gerais, percebe-se, assim, uma mudança significativa nos princípios, condicionamentos e modos de intervenção no planejamento, permitindo o surgimento do conceito de planejamento ambiental que constitui a proposta e a implantação de medidas para melhorar a qualidade de vida presente e futura dos seres humanos, por meio da preservação e do melhoramento do meio ambiente, tanto em aspectos localizáveis (espaciais), como não localizáveis. O planejamento ambiental especificamente do território enfatiza os aspectos localizáveis, levando em conta, porém, a possível incidência de fatores não localizáveis (Gallopin, 1981).

O planejamento ambiental é imposto pela necessidade de orientar racionalmente as atividades nos âmbitos global, setorial (caso do planejamento do setor de energia) e regional, organizando adequadamente o aproveitamento dos recursos existentes visando alcançar os objetivos fixados.

A consideração do meio ambiente, na ótica do desenvolvimento sustentável, costuma fazer-se por meio do que por vezes se chama de planejamento transversal, o qual deve ser levado a cabo em sobreposição coordenada com os planejamentos setorial e regional.

O planejamento setorial, especialmente o do setor de energia, tem por finalidade elaborar planos que visam atingir objetivos setoriais estabelecidos em correspondência com os objetivos globais nacionais.

O planejamento regional, no seu sentido mais amplo, procura definir uma estratégia para o ordenamento físico do território nacional, apontando critérios para utilização do solo e dos recursos naturais, distribuição territorial das pessoas e das atividades, hierarquização dos centros urbanos, redes de comunicações, rede energética etc. Já o planejamento transversal visa à correta atribuição daqueles recursos cuja disponibilidade não pode aumentar significativamente. Entre esses recursos, incluem-se os recursos humanos e os recursos naturais, como a água, o solo, as florestas e o ar.

O planejamento ambiental é um caso típico de planejamento transversal que tem uma função marcadamente coordenadora, e resulta da circunstância de que os recursos ambientais são indispensáveis à atividade da maioria dos setores que condicionam o desenvolvimento sustentável. Além disso, a execução de medidas, obras e ações voltadas para a proteção e conservação do ambiente exige investimentos que devem ser considerados no âmbito do planejamento setorial. Por fim, são evidentes as implicações no âmbito do planejamento regional, ditadas pela forma de distribuição dos recursos pelo território.

O planejamento transversal do meio ambiente assegura, desse modo, uma interligação entre as malhas do planejamento setorial (setor energético) e do planejamento regional, sendo uma constatação recente de que as diferentes unidades territoriais dos diferentes setores tendem a ser cada vez mais diversas, em particular no concernente às unidades ambientais ou ecológicas que tenham de ser consideradas como objeto de tutela e de proteção.

O planejamento ambiental é um processo de características multi e interdisciplinares, que é confrontado com múltiplas interações, envolvendo, teoricamente, todos os subsetores direta ou indiretamente relacionados com o meio ambiente, o que se caracteriza como abordagem sistêmica (Odum,1971).

O processo de planejamento ambiental pode ser dividido em três níveis: o nível de diretrizes políticas, o nível de planos e programas e o nível de projetos.

O nível de diretrizes políticas é concretizado basicamente por meio da intervenção política e corresponde: à definição das necessidades e aspirações de desenvolvimento; à formulação de uma política e objetivos globais de desenvolvimento; e ao estabelecimento de objetivos estratégicos do setor e cenários alternativos da política ambiental. Dessa estratégia, decorre a formulação da Política Nacional de Meio Ambiente, que explicita os objetivos e os meios para alcançá-los.

Por meio da Política Nacional de Meio Ambiente, o país determina, organiza e põe em prática diversas ações que visam à preservação e à melhoria da vida natural e humana. Os objetivos, que são definidos em termos gerais, devem ser traduzidos em termos de objetivos técnicos, correspondendo ao nível de planos e programas, por meio de intervenção eminentemente técnica, compreendendo: as necessidades do setor ambiental; a análise de dados e identificação de problemas e oportunidades; a especificação de metas e detalhamento de objetivos; o desenvolvimento de cenários alternativos; a avaliação dos cenários em função dos objetivos técnicos; e a decisão de escolha do plano e programa que melhor satisfaça aos objetivos, processando-se essa etapa, de novo, por meio de uma intervenção política.

O nível de projetos ocorre como uma extensão dos planos e programas, por meio de intervenção técnica: programação de implantação; execução dos projetos; e controle da implantação. Não menos importante é a etapa de revisão de todo o processo, decorrente do monitoramento e da avaliação da implantação dos projetos, passando pela redefinição da política e dos planos e programas.

Conforme a característica essencial de planejamento transversal, o planejamento ambiental, no nível de diretrizes políticas, estabelece também objetivos e condicionantes ambientais para outros setores, dentre os quais está o setor energético, com base no padrão de desenvolvimento sustentável, exigindo as devidas articulações com as políticas nacionais de saúde pública, desenvolvimento urbano, recursos hídricos, transportes, agricultura, mineração, saneamento e tantas outras.

Da mesma forma, os objetivos técnicos do planejamento ambiental condicionam a execução de planos, programas e projetos dos diversos setores, inclusive do setor energético, por meio da adoção de critérios de conservação, preservação e recuperação ambiental e compatibilização com os padrões de minimização de impactos.

O processo de planejamento é continuado na gestão ao colocar em prática as determinações da política ambiental.

A gestão ambiental se diferenciaria do gerenciamento, tomado este como sistema ou modalidade de administrar problemas e interesses relativos ao meio ambiente em escala operacional e no âmbito de assuntos específicos, por exemplo, no nível de projetos, etapa de implantação de plano ou programa de ação. O gerenciamento se ocuparia do aspecto executivo propriamente dito, da implantação de medidas concretas em casos particulares, valendo-se dos métodos e meios propiciados pelo planejamento (seja no setor público ou na iniciativa privada).

As empresas e a sociedade também intervêm no processo, cabendo ao poder público a coordenação das atividades, pois, na estrutura da administração pública, se integram pessoas coletivas autônomas, ou seja, os diversos agentes que têm responsabilidade em ações de causa e efeitos ambientais (A Legislação Ambiental e os Empreendimentos do Grupo Camargo Corrêa, 1998).

FERRAMENTAS DE AVALIAÇÃO AMBIENTAL NO PLANEJAMENTO E NA GESTÃO ENERGÉTICA | **855**

Nessa vertente, a gestão participativa ganha relevância, dado que a sociedade passa a dispor de mecanismos eficazes para influenciar a condução da administração pública, ter acesso aos meios de comunicação e dispor de informações. Em outras palavras, a gestão ambiental passa, obrigatoriamente, pela democratização das decisões, de modo a permitir a participação da sociedade, garantindo acesso à discussão dos problemas e direito à vigilância das ações.

Dessa forma, uma satisfatória gestão ambiental resultaria em melhores condições ambientais ao ser humano, notadamente quanto ao escopo das políticas públicas, saúde, habitação, educação, segurança pública, alimentação, meio ambiente, transporte público, emprego, saneamento básico, seguridade social, energia etc. E, também, em melhores condições de vida da sociedade (qualidade de vida), bem como em um Estado mais forte, saudável, justo, equitativo, consistente, sólido, legitimado, soberano, representativo, melhor equilibrado economicamente e com um melhor posicionamento, em um contexto de relações internacionais.

Vários são os instrumentos de planejamento do setor energético e que incluem a dimensão do planejamento ambiental. Um exemplo é o Plano Nacional de Energia, publicado pela Empresa de Pesquisa Energética (EPE, 2008), que apresenta como metodologia geral os módulos:

- Macroeconômico: cenários mundiais, nacionais e de consistência macroeconômica.
- Demanda energética: com base em premissas setoriais, demografia, conservação, investimentos e meio ambiente.
- Oferta de energia: com base em preços, tecnologia, recursos energéticos, meio ambiente e regulação.
- Modelos de consistência energética: com base no consumo final de energia e na oferta interna de energia.

O Plano Nacional de Energia 2030 (EPE, 2008) considera, pelo lado da oferta, diversas tecnologias de geração de energia, a saber:

- Hidrelétrica.
- Termelétrica: petróleo e derivados, gás natural, carvão mineral, biomassa e termonuclear.
- Outras fontes, dentre as quais a eólica.
- Combustíveis líquidos.

Por outro lado, discute a eficiência energética com efeito nas projeções do consumo final de energia.

Poucos são os países no mundo autossuficientes na produção de energia. A dependência de importações implica o envolvimento ativo em atividades comerciais, diplomáticas e até militares. Isso é verdade para importações de alimentos, mas não há nada mais essencial, nos dias de hoje, do que garantir um suprimento regular de combustíveis e eletricidade, sem os quais uma civilização moderna não sobrevive (Goldemberg, 2013).

O Brasil tem, por isso, posição privilegiada por ser ao mesmo tempo um grande produtor de alimentos e de quase toda a energia que consome. Mais ainda, quase 50% dessa energia é renovável e praticamente não contribui para a produção de poluentes, seja em nível local ou em âmbito global. Isso se deve, principalmente, ao fato de a eletricidade ser produzida em grande parte em usinas hidrelétricas.

Especialmente com relação à geração de energia elétrica, dados do MME, de 2012, apontam que 81,9% da geração de energia elétrica depende da fonte hídrica, enquanto os 18,1% restantes estão divididos entre biomassa, gás natural, energia nuclear, derivados do petróleo, carvão e eólica. Isso mostra a tendência de utilizar energia renovável hidráulica, mas progressivamente substituí-la por outras fontes renováveis, como a biomassa, ou de baixo impacto ambiental, como a eólica, que estão se tornando mais competitivas economicamente.

Esse cenário abrangente e, de certa forma, ainda em desenvolvimento, por causa principalmente de aspectos organizacionais e regulatórios, apresenta características semelhantes ao denominado Planejamento Integrado de Recursos (PIR) que, ao início da desregulamentação do setor energético, foi sugerido no âmbito das empresas concessionárias de energia elétrica como um processo de planejamento com o objetivo de privilegiar a eficiência energética. Esse processo, embora tenha sido considerado por diversos países, teve mais força na América do Norte, mais especificamente no Canadá, mas acabou por ser descontinuado. No entanto, o PIR, conforme comentado, já apontava as características do cenário para o qual caminha o sistema atual. Dessa forma, considera-se interessante apresentar aqui suas características principais, que podem permitir uma visualização mais condensada e orientada do processo de planejamento integrado como um todo.

PIR em concessionárias de energia elétrica

A metodologia do PIR aqui enfocada teve como base a busca pelo uso mais eficiente da energia e, de certa forma, a ênfase nos usos finais. Seu objetivo básico foi expandir, até um novo limite, o cenário usual de planejamento, para que ele contivesse e avaliasse, de forma integrada, os projetos focalizados na oferta, em ações de aumento da eficiência e em conservação da energia.

Como resultado, o leque de projetos a ser analisado em um estudo de planejamento, incluiria, além daqueles de geração de energia, os de eficiência e gerenciamento do consumo. Considerando que projetos de conservação de energia, por exemplo, apresentam custos unitários bem menores que os de geração, eles seriam mais interessantes, economicamente, para o sistema e para os consumidores, além de apresentar adicionalmente benefícios ambientais e sociais.

Nesse contexto, o enfoque integrado do PIR busca permitir o balanceamento adequado dos interesses dos interessados/envolvidos (*stakeholders*):

* Do ponto de vista governamental, abarca questões como a criação de fontes de trabalho; a preservação, conservação e proteção do meio ambiente; o reconhecimento internacional (em termos globais do uso racional da energia e do meio ambiente); novas técnicas e tecnologias; e a possibilidade do desenvolvimento sustentável.

* Para a concessionária, pública ou privada, significa, em todos os sentidos, escolha de opções de baixo custo, (oferta de) tarifas mais baixas, adiamento de gastos de capital e, o mais importante, satisfação do consumidor.

* Para o consumidor, há o benefício de construções (em todos os sentidos) mais baratas ou de custo menor, menor gasto com energia, melhoria do ambiente vivencial e, também, da segurança e do conforto.

* As empresas de consultoria e construtoras, em razão da capacidade potencial de usar o conhecimento e a habilidade desenvolvidos para a implementação dos conceitos do PIR, também podem beneficiar-se mais cedo com ganhos do tipo de captura de uma boa fatia do mercado, por exemplo.

Em primeira instância, o PIR consiste na seleção da melhor forma de expansão da oferta de energia elétrica, por meio de processos que avaliem um conjunto de alternativas que inclui não somente o aumento da capacidade instalada, mas também a conservação e a eficiência energética, a autoprodução e as fontes renováveis. O objetivo é garantir que, considerados os aspectos técnicos, econômico-financeiros e socioambientais, os usuários do sistema recebam uma energia contínua e de boa qualidade, da melhor forma possível, orientando a aplicação da energia elétrica para um modelo sustentável de desenvolvimento.

Visando estabelecer a melhor alocação de recursos, o PIR implica: procurar o uso racional dos serviços de energia; considerar a conservação de energia como recurso energético; utilizar o enfoque dos "usos finais" para determinar o potencial de conservação e os custos e benefícios envolvidos na sua implementação; promover o planejamento com maior eficiência energética e adequação ambiental; e realizar a análise de incertezas associadas com os diferentes fatores externos e as opções de recursos.

Assim, é importante que sejam estabelecidos com clareza os conceitos ou princípios a serem caracterizados em uma árvore discreta que fundamente o PIR. São partes construtivas dessa árvore elementos como:

- Metas: serviço aos consumidores, retorno aos investidores, manutenção dos baixos níveis de preços, menores impactos ao meio ambiente e flexibilidade para enfrentar riscos e incertezas.

- Previsões: demanda, energia, capacidade disponível etc.

- Fontes: recursos disponíveis, avaliação, confiabilidade, taxas e indicadores, impactos ambientais etc.

- Métodos: de integração de interesses do lado da oferta e, do lado da demanda, elaboração de cenários com as possíveis fontes, avaliação de fatores externos (cultural, legal etc.), análise de incertezas futuras do plano e testes de alternativas com óticas diferentes (da concessionária, do consumidor e da sociedade como um todo).

- Definições: recursos adequados, processo de integração e seleção de alternativas.

O processo do PIR deve seguir essencialmente algumas etapas ou componentes básicos, mas podem ocorrer particularidades em função da região e do tipo de entidade que o assume.

Como ilustração, a Figura 23.1 apresenta um diagrama esquemático do processo do PIR, cujos blocos são enfocados especificamente logo em seguida.

Figura 23.1 – Diagrama esquemático do processo do Planejamento Integrado de Recursos.

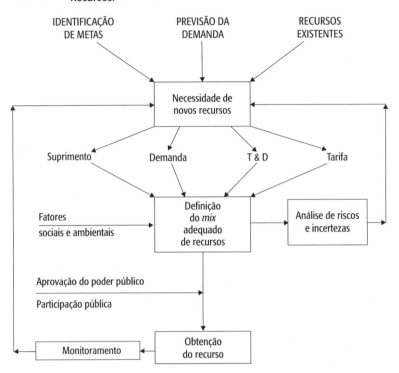

Fonte: Reis (2011).

De acordo com o diagrama, os pontos principais a serem considerados a cada momento, no curto e longo prazo do plano preferencial, são:

- Identificação dos objetivos do plano: oferecer serviço confiável e adequado; eficiência econômica, com manutenção da situação econômico-financeira da companhia; mesmas considerações de peso para o suprimento e a demanda como recursos; minimização dos riscos; consideração dos impactos ambientais e as questões sociais (níveis de aceitação) etc.

- Estabelecimento da previsão da demanda – antes do Gerenciamento pelo Lado da Demanda (GLD), inserido como alternativa a ser avaliada: distinguir os fatores (tecnológicos, econômicos e sociais) que influenciam ou não a demanda; elaborar diversas previsões em razão da incerteza acerca do futuro; manter compatibilização dos usos finais considerados nos programas de GLD com aqueles da previsão da demanda.

- Identificação dos recursos de suprimento e demanda: deve-se levantar separadamente cada um dos recursos factíveis, tanto aqueles já estabelecidos no plano de obras como os potenciais, que poderão influenciar a potência e/ou energia tanto no lado da oferta como no da demanda.

- Valoração dos recursos de suprimento e demanda: cada recurso deve ter atributos (quantitativos e/ou qualitativos) coerentes com os objetivos já estabelecidos. A avaliação e medição dos recursos devem ser multicriteriais (para que não sejam referidos somente em termos dos custos). Devem também ser utilizadas figuras de mérito, como gráficos, para mostrar custos unitários em função de magnitudes do recurso etc.

- Desenvolvimento de carteiras de recursos integrados: para cada previsão (total) da demanda, devem ser propostas carteiras constituídas pela combinação de recursos de suprimento e demanda – de Megawatts (geração) e Negawatts (conservação). Ambos (previsão e carteiras) devem cobrir o mesmo período no futuro (de 15 a 20 anos).

- Avaliação e seleção das carteiras de recursos: as alternativas de carteiras de recursos que responderão pela previsão devem ser comparadas na base de atributo por atributo, em função dos objetivos definidos pelo PIR. Se houver um mínimo de recursos presente em todas as carteiras de recursos, ele poderá ser incluído no PIR, sem análise adicional. Aqueles recursos não comuns poderão intervir, atendendo alguma das previsões totais.

- Plano de ação: deverá fazer parte desse plano o detalhamento dos passos de aquisição dos recursos que entrarão no curto prazo. Deverá também ser especificado o *modus* de ajuste à evolução da demanda (se está ou não dentro da previsão). Por fim, devem ser mostrados também os critérios projetados e de monitoração dos recursos de considerável incerteza (impactos de mercado e custos totais).

- Interação público-privada: a sociedade deve ser envolvida no processo do PIR para escolha dos métodos que melhor se apliquem a esse planejamento. A colaboração direta dos interessados pode dar-se por meio de fóruns informativos, *workshops*, audiências públicas etc. Também são benéficas as interações com outras entidades envolvidas em projetos similares.

FERRAMENTAS DE AVALIAÇÃO AMBIENTAL NO PLANEJAMENTO E NA GESTÃO ENERGÉTICA | 861

- Introdução e participação do regulador: durante todas as fases de elaboração do PIR, deverão ser abertas oportunidades ao ente regulador, para revisão e comentários.

- Introdução e implantação das políticas governamentais: o planejamento integrado de recursos deverá ser desenvolvido em concordância com a legislação e as políticas de Estado, normas de eficiência, controle de poluentes, fatores de risco etc.

- Revisões da regulamentação: o processo de revisões deve ser implementado junto ao plano de ação, de forma periódica (por exemplo, dois anos), para permitir resposta oral e/ou escrita da sociedade.

PIR em bacias hidrográficas

A Política Nacional do Meio Ambiente se integra à Política Nacional dos Recursos Hídricos em termos de espacialização do diagnóstico ambiental, da análise de impactos e da elaboração e execução de programas ambientais, podendo-se exemplificar:

- A referência geográfica à determinação do limite de um EIA/Rima é a bacia hidrográfica na qual o projeto deverá ser implantado (Resolução Conama n. 01/86).

- O Estudo de Impacto Ambiental (EIA), além de atender à legislação, obedecerá a uma série de diretrizes gerais, entre as quais definir os limites da área geográfica a ser direta ou indiretamente afetada pelos impactos, denominada área de influência do projeto, considerando, em todos os casos, a bacia hidrográfica na qual se localiza; preocupando-se em estabelecer as áreas de incidência dos impactos, abrangendo os distintos contornos para as diversas variáveis enfocadas (Resolução Conama n. 237/97).

Também o setor energético deve se alinhar ao contexto da Política Nacional dos Recursos Hídricos sempre que a água for importante insumo de seus projetos, o que ocorre, por exemplo, com a geração hidrelétrica, a geração termoelétrica, a geração nuclear e a exploração do chamado gás de xisto (*shalegas*).

Para cada seção de um rio, define-se uma bacia hidrográfica. Considerada determinada seção, bacia é toda a área que contribui por gravidade para os rios até chegar à seção que define a bacia. Essa área é definida pela topografia da superfície.

A bacia hidrográfica é a unidade territorial de planejamento para implantação da Política Nacional de Recursos Hídricos e para a atuação do Sistema Nacional de Gerenciamento de Recursos Hídricos.

Em especial, constituem diretrizes gerais de ação para implantação da Política Nacional de Recursos Hídricos:

- A gestão sistemática dos recursos hídricos, sem dissociação dos aspectos de quantidade e qualidade.
- A adequação da gestão de recursos hídricos às diversidades físicas, bióticas, demográficas, econômicas, sociais e culturais das diversas regiões do país.
- A integração da gestão de recursos hídricos com a gestão ambiental.
- A articulação do planejamento de recursos hídricos com o dos setores usuários e com os planejamentos regional, estadual e nacional.
- A articulação da gestão de recursos hídricos com a do uso do solo.
- A integração da gestão das bacias hidrográficas com a dos sistemas estuarinos e zonas costeiras.

O planejamento do uso dos recursos hídricos implica considerar as complexas relações biofísicas, socioeconômicas e políticas existentes em uma bacia hidrográfica, gerenciando uma intricada cadeia de recursos ambientais e de atividades humanas.

Esse processo de planejamento deve favorecer, capacitar e criar mecanismos para que se estabeleçam essas relações interinstitucionais de forma integrada. Além disso, os planejamentos setoriais devem incluir critérios e diretrizes que avaliem sua repercussão no planejamento integrado de desenvolvimento da bacia.

Segundo a legislação, o plano de uso da bacia hidrográfica deve considerar a participação e a consulta pública, sendo que o comitê de bacia deverá acompanhar a elaboração e será responsável por compatibilizar os interesses dos três níveis de governo (federal, estadual e municipal) dos diferentes setores usuários das águas e das entidades não governamentais de defesa dos recursos hídricos. São exemplos desses comitês no âmbito federal: São Francisco, Verde-Grande, Paranaíba, Doce, Pomba-Muriaé, Paraíba do Sul e Piracicaba-Capivari-Jundiaí.

Esse processo inclui o planejamento do setor energético, por exemplo, referente ao potencial hidrelétrico da bacia hidrográfica. Nesse caso, dentre as iniciativas tomadas pelo setor elétrico, destaca-se aquela relativa à inclusão dos aspectos ambientais de modo efetivo e sistemático, lado a lado com os aspectos econômicos, energéticos e de engenharia, na comparação e seleção das alternativas de divisão de queda na etapa de inventário hidrelétrico de bacias hidrográficas.

Observa-se que, no ciclo de planejamento dos empreendimentos hidrelétricos, essa etapa tem importância estratégica por ser o momento no qual se analisam as múltiplas implicações dos diferentes barramentos (barragens) sem ainda ter ocorrido o comprometimento de recursos técnicos e financeiros em qualquer projeto específico; além de ser, do ponto de vista ambiental, o momento no qual podem ser identificados os impactos ambientais do conjunto de aproveitamentos sobre a bacia hidrográfica, os efeitos acumulativos e as sinergias entre os diferentes projetos.

De acordo com a abordagem, os estudos de inventário passam a ser conduzidos sob um enfoque multiobjetivo, adotando-se como critério básico para a hierarquização das alternativas a maximização da eficiência econômico-energética em conjunto com a minimização dos impactos ambientais.

Para tanto, foi concebida uma metodologia a ser aplicada nos estudos ambientais de inventário, de modo a promover o conhecimento das principais questões ambientais da bacia, avaliar os efeitos da implantação do conjunto de aproveitamentos e possibilitar a construção de um índice a ser associado ao objetivo "minimizar os impactos ambientais". Os estudos são realizados em interação direta com os estudos energéticos e de engenharia visando condicionar a concepção dos aproveitamentos e a formulação das alternativas, além de fornecer informações para a estimativa dos custos ambientais a serem considerados no índice custo/benefício de cada aproveitamento/alternativa.

Os estudos ambientais têm como objetivo promover o conhecimento das principais questões ambientais da bacia hidrográfica e avaliar os efeitos da implantação do conjunto de aproveitamentos, tendo em vista subsidiar a formulação das alternativas de divisão de queda e a tomada de decisão.

Nesse aspecto, considera-se a etapa de inventário de especial relevância, por ser o momento no qual pode ser dimensionado o comprometimento ambiental exigido pelo conjunto de aproveitamentos sobre a região que constitui a bacia hidrográfica, possibilitando que sejam identificados e analisados os efeitos cumulativos e as sinergias, em interação direta com os estudos energéticos e de engenharia.

ENERGIA E SUSTENTABILIDADE

O planejamento dos estudos prevê a interação dos estudos ambientais com os procedimentos das demais áreas. Assim, nesta etapa, devem ser identificadas as questões ambientais mais relevantes para a área de estudo e, em especial, aquelas que possam vir a se configurar como restrições, de modo a influenciar a definição dos locais barráveis e a identificação preliminar das alternativas, bem como subsidiar a elaboração do programa de trabalho e a estimativa de custos das etapas subsequentes.

De forma mais específica, tendo como base o exposto anteriormente neste capítulo, um PIR para bacias hidrográficas poderia aproveitar as sinergias entre o processo do PIR, expandido para considerar a utilização adequada de recursos naturais em uma certa região, delimitada pela bacia ou bacias consideradas, bem como o plano da bacia ou das bacias.

Um roteiro exemplar para um PIR com essas características poderia englobar, por exemplo, as seguintes etapas/atividades:

- Expansão dos planos de recursos hídricos das bacias hidrográficas para os planos integrados de recursos, envolvendo como principais recursos a água, a energia elétrica e o gás canalizado.

- Análise e projeções das demandas de água, energia elétrica e gás.

- Tratamento integrado de programas de eficiência energética (eletricidade e combustíveis) e de conservação de água.

- Análise das alternativas de geração hidrelétrica, com ênfase nos aproveitamentos de uso múltiplo e pequenas centrais hidrelétricas (PCH) (estudos de inventários e viabilidade).

- Geração distribuída de energia elétrica, com ênfase nas fontes renováveis alternativas e na cogeração.

- Análise de alternativas de geração termelétrica, com ênfase na sua localização em função das tecnologias envolvidas, porte etc.

- Análises de alternativas de suprimentos de gás natural e das necessidades de expansão das redes de transporte e distribuição.

- Análise das necessidades de reforços das redes de transmissão e distribuição.

- Tratamento das questões ambientais: análise ambiental estratégica, zoneamento ambiental, licenças ambientais, interface com a área de saneamento etc.

- Tratamento das incertezas na elaboração do plano.

FERRAMENTAS DE AVALIAÇÃO AMBIENTAL NO PLANEJAMENTO E NA GESTÃO ENERGÉTICA | 865

- Interações com a sociedade local.
- Produtos para os planos indicativos de expansão.

AVALIAÇÃO DE CUSTOS COMPLETOS

Conforme discutido nos itens anteriores, a inclusão da variável ambiental nas fases iniciais da definição de projetos do setor energético leva a uma avaliação prévia dos impactos ambientais. Uma forma de garantir a execução dos programas ambientais associados aos projetos é definir sua estratégia de implantação.

As ações e as medidas de proteção e conservação ambiental devem ser cuidadosamente planejadas, por meio de estudos e diagnósticos da realidade, levando em conta todos os elementos a serem protegidos e conservados e concluindo-se por propostas que serão objeto de um ou vários programas.

Os programas ambientais (alguns agentes na sua fase executiva os chamam de projetos) constituem a forma organizada de materializar as medidas e ações previstas no processo de planejamento ambiental, a partir de objetivos pré-definidos, que têm como resultado a implantação efetiva das políticas de desenvolvimento sustentável.

Os programas ambientais são colocados em prática por meio das seguintes etapas:

- Formulação de seus objetivos específicos de acordo com os objetivos maiores do empreendimento e as metas a serem atingidas.
- Viabilização técnica, econômica e financeira.
- Detalhamento das atividades de implantação.
- Formulação de cronograma executivo.
- Detalhamento das atribuições e responsabilidades institucionais de execução.
- Concepção e implantação de um sistema de gerenciamento da implantação.
- Avaliação e monitoramento.

Um importante item é assegurar os recursos financeiros para concretizar essas ações. Se não forem previstos recursos nas fases iniciais do processo, a possibilidade de as ações se tornarem efetivas diminui.

Isso porque, mesmo com compromissos assumidos no processo de licenciamento ambiental, a discussão sobre a viabilidade técnica e econômica dos empreendimentos e todo o equacionamento da chamada engenharia financeira também já podem estar formalizados. Dessa forma, o ânimo do empreendedor em dispor de recursos para os programas ambientais pode ser baixo, e o *trade-off* entre aumentar os custos do empreendimento pode diminuir, por consequência, a sua rentabilidade e transferir para um embate entre a sociedade, os órgãos do Sisnama e o empreendedor – uma autêntica "queda de braço" sobre quem deverá prevalecer na definição da extensão e duração de programas ambientais, o que provoca grande desgaste em um cenário quase certo de aumento dos custos e, ao mesmo tempo, de insatisfação social.

É por isso que a atividade de orçamentação dos programas ambientais tem se tornado decisiva e mesmo mandatória quando do financiamento de empreendimentos por parte de agentes multilaterais de crédito[6] ou de bancos comerciais signatários dos Princípios do Equador.[7]

Nesses casos, o orçamento dos programas ambientais é feito em conta específica, e os recursos financeiros são especificamente alocados para esse fim,[8] sem possibilidade de utilização em outros itens do projeto.

Um exemplo importante da decomposição de custos dos programas ambientais é o Orçamento Padrão Eletrobrás (OPE), que classifica em contas os diversos itens dos projetos do setor de energia elétrica e que destina uma conta específica para os itens referentes ao meio ambiente (a conta 10 – terrenos, relocações e outras ações ambientais). Nessa conta, abrem-se os custos ao segundo nível de detalhe, buscando cobrir todas as principais ações de mitigação, prevenção e compensação de impactos relativos aos meios físico, biótico, socioeconômico e cultural.

É interessante notar que alguns itens, como a aquisição de terras, são atualmente considerados ambientais, embora sempre fizessem parte do custo dos projetos. Também se deve lembrar que os custos de controle ambiental de canteiros de obras, apesar de estarem alocados em conta específica, também são considerados ambientais e atualmente compõem o

---

[6] Como o Banco Mundial e o Banco Interamericano de Desenvolvimento.

[7] Em junho de 2003, o International Finance Corporation (IFC), braço do Banco Mundial que financia o setor privado, criou uma série de exigências conhecida como "Princípios do Equador", que são diretrizes socioambientais cuja adoção pelas instituições financeiras que vão fornecer financiamentos de projetos às empresas é necessária.

[8] Popularmente, são recursos carimbados.

chamado (entre outras denominações) Plano Ambiental da Construção (PAC).

O orçamento inclui ações estruturais (ou seja, que requerem alguma estrutura física ou de equipamento de controle) e não estruturais (como monitoramento, investimento em parques existentes, fiscalização de áreas etc.) e englobam as fases de implantação e operação durante a vida útil do projeto. Em alguns casos, os órgãos do Sisnama têm solicitado um plano de desmobilização (e os respectivos custos) em relação ao término da vida útil do projeto.

O resultado normalmente é reportado como um percentual do valor total do investimento (sem considerar os juros durante a construção) e normalmente incorpora a obrigação legal de um percentual, em geral 0,5% do valor do empreendimento, como compensação para investimento em unidades de conservação, conforme a legislação do Sistema Nacional de Unidades de Conservação (Snuc).

Com a evolução da questão ambiental desde a década de 1980, há exemplos de projetos que apresentavam valores da ordem de 3 a 5% do total do projeto alocados para programas ambientais. Mais recentemente, os números situam-se em 15%, podendo chegar à ordem de 20% (The World Bank, 2008).

É interessante notar que os órgãos ambientais, ao emitirem as licenças prévias, de instalação e de operação, não incluem entre as obrigações do empreendedor o demonstrativo de custos relativos aos programas ambientais. A consequência é que as ações necessárias para atender às exigências dos órgãos ambientais podem ser modificadas ao longo do tempo e ultrapassarem os orçamentos previstos.

Muitas vezes, as negociações com os principais *stakeholders*, especialmente quanto às medidas compensatórias, e também com a população diretamente atingida, também apresentam variações de escopo dos programas, refletindo-se diretamente nos custos ambientais.

Portanto, durante a etapa de orçamentação do projeto, os bancos financiadores têm considerado o meio ambiente como um fator de risco – mesmo tratamento dado, por exemplo, ao risco geológico para uma geração nuclear ou ao risco hidrológico associado às mudanças climáticas para a geração hidrelétrica.

A quantificação do risco ambiental depende, então, fundamentalmente, do grau de detalhamento dos programas ambientais e do nível de envolvimento com os *stakeholders* e com os órgãos ambientais nas etapas cada vez mais iniciais do processo.

Isso previne o eventual "aumento" dos custos inicialmente previstos, que tendem a ser subestimados e requerem contingências maiores na discussão da viabilidade dos projetos.

Algumas considerações conceituais e metodológicas sobre a Avaliação de Custos Completos (ACC)

Diversos aspectos influentes num projeto, salientando-se os impactos ambientais, quando tratados no planejamento energético, podem ser chamados de externalidades. Em relação aos recursos energéticos, subentende-se por externalidades ou impactos externos os impactos negativos ou positivos derivados de uma tecnologia de geração de energia, cujos custos não são incorporados ao seu e, consequentemente, não são repassados aos consumidores, sendo arcados por uma terceira parte ou por toda a sociedade.

As externalidades englobam ainda outros impactos: sociais, políticos, macroeconômicos etc. Os impactos mais relevantes e que afetam diretamente o ser humano são os impactos sobre a saúde humana e o meio ambiente natural, além dos impactos globais, como o da camada de ozônio e o do efeito estufa.

A metodologia da Avaliação dos Custos Completos (ACC) trata as externalidades como custos externos e procura monetizar, ou seja, avaliar em termos monetários esses impactos. No entanto, existem impactos externos monetizáveis e não monetizáveis. A monetarização desses impactos dá origem aos chamados custos externos, adicionais aos custos internos que representam os custos comumente considerados na avaliação de um determinado negócio.

O processo de incorporação das externalidades é chamado de internalização de custos. Os passos para internalização e métodos passíveis de utilização nas etapas do processo podem ser sumarizados como:

- Caracterização dos custos externos (para a qual existem diversas metodologias, como a determinação do potencial relativo; as consultas direcionadas; a determinação do custo de danos; e determinação do custo de controle).

- Incorporação dos custos no planejamento (por meio de adicionais/descontos; sistema de pontuação e classificação/ponderação; e monetarização).

- Internalização dos custos (efetuada por meio de diversas ações, como regulação; taxas corretivas; e licenças/permissões negociáveis).

A ACC é um meio pelo qual considerações ambientais podem ser integradas nas decisões de um determinado negócio. Trata-se de uma ferramenta que incorpora custos ambientais e custos internos, com dados de impactos externos e custos/benefícios de atividades sobre o meio ambiente e a saúde humana. Nos casos em que os impactos não podem ser monetizados, são usadas avaliações qualitativas.

Segundo a Ontario Hydro, a abordagem da ACC tem dois objetivos principais:

- Definir e alocar os custos ambientais internos.
- Definir e avaliar as externalidades associadas com as atividades.

A ACC, quando aplicada ao planejamento energético, está baseada em cinco premissas, das quais decorrem toda a metodologia de avaliação. Essas premissas são: consideração de recursos e usos de energia eficientes; impactos ambientais; impactos sociais; emprego de fontes de energia renováveis; e integridade financeira.

AVALIAÇÃO AMBIENTAL ESTRATÉGICA (AAE)

A Avaliação Ambiental Estratégica (AAE) foi aceita na década de 1980 como uma política do Banco Mundial, que estabeleceu que as questões ambientais deveriam ser consideradas como parte de uma política global em vez de projeto por projeto. A mesma filosofia da AAE ecoou no Relatório Brundtland e na Conferência das Nações Unidas do Rio de Janeiro, que recomendavam a extensão dos princípios da Avaliação de Impactos Ambientais (AIA) para políticas, planos e programas (Wood, 1997).

A avaliação ambiental de políticas, planos e programas, também designada pela AAE, constitui uma nova vertente do processo de AIA. Trata-se de um novo instrumento de avaliação ambiental, apoiado nos princípios e abordagens no âmbito da AIA, dirigido não à avaliação de projetos específicos, mas à avaliação ambiental de níveis mais estratégicos de decisão, como os instrumentos de política, de planejamento e programáticos.

Diretrizes, critérios e procedimentos de AAE têm sido adotados em diversos países com o objetivo de encontrar as abordagens mais adequadas, adaptadas aos sistemas decisórios vigentes. De modo geral, reconhece-se o papel potencial que a AAE pode desempenhar no desenvolvimento de práticas mais sustentáveis à etapa da formulação de políticas, planos e programas e como um instrumento crucial no processo de melhoria da prática da avaliação e gestão ambiental.

A aplicação prática da AAE tem evoluído a passos largos nos últimos anos. Enquanto poucos países têm regulações formais de AAE, alguns têm estabelecido normas para a sua elaboração. Regulações e normas têm surgido no mundo todo, incluindo muitos países da Europa e também a Austrália.

Reconhecem-se atualmente benefícios significativos da AAE, que claramente justificam o seu papel e a sua contribuição em relação ao aumento de eficácia ambiental em um processo decisório. São as seguintes as vantagens significativas da AAE:

- Assegura que suficiente atenção seja concedida aos aspectos ambientais no nível do desenvolvimento de políticas, planos e programas, integrando o meio ambiente e o desenvolvimento no processo decisório.

- Facilita a elaboração de políticas, planos e programas ambientalmente sustentáveis.

- Melhora as condições de eficácia da AIA de projetos ao identificar previamente os impactos e requisitos de informações, esclarecer questões de cunho estratégico e reduzir o tempo e o esforço para conduzir revisões.

- Permite a identificação e a abordagem dos impactos acumulativos e sinérgicos.

- Facilita a consideração de um grande número de alternativas, em vez do que é normalmente possível na AIA de um projeto específico.

- Leva em conta, quando possível, efeitos acumulativos e mudanças globais.

Por outro lado, muitas das dificuldades que são apontadas à adoção de procedimentos formais de AAE devem-se à incerteza e à insegurança associadas ao papel potencial que a AAE pode desempenhar nos processos de tomada de decisão. Essas dificuldades são significativamente influenciadas pelas características políticas e institucionais particulares de cada sistema político e econômico:

- Falta de conhecimento e experiência relativos ao âmbito de fatores ambientais a considerar, a tipos de impactos que podem ocorrer e a

FERRAMENTAS DE AVALIAÇÃO AMBIENTAL NO PLANEJAMENTO E NA GESTÃO ENERGÉTICA | **871**

como integrar a avaliação de impactos com a formulação de políticas de planos.

- Dificuldades institucionais e logísticas – é fundamental assegurar uma articulação e coordenação eficaz e responsável entre divisões diferentes de um mesmo setor governamental e entre setores governamentais distintos.

- Falta de recursos (informação, técnicos e financeiros).

- Falta de diretrizes e mecanismos que assegurem total implantação.

- Insuficiente responsabilização e comprometimento político na implantação da AAE.

- Dificuldades na fundamentação e clara enunciação de políticas gerais e setoriais e na definição de quando e como a AAE deveria ser aplicada.

- Metodologias específicas inexistentes.

- Envolvimento público limitado.

- Falta de procedimentos de verificação transparente na aplicação de processos de AAE.

- A experiência existente com a AIA de projetos não é necessariamente aplicável à AAE e está inibindo o desenvolvimento de abordagens específicas a AAE.

A AIA de projetos deve continuar e ser fortalecida. Em particular, ela deve influenciar no desenho do projeto. A análise de alternativas e a implantação das medidas e dos planos de mitigação durante a contratação e operação dos projetos devem ser mais efetivas.

A AAE regional e a avaliação de impactos acumulativos devem continuar a ser fortalecidas e mais frequentemente interligadas. A AAE setorial deve ser conduzida de forma a reduzir o custo e aumentar a eficiência dos benefícios da AIA em nível de projeto. O estudo setorial é uma arma poderosa para ajudar na relação do projeto e melhorar na análise de custo/benefício.

A AAE, em geral, deve ser mais sistematicamente aplicada para (Goodland, 1997):

- Ajustes estruturais, privatização e corporações transnacionais.

- Orçamentos, políticas e programas nacionais.

- Sustentabilidade ambiental e internalização de externalidades ambientais.

- Questões globais e tratados internacionais, como mudanças globais, biodiversidade e proteção à camada de ozônio.
- Toda a legislação, regulamentos e procedimentos ambientais.

As informações requeridas para a elaboração da AAE são as seguintes (Sadler e Baxter, 1997):

- O conteúdo dos planos e programas e seus principais objetivos.
- As características ambientais da área a ser significativamente afetada pelo plano ou programa.
- Quaisquer problemas ambientais existentes que sejam relevantes para o plano ou programa.
- Os objetivos relevantes de proteção ambiental e a forma com que estes e outras considerações ambientais são levadas em conta.
- Os prováveis efeitos ambientais significativos para a implantação do plano ou programa.
- Formas alternativas de atingir os objetivos do plano ou programa e as razões para sua adoção ou não.
- As medidas para prevenir, reduzir e compensar os efeitos adversos significativos sobre o meio ambiente.
- Quaisquer dificuldades encontradas (por exemplo deficiências tecnológicas).

A AAE, portanto, difere de (Thérivel e Partidário, 1999):

- AIA de projetos de grande escala, porque estes são de localização definida e específica e normalmente envolvem uma atividade principal.
- A elaboração integrada de planos, programas e políticas (PPP), que incorpora as questões ambientais no seu processo, mas não envolve estágios de uma avaliação ambiental formal, particularmente uma apreciação de alternativas variadas em objetivos ou critérios ambientais.
- Auditoria ambiental ou relatórios da qualidade ambiental que não produzem os impactos ambientais futuros, resultantes da aplicação de um PPP.
- Diversas avaliações ambientais, estratégias ambientais ou análises de custo/benefício: aquelas que só produzem os efeitos futuros de PPP não consideram uma gama de componentes ambientais ou não resultam em relatórios isentos.

- Diversos planos integrados de gerenciamento, que lidam com impactos ambientais em um ambiente específico (por exemplo, costa e Mata Atlântica) mas não informam especificamente o processo decisório de opções alternativas de planejamento e desenvolvimento que poderiam culminar em resultados ambientais mais efetivos.

A necessidade de alargar o âmbito de aplicação de AIA a ações de política, programação e planejamento é uma das questões que assume grande prioridade em diversos países. A experiência existente é, contudo, ainda incipiente.

Uma revisão da literatura existente (Partidário, 1994) demonstra que a AIA tem sido aplicada com grande sucesso a planos, programas e políticas setoriais.

Para a AAE ser eficiente, é necessário que o próprio sistema de definição de políticas e de planejamento considere a componente ambiental, seja pela integração dos critérios e preocupações ambientais nos processos de formulação respectivos ou pela avaliação das consequências ambientais de implantação das respectivas decisões. Trata-se de uma condição *sine qua non* para atingir uma maior eficiência e qualidade no desenvolvimento global social e econômico em face de problemas que, como a experiência tem demonstrado, virão necessariamente a surgir quando tratar-se de AIA de projetos.

No setor elétrico, os instrumentos que podem ser utilizados como AAE no processo de planejamento hidrelétrico são (The World Bank, 2008):

- Nível de política: AAE para a matriz energética; AAE para estratégia de recursos hídricos.
- Nível de plano: AAE para o plano hidrelétrico de 10 anos e AAE para planos de recursos hídricos de bacias.
- Nível de programa: AAE para o programa de desenvolvimento hidrelétrico de bacias.

Um exemplo significativo de AAE para o setor de energia são os Planos Decenais de Energia, que representam um dos principais instrumentos de planejamento da expansão eletroenergética do país. Desde 2007, esses planos têm ampliado a abrangência dos estudos, incorporando uma visão integrada da expansão da demanda e da oferta de diversos energéticos, além da energia elétrica.

Os Planos Decenais de Expansão de Energia apresentam importantes sinalizações para orientar as ações e decisões relacionadas ao equacionamento do equilíbrio entre as projeções de crescimento econômico do país e a necessária expansão da oferta, de forma a garantir à sociedade o suprimento energético com custos adequados em bases técnica e ambientalmente sustentáveis (MME, 2012).

Os diversos estudos contemplados nesses planos são agrupados nos quatro seguintes temas:

- Contextualização e demanda.
- Oferta de energia elétrica.
- Oferta de petróleo e seus derivados, de gás natural e de biocombustíveis.
- Aspectos de sustentabilidade.

Nota-se a importância da inclusão dos aspectos de sustentabilidade como uma área-chave do plano, incluindo os macroaspectos de eficiência energética e análise ambiental.

Além de considerar, analisar e ampliar o uso de fontes renováveis de geração de energia como biocombustíveis, energia eólica e hidroeletricidade, o plano faz uma ampla avaliação do ambiente como condicionante e como impactado pelas diferentes alternativas futuras de suprimento energético, de modo que os aspectos de sustentabilidade são significativamente considerados na consolidação dos resultados do plano.

A eficiência energética busca projetar ações de atuação na redução da demanda nos diferentes setores da economia. A análise ambiental discute os temas:

- Emissões de gases de efeito estufa.
- Análise ambiental por tipo de geração de energia, avaliação de cada fonte energética, de caráter qualitativo e quantitativo, com o objetivo de avaliar as condições em que as interferências dos projetos previstos poderiam ocorrer sobre o meio natural e a sociedade.
- Análise integrada, de caráter qualitativo, permitindo compor uma visão de conjunto da expansão da oferta de energia e indicar os desafios e as ações necessárias para melhorar as condições de sustentabilidade do plano.

Considerações adicionais sobre diferença e complementariedade entre AAE e AIA

A AAE é um instrumento de gestão ambiental destinado à fase de planejamento do desenvolvimento, ao contrário da AIA, que é aplicada a projetos, atuando praticamente sobre uma base de informações pré-estabelecida.

A AIA é comumente conhecida pelo Estudo de Impactos Ambientais, combinado ao Relatório de Impactos Ambientais EIA/Rima. A AIA, na sua concepção original, incorpora todos os níveis de decisão, não somente o nível de projeto, usualmente seu principal enquadramento de aplicação. Isso traz uma subutilização dessa ferramenta (EIA/Rima) para planejamentos, abrindo espaço para uma ferramenta mais específica, no caso, a AAE.

A primeira referência legal quanto à AAE encontra-se na legislação ambiental norte-americana, estabelecida pela National Environmental Policy Act (Nepa), e recomenda a avaliação dos efeitos ambientais das mais variadas propostas de legislação (MPF, 2005). Esta lei surgiu no ano de 1969 e demandava a avaliação prévia de impactos provenientes de qualquer ação que pudesse afetar significativamente a qualidade de vida do ser humano. Somente no início da década de 1990, a AAE se firmou como um campo de atividades destacado da AIA de projetos, principalmente pelas contribuições metodológicas vindas da Holanda e do Canadá (Sanchez, 2008).

Pode-se dizer, assim, que a AAE se desenvolveu como evolução da AIA, privilegiando sua aplicação em níveis estratégicos de decisão para permitir melhor acompanhamento dos projetos implantados mediante planos e programas estudados previamente pela AAE. Desta forma, a AAE não pode ser compreendida como algo pontual, e sim contínuo. Deve ser parte atuante do planejamento, integrando o desenvolvimento do escopo pré-estudado.

Segundo Partidário (2003), a AAE, um processo adaptativo, contínuo, de natureza incremental e de amplo escopo para a inclusão das questões de sustentabilidade, pode ser definida como

> [...] um sistemático e contínuo procedimento de avaliação da qualidade do meio ambiente e das consequências ambientais decorrentes de visões e intenções alternativas de desenvolvimento, incorporadas em iniciativas de formulação de políticas, planos e programas, de modo a assegurar a integração efetiva dos aspectos biofísicos, econômicos, sociais e políticos, o mais cedo possível nos processos públicos de planejamento e tomada de decisão.

Suas principais características são: flexibilidade, diversificação e caráter participativo.

Seu lado participativo é reconhecido pelo envolvimento de diferentes valores da sociedade, incorporando diversos atores para a realização de "acordos", objetivando consenso e a melhor decisão entre as partes envolvidas sobre a política, ou plano e/ou programa examinado.

Com a contribuição ambiental durante a realização do estudo, a AAE visa a todas as questões levantadas durante o processo de planejamento, até mesmo a ambiental. Desse modo, podemos classificar a AAE como uma ferramenta de gestão ambiental (MPF, 2005).

A AAE tem a sua prática em expansão no mundo. Especialmente na Europa, a AAE foi institucionalizada e é agora objeto de lei e regulamentos. Podemos observar um destaque da sua utilização na avaliação de impactos ambientais de projetos financiados por comitês/organizações/bancos que visam ao desenvolvimento de setores industriais e/ou regiões.

A área de atuação da AAE se volta a políticas, planos e programas de caráter nacional ou que contemplem uma região, município ou outra delimitação territorial. Atua também nas questões setoriais de uma atividade econômica.

A AAE tem um caráter "voluntário", sem ser uma exigência legal como o EIA/Rima, necessário para o licenciamento ambiental de obras e/ou atividades potencialmente causadoras de impactos ambientais cumulativos, configurando-se como uma iniciativa de planejamento.

Nos países onde a AAE tem uma exigência legal, as implicações ambientais precisam ser avaliadas de maneira prévia, antes da tomada de decisão sobre a implantação da política, do plano ou do programa, devendo a autoridade responsável integrar a AAE ao seu processo de planejamento, verificando os resultados conforme se der a etapa de aplicação das decisões propostas.

Tratando-se da AAE, é importante apresentar as diferenças entre suas necessidades de avaliação, conforme o objeto de análise.

Segundo Partidário (2003), a AAE tem diferentes formas de acordo com o nível de planejamento ao qual se aplica, existindo, assim, três tipos:

- AAE de políticas.
- AAE de planejamento territorial.
- AAE de planos e programas setoriais.

É importante lembrar que o caráter "estratégico" que deveria distinguir uma AAE de uma AIA é algo que ainda causa confusão. Não existe um consenso que deixe clara a diferença entre "avaliações estratégicas" e "avaliações não estratégicas", e não é difícil a AAE apresentar características estratégicas e, ao mesmo tempo, uma similaridade estrutural voltada à avaliação de impactos de projetos (AIA).

Com relação à complementaridade entre a AAE e AIA, pode-se ressaltar que a AAE não é entendida como uma substituição ou um avanço em relação ao tradicional método de avaliação de impactos de projetos (AIA). Antes disso, é entendida como um processo que melhora a eficácia da avaliação de projetos (Sánchez, 2008).

Em estudos efetuados quanto às avaliações estratégicas europeias, diversos casos apresentaram uma ajuda, uma complementaridade entre a AAE e AIA. A complementaridade pode ser exemplificada na Figura 23.2, que exibe a articulação entre os níveis progressivos.

Pode-se comentar, com relação à figura, que nem sempre os planos antecedem os programas, e estes nem sempre antecedem os projetos. Planos e programas nem sempre são estabelecidos em documentação seguida de análise crítica. Muitos projetos são gerados a partir de decisões estratégicas antigas, precisando de uma revisão conceitual e de dados informativos.

Figura 23.2 – Concepção da articulação entre PPP e projetos que prevalece na literatura que trata da AAE.

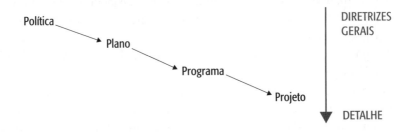

Fonte: Sánchez (2008).

Existe um crescente interesse em realizar uma AAE e manter uma articulação com outros instrumentos de caráter decisório, geralmente objetivando a facilitação da aprovação de projetos ambientais.

As vantagens básicas são que essa articulação:

- Permite a seleção de projetos viáveis para uma posterior avaliação individual.
- Promove a discussão de questões estratégicas que relacionem a real justificativa para a localização/implementação de projetos.
- Ajuda na análise de impactos cumulativos, principalmente pela aglomeração de empreendimentos dentro de uma determinada região.
- Auxilia no direcionamento das avaliações locais, a ser efetuada pela AIA, focando nas mitigações já com uma base de conhecimento ampla.
- "Facilita" a aprovação de projetos decorrentes ou associados aos PPP, pois serão projetos vindos de uma gama de estudos/conhecimentos que consideraram diversos níveis de interesses.

Para isso, a International Association for Impact Assessment (Iaia) expôs um conjunto de "critérios de desempenho" da AAE, visando a uma validação universal. Tal documento apresenta, dentro de suas justificativas internas, a seguinte frase:

> [...] um processo de avaliação ambiental estratégica de boa qualidade informa os planejadores, os tomadores de decisão e o público afetado sobre a sustentabilidade das decisões estratégicas, facilita a busca da melhor alternativa e assegura um processo decisório democrático. Isto aumenta a credibilidade das decisões e conduz a avaliações de impacto ambiental de projetos mais baratas e mais rápidas (Iaia, 2002).

No Brasil, não existe uma relação de exigência legal de AAE para eventuais empreendimentos e seus impactos sinérgicos, que são elaborados ainda com caráter voluntário.

A Figura 23.3 exibe os posicionamentos da AAE e da AIA em relação ao nível de desenvolvimento de interesse.

Um aspecto importante a ser ressaltado nesse contexto é a limitação da AIA para a avaliação de impactos. O EIA/Rima tem como principal limitação um aprofundamento sobre as questões que tratam as alternativas tecnológicas, as alternativas locacionais e os impactos cumulativos e indiretos. Isso é algo característico desse tipo de estudo. A avaliação por meio do EIA/Rima levanta problemas quase sempre originados por decisões tomadas em períodos passados e relaciona impactos já conhecidos. Não trata de impactos cumulativos nem sinergéticos, nos quais somente uma decisão governamental poderia mitigar os impactos relacionados.

Figura 23.3 – Posição da AAE e da AIA dentro do processo decisório.

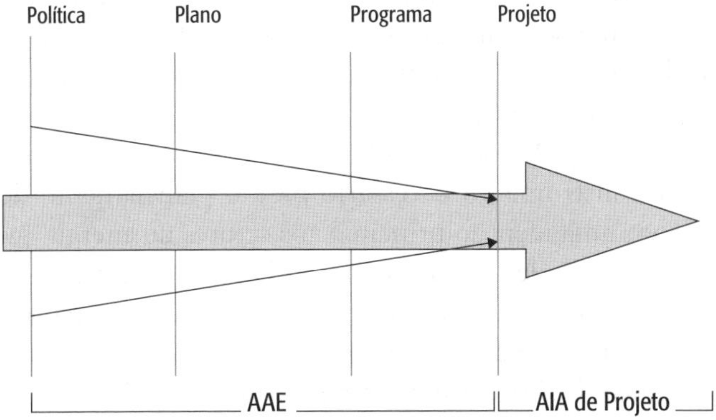

Fonte: Partidário (2003).

Pode-se exemplificar ao tratar de um adensamento industrial em uma determinada região. O EIA/Rima licenciará cada indústria, individualmente, mas como entender a somatória dos impactos dentro dessa região que agrupa uma diversidade industrial? É nessa escala que a AAE se encontra.

A AAE, com a sua visão estratégica, conseguiria levantar as decisões tomadas em períodos passados, como citado anteriormente, e possibilitaria uma discussão e a geração de soluções antes de cada indústria ser licenciada individualmente.

- A avaliação ambiental individual (EIA/Rima) não contempla os impactos cumulativos decorrente de inúmeros empreendimentos numa mesma região.

- Na AIA, os projetos de grande porte (mais impactantes) geralmente não possuem uma avaliação real sobre alternativas locacionais, somente uma justificativa que favorece a visão do empreendedor, sob a ótica da logística e investimento, mas nada que considere o meio ambiente.

- A falta do envolvimento da sociedade no processo de planejamento e de tomada de decisão de projetos de grande porte permite que as decisões internas sejam repassadas ao público em uma etapa posterior, durante o licenciamento, potencializando conflitos entre os interesses da sociedade e do empreendedor.

Como já citado, os estudos denominados Avaliação Ambiental Integrada de bacias hidrográficas, solicitados pela EPE, contemplada pelo Ministério de Minas e Energia (MME), também possuem similaridades com as AAE, independentemente de estarem direcionados para os recursos hídricos e terem sua avaliação focada nos impactos cumulativos e não em uma visão estratégica (Caldarelli, 2007).

Entre 1999 e 2002, o governo federal iniciou uma discussão sobre a AAE como um instrumento necessário para o planejamento dos setores brasileiros, com uma atenção principal aos setores de energia (geração de energia elétrica e petróleo), transporte e ordenamento territorial.

Durante esse período, houve um processo de capacitação, que possibilitou o desenvolvimento de metodologias e a sua aplicação em iniciativas piloto. Essas iniciativas fizeram parte de um acordo político entre os setores relacionados, contemplando uma melhoria da gestão ambiental das políticas e dos programas setoriais.

Com isso, o governo federal elaborou o primeiro manual em AAE em 2002, servindo de base informativa aos interessados em se capacitar.

A partir de 2003, se destacaram os governos estaduais, que estudam a ideia de formalizar a AAE como um instrumento de planejamento e de tomada de decisão no âmbito das políticas de infraestrutura.

Apesar do debate acerca da AAE ter crescido e envolvido alguns segmentos políticos federais, não houve uma sequência concreta. A não implementação da AAE dentro das estruturas governamentais se explica, teoricamente, pelas trocas periódicas dos profissionais diretamente envolvidos e que atuavam no Ministério do Meio Ambiente e Planejamento, além do surgimento de recomendações internas, vindas da Casa Civil e do Ministério de Minas e Energias, para que o foco das iniciativas se voltasse para Avaliações Ambientais Integradas (AAI) de hidrelétricas, deixando de lado a AAE.

AVALIAÇÃO AMBIENTAL INTEGRADA

Analisando-se especificamente o setor de geração hidrelétrica, o objetivo do inventário hidrelétrico é identificar a melhor alternativa de divisão de queda para o aproveitamento do potencial hidroenergético com base no conceito de otimização do potencial hidráulico,[9] levando em conta os fatores:

---

[9] Tendo em vista o preceito constitucional de que o potencial hidráulico é um bem da União.

FERRAMENTAS DE AVALIAÇÃO AMBIENTAL NO PLANEJAMENTO E NA GESTÃO ENERGÉTICA | 881

- Custos de construção e operação.
- Usos múltiplos da água.
- Efeitos sobre o meio ambiente.

De acordo com o Manual de Inventário Hidroelétrico de Bacias Hidrográficas, de 2007 (revisado e complementado a partir das versões anteriores, de 1984 e 1997), do Ministério das Minas e Energia, as etapas de um estudo de inventário são:

- Planejamento dos estudos.
- Estudos preliminares.
- Estudos finais.
- Avaliação ambiental integrada.

O planejamento dos estudos envolve as atividades de:

- Coleta e análise de dados disponíveis.
- Identificação de locais barráveis.
- Reconhecimento de campo.
- Identificação preliminar de alternativas e estimativa de potencial energético.
- Programa de trabalhos.

Os estudos preliminares envolvem as atividades de:

- Levantamento de dados.
- Diagnóstico e cenários de usos múltiplos da água.
- Diagnóstico ambiental.
- Formulação de alternativas de divisão da queda e ficha técnica dos aproveitamentos e estudos energéticos.
- Concepção de arranjos, dimensionamento e estimativa de custo e avaliação de impactos ambientais.
- Comparação e seleção de alternativas por meio de índice de custo/benefício energético e índice ambiental.

Os estudos finais efetuam a consolidação e o ordenamento dos aproveitamentos da etapa anterior.

Nesse contexto, o objetivo da avaliação de impactos no inventário é não somente identificar os prováveis impactos e apontar medidas mitigadoras, seja pela alteração do projeto ou por ações compensatórias, mas permitir a hierarquização das alternativas tendo em vista os efeitos que provocarão sobre o meio ambiente.

É extremamente importante afirmar que se busca promover a articulação entre o desenvolvimento dos estudos de engenharia e ambientais ao longo de todas as fases, segundo o enfoque multiobjetivo.

A Avaliação Ambiental Integrada da alternativa selecionada envolve as etapas de:

- Consolidação do diagnóstico ambiental representado pela caracterização da bacia hidrográfica e seus ecossistemas por meio de componentes-síntese, como: ecossistemas aquáticos, ecossistemas terrestres, modos de vida, organização territorial e base econômica.

- Avaliação ambiental distribuída e análise de conflitos, por meio da identificação dos impactos locais, sinérgicos e acumulativos.

- Áreas de fragilidade e potencialidade no cenário atual.

- Cenário futuro de referência com a alternativa implantada.

- Avaliação ambiental integrada propriamente dita com a apresentação dos cenários que retratam todos os impactos identificados.

- Diretrizes e recomendações.

A AAI é, portanto, uma forma de AAE com o objetivo de identificar e avaliar os efeitos acumulativos e sinérgicos resultantes dos impactos ambientais negativos e positivos ocasionados pelo conjunto de aproveitamentos hidrelétricos em planejamento, construção e operação em uma bacia hidrográfica.

Essa avaliação busca identificar as áreas de fragilidade ambiental e de conflitos bem como das potencialidades ambientais da bacia estudada relacionadas aos aproveitamentos, assim como definir indicadores de sustentabilidade para a bacia e envolver a elaboração dos cenários futuros de desenvolvimento da bacia.

Como resultado, deverão ser elaboradas diretrizes a serem incorporadas nos futuros estudos ambientais dos aproveitamentos hidroelétricos, visando subsidiar o processo de licenciamento ambiental, bem como as recomendações para a implantação dos futuros aproveitamentos de geração de energia elétrica.

Essa etapa tem como finalidade complementar e consolidar os estudos socioambientais realizados, de modo a fornecer um panorama da situação socioambiental futura da bacia hidrográfica com os aproveitamentos que compõem a alternativa de divisão de queda selecionada implantados, considerando:

- Os seus efeitos acumulativos e sinérgicos sobre os recursos naturais e sobre as populações humanas.

- Os usos atuais e potenciais dos recursos hídricos no horizonte atual e futuro de planejamento, buscando compatibilizar a geração de energia elétrica com a conservação da biodiversidade.

- A diversidade social e a tendência de desenvolvimento socioeconômico da bacia.

Os objetivos adicionais a serem alcançados são os seguintes:

- Desenvolver indicadores de sustentabilidade para a bacia, tendo como foco os recursos hídricos e a sua utilização para a geração de energia.

- Delimitar as áreas de fragilidade, bem como as potencialidades socioeconômicas que possam vir a ser alavancadas com a implantação dos aproveitamentos hidrelétricos.

- Indicar conflitos frente aos diferentes usos do solo e dos recursos hídricos da bacia.

- Estabelecer as diretrizes e recomendações socioambientais para os estudos de viabilidade dos projetos da alternativa selecionada.

As diretrizes e recomendações devem subsidiar futuramente: estudos ambientais na bacia hidrográfica; o processo de licenciamento ambiental dos projetos; eventuais readequações de projetos e programas; procedimentos associados à expansão da oferta de energia elétrica; e implantação dos aproveitamentos hidrelétricos na bacia, de modo a reduzir riscos e incertezas para o desenvolvimento socioambiental e para o aproveitamento energético da bacia.

Algumas definições:

- Sensibilidade de uma área pode ser definida como "a propriedade de reagir que possuem os sistemas ambientais e os ecossistemas, alterando o seu estado de qualidade, quando afetados por uma ação humana".

- Fragilidade de uma área pode ser definida como "o grau de suscetibilidade ao dano, ante a incidência de determinadas ações".

- Potencialidade de uma área está associada à existência de aspectos suscetíveis a transformações benéficas em decorrência da implantação dos empreendimentos hidrelétricos, ou seja, que representam oportunidades para promover o desenvolvimento das condições socioeconômicas da área de estudo.

É importante destacar o envolvimento público ao longo da elaboração do estudo, que visa colher subsídios e informações dos principais segmentos sociais da região com a realização de seminários, por exemplo: o primeiro após a realização da Avaliação Ambiental Distribuída, quando se faz a seleção dos indicadores para a realização da AAI, e o segundo com a discussão de cenários previstos para a região, com vistas a obter posicionamentos que possam implicar ajustes de determinadas hipóteses assumidas na projeção dos cenários, sendo realizado após a AAI.

A AAI representa um avanço no planejamento do setor elétrico, pois inclui um processo participativo e integrado; os diversos estudos de AAI deverão alterar a sistemática de licenciamento de usinas hidrelétricas e já se encontram incorporados no manual de inventário de usinas hidrelétricas. Além disso, os estudos de AAI certamente possibilitam que se evite ou elimine a introdução de novos requisitos "socioambientais" aos projetos após a concessão da licença de construção do empreendimento, fato que tem ocorrido em diversas obras em implantação atualmente no país.

REFERÊNCIAS

ALMEIDA, B. Reflexões sobre o planeamento da água e a situação actual portuguesa. *Revista Brasileira de Recursos Hídricos*, v. 4, n. 4, p. 5-16, out./dez. 1999.

BUARQUE, S.C. *Roteiro metodológico para a elaboração do plano de desenvolvimento da Amazônia*. Recife, 1990.

_____. *Desenvolvimento sustentável da zona da mata de Pernambuco*. Recife, 1994.

CALDARELLI S. A arqueologia em avaliações ambientais de planos e programas ambientais no Brasil. In: Congresso da Sociedade de Arqueologia Brasileira. Florianópolis, 2007.

[EPE] EMPRESA DE PLANEJAMENTO ENERGÉTICO. *Plano nacional de energia 2030*. Rio de Janeiro: EPE, 2008.

FINK, O. *Avaliação Ambiental Estratégica – uma ferramenta de decisão e desenvolvimento*. São Paulo, 2010. Monografia (Curso de especialização em gestão ambiental e negócios do setor energético). Instituto de Eletrotécnica e Energia da Universidade de São Paulo.

GALLOPIN, G. *El ambiente humano y planificación ambiental.* Madri: Centro Internacional de Formación en Ciencias del Ambiente, 1981.

GOODLAND, R. The strategic environmental assessment family. *EA*, v. 5, n. 3, p. 17-19, set. 1997.

[IAIA] INTERNATIONAL ASSOCIATION FOR IMPACT ASSESSMENT. *Strategic environmental assessment performance criteria.* EUA: Iaia, 2002.

INGELSTAM, L. La planificación del desarrollo a largo prazo: notas sobre su esencia y metodologia. *Revista de la Cepal*, v. 10, n. 31, p. 369-80, 1987.

LISELLA, F.S. *Environmental health planning guide.* Gênova: WHO, 1977.

[MME] MINISTÉRIO DAS MINAS E ENERGIA. *Plano decenal de expansão de energia 2021.* Brasília: MME/Empresa de Pesquisa Energética (EPE), 2012.

MOYA, C. A legislação ambiental e os empreendimentos do Grupo Camargo Corrêa. 1998, São Paulo. *Anais...* São Paulo, Cnec/Cavo, 1998.

[MPF] MINISTÉRIO PÚBLICO FEDERAL; PROCURADORIA GERAL DA REPÚBLICA. *Meio ambiente e patrimônio cultural.* Brasília: Ministério Público Federal, 2005.

ODUM, H. T. *Environment, power and society.* Londres: J. Wiley and Sons, 1971.

PARTIDÁRIO, M. R. *Avaliação do impacto ambiental.* Lisboa: Cepga, 1994.

_____. *Avaliação Ambiental Estratégica* (Material de curso). Rio de Janeiro, 2003.

REIS, L.B. *Geração de energia elétrica.* 2.ed. Barueri: Manole, 2011.

REIS, L.B.; FADIGAS, E.A.; CARVALHO, C.E. *Energia, recursos naturais e a prática do desenvolvimento sustentável.* 2.ed. Barueri: Manole, 2012.

SADLER, B. *Assessment in a changing world: evaluating practice to improve performance.* Canadá: Canadian Environmental, 1996.

SADLER, B.; BAXTER, M. Taking stock of SEA. *EA*, v. 5, n. 3, p. 14-17, set. 1997.

SÁNCHEZ, L. Avaliação Ambiental Estratégica e sua aplicação no Brasil. In: *Rumos da Avaliação Ambiental Estratégica no Brasil.* 2008, São Paulo. Disponível em: http://www.iea.usp.br/publicacoes/textos/aaeartigo.pdf. Acessado em: 9 out. 2014.

THE WORLD BANK. *Licenciamento ambiental de empreendimentos hidrelétricos no Brasil: uma contribuição para o debate.* The World Bank (Escritório do Banco Mundial no Brasil), 2008.

THÉRIVEL, R.; PARTIDÁRIO, M.R. *The practice of strategic environmental assessment.* 2.ed. Londres: Earthscan, 1999.

WOOD, C. The way forward. *EA*, v. 5, n. 3, p. 5, set. 1997.

Planejamento com Base na Matriz de Energia Elétrica

24

Maurício Dester

Engenheiro eletricista, Universidade Estadual de Campinas

Moacir Trindade de Oliveira Andrade

Engenheiro eletricista, Universidade Estadual de Campinas

Sergio Valdir Bajay

Engenheiro mecânico, Universidade Estadual de Campinas

INTRODUÇÃO

As questões concernentes à matriz de energia elétrica têm semelhança inequívoca com a matriz de energia. Isso se justifica pelas características e problemas comuns ligados aos energéticos de uma maneira geral. Assim, os problemas e as propostas discutidas neste capítulo têm uma extensão natural para também abranger outras fontes de energia e o respectivo planejamento da expansão da sua oferta.

A energia, nas mais variadas formas e fontes, vem ocupando, de maneira crescente, uma posição de relevância na sociedade contemporânea e cada vez mais se configura como um bem de consumo imprescindível à vida inserida nessa sociedade. Dentre as formas que a energia pode assumir, a eletricidade é uma das mais importantes, tanto no que se refere ao seu uso propriamente dito como na evolução de sua participação percentual na matriz de energia. A Figura 24.1 apresenta um panorama da matriz de energia mundial em 1973 e em 2009, permitindo observar a evolução na participação da eletricidade, como fonte de energia, que passou de 9,4%, em 1973, para 17,3%, em 2009.

Figura 24.1 – Participação dos energéticos no consumo final de energia no mundo.

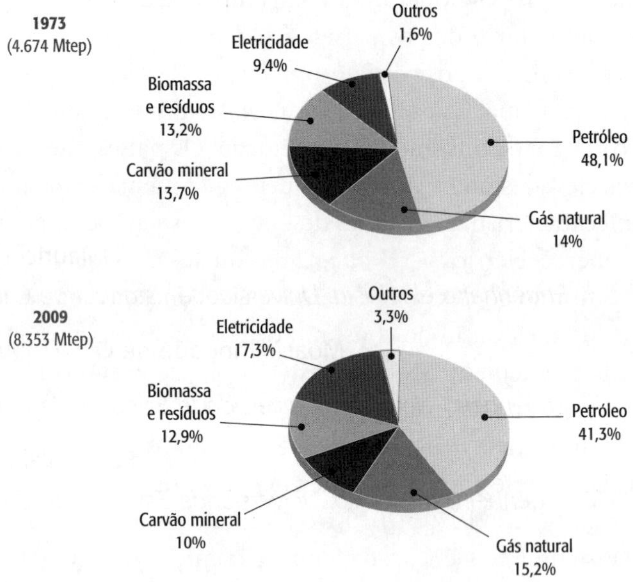

1973
(4.674 Mtep)

Eletricidade
9,4%

Biomassa
e resíduos
13,2%

Carvão mineral
13,7%

Outros
1,6%

Petróleo
48,1%

Gás natural
14%

2009
(8.353 Mtep)

Eletricidade
17,3%

Biomassa
e resíduos
12,9%

Carvão mineral
10%

Outros
3,3%

Petróleo
41,3%

Gás natural
15,2%

Fonte: IEA (2011).

Um indicador bastante utilizado para avaliar o nível de desenvolvimento de uma nação é o Índice de Desenvolvimento Humano[1] (IDH). De maneira análoga, é comum utilizar a eletricidade para esse indicador. Nesse sentido, é interessante observar a correlação existente entre o IDH e o consumo de energia elétrica, o que vem corroborar a utilização deste último como indicador do desenvolvimento socioeconômico.

---

[1] O IDH é uma medida comparativa que engloba três dimensões: riqueza, educação e esperança média de vida. A cada uma dessas variáveis é atribuído um valor entre 0 e 1. O IDH é calculado como uma média aritmética dos índices individuais atribuídos. Quanto mais próxima à média 1, maior será o desenvolvimento observado de uma população, sob o ponto de vista do IDH. É uma maneira padronizada de avaliação e medida do bem-estar de uma população. O índice foi proposto em 1990 pelo economista paquistanês Mahbub ul Haq e vem sendo usado desde 1993 pelo Programa das Nações Unidas para o Desenvolvimento no seu relatório anual.

Na Figura 24.2 é possível observar uma comparação entre o Produto Interno Bruto (PIB), o consumo de energia elétrica *per capita* de alguns países e o seu IDH. No eixo das abcissas, em que consta o nome desses países, o valor entre parênteses corresponde à posição que o respectivo país ocupa no *ranking* do IDH.

De maneira a proporcionar uma visão ampliada do *ranking* sem, contudo, ter de apresentar todos os países, fez-se uma segmentação e tomaram-se as dez primeiras posições do *ranking*, as dez intermediárias e as oito últimas. A principal constatação é que existe uma significativa correlação entre o IDH e o consumo de eletricidade. Os países que ocupam as posições mais elevadas no *ranking* são aqueles que, além de possuírem um PIB *per capita* característico de países desenvolvidos, também têm um alto consumo de energia elétrica *per capita*. Uma conclusão evidente é que uma proposta de estímulo ao desenvolvimento socioeconômico passa, necessariamente, por uma elevação do consumo de eletricidade e, portanto, uma oferta correspondentemente segura e sustentável, não obstante a aplicação, mesmo que ampla, da eficientização energética.

Para se ter uma ideia mais detalhada, em termos de Brasil, do comportamento do IDH frente ao consumo de energia elétrica, foi elaborado um paralelo entre ambos, de 1970 a 2010, e o resultado pode ser visto na Figura 24.3. Observa-se uma tendência ao comportamento acoplado entre o IDH e o consumo de energia elétrica.

A eletricidade é considerada um fator crítico de sucesso para a redução da pobreza e a proteção do meio ambiente (Guardabassi, 2006). Um relatório emitido pelo Secretário Geral da ONU (ONU, 2009) ressalta a importância da energia elétrica para promover a elevação na qualidade de vida. Nesse sentido, também é digno de nota que das oito Metas de Desenvolvimento do Milênio[2] estabelecidas pela ONU, pelo menos seis delas têm relação estreita com o acesso à energia elétrica.

Estabelecer qual é a composição desejada da matriz de energia elétrica e projetar esse objetivo para um horizonte de longo prazo é o que basicamente se faz quando se pensa em um processo de planejamento clássico. É importante salientar que o termo "matriz de energia elétrica" tem sido

---

[2] As Metas de Desenvolvimento do Milênio são: erradicar a extrema pobreza e a fome; atingir o ensino básico universal; promover a igualdade de gênero e a autonomia das mulheres; reduzir a mortalidade infantil; melhorar a saúde materna; combater o HIV/Aids, a malária e outras doenças; garantir a sustentabilidade ambiental; e estabelecer uma parceria mundial para o desenvolvimento.

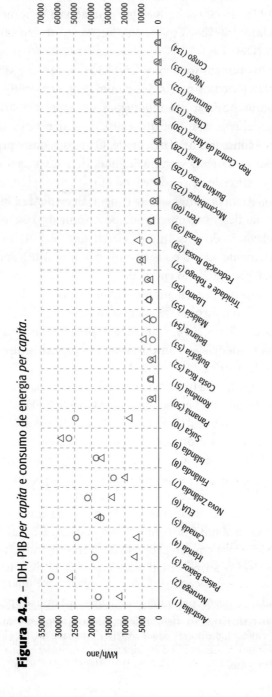

Figura 24.2 – IDH, PIB *per capita* e consumo de energia *per capita*.

Fonte: UNDP (2011).

utilizado incorretamente. Tratando-se de matriz, a visão não pode ser somente uma "fotografia" da situação atual, mas também apontar para o futuro. O presente ou o passado são constatações do que existe ou existiu e têm sua importância como experiência para repetir os casos de sucesso e repelir os casos de fracasso. Para se constituir, de fato, uma matriz de energia elétrica calcada em um processo sustentável, é necessário haver um conjunto de políticas que deem suporte a esse processo, caso contrário, seu fracasso já está determinado. O assunto "políticas" é tratado em mais detalhes nos Capítulos 25 e 26. Com o objetivo de embasar a discussão que segue, será feita uma análise das matrizes energéticas passadas e presentes do Brasil e do mundo.

Figura 24.3 – Evolução do IDH e do consumo de energia elétrica no Brasil.

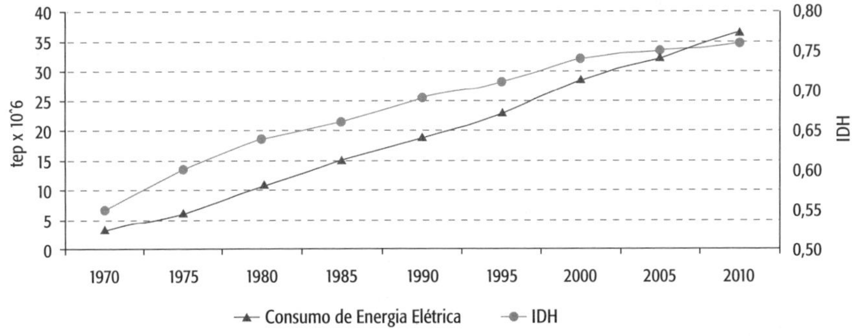

Fontes: EPE (2010); UNDP (2011).

MATRIZ DE ENERGIA ELÉTRICA NO MUNDO

O carvão mineral é a principal fonte de energia elétrica no mundo. Sua participação está muito acima do segundo colocado, o gás natural. Juntos, representam mais de 60% da produção de eletricidade no mundo. A hidreletricidade ocupa a terceira posição, contudo, em níveis bem inferiores ao gás natural, e é seguida, de perto, pela energia nuclear. Há que se apresentar o principal motivo da constituição dessa matriz nesses moldes. Trata-se da disponibilidade desse energético (carvão) agregada ao fato de que há total domínio tecnológico de toda a sua cadeia de produção, desde a prospecção até a geração de energia elétrica. O contraponto está nos impactos ambientais provocados, principalmente no que diz respeito à emissão de CO_2, segundo alguns estudos, principal responsável pela intensificação artificial do efeito estufa. No que diz respeito à evolução da matriz mundial[3] de energia elétrica (IEA, 2012), ilustrada no gráfico apresentado na Figura 24.4, é possível tecer algumas constatações.

O marco inicial dos dados é o ano de 1973, a partir do qual a Agência Internacional de Energia (AIE) passa a emitir o relatório que contém esses dados. Nota-se que o carvão mineral permanece como a principal fonte na produção de energia elétrica, apresentando um crescimento em relação ao marco inicial. No entanto, apresenta pequena queda na participação no decorrer dos anos de 2007 a 2010. No ano de 2010, a participação do carvão foi 82,3% maior que a do gás natural, segundo colocado.

No que se refere ao óleo combustível, a participação reduziu acentuadamente em relação ao marco inicial, uma queda de mais de 300%. Dentre as principais fontes de eletricidade, é a que possui o menor percentual participativo.

Quanto ao gás natural, houve um crescimento significativo na matriz, de 84% em relação ao marco inicial. Em 2010, esse energético ocupou a segunda posição de importância na produção de eletricidade, em termos da matriz em análise.

A hidreletricidade sofreu um decréscimo de 24% na sua participação, passando de 21% no marco inicial para 16% em 2010, mantendo a terceira posição dentre as fontes.

A fonte nuclear passou por um processo de crescimento relevante, saindo de 3,3% para 12,9%, um aumento de quase 300%, subindo da quinta para a quarta posição.

Em relação às outras fontes, que incluem as renováveis (exceto hidreletricidade), também se pode afirmar que sua participação aumentou de forma significativa, fato confirmado pelo percentual de crescimento, que foi de 500%. Apesar dessa elevação, sua participação ainda é pequena, representando apenas 3,7% da matriz.

---

[3] Contemplando os países considerados no relatório citado como referência, os quais tratam-se, em sua grande maioria, de nações que já alcançaram elevados níveis de desenvolvimento econômico.

Figura 24.4 – Participação das fontes na geração de energia elétrica no mundo.

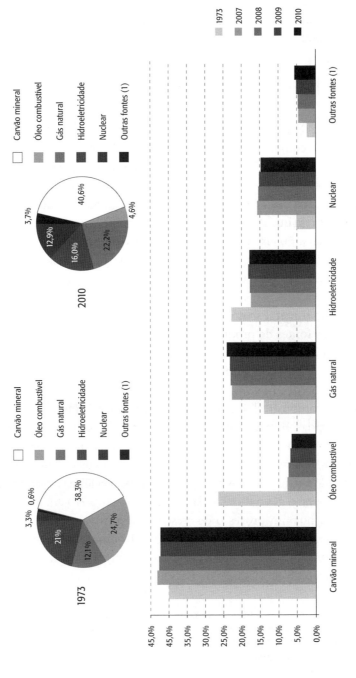

(1) Incluir demais fontes de energia elétrica, tais como solares, eólicas, biomassa, geotérmicas e outras com menor participação.

Fonte: IEA (2012).

É interessante ainda notar que a geração de energia elétrica sofreu um descréscimo em seu valor absoluto em 2009, em relação a 2008, em função da crise econômico-financeira que se abateu sobre o mundo, com seu auge no ano de 2008.

MATRIZ DE ENERGIA ELÉTRICA NO BRASIL

A matriz de energia elétrica do Brasil exibe significativa diferença na composição se comparada à mundial. O principal e marcante diferencial é a presença maciça de fontes renováveis em sua composição. Essa participação está muito acima da média mundial e é motivo principal dessa matriz ser considerada uma das mais "limpas"[4] em termos globais. A maior fonte responsável por essa qualificação é, fundamentalmente, a hidráulica, atualmente com participação em torno de 65%, no que diz respeito à potência instalada (Aneel, 2013). Com base na Figura 24.5, se fazem algumas considerações no que diz respeito à evolução da matriz brasileira de energia elétrica (EPE, 2011).

O carvão mineral sempre representou menor percentual de participação dentre as fontes de produção de eletricidade. Nota-se que, em relação ao marco inicial, sofreu redução absoluta e relativa no quadriênio final considerado, sendo que a queda na participação entre 1973 e 2010 foi de aproximadamente 50%.

O óleo combustível[5] era responsável por quase um quarto da eletricidade produzida no marco inicial, sendo a segunda fonte mais importante na matriz naquela data. Todavia, no quadriênio final, a sua parcela passou a corresponder a menos de 10% da produção e a ocupar a quinta posição em termos de participação. A redução da sua parcela foi da ordem de 230%.

Por sua vez, o gás natural, cuja participação em 1973 era praticamente nula, passou por um processo de crescimento nos valores de sua parcela percentual, exceto em 2008, e atingiu em 2010 uma participação de mais de 10%, alcançando, nesse ano, a posição de segunda fonte mais importante na produção de eletricidade no Brasil.

---

[4] Entende-se o termo "limpa", nesse contexto, como aquela que não provoca elevados impactos ambientais, especialmente no que diz respeito à emissão de CO_2, principal substância considerada quando se avalia esses impactos.

[5] No caso do Brasil foi incluído juntamente com óleo combustível a produção a partir do óleo diesel.

Figura 24.5 – Participação das fontes na geração de energia elétrica no Brasil.

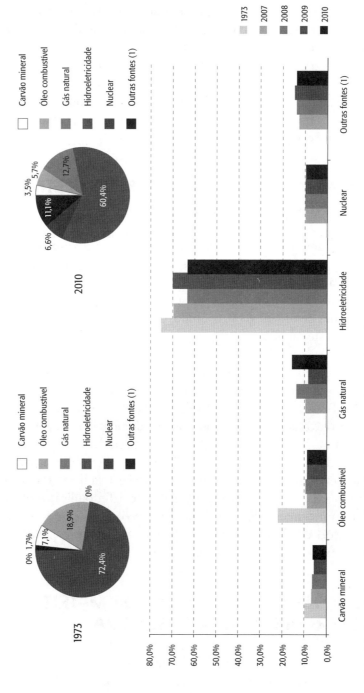

(1) Incluir demais fontes de energia elétrica, tais como solares, eólicas, biomassa, geotérmicas e outras com menor participação.

Fonte: EPE (2011).

A hidreletricidade participava, no marco inicial, com mais de 70% na matriz. Sua parcela relativa sofreu redução no transcorrer dos anos e, em 2010, caiu para aproximadamente 60%, uma redução de mais de 16%.

A fonte nuclear, que em 1973 ainda não existia como fonte para produção de eletricidade no Brasil, em 2010, passa a ter uma parcela de mais de 6% de participação.

No grupo de outras fontes, estão incluídas as renováveis (exceto hidráulica) e observa-se uma tendência contínua do crescimento de sua participação, chegando em 2010 a mais de 10%.

COMPARAÇÃO ENTRE AS MATRIZES ELÉTRICAS DO MUNDO E DO BRASIL

Na Figura 24.6, são apresentados gráficos que permitem estabelecer um paralelo entre a constituição das matrizes de energia elétrica mundial e brasileira para os anos de 1973 e 2010.

Por intermédio da análise desses gráficos, é possível tecer algumas constatações de ordem geral, contudo, de importância, considerando-se o contexto deste capítulo.

Observa-se que há uma tendência à manutenção dos níveis de participação dos combustíveis fósseis na matriz mundial, com aumento da participação do carvão mineral e do gás natural e diminuição do óleo combustível. No Brasil, ocorre a redução da parcela dos combustíveis fósseis em geral, com exceção do gás natural, que tem aumentada sua participação. A tendência na redução percentual de hidreletricidade se confirma em termos mundiais, assim como no Brasil. O inverso se observa para a fonte nuclear tanto no âmbito mundial como no Brasil. Já para as outras fontes, nas quais estão inclusas as renováveis (exceto hidráulica), nota-se uma elevação muita mais pronunciada no Brasil do que no mundo. O perfil das participações das fontes no Brasil é diferente daquele apresentado na esfera mundial, tanto em 1973 como em 2010.

AS OPÇÕES DE COMPOSIÇÃO DA MATRIZ DE ENERGIA ELÉTRICA BRASILEIRA

A diversificação da matriz de energia elétrica é uma questão de crucial importância, na visão de longo prazo. Deve ser um dos objetivos a serem

Figura 24.6 – Comparação mundo *versus* Brasil referente às matrizes de 1973 e 2010.

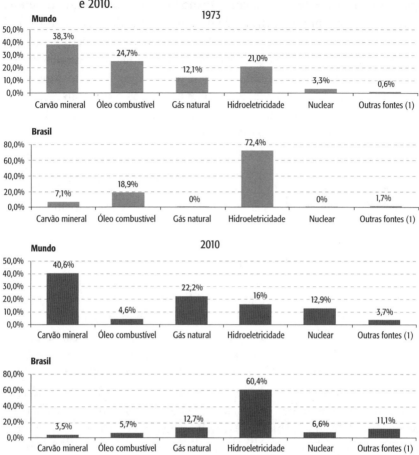

(1) Incluir demais fontes de energia elétrica, tais como solares, eólicas, biomassa, geotérmicas e outras com menor participação.

Fontes: IEA (2012) e EPE (2011).

atingidos por meio de políticas energéticas. Contudo, o que se nota como tendência dos últimos anos é o não aproveitamento racional das fontes disponíveis. Não existe uma estratégia e tampouco políticas bem definidas sobre a composição dessa matriz, seja em curto, médio ou longo prazo. O que aparenta haver é a utilização indiscriminada da técnica de "apagar incêndios", na tentativa de suplantar os obstáculos, o que se configura como prejudicial aos interesses nacionais em uma ótica de longo prazo, tendo em vista a característica efêmera das ações.

Além disso, não existe uma preocupação explícita em contemplar as três perspectivas – técnica, socioambiental e econômica – que devem ser consideradas em praticamente todo projeto, seja ele de pequeno ou grande porte. A falta de observância e equilíbrio entre essas perspectivas compromete a sustentabilidade[6] do processo de expansão da oferta de eletricidade. Há repercussões negativas nos objetivos maiores, ou seja, no suprimento da demanda com segurança e confiabilidade, na diversificação racional da matriz e na modicidade tarifária, elementos-chave para as bases do desenvolvimento econômico sustentável. Ademais, a não adoção de uma visão de longo prazo acaba requerendo, via de regra, a solução emergencial para os problemas, ou seja, o paradigma das "saídas mais fáceis" ou dos "puxadinhos". Na sua grande maioria, as soluções mais fáceis e adotadas sem planejamento são as menos eficientes e conflitantes com as melhores alternativas de médio e longo prazo.

A carência de coordenação e articulação entre os órgãos governamentais ligados ao setor elétrico emerge como uma das principais origens dos problemas atualmente enfrentados pelo setor elétrico brasileiro. Essa articulação deveria ser primordialmente liderada pelo Ministério de Minas e Energia (MME), por intermédio do Conselho Nacional de Política Energética (CNPE). Além de possuir competência e responsabilidade por essa ação, o MME tem assento nesse conselho que agrega representação das pastas mais importantes do governo federal, sejam elas relacionadas diretamente ou com forte influência no setor de energia, a saber: Ministério do Planejamento, Orçamento e Gestão (MPOG); Ministério da Fazenda (MF); Ministério do Meio Ambiente (MMA); Ministério da Ciência e Tecnologia (MCT); Ministério do Desenvolvimento, Indústria e Comércio (MDIC); Ministério da Agricultura, Pecuária e Abastecimento (Mapa); Ministério da Integração Nacional e Casa Civil; além de representantes dos estados brasileiros, o presidente da EPE e dois especialistas em energia nomeados pelo Presidente da República. Assim, o CNPE se constitui em um ambiente ímpar capaz de conceber e concretizar as articulações necessárias para se lograr êxito no estabelecimento de políticas públicas de real eficácia na construção de uma matriz de energia elétrica calcada na sustentabilidade.

---

[6] O termo "sustentabilidade", utilizado no decorrer deste capítulo e nos dois subsequentes, tem o significado de um processo que pode se sustentar, no decorrer do tempo, considerando-se três pilares sobre os quais esse conceito deve estar ancorado: o socioambiental, o econômico e o técnico. A ideia é atender aos requisitos socioambientais até o ponto que não se provoque a fragilização dos aspectos econômico e técnico.

A riqueza do Brasil em recursos para produção de energia elétrica é clara, e a sua exploração é prerrogativa legítima e direito irrevogável da sociedade. Todas as fontes de energia elétrica (FEE) devem ser minuciosamente estudadas e, uma vez viáveis, devem ser contempladas na construção da matriz de energia elétrica visando aos interesses nacionais, sem ferir os princípios da sustentabilidade. Existem obstáculos que se mostram não razoáveis para o completo aproveitamento dessa riqueza, um exemplo clássico é discutido a seguir.

O PNE-2030 (EPE, 2007) traz a afirmação de que há 126.000 MW de potencial hidrelétrico ainda a serem aproveitados, mas ressalta que apenas 77.000 MW são efetivamente passíveis de serem explorados. Essa disparidade ocorre em função da existência de parques, florestas nacionais e terras indígenas na região onde parte desse potencial está localizado, elementos que representariam obstáculos à construção de UHE. No PNE-2030, esses obstáculos são denominados "interferências intransponíveis". Ora, é de se causar, no mínimo, espanto o fato de que o mesmo governo que demarca e estabelece os parques, florestas e áreas indígenas, afirme que não possa explorar os quase 50.000 MW, considerados "perdidos", por não conseguir vencer obstáculos criados pelo próprio governo. Esse é um exemplo cabal da falta de articulação e de convergência entre os setores do governo no que concerne a um plano nacional estratégico para o setor elétrico, que tenha como um dos objetivos principais a compatibilização do desenvolvimento econômico e social com a preservação ambiental.

Há ainda outros pontos a serem analisados no que se refere às outras FEE candidatas a compor a matriz. As principais, cuja análise será aqui realizada, são: energia nuclear, gás natural, carvão mineral e as fontes renováveis – fontes eólica, biomassa e solar (Febs). Além disso, há questões que dizem respeito ao sistema de transmissão que estão ligadas à construção da matriz e que também merecem menção.

No que se refere à energia nuclear, trata-se de uma fonte de relevante importância na composição da matriz de energia elétrica brasileira, segundo consta no PNE-2030 (EPE, 2007). Todavia, não são apresentadas, no referido plano, as diretrizes que possam dar suporte ao crescimento de sua participação na matriz, deixando lacunas e incertezas quanto à hipótese da implantação de um parque gerador de mais quatro usinas nucleares até o ano 2030. Em verdade, não há políticas abrangentes e claramente definidas, no Brasil, em relação à fonte nuclear.

Uma das questões mais importantes, concernente a essa fonte, é a tecnologia a ser utilizada. O Brasil ainda é e será, pelo menos em médio prazo, bastante dependente da importação dos equipamentos e da tecnologia utilizada nas usinas nucleares. Uma consideração importante, em relação à tecnologia, é o fato de, após escolhida, permanecer a ela atrelada por um longo período de tempo. Essa é uma característica típica da energia nuclear e tem uma explicação plausível. O período de desenvolvimento de seu projeto é longo e de custo elevado, em comparação com outras formas de produção. Dessa maneira, não se torna economicamente viável a implantação de um único projeto. A viabilidade econômica é conseguida com economia de escala. Portanto, é imprescindível agir com cautela na opção por uma determinada tecnologia, assim como planejar a implantação das usinas, buscando a diluição do custo de projeto e a redução no custo das plantas, por unidade. Além disso, na medida em que as usinas vão sendo construídas, é possível também viabilizar um fator crítico de sucesso, que é a assimilação, por profissionais e empresas nacionais, da tecnologia utilizada.

No que se refere ao ciclo de produção do combustível nuclear, apesar de poder estar sob domínio nacional, até mesmo no curto prazo, não existem diretrizes claras, por exemplo, sobre uma política de incentivos à produção do combustível destinada a suprir a demanda interna ou também a exportação.

Outro aspecto de fundamental importância é a disponibilidade de mão de obra especializada, condição *sine qua non* para que seja possível operar e manter as usinas. Nesse sentido, também é preciso haver políticas bem estabelecidas visando estimular a capacitação dessa mão de obra. É imprescindível que esse aspecto seja considerado no conjunto de diretrizes e políticas voltadas para o desenvolvimento dessa importante fonte de energia, da qual o Brasil, muito provavelmente, não prescindirá.

No que diz respeito ao gás natural (GN), o PNE-2030 descreve as reservas existentes no Brasil, assim como a possibilidade de importação, para a produção de eletricidade. A perspectiva é que a participação na geração de energia elétrica eleve-se de 3,8% (2005) para 8,7% (2030), representando crescimento relativo de mais de 100%. O uso do GN para a produção de energia elétrica em larga escala no Brasil remonta de data recente, e o parque de termelétricas a GN é relativamente novo, constituído majoritariamente por usinas a ciclo combinado.[7] As descobertas recentes aliadas aos

---

[7] Uma usina a ciclo combinado usa turbinas a gás e a vapor associadas em uma única planta, ambas gerando energia elétrica a partir da queima do mesmo combustível. Para isso, o calor existente nos gases de exaustão das turbinas a gás é recuperado, produzindo o vapor necessário ao acionamento da turbina a vapor.

avanços tecnológicos relacionados à denominada "camada do pré-sal" vieram lançar novas perspectivas para o uso do GN na geração termelétrica, o que é um fator de relevância insofismável no caminho para tornar esta uma promissora opção. Sob a ótica técnica, as usinas termelétricas de energia (UTE) a GN podem substituir as usinas hidrelétricas de energia (UHE), que vêm sofrendo dificuldades na sua viabilização, possibilitando maior segurança no atendimento pleno da carga. Além disso, essa substituição, de forma gradativa e bem planejada, permitiria maior flexibilidade para o planejamento da operação de forma a garantir o alcance dos objetivos previstos na aplicação da Curva de Aversão a Risco de Racionamento (CAR) e dos Procedimentos Operativos de Curto Prazo (POCP). Todavia, aqui também se observa uma falta de políticas consistentes que estimulem e viabilizem a integração do GN na matriz de energia elétrica de maneira sustentável, com uma perspectiva de longo prazo.

Apesar da crescente participação da energia eólica nos leilões de energia, não há diretrizes e políticas claras e bem definidas em relação às Febs. Há alguns pontos básicos que ainda não foram devidamente equacionados, por exemplo, aquele relacionado ao índice de nacionalização requerido, principalmente no que diz respeito às fontes eólica e solar, uma vez que essa questão, para o caso da biomassa e pequenas centrais hidrelétricas (PCH), está relativamente bem resolvida. Há, dessa forma, uma falta de isonomia nesse aspecto.

Na área do planejamento da expansão da oferta, propriamente dito, há uma questão que merece citação por também não estar devidamente estabelecida. Trata-se da metodologia usada pela EPE para obter o montante de garantia física das UTE a combustíveis fósseis (carvão, GN e óleo combustível) assim como das UTE a biomassa. A garantia física das UTE a combustíveis fósseis é superestimada; e das UTE a biomassa, subestimada, provocando uma distorção nesse aspecto e influenciando negativamente as decisões de investimento concernentes a essas duas tecnologias.

Em relação ao sistema de transmissão, existem muitos problemas a serem discutidos, contudo, há um que se relaciona fortemente com a questão da composição da matriz de energia elétrica por influenciar diretamente a questão da integração das usinas eólicas ao Sistema Interligado Nacional (SIN).

Não existem diretrizes definidas no que se refere à preparação e à estruturação do SIN de maneira que este suporte adequadamente, tanto do ponto de vista de estabilidade (transitória e de regime) como de capacidade, a plena utilização dessas usinas quando vierem, de fato, a compor o *mix* de geração de energia elétrica.

A figura das instalações compartilhadas de geração (ICG) foi um mecanismo criado na tentativa de contornar essa carência de estruturação do SIN e propiciar o total escoamento da energia produzida pelas eólicas, viabilizando, do ponto de vista técnico e econômico, os empreendimentos. Todavia, o modelo das ICG não oferece uma boa solução de compromisso que contemple esses dois aspectos (estabilidade e capacidade), como também não incorpora a visão de longo prazo, no sentido de prover uma solução sustentável e integrada para a questão da geração distribuída.

No que concerne ao carvão mineral, também não há diretrizes bem sedimentadas. É uma fonte para geração de eletricidade que deve ser considerada no contexto atual, no qual se requer geração de base com garantia física elevada e confiabilidade no suprimento. Além disso, as reservas de carvão, tomando como referência o consumo do ano de 2007, têm capacidade para suprir toda a demanda de energia elétrica do Brasil por aproximadamente 500 anos (EPE, 2007). Trata-se da décima maior reserva do mundo, o que representa 1,1% das reservas globais.

O problema maior do carvão nacional é o seu alto teor de cinzas, que além de trazer maior dificuldade no que diz respeito a evitar danos ambientais, inviabiliza a geração de energia elétrica em locais muito distantes das reservas naturais, localizadas, em sua grande maioria, na região Sul. Esses problemas são inteiramente contornáveis, entretanto, o PNE-2030 prevê uma pífia participação de 3% na matriz de energia elétrica de 2030 dessa fonte de energia.

Em relação à magnitude das reservas nacionais e aos avanços que se vêm observando nas tecnologias que minimizam os impactos ambientais, em especial a de captura e armazenamento de carbono, seria propício que houvesse políticas mais arrojadas para o pleno aproveitamento dessa importante opção para a produção de eletricidade, principalmente contemplando a composição da matriz nos horizontes de médio e longo prazos.

Uma questão que merece menção, no que se refere às fontes candidatas a compor a matriz, é aquela referente ao "potencial de mercado". Esse é um elemento determinante, principalmente para a iniciativa privada, quando se trata de traçar planos para a expansão da oferta com a participação desta.

O "potencial teórico" de uma determinada fonte de energia é determinado a partir de fatores naturais, por exemplo, o potencial teórico do carvão mineral está relacionado às suas reservas, da biomassa ao solo, da eólica à incidência de vento, e assim por diante. Porém, não se pode lançar mão de todo o potencial teórico, pois há limitações determinadas por fatores tecnológicos. Levando em consideração essas limitações, tem-se o que se denomina "potencial técnico". Entretanto, ele não pode ser totalmente aproveitado, uma vez que se deve levar em conta a viabilidade econômica e financeira na sua exploração, chegando-se ao "potencial econômico".

Por fim, há ainda um elemento importante que definirá qual parcela do potencial econômico irá, de fato, ser empreendido. É o chamado "potencial de mercado", que está relacionado com as condições de mercado nas quais está inserido o empreendimento (Castro et al., 2010). Toda essa cadeia de "potenciais" deve ser considerada e contemplada nos estudos e planos governamentais sob pena de se ter frustrada a perspectiva de inserção na matriz de uma determinada fonte de energia.

Tem havido pouca oferta de projetos de UHE nos leilões de "energia nova" (LEN), mais especificamente nos leilões A-5, os quais, originalmente, foram concebidos para contemplar esses projetos, uma vez que é esse o tempo médio, em anos, que uma UHE de médio a grande porte leva para ser concluída. Essa carência está relacionada à falta de estudos de inventário, após a reestruturação do setor elétrico nacional.

Essa falta de estudos, na verdade, se prolongou até a criação da Empresa de Pesquisa Energética (EPE). Anteriormente, esses estudos eram realizados pelas empresas estatais, sendo que cada uma era incumbida de realizar os estudos correspondentes à sua área de concessão. Em virtude da política de privatização e da consequente restrição orçamentária, essas empresas não fizeram novos estudos. Com o objetivo de "remendar" essa lacuna, esse papel foi designado à Agência Nacional de Energia Elétrica (Aneel). Tratava-se de um clássico "desvio de função", o que, inevitavelmente, resultou em fracasso. Tão grave se configurou essa lacuna de planejamento que as repercussões ecoam até os dias atuais.

Para se ter uma ideia desse "eco", os projetos dos rios Madeira e Xingu se basearam nos estudos de inventário realizados pelas estatais, na época em que eram responsáveis por eles. Foram apenas atualizados e sofreram pequenas alterações, contudo, o seu conteúdo principal foi aproveitado na íntegra. As adaptações foram principalmente no que se refere à minimização dos impactos ambientais, mesmo que, para isso, fosse necessário sacrificar a eficiência de uma usina.

O exemplo cabal nesse sentido foi o da usina de Belo Monte. A vazão do Rio Xingu tem um perfil muito irregular. Enquanto que no período úmido pode atingir 30.000 m^3/s, no período seco chega a menos de 1.000 m^3/s. Com o objetivo de atender às restrições ambientais, o reservatório da usina, originalmente previsto para ter 1.225 km^2, foi reduzido para 516 km^2. Essa redução levou à perda quase total da capacidade de regulação do reservatório, que agora é apenas de um dia. Consequentemente, tem-se uma diminuição no potencial de geração de energia do aproveitamento, considerando-se o horizonte anual.

O problema que está aqui oculto é a necessidade de se construir outra UHE para suprir a redução da energia garantida final ou, o que pode ser pior, implantar uma UTE, gerando energia a partir de combustíveis fósseis para esse fim. A redução da energia garantida, em função da baixa regulação do reservatório, não é exclusividade do caso Belo Monte, e sim de praticamente todas UHE projetadas e construídas nos últimos anos. A saída para os combustíveis fósseis, em verdade, já vem ocorrendo há alguns anos, como se pode verificar na discussão a seguir apresentada.

OS RESULTADOS DOS ÚLTIMOS LEILÕES DE ENERGIA E OS IMPACTOS NA MATRIZ DE ENERGIA ELÉTRICA

O fruto da falta de diretrizes e políticas energéticas para o pleno aproveitamento do potencial hidráulico de que o Brasil dispõe é o que pode se denominar "carbonização" da matriz de energia elétrica brasileira. Isso pode ser comprovado observando os resultados dos LEN dos últimos anos. Um exemplo típico é o ano de 2008, no qual, nos leilões A-3 e A-5, foram comercializados 3.125 MW médios. Na Tabela 24.1, verifica-se a distribuição percentual das fontes participantes. Nota-se que 95% da energia contratada será produzida a partir de combustíveis fósseis. O percentual de 3,9% corresponde a apenas uma UHE.

Tabela 24.1 – Fontes de energia e percentuais de participação no LEN A-3/A-5 de 2008.

Fonte de energia	Participação (%)
Óleo combustível	63,7
Gás natural	22,5
Carvão mineral importado	8,8
Hidrelétrica	3,9
Bagaço de cana	1,1

Fonte: CCEE (2009).

No Ambiente de Contratação Regulado (ACR), foram negociados, desde a sua criação até 2008, 17.018 MW médios, distribuídos em sete leilões. A Figura 24.7 ilustra como está segregado esse montante de energia, no que se refere às FEE. Fica evidente a maciça presença dos combustíveis fósseis com quase 60% de participação. O que se destaca é a entrada, em leilão específico, das UHE de Santo Antônio (2.007 a 3.150 MW, originalmente) e Jirau (2.007 a 3.750 MW, originalmente).

Em 2009, a participação da hidreletricidade nos leilões também foi pífia. Apenas uma PCH conseguiu lograr êxito na contratação do leilão A-3 (oitavo LEN). Houve grande sucesso da participação da energia eólica, com 1.805 MW comercializados. O nono LEN, previsto para dezembro de 2009, foi cancelado por não haver oferta de energia provinda de UHE.

Figura 24.7 – Distribuição das fontes de energia negociadas no ACR até 2008.

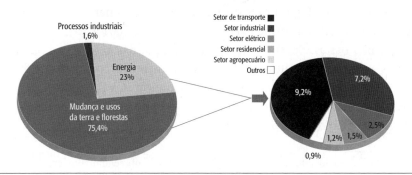

Fonte: Zimmermann (2008).

No ano de 2010, ocorreu uma relativa recuperação no que concerne à participação da energia hidráulica, principalmente por causa da UHE Belo Monte. No décimo LEN (A-5, em julho de 2010), houve a contratação de 809 MW de potência instalada proveniente da hidreletricidade, sendo quatro PCH e três UHE. Também em 2010 foi realizado, em agosto, o segundo leilão de fontes alternativas. A participação ficou assim distribuída: cinco PCH (potência instalada de 101 MW e 62,4 MWmed de garantia física), uma UTE a bagaço de cana (potência instalada 65 MW e 36,5 MWmed de garantia física), e 50 usinas eólicas (potência instalada de 1.520 MW e 658,5 MWmed de garantia física).

Em 2011, ocorreu novamente uma queda na participação da hidreletricidade nos LEN. Pode-se dizer que foi o ano das eólicas. Houve incorporação de apenas uma hidrelétrica no LEN A-3, quando se deu a entrada da ampliação da UHE de Jirau, correspondendo a novos 450 MW de potência instalada. Nesse caso, não houve necessidade de vencer a miríade de obstáculos para se instalar potência hidrelétrica, já que se tratava de um empreendimento em construção. No LEN A-5, ocorreu a contratação de uma hidrelétrica (UHE São Roque – 135 MW) com 100 MW em biomassa de cana e 976,5 MW em eólicas. Ainda nesse ano, ocorreu o leilão de energia renovável complementar (LER), com maciça presença de eólicas (951 MW), biomassa de cana (267 MW) e de cavaco de madeira (30 MW).

Em 2012, ocorreu um leilão A-5, em dezembro, sendo contratados 281,9 MW de potência instalada de eólicas e 292,4 MW de hidrelétricas. Além desse LEN, houve também um leilão de fontes alternativas, no qual foram comercializados 101 MW em PCH, 1.519,6 MW de eólicas e 65 MW em uma UTE à biomassa de cana. Nota-se aqui, novamente, a predominância das usinas eólicas.

No gráfico da Figura 24.8, é apresentado o crescimento acumulado da potência instalada das principais FEE no Brasil de 2001 a 2012.

Se não bastasse o aumento da participação das UTE a combustíveis fósseis, propriamente dito, nos LEN, esse aumento se constituiu de forma majoritária, de UTE com Custo Variável Unitário (CVU)[8] mais elevado. É interessante entender como se processa a visão do investidor, na análise de oferta em leilão de termeletricidade.

---

[8] O CVU engloba todos os custos operacionais do empreendimento, exceto aqueles considerados na formação da receita fixa, e é usualmente decomposto nas parcelas "custo do combustível" e "custo de operação e manutenção".

Figura 24.8 – Crescimento da potência instalada de 2001 a 2012.

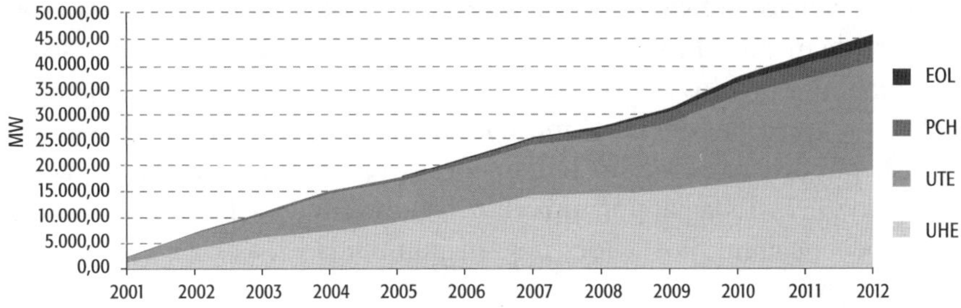

Fonte: Aneel (2013).

A análise econômica do investidor considera primordialmente: investimento inicial, custos de O&M, modelo do contrato de comercialização e custo do combustível, no caso das UTE que utilizam esse energético. Evidentemente, busca-se a maximização do lucro, a maior remuneração do capital (taxa de retorno ou TIR[9] em relação à TMA[10]) e o menor *payback*[11] possíveis (Sa Junior e Azevedo, 2002).

As UTE podem ser classificadas, no que diz respeito à sua programação de geração, em UTE de base (UTB) e UTE complementar (UTC). As UTB se caracterizam por requerer maior investimento, contudo, o seu CVU é mais baixo se comparado ao das UTC. Estas, por sua vez, apresentam CVU mais elevado, mas demandam menor valor de investimento. O contrato das UTC é realizado, via de regra, na modalidade "disponibilidade", na qual essas usinas, quando despachadas, têm o custo com o combustível utilizado arcado pelo *pool* de agentes que adquiriram essa energia. As UTB que entram nos leilões para comercializar energia na modalidade "disponibilidade" têm suas receitas fixas majoradas pelos investidores, comparando-se com as UTC, com o objetivo de recompensar os investimentos, que são maiores para esse tipo de UTE.

---

[9] A Taxa Interna de Retorno (TIR) é a taxa necessária para igualar, em termos de valor presente, o investimento requerido com os seus respectivos retornos futuros, ou saldos de caixa. Na análise de investimentos, ela significa a taxa de retorno de um projeto.

[10] A Taxa Mínima de Atratividade (TMA) representa o mínimo que um investidor se propõe a ganhar quando faz um investimento, ou o máximo que um tomador de dinheiro se propõe a pagar quando faz um financiamento.

[11] *Payback*, ou tempo de retorno, é o período de tempo necessário para que um projeto recupere o capital investido.

As UTC são muito menos despachadas pelo Operador Nacional do Sistema Elétrico (ONS), que utiliza, nessa decisão, uma lista pautada na "ordem de mérito". Em condições hidrológicas regulares, como é de se esperar na maioria dos períodos, a posição das UTC nessa lista é baixa. As UTB, por apresentarem CVU mais baixos e, portanto, estarem mais acima na lista por ordem de mérito, têm maior probabilidade de serem despachadas pelo ONS. Todavia, por uma distorção no modelo, há uma tendência de se beneficiarem, nos leilões por "disponibilidade", as UTE com receita fixa mais baixa, mas com CVU mais elevado.

A tendência irreversível, aparentemente, da implantação de UHE sem capacidade de regulação, ou seja, a fio d'água, o que requer cada vez mais a necessidade de despacho das UTE, associada ao que foi discutido no parágrafo anterior, inexoravelmente ocasionará, se nenhuma providência for tomada, impactos nas tarifas, no sentido de elevá-las de forma constante.

OPÇÕES TECNOLÓGICAS PARA A GERAÇÃO DE ENERGIA ELÉTRICA BRASILEIRA

O processo de desenvolvimento socioeconômico está estritamente ligado à oferta de energia elétrica. Trata-se de um dos mais importantes elementos para dar suporte a esse processo. O Brasil é um país ímpar no tocante à possibilidade de se planejar e realizar a expansão da oferta de energia elétrica com a manutenção de baixos níveis dos impactos ambientais decorrentes dessa atividade, em razão, primordialmente, da riqueza e da variedade de recursos renováveis disponíveis para a produção de eletricidade.

Os recursos para a produção de energia elétrica são abundantes no Brasil, porém limitados. É um direito legítimo da sociedade e responsabilidade do Estado buscar meios de viabilizar a exploração máxima desses recursos. Esse é um fator importante da base de sustentação do desenvolvimento econômico: "a segurança energética".

Não há tecnologia para geração de eletricidade com impacto "zero" no meio ambiente. Analisando todo o ciclo de vida (*Life Cicle Accessment* – LCA),[12] muitas tecnologias que, aparentemente, trazem pouco impacto, são mais danosas que outras, quando se leva em conta todo o seu ciclo de vida.

---

[12] LCA é uma técnica de avaliação dos impactos ambientais que considera todos os estágios do ciclo de vida de uma tecnologia, nesse caso, desde a extração dos materiais e substâncias utilizados até o descarte final dos produtos oriundos da desativação das plantas de geração.

Evidentemente, a busca pela minimização dos danos ambientais deve ser uma constante nas diretrizes, políticas e na elaboração do planejamento. Contudo, há necessidade de haver um equilíbrio entre os aspectos socioambiental, econômico e técnico, sob pena de se macular a sustentabilidade do processo de expansão de oferta de eletricidade e da construção de uma matriz com menor impactante possível. O foco na segurança do suprimento, assim como nos menores custos possíveis, é conflitante com baixos impactos ambientais, no entanto, é possível, sob uma perspectiva de longo prazo, estabelecer um equilíbrio entre esses fatores.

Um dos objetivos deste capítulo é fornecer subsídios para que se possa, nos níveis estratégicos de diretrizes e políticas, estabelecer princípios norteadores para a expansão da oferta de eletricidade e a construção da matriz de energia elétrica. A ótica é de longo prazo, e a sustentabilidade, dentro de limites definidos, permeia a discussão.

Alguns fundamentos foram considerados visando alicerçar o debate e fortalecer a argumentação. O primeiro deles é contemplar todas as questões levantadas nas seções anteriores, neste capítulo, o que permite uma análise dos elementos de influência no planejamento da expansão da oferta e na construção da matriz.

O segundo é considerar todas as vantagens e desvantagens de cada uma das fontes e tecnologias contempladas sob as dimensões técnica, econômica e socioambiental, assim como o seu potencial de exploração.

O terceiro fundamento é contemplar o ranqueamento das alternativas tecnológicas para produção de energia elétrica com base nos resultados obtidos, utilizando-se a técnica da análise multicritério.

O quarto está ligado à classificação das FEE, contemplando duas características essenciais: a capacidade de atendimento à carga e a flexibilidade na produção.

A proporção de participação das FEE deve ser cuidadosamente estabelecida considerando diversos fatores. O planejamento de curto prazo e a operação em tempo real têm necessidades particulares que devem ser consideradas quando se realiza o planejamento da expansão, sob pena de comprometer a otimização técnica e econômica do despacho de geração e provocar, muitas vezes, maior impacto ambiental.

Por exemplo, sob a ótica técnica, as FEE disponíveis para compor o *mix* de geração devem estar aptas a atender, satisfatoriamente, os picos e as variações da carga. Na Tabela 24.2, está detalhada a classificação das FEE quanto à capacidade de atendimento à carga e flexibilidade na produção e

Tabela 24.2 – Classificação das FEE quanto à capacidade de atendimento à carga.

Classificação quanto à capacidade de atendimento à carga	Tecnologia de produção de energia elétrica	Comentários em relação à confiabilidade e à flexibilidade na produção
Base, picos e variações de carga	UHE com reservatório	Elevada confiabilidade e elevada flexibilidade
	UTE a diesel	
	UTE a GN – ciclo simples	Elevada confiabilidade e média flexibilidade
Picos e variações de carga	UTE a óleo combustível – ciclo simples	Elevada confiabilidade e média flexibilidade
Base, com pouca flexibilidade	UHE a fio d'água	Na maioria dos casos, usada na base com baixa flexibilidade
	UTE à biomassa	
	UTN	Quase que totalmente utilizada na base, com praticamente nenhuma flexibilidade
	UTE a GN – ciclo combinado	Na maioria dos casos, usada na base, com alta flexibilidade, porém com restrições de CVU
	UTE a carvão mineral	Na maioria dos casos, usada na base com alguma flexibilidade
	UTE a óleo – ciclo combinado	
Fontes intermitentes que necessitam de *backup*	Eólica	Requer fontes de *backup* com resposta rápida tal como UHE com reservatório ou UTE a GN – ciclo simples
	Solar fotovoltaica	

Fontes: IEA (2000 apud IHA White Paper, 2003); Gagnon et al. (2002); Tolmasquim (2005).

confiabilidade, requisitos indispensáveis à perspectiva do planejamento de curto prazo e à operação em tempo real.

Para estabelecer um *ranking* de alternativas para produção de energia elétrica, lançou-se mão do estudo que originou os resultados de ranqueamento apresentados a seguir (Dester, 2012).

Esse trabalho se constituiu, basicamente, de uma análise de sensibilidade e uma análise de cenários. O método adotado foi de decisão multicritério, mais especificamente aquele denominado Preference Ranking Organisation Method for Enrichment Evaluations (Promethee).

A análise de sensibilidade, de forma geral, é realizada variando-se os pesos dos critérios e calculando-se a sensibilidade dessa variação. A Tabela 24.3 traz os resultados dessa análise, que contempla 13 alternativas tecnológicas e 17 critérios divididos em três dimensões: técnica, econômica e socioambiental.

Na primeira coluna, denominada *equ*, manteve-se o equilíbrio entre as dimensões, ou seja, não foi atribuído nenhum peso aos critérios. Nas colunas seguintes, consta o resultado da simulação, no qual foi dado maior peso aos aspectos técnico (*tec+*), econômico (*eco+*) e socioambiental (*amb+*), assim como diminuído o peso desses aspectos (*tec-*, *eco-* e *amb-*). Foi calculado o Índice de Performance Geral (IPG), que permitiu estabelecer o *ranking* para cada caso. Na coluna ΔR, consta a variação do ranqueamento em relação ao caso de equilíbrio, possibilitando verificar o comportamento de cada tecnologia frente à variação do peso das dimensões analisadas.

Os resultados obtidos levam a uma miríade de constatações, entretanto, para os objetivos deste livro, pode-se trazer algumas de ordem mais específica. As UHE e a PCH ocupam as três primeiras colocações em todos os casos simulados. Nas quarta ou quinta colocações, dependendo do caso, está a tecnologia nuclear. As outras tecnologias apresentam variação no posicionamento que depende do caso.

No caso em que o aspecto técnico é privilegiado, as UTE sobem de posição. Quando é dado maior peso à dimensão econômica, a UTE a óleo combustível passa a ocupar melhor posição, comportamento explicado pelo baixo CVU da tecnologia contemplada no estudo. Quando o aspecto ambiental é fortalecido, verifica-se que as tecnologias baseadas em fontes renováveis sobem no ranqueamento. Como mencionado, muitas outras constatações podem ser obtidas do estudo e, para mais detalhes, propõe-se uma consulta a ele.

Tabela 24.3 – Ranqueamento das alternativas em cada caso avaliado.

	equ		tec+		eco+		amb+		tec-		eco-		amb-	
Opção	IPG	R	IPG	ΔR	IPG	ΔR	IPG	ΔR	IPG	ΔR	IPG	ΔR	IPG	ΔR
UHE-cr	0,493	1	0,461	0	0,517	0	0,494	-1	0,517	-1	0,468	-1	0,488	0
UHE-fd	0,488	2	0,386	0	0,497	0	0,575	+1	0,574	+1	0,476	+1	0,408	0
PCH	0,413	3	0,342	0	0,408	0	0,486	0	0,474	0	0,415	0	0,347	0
UTE-nu	0,036	4	0,003	-1	0,003	0	0,064	-1	0,041	-1	0,041	0	-0,013	-1
EOL-on	-0,052	5	-0,186	-5	-0,031	0	0,036	-1	0,050	+1	-0,086	-2	-0,144	-4
SOL-te	-0,100	6	-0,181	-3	-0,153	-3	0,070	+2	-0,007	0	-0,031	+1	-0,226	-6
EOL-of	-0,103	7	-0,206	-4	-0,111	+1	-0,017	0	-0,029	0	-0,111	-1	-0,194	-3
UTE-gc	-0,142	8	-0,217	+2	-0,145	-2	-0,028	-2	-0,054	-2	-0,117	-2	-0,219	+2
SOL-fo	-0,144	9	-0,064	-3	-0,192	+1	-0,147	+1	-0,196	+1	-0,084	0	-0,123	-2
BIO	-0,142	10	-0,025	+3	-0,164	-1	-0,242	+1	-0,247	+1	-0,126	+4	-0,058	+2
UTE-ol	-0,172	11	0,011	+7	-0,111	+4	-0,428	-1	-0,340	-1	-0,233	-1	0,044	+7
UTE-gs	-0,208	12	-0,064	+4	-0,192	0	-0,370	+1	-0,335	+1	-0,223	+1	-0,068	+5
UTE-ca	-0,366	13	-0,261	0	-0,328	0	-0,495	0	-0,449	0	-0,390	0	-0,245	0

Fonte: Dester (2012).

O mesmo estudo também traz uma análise de comportamento do ranqueamento frente à mudança de cenários, que pode se concretizar pela aplicação de diretrizes e políticas públicas. Foi considerada uma situação de equilíbrio ("referência") a partir da qual se obteve uma variação de posicionamento decorrente da alteração nos pesos que corresponderam aos resultados prospectados nos quatro cenários simulados. Na Tabela 24.4, estão apresentados os cenários, as tendências adotadas e as ações que estimulam a concretização das tendências.

Tabela 24.4 – Cenários, respectivas tendências e ações correspondentes.

Cenário (mnemônico)	Tendências	Ações
1 (CT-FC+)	Redução nos custos de investimento e produção, aumento no fator de capacidade das alternativas: EOLon, EOL-of, SOL-fo, SOL-te e BIO.	Curva de aprendizagem das tecnologias. Intensificação dos investimentos em tecnologias, como de armazenamento, que podem levar à melhoria dos aspectos técnicos.
2 (CO-)	Redução nas emissões de gases de efeito estufa para as opções: UTE-gs, UTE-gc, UTE-ca e UTE-ol.	Incentivo à pesquisa e ao desenvolvimento em tecnologias de captura e armazenamento de carbono (CCS).
3 (MA+MI-)	Melhoria em todos os critérios para as alternativas: EOL-on, EOL-of, SOL-fo, SOL-te e BIO.	Intensificação de investimentos nessas fontes, de forma geral, em todos os aspectos considerados nos critérios.
4 (CO-MA+MI)	Ocorrência simultânea das tendências adotadas nos cenários 2 e 3.	As mesmas adotadas nos respectivos cenários, de forma cumulativa.

Fonte: Dester (2012).

Observando-se os resultados sumarizados na Tabela 24.5, pode-se observar que para o cenário 1 não ocorre variação no ranqueamento. No caso do cenário 2, as tecnologias baseadas em combustíveis fósseis sobem significativamente no posicionamento. Na simulação do cenário 3, tem-se uma melhoria na posição das tecnologias baseadas nas fontes renováveis. Para o cenário 4, observa-se a elevação do posicionamento das eólicas, biomassa e GN (ciclo combinado) e queda na nuclear e termosolar.

Tabela 24.5 – Ordenação das tecnologias considerando os cenários 1, 2, 3 e 4.

Opção	Referência		CT-FC+		CO-		MA+MI-		CO-MA+MI-	
	IPG	R	IPG	ΔR	IPG	ΔR	IPG	ΔR	IPG	ΔR
UHE-cr	0,499	1	0,489	0	0,499	0	0,399	0	0,399	0
UHE-fd	0,484	2	0,474	0	0,484	0	0,384	0	0,384	0
PCH	0,416	3	0,397	0	0,416	0	0,326	0	0,326	0
UTE-nu	0,032	4	0,013	0	-0,006	0	-0,063	-4	-0,101	-4
EOL-on	-0,061	5	0,006	0	-0,113	-3	0,143	+1	0,124	+1
EOL-of	-0,111	6	-0,073	0	-0,168	-3	0,027	+1	-0,011	+1
SOL-te	-0,114	7	-0,095	0	-0,209	-5	-0,057	0	-0,123	-3
BIO	-0,136	8	-0,098	0	-0,202	-3	0,016	+2	-0,050	+2
SOL-fo	-0,138	9	-0,138	0	-0,195	-1	-0,067	0	-0,114	0
UTE-gc	-0,142	10	-0,161	0	-0,038	+5	-0,185	0	-0,090	+3
UTE-ol	-0,162	11	-0,209	0	-0,086	+5	-0,233	0	-0,166	0
UTE-gs	-0,206	12	-0,225	0	-0,097	+5	-0,249	0	-0,183	0
UTE-ca	-0,362	13	-0,381	0	-0,286	0	-0,443	0	-0,395	0

Fonte: Dester (2012).

Uma constatação digna de destaque é que, tanto sob o aspecto da análise de sensibilidade como dos cenários, as UHE e a PCH mantêm a ocupação, para todas as situações simuladas, das três primeiras posições do *ranking*.

Em consonância com o que se pode constatar no transcorrer desta seção, em relação às hidrelétricas percebe-se a tentativa, por parte dos setores do governo ligados ao planejamento, de realizar a expansão da oferta de energia elétrica tendo como base essa tecnologia de produção. Contudo, a tônica dos leilões não tem confirmado essa tentativa, seja por falta de estudos de inventário ou pelas dificuldades enfrentadas no processo de obtenção das licenças ambientais.

Observa-se também certo empenho por parte do MME no sentido de facilitar a participação das UHE nos leilões. Ocorre que não existe coordenação e articulação entre as várias instâncias e organismos envolvidos. O que se verifica, a miúde, são ações pontuais, como a autorização na habilitação dos projetos de hidrelétricas a participarem do leilão previsto para 26 de abril de 2012 sem licença prévia concedida. Esse tipo de atuação pode até mesmo lograr êxito, mas não propicia sustentabilidade ao processo, pois o que se necessita é um conjunto coeso de políticas que, de fato, estimulem o surgimento das UHE nos LEN.

Uma vez identificada a importância da presença das UHE na matriz de energia elétrica e frente às dificuldades que essa tecnologia vem enfrentando para que os projetos sejam levados a cabo, é importante apresentar uma discussão específica sobre possíveis estratégias que possam viabilizar a entrada, de forma sustentável, das UHE na matriz. Essa questão é debatida, mais detalhadamente, no Capítulo 25.

TENDÊNCIAS PARA A MATRIZ DE ENERGIA ELÉTRICA NO BRASIL E NO MUNDO

A matriz de energia elétrica brasileira é constituída por fontes renováveis em um percentual que ultrapassa os 70%. Nesse aspecto, o Brasil está muito à frente da situação, por assim dizer, da média mundial. Há tendência de ocorrer uma transição, em termos globais, para as tecnologias de baixo carbono. Caminhando lado a lado com a questão ambiental, há também a necessidade de diversificação do *mix* de geração de eletricidade por parte dos países desenvolvidos e em desenvolvimento. Para tal, veem-se emergir iniciativas de implantação de políticas públicas que incentivem e deem sustentação a essa tendência.

916 | ENERGIA E SUSTENTABILIDADE

De acordo com as projeções da AIE (IEA, 2010), haverá um crescimento do consumo de 75% de 2008 a 2035, atingindo, nesse ano, o valor de 35.300 TWh. Apesar de o carvão continuar a ser a principal fonte para produção de energia elétrica, sua participação cairá de 41% (2008) para 32% (2035). As fontes renováveis (eólica, solar, biomassa, geotérmica e marinha), por sua vez, com exceção da hidráulica, passarão por uma elevação de 3%, em 2008, para 16%, em 2035. No que se refere à hidreletricidade, o crescimento é bem menor. Na Figura 24.9 é apresentada a projeção da geração de energia elétrica no mundo por tipo de fonte.

Figura 24.9 – Projeção da geração de eletricidade no mundo por tipo de fonte.

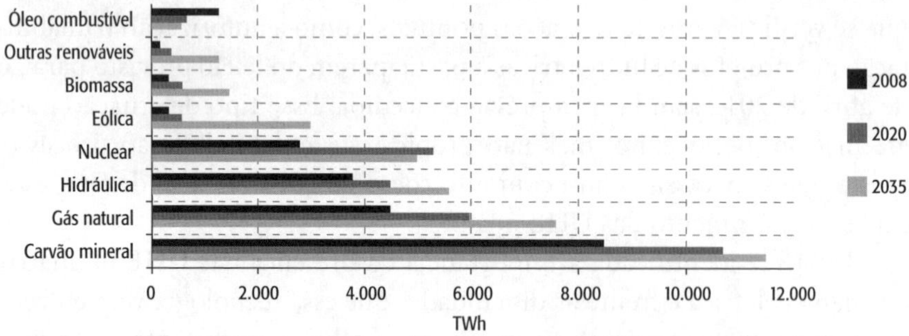

Fonte: IEA (2010).

No caso brasileiro, a fonte predominante é a hidrelétrica, tanto em 2005 como nos anos projetados e em 2030. Entretanto, de acordo com as projeções da EPE, nota-se um crescimento expressivo de fato somente a partir de 2020 e com semelhante acréscimo na produção a partir dessa fonte de 2020 até 2030. Outra constatação digna de nota é o crescimento significativo da biomassa de cana, do gás natural, da energia nuclear e também do carvão mineral. O gás natural permanece, no transcorrer do período projetado, como a segunda fonte mais importante de eletricidade. Pode-se ter um panorama do comportamento da projeção da matriz de energia elétrica brasileira por intermédio da Figura 24.10.

Um paralelo entre a matriz de energia elétrica brasileira e a mundial está ilustrado na Figura 24.11, nas projeções de 2020 e 2030 para o Brasil, e de 2020 e 2035 para o mundo. O que mais se destaca é o percentual de participação da hidreletricidade na matriz brasileira nos três momentos de comparação. Enquanto em âmbito mundial ocorre uma estabilização nessa participação, no caso brasileiro, observa-se um avanço de 2010 para 2020, para depois ocorrer um retrocesso em 2030. Nota-se que, apesar de haver crescimento em valores absolutos da potência instalada, ocorre, em termos relativos, uma redução. É um processo natural, haja vista a previsão de ocorrer o esgotamento dos possíveis aproveitamentos, que podem ser transformados efetivamente em usinas hidrelétricas, por volta de 2020.

Figura 24.10 – Projeção da geração de eletricidade no Brasil por tipo de fonte.

Fontes	2005	2010	2020	2030
Hidráulica	334,1	395	585,7	817,6
Nuclear	9,9	15	30,5	51,6
Carvão mineral	6,1	13	15,6	31,4
Gás natural	13,9	58,4	61,5	92,1
Biomassa	0	1,1	14,6	33,5
Eólicas	0,9	3,6	5	10,3
Outras fontes	7,2	9,9	5,4	12,5

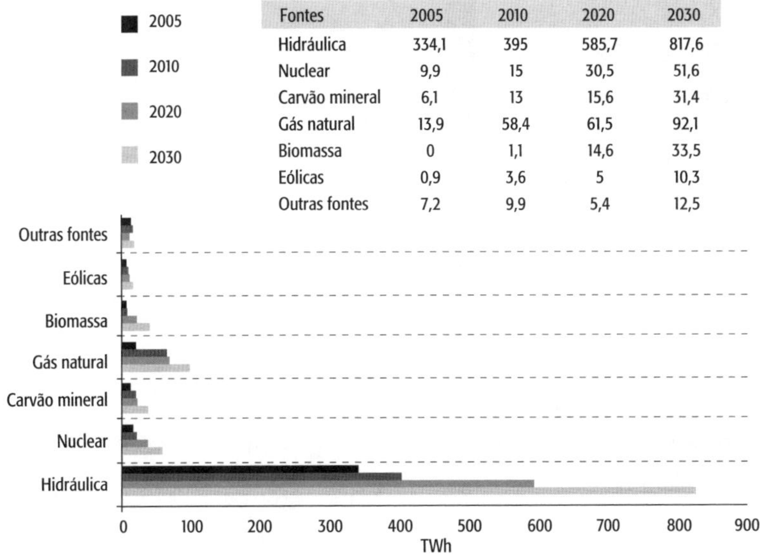

Fonte: EPE (2007).

No que se refere ao carvão mineral, embora haja previsão do crescimento de sua participação em valores absolutos, projeta-se uma diminuição relativa em termos mundiais. No caso brasileiro, nota-se uma pequena elevação no percentual de sua parcela na matriz.

Em relação ao gás natural, no contexto mundial, se prevê uma estabilização, enquanto que no caso brasileiro, uma diminuição.

Para fonte nuclear, nota-se uma elevação de 2008 para 2020 e uma queda de 2020 para 2035, no que se refere à matriz mundial. Para a brasileira, observa-se pequena, mas contínua elevação até 2030.

Em relação à energia eólica, no mundo se projeta crescimento, de 2008 a 2020, seguido de retração (relativa), de 2020 a 2035. Para o Brasil, o crescimento é contínuo, mas pequeno. Observa-se um crescimento da participação da biomassa que se mantém desde 2010 (2008) até 2030 (2035), tanto para o caso brasileiro como mundial.

Figura 24.11 – Projeção da geração de eletricidade no Brasil por tipo de fonte.

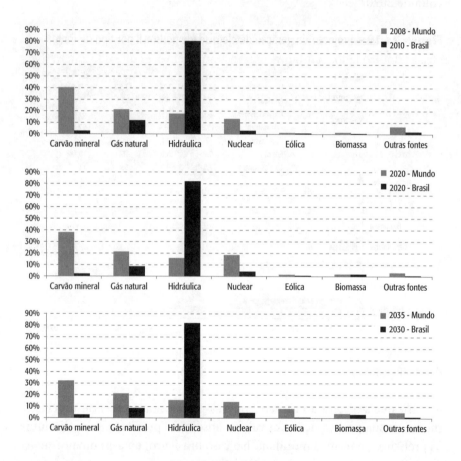

Fontes: EPE (2007); IEA (2010).

É premente que os diversos setores da sociedade sejam devidamente informados, de forma detalhada e completa, sobre os impactos decorrentes do decréscimo da capacidade de regularização que a base hidráulica do SIN vem sofrendo. A expansão da oferta de energia elétrica majoritariamente baseada nas outras fontes renováveis pode levar ao aumento dos custos de operação, em função da necessidade de despacho de UTE baseadas em combustíveis fósseis, as quais têm, em geral, CVU elevado. Esse despacho é necessário para compensar a variabilidade da energia gerada, característica típica das fontes renováveis (exceto hidráulica) e também para contornar o problema da diminuição relativa da capacidade de regularização dos reservatórios associados às UHE conectadas ao SIN.

Ademais, gerar eletricidade a partir de combustíveis fósseis significa emitir montantes significativos de CO_2, grande vilão dos impactos ambientais. Por outro lado, configura-se um contrassenso, diante da riqueza inestimável de opções que o Brasil possui como fontes de geração de energia elétrica, praticamente isentas dessa consequência negativa.

O objetivo deve ser, dessa forma, a exploração, de forma sustentável, de toda essa potencialidade, de maneira a maximizar os benefícios para a sociedade brasileira aos menores custos possíveis e minimizando os impactos ambientais. Nesse sentido, a hidreletricidade emerge como uma solução ímpar sob a luz desses aspectos. O que, igualmente, não se deve relegar é que a capacidade de regularização deve ser elevada a par e a passo com a expansão da base hidráulica, sob pena de se ter de buscar, nas fontes fósseis, a complementaridade para que a segurança e a confiabilidade do suprimento da carga não sejam comprometidas.

CONSIDERAÇÕES FINAIS

Neste capítulo, se fez, no início, um breve histórico e uma comparação da evolução da matriz de energia elétrica no Brasil e no mundo. Seguiu-se com uma análise crítica em relação à matriz de energia elétrica brasileira. Na sequência, discutiram-se o problema da entrada significativa da geração baseada em combustíveis fósseis nos últimos leilões de energia nova e os problemas enfrentados pela fonte hidráulica. Dando seguimento, fez-se uma apresentação das opções de fontes e tecnologias que podem compor a matriz de eletricidade brasileira. Tratou-se de apresentar, a seguir, as projeções das tendências de composição das matrizes brasileiras e mundiais, assim como uma comparação entre ambas. Finalizando o capítulo, foram tecidas algumas conclusões a respeito da expansão da oferta e da composição da matriz de energia elétrica.

REFERÊNCIAS

[ANEEL] AGÊNCIA NACIONAL DE ENERGIA ELÉTRICA. *Banco de informações de geração*. Disponível em: http://www.aneel.gov.br. Acessado em: 01 abr. 2013.

[CCEE] CÂMARA DE COMERCIALIZAÇÃO DE ENERGIA ELÉTRICA. *Leilões de energia – Resultados*. Disponível em: http://www.ccee.org.br. Acessado em: 07 mar. 2009.

CASTRO, N.J.; BRANDÃO, R.; DANTAS, G.A. *O potencial da bioeletricidade, a dinâmica do setor sucroenergético e o custo estimado dos investimentos — textos de discussão do setor elétrico*. Rio de Janeiro: Gesel, 2010.

DESTER, M. *Propostas para a construção da matriz de energia elétrica brasileira com foco na sustentabilidade do processo de expansão da oferta e segurança no suprimento da carga*. Campinas, 2012. 261p. Tese (Doutorado). Faculdade de Engenharia Mecânica, Universidade Estadual de Campinas.

[EPE] EMPRESA DE PESQUISA ENERGÉTICA. *Plano nacional de energia 2030*. Brasília: MME/EPE, 2007.

_____. *Balanço energético nacional 2010: ano base 2009*. Rio de Janeiro: EPE, 2010.

_____. *Balanço energético nacional 2011: ano base 2010*. Rio de Janeiro: EPE, 2011.

GAGNON, L.; BÉLANGER, C.; UCHIYAMA, Y. Life-cycle assessment of electricity generation options: the status of research in year 2001. *Energy Policy*. v. 30, n. 14, p. 1267-1278, 2002.

GUARDABASSI, P.M. *Sustentabilidade da biomassa como fonte de energia – perspectivas para países em desenvolvimento*. São Paulo, 2006. Dissertação (Mestrado). Universidade de São Paulo.

[IEA] INTERNATIONAL ENERGY AGENCY. *World energy outlook*. Paris: OECD/IEA, 2010.

_____. *Key world energy statistics from the IEA*. Paris: OECD/IEA, 2011.

_____. *Key world energy statistics 2009-2012*. Paris: OECD/IEA, 2012.

IHA WHITE PAPER. *The role of hydropower in sustainable development*. 2003. Disponível em: http://www.hydropower.org. Acessado em: 12 mar. 2011.

[ONU] ORGANIZAÇÃO DAS NAÇÕES UNIDAS. *In larger freedom: towards development, security and human rights for all*. Disponível em: http://www.un.org. Acessado em: 24 jun. 2009.

SA JUNIOR, G.N.; AZEVEDO, R.O. *Análise econômico-financeira para implantação de centrais termelétricas a gás no Brasil*. Itajubá, 2002. Trabalho de Conclusão de Curso (Engenharia Mecânica). Escola Federal de Engenharia de Itajubá.

TOLMASQUIM, M.T. *Geração de energia elétrica no Brasil*. Rio de Janeiro: Interciência: Cenergia, 2005.

[UNDP] UNITED NATIONS DEVELOPMENT PROGRAMME. *Human development report*. Nova York: UNDP, 2011.

ZIMMERMANN, M.P. Planejamento da expansão da geração e da transmissão. In: Seminário "A nova matriz energética brasileira". Brasília, 2008.

Planejamento, Gestão e Política de Energia Elétrica e Sustentabilidade

25

Maurício Dester
Engenheiro eletricista, Universidade Estadual de Campinas

Moacir Trindade de Oliveira Andrade
Engenheiro eletricista, Universidade Estadual de Campinas

Sergio Valdir Bajay
Engenheiro mecânico, Universidade Estadual de Campinas

INTRODUÇÃO

O debate sobre a sustentabilidade, embora aqui focado nas políticas de energia elétrica, pode se estender para os setores que envolvam outros energéticos, pelo fato de existir forte conexão entre esses últimos e o setor elétrico, e também por essas políticas repercutirem de forma significativa nesses outros energéticos.

Apesar de já ter sido discutido no capítulo anterior, é interessante retomar o tema e apresentar o que se entende, aqui, por "sustentabilidade". A definição está ligada a um processo que possa se sustentar, em uma perspectiva de longo prazo, no decorrer do tempo. Nesse sentido, essa sustentação deve estar alicerçada sobre três pilares: o socioambiental, o econômico e o técnico.

Mais especificamente sobre o processo de planejamento da expansão da oferta de energia elétrica, o que se almeja com a realização desse planejamento é a construção de uma matriz de energia elétrica que respeite as três dimensões mencionadas, de uma forma equilibrada, visando ampliar a oferta de energia elétrica de forma a atender aos requisitos socioambientais, contudo, sem permitir a fragilização dos aspectos técnico e econômico. A Figura 25.1 ilustra o que se buscou explicitar neste parágrafo.

Figura 25.1 – Ilustração da definição de sustentabilidade.

Tradicionalmente, as dimensões socioambiental e econômica já são utilizadas como critérios na conceituação de sustentabilidade. Entretanto, raramente se busca incorporar a perspectiva técnica. No contexto deste capítulo, essa perspectiva se mostra imprescindível, principalmente porque, em termos de energia elétrica, o elemento "atendimento pleno da carga com segurança e confiabilidade"[1] é requisito insofismável.

A carência ou ineficácia das políticas públicas direcionadas ao setor energético tem como consequência uma repercussão negativa no processo de planejamento da expansão da oferta de energia elétrica, não somente no processo em si, mas também na construção da matriz de energia elétrica. Os efeitos indesejáveis são inúmeros, mas podem ser destacados os mais proeminentes:

---

[1] Os significados das palavras "segurança" e "confiabilidade" são próximos; todavia, neste capítulo, o termo "segurança" está ligado à disponibilidade do suprimento, enquanto o termo "confiabilidade" relaciona-se à qualidade do suprimento.

PLANEJAMENTO, GESTÃO E POLÍTICA DE ENERGIA ELÉTRICA E SUSTENTABILIDADE | 923

- Elevação no custo de produção e, por decorrência, nas tarifas finais.
- Aumento da participação das fontes fósseis na composição da matriz.
- Não cumprimento do cronograma dos projetos mais importantes, principalmente aqueles que têm cunho estruturante.
- Demanda por ações corretivas intempestivas que acabam por levar a impactos secundários negativos, por exemplo, tendência crescente no despacho de usinas termelétricas de energia (UTE) baseadas em combustíveis fósseis para possibilitar a manutenção dos níveis dos reservatórios, em função da diminuição relativa na capacidade de regularização destes.
- Soluções de curto prazo que se tornam obsoletas em função da inexistência de referenciais oriundos do planejamento.

Nesta seção, busca-se realizar uma análise crítica sobre um rol de questões elencadas como mais relevantes e que possam ter influência no planejamento da expansão, da operação e na construção da matriz de eletricidade firmada no conceito de sustentabilidade definido no início deste capítulo. Com o objetivo de estabelecer uma relação com as perspectivas consideradas na definição de sustentabilidade e tornar mais didática a discussão, é feita uma divisão dessas questões, dentro de cada uma das perspectivas, mostrada no Quadro 25.1.

Quadro 25.1 – Questões analisadas e sua ligação com as dimensões relacionadas ao conceito de sustentabilidade.

Dimensão	Questão analisada
Técnica	Deficiências nas atuais políticas energéticas e as suas repercussões na matriz de energia elétrica.[*] A energia firme do Sistema Interligado Nacional (SIN) e as fontes eólica, biomassa e solar (Febs). A diminuição da capacidade de regularização dos reservatórios do SIN. O atendimento da curva diária de carga.
Econômica	Deficiências nas atuais políticas energéticas e as suas repercussões na matriz de energia elétrica.[*] Os critérios de segurança no planejamento da expansão e no planejamento da operação.[*] Os encargos setoriais e a sua repercussão na tarifa de energia elétrica. A desverticalização do setor elétrico no novo modelo e as consequências geradas.

(continua)

924 | ENERGIA E SUSTENTABILIDADE

Quadro 25.1 – Questões analisadas e sua ligação com as dimensões relacionadas ao conceito de sustentabilidade. *(continuação)*

Dimensão	Questão analisada
Socioambiental	Deficiências nas atuais políticas energéticas e as suas repercussões na matriz de energia elétrica.[*] Os critérios de segurança no planejamento da expansão e no planejamento da operação.[*] As emissões de CO_2 no setor elétrico brasileiro. Os impactos trazidos pelos projetos de usinas hidrelétricas de energia (UHE).

[*] Afeta mais que uma perspectiva.

DEFICIÊNCIAS NAS ATUAIS POLÍTICAS ENERGÉTICAS E AS SUAS REPERCUSSÕES NA MATRIZ DE ENERGIA ELÉTRICA

Um dos objetivos, quando da concepção das políticas públicas, é a preocupação com o estímulo à diversificação da matriz. Os frutos da diversificação serão colhidos em longo prazo, porém, é nesse horizonte que as políticas devem ser pensadas.

O aproveitamento racional da riqueza de recursos energéticos, em especial aqueles que podem ser utilizados na geração de eletricidade, não é estimulado, no caso brasileiro, por intermédio de diretrizes e políticas bem fundamentadas. Isso resulta na adoção de medidas imediatistas, conhecidas como "apagar incêndios". Ações com essa característica são nefastas quando se pensa na otimização e na eficiência no uso dos recursos disponíveis, buscando a sustentabilidade do processo de planejamento como um todo, desde a etapa da expansão até a de operação no curto prazo.

Manter o equilíbrio entre as três dimensões relacionadas à sustentabilidade não se mostra prioritário, em relação a diretrizes e políticas públicas no Brasil. Não considerar esse equilíbrio pode significar prejuízos futuros, não somente no que diz respeito ao aspecto econômico, mas, o que é pior, no que concerne à segurança e à confiabilidade do suprimento à demanda,

PLANEJAMENTO, GESTÃO E POLÍTICA DE ENERGIA ELÉTRICA E SUSTENTABILIDADE | 925

elemento-chave para que também o desenvolvimento econômico se processe de forma plena e sustentável.

O paradigma das "saídas mais fáceis" impera. Todavia, essas são, via de regra, as que apresentam menor eficiência e, em muitos casos, são conflitantes com o que seriam as melhores soluções de médio e longo prazo.

A débil coordenação entre os organismos governamentais, em especial aqueles ligados ao setor elétrico, culmina em posicionamentos divergentes entre o planejamento da expansão e da operação, como será visto mais adiante neste capítulo, um dos principais problemas enfrentados pelo setor elétrico. A articulação entre esses dois tempos do planejamento é apenas a "ponta do *iceberg*" quando se trata das questões relativas ao setor elétrico.

Um fórum bastante apropriado para se estabelecer a devida articulação é o Conselho Nacional de Política Energética (CNPE). Nesse conselho, estão representados os mais diversos segmentos ligados ao setor elétrico: Ministério de Minas e Energia (MME); Ministério do Planejamento, Orçamento e Gestão (MPOG); Ministério da Fazenda (MF); Ministério do Meio Ambiente (MMA); Ministério da Ciência e Tecnologia (MCT); Ministério do Desenvolvimento, Indústria e Comércio (MDIC); Ministério da Agricultura, Pecuária e Abastecimento (Mapa); Ministério da Integração Nacional e Casa Civil, além de representantes dos estados brasileiros, o Presidente da Empresa de Pesquisa Energética (EPE) e dois especialistas em energia nomeados pelo Presidente da República. Assim, constitui-se em um ambiente ímpar no qual se pode conceber e concretizar as necessárias articulações de maneira a criar condições para que possam emergir as diretrizes e políticas das quais o país carece tanto.

No que concerne aos recursos de que o Brasil dispõe para produção de eletricidade, primordialmente oriundos de fontes renováveis de energia (FRE), não há paralelo no mundo. Trata-se de uma prerrogativa mais que legítima da sociedade ter o direito de que esses recursos sejam explorados da forma mais otimizada possível, preservando o equilíbrio e a sustentabilidade. Nesse sentido, argumenta-se que todas as fontes de energia elétrica (FEE) disponíveis devem ser contempladas no planejamento da expansão, requisito essencial do êxito na construção de uma matriz sustentável.

Há questões controversas em relação a essas FEE no que se refere às diretrizes e políticas públicas que venham a apoiar seu desenvolvimento e ingresso na matriz. Essas questões são debatidas a seguir, com o objetivo de lançar um olhar crítico sobre elas e levar o leitor a uma reflexão sobre os tópicos apresentados.

O potencial econômico e a isonomia de incentivos

No contexto das deficiências observadas e no âmbito das políticas energéticas, é importante ter em mente que não basta uma fonte produtora de energia elétrica ter elevado potencial de exploração para que possa ingressar nos leilões de energia nova (LEN) e disputá-los com competitividade.

Para entender a questão, é importante conhecer os tipos de "potencial" que uma FEE apresenta. Primeiramente, tem-se o "potencial teórico", constituído a partir de fatores naturais. Por exemplo, para o carvão, são as reservas; para a biomassa, o clima, o solo e a produtividade agrícola; e para a eólica, a disponibilidade de vento.

Nem todo o montante do "potencial teórico" pode ser aproveitado, pois existem limitações tecnológicas para sua exploração que acabam por levar à definição do que se denomina "potencial técnico". Mas também não se pode lançar mão de todo o "potencial técnico", uma vez que os projetos necessitam ser viáveis do ponto de vista econômico, denominado de "potencial econômico". As condições de mercado para a FEE em questão determinam o seu "potencial de mercado". Por fim, existem as restrições e demandas socioambientais, que podem, no limite, inviabilizar o projeto.

O desequilíbrio que se observa na isonomia de incentivos, principalmente no que concerne às FRE eólica, pequenas centrais hidrelétricas (PCH) e biomassa, interfere diretamente no aspecto "potencial econômico" e acaba por gerar vieses indesejáveis, levando a dificuldades para os empreendedores e à falta de competitividade em alguns casos, dado o critério do "menor preço" que impera nos leilões. A consideração desse critério como o fator determinante para se ganhar mercado leva a um descontrole no que diz respeito à composição da matriz, pois essa composição deve, como discutido, se embasar sobre os três pilares da sustentabilidade, de forma equilibrada.

A hidreletricidade

Algumas questões relevantes, relacionadas a cada uma das principais FEE no Brasil, devem ser discutidas, visando à identificação de diretrizes e políticas que as contemplem.

Um exemplo marcante se trata do que aponta o PNE-2030 (EPE, 2007) em relação ao potencial hidrelétrico brasileiro. Por um lado, apresenta-o com o montante de 126.000 MW ainda disponíveis, todavia, ressaltando que somente 77.000 MW são passíveis de serem efetivamente aproveitados, em virtude, principalmente, das interferências no plano chamadas de "intransponíveis", de parques nacionais e de terras indígenas. Não há como não se espantar com tal afirmação, uma vez que é o próprio governo quem elabora o plano e determina e delimita os parques e terras indígenas, assumindo como perdida uma riqueza energética inestimável de 50.000 MW oriundos de uma FRE. A falta de articulação e convergência observada aqui, também já mencionada anteriormente, não permite que se compatibilize o desenvolvimento econômico com a preservação ambiental.

A energia nuclear

De acordo com o PNE-2030 (EPE, 2007), planeja-se a implantação de quatro usinas nucleares até 2030. Esta alternativa tecnológica para produção de eletricidade é promissora, principalmente para o Brasil, uma vez que os obstáculos para a entrada da hidreletricidade nos novos leilões estão cada vez maiores. É uma FEE candidata a substituir as UHE, principalmente em relação à base para expansão, como também para a geração de base.

As nucleares estão longe de apresentarem a mesma capacidade de resposta de uma UHE, porém, são usinas que tipicamente operam na base, uma outra característica das UHE com reservatórios plurianuais. Além disso, há um grande potencial de disponibilidade do combustível nuclear em solo brasileiro, outro elemento em favor dessa tecnologia. O problema aqui, como também em outros casos tratados neste capítulo, é a falta de políticas públicas que deem amparo à entrada desta FEE na matriz.

Duas questões cruciais a serem definidas, com uma visão de longo prazo, como requerem, em geral, aquelas relacionadas a essa FEE, são: a tecnologia a ser utilizada, que é complexa e de custo elevado, e a disponibilidade de mão de obra que se caracteriza pela necessidade de elevada especialização.

Há ainda uma grande dependência, por parte do Brasil, no que concerne à tecnologia relacionada aos equipamentos das usinas nucleares. O elemento complicador, nesse caso, é o fato de se permanecer atrelado a uma tecnologia por longa data, uma vez feita a escolha. Isso pelo fato de não ser viável trocar-se de tecnologia a cada usina que for construída. Do ponto de vista da viabilidade econômica, faz-se necessário optar por uma determinada tecnologia e utilizá-la em uma série de usinas. Assim, torna-se imprescindível uma escolha bem fundamentada e com uma visão de longo prazo. Não há, no Brasil, uma clara definição no âmbito das diretrizes e tampouco na esfera das políticas.

O país é carente de mão de obra para acompanhamento do projeto, comissionamento, operação e manutenção das usinas e também não há diretrizes e políticas definidas que estimulem essa formação, o que torna o problema crítico, pois deixa o país refém dos detentores dessa tecnologia e *expertise* operacional.

Concernente ao ciclo de produção do combustível nuclear, embora o Brasil possa ter o domínio deste ciclo, resta dúvida sobre a definição da produção: se será exclusivamente voltada para atender à demanda interna ou deverá gerar excedente para exportação. Também nesse caso, requer-se uma visão de longo prazo, resultante de diretrizes e políticas de forma a nortear adequadamente a questão.

O gás natural

O gás natural (GN) é uma FEE que traz algumas vantagens importantes para a segurança e confiabilidade do suprimento. As principais são a flexibilidade e a rapidez de resposta das UTE baseadas nesse combustível, notadamente aquelas a ciclo simples.[2] O PNE-2030 (EPE, 2007) faz menção às reservas comprovadas, tanto brasileiras como aquelas localizadas na América do Sul. A importância das reservas sul-americanas reside na relativa viabilidade de importação do GN, caso seja necessário, o que se caracteriza como importante estratégia ligada à segurança energética, fundamental para garantir desenvolvimento sustentável.

O parque gerador brasileiro, com base nessa FEE, é relativamente novo e constituído, na sua grande maioria, de UTE a ciclo combinado.[3] As descobertas recentes e os avanços tecnológicos relativos à camada pré-sal vêm lançando novas perspectivas sobre esse energético, no que concerne à pro-

---

[2] Na UTE a ciclo simples, uma parte da energia originada da queima do GN nas turbinas é transformada em energia elétrica, e a outra parte é liberada na atmosfera na forma de calor.

[3] Na UTE a ciclo combinado são usadas turbinas a gás e a vapor associadas em uma única planta, ambas gerando energia elétrica a partir da queima do mesmo combustível. Para isso, o calor existente nos gases de exaustão das turbinas a gás é recuperado, produzindo o vapor necessário para o acionamento da turbina a vapor.

dução de eletricidade. Isso eleva esta FEE à categoria de uma forte candidata e uma alternativa promissora na substituição das UHE. As UTE a GN se mostram como uma opção que, além de possibilitar aumento nos níveis de segurança e confiabilidade do suprimento, ainda permitem, por intermédio do planejamento adequado de seu despacho, garantir os níveis de armazenamento dos reservatórios de forma a atender à Curva de Aversão a Risco (CAR) e aos Procedimentos Operativos de Curto Prazo (POCP).

Nesse caso, também há carência de política consistente que possa balizar a entrada gradual e sustentada dessa FEE na matriz de energia elétrica. Um dos principais problemas que dificultam o "deslanchar" dessa FEE está relacionado ao modelo adotado pelos fornecedores de GN para os geradores *take or pay* (contrato de volume constante de "cobrança", use ou não o volume negociado). Existe uma solução, criada internamente pela Petrobrás, para essa questão, que é adotada para as UTE a GN próprias, constituindo um mercado secundário de GN para os momentos em que este não for utilizado para gerar energia elétrica. Para tanto, se fazem necessárias uma avaliação da regulação dos estados, uma vez que a distribuição desse energético é regulamentada por eles; uma viabilização do mercado secundário; e a criação do mercado livre, garantido aos concessionários os serviços de distribuição do gás canalizado.

Nos mesmos moldes, esse mercado poderia ser estimulado, por intermédio, evidentemente, de políticas públicas norteadoras, e assim tirar muitos projetos "da gaveta", suspensos em razão da inviabilidade imposta pelo modelo *take or pay*.

A cogeração é outra forma de viabilizar o avanço significativo dessa forma de geração. Nesse caso, também não existem políticas que estimulem os investimentos neste sentido, o que não permite que esse modelo "decole" e logre sucesso significativo.

Cabe ainda salientar que o gás natural não tem como único objetivo prover o suprimento de usinas térmicas, uma vez que, como o petróleo, há usos mais nobres para ele, razão pela qual se faz mister a atuação governamental no sentido de prover diretrizes e políticas de utilização desse insumo.

As FEE eólica, biomassa e solar

Apesar da crescente participação nos leilões de energia, também para as fontes eólica, biomassa e solar (Febs), não existem políticas bem constituídas que permitam um estímulo ao crescimento sustentável, considerando a definição estabelecida no início deste capítulo. Nem mesmo questões conhecidas como básicas estão devidamente resolvidas, como aquela relacionada aos índices de nacionalização requeridos para cada uma das tecnologias.

Para as PCH e as UTE baseadas na biomassa, em especial oriunda da cana-de-açúcar, este é um fator relativamente menos problemático, em virtude dos avanços que a indústria nacional, relativa a essas tecnologias, conseguiu. Todavia, o mesmo não se pode afirmar no tocante à fonte eólica e tampouco à solar.

Outra questão, ainda sem diretriz clara e sem política estabelecida, é aquela concernente à metodologia utilizada para o cálculo da garantia física das UTE à biomassa. Essa ausência de metodologia acaba por penalizar o montante de garantia física dessas UTE, subestimando-o, enquanto, para aquelas cujo combustível é de origem fóssil, a metodologia de cálculo tende a superestimar os montantes. Esses elementos levam a distorções no que se refere às avaliações envolvidas nas decisões de investimento em uma ou outra tecnologia.

Há também o problema relativo ao sistema de transmissão requerido para atender à geração descentralizada. A solução atualmente existente das instalações compartilhadas para conexão de geração (ICG) não contempla, na sua concepção original, os aspectos de estabilidade transitória e de regime referentes à integração dos parques geradores no SIN. Trata-se de outra questão mal resolvida de política energética, pois, estando bem estabelecida nas políticas a preocupação com os aspectos mencionados, estes, obrigatoriamente, seriam considerados nas concepções de projeto.

As ICG foram criadas com o objetivo de viabilizar economicamente os empreendimentos, no entanto, além de não constituírem uma solução de compromisso com os aspectos técnicos citados, não contemplam uma visão de longo prazo para os problemas que o crescimento da geração distribuída pode trazer.

Observa-se, ainda, um descompasso entre a efetiva entrada em operação dos parques geradores e as suas respectivas ICG. Em 2009, por exemplo, 1.841 MW de energia eólica foram contratados. No ano de 2012, cerca de 650 MW desse total estavam prontos para gerar, contudo, não estavam concluídas as ICG necessárias para escoar a energia produzida.

Por fim, a questão mais conhecida, e talvez a que requeira maior atenção, é aquela relativa à energia eólica, mais especificamente concernente à

PLANEJAMENTO, GESTÃO E POLÍTICA DE ENERGIA ELÉTRICA E SUSTENTABILIDADE | **931**

variabilidade, previsibilidade e à possível complementaridade com a energia hidráulica. Nenhum desses aspectos é devidamente tratado na etapa do planejamento da expansão, por ausência de diretrizes nesse sentido, levando a repercussões danosas na etapa do planejamento da operação e na operação em tempo real propriamente dita, provocando impossibilidade de otimização econômica do despacho de geração, com reflexos negativos nas tarifas finais de energia elétrica.

O carvão mineral

Apesar de as reservas estimadas de carvão mineral, de acordo com o PNE-2030 (EPE, 2007), colocarem o Brasil como a décima maior reserva de carvão do mundo, o que seria suficiente para o abastecimento de todo o consumo de energia elétrica nacional por 500 anos,[4] não há uma perspectiva explicitada, nas diretrizes e políticas energéticas, em relação a essa FEE.

Sabe-se do problema referente ao alto teor de cinzas do carvão mineral nacional, o que torna praticamente inviável seu uso, principalmente para geração de eletricidade a longas distâncias das jazidas, que estão, em sua grande maioria, localizadas na região Sul. Todavia, em função do montante dessas reservas e dos problemas de geração enfrentados pela região Sul – que requerem, muitas vezes, elevados intercâmbios com a região Sudeste, seja para atender à CAR e aos níveis-metas para essa região ou por questões eletroenergéticas –, seria prudente contemplar, nas diretrizes estratégicas, a expansão do parque gerador de UTE baseadas nesse combustível. Para tanto, há a política e diretriz de incentivo aos estudos de utilização dos resíduos e à mitigação dos efeitos poluentes resultantes da queima desse energético. Em paralelo, evidentemente, deve-se prever a necessária expansão do sistema de transmissão e, com isso, além de lançar mão desse importante recurso energético, também propiciar maior flexibilidade no planejamento da operação e na operação propriamente dita, repercutindo o conjunto socioambiental extrativo, produtivo e adequado positivamente tanto nos aspectos econômicos como técnicos dessa operação. Esse é um exemplo cabal no qual o equilíbrio entre as dimensões consideradas na definição de sustentabilidade deve ser observado.

---

[4] Considerando a demanda de energia elétrica na época da elaboração do plano.

A energia firme do SIN e as Febs

Uma questão para a qual também não existem diretrizes e políticas estabelecidas é a da energia firme do sistema (EF_{SIST}),[5] mais especificamente a relação entre esta e a energia natural afluente (ENA).[6] Conforme ilustrado na Figura 25.2, a EF_{SIST} se constitui pela soma da energia firme hidráulica (EF_H) e a energia firme térmica (EF_T). A EF_{SIST} está diretamente associada ao montante de energia necessário para suprir a carga com segurança e confiabilidade. Também nessa figura se pode observar que, na medida em que a ENA não estiver no mesmo nível da EF_{SIST}, haverá necessidade de complementação de geração, o que normalmente se faz, no Brasil, por intermédio do despacho das UTE a combustível fóssil. Essa complementação está representada na figura pelos vales destacados abaixo da linha da EF_{SIST}.

As Febs apresentam variabilidade na produção, além de não agregarem energia firme ao SIN na mesma proporção das UHE e das UTE convencionais. Há que se ressaltar que nem mesmo está devidamente equacionada a questão da energia assegurada[7] para essas fontes. Esse fato pode agravar o problema já discutido, requerendo maiores montantes de geração a partir das UTE a combustíveis fósseis para manter os mesmos níveis de segurança no suprimento. É importante frisar que o aspecto econômico envolvido é relevante, pois, via de regra, a geração a partir dessas UTE tem custo significativamente mais elevado do que aquela correspondente às UHE e até mesmo às Febs. Ademais, há também impactos ao meio ambiente, que podem ser mais prejudiciais do que aqueles evitados pela inserção das Febs.

---

[5] Energia firme do sistema é o maior valor possível de energia capaz de ser suprido continuamente pelo sistema sem ocorrência de déficits, considerando constantes sua configuração e as características de mercado.

[6] Energia natural afluente é a energia elétrica que pode ser gerada a partir da vazão natural em um aproveitamento hidrelétrico.

[7] A energia assegurada do sistema elétrico brasileiro é a máxima produção de energia que pode ser mantida quase que continuamente pelas usinas hidrelétricas ao longo dos anos, simulando a ocorrência de cada uma das milhares de possibilidades de sequências de vazões criadas estatisticamente, admitindo certo risco de não atendimento à carga, ou seja, em determinado percentual dos anos simulados. Permite-se que haja racionamento dentro de um limite considerado aceitável pelo sistema. Na regulamentação atual, esse risco é de 5%.

Figura 25.2 – Energia afluente e energia firme em um sistema hidrotérmico.

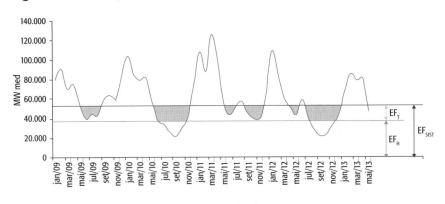

Fonte: ONS (2014).

É comum se propalar a comparação do Brasil com países como a Alemanha e a Inglaterra, que possuem elevada participação da fonte eólica. Entretanto, é fundamental não perder-se de vista o perfil do parque gerador desses países, que se constitui basicamente de UTE a combustíveis fósseis, na sua maioria carvão, gás natural e nuclear. Cabe destacar que a existência de políticas e diretrizes governamentais nesses países se deve ao fato de eles praticamente já terem esgotado os seus recursos naturais referentes às fontes hidráulicas.

Essas FEE permitem conferir maior previsibilidade, comparando-se com o caso brasileiro, no que diz respeito ao equivalente à EF_{SIST}. No Brasil, a EFH, principal componente da EF_{SIST}, é dependente da ENA que, por sua vez, está subordinada a condições climáticas, cuja previsibilidade, apesar de muito melhor que a eólica e a solar, é limitada. Em um horizonte de longo prazo e pensando na construção de uma expansão sustentável da oferta, esse problema assume proporções ainda mais significativas.

A diminuição da capacidade de regularização dos reservatórios do SIN

Essa questão vem agravar o problema debatido na seção anterior. A redução relativa da capacidade de regularização do conjunto de reservatórios do SIN é um fenômeno que vem ocorrendo desde 1985. As UHE construídas a partir dessa data vêm apresentando capacidade de regularização cada vez menor e, atualmente, seu horizonte se resume a um mês, quando muito. Em algumas situações, nem sequer diária, como é o caso das UHE do Rio Madeira. Os efeitos negativos são de toda sorte, contudo, podem-se destacar alguns, mais importantes:

- Necessidade da presença de outras FEE, no *mix* disponível para o planejamento da operação, com capacidade para operar na base e também responder adequadamente às variações de demanda e picos de carga.

- Redução na otimização do aproveitamento da energia hidráulica disponível no SIN, em função da sazonalidade típica das regiões brasileiras, viabilizada por intermédio dos intercâmbios regionais.

- Tendência de elevação nos custos totais de geração, seja em função de altas temporárias em razão da geração térmica complementar ou de caráter permanente, pela necessidade de agregação de energia firme adicional.

- Aumento nos níveis de emissão dos gases de efeito estufa (GEE), principalmente aqueles oriundos da produção de energia elétrica com fontes fósseis.

O crescimento da capacidade de armazenamento dos reservatórios não acompanha, proporcionalmente, o crescimento da energia consumida no SIN. Este descolamento, que pode ser observado no gráfico contido na Figura 25.3, além de comprometer a segurança do suprimento, provoca elevação no preço da energia, como também pode ser visto no mesmo gráfico.

A tendência de crescimento da carga é muitas vezes maior que a capacidade de armazenamento, como está explicitado no coeficiente angular das equações correspondentes ao resultado da regressão linear aplicada a cada uma das curvas correspondentes. O crescimento do PLD está relacionado ao aumento do preço da eletricidade no mercado *spot*, mas que pode ser também um indicador da tendência do preço da energia elétrica de uma forma geral.

A relação entre a energia máxima que pode ser acumulada pelos reservatórios do SIN e a demanda vem caindo com o transcorrer do tempo. Em 2002, essa relação era de 6, passou para 5,4 em 2009 e, em 2013, é da ordem de 4,7 (Chipp, 2009 apud Bajay, 2013).

Mantidas as projeções previstas em relação à questão da capacidade de armazenamento, foi constatado, em estudo elaborado por Bezerra et al.

Figura 25.3 – Comportamento da EAR$_{máx}$, da carga de energia e do Preço de Liquidação das Diferenças (PLD).

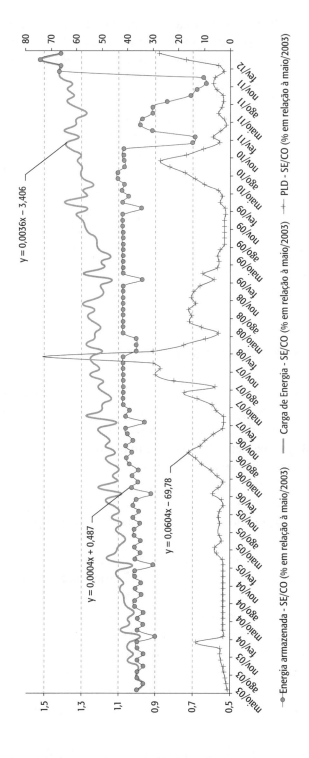

Fonte: Dester (2012).

(2010), que, em 2020, haverá um quadro desfavorável para o meio ambiente no tocante às emissões de GEE oriundos do setor elétrico.

A restrição em relação aos reservatórios de acumulação vem requerendo o despacho de UTE a combustíveis fósseis com o aumento das emissões previstas no estudo. Em 2020, mantidas as tendências atuais, as emissões de CO_2 sofrerão um aumento de 203% em relação a 2010. Segundo esse estudo, para cada 1% de perda relativa na capacidade de regularização, tem-se uma elevação de 19% nas emissões de CO_2.

Uma solução que pudesse suplantar ou mitigar o problema da redução na capacidade de regularização das UHE seria a possibilidade de complementar essa regularização lançando mão de outras tecnologias de armazenamento de energia. Apesar de existirem muitas alternativas nesse sentido, considerando o atual nível de desenvolvimento e até um horizonte de médio prazo, estas não são viáveis para casos em que a larga escala é requerida. As opções são aplicáveis em casos especiais e nas situações em que a escala de armazenamento é relativamente pequena.

O atendimento da curva diária de carga

Para atender à curva de carga, o Operador Nacional do Sistema Elétrico (ONS) tem recursos limitados, os quais se constituem daqueles disponíveis no *mix* de geração à disposição da operação em tempo real. Esse *mix* está intimamente ligado à composição da matriz de energia elétrica. Uma curva de carga diária típica, como aquela representada na Figura 25.4, apresenta algumas peculiaridades que merecem ser aprofundadas na discussão. Existem as chamadas "rampas de carga", originadas pela elevação abrupta dos montantes de carga. Essas "rampas" estão destacadas na Figura 25.4.

As usinas produtoras ligadas ao SIN devem obrigatoriamente acompanhar essas variações, de forma que o equilíbrio entre carga e geração seja sempre mantido. Esse não é o único aspecto envolvido, pois existem questões concernentes à estabilidade de ângulo e de frequência que, por serem muito específicas, sua discussão extrapolaria o escopo deste livro. Nem todas as FEE têm características que propiciem, às suas respectivas usinas, atender satisfatoriamente a essas "rampas". A principal característica, nesse sentido, é a capacidade de resposta de uma usina ou conjunto de usinas, diretamente relacionada à energia firme (EF) que a usina pode oferecer.

Há, ainda, o que se denomina de geração de base, destinada a atender, como o próprio nome indica, à base da curva de carga, representada na Figura 25.4 pelos retângulos 1, 2 e 3, cada um deles correspondente aos períodos de carga leve, média e pesada.[8] As usinas que compõem essa base não necessitam ter capacidade de resposta rápida, pois são pouco moduladas no decorrer do dia. Nesse caso, o que se requer é a capacidade de gerar de forma contínua e por longos períodos de tempo.

Figura 25.4 – Curva de carga diária típica de um dia de semana (região SE).

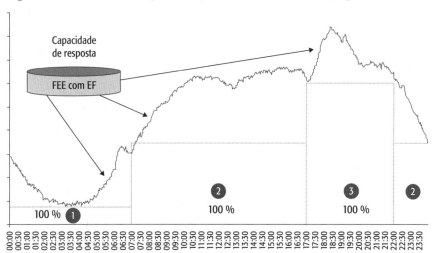

Fonte: ONS (2014).

De qualquer forma, toda a carga deve ser suprida o tempo todo em 100% e com níveis de segurança e confiabilidade de acordo com a legislação vigente para o setor. Daí a importância de a composição do *mix* de geração e, por relação causal, de a matriz de energia elétrica serem constituídas por proporções adequadas de cada uma das FEE de que o Brasil dispõe como recursos, de maneira a poder atender à carga de acordo com os padrões normatizados.

---

[8] Esses períodos de carga são utilizados pelo ONS para realizar o planejamento energético e elétrico da operação e estão definidos em função de horários pré-determinados. Por exemplo, para dias normais, ou seja, de segunda à sexta-feira, a carga leve vai das 00h00min às 06h59min; a carga média, das 07h00min às 17h59min e das 21h00min às 23h59min; e a carga pesada, das 18h00min às 20h59min. Para mais detalhes, consultar os procedimentos de rede, disponíveis no site do ONS.

Um período especialmente crítico, em geral correspondente à carga pesada, cuja criticidade é amenizada quando vigora o horário de verão, é a chamada "ponta de carga". Essa ponta de carga era atendida, notadamente, no período pré-Reseb,[9] por meio do que se chamava supermotorização[10] das UHE. Com a redução relativa da capacidade de regularização dos reservatórios das UHE, assunto debatido em outra seção deste capítulo, a ponta de carga é atendida, em grande parte do tempo, por intermédio do despacho de UTE a combustíveis fósseis. Até mesmo para atender algumas "rampas de carga" em alguns dias mais críticos, especialmente quando há alguma restrição de ordem elétrica ou energética, o ONS lança mão das UTE a combustíveis fósseis. Como consequência, tem-se a respectiva elevação dos impactos ambientais e dos custos de operação com repercussão na tarifa final.

Ainda hoje, existe a disponibilidade de supermotorização das UHE. É uma forma de agregar potência instalada no SIN a baixos custos e reduzidos impactos ambientais. Apesar de não levar a um aumento da energia firme da UHE, essa potência adicional pode ser utilizada quando houver períodos hídricos mais favoráveis, notadamente em períodos de afluências elevadas, propiciando ganhos de ordem econômica, técnica e socioambiental, além de permitir o aumento dos níveis de segurança da operação do SIN. A potência que pode ser agregada, por meio da supermotorização das UHE existentes atualmente no Brasil, está estimada em 5.000 MW (Chipp, 2011).

No que se refere à integração das Febs na matriz, não se prescinde de precauções e estudos específicos relacionados, principalmente relacionados à inconstância e à baixa previsibilidade das fontes eólica e solar, como também à produção sazonal no que tange à biomassa da cana-de-açúcar. Atualmente, o que se faz é planejar e operar essas FEE para operarem na base, uma vez que não podem atender às rampas e tampouco à ponta de carga. O problema da volatilidade e sazonalidade é resolvido pelo controle

---

[9] Reseb foi a sigla atribuída ao Projeto de Reestruturação do Setor Elétrico Brasileiro, que teve início em 1993 com a aprovação da Lei n. 8631/93 e durou até 2004, com a implantação do chamado "novo modelo" do setor elétrico brasileiro. Para mais detalhes, ver Dester (2012).

[10] Aumento da capacidade de geração de uma usina pela instalação de unidades geradoras adicionais àquelas consideradas para operação em regime normal. Essas unidades podem ser previstas nos projetos originais ou serem implantadas por meio de modificações na planta existente.

automático de geração (CAG),[11] que aciona outras FEE para compensar as deficiências de produção. Para as variações mais abruptas, conta-se com a reserva girante, neste caso, oriunda principalmente das UHE, que acumulam energia cinética, em virtude da grande inércia dos grupos turbina-gerador, e a fornecem instantaneamente, compensando as quedas repentinas na produção.

Quando se tem um baixo percentual de penetração das Febs, o SIN mostra-se pouco sensível, até mesmo por causa de sua robustez nos aspectos mencionados. Todavia, na medida em que se tiver uma participação mais significativa dessas FEE, o problema pode se agravar e até mesmo comprometer a segurança e a confiabilidade do suprimento.

Uma perspectiva de longo prazo deve contemplar diretrizes e políticas que permitam a inserção das Febs, de forma gradual e bem planejada, em paralelo, com adoção de medidas mitigatórias para as questões da volatilidade, previsibilidade e sazonalidade, conduzindo, dessa forma, à construção da matriz com solidez e sustentabilidade. Nesse sentido, a composição dessa matriz não pode prescindir das fontes, diga-se assim, tradicionais, como as UHE, em especial com reservatório de acumulação, e as UTE baseadas em fontes fósseis.

A grande contribuição das Febs seria a de viabilizar a redução da depleção das bacias de acumulação das UHE, que garantiriam a disponibilidade de recursos de atendimento à carga por meio de suprimento de fontes não geradoras de GEE. Entretanto, para se consolidar esse benefício, faz-se necessária a existência de bacias de acumulação que viabilizem a disponibilidade de recurso quando de situações críticas para o SIN.

Os critérios de segurança no planejamento da expansão e no planejamento da operação

Conforme já discutido anteriormente, o suprimento de energia elétrica é condição *sine qua non* para um processo de desenvolvimento sustentável, considerando a definição dada para esse termo no início deste capítulo.

---

[11] Sistema de controle que se constitui de uma parte de *hardware* e outra de *software*, cujo objetivo principal é manter o equilíbrio entre geração e carga, permitindo que o sistema elétrico de potência mantenha-se dentro da zona de estabilidade, de forma a contribuir para a segurança e confiabilidade do suprimento.

Qualquer sinalização negativa no que concerne a esse bem de consumo afugenta o capital e pode comprometer todo o ciclo de crescimento econômico.

Nesse sentido, estabelecer critérios de segurança sólidos e coerentes, em todas as etapas envolvidas no processo produtivo da eletricidade e no planejamento da expansão, torna-se também imprescindível para se lograr êxito na questão do suprimento.

Atualmente, existe um descompasso em relação a esses critérios quando se observam as etapas de planejamento da expansão e de planejamento da operação. No planejamento da expansão, há dois critérios de segurança: risco máximo de déficit em 5% e os leilões de energia de reserva (LER). O primeiro critério está implícito no "gatilho" que sinaliza a necessidade de expansão da geração, ou seja, o Custo Marginal de Operação (CMO) maior que o Custo Marginal de Expansão (CME). Já no planejamento da operação, há outros dois critérios de segurança: Curva de Aversão ao Risco (CAR) e os Procedimentos Operativos de Curto Prazo (POCP).

Enquanto o critério dos 5% é probabilístico, a CAR é um critério determinístico. Assim, planeja-se de uma forma e executa-se de outra. Isso acaba por requerer medidas compensatórias, dentre elas, a principal e mais controversa é o despacho de UTE a combustíveis fósseis com Custo Variável Unitário (CVU) elevado.

A criação dos POCP tem íntima relação com a diminuição relativa da capacidade de armazenamento dos reservatórios das UHE do SIN, assunto já discutido em seção anterior. Os POCP também preveem despachos de UTE de maneira a garantir os denominados "níveis meta", que são níveis mínimos de armazenamento que possibilitam adequada segurança no suprimento.

Outro problema correlato é que os despachos complementares das UTE não são contemplados nos modelos computacionais de formação de preço do mercado de energia elétrica (*Newave* e *Decomp*).

No que concerne à energia de reserva, embora o Decreto n. 6.353/2008 regulamente a contratação desse tipo de energia, não existe uma metodologia bem estabelecida e clara a respeito dos montantes de energia de reserva que devam ser contratados.

Assim, está claramente evidenciada a falta de coordenação e articulação entre os dois tempos do planejamento, levando a um problema de aderência entre os critérios adotados. Essa deficiência prejudica a otimização técnica e econômica do despacho de geração e acaba por gerar custos adicionais que seriam desnecessários, repercutindo negativamente na tarifa final de energia elétrica.

Deve-se salientar ainda que o despacho adicional das UTE, seja para garantir os níveis-meta, a CAR ou os LER, é viabilizado por intermédio de encargos setoriais (ESS e EER)[12] cobrados na fatura de energia elétrica dos consumidores finais.

Os encargos setoriais e a sua repercussão na tarifa de energia elétrica

Com o objetivo de obter recursos para resolver algumas questões relacionadas com o setor elétrico, como: subsídios para promover a universalização do acesso à energia elétrica, manutenção dos níveis de segurança no suprimento e estímulo à pesquisa em fontes alternativas, têm sido criados, no decorrer dos últimos 20 anos, os chamados "encargos setoriais".

Embora seja um mecanismo legítimo, não existem diretrizes claras e tampouco políticas que os sustentem, de forma que esses encargos, em longo prazo, possam ser gradativamente extintos ou, pelo menos, minimizados. Entretanto, o contrário tem ocorrido, ou seja, seu montante tem aumentado com o passar do tempo.

Os principais encargos setoriais têm como destinação:

- Incentivo às fontes alternativas por meio do Programa de Incentivo às Fontes Alternativas (Proinfa).

- Leilões de Energia de Reserva (LER), cujos recursos provêm da cobrança dos Encargos de Energia de Reserva (EER).

- Desenvolvimento de certas fontes de energia para geração de eletricidade, como é o caso do carvão mineral nacional, por intermédio da Conta de Desenvolvimento Energético (CDE).

- Subvenção aos consumidores da subclasse "Residencial Baixa Renda", por meio da CDE.

- Custeio da universalização do acesso à eletricidade por meio da CDE.

---

[12] Encargo de Serviço do Sistema (ESS); Encargo de Energia de Reserva (EER).

- Mecanismo de garantia dos níveis de armazenamento dos reservatórios das UHE, minimizando os riscos de escassez de energia elétrica, com recursos do Encargo de Segurança Energética (ESE), que remunera a geração térmica para garantir os citados níveis de armazenamento.

- Encargo de Serviços do Sistema (ESS), que foi criado para custear a confiabilidade e a estabilidade do SIN no que se refere ao atendimento da carga. O ESS divide-se em encargo de serviços de restrição de transmissão e encargo de serviços ancilares. Esse último inclui o cálculo do pagamento pelo uso de combustível gasto em reserva de prontidão, com investimentos para prestação de serviços ancilares e custo de operação das unidades geradoras como compensador síncrono.

O governo Dilma eliminou o rateio para custeio da Conta de Consumo de Combustíveis (CCC), extinguiu a Reserva Global de Reversão (RGR) e reduziu em 25% a cobrança da CDE. Todavia, não explicitou de onde sairão os recursos, uma vez que, com exceção da RGR, as despesas cobertas pela CCC e pela CDE continuam a existir. Ou seja, o custeio dessas despesas deixa de ser cobrado do consumidor de eletricidade, passando a ser cobrado do contribuinte de impostos.

De uma forma geral, os encargos setoriais são rateados por todos os consumidores de eletricidade e consistem uma parcela significativa do total da fatura de energia elétrica. Esses encargos passaram por uma elevação, entre 2009 e 2010, em média de 41%. A CDE teve um crescimento de 400% desde a sua criação até 2010, representando uma média de elevação de 26% ao ano, aproximadamente. Em valores absolutos, a CDE atingiu o valor de R$ 3,3 bilhões em 2011 e aproximadamente R$ 3,7 bilhões em 2012. Em 2013, sua cobrança foi extinta, contudo, o aporte de recursos será realizado pelo tesouro nacional, o que significa que apenas o bolso de onde serão retirados os recursos mudou (ACE, 2012).

Um panorama geral da criação dos encargos setoriais, em uma linha de tempo, é apresentado na Figura 25.5.

Na Tabela 25.1, podem ser visualizados os gastos correspondentes a alguns encargos setoriais. Os valores são aproximados para o ano de 2012, mas permitem oferecer uma ideia do montante dos valores envolvidos.

PLANEJAMENTO, GESTÃO E POLÍTICA DE ENERGIA ELÉTRICA E SUSTENTABILIDADE | 943

Figura 25.5 – Os encargos setoriais no decorrer do tempo.

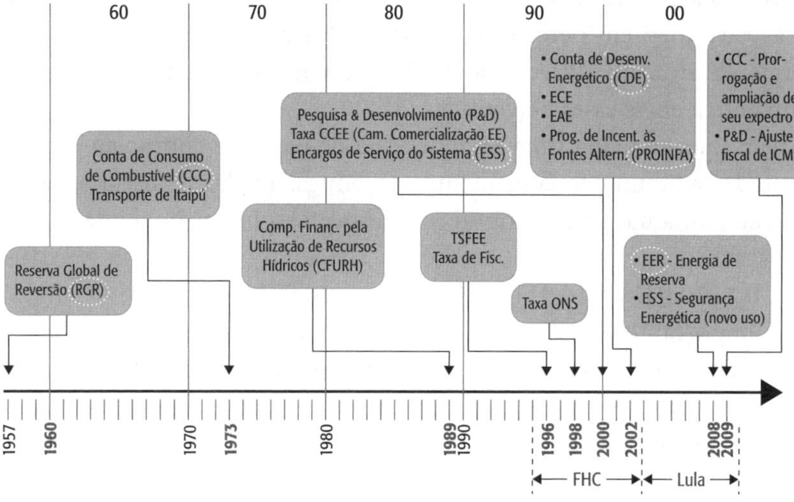

Fonte: Bonini (2011).

Tabela 25.1 – Gastos correspondentes a alguns encargos setoriais (em bilhões de R$).

Encargo	2008	2009	2010	2011	2012
Proinfa[1]	0,8	1,57	1,81	2,06	2,25
ESE[2]	2,27	0,234	-	-	-
EER	-	0,31	0,488	-	-
ESS	-	-	1,7	1,08	1,1

[1] O Proinfa foi criado por meio da Lei n. 10.438, de 26/04/2002 e revisado pela Lei n. 10.762, de 11/11/2003.

[2] O ESE foi criado em 2007. Em 2009, seu valor foi relativamente baixo em razão de um comportamento extremamente favorável em termos da hidrologia. Nos anos de hidrologia média, estima-se que o valor desse encargo fique na casa do R$ 1 bilhão.

Fonte: ACE (2012).

De forma a permitir uma avaliação da evolução dos gastos com os encargos setoriais no transcorrer do tempo, na Figura 25.6 são apresentadas as variações, em percentual, desses gastos e também do consumo de energia elétrica, do IPCA e do IGP-M, permitindo, assim, uma análise comparativa entre esses percentuais.

Para que se tenha uma melhor ideia de como se comporta o crescimento de cada um desses elementos, foram calculadas regressões lineares para cada uma das séries e obtidas as respectivas linhas de tendência: encargos setoriais ($y = 53,794x - 81,685$), consumo ($y = 4,0954x - 9,0109$), IPCA ($y = 10,031x - 10,911$) e IGP-M ($y = 16,584x - 10,778$).

É importante observar que o crescimento dos encargos é cerca de 13 vezes maior que o consumo, cinco vezes maior que o crescimento do IPCA e três vezes maior que o do IGP-M. Isso é uma evidência de que os encargos estão em uma escalada de elevação que supera em muitas vezes até mesmo o consumo. Esse fato indica que providências devem ser tomadas para conter essa escalada, sob pena de se tornar insustentável o seu custeio, uma vez que este é originado do pagamento pelo consumo.

Aqui se mostra claramente uma ausência da visão de longo prazo e, por relação de causa, também de diretrizes e políticas que permitam ser os encargos setoriais um elemento também sustentável na cadeia de fatores que fazem parte das ferramentas que o governo possui para estimular determinadas tendências, frear outras e subsidiar setores deficitários.

A desverticalização do setor elétrico no novo modelo e as consequências geradas

Até o final da década de 1980 e início da próxima, praticamente todo o setor elétrico era constituído por empresas com maioria de capital federal ou estadual, em todos os segmentos: geração (G), transmissão (T) e distribuição (D). Houve uma onda neoliberal durante o governo FHC que propiciou uma vasta privatização de empresas do setor, notadamente no segmento D. Não se obteve o mesmo sucesso nos outros segmentos, em virtude de, principalmente, interesses políticos — com exceção da Eletrosul, empresa na qual a geração foi privatizada.

No governo Lula e também no governo Dilma, o setor estatal foi supostamente fortalecido. Contudo, maior que o interesse de fortalecer o setor, estava o objetivo de viabilizar a saída de muitos projetos "da gaveta"

Figura 25.6 – Variação (em %) dos encargos setoriais, consumo, IPCA e IGP-M.

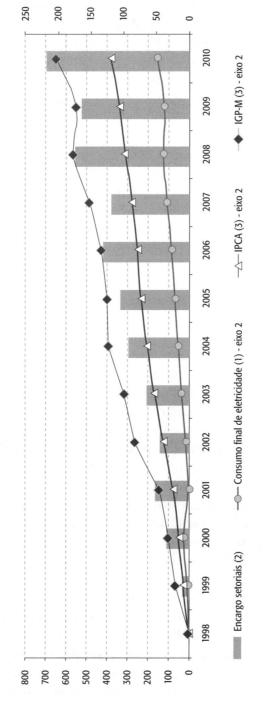

Fontes: (1) EPE (2011); (2) Bonini (2011); (3) BCB/SGS (2014).

por intermédio da alavancagem promovida por parcerias entre o capital privado e as empresas estatais, as chamadas Sociedades de Propósito Específico (SPE). Essa alavancagem não se restringe ao campo econômico, mas também abarca sua *expertise*, notadamente em relação aos grandes empreendimentos, especialmente nos segmentos G e T, tanto na área de projetos como de implantação, operação e manutenção. De forma geral, as empresas estatais operam como mitigadoras de risco para o capital privado, o que se configura como uma forma de atraí-lo para esse importante setor de infraestrutura.

O modelo de remuneração adotado para o segmento D, apesar de apresentar alguns problemas pontuais, tem funcionado satisfatoriamente para ambas as partes envolvidas – a sociedade e as empresas privadas. Trata-se de um monopólio natural que apresenta elevado nível de segurança para o capital. Apesar da regulação e fiscalização intensiva, é possível, para os empreendedores, auferir bons resultados por intermédio da aplicação de métodos eficientes de gestão que possibilitam ganhos de produtividade e consequente elevação nos lucros, notadamente entre os ciclos de revisão tarifária.

No que tange ao segmento G, considerando os ativos que não tiveram sua renovação de concessão antecipada por meio da Lei n. 12.783/2013, a situação está também bem resolvida, uma vez que está coberta por contratos de longa duração por intermédio dos quais é remunerada a energia gerada, seja no Ambiente de Contratação Regulado (ACR), por meio dos Contratos de Comercialização de Energia Elétrica no Ambiente Regulado (CCEAR); seja no Ambiente de Contratação Livre (ACL), por meio de contratos bilaterais tradicionais.

O poder concedente busca reduzir ao máximo o valor teto dos leilões no ACR. O problema é que se pode chegar a um ponto no qual os geradores realizem uma redução artificial nos preços, buscando compensação no ACL, de forma a manter a lucratividade do empreendimento. Isso se observou no leilão da UHE Santo Antônio e UHE Jirau. Os preços relativamente baixos da energia comercializada no ACR (R$ 85,01/MWh e R$ 74,81/MWh, respectivamente) foram compensados com os 30% do total da produção, percentual liberado pelo governo, comercializada no ACL, na época com valores na faixa de R$ 130,00 a R$ 140,00. Os consumidores livres se veem prejudicados e pleiteiam, já há algum tempo, uma solução para essa distorção. É importante salientar que os preços elevados no ACL acabam por refletir nos custos de produção e arcados, ao final, pelos próprios consumidores. Além disso, é uma situação em que se verifica um vício oculto, ou seja, um subsídio cruzado entre o ACR e o ACL.

Concernente ao segmento T, em relação aos ativos que não tiveram sua renovação de concessão antecipada por meio da Lei n. 12.783/2013, sua remuneração se dá por meio da Receita Anual Permitida (RAP), cujo montante é previamente estabelecido em função de critérios não muito claros e tampouco bem estabelecidos. A RAP remunera os denominados Ativos de Transmissão (AT) que se constituem, basicamente, de linhas de transmissão, transformadores, bancos de capacitores, bancos de reatores e compensadores estáticos e rotativos. De forma geral, esses AT são remunerados por disponibilidade, ou seja, quanto maior a sua disponibilidade, menor o desconto que se aplica na RAP.

O problema que emerge do modelo de remuneração do segmento T está ligado intrinsecamente à sua filosofia básica, ou seja, remunerar por disponibilidade. O que, a princípio, parece ser um benefício para a sociedade, acaba por trazer oculta uma distorção latente que, em longo prazo, acarretará mais danos que vantagens.

As empresas do setor elétrico atuavam de forma colegiada e tinham como objetivo principal manter os níveis adequados de segurança e confiabilidade do suprimento. Os estudos para reforços e ampliações no SIN e aqueles realizados para a retirada de equipamentos para manutenção eram realizados por comitês compostos por representantes das empresas que buscavam atender tanto os interesses comuns dessas empresas como os interesses da sociedade que faz uso da energia gerada e transmitida pelo SIN.

Nesse novo modelo, as empresas atuantes no setor, agora denominadas "agentes", foram praticamente "forçadas" a adotar uma nova postura, sob pena de terem o seu lucro reduzido, seja pelos descontos na RAP ou pelas multas aplicadas pela Agência Nacional de Energia Elétrica (Aneel). Essa nova postura tem forte tendência a se restringir à disponibilização dos AT.

O responsável pela segurança e confiabilidade do SIN é agora o ONS que, por possuir interesses desacoplados dos agentes, gera um antagonismo perigoso para a confiabilidade do SIN, em uma visão de longo prazo. A manutenção preventiva é desestimulada, pelo ônus no desconto na RAP ou pelas dificuldades impostas pelo ONS aos agentes no desligamento dos equipamentos para manutenção. É paradoxal que se dificulte a retirada de equipamentos para manutenção, cujo objetivo é elevar o nível de segurança destes, com a justificativa de manter os níveis de segurança do suprimento. Trata-se de uma lógica que não se sustenta em longo prazo.

Para agravar o problema, a metodologia que estabelece a RAP não se baseia em critérios bem estabelecidos, gerando distorções que prejudicam a receita das empresas. Um exemplo cabal nesse sentido é a forma como é determinada a RAP para as linhas de transmissão, baseada fundamentalmente na classe de tensão da linha e no comprimento desta. É de causar estranheza não se levar em consideração as dificuldades de acesso no trajeto da linha, oriundas da topologia do terreno ou da antropogenia, as quais elevam de forma significativa os custos de manutenção.

Por fim, no que se refere à MP 579, transformada na Lei n. 12.783/ 2013, há um viés negativo que merece ser discutido. Houve, na prática, uma adesão compulsória para as empresas estatais federais. Vale lembrar que os órgãos estratégicos e os níveis hierárquicos mais elevados dessas empresas são ocupados por pessoas indicadas pelo próprio governo. Por parte das empresas privadas, por exemplo, a CTEEP, ocorreu questionamento e revisão, para maior, dos montantes estabelecidos para antecipação da renovação das concessões, fato que claramente indica uma subvaloração dos ativos envolvidos nessa questão. Dessa forma, as empresas federais tiveram reduções de receita não previstas no planejamento estratégico, que chegam, em alguns casos, a atingir mais de 50%. Isso, inexoravelmente, levará essas empresas a enfrentarem graves problemas de equilíbrio financeiro.

O objetivo buscado pelo governo parece digno de mérito, ou seja, redução da tarifa final de energia elétrica, contudo, os meios utilizados não correspondem à uma prática salutar e sustentável para as empresas federais.

As emissões de CO_2 no setor elétrico brasileiro

Em termos mundiais, o carvão mineral é a principal fonte para geração de energia elétrica, sendo que o segundo lugar é ocupado pelo gás natural. Consequentemente, o setor elétrico acaba sendo responsável por uma parcela significativa das emissões de gases de efeito estufa, especialmente o CO_2. No Brasil, em função da elevada participação de fontes não poluentes na composição da matriz de energia elétrica, o setor elétrico tem contribuição bastante para a redução dessas emissões.

A Figura 25.7 apresenta os percentuais de emissão de setores produtivos no Brasil, nos quais se pode observar a baixa participação do setor elétrico na emissão de CO_2.

Figura 25.7 – Principais fontes de emissão de CO_2 no Brasil.

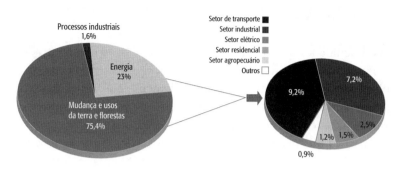

Fonte: Ventura (2009).

É interessante observar que a aplicação de recursos em outros setores que não o elétrico, no sentido de promover a redução das emissões, é muito mais eficiente; ou seja, é requerido um menor montante de recursos para se obter o mesmo nível de redução. Esse fato está ilustrado na Figura 25.8.

Figura 25.8 – Comparação na aplicação de recursos para redução da emissão de CO_2.

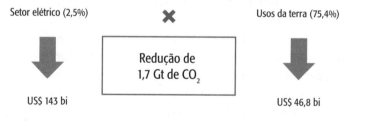

Fonte: Calou (2009).

O Brasil ocupa a 96ª posição no que se refere às emissões de CO_2 *per capita* dentre os países considerados no estudo realizado pelo World Resources Institute, denominado Climate Analysis Indicators Tool (WBG, 2010). No Brasil, as emissões são de 0,3 tCO_{2equ}/hab. Outros países com desenvolvimento econômico semelhante apresentam níveis de emissão bastante superiores: México (1,6 tCO_{2equ}/hab.), China (2,0 tCO_{2equ}/hab.), África do Sul (4,5 tCO_{2equ}/hab.), Rússia (6,5 tCO_{2equ}/hab.). Se comparado com países desenvolvidos, a distância é ainda maior: Canadá (5,9 tCO_{2equ}/hab.), Estados Unidos (9,3 tCO_{2equ}/hab.) e Austrália (11,6 tCO_{2equ}/hab.).

Os impactos positivos trazidos pelos projetos de UHE

As dificuldades que os projetos de novas UHE têm encontrado para serem implantados, ou até mesmo estudados, vêm trazendo consequências negativas para o próprio meio ambiente, elemento que, supostamente, está sendo o objeto de proteção de setores da sociedade que interpõem obstáculos ao processo de implementação das UHE.

É inegável que ocorrem impactos significativos, mais fortemente, na fase de implantação de uma UHE. A interferência na fauna e na flora, no rio e na sociedade circunvizinha é um fato já extensamente discutido em inúmeros trabalhos.

Porém, é fundamental notar que esses empreendimentos requerem, para efetivo início de suas obras, ou até mesmo para participação nos leilões de energia, uma licença ambiental prévia. O que pode estar havendo é que os levantamentos dos impactos e as correspondentes medidas compensatórias não estejam sendo adequadamente feitos ou contemplados nessa licença prévia. Contudo, esse é um problema que não deve ser atribuído à UHE em si. Não é legítimo tentar impedir ou dificultar a implantação de uma UHE pelo fato de as condicionantes não terem sido apropriadamente estabelecidas. O problema a ser resolvido está relacionado à qualidade dos estudos de impacto ambiental realizados previamente, de forma que estes possam expressar, de maneira realista, os danos e as medidas para os mitigar ou compensar de forma condizente.

Atualmente, de 16 a 23% do valor total dos recursos gastos nesses empreendimentos são destinados às medidas socioambientais, mitigatórias e compensatórias. Especificamente para o caso da UHE Belo Monte, estima-se que os custos socioambientais atinjam o montante de 22,7% do total da obra (Canazio, 2010; Banco Mundial, 2008). Esse montante de recursos pode resultar em avanços significativos para a própria preservação ambiental da região onde a UHE for construída. A inadequação de aplicação desses recursos é que deve ser combatida e não a construção da UHE.

A grande maioria das regiões onde as UHE são implementadas possui baixos índices de desenvolvimento socioeconômico. Sob essa ótica, nas obras da UHE e, posteriormente, durante toda a sua vida útil, são gerados recursos e oportunidades de desenvolvimento para a região que, se bem aproveitadas, podem trazer avanços importantes sob esse ponto de vista. Muitos postos de trabalho são criados, sendo que a grande maioria deles pode ser ocupada por pessoas da própria região. O reassentamento das famílias atingidas, também na maioria dos casos, possui condições melhores do que estas tinham na região original. O valor destinado ao reassentamento de uma família, nesse caso, corresponde, em média, a três vezes aquele oferecido, na reforma agrária, a uma família similar (Dester et al., 2013).

A implantação de infraestrutura (hospitais, escolas, postos de saúde e investimentos em saneamento básico) normalmente é condicionante dos projetos, além de que muitas deficiências oriundas da má administração pública, especialmente relacionadas aos direitos sociais, são resolvidas graças aos grandes empreendimentos de UHE.

Outro elemento positivo que uma UHE pode viabilizar são os Planos Diretores, criados para as cidades sob a área de influência do reservatório. Esses planos podem propiciar a integração dessas cidades, principalmente sob o aspecto da destinação dos recursos, proporcionando maior eficácia e eficiência na aplicação destes. Cabe destacar um recurso relevante para os municípios alcançados pelo empreendimento, gerado pela UHE, que é a CFURH.[13]

No caso especial das UHE com reservatório de dimensão significativa, deve-se destacar a possibilidade de aplicação do conceito conhecido como "uso múltiplo da água", além, evidentemente, da aplicação principal destinada ao armazenamento de energia. Esse tópico será explorado em detalhes no capítulo seguinte.

REFERÊNCIAS

[ACE] AGÊNCIA CANAL ENERGIA. Encargos do setor elétrico devem atingir R$ 19,2 bilhões em 2012, diz Abrace. *Agência Canal Energia*. Rio de Janeiro, 6 jan. 2012. Disponível em: http://www.canalenergia.com.br. Acessado em: 11 jan. 2012.

BAJAY, S.V. Evolução do planejamento energético no Brasil na última década e desafios pendentes. *Revista Brasileira de Energia*. v. 19, n. 1, p. 255-266, 2013.

BANCO MUNDIAL. Licenciamento ambiental de empreendimentos hidrelétricos no Brasil: uma contribuição para o debate – volume II. *Relatório Banco Mundial*.

---

[13] A CFURH é um encargo pago pelas geradoras de energia elétrica de origem hidráulica. Os recursos da CFURH constituem uma das principais fontes de receita de vários municípios para aplicação em educação, saúde e segurança.

2008. Disponível em: http://siteresources.worldbank.org. Acessado em: 13 abr. 2010.

[BCB] BANCO CENTRAL DO BRASIL; [SGS] SISTEMA DE GESTÃO. *Sistema gerenciador de séries temporais.* Disponível em: http://www4.bcb.gov.br/pec/series/port/aviso.asp. Acessado em: 10 out. 2014.

BEZERRA, B.; BARROSO, L.A.; BRITO, M. et al. Measuring the Hydroelectric Regularization Capacity of the Brazilian Hydrothermal System. In: Power and Energy Society General Meeting. Minneapolis: IEEE, 2010, p. 1-7.

BONINI, M.R. Tarifas de energia elétrica: evolução nos últimos anos e perspectivas. Governo do Estado de São Paulo – Secretaria de Gestão Pública – Fundação do desenvolvimento administrativo. *Boletim de Economia.* p. 19-36, out. 2011.

CALOU, S. Mudanças climáticas – posicionamento do setor elétrico brasileiro. In: Fórum de meio ambiente do setor elétrico. Brasília, 2009.

CANAZIO, A. Belo Monte: Preço-teto sugerido fica em R$ 83 por MWh e o custo da usina em R$ 19 bilhões. *Agência Canal Energia.* Rio de Janeiro, 17 mar. 2010. Disponível em: http://www.canalenergia.com.br. Acessado em: 8 mar. 2011.

CHIPP, H. A importância da repotenciação para o atendimento aos requisitos operativos do SIN. In: Workshop Aneel "Avaliação Regulatória da Repotenciação". Brasília, 2011.

DESTER, M. *Proposta para a construção da matriz de energia elétrica brasileira com foco na sustentabilidade do processo de expansão da oferta e segurança no suprimento da carga.* Campinas, 2012, 261p. Tese (Doutorado). Faculdade de Engenharia Mecânica, Universidade Estadual de Campinas.

DESTER, M.; ANDRADE, M.T.O.; BAJAY, S.V. A integração das fontes renováveis na matriz de energia elétrica brasileira e o papel da hidroeletricidade como elemento facilitador de política energética e planejamento. *Revista Brasileira de Energia.* v. 19, n. 1, p. 127-168, 2013.

[EPE] EMPRESA DE PESQUISA ENERGÉTICA. *Plano nacional de energia 2030.* Brasília: MME/EPE, 2007.

_____. *Balanço energético nacional 2011: ano base 2010.* Rio de Janeiro: EPE, 2011.

[ONS] OPERADOR NACIONAL DO SISTEMA. *Histórico da operação – Geração de energia.* Disponível em: http://www.ons.org.br. Acessado em: 11 abr. 2014.

VENTURA, A.F. O papel das fontes renováveis inclusive PCHs na matriz energética brasileira. In: Conferência de PCH – Mercado e meio ambiente. São Paulo, 2009.

[WBG] THE WORLD BANK GROUP. *Brazil low-carbon country case study.* Washington, DC: WBG, 2010.

Política de Energia Elétrica e Sustentabilidade no Brasil | 26

Maurício Dester
Engenheiro eletricista, Universidade Estadual de Campinas

Moacir Trindade de Oliveira Andrade
Engenheiro eletricista, Universidade Estadual de Campinas

Sergio Valdir Bajay
Engenheiro mecânico, Universidade Estadual de Campinas

INTRODUÇÃO

É importante iniciar este capítulo ratificando o que já foi mencionado nos capítulos anteriores sobre os impactos que as ações oriundas das políticas públicas concernentes à energia elétrica geram em relação aos outros energéticos, como o gás natural (GN), o carvão mineral e outros combustíveis fósseis. Até mesmo a produção de etanol, em virtude do envolvimento com a geração de eletricidade a partir da biomassa da cana-de-açúcar, acaba por sofrer forte influência dessas políticas.

A visão de longo prazo no processo de planejamento da expansão da oferta é imprescindível, se o anseio for a construção de uma matriz de energia elétrica sustentável com base no conceito expandido de sustentabilidade, discutido no capítulo anterior. Para que os setores de planejamento possam lograr êxito nesse sentido, é preciso haver o suporte de políticas que possam estimular e facilitar as ações de planejamento na consecução de seus objetivos.

No Brasil, não existem políticas claramente definidas e bem estabelecidas. O que mais se aproxima de um delineamento nesse sentido são os planos elaborados com o objetivo de nortear a expansão da oferta de energia. Nas seções a seguir, serão apresentados, de forma sucinta, esses planos.

O PLANEJAMENTO DA EXPANSÃO NO BRASIL E OS PLANOS PNE E PDE

Buscando uma visão de médio e longo prazo, são elaborados, no Brasil, dois planos que objetivam delinear diretrizes para a expansão da oferta. Estes não logram completo êxito como ferramentas estratégicas que possam estabelecer, de fato, uma característica determinativa nesse processo e na construção da matriz de energia elétrica, todavia, são balizadores importantes para os segmentos ligados direta ou indiretamente ao setor elétrico e que de alguma forma necessitem de informações sobre as tendências desse processo.

O plano com horizonte de médio prazo é o Plano Decenal da Expansão (PDE), e o de longo prazo denomina-se Plano Nacional de Energia (PNE), ambos de responsabilidade, atualmente, do Ministério de Minas e Energia (MME), que delega à Empresa de Pesquisa Energética (EPE) sua efetiva elaboração e publicação.

Fato importante a mencionar é que o monitoramento das condições de atendimento à demanda, previstas no planejamento, são avaliadas a cada seis meses e, nessa avaliação, é considerada uma perspectiva de cinco anos à frente. Esse monitoramento é de responsabilidade do Conselho de Monitoramento do Setor Elétrico (CMSE).

O Plano Nacional de Energia (PNE)

O horizonte abrangido pelo PNE é de longo prazo, de vinte a trinta anos. Seu objetivo principal é apresentar um conjunto de tendências que possam servir de base para construir as respectivas alternativas de expansão do setor de energia. Sua elaboração é baseada em uma série de estudos tanto de ordem econômica como técnica e ambiental. O que não fica evidente nas premissas é o equilíbrio na ponderação desses elementos.

Os estudos técnicos podem ser divididos em dois segmentos: demanda e oferta de energia. A própria concepção dos módulos de estudos utilizados no plano contempla essa divisão, ou seja, há o módulo macroeconômico, o módulo da demanda e o módulo da oferta.

As prospecções relativas ao crescimento da demanda requerem uma análise do comportamento da economia do país. No caso do PNE, é utilizada a técnica de cenários. Nessa técnica, o objetivo é identificar as trajetórias mais prováveis das variáveis econômicas, financeiras, ambientais e energéticas consideradas. Em posse dessas trajetórias, é possível agir, por antecipação, por meio de ações que levem aos impactos desejados.

No PNE, os cenários mundiais adotados foram três e assim denominados: Mundo Uno, Arquipélago e Ilha. A partir desses três cenários mundiais foram construídos quatro cenários nacionais (A, B1, B2 e C). A formulação desses cenários baseou-se em uma ferramenta clássica da administração, muito utilizada no planejamento estratégico das empresas: a análise Swot.[1] A Figura 26.1 ilustra como ficou a configuração de cenários mundiais e nacionais e traz também as taxas de crescimento do PIB, consideradas em cada um dos cenários. As saídas resultantes dessa análise de cenários são as entradas para os módulos de estudos.

No módulo macroeconômico, são definidas as variáveis dos cenários e a quantificação da divisão do PIB entre os setores da economia. Os resultados obtidos pelo processamento desse módulo são: PIB anual, PIB *per capita*, valor adicionado aos setores industriais, agropecuária e serviços e evolução da população urbana e rural. Esses resultados são dados de entrada para o módulo de demanda.

O módulo de demanda baseia-se no Modelo Integrado de Planejamento Energético (Mipe). Trata-se de um modelo do tipo técnico-econômico, concebido para ser utilizado em estudos de médio e longo prazo, como é o caso do PNE (EPE, 2009b). Outra funcionalidade que pesou na utilização desse modelo para os estudos do PNE é a possibilidade de se realizar uma desagregação setorial detalhada e, assim, tornar mais flexíveis e precisas as estimativas de demanda.

No que diz respeito ao aspecto ambiental, este está contemplado na ferramenta utilizada, a possibilidade de se obter uma projeção do comportamento das emissões de CO_2 em conjunto com o crescimento da demanda.

---

[1] Sua criação é atribuída a dois professores da Harvard Business School: Kenneth Andrews e Roland Christensen. O termo *Swot* é uma sigla oriunda do idioma inglês e é um acrônimo de Forças (*Strengths*), Fraquezas (*Weaknesses*), Oportunidades (*Opportunities*) e Ameaças (*Threats*).

Figura 26.1 – Cenários mundiais e nacionais adotados no PNE e taxas de crescimento do PIB, em %, no período 2005-2030.

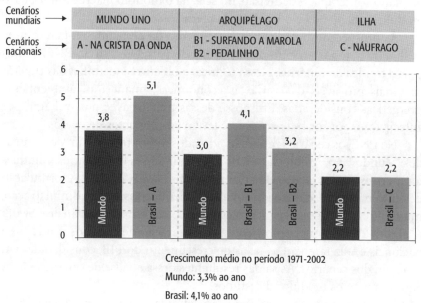

Fonte: EPE (2007).

Os resultados obtidos do módulo de demanda são projeções que, desagregadas por subsetor e/ou uso final, representam a demanda por fonte e por setor. A submissão dessa demanda a parâmetros de controle (elasticidade/renda do consumo de energia e de eletricidade, intensidade energética e elétrica, e consumo *per capita* de energia e eletricidade) culminam na projeção final de consumo. Essas saídas do módulo de demanda são as respectivas entradas para o módulo de oferta.

No módulo de oferta, são determinados os blocos de geração e os reforços necessários no sistema de transmissão utilizando-se o modelo de otimização Melp. O modelo de otimização Message é usado para a oferta dos demais energéticos. Ambos os modelos são baseados em programação linear. Para definir se há necessidade de novas refinarias, mais especificamente, é utilizado o modelo M-REF.

Na Figura 26.2, são representadas as interações entre os módulos, assim como entre os modelos utilizados.

Figura 26.2 – Representação das interações entre os módulos e os métodos de otimização no processo de planejamento de longo prazo do setor energético.

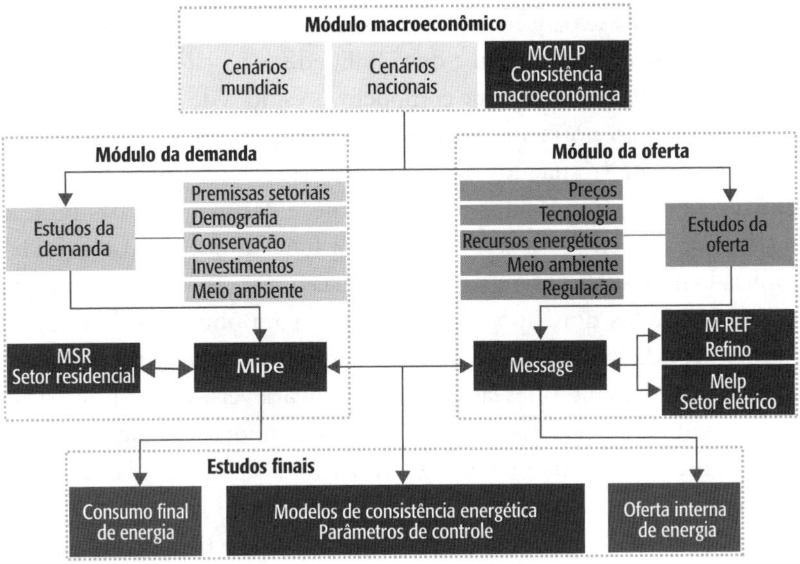

Fonte: EPE (2007).

O Plano Decenal da Expansão (PDE)

O horizonte do PDE compreende o período de dez anos, sendo que sua revisão é realizada, via de regra, anualmente. As revisões anuais objetivam realizar ajustes nos montantes da oferta de energia compatibilizando-a com a demanda e, ademais, reavaliar a viabilidade de empreendimentos. A partir dos cenários obtidos no PNE, os quais são entrada para os estudos de demanda do PDE, se estabelecem referências para novos empreendimentos de infraestrutura relacionados à oferta de energia, sinalizando e orientando as ações ligadas ao planejamento da expansão.

Nesse sentido, busca-se equilibrar a oferta e o crescimento da demanda de uma forma integrada. A expansão da oferta é balizada tanto pelo atendimento aos critérios de segurança como também pelos aspectos socioambientais e pela minimização dos custos.

Não obstante, o mercado de energia e, mais especificamente, o setor elétrico mostram um dinamismo significativo – por influência de elementos exógenos, endógenos estruturais e, principalmente, conjunturais que conferem um elevado nível de complexidade na previsão das tendências –, o PDE é tido como uma referência no que concerne aos leilões de energia, às necessidades de expansão ou reforços na rede de transmissão e à elaboração de estudos de inventário e de viabilidade.

Os principais elementos que compõem os estudos de projeção do consumo de energia, no horizonte de dez anos, estão ilustrados na Figura 26.3. Nota-se a entrada (resultados oriundos dos estudos realizados no PNE) de premissas setoriais como fatores de contorno e desagregação das projeções por setores e segmentos e a desagregação por fonte de energia. A técnica básica utilizada nesses estudos é a da convergência obtida por meio de iterações.[2]

São utilizados dois tipos de abordagem para obtenção de resultados mais bem condicionados. A primeira, do tipo *top-down*, parte de modelos agregados de demanda baseados em macrovariáveis, como população e PIB. A segunda, do tipo *bottom-up*, parte de modelos desagregados que representam os usos finais da energia nos setores da economia. Os resultados finais do processamento correspondem à projeção do consumo de energia desagregado por setor e por fonte, que são os dados de entrada para os estudos de expansão da oferta de energia.

Na Figura 26.4 estão representadas, na forma de diagramas de bloco, as relações com outros estudos, variáveis, dados e análises que são realizadas nos estudos de expansão da oferta. Após a desagregação da demanda em termos temporais e do ponto de vista geoelétrico, são estabelecidos os cenários de expansão otimizada da geração, integrando esta com o sistema de transmissão e as necessidades de ampliações ou reforços nas interligações entre os subsistemas.

Por meio da análise do sistema de geração (custos, riscos e intercâmbios) e do sistema de transmissão (regime permanente, dinâmico, de confiabilidade, curto-circuito e tarifas), é possível determinar a configuração de usinas e da rede elétrica necessária, incluindo as interligações, para atender aos requisitos de expansão da geração e da transmissão, de maneira a suprir o crescimento da demanda. É então gerado um relatório do PDE.

---

[2] Em linhas gerais, o método da convergência por iterações consiste em estabelecer valores de partida para as variáveis do problema e calcular a solução das equações. Com base nessas soluções, realimentam-se as variáveis e realiza-se novo cálculo para as soluções; ou seja, faz-se nova iteração. Os resultados são novamente utilizados para realimentar as variáveis e assim sucessivamente. Calcula-se tantas iterações quanto forem necessárias, até que a variação nos valores dos resultados esteja dentro de uma faixa previamente estabelecida.

Figura 26.3 – Fluxograma simplificado dos estudos de demanda de energia no PDE.

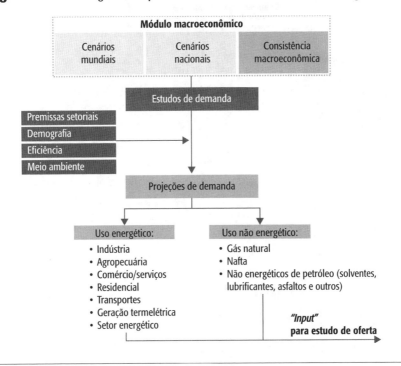

Fonte: EPE (2012).

Esse relatório alimenta outros estudos complementares (inventário, viabilidade, licenciamento ambiental e licitação) que estão submetidos a diretrizes socioambientais. Nesses estudos, é realizada uma avaliação mais detalhada, considerando a análise energética e elétrica efetuada na etapa anterior, o critério de "máximo risco de déficit"[3] e os Custos Marginais de Operação (CMO) e de Expansão (CME).[4]

---

[3] Risco de déficit: relação entre o número de históricos de vazões que não atendem aos requisitos de mercado em um dado ano e o total de séries de vazões avaliadas. O risco de déficit de 5% tem sido adotado no setor elétrico brasileiro há décadas.

[4] Caso o CME seja menor que o valor esperado do CMO, torna-se mais vantajoso construir mais usinas do que atender ao sistema com o parque gerador existente. O sistema, dessa forma, estaria com um parque gerador menor que o parque ótimo para atender sua demanda. Da mesma maneira, se o CME for maior que o valor esperado do CMO, então o sistema está com um parque gerador maior que o ideal para atender sua demanda. Assim, o sistema só estará sendo atendido por um parque gerador de porte adequado se o CME for igual ao CMO.

Figura 26.4 – Fluxograma dos estudos associados à oferta de energia elétrica no PDE.

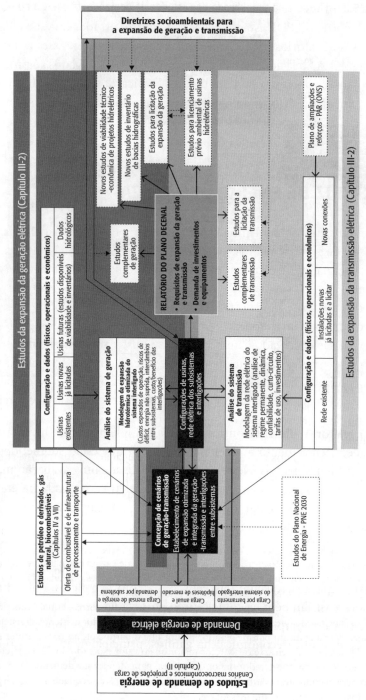

Fonte: EPE (2009a).

As conclusões e recomendações que emergem de todo o procedimento de elaboração do PDE estão na gênese de outros estudos que subsidiam os processos licitatórios para expansão da oferta de energia. Esses estudos, via de regra, estão relacionados a importantes elementos ligados ao processo de expansão, por exemplo, habilitação técnica dos projetos; licenciamento ambiental prévio; viabilidade técnica, econômica e socioambiental e inventário das bacias hidrográficas.

A INSERÇÃO DAS FONTES RENOVÁVEIS NA MATRIZ DE ENERGIA ELÉTRICA

É sempre importante lembrar que uma Usina Hidrelétrica de Energia (UHE), seja de grande, médio ou pequeno porte (PCH), é uma fonte renovável de energia, pois se enquadra no conceito e na definição de energia renovável.[5]

No que concerne a outras fontes renováveis de energia (FRE), no caso brasileiro, em especial as fontes eólica, biomassa e solar (Febs), alguns fatores devem ser observados, uma vez que se busca a sustentabilidade no processo de expansão da oferta, dentro do conceito amplo apresentado no capítulo anterior. Dessa forma, uma discussão sobre os fatores de influência das FRE vem acrescer valor no que diz respeito à contribuição em relação aos fundamentos para a concepção de políticas energéticas voltadas à sustentabilidade.

A inserção das Febs e a consequente diversificação da matriz de energia elétrica não devem se dar de forma guiada simplesmente pelas forças de mercado. A sustentabilidade no processo de expansão requer a "mão" governamental como elemento direcionador e há necessidade de diretrizes e políticas bem estabelecidas, no âmbito estratégico, para que se possa impulsionar o planejamento na concretização dos objetivos e resultados esperados.

A participação crescente das Febs se dá com benefícios ambientais inquestionáveis. Também há contribuição positiva no aspecto técnico pela característica de complementaridade existente entre essas fontes e a hidráulica. Sob a ótica econômica, há ganhos, principalmente no caso de

---

[5] As energias renováveis são provenientes de ciclos naturais de conversão da radiação solar e, por isso, são praticamente inesgotáveis.

horizontes de médio e longo prazo, como requer o processo de expansão. Isso ocorrerá de forma natural em razão da clássica curva de aprendizagem pela qual qualquer tecnologia passa, com tendências à redução nos custos de produção na medida em que fatores como maturidade, escala de produção e aumento na competição "puxem" esses custos para baixo.

Há, todavia, algumas questões que necessitam providências, sempre se pensando em uma perspectiva de longo prazo e na sustentabilidade do processo de expansão. Uma delas refere-se às dificuldades de garantia da energia firme, em especial, para as fontes eólica e solar. Uma possível solução é requerer dos agentes que, ao participarem dos leilões, contratem, adicionalmente, um montante de energia oriunda de uma fonte que permita a garantia de energia firme. Esse montante, evidentemente, deve ser previamente estabelecido em estudos específicos e será proporcional à quantidade de energia comercializada.

À primeira análise, haverá um aumento nos custos de produção e, consequentemente, no valor final dos lances, com menor deságio em relação aos valores-teto. A repercussão na tarifa final seria inevitável. Não obstante, é importante lembrar que o custo para "firmar" a energia comercializada a partir das Febs sempre existiu, contudo, atualmente, é um custo "oculto".

A variabilidade e a imprevisibilidade, características típicas relacionadas a essas fontes, são, inexoravelmente, compensadas por intermédio da alocação de reservas baseadas em outras fontes, primordialmente, no caso brasileiro, na hidreletricidade. O termo "oculto" foi utilizado, pois não se pode quantificar precisamente e associar de forma direta esses custos, já que os recursos para cobri-los são obtidos por meio dos encargos setoriais que recaem sobre toda a massa de consumidores. Como um encargo setorial tem como meta cobrir mais do que uma despesa, não é eficiente, ou pelo menos, não se faz ou não é divulgada, uma segregação que permita identificar os montantes destinados a cada despesa custeada pelo encargo.

Dessa forma, não se tem, ao certo, os custos reais da energia gerada a partir das fontes eólica e solar. A vantagem de requerer essa energia "firmada" na etapa de contratação é que o custo da energia proveniente dessas fontes seria mais aproximado do real. Além disso, o *backup* para a variabilidade e a instabilidade estaria automaticamente sendo contratado e contabilizado nos custos. A Figura 26.5 ilustra o processo descrito.

Figura 26.5 – Representação da contratação da energia firme para as Febs.

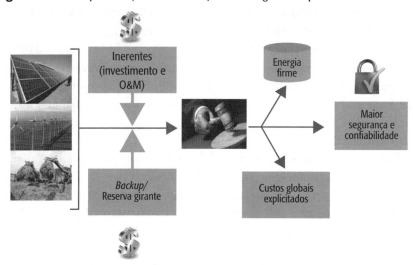

O incremento na participação das Febs, assim como das PCH, no processo de expansão da oferta de eletricidade é meritório e se faz necessário. Não obstante, é imprescindível que a penetração dessas fontes seja realizada de forma gradual e, o que é mais importante, controlada, de maneira a se manterem os níveis de segurança e confiabilidade no suprimento, assim como a modicidade tarifária. Para não frustrar esses objetivos, uma das possíveis soluções é o mecanismo dos leilões desagregados por fontes e não puramente calcados no menor preço.

O controle dos níveis de entrada das FRE na matriz de energia elétrica é uma política que vai ao encontro da sustentabilidade no processo de expansão da oferta, bem como uma sinalização positiva para o mercado, tanto de agentes empreendedores como para a cadeia produtiva associada. Possibilita um crescimento gradual e bem estruturado desses setores, o que é benéfico do ponto de vista econômico, com repercussão, entre outros fatores, na oferta de emprego e no desenvolvimento tecnológico.

Outra vantagem de se ter um crescimento controlado das FRE é permitir uma adaptação adequada do Sistema Interligado Nacional (SIN) para a introdução dos reforços e serviços ancilares[6] necessários. Por fim,

---

[6] Serviços tradicionalmente agregados, de forma implícita, à venda de energia elétrica e que não correspondem propriamente à energia em si. São exemplos de serviços ancilares: custos de operação e manutenção dos equipamentos de supervisão, controle e comunicação necessários à participação de uma usina no Controle Automático de Geração, a energia rea-

esse crescimento possibilita a diversificação do *mix* de geração, o que propicia maior flexibilidade e previsibilidade de ações, tanto para o planejamento da operação como para a operação em tempo real.

As PCH também apresentam importante papel na expansão da oferta, pois, ao lado das Febs, são uma FRE que ainda possuem como vantagem adicional menor variabilidade e boa previsibilidade de produção. O potencial para as PCH é relativamente elevado e se justifica envidar esforços para sua exploração. Segundo resultados preliminares de um estudo realizado pelo CERPCH, o potencial estimado para PCH no Brasil é da ordem de 26 GW, ou seja, aproximadamente 10% do potencial hidráulico total do Brasil que está avaliado em 260 GW (Tiago Filho et al., 2007).

Não se identifica, por parte dos setores de planejamento do governo, uma política que estimule a manutenção da participação das PCH nos leilões de energia nova. O que se observa é uma tendência de se reduzir o parque instalado a partir de 2013 até 2019 (EPE, 2011). Existe atualmente já estabelecida uma cadeia produtiva ligada aos empreendimentos de PCH, constituída por escritórios de projeto, produção de equipamentos e dispositivos e O&M. Concretizando-se essa previsão, essa cadeia pode se enfraquecer significativamente, o que representa um retrocesso em relação aos avanços conseguidos e a um dos objetivos do Programa de Incentivo às Fontes Alternativas de Energia Elétrica (Proinfa).[7]

Sendo um objetivo estar controlada a construção da matriz de energia elétrica, não se mostra adequado que haja competição, em um mesmo leilão, de todas as fontes. Além da questão da isonomia de incentivos, não observada, por exemplo, entre as PCH e as eólicas, há também o fator técnico que pesa a favor da PCH, ou seja, a menor intermitência na produção, que não é considerado como elemento ponderador na formação dos preços.

A ponderação poderia, como proposta, ser realizada por intermédio de um fator que, baseado em um histórico de medições reais, retratasse a probabilidade e o montante requerido de geração de *backup* para compensar possíveis intermitências no suprimento a partir de uma determinada

---

tiva provida por unidades geradoras solicitadas a operar como compensador síncrono, os custos de operação e manutenção dos equipamentos de autorrestabelecimento e os custos de implantação, operação e manutenção de Sistemas Especiais de Proteção.

[7] O Proinfa, instituído pelo Decreto n. 5.025/2004, objetiva aumentar a participação, na matriz de energia elétrica, da eletricidade produzida por empreendimentos concebidos com base nas fontes eólica, biomassa e pequenas centrais hidrelétricas.

fonte. Esse fator de ponderação seria aplicado quando um lance de oferta, em um leilão, fosse apresentado. Essa seria uma maneira de mitigar o ônus que vem sendo imposto aos consumidores de eletricidade por meio dos encargos setoriais para remunerar a geração de *backup* requerida para suprir essas intermitências. Trata-se de uma proposta alternativa em relação àquela anteriormente apresentada de "firmar" a energia oriunda das fontes que tenham característica de instabilidade na geração.

O crescimento sustentável da participação das FRE (Febs e PCH) passa pela existência de políticas de incentivo e pelo equilíbrio adequado nessa participação. Pelo lado das políticas de incentivo, com o objetivo de propiciar o devido retorno e segurança para os investimentos do capital privado de maneira que seu interesse, nesse sentido, não se esvaia. Pelo lado da dosagem adequada, proporcionando segurança para a operação do SIN e confiabilidade no suprimento da demanda.

A QUESTÃO DA EFICIÊNCIA ENERGÉTICA

Evidentemente, a conservação de energia é um fator primordial a ser considerado no contexto da expansão sustentável da oferta, pois, além de permitir um uso mais racional dos recursos, possibilita diminuir a necessidade de expansão e, consequentemente, contribui para evitar os impactos ambientais decorrentes. Deve, portanto, ser estimulada por intermédio de políticas públicas e, nesse sentido, as principais ferramentas a serem utilizadas são os incentivos fiscais. Isso pela razão de que o maior potencial de conservação de energia está exatamente no setor industrial, ou seja, sob uma ótica pragmática, aquele que somente realiza investimentos se o retorno for garantido, tanto do ponto de vista do *payback*[8] como da Taxa Interna de Retorno (TIR)[9] (EPE, 2011).

No entanto, é fundamental deixar claro que, em países e regiões menos desenvolvidas, existe um alto nível de demanda reprimida em virtude de razões de ordem econômica pelas quais é muito pouco provável que se consiga aplicar os conceitos da eficiência energética, uma vez que sequer

---

[8] *Payback* é o período necessário para que as entradas de caixa oriundas do projeto no qual se investiu se igualem ao valor a ser investido, ou seja, o tempo de recuperação do investimento realizado.

[9] A TIR é a taxa de juros que iguala, em determinado momento do tempo, o valor das entradas originadas do investimento (recebimentos) com o das saídas (pagamentos). Este fluxo é corrigido monetariamente, utilizando o que se denomina valor presente.

existe, minimamente, um consumo correspondente. Em função da má distribuição de renda e consequente desigualdade socioeconômica, existem casos exemplares no Brasil.

Como desenvolver programas de conservação de energia em residências nas quais não exista sequer um refrigerador ou uma máquina de lavar roupas — ou, o que é ainda pior, não haja eletricidade? É espantoso saber que, em 2009, cerca de 6,1% das famílias brasileiras não possuíam refrigerador e 55,2% não tinham máquina de lavar roupas (IBGE, 2010). Considerando que em 2009 a população do Brasil era de, aproximadamente, 193 milhões de pessoas, havia 11 milhões de pessoas sem refrigerador e 106 milhões de pessoas que não tinham máquina de lavar roupas.

Com os programas de distribuição de renda implantados pelo governo nas últimas décadas, houve melhorias no que se refere à distribuição de renda e acesso, dos mais pobres, a bens de consumo e duráveis, porém, esses problemas não serão totalmente resolvidos, pelo menos em médio prazo.

O programa "Luz para todos", instituído pelo Decreto n. 4.873/2003, almeja levar energia elétrica aos lares que a ela não tem acesso e, assim, universalizá-la em âmbito nacional. Entretanto, de acordo com dados do próprio programa, ainda existe um número significativo de pessoas sem acesso a esse importante item de consumo da sociedade contemporânea. Mesmo aqueles que, por meio do programa, obtiveram o acesso, não têm garantia de condições para adquirir e manter os bens, por intermédio dos quais possam tirar proveito dos benefícios e conforto que a eletricidade oferece.

PROPOSTAS PARA DIRETRIZES E POLÍTICAS ORIENTADAS À SUSTENTABILIDADE

Um dos principais elementos a serem observados pelo planejamento de expansão da oferta de eletricidade está relacionado à fonte que será utilizada como base dessa expansão, ou seja, aquela que entrará em majoritária participação na composição do portfólio dos leilões de energia nova. As características dessa fonte é que determinarão, mais fortemente, tanto o comportamento do *mix* de geração frente às anomalias que venham a ocorrer no SIN como a flexibilidade oferecida por esse *mix*.

Pelo que foi discutido nos capítulos anteriores e também pelas razões apresentadas mais adiante neste capítulo, a hidreletricidade se apresenta como uma alternativa promissora. Entretanto, é necessário haver um "plano B". Ou seja, quando os recursos hidráulicos se exaurirem ou não for mais possível manter essa fonte como base da expansão, por exemplo, em razão do recrudescimento das restrições de ordem ambiental, é necessário ter "na mira" uma fonte que possa vir a substituir a hidráulica no tocante aos benefícios que esta oferece, principalmente, aqueles de ordem técnica.

Assim, como em toda ação estratégica, é preciso estabelecer diretrizes e políticas com visão de longo prazo. Nesse caso, a política energética deve prever a inserção gradativa de uma fonte, na medida em que se diminui a participação da hidráulica, com características que permitam substitui-la, mantendo a segurança do suprimento à demanda e também os níveis de flexibilidade de maneira que se permita a inserção das outras fontes renováveis (Febs e PCH). Somente assim se pode garantir a sustentabilidade do processo de expansão da oferta e, consequentemente, da matriz de energia elétrica.

Considerando as principais características (previsibilidade e estabilidade da produção) que se requerem de uma fonte para que sirva aos propósitos de ser a base da expansão e da operação do SIN, as candidatas a substituir a hidreletricidade são: as fontes fósseis (gás natural e carvão) e a energia nuclear.

Um ponto de capital importância relacionado a essa questão é o *timing* em que os fatos devem ocorrer, visto que essa é uma ação estratégica que deve estar incluída nas respectivas diretrizes e políticas. Para que a hidreletricidade possa ser substituída, é preciso haver uma inserção paulatina e crescente da fonte eleita, de forma que a transição transcorra com segurança e com os menores impactos possíveis, tanto econômicos como socioambientais.

O trabalho de promover uma fonte à base da expansão ou mantê-la requer uma ação coordenada entre os diversos agentes que atuam no setor elétrico brasileiro. A articulação desses agentes ao entorno desse complexo problema é uma saída, poder-se-ia dizer, "ímpar" para a solução. A partir dessa ação conjunta, as políticas públicas devem ser desdobradas nos planos tático e operacional de forma que, tanto o planejamento da expansão como da operação do SIN estejam integrados e a construção da matriz de energia elétrica seja realizada de forma sustentável, com foco na segurança e na confiabilidade do suprimento à demanda. Essa argumentação é representada na Figura 26.6.

Partindo da premissa, embasada na discussão realizada nos capítulos anteriores, de que a melhor opção para a base da expansão é, atualmente e em médio prazo, o uso das hidrelétricas, serão levantados alguns pontos que podem servir como fundamentação para a elaboração de políticas

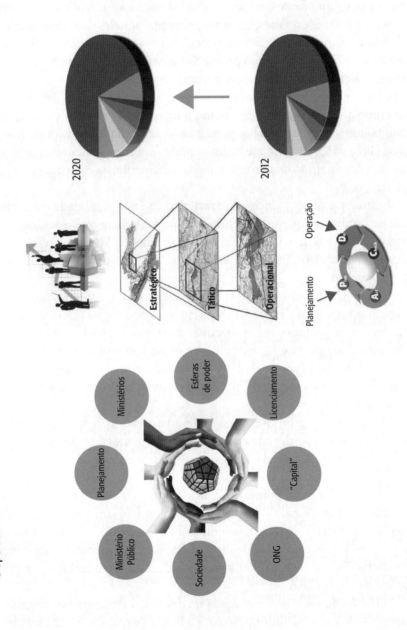

Figura 26.6 – Representação da articulação entre os agentes atuantes no setor elétrico e o desdobramento das políticas em planos táticos e operacionais.

pública e diretrizes estratégicas no sentido de alavancar a manutenção da energia hidráulica, como principal fonte, no processo de expansão da oferta de eletricidade.

As UHE com reservatório como base de expansão e sua alavancagem

Os empreendimentos hidrelétricos, principalmente os de médio e grande porte e, mais especialmente, aqueles que contenham um reservatório de acumulação, não devem apenas ser concebidos como o projeto de uma unidade industrial para geração de energia elétrica. Lançar mão do conceito do uso múltiplo da água é uma maneira eficaz e eficiente de equilibrar os impactos socioambientais e, assim, reduzir os obstáculos que possam surgir na trajetória do empreendimento. Esse é um conceito já bastante difundido no mundo e, em certo grau, no próprio Brasil. Contudo, nos casos brasileiros, os quais serão apresentados mais à frente neste capítulo, não se usou o conceito por planejamento antecipado, mas por decorrência dos acontecimentos. A gestão dos usos múltiplos da água deve estar contemplada já na etapa da Avaliação Ambiental Integrada, metodologia que vem sendo empregada nos estudos de inventários.

Um uso clássico ligado a esse conceito decorre do fato de os projetos contemplarem a viabilização da navegabilidade do rio, dotando as UHE de eclusas e criando uma estrutura de portos integrada, que abranja a maior extensão possível. Isso, porém, não é suficiente. É também necessário dar um sentido para a hidrovia estabelecida, de maneira que não seja apenas uma atividade econômica por si só, mas que sirva de elemento impulsionador a outras atividades econômicas da região. Por exemplo, é possível antever a criação de áreas especialmente beneficiadas pelo cultivo irrigado, outro uso para a água do reservatório, e prever o escoamento da produção por meio dessa hidrovia, como acontece no caso da hidrovia Tietê-Paraná, inclusive com a integração internacional do país com o Paraguai, o Uruguai e a Argentina. De forma ainda mais ousada, pode-se prever, na concepção do empreendimento, a criação de cooperativas e entrepostos que permitissem maior segurança e integração entre os produtores.

É importante ressaltar que utilizar a água do reservatório para irrigação é diferente de usá-la para abastecimento urbano, outro uso importante para essa água, pois são usos consuntivos distintos. O respectivo débito deve ser contemplado nos estudos que determinam as características das usinas, como energia garantida, níveis mínimo e máximo dos reservatórios e outras particularidades ligadas à hidrologia em geral. Trata-se, dessa forma, de uma quebra de paradigma em relação aos estudos que determinam esses fatores.

Utilizar o lago das UHE para implantação de projetos ligados à indústria da pesca também é um item que compõe a cesta dos usos múltiplos da água. Agregados a esses projetos, podem ser previstos, como no caso do escoamento agrícola, cooperativas e entrepostos que viabilizem as unidades de produção. Além disso, é preciso prever o uso da hidrovia para escoar a produção, outro mecanismo que reduz custos e incentiva a atividade econômica em questão.

O lazer é outra possibilidade para o uso da água e da orla dos reservatórios das UHE. A presença do lago, antes inexistente, é um elemento que atrai turistas por si só. Todavia, uma vez previsto o estímulo a empreendimentos que ofereçam estrutura para os turistas, como clubes de pesca, pousadas e hotéis, certamente haverá um incremento significativo do fluxo turístico e, consequentemente, um aumento por demandas locais de suprimento e mão de obra, que são fatores de alavancagem para o desenvolvimento econômico regional. Na Figura 26.7, é representada a cadeia de usos para água.

Outra função dos reservatórios de UHE é o controle de cheias, que possibilita a redução dos alagamentos provenientes dos índices elevados de pluviosidade.

As regiões onde são implantadas UHE são, com raras exceções, caracterizadas pelo baixo desenvolvimento socioeconômico. Lançar mão dos usos múltiplos da água dos reservatórios e apresentar para esta população os benefícios que poderiam ser auferidos por ela são formas de, por um lado, atender à carência de investimentos na região e, por outro, tornar menos herculeo o trabalho de se construir uma hidrelétrica com reservatório.

É importante também que haja a previsão, nas políticas e diretrizes, de incentivos e assessoria, principalmente para os pequenos empresários, de forma a corroborar os estímulos para implementação desses empreendimentos. É importante ressaltar que se faz necessária a participação dos demais "beneficiados" pela inclusão dos usos múltiplos da água dos reservatórios das UHE no suporte financeiro do projeto, tornando-o mais atrativo aos empreendedores, tendo em vista a responsabilidade de cada participante na cota de utilização do montante requerido a cada objetivo a ser explorado, como abastecimento, irrigação etc.

Figura 26.7 – O conceito dos usos múltiplos da água integrados ao desenvolvimento.

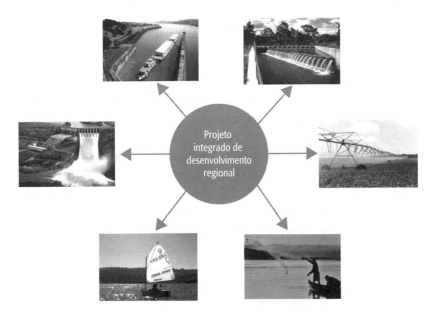

A ideia é que todos os usos propostos para a água aqui apresentados sejam viabilizados em regime de concessão. De forma a criar um mecanismo de segurança e dar sustentabilidade ao processo, uma contribuição compulsória sobre as receitas poderia ser estabelecida e seria destinada à formação de um fundo criado especificamente para fornecer o crédito necessário aos novos projetos envolvendo os usos múltiplos da água. Na medida em que mais projetos estejam em operação, maior a afluência de recursos para o fundo e mais facilitada fica a viabilização de novos empreendimentos, gerando um ciclo virtuoso.

Uma das fontes dos recursos para esse fundo poderia ser originada de um percentual da CFURH, que hoje já tem como objetivo compensar financeiramente os municípios lindeiros dos impactos causados pelo lago. Não se estaria distorcendo a finalidade da CFURH, mas sim redirecionando a destinação de parte desse recurso.

A implementação de fato dos usos múltiplos da água, conforme proposto, requer mudanças significativas não somente do ponto de vista de políticas energéticas, mas também no que se refere ao planejamento da expansão e da própria operação das UHE envolvidas. O paradigma segundo o qual a UHE é utilizada apenas como uma planta de geração de eletricidade necessita ser redesenhado. Por exemplo, a metodologia que estabelece os valores dos certificados de energia assegurada necessitará ser revista, assim como a questão do licenciamento ambiental também deverá levar em consideração esses usos múltiplos da água.

O que se propõe possui elevado grau de abrangência no que concerne aos setores e esferas de governo envolvidas. É notório que a competência extrapola o escopo de atuação do MME, assumindo feições de uma questão multiministerial. A articulação entre esses setores sob uma coordenação centralizada é elemento *sine qua non* para se lograr sucesso nessa empreitada.

Um possível fórum, no qual as discussões podem ser iniciadas, é o CNPE. É um ambiente ímpar no qual estão presentes as mais diversas pastas de governo, de alguma forma ligadas ao setor elétrico, assim como há representação dos segmentos privados. Um ministério que poderia ser o coordenador das ações é o Ministério da Integração, o qual se incumbiria da tarefa de coordenação dos projetos que fazem uso da água dos reservatórios, promovendo a interlocução e a mediação, perante o poder executivo, no que se refere ao acompanhamento desses projetos.

Atualmente, já existem ações cujo objetivo é utilizar o conceito do uso múltiplo da água para trazer algum serviço adicional, todavia, nota-se que são iniciativas pontuais, não concebidas com visão integrada. Um exemplo recente se refere às eclusas previstas para as UHE Santo Antônio e Jirau. A construção dessas eclusas irá ampliar o trecho navegável da bacia, que atualmente se encontra em 1.056 km, para 4.225 km, permitindo a conexão entre os rios Madeira, Mamoré e Guaporé, no Brasil, além dos rios Beni (Bolívia) e Madre de Dios (Peru). É evidente que haverá benefícios para a região, contudo, não existe um planejamento articulado para a implantação de uso dessa hidrovia. Não houve envolvimento de outros segmentos e esferas de poder de forma a construir um projeto de desenvolvimento integrado regional, no qual as UHE poderiam entrar como elementos-chave, o que viria a facilitar, inclusive, os desembaraços ligados ao meio ambiente.

Outro caso pontual refere-se à cascata de UHE construída no rio São Francisco, que elevou a área potencialmente irrigável da região, conhecida como o "polígono das secas", em 320.000 hectares (Lima et al., 2002 apud Mello, 2010).

Outro exemplo é o da UHE Furnas, que propiciou o desenvolvimento de uma estrutura de lazer ao redor do lago, assim como diversos projetos de "moradia de campo", trazendo diversos benefícios para a região, constituída de 34 municípios ribeirinhos ao lago da UHE, benefícios estes de ordem econômica e ligados à infraestrutura.

Também há o caso da UHE Barra Bonita. Trata-se da primeira eclusa construída na América do Sul que, além de se constituir como mais importante atração turística da região, assumiu importante papel por viabilizar a hidrovia Tietê-Paraná e o escoamento de grão do Centro-Oeste brasileiro aos portos de exportação ou de comercialização nos centros econômicos do país.

Umas das principais contribuições que as UHE, principalmente aquelas com reservatório, podem trazer é a possibilidade de criação de novos trechos navegáveis nos rios. As hidrovias têm papel inegável no desenvolvimento regional e nacional. Apresentam vantagens em diversos aspectos se comparadas a outros modais de transporte de carga. A Figura 26.8 traz um comparativo gráfico entre os três principais modais de transporte de carga, sob os aspectos de eficiência energética, a emissão de CO_2, o consumo de combustível e a emissão de NO_X.

A energia nuclear como base de expansão

A adoção da energia nuclear como base da expansão da oferta de eletricidade é uma alternativa da qual o Brasil pode lançar mão, principalmente em relação a dois fatores: as reservas brasileiras de urânio são significativas e há domínio de toda a cadeia para a produção do combustível utilizado nas usinas termonucleares (UTN). Somente o potencial de produção da principal reserva nacional, localizada no município de Caetité, na Bahia, é suficiente para atender ao suprimento das UTN Angra I, II e III por aproximadamente 100 anos (Aneel, 2008).

Ademais, a operação na base,[10] praticamente uma decorrência de a fonte ser a base da expansão, é uma característica que pode ser atendida pela fonte nuclear, sendo, dessa forma, uma potencial substituta em relação às hidrelétricas.

Os estímulos e a viabilização da entrada dessa fonte, nos termos que se propõem neste trabalho, estão ligados, primordialmente, a dois elementos:

---

[10] A geração de base é aquela que permanece por longos períodos do dia sem sofrer modulação. Deve-se possuir as características de previsibilidade e constância na produção.

Figura 26.8 – Comparação entre os modais de transporte de carga sob aspectos ambientais, de custos e eficiência energética.[1]

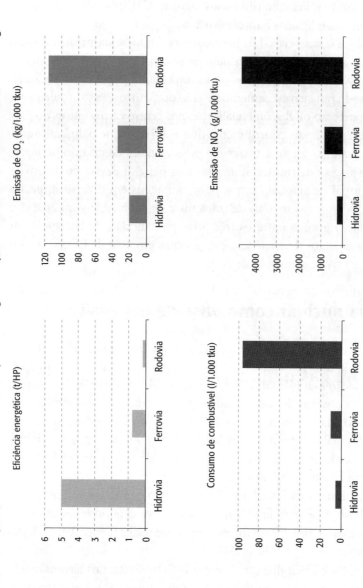

(1) A unidade tku (toneladas transportadas por quilômetro útil), utilizada nestes gráficos, corresponde a uma unidade física que mede esforço; ou seja, à quantidade de toneladas de carga transportada multiplicada pela distância percorrida por ela.

Fonte: Barbosa (2007).

a tecnologia a ser utilizada nas novas UTN e a mão de obra, principalmente, para operar e manter as UTN. Nesse sentido, a implantação de forma clara e bem definida de diretrizes e políticas que venham a solucionar essas duas questões é condição fundamental para que se obtenha sucesso no estabelecimento dessa fonte como base da expansão.

É importante ressaltar que a nuclear é uma das fontes de energia elétrica que provoca menos impactos ambientais, seja na etapa de construção ou de operação. Um estudo elaborado por Gagnon et al. (2002), corroborado por outro trabalho (Rondinelli e Kuramoto, 2008), ambos baseados na técnica *Life Cicle Assesment* (LCA),[11] indica que as emissões de CO_2 da fonte nuclear estão nos mesmos níveis da eólica.

O problema mais polêmico em relação à fonte nuclear está relacionado à questão dos acidentes que possam vir a ocorrer nas UTN. No entanto, há notícia de apenas três acidentes nucleares[12] graves no mundo, o que é, relativamente, muito pouco se forem consideradas a quantidade de plantas que já entraram em operação e o tempo desde quando iniciaram suas obras (Dester, 2012).

Em se tratando da questão relacionada às áreas de mineração, outro assunto bastante controverso são os estudos que indicam haver muito pouca interferência socioambiental nas regiões onde há sítios de mineração de urânio (Dester, 2012).

A opção do gás natural como base de expansão

O Gás Natural (GN) é também uma das opções de que o Brasil dispõe para compor a base de expansão. As características relacionadas às usinas baseadas nesse tipo de combustível são adequadas para esse fim, ou seja, previsibilidade e estabilidade na produção. Além disso, diferentemente das UTN, as UTE a GN, em especial as de ciclo simples, podem sofrer modulações e possuem resposta rápida.

No que concerne às reservas, não existe, até o presente, uma comprovação das que, de fato, o Brasil possui. Essa indefinição está, principalmente, ligada às reservas relativas ao "pré-sal". Considerando apenas a produ-

---

[11] Metodologia de avaliação de impactos que contempla todo o ciclo de vida das instalações produtoras, desde a produção dos materiais e equipamentos até o descomissionamento.

[12] Um acidente é considerado nuclear quando envolve uma reação nuclear ou equipamento no qual se processe uma reação nuclear.

ção atual de GN e o consumo, o Brasil é deficitário e depende de importação para fechar esse balanço. Todavia, as perspectivas para o "pré--sal" são promissoras e, se confirmadas, o GN passa a um patamar de importância muito superior ao atual no que se refere ao suprimento de vários setores da economia: industrial, comercial, doméstico e na produção de energia elétrica.

Pensando em termos de substituição das UHE, na base da expansão da oferta, as UTE a GN possuem boa resposta no atendimento às variações de demanda, nesse caso, aquelas baseadas em ciclo simples, e também na operação de base, sendo que nessa situação aquelas a ciclo combinado são mais apropriadas.

Uma questão importante a ser tratada no âmbito de política pública se trata dos incentivos às UTE a GN ciclo simples, de forma que os montantes adequados de potência instalada desse tipo de usina sejam contratados. Como as UTE a GN ciclo combinado apresentam um rendimento total maior, o seu custo global, por MWh gerado, tende a ser menor que as UTE a GN ciclo simples. Por isso, há a necessidade de se antever esse problema e incentivar, na medida correta, o ingresso desse tipo de usina na matriz de energia elétrica, sob pena de se perder a flexibilidade no atendimento às variações de carga e à variabilidade apresentada por algumas fontes renováveis que vêm tendo maior participação na matriz ano a ano.

Chegar aos percentuais de participação de cada um dos tipos de UTE a GN é função final do planejamento, não obstante, a base sobre a qual o planejador deve se apoiar para determinar esses percentuais deve ser construída por intermédio de diretrizes estratégicas e políticas energéticas que tenham esse objetivo no escopo de sua formulação.

Devem ser antevistas, entretanto, também com vistas às premissas e políticas de governo, a distribuição entre os setores usuários do GN e a utilização mais nobre desse energético, considerando a sua aplicação nas indústrias química, ceramista, de transporte, entre outras, e não apenas a queima desse recurso para geração de energia elétrica.

A opção do carvão mineral como base de expansão

Existem duas limitações relacionadas à questão de utilizar o carvão mineral brasileiro de forma mais abrangente no processo de expansão da oferta de eletricidade. Uma delas é referente ao elevado teor de cinzas que o carvão apresenta, tornando inviável, do ponto de vista econômico, seu transporte a longas distâncias para produção de energia elétrica. Outra limitação é o fato de as grandes reservas brasileiras estarem concentradas na região Sul.

Porém, o carvão mineral é uma fonte que apresenta vantagens importantes: pode substituir a hidreletricidade no que concerne à operação na base e apresenta elevada previsibilidade na produção e nos custos de produção, considerando que a viabilidade de aplicação industrial do carvão nacional é relativamente baixa. As UTE a carvão são mais apropriadas para operarem na base, com pouca modulação na sua produção. Assim, podem ser utilizadas na base da expansão, contudo, requerem complementação com outra fonte que possa atender às variações de demanda ocorridas tipicamente ou intempestivamente.

No que diz respeito às políticas públicas que possam viabilizar a entrada do carvão como base na expansão da oferta de forma sustentável, podem-se destacar duas: uma delas deve gerar os incentivos apropriados para o desenvolvimento da tecnologia para captura e armazenamento de carbono (CCS)[13] de forma a torná-la economicamente viável; e outra é o devido estímulo para que os empreendimentos sejam implantados na região Sul, requerendo medidas adicionais. Uma política pública de primordial importância trata-se do reforço adequado nas interligações inter-regiões, de maneira a permitir o escoamento da energia gerada, não somente atendendo ao crescimento da demanda na região onde as UTE estão instaladas, mas em todo o SIN.

Vale salientar que esses reforços trariam ganhos adicionais, pois viriam ao encontro da necessidade de maior flexibilidade nos intercâmbios inter-regionais e, assim, permitiriam melhor aproveitamento de outros recursos na produção de energia elétrica, como é o caso da hidreletricidade.

Novamente, como nas outras propostas de inserção de uma fonte em proporções nas quais se exija maior atenção, os aspectos a serem considerados fundamentais nas diretrizes e políticas são o *timing* e os montantes adequados de inserção.

---

[13] *Carbon Capture and Storage* (CCS) é o processo por meio do qual se captura e armazena o CO_2 emitido, em larga escala, pelos combustíveis fósseis, evitando que esse CO_2 seja lançado na atmosfera. No contexto de trabalho, as emissões são aquelas oriundas das UTE baseadas nesses combustíveis.

Além disso, existem outras medidas de ordem política que podem ser tomadas para elevar o nível de viabilidade e facilitar a implementação dos empreendimentos baseados no carvão mineral nacional. Uma proposta interessante é agregar às UTE que serão construídas outras atividades econômicas que possam aproveitar os rejeitos gerados por essas usinas.

Uma solução promissora já implantada no complexo termelétrico de Jorge Lacerda (853 MW), localizado no município de Capivari de Baixo, em Santa Catarina, pode ser expandida para as outras plantas. As cinzas geradas na conversão energética do carvão em energia elétrica são recolhidas e destinadas ao processo de produção de cimento em fábricas localizadas nas proximidades da UTE. Os impactos ambientais são minimizados e se proporciona ao agente proprietário da UTE uma receita adicional. Além disso, outra atividade econômica foi estimulada, o que contribuiu para o maior desenvolvimento econômico da região.

Outra destinação importante para essas cinzas é a produção de materiais cerâmicos. Dessa forma, também é possível estimular indústrias ligadas ao ramo de atividade a se instalarem no entorno das UTE e aproveitarem as cinzas produzidas por estas na composição do processo industrial para produção de cerâmicas.

Por fim, é fundamental salientar que essas propostas, para, de fato, "vingarem", requerem articulação nas diversas esferas de governo e entre os setores da economia envolvidos. Essa articulação passa por uma ação coordenada pelo governo, pois, caso contrário, ver-se-ão frustradas as tentativas de estimular e viabilizar a entrada dessa fonte por essa via de incentivo.

A opção de compor a base da expansão com um *mix* de fontes

Estabelecer como objetivo a composição da base da expansão da oferta com um *mix* de fontes de energia elétrica é uma alternativa que traz vantagens importantes, como flexibilidade no planejamento da expansão, uma vez que se tem um leque de opções para compor a base da expansão, permitindo que haja maior competitividade e estímulo a uma gama de segmentos industriais ligados ao setor elétrico, o que leva a menores custos de investimento e, consequentemente, impactos positivos na tarifa final.

Para compor esse *mix* existem basicamente duas linhas a serem seguidas: adotar uma fonte como majoritária e outras suplementares ou criar um *mix* equilibrado entre as opções disponíveis. É importante lembrar que ser "suplementar", nesse caso, ainda envolve a escala de base da expansão, ou seja, um montante significativo de MW de potência instalada todo o ano.

Uma possível composição, na linha do *mix* equilibrado, é eleger a fonte nuclear como prioritária e suplementar a base da expansão com as UTE a GN ciclo simples. Complementa-se a expansão com outras fontes, por exemplo, as Febs. Esse *mix*, com uma proporção adequada de cada uma das fontes, permite a obtenção de características técnicas muito semelhantes às UHE no que concerne à capacidade de resposta, previsibilidade na produção e impactos ambientais.

Há, nesse caso, uma vantagem adicional, em especial para o planejamento da operação, que é a possibilidade de lançar mão das características mais vantajosas que cada uma das fontes que compõem o *mix* de geração possui e, assim, poder utilizar outros mecanismos de otimização para obter melhores resultados, tanto do ponto de vista econômico como, principalmente, da segurança no suprimento à demanda.

Vale salientar que o bojo das políticas energéticas voltadas a estimular esse caminho para o processo de expansão deve contemplar, além do *timing* correto de inserção de cada uma das fontes, os incentivos adequados para que tanto as UTN como as UTE a GN ciclo simples possam apresentar viabilidade econômica e se mostrarem empreendimentos atrativos para a iniciativa privada.

Outra providência importante, já mencionada, para lograr êxito nesse sentido, é o direcionamento dos leilões de energia nova, de forma que se possa ter uma ferramenta de controle da composição da matriz e permitir correções de rumo, quando necessárias.

O panorama geral da expansão da oferta, em uma visão de longo prazo, ficaria, de maneira geral, assim distribuído: a base de expansão composta por um *mix* de fontes que permitam confiabilidade e segurança no abastecimento, sendo complementada com fontes renováveis de energia (Febs) e com outras tecnologias que venham a surgir e que permitam o benefício da diversificação da matriz.

A Figura 26.9 ilustra o que foi discutido, apresentando uma das opções, no caso aquela em que se tem a fonte nuclear como majoritária na base da expansão da oferta.

Figura 26.9 – Uma das opções de composição da matriz de energia elétrica em uma perspectiva de longo prazo.

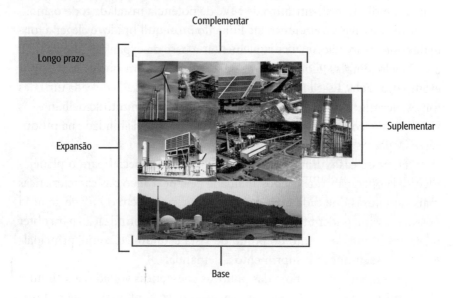

CONSIDERAÇÕES FINAIS

É importante ainda mencionar que um aspecto fundamental para o sucesso das propostas apresentadas é a existência de políticas paralelas a elas em relação à energia elétrica. Uma de primordial importância é aquela que estimule a formação de mão de obra necessária para suprir toda a cadeia ligada às fontes que serão incluídas na matriz, seja para compor a base da expansão ou para complementá-la. Novamente, nesse sentido, faz-se necessária a articulação entre os setores de governo de forma a dar sustentabilidade ao processo como um todo. São imprescindíveis a tomada de decisões e o estabelecimento de diretrizes estratégicas com uma ótica sistêmica e não com a visão segmentada do problema, como, não raro, infelizmente, se vê acontecer.

É imperativo buscar uma perspectiva de longo prazo, onde a sustentabilidade esteja sustentada pelo tripé socioambiental, técnico e econômico, qualquer que seja a opção de composição da matriz de energia elétrica. O desequilíbrio entre esses três fatores provoca distorções de elevada inércia e difíceis de serem revertidas, podendo levar à inviabilização de uma determinada tecnologia no decorrer do tempo. Aqui, novamente, a existência de políticas e diretrizes bem fundamentadas e com ótica de longo prazo são imprescindíveis para apoiar a etapa de planejamento no delineamento das metas nos horizontes de médio e curto prazos.

A busca pela exploração de todos os recursos para produção de energia elétrica que o Brasil possui é atitude de causa legítima, pois está estritamente ligada à questão da segurança energética do país. Além disso, permite a diversificação da matriz, o que, sob a ótica da sustentabilidade apoiada no tripé mencionado, vislumbra-se como uma diretriz estratégica imprescindível. O objetivo maior é o equilíbrio, não vilipendiar o aspecto socioambiental, nem tampouco aviltar o econômico ou minimizar a importância do técnico, mas sim de trabalhar com o balanço entre os três de forma que a expansão da oferta se consolide sobre uma trajetória sustentável. Evidentemente, o caminho a trilhar não é fácil, nem tampouco simples, entretanto os resultados são compensadores.

REFERÊNCIAS

[ANEEL] AGÊNCIA NACIONAL DE ENERGIA ELÉTRICA. *Atlas de energia elétrica do Brasil*. Brasília: Aneel, 2008.

BARBOSA, M.M.R.C. *O sistema hidroviário nacional – potencialidades e perspectivas*. Agência Nacional de Transportes Aquaviários. Brasília, 2007. Disponível em: http://www.antaq.gov.br. Acessado em: 15 fev. 2011.

DESTER, M. *Propostas para a construção da matriz de energia elétrica brasileira com foco na sustentabilidade do processo de expansão da oferta e segurança no suprimento da carga*. Campinas, 2012, 261p. Tese (Doutorado) Faculdade de Engenharia Mecânica, Universidade Estadual de Campinas.

[EPE] EMPRESA DE PESQUISA ENERGÉTICA. *Plano nacional de energia 2030*. Brasília: MME/EPE, 2007.

_____. *Plano decenal de expansão de energia: 2008-2017*. Brasília: MME/EPE, 2009a.

_____. *Projeção da demanda de energia elétrica — nota técnica DEA 15/09*. Rio de Janeiro: EPE, 2009b.

_____. *Plano decenal de expansão de energia: 2011-2020*. Brasília: MME/EPE, 2011.

_____. *Plano decenal de expansão de energia: 2012-2021*. Brasília: MME/EPE, 2012.

GAGNON, L.; BÉLANGER, C.; UCHIYAMA, Y. Life-cycle assessment of electricity generation options: the status of research in year 2001. *Energy Policy*. v. 30, n. 14, p. 1267-1278, 2002.

[IBGE] INSTITUTO BRASILEIRO DE GEOGRAFIA E ESTATÍSTICA. *Pesquisa nacional por amostra de domicílios – Pnad 2010. Ano base 2009*. IBGE, 2010.

MELLO, C.E.F. *Gestão de recursos hídricos – conflitos relativos ao uso da água*. Notas de aula. Ouro Preto: Universidade Federal de Ouro Preto, 2010. Disponível em: http://www.em.ufop.br. Acessado em: 8 jan. 2012.

RONDINELLI, F.; KURAMOTO, E. *Análise comparativa das alternativas energéticas quanto às emissões diretas e indiretas de CO_2*. Associação Brasileira de Energia Nuclear, 2008. Disponível em: http://www.aben.com.br. Acessado em: 16 fev. 2011.

TIAGO FILHO, G.L.; GALHARDO, C.R.; ANTLOGA DO NASCIMENTO, J.G. et al. Um panorama das pequenas centrais hidrelétricas no Brasil. *Revista PCH Notícias & SHP News*. n. 33, p. 19-23, 2007.

Uma Agenda para Reflexões, Posicionamento e Ação

27

Lineu Belico dos Reis
Engenheiro eletricista, Escola Politécnica da USP

Arlindo Philippi Jr
Engenheiro civil e sanitarista, Faculdade de Saúde Pública da USP

Este texto tem como objetivo básico convidar o leitor a participar e atuar no importante cenário dos desafios do setor energético em sua adequação ao processo de construção de um modelo sustentável de desenvolvimento.

Com esse objetivo, são ressaltados inicialmente aspectos básicos abordados ao longo do livro. Mais especificamente, a evolução histórica da energia e sua relação com desenvolvimento e meio ambiente, o que é feito de forma concisa, mas que permite o reconhecimento de características e desafios fundamentais do cenário energético. Foi considerado aceitável o risco de haver alguma redundância que, na realidade, foi diluída no conjunto de tópicos enfocados na obra. Uma série de considerações, conclusões e questões relacionadas aos assuntos tratados, com a finalidade de delinear uma agenda para reflexões, posicionamentos e ações que possam contribuir para orientar a questão energética aos rumos da sustentabilidade.

Inicialmente, é importante considerar, no cenário global da sustentabilidade (não somente) energética, três questões que se ressaltam dentre as fundamentais: os padrões de consumo energético e sua distribuição entre as diversas nações (ou regiões de uma mesma nação); as tecnologias desenvolvidas pelo homem para produzir energia a partir dos mais diversos recursos naturais; e o fato de esses recursos naturais energéticos não estarem normalmente disponíveis próximos ao local de sua utilização.

Assim, o histórico da evolução das referidas formas e tecnologias de produção e consumo de energia e dos recursos naturais energéticos, sintetizado a seguir, é o ponto de partida natural para introduzir o leitor à questão energética no âmbito da sustentabilidade.

Por um longo período da história da humanidade, a única forma de energia utilizada pelo homem vinha de sua própria força muscular, em quantidade necessária para sobrevivência. O consumo energético *per capita* era, então, da ordem de 2.000 kcal/dia.

Desde essa época do homem caçador (aproximadamente 100 mil anos atrás) até meados do século XVIII, a maior parte da energia utilizada provinha da madeira, por meio de sua queima para uso direto ou para obtenção de carvão vegetal. O uso da energia dos ventos iniciou-se nos primeiros séculos da nossa Era e obteve um impulso maior a partir do século X. Muito antes disso já se fazia uso da energia obtida dos cursos d'água (os moinhos hidráulicos). A maior parte da energia mecânica provinha da domesticação de animais como bois, búfalos, cavalos, dromedários e camelos, além da mão de obra escrava, intensamente explorada na Europa (e mais tarde no continente americano) até a segunda metade do século XIX. Utilizando-se dessas fontes disponíveis na época, o homem consumia em torno de 40.000 kcal/dia.

Os avanços da mecânica, a partir de então, provocaram uma aceleração no desenvolvimento econômico por meio da intensificação das atividades industriais, agrícolas, comerciais, da urbanização e do crescimento demográfico. A exploração da madeira se intensificou a partir do século XVI, resultando na sua escassez em algumas regiões da Europa Ocidental e na busca de sua exploração em regiões mais longínquas, com consequente aumento de preço. Isso ocasionou aumento da exploração do carvão mineral, primeiro recurso fóssil, já conhecido e utilizado na Europa em aplicações isoladas desde o século IX, e de forma maciça na produção de energia comercial. O uso do carvão em grande escala, a partir da segunda metade do século XVIII, veio acompanhado do aumento da sofisticação das máquinas a vapor. Ao final do século XIX, o petróleo se juntou ao carvão como fonte importante de energia. Nesse período, o consumo *per capita* médio anual era de aproximadamente 80.000 kcal/dia.

Em pouco tempo, avanços nas técnicas de perfuração e refino e o impulso dado pela indústria automobilística fizeram com que o uso do petróleo ultrapassasse o do carvão mineral. A participação do gás natural como fonte energética em nível mundial só ocorreu a partir do final da década de

1950. Quase concomitantemente ao petróleo, a eletricidade foi ocupando seu espaço no cenário mundial de energia, incorporando também, após a Segunda Guerra Mundial, a energia nuclear como fonte produtora. As fontes energéticas foram sucedendo-se e nenhuma delas substituiu integralmente a outra. Todas têm tido sua parcela de mercado, com maior ou menor participação dependendo de suas disponibilidades, preços, políticas governamentais e leis ambientais, dentre outros fatores influentes.

Nos dias atuais, para satisfazer as suas necessidades básicas, obter conforto e lazer, o homem chega a consumir 250.000 kcal/dia. Esse consumo *per capita* acontece em países considerados desenvolvidos. A média mundial está em torno de 18.200 kcal/dia e há países cujo consumo *per capita* não é muito diferente daquele das antigas civilizações.

Esse cenário ilustra, além do grande crescimento da produção e consumo de energia ao longo do tempo em locais específicos, uma enorme disparidade no consumo de energia entre regiões, países e até dentro de um mesmo país. Os países ricos, que detêm 30% da população mundial, consomem 70% da energia comercializada.

Quanto à relação da energia com o desenvolvimento econômico, foi ressaltado que até o final da década de 1980, o modelo de planejamento energético mundial adotado para satisfazer a demanda crescente por energia seguiu as estratégias orientadas por aumento crescente do suprimento. O crescimento econômico dos países desenvolvidos foi apoiado em um consumo muito elevado de energia. No entanto, o aumento dos preços energéticos resultantes de sua escassez ou de outras causas, como os choques do petróleo na década de 1970, deflagrou e suscitou, nos países desenvolvidos, estratégias visando manter e até mesmo elevar suas taxas de crescimento econômico sem grandes aumentos no consumo de energia, o que é facilmente verificado quando se analisa a evolução da intensidade energética dos diversos países do mundo nas últimas décadas.

Esse índice, um importante indicador energético que corresponde à quantidade total de energia consumida em um país por unidade de Produto Nacional Bruto (PNB), foi reduzido nos países desenvolvidos de diferentes maneiras, dentre as quais se ressaltam o aumento da eficiência energética e o deslocamento das atividades com consumo mais intensivo de energia para os países não desenvolvidos que, assim, tiveram sua situação energética ainda mais fragilizada. Essa avaliação simplista, uma vez que há diversos outros fatores políticos, econômicos e comerciais envolvidos nesse cenário, ressalta bem dois aspectos muito importantes da questão e serve para ilustrar algumas das dificuldades da busca de sustentabilidade, uma vez que impõe a seguinte reflexão: há possibilidade de se construir um modelo sustentável de desenvolvimento parcial, que englobe apenas parte das nações mundiais?

Nesse cenário, é importante considerar ainda que, embora em muitos países em desenvolvimento o PNB tenha aumentado, isso não se refletiu como erradicação da pobreza, justamente porque os benefícios advindos desse crescimento não foram devidamente distribuídos, ou foram distribuídos de forma inadequada, sem estabelecer as condições corretas para que a população atendida pudesse exercer plenamente sua cidadania. No contexto energético, isso se reflete no grande número de seres humanos, na faixa de bilhões, sem acesso às formas comerciais de energia. No contexto da sustentabilidade energética, prover esse atendimento por meio da universalização do acesso à energia é, consequentemente, uma meta básica, inserida na conceituação maior da equidade.

Do ponto de vista ambiental, o enfoque do quadro evolutivo de produção e consumo de energia apresentado mostrou que, até a Idade Média, o homem, utilizando-se dos recursos energéticos disponíveis na natureza, por meio das técnicas e tecnologias que dominava, conseguiu satisfazer suas necessidades sem alterar de forma significativa o meio ambiente. A partir de então, alguns episódios de agressão ao meio ambiente começaram a surgir. Agressão que foi aumentando significantemente ao longo do tempo, em paralelo com a evolução histórica do consumo de energia e da introdução de novas fontes e tecnologias energéticas, originando, em virtude da ocorrência de grande número de problemas ambientais, a partir da década de 1950, diversos estudos científicos reconhecendo e analisando os desequilíbrios geofísicos e ecológicos causados pela exploração e pelo uso descontrolado dos recursos naturais. Atualmente, a temática ambiental se encontra no centro das discussões relacionadas à sustentabilidade, em um contexto em que a energia tem participação significativa como causadora de impactos ambientais.

O enfoque da relação histórica da energia com o desenvolvimento econômico, social e ambiental demonstrou que o uso da energia não precisa crescer acompanhando o nível de atividade econômica, e que, no futuro, dependerá:

- Da composição das fontes de energia que serão utilizadas.

- Da eficiência das tecnologias de suprimento e uso final de energia.

- Das formas como a energia será utilizada e distribuída.

- De uma organização institucional que encare, de forma efetiva, os desafios da sustentabilidade, tanto em nível mundial quanto nacional, regional e local.

Do ponto de vista tecnológico apenas, ainda é possível afirmar que, com estratégias voltadas para o uso eficiente da energia e a utilização de fontes energéticas mais adequadas do ponto de vista ambiental, é possível promover o desenvolvimento com crescimento econômico e erradicação da pobreza sem colocar maiores pressões sobre o ecossistema do planeta, garantindo o abastecimento energético das gerações futuras ou, em suma, promovendo o desenvolvimento sustentável. O vocábulo "ainda" está inserido nessa afirmação como um alerta, para lembrar que, como já afirmam diversos especialistas, haverá um certo momento, próximo, a partir do qual agir poderá ser tarde demais; ou até como alertam outros, que esse momento é agora ou já passou.

A partir dessa visão geral da questão energética no âmbito da sustentabilidade, o livro aborda diversos tópicos de importância nesse cenário, que podem ser fonte de reflexões, posicionamentos e ações, como se apresenta a seguir.

Infraestrutura para o desenvolvimento e energia

Por infraestrutura pode-se entender o conjunto básico de bens e serviços disponibilizados ao ser humano para integrá-lo socialmente, criando condições de acesso ao denominado desenvolvimento. A disponibilização da infraestrutura em uma localidade ou região visa – embora nem sempre atinja – a melhorias da saúde e do bem-estar social, associadas ao desenvolvimento econômico e produtivo, com consequente redução da pobreza, analfabetismo, mortalidade infantil etc.

A disponibilidade da infraestrutura para uma determinada região é feita por meio de intervenção do homem no meio ambiente. Tais ações podem ser danosas ou benéficas, dependendo da maneira como a implementação e operação dos componentes da infraestrutura são conduzidas. Além disso, a provisão da infraestrutura é fortemente afetada por interesses políticos e econômicos, tornando seu desempenho dependente de fatores que vão muito além da questão técnica e da necessidade social.

Diversos componentes de infraestrutura podem ser considerados para o desenvolvimento de uma determinada região. Dentre os mais representativos, pode-se citar a energia, as telecomunicações, o transporte, a água e o saneamento básico. Tais componentes são responsáveis por mais de 90% dos investimentos em infraestrutura efetuados pelos países em desenvolvimento.

Na busca do desenvolvimento sustentável, deve haver integração adequada dos componentes da infraestrutura com o meio ambiente; caso contrário, os benefícios podem ser superados por consequências adversas da degradação ambiental. Por exemplo, um crescimento mal gerenciado no componente transporte pode aumentar a poluição atmosférica e diminuir os benefícios de uma política de saúde pública.

Nesse contexto, a elaboração de projetos dos componentes da infraestrutura e a sua administração de forma integrada com o meio ambiente são tarefas complexas, que devem levar em conta as especificidades de cada caso.

O conhecimento das interrelações entre a energia com os demais vetores básicos da infraestrutura é aspecto fundamental para que ações práticas, no sentido da sustentabilidade, possam ser estabelecidas. E também para que os projetos de infraestrutura possam avaliar e utilizar adequadamente as sinergias e complementaridades entre seus diversos componentes, principalmente porque a energia apresenta sinergia com todos os demais componentes, como pode ser constatado por alguns exemplos bastante simples:

- Telecomunicações: no mínimo há necessidade de fontes elétricas para que possam funcionar.

- Transporte: energia usada na construção de estradas, rodovias etc. e as diversas formas de energia utilizada pelos modais de transporte.

- Água e saneamento básico (sistemas de abastecimento de água, esgotos e resíduos): energia para bombeamento de água (para residências, para irrigação etc.); utilização da água em hidrelétricas; produção de eletricidade a partir de aterros sanitários, estações de tratamento de esgoto e incineração de lixo.

Há diversas questões que podem ser escolhidas para reflexão quanto aos procedimentos e ações para disponibilização da referida infraestrutura, considerando, por facilidade, nossa realidade mais próxima. Escolhendo poucas, simples, mas complexas: os projetos de infraestrutura no país consideram, em sua concepção, uma análise integrada pelo menos das principais variáveis tecnológicas, sociais e ambientais? Tais projetos de infraestrutura fazem parte de um plano estratégico de desenvolvimento? Ocorrem em um sistema econômico, financeiro e regulatório claro e estável que permita a garantia de sua execução completa? São devidamente acompanhados durante sua execução? Têm sua concepção baseada em critérios apenas quantitativos ou também consideram a importância da qualidade?

Conservação de energia e eficiência energética

Assuntos de destaque no setor energético e aspecto fundamental a ser introduzido em qualquer política energética sustentável, a conservação de energia e a eficiência energética fornecem argumentos sólidos sobre ser possível manter o crescimento econômico de forma sustentável. Incluindo até mesmo as diversas demonstrações e provas de que reduzir o consumo é muito mais barato que aumentar a oferta de energia.

Tais constatações, no entanto, não são suficientes para que a conservação de energia e a eficiência energética tenham sua importância reconhecida de forma efetiva por conta das barreiras impostas por diversos atores do cenário energético, principalmente por razões políticas, econômicas e até mesmo culturais, que permitem a identificação de duas vertentes principais para ações de conservação e eficiência: uma tecnológica, baseada no uso de equipamentos mais eficientes, e outra comportamental, baseada na mudança de hábitos perdulários de consumo.

Nas duas vertentes há barreiras significativas às mudanças necessárias. Dentre as diversas da vertente tecnológica, pode-se citar, por exemplo, o desinteresse das empresas de energia em agir, diminuindo seu próprio mercado e o preço inicial de equipamentos mais eficientes, embora o tempo de retorno do investimento seja muito menor do que o das tecnologias menos eficientes. E, no âmago da vertente comportamental, relacionada aos hábitos de consumo, verifica-se grande dificuldade de combater o consumismo em geral, não só de energia, ou água, mas praticamente de qualquer recurso natural. Como reverter, por exemplo, o movimento de produção e aquisição cada vez maior de bens cuja necessidade real é questionável? De bens com tempos de vida útil cada vez menores, aumentando a velocidade da necessidade de reposição? Deve-se lembrar que isso resulta em maior utilização de recursos, energia, água, por exemplo, e na geração muito maior de resíduos a serem descartados. Será que somente políticas de reúso, reciclagem e outras similares resolvem o problema?

Modificação das formas de produção de energia, com aumento de fontes renováveis

Os padrões históricos de produção de energia mostram que o petróleo é o recurso natural energético mais utilizado desde muitas décadas atrás, sendo deslocado pelo carvão mineral quando se enfoca apenas a energia elétrica.

Essa distinção entre a energia como um todo e a energia elétrica não é muito bem entendida e divulgada. A confusão resultante faz com que seja muito comum, mesmo entre especialistas, a afirmação de que o Brasil é uma exceção mundial, pois, ao contrário do resto do mundo, sua matriz energética é predominantemente renovável, já que a maior parte de nossa geração de eletricidade é de energia hidrelétrica, uma fonte renovável.

Esse é um argumento muito utilizado e considerado de peso por alguns, mesmo que subestimando os problemas socioambientais associados aos reservatórios das grandes hidrelétricas e a crescente necessidade de geração de eletricidade por termelétricas acionadas por combustíveis fósseis, ressaltando-se seus impactos sobre as mudanças climáticas.

A realidade é que o petróleo e seus derivados são os recursos naturais mais utilizados para produção de energia no país, tendo em vista seu predomínio no setor de transportes e participação no setor industrial.

Na questão energética, os padrões de utilização de combustível são muito importantes. A predominância da utilização dos combustíveis fósseis no Brasil se deve principalmente ao setor de transportes. Em um dado momento do passado no Brasil, a utilização da biomassa ocupou papel importante nesse cenário, mas esse papel foi enfraquecido e transformado em uma pequena participação por diversos motivos. Alguns econômicos, mas principalmente políticos, e também pela falta de um planejamento estratégico de longo prazo (trinta anos) sério, concebido como um processo continuado e aferido, além de orientador de políticas muito mais do Estado (que perdura ao longo do tempo) do que de governos (de momento).

Como entender, ou mesmo explicar, o abandono da estratégia propagada no país há alguns anos de exportar combustíveis renováveis (etanol) do setor de transportes para o restante do mundo? Como explicar o fato, também ocorrido praticamente na mesma época, do abandono de políticas voltadas ao desenvolvimento de veículos elétricos ou híbridos?

Por meio de discussões e debates associados a esses temas, é possível inferir que tais alterações de rumos se deram por conta das descobertas e perspectivas de uso dos combustíveis fósseis das bacias do pré-sal e sua supervalorização midiática, relevando as dificuldades de sua extração, além das alternativas e evolução de políticas mundiais do setor do petróleo no sentido de barateamento de custos, como ocorre atualmente, dentre outros motivos, devido à entrada no mercado de outros combustíveis fósseis, como o óleo e gás provenientes do xisto e das areias betuminosas, o que fragiliza a competitividade do pré-sal, de extração mais cara.

Tais linhas tortuosas teriam ocorrido se existisse realmente um planejamento energético estratégico, que utilizasse corretamente a técnica de cenários para incluir melhor avaliação dos setores de petróleo e gás natural? E como se encaixa nesse cenário o recente e forte incentivo ao consumo de veículos movidos a combustíveis principalmente fósseis?

E no caso da energia elétrica? Nas décadas de 1960 e 1970, muitos especialistas em energia enxergavam a energia nuclear como a melhor opção tecnológica para permitir uma transição para um sistema elétrico sem emissões atmosféricas. Mas o temor causado pelo acidente na usina de Three Mile Island em 1979, a explosão em Chernobyl em 1986 e o acidente de Fukushima mais recentemente, em conjunto com os altos custos associados à construção das usinas, além da falta de política pública para a disposição final dos resíduos radioativos (lixo atômico), provocaram uma desaceleração no desenvolvimento desse tipo de energia. Contudo, o projeto de usinas menores, que incluem uma série de fatores de segurança passiva e menor radioatividade dos resíduos, associado ao aumento das preocupações relacionadas com as mudanças climáticas, podem fazer com que a energia nuclear mais uma vez passe a ser considerada uma opção viável. Qual deve ser o impacto destas novas tecnologias de geração nuclear no cenário da energia elétrica? Como orientar a discussão do assunto de forma equilibrada e objetiva?

Por outro lado, as opções ditas alternativas de energia renovável têm sido apontadas, há algumas décadas, como capazes de fornecer uma contribuição significativa ao suprimento de energia. Enquanto o interesse público pela energia solar de aquecimento sempre foi muito grande, tem ocorrido um ressurgimento de investimentos e avanços na energia eólica e na energia solar fotovoltaica para geração de energia elétrica. Em termos mundiais, a energia eólica é a tecnologia energética que mais rapidamente está se desenvolvendo nos dias atuais. Apesar de ser responsável por uma parcela ainda pequena da energia elétrica consumida no Brasil, seu crescimento tem sido significativo.

É uma forma de energia que tem grande papel a cumprir no país. Há, no entanto, alguns problemas importantes a serem resolvidos. Um deles, de aspecto regulatório, se relaciona à necessidade de melhor sincronização dos projetos eólicos com os projetos de transmissão para conectá-los à rede. No país existem diversas fazendas eólicas montadas e capacitadas para produzir eletricidade, mas impedidas de fazê-lo por não estarem ainda conectadas à rede; por enganos no encaminhamento de projetos que soam gritantes para muitos especialistas com larga vivência no setor elétrico. A energia eólica é também citada como uma das alternativas para complementação da energia hidrelétrica, mas também é afetada pelas mudanças climáticas e por aspectos técnicos que acabam por impor certos limites à sua capacidade de produzir energia.

Uma acentuada diminuição nos preços das células solares tornou a energia fotovoltaica mais atraente. Tecnologias de conversão solar-térmica, solar-elétrica e de energia da biomassa (como combustível renovável de termelétricas) também são capazes de contribuir para o suprimento de energia.

A poluição atmosférica e as potenciais mudanças climáticas presentes cada vez com maior intensidade no dia a dia da humanidade podem acelerar o declínio da utilização dos combustíveis fósseis para um período na faixa de décadas, e não de séculos, como se imaginava anteriormente. A própria indústria associada aos combustíveis fósseis tem buscado se adequar às novas realidades, como, por exemplo, por meio de processos de captura de carbono, dentre outros.

Conseguiriam as forças do mercado por si só (sem nenhum incentivo ou intervenção dos governos para a mudança dos padrões de uso de combustíveis) promover as mudanças requeridas pela sustentabilidade? Boa parte dos analistas do setor energético consideram que esse tipo de transição, principalmente global, requer uma combinação de forças e mecanismos de mercado e fortes políticas e lideranças governamentais, pois, como já citado, o mercado livre tradicionalmente não considera aspectos socioambientais. Será preciso repensar o conceito de mercado.

Além disso, deve-se perguntar se o grande público identifica a relação entre escolhas energéticas e qualidade ambiental. Não é preciso ser especialista para depreender que não. Então como divulgar ao grande público, de forma simples e direta, tais questões? Como as nações industrializadas podem colaborar com as demais nações na disponibilidade de tecnologias mais eficientes e limpas? Como alavancar esse processo de mudanças, em nível mundial e local, em um contexto em que as discussões sobre políticas, responsabilidades e ações relacionadas às mudanças climáticas já ocorrem há duas décadas e meia sem resultados significativos?

A necessidade do enfoque sistêmico da energia

Há também de se considerar adequadamente os aspectos sistêmicos da energia.

No âmbito dos sistemas elétricos, diversos problemas estão colocados na cadeia completa da geração, transmissão, distribuição e consumo, que apresentam características similares às do setor energético como um todo. O papel importante da eletricidade é ressaltado pela universalização do acesso. Como levar eletricidade a mais de um bilhão de pessoas no mundo, que hoje não estão conectadas? Ou a uma parcela das mesmas pessoas que estão conectadas de forma irregular, principalmente nas grandes metrópoles e megalópoles? Essas questões e outras similares se inserem no desafio da promoção da equidade, que vai muito além da questão energética, e ressaltam um aspecto extremamente importante, que é a necessidade de convivência harmônica de sistemas energéticos centralizados, de maior porte, com sistemas energéticos locais, de pequeno porte.

O setor de transportes no país apresenta uma série de desafios, abrangendo características locais ou regionais, como nas cidades de médio porte e megalópoles, nas quais o controle da poluição atmosférica e a priorização ao transporte coletivo e integração de transportes alternativos são problemas agravados pela política de incentivo à compra de veículos automotores, cuja solução complexa demanda planejamento estratégico e políticas de médio e longo prazo.

Envolve, também, assuntos com característica nacional, em um cenário que, devido à priorização do transporte rodoviário, na década de 1950, e outras decisões equivocadas ao longo do tempo, apresenta sérias dificuldades e oportunidades relacionadas à melhor utilização e integração dos diversos modais de transportes (marítimo, fluvial, ferroviário, aéreo e rodoviário), submetidas, no entanto, às limitações já comentadas no âmbito de projetos de infraestrutura. Isso inclui decisões relacionadas aos combustíveis e tecnologias de transporte, tais como políticas de preços da gasolina, diesel, etanol e gás natural veicular (GNV); difusão da rede de distribuição do GNV; desenvolvimento de veículos elétricos, híbridos e movidos a combustíveis líquidos renováveis, dentre outros; e desenvolvimento de veículos mais eficientes e com melhor desempenho ambiental.

Como pode ser visto, são desafios cuja solução requer, para ser implementada, no mínimo, o realinhamento de políticas para superar as deficiências vindas dos equívocos do passado, estabilidade, clareza das políticas, fontes de financiamento e regulação do setor, incentivos concretos ao desenvolvimento de novas opções energéticas e tecnologias locais e, principalmente, um processo de planejamento estratégico (citado muitas vezes), que deve incluir em sua análise o enfoque e o destino final da frota antiga.

No setor industrial, os principais problemas estão relacionados com a eficiência energética, em um contexto que envolve a gestão energética (que pode ser estendida para gestão de recursos, integrando energia, água e resíduos, por exemplo), com grande potencial de redução de perdas, principalmente na área térmica e boas perspectivas relacionadas à cogeração, associada à utilização de resíduos do processo e ao gás natural, dependendo de sua disponibilidade local, preço e solução de alguns entraves regulatórios ainda existentes.

Do ponto de vista sistêmico, há ainda indagações relacionadas às questões cada vez mais debatidas no mundo atual, principalmente em virtude do forte aumento da urbanização: as cidades e edificações e os desafios da urbanização. São questões que envolvem diversos aspectos relacionados com a energia e que trazem muitas perguntas e dúvidas. É possível declarar com toda certeza vantagens do adensamento urbano? Como as certificações voluntárias existentes para edificações tratam dos impactos no entorno? Qual a melhor política para edificações sociais? Em que dimensões (área, população, população por unidade de área) se situaria um limite para privilegiar vantagens de políticas de adensamento ou não, se é que tal limite existe? Essas e outras questões também envolvem necessidade de convivência entre sistemas centralizados e sistemas locais. E apresentam considerável interação com questões energéticas e de equidade.

Deve-se ressaltar também que, quando se enfoca a sustentabilidade, os valores sociais e ambientais precisam ser politicamente considerados como tendo a mesma importância que a segurança energética.

A necessidade de um processo de planejamento estratégico associado a políticas energéticas orientadas à sustentabilidade

Uma política nacional de energia deve ser construída inicialmente com base no estabelecimento de um processo de planejamento de longo prazo, que utilize técnica de cenários bem construídos e verossímeis e estabeleça diretrizes estratégicas, que permitirão a identificação de linhas táticas de gestão, fornecendo bases para o estabelecimento de um ciclo de reavaliação e correção de rumos que se ajustarão às realidades dinâmicas do cenário do momento.

Esse processo deve ser direcionado à sustentabilidade e dotado de monitoração, realimentação e transparência, para que se possa ir muito além do que se apoiar em afirmações simplistas, tais como as seguintes, muito comuns: "o que se necessita é investimento maciço em fontes renováveis"; ou "em energia elétrica de base, como a de origem nuclear"; ou "em hidrelétricas com reservatórios de regularização". Existem, ainda, argumentos de execução real inviável, tais como aqueles utilizados, por exemplo, a favor da eficiência energética, apontando economia esperada da troca de todos os motores elétricos por motores mais eficientes, como se fosse possível (tanto economicamente quanto tecnicamente) executar todas as trocas em todos os tipos de equipamentos em um curto espaço de tempo.

Também parece ser adequado que se preocupe em definir, primeiramente, os objetivos que se deseja atingir no país – o que ultrapassa os limites da questão energética – e só então decidir como os recursos energéticos podem ser melhor utilizados para atingir esses objetivos.

Por fim, que considere, nesse contexto, que restrições de longo prazo (econômicas, socioambientais, políticas, tecnológicas e de disponibilidade) existirão. E até quando existirão? Como usar, de forma positiva para a sustentabilidade, não só energética, as condições de momento? Como evitar a lassidão com as questões socioambientais nos momentos eufóricos de desenvolvimento econômico e a preocupação aumentada com a questão energética nos momentos de crise?

Para que o setor energético se torne sustentável, é necessário que seus problemas sejam abordados de forma holística, incluindo não apenas o desenvolvimento e a adoção de inovações e incrementos tecnológicos, mas também importantes mudanças que vêm sendo implementadas em todo o mundo. Essas mudanças envolvem, por um lado, políticas que tentam redirecionar as escolhas tecnológicas e os investimentos no setor, tanto no suprimento quanto na demanda, bem como a conscientização e o comportamento dos consumidores, incluindo sua participação ativa no processo, como se visualiza no futuro com o sistema elétrico inteligente (*smart power*). Tais modificações são impostas e aceleradas por forças do cenário mundial de globalização do mercado, embora tomem formas diversas em cada país.

É preciso reconhecer que longos períodos de tempo são necessários para a ocorrência de transformações significativas nas tecnologias e políticas públicas relacionadas com a energia. Assim como o fato de que uma avaliação integrada deve também considerar custos socioambientais, para que uma política energética forte e sustentável se desenvolva. Para que isso ocorra, os cidadãos terão de entender as mudanças necessárias em prol do coletivo e à aceitação tanto dos benefícios quanto dos riscos tecnológicos. A energia não é um fim em si mesmo, mas um meio para se atingir os objetivos de uma economia e um ambiente saudáveis. Para se obter sucesso nessa empreitada é preciso se envolver e adotar posicionamento proativo.

REFERÊNCIAS

HINRICHS, R.A.; KLEINBACH, M.; REIS, L.B. *Energia e meio ambiente*. São Paulo: Cengage Learning, 2015.

REIS, L.B; FADIGAS, E.A.; CARVALHO, C.E. *Energia, recursos naturais e a prática do desenvolvimento sustentável*. 2.ed. Barueri: Manole, 2012.

REIS, L.B.; SANTOS, E.C. *Energia elétrica e sustentabilidade*. 2.ed. Barueri: Manole, 2014.

Índice Remissivo

A

AAE 384
AAI 384, 884
Abastecimento urbano 969
Abordagens típicas para avaliação da eficiência energética 185
Ação de eficiência energética junto ao motor elétrico 199
Aceleração da gravidade 376
Ações estratégicas para a mobilidade sustentável 664
Ações mitigadoras 88
Adiabáticas 28
A energia do Sol 452
Aerogerador 427
Aerogeradores de eixo horizontal 434
Aerogeradores de eixo vertical 435
Aerogeradores de grande porte 436
Aerogeradores de médio porte 436
Aerogeradores de pequeno porte 436
Aerovias 625
AFC 503
Agência Internacional de Energia 160
Agência Nacional de Águas 410
Agência Nacional de Energia Elétrica 174, 590, 817
Agência Nacional do Petróleo 824
Agência reguladora 832
Agenda 21 89

Agenda ambiental internacional 91
Agente redutor 830
Agricultura 95, 110
Águas e saneamento 106
AHE Belo Monte 403
AHE São Manoel 407
AIA 869
AIE 160
Ajuste de demanda 182
Alagamento 117
Algas 518
Alternador 30
Altura da barragem 378
Ambientais 92
Ambiente 85
Ambiente de Contratação Livre 946
Ambiente de Contratação Regulado 946
ANA 410
Análise da utilização de energia elétrica 177
Análise de eficiência energética 165
Análise do carregamento do motor elétrico 197
Aneel 590, 817
Ângulo de potência 37
Animais 625
ANP 824
Antiguidade 99
Aperfeiçoamento institucional do mundo 95
Aplicação de energias renováveis em sistemas de pequeno porte 784
Aplicações autônomas 438
Aproveitamentos hidrelétricos 392

Aquática 96
Aquaviário 625
Aquecimento global 86
Aquecimento solar 201
Arborização 611
Área de influência do projeto 407
Área inundada 378
Área inundada pela usina 378
Áreas rurais 781, 794
Áreas suburbanas dos grandes centros 782
Aristóteles 13
Armazenamento 29, 615
Arquiteturas de minirredes 803
Aspecto ambiental 911
Aspectos e impactos ambientais do transporte rodoviário 639
Aspectos institucionais: barreiras e incentivos 158
Aspectos socioambientais dos sistemas de distribuição 610
Aspectos socioambientais dos sistemas de transmissão 607
Aspectos técnicos básicos de lâmpadas 187
Aspectos tecnológicos e desafios 782
Aspecto técnico 911
Atendimento às necessidades básicas 96
Atendimento das necessidades básicas 118
Atividades upstream 840
Ativo remunerável 834
Atlas solarimétricos 454

Atmosférica 96
Atrito 21
Automóveis 625
Autorizações e licenças 401
Avaliação Ambiental Estratégica 384, 845
Avaliação Ambiental Integrada 384, 845
Avaliação de Custos Completos 845
Avaliação de Impactos Ambientais 869
Avaliação prévia de impacto ambiental 850
Avaliações estratégicas 877
Avanços tecnológicos 99, 452

B

Bacia hidrográfica 863
Back to Back 41
Bactérias anaeróbias 518
Bambu 523
Banco Mundial 847
Bandeira tarifária 178
Barcos 625
Barragem 385
Barreira à introdução maciça de fontes renováveis 597
Barreiras 92
Barreiras à conservação de energia 164
Barreiras relacionadas com os consumidores 164
Barreiras relacionadas com os produtores, distribuidores e fabricantes de equipamentos 164
Barreiras sociais, políticas e institucionais 165
Base de expansão 973
Baterias 30
Belo Monte 602
Bem comum de todos 404
Benefícios das fontes renováveis de pequeno porte 784
Benz 101
Bicicletas 625
Biogás 519
Biomassa 56, 899, 929
Biomassa de origem vegetal 61
Biomassa proveniente da pecuária 62

Bobinas 33
Bomba de calor 202
Brics 91
Brisas marítimas e terrestres 418

C

CA 30
Cadeia downstream 840
Cadeia energética 69
Caderno de Reservatórios 846
Cal (caloria) 98
Calor 23
Camada limite 418
Câmara de Comercialização de Energia Elétrica 819
Câmaras de descarga 380
Caminhões 625
Campos eletromagnéticos 31
Capacidade 30
Capacidade de regulação 919, 933
Capacidade eólica instalada 417
Capacitância 38
Capacitância C 37
Captura e armazenamento de carbono 977
CAR 940
Características básicas dos sistemas de transmissão 600
Carnot 18
Carteiras de recursos 860
Carvão 51
Carvão metalúrgico 830
Carvão mineral 891, 894, 902, 931, 976
Carvão vapor 830
Carvão vegetal 98
Casa de força 380
Casa de máquinas 380
Cavitação 387
CC 30
CCAT 601
CCEE 819
CCPE 816
Célula a Combustível 503
Célula a combustível com alimentação direta de metanol 504
Célula a combustível de membrana polimérica 503
Célula a etanol direto 505

Células a combustível 31, 492
Células a combustível alcalinas 503
Células a combustível de ácido fosfórico 503
Células a combustível de carbonato fundido 503
Células a combustível de membrana polimérica 503
Células a combustível de óxido sólido 503
Células solares 459
Cenário 147
Cenário brasileiro da eficiência energética 158
Cenários 913
Cenários global e brasileiro 391
Centrais fotovoltaicas 463
Central hidrelétrica em barramento 382
Central hidrelétrica em desvio 380
Centro de Pesquisas em Energia Elétrica 817
Cepel 817
Cesp 846
CFURH 971
Chaminés de equilíbrio 380
Chaminé solar 485
Choques do petróleo 102
Chuva ácida 87, 116
Cice 167
Ciclo Brayton 822
Ciclo combinado 822
Ciclo de Carnot 27
Ciclo de vida 600
Ciclo do combustível nuclear 831
Ciclos a vapor 822
Cidadania 97
Cinco pilares 126
Circuito hidráulico 376
Circuitos monofásicos 41
City gates 825
Clausius 24
Climatização 184, 190
Clorofluorcarbonos 89
CMSE 820
CNPE 812
Código de Águas 399
Coeficiente de performance 190
Coeficiente de potência 429

ÍNDICE REMISSIVO | 999

Cogeração 822
Coletor 478
Coletores solares 458
Combate ao desperdício 591
Combustíveis fósseis 896
Comerciais 94
Comissão Europeia 813
Comissão Interna de Conservação de Energia 167
Comissão Mundial para o Meio Ambiente e o Desenvolvimento 88
Comitê Coordenador do Planejamento da Expansão dos Sistemas Elétricos 816
Comitê de Monitoramento do Setor Elétrico 820
Commodity 822
Comparação entre as propriedades das células a combustível 510
Comportas 379
Comunidade isolada 780
Comunidades rurais 794
Comutador 33
Conceito da eficiência energética 157
Conceito de rede inteligente 617
Conceitos básicos 12, 29
Conceitos-chave 847
Conceitos físicos 12, 13
Concentrador cilíndrico parabólico 482
Concentrador disco parabólico 483
Concentradores parabólicos de foco linear 477
Condutores elétricos 32
Condutos de adução 380
Conferência de 2002 90
Conferência de Estocolmo 87
Confiabilidade 607, 617, 898, 922
Confiabilidade elétrica e energética 604
Conflitos locais 93
Conjunto de módulos fotovoltaicos 465
Conpet na Escola 175
Conselho Nacional de Política Energética 812

Conselho Nacional de Recursos Hídricos 412
Conselhos de Recursos Hídricos dos Estados 412
Conservação de energia 157
Conservação de energia mecânica 21
Constante solar 454
Construção de uma matriz de energia elétrica 922
Construção de uma usina hidrelétrica 400
Consumismo 86, 93
Consumo de energia 590
Consumo de energia elétrica 30
Consumo de energia elétrica per capita 889
Consumo energético do setor de transportes 627
Consumo energético do setor de transportes no Brasil 628
Consumo per capita 99
Conta de Desenvolvimento Energético 941
Contaminação 95
Contaminação radioativa 117
Conteúdo energético do sistema produtivo 163
Controle 30
Convenção da Biodiversidade 89
Convenção do Clima 89, 90
Conversão 16
Conversão biológica 517
COP 190
Coquerias 830
Coriolis 18
Correção do fator de potência 184
Corrente contínua em alta-tensão 601
Corrente de excitação 33
Corrente I 31
Corrupção 93
Crescimento demográfico 100
Crescimento populacional 95
Critérios de segurança 939
Cultivo irrigado 969
Cultura nacional de descaso com a manutenção 591

Cúpula da Terra 89
Cúpula Mundial para o Desenvolvimento Sustentável 90
Curva de aprendizagem 962
Curva de Aversão a Risco 929
Curva de carga 30
Curva de potência 428
Curva diária de carga 936
Custo Marginal de Expansão 940
Custo Marginal de Operação 940
Custos ambientais 119, 867
Custos de instalação 444
Custos marginais 817
Custo unitário de produção de energia 443
Custo Variável Unitário 906

D

Decisão multicritério 911
Declaração de reserva de disponibilidade hídrica 411
Declaração do Rio 89
Defasagem 37
DEFC 505
Degradação ao meio ambiente 404
Degradação energética 25
Degradação marinha e costeira 117
Demanda contratada 181
Demanda de energia 99
Demanda reprimida 965
Democracia 97
Densidade do ar 422
Desafios 85
Desafios da universalização do acesso 782
Descarbonização 120
Descrença nas instituições 93
Desempenho transitório 607
Desenvolvidos 87
Desenvolvimento 88, 105
Desenvolvimento com sustentabilidade 847
Desenvolvimento econômico 899
Desenvolvimento econômico sustentável 898

ENERGIA E SUSTENTABILIDADE

Desenvolvimento socioeconômico 87
Desenvolvimento sustentável 85, 126
Desenvolvimento tecnológico 392
Desequilíbrio ambiental 86
Desertificação 117
Desigualdades sociais e econômicas 786
Deslocamento de pessoas 625
Desmatamento 117
Destruição da camada de ozônio 87
Desverticalização do setor elétrico 944
Determinísticos 815
Diagnóstico energético 168
Diagrama geral de uma hidrelétrica 383
Diagrama unifilar 602
Diesel 101
Diferença de potencial 32
Diferença e complementaridade entre AAE e AIA 875
Dimensão técnica 851
Direito de uso de recursos hídricos 402
Diretrizes 924, 966
Discos parabólicos 477
Disparidades 87
Disponibilidade de infraestrutura 110
Distância 19
Distribuição 31, 590, 944
Distribuição da renda 787
Distribuição de energia elétrica 590
Distribuição de Weibull 429
Distribuição modal 627
Distribuição subterrânea 609
Distribuição urbana 609
Diversificação da matriz 924
Diversificação da matriz de energia elétrica 896
Divisão das quedas 383
DMFC 504
Domesticação de animais 99
Dutoviário 625

E

Earth Summit 89
Eclusa 973

Eclusas 380
Ecossistema do planeta 114
Efeito acumulativo 384
Efeito estufa 116
Efeitos de interferência eletromagnética 447
Eficiência das lâmpadas 187
Eficiência de uma turbina 387
Eficiência do lado do consumo 158
Eficiência dos equipamentos 162
Eficiência do setor energético 119
Eficiência do sistema de refrigeração 194
Eficiência energética 12, 23, 157, 590, 965
Eficiência energética de processos e equipamentos 166
Eficiência energética do motor 197
Eficiência energética e o ambiente construído 158
Eficiência no sistema de aquecimento 177, 201
Eficiência no sistema de climatização 177
Eficiência no sistema de força motriz 177, 196
Eficiência no sistema de iluminação 177, 185
Eficiência no sistema de refrigeração 177
Eficiência no uso da energia no setor de transportes 653
Eficiência termomecânica 27
Eficiências na conversão de energia 26
EIA/Rima 878
Elástica 15
Elasticidade-preço 822
Elétrica 15
Eletricidade 17, 29, 887
Eletrificação rural 794
Eletrobrás 846
Eletrólise 17, 519
Eletromecânica 17
Eletrônica de potência 614
Eletroquímica 17
Eletrostática 15
Emissões de CO_2 948

Emissões dos gases de efeito estufa 90
Empresa de Pesquisa Energética 813
Empresariais 94
Encargo de Segurança Energética 942
Encargo de Serviços do Sistema 942
Encargos de Energia de Reserva 941
Encargos setoriais 941
Enérgeia 14
Energia 85
Energia armazenada 23
Energia ativa 182
Energia cinética 14
Energia das marés 493
Energia das ondas 495
Energia de tração 623, 625
Energia de tração no transporte rodoviário 647
Energia dos oceanos 492
Energia elétrica 12, 888, 922
Energia emitida pelo Sol 451
Energia eólica 415
Energia e potência 12
Energia e sociedade 118
Energia firme 932, 962
Energia geotérmica 492
Energia hídrica 375
Energia inteligente 617
Energia nuclear 102, 891, 899, 927, 973
Energia potencial 14
Energia primária 104
Energia proveniente do calor dos oceanos 499
Energia reativa 183
Energia solar para geração de eletricidade 458
Energia útil 25
Enfoque dos usos finais 176
Engenharia de recursos hídricos 395
Enquadramento tarifário 177
Entrained flow 530
Entraves 849
Entropia 25
Eólica 64, 899, 929
EPE 813
Epia 401
Equidade 85, 779
Equidade energética 791

ÍNDICE REMISSIVO | 1001

Equipamentos de aproveitamento das ondas 498
Era digital 95
Escadas de peixes 380
Escala local ou microescala 420
Escala planetária ou macroescala 420
Escala regional ou mesoescala 420
Escassez energética 102
Escolha do sistema de transporte 626
Escopo da licença ambiental 409
Estabilidade entre geradores 606
Estator 32
Esteira 432
Estocásticos 815
Estratégia de Estado 788
Estratégias de longo prazo 591
Estratégias e políticas energéticas 97
Estrutura de sustentação e posicionamento 469
Estrutura e variáveis básicas do setor de transportes 625
Estudo de Micrositing 432
Estudo Prévio de Impacto Ambiental 401
Estudos ambientais 848
Estudos de impacto ambiental 847
Estudos de inventário 863, 903
Estudos energéticos e de engenharia 863
Estudos geológicos 385
Etapas de um estudo de inventário 881
Etapas do licenciamento 409
Ética 97
Evolução da medicina 95
Exaustão dos recursos naturais 88
Exclusão social 87, 112, 780
Exergia 814
Expansão 925
Expansão da oferta 898
Expectativa de vida 95
Externalidades ou impactos externos 868

F

Facts 614
Fator de capacidade 475
Fator de capacidade anual 433
Fator de potência 41
Fatores que influem na escolha do modal 626
Fazendas eólicas offshore 440
Ferramentas de planejamento e de gestão energética 845
Ferroviário 625
Ferrovias 625
Fio d'água 377
Fixed bed 530
Flexible AC Transmission Systems 614
Fluidized bed 530
Fluxo de arraste 530
Fluxo migratório 93
Fluxos de energia 12
Fogo 98
Fonte de energia elétrica 891
Fonte intermitente de energia elétrica 616
Fonte nuclear 896
Fontes alternativas 597
Fontes alternativas de energia no setor de transportes 657
Fontes alternativas de energia para transporte 655
Fontes de energia 12
Fontes de energia alternativa 491
Fontes de energia elétrica 925
Fonte secundária de energia 29
Fontes energéticas derivadas do petróleo 623
Fontes não renováveis e renováveis 47
Fontes primárias 593
Fontes primárias de energia 29
Fontes renováveis 894, 916, 961
Fontes renováveis de energia 416, 802
Fontes renováveis locais 598
Força 14
Força motriz 101, 184, 623
Forças conservativas 20
Forças não conservativas 20
Forma da superfície 422

Formas comerciais de energia 113, 780
Formas de energia 12, 15
Fornos solares 784
Fotovoltaico 464
Foucault 196
Frequência 40, 377
Frete 625
Função cosseno 41
Função densidade de probabilidade de Weibull 429
Função seno 31
Fusão nuclear 492, 531

G

Galvani 30
Garantia física 901
Gás de hulha 100
Gás de xisto 55
Gaseificação de biomassa 522
Gaseificador de leito fluidizado 530
Gaseificadores 528
Gaseificadores de fluxo de arraste 530
Gases de efeito estufa 90, 948
Gás natural 52, 891, 894, 900, 928, 975
Gás Natural e Biocombustíveis 824
Gatos 611
GCPS 815
Geração 590, 944
Geração centralizada 438
Geração de backup 964
Geração de base 937
Geração de energia elétrica 590
Geração distribuída 438, 590, 611
Geração distribuída e aplicações de armazenamento 612
Geração distribuída interconectada 612
Geração distribuída isolada 612
Geração embutida 599
Geração hidrelétrica: principais tecnologias 376
Geração termelétrica 593
Geração termossolar 477
Geradores elétricos 31, 376
Geradores síncronos 35

1002 | ENERGIA E SUSTENTABILIDADE

Gerenciamento 854
Gerenciamento dos recursos hídricos 398
Gerenciamento pelo Lado da Demanda 859
Gestão ambiental 854
Gestão de perdas 799
Gestão participativa 855
Gestão racional 87
Gestão social e ambiental dos projetos 591
Globalização 86
Gradiente térmico 499
Grandes desastres ecológicos 86
Grande sistema interligado 616
Grandes questões 85
Grandes questões atuais 92
Gravitacional 15
Grupo Coordenador do Planejamento do Sistema 815

H

Harmonização 95
Helicópteros 625
Heliotermelétrica 482
Helmholtz 26
Hertz 40
Hidráulica 894
Hidrelétricas e outros usos da água 398
Hidreletricidade 891, 896, 926
Hídrica 67
Hidroeletricidade 103
Hidrogênio 491, 512
Hidrologia 380
Hidrovia 969
Hidrovias 625
High voltage direct current 601
Histerese 196
Histórico 98
Horário de ponta 181
Hubs 827
HVDC 601

I

Iaia 878
Ibama 406
IDH 888
IGP-M 825
Iluminação 101, 184

Iluminação máxima 454
Impacto 137
Impacto ambiental 487
Impacto no uso da terra 447
Impacto visual dos aerogeradores 447
Impactos 626
Impactos ambientais 447, 892
Impactos ambientais de projetos usando recursos hídricos 395
Impactos ao meio físico-biótico 396
Impactos do smart grid na distribuição 620
Impactos socioambientais da indústria de energia elétrica 591
Impactos socioeconômicos 397
INB 831
Incentivos fiscais 965
Incertezas 791
Inclusão das externalidades ambientais 849
Inclusão da variável ambiental 850
Inclusão social 95
Indicadores 123
Indicadores de mobilidade sustentável 665
Indicadores Energéticos 123
Indicadores e níveis de eficiência energética 158
Indicadores e níveis gerais de eficiência energética 165
Índice geral de sustentabilidade 146
Índices 158
Índices e indicadores de intensidade e consumo energético 166
Indisponibilidade forçada e programada 432
Indústria automobilística 101
Indústria da energia elétrica 590
Indústria da pesca 970
Industriais 94
Indústrias Nucleares do Brasil S.A. 831
Indutância 38
Indutância L 37
Informação 30

Informações solarimétricas 453
Infraestrutura 105
Infraestrutura necessária para o desenvolvimento 626
Inserção ambiental dos projetos energéticos 845
Inserção no meio ambiente 476
Inserção socioambiental da empresa de energia elétrica 591
Instalações compartilhadas de geração 902
Instituto Brasileiro do Meio Ambiente e dos Recursos Naturais Renováveis 406
Instrumentos da política ambiental 847
Inteligentes 30
Intensidade energética 113, 626
Intensidades energéticas 113
Interação da fauna com os aerogeradores 447
Interação socioambiental 607
Interconexão 604
Interessados/envolvidos 857
Interesses individuais e coletivos 402
Internalização de custos 868
International Association for Impact Assessment 878
International Energy Agency (IEA) 104, 160
Inversor 472
Inversor de corrente contínua/ corrente alternada 465
Inversores 35
IPCC 523
Isonomia de incentivos 926, 964
Isotermas 28

J

Jirau 602
Joule 15, 19
Joule/segundo 22
Judicialização 849

K

Kcal 104
Kcal/dia 98
Kcal/dia/capita 104
Kcal térmicas 104

L

Lado da demanda 161
Lado da oferta de energia 161
Leap-frogging 163
Legais 106
Legislação ambiental 598
Leibniz 14
Lei da Política Nacional de Recursos Hídricos 401
Lei das Águas 409
Lei de Recursos Hídricos do Brasil 399
Leilões 904
Leilões de Energia de Reserva 941
Leilões de "energia nova" 903
Lei n. 12.783 948
Leis básicas da termodinâmica 12, 22
Lentes de Fresnel 485
Leque de projetos 857
Levantamentos topográficos 384
Licença ambiental de instalação 448
Licença ambiental de operação 448
Licença ambiental prévia 448
Licenciamento ambiental 404, 846
Licenciamento simplificado 408
Limitações e barreiras 452
Lixo atômico 118
Locomotivas 100, 649
Logística de transporte 624
Logística de transportes 624
Longo prazo 967
Lord Kelvin 19
Luz da Terra 789
Luz no Campo 789
Luz para Todos 789

M

Má distribuição da riqueza 86
Maiores hidrelétricas do Brasil 392

Maiores hidrelétricas do mundo 391
Maior segurança energética 617
Manual de Efeitos Ambientais 846
Manual de Inventário Hidroelétrico de Bacias Hidrográficas 881
Manutenção 591
Manutenção da rede de distribuição aérea 611
Mão de obra escrava 99
Máquinas 12
Máquinas a vapor 18, 100
Máquinas elétricas rotativas 31
Máquina térmica 27
Massa 14
Materiais 119
Materiais eletromagnéticos 392
Material semicondutor 459
Matriz de eletricidade 923
Matriz de energia 887
Matriz de energia elétrica 887, 909, 961
Matriz de energia elétrica brasileira 915
Matriz de relevância 150
Matriz energética 56
Matriz energética local 169
Matriz renovável 119
MCFC 503
MCT 831
Mecanismos 90
Meio ambiente 85
Melhor desempenho ambiental 393
Melhoria do sistema de climatização 193
Melhoria do sistema de refrigeração 195
Mercado futuro 830
Mercado mundial dos módulos fotovoltaicos 460
Mercado spot 827
Metrôs 625
Micro-hidrelétricas 378, 784
Minicélulas fotovoltaicas 485
Mini-hidrelétricas 378, 784
Minirrede elétrica 800
Minirredes 492, 532
Ministério da Ciência e Tecnologia 831

Ministério de Minas e Energia 813
Mitigação dos impactos ambientais atmosféricos 652
Mix de fontes 978
MME 813
Mobilidade sustentável 625
Modais 624
Modais de transporte 625
Modal aquaviário 625
Modal dutoviário 625
Modal rodoviário 640
Modelo atual de desenvolvimento humano 92
Modelo conceitual da rede inteligente 619
Modelos de ventos locais 420
Modelos econométricos 815
Modernização e reabilitação de usinas hidrelétricas 393
Modicidade tarifária 898
Módulo 40
Módulo fotovoltaico 465
Moinhos hidráulicos 99
Momento de transporte 827
Momento linear 14
Monitoração e controle 392
Monitoração e reavaliação 97
Motor 33
Motor elétrico 34
Motores de indução 38
Motos 625
Movimentação de cargas 625
Movimento 16
Movimento mecânico 18
MP 579 948
Mudança do clima 87
Mudanças climáticas 86, 116
Mudanças tecnológicas e de paradigma 618
Multidimensionalidade 127

N

Nacele e sua base 437
National Environmental Protection Act 846
Natureza da energia 16
Necessidades básicas 779
Nepa 846
Newton-metro 19
Nichos de aplicação 598
Níveis de curto-circuito 607

Níveis de radiação solar 453
Níveis energéticos 12
Nível de diretrizes políticas 853
Nível de Jusante 381
Nível de Montante 381
Nível de planos e programas 853
Nível de projetos 854
Normas técnicas 189
Nosso Futuro Comum 88
Novas fontes renováveis 593
Novas tecnologias 163
Novos materiais para a isolação elétrica 390
Novos tipos de equipamentos de usos finais 615
Nuclear 15

O

Ocean Swell Powered Renewable Energy 496
Ocean Thermal Energy Conversion 499
Oced 103, 160
OECD 105
Oferta de energia 112
Ohms 36
Óleo combustível 894
Ônibus 625
ONS 817
ONU 88
OPE 866
Operação 29, 925
Operação em cascata 383
Operador Nacional do Sistema Elétrico 817
Operar na forma ilhada 800
Orçamentação dos programas ambientais 866
Orçamento Padrão Eletrobrás 866
Organização das Nações Unidas 88
Organização para a Cooperação Econômica e o Desenvolvimento 103, 160
Organização para Cooperação Econômica e Desenvolvimento 103
Organization for Economic Co-operation & Development 105
Oscillating Water Column 495

Osprey 496
Otec 499
Our Common Future 88
Outras tecnologias energéticas 491
OWC 495

P

Padrão de vida 86, 105, 163
Padrões de consumo 91
Padrões de minimização de impactos 854
Padrões de sustentabilidade 91
Padrões mínimos de bem-estar social 787
PAFC 503
Painel Intergovernamental de Mudança Climática 523
Parque eólico 431
Passageiro quilômetro (pass. km) 625
Pass.km 625
PCH 378, 930, 964
P&D 590
PDCA 152
PEM 503
PEMFC 503
Pequenas Centrais Hidrelétricas 378
Per capita 103
Perdas comerciais 611, 797
Perdas de energia 797
Perdas elétricas 432
Perdas Joule 196
Perdas no ferro 196
Períodos de uso 179
Perspectivas futuras das hidrelétricas 412
Petróleo 50
PIB 103, 780, 889
PIB per capita 110
Pico 30
Pilha 17
Piracema 380
PIR em concessionárias de energia elétrica 857
Planejamento 29, 791, 851, 925
Planejamento ambiental 852
Planejamento centralizado 792
Planejamento da expansão 909, 939, 954
Planejamento da expansão da oferta 921

Planejamento da operação 939
Planejamento descentralizado, 792
Planejamento dos estudos 864
Planejamento energético 97
Planejamento e operação da transmissão 607
Planejamento estratégico nacional 788
Planejamento integrado de longo prazo 624
Planejamento Integrado de Recuros (PIR) em concessionárias de energia elétrica 857
Planejamento Integrado de Recursos 845
Planejamento integrado dos recursos 818
Planejamento local 792
Planejamento regional 852
Planejamentos setorial 852
Planejamento transversal 852
Plano de ação 148
Plano Decenal da Expansão 954, 957
Plano Nacional de Energia 855, 954
Planos Decenais de Expansão de Energia 874
Plasma 531
Player 826
PLD 934
PNMA 401, 404
PNRH 401
Pnuma 847
Pobreza 87
POCP 940
Poda das árvores 611
Poder público 854
Política energética 786
Política Nacional de Recursos Hídricos 399, 862
Política Nacional do Meio Ambiente 401
Políticas 92, 786, 924, 966
Políticas energéticas 119
Políticas públicas 126, 898
Poluição 89
Poluição do ar urbano 116
Ponta da carga 30
Ponta de carga 938
Posto tarifário fora de ponta 179

Posto tarifário na ponta 179
Posto tarifário único 180
Potência aparente 43
Potência ativa 42
Potência contida no vento 422
Potência e energia geradas 472
Potência elétrica 42, 376, 377, 428
Potência reativa 43
Potência térmica do equipamento que produz frio 194
Potência unitária 391
Potencial da energia solar 452
Potencial de mercado 902, 903
Potencial econômico 903, 926
Potencial eólico brasileiro 417
Potencial técnico 903, 926
Potencial teórico 903, 926
Práticas na utilização do sistema de iluminação 186
Previsibilidade das fontes 938
Primeira Lei da Termodinâmica 21, 24
Principais componentes de um sistema 464
Principais impactos ambientais das hidrelétricas 396
Principais partes do sistema de climatização 190
Principais usos finais para eficiência no lado do consumo 177, 184
Princípio de conservação da energia 15
Princípios do Equador 866
Princípios sobre Florestas 89
Problemas ambientais 115
Problemas ambientais associados às grandes hidrelétricas 593
Problemas socioambientais 379
Procedimentos Operativos de Curto Prazo 929
Procel 590
Procel Educação 175
Processo básico da geração termossolar 478
Processo decisório 849
Processo dinâmico 97
Processos de conversão 17
Processos de transformação utilizados para a

geração de eletricidade 596
Proconve 654
Produção bruta de energia 432
Produção de energia elétrica nas centrais hidrelétricas 376
Produção de hidrogênio 514
Produção líquida de energia 432
Produto Interno Bruto 103
Programa das Nações Unidas para o Meio Ambiente 847
Programa de Conservação de Energia Elétrica 590
Programa de Controle da Poluição do Ar por Veículos Automotores 654
Programa de pesquisa e desenvolvimento 590
Programas ambientais 865
Programas de arborização 611
Programas de universalização de energia 788
Programas e projetos 786
Proinfa 417, 941
Projeto Básico Ambiental 400
Projeto de eficiência no sistema de climatização 191
Projeto de eficiência no sistema de refrigeração 195
Projeto eficiente de iluminação 189
Projeto eficiente no sistema de iluminação 188
Projeto e testes 392
Projetos de Eficiência Energética e Combate ao Desperdício de Energia Elétrica 174
Projetos de geração distribuída que se conectarão à rede elétrica 612
Proliferação de doenças 95
Propeler 387
Propriedade 15

Q

Qualidade de vida 787
Queda-d'água 376
Querosene 101
Questão ambiental 87
Questão energética 12

Química 15

R

Racionalização 162
Radiação difusa 453
Radiação direta 453
Radiação eletromagnética 15
Radiação refletida 453
Radiação solar 453
Radiação solar incidente 452
Radiação solar incidente na Terra 452
Rampas de carga 936
Rankine 20
Ranking de alternativas 911
Recapacitação 393
Receita Anual Permitida 947
Receptor 478
Receptores do tipo cavidade 479
Receptores externos 479
Recurso fóssil 100
Recursos naturais 12, 47
Redes 30
Redes elétricas 102
Redes inteligentes 590, 613
Redução do nível de perdas 799
Redução do nível de perdas da distribuição 797
Reforma de gás natural 516
Reforma do etanol em hidrogênio 515
Refrigeração 184
Regime fluvial do rio 377
Regime pluvial da bacia hidrográfica 377
Regulação 591
Regulação por incentivos 827
Regulador de tensão 465
Reguladores 377
Regularização da vazão 377
Regularização parcial 378
Regulatórios 106
Relatório Ambiental 407
Relatório de diagnóstico energético 168
Relatórios Ambientais Simplificados 404
Rendimento 18
Rendimento da célula solar 474
Rendimento de um sistema de condicionamento 474

Rendimento energético 177, 197
Rendimentos 27
Reservatório 904
Reservatório de acumulação 969
Reservatório de regularização 377
Resfriamento do gerador 390
Resíduos 96
Resíduos urbanos 63
Resistência 37
Resistência R 36
Responsabilidade 97
Resultante 20
Retificadores 36
Reversão 86
Rima 407
Rio+10 90
Rio + 20 91
Rodoviário 625
Rodovias 625
Rotação 19
Rotação ajustável 394
Rota termoquímica 521
Roteiro exemplar para um PIR 864
Rotor 32, 436
Rugosidade 422

S

Saneamento 106
Santo Antônio 602
Sazonalidade 178
Século XIX 100
Século XVIII 100
Seguidor solar 469
Segunda Lei da Termodinâmica 24
Segurança 898, 922
Segurança da usina 118
Segurança do suprimento 909
Segurança energética 908
Selo Conpet de Eficiência Energética 175
Selo Procel 175
Sem acesso à água limpa 107
Sem acesso à eletricidade 107
Serviços de hidrologia 385
Setor de transportes 106
Setor elétrico 120
Setor elétrico brasileiro 898
Setor energético brasileiro 848

Setor industrial 120
Setor produtivo 119
Setor terciário 103
Setores de consumo 176
Setores energéticos 112
Sinergia 106
Sisnama 406
Sistema aberto 23
Sistema armazenador e fornecedor de energia elétrica 615
Sistema de aquecimento 184
Sistema de armazenamento de energia 472
Sistema de cotas 417
Sistema de gestão energética 167
Sistema de iluminação 186
Sistema de leilões 417
Sistema de rastreamento 469
Sistema de transmissão 901
Sistema elétrico do futuro 618
Sistema elétrico interligado nacional 416
Sistema fechado 23
Sistema Feed-in 416
Sistema fotovoltaico centralizado 463
Sistema interligado brasileiro 606
Sistema interligado e sistemas locais 782
Sistema isolado 23
Sistema Nacional de Gerenciamento 412
Sistema Nacional de Gerenciamento de Recursos Hídricos 402
Sistema Nacional de Unidades de Conservação 867
Sistema Nacional do Meio Ambiente 406
Sistema para armazenamento de energia 465
Sistema solar ativo 456
Sistema solar passivo 458
Sistema termodinâmico 23
Sistema trifásico em CA 35
Sistemas 462
Sistemas autônomos 461
Sistemas autônomos híbridos 462
Sistemas conectados à rede 462

Sistemas de armazenamento 590, 599, 614
Sistemas de armazenamento de energia avançados 615
Sistemas de conversão helioter-melétrica 479
Sistemas de conversão helioter-melétrica de receptor central 479
Sistemas de gestão energética 158
Sistemas de organização 86
Sistemas de suprimento disponíveis para as áreas rurais e isoladas 794
Sistemas distribuídos de conversão 482
Sistemas ecológicos 88
Sistemas elétricos 589
Sistemas elétricos e energéticos do futuro 590
Sistemas elétricos urbanos 796
Sistemas em CA 37
Sistemas em CC 36
Sistemas em Corrente Alternada 30
Sistemas em Corrente Contínua 30
Sistemas energéticos centralizados 783
Sistemas fotovoltaicos 458
Sistemas fotovoltaicos de concentração 477, 485
Sistemas fotovoltaicos descentralizados 463
Sistemas híbridos 654
Sistemas isolados 793
Sistemas isolados de energia elétrica 616
Sistemas isolados e eletrificação rural 793
Sistemas naturais 86
Sistemas pequenos e descentralizados 783
Sistemas solares fotovoltaicos 31
Sistemas termossolares 459
Sistemas trifásicos 41, 43

Smart grid 613, 617
Smart power 617
Snuc 867
Sobrevivência humana 98

Sociais 92
Sociedade 85
Sociedade civil organizada 94
Sociedade moderna 97
Sociedades periféricas 97
Socioambiental 921
SOFC 503
Solar 65, 899, 929
Solução global 90
Soluções energéticas 119
Soluções locais 89
Soluções regionais 89
Stakeholders 813, 849
Subsetores 624
Subsídio da eletrificação rural 787
Subsídios governamentais 784
Subsistema condicionador de potência 472
Subsistemas 606
Substituição de lâmpadas 187
Substituição de luminárias 188
Substituição de reatores e componentes 188
Subterrânea 96
Suporte estrutural 437
Suprimento de energia elétrica 590
Sustentabilidade 85, 898, 909, 921, 966
Sustentabilidade energética 85, 118, 625

T

Take or pay 929
Tarifa-base 178
Tarifas 784
Taxas de fertilidade 95
Técnicas agrícola e pastoril 99
Técnico 921
Tecnologia CCAT 601
Tecnologia da Informação 806
Tecnologia fotovoltaica 459
Tecnologia para geração de eletricidade 908
Tecnologias 12, 16
Tecnologias de células solares fotovoltaicas 466
Tecnologias de tração 624
Tecnologias de transporte 624
Tecnologias de utilização da energia 458
Tecnologias de utilização da energia solar 454

Tecnologias emergentes 468
Tecnologias e procedimentos para aperfeiçoamento e modernização da transmissão e distribuição 616
Tecnológicas 92
Telecomunicações 106
Temática ambiental 115
Temperatura 27
Tendências tecnológicas portadoras de futuro 782
Tensão 32
Tensão V 31
Tensões de distribuição 604
Tensões típicas de repartição no Brasil 604
Tensões típicas de transmissão no Brasil 601
Tensões trifásicas 41
Teorema de Carnot 27
Tep 104
Terceira geração de células solares 468
Térmica 15
Termo de Referência 409
Termomecânica 17
Termoquímica 17
Terrestre 96
TI 806
Tipos básicos de planejamento 791
Tipos básicos de sistemas elétricos 30
Tipos básicos de sistemas fotovoltaicos 461
Tipos de lâmpadas e sua eficiência 187
Tipos de sistemas e equipamentos de climatização 190
Tipos de turbinas 386
Tiristores 390
T.km 626
Tomada d'água 380
Toneladas quilômetro 626
Torres de potência 477
Trabalho 14
Tração 18, 624
Translação 19
Transmissão 31, 590, 944
Transmissão de energia elétrica 590

Transparência 98
TransportAR 175
Transporte aéreo 636
Transporte-armazenagem 478
Transporte de carga 101
Transporte ferroviário 633
Transporte fluvial 635
Transporte individual 101
Transporte marítimo 635
Transporte mecanizado 95
Transporte rodoviário 623, 630
Transporte urbano 625, 637
Transportes alternativos 627, 638
Transportes regionais 625
Tratado de Montreal 89
Tratamento integrado 791
Trem de acionamento 437
Trens suburbanos 625
Turbina 33, 386
Turbina do tipo Francis 386
Turbina Kaplan 386
Turbina Pelton 386
Turbinas a vapor 102
Turbinas hidráulicas 102, 376
Turbinas tipo bulbo 388
Turbinas tipo S 388

U

UHE 379, 950
Unced 89
Unidades de cogeração de energia 801
United Nations Conference on Environment and Development 89
Universalização de atendimento 789
Universalização do acesso 118, 779
Universalizar 112
Urânio 53
Urbanização 100
Usina hidrelétrica 379
Usina reversível 382
Usinas do Rio Madeira 602
Usinas eólicas 593
Usinas geotérmicas 502
Usinas maremotrizes 495
Usinas solares fotovoltaicas 593
Uso da água 95
Uso da terra 95
Uso futuro da energia 114

Uso múltiplo da água 969
Uso múltiplo das águas 378
Uso racional 103
Uso racional da energia 157, 591
Usos conflitantes dos reservatórios 398
Usos finais 161
Usos finais de energia elétrica 177
Usos finais energéticos 177
UTE complementar 907
UTE de base 907
Utilização da energia solar na forma térmica 456

V

Valor econômico da água 401
Vantagens significativas da AAE 870
Variações de curta duração 421
Variações diárias 421
Variações interanuais 420
Variações na direção dos ventos 421
Variações sazonais 421
Vazão de água 376
Vazão ecológica 405
Vazão turbinada 376
Vazão turbinável 405
Veículos 623
Veículos híbridos 654
Velocidade 14
Velocidade cut-in 428
Velocidade cut-out 428
Velocidade nominal 428
Ventos 417
Ventos de circulação global 417
Ventos locais 418
Ventos turbulentos 422
Vertedouro 385
Vertedouros 379
Vertentes principais de geração distribuída 613
Vias para transporte 624
Vibração 19
Visão geral sobre o transporte no Brasil 625
Visão integrada e multidisciplinar 97
Vn 428
Volta 30
Volume da água 378
Volume de controle 23
Volume do reservatório 378

W

Watt 22
WBCSD 664
World Business Council for Sustainable Development 664
World Comission on Environment and Development 88

Z

Zero Energy Buildings 170

ANEXO

Dos Editores e Autores

Dos Editores

Arlindo Philippi Jr – Engenheiro civil (UFSC), engenheiro sanitarista e de segurança do trabalho (USP), mestre e doutor em Saúde Pública (USP). Pós-doutor em Estudos Urbanos e Regionais (Massachusetts Institute of Technology – MIT, EUA). Livre-docente em Política e Gestão Ambiental (USP). É professor titular do Departamento de Saúde Ambiental, tendo sido presidente da Comissão de Pós-Graduação da Faculdade de Saúde Pública e pró-reitor e adjunto de pós-graduação da USP. Exerce atualmente a função de diretor de avaliação da Capes, tendo sido membro de seu Conselho Superior.

Lineu Belico dos Reis – Engenheiro eletricista, doutor em engenharia elétrica e livre-docente (Poli/USP). Professor de Engenharia Elétrica e Engenharia Ambiental. Consultor no setor energético brasileiro e internacional desde 1968 com mais de cem artigos técnicos apresentados e publicados em congressos e eventos nacionais e internacionais. Atua como consultor, coordena e dá aulas em cursos multidisciplinares de especialização e extensão e educação a distância, nas áreas de energia, meio ambiente, desenvolvimento sustentável. É autor e couator de diversos livros nessas áreas.

Dos Autores

Adriana Silva Barbosa – Doutora em Arquitetura e Urbanismo (Universidade Prebiteriana Mackenzie), com doutorado sanduíche (Instituto Superior Técnico, Centros de Estudos Urbanos). Experiência profissional nas construtoras Abyara e na Rubio Luongo Arquitetos Associados. Lecionou em escolas técnicas como a Escola Protec, a Fundação Franchesco Provenza e Abra (Acadenia Brasileira de Arte) e em Arquitetura na Universidade Uninove em São Paulo. Foi voluntária na ONG Habitat for Humanity Huronia com renovações de casas. Atualmente trabalha no Departamento de Planejamento, na Essa Township, Ontário, Canadá, realizando propostas de desenho ambiental urbano para a cidade de Angus e região.

Adroaldo Adão Martins de Lima – Administrador (Ulbra), especialista em Engenharia de Produção (Ulbra). Trabalhou como analista de pesquisa na empresa NBN Projetos e Consultoria em Sistemas Eficientes Ltda. Atualmente exerce a função de gestor de projetos na empresa Kuhn Consultoria Ambiental e Serviços Ltda. Atua como professor e coordenador do curso de Logística na Instituição Ulbra São Lucas e como instrutor de ensino na rede Senai.

André Luis Bianchi – Engenheiro eletricista e mestre em Engenharia de Energia (Ulbra). Foi diretor da empresa NBN Projetos e Consultaria em Sistemas Eficientes Ltda. Tem experiência na coordenação de projetos de pesquisa e desenvolvimento em sistemas de automação e geração de energia elétrica. Atualmente exerce o cargo técnico superior na Agência Estadual de

Regulação dos Serviços Públicos Delegados do Rio Grande Sul (AGERGS) e é professor adjunto do curso de Engenharia Elétrica da Ulbra.

Carlos Leite – Arquiteto e urbanista, mestre, doutor (FAU-USP) e pós--doutor (Universidade Politécnica da California). Especialista em desenvolvimento urbano sustentável. É professor na Universidade Presbiteriana Mackenzie e professor visitante em diversas instituições internacionais. É diretor de Stuchi & Leite Projetos e Consultoria em Desenvolvimento Urbano. Autor do recém-lançado livro *Cidades Sustentáveis, Cidades Inteligentes*.

Carlos Moya – Engenheiro civil e mestre em Engenharia (Poli/USP). Professor Associado do Instituto Mauá de Tecnologia, consultor do Banco Interamericano de Desenvolvimento e consultor nas áreas de engenharia relacionadas a meio ambiente, saneamento ambiental, energia e transportes.

Cristiane Lima Cortez – Engenheira química (Fefaap), mestre em Engenharia Química (Poli/USP) e doutora em Ciências (USP). Professora dos cursos de Engenharia da Fefaap. Assessora do Conselho de Sustentabilidade da Fecomercio-SP, sendo sua representante no Comitê da Bacia Hidrográfica do Alto Tietê no qual coordena o Grupo Técnico da Gestão de Demanda, no Conselho Municipal do Meio Ambiente e Desenvolvimento Sustentável da Secretaria do Verde e Meio Ambiente da cidade de São Paulo, no Conselho Orientador de Energia da Agência Reguladora de Saneamento e Energia do Estado de São Paulo e no Grupo de Resíduos Sólidos do Instituto Ethos. Colaboradora do GBIO (Grupo de Pesquisa em Bioenergia, antigo Cenbio – Centro Nacional de Referência em Biomassa) do IEE/USP.

Djalma Caselato – Engenheiro eletrotécnico, mestre e doutor em Engenharia na área de Sistemas de Potência (Poli/USP). Experiência de mais de 47 anos em projetos de usinas hidrelétricas e de subestações. Experiência como supervisor de equipe e como coordenador de projeto na área de geração de energia elétrica. Experiência em diagnóstico de centrais hidrelétricas. Atividade profissional internacional com trabalhos desenvolvidos na Suíça, França, Alemanha, Tchecoslováquia, República Democrática do Congo, Angola, Moçambique e África do Sul. Professor do Pequenas

Centrais Hidroelétricas (Pece). Lecionou por 20 anos na Escola de Engenharia Mauá.

Douglas Slaughter Nyimi – Engenheiro eletricista (Poli/USP), bacharel em Filosofia (FFLCH/USP), mestre e doutor em Sistemas de Potência (Poli/USP). É professor da Diretoria de Ciências Exatas da Universidade Nove de Julho (Uninove) e pesquisador na área de Sistemas de Potência. Também realiza pesquisas em matemática e filosofia da ciência.

Edmilson Moutinho dos Santos – Engenheiro e economista (USP), mestre em Sistemas Energéticos (Unicamp) e em Energy Management and Policy (Universidade da Pensilvânia). Doutor em Economia da Energia (Instituto Francês do Petróleo) e livre-docente em Energia (USP). Atualmente é professor associado no Programa de Pós-Graduação em Energia do Instituto de Energia e Ambiente da Universidade de São Paulo. Coordenador Acadêmico do Programa de Política Energética e Economia do Centro de Pesquisa para Inovação em Gás Natural (CPIG), da Escola Politécnica da Universidade de São Paulo. Coordenador do Programa de Recursos Humanos da ANP/Petrobras (PRH-04) no Instituto de Energia e Ambiente da USP.

Eldis Camargo Santos – Advogada, especialista em Educação Ambiental (Universidade da Fundação Santo André) e Derecho del Ambiente (Universidad de Salamanca); mestre em Direito das Relações Sociais, subárea Direito Ambiental (PUC-SP); doutora em Energia Elétrica (Poli/USP); pós-doutora em Democracia e Direitos Humanos (Universidade de Coimbra). Atualmente exerce o cargo de assessora do procurador-geral da Agência Nacional de Águas e é professora de Direito Ambiental.

Eliane A. F. Amaral Fadigas – Engenheira Eletricista (UFMA), mestre e doutora em Sistemas de Potência (USP). É professora doutora desde 1996 do Departamento de Engenharia de Energia e Automação Elétricas da Poli/USP com atuação na graduação, pós-graduação e pesquisa. Sua principal área de atuação é em Geração de Energia Elétrica com ênfase em fontes renováveis de energia. É autora do livro *Energia eólica*, da Editora Manole, vencedora do Prêmio Jabuti na categoria Ciências Naturais.

Fabio Filipini – Engenheiro eletricista (UFMT) e mestre em Energia e Ciências Térmicas (UFPR). Professor convidado do curso de Especialização em Eficiência Energética (UFTPR). Profissional com certificação internacional em Medição e Verificação (CMVP, EVO). Multiplicador da metodologia de Planos Municipais de Gestão de Energia Elétrica Municipal (Eletrobrás-Procel). Sócio-proprietário da Graphus Energia. Autor de livro na área de eficiência energética. Possui experiência de mais de 25 anos em elaboração e execução de projetos de eficiência energética no setor industrial, comércio e serviços, serviços públicos, poder público.

Gerhard Ett – Engenheiro químico e químico (Universidade Mackenzie) e mecânico de aeronaves (EMA). Doutor em Materiais (Ipen/USP). Cofundador da Electrocell, empresa especializada em energias renováveis, células a combustível e baterias especiais para sistemas fotovoltaicos e veículos elétricos. Chefe do laboratório de Energia Térmica do IPT (Instituto de Pesquisas Tecnológicas) e Professor na FEI (Faculdade de Engenharia Industrial).

Gilda Collet Bruna – Graduada e doutora em Arquitetura e Urbanismo (FAU/USP). Especialização em Tóquio (Japan International Cooperation Agency). Defendeu tese de livre-docência (FAU/USP) e foi professora visitante na Universidade do Novo México, Albuquerque, Estados Unidos, lecionando Planejamento Urbano Regional no Brasil, no curso de pós-graduação. Foi professora titular da FAU/USP, tendo sido diretora da mesma instituição. É professora associada plena da Universidade Presbiteriana Mackenzie, tendo sido coordenadora do Programa de Pós-graduação em Arquitetura e Urbanismo. Bolsista de Produtividade em Pesquisa 2 do Conselho Nacional de Desenvolvimento Científico e Tecnológico (CNPq). Foi Presidente da Empresa Paulista de Planejamento Metropolitano (Emplasa). Foi coordenadora do curso de Arquitetura e Urbanismo da Universidade de Mogi das Cruzes. Tem experiência na área de arquitetura e urbanismo, com ênfase em projeto de arquitetura e urbanismo, atuando principalmente nos seguintes temas: desenvolvimento urbano, desenvolvimento sustentável, ambiente construído e impacto ambiental, gestão ambiental e meio ambiente.

Hirdan Katarina de Medeiros Costa – Advogada especialista em petróleo e gás natural (UFRN). Especialista em Processo Civil (IBDP). Mestre em Energia e Doutora em Ciências (PPGE/USP). Mestre em Direito de Energia e de Recursos Naturais (Universidade de Oklahoma), nos Estados Unidos. Pós-doutora em Sustentabilidade (EACH/USP). Professora colaboradora no PPGE/USP e pesquisadora visitante no PRH04/ANP/MCTI/IEE/USP.

José Aquiles Baesso Grimoni – Engenheiro eletricista, mestre, doutor em Engenharia Elétrica e livre-docente (Poli/USP). Trabalhou nas seguintes empresas: Asea Industrial Ltda.; Cesp; BBC Brown Boveri S/A; ABB – Asea Brown Boveri; FDTE – Fundação para o Desenvolvimento Tecnologia da Engenharia. Atua como professor de disciplinas de graduação do curso de engenheiros eletricistas opção Energia da Poli/USP no Departamento de Engenharia de Energia e Automação Elétricas e de disciplinas de pós-graduação do mesmo departamento. Exerceu o cargo de diretor e de vice-diretor do Instituto de Eletrotécnica e Energia da USP, hoje denominado Instituto de Energia e Ambiente. É coordenador do curso de graduação de Engenharia Elétrica – ênfase em Energia e Automação Elétricas da Poli/USP.

José Sidnei Colombo Martini – Engenheiro elétrico, mestre, doutor e livre-docente (Poli/USP). Professor titular no Departamento de Engenharia de Computação e Sistemas Digitais (PCS) da Poli/USP. Pesquisador nas áreas de energia, computação e tecnologia da informação, com ênfase em sistemas de supervisão e controle, em tempo real, em processos espacialmente distribuídos. Foi chefe do Departamento de Engenharia de Computação e Sistemas Digitais da Poli/USP e prefeito do Campus da Capital da USP. Presidiu, por uma década, as principais empresas de transmissão de energia elétrica no estado de São Paulo. Foi diretor em empresas de engenharia, atuando nas áreas de saneamento básico, energia elétrica e energia nuclear.

Manuel Moreno – Engenheiro Florestal (UPM), técnico superior em Energias Renováveis (San Pablo CEU), especialista em Gerenciamento Ambiental (Esalq/USP), mestre em Ciências (PIPGE/IEE/USP), doutorando no programa de Pós-Graduação Interinstitucional em Bioenergia (USP/Unicamp/Unesp) e colaborador do GBIO (IEE/USP).

Marcelo de Andrade Roméro – Arquiteto e urbanista (Faculdade de Arquitetura e Urbanismo da Universidade Brás-Cubas); mestre e doutor em Arquitetura (FAU/USP), com estágio no Instituto Nacional de Engenharia e Tecnologia Industrial Lisboa, Portugal. Professor titular e livre-docente da FAU/USP. Coordenador e pesquisador sênior na área de eficiência energética, avaliação pós-ocupação e tecnologia da arquitetura, em edifícios habitacionais, de saúde, escritórios e escolas de ensino superior.

Maria Alice Morato Ribeiro – Engenheira química (Poli-USP), mestre e doutora em Tecnologia Nuclear (USP). Exerce atualmente a função de tecnologista sênior no Instituto de Pesquisas Energéticas e Nucleares (Ipen) da Comissão Nacional de Energia Nuclear (CNEN).

Maurício Dester – Doutor em Planejamento de Sistemas Energéticos – Política Energética (Unicamp), mestre em Engenharia Elétrica – Sistemas de Energia Elétrica (Unicamp), graduado em Engenharia Elétrica (Unicamp). Trabalha em Furnas Centrais Elétricas, na área de Sistemas de Energia Elétrica, há 30 anos, onde atualmente é gerente do Centro de Operação Regional São Paulo. É também professor universitário na Faculdade Anhanguera Campinas. Áreas de interesses: sistemas de energia elétrica (nas linhas referentes à operação, planejamento, políticas e regulação), gestão empresarial, gestão de processos, gestão e desenvolvimento de pessoas, educação e treinamento.

Moacir Trindade de Oliveira Andrade – Engenheiro Elétrico (Faap), mestre em Engenharia Elétrica na área de automação (Unicamp), doutor na área interdisciplinar de planejamento de sistemas energéticos (Unicamp), trabalhou no setor elétrico brasileiro na área de planejamento da transmissão (CPFL). Representante da empresa junto à Eletrobrás, coordenação de grupos de trabalho da Eletrobrás, diretor da agência de regulação do setor elétrico do estado de São Paulo (CSPE/Arsesp), professor do colégio técnico da Unicamp e professor convidado do curso de pós graduação da área de planejamento energético da Faculdade de Engenharia Mecânica da Unicamp. Atualmente desenvolve a função de vice-prefeito do Campus de Barão Geraldo da Unicamp.

Naraisa Moura Esteves Coluna – Engenheira Agrícola e Ambiental (UFV), especialista em Energias Renováveis, Geração Distribuída e Eficiência Energética (Pece/Poli/USP), mestranda em Energia (PIPGE/IEE/USP) e pesquisadora do GBIO (IEE/USP).

Rafael Tello – Economista (UFMG), especialista em negócios internacionais (FDC), MBA em Gestão da Sustentabilidade (Leuphana Universitaet). professor associado (FDC). Sócio-diretor da NHK Sustentabilidade, empresa de assessoria em sustentabilidade corporativa, na qual coordena projetos de elaboração de estratégia e organização de sistema de gestão de sustentabilidade, e de relato integrado e de sustentabilidade. Diretor voluntário do Instituto Horizontes, Oscip de planejamento metropolitano da RMBH.

Ricardo Ernesto Rose – Jornalista (Cásper Líbero) com especialização em Gestão Ambiental (Claretiano) e Sociologia (Gama Filho). Graduado (Claretiano) e pós-graduado (Cândido Mendes) em Filosofia. Atua nos setores de meio ambiente e energia desde 1992, trabalhando para instituições internacionais. Atualmente é consultor em inteligência de mercado e estratégias de comunicação e contribui para diversas publicações do ramo.

Sérgio Souza Dias – Engenheiro elétrico (Universidade Católica de Pelotas) e mestre em Engenharia (Universidade Federal do Rio Grande do Sul). Foi diretor-presidente e diretor de Geração da Companhia Estadual de Energia Elétrica do Estado do Rio Grande do Sul (CEEE) e diretor-presidente do Centro de Excelência em Tecnologia Eletrônica Avançada (Ceitec). Tem experiência na área de engenharia elétrica, com ênfase em circuitos eletrônicos, atuando principalmente nos seguintes temas: fontes alternativas de energia, energia eólica, uso racional de energia e desenvolvimento sustentável.

Sergio Valdir Bajay – Engenheiro mecânico (Unicamp). Mestre em Engenharia Mecânica, na modalidade "térmica e fluídos" (Unicamp). PhD em Engenharia (University of Newcastle upon Tyne, Inglaterra). Fundador e professor do curso de pós-graduação em Planejamento de Sistemas Energéticos da Unicamp. Criador e pesquisador sênior do Núcleo Interdisciplinar de Planejamento Energético (Nipe) da Unicamp. Pesquisador e consultor nas áreas de formulação de políticas energéticas, planejamento energético e regulação de mercados de energia, junto a órgãos governamentais e empresas, estatais e privadas. Membro do Conselho Estadual de Política Energética (Cepe) do Estado de São Paulo. Membro do Comitê Gestor de Indicadores de Eficiência Energética (CGIEE), do governo federal.

Suani Teixeira Coelho – Engenheira química, com mestrado e doutorado em Energia (USP). Professora, orientadora e coordenadora do grupo de pesquisa em bioenergia (GBIO – antigo Cenbio). Professora orientadora no Programa Integrado de Pós-Graduação em Bioenergia (USP/Unicamp/Unesp). Foi membro do Grupo Consultor do Secretário Geral da ONU para a Energia e Mudanças Climáticas (Advisory Group on Energy and Climate Change – AGECC) e secretária adjunta da Secretaria Estadual de Meio Ambiente do Estado de São Paulo, onde era responsável pelos acordos internacionais. Trabalhou várias vezes como especialista em bioenergia para projetos do Pnuma e da Unido. Publicou vários artigos científicos e é também revisora de revistas técnicas, como a *Energy Policy* e *Biomass & Bioenergy*, entre outras. Publicou vários livros e capítulos de livros. É editora associada para Bioenergia na publicação *Renewable and Sustainable Energy Reviews* e editora da revista *Biomassa BR*. É também membro do Activity Group on Bioenergy and Water do Global Bioenergy Partnership (GBEP/FAO).

Vanessa Pecora Garcilasso – Engenheira Química (Faap). Mestre em Energia e doutora em Ciências com ênfase em Energia (IEE/USP). Colaboradora do GBIO – Grupo de Pesquisa em Bioenergia (antigo Cenbio – Centro Nacional de Referência em Biomassa) do IEE/USP. Possui experiência em pesquisa e desenvolvimento de projetos de geração de energia a partir de biomassa, com ênfase em biogás e em biocombustíveis líquidos.

Virgínia Parente – Economista (UnB). Mestre em Administração (UFBa). Doutora em Finanças e Economia (FGV-SP), com intercâmbio na New York University. Pós-doutora em Energia (IEE/USP). Professora do Programa de Pós-Graduação em Energia do Instituto de Energia e Ambiente da USP. Foi diretora da Sociedade Brasileira de Planejamento Energético (SBPE); presidente do Comitê Estratégico de Energia da Amcham; conselheira de Administração da Eletrobras e da Anace.

Atualmente é vice-coordenadora do Núcleo de Pesquisa em Políticas e Regulação de Emissões de Carbono (Nupprec-USP), diretora colaboradora do Deinfra/Fiesp e conselheira da Chesf.

Viviane Romeiro – Bacharel em Direito (PUC-Goiás), doutora em Ciências (IEE/USP), mestre em Planejamento de Sistemas Energéticos (Unicamp) e especialista em Eficiencia Energética y Cambio Climático pela Universidad Complutense de Madrid (UCM). Atualmente é coordenadora de projetos de clima no World Resources Institute (WRI) e colaboradora da School of Public Policy of the University of Maryland e do Núcleo de Pesquisa em Políticas e Regulação de Emissões de Carbono (Nupprec).

Títulos Coleção Ambiental

Energia e Sustentabilidade
Arlindo Philippi Jr e Lineu Belico dos Reis

Direito Ambiental e Sustentabilidade
Vladimir Passos de Freitas, Ana Luiza Silva Spínola e Arlindo Philippi Jr

Energia Elétrica e Sustentabilidade: Aspectos Tecnológicos, Socioambientais e Legais (2.ed. revisada e atualizada)
Lineu Belico dos Reis e Eldis Camargo Santos

Educação Ambiental e Sustentabilidade (2.ed. revisada e atualizada)
Arlindo Philippi Jr e Maria Cecília Focesi Pelicioni

Curso de Gestão Ambiental (2.ed. atualizada e ampliada)
Arlindo Philippi Jr, Marcelo de Andrade Roméro e Gilda Collet Bruna

Indicadores de Sustentabilidade e Gestão Ambiental
Arlindo Philippi Jr e Tadeu Fabrício Malheiros

Gestão de Natureza Pública e Sustentabilidade
Arlindo Philippi Jr, Carlos Alberto Cioce Sampaio e Valdir Fernandes

Política Nacional, Gestão e Gerenciamento de Resíduos Sólidos
Arnaldo Jardim, Consuelo Yoshida, José Valverde Machado Filho

Gestão do Saneamento Básico: Abastecimento de Água e Esgotamento Sanitário
Arlindo Philippi Jr, Alceu de Castro Galvão Jr

Energia, Recursos Naturais e a Prática do Desenvolvimento Sustentável (2.ed. revisada e atualizada)
Lineu Belico dos Reis, Eliane A. F. Amaral Fadigas, Cláudio Elias Carvalho

Curso Interdisciplinar de Direito Ambiental
Arlindo Philippi Jr e Alaôr Caffé Alves

Saneamento, Saúde e Ambiente: Fundamentos para um Desenvolvimento Sustentável
Arlindo Philippi Jr

Reúso de Água
Pedro Caetando Sanches Mancuso e Hilton Felício dos Santos

Empresa, Desenvolvimento e Ambiente: Diagnóstico e Diretrizes de Sustentabilidade
Gilberto Montibeller F.

Gestão Ambiental e Sustentabilidade no Turismo
Arlindo Philippi Jr e Doris van de Meene Ruschmann